단기간 마무리 학습을 위한

7 개년 과년도
건설재료시험기사

Engineer Construction Material Testing

박영태 지음

❝ 이 책을 선택한 당신, 당신은 이미 위너입니다! ❞

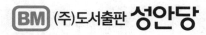 (주)도서출판 성안당

독자 여러분께 알려드립니다

건설재료시험기사 [필기]시험을 본 후 그 문제 가운데 10여 문제를 재구성해서
성안당출판사로 보내주시면, 채택된 문제에 대해서 "핵심 토목시리즈" 가운데
1부를 증정해 드립니다. 독자 여러분이 보내주시는 기출문제는 더 나은 책을
만드는 데 큰 도움이 됩니다. 감사합니다.

 e-mail coh@cyber.co.kr (최옥현)

- -

★ 메일을 보내주실 때 성명, 연락처, 주소를 기재해 주시기 바랍니다.
★ 보내주신 기출문제는 집필자가 검토한 후에 도서를 증정해 드립니다.

■ 도서 A/S 안내

성안당에서 발행하는 모든 도서는 저자와 출판사, 그리고 독자가 함께 만들어 나갑니다.

좋은 책을 펴내기 위해 많은 노력을 기울이고 있습니다. 혹시라도 내용상의 오류나 오탈자
등이 발견되면 "좋은 책은 나라의 보배"로서 우리 모두가 함께 만들어 간다는 마음으로
연락주시기 바랍니다. 수정 보완하여 더 나은 책이 되도록 최선을 다하겠습니다.

성안당은 늘 독자 여러분들의 소중한 의견을 기다리고 있습니다. 좋은 의견을 보내주시는
분께는 성안당 쇼핑몰의 포인트(3,000포인트)를 적립해 드립니다.

잘못 만들어진 책이나 부록 등이 파손된 경우에는 교환해 드립니다.

저자 문의 e-mail : passpyt@hanmail.net
본서 기획자 e-mail : coh@cyber.co.kr(최옥현)
홈페이지 : http://www.cyber.co.kr   전화 : 031) 950-6300

PART	CHAPTER	1회독	2회독	3회독
제1편 콘크리트공학	제1장 콘크리트의 역학적 성질	1일	1일	1일
	제2장 콘크리트 시험			
	제3장 콘크리트의 배합설계	2~3일	2일	
	제4장 콘크리트의 혼합, 운반 및 타설, 이음	4일	3일	
	제5장 양생, 거푸집 및 동바리	5일	4일	2일
	제6장 PS 콘크리트	6일	5일	
	제7장 특수 콘크리트	7~8일	6일	
	제8장 콘크리트 구조물의 유지관리	9일	7일	3~4일
	제9장 콘크리트의 품질관리			
제2편 건설시공 및 관리	제1장 토공	10일	8일	5일
	제2장 건설기계	11일		
	제3장 기초공	12일	9일	
	제4장 암석발파공, 터널공	13일		
	제5장 옹벽공, 암거공	14일	10일	6일
	제6장 교량공	15일		
	제7장 포장공	16일		7일
	제8장 하천공, 항만공, 댐공	17일	11일	
	제9장 토목전산과 시공계획	18일		
제3편 건설재료 및 시험	제1장 재료 일반	19일	12일	
	제2장 시멘트와 혼화재료	20~22일		
	제3장 골재와 물	23~24일	13일	
	제4장 역청재료	25~26일	14일	8일
	제5장 금속재료	27일		
	제6장 목재		15일	
	제7장 석재	28일		
	제8장 폭약, 도료, 합성수지, 고무	29일	16일	
제4편 토질 및 기초	제1장 흙의 구조 및 기본적 성질	30~31일	17일	9일
	제2장 흙의 분류	32일		
	제3장 흙의 투수성과 침투	33~34일	18일	
	제4장 유효응력 및 지중응력	35~36일	19일	
	제5장 흙의 동해 및 흙의 압축성	37일	20~21일	10일
	제6장 흙의 전단강도	38~39일		
	제7장 토압	40~41일	22일	11일
	제8장 흙의 다짐	42일		
	제9장 사면의 안정	43일	23일	
	제10장 지반조사	44일	24일	12일
	제11장 얕은 기초			
	제12장 깊은 기초	45~46일	25일	
	제13장 연약지반개량공법			
7개년 과년도 기출문제	2016~2017년 기출문제	47~48일	26일	13일
	2018~2019년 기출문제	49~50일		
	2020~2021년 기출문제	51~52일	27일	
	2022년 기출문제	53~54일		14일
부록 CBT 대비 실전 모의고사	제1~2회 실전 모의고사	55~56일	28일	
	제3~4회 실전 모의고사	57~58일	29일	15일
	제5회 실전 모의고사	59~60일	30일	

" 수험생 여러분을 성안당이 응원합니다! "

60일 완성! **30일 완성!** **15일 완성!**

" 수험생 여러분을 성안당이 응원합니다! "

| 일 완성 | 일 완성 | 일 완성 |

머리말

건설기술이 향상되고 다양한 신재료들이 등장하면서 건설재료시험과 건설공사의 품질 및 안전의 중요성이 크게 대두되고 있다. 여기에 최근에는 지하철공사, 도시고속화도로공사, 경부고속철도공사 등 대규모 토목공사와 주택공사가 이뤄지면서 건설공사의 품질관리를 조사하는 인력에 대한 수요가 증가하고 있으며, 건설공사 현장에는 의무적으로 시험실을 갖추도록 되어 있어 건설재료시험 관련 기술자의 활용도는 매우 높은 편이라 볼 수 있다.

이에 건설재료시험기사를 준비하고 있는 수험생들에게 도움이 되는 지침서가 될 수 있도록 『7개년 과년도 건설재료시험기사』를 집필하게 되었다.

이 책은 저자가 25여 년 이상 강의한 경험을 바탕으로 그동안 수집, 분석, 소장하였던 내용들을 자격시험을 준비하는 수험생들을 대상으로 정리하여 집필한 것이다.

이 책의 특징

❶ 2021년도 개정 '콘크리트 표준시방서'에 따라 구성하였다.
❷ 60일, 30일, 15일, 따라만 하면 3회독으로 마스터가 가능한 플래너를 수록하였다.
❸ 시험 직전 최종 마무리하는 데 활용할 수 있도록 중요한 내용과 공식들을 정리한 필수 암기노트를 수록하였다.
❹ 건설재료시험기사 필기시험에 자주 출제되는 내용을 과목별로 핵심만 추려 정리하였다.
❺ 시험에 많이 출제되는 중요공식들을 음영처리하여 한 눈에 파악할 수 있도록 하였다.
❻ 과년도 출제문제를 상세한 해설과 함께 수록하였으며 계산문제를 쉽게 풀어 해설하였다.

끝으로 이 책을 펴내는 데 도움을 주신 많은 분들께 감사의 뜻을 전한다.

저자 씀

출제기준

직무 분야	건설	중직무 분야	토목	자격 종목	건설재료시험기사	적용 기간	2023.1.1.~2025.12.31.

○ 직무내용 : 건설공사를 수행함에 있어서 품질을 확보하고 이를 향상시켜 합리적·경제적·내구적인 구조물을
만들어냄으로써 건설공사의 품질에 대한 신뢰성을 확보하고 수행하는 직무

필기검정방법	객관식	문제 수	80	시험시간	2시간

과목명	문제 수	주요 항목	세부항목	세세항목
콘크리트 공학	20	1. 콘크리트의 성질, 용도, 배합, 시험, 시공 및 품질관리에 관한 지식	(1) 콘크리트의 특성 및 시험	① 정의 및 특성 ② 굳지 않은 콘크리트의 특성 및 시험 ③ 굳은 콘크리트의 특성 및 시험 ④ 콘크리트 비파괴시험
			(2) 배합설계	① 배합설계의 개요 ② 배합설계의 방법 ㉠ 시방배합 ㉡ 현장배합
			(3) 콘크리트 혼합, 운반, 타설	① 재료의 계량 및 혼합 ② 콘크리트 운반 및 타설 ③ 콘크리트 다지기 및 마무리 ④ 콘크리트 이음 ⑤ 거푸집 및 동바리
			(4) 콘크리트 양생	① 양생의 개요 ② 각종 양생방법
			(5) 프리스트레스트 콘크리트	① 프리스트레스트 강재 ② 그라우트 및 기타 재료 ③ 시공관리
			(6) 특수 콘크리트	① 한중 및 서중 콘크리트 ② 매스 콘크리트 ③ 유동화 및 고유동 콘크리트 ④ 해양 및 수밀 콘크리트 ⑤ 수중 및 프리플레이스트 콘크리트 ⑥ 경량골재 콘크리트 ⑦ 고강도 콘크리트 ⑧ 숏크리트 ⑨ 섬유보강 콘크리트 ⑩ 기타 특수 콘크리트

과목명	문제 수	주요 항목	세부항목	세세항목
콘크리트 공학	20	1. 콘크리트의 성질, 용도, 배합, 시험, 시공 및 품질관리에 관한 지식	(7) 콘크리트 유지관리	① 콘크리트의 성능저하특성 ② 유지관리를 위한 조사방법 ③ 균열 및 대책
			(8) 콘크리트의 품질관리	① 콘크리트품질관리 ② 콘크리트품질검사
건설시공 및 관리	20	1. 토공사 및 기초공사	(1) 토공사	① 토공사계획 ② 토공량 계산 ③ 시공관리
			(2) 기초공사	① 기초의 개요 ② 얕은 기초 ③ 깊은 기초 ④ 기초의 지지력
			(3) 건설기계	① 건설기계의 분류 ② 건설기계의 특성 ③ 건설기계의 시공관리
		2. 구조물시공	(1) 터널시공	① 발파 및 암반의 일반사항 ② 터널굴착공법 ③ 특수 터널시공법
			(2) 암거 및 배수구조물시공	① 암거의 종류 ② 암거의 시공법 ③ 기타 배수구조물
			(3) 교량시공	① 교량의 분류 ② 교량의 시공법
			(4) 포장시공	① 포장의 종류 및 특성 ② 아스팔트 포장 ③ 콘크리트 포장 ④ 특수 포장 ⑤ 포장의 유지보수
			(5) 옹벽 및 흙막이시공	① 옹벽 및 석축의 시공 ② 보강토 옹벽 ③ 흙막이공법의 종류 및 특징 ④ 흙막이설계 및 시공
			(6) 하천, 댐 및 항만시공	① 댐의 종류 및 특성 ② 댐의 시공 ③ 항만의 종류 및 특성 ④ 하천구조물 ⑤ 준설 및 매립

과목명	문제 수	주요 항목	세부항목	세세항목
건설시공 및 관리	20	3. 공사, 공정, 품질 및 계측관리	(1) 공사 및 공정관리	① 공사관리 ② 공정관리 ③ 공정계획 및 최적공기
			(2) 품질관리	① 품질관리 일반 ② 품질관리계획 수립 ③ 결과 분석 및 관리도
			(3) 계측관리	① 계측관리 목적 및 역할 ② 계측기 및 계측위치 선정 ③ 계측항목 및 관리
건설재료 및 시험	20	1. 건설재료의 종류, 성질, 용도 및 시험	(1) 재료 일반	① 건설재료 일반 ② 건설재료의 종류 및 특성
			(2) 시멘트	① 시멘트 일반 ② 시멘트 제조 및 조성광물 ③ 시멘트의 종류 및 특성 ④ 시멘트 관련 시험
			(3) 골재	① 골재 일반 ② 잔골재의 물리적 특성 ③ 굵은 골재의 물리적 특성 ④ 순환골재 관련 시험 ⑤ 골재 관련 시험
			(4) 혼화재료	① 혼화재료 일반 ② 혼화재료의 종류 및 특성 ③ 혼화재료 관련 시험
			(5) 목재	① 목재의 구조 및 특성 ② 목재의 내구성 ③ 목재의 가공품 ④ 목재 관련 시험
			(6) 석재 및 점토질재료	① 암석의 분류 ② 암석의 조성 및 조직 ③ 암석의 성질 ④ 각종 석재 ⑤ 점토질재료 ⑥ 석재 및 점토질재료 관련 시험
			(7) 역청재료 및 혼합물	① 분류 및 특성 ② 아스팔트 혼합물 ③ 아스팔트 관련 시험

과목명	문제 수	주요 항목	세부항목	세세항목
건설재료 및 시험	20	1. 건설재료의 종류, 성질, 용도 및 시험	(8) 금속재료	① 금속재료의 특성 ② 철강제품 ③ 금속재료시험
			(9) 토목섬유	① 종류 및 특성 ② 토목섬유의 적용 및 관련 시험
			(10) 화약 및 폭약	① 분류 및 특성 ② 사용법과 취급 및 주의사항
토질 및 기초	20	1. 토질역학	(1) 흙의 물리적 성질과 분류	① 흙의 기본성질 ② 흙의 구성 ③ 흙의 입도분포 ④ 흙의 소성특성 ⑤ 흙의 분류
			(2) 흙속에서의 물의 흐름	① 투수계수 ② 물의 2차원 흐름 ③ 침투와 파이핑
			(3) 지반 내의 응력분포	① 지중응력 ② 유효응력과 간극수압 ③ 모관현상 ④ 외력에 의한 지중응력 ⑤ 흙의 동상 및 융해
			(4) 압밀	① 압밀이론 ② 압밀시험 ③ 압밀도 ④ 압밀시간 ⑤ 압밀침하량 산정
			(5) 흙의 전단강도	① 흙의 전단파괴 및 전단강도 ② 흙의 파괴이론과 강도정수 ③ 흙의 전단특성 ④ 전단시험 ⑤ 응력경로
			(6) 토압	① 토압의 정의 ② 토압의 종류 ③ 토압이론 ④ 구조물에 작용하는 토압
			(7) 흙의 다짐	① 흙의 다짐특성 ② 흙의 다짐시험 ③ 현장 다짐 및 품질관리

과목명	문제 수	주요 항목	세부항목	세세항목
토질 및 기초	20	1. 토질역학	(8) 사면의 안정	① 사면의 파괴거동 ② 사면의 안정해석 ③ 사면안정대책공법
			(9) 토질조사 및 시험	① 시추 및 시료채취 ② 원위치시험 ③ 토질시험
		2. 기초공학	(1) 기초 일반	① 기초 일반
			(2) 얕은 기초	① 지지력 ② 침하량
			(3) 깊은 기초	① 말뚝기초 지지력 ② 말뚝기초 침하량 ③ 케이슨기초
			(4) 연약지반개량공법	① 사질토지반개량공법 ② 점성토지반개량공법 ③ 기타 지반개량공법

출제빈도표

PART 01 ● **콘크리트공학**

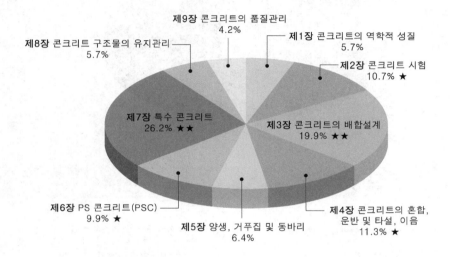

제9장 콘크리트의 품질관리
4.2%

제8장 콘크리트 구조물의 유지관리
5.7%

제1장 콘크리트의 역학적 성질
5.7%

제2장 콘크리트 시험
10.7% ★

제7장 특수 콘크리트
26.2% ★★

제3장 콘크리트의 배합설계
19.9% ★★

제6장 PS 콘크리트(PSC)
9.9% ★

제5장 양생, 거푸집 및 동바리
6.4%

제4장 콘크리트의 혼합,
운반 및 타설, 이음
11.3% ★

PART 02 ● **건설시공 및 관리**

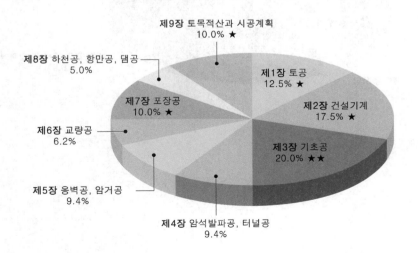

제9장 토목적산과 시공계획
10.0% ★

제8장 하천공, 항만공, 댐공
5.0%

제1장 토공
12.5% ★

제7장 포장공
10.0% ★

제2장 건설기계
17.5% ★

제6장 교량공
6.2%

제3장 기초공
20.0% ★★

제5장 옹벽공, 암거공
9.4%

제4장 암석발파공, 터널공
9.4%

PART 03 — 건설재료 및 시험

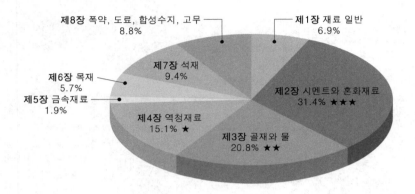

제8장 폭약, 도료, 합성수지, 고무
8.8%

제1장 재료 일반
6.9%

제7장 석재
9.4%

제6장 목재
5.7%

제5장 금속재료
1.9%

제2장 시멘트와 혼화재료
31.4% ★★★

제4장 역청재료
15.1% ★

제3장 골재와 물
20.8% ★★

PART 04 — 토질 및 기초

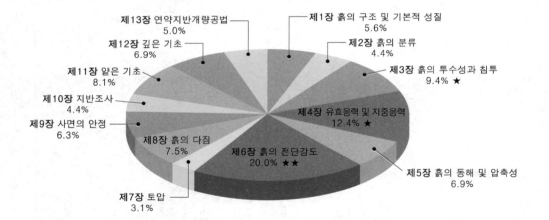

제13장 연약지반개량공법
5.0%

제12장 깊은 기초
6.9%

제11장 얕은 기초
8.1%

제10장 지반조사
4.4%

제9장 사면의 안정
6.3%

제8장 흙의 다짐
7.5%

제7장 토압
3.1%

제6장 흙의 전단강도
20.0% ★★

제1장 흙의 구조 및 기본적 성질
5.6%

제2장 흙의 분류
4.4%

제3장 흙의 투수성과 침투
9.4% ★

제4장 유효응력 및 지중응력
12.4% ★

제5장 흙의 동해 및 압축성
6.9%

차 례

PART 02 · 건설시공 및 관리

PART 03 건설재료 및 시험

PART 04 · 토질 및 기초

01 콘크리트공학
PART

1. 크리프계수

$$\phi_t = \frac{\varepsilon_c}{\varepsilon_E}$$

여기서, ϕ_t : 크리프계수, ε_c : 크리프변형률
ε_E : 탄성변형률

2. 굳은 콘크리트

① 압축강도 $f_c = \dfrac{P}{A} = \dfrac{P}{\dfrac{\pi D^2}{4}}$ [MPa=N/mm²]

② 인장강도 $f_{sp} = \dfrac{2P}{\pi Dl}$ [MPa=N/mm²]

③ 휨강도(4점 재하법)

$$f_b = \frac{Pl}{bh^2} \text{ [MPa=N/mm}^2\text{]}$$

여기서, P : 최대 하중(N)
D : 공시체의 지름(mm)
l : 공시체의 길이(mm)
b : 파괴 단면의 너비(mm)
h : 파괴 단면의 높이(mm)

3. 배합강도

다음 각 두 값 중 큰 값을 사용한다.

① $f_{cq} \leqq$ 35MPa일 때

㉠ $f_{cr} = f_{cq} + 1.34s$

㉡ $f_{cr} = (f_{cq} - 3.5) + 2.33s$

② $f_{cq} >$ 35MPa인 경우

㉠ $f_{cr} = f_{cq} + 1.34s$

㉡ $f_{cr} = 0.9f_{cq} + 2.33s$

4. 시방배합

① 단위시멘트양= $\dfrac{\text{단위수량}}{\text{물} - \text{시멘트비}}$ [kg]

② 단위골재량 절대체적

$= 1 - \left(\dfrac{\text{단위수량}}{1,000} + \dfrac{\text{단위시멘트양}}{\text{시멘트 비중} \times 1,000} + \dfrac{\text{공기량}}{100} \right)$ [m³]

③ 단위잔골재량 절대체적=단위골재량 절대체적 ×잔골재율[m³]

④ 단위잔골재량=단위잔골재량 절대체적×잔골 재비중×1,000[kg]

⑤ 단위 굵은 골재량 절대체적=단위골재량 절대 체적-단위잔골재량 절대체적[m³]

⑥ 단위 굵은 골재량=단위 굵은 골재량 절대체적 ×굵은 골재비중×1,000[kg]

5. AE 콘크리트

① 워커빌리티가 좋아진다.
　㉠ 빈배합일수록 공기연행에 의한 워커빌리티 의 개선효과가 크다.
　㉡ 입형이나 입도가 불량한 골재를 사용할 경우 에 워커빌리티의 개선효과가 크다.
② 단위수량이 감소한다.
③ 블리딩이 감소하며 수밀성이 커진다.
④ 동결융해에 대한 내구성 및 내산성이 커진다.
⑤ 수축되며 균열이 감소한다.
⑥ 알칼리골재반응이 적어진다.
⑦ 공기량 1% 증가에 따라 압축강도는 4~6% 감소 한다.

6. 섬유보강 콘크리트

① 인장강도, 전단강도, 휨강도가 증대한다.
② 인성이 증대한다.
③ 균열에 대한 저항성이 증대한다.
④ 내열성, 내충격성이 증대한다.
⑤ 동결융해에 대한 저항성이 증대한다.

7. 염해의 대책

① 콘크리트 중의 염소이온량을 적게 한다.
② 물-시멘트비를 작게 하여 밀실한 콘크리트로 한다.
③ 충분한 철근피복두께를 두어 균열폭을 제어한다.
④ 수지도장철근의 사용이나 콘크리트 표면에 라이닝을 한다.

8. 알칼리골재반응의 대책

① ASR에 관하여 무해라고 판정된 골재를 사용한다.
② 저알칼리형의 포틀랜드 시멘트(Na_2O당량 0.6% 이하)를 사용한다.
③ 콘크리트 $1m^3$당의 알칼리총량을 Na_2O당량으로 3kg 이하로 한다.

9. 소성수축균열의 방지대책

① 수분의 증발을 방지한다.
② 마무리를 지나치게 하거나 콘크리트 표면에 급격한 온도변화가 일어나지 않도록 한다.

10. 침하수축균열의 방지대책

① 단위수량을 되도록 적게 하고, 슬럼프를 적게 한다.
② 충분한 다짐을 한다.
③ 타설속도를 늦게 하고, 1회 타설높이를 작게 한다.
④ 콘크리트의 피복두께를 증가시킨다.

02 PART 건설시공 및 관리

1. 토적곡선(유토곡선, mass curve)의 성질

① 곡선의 하향구간은 성토구간이며, 상향구간은 절토구간이다.
② 곡선의 극대점 e, i는 절토에서 성토로의 변이점이며, 극소점 c, g, l은 성토에서 절토로의 변이점이다.
③ 평행선(기선 a-b에 평행한 임의의 직선)을 그어 곡선과 교차시키면 인접하는 교차점(평행점) 사이의 토량은 절토, 성토량이 서로 같다.
  예 곡선 def에서 de까지의 절토량과 ef까지의 성토량은 서로 같다.

④ 평행선에서 곡선의 극대점까지의 높이는 절토량이다.
  예 곡선 def에서 절토량은 $\overline{er}$이다.
⑤ 절토에서 성토로의 평균운반거리는 절토의 중심과 성토 중심 간의 거리로 표시된다.
  예 곡선 def에서 평균운반거리는 $\overline{pq}$이다.
⑥ 토량곡선이 평행선 위측에 있을 때 절취토는 다음 그림의 좌측→우측으로 운반되고, 반대로 아래에 있을 때 절취토는 다음 그림의 우측→좌측으로 운반된다.
  예 곡선 def : 좌측→우측, 곡선 fgh : 우측→좌측

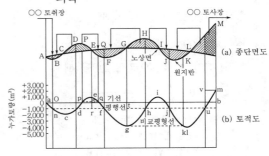

▲ 종단면도와 토적곡선

2. 각주법

토공량 계산에 이용한다.

① 4각주법

$$V = \frac{ab}{4}\left(\sum h_1 + 2\sum h_2 + 3\sum h_3 + 4\sum h_4\right)$$

여기서, h_1 : 1개의 직사각형에 속하는 높이
h_2 : 2개의 직사각형에 공통된 높이
h_3 : 3개의 직사각형에 공통된 높이
h_4 : 4개의 직사각형에 공통된 높이

② 3각주법

$$V = \frac{ab}{6}\left(\sum h_1 + 2\sum h_2 + 3\sum h_3 + \cdots + 8\sum h_8\right)$$

③ 등고선법

$$V = \frac{h}{3}\left(A_1 + 4\sum A_{짝수} + 2\sum A_{홀수} + A_n\right)$$

3. 불도저의 작업능력

$$Q = \frac{60qfE}{C_m}[m^3/h], \quad C_m = \frac{l}{v_1} + \frac{l}{v_2} + t_g[min]$$

여기서, Q : 시간당 작업량(m^3/h)

q : 1회 굴착압토량(m^3)

f : 토량환산계수

E : 도저의 작업효율

C_m : 사이클타임(min)

l : 평균굴착거리(m)

v_1 : 전진속도(1~2단)(m/min)

v_2 : 후진속도(2~4단)(m/min)

t_g : 기어변속시간 및 가속시간(고정값으로 보통 0.25분으로 본다)(min)

4. 그레이더의 작업능력

$$Q = \frac{60l\,LDfF}{C_m}\,[\mathrm{m^3/h}]$$

① 작업방향으로 방향변환할 때

$$C_m = 0.06\frac{l}{v} + t\,[\mathrm{min}]$$

② 전진작업 후 후진으로 되돌아올 때

$$C_m = 0.06\left(\frac{l}{v_1} + \frac{l}{v_2}\right) + 2t\,[\mathrm{min}]$$

여기서, Q : 시간당 작업량(m^3/h)

l : 블레이드의 유효길이(m)

L : 1회 편도작업거리(m)

D : 굴착깊이 또는 흙고르기 두께(m)

f : 토량환산계수

C_m : 사이클타임(min)

E : 그레이더의 작업효율

C_m : 사이클타임(min)

v_1 : 전진속도(km/h)

v_2 : 후진속도(km/h)

t : 기어변속시간(분)

5. 셔블계의 작업능력

$$Q = \frac{3,600qkfE}{C_m}\,[\mathrm{m^3/h}]$$

여기서, Q : 시간당 작업량(m^3/h)

q : 버킷의 산적용적(m^3)

k : 버킷계수

f : 토량환산계수

C_m : 사이클타임(sec)

6. 덤프트럭의 작업능력

$$Q = \frac{60q_t fE_t}{C_{mt}}\,[\mathrm{m^3/h}],\ \ q_t = \frac{T}{\gamma_t}L\,[\mathrm{m^3}]$$

여기서, Q : 시간당 작업량(m^3/h)

q_t : 흐트러진 상태의 1회 적재량(m^3)

f : 토량환산계수

E_t : 덤프트럭의 작업효율(표준치 0.9)

C_{mt} : 덤프트럭의 사이클타임(min)

T : 덤프트럭의 적재량(t)

γ_t : 자연상태에서 토석의 단위중량(습윤밀도)(t/m^3)

L : 토량변화율

7. 롤러계의 작업능력

$$Q = \frac{1,000\,VWHfE}{N}\,[\mathrm{m^3/h}]$$

여기서, Q : 시간당 작업량(m^3/h)

V : 작업속도(km/h)

W : 1회의 유효다짐폭(m)

H : 흙을 까는 두께 또는 1층의 끝손질두께(다져진 상태의 두께를 말한다)(m)

f : 토량환산계수

E : 다짐기계의 작업효율

N : 소요다짐횟수

8. TBM공법(Tunnel Boring Machine method)

① 발파작업이 없으므로 낙반이 적고 안정성이 크다.

② 정확한 원형 단면절취가 가능하고 여굴이 적다.

③ 지보공, 복공이 적어진다.

④ 굴진속도가 빠르다.

9. NATM공법
(New Australian Tunneling Method)

① 지반 자체가 터널의 주지보재이다.

② 연약지반에서 극경암까지 적용이 가능하다.

③ 여굴이 많다.

④ 변화 단면시공에 유리하다.

10. 방파제의 종류

① 직립제 : 양측면이 거의 수직에 가깝게 설치한 구조로서 주로 파도의 에너지를 반사시키는 것이다.

② 경사제 : 사석식이나 블록식에 어느 정도의 둑마루의 폭을 갖게 하고 양측면이 경사지게 한 구조로서 제체에 파도가 부딪쳐서 그 에너지를 줄이도록 고안된 것이다.

③ 혼성제 : 하부를 사석방파제로 축조하고 그 상부에 직립방파제를 얹어놓은 구조이다.

11. 그라우팅(grouting)

① Consolidation grouting
　㉠ 기초암반의 변형성이나 강도를 개량하여 균일성을 주기 위해 기초 전반에 걸쳐 격자형으로 그라우팅하는 것을 말한다.
　㉡ 주입공의 심도는 10m 이하(보통 5m)이다.

② Curtain grouting
　㉠ 기초암반을 침투하는 물의 지수목적으로 기초 상류측에 병풍모양으로 컨솔리데이션 그라우팅보다 깊게 그라우팅하는 것을 말한다.
　㉡ 주입공의 심도는 보통 수심의 2/3 정도로 한다.

③ Contact grouting : 암반과 댐 접촉부의 차수목적으로 그라우팅하는 것을 말한다.

④ Joint grouting : 시공이음 부분의 차수목적으로 그라우팅하는 것이다.

12. 네트워크공정표 중 PERT와 CPM관리기법의 비교

기법 구분	PERT (Program Evaluation Review Technique)	CPM (Critical Path Method)
주목적	공기단축	공비절감
대상	신규사업, 비반복사업, 경험이 없는 사업	반복사업, 경험이 있는 사업
작성법	Event를 중심으로 작성	Activity를 중심으로 작성
공기추정	3점 견적법 $t_e = \dfrac{t_o + 4t_m + t_p}{6}$ 여기서, t_e : 기대시간 t_o : 낙관시간 t_m : 정상시간 t_p : 비관시간	1점 견적법 $t_e = t_m$
MCX (최소 비용)	이론이 없다.	CPM의 핵심이론이다.
CP	$T_E - T_L = 0$인 곳	$TF = 0$인 곳

---

03 PART 건설재료 및 시험

1. 탄성계수와 푸아송비

① 탄성계수 $E = \dfrac{\sigma}{\varepsilon} = \dfrac{\dfrac{P}{A}}{\dfrac{\Delta l}{l}}$

② 푸아송비 $\nu = \dfrac{1}{m} = \dfrac{\dfrac{\Delta d}{d}}{\dfrac{\Delta l}{l}}$

여기서, m : 푸아송수

2. 시멘트

① 풍화된 시멘트의 특성
　㉠ 비중이 작아진다.
　㉡ 응결이 지연된다.
　㉢ 강도가 저하되며, 특히 초기강도가 현저히 작아진다.
　㉣ 강열감량이 증가한다.

② 분말도가 큰 시멘트의 특징
　㉠ 수화작용이 빠르다.
　㉡ 초기강도가 크며 강도증진율이 높다.
　㉢ 워커빌리티가 커지며 블리딩이 작아진다.
　㉣ 풍화되기 쉽다.
　㉤ 건조수축이 커져서 균열이 발생하기 쉽다.

3. 혼화재료

① 고로슬래그
　㉠ 수화열에 의한 대폭적인 온도 상승억제가 가능하다.
　㉡ 워커빌리티가 커진다.
　㉢ 단위수량을 줄일 수 있다.
　㉣ 잠재수경성으로 장기강도가 커진다.
　㉤ 콘크리트 조직이 치밀하여 수밀성, 화학적 저항성이 커진다.
　㉥ 알칼리골재반응의 억제효과가 크다.

② 플라이애시(fly ash)
　㉠ 워커빌리티가 커지고 단위수량이 작아진다.
　㉡ 수화열이 적다.
　㉢ 장기강도가 크다.

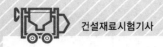

　　ⓔ 수밀성이 커진다.

　　ⓜ 건조수축이 작아진다.

　　ⓗ 동결융해저항성이 커진다.

③ AE제(Air-Entraining admixtures)

　ⓐ 워커빌리티가 커지고 블리딩이 감소한다.

　ⓑ 단위수량이 적어진다(약 6~8% 감소).

　ⓒ 물의 동결에 의한 팽창응력을 기포가 흡수함
　　으로써 콘크리트의 동결융해에 대한 내구성
　　이 크게 증가한다.

　ⓓ 공기량 1% 증가에 따라 압축강도는 4~6% 감
　　소하고, Slump는 2.5cm 증가한다.

　ⓔ 연행공기는 3~6% 정도가 좋다.

　ⓗ 알칼리골재반응의 영향이 적다.

　ⓢ 종류 : 빈졸레진, 빈졸NVX, 다렉스, 프로텍
　　스, 포조리스

④ 염화칼슘을 혼합한 콘크리트의 특징

　ⓐ 시멘트 중량의 2% 이하를 사용하며 조기강도
　　가 증대한다.

　ⓑ 응결이 빨라지고 콘크리트의 슬럼프가 빨리
　　감소한다.

　ⓒ 마모에 대한 저항성이 커진다.

　ⓓ 황산염에 대한 화학저항성이 적다.

　ⓜ 철근은 녹이 슬고 콘크리트 균열이 생기기 쉽다.

4. 밀도

① 잔골재의 밀도(KS F 2504)

　ⓐ 절대건조상태의 밀도 $= \left(\dfrac{A}{B+m-C} \right) \rho_w$

　ⓑ 표면건조포화상태의 밀도

　　$= \left(\dfrac{m}{B+m-C} \right) \rho_w$

　여기서, A : 절대건조상태 시료의 질량(g)

　　　　　B : 물을 검정점까지 채운 플라스크의 질
　　　　　　량(g)

　　　　　C : 시료와 물을 검정점까지 채운 플라스
　　　　　　크의 질량(g)

　　　　　m : 표면건조포화상태 시료의 질량(g)

　　　　　ρ_w : 시험온도에서의 물의 밀도(g/cm^3)

② 굵은 골재의 밀도(KS F 2503)

　ⓐ 절대건조상태의 밀도 $= \left(\dfrac{A}{B-C} \right) \rho_w$

　ⓑ 표면건조포화상태의 비중 $= \left(\dfrac{B}{B-C} \right) \rho_w$

　여기서, A : 절대건조상태 시료의 질량(g)

　　　　　B : 표면건조포화상태 시료의 질량(g)

　　　　　C : 수중에서의 시료의 질량(g)

　　　　　ρ_w : 시험온도에서의 물의 밀도(g/cm^3)

5. 공극률과 조립률

① 공극률 $V = \left(1 - \dfrac{w}{g} \right) \times 100 [\%]$

　여기서, w : 골재의 단위중량(t/m^3)

　　　　　g : 골재의 절건밀도(t/m^3)

② 조립률 $FM = \dfrac{x}{x+y} F_a + \dfrac{y}{x+y} F_b$

6. 배합설계에 필요한 계산

① 이론 최대 밀도 $D = \dfrac{100}{\dfrac{W_a}{G_a} + \dfrac{W_g}{G_g}} [\text{g/cm}^3]$

② 공극률 $V = \left(1 - \dfrac{d}{D} \right) \times 100 [\%]$

③ 포화도 $S_{fa} = \dfrac{V_a}{V_a + V} \times 100 [\%]$

④ 역청재료의 체적비 $V_a = \dfrac{W_a d}{G_a}$

　여기서, W_a, W_g : 혼합물 중의 아스팔트 및 굵은 골
　　　　　　재의 질량비(배합률)(%)

　　　　　G_a, G_g : 아스팔트 및 굵은 골재의 밀도
　　　　　　(g/cm^3)

　　　　　d : 공시체의 실측밀도

　　　　　D : 이론 최대 밀도

　　　　　V_a : 아스팔트 체적

　　　　　V : 공극률

7. 강(steel)

① 탄소강의 분류

　ⓐ 저탄소강 : C<0.3%

　ⓑ 중탄소강 : C=0.3~0.6%

　ⓒ 고탄소강 : C>0.6%

② 강의 열처리

　ⓐ 풀림

　　• A₃(910℃)변태점 이상의 온도로 가열한 후
　　　노 안에서 천천히 냉각시키는 열처리법이다.

- 강의 가공으로 인한 내부응력을 제거시키고 강을 연화시키기 위해 실시한다.
  - ⓛ 불림
    - A₃(910℃)변태점 이상의 적당한 온도로 가열한 후 대기 중에서 냉각시키는 열처리법이다.
    - 강의 조직을 미세화하고 균일하게 하며 강의 내부변형과 응력을 제거하기 위해 실시한다.
  - ⓒ 담금질
    - 강을 높은 온도로 가열한 후에 물 또는 기름 속에서 급냉시키는 열처리법이다.
    - 강의 강도, 경도가 증가한다.
    - 담금질할 때 가열온도가 너무 높으면 취성이 커진다.
  - ② 뜨임
    - 담금질한 강을 담금질온도보다 낮은 온도로 다시 가열하여 서서히 냉각시키는 열처리법이다.
    - 인성, 충격에 대한 저항성이 커진다.
    - 경도와 강도는 감소한다.

8. 목재
① 자연건조법
  - ㉠ 공기건조법
    - 옥외에 목재를 V자형 또는 井자형으로 쌓아 기건상태가 될 때까지 건조시키는 방법이다.
    - 작업이 쉽고 특별한 설비가 필요 없어 가장 널리 사용된다.
  - ㉡ 침수법
    - 목재를 통나무째로 3~4주간 담가서 수액을 수중에 용출시킨 후 공기 중에서 2~3주간 공기건조를 하는 방법이다.
    - 공기건조시일을 단축할 수 있으나 수액의 용출로 인하여 가볍고 취약해지기 쉬우며 강도나 탄성이 감소할 우려가 있다.
② 인공건조법
  - ㉠ 훈연법 : 밀폐된 실내에 목재를 넣고 짚이나 톱밥 등을 태워 그 연기를 건조실 내에 통과시켜 건조하는 방법이다.

  - ㉡ 증기법 : 증기가마 속에 목재를 넣고 밀폐한 후 1.5~3.0kg/cm² 의 압력증기를 보내 건조시키는 방법이다.
  - ㉢ 열기법 : 밀폐된 실내에 목재를 넣고 가열한 공기를 가하여 건조하는 방법이다.
  - ② 자비법(끓임법) : 가마 속에 목재를 넣고 뜨거운 물로 끓여서 수액을 추출시킴으로써 건조를 촉진시키는 방법이다.

9. 석재
① 화강암 : 주성분은 석영, 장석, 운모이고 기타 휘석, 각섬석으로 되어 있다.
  - ㉠ 조직이 균일하고 강도 및 내구성이 크다.
  - ㉡ 풍화나 마모에 강하다.
  - ㉢ 돌눈이 작아 큰 석재를 채취할 수 있다.
  - ② 외관이 아름답다.
  - ⓜ 내화성이 작다.
  - ⓗ 자중 및 경도가 커서 가공, 시공이 곤란하다.
② 석회암 : 석회질이 침전, 응고하여 생성된 암석이다.
  - ㉠ 내화성이 크다.
  - ㉡ 석질이 연하여 가공하기 쉽고 큰 석재를 얻을 수 있다.
  - ㉢ 조직이 단단하나 인성이 매우 작다.
  - ② 석회나 시멘트 원료로 주로 사용된다.

04 PART 토질 및 기초

1. 흙의 상태정수
① 공극비 $e = \dfrac{V_v}{V_s}$

② 공극률 $n = \dfrac{V_v}{V} \times 100 [\%]$

③ 공극비와 공극률의 상호 관계식

$n = \dfrac{e}{1+e} \times 100 [\%]$

④ 함수비 $w = \dfrac{W_w}{W_s} \times 100 [\%]$

⑤ 체적과 중량의 상관관계 $Se = wG_s$
여기서, V_v : 공극의 체적

V_s : 흙입자의 체적

W_w : 물의 무게

W_s : 흙만의 무게

⑥ 습윤밀도 $\gamma_t = \left(\dfrac{G_s + Se}{1+e}\right)\gamma_w$

⑦ 건조밀도 $\gamma_d = \dfrac{W_s}{V} = \left(\dfrac{G_s}{1+e}\right)\gamma_w = \dfrac{\gamma_t}{1+\dfrac{w}{100}}$

⑧ 포화밀도 $\gamma_{\mathrm{sat}} = \left(\dfrac{G_s + e}{1+e}\right)\gamma_w$

⑨ 수중밀도 $\gamma_{\mathrm{sub}} = \left(\dfrac{G_s - 1}{1+e}\right)\gamma_w$

2. 연경도에서 구하는 지수

① 소성지수 $I_p = W_L - W_p$

② 수축지수 $I_s = W_p - W_s$

③ 액성지수 $I_L = \dfrac{W_n - W_p}{I_p}$

3. 균등계수와 곡률계수

① 균등계수 $C_u = \dfrac{D_{60}}{D_{10}}$

② 곡률계수 $C_g = \dfrac{{D_{30}}^2}{D_{10}D_{60}}$

여기서, D_{10} : 통과 백분율 10%에 해당하는 입경(유효입경, D_e)

D_{30} : 통과 백분율 30%에 해당하는 입경

D_{60} : 통과 백분율 60%에 해당하는 입경

4. Darcy의 법칙

① 유출속도 $V = Ki$

② 실제 침투속도 $V_s = \dfrac{V}{n}$

③ t시간 동안 면적 A를 통과하는 전 투수량

$Q = KiAt$

여기서, K : 투수계수

i : 동수경사$\left(=\dfrac{\Delta h}{l}\right)$

V : 평균속도

A : 시료의 전 단면적

n : 공극률$\left(=\dfrac{\overline{V_v}}{V}\right)$

5. 비균질 흙에서의 평균투수계수

① 수평방향 평균투수계수

$$K_h = \dfrac{1}{H}(K_{h1}H_1 + K_{h2}H_2 + \cdots + K_{hn}H_n)$$

② 수직방향 평균투수계수

$$K_v = \dfrac{H}{\dfrac{H_1}{K_{v1}} + \dfrac{H_2}{K_{v2}} + \cdots + \dfrac{H_n}{K_{vn}}}$$

여기서, $H = H_1 + H_2 + \cdots + H_n$

6. 유선망

① 침투수량 : 등방성 흙인 경우($K_h = K_v$)

$$q = KH\dfrac{N_f}{N_d}$$

여기서, q : 단위폭당 제체의 침투유량($\mathrm{cm^3/s}$)

K : 투수계수(cm/s)

H : 상하류의 수두차(cm)

N_f : 유로의 수

N_d : 등수두면의 수

② 간극수압

㉠ 간극수압$(U_p) = \gamma_w \times$ 압력수두

㉡ 압력수두 = 전수두 − 위치수두

㉢ 전수두 $= \dfrac{n_d}{N_d}H$

여기서, n_d : 구하는 점에서의 등수두면 수

N_d : 등수두면 수

H : 수두차

7. 모관 상승고

$$h_c = \dfrac{4T\cos\alpha}{\gamma_w D}$$

여기서, T : 표면장력

α : 접촉각

γ_w : 물의 단위중량

D : 모관의 지름

8. 유효응력

① 흙의 자중으로 인한 응력

㉠ 연직방향 응력 $\sigma_v = \gamma_t h$

㉡ 수평방향 응력 $\sigma_h = \sigma_v K$

② 분사현상

   ㉠ 한계동수경사 $i_{cr} = \dfrac{G_s - 1}{1 + e}$

   ㉡ 안전율 $F_s = \dfrac{i_c}{i} = \dfrac{\dfrac{G_s - 1}{1 + e}}{\dfrac{h}{L}}$

9. 지중응력

① Boussinesq이론

   ㉠ A점에서의 법선응력 $\Delta\sigma_Z = \dfrac{P}{Z^2} I$

   ㉡ 영향계수 $I = \dfrac{3Z^5}{2\pi R^5}$

② 지중응력의 약산법(2:1분포법, $\tan\theta = 1/2$법, Kogler 간편법) $\Delta\sigma_Z = \dfrac{P}{(B+Z)(L+Z)}$

10. 압밀시험

① 압축지수(C_c)값의 추정(Terzaghi와 Peck의 제안식)

   ㉠ 교란된 시료 $C_c = 0.007(W_L - 10)$

   ㉡ 불교란 시료 $C_c = 0.009(W_L - 10)$

② 압밀계수(C_v)

   ㉠ $\sqrt{t}$법(Taylor)의 압밀계수 $C_v = \dfrac{0.848H^2}{t_{90}}$

   ㉡ $\log t$법(Casagrande & Fadum)의 압밀계수

     $C_v = \dfrac{0.197H^2}{t_{50}}$

여기서, H: 배수거리(양면배수 시 : $\dfrac{점토층두께}{2}$

       일면배수 시 : 점토층두께)

      t_{90}: 압밀 90%될 때까지 걸리는 시간(압밀침하속도)

      t_{50}: 압밀 50%될 때까지 걸리는 시간

③ 압밀침하량(정규압밀점토인 경우)

$\Delta H = \left(\dfrac{e_1 - e_2}{1 + e_1}\right)H = \dfrac{C_c}{1 + e_1}\left(\log\dfrac{P_2}{P_1}\right)H$

여기서, P_1: 초기 유효연직응력

      $P_2 = P_1 + \Delta P$

      e_1: 초기공극비

      H: 점토층의 두께

      C_c: 압축지수

11. 압밀도

$U_Z = \dfrac{u_i - u}{u_i} \times 100$

여기서, U_Z: 점토층의 깊이 Z에서의 압밀도

      u_i: 초기 과잉간극수압(kg/cm^2)

      u: 임의점의 과잉간극수압(kg/cm^2)

      P: 점토층에 가해진 압력(kg/cm^2)

12. Mohr - Coulomb의 파괴규준

$\tau_f = c + \bar{\sigma}\tan\phi$

여기서, τ_f: 전단강도

      c: 흙의 점착력

      $\bar{\sigma}$: 유효수직응력

      ϕ: 흙의 내부마찰각

13. Mohr응력원

① 수직응력 $\sigma_f = \dfrac{\sigma_1 + \sigma_3}{2} + \left(\dfrac{\sigma_1 - \sigma_3}{2}\right)\cos 2\theta$

② 전단응력 $\tau_f = \left(\dfrac{\sigma_1 - \sigma_3}{2}\right)\sin 2\theta$

14. 전단강도 정수를 구하기 위한 시험

① 일축압축시험

   ㉠ 일축압축강도 $q_u = 2c\tan\left(45° + \dfrac{\phi}{2}\right)$

   ㉡ 예민비 $S_t = \dfrac{q_u}{q_{ur}}$

     여기서, q_u: 자연상태의 일축압축강도

        q_{ur}: 흐트러진 상태의 일축압축강도

② 표준관입시험(SPT)

   ㉠ Dunham공식

    • 토립자가 모나고 입도가 양호 :

     $\phi = \sqrt{12N} + 25$

    • 토립자가 모나고 입도가 불량, 토립자가 둥글고 입도가 양호 : $\phi = \sqrt{12N} + 20$

    • 토립자가 둥글고 입도가 불량 :

     $\phi = \sqrt{12N} + 15$

   ㉡ 면적비 $A_r = \dfrac{D_w^2 - D_e^2}{D_e^2} \times 100$

    여기서, D_w: 샘플러의 외경

       D_e: 샘플러의 내경

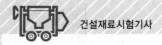

15. 토압계수

① 주동토압계수 $K_a = \tan^2\left(45° - \dfrac{\phi}{2}\right)$

② 수동토압계수 $K_p = \tan^2\left(45° + \dfrac{\phi}{2}\right)$

16. Rankine토압론

① 점성이 없는 흙의 주동 및 수동토압($c = 0,\ i = 0$)

㉠ 주동토압 $P_a = \dfrac{1}{2}\gamma H^2 K_a$

㉡ 수동토압 $P_p = \dfrac{1}{2}\gamma H^2 K_p$

② 점성토의 주동 및 수동토압($c \neq 0,\ i = 0$)

㉠ 주동토압 $P_a = \dfrac{1}{2}\gamma H^2 K_a - 2c\sqrt{K_a}\,H$

㉡ 수동토압 $P_p = \dfrac{1}{2}\gamma H^2 K_p + 2c\sqrt{K_p}\,H$

③ 등분포재하 시의 토압($c = 0,\ i = 0$)

㉠ 주동토압 $P_a = \dfrac{1}{2}\gamma H^2 K_a + q_s K_a H$

㉡ 수동토압 $P_p = \dfrac{1}{2}\gamma H^2 K_p + q_s K_p H$

17. 다짐효과에 영향을 미치는 요소(다짐곡선의 특성)

① 다짐에너지 : 다짐에너지를 크게 할수록 최적함수비는 감소하고, 최대 건조단위중량은 증가한다.

② 토질 특성(동일한 에너지로 다지는 경우)

㉠ 조립토일수록 최적함수비는 작고, 최대 건조단위중량은 크다.

㉡ 입도분포가 양호할수록 최적함수비는 작고, 최대 건조단위중량은 크다.

㉢ 점성토에서 소성이 증가할수록 최적함수비는 크고, 최대 건조단위중량은 작다.

㉣ 점성토일수록 다짐곡선이 평탄하고 최적함수비가 높아서 함수비의 변화에 따른 다짐효과가 작다.

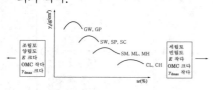

▲ 표준다짐시험으로 다진
여러 종류의 흙에 대한 다짐곡선

18. 평판재하시험(KS F 2310)

① 재하판의 크기에 따른 지지력계수

$K_{30} = 2.2 K_{75} [\text{kg/cm}^3],\ K_{40} = 1.7 K_{75} [\text{kg/cm}^3]$

여기서, $K_{30},\ K_{40},\ K_{75}$: 지름이 각각 30cm, 40cm, 75cm의 재하판을 사용하여 구해진 지지력계수 (kg/cm^3)

② 지지력

㉠ 점토지반일 때 재하판의 폭에 무관하다.

$q_{u(기초)} = q_{u(재하판)}$

㉡ 모래지반일 때 재하판의 폭에 비례한다.

$q_{u(기초)} = q_{u(재하판)} \dfrac{B_{(기초)}}{B_{(재하판)}}$

③ 침하량

㉠ 점토지반일 때 재하판의 폭에 비례한다.

$S_{(기초)} = S_{(재하판)} \dfrac{B_{(기초)}}{B_{(재하판)}}$

㉡ 모래지반일 때 침하량은 재하판의 크기가 커지면 약간 커지긴 하지만 폭(B)에 비례하는 정도는 못된다.

$S_{(기초)} = S_{(재하판)}\left(\dfrac{2B_{(기초)}}{B_{(기초)} + B_{(재하판)}}\right)^2$

19. 유한(단순)사면의 안정해석법

① 평면파괴면을 갖는 사면의 안정해석(Culmann의 도해법)

직립면의 한계고 $H_c = \dfrac{4c}{\gamma_t}\tan\left(45° + \dfrac{\phi}{2}\right)$

② 안정도표에 의한 사면의 안정해석

㉠ 한계고 $H_c = \dfrac{N_s c}{\gamma_t}$

여기서, N_s : 안정계수$\left(= \dfrac{1}{\text{안정수}}\right)$

㉡ 안전율 $F_s = \dfrac{H_c}{H}$

③ 원호파괴면을 갖는 사면의 안정해석

안전율 $F_s = \dfrac{M_r}{M_d} = \dfrac{c_u \gamma L_a}{Wd}$

20. 무한사면의 안정해석법

① 지하수위가 파괴면 아래에 있을 경우의 안전율 ($c \neq 0$일 때)

$$F_s = \frac{c}{\gamma_t Z \cos i \sin i} + \frac{\tan\phi}{\tan i}$$

② 지하수위가 지표면과 일치할 경우의 안전율($c \neq 0$일 때)

$$F_s = \frac{c}{\gamma_{sat} Z \cos i \sin i} + \frac{\gamma_{sub}}{\gamma_{sat}} \frac{\tan\phi}{\tan i}$$

21. Terzaghi의 수정지지력공식

$$q_{ult} = \alpha c N_c + \beta \gamma_1 B N_\gamma + \gamma_2 D_f N_q$$

여기서, N_c, N_γ, N_q : 지지력계수로서 ϕ의 함수

    c : 기초저면흙의 점착력(t/m²)

    B : 기초의 최소폭(m)

    γ_1 : 기초저면보다 하부에 있는 흙의 단위중량 (t/m³)

    γ_2 : 기초저면보다 상부에 있는 흙의 단위중량 (단, γ_1, γ_2는 지하수위 아래에서는 수중단위중량(γ_{sub})을 사용한다)(t/m³)

    D_f : 근입깊이(m)

    α, β : 기초모양에 따른 형상계수(shape factor)

22. 허용지지력

$$q_a = \frac{q_u}{F_s}$$

여기서, $F_s = 3$

23. 말뚝기초

① Engineering-News공식

  ㉠ 극한지지력(Drop hammer의 경우)

$$R_u = \frac{W_r h}{S + 2.54}$$

  ㉡ 허용지지력 $R_a = \dfrac{R_u}{F_s}$

    여기서, S : 타격당 말뚝의 평균관입량(cm)

        h : 낙하고(cm)

        $F_s = 6$

② Sander공식

  ㉠ 극한지지력 $R_u = \dfrac{W_h h}{S}$

  ㉡ 허용지지력 $R_a = \dfrac{R_u}{F_s}$

    여기서, $F_s = 8$

③ 부마찰력

  ㉠ $R_{nf} = f_n A_s$

    여기서, f_n : 단위면적당 부마찰력

$$\left(\text{연약점토 시 } f_n = \frac{1}{2} q_u\right)$$

        A_s : 부마찰력이 작용하는 부분의 말뚝의 주면적(m²)

  ㉡ 발생원인 : 지반 중에 연약점토층의 압밀침하, 연약한 점토층 위의 성토(사질토)하중, 지하수위 저하

④ 군항(무리말뚝)

  ㉠ 판정기준 : 2개 이상의 말뚝에서 지중응력의 중복 여부로 판정한다.

$$D = 1.5\sqrt{rL}$$

    • $D > d$: 군항(group pile)

    • $D < d$: 단항(single pile)

    여기서, D : 말뚝에 의한 지중응력이 중복되지 않기 위한 말뚝간격

        r : 말뚝반지름

        L : 말뚝길이

        d : 말뚝의 중심간격

  ㉡ 군항의 허용지지력

$$R_{ag} = ENR_a$$

$$E = 1 - \frac{\phi}{90}\left[\frac{(m-1)n + m(n-1)}{mn}\right]$$

$$\phi = \tan^{-1}\frac{D}{S}$$

    여기서, E : 군항의 효율

        N : 말뚝개수

        R_a : 말뚝 1개의 허용지지력

        S : 말뚝간격(m)

        D : 말뚝직경(m)

        m : 각 열의 말뚝수

        n : 말뚝 열의 수

24. Sand drain공법의 설계

① sand drain의 배열

  ㉠ 정삼각형 배열 : $d_e = 1.05d$

  ㉡ 정사각형 배열 : $d_e = 1.13d$

    여기서, d_e : drain의 영향원 지름

        d : drain의 간격

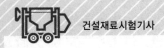
② 수평, 연직방향 투수를 고려한 전체적인 평균압밀도

$$U = 1 - (1 - U_h)(1 - U_v)$$

여기서, U_h : 수평방향의 평균압밀도

U_v : 연직방향의 평균압밀도

25. Paper drain공법의 설계

$$D = \alpha \left(\frac{2A + 2B}{\pi} \right)$$

여기서, D : drain paper의 등치환산원의 지름

α : 형상계수(0.75)

A, B : drain의 폭과 두께(cm)

제 1 편

콘크리트공학

ENGINEER CONSTRUCTION MATERIAL TESTING

Chapter 01 콘크리트의 역학적 성질

1-1 콘크리트

콘크리트는 용적으로 약 70%가 골재이고, 30%가 시멘트풀이다.

(1) 장점

① 크기, 모양에 제한을 받지 않는다.
② 내구성, 내화성, 내진성이 좋다.
③ 역학적인 결점을 다른 재료로 보충할 수 있다.
④ 필요로 하는 임의의 강도를 자유롭게 얻을 수 있다.
⑤ 유지비가 거의 들지 않고 경제적이다.

(2) 단점

① 자중이 크다.
② 압축강도에 비해 인장강도와 휨강도가 작다.
③ 건조, 수축 등에 의해 균열이 생기기 쉽다.
④ 철거, 보강, 개수가 어렵다.
⑤ 경화하는 데 시간이 길어 시공일수가 길다.

1-2 굳지 않은 콘크리트의 성질

(1) 굳지 않은 콘크리트의 성질을 나타내는 용어

① 반죽질기(consistency) : 수량의 다소에 따르는 반죽이 되고 진 정도를 나타내는 아직 굳지 않은 콘크리트의 성질
② 시공연도(workability) : 반죽질기 여하에 따르는 작업의 난이도 및 재료분리에 저항하는 정도를 나타내는 아직 굳지 않은 콘크리트의 성질
③ 성형성(plasticity) : 거푸집에 쉽게 다져넣을 수 있고 거푸집을 제거하면 천천히 형상이 변하기는 하지만 허물어지거나 재료가 분리하는 일이 없는 아직 굳지 않은 콘크리트의 성질

④ 피니셔빌리티(finishability, 마무리성) : 굵은 골재의 최대 치수, 잔골재율, 잔골재의 입도, 반죽질기 등에 의한 콘크리트 표면의 마무리 정도를 나타내는 아직 굳지 않은 콘크리트의 성질

(2) 워커빌리티에 영향을 미치는 요인

① 재료
  ㉠ 시멘트 : 단위시멘트양이 많을수록 워커빌리티가 커진다.
  ㉡ 단위수량 : 단위수량이 많을수록 워커빌리티가 커진다.
  ㉢ 잔골재, 굵은 골재 : 입도가 좋을수록, 입형이 모난 것이나 편평한 것(부순 돌 : 쇄석) 보다 둥글수록 워커빌리티가 커진다.
  ㉣ 혼화재료 : AE제, 감수제 등을 사용하면 워커빌리티가 커진다.
② 배합 : 물－시멘트비, 잔골재율, 굵은 잔골재율 등은 워커빌리티에 큰 영향을 미친다.
③ 온도 : 온도가 높을수록 슬럼프가 감소하므로 워커빌리티가 작아진다.
④ 비빔시간 : 비빔이 불충분하거나 과도하면 워커빌리티가 작아진다.

(3) 워커빌리티 측정법

① 슬럼프시험(slump test) : 가장 많이 사용한다.
② 흐름시험(flow test)
③ 리몰딩(remoulding test) : Slump test, Flow test보다 더 정확한 워커빌리티 측정법이다.
④ 켈리볼시험(kelly ball penetration test)
⑤ 비비(vee－bee)반죽질기시험
⑥ 일리발렌시험(iribarren test)
⑦ 다짐계수시험(compaction factor test)

(4) 재료의 분리

1) 콘크리트 타설작업 중에 생기는 재료분리

① 원인
  ㉠ 굵은 골재의 최대 치수가 너무 큰 경우
  ㉡ 입자가 거친 잔골재를 사용한 경우
  ㉢ 단위골재량이 너무 많은 경우
  ㉣ 단위수량이 너무 많은 경우
  ㉤ 배합이 적절하지 않은 경우
② 대책방법
  ㉠ 잔골재율을 크게 한다.
  ㉡ 물－결합재비를 작게 한다.
  ㉢ 잔골재 중의 0.15~0.3mm 정도 크기의 세립분을 많게 한다.
  ㉣ AE제, 플라이애시 등의 혼화재료를 적절히 사용한다.

2) 콘크리트 타설 후의 재료분리

① 블리딩(bleeding) : 콘크리트 타설 후 시멘트, 골재입자 등이 침하함으로써 물이 분리 상승되어 콘크리트 표면에 떠오르는 현상이다.
② 레이턴스(laitance) : 블리딩에 의해 콘크리트 표면에 떠오른 후 침전한 미세한 물질이다.

1-3 경화한 콘크리트의 성질

(1) 단위질량

$1m^3$당 질량을 단위질량(kg/m^3)이라고 하며, 무근 콘크리트는 콘크리트 구조설계기준에서 $2,300kg/m^3$, 도로교 표준시방서에서 $2,350kg/m^3$를 사용한다. 한편 철근콘크리트는 $2,400$ ~$2,500kg/m^3$(약 $2,500kg/m^3$)를 설계 시 적용한다.

(2) 압축강도

① 일반적으로 콘크리트의 강도는 압축강도를 말하며, 물−시멘트비를 기준으로 한 재령 28일의 압축강도는 실험에 의해 결정된다.
② 콘크리트 강도에 영향을 미치는 주된 요인
  ㉠ 재료품질의 영향
    • 시멘트 : 시멘트의 강도
    • 골재 : 물−시멘트비가 일정한 경우 굵은 골재의 최대 치수가 클수록 콘크리트 강도는 작아진다.
    • 혼합수 : 수질
  ㉡ 배합의 영향 : 콘크리트 강도에 영향을 미치는 요인 중에서 가장 큰 영향을 미치는 것은 물−시멘트비이다.
  ㉢ 공기량의 영향 : 공기량이 1% 증가함에 따라 압축강도는 4~6% 감소한다.
  ㉣ 시공방법의 영향
    • 혼합방법 : 혼합시간이 길수록 강도가 증대한다.
    • 진동다짐 : 진동기를 사용하여 다짐하면 강도가 증대한다.
    • 성형압력 : 콘크리트는 성형 시에 가압하여 경화시키면 강도가 증대한다.
  ㉤ 양생방법 및 재령의 영향 : 습윤양생하면 건조양생한 것보다 강도가 증대한다.
  ㉥ 시험방법의 영향
    • 재하속도가 빠를수록 압축강도가 크다.
    • 습윤상태의 콘크리트는 건조상태일 때보다 압축강도가 작다.
    • 표면에 요철이 있으면 편심하중이 걸려서 강도가 작아진다.
    • 압축강도의 크기는 입방체 > 원주체 > 각주체이다.

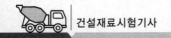

(3) 인장강도

① 인장강도는 압축강도의 1/10~1/13 정도이다.
② 일반적으로 철근콘크리트 부재의 설계 시 인장강도는 무시하나 슬래브 및 수조의 설계 등에서는 중요하며 직접 영향을 미친다.

(4) 휨강도

① 휨강도는 압축강도의 1/5~1/8 정도이다.
② 휨강도는 도로, 공항 등의 콘크리트 포장의 설계기준강도, 이들 콘크리트의 품질결정 및 관리 등에 사용된다.

(5) 전단강도

전단강도는 압축강도의 1/4~1/6 정도이다.

(6) 부착강도

철근과 콘크리트의 부착 정도를 부착강도라 한다.

1) 부착강도의 원리

① 철근과 시멘트풀의 순부착력
② 철근과 콘크리트 사이의 마찰력
③ 철근 표면의 요철에 의한 기계적 저항력

2) 개요

① 압축강도가 증가하면 부착강도가 증가한다.
② 수평철근의 부착강도는 연직철근의 1/2~1/4 정도이다.
③ 수평철근 아래쪽의 콘크리트 두께가 클수록 부착강도는 작아진다.
④ 공기량이 증가하면 부착강도는 작아진다.

(7) 탄성계수

1) 개요

① 콘크리트의 탄성계수를 구하는 방법은 초기탄성계수, 할선탄성계수, 접선탄성계수가 있으나, 현재 콘크리트 구조설계기준에서 채택하는 콘크리트의 탄성계수는 할선탄성계수(시컨트계수)를 사용한다.
② 탄성계수가 클수록 응력을 가할 때 변형량이 작다는 것을 의미한다.
③ 압축강도가 클수록 탄성계수가 크다.
④ 압축강도가 같을 경우 보통 콘크리트가 경량 콘크리트보다 탄성계수가 크고, 굵은 골재량이 많을수록 크다.
⑤ 콘크리트 단위중량이 클수록 탄성계수가 크다.
⑥ 재령이 길수록, 공기량이 작을수록 크다.

2) 콘크리트 탄성계수(콘크리트 구조설계기준)

① 콘크리트의 단위질량 m_c의 값이 1,450~2,500kg/m³인 경우

$$E_c = 0.077m_c^{1.5}\sqrt[3]{f_{cu}}\,[\text{MPa}] \quad\text{⋯⋯⋯⋯⋯⋯⋯⋯⋯⋯⋯⋯⋯⋯ (1-1)}$$

② 보통골재를 사용한 콘크리트($m_c = 2,300$kg/m³)인 경우

$$E_c = 8,500\sqrt[3]{f_{cu}}\,[\text{MPa}] \quad\text{⋯⋯⋯⋯⋯⋯⋯⋯⋯⋯⋯⋯⋯⋯ (1-2)}$$

여기서, E_c : 콘크리트의 탄성계수

f_{cu} : 재령 28일에서 콘크리트의 평균압축강도

$$f_{cu} = f_{ck} + 4\,[\text{MPa}]\,(f_{ck} \leq 40\text{MPa})$$

$$f_{cu} = 1.1f_{ck} + 4\,[\text{MPa}]\,(40\text{MPa} < f_{ck} < 60\text{MPa})$$

$$f_{cu} = f_{ck} + 6\,[\text{MPa}]\,(f_{ck} \geq 60\text{MPa})$$

f_{ck} : 콘크리트의 설계기준압축강도(MPa)

(8) 건조수축

콘크리트의 건조수축이란 시멘트겔 속의 수분이 유출, 증발함에 따라 건조해져서 콘크리트가 수축되는 것을 말한다.

① 철근콘크리트 부재에서 콘크리트가 수축되면 철근이 이를 억제하기 때문에 콘크리트에는 인장응력이 발생하고 균열이 일어난다.

② 철근을 많이 사용하면 철근이 이를 억제하기 때문에 건조수축이 작아진다.

③ 콘크리트 건조수축이 커지는 경우

　㉠ 단위수량이 큰 경우

　㉡ 단위시멘트양이 많은 경우

　㉢ 분말도가 큰 시멘트를 사용한 경우

　㉣ 시멘트의 화학성분 중 C₃A는 수축을 증대시키고, 석고는 수축을 감소시킴

　㉤ 흡수량이 큰 골재를 사용한 경우

　㉥ 온도가 높을수록

　㉦ 습도가 낮을수록

(9) 크리프

일정한 응력이 장시간 가해지는 경우 응력의 증가 없이 변형이 진행되는 현상을 크리프(creep)라 한다.

1) 크리프가 커지는 경우

① 재령이 짧을수록

② 재하응력, 물-시멘트비가 클수록

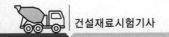

③ 부재치수가 작을수록

④ 대기의 습도가 낮을수록

⑤ 대기의 온도가 높을수록

⑥ 단위시멘트양이 많을수록

⑦ 배합이 나쁠수록

⑧ 보통 시멘트는 조강 시멘트보다 크리프가 큼

2) 크리프계수(creep coefficient)

① $\phi_t = \dfrac{\varepsilon_c}{\varepsilon_E}$ ·· (1-3)

여기서, ϕ_t : 크리프계수, ε_c : 크리프변형률, ε_E : 탄성변형률

② ϕ_t는 실내의 경우 3.0, 실외의 경우(보통 콘크리트) 2.0을 표준으로 한다.

③ 일반적으로 크리프변형률은 탄성변형률의 1~3배로 수년에 걸쳐 진행되나, 최종 변형의 50% 이상은 재령 13주 이내에 발생한다.

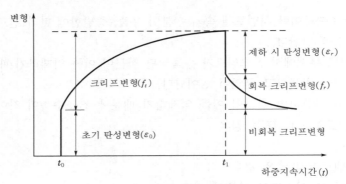

┃ 그림 1-1 ┃ 크리프변형-시간곡선

02 콘크리트 시험

2-1 굳지 않은 콘크리트

(1) 콘크리트의 슬럼프시험방법(KS F 2402)

1) 적용 범위 및 시험목적

① 굵은 골재의 최대 치수가 40mm를 넘는 콘크리트의 경우에는 40mm를 넘는 골재를 제거한다.

② 슬럼프시험은 굳지 않은 콘크리트의 반죽질기를 측정하는 방법으로서 워커빌리티를 판정하는 하나의 수단이다.

2) 시험기구

① 슬럼프콘 : 밑면의 안지름이 20cm, 윗면의 안지름이 10cm, 높이가 30cm인 금속제 절두 원추형

② 다짐봉 : 지름이 16mm, 길이가 50~60cm인 곧은 원형 강봉으로 한쪽 끝은 반구형으로 둥글게 되어 있는 것

③ 흙손과 스쿱(scoop)

(3) 시험방법

① 슬럼프콘을 습포로 닦은 후 평평하고 습한 비(非)흡수성의 단단한 평판 위에 놓고 콘크리트를 채워 넣을 동안 2개의 발판을 디디고 서서 움직이지 않게 그 자리에 단단히 고정시켜야 한다.

② 채취한 콘크리트 시료를 즉시 슬럼프콘용적의 약 1/3깊이(바닥에서 7cm)만 채우고 다짐대로 단면 전체에 골고루 25회 다진다. 다음에 콘용적의 2/3(바닥에서 16cm)까지 채우고 다짐대로 그 층의 깊이만 25회 다진다. 최후에 콘의 상부까지 시료를 슬럼프콘 위에 높이 쌓고서 다짐대로 25회 다진다. 최하층은 전 깊이를 다지고, 둘째층과 최상층은 각각 그 층의 깊이만 다지는데, 그 아래층은 약간 관입(貫入)할 정도로 다진다.

③ 만일 다져서 콘크리트가 슬럼프콘의 상단보다 아래로 낮아지면 여분의 콘크리트가 항상 슬럼프콘 윗면에 있도록 추가하여 넣는다.

④ 시료의 상면을 몰드(mold)의 상단에 합쳐서 흙칼로 평면으로 고른다.

⑤ 시료로부터 조심성 있게 수직방향으로 콘을 들어 올리고 콘크리트의 중앙부에서 공시체 높이와의 차를 5mm 단위로 측정하여 이것을 슬럼프값으로 한다.

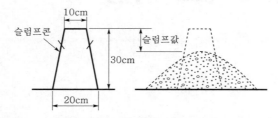

┃ 그림 1-2 ┃ 슬럼프시험

4) 주의사항

① 슬럼프콘을 벗기는 작업은 2~3초로 한다.
② 슬럼프콘에 콘크리트를 채우기 시작하고 나서 슬럼프콘을 들어 올리기를 종료할 때까지의 시간은 3분 이내로 한다.

(2) 흐름시험(flow test, ASTM C 124)

1) 시험목적

콘크리트를 상하로 운동시켜 그 변형을 측정하여 유동성과 워커빌리티를 알아보는 시험이다.

2) 시험방법

대형의 흐름판(ϕ76.2cm) 중앙에 금속제 콘(상면 내경 17.1cm, 하면 내경 25.4cm)을 놓고, 이 몰드 속에 콘크리트 반죽을 2층 25회 균일하게 다짐대(ϕ16mm)로 다짐을 한 후 콘을 연직으로 들어 올리고 흐름판을 10초 동안에 15회 상하운동시켜서 넓게 퍼진 콘크리트 반죽지름의 평균을 측정하여 흐름값을 구한다.

┃ 그림 1-3 ┃ 흐름시험

$$흐름값 = \frac{시험\ 후의\ 지름(cm) - 25.4}{25.4} \times 100 \quad \cdots\cdots\cdots (1-4)$$

(3) 리몰딩시험(remoulding test)

1) 적용 범위

① Slump test나 Flow test보다 더 정확한 워커빌리티를 측정할 수 있다.
② 점성이 큰 AE 콘크리트에 사용하면 효과적이다.

2) 시험방법

Flow table 위에 놓은 원통형 용기 중에 콘크리트를 슬럼프시킨 후 탈형하여 그 정부에 누름판을 얹어놓고 플로테이블에 약 6mm의 상하진동을 준다. 원통 내에서의 콘크리트 높이가 같아질 때까지 요하는 진동횟수로 컨시스턴시를 표시한다.

(4) 콘크리트의 블리딩시험방법(KS F 2414)

1) 적용 범위 및 시험목적

① 굵은 골재 최대 치수가 40mm 이하인 굳지 않은 콘크리트의 블리딩시험에 적용한다.
② 콘크리트 재료분리의 경향과 AE제 및 감수제의 품질을 시험하기 위하여 행한다.

2) 시험방법

① 시료는 콘크리트의 압축 및 휨강도시험용 공시체를 제작하고 양생하는 방법에 따라 채취한다.
② 시험하는 동안 20±3℃로 항온이 유지된 실험실에서 행한다.
③ 혼합된 콘크리트를 3층으로 나누어 용기에 넣고 각 층의 윗면을 고른 후 25회씩 다지고 콘크리트 표면에 큰 기포가 보이지 않을 때까지 용기의 바깥을 10~15회 두들긴다.
④ 콘크리트 표면이 용기의 가장자리에서 30±3mm 낮아지도록 고른다. 콘크리트의 표면은 최소한의 작업으로 평활한 면이 되도록 흙손으로 고른다.
⑤ 시료의 표면을 흙손으로 고른 후 즉시 시간과 용기와 시료의 무게를 잰다.
⑥ 진동이 없는 수평한 시험대 위에 시료를 담은 용기를 놓고 뚜껑을 덮는다.
⑦ 처음 60분 동안은 10분 간격으로, 그 후는 블리딩이 정지할 때까지 30분 간격으로 표면에 떠오른 블리딩 물을 빨아낸다.
⑧ 블리딩 물을 쉽게 모으기 위하여 물을 빨아내기 2분 전에 약 50mm 두께의 블록을 용기 한쪽 밑에 받쳐 물을 빨아낸 후 용기가 흔들리지 않도록 수평으로 되돌려 놓는다.
⑨ 각각 빨아낸 물을 메스실린더에 옮긴 후 그때까지 고인 물의 누계를 1mL까지 기록한다.
⑩ 시험이 끝난 후 곧 용기와 시료의 무게를 재며 빨아낸 블리딩에 의한 수량을 시료의 무게에 가산한다.
⑪ 다음 식에 따라 단위표면적의 블리딩양을 계산한다.

$$블리딩양 = \frac{V}{A}\,[\text{mL/cm}^2] \quad\cdots\cdots\cdots (1-5)$$

여기서, V : 규정된 측정시간 동안에 생긴 블리딩수의 양(mL)
　　　　A : 콘크리트의 노출면적(cm^2)

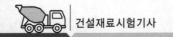

2-2 굳은 콘크리트

(1) 콘크리트의 압축강도시험(KS F 2405)

1) 적용 범위 및 시험목적

① 경화 콘크리트 공시체의 압축강도시험에 적용한다.
② 압축강도를 알고 다른 제 성질(인장강도, 탄성계수, 내구성 등)의 개략을 추정한다.

2) 시험방법

① 공시체의 상하 끝면 및 상하의 가압판의 압축면을 청소한다.
② 공시체를 공시체 지름의 1% 이내의 오차에서 그 중심축이 가압판의 중심과 일치하도록 놓는다.
③ 시험기의 가압판과 공시체의 끝면은 직접 밀착시키고, 그 사이에 쿠션재를 넣어서는 안 된다. 다만, 언본드 캐핑에 의한 경우는 제외한다.
④ 공시체에 충격을 주지 않도록 똑같은 속도로 하중을 가한다. 하중을 가하는 속도는 압축응력도의 증가율이 매초 0.6±0.4MPa이 되도록 한다.
⑤ 공시체가 급격한 변형을 시작한 후에는 하중을 가하는 속도의 조정을 중지하고 하중을 계속 가한다.
⑥ 공시체가 파괴될 때까지 시험기가 나타내는 최대 하중을 유효숫자 3자리까지 읽는다.
⑦ 계산(단, 공시체의 지름은 0.1mm까지 측정한다.)

$$f_c = \frac{P}{A} = \frac{P}{\dfrac{\pi D^2}{4}} \, [\text{MPa}]$$ ·· (1-6)

여기서, f_c : 압축강도(MPa), P : 최대 하중(N), D : 공시체의 지름(mm)

3) 공시체(KS F 2403)

① 공시체의 치수
　㉠ 공시체 높이는 지름의 2배 이상으로 한다.
　㉡ 그 지름은 굵은 골재 최대 치수의 3배 이상 및 10cm 이상으로 한다.
② 콘크리트 다져넣기
　㉠ 콘크리트를 채우는 방법
　　• 콘크리트는 2층 이상의 거의 같은 층으로 나눠서 채운다.
　　• 각 층의 두께는 160mm를 넘어서는 안 된다.
　㉡ 다짐봉을 사용하는 경우 : 각 층은 적어도 10cm^{2}에 1회의 비율로 다지도록 하고 바로 아래의 층까지 다짐봉이 닿도록 한다.

③ 몰드 제거시기는 콘크리트를 채운 직후 16시간 이상 3일 이내로 한다.

④ 공시체의 양생온도는 20±2℃로 한다. 공시체는 몰드제거 후 강도시험을 할 때까지 습윤 상태에서 양생을 실시한다.

(2) 콘크리트의 인장강도시험(KS F 2423)

1) 시험목적

콘크리트 인장강도는 압축강도에 비해 아주 작으므로 철근콘크리트 설계에서는 무시되지만 건조수축 및 온도변화 등에 의한 균열의 경감 및 방지를 위해서 인장강도의 크기를 알 필요가 있다.

2) 시험방법

① 공시체의 측면 및 상하의 가압판의 압축면을 청소한다.

② 공시체를 시험기의 가압판 위에 편심하지 않도록 설치한다.

③ 공시체에 충격을 가하지 않도록 똑같은 속도로 하중을 가한다. 하중을 가하는 속도는 인장응력의 증가율이 매초 0.06±0.04MPa(=N/mm^2)이 되도록 조정하고, 최대 하중에 도달할 때까지 그 증가율을 유지한다.

④ 공시체가 파괴될 때까지 시험기에 나타내는 최대 하중을 유효숫자 3자리까지 읽는다.

⑤ 계산

$$f_{sp} = \frac{2P}{\pi Dl}[\text{MPa} = \text{N/mm}^2] \quad \cdots\cdots\cdots (1-7)$$

여기서, f_{sp} : 인장강도(MPa=N/mm^2), P : 최대 하중(N), D : 공시체의 지름(mm)
l : 공시체의 길이(mm)

3) 공시체(KS F 2403)

① 공시체는 원기둥모양으로, 그 지름은 굵은 골재 최대 치수의 4배 이상이며 15cm 이상으로 한다.

② 공시체의 길이는 그 지름 이상, 2배 이하로 한다.

(3) 콘크리트 휨강도시험(KS F 2408)

1) 적용 범위 및 시험목적

① 이 시험은 콘크리트보에 휨모멘트를 가하여 파괴하고 그 인장측에 생기는 휨강도를 계산하는 방법이다.

② 휨모멘트를 가하는 데는 4점 재하법에 의한다.

③ 콘크리트의 휨강도는 도로, 공항 등의 콘크리트 포장의 설계기준강도에 채용되고 있고, 이들의 콘크리트 품질결정과 품질관리는 휨강도시험에 의해 행하는 것으로 되어 있다.

2) 시험방법

① 지간은 공시체 높이의 3배로 한다.

② 공시체에 충격을 가하지 않도록 일정한 속도로 하중을 가한다. 하중을 가하는 속도는 가장자리 응력도의 증가율이 매초 0.06 ± 0.04MPa($=$N/mm^2)이 되도록 조정하고, 최대 하중이 될 때까지 그 증가율을 유지하도록 한다.

③ 공시체가 파괴될 때까지 시험기가 나타내는 최대 하중을 유효숫자 3자리까지 읽는다.

④ 계산

  ㉠ 4점 재하법

  • 공시체가 인장쪽 표면지간방향 중심선의 3등분점 사이에서 파괴되었을 때

  $$f_b = \frac{Pl}{bh^2}\,[\text{MPa}=\text{N/mm}^2] \quad \cdots\cdots\cdots\cdots\cdots\cdots\cdots\cdots\cdots\cdots\cdots\cdots\cdots\cdots\cdots\cdots\cdots\cdots\cdots (1-8)$$

  • 공시체가 인장 쪽 표면의 지간방향 중심선의 4점의 바깥쪽에서 파괴된 경우는 그 시험결과를 무효로 한다.

  ㉡ 중앙점 재하법

  $$f_b = \frac{3Pl}{2bh^2}\,[\text{MPa}=\text{N/mm}^2] \quad \cdots\cdots\cdots\cdots\cdots\cdots\cdots\cdots\cdots\cdots\cdots\cdots\cdots\cdots\cdots\cdots\cdots (1-9)$$

  여기서, f_b : 휨강도(MPa$=$N/mm^2), P : 최대 하중(N), l : 지간(mm)

  b : 파괴 단면의 너비(mm), h : 파괴 단면의 높이(mm)

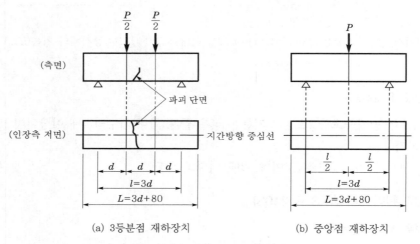

(a) 3등분점 재하장치   (b) 중앙점 재하장치

┃ 그림 1-4 ┃ 휨시험의 파괴성상에 의한 휨강도 계산방법

3) 공시체(KS F 2403)

① 공시체의 치수

㉠ 공시체는 단면이 정사각형인 각주로 하고, 그 한 변의 길이는 굵은 골재 최대 치수의 4배 이상이면서 10cm 이상으로 하고, 공시체의 길이는 단면의 한 변 길이의 3배보다 8cm 이상 길어야 한다.

㉡ 공시체의 표준 단면치수는 10cm×10cm 또는 15cm×15cm이다.

② 콘크리트 다져넣기

㉠ 콘크리트를 채우는 방법

- 다짐봉을 이용하는 경우는 2층 이상의 거의 같은 층으로 나누어 채운다.
- 진동기를 이용하는 경우는 1층 또는 2층 이상의 거의 같은 층으로 나누어 채운다.

㉡ 다짐봉을 이용하는 경우 : 각 층은 적어도 $10cm^2$에 1회의 비율로 다지고 바로 아래의 층까지 다짐봉이 닿도록 한다.

(4) 콘크리트 비파괴시험(콘크리트 강도평가)

① 반발경도법 : 슈미트해머법, 낙하식 해머법, 스프링식 해머법 등

┃ 표 1-1 ┃ 슈미트해머의 종류

기종	적용 콘크리트
N형	보통 콘크리트
L형	경량 콘크리트
P형	저강도 콘크리트
M형	매스 콘크리트

② 초음파속도법

③ 코어강도시험법

④ 인발법(pull-out test)

⑤ 조합법 : 반발경도와 초음파전파속도를 이용해 콘크리트 강도를 추정하는 방법

콘크리트의 배합설계

3-1 배합설계

(1) 기본원칙

① 균일한 콘크리트를 만드는 데 필요한 최소의 단위수량을 사용할 것
② 가능한 한 굵은 골재의 최대 치수를 크게 할 것
③ 파괴, 침식작용에 저항할 수 있는 충분한 내구성을 가질 것
④ 소요의 강도를 가질 것

(2) 배합설계의 순서

① 설계기준강도(f_{ck})의 결정   ② 배합강도(f_{cr})의 결정
③ 물－시멘트비(W/C)의 결정   ④ 슬럼프(Slump)값의 결정
⑤ 굵은 골재 최대 지수($G_{\max}$)의 결정   ⑥ 절대잔골재율(S/a)의 결정
⑦ 단위수량(W)의 결정   ⑧ 시방배합의 산출 및 조정
⑨ 현장 배합으로 수정

(3) 배합법의 종류

1) 시방배합(specified mixture)

① 시방서 또는 설계서에 명시된 배합으로 실내실험으로 결정된다.
② 표면건조포화상태의 골재를 기준으로 배합한다.
③ 잔골재와 굵은 골재는 5mm체를 기준으로 구분한다.

2) 현장 배합(field mixture)

실내실험에서 사용된 골재와 현장에서 사용되는 골재의 상태가 다르므로, 이를 보정하기 위한 배합으로 골재의 입도와 표면수에 대한 보정을 실시하여 결정한다.

(4) 배합의 표시법

시방서에 규정된 시방배합의 표시법에 의해 재료의 배합을 표시하는 것으로 콘크리트 1m^3당

물, 시멘트, 골재, 혼화재료 등을 중량으로 표시하고 굵은 골재의 최대 치수, 슬럼프, W/C 비, 공기량, S/a 등을 표시하여 다음과 같이 나타낸다.

┃ 표 1-2 ┃ 배합의 표시법

굵은 골재의 최대 치수 (mm)	슬럼프의 범위(cm)	공기량의 범위 (%)	물-시멘트 비 W/C [%]	잔골재 율 S/a[%]	단위량(kg/m³)						
					물 W	시멘트 C	잔골재 S	굵은 골재 G		혼화재료	
								mm~mm	mm~mm	혼화재	혼화제

3-2　배합설계 시 제 요소의 결정방법

(1) 굵은 골재의 최대 치수

① 굵은 골재 최대 치수가 커지면 일반적으로 워커빌리티가 좋아지고 단위수량, 단위시멘트 양, 잔골재율 등이 작아져서 경제적인 콘크리트가 될 수 있다.

② 굵은 골재 최대 치수의 크기
　㉠ 철근콘크리트용 굵은 골재는 부재 최소 치수의 1/5, 철근피복 및 철근의 최소 순간격 의 3/4을 초과해서는 안 된다.
　㉡ 무근 콘크리트용 굵은 골재는 부재 최소 치수의 1/4을 초과해서는 안 된다.

┃ 표 1-3 ┃ 굵은 골재 최대 치수

구조물의 종류		굵은 골재 최대 치수
철근콘크리트	일반적인 경우	20mm 또는 25mm
	단면이 큰 경우	40mm
무근 콘크리트		40mm 부재 최소 치수의 1/4을 초과해서는 안 됨
프리스트레스트 콘크리트		25mm 표준
댐 콘크리트		150mm 이하

(2) 슬럼프

① 작업에 알맞은 범위 내에서 가능한 한 작게 되도록 한다.
② 슬럼프의 표준값

구조물의 종류		슬럼프의 값
철근콘크리트	일반적인 경우	80~150mm
	단면이 큰 경우	60~120mm

구조물의 종류		슬럼프의 값
무근 콘크리트	일반적인 경우	50~150mm
	단면이 큰 경우	50~100mm

(3) 물 – 시멘트비(W/C)

① 물 – 시멘트비는 소요의 강도, 내구성, 수밀성 및 균열저항성 등을 고려하여 결정한다.

② 압축강도를 기준으로 W/C를 결정하는 경우

    ㉠ 압축강도와 물 – 시멘트비와의 관계는 시험에 의하여 정하는 것을 원칙으로 한다. 이 때 공시체는 재령 28일을 표준으로 한다.

    ㉡ 배합에 사용할 물 – 시멘트비는 시멘트 – 물비와 압축강도와의 관계식에서 배합강도에 해당하는 시멘트 – 물비값의 역수로 한다.

③ 내동해성을 기준으로 물 – 시멘트비를 정하는 경우

구조물의 노출상태 \ 기상조건 / 단면	기상작용이 심한 경우 또는 동결융해가 종종 반복되는 경우		기상작용이 심하지 않은 경우, 빙점 이하의 기온으로 되는 일이 드문 경우	
	얇은 경우	보통의 경우	얇은 경우	보통의 경우
㉠ 계속해서 또는 물로 포화되는 부분	45%	50%	50%	55%
㉡ 보통의 노출상태에 있으며 ㉠에 해당되지 않는 경우	50%	55%	55%	60%

④ 제빙화학제가 사용된 콘크리트의 물 – 시멘트비는 45% 이하로 한다.

⑤ 수밀성을 기준으로 물 – 시멘트비를 정할 경우는 50% 이하로 한다.

⑥ 중성화저항성을 고려하는 경우 물 – 시멘트비는 55% 이하로 한다.

⑦ 황산염에 대한 내구성을 기준으로 하여 물 – 시멘트비를 정할 경우 황산염 노출 정도가 보통일 때 물 – 시멘트비는 50%를 초과해서는 안 된다.

(4) 단위수량

① 소요의 강도, 내구성, 수밀성 및 작업에 적합한 워커빌리티를 갖는 범위 내에서 가능한 한 적게 해야 한다.

② 단위수량의 규정

콘크리트의 종류	단위수량
무근 및 철근콘크리트	시험에 의해 정한다.
포장 콘크리트	150kg 이하
댐 콘크리트	120kg 이하

(5) 단위시멘트양

① 단위시멘트양은 W/C로 구한다.

② 단위시멘트양의 규정

콘크리트의 종류	단위시멘트양
일반적으로 무근 및 철근콘크리트	300kg 이상
포장 콘크리트	280~350kg(표준)
댐 콘크리트(내부 콘크리트)	160kg 이상

(6) 잔골재율

① 잔골재율이란 잔골재와 총골재의 절대체적비를 백분율로 표시한 것이다.

② 잔골재율을 작게 하면 소요의 워커빌리티를 얻는데 필요한 단위수량이 적게 되어 단위시멘트양이 적어지므로 경제적이 된다.

$$잔골재율\left(\frac{S}{a}\right) = \frac{잔골재의\ 체적}{전체\ 골재의\ 체적} \times 100 = \frac{S}{S+G} \times 100[\%] \quad \cdots\cdots\cdots\cdots (1-10)$$

여기서, S : 잔골재의 체적, G : 굵은 골재의 체적

3-3 배합설계방법

(1) 배합강도의 결정

① 설계기준강도(f_{ck}) : 설계 시 기준으로 정한 재령 28일 압축강도

② 배합강도(f_{cr}) : 배합 시 목표로 하는 재령 28일 압축강도

③ 품질기준강도(f_{cq}) : 설계기준압축강도(f_{ck})와 내구성기준 압축강도(f_{cd}) 중 큰 값

④ 호칭강도(f_{cn}) : $f_{cn} = f_{cq} + T_n$ (여기서, T_n : 기온보정강도)

⑤ 배합강도(f_{cr}) : 콘크리트의 배합을 정할 때 목표로 하는 콘크리트의 압축강도

　㉠ 표준편차를 이용하는 경우 : 다음 각 두 값 중 큰 값을 사용한다.

　　• $f_{cq} \leq 35$MPa일 때

$$f_{cr} = f_{cq} + 1.34s \quad \cdots\cdots\cdots\cdots\cdots\cdots\cdots\cdots\cdots\cdots (1-11)$$
$$f_{cr} = (f_{cq} - 3.5) + 2.33s \quad \cdots\cdots\cdots\cdots\cdots\cdots\cdots (1-12)$$

　　• $f_{cq} > 35$MPa인 경우

$$f_{cr} = f_{cq} + 1.34s \quad \cdots\cdots\cdots\cdots\cdots\cdots\cdots\cdots\cdots\cdots (1-13)$$
$$f_{cr} = 0.9f_{cq} + 2.33s \quad \cdots\cdots\cdots\cdots\cdots\cdots\cdots\cdots (1-14)$$

여기서, s : 압축강도의 표준편차(MPa)

ⓛ 시험횟수가 14회 이하이거나 기록이 없는 경우

호칭강도 f_{cn}[MPa]	배합강도 f_{cr}[MPa]
21 미만	$f_{cn}+7$
21 이상 35 이하	$f_{cn}+8.5$
35 초과	$1.1f_{cn}+5$

⑤ 압축강도의 표준편차 : 실제 사용한 콘크리트의 30회 이상의 시험실적으로부터 결정하는 것을 원칙으로 한다. 그러나 압축강도의 시험횟수가 29회 이하이고 15회 이상인 경우는 그것으로 계산한 표준편차에 [표 1-3]의 보정계수를 곱한 값을 표준편차로 사용한다.

┃표 1-4┃ 시험횟수가 29회 이하일 때 표준편차의 보정계수

시험횟수	표준편차의 보정계수	시험횟수	표준편차의 보정계수
15	1.16	25	1.03
20	1.08	30 이상	1.00

주) 위 표에 명시되지 않은 시험횟수는 직선보간한다.

(2) 물-시멘트비(W/C)의 결정

압축강도와 물-시멘트비와의 관계는 시험에 의하여 정하는 것을 원칙으로 하며, 기준재령의 시멘트-물비와 압축강도와의 관계식에서 배합강도에 해당하는 시멘트-물비값의 역수로 한다.

$$f_{28} = -21 + 21.5\frac{C}{W}[\text{MPa}] \quad\text{································(1-15)}$$

(3) 시방배합의 산출 및 조정

① 단위시멘트양 $= \dfrac{\text{단위수량}}{\text{물} - \text{시멘트비}}[\text{kg}]$

② 단위골재량 절대체적 $= 1 - \left(\dfrac{\text{단위수량}}{1,000} + \dfrac{\text{단위시멘트양}}{\text{시멘트 비중} \times 1,000} + \dfrac{\text{공기량}}{100}\right)[\text{m}^3]$

③ 단위잔골재량 절대체적 = 단위골재량 절대체적 × 잔골재율[m³]

④ 단위잔골재량 = 단위잔골재량 절대체적 × 잔골재비중 × 1,000[kg]

⑤ 단위 굵은 골재량 절대체적 = 단위골재량 절대체적 - 단위잔골재량 절대체적[m³]

⑥ 단위 굵은 골재량 = 단위 굵은 골재량 절대체적 × 굵은 골재비중 × 1,000[kg]

표 1-5 콘크리트의 단위 굵은 골재용적, 잔골재율 및 단위수량의 대략값

굵은 골재의 최대 치수 (mm)	공기량 (%)	양질의 AE제를 사용한 경우		양질의 AE감수제를 사용한 경우	
		잔골재율 S/a[%]	단위수량 W[kg]	잔골재율 S/a[%]	단위수량 W[kg]
15	7.0	47	180	48	170
20	6.0	44	175	45	165
25	5.0	42	170	43	160
40	4.5	39	165	40	155

주 1) 이 표의 값은 골재로서 보통 입도의 모래(조립률 2.80 정도) 및 부순 돌을 사용한 물−시멘트비 55% 정도, 슬럼프 약 8cm의 콘크리트에 대한 것이다.
주 2) 사용재료 또는 콘크리트의 품질이 1)의 조건과 다를 경우에는 위 표의 값을 [표 1-5]와 같이 보정한다.

표 1-6 배합수 및 잔골재율 보정방법

구분	S/a의 보정(%)	W의 보정(kg)
모래의 조립률이 0.1만큼 클(작을) 때마다	0.5만큼 크게(작게) 한다.	보정하지 않는다.
슬럼프값이 1cm만큼 클(작을) 때마다	보정하지 않는다.	1.2%만큼 크게(작게) 한다.
공기량이 1%만큼 클(작을) 때마다	0.5~1.0만큼 작게(크게) 한다.	3%만큼 작게(크게) 한다.
물−시멘트비가 0.05 클(작을) 때마다	1만큼 크게(작게) 한다.	보정하지 않는다.
S/a가 1% 클(작을) 때마다	−	1.5kg만큼 크게(작게) 한다.
자갈을 사용할 경우	3~5만큼 작게 한다.	9~15kg만큼 작게 한다.
부순 모래를 사용할 경우	2~3만큼 크게 한다.	6~9kg만큼 크게 한다.

Chapter 04

콘크리트의 혼합, 운반 및 타설, 이음

4-1 계량 및 혼합

(1) 재료의 계량

① 계량은 현장 배합에 의해 실시하는 것으로 한다.
② 각 재료는 1회 비비기 양(1batch)마다 중량으로 계량하는 것이 원칙이나, 물과 혼화제용 액은 용적으로 계량해도 좋다.
③ 1회 계량분에 대한 계량오차의 허용범위

재료의 종류	허용오차(%)	재료의 종류	허용오차(%)
물	-2, +1	혼화재	±2
시멘트	-1, +2	혼화제(용액)	±3
골재	±3	–	–

(2) 혼합(mixing)

비비기 시간은 재료의 투입이 끝난 때부터 콘크리트를 토출할 때까지의 시간이다.

1) 작업 시 유의사항

① 균등질의 콘크리트를 얻을 수 있을 때까지 충분히 비빈다.
② 재료를 믹서에 투입하는 순서는 강도시험, 블리딩시험 등의 결과 또는 실적을 참고로 해서 정하여야 한다.
　일반적으로 물은 다른 재료보다 먼저 넣기 시작하여 그 넣는 속도를 일정하게 유지하고, 다른 재료의 투입이 끝난 후 조금 지난 뒤에 물의 주입을 끝내도록 하면 만족스러운 결과 를 얻을 수 있다.
③ 비비기 시간은 가경식 믹서의 경우 1분 30초 이상을, 강제식 믹서의 경우 1분 이상을 표준으로 한다.
④ 비비기는 미리 정해둔 비비기 시간의 3배 이상 계속해서는 안 된다.
⑤ 비비기 시작 전에 미리 믹서 내부를 모르타르로 부착시켜야 한다.
⑥ 믹서는 사용 전·후에 충분히 청소해야 한다.
⑦ 비벼놓아 굳기 시작한 콘크리트는 되비벼서 사용하지 않는 것을 원칙으로 한다.
⑧ 연속믹서를 사용할 경우 비비기 시작 후 최초에 배출되는 콘크리트는 사용하지 않아야 한다.

2) 콘크리트 믹서

콘크리트 비비기에는 원칙적으로 믹서에 의한 기계비빔을 하며, 콘크리트 혼합에는 대부분 배치식 믹서를 사용한다.

```
          ┌─ 배치식 믹서 ─┬─ 중력식 믹서 ─┬─ 가경식 믹서
믹서 ─┤                 └─ 강제식 믹서   └─ 부경식 믹서(드럼식 믹서)
          └─ 연속식 믹서 : 잘 사용하지 않는다.
```

① **가경식 믹서** : 대규모 공사의 굳은 비비기 콘크리트에 많이 사용한다(공칭용량의 상한은 $0.8m^3$).

② **부경식 믹서** : 소규모 공사의 무른 비비기 콘크리트에 많이 사용한다.

③ **강제식 믹서** : 굳은 비빔, 부배합, 경량골재를 사용할 때 적합하다(공칭용량의 상한은 $3m^3$).

3) 혼합성능시험

믹서에 의해 콘크리트가 균질하게 혼합되는지의 여부는 믹서의 혼합성능시험에 의해 확인한다(KS F 2455).

① 콘크리트 중의 모르타르단위중량 차이 : 0.8% 이하 ┐
② 콘크리트 중의 단위 굵은 골재량 차이 : 5% 이하 ┴ 값을 만족해야 한다.

| 표 1-7 | 비비기 시간의 표준

믹서의 용량(m^3)	비비기 시간(분)	믹서의 용량(m^3)	비비기 시간(분)
1.5 이하	1.5	3.8	2.25
2.3	2	4.5	3
3	2.5	–	–

4) 혼합시간과 압축강도, 슬럼프, 공기량의 관계(믹서로 혼합하는 경우)

① 압축강도는 혼합시간이 짧으면 충분히 비벼지지 않기 때문에 작지만 혼합시간이 길어지면 증가한다. 그리고 너무 길게 하면 교반에 의해 굵은 골재가 파괴되는 등의 이유로 강도가 작아진다.

② 슬럼프는 어느 정도 이상 교반하면 소정의 슬럼프가 얻어지며, 그 후의 교반에 의해서는 별로 변하지 않는다.

③ 공기량은 적당한 혼합시간에서 최대값이 얻어지며, 다시 장시간 교반하면 일반적으로 감소한다.

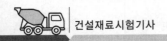
4-2 운 반

(1) 유의사항

① 콘크리트는 신속하게 운반하여 즉시 타설한다.

② 비비기부터 치기가 끝날 때까지의 시간

    ㉠ 외기온도가 25℃ 이상일 때 : 1.5시간 이하

    ㉡ 외기온도가 25℃ 이하일 때 : 2시간 이하

③ 재료분리, 손실, 슬럼프, 공기량 감소 등이 적게 일어나도록 해야 한다.

(2) 현장 내의 운반

① 버킷(bucket) : 혼합 후 콘크리트를 버킷에 받아 케이블크레인, 크레인 등의 운반설비에 의해 타설장소까지 운반하는 방법으로 콘크리트의 운반수단 중 가장 우수하다.

② 콘크리트 플레이서(concrete placer) : 수송관 내의 콘크리트를 압축공기로 압송하는 것으로 콘크리트 펌프와 같이 터널 등의 좁은 곳에 콘크리트를 운반하는 데 편리하다.

③ 슈트(chute) : 높은 위치에서 낮은 위치로 콘크리트를 운반하는 방법으로 일반적으로 많이 사용된다.

    ㉠ 경사슈트는 재료분리가 되기 쉬우므로 27° 이상의 각도를 유지시켜야 한다.

    ㉡ 슈트의 하단과 치기면의 거리는 1.5m 이하로 한다.

④ 벨트컨베이어(belt conveyor) : 된반죽의 콘크리트를 수평에 가까운 방향으로 연속적으로 운반하는데 편리하다.

    ㉠ 운반거리가 길면 햇빛이나 공기에 노출되는 시간이 길어져 콘크리트가 건조하거나 변화하므로 벨트컨베이어에 덮개를 설치하는 등의 조치를 강구해야 한다.

    ㉡ 조절판(baffle plate) 및 깔때기를 설치하여 재료분리를 방지한다.

⑤ 콘크리트 펌프(concrete pump) : 콘크리트를 피스톤에 의해 압송하는 것으로 수송관의 배관이 가능하면 건물 내, 터널, 수중, 협소한 장소 등에 콘크리트 운반이 가능하여 널리 쓰이고 있다.

    ㉠ 재료분리가 적고 운반 중에 콘크리트의 손실이 없다.

    ㉡ 압송관의 배치는 가능한 한 굴곡이 적게 되도록 하고, 기울기는 수평 또는 상향으로 하며 최단거리를 선택한다.

    ㉢ 굵은 골재 최대 치수는 40mm 이하를 표준으로 하고, 슬럼프는 8~18cm가 적절하다.

    ㉣ 압송 후의 슬럼프는 압송 전에 비교하여 10~25mm 정도 감소한다.

4-3 타설 및 다지기

(1) 타설작업 시 유의사항

① 철근의 배치나 거푸집이 흐트러지지 않도록 한다.

② 친 콘크리트는 거푸집 안에서 횡방향으로 이동해서는 안 된다.

③ 치기 완료 시까지 연속적으로 친다.

④ 콘크리트 표면이 수평이 되도록 친다.

⑤ 2층 이상으로 나누어 칠 경우 콘크리트가 일체가 되도록 하층의 콘크리트가 굳기 전에 위층의 콘크리트를 친다.

⑥ 이어치기 허용시간간격

    ㉠ 외기온도가 25℃ 초과 : 2.0시간

    ㉡ 외기온도가 25℃ 이하 : 2.5시간

⑦ 거푸집에 투입구를 설치하거나 연직슈트 또는 펌프배관의 배출구를 타설면 가까운 곳까지 내려서 콘크리트를 타설하여야 한다. 이 경우 슈트, 펌프배관, 버킷, 호퍼 등의 배출구와 타설면까지의 높이는 1.5m 이하를 원칙으로 한다.

⑧ 쳐올라가는 속도는 단면의 크기, 배합 등에 따라 다르나 일반적으로 30분에 1~1.5m가 적당하다.

⑨ 콘크리트 치기 도중 표면에 떠올라 고인 블리딩수가 있으면 이 물을 제거한 후 그 위에 콘크리트를 타설하며, 고인 물을 제거하기 위하여 콘크리트 표면에 홈을 만들어 흐르게 해서는 안 된다.

(2) 다지기(tamping)

콘크리트 중의 공기나 수분을 없애고 콘크리트가 철근 사이의 거푸집 내부에 잘 채워지도록 하기 위해 다짐을 실시한다.

1) 다지기 방법

① 진동다짐법(vibrating compaction) : 진동기에는 내부진동기(봉형 진동기), 외부진동기(거푸집진동기), 평면식 진동기 및 진동대가 있다.

    ㉠ 내부진동기(봉형 진동기)

       • 진동수가 큰 것일수록 다짐효과가 크다(진동수가 일반적으로 7,000~8,000rpm 이상).

       • 진동기의 삽입간격은 0.5m 이하로 하며 진동기를 아래층의 콘크리트 속에 0.1m 정도 찔러 넣는다.

       • 1개소당 진동시간은 콘크리트 윗면에 페이스트가 떠오를 때까지 실시하며 거의 수직으로 넣는다.

       • 진동다짐의 능력은 소형진동기는 $4{\sim}8m^3/h$, 대형진동기는 $15m^3/h$ 정도이다.

    ㉡ 외부진동기(거푸집진동기) : 얇은 벽 등 내부진동기 사용이 곤란한 경우에 사용한다.

    ㉢ 평면식 진동기 : 콘크리트 포장과 같이 두께가 얇은 평면구조물에 사용된다.

② 봉다짐법(rodding)

    ㉠ 묽은 콘크리트나 진동기를 사용하기 곤란한 경우에 다짐봉이나 나무망치로 가볍게 두드려 다짐하는 방법이다.

    ㉡ 봉다지기의 1층의 치는 두께
- Slump가 5cm 이하일 때 : 15cm 이하
- Slump가 5~12cm일 때 : 30cm 이하

③ 거푸집을 두드리는 법

④ 흔들거나 충격을 가하는 법

⑤ 가압법

⑥ 원심력법

⑦ 진공법

2) 다지기 작업 시 유의사항

① 내부진동기 사용을 원칙으로 한다.

② 타설 직후 충분히 다진다.

③ 상하층이 일체가 되도록 진동기를 하층 콘크리트 속으로 10cm 정도 연직으로 찔러 넣는다.

④ 내부진동기는 가능한 한 연직으로 일정한 간격으로 찔러 넣는다(일반적으로 50cm 이하).

⑤ 내부진동기로 콘크리트를 횡방향으로 이동시켜서는 안 된다.

⑥ 진동기는 콘크리트에서 천천히 빼내어 구멍이 남지 않도록 한다.

⑦ 거푸집은 봉다지기의 경우보다 견고하게 제작한다.

4-4 콘크리트의 이음(줄눈, joint)

(1) 시공이음(construction joint)

작업시간, 거푸집 조립, 1일 타설능력 등의 이유로 콘크리트 타설 시 필요에 의해 두는 이음이다.

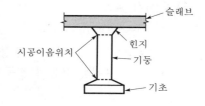

│ 그림 1-5 │ 시공이음

1) 설치이유

① 철근의 조립, 거푸집 반복사용

② 거푸집에 미치는 콘크리트 압력

③ 콘크리트의 검사

④ 콘크리트 내의 온도 상승

⑤ 야간작업 등 무리한 작업을 피하기 위해

2) 설치위치 및 방향

① 전단력이 작은 위치에 설치한다.

② 전단력이 큰 위치에 부득이 설치한 경우에는 시공이음에 장부 또는 홈을 만들거나 철근으로 보강한다.

3) 수평시공이음의 시공

① 수평시공이음이 거푸집에 접하는 선은 가능한 한 수평한 직선이 되도록 한다.
② 구콘크리트의 레이턴스나 품질이 나쁜 콘크리트를 완전히 제거하고 물을 충분히 흡수시킨다.
　㉠ 구콘크리트 경화 전 처리방법 : 구콘크리트가 굳기 전에 고압의 물 및 공기로 콘크리트 표면을 얇게 제거하고 굵은 골재를 노출시킨 후 신콘크리트를 친다.
　㉡ 구콘크리트 경화 후 처리방법 : 구콘크리트 표면을 거칠게 하고 깨끗이 청소한 후 시멘트풀이나 모르타르를 바르고 신콘크리트를 친다.
③ 신·구콘크리트의 부착을 좋게 하기 위해서는 시멘트풀을 바르거나 모르타르를 까는 방법이 유효한데, 이때 두께는 약 15mm 정도로 하는 것이 보통이다.
④ 역방향치기 콘크리트 방법
　㉠ 직접법
　㉡ 충전법 : 신콘크리트를 이음면보다 약간 하측에서 한 번 치기를 정지하고 신·구콘크리트 사이의 틈 사이를 팽창재계의 모르타르로 충전하는 방법이다.
　㉢ 주입법 : 직접법의 보조공법으로 사용되며 미리 주입관을 매설하여 두고 충전하는 방법이다.

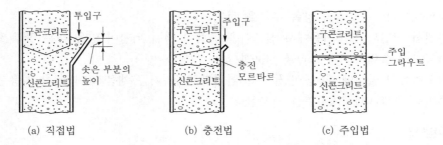

┃그림 1-6┃ 역방향치기 콘크리트 방법

4) 바닥틀과 일체로 된 기둥, 벽의 시공이음

① 바닥틀과의 경계 부근에 설치한다.
② 헌치는 바닥틀과 연속해서 콘크리트를 친다.
③ 내민 부분의 구조물도 바닥틀과 연속해서 콘크리트를 친다.

5) 바닥틀의 시공이음

① 슬래브 또는 보의 지간 중앙 근처에 시공이음을 둔다. 이유는 이 부분에서는 전단력이 작고 압축응력이 연직시공이음면에 직각으로 작용하여 슬래브 또는 보의 강도가 감소하는 일이 적기 때문이다.

② 보가 지간 중에서 작은 보와 교차하는 경우에는 작은 보의 약 2배만큼 떨어진 곳에 보의 시공이음을 하고 시공이음을 통하는 경사진 인장철근을 배치하여 전단력에 보강한다.

(2) 신축이음(expansion joint)

콘크리트 구조물의 온도변화, 건조수축, 기초의 부등침하 등에 의해 생기는 균열을 방지하기 위해 설치하는 이음으로 두께는 1~3cm로 하면 적당하다.

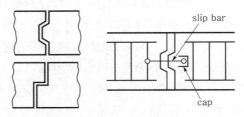

┃그림 1-7 ┃ 신축이음

1) 신축이음의 위치

구조물의 단면이 급변하는 곳, 벽에 닿는 곳, 교량에서 슬래브와 슬래브의 합단부, 댐의 절연부 등

2) 시공 시 유의사항

① 서로 접하는 구조물의 양쪽 부분을 절연시킨다.
② 완전히 절연된 신축이음에서 신축이음에 턱이 생길 위험이 있을 때는 장부 또는 홈을 만들거나 슬립바(slip bar)를 사용한다.
③ 신축이음의 줄눈에 흙 등이 들어갈 염려가 있을 때는 채움재(filler)를 사용한다.
④ 수밀을 요할 때는 지수판을 사용한다.

3) 신축이음재

① 채움재(filler)
ㄱ 이음채움재(줄눈) : 합성수지제, 나무널판, 매스틱(mastic)
ㄴ 주입채움재(충진재) : 아스팔트, 아스팔트 모르타르, 합성고무, 콤파운드(compound)
② 지수판 : 동판, 강판, 염화비닐판, 고무재

4) 신축이음의 간격

① 댐, 옹벽과 같은 큰 구조물 : 10~15m
② 얇은 벽 : 6~9m
③ 도로포장 : 6~10m

(3) 균열유발줄눈(contraction joint)

온도변화, 건조수축, 외력 등에 의해 발생하는 균열을 미리 어느 정해진 장소에 단면결손부를 만들어 균열을 강제적으로 생기게 하는 이음이다.

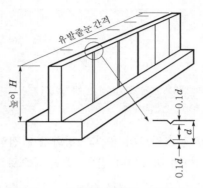

┃ 그림 1-8 ┃ 균열유발줄눈의 일반도

Chapter 05

양생, 거푸집 및 동바리

5-1 양 생

거푸집에 콘크리트를 친 후 콘크리트의 응결과 경화가 완전히 이루어지도록 일정기간 동안 적당한 온도와 습도를 유지하며 하중이나 진동, 충격 등으로부터 콘크리트를 보호하는 작업을 양생(curing)이라 한다.

(1) 콘크리트의 강도와 양생의 관계

콘크리트 강도에 영향을 주는 가장 중요한 요인은 양생온도와 습도이다.

① 양생온도 : 양생온도가 높으면 조기강도가 커지는데, 최고강도가 되는 최적온도는 13~23℃이다.

② 습도 : 습윤상태로 양생하면 콘크리트 강도가 훨씬 증가한다.

③ 동결 : 콘크리트가 경화할 무렵에 콘크리트 온도가 낮으면 경화가 느려지고, 동결하면 콘크리트 강도가 작아진다.

(2) 종류

1) 습윤양생(wet curing)

콘크리트 노출면을 가마니, 마포, 모래 등을 적셔서 덮거나 살수하여 습윤상태를 유지하는 방법이다.

① 콘크리트를 친 후 경화를 시작할 때까지 직사광선이나 바람에 의해 수분이 증발하지 않도록 보호해야 한다.

② 거푸집판이 건조할 염려가 있을 때에는 살수해야 한다.

┃표 1-8┃ 습윤양생기간의 표준

일평균기온	보통 포틀랜드 시멘트	고로슬래그 시멘트, 플라이애시 시멘트 B종	조강포틀랜드 시멘트
15℃ 이상	5일	7일	3일
10℃ 이상	7일	9일	4일
5℃ 이상	9일	12일	5일

2) 막양생(피복양생, membrane curing)

콘크리트 표면에 막을 만드는 막양생제를 살포하여 증발을 막는 방법이다.

① 막양생제는 콘크리트 표면의 물빛(水光)이 없어진 직후에 얼룩이 생기지 않도록 살포해야 한다. 살포는 방향을 바꾸어 2회 이상 실시한다.

② 습윤양생이 곤란한 경우에 사용하며 일반적으로 콘크리트 포장 및 콘크리트 슬래브 등 넓은 노출면적을 갖는 구조물의 양생에 사용된다.

③ 막양생제 : 피막양생제(유성, 수성), plastic sheet 등

3) 증기양생(steam curing)

거푸집을 빨리 제거하고 단기간에 높은 강도를 얻기 위해 고온, 고습 또는 고압의 증기로 콘크리트를 양생하는 방법으로 공장에서 콘크리트 제품의 생산 시에 많이 사용된다.

① 상압증기양생(low-pressure steam curing) : 고온, 고습의 증기를 콘크리트 주변으로 보내 콘크리트의 경화를 촉진시키는 양생법으로 대기압에서 행하기 때문에 상압증기양생이라 한다.

　㉠ 콘크리트 제품의 제조나 한중 콘크리트 시공에 이용된다.

　㉡ 증기양생의 제1 목적은 조기강도를 충분히 내는 데 있다.

　㉢ 증기양생방법

　　• 거푸집과 함께 증기양생실에 보낸다.

　　• 비빈 후 3~5시간의 양생기간을 갖고 증기양생을 한다.

　　　- 온도 상승속도 : 20℃/h 이하(22~33℃/h)

　　　- 최고온도 : 65℃(66~82℃)

　　• 가열을 계속하여 최고온도를 유지시킨다.

　　• 최후는 냉각기간으로 양생실의 온도를 외기온도까지 서서히 내린다(3~5시간의 양생기간을 제외한 전 양생시간은 18시간 이내가 적당하다).

　　• 제품을 양생실에서 꺼내 실외저장소로 옮겨 보관한다.

② 고압증기양생(high-pressure steam curing) : 제품을 고압실(autoclave)에 넣은 후 고압증기를 이용하여 양생하는 고압증기양생을 오토클레이브 양생이라고도 한다.

　㉠ 높은 조기강도 : 표준양생의 28일 강도를 24시간 만에 낼 수 있다.

　㉡ 내구성이 좋아지고 백태현상이 감소한다.

　㉢ 건조수축이 작아진다.

　㉣ Creep가 크게 감소한다.

　㉤ 보통 양생한 것에 비해 철근의 부착강도가 약 1/2이다.

　㉥ 황산염에 대한 저항성이 커진다.

　㉦ 취성이 있다.

4) 전기양생(electric curing)

콘크리트에 저압(100~200V 이하) 교류(50~60Hz)의 전류를 보내 콘크리트의 전기저항에 의해 생기는 열을 이용하여 양생하는 방법이다.

① 열효율이 좋고 경제적이나 장기강도가 작고 철근콘크리트에서 부착강도를 저하시키는 전극의 배치 등에 고도의 기술이 필요해서 잘 쓰이지 않는다.

② 한중 콘크리트에 사용한다.

5-2　거푸집 및 동바리

(1) 구비조건

1) 거푸집의 구비조건

① 강도와 강성이 크고 외력에 대하여 변형이 없어야 할 것

② 조립 및 해체가 용이할 것

③ 내구성이 크고 반복사용이 가능할 것

④ 형상 및 치수가 정확해야 할 것

⑤ 수밀성이 있어야 하고 시멘트풀이 새어나가지 않아야 할 것

2) 동바리의 구비조건

① 강도와 강성이 크고 외력에 대하여 변형이 없어야 할 것

② 조립 및 해체가 용이할 것

③ 내수성이 크고 반복사용이 가능할 것

(2) 설계

1) 거푸집의 설계

① 형상 및 치수를 정확하게 유지해야 한다.

② 조립 및 해체가 용이하게 하며 거푸집판의 이음은 가능한 한 부재축에 직각 또는 평행으로 하고 모르타르가 새어 나오지 않는 구조로 해야 한다.

③ 콘크리트의 모서리에 모따기 할 수 있는 구조여야 한다.

- 모따기의 이유
  ㉠ 거푸집 해체 시나 공사 완성 후 충격에 의해서 모서리가 파손되는 것을 방지하기 위해
  ㉡ 기상작용으로 인한 해를 적게 하기 위해
  ㉢ 미관상, 시공상

④ 거푸집의 청소, 검사 및 콘크리트 치기에 편리하도록 적당한 위치에 일시적인 개구부를 만들어야 한다.

┃표 1-9┃ 거푸집의 내용횟수

재료종류	내용횟수
정척 panel	3~5회
강재 panel	150~200회

2) 동바리의 설계

① 하중을 완전하게 기초에 전달하도록 해야 한다.

② 조립 및 해체가 용이하게 하며, 그 이음이나 접촉부에서 하중을 안전하게 전달할 수 있는 것이어야 한다.

③ 과도한 침하나 부등침하가 일어나지 않도록 해야 한다.

④ 시공 시 및 완성 후의 콘크리트 자중에 따른 침하, 변형을 고려해야 한다.

(3) 하중

1) 거푸집 및 동바리설계 시 고려해야 할 하중

① 연직방향 하중

  ㉠ 사하중 : 콘크리트, 철근, 거푸집, 동바리의 자중

  ㉡ 활하중 : 작업원, 콘크리트 운반작업차, 시공기계·기구, 가설설비 등의 중량 및 충격

② 횡방향 하중 : 작업 시의 진동, 충격, 편심하중, 풍압, 유수압, 지진 등

③ 콘크리트 측압 : 굳지 않은 콘크리트의 측압

④ 특수 하중 : 비대칭 콘크리트의 편심하중, 거푸집 저면의 경사에 의한 수평분력 등

2) 거푸집에 작용하는 측압

① Slump가 크고, 배합이 좋고, 벽두께가 두껍고, 치기속도가 빠르고, 기온이 낮을수록 측압이 크다.

② 거푸집의 측압

  ㉠ 측벽 및 기둥 : 높이에 관계없이 $3t/m^2$

  ㉡ 교각, 교대(높이 4m까지)

  • 치기속도 1m/h 이하 : $3t/m^2$ • 치기속도 2m/h 이하 : $5t/m^2$

(4) 시공

1) 거푸집의 시공

① 볼트 또는 강봉으로 거푸집을 단단하게 조인다.

② 거푸집 내면에 박리제를 바른다.

  ■ 이유

  ㉠ 콘크리트가 거푸집에 부착되는 것을 방지

  ㉡ 거푸집 떼어내기 작업의 용이

  ㉢ 수분흡수 방지(목제 거푸집), 방청효과(금속제 거푸집)

  ㉣ 거푸집의 전용횟수 증가

  ㉤ 형상 및 치수 정확

③ 시멘트풀이 새어나가지 않게 한다.

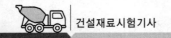

2) 동바리의 시공

① 시공에 앞서 기초지반을 정지하여 소요의 지지력을 얻도록 한다.

② 부등침하가 일어나지 않도록 적당한 보강을 한다.

③ 동바리의 조립은 높이, 경사를 고려하여 충분한 강도와 안정성을 갖도록 한다.

④ 하중을 완전하게 기초에 전달하도록 한다.

⑤ 콘크리트 자중에 따른 침하, 변형을 고려하여 적당한 솟음을 둔다.

(5) 거푸집의 떼어내기

① 콘크리트가 충분한 강도가 될 때까지는 떼어서는 안 된다.

② 연직부재의 거푸집은 수평부재의 거푸집보다 먼저 떼어내는 것이 원칙이다(비교적 하중을 받지 않는 부분을 먼저 떼어내고, 그 다음에 남은 중요한 부분을 떼어내는 것이다).

③ 콘크리트 압축강도를 시험할 경우 거푸집 널의 해체시기

부재		콘크리트 압축강도(f_{cu})
확대기초, 보 옆, 기둥 등의 측벽		5MPa 이상
슬래브 및 보의 밑면, 아치내면	단층구조의 경우	설계기준 압축강도의 2/3배 이상, 또한 최소 14MPa 이상
	다층구조의 경우	설계기준압축강도 이상 (필러동바리구조를 이용할 경우는 구조 계산에 의해 기간을 단축할 수 있음. 단, 이 경우라도 최소 강도는 14MPa 이상으로 함)

주) 다만 내구성을 고려할 때는 콘크리트 압축강도가 10MPa 이상 도달 시 거푸집 해체

④ 콘크리트 압축강도를 시험하지 않을 경우 거푸집 널의 해체시기(기초, 보, 기둥 및 벽의 측면)

구분	조강포틀랜드 시멘트	보통 포틀랜드 시멘트, 고로슬래그 시멘트(특급), 포틀랜드포졸란 시멘트(A종)
20℃ 이상	2일	4일
10~20℃	3일	6일

Chapter 06

PS 콘크리트(PSC)

6-1 PS 콘크리트(PSC)

PS강선이나 강봉에 인장력을 주어 콘크리트에 압축응력이 생기도록 하여 콘크리트에 하중이 작용할 때 생기는 인장응력과 서로 상쇄되도록 만든 콘크리트이다.

(1) 특성

1) 장점

① 탄력성과 복원성이 우수하다.
② 균열이 발생하지 않도록 설계하기 때문에 강재의 부식위험이 없고 내구적이다.
③ 고강도재료를 사용함으로써 단면을 줄일 수 있어서 RC부재보다 경간을 길게 할 수 있고 구조물이 날렵하므로 외관이 아름답다.

2) 단점

① RC에 비해 강성이 작아서 변형이 크고 진동하기 쉽다.
② 고강도강재는 고온에 접하면 갑자기 강도가 감소하므로 내화성은 좋지 않다.

┃ 표 1-10 ┃ RC와 PSC의 비교

내용	RC	PSC
내구성	작다.	크다.
충격, 진동	작다.	크다.
장대교량	불리	유리
부재의 중량	크다.	작다.
안정성	작다.	크다.
강성	크다.	작다.
고온에서의 내구성	크다.	작다.
재료비	싸다.	비싸다.
최대 응력	설계하중하에서 최대 응력이 발생한다.	프리스트레스 도입 시 최대 응력이 발생한다.

(2) Prestressing공법

Prestressing이란 릴랙세이션(relaxation)에 의한 힘의 감소를 예상하여 미리 더 큰 힘으로 강선을 긴장하는 것이다.

1) Pretension공법

① 개요 : PS강재에 인장력을 주어 긴장시켜 놓고 콘크리트를 치고 경화한 후 PS강재의 인장력을 서서히 풀어 콘크리트와 PS강재의 부착에 의한 프리스트레스를 가하는 방법이다.

② 종류
- ㉠ 롱라인공법(long line method)
  - 지지대와 긴장대를 이용하여 한 번에 여러 개의 제품을 제작하는 방법으로 대량생산이 가능하다.
  - 가장 보편적으로 사용되는 공법으로, 주로 PSC침목의 제작에 사용된다.
- ㉡ 단일몰드공법(individual mold method)
  - 거푸집 자체를 긴장대로 하기 때문에 별도의 긴장대시설이 필요 없다.
  - 1개씩 제작하며 주로 PSC파일(pile)의 제작에 사용된다.

2) Posttension공법

① 개요 : 콘크리트를 쳐서 경화시킨 후 콘크리트 속의 도관(시스)에 강재를 넣어 긴장시키고 그 끝을 콘크리트에 정착함으로써 프리스트레스를 가하는 방법이다.

② 종류
- ㉠ 프레시네공법(Freyssinet method, 쐐기식) : PS강선의 다발을 한 번에 긴장하여 1개의 쐐기로 정착하는 방법이다.
- ㉡ 디비닥공법(Dywidag method, 지압식) : PS강봉 단부의 전조나사에 특수 강재너트를 끼워서 정착판에 정착하는 방법이다.
- ㉢ BBRV공법(리벳머리식) : 보통 $\phi 7mm$ 강선 끝을 리벳머리로 만들어, 이것을 앵커헤드 (anchor head)로 지지하게 하는 방법이다.
- ㉣ VSL공법(쐐기식) : 보통 7연선 PS스트랜드(strand)를 앵커헤드의 구멍에 하나씩 쐐기로 정착하는 방법이다.
- ㉤ 레온하르트공법(Leonhardt method, 루프식)

┃ 표 1-11 ┃ Pretension공법과 Posttension공법의 비교

내용	Pretension공법	Posttension공법
제작	공장제품으로 품질이 우수하며 대량생산이 가능하다.	현장 제작에 유리하다.
PS강재의 배치	직선배치	곡선배치
장대지간	불리	유리

내용	Pretension공법	Posttension공법
긴 부재	불리	유리
분할시공	불리	우수
도입시기 (압축강도기준)	$300kg/cm^2$	$250kg/cm^2$
정착장치	불필요	필요
Prestressing방식	Long Line공법, Individual Mold공법	Freyssinet공법, Dywidag공법, BBRV공법, Leonhardt공법

(3) Full Prestressing, Partial Prestressing

① 완전프리스트레싱(full prestressing) : 부재에 설계하중이 작용할 때 부재 단면 어느 부분에도 인장응력이 생기지 않도록 프리스트레스를 가하는 방법이다.

② 부분프리스트레싱(partial prestressing) : 부재에 설계하중이 작용할 때 부재 단면 일부에 인장응력이 생기는 것을 허용하는 방법이다.

(4) PS강재에 인장력을 주는 방법

① 기계적 방법 : 잭(jack)으로 긴장하는 방법으로 가장 많이 사용되며 Pretension과 Posttension 모두 사용된다.

   ⊙ Pretension방식 : 거푸집 자체를 받침으로 사용하여 재킹(jacking)한다.

   ⓒ Posttension방식 : 경화된 콘크리트를 받침으로 사용하여 재킹한다.

② 화학적 방법 : 팽창 시멘트를 사용하여 긴장하는 방법이다.

③ 전기적 방법 : PS강재에 전류를 보내어 그 저항으로 가열되어 늘어난 PS강재를 정착하는 방법이다.

④ Preflex방법

6-2   프리스트레스 손실원인

PS강재의 인장응력이 감소하면 콘크리트에 도입된 프리스트레스(prestress)도 감소한다. 이러한 현상을 프리스트레스 손실이라 한다.

(1) 도입 시 일어나는 손실원인

① 콘크리트의 탄성변형

  • 탄성변형에 의한 프리스트레스 감소량

$$\Delta f_{pe} = n f_{ci}$$ ·· (1-16)

    여기서, Δf_{pe} : 응력의 감소량

          n : 탄성계수비

          f_{ci} : 프리스트레스 도입 후 강재둘레 콘크리트의 응력

② PS강재와 시스(sheath) 사이의 마찰(곡률마찰, 파상마찰)

  ㉠ 긴장재의 곡률마찰로 인한 손실

  ㉡ 긴장재의 파상마찰로 인한 손실

  ㉢ 긴장재의 곡률과 파상의 영향을 동시에 받는 마찰손실

③ 정착장치의 활동

  • 프리스트레스 감소량

$$\Delta f_{pa} = E\,\frac{\Delta l}{l} \quad\cdots\cdots\cdots\cdots\cdots\cdots\cdots\cdots\cdots\cdots\cdots\cdots\cdots\cdots\cdots\cdots\cdots\cdots\cdots (1\text{--}17)$$

여기서, Δf_{pa} : 응력의 감소량

  E : 강재의 탄성계수

  l : 긴장재의 길이

  Δl : 정착장치에서 긴장재의 활동량

(2) 도입 후 손실원인

① 콘크리트 크리프

② 콘크리트 건조수축 : 프리스트레스 손실 중에서 가장 큰 원인

  ㉠ Pretension : 7~10% 정도

  ㉡ Posttension : 5% 정도

③ PS강재의 Relaxation

6-3 PS강재

(1) PS강재가 갖추어야 할 성질

① 인장강도가 클 것 ② 항복비가 클 것

③ 릴랙세이션이 작을 것 ④ 직선성이 있을 것

⑤ 연성과 취성이 클 것 ⑥ 부착강도가 클 것

⑦ 피로강도가 클 것 ⑧ 응력부식에 대한 저항성이 클 것

(2) 종류

① PS강선 : 지름 8mm 정도의 고강도 강선으로 Pretension방식에 주로 사용한다.

② PS강연선(PS strand) : 여러 개의 PS강선을 꼬아 만든 것으로 2, 7, 19강연선 등이 있으며 Pretension, Posttension방식에 모두 사용된다.

③ PS강봉 : 지름 9.2~32mm의 고강도의 것으로 Posttension방식에 사용되며 Relaxation 값이 적은 것이 특징이다.

6-4 PS 콘크리트의 시공

(1) PS 콘크리트

① 설계기준강도
  ㉠ 프리텐션방식 : $f_{ck} \geq 35\text{MPa}(=350\text{kg/cm}^2)$
  ㉡ 포스트텐션방식 : $f_{ck} \geq 30\text{MPa}(=300\text{kg/cm}^2)$

② 프리스트레스 도입 시 강도 : 최대 도입응력의 1.7배 이상이며 다음 값 이상으로 한다.
  ㉠ 프리텐션방식 : $f_{ci} \geq 30\text{MPa}(=300\text{kg/cm}^2)$
  ㉡ 포스트텐션방식 : $f_{ci} \geq 25\text{MPa}(=250\text{kg/cm}^2)$

③ 굵은 골재 최대 치수 : 보통의 경우 25mm 이하를 표준으로 한다.

④ 물-시멘트비 : 45% 이하로 한다.

(2) 시스

① 시스(sheath)는 취급 중이나 콘크리트를 칠 때 충격이나 진동기와의 접촉 등에 의하여 쉽게 변형되지 않아야 한다.

② 시스의 맞물림과 이음부로부터 시멘트풀이 새어 들어가지 않는 구조이어야 한다.

③ 손상된 시스나 내면에 녹이 심하게 슬어있는 시스는 사용해서는 안 된다.

④ 마디가 있거나 파상으로 된 시스는 취급 중의 변형에 대한 저항성이 비교적 크고 콘크리트 및 PSC 그라우트와의 부착에도 유효하다.

(3) PSC 그라우트

① 그라우트는 덕트 속을 완전히 메워 긴장재를 둘러싸서 녹슬지 않도록 보호할 뿐 아니라 부재 콘크리트와 긴장재를 부착에 의하여 일체가 되게 하는 것이어야 한다.

② 그라우트의 품질
  ㉠ 체적변화율의 기준값은 24시간 경과 시 −1~5%범위이다.
  ㉡ 블리딩률의 기준값은 3시간 경과 시 0.3% 이하로 한다.
  ㉢ 염화물함유량은 단위시멘트양의 0.08% 이하로 한다.
  ㉣ 그라우트의 물-결합재비는 45% 이하로 한다.
  ㉤ 부재 콘크리트와 긴장재를 일체화시키는 부착강도는 재령 7일 또는 28일의 압축강도로 대신하여 설정할 수 있다. 압축강도는 7일 재령에서 27MPa 이상 또는 28일 재령에서 30MPa 이상을 만족하여야 한다.

(4) 덕트의 형성

덕트는 콘크리트와 긴장재를 절연하기 위해 두는 것이다.

① 시스를 사용하여 덕트를 형성하는 방법
② 시스를 사용하지 않고 덕트를 형성하는 방법
  ㉠ 아스팔트, 고분자재료, 유지 등의 절연재료에 의하여 긴장재를 피복하고, 이것을 콘크리트에 묻어서 덕트를 형성하는 방법
  ㉡ 콘크리트에 거푸집(강관, 봉강, 플라스틱관 등)을 묻어 넣어, 이것을 콘크리트가 굳기 전에 뽑아내 덕트를 형성하는 방법
  ㉢ 경화한 콘크리트에 구멍을 뚫어 덕트를 형성하는 방법

(5) 시스 및 긴장재의 배치

① 시스는 위치 및 방향이 정확하고 손상되지 않게 배치해야 한다.
② 시스의 이음은 콘크리트를 칠 때 시멘트풀이 새어 들어가지 않도록 절연테이프로 감든가, 용접하든가 하여 충분히 견고하게 해야 한다.
③ 여러 개의 PS강선 혹은 PS스트랜드를 하나의 시스 안에 수용하는 경우에는 적절한 간격재를 사용하여 PS강재가 시스 안에서 서로 꼬이지 않도록 배치해야 한다.
④ 시스 및 긴장재의 배치가 끝난 후 반드시 검사를 하여 파손이나 위치의 변동이 있으면 보수, 수정해야 한다.

(6) Prestressing

① 긴장재는 각각의 PS강재에 소정의 인장력이 주어지도록 긴장해야 한다. 이때 인장력을 설계값 이상으로 주었다가 다시 설계값으로 낮추는 방법으로 시공을 해서는 안 된다.
② 긴장재에 대해 순차적으로 프리스트레싱을 실시할 경우는 각 단계에 있어서 콘크리트에 유해한 응력이 생기지 않도록 해야 한다.
③ 프리스트레스를 도입할 때 긴장재의 고정장치를 서서히 풀어야 한다.
④ Prestressing작업 중에는 어떠한 경우라도 인장장치 또는 고정장치 뒤에 사람이 서 있어서는 안 되며 인장장치 뒤편에 방호판을 세워두어야 한다.
⑤ 프리스트레싱을 할 때의 콘크리트의 압축강도는 어느 정도의 안전도를 확보하기 위하여 프리스트레스를 준 직후, 콘크리트에 일어나는 최대 압축응력의 1.7배 이상이어야 한다. 또한 프리텐션방식에 있어서 콘크리트의 압축강도는 30MPa 이상이어야 한다. 실험이나 기존의 적용 실적 등을 통해 안전성이 증명된 경우, 이를 25MPa로 하향조정할 수 있다.

특수 콘크리트

7-1 한중 콘크리트

일평균기온이 4℃ 이하일 때 한중 콘크리트(cold weather concrete)로 시공한다.

(1) 시공방법

① 기온이 0~4℃일 때 간단한 주의와 보온으로 시공한다.
② 기온이 −3~0℃일 때 물 또는 골재를 가열하고 동시에 어느 정도의 보온을 한다.
③ 기온이 −3℃ 이하일 때 물, 골재를 가열하고 친 콘크리트를 보온, 급열하는 등의 본격적인 한중 콘크리트로 시공한다.

(2) 재료

① 시멘트는 포틀랜드 시멘트를 사용하는 것을 표준으로 한다.
② 수화열에 의한 균열의 문제가 없을 때에는 조강포틀랜드 시멘트를 사용한다.
③ 재료를 가열할 경우에는 물, 골재를 가열하며, 시멘트는 어떠한 경우라도 가열해서는 안된다. 재료의 가열은 용이한 점과 열용량이 큰 점으로 보아 물의 가열이 유리하다(물과 골재의 혼합물의 온도 : 40℃ 이하, 골재 : 65℃ 이하).

(3) 배합

① AE 콘크리트를 사용하는 것을 원칙으로 한다.
② 초기동해를 피하기 위해 단위수량은 가능한 한 적게 한다$\left(\dfrac{W}{C} \le 60\% \right)$.

(4) 비비기, 치기, 양생

① 가열한 재료를 믹서에 투입하는 순서 : 가열한 물과 시멘트가 접촉하면 시멘트가 급결할 우려가 있으므로 먼저 가열한 물과 굵은 골재, 다음에 잔골재를 넣어서 믹서 안의 재료온도가 40℃ 이하로 되고 나서 최후에 시멘트를 넣는다.
② 타설할 때의 콘크리트 온도는 구조물의 단면치수, 기상조건 등을 고려하여 5~20℃ 범위에서 정하여야 한다. 기상조건이 가혹한 경우나 부재두께가 얇을 경우에는 10℃ 정도로 확보해야 한다.

③ 소요압축강도가 얻어질 때까지 콘크리트의 온도를 5℃ 이상으로 유지하여야 하며, 또한 소요압축강도에 도달한 후 2일간은 구조물의 어떤 부분이라도 0℃ 이상이 되도록 유지하여야 한다.

④ 압축강도가 5MPa 이상이면 여러 번의 동결로는 동해를 받는 일이 적다.

⑤ 시공상 특히 유의할 사항

ㄱ 초기동해 방지

ㄴ 동결융해작용에 대해 충분한 저항성 확보

ㄷ 예상되는 하중에 대해 충분한 강도 확보

7-2 서중 콘크리트

일평균기온이 25℃(최고온도 30℃) 이상일 때 서중 콘크리트(cold weather concrete)로 시공한다. 기온이 높으면 그에 따라 콘크리트의 온도가 높아져서 단위수량의 증가, 장기강도의 감소, 운반 중 Slump의 감소, Cold joint의 발생, 표면수분의 급격한 증발에 의한 균열의 발생, 온도균열의 발생 등이 일어난다.

(1) 재료

① 시멘트, 골재 등은 직사광선을 피하고 가능한 한 온도를 낮춘 후 사용

② 저온의 물 사용(물 → 냉각수 사용, 물탱크 → 보온단열재로 보양)

③ 감수제 및 AE감수제 사용

(2) 배합 및 운반

① 소요의 강도, Workability를 얻을 수 있는 범위 내에서 단위수량 및 단위시멘트양을 가능한 한 적게 한다.

② 10℃의 기온 상승에 대하여 단위수량은 2~5% 증가하므로 소요의 압축강도를 확보하기 위해서는 단위수량에 비례하여 단위시멘트양의 증가를 검토하여야 한다.

③ Slump가 저하되지 않도록 신속히 운반한다.

(3) 콘크리트 치기

① 치기 전 지반과 거푸집 등을 살수하거나 덮개를 하여 습윤상태를 유지한다.

② 비빈 후 가능한 한 빨리 타설하여야 하며, 지연형 감수제를 사용하는 등의 일반적인 대책을 강구한 경우라도 1.5시간 이내에 타설하여야 한다.

③ 치기할 때의 콘크리트 온도는 35℃ 이하로 한다.

④ Cold joint가 생기지 않도록 적절한 계획에 따라 실시한다.

⑤ 감수제 또는 유동화제 등을 사용한다.

(4) 양생

① 치기작업 완료 후 즉시 양생을 하여 콘크리트 표면이 건조해지지 않도록 한다.

② 살수 또는 덮개를 하여 표면의 건조를 최대한 억제한다.

③ 넓은 면적이기 때문에 습윤양생이 곤란한 경우에는 막양생을 한다.

7-3 수중 콘크리트

수중 콘크리트는 다짐이 불가능하기 때문에 큰 유동성이 필요하며 재료분리를 적게 하기 위하여 단위시멘트양을 많게 하고 잔골재율을 크게 한 점성이 풍부한 콘크리트를 사용해야 한다.

(1) 배합

① $\dfrac{W}{C} \leq 50\%$, 단위시멘트양은 $370 \mathrm{kg/m}^3$ 이상을 표준으로 한다.

② $\dfrac{S}{a} = 40 \sim 45\%$ 를 표준으로 한다.

③ 굵은 골재는 둥근 모양의 입도가 좋은 자갈을 사용한다.

④ 수중에서 시공할 때의 강도가 표준공시체강도의 0.6~0.8배가 되도록 배합강도를 설정하여야 한다.

(2) 치기

① 정수 중에서 치는 것을 원칙으로 한다(완전히 물막이를 할 수 없을 때에도 유속 5cm/s 이하).

② 콘크리트를 수중에 낙하시켜서는 안 된다.

③ 소정의 높이 또는 수면상에 이를 때까지 연속해서 친다.

④ 콘크리트가 경화될 때까지 물의 유동을 방지한다.

⑤ 레이턴스를 완전히 제거한 후 다음 구획의 콘크리트를 친다.

⑥ 트레미나 콘크리트 펌프를 사용하여 치는 것을 원칙으로 한다. 부득이한 경우에는 밑열림상자나 밑열림포대를 사용해도 좋다.

(3) 수중 콘크리트 타설공법

① 트레미(tremie)에 의한 치기

    ㉠ 1개의 트레미로 칠 수 있는 면적은 $30 \mathrm{m}^2$ 이하로 한다.

    ㉡ 트레미는 콘크리트를 치는 동안 수평이동시켜서는 안 된다.

    ㉢ 트레미는 콘크리트를 치는 동안 그 하반부가 항상 콘크리트로 채워져 있어야 한다.

② 물과 콘크리트의 접촉을 피해야 하므로 콘크리트를 치는 동안 트레미의 하단을 친 콘크리트면보다 0.3~0.4m 아래로 유지한다.

② 콘크리트 펌프에 의한 치기

　　㉠ 수송관 1개로 치는 면적은 5m² 정도이다.

　　㉡ 치는 방법은 트레미에 준한다.

③ 밑열림상자 및 밑열림포대에 의한 치기

④ 포대 콘크리트에 의한 치기 : 시멘트의 유출을 막기 위해 포대 콘크리트를 사용하며, 특히 바닥이 암반이고 요철이 심한 경우에 사용한다.

7-4 프리플레이스트 콘크리트

특정한 입도를 가진 굵은 골재를 거푸집 속에 채워 넣고 그 공극 속에 특수한 모르타르를 적당한 압력으로 주입하여 만든 콘크리트를 프리플레이스트 콘크리트라 하며 수중공사에 사용되는 경우가 많다.

(1) 특징

① 재료분리, Bleeding이 적다.　　　② 건조수축이 보통 콘크리트의 1/2이다.

③ 수밀성, 내구성, 장기강도가 크다.　　④ 해수에 대한 저항성이 크다.

⑤ 동결융해에 대한 저항성이 크다.　　⑥ 수중공사에 적합하다.

⑦ 시공이 곤란한 곳에 적합하다.　　⑧ 신·구콘크리트의 부착강도가 크다.

(2) 강도

원칙적으로 재령 28일 또는 재령 91일의 압축강도를 기준으로 한다.

(3) 재료

① 주입모르타르는 포틀랜드 시멘트를 사용하는 것을 표준으로 한다.

② 블리딩률의 설정값은 시험 시작 후 3시간에서의 값이 3% 이하가 되는 것으로 한다.

③ 팽창률의 설정값은 시험 시작 후 3시간에서의 값이 5~10%인 것을 표준으로 한다.

④ 굵은 골재의 최소 치수는 15mm 이상, 굵은 골재의 최대 치수는 부재 단면 최소 치수의 1/4 이하, 철근콘크리트의 경우 철근순간격의 2/3 이하로 하여야 한다.

⑤ 일반적으로 굵은 골재의 최대 치수는 최소 치수의 2~4배 정도로 한다.

⑥ 잔골재의 FM=1.4~2.2범위로 한다.

⑦ 대규모 프리플레이스트 콘크리트를 대상으로 할 경우 굵은 골재 최소 치수를 크게 하는 것이 효과적이며, 굵은 골재 최소 치수가 클수록 주입모르타르의 주입성이 현저하게 개선된다.

(4) 시공 시 유의사항

① 굵은 골재는 주입 전 물로 충분히 적신다.
② 주입모르타르가 거푸집이음 등에서 새어 나오지 않도록 해야 한다.
③ 주입관의 콘크리트 속에 매입되는 깊이는 0.5~2m로 한다.
④ 모르타르의 주입은 시공면까지 계속해야 한다.

7-5 숏크리트

압축공기로 모르타르나 콘크리트를 시공면에 뿜어 붙이는 콘크리트를 숏크리트(shotcrete)라 하며 터널이나 큰 공동구조물의 라이닝, 비탈면, 법면 또는 벽면의 풍화나 박리, 박락의 방지, 터널, 댐 및 교량의 보수공사 등에 적용된다.

(1) 특징

장점	단점
• 급결제의 첨가에 의해 조기강도를 크게 할 수 있다. • 거푸집이 불필요하고 급속시공이 가능하다. • 비교적 시공기계가 소형으로 기동성이 크다. • 위쪽, 옆을 포함한 임의방향으로 시공이 가능하다. • 급경사면, 협소한 장소 등에서도 작업이 가능하다. • 광범위한 지질에 적용된다.	• 리바운드 등의 재료손실이 많다. • 평활한 마무리면을 얻기 어렵다. • 수밀성이 적다. • 수축균열이 크다. • 용수가 있으면 부착이 곤란하다.

(2) 숏크리트시공 일반

① 굵은 골재는 부순 돌 및 강자갈이 사용되고, 최대 치수는 10~13mm로 한다.
② 건식 숏크리트는 배치 후 45분 이내에 뿜어 붙이기를 실시하고, 습식은 배치 후 60분 이내에 뿜어 붙이기를 실시해야 한다.
③ 타설되는 장소의 대기온도가 32℃ 이상이 되면 건식 및 습식 콘크리트 모두 뿜어 붙이기를 할 수 없다.
④ 대기온도가 10℃ 이상일 때 뿜어 붙이기를 실시한다.

(3) 시공 시 유의사항

① 노즐은 시공면과 직각이 되도록 하고 적절한 뿜어 붙이는 거리가 있어야 한다.
② Rebound량이 최소가 되도록 하고 Rebound된 재료가 다시 반입되지 않도록 한다.
③ 뿜어 붙인 콘크리트가 흘러내리지 않는 범위 내에서 소정의 두께가 될 때까지 계속 뿜어 붙인다.
④ Shotcrete의 표면은 Shotcrete만으로 마무리한다.
⑤ 강제지보공을 설치한 곳에서는 강제지보공과 뿜어 붙일 면 사이에 공극이 생기지 않도록 뿜어 붙인다.

(4) Rebound량 감소대책

① 습식공법을 채용한다.

② Nozzle을 시공면과 직각이 되게 한다.

③ 단위시멘트양을 크게 한다.

④ 단위수량을 크게 한다($W/C=40\sim60\%$).

⑤ 잔골재율을 크게 한다($S/a=55\sim75\%$).

⑥ 굵은 골재 최대 치수를 작게 한다($G_{\max}=10\sim15\text{mm}$).

7-6 AE 콘크리트

AE제를 사용하여 공기를 연행한 콘크리트를 AE 콘크리트라 한다. AE 콘크리트는 공기연행에 의하여 워커빌리티를 크게 개선하고 내구성을 향상시킨다.

(1) 특징

① 워커빌리티가 좋아진다.

　㉠ 빈배합일수록 공기연행에 의한 워커빌리티의 개선효과가 크다.

　㉡ 입형이나 입도가 불량한 골재를 사용할 경우에 워커빌리티의 개선효과가 크다.

② 단위수량이 감소한다.

③ 블리딩이 감소하며 수밀성이 커진다.

④ 동결융해에 대한 내구성 및 내산성이 커진다.

⑤ 수축되며 균열이 감소한다.

⑥ 알칼리골재반응이 적어진다.

⑦ 공기량 1% 증가에 따라 압축강도는 4~6% 감소한다.

(2) AE 콘크리트의 공기량

① 공기량은 AE제의 사용량에 직선적으로 비례하여 증가한다(콘크리트 속의 적당한 공기량은 4~7% 정도이다).

② 시멘트의 분말도가 크고 단위시멘트양이 증가할수록 공기량은 감소한다.

③ 잔골재의 입도에 의한 영향이 크며, 0.3~0.6mm의 세립분이 증가하면 공기량은 증가한다.

④ 슬럼프가 작을수록 공기량은 증가한다.

⑤ 콘크리트의 온도가 낮을수록 공기량은 증가한다.

⑥ 다질 때 진동기를 사용하면 콘크리트 속의 비교적 큰 기포가 소멸되며 공기량도 감소한다.

⑦ 콘크리트가 응결, 경화되면 공기량은 감소한다.

7-7 기포 콘크리트

기포 콘크리트(cellular concrete)는 경량 콘크리트의 일종으로 경량골재를 사용하지 않고 발포제에 의해 콘크리트 속에 많은 기포를 발생시켜 중량을 가볍게 한 콘크리트이다.

(1) 특징

장점	단점
• 건습에 따른 체적변화가 작다. • 단열성, 흡음성, 내진성이 좋다. • 균열이 작다.	• 흡습성이 매우 크다. • 건조수축이 크다.

(2) 콘크리트 속에 기포를 만드는 방법

① 경금속의 분말 등을 사용하여 가스를 발생시키는 방법
② 기포제를 혼합시키는 방법
③ 입도가 나쁜 굵은 골재를 사용하는 방법
④ 단위수량을 크게 하여 콘크리트 속의 수분을 증발시키는 방법

7-8 섬유보강 콘크리트

섬유보강 콘크리트(fiber reinforced concrete)는 금속이나 합성수지를 원료로 한 불연속 단섬유를 콘크리트 중에 균일하게 분산시킴에 따라 콘크리트의 인장강도, 휨강도, 균열에 대한 저항성, 인성, 전단강도 등을 대폭 개선시킬 목적으로 사용한다.

(1) 특징

① 인장강도, 전단강도, 휨강도가 증대한다.
② 인성이 증대한다(가장 크게 개선되는 성질).
③ 균열에 대한 저항성이 증대한다.
④ 내열성, 내충격성이 증대한다.
⑤ 동결융해에 대한 저항성이 증대한다.
⑥ 섬유를 콘크리트 속에 균일하게 분산시킬 수 있는 강제식 믹서를 사용하는 것을 원칙으로 한다.

(2) 섬유의 종류

① 무기계 섬유 : 강섬유(steel fiber), 유리섬유(glass fiber), 탄소섬유(carbon fiber)
② 유기계 섬유 : 아라미드섬유, 폴리프로필렌섬유, 비닐론, 나일론, 테트론

(3) 섬유의 조건

① 섬유의 탄성계수는 시멘트 결합재 탄성계수의 1/5 이상일 것
② 형상비가 50 이상일 것

7-9 경량 콘크리트

경량 콘크리트(light-weight concrete)는 콘크리트의 중량을 경감시킬 목적으로 경량골재, 기포 등을 혼입하여 만든 콘크리트로서 단위중량이 $1.7t/m^3$ 내외이며 내구성이 작아서 물-시멘트비를 줄여 AE제 등을 사용하는 것이 좋다.

(1) 특징

장점	단점
• 자중이 작다.	• 압축강도, 탄성계수가 작다.
• 내화성, 단열성이 크다.	• 건조수축이 크다.
• 흡음률이 크다.	• 내구성이 작다.
• 열전도율이 작다.	• 투수성, 흡수성이 매우 크다.

(2) 경량골재로서 필요조건

① 입형이 구에 가깝고 비중이 작으며 강도가 클 것
② 조직이 균일하며 기공이 작을 것
③ 내구성이 클 것
④ 유해물을 함유하지 않을 것

(3) 경량골재 콘크리트

① 굵은 골재 최대 치수는 원칙적으로 20mm로 한다.
② 경량골재 콘크리트는 공기연행 콘크리트로 하는 것을 원칙으로 한다.
③ 수밀성을 기준으로 물-결합재비를 정할 경우에는 50% 이하를 표준으로 한다.
④ 슬럼프는 대체로 50~180mm를 표준으로 한다.
⑤ 경량골재 콘크리트의 공기량은 일반 골재를 사용한 콘크리트보다 1% 크게 하여야 한다.
⑥ 경량골재 콘크리트의 굵은 골재가 떠오르는 부립현상을 막기 위해 점증제 등을 사용하여 골재분리가 일어나지 않도록 하는 조치가 필요하다.
⑦ 내부진동기로 다질 때 일반 콘크리트에 비해서 비중이 작아 거푸집의 구석구석이나 철근의 둘레에 잘 다져지지 않으므로 진동기의 간격을 좁게 하거나, 진동시간을 길게 하여야 한다.

7-10 레디믹스트 콘크리트(RMC)

(1) 특징

장점	단점
• 균질이고 양질의 콘크리트를 얻을 수 있다. • 현장 설비가 필요 없고 콘크리트 치기가 능률적이며 공기가 단축된다. • 콘크리트 품질을 배려할 필요가 없다.	• 콘크리트의 워커빌리티를 단시간 내에 조절하기가 곤란하다. • 운반 중 콘크리트의 품질이 저하되기 쉽다. • 콘크리트 운반이나 공급범위가 한정된다.

(2) 제조방법

① 센트럴믹스트 콘크리트(central mixed con'c) : Plant에서 con'c를 완전혼합한 후 애지테이터트럭으로 운반하는 방법

② 시링크믹스트 콘크리트(shrink mixed con'c) : Plant에서 1/2 정도 혼합한 후 애지테이터트럭으로 운반하면서 1/2을 혼합하는 방법

③ 트랜싯믹스트 콘크리트(transit mixed con'c) : Plant에서 재료만 실은 후 운반하면서 애지테이터트럭으로 완전 혼합하는 방법

(3) 검사

① 압축 및 휨강도 : 강도시험값이 1회의 시험결과는 구입자가 지정한 호칭강도의 85% 이상이어야 하며, 3회의 시험결과평균값은 구입자가 지정한 호칭강도 이상이어야 한다는 두 조건을 만족해야 한다.

② 슬럼프 : 지정된 값이 25mm인 경우에는 ±10mm, 50mm 및 65mm인 경우에는 ±15mm, 80mm 이상인 경우는 ±25mm의 범위를 넘어서는 안 된다.

③ 염화물함유량 : 염소이온(Cl^-)량은 $0.3kg/m^3$ 이하이어야 한다. 다만, 구입자의 승인을 얻은 경우에는 $0.6kg/m^3$ 이하로 할 수 있다.

8-1 내구성을 저하시키는 열화원인

(1) 화학적 작용

1) 염해

콘크리트 중에 염화물($NaCl$)이 존재하거나 염화물이온(Cl^-)의 침입으로 철근이 부식하여 그 팽창압에 의해 균열이 발생한다.

① 균열이 발생하면 산소와 물의 공급이 용이해져서 부식은 가속된다.

② 염해의 대책
   ㉠ 콘크리트 중의 염소이온량을 적게 한다.
   ㉡ 물–시멘트비를 작게 하여 밀실한 콘크리트로 한다.
   ㉢ 충분한 철근피복두께를 두어 균열폭을 제어한다.
   ㉣ 수지도장철근의 사용이나 콘크리트 표면에 라이닝을 한다.

2) 중성화

공기 중의 탄산가스에 의해 콘크리트 중의 수산화칼슘(강알칼리)이 서서히 탄산칼슘(약알칼리)으로 되어 콘크리트가 중성화됨에 따라 물과 공기가 침투하고 철근이 부식하여 체적이 팽창(약 2.6배)하여 균열이 발생한다.

① 경량골재는 골재 자체의 공극이 크고 투기성도 크므로 보통 콘크리트보다 중성화속도가 빠르다.

② 혼합 시멘트는 수화에 의해 발생하는 수산화칼슘의 양이 적기 때문에 보통 포틀랜드 시멘트보다 중성화속도가 빠르다.

③ 탄산가스농도가 높을수록, 습도가 낮을수록, 온도가 높을수록 중성화속도가 빨라진다. 다만, 현저하게 건조되어 있을 때에는 중성화는 진행되기 어렵다.

④ AE제나 AE감수제 등을 사용하면 중성화에 대한 저항성이 커진다.

3) 알칼리골재반응

시멘트의 알칼리성분이 골재의 실리카물질과 반응하여 gel상태의 화합물을 만들어 수분을 흡수, 팽창하여 균열이 발생한다.

① 알칼리골재반응의 분류
    ㉠ 알칼리실리카반응(ASR) : 보통 알칼리골재반응이라고 한다.
    ㉡ 알칼리탄산염반응
    ㉢ 알칼리실리게이트반응

② 알칼리골재반응의 대책
    ㉠ ASR에 관하여 무해라고 판정된 골재를 사용한다.
    ㉡ 저알칼리형의 포틀랜드 시멘트(Na_2O당량 0.6% 이하)를 사용한다.
    ㉢ 콘크리트 $1m^3$당의 알칼리총량을 Na_2O당량으로 3kg 이하로 한다.

(2) 물리적 작용

1) 동해

콘크리트에 함유되어 있는 수분이 동결하면 수분의 동결팽창(9%)으로 콘크리트가 균열된다.
① 압축강도가 $40kg/cm^2$ 이상이면 동해를 받지 않는다.
② 한계포수도(飽水度) 이하에서는 높은 동해저항성을 가지고 있으며, 건조상태의 콘크리트는 동해를 받지 않는다.
③ 동일 공기량인 경우 기포가 작고 기포간격계수가 작을수록 내동해성은 증대한다.

2) 손식

콘크리트에 대한 마모작용에는 차량 등에 의한 마멸작용과 물속의 모래 등에 의한 충돌작용의 두 종류가 있다. 손식에 대한 저항성을 높이기 위한 대책은 다음과 같다.
① 물-시멘트비를 작게 한다$\left(\dfrac{W}{C} \leq 45\%\right)$.
② 충분한 습윤양생을 한다.
③ 압축강도를 크게 한다(단위시멘트양 : 420kg 이상, Slump : 7.5cm 이하).
④ 마모저항이 큰 골재를 사용한다.

8-2   균열(hair crack)

(1) 경화 전의 균열(초기균열)

1) 소성수축균열(plastic shrinkage crack)

① 굳지 않은 콘크리트 표면의 증발속도가 블리딩속도보다 빠를 때 발생하는 균열이다.
② 방지대책
    ㉠ 수분의 증발을 방지한다.
    ㉡ 마무리를 지나치게 하거나 콘크리트 표면에 급격한 온도변화가 일어나지 않도록 한다.

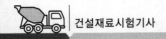

2) 침하수축균열(settlement crack)

① 콘크리트 타설 후 콘크리트의 압밀현상에 의해 발생하는 균열이다.

② 콘크리트 타설 후 1~3시간 사이에 발생한다.

③ 균열폭 : 3mm 정도까지

④ 길이 : 2~3m까지

⑤ 깊이 : 대부분 5cm 이하

⑥ 방지대책

　㉠ 단위수량을 되도록 적게 하고, 슬럼프를 적게 한다.

　㉡ 충분한 다짐을 한다.

　㉢ 타설속도를 늦게 하고, 1회 타설높이를 작게 한다.

　㉣ 콘크리트의 피복두께를 증가시킨다.

(2) 경화 후의 균열

1) 건조수축균열(건조수축에 의한 균열)

① 콘크리트의 균열을 일으키는 가장 큰 원인 중의 하나이다.

② 방지대책

　㉠ 단위수량을 적게 한다.

　㉡ 굵은 골재량을 증가시킨다.

　㉢ 충분한 양생을 한다.

　㉣ 철근을 조밀하게 배치하여 균열을 제어한다.

　㉤ 팽창 시멘트 또는 무축성 시멘트를 사용한다.

2) 온도균열(온도변화에 의한 균열)

① 온도균열이 다른 균열과 구별되는 특징

　㉠ 온도균열을 일으킨 콘크리트는 상당히 큰 온도 상승이 일어난다.

　㉡ 온도균열은 재령이 적은 시기에 발생한다. 그 시기는 온도 상승이 최대가 되어 온도 강하로 옮겨간 직후와 거의 일치한다.

　㉢ 발생한 온도균열의 방향, 위치 및 폭은 규칙성이 있다.

② 방지대책

　㉠ 단위시멘트양을 적게 한다.

　㉡ 수화열이 낮은 시멘트를 사용한다.

　㉢ Pre−cooling, Pipe−cooling을 사용한다.

　㉣ 양생방법에 주의한다.

　㉤ 1회의 타설높이를 줄여야 한다.

3) 하중에 의한 휨균열

① 균열폭은 철근의 응력에 거의 비례하여 증대한다.
② 균열폭은 철근의 피복두께에 지배되고, 철근위치의 균열폭은 피복두께에 거의 비례한다.
③ 보의 인장 부분에 철근을 많이 배치하는 것이 균열분산에 효과적이고, 철근비보다도 철근개수를 증대하는 것이 효과적이다.
④ 철근지름의 영향은 거의 없다.

4) 철근의 부식에 의한 균열

흡수성이 낮은 콘크리트를 사용하고 콘크리트 덮개를 크게 하면 균열을 줄일 수 있다.

5) 화학적 침식에 의한 균열

6) 과하중에 의한 균열

콘크리트의 품질관리

9-1 품질관리

품질관리(QC : Quality Control)란 품질의 목표를 정하고, 이것을 달성하기 위해서 행하는 모든 활동을 말한다. 품질관리는 공정의 최후 단계에서 검사하여 불량품을 제거하는 것이 아니라 공정 도중 단계에서 불량품이 생기는 원인을 제거함으로써 목표를 달성하는 것이다.

(1) 품질관리의 순서

품질관리는 계획(plan) → 실시(do) → 검토(check) → 조치(action)의 4단계를 반복 진행한다.

┃그림 1-9 ┃ 관리사이클의 4단계

1) Plan(계획)

① 품질표준 결정 : 압축강도, 슬럼프, 공기량, 단위중량 등을 결정
② 작업표준 결정 : 품질표준을 달성하기 위해 각 공정마다 사용재료의 결정, 시방배합의 결정, 시공기계, 운반, 다짐, 양생 등을 결정

2) Do(실시)

작업원에게 작업표준을 교육, 훈련시킨 후 작업표준에 따라 작업을 실시한다.

3) Check(검토)

작업결과 제조된 제품을 그 특성값에 대하여 품질시험을 하고 품질표준과 비교한다.

4) Action(조치)

검토결과 공정에 어딘가 이상이 발견되면 그 원인을 제거하여 공정이 관리상태에 있도록 적절한 조치를 한다.

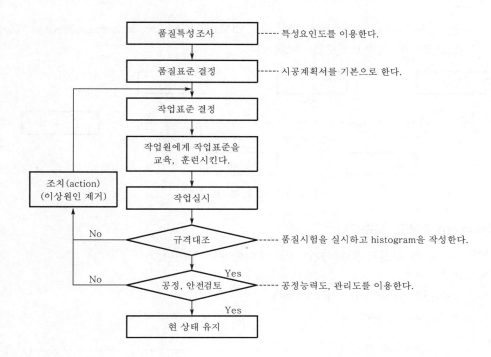

(2) 품질관리의 목적

① 품질확보(설계도에 정해진 규격의 구조물을 만드는 것)

② 품질유지(품질의 변동을 최소화)

③ 품질보증(품질에 대한 신뢰성 증가)

④ 품질향상

⑤ 하자 발생을 사전 방지

⑥ 원가절감

(3) 품질관리의 장점

① 공사 중에 생기는 결함을 미리 방지한다.

② 공사에 대한 신뢰성과 강도를 믿을 수 있으며 추정 가능하다.

③ 작업 중에 생기는 새로운 문제점을 발견하고 조치하여 대처 가능하다.

④ 결함의 발생이 적어져 이로 인한 비용의 절감과 수리비 등의 감소를 유도한다.

(4) 품질관리기법

1) 특성요인도

① 품질특성에 영향을 미치는 요인을 분석하여 중점관리할 특성을 결정하기 위해 작성한 그림이다.

② 브레인스토밍(brainstorming) 작성 후 5M(Man, Machine, Material, Method, Money)으로 분류하여 특성요인도를 작성한다.

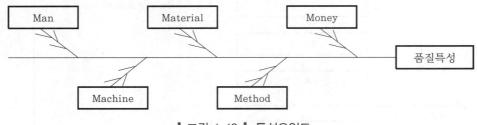

┃ 그림 1-10 ┃ 특성요인도

2) Histogram(주상도, 도수도)

데이터(data)의 분산을 파악하기 위해 작성한 주상도이다.

① 작성법

ㄱ Data(약 100개 이상)를 구한다.

ㄴ 범위 R을 구한다.

$$R = 최대치 - 최소치 \quad \cdots\cdots (1-18)$$

ㄷ 일정한 폭의 class(분류)로 나눈다.

ㄹ 2개의 경계치합의 1/2을 Class의 중심치로 하여 Histogram을 그린다.

② 규격치에 대한 여유 : Histogram이 규격치에 대하여 충분한 여유를 가지고 만족하기 위한 조건이다.

ㄱ 양측 규격의 경우

$$\frac{|SU - SL|}{\sigma} \geq 6 \quad \cdots\cdots (1-19)$$

ㄴ 편측 규격의 경우

$$\left|\frac{SU(또는\ SL) - \overline{x}}{\sigma}\right| \geq 3 \quad \cdots\cdots (1-20)$$

여기서, SU : 상한규격치($=UCL$), SL : 하한규격치($=LCL$), σ : 표준편차

3) 관리도(control chart)

공정이 품질기준에 맞게 진행되고 있는지를 확인하기 위해 실시하는 것이다.

① 관리도의 종류

ㄱ 계량치를 대상으로 하는 것 : $\overline{x}$관리도(평균치관리도), $\tilde{x}$관리도(중앙치관리도), R관리도(범위관리도), x관리도(1점 관리도)

ⓒ 계수치를 대상으로 하는 것
  - P관리도(불량률관리도)
  - P_n관리도(불량개수관리도)
  - C관리도(결점수관리도) : 시료크기가 일정한 경우의 결점수관리도
  - U관리도(결점 발생률관리도) : 시료크기가 일정하지 않은 경우의 단위당 결점수관리도

② $\overline{x} - R$관리도
  ㉠ $\overline{x}$관리도의 관리선
    - 중심선(center line) : $CL = \overline{\overline{x}}$
    - 상부관리한계(upper control line) : $UCL = \overline{\overline{x}} + A_2\overline{R}$
    - 하부관리한계(lower control line) : $LCL = \overline{\overline{x}} - A_2\overline{R}$
  ㉡ R관리도의 관리선
    - 중심선(center line) : $CL = \overline{R}$
    - 상부관리한계(upper control line) : $UCL = D_4\overline{R}$
    - 하부관리한계(lower control line) : $LCL = D_3\overline{R}$

    여기서, $\overline{\overline{x}}$: x의 평균치, $\overline{R}$: R의 평균치, A_2 : 군(群)의 크기에 따라 정하는 계수
       D_3, D_4 : 군(群)의 크기에 따라 정하는 계수

③ 관리도를 보는 법
  ㉠ 타점이 ┌ 한계 내에 있을 때 : 공정이 안정된 상태(관리상태)
         └ 한계 외에 있을 때 : 공정에 이상이 생긴 상태

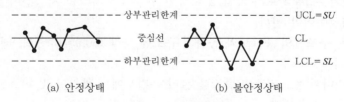

(a) 안정상태   (b) 불안정상태

┃그림 1-11┃ 관리도 1

  ㉡ 타점이 한계 내에 있어도 다음의 경우는 관리상태에 없다고 본다.
    - 타점이 연속하여 중심선의 한쪽에 집합하는 경우(연속수가 6이면 주의, 7 이상이면 이상이 있는 상태)([그림 1-12]의 (a))
    - 주기적인 파형인 경우([그림 1-12]의 (b))
    - 연속하여 상승 또는 하강할 때([그림 9-1] (c))

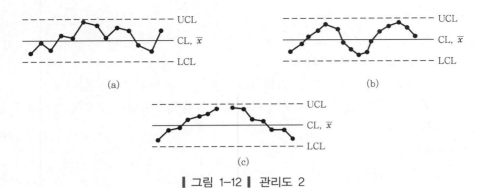

┃ 그림 1-12 ┃ 관리도 2

ⓒ 해석용 관리도에서 다음의 경우는 관리상태로 본다.
- 연속 25점 이상 관리한계 내에 있는 경우
- 연속 35점 중 관리한계 외의 점이 1점 이내인 경우
- 연속 100점 중 관리한계 외의 점이 2점 이내인 경우

9-2 건설공사의 품질관리(콘크리트 표준시방서)

(1) 압축강도에 의한 콘크리트 품질관리

① 압축강도에 의한 콘크리트 관리는 일반적인 경우 조기재령의 압축강도에 의한다. 이 경우 공시체는 구조물의 콘크리트를 대표하도록 채취해야 한다.

② 콘크리트 강도판정 시에는 공시체 3개의 평균값을 1회의 시험값으로 보며, 임의 연속한 3회 압축강도시험값의 평균이 설계압축강도 이상이어야 하고, 동시에 설계기준압축강도가 35MPa 이하인 경우에는 각각의 시험값이 설계기준압축강도 −3.5MPa 이상이어야 하며, 설계기준압축강도가 35MPa 이상인 경우에는 각각의 시험값이 설계기준압축강도의 90% 이상이어야 한다.

③ 1회/일 또는 구조물의 중요도와 공사의 규모에 따라 150m³마다 1회, 배합이 변경될 때마다 실시한다.

④ 시험값에 의하여 콘크리트의 품질을 관리할 경우에는 관리도 및 히스토그램(histogram)을 사용하는 것이 좋다.

┃ 표 1-12 ┃ 압축강도에 의한 콘크리트의 품질검사

종류	항목	시기 및 횟수[1]	판정기준	
			$f_{ck} \leq 35MPa$	$f_{ck} > 35MPa$
설계기준 압축강도로부터 배합을 정한 경우	압축강도 (일반적인 경우 재령 28일)	1회/일 또는 구조물의 중요도와 공사의 규모에 따라 120m³마다 1회, 배합이 변경될 때마다	• 연속 3회 시험값의 평균이 설계기준압축강도 이상 • 1회 시험값이 설계기준압축강도 −3.5MPa 이상	• 연속 3회 시험값의 평균이 설계기준압축강도 이상 • 1회 시험값이 설계기준압축강도의 90% 이상
그 밖의 경우			• 압축강도의 평균치가 소요의 물−결합재비에 대응하는 압축강도 이상일 것	

주 1) 1회의 시험값은 공시체 3개의 압축강도시험값의 평균값이다.

(2) 콘크리트의 받아들이기 품질관리

① 콘크리트가 타설되기 전에 실시하는 것을 원칙으로 한다.
② 강도검사는 콘크리트의 배합검사를 실시하는 것을 표준으로 한다.
③ 콘크리트는 균질하고 운반, 타설, 다짐 등의 작업에 적합한 워커빌리티를 가져야 한다.

▌표 1-13 ▌ 콘크리트 받아들이기 품질검사

항목		시험·검사방법	시기 및 횟수	판정기준
굳지 않은 콘크리트의 상태		외관관찰	콘크리트 타설 개시 및 타설 중 수시로 함	워커빌리티가 좋고 품질이 균질하며 안정할 것
슬럼프		KS F 2402의 방법	압축강도시험용 공시체 채취 시 및 타설 중에 품질변화가 인정될 때	• 30mm 이상 80mm 미만 : 허용오차 ±15mm • 80mm 이상 180mm 이하 : 허용오차 ±25mm
공기량		• KS F 2409의 방법 • KS F 2421의 방법 • KS F 2449의 방법		• 허용오차 : ±1.5%
염소이온량		KS F 4009 부속서 1의 방법	바다잔골재를 사용할 경우 2회/일, 그 밖의 경우 1회/주	원칙적으로 0.3kg/m³ 이하
배합	단위수량[1]	굳지 않은 콘크리트의 단위수량시험으로부터 구하는 방법	내릴 때 오전 2회 이상, 오후 2회 이상	허용값 내에 있을 것
		골재의 표면수율과 단위수량의 계량치로부터 구하는 방법	내릴 때/전 배치	허용값 내에 있을 것
	단위시멘트양	시멘트의 계량치	내릴 때/전 배치	허용값 내에 있을 것
	물-결합재비	굳지 않은 콘크리트의 단위수량과 시멘트의 계량치로부터 구하는 방법	내릴 때 오전 2회 이상, 오후 2회 이상	허용값 내에 있을 것
		골재의 표면수율과 콘크리트 재료의 계량치로부터 구하는 방법	내릴 때/전 배치	허용값 내에 있을 것
펌퍼빌리티		펌프에 걸리는 최대 압송부하의 확인	펌프 압송 시	콘크리트 펌프의 최대 이론 토출압력에 대한 최대 압송 부하의 비율이 80% 이하

주 1) 단위수량시험(KCI-RM101)은 도입된 지 얼마 되지 않았고 시험방법의 적합성이나 시험결과의 신뢰성 등이 평가되지 않아 현재는 참고자료로만 활용하는 것이 좋다.

MEMO

ENGINEER CONSTRUCTION MATERIAL TESTING

제 2 편

건설시공 및 관리

ENGINEER CONSTRUCTION MATERIAL TESTING

토 공

1-1 절토공

(1) 절토방법

① 작업면적을 가능한 한 넓게 하여 일시에 많은 사람이 작업할 수 있게 한다.
② 중력을 이용한다.
③ 싣기 높이는 1m 이상이 되면 인력으로 힘이 들기 때문에 가능한 한 낮게 한다.
④ 편측 절토할 때 비탈면 끝손질과 배수측구의 완성을 조속히 한다.
⑤ 지형과 토질에 따라 굴착방법을 선택한다.

(2) 배수

① 경사진 곳을 절취할 때 물이 고이지 않는 낮은 부분부터 굴착한다.
② 셔블계 굴삭기 작업 시 전방을 높게 굴착하여 기계의 주위에 물이 고이지 않도록 한다.
③ 편절토 시 비탈면 하단에 배수측구를 시공한다.

1-2 성토공

(1) 기초지반처리(연약지반상의 성토시공대책)

1) 벌개 제근

성토고 3m 이하는 반드시 해야 하나, 이보다 높아도 벌개 제근을 하는 것이 좋다.

2) 논, 습지인 경우

① 제1층만 성토하는 경우 0.5~1.0m 정도의 Trench를 성토 바닥에 만들어 강자갈이나 자갈로 되메워 배수를 잘한 후 기초지반을 충분히 건조시켜 강도를 높여 성토한다.
② Sand mat공법을 시행한다.
③ 고성토인 경우에는 제1층을 1m 정도로 쌓고 제2층부터 충분히 전압하면서 성토한다.

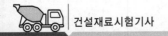

(2) 성토재료의 구비조건

① 공학적으로 안정한 재료
② 전단강도가 큰 재료
③ 유기질이 없는 재료
④ 시공기계의 trafficability가 확보되는 재료
⑤ 압축성이 작은 재료

(3) 성토시공법

1) 수평층쌓기

① 종류
ㄱ 박층쌓기
- 1층 높이를 30~60cm 정도로 하여 매 층마다 적당한 습기를 주어 충분히 다진 후 다음 층을 쌓는 방법이다.
- 저수지, 흙댐, 옹벽, 교대 등의 뒤채움에 사용되는 공법이다.
ㄴ 후층쌓기
- 1층 높이를 90~120cm 정도로 하고 약간의 기간을 두어 자연침하나 다지기가 되면 다음 층을 쌓는 방법이다.
- 하천, 제방, 도로 등의 축제에 사용되는 공법이다.
② 특징 : 공기가 길어져 공비가 많이 드는 결점이 있다.

2) 전방측 쌓기

전방에 흙을 투하하면서 쌓는 공법으로 공사 중 압축이 적어 완성 후에 침하가 크다. 그러나 공사비가 적고 시공속도가 빠르기 때문에 도로, 철도 등의 낮은 축제에 많이 사용된다.

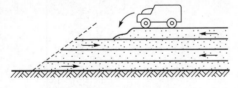

▌그림 2-1 ▌ 수평층쌓기

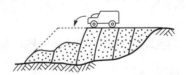

▌그림 2-2 ▌ 전방측 쌓기

3) 비계층쌓기

가교식 비계를 만들고, 그 위에 레일을 깔아 가교 위에서 흙을 투하하면서 쌓는 공법으로 높은 축제쌓기, 대성토 시 사용된다.

4) 물다짐공법(hydraulic-fill method)

① 하해, 호소 등에서 펌프로 송니관(모래관) 내에 물을 압입한 후 노즐을 분출시켜 물에 함유된 절취토사를 송니관으로 흙댐이 있는 곳까지 운송하여 성토하는 공법이다.

② 재료가 사질인 경우에 적합하다.

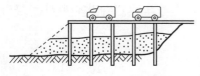

┃그림 2-3┃ 비계층쌓기

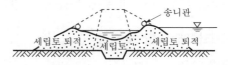

┃그림 2-4┃ 물다짐공법

(4) 성토작업 중 배수

① 성토면을 평탄하게 하고 성토 중앙부에서 4% 이상의 횡단구배를 둔다.
② 각 층의 마무리면에서 유출되는 표면수는 성토 비탈면을 세굴 또는 붕괴시킬 우려가 있으므로 각 층 마무리면 외측에 흙을 쌓아 가배수시설을 설치한다.

(5) 구조물접속부 부등침하원인

① 구조물은 침하하지 않는 구조인 반면, 여기에 접속된 성토는 상대적으로 침하하기 쉬움
② 되메우기 부분의 배수불량, 불충분한 다짐
③ 지하수의 용출이나 지표수의 침투로 인한 성토체의 연약화
④ 성토체의 기초지반경사
⑤ 구조물 주위 지반의 지지력 불균일
⑥ 토압으로 인한 구조물의 변형

1-3 비탈면 보호공

(1) 식생에 의한 보호공

1) 떼붙임(sodding)공

① 줄떼공
  ㉠ 흙쌓기 비탈면에 사용한다.
  ㉡ 비탈 하단에서 폭 10cm 이상의 떼를 20~30cm 간격의 수평방향으로 심는 것이다.
② 평떼공
  ㉠ 땅깎기 비탈면에 주로 사용한다.
  ㉡ 다진 비탈면 전체에 30cm×30cm의 떼를 붙이고 표면을 두드려 비탈면에 잘 밀착시킨 후 대나무 등으로 떼 한 장에 2개 이상 꽂아 떼의 탈락을 방지하는 것이다.

2) 씨앗 뿜어 붙이기공

씨앗, 비료, 흙 등에 물을 섞어 만든 흙탕물모양의 혼합액에 뿜어 붙이기 건(gun)을 사용하여 비탈면에 뿜어 붙이는 공법이다.

3) 씨앗 뿌리기(seed spray)공

씨앗, 비료, 파이버 등에 물을 섞어 만든 혼합액을 펌프 등으로 비탈면에 뿌리는 공법이다.

(2) 구조물에 의한 보호공

1) 돌쌓기공

① 견치석으로 메쌓기와 찰쌓기하는 공법이다.
② 비탈면의 붕괴가 특히 위험한 장소에 사용한다.

2) 돌붙이기공

① 비탈면의 풍화, 침식 방지목적으로 돌을 붙이는 공법이다.
② 점착력이 없는 토사나 붕괴되기 쉬운 비탈면에 사용한다.

3) Con'c 격자블록공

① 격자Block을 설치하여 그 속에 자갈 등을 채우거나 낮은 나무 등을 심어 비탈면을 보호하는 공법이다.
② 용수가 있는 사면, 급한 성토 사면, 식생으로 안정상 문제가 있는 사면에 사용한다.

1-4   시공계획

(1) 시공기면(formation level) 결정 시 고려사항

시공기면이란 시공하는 지반의 계획고를 말하며 FL로 표시한다.
① 토공량을 최소로 하고 절토량이 성토량과 같도록 배분한다.
② 암석굴착은 공비에 영향이 크므로 암석굴착량이 작도록 한다.
③ 연약지반, 낙석 등의 위험이 있는 지역은 피하고, 부득이 시공기면을 정할 경우에는 이에 대처할 수 있는 대책을 세운다.

(2) 토량의 변화

① $$L = \frac{\text{느슨한 토량}(m^3)}{\text{본바닥토량}(m^3)}$$ ··· (2-1)

② $$C = \frac{\text{다진 후의 토량}(m^3)}{\text{본바닥토량}(m^3)}$$ ··· (2-2)

(3) 토적곡선(유토곡선, mass curve)의 성질

① 곡선의 하향구간은 성토구간이며, 상향구간은 절토구간이다.

② 곡선의 극대점 e, i는 절토에서 성토로의 변이점이며, 극소점 c, g, l은 성토에서 절토로의 변이점이다.

③ 평행선(기선 a−b에 평행한 임의의 직선)을 그어 곡선과 교차시키면 인접하는 교차점(평형점) 사이의 토량은 절토, 성토량이 서로 같다.

　　예 곡선 def에서 de까지의 절토량과 ef까지의 성토량은 서로 같다.

④ 평행선에서 곡선의 극대점까지의 높이는 절토량이다.

　　예 곡선 def에서 절토량은 $\overline{er}$ 이다.

⑤ 절토에서 성토로의 평균운반거리는 절토의 중심과 성토 중심 간의 거리로 표시된다.

　　예 곡선 def에서 평균운반거리는 $\overline{pq}$ 이다.

⑥ 토량곡선이 평행선 위측에 있을 때 절취토는 [그림 2-5]의 좌측 → 우측으로 운반되고, 반대로 아래에 있을 때 절취토는 [그림 2-5]의 우측 → 좌측으로 운반된다.

　　예 곡선 def : 좌측 → 우측, 곡선 fgh : 우측 → 좌측

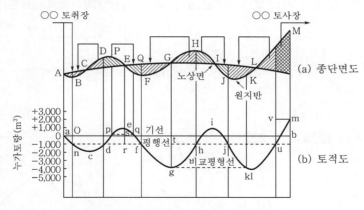

┃그림 2-5┃ 종단면도와 토적곡선

(4) 토취장과 토사장의 선정조건

1) 토취장

① 토질이 양호하고 풍부할 것

② 신기에 편리한 지형일 것

③ 운반로가 양호하고 장애물이 적을 것

④ 성토개소에 향하여 하향구배 1/50~1/100 정도일 것

⑤ 용수 및 붕괴의 위험이 없고 배수하기 양호한 지형일 것

⑥ 용지매수, 보상이 싸고 용이할 것

2) 토사장

① 사토량을 충분히 수용할 수 있는 용량일 것
② 사토장소를 향하여 하향구배 1/50~1/100 정도일 것
③ 운반로가 양호하고 장애물이 적을 것

1-5 토공량 계산

(1) 각주법

① 4각주법

$$V = \frac{ab}{4}\left(\sum h_1 + 2\sum h_2 + 3\sum h_3 + 4\sum h_4\right) \quad \cdots\cdots (2-3)$$

여기서, h_1 : 1개의 직사각형에 속하는 높이, h_2 : 2개의 직사각형에 공통된 높이
h_3 : 3개의 직사각형에 공통된 높이, h_4 : 4개의 직사각형에 공통된 높이

② 3각주법

$$V = \frac{ab}{6}\left(\sum h_1 + 2\sum h_2 + 3\sum h_3 + \cdots + 8\sum h_8\right) \quad \cdots\cdots (2-4)$$

③ 등고선법

$$V = \frac{h}{3}\left(A_1 + 4\sum A_{\text{짝수}} + 2\sum A_{\text{홀수}} + A_n\right) \quad \cdots\cdots (2-5)$$

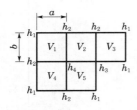

┃ 그림 2-6 ┃ 4각주법

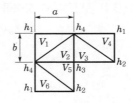

┃ 그림 2-7 ┃ 3각주법

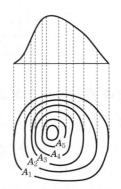

┃ 그림 2-8 ┃ 등고선법

(2) Simpson 제2법칙

도형 $s_0 p_0 p_3 s_3$의 넓이를 호 $\overparen{p_0 p_3}$가 네 점 p_0, p_1, p_2, p_3를 지나는 포물선으로 보고 구하는 근사식이다.

$A = \dfrac{3h}{8}(y_0 + 3y_1 + 3y_2 + y_3)$ 에서

$A_1 = \dfrac{3h}{8}(y_0 + 3y_1 + 3y_2 + y_3)$

$A_2 = \dfrac{3h}{8}(y_3 + 3y_4 + 3y_5 + y_6)$

$\vdots$

┃ 그림 2-9 ┃ Simpson 제2법칙

$\therefore\ A = \dfrac{3h}{8}[y_0 + 3(y_1 + y_2 + y_4 + y_5 + \cdots) + 2(y_3 + y_6 + \cdots) + y_n]$

$$A = \dfrac{3h}{8}(y_0 + 3\sum y_{나머지} + 2\sum y_{3배수} + y_n) \quad \cdots\cdots\cdots\cdots\cdots\cdots\cdots\cdots\cdots (2\text{-}6)$$

여기서 y값들은 등고선의 평면도에서 각 등고선에 속하는 면적이다.

2-1 건설기계

(1) 기계화시공의 효과

① 공사비의 절감
② 공기단축
③ 시공품질향상
④ 불가능한 공사의 해소

(2) 건설기계 선정 시 고려사항

① 시공성, 경제성
② 공사규모
③ 표준기계와 특수기계
④ 기계의 용량

2-2 건설기계의 종류

(1) 도저계 굴착기

1) 불도저(bulldozer)

단거리(70m 이내) 토공운반에 적합하며 용도는 굴착, 운반, 다짐, 정지, 매립, 벌개 제근 등 다양하게 사용된다.

① 종류(배토판의 형태에 따른 분류)

㉠ Straight dozer : 트랙터의 진행방향에 대해 배토판이 직각을 유지하면서 압토, 운반하는 데 효과적이다.

㉡ Angle dozer : Bulldozer보다 다소 폭이 넓고 높이가 얕은 배토판을 장치하여 20~30° 정도의 수평방향으로 돌릴 수 있게 만든 것으로 측면굴착과 운토작업을 좌우로 향하여 진행한다.

㉢ Tilt dozer : 배토판을 좌하, 우하로 기울게 하여 작업하는 것으로 경사면의 굴착과 도랑파기 작업을 한다.

㉣ Hinge dozer : 배토판 중앙에 연직으로 붙어있는 Hinge를 중심으로 배토판을 V형태로 내측, 외측으로 꺾을 수 있어 다양하게 작업을 할 수 있다.

ⓜ Ripper dozer : 차체 후방에 유압리퍼를 장치하여 경토, 연암, 돌눈이 많은 경암을 파쇄하며 파쇄 가능한 경우에는 발파에 비해 능률적이다.

ⓑ Rake dozer : Straight dozer의 배토판 대신 Rake를 붙인 것으로 호박돌 채취나 나무 뿌리 제거작업에 사용된다.

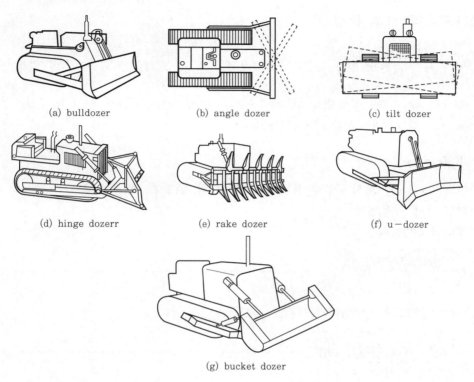

| (a) bulldozer | (b) angle dozer | (c) tilt dozer |
| (d) hinge dozerr | (e) rake dozer | (f) u-dozer |

(g) bucket dozer

┃ 그림 2-10 ┃ 불도저의 종류

② Bulldozer 작업능력

$$Q = \frac{60\,q\,f\,E}{C_m}\,[\mathrm{m^3/h}]$$ ··· (2-7)

$$q = q_0\,\rho\,[\mathrm{m^3}]$$ ·· (2-8)

$$C_m = \frac{l}{v_1} + \frac{l}{v_2} + t_g\,[\mathrm{min}]$$ ··· (2-9)

여기서, Q : 시간당 작업량($\mathrm{m^3/h}$), q : 1회 굴착압토량($\mathrm{m^3}$), q_0 : 배토판의 용량($\mathrm{m^3}$)

ρ : 구배계수, f : 토량환산계수, E : 도저의 작업효율, C_m : 사이클타임(min)

l : 평균굴착거리(m), v_1 : 전진속도(1~2단)(m/min), v_2 : 후진속도(2~4단)(m/min)

t_g : 기어변속시간 및 가속시간(고정값으로 보통 0.25분으로 본다)(min)

③ 리퍼(ripper) 작업능력

$$Q = \frac{60 A_n l f E}{C_m} [\text{m}^3/\text{h}] \quad \text{..} (2\text{-}10)$$

여기서, Q : 시간당 작업량(m^3/h), A_n : 1회 리핑(ripping) 단면적(m^2), l : 1회 작업거리(m)

④ 불도저와 리퍼의 합성작업능력

$$Q = \frac{Q_1 Q_2}{Q_1 + Q_2} [\text{m}^3/\text{h}] \quad \text{..} (2\text{-}11)$$

여기서, Q : 시간당 작업량(m^3/h), Q_1 : 도저의 시간당 작업량(m^3/h)

Q_2 : 리퍼의 시간당 작업량(m^3/h)

2) 그레이더(grader)

블레이드(blade)길이로서 규격을 표시하며 정지작업, 흙깔기, 비탈면 고르기, 토사의 혼합, 제설작업 등에 사용된다.

■ 그레이더 작업능력

$$Q = \frac{60 l L D f F}{C_m} [\text{m}^3/\text{h}] \quad \text{..} (2\text{-}12)$$

㉠ 작업방향으로 방향변환할 때

$$C_m = 0.06 \frac{L}{V} + t [\text{min}] \quad \text{..} (2\text{-}13)$$

㉡ 전진작업 후 후진으로 되돌아올 때

$$C_m = 0.06 \left(\frac{L}{V_1} + \frac{L}{V_2} \right) + 2t [\text{min}] \quad \text{..} (2\text{-}14)$$

여기서, Q : 시간당 작업량(m^3/h), l : 블레이드의 유효길이(m), L : 1회 편도작업거리(m)

D : 굴착깊이 또는 흙고르기 두께(m), f : 토량환산계수, E : 그레이더의 작업효율

C_m : 사이클타임(min), V_1 : 전진속도(km/h), V_2 : 후진속도(km/h)

t : 기어변속시간(분)

(2) 셔블계 굴착기

1) 굴착기계의 종류

① Power shovel(일명 dipper shovel) : 기계면보다 높은 곳의 굴착에 사용된다.

② Back hoe(일명 drag shovel)

　　㉠ 기계면보다 낮은 곳의 굴착에 사용된다.

　　㉡ 도랑파기, 배수로 굴착, 구조물의 터파기, 준설작업 등에 사용된다.

③ Drag line

　　㉠ 높은 곳에서 낮은 곳(굴착깊이는 약 5m 정도)을 굴착한다.

　　㉡ 정확한 굴착이나 경지반의 굴착에는 적합하지 않으며, 넓은 범위에 걸친 굴착과 적재를 할 수 있고 수중굴착도 가능하다.

④ Clam-shell(grab bucket) : 지상 또는 수중에서 소범위의 깊은 굴착에 사용된다.

⑤ Trencher : 가스관, 수도관 등의 매설 및 암거굴착에 널리 사용되고 있는 도랑굴착기이다.

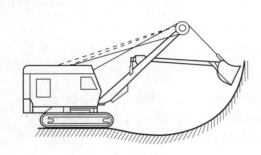

▌그림 2-11▐ Power shovel

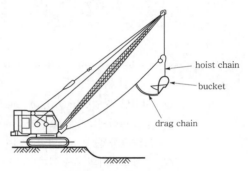

hoist chain

bucket

drag chain

▌그림 2-12▐ Drag line

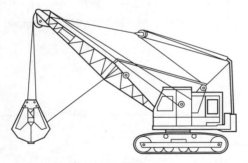

▌그림 2-13▐ Clam-shell

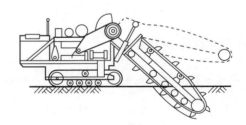

▌그림 2-14▐ Ttrencher

2) 셔블계 작업능력

$$Q = \frac{3,600qkfE}{C_m}\,[\mathrm{m^3/h}] \quad \cdots\cdots\cdots\cdots\cdots\cdots\cdots\cdots\cdots\cdots\cdots\cdots\cdots\cdots\cdots\cdots\cdots\cdots\cdots\cdots (2\text{-}15)$$

여기서, Q : 시간당 작업량($\mathrm{m^3/h}$), q : 버킷의 산적용적($\mathrm{m^3}$), k : 버킷계수

　　　　f : 토량환산계수, C_m : 사이클타임(sec)

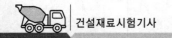

(3) 덤프트럭

1) 덤프트럭 작업능력

$$Q = \frac{60 q_t f E_t}{C_{mt}} [\text{m}^3/\text{h}]$$ ·· (2-16)

$$q_t = \frac{T}{\gamma_t} L [\text{m}^3]$$ ·· (2-17)

$$C_{mt} = \frac{C_{ms} n}{60 E_s} + T_1 + T_2 + t_1 + t_2 + t_3$$ ·················· (2-18)

$$n = \frac{q_t}{q k}$$ ·· (2-19)

여기서, Q : 시간당 작업량(m³/h), q_t : 흐트러진 상태의 1회 적재량(m³)

T : 덤프트럭의 적재량(t), γ_t : 자연상태에서 토석의 단위중량(습윤밀도)(t/m³)

L : 토량변화율, f : 토량환산계수, E_t : 덤프트럭의 작업효율(표준치 0.9)

C_{mt} : 덤프트럭의 사이클타임(min), C_{ms} : 적재기계의 사이클타임(sec)

n : 덤프트럭 1대 적재 시 요하는 적재기계의 사이클횟수(정수), q : 적재기계버킷의 산적용량(m³)

k : 버킷계수, E_s : 적재기계의 작업효율, T_1, T_2 : 덤프트럭의 운반, 돌아가는 시간(min)

t_1 : 사토시간(min), t_2 : 적재장소에 도착한 후 적재가 개시될 때까지의 시간(min)

t_3 : sheet를 걸고 떼는 시간(min)

2) 덤프트럭 여유대수

$$N = 1 + \frac{T_1}{T_2}$$ ·· (2-20)

여기서, T_1 : 왕복과 사토에 요하는 시간

T_2 : 원위치에 도착한 후부터 싣기를 완료하고 출발할 때까지의 시간

(4) 롤러계

1) 다짐기계의 종류

① 전압식 : 무거운 륜하중으로 다짐하는 것이다.

   ㉠ Road roller

     • 종류 : Macadam roller, Tandem roller

     • 도로공사의 노반과 같이 매끈한 성토면의 다짐 또는 아스팔트 포장의 쇄석전압에 주로 적합하며 요철이 많고 침하가 큰 초기다짐 또는 함수비가 큰 소성토의 다짐에는 부적합하다.

• 특성

기종	적용 · 토질	
Macadam roller	• 쇄석기층의 다짐 • 아스팔트 포장의 초기전압	• 로움질토, 점성토
Tandem roller	• 로움질토, 점성토	• 아스팔트 포장의 마무리전압

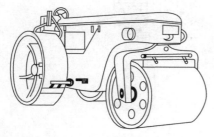

┃ 그림 2-15 ┃ Macadam roller

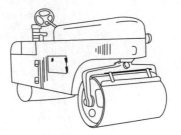

┃ 그림 2-16 ┃ Tandem roller

ⓛ Tamping roller

• 종류 : Sheeps foot roller, Grid roller, Tapper foot roller
• Roller drum의 표면에 양발굽모양의 돌기를 붙여놓은 것으로 일반적으로 성토의 다짐에 사용하고 함수비가 큰 점성토의 다짐에 적합하다.

ⓒ Tire roller

• Tire가 받는 반력이 동일한 때까지 Tire를 요동시켜 균일한 다짐을 얻을 수 있다. 즉 연약한 곳은 타이어가 가라앉고, 단단한 곳은 높게 끝손질이 된다.
• 사질토에 적합하고, 함수비가 큰 점성토에는 부적합하다.
• 자중의 가감은 Ballast 속에 자갈, 모래, 물 등을 넣어 자중을 조절한다.

┃ 그림 2-17 ┃ Sheeps foot roller

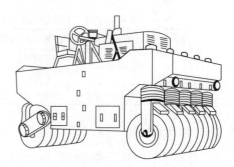

┃ 그림 2-18 ┃ Tire roller

② 진동식 : 기계를 진동시켜 그 기진력으로 다지는 것을 말한다.
  ㉠ 종류 : 진동 Roller, Soil compactor, 진동 Compactor
  ㉡ 사질토에 적합하다
③ 충격식 : 충격을 주어 다지는 것이다.
  ㉠ 종류 : Rammer, Tamper, Frog rammer

ⓛ 소형이고 가벼워서 대형기계를 사용할 수 없는 협소한 장소의 다짐이나 모서리 부분
및 암과 접촉 부분의 다짐에 적합하다.

| 그림 2-19 | rammer

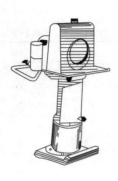

| 그림 2-20 | tamper

| 표 2-1 | 다짐기계의 적부

기종		최적	부적
전압식	로드롤러	매끈한 끝손질	부정지의 전압, 고함수비의 점질토
	탬핑롤러	함수비가 높은 점성토	사질토나 표면 끝손질
	타이어롤러	점성이 낮은 토질, 심부다짐	함수비가 높은 점질토
	그리드롤러	흙을 횡방향으로 미는 작용, 비교적 심부다짐 가능, 점질토	사질토
충격식	래머	이동이 간편하며 협소한 곳	소형이므로 다짐효과가 저하할 우려가 있음
	프로그래머	구석부의 다짐, 점질토	주행속도가 느려서 운반에 불편
진동식	진동롤러	소형이고 경하며 다짐 효과가 큼. 사질토	함수비가 높은 점질토
	진동타이어롤러	중량이 무겁고 비교적 다짐효과가 큼. 사질토	함수비가 높은 점질토
	진동콤팩터	소형이고 경하며 다짐효과가 큼. 사질토	함수비가 높은 점질토

2) 롤러계 작업능력

① 토공량을 다져진 토량으로 표시하는 경우

$$Q = \frac{1,000\,VWHfE}{N}\,[\mathrm{m^3/h}]$$ ·· (2-21)

여기서, Q : 시간당 작업량($\mathrm{m^3/h}$), V : 작업속도(km/h), W : 1회의 유효다짐폭(m)
H : 흙을 까는 두께 또는 1층의 끝손질두께(다져진 상태의 두께를 말한다)(m)
f : 토량환산계수, E : 다짐기계의 작업효율, N : 소요다짐횟수

② 충격식 다짐기계 작업능력

$$Q = \frac{ANHfE}{P} \, [\text{m}^3/\text{h}] \quad \cdots\cdots\cdots\cdots\cdots\cdots\cdots\cdots\cdots\cdots\cdots\cdots\cdots\cdots\cdots (2-22)$$

여기서, Q : 시간당 작업량(m^3/h), A : 1회의 유효다짐면적(m^2), N : 시간당 다짐횟수(회/h)
H : 깔기 두께 또는 1층의 끝손질두께(m), P : 되풀이 다짐횟수

(5) 준설기계

1) 그래브(grab) 준설선

규모의 준설에 적합하고 소운하의 준설, 구조물의 기초터파기, 물막이흙의 제거 등에 사용된다.

① 장점

    ㉠ 협소한 장소의 준설, 소규모의 준설에 적합하다.

    ㉡ 기계가 저렴하다.

    ㉢ 건조비가 저렴하다.

    ㉣ 준설깊이를 용이하게 증가시킬 수 있다.

② 단점

    ㉠ 준설능력이 적다.   ㉡ 굳은 토질에는 부적당하다.

    ㉢ 준설단가가 비싸다.   ㉣ 수저를 평탄하게 할 수 없다.

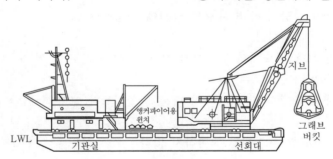

┃그림 2-21┃ 그래브 준설선

2) 디퍼(dipper) 준설선

파워셔블장치를 적재한 작업선으로 모두 비항식이다.

① 장점

    ㉠ 굴착량이 많고 암석이나 굳은 토질에도 적합하다.

    ㉡ 기계고장이 적다.

    ㉢ 작업장소가 넓지 않아도 된다.

② 단점

    ㉠ 연한 토질일 때는 능률이 저하된다.

ⓛ 준설단가가 크다.

ⓒ 건조비가 많이 든다.

ⓔ 연속식에 비해 준설능력이 다소 떨어진다.

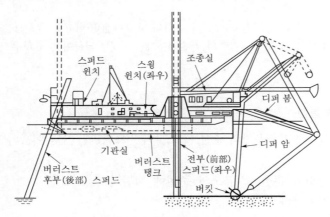

┃ 그림 2-22 ┃ 디퍼 준설선

3) 버킷(bucket) 준설선

버킷굴착기를 Pontoon 위에 장치한 것으로 소형인 것은 비항식, 대형인 것은 자항식이 많다.

① 장점

ⓐ 준설능력이 상당히 크며 대규모 공사에 적합하다.

ⓛ 준설단가가 저렴하다.

ⓒ 광범위한 토질(점토에서 연암까지)에 적합하다.

ⓔ 수저를 평탄하게 할 수 있다.

ⓜ 바람이나 조류에 대한 저항력이 다른 준설선보다 크다.

② 단점

ⓐ 암석 및 단단한 토질에는 적합하지 않다.

ⓛ 작업반경이 크다.

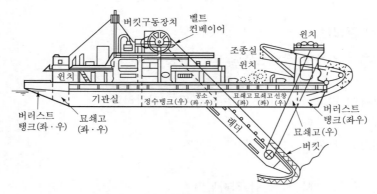

┃ 그림 2-23 ┃ 버킷 준설선

4) 펌프 준설선

Sand pump를 Pontoon 위에 장치하여 흡입관으로 수저의 토사를 흡상하여 선창 또는 배송관에 의해 선외에 배출하는 것으로 자항식과 비항식이 있다.

① 펌프 준설선은 대량의 준설과 매립에 가장 적합하고 고능률적이며 수면 이상의 사토와 매립을 할 수 있다.

　　㉠ 자항식 : 외항용으로 침전토사의 준설에 사용된다.

　　㉡ 비항식 : 하천이나 내항용으로 주로 매립에 사용된다.

② 비항식의 장점

　　㉠ 준설과 매립을 동시에 할 수 있다.　　　㉡ 준설단가가 저렴하다.

　　㉢ 준설능력이 크다.　　　　　　　　　　㉣ 건조비가 저렴하다.

③ 비항식의 단점

　　㉠ 암석 또는 단단한 토질에 부적합하다.　　㉡ 송니관 부설에 시일이 걸린다.

　　㉢ 송니거리에 제한을 받는다.

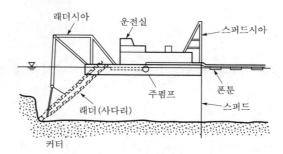

‖ 그림 2-24 ‖ 비항식 펌프준설선

5) 쇄암선

수저의 암반 혹은 굳은 토질을 파쇄할 목적으로 만든 쇄암추의 끝에 낙하추를 달아 이것을 적당한 높이에서 낙하시켜 암석을 파쇄시킨 후에 펌프 준설선을 사용하여 준설한다.

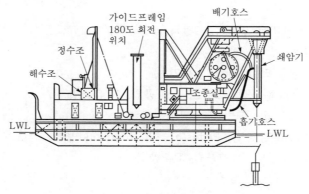

‖ 그림 2-25 ‖ 쇄암선

3-1 기초의 분류

(1) 얕은 기초(직접기초) : $\dfrac{D_f}{B} \leqq 1$

1) 푸팅(footing, 확대)기초

　① 독립푸팅기초
　② 복합푸팅기초
　③ 캔틸레버식 푸팅기초
　④ 연속푸팅기초 : 1연의 기둥수가 많든지 또는 하중이 벽면의 벽을 통하여 전달되는 경우의
　　기초

2) Mat(전면)기초

상부구조 전단면 아래의 지지토층 위에 있는 단일슬래브형식의 기초이다.

(2) 깊은 기초 : $\dfrac{D_f}{B} > 1$

1) 말뚝기초

　① 기성말뚝기초
　　㉠ 나무말뚝
　　㉡ 기성 철근콘크리트 말뚝 : RC말뚝, PC말뚝
　　㉢ 강말뚝 : H형강말뚝, 강관말뚝
　② 피어(pier)기초(현장 타설 con'c 말뚝기초)
　　㉠ 기계굴착 : Benoto공법, Earth drill공법, RCD공법
　　㉡ 인력굴착 : Chicago공법, Gow공법
　　㉢ 관입공법 : Franky공법, Pedestal공법, Raymond공법
　　㉣ 치환공법 : CIP공법, MIP공법, PIP공법

2) 케이슨(caisson)기초

① 오픈케이슨(open caisson)기초   ② 공기케이슨(pneumatic caisson)기초

③ 박스케이슨(box caisson)기초

3-2   말뚝기초

말뚝재료와 제작형상에 의해 다음과 같이 분류한다.

(1) 나무말뚝

(2) 기성 철근콘크리트 말뚝

① 원심력 철근콘크리트 말뚝(RC말뚝)

  ㉠ 장점

- 말뚝을 쉽게 구할 수 있다.
- 재질이 균일하여 신뢰성이 좋다.
- 강도가 커서 지지말뚝으로 적합하다.
- 길이 15m 이하인 경우 경제적이다.
- 상부구조와 연결이 용이하다.

  ㉡ 단점

- 말뚝이음이 어렵고 이음이 2개 이상인 경우에는 신뢰성이 크게 떨어진다.
- $N>30$에서는 타입이 불가능하다.
- 무거워서 취급이 어렵다.

③ PC말뚝(Prestressed con'c pile)

  ㉠ 장점

- 균열 발생이 적으므로 강재가 부식될 우려가 없어서 내구성이 크다.
- 타입 시 인장력을 받아도 프리스트레스가 유효하게 작용하여 인장파괴가 일어나지 않는다.
- 이음이 쉽고 신뢰성이 있다.

  ㉡ 단점

- RC말뚝에 비해 고가이다.
- 말뚝길이가 15m 이하이거나 경하중에 사용할 때 RC말뚝에 비해 비경제적이다.

③ 강말뚝(steel pile) : H형강말뚝, 강관말뚝

  ㉠ 장점

- 타입 시 지반이 다져진다.
- 단면의 휨강성이 커서 수평저항력이 크다.
- 재질이 강하여 중간 정도의 상대밀도를 갖는 지반을 관통하여 타입할 수 있고 개당 100t 이상의 큰 지지력을 얻을 수 있다.
- 말뚝의 이음과 절단 등 취급이 용이하다.

ⓛ 단점
- 부식이 잘 된다.
- 단가가 비싸다.

3-3 케이슨기초

오픈케이슨이나 공기케이슨 밑바닥의 토사를 파내면서 케이슨을 자중 또는 재하하중에 의해 지지층까지 침하시키는 공법이다. 케이슨기초는 지하수위가 높은 연약지반 또는 수심이 있는 교대, 교각 등의 기초에 많이 사용하고 있다.
- 오픈케이슨 : 수심이 얕은 교각기초 또는 연약지반 등의 얕은 기초에 사용된다.
- 공기케이슨 : 수심이 깊은 교각기초 또는 연약지반 등의 깊은 기초에 사용된다.
- 박스케이슨 : 항만구조물에 주로 사용된다.

(1) 오픈케이슨(정통기초)

1) 장점

① 침하깊이에 제한이 없다.
② 공사비가 저렴하다.
③ 기계설비가 비교적 간단하다.
④ 무진동으로 시공하므로 시가지 공사에 적합하다.

2) 단점

① 기초지반토질의 확인, 지지력측정이 곤란하다.
② 저부 콘크리트의 수중시공으로 품질이 저하된다.
③ 중심이 높아져서 케이슨이 경사질 우려가 있다.
④ 보일링과 히빙이 일어날 수 있다.

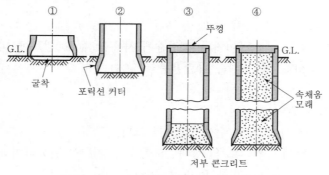

┃그림 2-26┃ 오픈케이슨의 시공순서

3) 오픈케이슨기초의 단면과 형상

교각에는 원형과 타원형이, 안벽, 옹벽 등에는 장방형이 많이 사용된다.

① 원형 : 기울어지거나 이동, 회전하기 쉬우나 면적에 비해 주장이 짧아 주면마찰력이 작고 유수에 대한 저항성이 작아 해안구조물에 적합하다.

② 정방형 : 기울어지는 것은 원형보다 작지만 주장이 길어서 주면마찰력이 크며 모서리 부분의 굴착이 어렵다.

③ 장방형 : 주면마찰력이 가장 커서 침하에 어려움이 있으나 상부구조물이 직사각형일 때 많이 이용된다.

④ 타원형 : 유수저항이 적어서 많이 사용되지만 거푸집 비용이 가장 많이 든다.

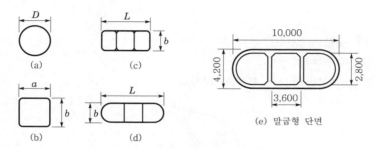

┃그림 2-27┃ 각종 케이슨 단면형의 예

4) 침하공법

① 재하중식 공법 : 침하에 요하는 하중을 가하여 침하시키는 공법

② 분사식 공법 : 날 끝부분에서 공기, 물을 분사시켜 주면마찰력을 감소시키는 공법으로 water jet, 분기식이 있다.

③ 물하중식 공법 : 케이슨의 하부에 수밀한 선반을 만들어, 여기에 물을 넣어 침하하중으로 한 공법이다.

④ 발파에 의한 공법 : 케이슨의 내부에 물을 담아놓고 날끝 밑에서 화약을 발파시켜 마찰저항을 감소시키는 방법이다.

5) 침하작업 시 주의사항

정통시공 중 가장 주의할 사항은 정통이 기울어지지 않게 하는 것이다. 시공 중 기울어지는 원인은 다음과 같다.

① 유수에 의해 이동하는 경우

② 지층의 경사

③ 연약지반 때문에 날끝의 지지력이 불균등한 경우

④ 침하하중의 불균등 또는 굴착토 때문에 편하중이 생기는 경우

⑤ 수중기계굴착으로 굴착이 한쪽으로 치우친 경우

⑥ 날끝에 호박돌, 전석 등의 장애물이 있는 경우

(2) 공기케이슨

작업실에 압축공기를 넣어 지하수의 유입을 방지하면서 인력굴착에 의해 케이슨을 침하시키는 공법이다.

1) 장점

① Dry work이므로 침하공정이 빠르고 장애물 제거가 쉽다.

② 저부con'c의 신뢰도가 크다.

③ 배수를 하지 않고 시공하므로 지하수위에 변화를 주지 않는다. 따라서 인접 지반의 침하 현상을 일으키지 않는다.

2) 단점

① 굴착깊이에 제한이 있다(수면하 30~40m).

② 소음과 진동이 크다.

③ 노무자 모집이 곤란하고 노무비가 비싸다.

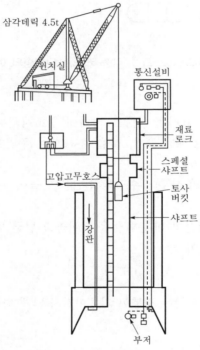

▎그림 2-28 ▎ 공기케이슨

04 암석발파공, 터널공

4-1 암석발파공

(1) 발파이론

① 기본사항

㉠ 자유면 : 암석이 공기(또는 물)와 접하는 표면

㉡ 최소 저항선(W) : 장약의 중심에서 자유면까지의 최단거리

㉢ 누두공(crater, 분화구) : 폭파에 의해 자유면방향에 생긴 원추형의 공

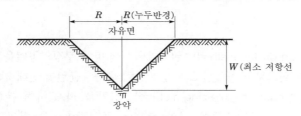

┃ 그림 2-29 ┃ 발파누두공

㉣ 누두반경(R) : 누두공의 반지름

㉤ 누두지수

$$n = \frac{R}{W}$$ $\cdots\cdots$ (2-23)

여기서, $n = 1$일 때 표준장약, $n > 1$일 때 과장약, $n < 1$일 때 약장약

② 발파의 기본식(Hauser공식)

$$L = CW^3 [\text{kg}]$$ $\cdots\cdots$ (2-24)

여기서, L : 표준장약량(kg), C : 발파계수, W : 최소 저항선

③ 벤치컷 발파 시 장약량

$$L = CWSH = CW^2H$$ $\cdots\cdots$ (2-25)

여기서, S : 천공간격(m), H : 벤치높이(m)

(2) 폭파약

① 흑색화약(직접폭약)
② 폭약(간접폭약)
  ㉠ ANFO폭약(초유폭약) : 질산암모늄과 자연유(경유)의 혼합물로서 혼합비가 94 : 6의 비율로 천공 내에서 직접혼합, 압축공기로 장진해서 사용한다.
    • 현장에서 혼합하여 사용하므로 저렴하고 취급, 보관이 용이하다.
    • 내습성이 불량하므로 연암으로 용수가 없는 갱외용에 사용한다.
  ㉡ 슬러리폭약(함수폭약) : 초안, TNT, 물을 미음상으로 혼합한 것으로 ANFO폭약보다 강력하고 내수성이 있어 ANFO폭약의 사용이 힘든 경암이나 용수개소에 많이 사용한다.
    • 충격 등에 대단히 둔하다.
    • ANFO폭약보다 강력하고 내수성이 좋다.
    • 위력은 다이너마이트보다 약간 약하다.
  ㉢ 다이너마이트 : 니트로글리세린을 주로 하여 초산, 니트로화합물을 첨가한 것이다.

4-2 폭파조절(controlled blasting)공법

(1) 종류

① 라인드릴링공법(line drilling method) : 굴착계획선에 따라 무장약공열을 설치하여 이것을 인공적인 파단면으로 함으로써 공열선보다 깊게 응력, 진동, 균열이 전해지지 않게 하는 공법이다.
② 쿠션블라스팅공법(cushion-blasting method) : 장약을 적게 하여 분산장약하고 공내를 완전히 전색시킨 다음 주발파공을 발파한 후에 쿠션발파공을 발파하는 공법이다.
③ 프리스플리팅공법(pre-splitting method) : 굴착선을 먼저 폭파하여 파괴 단면을 만든 후 전면의 주발파를 하는 공법이다.
④ 스무스블라스팅공법(smooth blasting method) : 원리는 cushion-blasting공법과 같고 예비파괴와 본파괴를 동시에 일으키는 공법이다.

(2) 효과

① 여굴 감소
② 암석면이 매끄럽고 뜬돌떼기 작업 감소
③ 낙석의 위험성 적음
④ 복공콘크리트량 절약

4-3 터널공법

(1) 개착공법(open cut method)

지상에서 큰 도랑을 굴착하여 그 속에 터널 본체를 구축하고 되메우기하여 원상태로 복구하는 공법이다.

① 흙막이방법 : 강말뚝과 흙막이판의 병용, 강널말뚝, 강관널말뚝, 주열식 지하연속벽, 지하
연속벽 등이 있다.

② 굴착공법의 종류

㉠ V형 cut공법 : 흙의 안정구배를 이용하여 굴착하는 공법이다.

㉡ 전단면 굴착공법 : 수직흙막이를 이용하여 전단면을 동시에 굴착하는 공법이다.

㉢ 부분굴착공법 : 부분적으로 굴착하는 공법이다.

(2) 실드공법(shield method)

실드라 하는 강제원통을 땅속에 압입하여 막장의 토사를 압출하면서 선단부로 굴착하고 실
드의 후방에서 Segment를 조립하여 이것을 1차 복공하여 터널을 구축하는 공법이다.

① 본래 하저, 해저 등의 연약지반이나 대수층 지반의 터널공법으로 개발된 것이나 지상에
서 제 영향이 적어 최근에는 도시 터널에도 널리 사용되고 있다.

② 특징

㉠ 공사 중 지상에 미치는 영향이 적다.

㉡ 시공속도가 빠르다.

㉢ 암반을 제외한 모든 지반에 적용할 수 있고, 특히 연약지반에 대단히 유리하다.

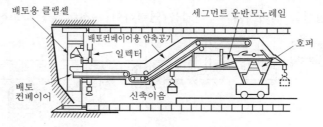

▌그림 2-30 ▌ 부분압기식 실드기계

(3) 침매공법(immersed tunnel method)

터널의 일부를 케이슨모양으로 육상에서 제작하고, 이것을 물에 띄워 침설장소까지 예선,
소정의 위치에 침하시켜 기설 부분과 연결한 후 되메우기 하고 그 속의 물을 빼서 터널을
구축하는 공법이다.

① 장점

㉠ 단면형상이 자유롭고 큰 단면으로 할 수 있다.

㉡ 수심이 얕은 곳에 침설하면 터널연장은 짧아도 된다.

㉢ 수심이 깊은 곳에서도 시공이 가능하다.

㉣ 육상에서 제작하므로 신뢰성이 높은 터널 본체를 만들 수 있고 공기도 단축된다.

㉤ 수중에 설치하므로 자중이 적고 연약지반상에서도 시공이 가능하다.

② 단점
　　㉠ 유수가 빠른 곳은 강력한 작업비계가 필요하고 침설작업이 곤란하다.
　　㉡ 협소한 수로나 항행선박이 많은 곳에는 장애가 생긴다.
　　㉢ 수저에 암초가 있을 때에는 트렌치굴착이 곤란하다.

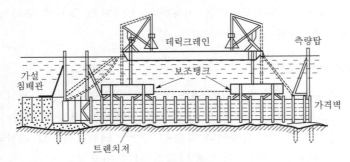

┃ 그림 2-31 ┃ 침매공법

(4) 잠함공법(pneumatic caisson method)

터널의 일부분이 되는 잠함작업실을 만들어 소정의 위치에 운반하여 침하시켜 놓고, 압축공기를 작업실에 넣어 외부에서의 침수를 막으면서 잠함부가 그 속에서 굴착한다. 하저지중에 순차로 잠함작업실을 침하시켜 각 터널을 연결하여 수저터널을 축조하는 공법이다.

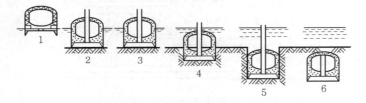

┃ 그림 2-32 ┃ 잠함공법의 과정

(5) TBM공법(tunnel boring machine method)

커터(cutter)에 의하여 암석을 압쇄 또는 절삭하여 터널을 굴착하는 공법이다.
① 특징
　　㉠ 발파작업이 없으므로 낙반이 적고 안정성이 크다.
　　㉡ 정확한 원형 단면절취가 가능하고 여굴이 적다.
　　㉢ 지보공, 복공이 적어진다.
　　㉣ 굴진속도가 빠르다.
② TBM 적용이 곤란한 지반 : 팽창성 지반, 풍화된 지반, 단층, 파쇄대 등이 많은 지반

(6) NATM공법(New Australian Tunneling Method)

터널 굴착 시 Rock bolt, Shotcrete, Steel지보공을 지반계측결과에 따라 활용하여 지반과 지보재가 평형을 이루도록 하는 공법이다.

① 초기에는 용수가 많은 곳, 뚫은 구멍이 붕괴될 위험이 있는 곳 등에는 사용하기 어려웠으나, Rock bolt와 Shotcrete로 개량하여 현재에는 토사에서 경암까지 널리 사용되고 있다.

② 특징

    ㉠ 지반 자체가 터널의 주지보재이다.

    ㉡ 연약지반에서 극경암까지 적용이 가능하다.

    ㉢ 여굴이 많다.

    ㉣ 변화 단면시공에 유리하다.

4-4　록볼트(rock bolt)

이완된 암반 표면을 깊은 곳에 있는 경암까지 볼트로 고정시켜 암반의 탈락을 방지하고, 터널 주변에 본바닥의 아치를 형성시켜 안정을 기하는 공법이다.

(1) 효과

매달기 효과, 보의 형성효과. 보강효과 등이 있다.

(2) 특징

① 터널 내 공간을 넓게 할 수 있다.

② 사용재료가 비교적 적다.

③ 원지반 자체가 가진 강도를 이용해 원지반을 지지한다.

④ 터널의 단면형상의 변화에 대해 적응성이 크다.

⑤ 광범위한 지질에 사용할 수 있다.

(3) 록볼트의 정착형식

① 선단정착형 : 봉합효과를 목적으로 하는 경우에 사용한다. 쐐기형은 자주 사용하지 않고 신축형(확장형), 선단접착형(캡슐정착형)을 사용한다.

② 전면접착형 : 록볼트 전장에서 원지반을 구속한다.

③ 혼합형 : 선단정착형+전면접착형

옹벽공, 암거공

5-1 옹벽공

(1) 옹벽의 종류(구조에 의한 분류)

1) 중력식 옹벽

① 자중으로 토압에 저항하는 형식으로 높이가 4m 이내의 낮은 경우에 적합하다.
② 구체 내부에 인장력이 작용하지 않으므로 무근콘크리트로 한다.

2) 반중력식 옹벽

① 중력식 옹벽을 철근으로 보강하여 구체의 두께를 얇게 하고, 내부에 생기는 인장력을 철근이 받도록 설계한 옹벽이다.
② 중력식 옹벽과 같은 장소에도 사용되며 높이는 4m 이내에 사용한다.

3) 역T형 및 L형 옹벽

① 철근콘크리트 옹벽으로서 구체의 체적이 적어서 중량이 적은 만큼 배면의 흙의 무게로 보강하여 토압에 견딜 수 있게 안정성을 유지시킨 구조이다.
② 높이가 8m일 때 경제적이다.

4) 부벽식 옹벽

① 철근콘크리트 옹벽으로서 역T형 옹벽으로 설계하였을 때 수직벽의 강도가 부족할 경우 이것을 보강하기 위해 일정한 간격으로 부벽을 만든 구조이다.
② 높이가 8m 이상일 때 사용된다.

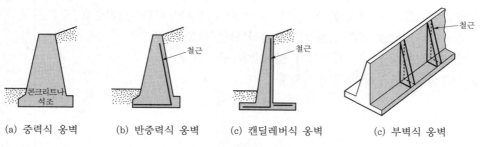

| (a) 중력식 옹벽 | (b) 반중력식 옹벽 | (c) 캔딜레버식 옹벽 | (c) 부벽식 옹벽 |

┃ 그림 2-33 ┃ 옹벽의 종류

(2) 옹벽의 안정조건

1) 전도에 대한 안정

$$F_s = \frac{Wx + P_v B}{P_H y} \geq 2.0 \quad \cdots\cdots (2-26)$$

2) 활동에 대한 안정

$$F_s = \frac{(W + P_v)\tan\delta + CB + P_P}{P_H} \geq 1.5 \quad \cdots\cdots (2-27)$$

여기서, W : 옹벽의 자중+저판 위의 흙의 중량, P_v : 토압의 연직분력, P_H : 토압의 수평분력

δ : 옹벽 저면과 지반 사이의 마찰각

3) 지지력에 대한 안정

$$F_s = \frac{q_a}{q_{max}} > 1 \quad \cdots\cdots (2-28)$$

① $q_{max} = \dfrac{V}{B}\left(1 + \dfrac{6e}{B}\right)$

② $q_{min} = \dfrac{V}{B}\left(1 - \dfrac{6e}{B}\right)$

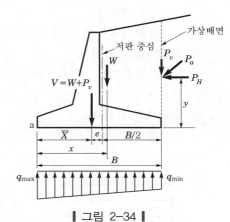

┃ 그림 2-34 ┃

5-2 ┃ 돌쌓기공

(1) 모르타르의 사용 여부에 따른 분류

① 메쌓기(dry masonry)
  ㉠ 모르타르나 con'c를 사용하지 않고 맞대임면의 마찰에 의해 지지하는 형식으로 석재의 뒤쪽에는 굄돌, 끼움돌로 받치고, 그 틈새는 자갈을 채운다.
  ㉡ 공사비가 저렴하고 높이 2m까지가 적당하다.

② 찰쌓기(wet masonry)
  ㉠ 줄눈에 모르타르를 사용하고 뒤채움에 con'c를 채워 석재와 뒤채움이 일체가 되어 마치 중력식 옹벽과 같이 만든다.
  ㉡ 배수에 주의해야 하고 $2m^2$마다 지름 5~8cm의 물빼기공(수발공)을 설치한다.

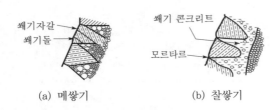

(a) 메쌓기　　　　　　　(b) 찰쌓기

┃ 그림 2-35 ┃ 모르타르의 사용 여부에 따른 분류

(2) 줄눈의 모양에 따른 분류

① 정층쌓기(궤쌓기, 바른층쌓기)

　㉠ 가로줄눈이 일직선이 되게 쌓는 형식으로 골쌓기보다 강도가 약해 높은 돌쌓기에는 부적당하다.

　㉡ 마름돌쌓기에 널리 쓰인다.

② 부정층쌓기(골쌓기)

　㉠ 가로줄눈이 골이나 파상형으로 되게 쌓는 형식으로 공사비가 싸고 견고하다.

　㉡ 견치석쌓기, 막돌쌓기에 널리 쓰인다.

③ 난층쌓기(막쌓기)

　㉠ 가로줄눈이 규칙적으로 되어 있지 않다.

　㉡ 깬돌, 호박돌, 자연석쌓기에 널리 쓰인다.

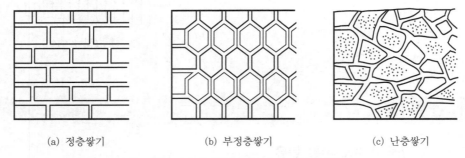

(a) 정층쌓기　　　　　　(b) 부정층쌓기　　　　　　(c) 난층쌓기

┃ 그림 2-36 ┃ 줄눈의 모양에 따른 분류

5-3　암거공

(1) 암거의 종류

① 간이암거(맹암거)

　㉠ 지표면 아래 1~2m 부근까지 분포하는 지하수를 배제하기에 적당한 공법으로 투수계수의 작은 토층 중 토립자 간의 간극에 분포하는 지하수가 배제된다.

ⓛ 시공이 간편하나 내구성이 짧다.

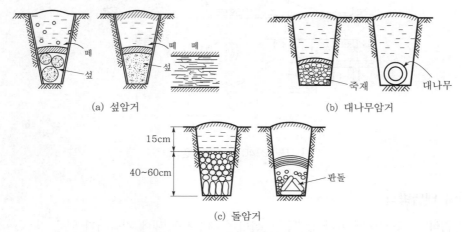

(a) 섶암거

(b) 대나무암거

15cm
40~60cm

(c) 돌암거

┃ 그림 2-37 ┃ 맹암거의 종류

② 관암거(pipe drain)
　㉠ 자갈로 채워진 땅속 도랑에 물이 스며들 수 있도록 맞대임이음을 한 침투성 관이나
　　유공관을 매설하여 지하수를 배수하는 것이다.
　㉡ 배수량이 정확하게 계산되고 설계, 시공관리 등이 합리적이며 내구성도 좋다.
③ 관거(pipe culvert) : 지하의 매설관이 아니고 구조물의 하부를 횡단하여 배수하는 일종의
　관교이다.
④ 함거(box culvert)
　㉠ 구형, 정방형으로 되어 있고 철근콘크리트조로 축조한다.
　㉡ 도로, 철도 등 이동하중을 받는 배수거에 주로 사용한다.

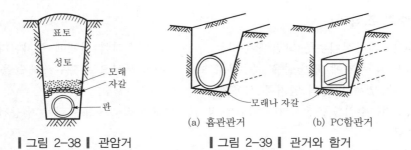

┃ 그림 2-38 ┃ 관암거

(a) 흄관관거

(b) PC함관거

┃ 그림 2-39 ┃ 관거와 함거

⑤ 사이펀암거
　㉠ 수로, 도로, 철도 등 지상구조물의 지하를 횡단하여 물이 흐르도록 한 암거이다. 지상
　　구조물의 입구와 출구부에 맨홀을 만들어, 이 낙차에 의해 관 내로 물이 흐르게 한
　　수압관이다.
　㉡ 용수, 배수, 운하 등 성질이 다른 수로가 교차하지만 합류시킬 수 없을 때 또는 수로교
　　로서는 안 될 때 사용된다.

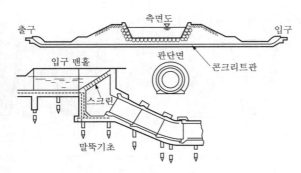

┃ 그림 2-40 ┃ 사이펀암거

(2) 암거의 배열방식

① **자연식** : 자연지형에 따라 암거를 매설하며 배수지구 내에 저습지가 있을 경우 여기에 배치한 방식이다.

② **차단식** : 배수지구의 고지대로부터 배수지구 내로의 침투수를 차단할 수 있는 위치에 배치한 방식이다.

③ **평행식**

   ㉠ **머리빗식** : 1개의 간선집수거 및 집수지거로 많은 흡수거를 합류시킬 수 있도록 배치한 방식이다.

   ㉡ **어골식** : 집수지거를 중심으로 양쪽에서 여러 개의 흡수거가 합류되도록 배치한 방식이다.

   ㉢ **집단식** : 몇 개의 흡수거를 1개의 짧은 집수거에 연결하여 배수구를 통하여 배수로로 배수하는 방식이다.

(3) 암거배수의 조직

① **흡수거** : 지하정체수를 직접 흡수하는 부분으로 배수지역 전체에 설치한다.

② **집수거** : 흡수거에 모인 물을 배수구로 보내기 위한 부분으로 흡수거의 물을 완전히 유출시킬 수 있는 단면의 암거를 사용한다.

③ **수갑** : 지하수위를 조절하거나 역수를 방지하기 위해 집수거 또는 흡수거 중간에 설치한다.

④ **배수구**

   ㉠ 집수거에서 하천이나 배수로로 나가는 토출구이다.

   ㉡ 자연배수인 경우 콘크리트관, 주름관, 토관 등으로 시공하고, 기계배수인 경우 펌프로 배수한다.

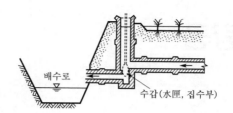

▌그림 2-41 ▌ 수갑

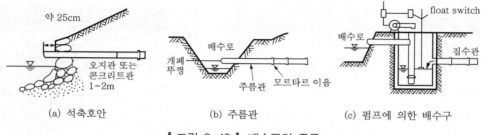

(a) 석축호안 (b) 주름관 (c) 펌프에 의한 배수구

▌그림 2-42 ▌ 배수구의 종류

06 교량공

6-1 **개요**

(1) 교량계획

1) 교량의 위치 선정

① 하천과 그 양안의 지질이 양호한 곳
② 유수가 안정한 곳
③ 하천에 직교가 되도록 할 것(사교는 가능한 한 피할 것)
④ 하상의 변동이 있는 곳이나 세굴작용이 심한 하천의 굴곡부는 피할 것
⑤ 교각의 축방향은 수류와 평행할 것

2) 교각 수 및 경간의 결정

① 교량건설공비와 교각건설공비를 비교하여 판정해야 하며 동시에 수류 및 운항에 피해가 없도록 해야 한다.
② 교각의 수가 너무 많으면 수류의 유효폭을 감소시켜 상류수위가 증가되어 홍수 시에는 수면이 높아지는 위험이 있고, 교각부에는 유속이 증가되어 세굴의 위험이 증가한다.

(2) 교량의 구성

① 상부구조 : 바닥판, 바닥틀, 주형(거더), 브레이싱
② 하부구조 : 교대, 교각의 총칭

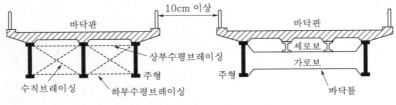

┃ 그림 2-43 ┃ 바닥판과 바닥틀

6-2 교대공

(1) 교대 각부의 명칭

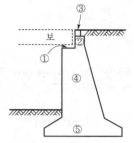

① 교좌(bridge seat) : 교량의 일단을 지지하는 곳으로 지승(bearing)을 설치한다([그림 2-44]의 ①).

② 흉벽 혹은 배벽(parapet wall) : 뒷면 축제의 상부를 지지하여 흙이 교좌에 무너지는 것을 막는 벽체이다([그림 2-47]의 ②).

③ 답석([그림 2-44]의 ③)

④ 구체(body) : 상부구조에서 오는 전하중을 기초에 전달하고 배면토압에 저항한다([그림 2-44]의 ④).

⑤ 교대기초(footing)([그림 2-44]의 ⑤)

⑥ 날개벽(wing wall) : 교대 배면토의 보호 및 세굴 방지역할을 한다.

┃그림 2-44 ┃ 교대의 구조

(2) 교대의 종류(평면형상에 의한 분류)

① 직벽교대(straight abut) : 양안에 따라 직면을 가진 간단한 구조로 도로, 철도 등에 많이 사용되며 유수에 의한 하안의 세굴이 있으므로 유수가 비교적 없는 장소에 사용하면 경제적이다([그림 2-45]의 (a)).

② U형 교대(U-type abut) : U자형의 평면으로 측벽이 직각으로 되어 있어서 직벽교대나 T형 교대에 비해 재료가 많이 필요하며 공비가 많이 든다. 그러나 공사감독이 용이하고 강도가 크다. 철도교에 많이 채용된다([그림 2-45]의 (b)).

③ T형 교대(T-type abut) : T자형의 평면으로 되어 있고 장단점은 직벽교대와 비슷하다. 교대가 높아지고 측벽이 커질 때는 T형 교대가 유리하다([그림 2-45]의 (c)).

④ 익벽교대(wing abut) : 직벽교대의 양측에 날개모양의 벽을 설치한 것으로 하천의 유수에 장해가 되지 않고 외관도 좋아서 시가지 교대에 적합하다([그림 2-45]의 (d)).

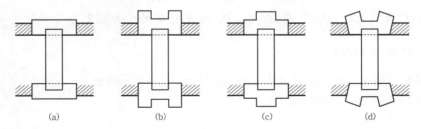

(a)   (b)   (c)   (d)

┃그림 2-45 ┃ 평면형상에 의한 교대의 분류

(3) 교대에 작용하는 외력

① 연직력

㉠ 상부구조의 사하중

㉡ 활하중에 의한 지점의 최대 하중

㉢ 활하중에 의한 충격

㉣ 교대의 자중 및 기초 위의 토사의 중량

② 수평력

    ㉠ 교대배면의 토사 및 재하중에 의한 토압

    ㉡ 교상에 열차가 통과할 때 교축방향에 작용하는 견인 및 제동력

    ㉢ 교상에서 궤도가 곡선일 때 일어나는 원심력

    ㉣ 풍하중

6-3 교각공

(1) 교각의 형상

유수압 및 세로, 외관 등이 검토되어 단면이 결정되어야 한다. [그림 2-46]은 교각의 수평 단면에서 유수저항이 적은 순서로 정리되어 있는데 보통 시공이 용이한 (b), (c) 단면을 이용하고 있다.

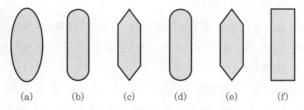

∥그림 2-46∥ 교각의 수평 단면

(2) 교각에 작용하는 외력

① 연직력 : 교각의 자중, 상부구조물의 중량, 통과활하중 및 충격하중 등이며, 이 연직력은 교각의 전도, 활동에 저항하는 역할을 하지만 교각의 침하 및 재료의 파괴에 대한 원인이 된다.

② 수평력 : 활하중의 견인력, 풍압, 유수압, 지진력, 유목이나 선박 등에 의한 충격력 등이다.

(3) 교각의 세굴 방지공법

① 근고공(根固工, 밑다짐공) : 사석공, 돌망태공, con'c 블록공

② 상고공(床固工, 바닥다짐공)

③ 수제공(水制工)

④ 상류측에 개제항(말뚝박기공)을 설치하는 공법

⑤ 상류측에 sheet pile을 선두 3각형상으로 항타하는 공법

6-4 강교 가설공법

(1) 비계를 사용하는 공법

① 새들(saddle)공법

　㉠ 침목이나 PC침목을 보의 하단까지 쌓아올려 그 위에 통로를 만들고 보를 새들로 지지하면서 가설하는 공법이다.

　㉡ 지간이 길지 않고 높이가 높지 않은 교량의 가설에 가장 많이 사용되는 간단한 공법이다.

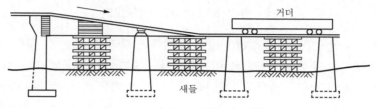

┃그림 2-47┃ 새들공법

② 벤트(bent)공법 : 교체를 직접 지상에서 지지하면서 가설조립하는 공법이며, 이때 지상에서 교체를 지지하는 설비가 벤트이다. 새들은 원시적인 받침이나, 벤트는 목재, H형강, L형강으로 틀을 짜서 만든 받침이다.

③ 이렉션트러스(erection truss)공법(가설트러스공법) : 트러스의 자중만을 받을 수 있는 가설트러스를 미리 가설한 다음, 그 위에서 골리앗크레인(goliath crane)으로 레일 위를 전진하면서 부재를 하나씩 조립해나가는 공법이다.

④ 스테이징벤트(staging bent)공법

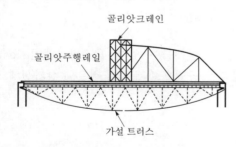

┃그림 2-48┃ 가설트러스공법

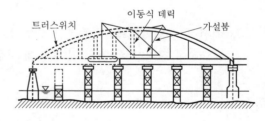

┃그림 2-49┃ staging bent공법

(2) 비계를 사용하지 않는 공법

① ILM공법(압출공법)

　㉠ Bracket erection공법(손펴기식, 추진코식) : 스팬길이와 같은 길이의 교체를 다음의 교각, 교대까지 송출하여 가설할 때 교체의 전방에 경중량의 추진코(bracket)를 이어내어 교체보다 전방으로 선반받이가 교각, 교대에 도착하게 하는 공법이다.

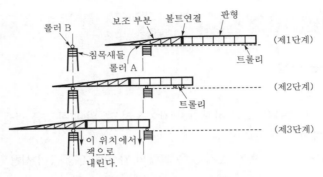

┃ 그림 2-50 ┃ bracket가설공법

ⓛ **연결식(중연식) 공법** : 2스팬 이상의 교체를 연결(강결 또는 핀 결합)하여 2스팬째 이 후의 교체를 균형 유지용으로 이용하면서 송출가설하는 공법이다. 그러나 마지막 스 팬은 크레인식이나 케이블크레인식 등 다른 방법으로 가설해야 하는 단점이 있다.

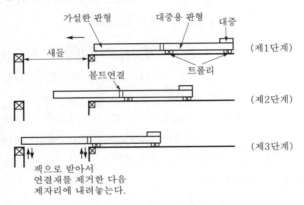

┃ 그림 2-51 ┃ 연결식 공법

ⓒ **대선식 공법** : 빔의 아래가 수상부이고, 또 장해물이 있어 플로팅크레인(floating crane)이 진입할 수 없는 경우 등에 사용되는 공법으로 유속이 적은 수상가설에 사용 한다.

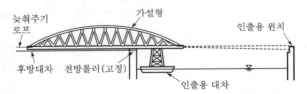

┃ 그림 2-52 ┃ 대선식 송출공법

ⓔ **캔틸레버식 공법** : 1스팬을 가설한 후 정착부를 보조하여 교체를 캔틸레버로 조립하면서 차례로 가설하거나 교각 위에서 양쪽의 교측 방향으로 한 블록씩 박스거더(box girder)를 이어나가면서 가설하는 공법이다.

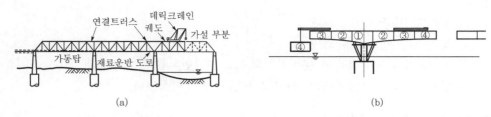

| 그림 2-53 | 캔틸레버식 공법

③ 케이블공법 : 빔을 cable, 탑 등으로 구성된 지지설비로 지지하면서 가설하는 공법으로 매달기식 공법과 경사매달기식 공법으로 분류된다.

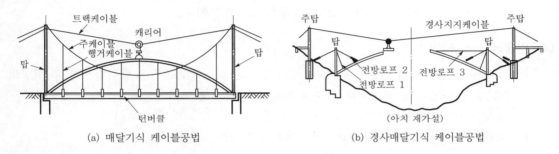

(a) 매달기식 케이블공법   (b) 경사매달기식 케이블공법

| 그림 2-54 | 케이블공법

④ 크레인식 공법 : 보(beam)를 1스팬 이상의 길이로 제작한 후 크레인으로 들어 올려 가설하는 공법이다.
⑤ 플로팅크레인(floating crane)공법
⑥ 리프트 업 바지(lift-up barge)공법

6-5 PSC교 가설공법

(1) 동바리공법(FSM)

동바리를 설치한 후 con'c를 타설하여 상부구조를 제작하고 pre-stressing작업을 실시한다. 동바리는 교량가설 후 해체한다.

(2) 캔틸레버공법(Dywidag공법, FCM공법)

① 이동작업차를 이용하여 교각을 중심으로 좌우로 1segment씩 con'c를 타설한 후 prestress를 도입하여 일체화시켜 가는 공법이다.

② 특징
  ㉠ 장대교 시공이 가능하다.
  ㉡ 동바리가 필요 없다.
  ㉢ 3~4m마다 시공블록이 분할시공되므로 변단면시공이 가능하다.
  ㉣ 반복작업으로 시공속도가 빠르고 작업능률이 향상된다.

(3) 이동동바리공법(MSS공법)

① 동바리를 사용하지 않고 거푸집이 부착된 특수한 이동식 동바리를 이용하여 1스팬씩 시공해가는 공법이다.
② 고교각, 다경간의 교량시공에 유리하다.
③ MSS공법으로 가설된 국내 최초의 교량은 노량대교이다.

(4) 압출공법(ILM공법)

① 1segment 선단에 추진코(nose)를 연결하고 1segment씩 PSC빔을 제작양생한 후 전방의 PSC빔에 연결시켜 전방으로 압출하면서 가설하는 공법이다.
② 교량 선형에 제약을 받으므로 직선이나 동일 곡선의 교량에 적합하다.
③ 호남고속도로구간의 금곡천교, 행주대교 등에 사용되었다.

(5) PSM공법

Precast된 콘크리트 segment를 제작장에서 제작한 후 가설위치로 운반하여 crane 등으로 가설위치에 거치한 다음 post-tention공법으로 segment를 일체화시켜 나가는 공법이다.

포장공

7-1 아스팔트 포장과 콘크리트 포장의 비교

(1) 구조적 특성

아스팔트 포장	콘크리트 포장
표층 / 중간층 / 기층 / 보조기층 / 차단층 또는 동상 방지층 (15~30cm) / 노체 / 포장 / 노상(하 1m)	콘크리트 slab (15~30cm) / 상층보조기층 (25~30cm) / 하층보조기층 (15cm 이상) / 차단층 / 노체 / 포장 / 보조기층(15cm 이상) / 노상(하 1m) / 하 100cm
① 표층(surface course) • 아스팔트와 골재가 결합되어 형성 • 전단응력에 저항하고 휨응력은 하부에 전달 • 마모 방지, 노면수 침투 방지, 평탄성 확보	① 콘크리트 슬래브(con'c slab) • 교통하중지지(전단응력, 휨응력에 저항) • 노면수 침투 방지
② 중간층(binder course) • 필요 시 설치 • 표층과 일체로 작용	② 보조기층(sub base course) • 빈배합 콘크리트 혹은 시멘트 및 아스팔트 안정처리로 구성 • 콘크리트 슬래브를 균등히 지지하는 역할 • 배수, 동상 방지역할
③ 기층(base course) • 입도조정처리 또는 아스팔트 혼합물로 구성 • 상부하중지지, 휨응력을 하부에 전달	③ 노상(sub grade) • 양질의 흙을 잘 다져서 형성 • 포장두께에서 제외됨 • 포장 전체를 지지
④ 보조기층(sub base course) • 현지의 막자갈, 모래 등을 이용하여 잘 다져서 형성 • 상부포장지지, 휨응력을 노상에 전달 • 배수, 동상 방지역할	

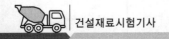

(2) 장단점

포장구분 항목	아스팔트 포장	콘크리트 포장
내구성	• 중차량에 대한 포장수명이 짧음 • 5~10년마다 덧씌우기 필요	• 중차량에 대한 내구성 양호 • 포장수명 20~30년 추정
주행성	• 소음, 진동이 적고 평탄성 양호(주행성이 좋다)	• 소음, 진동이 있고 평탄성 불리(주행성이 나쁘다)
미끄럼저항성	• 다소 불리	• 초기에는 역청포장에 비해 다소 유리
양생기간	• 양생기간이 짧아 즉시 교통개방 가능	• 긴 양생기간
유지보수 및 경제성	• 유지보수가 잦아 보수비 고가 • 보수작업이 용이함 • 유가변동에 영향받음	• 유지보수가 별로 없어 보수비 저렴 • 보수작업이 어려움 • 시멘트 수급파동에 영향받음

7-2 노상, 노반의 안정처리공법

노상, 노반의 재료에 특정의 첨가제를 혼합하여 안정성, 내구성, 내수성의 증대를 도모하는 공법이다.

(1) 목적

① 노상, 노반의 지지력 증대
② 건조, 습윤, 동결융해에 대한 저항성 증대
③ 저품질의 현지 토질의 개량
④ 포장두께의 감소

(2) 종류

1) 물리적 방법

① 치환공법 : 불량토를 양질의 재료로 치환하는 공법이다.
② 입도조정공법 : 두 종류 이상의 재료를 혼합부설하고 다지는 공법이다.
③ 다짐 및 함수비조절공법 : 함수비조절과 다짐에 의해 안정처리하는 공법이다.

2) 첨가제에 의한 방법

① 시멘트안정처리공법 : 흙에 시멘트를 첨가한 후 혼합다짐하여 시멘트의 화학적 고화작용에 의해 안정처리하는 공법이다.
② 역청안정처리공법 : 흙에 역청제를 첨가한 후 혼합다짐하여 역청제의 점착력에 의해 안정처리하는 공법이다.

③ 석회안정처리공법 : 흙에 석회를 첨가한 후 혼합다짐하여 석회의 화학적 고화작용에 의해
안정처리하는 공법이다.

3) 기타 공법

① Macadam공법 : 주골재인 부순 돌을 깔고, 이들이 파손되지 않도록 채움골재를 공극에
채워 맞물림이 일어나도록 다짐하는 공법으로 가장 오래된 공법이다.

② Membrane공법 : Plastic sheet 역청제의 막을 깔아 방수벽 역할을 하게 함으로써 흙의
함수량을 조절하여 안정처리하는 공법이다.

7-3 Prime coat, Tack coat, Seal coat

(1) Prime coat

보조기층, 입상조정기층 등의 입상재료층에 점성이 낮은 역청재료를 살포침투시켜 이들 층
의 방수성을 높이고 입상기층의 모세공극을 메워 그 위에 포설하는 아스팔트 혼합물층과의
부착을 좋게 하기 위해 역청재료를 얇게 피복하는 것을 말한다.

(2) Tack coat

구포장층, 아스팔트 안정처리기층과 그 위에 포설되는 아스팔트 혼합물층과의 부착성을 확
보하기 위해 역청재료를 기존 표면에 살포하는 것으로서, 이와 같은 기능을 극대화하기 위해
서는 이것의 피막두께는 아주 얇아야 하고 포설된 면적 전체에 균등하게 살포되어야 하며
살포 후 빠른 시간 내 균등하게 점성이 큰 끈적한 얇은 피막을 형성할 수 있는 것이어야
한다.

(3) Seal coat

아스팔트 포장면의 내구성, 수밀성 및 미끄럼저항을 크게 하기 위해 역청재료와 골재를 살포
하여 전압하는 아스팔트 표면처리를 말한다. 실 코트용 역청재료의 기본조건은 사용골재포
설 후 바로 초기에 포설골재와 조기부착을 유발하기에 충분한 유동성을 가져야 하고, 반면에
실 코트가 완성되어 교통이 개방되면 차량통행에 의해 살포전압된 골재가 흐트러지지 않도
록 기존 노면상에 고착시킬 수 있도록 좀 더 높은 점성도를 가진 것이어야 한다.

7-4 아스팔트 포장의 파손원인과 대책

포장의 파손은 노상토의 지지력, 교통량, 포장두께의 3가지 균형이 깨져서 발생한다.

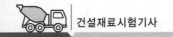

(1) 노면성상에 관한 파손 및 원인

① 국부적인 균열원인 : 혼합물의 품질불량, 시공불량, 다짐불량, 기층의 균열 등
② 단차원인 : 지반의 부등침하, 혼합물의 다짐불량
③ 변형

종류	개요	원인
소성변형(rutting)	• 횡단방향의 요철	• 대형차의 교통 • 혼합물의 품질불량
종방향 요철	• 도로 연장방향의 파장이 긴 요철	• 혼합물의 품질불량 • 노상, 보조기층의 지지력 불균일
코러게이션 (corrugation)	• 도로 연장방향의 규칙적인 파장이 짧은 요철	• Prime coat, Tack coat의 시공불량으로 아스팔트 혼합물의 일체성 부족
범프(bump)	• 포장 표면이 국부적으로 밀려 혹모양으로 솟아오른 것	

④ 마모
    ㉠ 라벨링(ravelling) : 포장 표면의 골재입자가 이탈된 상태로 표면의 모르타르분이 이탈되고 표면이 거칠어진 상태
    ㉡ 폴리싱(polishing) : 포장 표면이 마모작용을 받아 모르타르분과 골재가 함께 닳아 미끄럽게 된 상태

(2) 구조에 관한 파손 및 원인(전면적인 균열)

① 거북등균열원인 : 포장두께의 부족, 혼합물의 품질불량, 노상과 보조기층의 지지력 불균일, 대형차의 교통과 교통량
② 동상 및 이수분출원인 : 포장두께의 부족, 동상 방지층, 두께의 부족, 지하수위 상승

7-5 무근콘크리트 포장의 파손원인과 대책

① 노상 및 보조기층에 기인한 파손
② 가로균열 및 세로균열
③ 우각부균열
④ blow-up
    ㉠ 비압축성의 단단한 이물질이 줄눈에 침입하여 콘크리트 슬래브가 가열팽창할 때 줄눈이 그 팽창량을 흡수하지 못해 슬래브가 부분적으로 떠오르는 좌굴현상이다.
    ㉡ 공용개시 후 수년이 지난 콘크리트 포장에서 고온다습한 날이 계속될 때 발생한다.

⑤ spalling

   ㉠ 비압축성의 단단한 이물질이 줄눈에 침입하여 콘크리트 슬래브가 가열팽창할 때 압축 파괴되는 현상이다.

   ㉡ 줄눈부에서 콘크리트가 압축파괴된다.

⑥ pumping : 보조기층이나 노상의 흙이 우수의 침입과 교통하중의 반복에 의해 줄눈이나 균열부에서 노면으로 뿜어내는 현상이다. 이는 단차의 원인이 되고 지지력 저하 등에 의하여 콘크리트 슬래브는 파괴에 이르게 된다.

⑦ 경화 시에 발생하는 균열 : 비교적 얇으며 길이가 짧다.

구분	내용
침하균열	• 다짐이 불충분하여 콘크리트의 침하에 의해 발생되는 균열 • 철망이나 철근의 매설깊이가 부적당하여 콘크리트의 침하가 방해되어 망상으로 발생하는 균열
plastic균열	• 콘크리트 표면에 직사광선이나 온도의 급격한 저하, 강풍, 양생불량에 의해 발생되는 균열

7-6   연속 철근콘크리트 포장(CRCP)

(1) 개요

연속된 세로방향 철근을 사용하여 콘크리트 건조수축에 따른 균열저항성을 증가시킴으로써 차량의 주행성을 개선한 포장공법이다.

(2) 장단점

① 장점

   ㉠ 가로수축줄눈이 없다.

   ㉡ 포장의 불연속성을 방지하므로 차량의 주행성이 증대된다.

   ㉢ 줄눈부 파손이 없고 유지비가 적게 든다.

② 단점

   ㉠ 초기건설비가 다소 크다.

   ㉡ 부등침하 시 보수가 어렵다.

Chapter 08 하천공, 항만공, 댐공

8-1 하천공

(1) 제방

제방이란 홍수의 하도 외 범람을 방지하기 위해 하천에 따라 보통 토사로 축조한 공작물을 말한다.

1) 제방의 종류

① 본제(main levee) : 유수의 범람을 직접 방지하는 제방이다.

② 부제(secondary levee) : 본제와 적당한 거리를 두고 설치하는 제방이다.

③ 윤중제(polder levee) : 일정한 지역의 홍수방어를 위해 그 주위를 포위하도록 축조한 제방이다.

④ 횡제(cross levee) : 하폭이 넓고 고수법선 이외의 농경지가 유수지로 이용될 경우에 유속을 감소시켜 이 경지를 방호하는 동시에 홍수의 하류도달을 지연시키기 위해 직각 또는 어떤 각도를 가지고 축조되는 둑을 말한다.

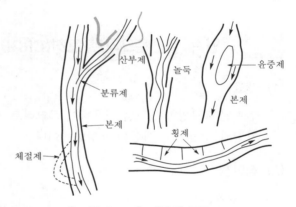

| 그림 2-55 | 제방의 종류

⑤ 우의제(wing levee) : 횡제의 일종으로 그 방향이 상당한 각도로서 하류로 경사된 것이다.

⑥ 도류제(training levee of jetty) : 하천이 다른 하천, 호수 또는 바다에 유입될 경우 유수를 도류하여 그 유세를 조정하기 위해 축조된 둑이다.

2) 축제재료

① 포화되었을 때 비탈면에서 미끄러짐이 잘 일어나지 않을 것

② 내부마찰각이 클 것

③ 건조에 의한 균열이 작을 것

④ 굴삭, 운반, 다짐 등의 시공이 용이할 것

⑤ 풀, 나무뿌리 등의 유기물을 포함하지 않을 것

따라서 축제재료로서는 모래와 점토가 적당히 혼합된 것이 좋다.

3) 제방의 유지

① 제체의 유지 : 둑마루와 비탈면 유지는 물론이고 제체의 균열이나 누수 방지를 계속적으로 유지관리해야 한다.

② 제초 및 떼손질 : 제방에 잡초 및 기타 식생의 뿌리가 번성하면 제체 내에 균열, 함몰 또는 활동이 일어날 우려가 있으므로 조기에 제초 및 뿌리뽑기를 해야 한다.

③ 떼붙임을 하였을 때에는 떼가 잘 성장하도록 한다.

④ 제방마루 및 턱에 요철이 발생하면 물이 고이게 되어 제체가 약화될 뿐만 아니라 비탈면 붕괴의 원인이 되므로 이를 메우고 다져야 한다.

(2) 호안

호안이란 제방 또는 하안을 유수에 의한 파괴와 침식으로부터 직접 보호하기 위해 제방 앞비탈에 설치하는 구조물을 말한다.

1) 호안의 구조

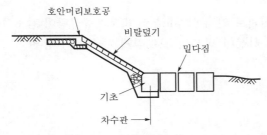

▌ 그림 2-56 ▌ 호안의 구조

① 비탈덮기 : 제방 또는 하안의 비탈면을 보호하기 위해 설치하는 것이다.

② 기초 : 비탈덮기의 밑부분을 지지하기 위해 설치한다.

③ 비탈멈춤 : 비탈덮기의 활동과 이면토사의 유출을 방지하기 위해 설치하며 기초와 겸하는 경우도 있다.

④ 밑다짐 : 비탈멈춤 앞쪽 하상에 설치하여 하상세굴을 방지함으로써 기초와 비탈덮기를 보호하는 구조물이다.

2) 호안공법

① 비탈덮기공(법복공) : 떼붙임공, 돌망태공, 돌쌓기공, 돌붙임공, con'c 블록공

② 비탈멈춤공(법류공) : 토대공, Sheet pile공, con'c 블록근지공

③ 밑다짐공(근고공) : 침상공, 사석공, 돌망태공, con'c 블록공

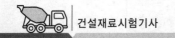

(3) 수제

수제란 수류의 방향을 조정하고 유속을 감소시켜 하안 또는 제방을 유수에 의한 침식작용으로부터 보호하기 위한 구조물이다.

1) 수제의 기능

① 유속 감소　　　　　　　　　② 흐름방향의 변경

2) 수제의 설치목적

① 하안의 침식 및 호안의 파손 방지　② 유로의 고정
③ 생태계 보전　　　　　　　　　　④ 유량의 확보

(4) 바닥다짐공(하상유지공, 상고공)

저수로나 홍수터의 하상안전을 보호하기 위해 하천을 횡단하여 설치하는 공작물을 바닥다짐공이라 한다.

1) 바닥다짐공을 설치하는 경우

① 하천의 인위적인 유로변경 및 대규모 준설공사로 인해 하상의 평형이 깨져 하상이 저하되는 경우
② 댐 등의 구조물 설치로 인해 상류로부터의 토사공급량이 감소하여 하상이 저하되는 경우
③ 유수가 집중되어 하상이 국부적으로 깊게 세굴되는 경우

2) 바닥다짐공의 목적

① 하상세굴의 방지
② 하상저하의 방지
③ 국부세굴의 방지
④ 구조물의 보호 : 유속을 감소시킴으로써 교각 등의 하천구조물을 보호한다.

3) 상고공의 종류

① con'c공　　　　　　　　　② 찰쌓기 돌붙임공, 메쌓기 돌붙임공
③ 방격틀공　　　　　　　　　④ 침상공

8-2　항만공

(1) 항만의 위치 선정

1) 자연적 조건

① 지형이 양호하고 육상시설을 충분히 설치할 수 있는 곳

② 외곽시설을 만드는데 양호한 곳

③ 수심, 박지면적이 충분한 곳

④ 기상조건이 좋은 곳(안개, 바람 등이 적은 곳)

⑤ 표사에 의해 항구 및 항내가 매몰될 우려가 없는 곳

2) 경제, 사회적 조건

① 장래 발전이 가능한 곳

② 철도, 도로 등 육상교통수단이 용이한 곳

③ 공업용 재료가 풍부한 곳

(2) 항만의 종류

① 폐구항(closed harbor) : 조차가 크므로 항구에 갑문을 가지고 조차를 극복해서 선박이 출입되게 하는 항

② 개구항(open harbor) : 조차가 그다지 크지 않으므로 항상 항구가 열려있는 항

(3) 방파제

방파제란 항내의 무풍상태를 유지하고 하역의 원활화, 선박항행과 정박의 안전 및 항내시설의 보존을 위해 설치하는 구조물을 말한다.

1) 방파제의 종류

① 직립제(uplift break water) : 양측면이 거의 수직에 가깝게 설치한 구조로서 주로 파도의 에너지를 반사시키는 것이다.

② 경사제(oblique face break water) : 사석식이나 블록식에 어느 정도의 둑마루의 폭을 갖게 하고 양측면이 경사지게 한 구조로서 제체에 파도가 부딪쳐서 그 에너지를 줄이도록 고안된 것이다.

③ 혼성제(composite break water) : 하부를 사석방파제로 축조하고 그 상부에 직립방파제를 얹어놓은 구조이다.

┃표 2-2┃ 각 방파제 형식에 따른 장단점

구분	경사제	직립제	혼성제
장점	• 지반의 요철에 관계없이 시공이 가능하며 연약지반에서도 적용 가능하다. • 세굴에 대해서 순응성이 있다. • 시공설비가 간단하다.	• 사용재료가 비교적 소량이다. • 유효항구폭의 확보가 용이하다. • 유지보수가 용이하다.	• 수심이 깊은 지점, 비교적 연약한 지반에도 적용 가능하다.
단점	• 수심이 깊어지면 다량의 재료가 필요하다. • 유지보수비가 많다.	• 세굴의 위험이 있기 때문에 지반이 견고해야 한다.	• 높은 마운드가 되면 충격쇄파압이 작용할 위험이 있다.

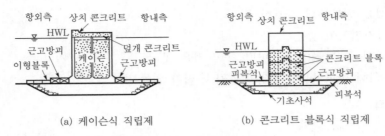

(a) 케이슨식 직립제   (b) 콘크리트 블록식 직립제

┃ 그림 2-57 ┃ 직립제

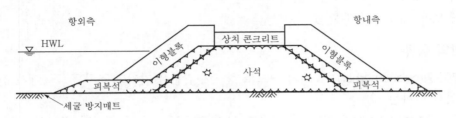

┃ 그림 2-58 ┃ 사석식 경사제

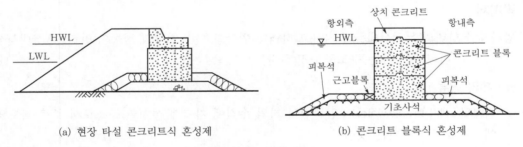

(a) 현장 타설 콘크리트식 혼성제   (b) 콘크리트 블록식 혼성제

┃ 그림 2-59 ┃ 혼성제

2) 방파제 배치 시 주의사항

① 파랑이 집중되는 형상을 피한다.

② 사빈해안에서는 항내로 표사가 침입하지 않도록 배치한다.

③ 지반이 나쁜 곳은 되도록 피하며 시공이 가능하고 쉬운 위치로 한다.

④ 자연지형을 이용할 수 있는 것은 적극적으로 이용한다.

(1) 댐(dam)의 종류(축조재료에 의한 분류)

1) 콘크리트댐

① 중력댐
  ㉠ 댐 상류면에 작용하는 수평수압을 자중으로 막고 그 연직분력을 기초지반에 전달하는 구조이다.
  ㉡ 안전율이 가장 높고 내구성도 풍부하며 설계이론도 비교적 간단하고 시공이 용이하다.
  ㉢ 기초지반은 매우 낮은 댐을 제외하고는 반드시 견고한 암반 위에 축조해야 한다.

② 중공중력댐
  ㉠ 높이 40m 이상일 때 중력댐보다 경제적이고, 높이 80~100m일 때 댐 체적은 중력댐의 약 70%가 된다.
  ㉡ 댐 폭이 상류면의 경사로 인하여 중력댐보다 넓기 때문에 기초의 굴착범위가 넓어지고 하상퇴적물 및 표토가 두꺼운 경우에는 불리하다.
  ㉢ 계곡폭이 넓은 U자형 계곡에 유리하다.

③ 아치댐
  ㉠ 높이에 비해 계곡폭이 좁고 양안의 암반이 견고하여 아치의 반력으로 외력에 충분히 저항하는 장소에 적합한 형식이다.
  ㉡ 아치 좌우지지부의 기초암반이 충분한 두께로 가지고 견고해야 한다.
  ㉢ 계곡폭이 좁을수록 유리하고, 댐 상단의 계곡폭이 높이의 3배 정도까지는 중력댐보다 콘크리트양이 적다.

④ 부벽댐(버트레스댐)
  ㉠ 부벽에 의해 지지하는 형식이다.
  ㉡ 지지력이 작고 재료의 채취운반이 곤란한 장소에 적합하다.
  ㉢ 중력댐보다는 견고한 암반을 필요로 하지 않으나 댐체의 내구성이 적고 거푸집작업이 많고 복잡하며 강재를 필요로 하는 단점이 있다.

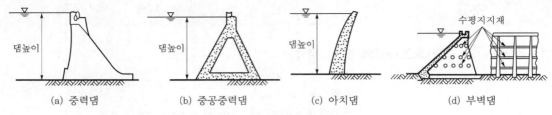

(a) 중력댐   (b) 중공중력댐   (c) 아치댐   (d) 부벽댐

┃ 그림 2-60 ┃ 콘크리트댐의 종류

2) 필(fill)댐

① **어스댐(earth dam)** : 기초가 다소 불량해도 시공할 수 있으나 충분한 용량의 여수토가 없으면 월류되는 물의 침식작용에 의해 파괴될 우려가 있다. 확실한 안전율을 추정하기 어렵고 내진력이 약하며 높은 댐을 축조할 수 없다.

  ⊙ 균일형
- 80% 이상을 균일한 재료로 축조하는 것으로 비교적 낮은 댐에 적합하다.
- 침윤선이 하류단 비탈면에 나타나면 안정성을 잃어버리므로 구배를 완만하게 하거나 하류측 비탈 밑에 투수성 재료를 배치해야 한다.

  ⊙ 존(zone)형
- 전단강도가 크고 간극수압의 발생이 적으므로 상하류 비탈면을 급하게 할 수 있다.
- 중앙에 불투수성의 흙을, 양측에는 투수성 흙을 배치한 것으로 재료가 한 가지 밖에 없는 균일형 댐에 비하면 두 가지 이상의 재료를 얻을 수 있는 곳에서 경제적이다.

  ⊙ 심벽(코어)형
- 불투수성부를 댐 내부에 설치한 것으로 불투수성부의 최대폭이 댐높이보다 작은 댐을 말한다.
- 다른 형식에 비해 안정성이 높고, 특히 댐이 높을수록 좋다.

② **록필(rock fill)댐** : 절반 이상 돌로 구성된 댐을 말한다. 록필댐의 높이한도는 100m이고, 균일형 어스댐은 30m 전후이다.

  ⊙ 표면차수벽형
- 록필의 양은 가장 적으나 침하가 차수벽에 나쁜 영향을 미친다.
- 적용 조건
  - 대량의 암 확보가 용이할 때
  - core용 점토의 확보가 어려울 때
  - 짧은 공기로 급속시공을 요할 때(시공속도가 빠르다)
  - 동절기 공사나 잦은 강우로 점토시공이 어려울 때
  - 추후 댐높이의 증축이 예상될 때

  ⊙ 내부차수벽형
- 변형하기 쉬운 토질로 차수벽을 축조하여 침하 등에 의한 균열을 방지하였다.
- 차수벽은 본체 록필보다 늦게 시공할 수 있는 장점이 있다.

ⓒ 중앙차수벽형

- 침하에 의한 영향이 적고 수평하중을 하류측의 기초가 지지하므로 댐 체적이 크다.
- 차수벽은 본체 록필댐과 거의 동시에 시공해야 한다.

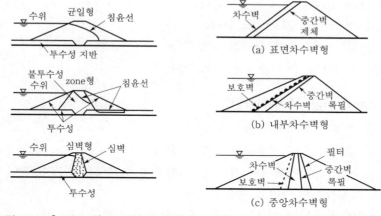

| 그림 2-61 | 어스댐(fill dam)의 형식 | 그림 2-62 | 록필댐의 형식

(2) 콘크리트댐의 시공

1) 기초처리공법

① 그라우팅(grouting)

ⓐ Consolidation grouting

- 기초암반의 변형성이나 강도를 개량하여 균일성을 주기 위해 기초 전반에 걸쳐 격자형으로 그라우팅하는 것을 말한다.
- 주입공의 심도는 10m 이하(보통 5m)이다.

ⓑ Curtain grouting

- 기초암반을 침투하는 물의 지수목적으로 기초 상류측에 병풍모양으로 컨솔리데이션 그라우팅보다 깊게 그라우팅하는 것을 말한다.
- 주입공의 심도는 보통 수심의 2/3 정도로 한다.

ⓒ Blanket grouting : 암반의 표층부에서 침투류의 억제목적으로 실시한다.

ⓓ Contact grouting : 암반과 댐 접촉부의 차수목적으로 그라우팅하는 것을 말한다.

② 콘크리트 치환공법

2) 콘크리트 재료와 배합

댐 콘크리트는 보통 콘크리트보다 내구성과 수밀성이 커야 하고 수화열에 의한 균열이 생기지 않아야 한다.

① 시멘트는 수화열이 적은 것을 사용하며 보통 포틀랜트 시멘트와 중용열포틀랜트 시멘트가 많이 사용된다.

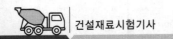
② 혼화재료로 플라이애시(fly ash), AE제를 사용하여 워커빌리티(workability)를 개선하고 단위수량을 감소시키며 수축을 적게 하고 수밀성과 내구성을 개선시킨다.

③ 단위시멘트양은 내구성과 수밀성을 크게 해야 하며, 외부 콘크리트는 220kg, 내부 콘크리트는 155~165kg 정도가 적당하다.

④ Slump는 2~5cm를 표준으로 한다.

⑤ G_{max}는 150mm 이하를 표준으로 한다.

⑥ 단위수량은 120kg 이하를 표준으로 한다.

(3) 필댐(fill dam) 시공 시 주의사항

① 공사 중 제체로 월류하지 않도록 한다.

② 강우 시 제체로 물이 침투하지 않도록 한다.

③ 제체와 구조물 또는 제체와 기초 등 접합부에 수밀성을 철저히 한다.

④ 제체의 성토작업은 다짐을 충분히 한다.

⑤ 성토작업에 사용되는 재료는 최적함수비에서 실시한다.

⑥ 경사지(25% 이상)에서는 계단상으로 절토한 후 성토한다.

⑦ 기초지반이 투수성일 때에는 Piping현상이 생기지 않도록 한다.

(4) 댐의 부속설비

1) 여수토(spill way)

댐의 월류에 의한 파괴를 방지하기 위해 계획수위보다 높아진 수위를 낮추기 위해 물을 방류하는 시설을 말한다.

① 사이펀 여수토 : 상하류면의 수위차를 이용한 여수토

② 글로리홀 여수토 : 원형 나팔형으로 되어 있는 여수토

③ 측수로 여수토 : 필댐과 같이 댐 정상부를 월류시킬 수 없을 때 댐 한쪽 또는 양쪽에 설치한 여수토

④ 슈트식 여수토 : 댐 본체에서 완전히 분리시켜 설치하는 여수토

⑤ 댐마루 월류식 여수토 : 중력댐의 경우 홍수량을 댐마루 수문에 의해 조절하는 여수토

2) 검사랑

① 댐을 시공한 후 댐 관리상 예상된 사항을 알기 위해 댐 내부에 설치한다.

② 목적
　　㉠ 콘크리트 내부의 균열검사　　　　㉡ 누수 및 배제
　　㉢ 양압력　　　　　　　　　　　　㉣ 온도측정
　　㉤ 수축량의 검사　　　　　　　　　㉥ 그라우트(grout)공의 이용

토목전산과 시공계획

9-1 시공관리(공사관리)

(1) 개요

① 공사관리는 생산수단 5M을 합리적으로 사용하여 공
정, 원가, 품질, 안전 등에 대하여 좋은 것을 싸게,
빨리, 안전하게 만들 수 있도록 관리하는 기술이다.

② 모든 관리는 Plan(계획) → Do(실시) → Check(검토)
→ Action(처리)을 반복 진행한다.

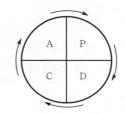

┃ 그림 2-63 ┃ 관리사이클의 4단계

(2) 시공관리의 3대 목표 및 생산수단 5M

1) 시공관리

시공관리	목표
원가관리	적절한 가격
품질관리	적절한 품질
공정관리	적절한 공기

2) 생산수단 5M

생산수단 5M	시공관리
Man(인력) Machine(기계) Material(재료) Method(방법) Money(자금)	원가관리 품질관리 공정관리 안전관리

3) 시공관리의 상호관계

① **공정과 원가의 관계** : 공정이 빨라지면 원가가 떨어
지나 어느 수준을 넘어서면 오히려 증가한다([그
림 2-64] 중 a).

② **품질과 원가의 관계** : 품질이 향상되면 원가는 상승
한다([그림 2-64] 중 b).

③ **공정과 품질의 관계** : 공정이 빨라지면 품질은 저하
한다([그림 2-64] 중 c).

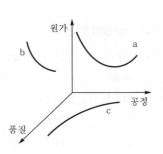

┃ 그림 2-64 ┃ 공정-원가-품질의 관계

품질관리

(1) 개요

설계도, 시방서에 규정한 품질의 구조물을 가장 경제적으로 만들기 위한 관리기술을 품질관리(Quality control)라 한다.

(2) 품질관리기법

1) 관리도

① $\overline{x} - R$관리도

　㉠ $\overline{x}$관리도의 관리선　　　　　　　　㉡ R관리도의 관리선

중심선	CL= $\overline{\overline{x}}$
상부관리한계	UCL= $\overline{\overline{x}} + A_2\overline{R}$
하부관리한계	LCL= $\overline{\overline{x}} - A_2\overline{R}$

중심선	CL= $\overline{R}$
상부관리한계	UCL= $D_4\overline{R}$
하부관리한계	LCL= $D_3\overline{R}$

여기서, $\overline{\overline{x}}$: $\overline{x}$의 평균치, $\overline{R}$: R의 평균치, A_2 : 군의 크기에 따라 정하는 계수
D_3, D_4 : 군의 크기에 따라 정하는 계수

② 관리도 보는 법

　㉠ 타점이 한계 내에 있을 때 : 공정이 안정된 상태
　㉡ 타점이 한계 외에 있을 때 : 공정에 이상이 생긴 상태

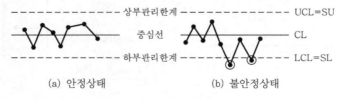

|　그림 2-65　| 관리도

2) Histogram(주상도)

① 데이터의 분산을 파악하기 위해 작성한 주상도를 히스토그램(histogram)이라 하고, 중심선을 곡선으로 이은 것을 도수분포곡선이라 한다.

② 히스토그램의 판독

　㉠ [그림 2-66]의 (a) : 규격치와 분산이 모두 양호하고 여유도 있어서 매우 만족스럽다.
　㉡ [그림 2-66]의 (b) : 피크(peak)가 두 곳에 있어서 공정에 이상이 발생하였다.
　㉢ [그림 2-66]의 (c) : 하한규격치를 벗어나는 자료가 있으므로 평균치를 큰 쪽으로 이동시키는 대책이 필요하다.

㉣ [그림 2-66]의 (d) : 상하의 한계치를 모두 벗어나 있으므로 절대적으로 어떤 대책을
세워야 한다.

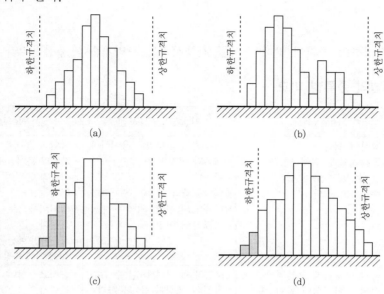

┃ 그림 2-66 ┃ 히스토그램의 모형

(3) 자료의 분석

① $\bar{x}$(평균치) : 데이터의 산술평균

$$\bar{x} = \frac{x_1 + x_2 + \cdots + x_n}{n}$$ ·· (2-29)

② $\tilde{x}$(중앙치) : 데이터를 크기순으로 나열했을 때의 중앙치
③ R(범위) : 데이터의 최대치와 최소치의 차

$$R = x_{max} - x_{min}$$ ·· (2-30)

④ S(편차의 2승합) : 각 데이터와 평균치의 차를 2승한 것들의 합
⑤ σ^2(분산) : S를 데이터의 수 n으로 나눈 것
⑥ σ(표준편차) : 분산의 평방근

$$\sigma = \sqrt{\frac{S}{n}}$$ ·· (2-31)

⑦ C_v(변동계수)

$$C_v = \frac{\sigma}{\bar{x}} \times 100$$ ·· (2-32)

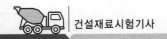

9-3 공정관리

(1) 정의

공정표를 작성하여 공기에 맞게 공사를 진행시키는 관리기술을 공정관리라 한다.

(2) 공정관리기법의 종류별 비교

기법 구분	Bar chart	기성고 공정곡선	Network
장점	• 작성이 쉽다. • 공사계획과 진척사항을 쉽게 알 수 있고 보기 쉽다. • 수정하기 쉽다.	• 전체 공정의 파악이 용이하다. • 계획과 실적의 진도파악이 용이하다. • 원가상황의 파악이 용이하다. • Banana곡선에 의하여 관리목표가 얻어진다.	• 작업의 종속관계가 명확하다. • 작업의 문제점예측이 가능하다. • 이상적 공정이 되게 공정을 바꾸기 쉽다. • 최저비용으로 공기단축이 가능하다. • 효과적인 예산통제가 가능하다. • CP에 의해 중점관리가 가능하다.
단점	• 작업 상호관계가 불명확하다. • 전체의 합리성이 떨어진다. • 작업의 사전예측 및 사후통제가 곤란하다.	• 공정의 세부사항을 알 수 없다. • 공정의 조정이 불가능하다. • 보조적인 수단으로만 사용할 수 있다.	• 공정표작성이 어렵고 시간이 걸린다. • 수정, 변경에 시간이 걸린다. • 숙련을 요한다. • 복잡한 Network일 때 이해가 힘들다.
용도	• 간단한 공정표 • 개략적인 공정표 • 보고, 선전용	• 다른 방법과 병용(보조수단) • 원가관리 • 공정의 경향분석	• 대형공사 • 복잡한 공사 • 중요한 공사(공사기간을 엄수해야 할 공사)

(3) 네트워크(network)공정표 중 PERT와 CPM관리기법의 비교

기법 구분	PERT (Program Evaluation Review Technique)	CPM(Critical Path Method)
주목적	공기단축	공비절감
대상	신규사업, 비반복사업, 경험이 없는 사업	반복사업, 경험이 있는 사업
작성법	Event를 중심으로 일정 계산을 작성	Activity를 중심으로 일정 계산을 작성
공기추정	3점 견적법 $t_e = \dfrac{t_o + 4t_m + t_p}{6}$ 여기서, t_e : 기대시간(expected time) t_o : 낙관시간(optimistic time) t_m : 정상시간(most likely time) t_p : 비관시간(pessimistic time)	1점 견적법 $t_e = t_m$
MCX(최소 비용)	이론이 없다.	CPM의 핵심이론이다.
CP	$T_E - T_L = 0$인 곳	$TF = 0$인 곳

(4) 네트워크기법

1) 네트워크의 구성요소

① Event(결합점)

    ㉠ ○으로 표시하며 작업순서에 따라 번호를 붙인다.

    ㉡ Activity의 시작점 및 완료점이다.

② Activity(활동)

    ㉠ →로 표시하며 화살의 방향은 작업순서를 나타낸다.

    ㉡ 화살표의 위에는 작업명, 아래에는 공기(소요시간)를 기입한다.

③ Dummy(명목상 작업)

    ㉠ -----으로 표시한다.

    ㉡ 실제 작업은 없으나 선행과 후속의 관계를 표시하기 위해 사용한다.

    ㉢ 작업소요시간은 0이고 CP가 될 수 있다.

| 그림 2-67 | Event와 Activity | 그림 2-68 | Dummy

④ CP(Critical Path, 최장경로)

    ㉠ 굵은 선으로 표시한다.

    ㉡ 네트워크상의 최장경로로서 모든 작업을 마치는데 시간이 가장 긴 경로이다.

    ㉢ CP는 2개 이상 있을 수 있다.

2) 네트워크 작성의 기본원칙

① 공정원칙

    ㉠ 모든 공정은 독립된 공정으로 수행, 완료되어야 한다.

    ㉡ 작업순서에 맞게 작성되어야 한다.

② 단계원칙 : 선행Activity가 끝나지 않으면 후속Activity는 개시하지 못한다(Activity의 시작과 끝은 Event와 연결되어야 한다).

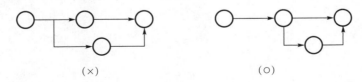

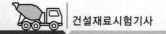
③ 연결원칙 : Activity의 방향은 한쪽 방향(오른쪽 방향)으로만 표시한다.

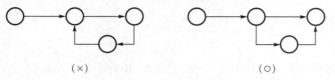

④ 활동원칙 : Event 사이에는 1개의 Activity만 존재한다.

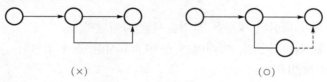

3) 네트워크 표시법

① Event 사이에 2개 이상의 Activity가 존재할 때의 표시이다.

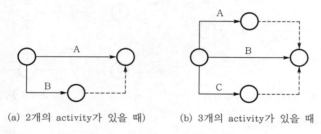

(a) 2개의 activity가 있을 때)   (b) 3개의 activity가 있을 때

② 종속관계의 표시

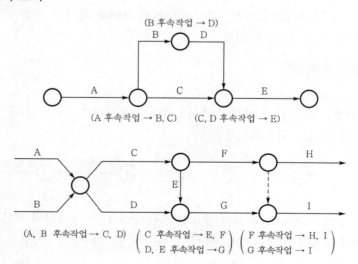

(A, B 후속작업 → C, D) (C 후속작업 → E, F) (F 후속작업 → H, I)
                      (D, E 후속작업 →G)   (G 후속작업 → I)

(5) 일정 계산, 여유시간

1) 일정 계산

① Event 중심의 일정 계산(PERT기법의 일정 계산)

 ㉠ T_E(earlist event time : TE)

  • 전진 계산에서 가장 큰 값을 계산치로 한다.

  • $T_{E2} = T_{E1} + D$ (2-33)

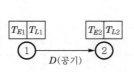

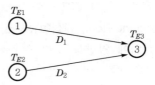

T_{E3}는 $\begin{pmatrix} T_{E1} + D_1 \\ T_{E2} + D_2 \end{pmatrix}$ 중에서 가장 큰 값을 계산치로 한다.

 ㉡ T_L(latest event time : TL)

  • 후진 계산에서 가장 작은 값을 계산치로 한다.

  • $T_{L1} = T_{L2} - D$ (2-34)

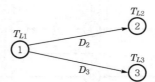

T_{L1}는 $\begin{pmatrix} T_{L2} - D_2 \\ T_{L3} - D_3 \end{pmatrix}$ 중에서 가장 작은 값을 계산치로 한다.

② Activity 중심의 일정 계산(CPM기법의 일정 계산)

 ㉠ EST(Earlist Start Time, 최조개시시간)

  • 작업을 착수하는데 가장 빠른 시간으로 전진 계산에서 가장 큰 값을 계산치로 한다.

  • Event에서 EST=EFT이다.

 ㉡ EFT(Earlist Finish Time, 최조완료시간)

  • 작업을 종료할 수 있는 가장 빠른 시간이다.

  • EFT=EST+공기   (2-35)

 ㉢ LST(Latest Start Time, 최지개시시간)

  • 작업을 가장 늦게 착수해도 좋은 시간으로 LST보다 늦게 착수하면 공기가 지연된다.

  • LST=LFT-공기   (2-36)

 ㉣ LFT(Latest Finish Time, 최지완료시간)

  • 작업을 가장 늦게 종료해도 좋은 시간으로 후진 계산에서 가장 작은 값을 계산치로 한다.

  • Event에서 LFT=LST이다.

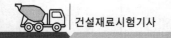

2) 여유시간 계산

① TF(Total Float, 총여유시간)

⊙ 전체 작업의 최종 완료일에 영향을 주지 않고 지연될 수 있는 최대 여유시간을 말한다.

ⓒ $TF = LST - EST$ ··· (2-37)

$\quad\ = LFT - EFT$ ·· (2-38)

② FF(Free Float, 자유여유시간)

⊙ 모든 작업이 EST로 시작될 때 이용 가능한 여유시간을 말한다.

ⓒ $FF = $ 후속작업의 $EST - EST -$ 공기 ······································· (2-39)

③ DF(Dependent Float, 간섭여유시간)

⊙ 후속작업에 영향을 주는 여유시간을 말한다.

ⓒ $DF = TF - FF$ ··· (2-40)

예제 일정 계산(TE, TL의 예)

다음 네트워크(network)의 최조착수시간(TE)와 최지착수시간(TL)을 계산하시오.

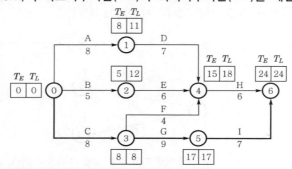

해설

Event	TE	TL
0	0	$\left.\begin{array}{l} 11-8=3 \\ 12-5=7 \\ 8-8=0 \end{array}\right\} 0$
1	$0+8=8$	$18-7=11$
2	$0+5=5$	$18-6=12$
3	$0+8=8$	$\left.\begin{array}{l} 18-4=14 \\ 17-9=8 \end{array}\right\} 8$
4	$\left.\begin{array}{l} 8+7=15 \\ 5+6=11 \\ 8+4=12 \end{array}\right\} 15$	$24-6=18$
5	$8+9=17$	$24-7=17$
6	$\left.\begin{array}{l} 15+6=21 \\ 17+7=24 \end{array}\right\} 24$	24

(6) 공기단축기법

1) 비용경사

$$비용경사 = \frac{특급공비 - 표준공비}{표준공기 - 특급공기}$$ .... (2-41)

2) 공기단축방법

① CP상에서 비용경사가 가장 적은 작업부터 순차적으로 단축한다.

② Sub CP가 발생하면 비용경사를 각각 비교하여 적은 것부터 단축한다.

③ 소요의 공기까지 추가비용이 최소가 되도록 단축을 반복 실시한다.

MEMO

제 **3** 편

건설재료 및 시험

ENGINEER CONSTRUCTION MATERIAL TESTING

재료 일반

1-1   재료 일반

(1) 생산에 의한 분류

① 천연재료 : 목재, 석재, 자갈, 모래, 점토, 천연 아스팔트
② 인공재료 : 벽돌, 시멘트, 금속, 석유 아스팔트

(2) 화학적 조성에 의한 분류

① 유기재료 : 목재, 역청재료, 플라스틱
② 무기재료
　　㉠ 금속재료 : 철금속, 비철금속
　　㉡ 비금속재료 : 석재, 시멘트, 콘크리트, 점토제품

1-2   재료의 역학적 성질

(1) 강도와 강성

① 강도(strength) : 재료가 외력에 저항할 수 있는 힘의 최대값으로 압축강도, 인장강도, 휨강도, 전단강도 등이 있다.
② 강성(rigidity) : 재료가 외력에 의한 변형에 저항하는 성질을 말하며 변형이 작은 재료가 강성이 크다.

(2) 탄성과 소성

① 탄성(elasticity) : 외력을 받아 변형한 재료에 외력을 제거하면 원상태로 돌아가는 성질을 탄성이라 한다.
② 소성(plasticity) : 외력을 제거해도 그 변형은 그대로 남아 있고 원형으로 되돌아가지 못하는 성질을 소성이라 한다.

(3) 응력-변형곡선

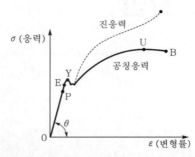

┃그림 3-1┃ 연강을 인장하였을 때의 응력-변형률곡선

여기서, P(비례한도, proportional limit) : 탄성한도 내에서 응력과 변형이 비례하는 최대 한도
　　　　 E(탄성한도, elastic limit) : 외력을 제거해도 변형이 없이 원래 상태로 돌아가는 응력의 최대 한도
　　　　 Y(항복점, yielding point) : 외력의 증가 없이 변형이 증가하였을 때의 최대 응력점
　　　　 U(극한강도, ultimate strength) : 재료가 응력을 최대로 받을 때의 강도
　　　　 B(파괴점, breaking point) : 재료가 파괴되는 점

(4) 탄성계수와 푸아송비

① 탄성계수(modulus of elasticity, E) : 탄성한도 내 재료의 응력은 변형과 거의 비례한다. 이 성질을 훅의 법칙(Hook's law)이라 한다.

$$E = \frac{\sigma}{\varepsilon} = \frac{\dfrac{P}{A}}{\dfrac{\Delta l}{l}} \quad \text{... (3-1)}$$

② 푸아송비(Poisson's ratio, ν)

$$\nu = \frac{1}{m} = \frac{\dfrac{\Delta d}{d}}{\dfrac{\Delta l}{l}} \quad \text{... (3-2)}$$

여기서, m : 푸아송수

③ 전단탄성계수

$$G = \frac{E}{2(1+v)} \quad \text{... (3-3)}$$

(5) 크리프와 릴랙세이션

① 크리프(creep) : 재료에 외력이 작용하면 외력의 증가가 없어도 시간이 경과함에 따라 변형이 증대되는 현상을 말한다.

② 릴랙세이션(relaxation) : 재료에 외력을 작용시키고 변형을 억제하면 시간이 경과함에 따라 응력이 감소하는 현상이다.

(6) 인성과 취성

① 인성(toughness) : 재료가 파괴될 때까지 높은 응력에 견디면서 많은 변형을 일으키는 성질이다.
② 취성(brittleness) : 재료가 작은 변형에도 쉽게 파괴되는 성질을 말한다.

(7) 연성과 전성

① 연성(ductility) : 재료가 인장응력을 받아 파괴될 때까지 길게 늘어나는 성질을 말하며, 연성이 큰 재료는 인성이 큰 재료이다.
② 전성(malleability) : 재료를 얇게 두드려 펼 수 있는 성질이다.

(8) 경도(hardness)

재료를 긁었을 때 재료가 자국, 절단, 마모 등에 저항하는 저항성이다.

(9) 내구성과 피로성

① 내구성(durability) : 재료가 동결, 융해, 건습의 반복, 화학작용, 기계적인 힘의 반복작용 등에 저항하는 성질이다.
② 피로성(fatigue) : 하중이 반복하여 작용할 때에는 정적강도보다 낮은 강도에서 파괴되는데, 이것을 피로파괴(fatigue rupture)라 하고, 이 피로파괴에 저항하는 성질을 피로성이라 한다.

Chapter 02 시멘트와 혼화재료

2-1 시멘트

(1) 시멘트(cement)의 성분

성분	명칭	백분율
주성분	석회(CaO, 산화칼슘) 실리카(SiO_2, 이산화규소) 알루미나(Al_2O_3, 산화알루미늄) 산화철(Fe_2O_3)	60~66% 20~26% 4~9% 2~3.5%
부성분	산화마그네슘(MgO) 무수황산(SO_3)	1~3% 1~2.8%

(2) 시멘트 클링커의 조성광물

① 알루민산3석회(C_3A)

  ㉠ 수화작용이 아주 빠르고 수축도 커서 균열이 잘 일어난다.

  ㉡ 수화열이 높기 때문에 중용열포틀랜드 시멘트에서 8% 이하로 KS에 규정하고 있다.

② 규산3석회(C_3S)

  ㉠ C_3A보다 수화작용이 느리나 강도가 빨리 나타나고 수화열이 비교적 크다.

  ㉡ 중용열포틀랜드 시멘트에서 50% 이하로 KS에 규정하고 있다.

③ 규산2석회(C_2S)

  ㉠ C_3S보다 수화작용이 늦고 수축이 작으며 장기강도가 커진다.

  ㉡ C_3S와 C_2S는 시멘트 강도의 대부분을 지배하는 것으로, 그 합이 포틀랜드 시멘트에서는 70~80%이다.

④ 알루민산철4석회(C_4AF) : 수화작용이 느리고 조기강도, 장기강도가 작고 수축량이 작으며 화학저항성이 크다.

┃ 표 3-1 ┃ 시멘트 클링커의 조성광물의 특성

중요화합물	조기강도	장기강도	수화열	화학저항성	건조수축
C_3A	대	소	대	소	대
C_3S	대	중	중	중	중
C_2S	소	대	소	대	소
C_4AF	소	소	소	대	소

(3) 시멘트 제조

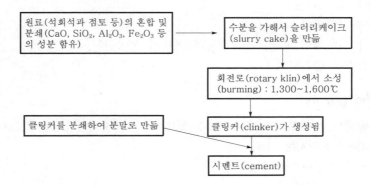

① 소성

　㉠ 소성이란 분쇄된 시멘트 원료에 회전로에서 연료와 압축공기로 1,300~1,600℃의 고온을 가하는 것을 말한다.

　㉡ 소성이 불충분하면 시멘트 비중이 작아지고 강도가 저하된다.

② 클링커분쇄

　㉠ 클링커중량의 2~3%의 석고를 혼입하여 미소분말로 체가름한다.

　㉡ 석고를 첨가하는 이유는 생시멘트 그대로는 응결시간이 빠르므로 지연제로서 첨가하는 것이다.

② 시멘트 주성분함유비율

　㉠ 수경률$(HM) = \dfrac{CaO}{SiO_2 + Al_2O_3 + Fe_2O_3}$

　㉡ 규산률$(SM) = \dfrac{SiO_2}{Al_2O_3 + Fe_2O_3}$

　㉢ 철률$(IM) = \dfrac{Al_2O_3}{Fe_2O_3}$

2-2 시멘트의 일반적 성질

(1) 수화(hydration)

시멘트가 물과 접하면 시멘트 중의 수경성 화합물이 물과 화학반응을 일으키는데, 이것을 수화라 하고, 이 수화에 의해 발생되는 열을 수화열이라 한다.

(2) 풍화(aeration)

① 시멘트가 공기 중의 수분 및 이산화탄소를 흡수하여 가벼운 수화반응을 일으키는데, 이것을 풍화라 한다.

② 풍화된 시멘트의 특성

    ㉠ 비중이 작아진다.

    ㉡ 응결이 지연된다.

    ㉢ 강도가 저하되며, 특히 초기강도가 현저히 작아진다.

    ㉣ 강열감량이 증가한다.

(3) 비중(specific gravity)

① 보통 포틀랜드 시멘트의 비중은 3.10~3.15이고, 단위체적중량은 $1,500kg/m^3$로 한다.

② 시멘트 비중이 작아지는 이유

    ㉠ 클링커의 소성이 불충분할 때

    ㉡ 시멘트가 풍화되었을 때

    ㉢ 혼합물이 섞여있을 때

③ 석회(CaO), 알루미나(Al_2O_3)가 많으면 비중이 작고, 실리카(SiO_2), 산화철(Fe_2O_3)이 많으면 비중이 크다.

(4) 분말도(fineness)

① 시멘트입자가 미세할수록 분말도가 크다고 말하며 Blaine's 공기투과장치에 의한 비표면적(cm^2/g)이나 표준체 45μ에 의하여 잔류되는 비율(%)로 나타낸다.

┃ 표 3-2 ┃ 포틀랜드 시멘트의 분말도(KS L 5201)

시멘트의 종류	분말도(cm^2/g)
보통 포틀랜드 시멘트	2,800 이상
중용열포틀랜드 시멘트	2,800 이상
조강포틀랜드 시멘트	3,300 이상

② 분말도가 큰 시멘트의 특징

    ㉠ 수화작용이 빠르다.

    ㉡ 초기강도가 크며 강도증진율이 높다.

    ㉢ 워커빌리티가 커지며 블리딩이 작아진다.

    ㉣ 풍화되기 쉽다.

    ㉤ 건조수축이 커져서 균열이 발생하기 쉽다.

(5) 강도(strength)

① 분말도가 높으면 초기강도가 증가한다.

② 수량이 많으면 강도가 저하하고, 작으면 증가한다.

③ 풍화된 시멘트를 사용하면 강도가 저하되며, 특히 초기강도가 현저히 작아진다.

④ 양생온도가 30℃ 이내에서 높을수록 강도가 증가한다.

⑤ 재령(age)에 따라 강도가 증가한다.

2-3 시멘트의 종류

(1) 포틀랜드 시멘트

1) 보통 포틀랜드 시멘트

가장 보편적으로 사용되는 시멘트로서 우리나라 전 시멘트 생산량의 90% 이상을 차지하고 있다.

2) 중용열포틀랜드 시멘트

① 수화열을 적게 하기 위해 C_3A를 적게 하고 C_2S양을 많게 한 시멘트이다.
② 특성
   ㉠ 수화열이 보통 시멘트보다 적으므로 댐, 방사선 차폐용, 매시브한 콘크리트 등에 적합하다.
   ㉡ 조기강도는 보통 시멘트보다 작으나, 장기강도는 보통 시멘트와 같거나 약간 크다.
   ㉢ 건조수축은 포틀랜드 시멘트 중에서 가장 작다.

3) 조강포틀랜드 시멘트

① 조기에 고강도를 내므로 거푸집 회전율이 좋고 양생기간 및 공기단축이 가능하다.
② 수화열이 커서 동절기 공사에 적합하고 단면이 큰 콘크리트 구조물에는 부적당하다.
③ 보통 시멘트의 28일 강도를 7일에 나타내지만 장기강도는 보통 시멘트와 큰 차이가 없다.

4) 백색포틀랜드 시멘트

보통 시멘트의 산화철이 3% 정도인데 비하여, 이 시멘트는 0.3% 이하가 되도록 극소량화함으로써 특유의 회녹색을 가진 순백의 시멘트를 만든 것으로 주로 장식용으로 사용된다.

5) 저열포틀랜드 시멘트

수화열 때문에 균열이 발생할 수 있기 때문에 C_3A, C_3S를 적게 하고, C_2S를 많게 하여 중용열 포틀랜드 시멘트보다 수화열을 5~10% 정도 적게 한 시멘트이다.

6) 내황산염포틀랜드 시멘트

황산염에 대한 화학적 저항성을 높이기 위해 C_3A를 적게 하고, C_4AF를 많게 한 시멘트이다.

(2) 혼합 시멘트(blended cement)

1) 고로 시멘트(slag cement)

① 블리딩(bleeding)이 적어진다.
② 초기강도는 약간 작으나, 장기강도는 약간 크다.
③ 수화열이 적으나 건조수축은 약간 크다.

④ 내열성이 크고 수밀성이 좋다.

⑤ 내화학성이 크다.

2) 플라이애시 시멘트(fly ash cement)

① 표면이 매끄러운 구형입자로 되어 있어서 워커빌리티가 커지고 단위수량이 감소한다.

② 수화열이 적고 건조수축도 적다.

③ 장기강도가 상당히 증가한다.

④ 건조, 습윤에 따른 체적변화와 동결융해에 대한 저항성이 향상된다.

⑤ 수밀성이 좋으므로 수리구조물에 적합하다.

⑥ 해수에 대한 내화학성이 크다.

3) 포졸란 시멘트(pozzolan cement, silica cement)

① 포틀랜드 시멘트의 클링커에 플라이애시 등 포졸란을 혼합하여 석고를 알맞게 넣어 만든 것으로 실리카 시멘트라고도 한다.

② 특성

ㄱ 워커빌리티가 커진다.

ㄴ 수화열이 적다.

ㄷ 조기강도는 작으나 장기강도가 크다.

ㄹ 수밀성이 크고, 내구성이 좋다.

ㅁ 황산염에 대한 저항성과 알칼리골재반응에 대한 저항성이 크다.

(3) 특수 시멘트

1) 알루미나 시멘트(aluminous cement)

① 초조강성으로 24시간에 보통 시멘트의 28일 강도를 발현한다.

② 발열량이 크기 때문에 긴급을 요하는 공사나 한중공사에 적합하다.

③ 수화물의 전이에 의한 강도저하가 일어나므로 $\dfrac{W}{C}=40{\sim}50\%$를 원칙으로 한다.

④ 온도가 높으면 경화시간이 지연되고 강도저하가 현저하다.

⑤ 산, 염, 해수에 대한 저항성이 크지만 내알칼리성은 작다.

⑥ 내화성이 우수하다.

2) 초속경 시멘트(regulated set cement)

① 응결, 경화시간을 임의로 바꿀 수 있는 시멘트를 말하며, 일명 제트 시멘트(jet cement)라 불린다.

② 강도발현이 매우 빠르기 때문에 긴급을 요하는 공사, 한중공사, 숏크리트(shotcrete), 그라우팅(grouting)으로 사용된다.

③ 특성

　　㉠ 응결시간이 짧고 경화 시 발열이 크다.

　　㉡ 2~3시간에 압축강도가 10MPa에 달한다.

　　㉢ 알루미나 시멘트와 같은 전이현상이 없다.

　　㉣ 포틀랜드 시멘트와 혼합해서는 안 된다.

3) 팽창 시멘트(expansive cement)

① 건조수축이 균열의 원인이 되기 때문에 이 수축성을 개선한 것이 팽창 시멘트이다.

② 초기재령에서 팽창하여 그 후의 건조수축을 제거하고 균열을 방지하는 수축보상용과 크게 팽창을 일으켜서 PS con'c로 이용하는 화학적 프리스트레스 도입용으로 구분된다.

③ 특성

　　㉠ 수축률이 보통 콘크리트에 비해 20~30% 작다.

　　㉡ Mixing시간이 길면 팽창률이 감소한다.

2-4　시멘트 저장

① 지상 30cm 이상 되는 마루에 적재한다.

② 13포 이상 쌓아서는 안 되고, 장기간 저장 시에는 7포대 이하로 쌓아야 한다.

③ 입하순서대로 저장한다.

④ 풍화된 시멘트를 사용해서는 안 된다. 3개월 이상 장기간 저장한 시멘트는 사용하기에 앞서 재시험을 실시하여 그 품질을 확인한다.

2-5　혼화재료

(1) 혼화재료의 사용목적

① 워커빌리티 개선

② 강도의 증진 및 내구성 증진

③ 응결, 경화시간의 조절

④ 발열량 저감

⑤ 수밀성의 증진 및 철근의 부식 방지

(2) 혼화재료의 분류

1) 혼화재

① 사용량이 비교적 많아서 그 자체의 부피가 콘크리트 배합 계산에 고려되는 것(시멘트 중량의 5% 이상 사용)을 말한다.

② 종류 : 고로슬래그, 실리카퓸, 플라이애시, 포졸란, 팽창재 등

2) 혼화제

① 사용량이 비교적 적어서 그 자체의 부피가 콘크리트 배합 계산에 무시되는 것(시멘트 중량의 1% 이하 사용)이다.
② 종류 : AE제, 감수제, 촉진제, 유동화제 등

(3) 혼화재

1) 고로슬래그(blast furnace slag)

① 수화열에 의한 대폭적인 온도 상승억제가 가능하다.
② 워커빌리티가 커진다.
③ 단위수량을 줄일 수 있다.
④ 잠재수경성으로 장기강도가 커진다.
⑤ 콘크리트 조직이 치밀하여 수밀성, 화학적 저항성이 커진다.
⑥ 알칼리골재반응의 억제효과가 크다.
⑦ 중성화가 빨라지며 시멘트 중량의 70% 혼합률이 되면 중성화속도가 보통 콘크리트의 2배 정도 증가한다.

2) 플라이애시(fly ash)

① 워커빌리티가 커지고 단위수량이 작아진다.　② 수화열이 적다.
③ 장기강도가 크다.　　　　　　　　　　　④ 수밀성이 커진다.
⑤ 건조수축이 작아진다.　　　　　　　　　⑥ 동결융해저항성이 커진다.
⑦ 알칼리골재반응을 억제한다.　　　　　　⑧ 포졸란반응을 한다..

3) 실리카퓸(silica fume)

① 장점
　㉠ 수화 초기에 포졸란반응을 일으켜 C-S-H겔을 생성하므로 블리딩이 감소한다.
　㉡ 재료분리가 생기지 않는다.
　㉢ 조직이 치밀하므로 강도가 커지고 수밀성, 화학적 저항성이 커진다.
　㉣ 수화열이 작아 콘크리트의 온도 상승억제에 효과가 있다.
② 단점
　㉠ 워커빌리티가 작아진다.　　　　　　　㉡ 단위수량이 증가한다.
　㉢ 건조수축이 커진다.

(4) 혼화제

1) AE제(Air-Entraining admixtures)

AE제는 콘크리트 내부에 독립된 미세기포를 발생시켜 콘크리트의 워커빌리티와 동결융해에 대한 저항성을 갖도록 하기 위해 사용하는 액상의 혼화제이다.

① 워커빌리티가 커지고 블리딩이 감소한다.

② 단위수량이 적어진다(약 6~8% 감소).

③ 물의 동결에 의한 팽창응력을 기포가 흡수함으로써 콘크리트의 동결융해에 대한 내구성이 크게 증가한다.

④ 공기량 1% 증가에 따라 압축강도는 4~6% 감소하고, Slump는 2.5cm 증가한다.

⑤ 연행공기는 3~6% 정도가 좋다.

⑥ 알칼리골재반응의 영향이 적다.

⑦ AE제의 종류 : 빈졸레진(vinsol resin), 빈졸NVX, 다렉스(darex), 프로텍스(protex), 포조리스(pozzolith)

2) 감수제, AE감수제(water-reducing admixtures)

감수제는 시멘트 입자를 분산시킴으로써 소요의 워커빌리티를 얻는데 필요한 단위수량을 감소시킬 목적으로 사용되는 혼화제이고, AE감수제는 콘크리트 중에 미세공기를 연행시키면서 분산효과에 의해 단위수량을 감소시키는 혼화제이다. 또한 감수제는 시멘트 입자의 분산효과에 의하기 때문에 분산제라고도 한다.

① 단위수량을 15~30% 정도 감소시킬 수 있다.

② 단위시멘트양을 약 10% 감소시킬 수 있다.

③ 동결융해에 대한 저항성이 커진다.

④ 수밀성이 커지고 투수성이 감소한다.

⑤ 건조수축이 감소한다.

3) 촉진제(accelerator admixtures)

촉진제는 시멘트의 수화작용을 촉진하는 혼화제로서 시멘트 중량의 2% 이하를 사용한다.

① 염화칼슘을 혼합한 콘크리트의 특징

　㉠ 시멘트 중량의 2% 이하를 사용하며 조기강도가 증대한다.

　㉡ 응결이 빨라지고 콘크리트의 슬럼프가 빨리 감소한다.

　㉢ 마모에 대한 저항성이 커진다.

　㉣ 황산염에 대한 화학저항성이 적다.

　㉤ 철근은 녹이 슬고 콘크리트 균열이 생기기 쉽다.

② 촉진제의 종류 : 염화칼슘, 규산나트륨 등

4) 지연제(retarder)

지연제는 시멘트의 수화반응을 늦추어 응결시간을 길게 할 목적으로 사용하는 혼화제이다.

① 용도

　㉠ 서중 콘크리트 시공 시 워커빌리티의 저하

　㉡ 레미콘의 운반거리가 멀어서 운반시간이 장시간 소요되는 경우

　㉢ 수조, 사일로, 대형구조물 등에서 연속타설 시 cold joint의 발생 방지에 유효

② 지연제의 종류 : 리그닌 설폰산계, 옥시카본산계, 인산염 등

5) 방수제(water-proofing admixtures)

방수제는 모르타르, 콘크리트의 흡수성과 투수성을 줄일 목적으로 사용되는 혼화제이고 공극 생성의 방지 또는 공극의 분산 세분화로서 흡수 및 투수를 줄일 수 있다.

① 방수의 원리

    ㉠ 수화반응을 촉진하여 그 결과 생성되는 시멘트겔이 공극을 단기간에 충진한다.

    ㉡ 미세한 물질을 혼입하여 공극을 물리적으로 충진한다.

    ㉢ 발수성 물질을 혼입하여 흡수성을 개선한다.

    ㉣ 모르타르와 콘크리트 내부에 수밀성이 높은 막을 형성한다.

② 방수제의 종류 : 규산나트륨계, 침투성 도포제계, 지방산계 등

6) 기포제, 발포제(gas-forming admixtures)

① 기포제 : 콘크리트 속에 많은 거품을 일으켜서 부재의 경량화나 단열성을 목적으로 사용하는 혼화제이다.

    ㉠ 충진재료로서 사용된다.

    ㉡ 기포 콘크리트의 성질

        • 밀도가 작고 부재가 가벼워진다.

        • 단열성이 커진다.

② 발포제 : 알루미늄 또는 아연 등의 분말을 혼합하면 시멘트의 응결과정에서 수산화물과 반응하여 수소가스를 발생하여 모르타르 및 콘크리트 속에 미세한 기포를 생기게 하는데, 이러한 종류의 혼화제를 발포제(가스 발생제)라 한다.

    ㉠ 팽창용 재료로서 사용된다.

    ㉡ 프리팩트 콘크리트용 Grouting, PSC용 Grouting 등에 사용하면 발포작용에 의해 그라우트를 팽창시켜 골재나 PS강재의 간극을 잘 채워지게 한다.

골재와 물

3-1 골재의 분류

(1) 입경에 의한 분류

1) 잔골재(fine aggregate)

① 10mm체를 전부 통과하고 5mm체(No.4체)를 거의 다 통과하며 0.08mm체(No.200체)에 거의 다 남는 골재

② 5mm체를 다 통과하고 0.08mm체에 다 남는 골재

2) 굵은 골재(coarse aggregate)

① 5mm체에 거의 다 남는 골재　　　　　② 5mm체에 다 남는 골재

(2) 비중에 의한 분류

① 경량골재 : 비중이 2.50 이하인 골재　　② 보통골재 : 비중이 2.50~2.65인 골재

③ 중량골재 : 비중이 2.70 이상인 골재

3-2 골재의 일반적 성질

(1) 골재로서 필요한 성질

① 깨끗하고 유해물을 포함하지 않을 것

② 물리, 화학적으로 안정하고 내구성이 클 것

③ 견경, 강고하고 마모에 대한 저항성이 클 것

④ 모양이 입방체 또는 구형에 가깝고 부착력이 좋은 표면조직을 가질 것

⑤ 입도가 좋고 소요의 중량을 가질 것

(2) 비중(specific gravity)

① 골재의 비중은 표면건조포화상태의 비중을 기준으로 한다.

ㄱ 잔골재의 비중 : 2.50~2.65　　　　ㄴ 굵은 골재의 비중 : 2.55~2.70

② 비중이 클수록 치밀하고 흡수량이 적으며 내구성이 크다.

③ 골재의 비중은 콘크리트 배합설계, 실적률, 공극률 등의 계산에 사용된다.

④ 밀도시험

　㉠ 잔골재의 밀도(KS F 2504)

- 절대건조상태의 밀도 $= \left(\dfrac{A}{B+m-C}\right)\rho_w$　·· (3-4)

- 표면건조포화상태의 밀도 $= \left(\dfrac{m}{B+m-C}\right)\rho_w$　······································ (3-5)

- 진밀도 $= \left(\dfrac{A}{B+A-C}\right)\rho_w$　··· (3-6)

- 흡수율 $= \dfrac{m-A}{A} \times 100\,[\%]$　··· (3-7)

　　여기서, A : 절대건조상태 시료의 질량(g)

　　　　　　B : 물을 검정점까지 채운 플라스크의 질량(g)

　　　　　　C : 시료와 물을 검정점까지 채운 플라스크의 질량(g)

　　　　　　m : 표면건조포화상태 시료의 질량(g)

　　　　　　ρ_w : 시험온도에서의 물의 밀도(g/cm^3)

　㉡ 굵은 골재의 밀도(KS F 2503)

- 절대건조상태의 밀도 $= \left(\dfrac{A}{B-C}\right)\rho_w$　··· (3-8)

- 표면건조포화상태의 밀도 $= \left(\dfrac{B}{B-C}\right)\rho_w$　·································· (3-9)

- 진밀도 $= \left(\dfrac{A}{A-C}\right)\rho_w$　·· (3-10)

- 흡수율 $= \dfrac{B-A}{A} \times 100\,[\%]$　··· (3-11)

　　여기서, A : 절대건조상태 시료의 질량(g), B : 표면건조포화상태 시료의 질량(g)

　　　　　　C : 수중에서의 시료의 질량(g), ρ_w : 시험온도에서의 물의 밀도(g/cm^3)

(3) 함수량(water content)

1) 골재의 함수상태에 의한 분류

　① 절대건조상태(절건상태) 또는 노건조상태 : 110±5℃의 온도에서 24시간 이상 골재를 건조시킨 상태

② 공기 중 건조상태(기건상태) : 실내에 방치한 경우로서 골재입자의 표면과 내부의 일부가 건조된 상태

③ 표면건조포화상태(표건상태) : 골재입자의 표면에 물은 없으나 내부의 공극에는 물이 꽉 차 있는 상태

④ 습윤상태 : 골재입자의 내부에 물이 채워져 있고 표면에도 물이 부착되어 있는 상태

2) 함수량

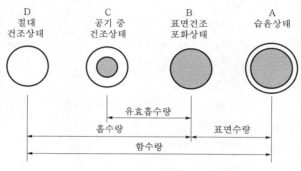

┃그림 3-2┃ 골재의 함수상태

① 흡수량(absorption)

　㉠ 절대건조상태에서 표면건조포화상태가 될 때까지 흡수되는 수량으로 절건상태에 대한 골재중량의 백분율로 나타낸다.

　㉡ $흡수량 = \dfrac{B-D}{D} \times 100$ ·· (3-12)

② 유효흡수량(effective absorption)

　㉠ 공기 중 건조상태에서 표면건조포화상태가 될 때까지 필요한 수량이다.

　㉡ $유효흡수량 = \dfrac{B-C}{C} \times 100$ ·· (3-13)

③ 표면수량(surface moisture)

　㉠ 골재알의 표면에 묻어 있는 수량으로 표건상태에 대한 골재중량의 백분율로 나타낸다.

　㉡ $표면수량 = \dfrac{A-B}{B} \times 100$ ··· (3-14)

(4) 단위용적중량(unit weight)

골재의 단위용적중량이란 1m^{3}의 골재중량을 말한다.

1) 공극률(percentage of voids)

① $V = \left(1 - \dfrac{w}{g}\right) \times 100\,[\%]$ ⋯⋯⋯⋯⋯⋯⋯⋯⋯⋯⋯⋯⋯⋯⋯⋯ (3-15)

　　여기서, w : 골재의 단위중량(t/m³), g : 골재의 절건밀도(t/m³)

② 공극률이 작을수록 콘크리트의 밀도, 마모저항, 수밀성, 내구성이 증대된다.

2) 실적률(percentage of solids)

① $d = \dfrac{w}{g} \times 100\,[\%]$ ⋯⋯⋯⋯⋯⋯⋯⋯⋯⋯⋯⋯⋯⋯⋯⋯⋯⋯⋯⋯⋯⋯ (3-16)

② 실적률이 클수록
　㉠ 골재의 모양이 좋고 입도가 적당하여 시멘트풀의 양이 적게 든다.
　㉡ 건조수축, 수화열을 줄일 수 있다.
　㉢ 콘크리트의 수밀성, 내구성, 마모저항성이 커진다.

3) 골재의 단위중량시험(KS F 2505)

봉다짐시험, 지깅(jigging)시험, 셔블(삽)시험 등이 있다.

(5) 굵은 골재의 최대 치수

① 굵은 골재의 최대 치수란 중량으로 90% 이상 통과시키는 체 중에서 최소 치수 체눈의 공칭치수를 말한다.
② 콘크리트의 압축강도는 물–시멘트비가 일정한 경우 굵은 골재 최대 치수가 클수록 감소한다.

(6) 입도(grading)

입도란 골재의 작고 큰 입자가 혼합된 정도를 말한다.

1) 적당한 입도를 가진 골재를 사용한 콘크리트의 특징

① 워커빌리티가 증대된다.
② 단위수량 및 단위시멘트양이 적어진다.
③ 건조수축이 적어진다.
④ 강도, 내구성, 수밀성이 증대된다.

2) 조립률(FM : Fineness Modulus)

① 골재의 입도를 수량적으로 나타내는 방법으로 80mm, 40mm, 20mm, 10mm, 5mm, 2.5mm, 1.2mm, 0.6mm, 0.3mm, 0.15mm의 10개의 체를 1조로 하여 체가름시험을 하였을 때 각 체에 남는 누계량의 전체 시료에 대한 질량 백분율의 합을 100으로 나눈 값으로 한다.

② 잔골재의 FM=2.3~3.1, 굵은 골재의 FM=6~8이 적당하다.

③ 조립률이 F_a, F_b인 골재의 중량비 $x:y$로 혼합한 혼합골재의 조립률

$$FM = \frac{x}{x+y}F_a + \frac{y}{x+y}F_b$$ ·· (3-17)

3-3 골재의 유해물과 안전성

(1) 골재 중의 유해물(deterious substance)

① 유해물이란 먼지, 점토, 침니(silt), 석탄, 염분 등으로 콘크리트의 강도, 내구성, 안전성 등을 해치는 물질을 말한다.

② 유해물이 많이 포함되었을 경우

㉠ 골재의 부착력과 시멘트의 수화작용이 나빠진다.

㉡ 단위수량이 많아진다.

㉢ 레이턴스가 발생한다.

㉣ 강도, 내구성이 떨어진다.

┃ 표 3-3 ┃ 굵은 골재의 유해물함유량한도(질량 백분율)

종류	최대값(%)
점토덩어리	0.25
연한 석편	5.0
0.08mm체 통과량	1.0

※ 점토덩어리와 연한 석편의 합은 5%를 초과하지 않아야 한다.

(2) 안전성(soundness, KS F 2507)

① 골재의 안전성이란 풍우나 한서에 대한 저항성을 말하며, 골재의 안정성시험으로 골재의 안전을 판단할 수 있다.

② 골재의 안정성시험은 황산나트륨포화용액으로 침식시험을 하여 골재의 손실중량 백분율을 구하는 것이다.

┃ 표 3-4 ┃ 안정성의 규격(5회 시험했을 때 손실질량비의 한도)

시험용액	손실질량비(%)	
	잔골재	굵은 골재
황산나트륨	10% 이하	12% 이하

(3) 알칼리골재반응(alkali – aggregate reaction)

① 시멘트 속의 알칼리성분이 골재 속에 있는 실리카와 화학반응을 일으켜 콘크리트가 팽창되어 균열과 휨붕괴가 일어나는 것을 말한다.

② 알칼리양을 0.6% 이하인 저알칼리형 시멘트를 사용하고, 양질의 포졸란을 적절히 혼합한 시멘트 등을 사용하면 어느 정도 반응을 억제할 수 있다.

③ 알칼리 – 실리카반응을 일으키기 쉬운 암석으로는 안산암, 응회암, 현무암, 사암 등이 있다.

3-4 부순 잔골재와 부순 굵은 골재

(1) 부순 잔골재

■ 강모래를 이용한 콘크리트에 비해 부순 잔골재를 이용한 콘크리트의 특징

① 부순 잔골재는 모가 나 있고 석분이 함유되어 있기 때문에 워커빌리티가 작아지므로 동일 슬럼프를 얻기 위해서는 단위수량이 5~10% 더 필요하다.

② 미세한 분말량(석분)이 많아짐에 따라 응결의 초결시간과 종결시간이 짧아지고, 슬럼프가 작아진다.

③ 미세한 분말량이 많아지면 건조수축률은 증가한다.

④ 미세한 분말량이 많아지면 공기량이 줄어들기 때문에 필요시 공기량을 증가시킨다.

⑤ 미세한 분말량이 많아지면 콘크리트의 압축강도가 작아진다.

(2) 부순 굵은 골재

■ 부순 굵은 골재를 이용한 콘크리트의 특징

① 부순 굵은 골재는 모가 나고 표면조직이 거칠기 때문에 워커빌리티가 작아지므로 동일 슬럼프를 얻기 위해서는 단위수량이 증가한다.

② 표면적이 거칠기 때문에 시멘트풀과의 부착이 좋아서 동일한 물-시멘트비에서 압축강도가 15~30% 커진다. 특히 휨강도가 7% 정도 커지므로 부순 굵은 골재를 포장 콘크리트에 사용하면 유리하다.

┃ 표 3-5 ┃ 부순 골재의 물리적 성질(KS F 2527)

구분		흡수율(%)	마모율(%)	입형판정 실적률(%)	0.08mm체 통과량(%)
부순 골재	굵은 골재	3 이하	40 이하	55 이상	1 이하
	잔골재	3 이하	–	53 이상	7 이하

3-5 골재의 저장과 취급, 성질

(1) 골재의 저장과 취급

① 각종 골재는 별도로 저장하며 먼지나 잡물이 섞이지 않도록 한다.

② 굵은 골재의 취급 시 크고 작은 입자가 분리되지 않도록 한다.

③ 굵은 골재 최대 치수가 60mm 이상일 때 적당한 체로 쳐서 대소 2종으로 분리시켜 저장한다.

④ 저장설비에는 적당한 배수시설을 하고 골재의 표면수가 일정하도록 저장한다.

⑤ 골재는 빙설의 혼입이나 동결을 막기 위해 적당한 시설을 갖추어 저장해야 한다.

⑥ 골재는 여름에 일광의 직사를 피하기 위해 적당한 시설을 갖추어 저장해야 한다.

(2) 골재가 갖추어야 할 성질

① 물리적으로 안정하고 내구성이 클 것

② 깨끗하고 불순물이 섞이지 않을 것

③ 입자의 모양이 둥글거나 정육면체에 가깝고 시멘트풀과 잘 붙는 표면조직을 가질 것

④ 마모에 대한 저항이 클 것

⑤ 화학적으로 안정할 것

⑥ 필요한 질량을 가질 것

4-1 **아스팔트의 분류**

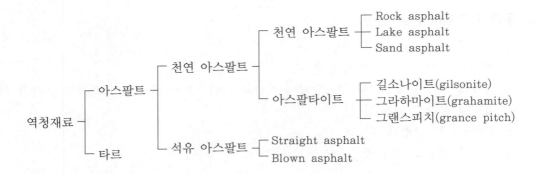

(1) 천연 아스팔트(natural asphalt)

지표상 자연의 힘에 의해 산출된 아스팔트를 천연 아스팔트라 한다.

1) 천연 아스팔트(natural asphalt)

① 록 아스팔트(rock asphalt) : 원유가 땅속에서 나오는 도중에 석회암과 사암층에 갇혀서 휘발성분을 잃은 것이다.

② 레이크 아스팔트(lake asphalt) : 원유가 땅속에서 분출하여 낮은 지대에 고여 오랫동안 휘발성분을 잃어 굳어진 것이다.

③ 샌드 아스팔트(sand asphalt) : 천연 아스팔트가 모래 속에 침투된 것을 말한다.

2) 아스팔타이트(asphaltite)

원유가 분출할 때 지층의 균열부에 고여 지열과 공기 등의 작용에 의해 오랜 세월 동안 그 내부에서 중합과 축합반응이 일어나 변질된 것으로 탄력성이 풍부한 Blown asphalt와 비슷하다.

① 주로 도료나 인쇄잉크로 사용된다.

② 종류 : 길소나이트, 그라하마이트, 그랜스피치 등이 있다.

(2) 석유 아스팔트(petroleum asphalt)

원유를 인공적으로 증류하여 휘발유, 경유, 중유 등을 추출하고 남는 흑색 또는 흑갈색의 부산물을 석유 아스팔트 또는 인공 아스팔트라 한다.

1) 스트레이트 아스팔트(straight asphalt)

원유 중의 아스팔트 성분이 열에 의한 변화가 생기지 않도록 하여 증기증유법, 감압증유법 또는 두 방법의 조합에 의해 만들어진 것이다.

① 신장성, 점착성, 방수성이 풍부하다.

② 연화점이 낮고 감온비가 크며 내후성이 낮다.

③ 점착성과 신장성이 커서 도로포장에 사용된다.

④ 부착력, 인장력과 같이 서서히 가하는 힘에는 스트레이트 아스팔트가 강하고, 충격력과 같이 강한 힘에는 블론 아스팔트가 강하다.

⑤ 페트롤렌(petrolene)의 함유량이 많고, 아스팔텐(asphaltene)의 함유량이 적다.

2) 블론 아스팔트(blown asphalt)

파라핀계 석유의 감압찌꺼기 기름에 가열된 공기를 불어넣어 탄력성이 큰 아스팔트로 만든 것인데 콘크리트 포장의 조인트에 사용될 정도이다.

① 내구성, 내충격성, 점성, 화학적 저항성이 크다.

② 신장성, 점착성, 방수성 등은 스트레이트 아스팔트보다 나쁘다.

┃ 표 3-6 ┃ 아스팔트의 성질 비교

구분	스트레이트 아스팔트	블론 아스팔트	구분	스트레이트 아스팔트	블론 아스팔트
상태	반고체	고체	점착성	매우 크다.	작다.
신도	크다.	작다.	투수계수	작다.	크다.
연화점	낮다(35~60℃).	높다(70~130℃).	방수성	크다.	작다.
감온성	크다.	작다.	탄력성	작다.	크다.
인화점	높다.	낮다.	유동성	크다.	작다.

4-2 아스팔트의 성질

(1) 아스팔트의 특성

① 점성과 감온성이 있다. 온도에 따라 점성을 가진 액상에서 반고체, 고체로 변하는 성질이 있다.

② 점착성을 가지고 있다. 광물질재료 등과 잘 부착하는 성질을 가지고 있으므로 결합재료나 접착재료로 이용된다.
③ 방수성이 좋다.
④ 컨시스턴시를 쉽게 변화시킬 수 있다. 쉽게 컨시스턴시를 변화시킬 수 있기 때문에 시공성이 풍부한 재료로서 널리 이용된다.
⑤ 비교적 값이 싸다.

(2) 아스팔트의 물리적 성질

1) 비중(gravity)

① 일반적으로 1.0~1.1 정도이다.
② 침입도가 작을수록, 황의 함유량이 많을수록 비중이 크다.
③ 비중이 작을수록 연화점이 낮아지고, 연화점이 같은 경우 스트레이트 아스팔트가 블론 아스팔트보다 비중이 크다.
④ 비중의 측정 : 실온에서 파쇄할 수 있는 정도의 굳은 것은 치환법으로 하고, 곤란할 정도로 연한 것은 비중병법으로 한다.

2) 점도(viscosity)

아스팔트의 컨시스턴시와 교착력을 표시하는 것으로, 그 측정은 보통 엥글러(engler)점도계를 사용한다.
① 온도가 상승하면 점도는 감소하고, 120℃ 이상 되면 용해된다.
② 유출구에서 유출하는데 요하는 시간을 측정하여 점성을 나타내는 것으로 Engler점도계, Red wood점도계, Saybolt점도계, Stomer점도계를 사용한다.

3) 침입도(penetration)

Plastic한 역청재의 반죽질기(consistency)를 표시하는 방법이다.
① 온도가 상승하면 침입도가 증가한다.
② 석유 아스팔트의 침입도는 보통 20~180이며, 포장용으로 사용하는 것은 40~60 정도의 단단한 것이어야 한다.
③ 아스팔트 침입도시험(KS M 2252)
㉠ 25℃의 시료를 유리용기에 넣고 표준침을 100g의 하중으로 5초 동안 아스팔트 중에 관입시켜 관입깊이를 1/10mm까지 측정하여 침입도를 구한다.
㉡ 침입도는 1/10mm 관입량을 1로 표시한다.

4) 신도(ductility)

아스팔트의 신장능력, 즉 연성을 말한다.
① 스트레이트 아스팔트는 크나, 블론 아스팔트는 아주 작다.

② 신도시험(KS M 2254) : 최소 $1cm^2$의 단면적으로 성형한 시료의 양단을 $25\pm0.5℃$의 온도에서 $5\pm0.25cm/min$의 속도로 잡아당겨서 시료가 끊어질 때까지 늘어난 거리를 말하며, 단위는 cm로 표시한다.

5) 연화점(softening point)

아스팔트를 가열하면 점차 연화되어 아스팔트의 점도가 일정한 값에 도달하였을 때의 온도를 연화점이라 한다.

① 스트레이트 아스팔트는 침입도가 작을수록 연화점이 높다.
② 같은 침입도의 스트레이트 아스팔트는 블론 아스팔트보다 연화점이 낮다.
③ 연화점시험은 보통 환구법(KS M 2250)으로 측정한다.
  환 속의 시료를 일정한 비율로 가열하고 강구의 무게에 따라 시료가 25mm까지 내려갈 때의 온도를 연화점으로 하고 있다. 연화점시험 시 중탕온도를 연화점이 80℃ 이하인 경우는 5℃로, 80℃ 초과인 경우는 32℃로 15분간 유지하며, 시험은 시료를 환에 주입하고 4시간 이내에 종료한다.

6) 인화점(flash point)과 연소점(burning point)

아스팔트를 가열하여 불을 가까이 하는 순간에 불이 붙을 때의 온도를 인화점이라 하고, 아스팔트를 계속 가열하면 불꽃이 5초 동안 계속될 때의 온도를 연소점이라 한다.

① 인화점 및 연소점의 측정은 아스팔트의 가열작업 시 위험도를 예측하기 위해 실시한다.
② 일반적으로 가열속도가 빠르면 인화점은 낮아진다.
③ 연소점은 인화점보다 30~60℃ 정도 높다.

7) 감온성(temperature susceptibility)

아스팔트의 반죽질기가 온도에 따라 변화하는 성질을 감온성이라 한다.

① 스트레이트 아스팔트가 블론 아스팔트보다 감온성이 크다.
② 감온성이 너무 크면 좋지 않으나 일반적으로는 아스팔트가 탄성을 가져야 하므로 감온성이 커야 한다.

8) 고화점(hardening point)

아스팔트가 완전히 고체가 되어 점착성을 상실하는 최고의 온도를 고화점이라 한다. 도로 포장용 아스팔트는 고화점이 낮고, 연화점이 높아야 한다.

9) 침입도지수(PI : Penetration Index)

아스팔트의 온도에 대한 침입도의 변화를 나타내는 지수이다.

$$PI = \frac{30}{1+50A} - 10 \quad \text{················(3-18)}$$

여기서, $A = \dfrac{\log800 - \log P_{25}}{연화점 - 25}$

P_{25} : 침입도(25℃일 때)

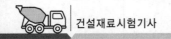

4-3 액체 아스팔트

(1) 컷백 아스팔트(cut back asphalt)

컷백 아스팔트는 연한 스트레이트 아스팔트에 휘발성 용제를 가하여 점도를 저하시켜 유동성을 좋게 한 것으로 아스팔트 유제와 같이 상온에서 시공되는 장점이 있어 도로 포장용에 많이 사용된다.

① 용제유의 증발속도에 따른 분류
  ㉠ 급속경화(RC : Rapid Curing) : 침입도 80~120의 아스팔트를 휘발유로 컷백한 것으로 용제유의 증발속도가 가장 빠르고 표면처리용, 노상혼합용 등으로 사용된다.
  ㉡ 중속경화(MC : Medium Curing) : 침입도 120~300의 아스팔트를 비교적 휘발성이 낮은 경유, 등유 등으로 컷백한 것으로 Prime coat용 등으로 사용된다.
  ㉢ 완속경화(SC : Slow Curing) : 아스팔트를 휘발성분이 없는 중유로 컷백한 것으로 용제유의 증발속도가 늦어 경화시간이 오래 걸리며 도로유(road oil)라 부르기도 한다.
② 컷백 아스팔트는 사용하기에 아주 좋으나 가연성이므로 화기에 접근하지 않도록 주의해야 한다.

(2) 아스팔트 유제(asphalt emulsion)

아스팔트 유제는 아스팔트를 지름 1~5μ의 미립자로 만들어 유화제와 안정제가 첨가된 물에 분산시킨 갈색의 유제를 말한다.

① 아스팔트 유제의 분해속도에 따른 분류
  ㉠ 급속응결(RS : Rapid Setting) : 침투용이며 표면처리용, Prime coat용, Tack coat용으로도 사용되며 점성이 작다.
  ㉡ 중속응결(MS : Medium Setting)
  ㉢ 완속응결(SS : Slow Setting) ─┤ 골재혼합용이며 점성이 크다.
② 특징
  ㉠ 아스팔트 시공 시 아스팔트를 가열할 필요 없이 상온에서 골재와 섞어 사용하면 된다.
  ㉡ 아스팔트 유제는 수분을 함유하고 있기 때문에 야적된 습기 있는 골재를 그대로 사용할 수 있다.
  ㉢ 장기간 저장하면 유화상태가 분해되어 변질된다.

4-4 기타 역청재료

(1) 고무혼입 아스팔트(rubberized asphalt)

고무를 아스팔트에 혼입하여 아스팔트의 성질을 개선한 것이다.
① 감온성이 작다.   ② 응집성 및 부착력이 크다.

③ 탄성 및 충격저항이 크다. ④ 내노화성이 크다.

⑤ 마찰계수가 크다.

(2) 수지혼입 아스팔트(plastic asphalt)

고무 대신에 폴리에틸렌, 에폭시수지, 네오프렌고무 등을 아스팔트에 혼입한 것으로 공항의 포장에 이용된다.

① 신도가 작다. ② 점도가 높다.

③ 감온성이 저하한다. ④ 가열안정성이 좋게 된다.

4-5 아스팔트 혼합물

아스팔트는 단독으로 사용하지 않고 골재, 필러 등과 혼합하여 사용하는 경우가 많다. 골재는 아스팔트 혼합물 중에서 골조작용을 하며 지지력, 하중의 분산효과, 마찰저항성 등 중요한 성질을 맡고 있다. 필러는 아스팔트 혼합물의 강도, 충격저항성을 증가시키며 감온성을 적게 하고 저온 시에 취성화와 노화를 방지한다.

(1) 포장용 아스팔트 가열혼합물

아스팔트 플랜트에서 골재는 120~170℃, 아스팔트는 130~160℃로 가열혼합하여 제조한다. 가열혼합물은 안정성, 휨성, 마찰저항성, 수밀성, 내구성, 시공성이 좋아야 한다.

① 아스팔트 콘크리트(asphalt concrete)

```
아스팔트     ┐
Filler(석분)  ├ Asphalt paste ┐
잔골재                         ├ Asphalt morta ┐
굵은 골재                                       ├ Asphalt concrete
```

② 시트 아스팔트(sheet asphalt) : 아스팔트에 모래, Filler, 시멘트 같은 채움재를 결합시켜 도로 포장의 표층에 사용하는 것이다.

③ 토피카(topeka) : Sheet asphalt에 약간의 굵은 골재를 첨가하여 도로 포장의 표층에 사용하는 아스팔트 콘크리트를 말한다.

(2) 구스 아스팔트(mastic asphalt)

입도가 잘 맞추어진 골재와 아스팔트를 고온에서 혼합한 가열혼합물로서 고온 시의 혼합물의 유동성을 이용하여 흘려 넣는다.

① 방수, 마찰저항성이 크다.

② 저온 시의 균열이 작다.

(3) 아스팔트 매스틱(asphalt mastic)

아스팔트와 필러를 혼합한 것으로 주로 구조물이나 포장이음부의 완충재로 사용된다.

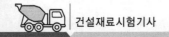

4-6 타 르

타르는 석유원유, 석탄, 수목 등의 유기물을 건류 또는 증류할 때 얻어지는 암흑색의 휘발성
액체로서 고급 포장에는 사용하지 않고 주로 간이 포장 또는 포장하기 전에 처리하는 재료로
이용되고 있다.

(1) 타르의 분류

① 콜타르(coal tar) : 석탄에서 코크스(cokes)와 벤젠을 제조할 때 건류에 의해 만들어지는
  흑색의 액체이다.
② 가스타르(gas tar) : 경유를 분해하여 수성가스를 제조할 때 만들어지는 것으로 수성가스
  타르(water-gas tar)라 한다.
③ 피치(pitch) : 타르를 다시 가열하여 경유, 중유(中油), 중유(重油) 등을 생산하고 남는 고
  체상태의 잔여물이다.
④ 컷백타르(cut back tar) : 타르나 피치 등을 경유와 같은 휘발성 물질로 용해시킨 것으로
  일반적으로 포장용 타르로 가장 많이 사용된다.

(2) 타르의 성질

① 액체에서 반고체의 상태를 가지며 특유한 냄새가 난다.
② 투수성, 흡수성은 아스팔트보다 매우 작다.
③ 밀도($1.1 \sim 1.3 g/cm^3$)는 아스팔트($1.01 \sim 1.05 g/cm^3$)보다 다소 크다.
④ 내유성이 아스팔트보다 좋다.

4-7 아스팔트 및 타르의 제품

(1) 펠트(felt)

1) 아스팔트 펠트(asphalt felt)

걸레, 헌 종이 등으로 두꺼운 종이를 만들어 아스팔트를 도포한 것으로 흑색이다.
① 방수성이 루핑(roofing)보다 작고 유연하다.
② 아스팔트 방수층, 보온이나 보냉공사, 차광이나 차열, 전기절연용으로 사용된다.

2) 타르 펠트(tar felt)

섬유로 된 종이에 콜타르를 도포한 것이다.
① 아스팔트 펠트보다 방수성이 작다.
② 차광이나 방충용으로 사용된다.

(2) 루핑(roofing)

아스팔트 펠트의 뒷면에 블론 아스팔트를 도포하고 표면의 접착을 막기 위해 점토, 분말, 운모 등을 뿌린 것이다.

① 흡수성, 투수성이 작고 유연하다.

② 내후성, 내산성, 내열성이 크다.

③ 아스팔트 루핑은 건축물, 상하수도, 터널 등의 방수용이나 공장, 창고 등의 지붕용 등에 사용된다.

(3) 엘라스타이트(elastite)

콘크리트 포장에서 팽창줄눈의 진충재로 사용하는 판이다.

① 압축성, 복원성이 크다.

② 일광, 풍우 등에 내구적이며 화학적으로 안정하다.

③ 기온의 변화에 대해 일정한 유연성이 있다.

④ 저장, 운반에 간편하고 파손이 적다.

(4) 펠트 백 시트(felt back seat)

아스팔트를 석면 등으로 충진시킨 후 가열압연하여 소정의 두께로 만들고 표면에 광을 낸 다음 바니스를 바른 타일이다.

4-8 아스팔트 콘크리트 포장

(1) 사용재료

1) 필러(석분)

① No.200체를 65% 이상 통과하는 석회암, 소석회, 슬래그 등 기타 광물질의 미분말로서 세분일수록 좋다.

② 골재의 공극을 채워 혼합물의 강도, 충격저항성을 증가시킨다.

③ 아스팔트의 점성을 높여 고온에서 아스팔트가 유동하거나 연화하는 것을 방지한다.

④ 골재를 피복하여 감온성을 적게 한다.

2) 골재

① 아스팔트 혼합물 중에서 골조의 작용을 하며 지지력, 하중의 분산효과, 마찰저항성 등에 중요한 역할을 한다.

② 골재는 깨끗하고 견경하고 내구적이며 진흙이나 먼지, 기타 유해물을 함유해서는 안 된다.

③ 종류

　　㉠ 조골재 : No.8체에 남는 골재로서 부순 돌(쇄석), 부순 자갈 등을 사용한다.

ⓒ 세골재 : No.8체를 통과하고 No.200체에 남는 골재로서 천연사, 부순 돌 찌꺼기, 또는 이들이 혼합된 모래 등을 사용한다.

(2) 배합설계순서

① 소요의 품질에 맞는 재료를 선정하여 시료를 채취한다.
② 입도범위에 들고 완만한 입도곡선이 되도록 각 골재의 배합비를 결정한다.
③ 설계 아스팔트양을 결정한다.
④ 포설에 앞서 설계 아스팔트 혼합물에 대한 마샬시험을 실시한 후 기준치와 대조하여 골재 입도 또는 아스팔트양을 수정하여 최종적인 현장 배합을 결정한다.

(3) 배합설계에 필요한 계산

아스팔트 콘크리트 100g을 만드는데 필요한 배합설계이다.

① 이론 최대 밀도 : 다져진 아스팔트 혼합물 중에 공극이 전혀 없다고 가정할 때의 밀도이다.

$$D = \frac{100}{\dfrac{W_a}{G_a} + \dfrac{W_g}{G_g}} \,[\text{g/cm}^3] \quad \text{...} (3-19)$$

여기서, W_a, W_g : 혼합물 중의 아스팔트 및 굵은 골재의 질량비(배합률)(%)
G_a, G_g : 아스팔트 및 굵은 골재의 밀도(g/cm^3)

② 공극률 : 다져진 혼합물 전체의 체적에 대한 공극량의 체적비를 백분율로 나타낸 것이다.

$$V = \left(1 - \frac{d}{D}\right) \times 100 \,[\%] \quad \text{...} (3-20)$$

여기서, d : 공시체의 실측밀도, D : 이론 최대 밀도

③ 포화도 : 골재공극률에 아스팔트가 채워져 있는 비율을 말한다.

$$S_{fa} = \frac{V_a}{V_a + V} \times 100 \,[\%] \quad \text{...} (3-21)$$

여기서, V_a : 아스팔트 체적, V : 공극률

④ 역청재료의 체적비

$$V_a = \frac{W_a d}{G_a} \quad \text{...} (3-22)$$

Chapter 05 금속재료

5-1 개 요

금속재료는 철금속과 비철금속으로 나누며 대부분 상온에서 고체로서 결정에 의하여 구성되어 있다.

(1) 금속재료의 특징

① 전기, 열의 전도율이 크다.
② 독특한 광택을 가진다.
③ 가소성이 있고 비중이 크다.
④ 전성, 연성이 크다.
⑤ 다른 금속과 융해되어 합금이 되는 성질이 있다.
⑥ 상온에서 고체이고 가공성이 좋다.

(2) 금속재료의 장단점

① 장점
　㉠ 강도, 탄성계수가 크며, 특히 인장강도가 매우 크다.
　㉡ 인성, 연성이 매우 크다.
　㉢ 경도가 크고 내마모성이 크다.
　㉣ 다른 금속과 합금하면 품질과 성능이 향상된다.
② 단점
　㉠ 비중이 커서 자중이 크다.
　㉡ 부식하거나 녹슬기 쉽다.

(3) 철강의 탄소량에 의한 분류

① 철 : C<0.04%
② 강 : C=0.04~1.70%
③ 주철 : C>1.70%

5-2 철금속

철금속은 선철을 원료로 하여 제조한다.

(1) 선철(pig iron)

선철은 산화철을 주성분으로 하는 철광석을 용광로 내에서 환원하여 만들며 강이나 주철의
원료로 사용된다. 선철의 종류는 다음과 같다.

1) 백선철(white pig iron)

① 선철을 저급냉한 경우 Si가 적은 백선철이 된다.
② 비교적 경질이고 수축이 크므로 주조나 다듬질이 곤란하다.

2) 회선철(gray pig iron)

① 선철을 높은 열로 서서히 식혔을 때 파단면이 회색의 회선철이 된다.
② 연질이고 강도가 작으나 유동성이 크고 수축이 작아 주조용으로 적합하다.

(2) 강(steel)

1) 화학성분에 의한 분류

① 탄소강(carbon steel) : C=0.04~1.7%인 Fe−C합금으로 보통강 또는 탄소강이라 한다.
　㉠ 탄소강의 분류
　　• 저탄소강 : C<0.3%　　　　　　　• 중탄소강 : C=0.3~0.6%
　　• 고탄소강 : C>0.6%
　㉡ 탄소(C)의 함유량이 증가하면 비중, 선팽창계수, 충격치 등은 감소하나 인장강도, 경
　　도, 항복점 등은 증가한다.
② 합금강(alloy steel) : 탄소강에 한 종류 이상의 합금원소를 상당량 가하여 물리적, 화학적
　성질을 개선한 강을 합금강이라 한다.
　㉠ 니켈강(nickel steel) : C=0.1~0.3%의 탄소강에 5% 이하의 니켈을 첨가한 합금강으
　　로서 탄소강에 비해 강인하고 내식성, 내마모성이 우수하다.
　㉡ 니켈−크롬강(nickel−chrome steel)
　㉢ 스테인리스강(stainless steel)

2) 강의 제조법

현재는 전로와 전기로가 주로 사용되고 있으며 약 70% 정도가 전로에 의해 생산되고 있다.
① 평로제강법(siemens method) : 좌우대칭으로 축열실을 가진 평로에 선철, 철 부스러기 등
　을 넣고 연료가스와 공기를 노 내에 보내어 가열용해하여 제강하는 방법이다.
② 전로제강법(bessemer method) : 회전장치가 있어 회전할 수 있는 전로에 용융상태의 선철

을 넣고 산소를 주입하여 선철 중의 C, Si, 기타 불순물을 산화 제거하는 제강법이다.

③ **전기로제강법(electric method)** : 전류의 열효과를 이용하여 고온을 발생시키는 전기로에 선철, 철 부스러기 등을 넣어 제강하는 방법이다.

④ **도가니제강법(crucible method)** : 양질의 강을 얻기 위해 점토나 흑연으로 만든 도가니에 순철과 저탄소강을 넣어 공구강이나 특수강 등을 제강하는 방법이다.

3) 강의 성형가공

용강의 대부분은 주형에 부어 강괴를 만들어 고온에서 소성을 이용한 압연, 인발, 압축, 단조 등의 가공방법으로 강판, 형강, 봉강 등으로 만든다.

① **압연가공** : 압연(rolling)은 강의 연성, 전성 및 열간가공성을 이용하여 각각 반대방향으로 회전하는 압연기의 롤러 사이에 강편을 넣고 연속적으로 힘을 가하여, 그 단면을 축소하고 길이를 늘려 소요의 단면으로 만드는 가공법이다.

　㉠ **열간압연(hot rolling)** : 강괴를 가열하여 롤러로 압연시켜 여러 가지 모양의 강재로 만드는 공정이다.

　㉡ **냉간압연(cold rolling)** : 열간압연된 강재를 다시 상온에서 롤러로 압연하는 공정이다. 냉간압연강은 인장강도, 항복점, 경도가 커지고 비중, 신장률이 작아진다.

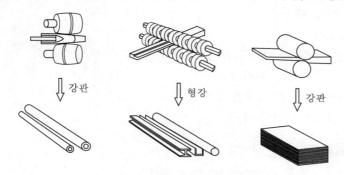

강관　　　형강　　　강판

‖ 그림 3-3 ‖ 압연가공

② **인발가공** : 인발(drawing)은 약간 굵은 원재료를 특수강으로 만든 다이스(dies)의 구멍으로 뽑아내어 선재, 봉재, 관재 등을 만드는 가공법이다.

③ **압출가공** : 압출(extruding)은 고온에서 압연가공이 곤란한 구리, 알루미늄, 주석, 납 등의 합금인 형재 또는 관을 만들 때 재료를 고온으로 가열해서 다이스의 구멍으로 밀어내어 만드는 가공법이다.

‖ 그림 3-4 ‖ 인발가공　　　‖ 그림 3-5 ‖ 압출가공

④ 단조가공 : 강괴 또는 강편을 고온으로 가열해서 기계해머나 수압기로 압축가공하여 소정의 모양으로 성형하는 가공법이다.

4) 강의 열처리

강을 가열하거나 냉각시키면 전과는 다른 성질을 나타낸다. 이러한 조작으로 강을 용도 및 목적에 맞는 성질로 변화시킬 수 있는데, 이러한 조작을 열처리라 한다.

① 풀림(annealing)
  ㉠ A_3(910℃)변태점 이상의 온도로 가열한 후 노 안에서 천천히 냉각시키는 열처리법이다.
  ㉡ 강의 가공으로 인한 내부응력을 제거시키고 강을 연화시키기 위해 실시한다.

② 불림(normalizing)
  ㉠ A_3(910℃)변태점 이상의 온도로 가열한 후 대기 중에서 냉각시키는 열처리법이다.
  ㉡ 강의 조직을 미세화하고 균일하게 하며 강의 내부변형과 응력을 제거하기 위해 실시한다.

③ 담금질(quenching)
  ㉠ A_3변태점 이상 30~50℃로 가열한 후에 물 또는 기름 속에서 급냉시키는 열처리법이다.
  ㉡ 강의 강도, 경도가 증가한다.
  ㉢ 담금질할 때 가열온도가 너무 높으면 취성이 커진다.

④ 뜨임(tempering)
  ㉠ 담금질한 강을 담금질온도보다 낮은 A_1(723℃)변태점 이하의 온도로 다시 가열하여 서서히 냉각시키는 열처리법이다.
  ㉡ 인성, 충격에 대한 저항성이 커진다.
  ㉢ 경도와 강도는 감소한다.

5) 강의 물리적 성질

① 탄소함유량이 클수록 탄소강의 비중, 팽창계수, 열전도율은 감소하고, 비열 및 전기저항은 증가한다.
② 강의 탄성계수는 $E = 2 \sim 2.2 \times 10^6 \text{kg/cm}^2$이다.
③ 강의 인장강도는 C=0.9%일 때 최대이고, 탄소량이 이보다 증가하거나 감소하여도 강도는 비례하여 감소한다.
④ 강의 경도는 C=0.9%까지는 탄소량의 증가에 따라 증대하나, 그 이상 증가해도 인장강도처럼 감소하지는 않는다.

(3) 주철(cast iron)

C=2.5~4.5%인 주철은 선철에 크롬, 규소, 망간, 유황, 인과 철 부스러기 등을 가하여 용광로에서 다시 용융하여 소요의 조성과 성분을 갖게 한 것이다.

① 백주철(white cast iron) : 주철을 급격히 냉각시킨 것으로 은백색을 띠고 매우 단단하여 절단 등의 가공이 곤란하다.

② 회주철(gray cast iron) : 주철을 천천히 냉각시킨 것으로 파단면이 회색을 띠며, 재질은 비교적 연하고 강도가 작다.

(4) 금속재료의 경도시험법

① 브리넬경도시험 : 브리넬경도는 강구누르개로 시험편에 구형오목부를 만들었을 때의 하중을 영구변형된 오목부의 지름으로부터 구해진 표면적으로 나눈 값으로 한다.

② 로크웰경도시험 : 로크웰경도는 다이아몬드누르개로 기준하중을 가하여 누르고, 다음에 시험하중으로 되게 하며, 다시 기준하중으로 되돌렸을 때 전후 2회의 기준하중에 있어서의 오목부의 깊이의 차로써 구해지는 수치로 한다.

③ 쇼어경도시험 : 쇼어경도는 시험편의 면 위에 다이아몬드를 붙인 해머를 일정한 높이에서 떨어뜨려 그 반발높이를 측정하여 나타낸다.

④ 비커스경도시험 : 비커스경도는 다이아몬드 4각추누르개로 시험편을 눌러 피라미드형의 오목부를 만들었을 때 시험하중을 영구오목부의 대각선의 길이로써 구한 표면적으로 나눈 값으로 한다.

Chapter 06 목 재

6-1 개 요

(1) 목재의 장점

① 가볍고 취급 및 가공이 쉽다.
② 비중에 비해 강도가 크다.
③ 열, 소리의 전도율이 작다.
④ 열팽창계수가 작다.
⑤ 탄성, 인성이 크고 충격, 진동 등을 잘 흡수한다.
⑥ 외관이 아름답다.

(2) 목재의 단점

① 내화성이 작다.
② 부식이 쉽고 충해를 받는다.
③ 재질과 강도가 균일하지 못하다.
④ 함수율의 변화에 의한 변형과 팽창, 수축이 크다.

6-2 목재의 성분과 조직

(1) 목재의 성분

목재의 중요성분은 셀룰로오스로서 목질건조중량의 60% 정도이고, 나머지 대부분이 리그닌으로 20~28% 정도이다.

(2) 목재의 조직

① 나이테(연륜, annual ring) : 춘재부와 추재부가 수간 횡단면상에 나타나는 동심원형의 조직을 나이테라 한다.
② 수심 : 목재의 횡단면에서 중심부를 말하며 어린나무 때 수액의 전달역할을 한다.

③ 변재(sap wood) : 수피의 내부에 접하여 밝은 색을 띠고 있으며 수액의 전달, 양분의 저장 등의 역할을 한다.

④ 심재(heart wood) : 목재의 횡단면에서 수심과 변재 사이의 어두운 암색을 띠는 부분을 심재라 한다.

    ⊙ 수분이 적고 중량이 크므로 강도 및 인성이 크다.

    ⓒ 심재는 변재보다 강도 및 내구성이 크므로 목재로서의 이용가치가 크다.

(3) 수간의 단면

① 목구(마구리) : 수간의 횡단면

② 판목(판자결) : 나이테와 접선방향으로 자른 단면

    ⊙ 신축이 균일하지 못해 휘어지기 쉽다.

    ⓒ 정목에 비해 제재하기 쉽고 외관이 아름답다.

③ 정목(곧은결) : 나이테의 반지름방향으로 자른 단면

    ⊙ 신축이 균일하고 끝다듬이 쉬우며 비틀림이 적다.

    ⓒ 정목은 판목보다 질이 좋고 우수하여 널리 사용된다.

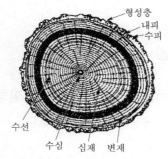 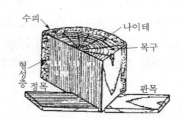

| 그림 3-6 | 수목의 횡단면　　　　　| 그림 3-7 | 목재의 단면도

6-3 목재의 일반적 성질

(1) 물리적 성질

1) 비중

① 진비중 : 나무의 종류에 관계없이 1.48~1.56 정도이다.

② 겉보기 비중

    ⊙ 생목의 비중 : 생목 또는 벌목 직후의 비중으로 목재의 운반 등에 필요하다.

    ⓒ 기건비중 : 보통 목재의 비중이란 기건비중을 말한다. 기건비중은 0.3~0.9 정도이며, 보통 함수량은 목재중량의 15±3%(12~18%) 정도를 함유한다.

ⓒ 절대건조비중 : 목재를 110±5℃의 온도로 건조시켜 수분을 완전히 제거했을 때의 비중을 말한다.

ⓔ 포수비중 : 수중에서 포화된 상태에서의 비중을 말한다.

2) 함수율의 영향

① 목질부의 수분

ㄱ 수분은 세포 내에 침투되어 있는 세포수와 세포의 사이에 고여 있는 유리수로 분류된다.

ㄴ 목재를 대기 중에 방치하면 먼저 유리수가 증발하고, 그 다음에 세포수가 증발한다. 이때 한계상태를 섬유포화점이라 한다.

ㄷ 목질의 수축, 팽창 등은 섬유포화점 이하의 함수상태일 때 생기고, 그 이상의 함수상태일 때는 변화를 나타내지 않는다.

② 함수율

$$w = \frac{w_1 - w_2}{w_2} \times 100 [\%] \quad \text{...} (3-23)$$

여기서, w_1 : 건조 전 시험편의 중량(g), w_2 : 절대건조시험편의 중량(g)

③ 함수율에 의한 팽창과 수축

ㄱ 목재의 팽창은 판목방향 > 정목방향 > 목구방향 순이다.

ㄴ 목재의 팽창, 수축은 가로방향은 크고, 세로방향은 작다.

ㄷ 밀도가 크고 견고한 수종일수록 크다.

④ 함수율에 의한 강도의 변화 : 섬유포화점 이상의 함수율에서 강도는 거의 일정하고, 크기는 절대건조상태의 1/4 정도이다.

3) 열 및 전기에 대한 성질

① 열전도율은 함수율이 클수록 크다.

② 전기전도율은 함수율이 클수록, 비중이 클수록 크다.

(2) 역학적 성질

1) 압축강도

① 섬유에 평행하게 압축력(종압축)을 가하면 강도가 크나, 직각으로 압축력(횡압축)을 가하면 강도가 매우 작아져 평행방향 압축강도의 10~20% 정도이다.

② 밀도가 클수록 압축강도는 크고 함수량과는 반비례한다.

2) 인장강도

① 섬유에 평행방향의 인장강도는 목재의 제 강도 중에서 제일 크다.

② 목재는 이음이 어렵고 옹이나 마디, 섬유의 변형 등으로 인장강도가 작아지기 쉽기 때문에 인장재로 사용하기가 곤란하다.

3) 휨강도

① 휨강도는 제 강도 중에서 가장 중요한 것 중의 하나이다.
② 세로압축강도의 1.5배이다.
③ 휨강도를 지배하는 것은 압축강도, 인장강도, 전단강도이다.

4) 전단강도

세로인장강도의 1/10 정도이다.

6-4 벌목 및 건조법

(1) 벌목

벌목의 적당한 시기는 수목이 생리작용을 멈추고 수액의 농도가 높으며 병충해가 발생할 가능성이 적은 가을에서 겨울 사이가 가장 적당하다.

(2) 건조법

목재를 건조하는 목적은 수축 및 반곡 등의 변형이 없어질 뿐만 아니라 목재의 중량이 감소하여 운반하기 쉽고 목질을 야물게 하여 강도 및 내구성을 증대하고 부식을 예방하며 방부제 주입을 쉽게 할 수 있기 때문이다.

1) 자연건조법(natural seasoning)

① 공기건조법(air seasoning)
  ㉠ 옥외에 목재를 V자형 또는 井자형으로 쌓아 기건상태가 될 때까지 건조시키는 방법이다.
  ㉡ 작업이 쉽고 특별한 설비가 필요 없어 가장 널리 사용된다.
② 침수법(water seasoning)
  ㉠ 목재를 통나무째로 3~4주간 담가서 수액을 수중에 용출시킨 후 공기 중에서 2~3주간 공기건조를 하는 방법이다.
  ㉡ 공기건조시일을 단축할 수 있으나 수액의 용출로 인하여 가볍고 취약해지기 쉬우며 강도나 탄성이 감소할 우려가 있다.

2) 인공건조법(artificial seasoning)

① 훈연법(smoke seasoning) : 밀폐된 실내에 목재를 넣고 짚이나 톱밥 등을 태워 그 연기를 건조실 내에 통과시켜 건조하는 방법이다.
② 증기법(steam seasoning) : 증기가마 속에 목재를 넣고 밀폐한 후 $1.5 \sim 3.0 \text{kg/cm}^2$의 압력 증기를 보내 건조시키는 방법이다.
③ 열기법(hot air seasoning) : 밀폐된 실내에 목재를 넣고 가열한 공기를 가하여 건조하는 방법이다.

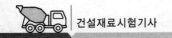

④ 자비법(끓임법, boiling seasoning) : 가마 속에 목재를 넣고 뜨거운 물로 끓여서 수액을 추출시킴으로써 건조를 촉진시키는 방법이다.

6-5 목재의 결함

① 옹이(절, node) : 나뭇가지의 자국으로 생옹이, 죽은옹이, 썩은 옹이 등으로 나눈다.
② 입피(껍질박이, bank pocket) : 나무껍질의 일부가 외상으로 인해 나무껍질 또는 나이테의 일부가 목질 속으로 파고 들어간 것을 말한다.
③ 파열(갈라짐) : 목재의 갈라짐은 생목(生木) 때 생긴 것과 벌목 후에 생긴 것이 있는데 보통 바람, 눈의 작용, 온도변화, 기생충 등에 의해 생긴다.
④ 혹(wen) : 수목의 상처에 세균류가 침입하여 나무진이 모인 것으로서 섬유의 일부가 부자연스럽게 발달하여 표면이 융기한 것이다.
⑤ 만곡(비틀림) : 가지가 한쪽으로 기울어져 있든지 또는 바람에 의해 섬유가 줄기에 대해 비틀려 자란 것을 말한다.
⑥ 지선 : 나이테 사이에 송진이 모여서 굳은 것이다.

6-6 목재의 부식과 방부법

(1) 목재의 부식(Corrosion of Timber)

목재가 내구성을 상실하는 최대의 원인은 부식이다.
① 온도와 습도에 의한 부식 : 완전히 건조된 목재를 공기의 소통이 원활한 곳에 보관하거나 수중에서 완전히 침수시켜 놓으면 부식을 장기간 방지할 수 있다.
② 균류에 의한 부식
  ㉠ 균은 20~30℃에서 가장 발육이 왕성하다.
  ㉡ 습도가 85% 내외에서 최적이나, 20% 이하에는 균류는 사멸 또는 억제된다.
  ㉢ 균류의 생육에는 공기가 필요하다.
③ 충류에 의한 피해 : 습윤한 목재는 충류에 의한 피해를 받기 쉽다. 이를 방지하기 위해서는 크레오소트를 주입하는 것이 좋다.

(2) 목재의 방부법

① 표면처리법
  ㉠ 표면탄화법 : 목재의 표면을 3~10mm 정도 태워 탄화시키는 방법이다.
  ㉡ 도포법 : 목재에 침투하는 습기, 균류, 충류 등을 막기 위해 페인트, 크레오소트, 아스팔트, 콜타르 등을 목재의 표면에 칠하는 방법이다.

② 방부제 주입법

　　㉠ 상압주입법 : 방부제인 크레오소트유 속에 수일간 목재를 담근 후 꺼내어 냉액 속에 다시 담그면 방부제가 목재 속으로 침투하게 되는데, 이러한 방법을 상압주입법이라 하며 도포법보다 유효하다.

　　㉡ 가압주입법 : 압력탱크 속에 목재를 넣어 7~12기압의 고압에서 방부제를 침투시키는 방법이다.

　　㉢ 침지법 : 방부제 속에 수일간 목재를 상온에서 침지시켜 주입하는 방법이다.

　　㉣ 생리적 주입법 : 수목을 벌채하기 전에 뿌리 근처에 방부제를 뿌려서 수목이 이를 흡수하도록 하는 방법으로 불완전한 방법이다.

(3) 목재의 내화처리법

① 표면처리법 : 목재의 표면을 불연소성 재료로 피복하는 방법으로 내화페인트, 규산소다 등의 도포, 금속판, 석면, 모르타르 등을 피복한다.

② 내화제 주입법 : 불연성의 방화제를 주입하는 방법이다. 방화제로는 인산, 염화암모늄, 인산암모늄 등이 있다.

6-7 합 판

목재를 톱으로 켜서 얇게 한 단판을 베니어(veneer)라고 하고, 단판을 3매, 5매, 7매 등의 홀수로 목리방향이 직교하도록 접착제로 압축접착한 것을 합판이라 한다.

(1) 단판의 제조방법

① 로터리 베니어(rotary veneer) : 둥근 원목의 축을 중심으로 회전시켜 축에 평행한 재단기의 날로 원둘레를 따라 얇게 깎아내는 방법으로 원목의 낭비가 없고 생산율이 높아 최근에는 거의 이 방법으로 한다.

② 슬라이스 베니어(sliced veneer) : 각목을 끌로 얇게 절단하는 방법으로 목재 표면의 나뭇결을 살릴 수 있어서 장식용으로 사용된다.

③ 소드 베니어(sawed veneer) : 세로방향의 얇고 작은 톱으로 절단하는 방법으로 아름다운 결이 얻어지기 때문에 고급합판에 사용되나 톱밥이 많아 비경제적이다.

(a) 로터리 베니어　　　　(b) 슬라이스 베니어　　　　(c) 소드 베니어

┃그림 3-8┃ 단판을 만드는 방법

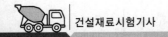

(2) 합판의 특징

① 섬유방향에 90°로 접착하고 있으므로 가로, 세로방향의 수축팽창이 아주 작고 불규칙한
   변형이 일어나지 않는다.

② 열, 소리의 전도율이 낮다.

③ 내수성, 내습성이 크다.

④ 동일한 원재에서 많은 정목판과 목리판(나뭇결 무늬판)이 제조된다.

⑤ 폭이 넓은 판을 쉽게 얻을 수 있다.

⑥ 곡면으로 된 판을 얻을 수 있다.

07 석 재

7-1 암석의 분류

① 성인(지질학적 원인)에 의한 분류 : 화성암, 퇴적암, 변성암
② 산출상태에 의한 분류 : 괴상암, 성층암
③ 화학성분에 의한 분류 : 규산질암, 석회질암, 점토질암
④ 조직구조에 의한 분류 : 결정질암, 쇄설질암
⑤ 압축강도에 의한 분류 : 경석, 준경석, 연석
⑥ 용도에 의한 분류 : 구조용, 장식용, 골재용

‖ 표 3-7 ‖ 암석의 압축강도에 의한 분류(KS F 2530)

종류	압축강도(MPa)	흡수율(%)
경석	50 이상	5 이하
준경석	10~50	5~15
연석	10 이하	15 이상

7-2 암석의 특징 및 구조

(1) 암석의 특징

① 양이 풍부하고 채취가 용이하다.   ② 강도, 내구성, 내마모성이 크다.
③ 외관이 아름답다.   ④ 중량이 무겁고 운반비용이 많이 든다.

(2) 암석의 구조

① 절리(joint) : 암석이 냉각 시 수축으로 인하여 천연적으로 갈라진 금을 균열이라 하며 절리의 형태에 따라 다음과 같이 분류한다.
   ⊙ 주상절리 : 돌기둥을 배열한 것과 같은 모양이다.
   ⓛ 판상절리 : 판자를 겹쳐놓은 모양이다.
   ⓔ 구상절리 : 암석의 노출부가 양파모양이다.

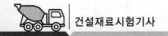
ⓔ 불규칙 다면괴상절리 : 암석의 생성 시 냉각으로 인해 생기는 불규칙한 절리이다.

② 층리 : 퇴적암이나 변성암의 일부에서 생기는 평행상의 절리이다.

③ 편리 : 변성암에서 생기는 불규칙한 절리로서 박편모양으로 작게 갈라지는 것을 말한다.

④ 석리 : 암석을 구성하고 있는 조암광물의 집합상태에 따라 생기는 암석조직상의 갈라진 눈을 말한다.

⑤ 석목(돌눈, 갈라진 틈) : 암석의 갈라지기 쉬운 면을 말하며 석재의 가공이나 채석에 이용된다.

⑥ 벽개(쪼개짐) : 암석이 기계적인 타격을 받으면 어느 일정한 방향으로 잘 쪼개지는 면을 말한다.

7-3 암석의 성질

(1) 물리적 성질

1) 비중(specific gravity)

석재의 비중이란 겉보기 비중을 말하며 보통 2.65 정도이다.

2) 흡수율(absorption)

① 석재의 흡수율은 풍화, 파괴, 내구성과 크게 관계가 있다.

② 흡수율이 크다는 것은 다공성이며 동해를 받기 쉽다는 것을 의미한다.

$$흡수율 = \frac{w_2 - w_1}{w_1} \times 100 [\%] \quad \cdots\cdots\cdots (3\text{-}24)$$

여기서, w_1 : 절대건조중량(g), w_2 : 공기 중 중량(g)

3) 공극률

암석에 포함된 전 공극과 겉보기 체적의 비를 말한다.

$$공극률 = \frac{w_2 - w_1}{v} \times 100 [\%] \quad \cdots\cdots\cdots (3\text{-}25)$$

여기서, v : 겉보기 전 체적

(2) 역학적 성질

1) 강도

① 압축강도가 가장 크며 인장강도, 휨강도, 전단강도는 압축강도에 비해 매우 작기 때문에 석재는 주로 압축력을 받는 부분에 사용된다.

② 인장강도는 압축강도의 1/10~1/20 정도로서 매우 작기 때문에 보통 시험을 실시하지 않는다.

③ 강도는 비중에 비례하므로 비중에 의해 강도를 추정할 수 있다.

④ 압축강도는 화강암이 가장 크며 대리석, 안산암 순이고, 사암, 응회암 등은 매우 작다.

▌표 3-8 ▌ 암석의 역학적 성질

구분＼성질	압축강도 (kg/cm^2)	휨강도 (kg/cm^2)	인장강도 (kg/cm^2)
화강암	631~3,040	90~200	24~94
안산암	565~2,340	67~179	29~100
현무암	467~2,720	–	40~80
응회암	86~372	23~60	8.8~35
사암	266~2,380	54~94	25~29
점판암	425~1,640	502~795	255
대리석	940~2,320	32~306	38~107

2) 인성

충격에 저항하는 성질을 인성이라 하며 사암, 휘석, 안산암 등이 매우 크고, 석회암은 매우 작다.

3) 탄성계수

① 훅의 법칙이 적용되며 탄성계수가 일정한 것 : 현무암, 경질 사암

② 훅의 법칙이 적용되지 않고 응력이 증가함에 따라 탄성계수값이 증가하는 것 : 화강암, 사암

4) 내구성

내구성에 영향을 미치는 요인은 다음과 같다.

① 조직
　㉠ 조암광물이 미립, 등립(等粒)일수록 내구성이 크다.
　㉡ 공극률이 크고 흡수율이 큰 다공질 암석은 동해를 받기 쉽고 내구성이 떨어진다.

② 조암광물 : 조암광물의 풍화의 정도에 따라 내구성이 다르다.

③ 노출상태 : 같은 석재라도 사용장소의 풍토, 기후, 노출상태(폭로상태)의 차이는 조암광물의 풍화속도에 영향을 미친다.

▌표 3-9 ▌ 석재의 내구성

석재	내구연한(년)	석재	내구연한(년)
화강암	75~200	석회석	20~40
대리석	60~100	조립 사암	5~15
석영암	75~200	세립 사암	20~50
백운석	30~500	경질 사암	100~200

5) 내화성

석재는 열에 대한 불량도체이므로 열의 불균일분포가 생기기 쉬우며, 이로 인하여 열응력과 조암광물의 팽창계수가 서로 달라지게 되므로 1,000℃ 이상의 고온으로 가열하면 암석은 파괴된다.

7-4 각종 석재

(1) 화성암(igneous rock)

마그마가 냉각하여 응고된 암석이다.

1) 화강암(granite)

주성분은 석영, 장석, 운모이고 기타 휘석, 각섬석으로 되어 있다.
① 조직이 균일하고 강도 및 내구성이 크다.
② 풍화나 마모에 강하다.
③ 돌눈이 작아 큰 석재를 채취할 수 있다.
④ 외관이 아름답다.
⑤ 내화성이 작다.
⑥ 자중 및 경도가 커서 가공, 시공이 곤란하다.

2) 섬록암(diorite)

① 암질이 딱딱하고 돌눈이 없기 때문에 가공하기 힘들다.
② 외관이 아름답지 못하기 때문에 주로 구조용재로 사용된다.

3) 안산암(andesite)

① 조직이 치밀, 경견하고 강도, 내구성, 내화성이 크다.
② 조직과 광택이 고르지 못하다.
③ 절리가 있어 채석 및 가공이 쉽지만 큰 석재를 얻을 수 없다.
④ 교량, 하천의 호안, 돌쌓기, 부순 돌로서 도로용 골재 등에 주로 사용된다.

4) 현무암(basalt)

① 내화성이 크다.
② 가공이 어려워 부순 돌로 많이 사용된다.

(2) 퇴적암(수성암, sedimentary rock)

기존의 암석이 화산, 물, 바람, 빙하 등의 물리적 작용에 의해 파쇄되고 퇴적되어 생성된 암석이다.

1) 응회암(tuff)

화산재(회) 또는 화산사가 퇴적되어 응고한 것이다.
① 암질은 연하고 다공질이므로 흡수율이 커서 동해를 받기 쉽다.
② 내화성이 풍부하고 가공이 쉽다.

2) 사암(sandstone)

모래가 퇴적하여 경화한 것으로 규산질 사암, 석회질 사암, 점토질 사암 등으로 구분된다.
① 규산질 사암이 가장 강하고 내구성이 크다.
② 점토질 사암이 가장 연약하다.

3) 혈암(shale)

점토가 불완전하게 응고된 것으로 판석, 부순 돌로 이용되고 시멘트 원료로도 많이 이용된다.

4) 석회암(limestone)

석회질이 침전, 응고하여 생성된 암석이다.
① 내화성이 크다.
② 석질이 연하여 가공하기 쉽고 큰 석재를 얻을 수 있다.
③ 조직이 단단하나 인성이 매우 작다.
④ 석회나 시멘트 원료로 주로 사용된다.

(3) 변성암(metamorphic rock)

기존의 화성암 또는 퇴적암이 지열, 지각변동에 의한 화학작용, 압력작용 등에 의해 조직이 변화한 암석이다.

1) 편마암(gneiss)

① 화강암과 비슷하여 일반적으로 화강암으로 취급한다.
② 광물성분의 분포가 일정치 못하고 재질도 균일하지 못하기 때문에 중요공사재료로는 부적당하고 돌담, 바닥에 까는 돌 등에 사용된다.

2) 점판암(clay slate stone)

혈암이 다시 압력을 받아 변질된 것이다.
① 중량이 가장 가볍고 흡수성이 적다.
② 외관이 아름답고 판상조직을 가지고 있어 지붕, 석비, 바둑돌 등에 사용된다.

3) 편암(천매암, schist)

석영, 장석을 주성분으로 하고 있으며 가공이 어려워 중요공사재료로는 부적당하고 돌담, 바닥에 까는 돌 외에 정원석, 비석 등에 이용된다.

4) 대리석(marble)

석회암이 변질된 암석의 총칭이다.
① 강도는 크지만 내구성, 내화성이 작다.
② 외관이 매우 아름답다.
③ 풍화되기 쉬워 실내 장식용으로 사용된다.

7-5 석재의 가공 및 형상

(1) 석재의 가공

1) 인력에 의한 가공 및 순서

① 혹두기 : 망치로 석재의 면을 대강 다듬는 것
② • 정다듬 : 혹두기 면을 정으로 평활하게 다듬는 것
   • 깎기 : 양쪽에 날을 가진 망치로 석재를 다듬는 것
   • 도드락다듬 : 도드락망치로 석재를 다듬는 것
③ 잔다듬 : 정다듬한 면을 치밀하게 깎아 평활하게 만드는 것
④ 물갈기 : 잔다듬한 면을 최종적으로 마감하기 위해 모래, 물 등을 뿌리면서 연마하는 것

2) 기계에 의한 가공

① 기계톱 : 톱이 달린 기계로 절단가공하는 것
② 표면마감기 : 그라인더 등으로 표면을 평활하게 하는 것
③ 쇄석기 : 석재를 파쇄할 때 크러셔(crusher)를 사용하는 것

(2) 석재의 형상

① 각석 : 폭이 두께의 3배 미만이고 폭보다 길이가 긴 직육면체의 석재이다.
② 판석 : 폭이 두께의 3배 이상이고 두께가 15cm 미만인 판모양의 석재이다.
③ 견치석 : 면은 규칙적으로 거의 정사각형에 가깝고 면에 직각으로 잰 공장은 면의 최소변의 1.5배 이상인 석재이다.
④ 사고석 : 면은 원칙적으로 정사각형에 가깝고 면에 직각으로 잰 공장은 면의 최소변의 1.2배 이상인 석재이다.

폭약, 도료, 합성수지, 고무

8-1 화약류의 종류

화약류(explosives)란 가벼운 충격이나 가열로 짧은 시간에 화학변화를 일으킴으로써 급격히 많은 열과 가스를 발생하게 하여 순간적으로 큰 힘을 얻을 수 있는 물질을 말한다.

(1) 화약

폭속 340m/s 이하로 연소하는 것이다.

1) 흑색화약(유연화약)

주성분인 초산염에 유황(S), 목탄(C), 초석(KNO_3)의 미분말을 중량으로 15 : 15 : 70의 비율로 혼합한 것이다.
① 발연량이 많다.
② 폭발력은 다른 화약보다 약하나 값이 저렴하고 발화가 간단하고 보존, 취급에 안전하다.
③ 화학적으로 극히 안정하므로 습기만 피하면 오래 저장할 수 있다. 그러나 흡수성이 크며 젖으면 발화하지 않고 물속에서는 폭발하지 않는 결점이 있다.
④ 대리석, 화강암 같은 큰 석재를 채취할 때 사용한다.

2) 무연화약

니트로셀룰로오스 또는 니트로셀룰로오스와 니트로글리세린을 주성분으로 하여 만든 것이다.
① 흑색화약보다 압력이 작으나 압력을 장시간 작용시킬 수 있다.
② 연기 및 연소잔유물이 적다.
③ 총탄, 포탄, 로켓 등에 사용된다.

(2) 폭약

폭약 2,000~7,000m/s로 폭발하여 충격파를 일으키는 것이다.

1) 기폭약(기폭제)

일반적으로 폭약은 점화로 연소는 하지만 곧 폭발하지는 않는다. 그러나 그 중에서 점화만으로 폭발하는 것이 있는데, 이러한 폭약을 기폭약이라 한다. 기폭약의 역할은 기폭약의 폭발에 의해 인접부의 폭약을 신속히 폭발시키는 것이다.

① 뇌산수은(뇌홍) : 불꽃, 충격 및 마찰에 아주 예민하고 발화온도는 170~180℃이다.

② 질화납 : 물속에서도 폭발하며 발화점이 높다. 뇌홍에 비해 저렴하고 보존성이 우수하다.

③ DDNP : 기폭약 중에서 가장 강력(뇌홍의 2배)하고 충격감도는 둔하나 열에 대해서 예민하고 발화온도는 180℃이다.

④ 데토릴 : 뇌관의 기폭제로 사용된다.

2) 폭약

① 칼릿(carlit)

ㄱ 다이너마이트보다 발화점이 높고(295℃) 충격에 둔감하므로 취급상 위험이 적다.

ㄴ 폭발력은 다이너마이트보다 우수하며 흑색화약의 4배에 달한다.

ㄷ 유해가스(gas)의 발생이 많고 흡수성이 크기 때문에 터널공사에는 부적당하다.

ㄹ 채석장에서 큰 돌의 채석에 적합하다.

② 니트로글리세린(nitroglycerine)

ㄱ 감미가 있는 무색, 무취의 투명한 액체로서 충격, 마찰 등에 아주 예민하다.

ㄴ 가장 강력한 폭약이다.

ㄷ 일반적으로 10℃에서 동결한다.

③ 다이너마이트(dynamite) : 니트로글리세린을 주성분으로 하여, 이것을 각종 고체에 흡수시킨 폭약으로 니트로글리세린이 7% 이상의 것을 말한다.

ㄱ 교질 다이너마이트 : 니트로글리세린을 20% 정도 함유하고 있으며 다이너마이트 중 폭발력이 가장 강하고 수중에서도 폭발된다.

ㄴ 규조토 다이너마이트

ㄷ 분상 다이너마이트

ㄹ 스트레이트 다이너마이트

④ 슬러리폭약(함수폭약) : 초안을 주성분으로 하고 TNT, 물 등을 미음상으로 혼합한 것으로 경암, 수(水)공으로서 ANFO가 사용될 수 없는 장소에 사용하면 효과적이다.

ㄱ 충격에 대단히 둔하다.

ㄴ 내수성이 대단히 좋다.

ㄷ 위력은 ANFO폭약보다 강력하고, 다이너마이트보다 약간 약하다.

⑤ ANFO폭약(초유폭약) : 질산암모늄을 연료유(경유)에 혼합시킨 폭약으로 천공 내에서 직접 혼합, 압축공기로 장진하여 사용한다.

ㄱ 현장에서 혼합사용하므로 저렴하고 취급, 보관이 용이하다.

ㄴ 내습성이 불량하므로 용수가 없는 갱외용에 사용한다.

8-2 기폭용품

(1) 도화선(Blasting Fuse)

분말로 된 흑색화약을 마사와 종이테이프로 감고 도료로 방수한 지름 4~6mm 정도의 줄로서 뇌관을 점화시키기 위한 것이다.

① 보통 뇌관용과 전기뇌관용으로 구분한다.
② 연소속도는 1m당 120~140초이다.

(2) 도폭선(Blasting Cord)

도화선의 흑색화약 대신 면화약을 심약으로 한 것인데 대폭파 또는 수중폭파를 동시에 실시하기 위해 뇌관 대신 사용하는 것이다. 연소속도는 3,000~6,000m/s이다.

(3) 뇌관(Detonator)

도화선에서 전달된 열을 받아 기폭약이 소폭발을 일으켜서 이것을 주위의 폭약에 전달시킴으로써 폭약의 폭발을 유도시키는 것이 뇌관이다.

1) 보통 뇌관(공업용 뇌관)

도화선에 쓰이는 뇌관으로 기폭약 하단에 데토릴을 첨장제로 사용한다.

① 뇌홍뇌관 : 기폭약으로 뇌홍을 사용한 것인데 동관을 사용한다.
② 질화연뇌관 : 기폭약으로 질화연을 사용한 것인데 알루미늄을 사용한다.

2) 전기뇌관

보통 뇌관에 전기를 통하여 기폭하는 전기점화장치를 한 것으로 보통 여러 개를 동시에 발파할 때 사용한다.

8-3 화약류 취급 및 사용 시 주의점

(1) 취급상 주의점

① 다이너마이트는 일광의 직사를 피하고 화기에 접근시켜서는 안 된다.
② 운반 시에 화기나 충격을 받지 않도록 해야 한다.
③ 뇌관과 폭약은 같은 장소에 저장하지 않아야 한다.
④ 장기간 보관 시 온도, 습도에 의해 변질되지 않도록 하고 수분을 흡수하여 동결되지 않도록 해야 한다.

(2) 사용상의 주의점

① 도화선을 삽입하여 뇌관에 압착할 때 충격이 가해지지 않도록 한다.
② 도화선과 뇌관의 이음부에 수분이 침투하지 않도록 기름을 칠한다.
③ 도화선의 연소속도가 고르지 못하거나 점화가 안 되는 것을 미리 방지하기 위해 도화선을 사용 전에 충분히 점검한다.

8-4 도 료

물체의 보호나 외관을 위하여 표면에 도포하는 재료를 도료라 한다.

(1) 도료의 원료

① 기름(油) : 건성유를 사용하며, 여기에 건조제를 섞어 공기를 흡입시키고 가열하여 보일유(boiled oil)를 만들어 사용함으로써 도료의 건조를 촉진시킨다.
② 희석제 : 유성페인트, 유성바니스, 에나멜 등을 희석시키는 물질이다.
③ 수지 : 천연수지와 합성수지가 있으며 바니스나 에나멜의 주요 원료로서 용제로 녹이면 투명하고 점성이 있는 액체로 된다.
④ 안료 : 착색을 위한 분말로서 불투명하며 물이나 기름, 용제 등에 녹지 않는다.
⑤ 건조제 : 보일유의 건조를 촉진시키기 위한 첨가제로서 기름의 산화를 촉진시킨다.

(2) 페인트(paint)

① 유성페인트(oil paint) : 건성유, 건조제, 안료, 희석제 등을 혼합한 것이다.
② 수성페인트(water paint) : 안료를 카제인, 아교, 아라비아고무 등과 함께 물로 섞은 것으로 기름을 사용하지 않으므로 알칼리에 침식되지 않고 내수성이 없어 실내용으로 주로 사용된다.
  ㉠ 기름을 사용하지 않으므로 알칼리에 침식되지 않는다.
  ㉡ 무광택이고 내수성이 없다.
  ㉢ 모르타르, 콘크리트, 회반죽의 표면도포에 적합하다.

(3) 합성수지도료

① 합성수지도료가 유성페인트나 바니스보다 우수한 점
  ㉠ 건조시간이 빠르고 단단하다.
  ㉡ 내산성, 내알칼리성이 있어 콘크리트나 Plaster면에 바를 수 있다.
  ㉢ 인화하지 않아 방화성이 크다.
  ㉣ 투명한 합성수지를 사용하면 더욱 선명한 색을 낼 수 있다.
② 종류 : 페놀수지도료, 알키드수지도료, 비닐수지도료, 아크릴수지도료

(4) 기타 도료

① 방청도료 : 금속의 부식을 막는 도료이다.
　㉠ 연단도료(광명단) : 수분의 통과를 방지한다.
　㉡ 함연방청도료 : 금속의 부식을 방지한다.
② 방화도료 : 물체가 열에 의해 인화되는 것을 방지하기 위해 사용되는 도료이다.

8-5　합성수지(plastic)

(1) 종류

1) 열가소성 수지(thermoplastic)

가열하면 유연해지고 소성을 나타내며 성형되고, 상온이 되면 딱딱해져 소성이 없어진다.

종류	특징	용도
염화비닐수지(PVC)	강도, 전기절연성, 내약품성이 좋고 고온, 저온에 약하다.	필름, 바닥용 타일, 파이프, 도료 등
폴리에틸렌(PE)수지	백색의 투명한 수지로서 물보다 가볍고 내약품성, 전기절연성, 내수성이 크다.	방수필름, 벽재
폴리프로필렌(PP)수지	비중이 0.9로 가볍고 인장강도, 내열성이 아주 크다.	정밀부품, 기계, 의료, 가정용품
폴리스틸렌(PS)수지	무색투명한 액체로서 내화학성, 전기절연성이 크고 발포제품으로 만들어 단열재에 많이 사용된다.	발포보온판, 창유리, 벽용 타일
아크릴수지	투광성이 크고 내후성, 내화학약품성이 우수하다.	채광판, 유리 대용품
폴리아미드수지(나일론)	강인하고 잘 미끄러지며 내마모성이 크다.	건축물 장식용품

2) 열경화성 수지(thermosetting plastic)

가열하면 연화되어 소성을 나타내며 성형되지만 계속 가열하면 화학반응에 의해 경화되고, 한 번 경화된 것은 다시 가열해도 연화되지 않는다.

종류	특징	용도
페놀수지	열경화성 수지의 대표적인 것으로 강도가 아주 강하고 전기절연성, 내후성이 좋다.	전기나 통신기재, 배전판
요소수지	무색으로 착색이 자유롭다.	식기, 완구, 장식품, 마감재
불포화 폴리에스테르수지	상온에서 경화가 가능하고 내열성, 내약품성이 좋다.	창틀, 덕트, 칸막이재
에폭시수지	금속의 접착성이 크고 신축이 작으며 내열성이 우수하다.	접착제, 금속도료

종류	특징	용도
멜라민수지	착색이 쉽고 강하며 내수성, 내약품성, 내열성이 좋다.	마감재, 전기용품, 안료의 착색제
알키드수지	내후성, 가소성이 크나 내수성은 약하다.	도료, 접착제

(2) 장단점

1) 장점

① 경량으로 강인하다.　　　　　　② 비중이 작고 가공, 성형이 쉽다.

③ 표면이 평활하고 아름답다.　　　④ 내수성, 내습성, 내식성이 좋다.

⑤ 착색이 쉽고 투광성이 좋다.

2) 단점

① 압축강도 이외의 강도가 작다.　② 탄성계수가 작고 변형이 크다.

③ 내열성, 내후성이 작다.　　　　④ 열에 의한 팽창수축이 크다.

8-6 토목섬유

(1) 특징

① 인장강도가 크고 내구성이 좋다.　② 현장에서 접합 등 가공이 쉽다.

③ 신축성이 좋아서 유연성이 있다.　④ 필요에 따라 투수 및 차수를 할 수 있다.

(2) 종류

① geotextile : 토목섬유의 주를 이룸

② geomembrane : 차수기능, 분리기능

③ geogrid : 보강기능, 분리기능

④ geocomposite : 배수, 여과, 분리, 보강기능을 겸함

(3) 토목섬유의 기능

배수기능, 여과기능, 분리기능, 보강기능, 차수기능 등이 있다.

제 **4** 편

토질 및 기초

ENGINEER CONSTRUCTION MATERIAL TESTING

01 흙의 구조 및 기본적 성질

1-1 흙의 상태정수

(1) 공극비, 공극률, 함수비, 함수율, 포화도

① 공극비(void ratio) : 흙 속에서 공기와 물에 의해 차지하고 있는 입자 간의 간격을 말하며 흙입자의 체적에 대한 간극의 체적의 비로 정의된다.

$$e = \frac{V_v}{V_s}$$ ·· (4-1)

여기서, V_v : 공극의 체적, V_s : 흙입자의 체적

② 공극률(porosity) : 흙 전체의 체적에 대한 공극의 체적을 백분율로 표시한 것이다.

$$n = \frac{V_v}{V} \times 100 [\%]$$ ··· (4-2)

③ 공극비와 공극률의 상호 관계식

$$n = \frac{V_v}{V} = \frac{V_v}{V_s + V_v} = \frac{V_v/V_s}{V_s/V_s + V_v/V_s}$$

$$\therefore n = \frac{e}{1+e} \times 100 [\%]$$ ··· (4-3)

④ 함수비(water content) : 흙만의 무게에 대한 물의 무게를 백분율로 표시한 것이다.

$$w = \frac{W_w}{W_s} \times 100 [\%]$$ ··· (4-4)

여기서, W_w : 물의 무게, W_s : 흙만의 무게

⑤ 흙 전체의 무게(W)와 흙만의 무게(W_s)의 관계

$$W_s = \frac{W}{1 + \dfrac{w}{100}} \quad \text{..} (4-5)$$

⑥ 포화도(degree of saturation) : 공극 속에 물이 차 있는 정도를 나타낸다.

$$S = \frac{V_w}{V_v} \times 100 \quad \text{..} (4-6)$$

⑦ 체적과 중량의 상관관계

$$Se = wG_s \quad \text{..} (4-7)$$

(2) 밀도(density)와 단위중량(unit weight)

① 습윤밀도(total unit weight, moist unit weight)

$$\gamma_t = \frac{W}{V} = \frac{W_s + W_w}{V_s + V_v} = \frac{G_s \gamma_w + Se \gamma_w}{1 + e}$$

$$\therefore \gamma_t = \left(\frac{G_s + Se}{1 + e} \right) \gamma_w \quad \text{..} (4-8)$$

② 건조밀도(dry unit weight)

$$\gamma_d = \frac{W_s}{V} = \left(\frac{G_s}{1 + e} \right) \gamma_w \quad \text{..} (4-9)$$

$$= \frac{W_s}{V} = \frac{W_s}{W/\gamma_t} = \frac{W_s \gamma_t}{W} = \frac{W_s \gamma_t}{W_s + W_w} = \frac{\gamma_t}{1 + \dfrac{W_w}{W_s}}$$

$$\therefore \gamma_d = \frac{\gamma_t}{1 + \dfrac{w}{100}} \quad \text{..} (4-10)$$

③ 포화밀도(saturated unit weigh)

$$\gamma_{sat} = \frac{W_{sat}}{V} = \frac{W_s + W_w}{V} = \frac{G_s \gamma_w + Se \gamma_w}{1 + e}$$

$$\therefore \gamma_{sat} = \left(\frac{G_s + e}{1 + e} \right) \gamma_w \quad \text{..} (4-11)$$

④ 수중밀도(submerged unit weight) : 흙이 수중상태에 있으면 흙의 체적만큼 부력을 받게되므로 부력만큼 단위중량이 감소하게 된다.

$$\gamma_{\rm sub} = \gamma_{sat} - \gamma_w = \left(\frac{G_s + e}{1 + e}\right)\gamma_w - \gamma_w$$

$$\therefore \gamma_{\rm sub} = \left(\frac{G_s - 1}{1 + e}\right)\gamma_w \quad \text{(4-12)}$$

(3) 상대밀도(relative density)

자연상태의 조립토의 조밀한 정도를 나타내는 것으로 사질토의 다짐 정도를 나타낸다.

$$D_\gamma = \frac{e_{\max} - e}{e_{\max} - e_{\min}} \times 100 \quad \text{(4-13)}$$

$$= \frac{\gamma_{d\max}}{\gamma_d}\left(\frac{\gamma_d - \gamma_{d\min}}{\gamma_{d\max} - \gamma_{d\min}}\right) \times 100 \quad \text{(4-14)}$$

여기서, e : 자연상태의 공극비, $e_{\max}$: 가장 느슨한 상태의 공극비, $e_{\min}$: 가장 조밀한 상태의 공극비
γ_d : 자연상태의 건조밀도, $\gamma_{d\max}$: 가장 조밀한 상태에서의 건조밀도
$\gamma_{d\min}$: 가장 느슨한 상태에서의 건조밀도

1-2 흙의 연경도

점착성이 있는 흙은 함수량이 차차 감소하면 액성 → 소성 → 반고체 → 고체의 상태로 변화하는데 함수량에 의하여 나타나는 이러한 성질을 흙의 연경도(consistency of soil)라 하고, 각각의 변화한 계를 Atterberg한계라 한다.

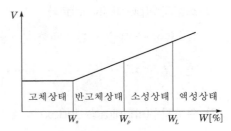

┃ 그림 4-1 ┃ Atterberg한계

(1) Atterberg한계

1) 액성한계(liquid limit, W_L, KS F 2303)

① 흙이 액성에서 소성으로 변화하는 한계함수비이다.
② No.40체 통과시료 100g으로 시료를 조제한 후 황동접시에 흙을 넣고 주걱으로 홈을 판 다음 1cm 높이에서 1초에 2회의 속도로 25회 낙하시켰을 때 유동된 흙이 약 1.5cm의 길이로 양쪽 부분이 달라붙을 때의 함수비를 액성한계라 한다.

2) 소성한계(plastic limit, W_p, KS F 2304)

① 흙이 소성에서 반고체의 상태로 변화하는 한계함수비이다.

② 유리판 위에서 흙을 지름 3mm의 줄모양으로 늘였을 때 막 갈라지려는 상태로 되었을 때의 함수비를 소성한계라 한다.

③ 액·소성한계의 시험이 불가능한 흙을 비소성(NP : Non Plastic)이라 한다.

3) 수축한계(shrinkage limit, KS F 2305)

① 흙의 함수량을 어떤 양 이하로 줄여도 그 흙의 용적이 줄지 않고 함수량이 그 양 이상으로 늘면 용적이 증대하는 한계의 함수비이다.

② 수축한계(W_s)

$$W_s = w - \left(\frac{V - V_0}{W_0} \right) \gamma_w \times 100 \quad \text{(4-15)}$$

$$= \left(\frac{1}{R} - \frac{1}{G_s} \right) \times 100 \quad \text{(4-16)}$$

$$R = \frac{W_0}{V_0 \gamma_w} \quad \text{(4-17)}$$

여기서, W_s : 수축한계, R : 수축비(shrinkage ratio), w : 습윤토의 함수비
W_0 : 노 건조시료의 중량(g), V : 습윤시료의 체적(cm^3)
V_0 : 노 건조시료의 체적(cm^3)

(2) 연경도에서 구하는 지수

1) 소성지수(plasticity index)

① 흙이 소성상태로 존재할 수 있는 함수비의 범위이다.

② $I_p = W_L - W_p$ $\quad$ (4-18)

2) 수축지수(shrinkage index)

① 흙이 반고체상태로 존재할 수 있는 함수비의 범위이다.

② $I_s = W_p - W_s$ $\quad$ (4-19)

3) 액성지수(liquidity index)

① 흙의 유동가능성의 정도를 나타낸 것으로 0에 가까울수록 흙은 안정하다.

② $I_L = \dfrac{W_n - W_p}{I_p}$ ⋯⋯⋯⋯⋯⋯⋯⋯⋯⋯⋯⋯⋯⋯⋯⋯⋯⋯⋯⋯⋯⋯⋯⋯⋯⋯ (4-20)

여기서, W_n : 자연함수비

③

| 고체상태 | 반고체상태 | 소성상태 | 액성상태 |

W_s W_p W_L
$I_L = 0$ $I_L = 1$

㉠ $I_L \leq 0$: 고체 또는 반고체상태로서 안정하다.

㉡ $0 < I_L < 1$: 소성상태이다.

㉢ $I_L \geq 1$: 액성상태로서 불안정하다.

4) 연경지수(consistency index)

① 점토에서 상대적인 굳기를 나타낸 것으로 $I_c \geq 1$인 경우 흙은 안정상태이다.

② $I_c = \dfrac{W_L - W_n}{I_p}$ ⋯⋯⋯⋯⋯⋯⋯⋯⋯⋯⋯⋯⋯⋯⋯⋯⋯⋯⋯⋯⋯⋯⋯⋯⋯⋯⋯ (4-21)

(3) 활성도(activity)

1) 정의

$A = \dfrac{I_p}{2\mu \text{ 이하의 점토함유율}(\%)}$ ⋯⋯⋯⋯⋯⋯⋯⋯⋯⋯⋯⋯⋯⋯⋯ (4-22)

2) 특성

① 흙의 팽창성을 판단하는 기준으로 활주로, 도로 등의 건설재료를 판단하거나 점토광물을 분류하는데 사용된다.

② 점토입자의 크기가 작을수록, 유기질이 많이 함유될수록 활성도는 크다.

③ 활성도가 클수록 소성지수가 커서 공학적으로 불안정한 상태가 되며 팽창, 수축이 커진다.

흙의 분류

2-1 일반적인 분류

(1) 조립토

큰 돌(호박돌), 자갈, 모래가 있으며 입자형이 모가 나 있고 일반적으로 점착성이 없다.

(2) 세립토

실트, 점토가 있다.

(3) 유기질토

동식물의 부패물이 함유되어 있는 흙으로 한랭하고 습윤한 지역에서 잘 발달된다.

2-2 입경에 의한 분류

(1) 입도분석(KS F 2302)

입도분포를 결정하는 방법에는 체분석법(sieve analysis)과 비중계 시험법(hydrometer analysis)이 있다.

(2) 입도분포곡선(grain size distribution curve, 입경가적곡선)

체분석이나 비중계 분석에 의한 흙의 입경과 그 분포를 반대수지를 사용하여 횡축(대수자 눈)에 입경을, 종축(산술자 눈)에 통과 백분율을 잡아 그 관계를 곡선으로 나타낸 것을 입경가적곡선이라 한다.

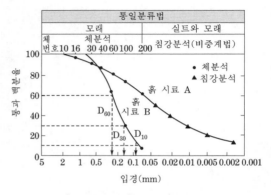

┃ 그림 4-2 ┃ 입도분포곡선

1) 균등계수와 곡률계수

① 균등계수(coefficient of uniformity) : 입도분포가 좋고 나쁜 정도를 나타내는 계수

$$C_u = \frac{D_{60}}{D_{10}} \qquad \cdots\cdots\cdots\cdots\cdots\cdots\cdots\cdots\cdots\cdots\cdots\cdots\cdots\cdots\cdots\cdots (4-23)$$

② 곡률계수(coefficient of curvature) : 입도분포상태를 정량적으로 나타내는 계수

$$C_g = \frac{D_{30}^{\,2}}{D_{10}\,D_{60}} \qquad \cdots\cdots\cdots\cdots\cdots\cdots\cdots\cdots\cdots\cdots\cdots\cdots\cdots\cdots (4-24)$$

여기서, D_{10} : 통과 백분율 10%에 해당하는 입경(유효입경, D_e)

D_{30} : 통과 백분율 30%에 해당하는 입경

D_{60} : 통과 백분율 60%에 해당하는 입경

2) 입도분포의 판정

① 입도분포가 양호(양립도, well graded)한 경우

　㉠ 흙일 때 : $C_u > 10$, $C_g = 1 \sim 3$

　㉡ 모래일 때 : $C_u > 6$, $C_g = 1 \sim 3$

　㉢ 자갈일 때 : $C_u > 4$, $C_g = 1 \sim 3$

② 입도분포가 불량(빈립도, poorly graded)한 경우 : 통일분류법에서 균등계수(C_u)와 곡률계수(C_g)의 값이 모두 만족해야만 입도분포가 양호(양립도)하다. C_u와 C_g조건 중 어느 한 가지라도 만족하지 못하면 입도분포가 불량(빈립도)하다.

2-3　공학적 분류

입자의 크기와 Atterberg한계를 고려한 두 분류체계는 AASHTO분류법과 통일분류법이 있다. AASHTO분류법은 미국 관내 도로건설에 사용하고 있고, 토질공학자들은 일반적으로 통일분류법을 더 많이 사용하고 있다.

(1) 통일분류법(unified soil classification system)

1) 제1문자

① 구분

　㉠ 조립토 : No.200체 통과량이 50% 이하 ················· G, S

　㉡ 세립토 : No.200체 통과량이 50% 이상 ················· M, C, O

② 조립토의 분류

　　㉠ 자갈 : No.4체 통과량이 50% 이하

　　㉡ 모래 : No.4체 통과량이 50% 이상

③ 세립토의 분류 : 세립토는 입경에 의해 분류할 수 없으므로 소성도를 이용하여 M, C, O, Pt로 분류한다.

2) 제2문자

① 조립토의 표시

　　㉠ No.200체 통과량이 5% 이하일 때 C_u와 C_g에 의해 W, P로 표시한다.

　　㉡ No.200체 통과량이 12% 이상일 때 I_p에 의해 M, C로 표시한다.

② 세립토의 표시

　　㉠ $W_L >$ 50%이면 H로 표시한다.

　　㉡ $W_L \leqq$ 50%이면 L로 표시한다.

┃ 표 4-1 ┃ 분류기호의 설명

구분	제1문자		제2문자	
	기호	설명	기호	설명
조립토	G S	자갈(gravel) 모래(sand)	W P M C	양립도(well graded) 빈립도(poor graded) 실트질(silty) 점토질(clayey)
세립토	M C O	실트(silt) 점토(clay) 유기질토(organic clay)	L H	저압축성 (low compressibility) 고압축성 (high compressibility)
고유기질토	Pt	이탄(peat)	–	–

(2) AASHTO분류법(개정PR법)

도로, 활주로의 노상토 재료의 적부를 판단하기 위해 사용하며, 이 이외의 분야에서는 사용되지 않는다.

1) AASHTO분류

흙의 입도, 액성한계, 소성지수, 군지수를 사용하여 A-1에서 A-7까지 7개의 군으로 분류하고 각각을 세분하여 총 12개의 군으로 분류한다.

2) 군지수(GI : Group Index)

흙의 성질을 수로써 나타낸 것으로 0~20범위의 정수로 나타낸다.

① $\quad$ $GI = 0.2a + 0.005ac + 0.01bd$ $\qquad\qquad\qquad\qquad\qquad\qquad\qquad$ (4-25)

여기서, $a = $ No.200체 통과율$-35(a : 0{\sim}40$의 정수$)$

$\qquad\quad\ b = $ No.200체 통과율$-15(b : 0{\sim}40$의 정수$)$

$\qquad\quad\ c = W_L - 40(c : 0{\sim}20$의 정수$)$

$\qquad\quad\ d = I_p - 10(d : 0{\sim}20$의 정수$)$

② 군지수를 결정하는 몇 가지 규칙

㉠ 만일 GI값이 음$(-)$의 값을 가지면 0으로 한다.

㉡ GI값은 가장 가까운 정수로 반올림한다(예로 GI=4.4이면 4로, GI=4.5이면 5로 반올림한다).

표 4-2 | 통일분류법

주요 구분			문자	대표적인 흙	분류 규준
조립토(coarse-grained soils) 200번체(0.075mm)에 50% 이상 남음	자갈(gravel) 4번체(4.76mm)에 50% 이상 남음	세립분이 약간 또는 거의 없는 자갈	GW	입도분포가 좋은 자갈과 자갈과 모래의 혼합토, 세립분은 약간 또는 없음	세립분에 의한 분류 · 200번체 통과율이 5% 이하인 경우: GW, GP, SW, SP · 200번체 통과율이 12% 이상인 경우: GM, GC, SM, SC · 200번체 통과율이 5~12%인 경우 이중문자로 표시 · $C_u > 4 : C_u = \dfrac{D_{60}}{D_{10}}$ · $1 < C_g < 3 : C_g = \dfrac{D_{30}^2}{D_{10}D_{60}}$
			GP	입도분포가 나쁜 자갈과 자갈과 모래의 혼합토, 세립분은 약간 또는 없음	GW의 조건이 만족되지 않을 때
		세립분을 함유한 자갈	GM	실트질의 자갈, 자갈·모래·실트의 혼합토	Atterberg한계가 A선 밑에 있거나 소성지수가 4 이하
			GC	점토질의 자갈, 자갈·모래·점토의 혼합토	Atterberg한계가 A선 위에 있거나 소성지수가 7 이상
	모래(sand) 4번체(4.76mm)에 50% 이상 통과	세립분이 약간 또는 거의 없는 모래	SW	입도분포가 좋은 모래 또는 자갈질의 모래, 세립분은 약간 또는 없음	$C_u > 6$ · $1 < C_g < 3$
			SP	입도분포가 나쁜 모래 또는 자갈질의 모래, 세립분은 약간 또는 없음	SW의 조건이 만족되지 않을 때
		세립분을 함유한 모래	SM	실트질의 모래, 모래와 실트의 혼합토	Atterberg한계가 A선 밑에 있거나 소성지수가 4 이하 Atterberg한계가 A선 위에 있거나 소성지수가 7 이상이면 이중문자로 표시
			SC	점토질의 모래, 모래와 점토의 혼합토	Atterberg한계가 A선 위에 있거나 소성지수가 7 이상
세립토(fine-grained soils) 200번체(0.075mm)에 50% 이상 통과	액성한계 50% 이하인 실트나 점토		ML	무기질의 실트, 매우 가는 모래, 암분, 소성이 작은 실트질 점토	
			CL	소성이 중간지 이하인 무기질 점토, 자갈질 점토, 모래질 점토, 실트질 점토, 소성이 작은 점토	
			OL	무기질의 실트, 소성이 낮은 유기질 실트질 점토	
	액성한계 50% 이상인 실트나 점토		MH	무기질의 실트, 운모질 또는 규소의 세사 또는 실트, 탄성이 큰 실트	
			CH	소성이 큰 무기질의 점토, 소성이 큰 점토	
			OH	소성이 중간지 이상인 유기질 점토, 소성이 큰 유기질 실트	
고유기질토			Pt	이탄 및 그 밖의 유기질을 많이 함유한 흙	

· 소성도(plasticity chart)는 조립토에 함유된 세립분과 세립분을 분류하기 위해 사용된다.
· 소성도의 빗금 친 곳은 2중 표기해야 하는 부분이다.

▲ 세립토의 분류를 위한 소성도

흙의 투수성과 침투

3-1 Darcy의 법칙

(1) 적용 범위

① $R_e < 4$인 층류에서 적용된다.

② 지하수의 흐름은 $R_e \fallingdotseq 1$이므로 Darcy의 법칙이 적용된다.

(2) 유출속도

$$V = Ki \qquad\qquad (4-26)$$

여기서, K : 투수계수, i : 동수경사$\left(= \dfrac{\Delta h}{l}\right)$

(3) 실제 침투속도

$$V_s = \dfrac{V}{n} \qquad\qquad (4-27)$$

여기서, V_s : 실제 침투속도, V : 평균속도, A_v : 공극의 단면적, A : 시료의 전 단면적

n : 공극률$\left(= \dfrac{\overline{V_v}}{V}\right)$

(4) t시간 동안 면적 A를 통과하는 전 투수량

$$Q = KiAt \qquad\qquad (4-28)$$

3-2 투수계수

(1) 투수계수에 영향을 미치는 요소

$$K = D_s^2 \frac{\gamma_w}{\mu} \left(\frac{e^3}{1+e} \right) C \quad \text{.................................(4-29)}$$

여기서, D_s : 토립자의 지름(보통 D_{10}), γ_w : 물의 단위중량(g/cm³), μ : 물의 점성계수(g/cm·s)
e : 공극비, C : 합성형상계수

① 입경 : A. Hazen(1930)은 균질한 모래에 대한 투수계수의 경험식을 다음과 같이 제시하였다.

$$K = C D_{10}^2 [\text{cm/s}] \quad \text{.................................(4-30)}$$

여기서, C : 합성형상계수(100~150), D_{10} : 유효입경(cm)

② 점성계수

$$K_1 : K_2 = \mu_2 : \mu_1 \quad \text{.................................(4-31)}$$

(2) 투수계수의 측정

① 정수위투수시험(constant head test) : 수두차를 일정하게 유지하면서 토질시료를 침투하는 유량을 측정한 후 Darcy의 법칙을 사용하여 투수계수를 구한다.
  ㉠ 투수계수가 큰 조립토에 적당하다($K = 10^{-2} \sim 10^{-3}$cm/s).
  ㉡ 투수계수

$$Q = K i A t = K \frac{h}{L} A t$$

$$\therefore K = \frac{QL}{Aht} \quad \text{.................................(4-32)}$$

② 변수위투수시험(falling head test) : stand pipe 내의 물이 시료를 통과해 수위차를 이루는데 걸리는 시간을 측정하여 투수계수를 구한다.
  ㉠ 투수계수가 작은 세립토에 적당하다($K = 10^{-3} \sim 10^{-6}$cm/s).
  ㉡ 투수계수

$$K = 2.3 \frac{aL}{AT} \log_{10} \frac{h_1}{h_2} \quad \text{.................................(4-33)}$$

③ 압밀시험

㉠ $K = 1 \times 10^{-7}$ cm/s 이하의 불투수성 흙에 대하여 실시하는 간접적인 시험법이다.

㉡ 투수계수

$$K = C_v\, m_v\, \gamma_w \quad \text{...} (4\text{-}34)$$

여기서, C_v : 압밀계수($\mathrm{cm^2/s}$), m_v : 체적변화계수($\mathrm{cm^2/kg}$), γ_w : 물의 단위중량($\mathrm{kg/cm^3}$)

3-3 비균질 흙에서의 평균투수계수

성층 퇴적된 흙에서의 투수계수는 흐름의 방향에 따라 변하기 때문에 주어진 방향에 대해 각 토층의 투수계수를 결정하여 평균투수계수를 계산에 의해 결정할 수 있다.

(1) 수평방향 평균투수계수

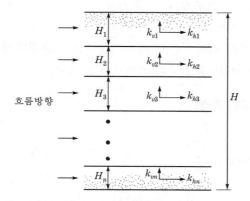

┃ 그림 4-3 ┃ 수평방향 평균투수계수

$$K_h = \frac{1}{H}(K_{h1}\,H_1 + K_{h2}\,H_2 + \cdots + K_{hn}\,H_n) \quad \text{..................................} (4\text{-}35)$$

여기서, $H = H_1 + H_2 + \cdots + H_n$

(2) 수직방향 평균투수계수

$$K_v = \frac{H}{\dfrac{H_1}{K_{v1}} + \dfrac{H_2}{K_{v2}} + \cdots + \dfrac{H_n}{K_{vn}}} \quad \text{..................................} (4\text{-}36)$$

3-4 이방성 투수계수

균질한 흙이라도 지층을 형성하는 과정에 따라 수평방향과 수직방향의 투수계수가 다를 수 있는데, 이것을 투수에 있어서의 이방성(aniso-tropic)이라 한다.

$$K' = \sqrt{K_h K_v}$$ ·· (4-37)

여기서, K' : 등가등방성 투수계수, K_h : 수평방향 투수계수, K_v : 수직방향 투수계수

3-5 유선망

(1) 유선망(flow net)의 특징

① 각 유로의 침투유량은 같다.
② 인접한 등수두선 간의 수두차는 모두 같다.
③ 유선과 등수두선은 서로 직교한다.
④ 유선망으로 되는 사각형은 이론상 정사각형이므로 유선망의 폭과 길이는 같다.
⑤ 침투속도 및 동수구배는 유선망의 폭에 반비례한다.

(2) 침투수량 및 간극수압의 계산

1) 침투수량

① 등방성 흙인 경우($K_h = K_v$)

$$q = KH \frac{N_f}{N_d}$$ ·· (4-38)

여기서, q : 단위폭당 제체의 침투유량(cm^3/s), K : 투수계수(cm/s), N_f : 유로의 수
N_d : 등수두면의 수, H : 상하류의 수두차(cm)

② 이방성 흙인 경우($K_h \neq K_v$)

$$q = \sqrt{K_h K_v}\, H \frac{N_f}{N_d}$$ ······································· (4-39)

2) 간극수압

① 간극수압(U_p) = $\gamma_w \times$ 압력수두 ································· (4-40)

② 압력수두=전수두-위치수두 ··· (4-41)

③ 전수두=$\dfrac{n_d}{N_d}H$ ·· (4-42)

여기서, n_d : 구하는 점에서의 등수두면 수, N_d : 등수두면 수, H : 수두차

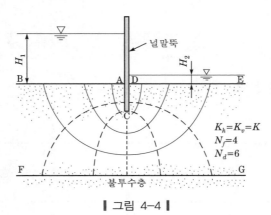

┃ 그림 4-4 ┃

3-6 모관현상

(1) 정의

표면장력 때문에 물이 표면을 따라 상승하는 현상을 모관현상이라 한다.

(2) 모관 상승고

① 물의 무게=표면장력

$$\gamma_w \frac{\pi D^2}{4} h_c = \pi D T \cos\alpha$$

$$\therefore h_c = \frac{4 T \cos\alpha}{\gamma_w D}$$ ······································ (4-43)

여기서, T : 표면장력, α : 접촉각, D : 모관의 지름, γ_w : 물의 단위중량

② 깨끗한 증류수인 경우 표준온도에서 $\alpha = 0°$, $T = 0.075\text{g/cm}$이므로

$$h_c = \frac{0.3}{D}[\text{cm}]$$ ······································· (4-44)

유효응력 및 지중응력

4-1 유효응력

(1) 흙의 자중으로 인한 응력

① 연직방향 응력

$$\sigma_v = \gamma_t h \qquad \text{(4-45)}$$

② 수평방향 응력

$$\sigma_h = \sigma_v K \qquad \text{(4-46)}$$

(2) 유효응력과 간극수압

① 유효응력(effective pressure, $\overline{\sigma}$) : 단위면적 중의 입자 상호 간의 접촉점에 작용하는 압력으로 토립자만을 통해서 전달되는 연직응력이다.

② 간극수압(pore water pressure, u) : 단위면적 중의 간극수가 받는 압력으로 중립응력이라고도 한다.

  ㉠ $S_r = 100\%$일 때

$$u = \gamma_w h \qquad \text{(4-47)}$$

  ㉡ $0 < S_r < 100\%$일 때

$$u = \gamma_w h S_r \qquad \text{(4-48)}$$

③ 전응력(total pressure, σ) : 단위면적 중의 물과 흙에 작용하는 압력이다.

$$\sigma = \overline{\sigma} + u \qquad \text{(4-49)}$$

(3) 모관 상승영역에서의 유효응력

① 모관 상승으로 지표면까지 완전 포화된 경우

  ㉠ 지표면

   • $\sigma = 0$

- $u = -\gamma_w h_1$
- $\bar{\sigma} = \sigma - u = \gamma_w h_1$

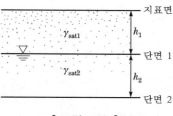

| 그림 4-5 |

ⓛ 단면 1
- $\sigma = \gamma_{sat1} h_1$
- $u = 0$
- $\bar{\sigma} = \sigma = \gamma_{sat1} h_1$

ⓒ 단면 2
- $\sigma = \gamma_{sat1} h_1 + \gamma_{sat2} h_2$
- $u = \gamma_w h_2$
- $\bar{\sigma} = \sigma - u = \gamma_{sat1} h_1 + (\gamma_{sat2} - \gamma_w) h_2 = \gamma_{sat1} h_1 + \gamma_{sub2} h_2$

② 모관 상승으로 부분적으로 포화된 경우
ⓖ 지표면
- $\sigma = 0$
- $u = -\gamma_w h_1 S_r$
- $\bar{\sigma} = \sigma - u = \gamma_w h_1 S_r$

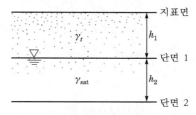

| 그림 4-6 |

ⓛ 단면 1
- $\sigma = \gamma_t h_1$
- $u = 0$
- $\bar{\sigma} = \sigma - u = \gamma_t h_1$

ⓒ 단면 2
- $\sigma = \gamma_t h_1 + \gamma_{sat} h_2$
- $u = \gamma_w h_2$
- $\bar{\sigma} = \sigma - u = \gamma_t h_1 + \gamma_{sub} h_2$

③ 모관현상이 없는 경우
ⓖ 지표면
- $\sigma = 0$
- $u = 0$
- $\bar{\sigma} = \sigma - u = 0$

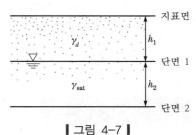

| 그림 4-7 |

ⓛ 단면 1
- $\sigma = \gamma_d h_1$
- $u = 0$
- $\bar{\sigma} = \sigma - u = \gamma_d h_1$

ⓒ 단면 2
- $\sigma = \gamma_d h_1 + \gamma_{sat} h_2$
- $u = \gamma_w h_2$
- $\overline{\sigma} = \sigma - u = \gamma_d h_1 + \gamma_{sub} h_2$

(4) 분사현상(quick sand)

① 정의 : 상향침투 시 침투수압에 의해 동수경사가 점점 커져서 한계동수경사보다 커지게 되면 토립자가 물과 함께 위로 솟구쳐 오르게 되는데, 이러한 현상을 분사현상이라 하며 주로 사질토 지반(특히 모래)에서 일어난다.

② 한계동수경사 : 토층 표면에서 임의의 깊이 Z에서의 유효응력은 물의 상향침투 때문에 감소한다.

$$\overline{\sigma} = \gamma_{sub} Z - i \gamma_w Z$$

침투압이 커져서 $\overline{\sigma} = 0$일 때의 경사를 한계동수경사라 하므로

$$\gamma_{sub} Z - i \gamma_w Z = 0$$

$$\therefore \ i_{cr} = \frac{\gamma_{sub}}{\gamma_w} = \frac{G_s - 1}{1 + e} \quad \cdots\cdots (4-50)$$

③ 분사현상의 조건

㉠ 분사현상이 일어날 조건

$$i > \frac{G_s - 1}{1 + e} \quad \cdots\cdots (4-51)$$

㉡ 분사현상이 일어나지 않을 조건

$$i < \frac{G_s - 1}{1 + e} \quad \cdots\cdots (4-52)$$

㉢ 안전율

$$F_s = \frac{i_c}{i} = \frac{\dfrac{G_s - 1}{1 + e}}{\dfrac{h}{L}} \quad \cdots\cdots (4-53)$$

4-2 지중응력

(1) 집중하중에 의한 지중응력

Boussinesq는 무한히 넓은 지표면상에 작용하는 집중하중으로 유발되는 지중응력의 문제를 해석하였다.

① Boussinesq이론

㉠ A점에서의 법선응력

$$\Delta \sigma_Z = \frac{P}{Z^2} I \quad \cdots\cdots\cdots\cdots\cdots (4-54)$$

㉡ 영향계수(influence value)

$$I = \frac{3}{2\pi} \left(\frac{1}{\left[\left(\frac{r}{Z} \right)^2 + 1 \right]^{\frac{5}{2}}} \right) = \frac{3Z^5}{2\pi R^5} \quad \cdots\cdots (4-55)$$

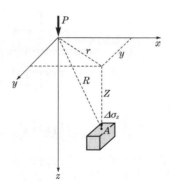

▐ 그림 4-8 ▐ 집중하중에 의한 지중응력

여기서, $R = \sqrt{r^2 + Z^2}$

하중작용점 직하에서는 $R = Z$이므로

$$I = \frac{3}{2\pi} = 0.4775$$

② 특징

㉠ 지반을 균질, 등방성의 자중이 없는 반무한탄성체라고 가정하였다.

㉡ 변형계수(E)가 고려되지 않았다.

㉢ $\Delta \sigma_Z$는 Poisson비 ν에 무관하다. 따라서 측정치와 탄성이론치가 비교적 잘 맞는다.

(2) 지중응력의 약산법(2 : 1분포법, $\tan\theta = 1/2$법, Kogler 간편법)

하중에 의한 지중응력이 수평 1, 연직 2의 비율로 분포된다는 것이며, 또한 임의의 깊이에서 이것이 분포되는 범위까지 동일하다고 가정하여 그 분포면적으로 하중을 나누어 평균지중응력을 구하는 방법이다.

$$P = q_s BL = \Delta \sigma_Z (B+Z)(L+Z)$$

$$\therefore \Delta \sigma_Z = \frac{P}{(B+Z)(L+Z)} = \frac{q_s BL}{(B+Z)(L+Z)} \quad (4-56)$$

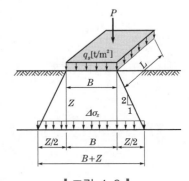

▐ 그림 4-9 ▐

(3) 기초지반에 대한 접지압분포

접지압분포는 기초판의 강성과 토질에 따라 크게 다르다. 그러나 실제 설계 시의 접지압분포는 등분포로 가정한다.

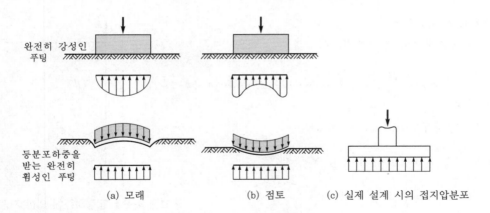

완전히 강성인
푸팅

등분포하중을
받는 완전히
휨성인 푸팅

(a) 모래   (b) 점토   (c) 실제 설계 시의 접지압분포

▮그림 4-10▮ 접지압분포

5-1 흙의 동해(동상현상)

(1) 동상이 일어나는 조건

① 동상을 받기 쉬운 흙(실트질토)이 존재한다.
② 0℃ 이하의 온도지속시간이 길다.
③ ice lens를 형성할 수 있도록 물의 공급이 충분해야 한다.

(2) 동결심도(frost depth)

0℃ 이하의 온도가 계속되면 지표면 아래에는 0℃인 등온선이 존재하는데 이것을 동결선 (frost line)이라 하고, 지표면에서 동결선까지의 깊이를 동결심도라 한다.

$$Z = C\sqrt{F}\,[\text{cm}]$$ ··· (4-57)

여기서, $F = \theta t = $ 영하의 온도 × 지속시간(day), C : 정수(3~5)

(3) 동상 방지대책

① 배수구를 설치하여 지하수위를 낮춘다.
② 모관수의 상승을 방지하기 위해 지하수위보다 높은 곳에 조립의 차단층(모래, 콘크리트, 아스팔트)을 설치한다.
③ 동결심도보다 위에 있는 흙을 동결하기 어려운 재료(자갈, 쇄석, 석탄재)로 치환한다.
④ 지표면 근처에 단열재료(석탄재, 코크스)를 넣는다.
⑤ 지표의 흙을 화학약품($CaCl_2$, NaCl, $MgCl_2$)으로 처리하여 동결온도를 낮춘다.

(4) 토질에 따른 동해

동해를 가장 받기 쉬운 흙은 비교적 모관 상승고가 크고 투수성도 큰 실트질토이다.

5-2 흙의 압축성

(1) 압밀(consolidation)

① 정의 : 흙이 상재하중으로 인하여 오랜 시간 동안 간극수가 배출되면서 서서히 압축되는 현상으로 투수성이 낮은 점토지반에서 일어난다.

② Terzaghi의 1차원 압밀가정

    ㉠ 흙은 균질하고 완전히 포화되어 있다.   ㉡ 토립자와 물은 비압축성이다.

    ㉢ 압축과 투수는 1차원적(수직적)이다.   ㉣ Darcy의 법칙이 성립한다.

    ㉤ 투수계수는 일정하다.

(2) 압밀시험

1) 압밀시험결과의 정리

① $e - \log P$곡선

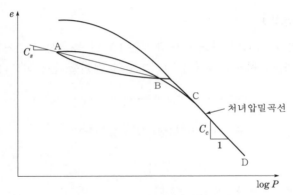

| 그림 4-11 | $e - \log P$곡선

    ㉠ 압축지수(compression index, C_c) : $e - \log P$곡선에서 직선 부분의 기울기로서 무차원이다.

$$C_c = \frac{e_1 - e_2}{\log P_2 - \log P_1} \quad \cdots\cdots\cdots\cdots\cdots\cdots\cdots\cdots\cdots (4\text{-}58)$$

    • C_c값의 추정(Terzaghi와 Peck의 제안식)

      - 교란된 시료

$$C_c = 0.007(W_L - 10) \quad \cdots\cdots\cdots\cdots\cdots\cdots\cdots\cdots\cdots (4\text{-}59)$$

－ 불교란 시료

$$C_c = 0.009\,(W_L - 10)$$ ·· (4-60)

ⓒ 선행압밀하중(pre-consolidation pressure, P_c) : 어떤 점토가 과거에 받았던 최대 하중을 선행압밀하중이라 한다.

• 과압밀비(OCR : Over Consolidation Ratio)

$$OCR = \frac{P_c}{P_o}$$ ··· (4-61)

여기서, P_c : 선행압밀하중, P_o : 유효상재하중(유효연직응력)

－ OCR < 1 : 압밀이 진행 중인 점토([그림 4-12]에서 A점)
－ OCR = 1 : 정규압밀점토([그림 4-12]에서 B점)
－ OCR > 1 : 과압밀점토([그림 4-12]에서 C점)

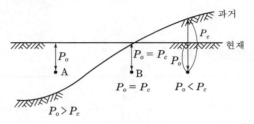

| 그림 4-12 |

② 압축계수(coefficient of compressibility, a_v)

㉠ 하중 증가에 대한 간극비의 감소비율을 나타내는 계수로서 $e - P$곡선의 기울기이다.

ⓛ $$a_v = \frac{e_1 - e_2}{P_2 - P_1}\,[\mathrm{cm^2/kg}]$$ ························· (4-62)

③ 체적변화계수(coefficient of volume change, m_v)

㉠ 하중 증가에 대한 시료체적의 감소비율을 나타내는 계수이다.

ⓛ $$m_v = \frac{a_v}{1 + e}\,[\mathrm{cm^2/kg}]$$ ··························· (4-63)

④ 압밀계수(coefficient of consolidation, C_v) : C_v는 압밀진행의 속도를 나타내는 계수로서 시간－침하곡선에서 구한다.

㉠ $\sqrt{t}$ 법(Taylor)의 압밀계수(C_v) : $C_v = \dfrac{T_v H^2}{t_{90}}$ 에서 $T_v = 0.848$이므로

$$C_v = \frac{0.848H^2}{t_{90}} \quad \text{.. (4-64)}$$

ⓛ $\log t$ 법(Casagrande & Fadum, 1940)의 압밀계수(C_v) : $C_v = \dfrac{T_v H^2}{t_{50}}$ 에서

$T_v = 0.197$ 이므로

$$C_v = \frac{0.197H^2}{t_{50}} \quad \text{.. (4-65)}$$

여기서, T_v : 시간계수(time factor)

        H : 배수거리(양면배수 시 : $\dfrac{\text{점토층두께}}{2}$, 일면배수 시 : 점토층두께)

        t_{90} : 압밀 90%될 때까지 걸리는 시간(압밀침하속도)

        t_{50} : 압밀 50%될 때까지 걸리는 시간

2) 압밀시험결과의 이용

① 압밀침하량(정규압밀점토인 경우)

$$\Delta H = m_v \Delta P H \quad \text{.. (4-66)}$$

$$= \left(\frac{a_v}{1+e_1}\right)\Delta P H \left(\because m_v = \frac{a_v}{1+e_1}\right) \quad \text{.................. (4-67)}$$

$$= \left(\frac{e_1 - e_2}{1+e_1}\right) H \quad \left(\because a_v = \frac{e_1 - e_2}{P_2 - P_1} = \frac{e_1 - e_2}{\Delta P}\right) \quad \text{.......... (4-68)}$$

$$= \frac{C_c}{1+e_1}\left(\log\frac{P_2}{P_1}\right) H \quad \left(\because C_c = \frac{e_1 - e_2}{\log\dfrac{P_2}{P_1}}\right) \quad \text{.......... (4-69)}$$

여기서, P_1 : 초기 유효연직응력, $P_2 = P_1 + \Delta P$, e_1 : 초기공극비, H : 점토층의 두께

        C_c : 압축지수

② 임의시간 t 에서의 압밀침하량

$$\Delta H_t = U \Delta H \quad \text{.. (4-70)}$$

여기서, ΔH_t : 압밀 개시 후 t 시간이 경과한 후의 압밀침하량, U : 압밀도

        ΔH : 최종 압밀침하량

(3) 압밀도(degree of consolidation, U)

임의시간 t 가 경과한 후의 어떤 지층 내에서의 압밀의 정도를 압밀도라 한다.

$$U_Z = \frac{u_i - u}{u_i} \times 100 \quad \cdots\cdots\cdots\cdots\cdots\cdots\cdots\cdots\cdots\cdots\cdots\cdots\cdots\cdots\cdots\cdots\cdots\cdots\cdots\cdots\cdots \quad (4-71)$$

$$= \frac{P - u}{P} \times 100 \quad \cdots\cdots\cdots\cdots\cdots\cdots\cdots\cdots\cdots\cdots\cdots\cdots\cdots\cdots\cdots\cdots\cdots\cdots\cdots\cdots\cdots \quad (4-72)$$

여기서, U_Z : 점토층의 깊이 Z에서의 압밀도, u_i : 초기 과잉간극수압(kg/cm^2)

u : 임의점의 과잉간극수압(kg/cm^2), P : 점토층에 가해진 압력(kg/cm^2)

흙의 전단강도

6-1 Mohr – Coulomb의 파괴이론(전단강도)

(1) 정의

전단저항의 최대치로서 활동면에서 전단에 의해 발생하는 최대 저항력을 전단강도(shearing strength)라 한다.

(2) Mohr – Coulomb의 파괴규준

① $\tau_f = c + \bar{\sigma} \tan\phi$ ·· (4–73)

여기서, τ_f : 전단강도, c : 흙의 점착력(cohesion of soil), $\bar{\sigma}$: 유효수직응력

ϕ : 흙의 내부마찰각(angle of internal friction)

② 흙의 전단강도는 점착력과 내부마찰각으로 나타내진다.

㉠ 점착력은 σ의 크기에 관계가 없고 주어진 흙에 대해서는 일정한 값을 갖는다.

㉡ 내부마찰각은 흙의 특성과 상태가 정해지면 일정한 값을 갖는다.

6-2 Mohr응력원

(1) 파괴면에 작용하는 수직응력과 전단응력

① 수직응력

$$\sigma_f = \frac{\sigma_1 + \sigma_3}{2} + \left(\frac{\sigma_1 - \sigma_3}{2}\right)\cos 2\theta$$ ································ (4–74)

② 전단응력

$$\tau_f = \left(\frac{\sigma_1 - \sigma_3}{2}\right)\sin 2\theta$$ ·· (4–75)

(2) Mohr원과 파괴포락선

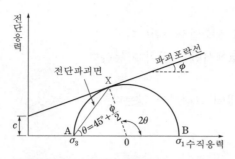

┃ 그림 4-13 ┃ Mohr원과 파괴포락선

① 파괴포락선과 Mohr원이 X점에서 접한다.
② A와 X를 잇는 선이 파괴면이다.
③ 파괴면과 최대 주응력면이 이루는 각은 θ이다.

$$\theta = 45° + \frac{\phi}{2}$$ ....(4-76)

6-3 전단강도 정수를 구하기 위한 시험

(1) 실내시험에 의한 전단강도 정수의 측정

1) 직접전단시험(direct shear test)

전단시험 중 가장 오래되고 간단한 방법 중의 하나이다.
① 개요 : 수평으로 분할된 전단상자에 시료를 넣고 수직응력을 증가시켜 가면서 파괴 시의 최대 전단응력을 구한 후 파괴포락선을 그려 전단강도 정수(c, ϕ)를 구한다.
② 전단응력의 계산
　㉠ 1면 전단

$$\tau = \frac{S}{A}$$ ....(4-77)

　㉡ 2면 전단

$$\tau = \frac{S}{2A}$$ ....(4-78)

2) 일축압축시험(unconfined compression test)

① 특징

㉠ $\sigma_3 = 0$인 상태의 삼축압축시험이다.

㉡ ϕ가 작은 점성토에서만 시험이 가능하다.

㉢ UU-test이다.

㉣ Mohr원이 하나밖에 그려지지 않는다.

② 일축압축강도

$$q_u = 2c\tan\left(45° + \frac{\phi}{2}\right)$$ ·················· (4-79)

$\phi = 0$인 점토의 일축압축강도는

$$q_u = 2c$$ ·················· (4-80)

③ 결과의 이용 : 예민비(sensitivity)를 계산하여 점토를 분류한다.

$$S_t = \frac{q_u}{q_{ur}}$$ ·················· (4-81)

여기서, q_u : 자연상태의 일축압축강도, q_{ur} : 흐트러진 상태의 일축압축강도

3) 삼축압축시험(triaxial compression test)

① 점성토의 배수조건에 따른 강도 정수(전단특성)

㉠ UU-test

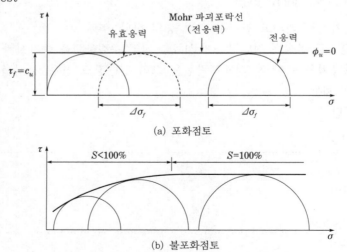

(a) 포화점토

(b) 불포화점토

┃그림 4-14┃ UU시험으로 얻은 Mohr 포락선

ⓛ CU-test

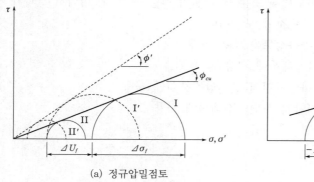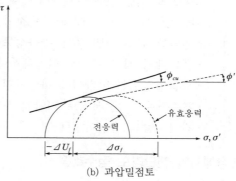

(a) 정규압밀점토   (b) 과압밀점토

┃ 그림 4-15 ┃ CU시험으로 구한 Mohr 포락선

ⓒ CD-test

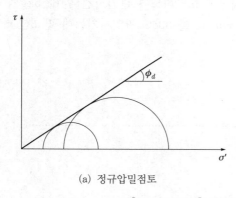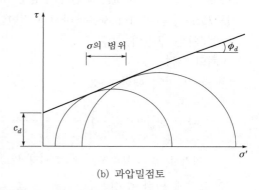

(a) 정규압밀점토   (b) 과압밀점토

┃ 그림 4-16 ┃ CD시험으로 구한 Mohr 포락선

② 현장조건에 따른 시험결과의 적용(강도 정수의 적용)
  ㉠ UU-test : 재하속도가 과잉간극수압이 소산되는 속도보다 빠를 때 적용한다.
    • 정규압밀점토지반에 급속성토 시 시공 직후의 안정해석에 사용
    • 성토 직후에 급속한 파괴가 예상되는 경우
    • 점토지반에 제방을 쌓거나 기초를 설치할 때 등 급격한 재하가 된 경우에 초기안정해석에 사용
    • 시공 중 압밀이나 함수비의 변화가 없는 경우에 사용
  ㉡ CU-test 또는 CU-test
    • pre-loading공법으로 압밀된 후 급격한 재하 시의 안정해석에 사용
    • 성토하중에 의해 어느 정도 압밀된 후에 갑자기 파괴가 예상되는 경우
    • 제방, 흙댐에서 수위 급강하 시의 안정해석에 사용(CU-test 적용)

ⓒ CD-test : CD시험은 전단 중에 간극수압의 발생이 전혀 없어야 하므로 점토를 배수
조건으로 전단시험을 하는 데 며칠 또는 몇 주일이 걸릴 수 있다. 따라서 결과가 거의
비슷한 CU-test로 대체하는 것이 보통이다.
- 연약한 점토 지반 위에 완속성토를 하는 경우
- 흙댐에서 정상침투 시 안정해석에 사용
- 과압밀점토의 굴착이나 자연사면의 장기안정해석에 사용
- 투수계수가 큰 사질토 지반의 사면안정해석에 사용
- 간극수압의 측정이 곤란할 때 사용

(2) 현장에서의 전단강도 정수측정

1) 표준관입시험(SPT : Standard Penetration Test)

① N치 : 지름 5.1cm, 길이 81cm의 중공식 샘플러를 드릴로드(drill rod)에 연결시켜 시추공
속에 넣고 처음 15cm는 교란되지 않은 원지반에 도달하도록 관입시킨 후 63.5kg의 해머
를 76cm의 높이에서 자유낙하시켜 지반에 sampler를 30cm 관입시키는데 필요한 타격횟
수 N치를 구한다.

② N치의 수정

㉠ Rod길이에 대한 수정

$$N_1 = N'\left(1 - \frac{x}{200}\right) \quad (4-82)$$

여기서, N' : 실측 N값, x : Rod길이(m)

㉡ 토질에 의한 수정

$$N_2 = 15 + \frac{1}{2}(N_1 - 15) \quad (4-83)$$

단, $N_1 > 15$일 때 토질에 의한 수정을 한다.

③ N, ϕ의 관계(Dunham공식)

㉠ 토립자가 모나고 입도가 양호 : $\phi = \sqrt{12N} + 25 \quad (4-84)$

㉡ 토립자가 모나고 입도가 불량, 토립자가 둥글고 입도가 양호

$\phi = \sqrt{12N} + 20 \quad (4-85)$

㉢ 토립자가 둥글고 입도가 불량 : $\phi = \sqrt{12N} + 15 \quad (4-86)$

④ N, q_u의 관계

$$q_u = \frac{N}{8}[\text{kg/cm}^2] \quad (4-87)$$

$\phi = 0$이면 $c = \dfrac{N}{16}\left(\because q_u = 2c\right)$

⑤ 면적비(area ratio)

$$A_r = \frac{D_w{}^2 - D_e{}^2}{D_e{}^2} \times 100 \quad\cdots\cdots\cdots (4\text{-}88)$$

여기서, D_w : 샘플러의 외경, D_e : 샘플러의 내경

┃그림 4-17 ┃ sampler

2) 베인시험(vane test)

① 개요 : 극히 연약한 점토층에서 점토의 전단강도를 측정하는 시험으로 지반에서 시료를 채취하지 않고 원위치에서 전단강도를 측정하기 때문에 성과는 비교적 정확하다.

② 전단강도

$$C_u = \frac{M_{\max}}{\pi D^2\left(\dfrac{H}{2} + \dfrac{D}{6}\right)} \quad\cdots\cdots\cdots\cdots\cdots\cdots (4\text{-}89)$$

여기서, C_u : 점토의 점착력(kg/cm²), $M_{\max}$: 최대 회전모멘트(kg·cm), H : 베인의 높이(cm)
$\quad\quad\quad D$: 베인의 폭(cm)

6-4 간극수압계수

(1) B 계수(등방압축 시의 간극수압계수)

CU시험 시 등방압축 때의 σ_3 증가량에 대한 U의 변화량의 비

$$B = \frac{\Delta U}{\Delta \sigma_3} \quad\cdots\cdots\cdots\cdots\cdots\cdots\cdots (4\text{-}90)$$

① $S_r = 100\%$이면 $B = 1$이다.
② $S_r = 0$이면 $B = 0$이다.

(2) D 계수(일축압축 시의 간극수압계수)

일축압축시험에서 $(\Delta\sigma_1 - \Delta\sigma_3)$의 증가량에 대한 U의 변화량의 비

$$D = \frac{\Delta U}{\Delta\sigma_1 - \Delta\sigma_3} \quad\cdots\cdots\cdots\cdots (4\text{-}91)$$

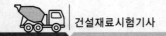

(3) A 계수(삼축압축 시의 간극수압계수)

$$\Delta U = B\Delta\sigma_3 + D(\Delta\sigma_1 - \Delta\sigma_3)$$
$$= B[\Delta\sigma_3 + A(\Delta\sigma_1 - \Delta\sigma_3)] \quad \cdots\cdots\cdots\cdots\cdots\cdots\cdots\cdots\cdots\cdots\cdots (4-92)$$

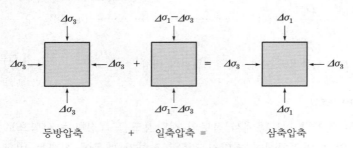

┃그림 4-18┃ 삼축압축 시의 응력상태

변위에 따른 토압의 종류

(1) 정지토압(lateral earth pressure at rest, P_o)

수평방향으로 변위가 없을 때의 토압

(2) 주동토압(active earth pressure, P_a)

뒤채움 흙의 압력에 의해 벽체가 흙으로부터 멀어지는 변위를 일으킬 때 뒤채움 흙은 수평방향으로 팽창하면서 파괴가 일어나는데, 이때의 토압을 주동토압이라 한다.

(3) 수동토압(passive earth pressure, P_p)

어떤 외력으로 벽체가 뒤채움 흙 쪽으로 변위를 일으킬 때 뒤채움 흙은 수평방향으로 압축하면서 파괴가 일어나는데, 이때의 토압을 수동토압이라 한다.

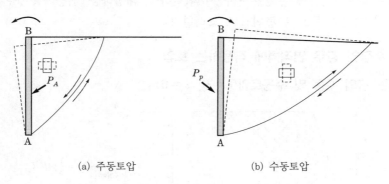

(a) 주동토압   (b) 수동토압

┃ 그림 4-19 ┃ 토압의 종류

7-2 토압계수

① 주동토압계수(coefficient of active earth pressure)

$$K_a = \tan^2\left(45° - \frac{\phi}{2}\right) \quad\text{(4-93)}$$

② 수동토압계수(coefficient of passive earth pressure)

$$K_p = \tan^2\left(45° + \frac{\phi}{2}\right) \quad\text{(4-94)}$$

7-3 Rankine토압론

(1) 기본가정

① 흙은 중력만 작용하는 균질하고 등방성이며 비압축성이다.
② 파괴면은 2차원적인 평면이다.
③ 흙은 입자 간의 마찰력에 의해서만 평형을 유지한다(벽마찰각 무시).
④ 토압은 지표면에 평행하게 작용한다.
⑤ 지표면은 무한히 넓게 존재한다.
⑥ 지표면에 작용하는 하중은 등분포하중이다(선하중, 대상하중, 집중하중 등은 Boussinesq의 지중응력 계산법 등으로 편법으로 고려한다).

(2) 지표면이 수평인 경우 연직벽에 작용하는 토압

1) 점성이 없는 흙의 주동 및 수동토압($c=0,\ i=0$)

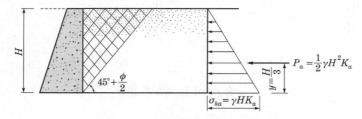

| 그림 4-20 | 주동토압분포와 작용위치

① 주동토압(active earth pressure)

$$P_a = \frac{1}{2}\gamma H^2 K_a \quad\text{(4-95)}$$

② 수동토압(passive earth pressure)

$$P_p = \frac{1}{2}\gamma H^2 K_p \quad \cdots\cdots\cdots\cdots\cdots\cdots\cdots\cdots\cdots\cdots\cdots\cdots\cdots\cdots\cdots\cdots\cdots\cdots (4-96)$$

2) 점성토의 주동 및 수동토압($c \neq 0,\ i = 0$)

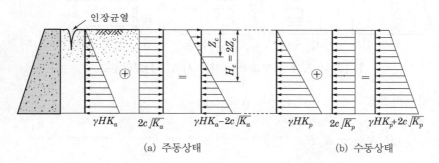

│ 그림 4-21 │ 점성이 있는 흙의 토압분포

① 주동 및 수동토압

$$P_a = \frac{1}{2}\gamma H^2 K_a - 2c\sqrt{K_a}\,H \quad \cdots\cdots\cdots\cdots\cdots\cdots\cdots\cdots\cdots\cdots\cdots\cdots (4-97)$$

$$P_p = \frac{1}{2}\gamma H^2 K_p + 2c\sqrt{K_p}\,H \quad \cdots\cdots\cdots\cdots\cdots\cdots\cdots\cdots\cdots\cdots\cdots (4-98)$$

② 점착고(인장균열(tension crack)깊이) : $\sigma_{ha} = 0$에서

$$\gamma Z_c \tan^2\left(45° - \frac{\phi}{2}\right) - 2c\tan\left(45° - \frac{\phi}{2}\right) = 0$$

$$\therefore\ Z_c = \frac{2c}{\gamma}\,\frac{1}{\tan\left(45° - \dfrac{\phi}{2}\right)} = \frac{2c}{\gamma}\tan\left(45° + \frac{\phi}{2}\right) \quad \cdots\cdots\cdots\cdots\cdots (4-99)$$

③ 한계고(critical height) : 구조물의 설치 없이 사면이 유지되는 높이, 즉 토압의 합력이 0이 되는 깊이를 한계고라 한다.

$$H_c = 2Z_c = \frac{4c}{\gamma}\tan\left(45° + \frac{\phi}{2}\right) \quad \cdots\cdots\cdots\cdots\cdots\cdots\cdots\cdots\cdots\cdots (4-100)$$

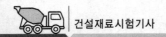

3) 등분포재하 시의 토압($c=0$, $i=0$)

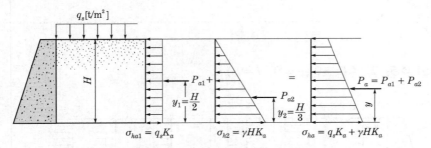

┃그림 4-22┃ 등분포하중 작용 시의 주동토압분포

① 주동 및 수동토압

$$P_a = \frac{1}{2}\gamma H^2 K_a + q_s K_a H \quad \cdots\cdots\cdots\cdots\cdots\cdots\cdots\cdots\cdots\cdots\cdots (4\text{-}101)$$

$$P_p = \frac{1}{2}\gamma H^2 K_p + q_s K_p H \quad \cdots\cdots\cdots\cdots\cdots\cdots\cdots\cdots\cdots\cdots\cdots (4\text{-}102)$$

② 주동토압이 작용하는 작용점 위치

$$P_{a1}\frac{H}{2} + P_{a2}\, T\frac{H}{3} = P_a y$$

$$\therefore\ y = \frac{P_{a1}\dfrac{H}{2} + P_{a2}\dfrac{H}{3}}{P_a} \quad \cdots\cdots\cdots\cdots\cdots\cdots\cdots\cdots\cdots\cdots\cdots (4\text{-}103)$$

여기서, $P_a = P_{a1} + P_{a2}$

4) 뒤채움 흙이 이질층인 경우($c=0$, $i=0$)

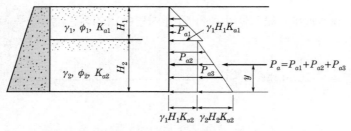

┃그림 4-23┃ 뒤채움 흙이 이질층인 경우의 주동토압분포

① 주동 및 수동토압

$$P_a = \frac{1}{2}\gamma_1 {H_1}^2 K_{a1} + \gamma_1 H_1 H_2 K_{a2} + \frac{1}{2}\gamma_2 {H_2}^2 K_{a2} \quad \cdots\cdots\cdots\cdots\cdots\cdots (4-104)$$

$$P_p = \frac{1}{2}\gamma_1 {H_1}^2 K_{p1} + \gamma_1 H_1 H_2 K_{p2} + \frac{1}{2}\gamma_2 {H_2}^2 K_{p2} \quad \cdots\cdots\cdots\cdots\cdots\cdots (4-105)$$

② 주동토압이 작용하는 작용점 위치

$$P_{a1}\left(\frac{H_1}{3} + H_2\right) + P_{a2}\frac{H_2}{2} + P_{a3}\frac{H_2}{3} = P_a y$$

$$\therefore y = \frac{P_{a1}\left(\dfrac{H_1}{3} + H_2\right) + P_{a2}\dfrac{H_2}{2} + P_{a3}\dfrac{H_2}{3}}{P_a} \quad \cdots\cdots\cdots\cdots\cdots\cdots (4-106)$$

여기서, $P_a = P_{a1} + P_{a2} + P_{a3}$

08 흙의 다짐

8-1 다짐

(1) 정의

함수비를 크게 변화시키지 않고 타격, 누름, 진동, 반죽 등의 인위적인 방법으로 흙에 에너지를 가하여 공극 내의 공기를 배출시킴으로써 흙의 단위중량을 증대시키는 것을 다짐(compaction)이라 한다.

(2) 주된 효과

① 흙의 단위중량 증가　　　　　② 전단강도의 증가
③ 투수계수의 감소　　　　　　④ 압축성(향후 침하량)의 감소
⑤ 지반의 지지력 증가　　　　　⑥ 동상, 팽창, 건조수축 등의 감소

8-2 다짐시험(KS F 2312)의 다짐곡선

함수비와 다져진 흙의 건조단위중량과의 관계곡선을 다짐곡선(compaction curve)이라 한다.

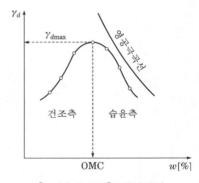

┃ 그림 4-24 ┃ 다짐곡선

① **최적함수비(OMC : Optimum Moisture Content)** : 흙이 가장 잘 다져지는 함수비를 말한다.
② 최대 건조단위중량은 OMC에서 얻어진다.
③ **영공극곡선(zero air void curve)** : 흙 속에 공기간극이 전혀 없는 경우($S_r = 100\%$) 건조밀도와 함수비의 관계곡선을 영공극곡선이라 한다.

$$\gamma_d = \frac{G_s \gamma_w}{1+e} = \frac{G_s \gamma_w}{1 + \dfrac{w\,G_s}{S}} = \frac{\gamma_w}{\dfrac{1}{G_s} + \dfrac{w}{S}} \quad \cdots\cdots (4\text{--}107)$$

④ **다짐도(degree of compaction, C_d)** : 다짐의 정도를 말하며 보통 90~95%의 다짐도가 요구된다.

$$C_d = \frac{\text{현장의 } \gamma_d}{\text{실내 다짐시험에 의한 } \gamma_{d\max}} \times 100[\%] \quad \cdots\cdots\cdots\cdots\cdots\cdots\cdots\cdots\cdots (4-108)$$

⑤ 다짐에너지(compaction energy)

$$E_c = \frac{W_R H N_B N_L}{V} [\text{kg} \cdot \text{cm/cm}^3] \quad \cdots\cdots\cdots\cdots\cdots\cdots\cdots\cdots (4-109)$$

여기서, W_R : Rammer의 무게(kg), N_B : 다짐횟수, N_L : 다짐층수, H : 낙하고(cm)
V : Mold의 체적(cm³)

8-3 다짐한 흙의 특성

(1) 다짐효과에 영향을 미치는 요소(다짐곡선의 특성)

① 다짐에너지 : 다짐에너지를 크게 할수록 최적함수비는 감소하고, 최대 건조단위중량은 증가한다.

② 토질 특성(동일한 에너지로 다지는 경우)
  ㉠ 조립토일수록 최적함수비는 작고, 최대 건조단위중량은 크다.
  ㉡ 입도분포가 양호할수록 최적함수비는 작고, 최대 건조단위중량은 크다.
  ㉢ 점성토에서 소성이 증가할수록 최적함수비는 크고, 최대 건조단위중량은 작다.
  ㉣ 점성토일수록 다짐곡선이 평탄하고 최적함수비가 높아서 함수비의 변화에 따른 다짐효과가 작다.

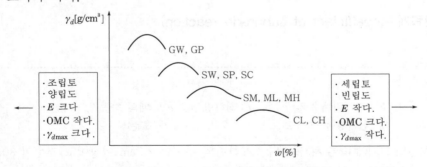

┃ 그림 4-25 ┃ 표준다짐시험으로 다진 여러 종류의 흙에 대한 다짐곡선

(2) 다짐한 점성토의 공학적 특성

① 흙의 구조 : 건조측에서 다지면 면모구조가 되고, 습윤측에서 다지면 이산구조가 된다. 이러한 경향은 다짐에너지가 클수록 더 명백하게 나타난다.

② 투수계수 : 최적함수비보다 약간 습윤측에서 투수계수가 최소가 된다.

③ 전단강도

㉠ 건조측에서는 다짐에너지가 증가할수록 강도가 증가하나, 습윤측에서는 다짐에너지의 크기에 따른 강도의 증감을 거의 무시할 수 있다.

㉡ 동일한 다짐에너지에서는 건조측이 습윤측보다 전단강도가 훨씬 크다.

8-4 평판재하시험(KS F 2310)

(1) 목적

평판재하시험(PBT : Plate Bearing Test)은 지반의 지내력 및 노상, 노반의 지반반력계수, 콘크리트 포장과 같은 강성포장의 두께를 결정하기 위해 행한다.

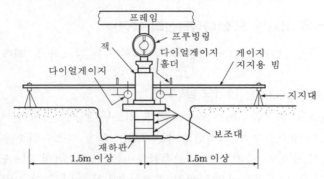

┃그림 4-26┃ 평판재하시험장치

(2) 지반반력계수(coefficient of subgrade reaction)

① $$K = \frac{q}{y}$$ ·· (4-110)

여기서, K : 지지력계수(kg/cm³), q : 침하량 y[cm]일 때의 하중강도(kg/cm²)
  y : 침하량(콘크리트 포장인 경우 0.125cm가 표준)

② 재하판의 크기에 따른 지지력계수 : 재하판의 두께는 2.2cm 이상이고 지름이 30cm, 40cm, 75cm의 원형 또는 정방형의 강판을 사용한다.

$$K_{30} = 2.2K_{75}[\text{kg/cm}^3]$$ ·· (4-111)

$$K_{40} = 1.7K_{75}[\text{kg/cm}^3]$$ ·· (4-112)

여기서, K_{30}, K_{40}, K_{75} : 지름이 각각 30cm, 40cm, 75cm의 재하판을 사용하여 구해진 지지력계수(kg/cm³)

(3) 평판재하시험결과를 이용할 때 유의사항

① 시험한 지점의 토질 종단을 알아야 한다.

② 지하수위면과 그 변동을 고려하여야 한다. 지하수위가 상승하면 흙의 유효밀도는 약 50% 감소하므로 지반의 지지력도 대략 반감한다.

③ scale effect를 고려한다.

(5) 재하판 크기에 대한 보정

① 지지력

ㄱ 점토지반일 때 재하판의 폭에 무관하다.

$$q_{u(기초)} = q_{u(재하판)} \quad \cdots\cdots\cdots\cdots\cdots (4-113)$$

ㄴ 모래지반일 때 재하판 폭에 비례한다.

$$q_{u(기초)} = q_{u(재하판)} \frac{B_{(기초)}}{B_{(재하판)}} \quad \cdots\cdots\cdots\cdots (4-114)$$

② 침하량

ㄱ 점토지반일 때 재하판의 폭에 비례한다.

$$S_{(기초)} = S_{(재하판)} \frac{B_{(기초)}}{B_{(재하판)}} \quad \cdots\cdots\cdots\cdots (4-115)$$

ㄴ 모래지반일 때 침하량은 재하판의 크기가 커지면 약간 커지긴 하지만 폭(B)에 비례하는 정도는 못된다.

$$S_{(기초)} = S_{(재하판)} \left(\frac{2B_{(기초)}}{B_{(기초)} + B_{(재하판)}} \right)^2 \quad \cdots\cdots\cdots\cdots (4-116)$$

Chapter 09 사면의 안정

9-1 사면의 분류(사면규모에 따른 분류)

(1) 유한사면(finite slope)

활동면의 깊이가 사면의 높이에 비해 비교적 큰 것
① 단순사면(uniform slope) : 사면의 경사가 균일하고 사면의 상하단에 접한 지표면이 수평인 사면
② 복합사면(variable slope) : 사면의 경사가 중간에서 변화하고 사면의 상하단에 접한 지표면이 수평이 아닌 사면

(2) 무한사면(infinite slope)

활동면의 깊이가 사면의 높이에 비해 작은 것

9-2 유한(단순)사면의 안정해석법

(1) 평면파괴면을 갖는 사면의 안정해석(Culmann의 도해법)

① 한계고

$$H_c = \frac{4c}{\gamma_t}\left(\frac{\sin\beta\cos\phi}{1-\cos(\beta-\phi)}\right) \quad\text{.............................}(4-117)$$

② 직립면의 한계고 : $\beta = 90°$이므로

$$H_c = \frac{4c}{\gamma_t}\left(\frac{\cos\phi}{1-\sin\phi}\right) = \frac{4c}{\gamma_t}\tan\left(45° + \frac{\phi}{2}\right) \quad\text{.......................}(4-118)$$

$$= \frac{2q_u}{\gamma_t} \quad\text{.................................}(4-119)$$

$$= 2Z_c \quad\text{.................................}(4-120)$$

(2) 안정도표(stability chart)에 의한 사면의 안정해석

① 한계고

$$H_c = \frac{N_s c}{\gamma_t}$$ ·· (4−121)

여기서, N_s : 안정계수(stability factor)$\left(= \dfrac{1}{\text{안정수}}\right)$

② 안전율

$$F_s = \frac{H_c}{H}$$ ·· (4−122)

③ 심도계수(depth function, N_d)

$$N_d = \frac{H'}{H}$$ ·· (4−123)

여기서, H : 사면의 높이, H' : 사면의 어깨에서 지반까지의 깊이

(3) 원호파괴면을 갖는 사면의 안정해석

1) 질량법(mass procedure)

파괴면 위의 흙을 하나로 취급하는 방법으로 사면을 형성하는 흙이 균질한 경우에 유용한 방법이나 실제 대부분의 자연사면의 경우 거의 적용할 수 없다.

① $\phi = 0$해석법

  ㉠ 포화점토의 비배수상태(급속재하)에서의 시공 직후 안정해석법으로 전응력해석법이다.

  ㉡ 안전율

$$F_s = \frac{M_r}{M_d} = \frac{c_u \gamma L_a}{Wd}$$ ·· (4−124)

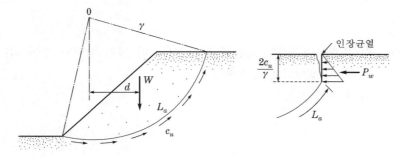

┃ 그림 4−27 ┃ $\phi = 0$해석법

② $\phi > 0$해석법(마찰원법) : Taylor가 발전시킨 전응력해석법이다.

2) 분할법(절편법, slice method)

파괴면 위의 흙을 수개의 절편으로 나눈 후 각각의 절편에 대해 안정성을 계산하는 방법으로 이질토층, 지하수위가 있을 때 적용한다.

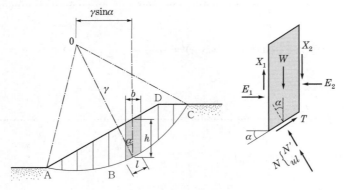

┃그림 4-28 ┃ 절편법

① Fellenius방법(스웨덴방법)
  ㉠ 가정 : 절편의 양 연직면에 작용하는 힘들의 합이 0이다.

$$X_1 - X_2 = 0, \ E_1 - E_2 = 0$$

  ㉡ 특징
  • 전응력해석법이 정확하다(유효응력해석법은 신뢰도가 떨어진다).
  • $\phi = 0$일 때 정해가 구해진다.
  • 사면의 단기안정해석에 유효하다.

② Bishop 간편법
  ㉠ 가정 : 절편의 양 연직면에 작용하는 힘들의 합은 수평방향으로 작용한다. 즉 연직방향의 합력은 0이다.

$$X_1 - X_2 = 0$$

  ㉡ 특징
  • 전응력, 유효응력해석이 가능하고 안전율값이 거의 실제와 같이 나타난다.
  • 사면의 장기안정해석에 유효하다.
  • 가장 널리 사용한다.

9-3 무한사면의 안정해석법

깊이에 비해 사면의 길이가 길 때 파괴면은 사면에 평행하게 형성된다. 사면의 길이는 거의 무한대이므로 양 끝의 영향은 무시한다.

(1) 파괴면에 작용하는 수직응력과 전단응력

1) 수직응력

$$\sigma = \gamma_t Z\cos^2 i \qquad\qquad (4\text{--}125)$$

2) 전단응력

$$\tau = \gamma_t Z\cos i \sin i \qquad\qquad (4\text{--}126)$$

(2) 안전율

1) 지하수위가 파괴면 아래에 있을 경우

① $c \neq 0$일 때

$$F_s = \frac{\tau_f}{\tau} = \frac{c + \gamma_t Z\cos^2 i \tan\phi}{\gamma_t Z\cos i \sin i} = \frac{c}{\gamma_t Z\cos i \sin i} + \frac{\tan\phi}{\tan i} \qquad\qquad (4\text{--}127)$$

② $c = 0$일 때(사질토)

$$F_s = \frac{\tan\phi}{\tan i} \qquad\qquad (4\text{--}128)$$

2) 지하수위가 지표면과 일치할 경우

① $c \neq 0$일 때

$$F_s = \frac{\tau_f}{\tau} = \frac{c + \gamma_{sub} Z\cos^2 i \tan\phi}{\gamma_{sat} Z\cos i \sin i} = \frac{c}{\gamma_{sat} Z\cos i \sin i} + \frac{\gamma_{sub}}{\gamma_{sat}} \frac{\tan\phi}{\tan i} \qquad\qquad (4\text{--}129)$$

② $c = 0$일 때(사질토)

$$F_s = \frac{\gamma_{sub}}{\gamma_{sat}} \frac{\tan\phi}{\tan i} \fallingdotseq \frac{1}{2} \frac{\tan\phi}{\tan i} \qquad\qquad (4\text{--}130)$$

Chapter 10 지반조사

10-1 지반조사의 종류

(1) Boring

지표면에서 지반에 구멍을 뚫어 심층지반을 조사하는 방법이다.

1) 목적

① 지반의 구성상태 파악
② 지하수위 파악
③ 토질시험을 위한 불교란 시료의 채취(sampling)
④ boring공 내에서의 원위치시험

2) 종류

① 수동식 오거보링(Hand auger boring)
  ㉠ 인력으로 하며 현장에서 가장 간단히 할 수 있다.
  ㉡ 심도는 6~7m 정도(사질토는 3~4m)이고, 최대 심도는 10m이다.
② 충격식 보링(Percussion boring) : 와이어로프 끝에 percussion bit를 붙여 60~70cm 올려 낙하시켜 구멍을 뚫는 공법이다.
  ㉠ core 채취가 불가능하다.
  ㉡ 단단한 흙이나 암반 등에 구멍을 뚫을 때 이용하는 방법이다.
③ 회전식 보링(Rotary boring) : drill rod 선단에 장착된 drilling bit를 고속으로 회전하면서 가압함으로써 토사 및 암을 절삭분쇄하여 굴진하는 공법이다.
  ㉠ core 채취가 가능하다.
  ㉡ 거의 모든 지반에 적용된다(토사에서 암까지 적용 지질의 범위가 넓다).

(2) Sounding

1) 개요

Rod 선단에 설치한 저항체를 땅속에 삽입하여 관입, 회전, 인발 등의 저항치로부터 지반의 특성을 파악하는 지반조사방법이다.

2) 종류

계통	방식	장치형식	시험명칭	보링
동적	타입식	단관 cone	동적 원추관입시험 (dynamic cone penetration test)	불필요
		단관 split spoon sampler	표준관입시험(SPT)	필요
정적	압입식	단관 cone	휴대용 원추관입시험 (portable cone penetration test)	불필요
		이중관 cone	화란식 원추관입시험 (dutch cone penetration test)	불필요
	추재하, 회전관입	단관 screw point	스웨덴식 관입시험 (swedish penetration test)	불필요
	인발	wire rope, 저항날개	이스키미터시험 (iskymeter test)	불필요
	완속회전	단관 vane	베인시험(vane test)	필요

얕은 기초

11-1 기초의 구비조건

① 최소한의 근입깊이를 가질 것 : 동해, 지반의 건조수축, 습윤팽창, 지하수위변화 등에 영향을 받지 않아야 한다.
② 지지력에 대해 안정할 것
③ 침하에 대해 안정할 것 : 침하량이 허용치 이내에 들어야 한다.
④ 시공이 가능하고 경제적일 것

11-2 얕은 기초의 극한지지력

(1) Terzaghi의 기초파괴형상

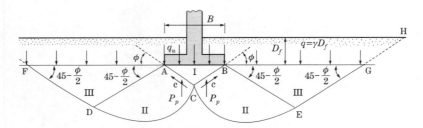

┃그림 4-29┃ 강성 연속기초의 전반전단파괴

① • **영역 Ⅰ** : 탄성영역, 기초면이 거칠어서 마찰저항이나 점착력에 의해 전단변형이 억제되므로 주동상태가 되지 않고 탄성평형상태로서 기초의 일부와 같이 거동
  • **영역 Ⅱ** : 과도영역 또는 방사상 전단영역
  • **영역 Ⅲ** : Rankine의 수동영역, 흙의 선형전단파괴영역
② AC, BC 둘 다 수평선과 ϕ의 각을 이룬다.
③ 영역 Ⅲ에서 수평선과 $45° - \dfrac{\phi}{2}$의 각을 이룬다.
④ 파괴순서는 Ⅰ → Ⅱ → Ⅲ으로 된다.

⑤ 원호 CD, CE는 대수나선원호이다.

⑥ DF, EG는 직선이다.

⑦ GH선상의 전단강도는 무시한다.

(2) Terzaghi의 수정지지력공식

Terzaghi는 지지력계수를 전반전단파괴와 국부전단파괴의 2가지 경우로 나누고 있는데, 실제로 어느 파괴가 일어날지를 예측하는 것은 곤란하다. 따라서 실용적으로 수정한 파괴형태를 구별하지 않는 수정지지력공식이 제안되었다.

$$q_{ult} = \alpha c N_c + \beta \gamma_1 B N_\gamma + \gamma_2 D_f N_q \quad \text{.......................} (4-131)$$

여기서, N_c, N_γ, N_q : 지지력계수로서 ϕ의 함수, c : 기초저면흙의 점착력(t/m²)

　　　　B : 기초의 최소폭(m), γ_1 : 기초저면보다 하부에 있는 흙의 단위중량(t/m³)

　　　　γ_2 : 기초저면보다 상부에 있는 흙의 단위중량(단, γ_1, γ_2는 지하수위 아래에서는 수중단위중량(γ_{sub})을 사용한다)(t/m³)

　　　　D_f : 근입깊이(m), α, β : 기초모양에 따른 형상계수(shape factor)

1) 형상계수

구분	연속	정사각형	직사각형	원형
α	1.0	1.3	$1 + 0.3\dfrac{B}{L}$	1.3
β	0.5	0.4	$0.5 - 0.1\dfrac{B}{L}$	0.3

여기서, B : 구형의 단변길이, L : 구형의 장변길이

2) 지하수위의 영향

① 기초하중면 아래쪽의 경우 기초폭보다 깊으면 지지력에 영향이 없다.

② 기초하중면 위에 있는 경우 지하수위 아래쪽 흙의 밀도를 고려하여 평균밀도를 사용한다.

　㉠ $0 \leq D_1 < D_f$인 경우

　　• $\gamma_1 = \gamma_{sub}$ .... (4-132)

　　• $D_f \gamma_1 = D_1 \gamma_t + D_2 \gamma_{sub}$ .... (4-133)

　㉡ $0 \leq d \leq B$인 경우

　　• $\gamma_1 = \gamma_{sub} + \dfrac{d}{B}(\gamma - \gamma_{sub})$ .... (4-134)

　　• $\gamma_2 = \gamma_t$ .... (4-135)

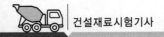
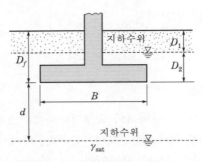

┃그림 4-30┃ 지하수위가 있는 경우에 대한 지지력공식의 수정

11-3 허용지지력

$$q_a = \frac{q_u}{F_s} \quad \cdots\cdots\cdots\cdots\cdots\cdots\cdots\cdots\cdots\cdots\cdots\cdots\cdots\cdots\cdots\cdots\cdots\cdots (4-136)$$

여기서, $F_s = 3$

12

깊은 기초

12-1 말뚝기초

(1) 말뚝기초(pile foundation)의 지지력

1) 정역학적 지지력공식

말뚝의 극한지지력을 주면마찰력과 선단저항의 합으로 생각하여 극한지지력 또는 허용지지력을 구하는 방법이다.

① Terzaghi의 공식 : 얕은 기초의 지지력이론에 기인한 지지력공식이다.

　㉠ 극한지지력

$$R_u = R_p + R_f = q_p A_p + f_s A_s \quad \text{...} (4\text{-}137)$$

　　여기서, R_u : 말뚝의 극한지지력(t), R_p : 말뚝의 선단지지력(t)

　　　　　 R_f : 말뚝의 주면마찰력(t), q_p : 단위의 선단지지력(t/m²)

　　　　　 A_p : 말뚝의 선단지지면적(m²), f_s : 단위의 마찰저항력(t/m²)

　　　　　 A_s : 말뚝의 주면적(m²)

　㉡ 허용지지력

$$R_a = \frac{R_u}{F_s} \quad \text{...} (4\text{-}138)$$

　　여기서, $F_s = 3$

② Meyerhof의 공식 : 표준관입시험결과(N치)에 의한 지지력공식으로 사질지반에서 우수하다.

　㉠ 극한지지력

$$R_u = R_p + R_f = 40 N A_p + \frac{1}{5}\overline{N_s} A_s \quad \text{...} (4\text{-}139)$$

　　여기서, A_p : 말뚝의 선단단면적(m²), N : 말뚝 선단 부위의 N치

　　　　　 $\overline{N_s}$: 모래층의 N치의 평균치, A_s : 모래층의 말뚝의 주면적(m²)

　　ⓛ 허용지지력

$$R_a = \frac{R_u}{F_s}$$ .... (4-140)

　　여기서, $F_s = 3$

2) 동역학적 지지력공식

항타할 때의 타격에너지와 지반의 변형에 의한 에너지가 같다고 하여 말뚝의 정적인 극한지지력을 동적인 관입저항에서 구한 것으로 간편하다는 이점이 있으나 정밀도에서는 좋지 않다.

① Engineering – News공식

　ⓐ 극한지지력

　　• Drop hammer

$$R_u = \frac{W_r h}{S + 2.54}$$ .... (4-141)

　　• 단동식 steam hammer

$$R_u = \frac{W_r h}{S + 0.254}$$ .... (4-142)

　　• 복동식 steam hammer

$$R_u = \frac{(W_r + A_p P)h}{S + 0.254}$$ .... (4-143)

　　여기서, A_p : 피스톤의 면적(cm^2), P : hammer에 작용하는 증기압(t/cm^2)
　　　　　 S : 타격당 말뚝의 평균관입량(cm), H : 낙하고(cm)

　ⓑ 허용지지력

$$R_a = \frac{R_u}{F_s}$$ .... (4-144)

　　여기서, $F_s = 6$

② Sander공식

　ⓐ 극한지지력

$$R_u = \frac{W_h h}{S}$$ .... (4-145)

ⓛ 허용지지력

$$R_a = \frac{R_u}{F_s} \quad \cdots\cdots\cdots\cdots\cdots\cdots\cdots\cdots\cdots\cdots\cdots\cdots\cdots\cdots\cdots\cdots\cdots\cdots\cdots\cdots\cdots\cdots (4-146)$$

여기서, $F_s = 8$

③ Weisbach공식

(2) 부마찰력(negative friction)

① 정의 : 주면마찰력은 보통 상향으로 작용하여 지지력에 가산되었으나 말뚝 주위의 지반이 말뚝보다 더 많이 침하하게 되면 주면마찰력이 하향으로 발생하여 하중역할을 하게 된다. 이러한 주면마찰력을 부마찰력이라 한다. 부마찰력이 발생하는 경우는 압밀침하를 일으키는 연약점토층을 관통하여 지지층에 도달한 지지말뚝의 경우나 연약점토지반에 말뚝을 항타한 다음 그 위에 성토를 한 경우 등이다.

② 부마찰력의 크기

$$R_{nf} = f_n A_s \quad \cdots\cdots\cdots\cdots\cdots\cdots\cdots\cdots\cdots\cdots\cdots\cdots\cdots\cdots\cdots\cdots\cdots\cdots\cdots\cdots\cdots (4-147)$$

여기서, f_n : 단위면적당 부마찰력$\left(연약점토 시 f_n = \frac{1}{2} q_u\right)$

A_s : 부마찰력이 작용하는 부분의 말뚝의 주면적(m^2)

③ 발생원인

ⓐ 지반 중에 연약점토층의 압밀침하 ⓑ 연약한 점토층 위의 성토(사질토)하중
ⓒ 지하수위 저하

(3) 군항(무리말뚝)

1) 판정기준

2개 이상의 말뚝에서 지중응력의 중복 여부로 판정한다.

$$D = 1.5 \sqrt{rL} \quad \cdots\cdots\cdots\cdots\cdots\cdots\cdots\cdots\cdots\cdots\cdots\cdots\cdots\cdots\cdots\cdots\cdots\cdots\cdots\cdots\cdots (4-148)$$

① $D > d$: 군항(group pile)
② $D < d$: 단항(single pile)

여기서, D : 말뚝에 의한 지중응력이 중복되지 않기 위한 말뚝간격, r : 말뚝반지름
L : 말뚝길이, d : 말뚝의 중심간격

2) 군항의 허용지지력

① $R_{ag} = E N R_a \quad \cdots\cdots\cdots\cdots\cdots\cdots\cdots\cdots\cdots\cdots\cdots\cdots\cdots\cdots\cdots\cdots\cdots\cdots\cdots\cdots\cdots (4-149)$

② $$E = 1 - \frac{\phi}{90}\left[\frac{(m-1)n + m(n-1)}{mn}\right]$$ .... (4-150)

③ $$\phi = \tan^{-1}\frac{D}{S}$$ .... (4-151)

여기서, E : 군항의 효율, N : 말뚝개수, R_a : 말뚝 1개의 허용지지력, S : 말뚝간격(m)

D : 말뚝직경(m), m : 각 열의 말뚝수, n : 말뚝 열의 수

12-2 케이슨기초

(1) 정의

지상 또는 지중에 구축한 중공대형의 철근콘크리트 구조물을 저부의 흙을 굴착하면서 자중 또는 별도의 하중을 가하여 지지층까지 침하시킨 후 그 저부에 콘크리트를 쳐서 설치하는 기초를 케이슨기초(caisson foundation)라 한다.

(2) 공법의 종류

1) Open caisson기초(정통기초, well foundation)

① 장점

　㉠ 침하깊이에 제한을 받지 않는다.

　㉡ 기계설비가 간단하다.

　㉢ 공사비가 싸다.

② 단점

　㉠ 지지력, 토질상태를 조사, 확인할 수 없다.

　㉡ 케이슨이 기울어질 우려가 있으며 경사수정이 곤란하다.

　㉢ 굴착 시 boiling, heaving이 우려된다.

　㉣ 저부의 연약토를 깨끗이 제거하지 못한다.

③ 정통의 제자리놓기

　㉠ 축도법 : 흙 가마니, 널말뚝 등으로 물을 막고 그 내부를 토사로 채운 후 그 위에서 육상의 경우와 같이 케이슨을 놓아 침하시키는 공법이다.

　㉡ 비계식 : 케이슨을 발판 위에서 만든 다음 서서히 끌어내려 침설시키는 공법이다.

　㉢ 예항식(부동식)

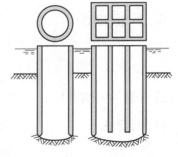

▮그림 4-31▮ 오픈케이슨

2) 공기케이슨기초(pneumatic caisson기초)

케이슨 저부에 작업실을 만들고, 이 작업실에 압축공기를 가하여 건조상태에서 인력굴착을 하여 케이슨을 침하시키는 공법이다.

① 장점

　㉠ 건조상태에서 작업하므로 침하공정이 빠르고 장애물 제거가 쉽다.

　㉡ 토층의 확인과 지지력시험이 가능하다.

　㉢ 이동경사가 작고 경사수정이 쉽다.

　㉣ boiling, heaving을 방지할 수 있다.

　㉤ 수중작업이 아니므로 저부 콘크리트의 신뢰도가 높다.

② 단점

　㉠ 소음, 진동이 크다.

　㉡ 케이슨병이 발생한다.

　㉢ 수면하 35~40m 이상의 깊은 공사는 못한다.

　㉣ 노무자의 모집이 곤란하고 비싸다.

　㉤ 기계설비가 고가이다.

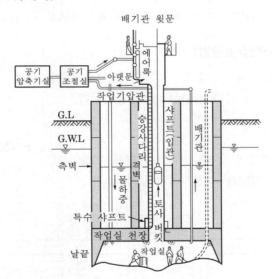

| 그림 4-32 | 뉴매틱케이슨의 구조

Chapter

13 연약지반개량공법

13-1 점토지반개량공법

(1) 치환공법

연약점토지반의 일부 또는 전부를 제거한 후 양질의 사질토로 치환하여 지지력을 증대시키는 공법으로 공기를 단축할 수 있고 공사비가 저렴하므로 지금도 많이 이용된다.

(2) pre-loading공법(사전압밀공법)

구조물 축조 전에 미리 재하하여 하중에 의한 압밀을 미리 끝나게 하는 공법으로 공기가 길다는 것이 단점이다.

▌그림 4-33 ▌ pre-loading공법

(3) Sand drain공법

연약점토층이 깊은 경우 연약점토층에 모래말뚝을 박아 배수거리를 짧게 하여 압밀을 촉진시키는 공법이다.

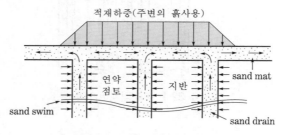

▌그림 4-34 ▌ sand drain공법

1) sand drain의 설치

① 압축공기식 케이싱법(Mandrel법)
② Water jet식 케이싱법
③ Auger식 케이싱법

2) sand drain의 설계

① sand drain의 배열

㉠ 정삼각형 배열 : $d_e = 1.05d$ .... (4-152)

㉡ 정사각형 배열 : $d_e = 1.13d$ .... (4-153)

여기서, d_e : drain의 영향원 지름, d : drain의 간격

② 수평, 연직방향 투수를 고려한 전체적인 평균압밀도

$$U = 1 - (1 - U_h)(1 - U_v)$$ .... (4-154)

여기서, U_h : 수평방향의 평균압밀도, U_v : 연직방향의 평균압밀도

(4) Paper drain공법(card board wicks method)

모래말뚝 대신에 합성수지로 된 card board를 땅속에 박아 압밀을 촉진시키는 공법이다.

1) sand drain에 비해 paper drain의 특징

① 시공속도가 빠르다.
② 배수효과가 양호하다. sand drain의 설치간격은 어느 한계 이상으로 작게 할 수 없으나 paper drain의 간격은 얼마든지 작게 시공할 수 있으므로 배수거리를 더 작게 함으로써 압밀효과를 촉진시킬 수 있다.
③ 타입 시 교란이 거의 없어서 압밀계수 $C_h \fallingdotseq 2 \sim 4 C_v$로 설계한다(sand pile 타입 시 지반이 교란되므로 $C_h \fallingdotseq C_v$).
④ drain 단면이 깊이에 대하여 일정하다.
⑤ 장기간 사용 시 열화현상이 생겨 배수효과가 감소한다.
⑥ 특수 타입기계가 필요하다.
⑦ 대량생산 시에 공사비가 싸다.

2) paper drain의 설계

$$D = \alpha \left(\frac{2A + 2B}{\pi} \right)$$ .... (4-155)

여기서, D : drain paper의 등치환산원의 지름, α : 형상계수(0.75), A, B : drain의 폭과 두께(cm)

(5) 전기침투공법

물로 포화된 세립토 중에 한 쌍의 전극을 설치하여 직류로 보내면 (+)극에서 (−)극으로 흐르

는 전기침투현상에 의하여 (−)극에 모인 물(간극수)을 배수시켜 전단저항과 지지력을 향상시키는 공법이다.

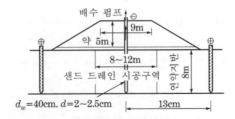

| 그림 4-35 | 전기침투공법에서의 전극배치의 예

(6) 침투압공법(MAIS공법)

함수비가 큰 점토층에 반투막 중공원통(ϕ 약 25cm)을 넣고 그 안에 농도가 큰 용액을 넣어서 점토분의 수분을 빨아내는 공법이다.

(7) 생석회말뚝(chemico pile)공법

생석회가 물을 흡수하면 발열반응을 일으켜서 소석회가 되며, 이때에 체적이 2배로 팽창하는 원리를 이용하여 지반을 개량하는 공법이다.

13-2 사질토지반개량공법

(1) 다짐말뚝공법

RC, PC말뚝을 땅속에 박아서 말뚝의 체적만큼 흙을 배제하여 압축함으로써 사질토지반의 전단강도를 증진시키는 공법이다.

(2) 다짐모래말뚝공법(sand compaction pile공법, compozer공법)

충격, 진동타입에 의하여 지반에 모래를 압입하여 잘 다져진 모래말뚝을 만드는 공법이다.

(3) 바이브로플로테이션(vibroflotation)공법

수평으로 진동하는 봉상의 vibroflot(ϕ 약 20cm)로 사수와 진동을 동시에 일으켜서 생긴 빈틈에 모래나 자갈을 채워서 느슨한 모래지반을 개량하는 공법이다.
① 지반을 균일하게 다질 수 있다.
② 공기가 빠르다.
③ 깊은 곳의 다짐을 지표면에서 할 수 있다.
④ 지하수위와 관계없이 시공이 가능하다.

⑤ 상부구조물에 진동이 있을 때 효과적이다.

⑥ 공사비가 저렴하다.

(4) 폭파다짐공법

인공지진이나 다이너마이트를 발파하여 느슨한 사질지반을 다지는 공법이다.

(5) 약액주입공법

지반 내에 주입관을 삽입한 후 cement, asphalt 등의 약액을 압송, 충진시켜 일정 시간 경과 후 지반을 고결시키는 공법이다.

13-3 일시적 지반개량공법

(1) Well point공법

well point라는 흡수관을 지중에 여러 개 관입하여 지하수위를 저하시켜 dry work를 하기 위한 강제배수공법이다.

① 실트질 모래지반에 효과적이다(점토지반에는 곤란하다).

② 사질토 : 굴착 시에는 boiling 방지

③ 점성토 : 압밀 촉진에 이용

(2) Deep well공법(깊은 우물공법)

$\phi 0.3 \sim 1.5 \text{m}$ 정도의 깊은 우물을 판 후 strainer를 부착한 casing(우물관)을 삽입하여 지하수를 펌프로 양수함으로써 지하수위를 저하시키는 중력식 배수공법이다.

MEMO

7 개년

과년도 기출문제

ENGINEER CONSTRUCTION MATERIAL TESTING

제1과목 · 콘크리트공학

01 직경이 150mm이고 높이가 300mm인 원주형 콘크리트 공시체를 쪼갬인장강도시험한 결과 최대 강도가 141.4kN이었다. 이 공시체의 인장강도는?

① 6.3MPa   ② 3.1MPa

③ 8.0MPa   ④ 2.0MPa

해설 $f = \dfrac{2P}{\pi Dl} = \dfrac{2 \times 141,400}{\pi \times 150 \times 300} = 2\text{N/mm}^2 = 2\text{MPa}$

02 콘크리트 타설에 대한 설명 중 옳지 않은 것은?

① 콘크리트를 2층 이상으로 나누어 타설할 경우 상층의 콘크리트 타설은 원칙적으로 하층의 콘크리트가 굳기 시작하기 전에 해야 한다.

② 콘크리트 타설 도중에 표면에 떠올라 고인 블리딩수가 있을 경우에는 표면에 도랑을 만들어 제거하여야 한다.

③ 한 구획 내의 콘크리트는 타설이 완료될 때까지 연속해서 타설해야 한다.

④ 콘크리트는 그 표면이 한 구획 내에서는 거의 수평이 되도록 타설하는 것을 원칙으로 한다.

해설 콘크리트 치기 도중 표면에 떠올라 고인 블리딩수가 있을 경우에는 적당한 방법으로 이 물을 제거한 후 그 위에 콘크리트를 타설한다. 고인 물을 제거하기 위해 콘크리트 표면에 도랑을 만들어 흐르게 해서는 안 된다.

03 프리스트레스트 콘크리트(PSC)를 철근콘크리트(RC)와 비교할 때 사용재료와 역학적 성질의 특징에 대한 설명으로 틀린 것은?

① 부재 전단면의 유효한 이용

② 부재의 탄성과 복원성이 뛰어남

③ 긴장재로 인한 자중과 전단력의 증가

④ 고강도 콘크리트와 고강도 강재의 사용

해설 RC에 비하여 복부의 폭을 얇게 할 수 있어서 부재의 자중이 감소하고, PSC의 상향력에 의하여 전단력이 감소한다.

04 설계기준강도가 21MPa인 콘크리트로부터 5개의 공시체를 만들어 압축강도시험을 한 결과 압축강도가 다음과 같았다. 품질관리를 위한 압축강도의 변동계수값은 약 얼마인가? (단, 표준편차는 불편분산의 개념으로 구할 것)

22, 23, 24, 27, 29(MPa)

① 11.7%   ② 13.6%

③ 15.2%   ④ 17.4%

해설 ㉠ 평균치

$$\overline{x} = \frac{22+23+24+27+29}{5} = 25\text{MPa}$$

㉡ $S = (22-25)^2 + (23-25)^2 + (24-25)^2$
$\qquad + (27-25)^2 + (29-25)^2 = 34$

㉢ 불편분산의 표준편차

$$\sigma = \sqrt{\frac{S}{n-1}} = \sqrt{\frac{34}{5-1}} = 2.92\text{MPa}$$

㉣ 변동계수

$$C_V = \frac{\sigma}{\overline{x}} \times 100 = \frac{2.92}{25} \times 100 = 11.68\%$$

05 숏크리트의 특징에 대한 설명으로 틀린 것은?

① 임의방향으로 시공 가능하나 리바운드 등의 재료손실이 많다.

② 용수가 있는 곳에서도 시공하기 쉽다.

③ 노즐맨의 기술에 의하여 품질, 시공성 등에 변동이 생긴다.

④ 수밀성이 적고 작업 시에 분진이 생긴다.

해설 뿜어 붙일 면에 용수가 있으면 부착이 곤란하다.

06 프리스트레스트 콘크리트에 대한 일반적인 설명으로 틀린 것은?

① 굵은 골재 최대 치수는 보통의 경우 40mm를 표준으로 한다.

② 프리스트레스트 콘크리트 그라우트에 사용하는 혼화제는 블리딩 발생이 없는 타입의 사용을 표준으로 한다.

③ 그라우트 되는 다수의 강선, 강연선 또는 강봉을 배치하기 위한 덕트는 내부 단면적이 긴장재 단면적의 2배 이상이어야 한다.

④ 프리텐션방식에서 프리스트레싱할 때의 콘크리트의 압축강도는 30MPa 이상이어야 한다.

해설 프리스트레스트 콘크리트
㉠ 굵은 골재 최대 치수는 보통의 경우 25mm를 표준으로 한다. 그러나 부재치수, 철근간격, 펌프압송 등의 사정에 따라 20mm를 사용할 수도 있다.
㉡ 프리스트레싱을 할 때의 콘크리트의 압축강도는 프리스트레스를 준 직후, 콘크리트에 일어나는 최대 압축응력의 1.7배 이상이어야 한다. 또한 프리텐션방식에서 콘크리트 압축강도는 30MPa 이상이어야 한다.

07 잔골재율에 대한 설명 중 틀린 것은?

① 골재 중 5mm체를 통과한 부분을 잔골재로 보고, 5mm체에 남는 부분을 굵은 골재로 보아 산출한 잔골재량의 전체 골재량에 대한 절대용적비를 백분율로 나타낸 것을 말한다.

② 잔골재율이 어느 정도보다 작게 되면 콘크리트가 거칠어지고 재료분리가 일어나는 경향이 있다.

③ 잔골재율은 소요의 워커빌리티를 얻을 수 있는 범위에서 단위수량이 최대가 되도록 한다.

④ 잔골재율을 작게 하면 소요의 워커빌리티를 얻기 위한 단위수량이 감소되고 단위시멘트양이 적게 되어 경제적이다.

해설 잔골재율
㉠ 잔골재율은 소요의 워커빌리티를 얻을 수 있는 범위 내에서 단위수량이 최소가 되도록 한다.
㉡ 잔골재율을 작게 하면 소요의 워커빌리티를 얻기 위하여 필요한 단위수량이 적게 되어 단위시멘트양이 적어지므로 경제적이지만, 어느 정도보다 작게 되면 콘크리트는 거칠어지고 재료분리가 일어나는 경향이 있으며 워커빌리티한 콘크리트를 얻기 어렵다.

08 다음 조건에서 콘크리트의 배합강도를 결정하면?

- 설계기준압축강도(f_{ck}) : 40MPa
- 압축강도의 시험횟수 : 23회
- 23회의 압축강도시험으로부터 구한 표준편차 : 6MPa
- 압축강도의 시험횟수가 20회, 25회인 경우 표준편차의 보정계수 : 1.08, 1.03

① 48.5MPa   ② 49.6MPa

③ 50.7MPa   ④ 51.2MPa

해설 ㉠ 23회일 때 직선보간을 한 표준편차의 보정계수

$$\alpha = 1.03 + \frac{(1.08 - 1.03) \times 2}{5} = 1.05$$

㉡ 직선보간한 표준편차
$$S = 1.05 \times 6 = 6.3\text{MPa}$$

㉢ $f_{ck} > 35$MPa이므로

- $f_{cr} = f_{ck} + 1.34S$
  $= 40 + 1.34 \times 6.3 = 48.44\text{MPa}$

- $f_{cr} = 0.9f_{ck} + 2.33S$
  $= 0.9 \times 40 + 2.33 \times 6.3 = 50.68\text{MPa}$

∴ 위 두 값 중 큰 값이 배합강도이므로
$$f_{cr} = 50.68\text{MPa}$$

09 콘크리트 비비기에 대한 설명으로 틀린 것은?

① 강제식 믹서를 사용하여 비비기를 할 경우 비비기 시간은 최소 1분 이상을 표준으로 한다.

② 비비기는 미리 정해둔 비비기 시간의 5배 이상 계속하지 않아야 한다.

③ 비비기를 시작하기 전에 미리 믹서 내부를 모르타르로 부착시켜야 한다.

④ 연속믹서를 사용할 경우 비비기 시작 후 최초에 배출되는 콘크리트는 사용하지 않아야 한다.

해설 비비기는 미리 정해둔 비비기 시간의 3배 이상 계속하지 않아야 한다.

10 고압증기양생을 한 콘크리트의 특징에 대한 설명으로 틀린 것은?

① 매우 짧은 기간에 고강도가 얻어진다.
② 황산염에 대한 저항성이 증대된다.
③ 건조수축이 증가한다.
④ 철근의 부착강도가 감소한다.

해설 고압증기양생
㉠ 표준양생의 28일 강도를 24시간 만에 낼 수 있다.
㉡ 내구성이 좋아지고 백태현상이 감소한다.
㉢ 건조수축이 작아진다.
㉣ Creep가 크게 감소한다.

11 콘크리트에 발생되는 크리프에 대한 설명 중 틀린 것은?

① 시멘트양이 많을수록 크리프는 증가한다.
② 온도가 낮을수록 크리프는 증가한다.
③ 조강 시멘트는 보통 시멘트보다 크리프가 작다.
④ 부재의 치수가 작을수록 크리프는 증가한다.

해설 크리프(creep)가 큰 경우
습도가 작을수록, 대기온도가 높을수록, 부재치수가 작을수록, 단위시멘트양이 많을수록, 물−시멘트비가 클수록, 재하응력이 클수록, 재령이 작을수록

12 시방배합상의 잔골재의 양은 500kg/m^3이고 굵은 골재의 양은 $1,000 \text{kg/m}^3$이다. 표면수량은 각각 5%와 3%이었다. 현장 배합으로 환산한 잔골재와 굵은 골재의 양은?

① 잔골재 : 525kg/m^3, 굵은 골재 : $1,030 \text{kg/m}^3$
② 잔골재 : 475kg/m^3, 굵은 골재 : 970kg/m^3
③ 잔골재 : 470kg/m^3, 굵은 골재 : 975kg/m^3
④ 잔골재 : 520kg/m^3, 굵은 골재 : $1,025 \text{kg/m}^3$

해설 ㉠ 잔골재의 표면수량=$500 \times 0.05 = 25 \text{kg}$
굵은 골재의 표면수량=$1,000 \times 0.03 = 30 \text{kg}$
㉡ 잔골재량=$500 + 25 = 525 \text{kg}$
굵은 골재량=$1,000 + 30 = 1,030 \text{kg}$

13 프리플레이스트 콘크리트에 대한 일반적인 설명으로 틀린 것은?

① 사용하는 잔골재의 조립률은 1.4~2.2범위로 한다.

② 대규모 프리플레이스트 콘크리트를 대상으로 할 경우 굵은 골재의 최소 치수를 작게 하는 것이 효과적이다.

③ 프리플레이스트 콘크리트의 강도는 원칙적으로 재령 28일 또는 재령 91일의 압축강도를 기준으로 한다.

④ 굵은 골재의 최소 치수는 15mm 이상, 굵은 골재의 최대 치수는 부재 단면 최소 치수의 1/4 이하, 철근콘크리트의 경우 철근순간격의 2/3 이하로 하여야 한다.

해설 프리플레이스트 콘크리트
㉠ 잔골재의 조립률은 1.4~2.2범위로 한다.
㉡ 굵은 골재의 최소 치수는 15mm 이상으로 한다.
㉢ 굵은 골재의 최대 치수는 최소 치수의 2~4배 정도로 한다.
㉣ 대규모 프리플레이스트 콘크리트를 대상으로 할 경우 굵은 골재의 최소 치수를 크게 하는 것이 효과적이며, 굵은 골재의 최소 치수가 클수록 주입모르타르의 주입성이 현저하게 개선되므로 굵은 골재의 최소 치수는 40mm 이상이어야 한다.

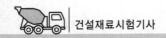
14 한중 콘크리트에서 주위의 기온이 영하 6℃, 비볐을 때의 콘크리트 온도가 15℃, 비빈 후부터 타설이 끝났을 때까지의 시간은 2시간이 소요되었다면 콘크리트 타설이 끝났을 때의 콘크리트 온도는?

① 6.7℃   ② 7.2℃
③ 7.8℃   ④ 8.7℃

해설 $T_2 = T_1 - 0.15(T_1 - T_0)t$
$= 15 - 0.15 \times (15 - (-6)) \times 2 = 8.7℃$

15 콘크리트의 배합에서 굵은 골재의 최대 치수를 증대시켰을 경우 발생되는 사항으로 틀린 것은?

① 단위시멘트양이 증가한다.
② 공기량이 작아진다.
③ 잔골재율이 작아진다.
④ 단위수량을 줄일 수 있다.

해설 굵은 골재 최대 치수가 커지면 일반적으로 워커빌리티가 좋아지고 단위수량, 단위시멘트양, 잔골재율 등이 작아진다.

16 경량골재 콘크리트의 배합에 대한 설명으로 틀린 것은?

① 경량골재 콘크리트는 공기연행 콘크리트로 하는 것을 원칙으로 한다.
② 슬럼프는 일반적인 경우 대체로 50~180mm를 표준으로 한다.
③ 경량골재 콘크리트의 공기량은 일반 골재를 사용한 콘크리트보다 1% 정도 작게 하여야 한다.
④ 경량골재 콘크리트의 시방배합의 표시는 골재의 질량으로 표시하지 않고 함수상태에 따라 변화가 없는 절대용적으로 표시하여야 한다.

해설 경량골재 콘크리트의 공기량은 일반 골재를 사용한 콘크리트보다 1% 크게 하여야 한다.

17 페놀프탈레인 1% 알코올용액을 구조체 콘크리트 또는 코어공시체에 분무하여 측정할 수 있는 것은?

① 균열폭과 깊이
② 철근의 부식 정도
③ 콘크리트의 투수성
④ 콘크리트의 탄산화깊이

해설 중성화시험방법
콘크리트 중성화깊이의 판정은 콘크리트의 파괴면에 페놀프탈레인의 1% 알코올용액을 묻혀서 하며, 중성화된 부분은 변하지 않고 중성화되지 않은 알칼리성 부분은 붉은 자색을 띈다.

18 굳은 콘크리트의 압축강도시험에서 시험조건에 따른 강도의 변화에 대한 설명으로 틀린 것은?

① 완전히 건조된 공시체가 포화된 공시체보다 강도가 크게 되는 경향이 있다.
② 재하속도가 빠를수록 강도가 크게 나타난다.
③ 공시체가 같은 형상일 경우 공시체의 치수가 클수록 강도는 작게 된다.
④ 편심재하를 할 경우 강도가 크게 나타난다.

해설 공시체 재하면 요철의 영향
공시체 재하면이 평평하지 않은 공시체에는 편심하중 및 집중하중이 작용하여 실제의 강도보다 작게 나타난다.

19 다음과 같은 조건의 시방배합에서 굵은 골재의 단위량은 약 얼마인가?

- 단위수량=189kg, S/a=40%, W/C=50%
- 시멘트 밀도=3.15g/cm³
- 잔골재 표건밀도=2.6g/cm³
- 굵은 골재 표건밀도=2.7g/cm³
- 공기량=1.5%

① 945kg   ② 1,015kg
③ 1,052kg   ④ 1,095kg

해설 ㉠ $\dfrac{W}{C} = \dfrac{189}{C} = 0.5$

∴ $C = 378kg$

㉡ 단위골재량 절대체적

$V_a = 1 - \left(\dfrac{189}{1,000} + \dfrac{378}{3.15 \times 1,000} + \dfrac{1.5}{100} \right)$

$= 0.676m^3$

㉢ 단위잔골재량 절대체적

$V_s = V_a \dfrac{S}{a} = 0.676 \times 0.4 = 0.27m^3$

㉣ 단위 굵은 골재량 절대체적

$V_G = V_a - V_s = 0.676 - 0.27 = 0.406m^3$

㉤ 단위 굵은 골재량 $= 0.406 \times 2.7 \times 1,000$

$= 1096.2kg$

20 콘크리트 다지기에 대한 설명으로 틀린 것은?

① 콘크리트 다지기에는 내부진동기 사용을 원칙으로 한다.

② 내부진동기는 콘크리트로부터 천천히 빼내어 구멍이 남지 않도록 해야 한다.

③ 내부진동기는 될 수 있는 대로 연직으로 일정한 간격으로 찔러 넣는다.

④ 콘크리트가 한쪽에 치우쳐 있을 때는 내부진동기로 평평하게 이동시켜야 한다.

해설 내부진동기는 콘크리트를 횡방향으로 이동시킬 목적으로 사용해서는 안 된다.

제2과목·건설시공 및 관리

21 유토곡선(mass curve)을 작성하는 목적으로 거리가 먼 것은?

① 토량을 배분하기 위해서

② 토량의 평균운반거리를 산출하기 위해서

③ 절·성토량을 산출하기 위해서

④ 토공기계를 결정하기 위해서

해설 유토곡선을 작성하는 목적

㉠ 토량 분배

㉡ 평균운반거리의 산출

㉢ 운반거리에 의한 토공기계의 선정

㉣ 시공방법의 산출

22 아스팔트 콘크리트 포장과 비교한 시멘트 콘크리트 포장의 특성에 대한 설명으로 틀린 것은?

① 내구성이 커서 유지관리비가 저렴하다.

② 표층은 교통하중을 하부층으로 전달하는 역할을 한다.

③ 국부적 파손에 대한 보수가 곤란하다.

④ 시공 후 충분한 강도를 얻는 데까지 장시간의 양생이 필요하다.

해설 표층(콘크리트 슬래브)의 역할

㉠ 교통하중 지지(전단응력, 휨응력에 저항)

㉡ 노면수 침투 방지

23 보통 토사 27,000m^3를 흙쌓기 하고자 할 때 토취장의 굴착토량(A)과 운반토량(B)을 구하면? (단, $L = 1.25$, $C = 0.9$)

① A = 24,300m^3, B = 33,750m^3

② A = 30,000m^3, B = 33,750m^3

③ A = 24,300m^3, B = 37,500m^3

④ A = 30,000m^3, B = 37,500m^3

해설 ㉠ A = $27,000 \times \dfrac{1}{C} = 27,000 \times \dfrac{1}{0.9} = 30,000m^3$

㉡ B = $27,000 \times \dfrac{L}{C} = 27,000 \times \dfrac{1.25}{0.9} = 37,500m^3$

24 댐에 대한 일반적인 설명으로 틀린 것은?

① 필댐(fill dam)은 공사비가 콘크리트댐보다 적고 홍수 시의 월류에도 대단히 안전하다.

② 중력식 댐은 그 자중으로 수압에 저항하고 기초의 전단강도가 댐의 안전상 중요하다.

③ 중공댐은 비교적 높이가 높은 댐이고 U자형의 넓은 계곡인 경우 콘크리트양이 절약되어 유리하다.

④ 아치댐은 양안의 교대(abutment)기초 암반의 두께와 강도가 중요하다.

해설 필댐은 충분한 용량의 여수토가 없으면 월류되는 물의 침식작용에 의해 파괴될 우려가 있다.

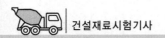

25 아스팔트 콘크리트 포장의 소성변형(rutting)에 대한 설명으로 틀린 것은?

① 아스팔트 콘크리트 포장의 노면에서 차의 바퀴가 집중적으로 통과하는 위치에 생기는 도로연장방향으로의 변형을 말한다.
② 하절기의 이상고온 및 아스팔트양이 많을 경우 발생하기 쉽다.
③ 침입도가 작은 아스팔트를 사용하거나 골재의 최대 치수가 큰 경우 발생하기 쉽다.
④ 변형이 발생한 위치에 물이 고일 경우 수막현상 등을 일으켜 주행안전성에 심각한 영향을 줄 수 있다.

해설 소성변형 방지대책
　㉠ 침입도가 적은 아스팔트를 사용한다.
　㉡ 골재의 최대 치수를 크게 한다(19mm).

26 품질관리를 위한 관리사이클의 4단계를 설명한 것으로 틀린 것은?

① P－Plan(계획)　　② S－Sample(표본)
③ D－Do(실시)　　④ C－Check(검사)

해설 품질관리의 순환과정
　모든 관리는 Plan(계획) → Do(실시) → Check(검토) → Action(처리)를 반복진행한다.

27 가물막이공법은 크게 중력식 공법과 널말뚝(sheet pile)식 공법으로 나눌 수 있다. 다음 중 중력식 가물막이공법이 아닌 것은?

① Dam식　　　　② Box식
③ Cell식　　　　④ Caisson식

해설 가체절공의 중력식 공법
　흙댐식 공법, Caisson식 공법, Box식 공법, Corrugate cell식 공법

28 터널 시공 시 Pilot Tunnel의 역할은?

① 지질조사 및 지하수 배제
② 측량을 위한 예비터널
③ 환기시설
④ 기자재 운반

해설 선진도갱(pilot tunnel)의 역할
　지질조사, 배수(용수처리), 버력반출, 지질 확인

29 큰 중량의 중추를 높은 곳에서 낙하시켜 지반에 가해지는 충격에너지와 그때의 진동에 의해 지반을 다지는 개량공법으로 대부분의 지반에 지하수위와 관계없이 시공이 가능하고 시공 중 사운딩을 실시하여 개량효과를 점검하는 시공법은?

① 지하연속벽공법
② 폭파다짐공법
③ 바이브로플로테이션공법
④ 동다짐공법

30 지름이 30cm, 길이가 12m인 말뚝을 3ton의 증기해머로 1.5m를 낙하시켜 박는 말뚝타입시험에서 1회 타격으로 인한 최종 침하량은 5mm 이었다. 이때 말뚝의 허용지지력은 약 얼마인가? (단, 엔지니어링뉴스공식으로 단동식 증기해머 사용)

① 100ton　　　　② 120ton
③ 140ton　　　　④ 160ton

해설 ㉠ $R_u = \dfrac{wh}{s+0.254} = \dfrac{3 \times 150}{0.5+0.254} = 596.82t$

　㉡ $R_a = \dfrac{R_u}{F_s} = \dfrac{596.82}{6} = 99.47t$

31 옹벽 등 구조물의 뒤채움 재료에 대한 조건으로 틀린 것은?

① 투수성이 있어야 한다.
② 압축성이 좋아야 한다.
③ 다짐이 양호해야 한다.
④ 물의 침입에 의한 강도저하가 적어야 한다.

해설 옹벽의 뒤채움 재료
　공학적으로 안정한 재료, 투수계수가 큰 재료, 압축성과 팽창성이 적은 재료

32 도로토공을 위한 횡단측량결과가 다음 그림과 같을 때 Simpson 제2법칙에 의해 횡단면적을 구하면? (단, 그림의 단위는 m)

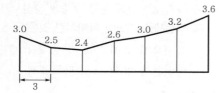

① 50.74m^2

② 54.27m^2

③ 57.63m^2

④ 61.35m^2

해설 $A = \dfrac{3h}{8}(y_o + 3\sum y_{나머지} + 2\sum y_{3배수} + y_n)$

$= \dfrac{3 \times 3}{8} \times [3.0 + 3 \times (2.5 + 2.4 + 3.0 + 3.2) +$

$2 \times 2.6 + 3.6] = 50.74m^2$

33 교량받침계획에 있어서 고정받침을 배치하고자 할 때 고려하여야 할 사항으로 틀린 것은?

① 고정하중의 반력이 큰 지점

② 종단구배가 높은 지점

③ 수평반력흡수가 가능한 지점

④ 가동받침이동량을 최소화할 수 있는 지점

해설 교좌장치의 형식

㉠ 고정형

• 교량의 일정한 지점을 고정시킬 목적으로 고정반력이 큰 지점과 종단구배가 낮은 지점에 설치하는 것

• 기능 : 지압, 회전

㉡ 가동형

• 교량의 일정한 지점을 가동시킬 목적으로 수평력을 흡수하기 쉬운 지점과 이동량을 크게 하는 지점에 설치하는 것

• 기능 : 지압, 이동

34 버킷의 용량이 0.6m^3, 버킷계수가 0.9, 토량변화율(L)=1.25, 작업효율이 0.7, 사이클타임이 25sec인 파워셔블의 시간당 작업량은?

① 68.0m^3/h

② 61.2m^3/h

③ 54.4m^3/h

④ 43.5m^3/h

해설 $Q = \dfrac{3,600qKfE}{C_m} = \dfrac{3,600 \times 0.6 \times 0.9 \times \dfrac{1}{1.25} \times 0.7}{25}$

$= 43.55m^3/h$

35 다음에서 설명하는 준설선은?

> 준설능력이 크므로 비교적 대규모 준설현장에 적합하며 경토질의 준설이 가능하고 다른 준설선보다 비교적 준설면을 평탄하게 시공할 수 있다.

① 디퍼 준설선

② 버킷 준설선

③ 쇄암선

④ 그래브 준설선

해설 버킷 준설선

㉠ 준설능력이 상당히 크다.

㉡ 준설단가가 비교적 싸다.

㉢ 광범위한 토질에 적합하다.

36 아스팔트 포장의 시공에 앞서 실시하는 시험포장의 결과로 얻어지는 사항과 관계가 없는 것은?

① 혼합물의 현장 배합입도 및 아스팔트 함량의 결정

② 플랜트에서의 작업표준 및 관리목표의 설정

③ 시공관리목표의 설정

④ 포장두께의 결정

해설 시험포장은 승인된 배합설계의 아스콘을 규정에 맞게 운반 및 포설다짐을 실시하고 두께 및 밀도시험을 실시하여 그 결과 승인된 배합을 검토하며 다짐도, 다짐 후의 두께, 밀도, 깔기, 다짐방법 등을 검토함으로써 고품질의 포장시공이 되도록 하고자 함이 그 목적이다.

37 다음과 같은 조건에서 불도저로 압토와 리핑작업을 동시에 실시할 때 시간당 작업량은?

> • 압토작업만 할 때의 작업량(Q_1) : 40m^3/h
>
> • 리핑작업만 할 때의 작업량(Q_2) : 60m^3/h

① 24m^3/h

② 37m^3/h

③ 40m^3/h

④ 50m^3/h

해설 $Q = \dfrac{Q_1 Q_2}{Q_1 + Q_2} = \dfrac{40 \times 60}{40 + 60} = 24 \text{m}^3/\text{h}$

38 암거의 배열방식 중 여러 개의 흡수구를 1개의 간선집수거 또는 집수지거로 합류시키게 배치한 방식은?

① 차단식　　　　② 자연식
③ 빗식　　　　　④ 사이펀식

해설 평행식
　㉠ 머리빗식 : 1개의 간선집수거 및 집수지거로 많은 흡수거를 합류시킬 수 있도록 배치한 방식
　㉡ 어골식 : 집수지거를 중심으로 양쪽에서 여러 개의 흡수거가 합류되도록 배치한 방식
　㉢ 집단식 : 몇 개의 흡수거를 1개의 짧은 집수거에 연결하여 배수구를 통하여 배수로로 배수하는 방식

39 흙막이 구조물에 설치하는 계측기 중 다음에서 설명하는 용도에 맞는 계측기는?

> Strut, Earth anchor 등의 축하중변화상태를 측정하여 이들 부재의 안정상태 파악 및 분석자료에 이용한다.

① 지중수평변위계　② 간극수압계
③ 하중계　　　　　④ 경사계

40 샌드드레인(sand drain)공법에서 영향원의 지름을 d_e, 모래말뚝의 간격을 d라 할 때 정사각형의 모래말뚝배열식으로 옳은 것은?

① $d_e = 1.0d$　　　② $d_e = 1.05d$
③ $d_e = 1.08d$　　④ $d_e = 1.13d$

해설 sand drain의 배열
　㉠ 정삼각형 배열 : $d_e = 1.05d$
　㉡ 정사각형 배열 : $d_e = 1.13d$

41 역청유제 중 유화제로서 벤토나이트와 같이 물에 녹지 않는 광물질을 수중에 분산시켜 이것에 역청제를 가하여 유화시킨 것은?

① 음이온계 유제　② 점토계 유제
③ 양이온계 유제　④ 타르유제

해설 역청유제
　㉠ 역청을 미립자상태에서 수중에 분산시킨 것으로서 대부분 아스팔트 유제가 사용된다.
　㉡ 종류
　　• 점토계 유제 : 벤토나이트, 점토무기수산화물과 같이 물에 녹지 않는 광물질을 수중에 분산시켜 역청제를 가하여 유화시킨 것이다.
　　• 음이온계 유제 : 유화제로서 고급 지방산비누 등의 표면활성제를 첨가한 알칼리성수용액 중에 아스팔트 입자를 분산시켜 생성된 미립자의 표면을 전기적으로 음(−)전하로 대전시킨 것이다.
　　• 양이온계 유제 : 질산 등의 산성수용액 중에 아스팔트를 분산시켜 미립자를 양(+)전하로 대전시킨 것으로 부착성이 좋다.

42 일반 콘크리트용으로 사용되는 굵은 골재의 물리적 성질에 대한 규정내용으로 틀린 것은? (단, 부순 골재, 고로슬래그골재, 경량골재는 제외)

① 절대건조상태의 밀도는 2.50g/cm^3 이상이어야 한다.
② 흡수율은 3.0% 이하이어야 한다.
③ 황산나트륨으로 시험한 안정성은 20% 이하이어야 한다.
④ 마모율은 40% 이하이어야 한다.

해설 안정성의 규격(5회 시험했을 때 손실질량비의 한도)

시험용액	손실질량비(%)	
	잔골재	굵은 골재
황산나트륨	10 이하	12 이하

43 시멘트의 강열감량(ignition loss)에 대한 설명으로 옳은 것은?

① 시멘트를 염산 및 탄산나트륨용액에 넣었을 때 녹지 않고 남는 양을 나타낸다.
② 강열감량은 시멘트 중에 함유된 H_2O와 CO_2의 양이다.
③ 시멘트의 강열감량이 증가하면 시멘트 비중도 증가한다.
④ 시멘트가 풍화하면 강열감량이 적어지므로 시멘트가 풍화된 정도를 판정하는 데 이용된다.

해설 강열감량
ㄱ 시멘트를 900~1,000℃로 가열하였을 때 시멘트의 감량질량비를 말하며 주로 시멘트 속에 포함된 물(H_2O)과 탄산가스(CO_2)의 양이다. 이것은 클링커에 첨가된 석고의 결정수량과 거의 같다.
ㄴ 시멘트의 풍화 정도를 판단하기 위하여 사용되며 일반적으로 시멘트가 풍화되면 강열감량은 증가한다.

44 목재의 장점에 대한 설명으로 옳은 것은?

① 부식성이 크다.
② 내화성이 크다.
③ 목질이나 강도가 균일하다.
④ 충격이나 진동 등을 잘 흡수한다.

해설 목재
ㄱ 장점
• 가볍고 취급 및 가공이 쉽다.
• 비중에 비해 강도가 크다.
• 열, 전기, 음 등에 부동체이다.
• 열팽창계수가 작다.
• 탄성, 인성이 크고 충격, 진동 등을 잘 흡수한다.
• 외관이 아름답다.
ㄴ 단점
• 내화성이 작다.
• 부식이 쉽고 충해를 받는다.
• 재질과 강도가 균일하지 못하다.
• 함수율의 변화에 의한 변형과 팽창, 수축이 크다.

45 실리카퓸을 혼합한 콘크리트에 대한 설명으로 틀린 것은?

① 수화열을 저감시킨다.
② 강도 증가효과가 우수하다.
③ 재료분리와 블리딩이 감소된다.
④ 단위수량을 줄일 수 있고 건조수축 등에 유리하다.

해설 실리카퓸
ㄱ 장점
• 수화 초기에 C-S-H겔을 생성하므로 블리딩이 감소한다.
• 재료분리가 생기지 않는다.
• 조직이 치밀하므로 강도가 커지고 수밀성, 화학적 저항성 등이 좋아진다.
ㄴ 단점
• 워커빌리티가 나빠진다.
• 단위수량이 증가한다.
• 건조수축이 커진다.

46 콘크리트용 혼화제인 고성능 감수제에 대한 설명으로 틀린 것은?

① 고성능 감수제는 감수제와 비교해서 시멘트 입자 분산능력이 우수하여 단위수량을 20~30% 정도 크게 감소시킬 수 있다.
② 고성능 감수제는 물-시멘트비 감소와 콘크리트의 고강도화를 주목적으로 사용되는 혼화제이다.
③ 고성능 감수제의 첨가량이 증가할수록 워커빌리티는 증가되지만 과도하게 사용하면 재료분리가 발생한다.
④ 고성능 감수제를 사용한 콘크리트는 보통 콘크리트와 비교해서 경과시간에 따른 슬럼프손실이 작다.

해설 고성능 감수제
ㄱ 단위수량을 20~30% 정도 대폭 감소시킨다.
ㄴ 단위시멘트양을 감소시킨다.
ㄷ 고성능 감수제의 첨가량과 슬럼프 증가량은 거의 비례하지만 첨가량이 과대하면 슬럼프는 한계값인 23~24cm가 되어 더 이상 증가하지 않고 플로값만 증가하여 재료분리가 현저하게 일어난다.

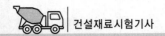

② 경과시간에 따른 슬럼프손실은 보통 콘크리트와 비교해서 크기 때문에 슬럼프손실 억제에 대한 방안을 검토해야 한다.

47 응결지연제의 사용목적으로 틀린 것은?

① 거푸집의 조기탈형과 장기강도 향상을 위하여 사용한다.

② 시멘트의 수화반응을 늦추어 응결과 경화시간을 길게 할 목적으로 사용한다.

③ 서중 콘크리트나 장거리 수송 레미콘의 워커빌리티저하 방지를 도모한다.

④ 콘크리트의 연속타설에서 작업이음을 방지한다.

해설 지연제

㉠ 지연제는 시멘트의 응결시간을 늦추기 위하여 사용하는 혼화제이다.

㉡ 지연제의 용도
- 서중 콘크리트 시공 시 온도영향을 상쇄시킨다.
- 레미콘의 운반거리가 멀 때 유효하다.
- 매스 콘크리트의 연속타설 시 콜드조인트 방지에 유효하다.
- 콘크리트를 친 후에 생기는 거푸집의 변형을 조절할 수 있다.

48 섬유보강 콘크리트에 사용되는 섬유 중 유기계 섬유가 아닌 것은?

① 아라미드섬유   ② 비닐론섬유

③ 유리섬유   ④ 폴리프로필렌섬유

해설 섬유보강 콘크리트

㉠ 무기계 섬유 : 강섬유, 유리섬유, 탄소섬유

㉡ 유기계 섬유 : 아라미드섬유, 폴리프로필렌섬유, 비닐론섬유, 나일론섬유

49 고로슬래그 시멘트는 제철소의 용광로에서 선철을 만들 때 부산물로 얻은 슬래그를 포틀랜드 시멘트 클링커에 섞어서 만든 시멘트이다. 그 특성으로 맞지 않는 것은?

① 포틀랜드 시멘트에 비해 응결시간이 느리다.

② 초기강도가 작으나, 장기강도는 큰 편이다.

③ 수화열이 크므로 매스 콘크리트에는 적합하지 않다.

④ 일반적으로 내화학성이 좋으므로 해수, 하수, 공장폐수 등에 접하는 콘크리트에 적합하다.

해설 고로슬래그의 특성

㉠ 워커빌리티가 커진다.

㉡ 단위수량을 줄일 수 있다.

㉢ 수화속도와 수화열의 발생속도가 느리다.

㉣ 콘크리트 조직이 치밀하여 수밀성, 화학적 저항성 등이 좋아진다.

50 콘크리트용 골재의 입도, 입형 및 최대 치수에 관한 설명으로 틀린 것은?

① 굵은 골재의 최대 치수는 질량으로 90% 이상 통과시키는 체 중에서 최소 치수의 체눈을 공칭치수로 나타낸 것이다.

② 골재알의 모양이 구형(球形)에 가까운 것은 공극률이 크므로 시멘트와 혼합수의 사용량이 많이 요구된다.

③ 골재의 입도는 균일한 크기의 입자만 있는 경우보다 작은 입자와 굵은 입자가 적당히 혼합된 경우가 유리하다.

④ 조립률(FM)이란 10개의 표준체를 1조로 체가름시험하였을 때 각 체에 남은 양의 전시료에 대한 누가질량 백분율의 합계를 100으로 나눈 값으로 정의한다.

해설 골재의 입형

㉠ 골재알의 모양은 둥근 것 또는 정육면체에 가까운 것이 좋으며, 얇은 석편 또는 가느다란 석편은 시멘트풀이 많이 소요되므로 좋지 않다.

㉡ 둥근 모양의 골재 특징
- 마찰이 작으므로 콘크리트의 워커빌리티가 좋다.
- 공극을 감소시키고 다짐이 좋으므로 밀도가 커진다.
- 시멘트풀이 감소하므로 경제적이다.

51 포틀랜드 시멘트의 클링커에 대한 설명 중 틀린 것은?

① 클링커는 단일조성의 물질이 아니라 C_3S, C_2S, C_3A, C_4AF의 4가지 주요 화합물로 구성되어 있다.

② 클링커의 화합물 중 C_3S 및 C_2S는 시멘트 강도의 대부분을 지배한다.

③ C_3A는 수화속도가 대단히 빠르고 발열량이 크며 수축도 크다.

④ 클링커의 화합물 중 C_3S가 많고 C_2S가 적으면 시멘트의 강도발현이 늦어지지만 장기재령은 향상된다.

해설 ㉠ C_3S는 C_3A보다 수화작용이 느리나 강도가 빨리 나타나고 수화열이 비교적 크다.
㉡ C_2S는 C_3S보다 수화작용이 늦고 수축이 작으며 장기강도가 커진다.

52 철근에 대한 설명으로 옳은 것은?

① 철근 표면에는 어떠한 처리도 해서는 안 된다.

② 주철근으로는 원형철근만 사용한다.

③ 이형철근의 공칭직경은 돌기의 직경으로 한다.

④ 철근의 종류가 SD300으로 표시된 경우 항복점 또는 항복강도는 $300N/mm^2$ 이상이어야 한다.

해설 철근
㉠ 주철근으로는 이형철근을 사용한다.
㉡ 이형철근의 공칭직경은 단위길이당 무게가 같은 원형철근의 지름으로 표시한다.
㉢ SD300은 이형철근으로 항복강도가 $300N/mm^2$ 이상인 철근을 의미한다.

53 다음에서 설명하는 석재는?

> 두께가 15cm 미만이며, 너비가 두께의 3배 이상인 것

① 판석
② 각석
③ 사고석
④ 견치석

해설 석재의 형상
㉠ 각석 : 폭이 두께의 3배 미만이고 어느 정도의 길이를 가진 석재
㉡ 판석 : 폭이 두께의 3배 이상이고 두께가 15cm 미만인 판모양의 석재

54 분말로 된 흑색화약을 마사와 종이테이프로 감아 도료를 사용하여 방수시킨 줄로서 뇌관을 점화시키기 위한 것을 무엇이라 하는가?

① 점화제
② 도폭선
③ 도화선
④ 기폭제

해설 ㉠ 도화선 : 분말로 된 흑색화약을 마사와 종이테이프로 감아 도료로 방수한 지름 4~6mm 정도의 줄로서 뇌관을 점화시키기 위한 것
㉡ 도폭선 : 도화선의 흑색화약 대신 면화약을 심약으로 한 것인데 대폭파 또는 수중폭파를 동시에 실시하기 위해 뇌관 대신 사용하는 것

55 합판에 대한 설명으로 틀린 것은?

① 합판의 종류에는 섬유판, 조각판, 적층판 및 강화적층재 등이 있다.

② 로터리 베니어는 증기에 가열연화된 둥근 원목을 나이테에 따라 연속적으로 감아둔 종이를 펴는 것과 같이 얇게 벗겨낸 것이다.

③ 슬라이스트 베니어는 끌로서 각목을 얇게 절단한 것으로 아름다운 결을 장식용으로 이용하기에 좋은 특징이 있다.

④ 합판의 특징은 동일한 원재로부터 많은 정목판과 나뭇결무늬판이 제조되며 팽창수축 등에 의한 결점이 없고 방향에 따른 강도차이가 없다.

해설 합판의 종류
㉠ 제조방법에 따라 : 일반, 무취, 방충, 난열
㉡ 구성종류에 따라 : 침엽수합판, 활엽수합판

56 단위용적질량이 1,680kg/m³인 굵은 골재의 표건밀도가 2.81g/cm³이고 흡수율이 6%인 경우 이 골재의 공극률은?

① 36.6% ② 40.2%
③ 51.6% ④ 59.8%

해설 ㉠ 실적률 = $\dfrac{\text{단위중량}(100+\text{흡수율})}{\text{표건밀도}}$

= $\dfrac{1.68 \times (100+6)}{2.81}$ = 63.37%

㉡ 공극률 = 100 - 실적률 = 100 - 63.37 = 36.63%

57 아스팔트의 침입도시험기를 사용하여 온도 25℃로 일정한 조건에서 100g의 표준침이 3mm 관입했다면 이 재료의 침입도는?

① 3 ② 6
③ 30 ④ 60

해설 0.1mm 관입량이 침입도 1이므로

0.1 : 1 = 3 : x

∴ $x = 30$

58 주변 암반에 심한 균열과 거친 단면의 생성을 보완하고 과발파를 방지하기 위한 것으로 여굴 억제를 위한 제어발파용, 터널설계 굴착선공 등에 사용하는 폭약은?

① 다이너마이트 ② 에멀션
③ ANFO ④ 정밀폭약

해설 정밀폭약
제어발파 시에 사용하는 폭약으로 터널에서 여굴을 줄일 수 있으며 주변 암반에 진동을 감소시킬 수 있다.

59 콘크리트용 인공경량골재에 대한 설명으로 틀린 것은?

① 흡수율이 큰 인공경량골재를 사용할 경우 프리웨팅(prewetting)하여 사용하는 것이 좋다.

② 인공경량골재를 사용한 콘크리트의 탄성계수는 보통 골재를 사용한 콘크리트 탄성계수보다 크다.

③ 인공경량골재의 부립률이 클수록 콘크리트의 압축강도는 저하된다.

④ 인공경량골재를 사용하는 콘크리트는 AE 콘크리트로 하는 것을 원칙으로 한다.

해설 인공경량골재 콘크리트의 탄성계수는 보통 골재 콘크리트의 약 70% 정도이다.

60 블론(blown) 아스팔트와 스트레이트(straight) 아스팔트의 성질에 대한 설명으로 틀린 것은?

① 스트레이트 아스팔트는 블론 아스팔트보다 연화점이 낮다.

② 스트레이트 아스팔트는 블론 아스팔트보다 감온성이 적다.

③ 블론 아스팔트는 스트레이트 아스팔트보다 유동성이 적다.

④ 블론 아스팔트는 스트레이트 아스팔트보다 방수성이 적다.

해설

종류	스트레이트 아스팔트	블론 아스팔트
신도 감온성 방수성	크다	작다
연화점	35~60℃	70~130℃

제4과목 · 토질 및 기초

61 다음 그림에서 흙의 저면에 작용하는 단위면적당 침투수압은?

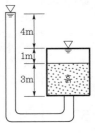

① 8t/m²
② 5t/m²
③ 4t/m²
④ 3t/m²

해설 $F = \gamma_w h = 1 \times 4 = 4\text{t/m}^2$

62 다음 그림에서 안전율 3을 고려하는 경우 수두
차 h를 최소 얼마로 높일 때 모래시료에 분사
현상이 발생하겠는가?

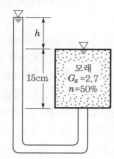

① 12.75cm   ② 9.75cm

③ 4.25cm   ④ 3.25cm

해설 ⊙ $e = \dfrac{n}{100-n} = \dfrac{50}{100-50} = 1$

⊙ $F_s = \dfrac{i_c}{i} = \dfrac{\dfrac{G_s-1}{1+e}}{\dfrac{h}{L}} = \dfrac{\dfrac{2.7-1}{1+1}}{\dfrac{h}{15}} = \dfrac{25.5}{2h} = 3$

∴ $h = 4.25\text{cm}$

63 내부마찰각이 30°, 단위중량이 1.8t/m³인 흙의
인장균열깊이가 3m일 때 점착력은?

① 1.56t/m²   ② 1.67t/m²

③ 1.75t/m²   ④ 1.81t/m²

해설 $Z_c = \dfrac{2c\tan\left(45° + \dfrac{\phi}{2}\right)}{\gamma_t}$

$3 = \dfrac{2c \times \tan\left(45° + \dfrac{30°}{2}\right)}{1.8}$

∴ $c = 1.56\text{t/m}^2$

64 다져진 흙의 역학적 특성에 대한 설명으로 틀
린 것은?

① 다짐에 의하여 간극이 작아지고 부착력이
커져서 역학적 강도 및 지지력은 증대하
고 압축성, 흡수성 및 투수성은 감소한다.

② 점토를 최적함수비보다 약간 건조측의 함
수비로 다지면 면모구조를 가지게 된다.

③ 점토를 최적함수비보다 약간 습윤측에서
다지면 투수계수가 감소하게 된다.

④ 면모구조를 파괴시키지 못할 정도의 작
은 압력으로 점토시료를 압밀할 경우 건
조측 다짐을 한 시료가 습윤측 다짐을 한
시료보다 압축성이 크게 된다.

해설 낮은 압력에서는 건조측에서 다진 흙이 압축성이
작아진다.

65 사면안정 계산에 있어서 Fellenius법과 간편
Bishop법의 비교 설명으로 틀린 것은?

① Fellenius법은 간편Bishop법보다 계산은
복잡하지만 계산결과는 더 안전측이다.

② 간편Bishop법은 절편의 양쪽에 작용하
는 연직방향의 합력은 0(zero)이라고 가
정한다.

③ Fellenius법은 절편의 양쪽에 작용하는
합력은 0(zero)이라고 가정한다.

④ 간편Bishop법은 안전율을 시행착오법으
로 구한다.

해설 Fellenius법은 정밀도가 낮고 계산결과는 과소한
안전율(불안전측)이 산출되지만 계산이 매우 간편
한 이점이 있다.

66 점착력이 5t/m², $\gamma_t = 1.8$t/m³의 비배수상태
($\phi = 0$)인 포화된 점성토지반에 직경 40cm, 길이
10m의 PHC말뚝이 항타시공되었다. 이 말뚝의
선단지지력은? (단, Meyerhof방법을 사용)

① 1.57t   ② 3.23t

③ 5.65t   ④ 45t

해설 $R_p = q_p A_p = cN_c^* A_p = 9cA_p$

$= 9 \times 5 \times \dfrac{\pi \times 0.4^2}{4} = 5.65\text{t}$

67 흙의 비중이 2.60, 함수비 30%, 간극비 0.80일
때 포화도는?

① 24.0%   ② 62.4%

③ 78.0%   ④ 97.5%

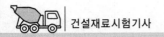

해설 $Se = wG_s$

$S \times 0.8 = 30 \times 2.6$

$\therefore\ S = 97.5\%$

68 사질토에 대한 직접 전단시험을 실시하여 다음 과 같은 결과를 얻었다. 내부마찰은 약 얼마 인가?

수직응력(t/m²)	3	6	9
최대 전단응력(t/m²)	1.73	3.46	5.19

① 25° ② 30°

③ 35° ④ 40°

해설 $\tau = c + \overline{\sigma} \tan \phi$에서

$3.46 = c + 6 \tan \phi$ ────────── ⓐ

$1.73 = c + 3 \tan \phi$ ────────── ⓑ

식 ⓐ와 식 ⓑ를 연립해서 풀면 $\phi = 30°$

69 다음 그림과 같은 지반에 널말뚝을 박고 기초 굴착을 할 때 A점의 압력수두가 3m이라면 A점의 유효응력은?

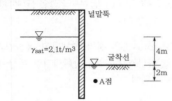

① 0.1t/m^2 ② 1.2t/m^2

③ 4.2t/m^2 ④ 7.2t/m^2

해설 $\sigma = 2.1 \times 2 = 4.2 \text{t/m}^2$

$u = 1 \times 3 = 3 \text{t/m}^2$

$\therefore\ \overline{\sigma} = 4.2 - 3 = 1.2 \text{t/m}^2$

70 일반적인 기초의 필요조건으로 틀린 것은?

① 동해를 받지 않는 최소한의 근입깊이를 가져야 한다.

② 지지력에 대해 안정해야 한다.

③ 침하를 허용해서는 안 된다.

④ 사용성, 경제성이 좋아야 한다.

해설 기초의 구비조건

㉠ 최소한의 근입깊이를 가질 것(동해에 대한 안정)

㉡ 지지력에 대해 안정할 것

㉢ 침하에 대해 안정할 것(침하량이 허용값 이내 에 들어야 한다.)

㉣ 시공이 가능할 것(경제적, 기술적)

71 다음 그림과 같은 점토지반에 재하 순간 A점에 서의 물의 높이가 그림에서와 같이 점토층의 윗 면으로부터 5m이었다. 이러한 물의 높이가 4m 까지 내려오는 데 50일이 걸렸다면 50% 압밀이 일어나는 데는 며칠이 더 걸리겠는가? (단, 10% 압밀 시 압밀계수 $T_v = 0.008$, 20% 압밀 시 $T_v = 0.031$, 50% 압밀 시 $T_v = 0.197$이다.)

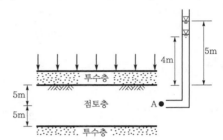

① 268일 ② 618일

③ 1,181일 ④ 1,231일

해설 ㉠ $u_i = 1 \times 5 = 5 \text{t/m}^2$, $u = 1 \times 4 = 4 \text{t/m}^2$

㉡ $u_z = \dfrac{u_i - u}{u_i} \times 100 = \dfrac{5-4}{5} \times 100 = 20\%$

㉢ $t_{20} = \dfrac{0.031 \left(\dfrac{H}{2}\right)^2}{C_v} = 50$일

$\therefore\ \dfrac{H^2}{C_v} = 6451.6$

㉣ $t_{50} = \dfrac{0.197 \left(\dfrac{H}{2}\right)^2}{C_v} = \dfrac{0.197}{4} \times 6451.6 = 317.74$일

㉤ 추가일수 $= 317.74 - 50 = 267.74 ≒ 268$일

72 시료가 점토인지 아닌지를 알아보고자 할 때 다음 중 가장 거리가 먼 사항은?

① 소성지수

② 소성도 A선

③ 포화도

④ 200번(0.075mm)체 통과량

73 흙 속에서 물의 흐름에 대한 설명으로 틀린 것은?

① 투수계수는 온도에 비례하고, 점성에 반비례한다.

② 불포화토는 포화토에 비해 유효응력이 작고, 투수계수가 크다.

③ 흙 속의 침투수량은 Darcy법칙, 유선망, 침투해석프로그램 등에 의해 구할 수 있다.

④ 흙 속에서 물이 흐를 때 수두차가 커져 한계동수구배에 이르면 분사현상이 발생한다.

[해설] 불포화토는 포화토에 비해 유효응력이 크고, 투수계수는 작다.

74 모래지반의 현장 상태 습윤단위중량을 측정한 결과 1.8t/m³로 얻어졌으며 동일한 모래를 채취하여 실내에서 가장 조밀한 상태의 간극비를 구한 결과 $e_{min}=0.45$, 가장 느슨한 상태의 간극비를 구한 결과 $e_{max}=0.92$를 얻었다. 현장 상태의 상대밀도는 약 몇 %인가? (단, 모래의 비중 $G_s=2.7$이고, 현장 상태의 함수비 $w=10\%$이다.)

① 44% ② 57%

③ 64% ④ 80%

[해설] ㉠ $\gamma_d = \dfrac{\gamma_t}{1+\dfrac{w}{100}} = \dfrac{1.8}{1+\dfrac{10}{100}} = 1.64\text{t/m}^3$

㉡ $\gamma_d = \dfrac{G_s}{1+e}\gamma_w$

$1.64 = \dfrac{2.7}{1+e}\times 1$

$\therefore e = 0.65$

㉢ $D_r = \dfrac{e_{max}-e}{e_{max}-e_{min}}\times 100 = \dfrac{0.92-0.65}{0.92-0.45}\times 100$

$= 57.45\%$

75 포화된 점토지반 위에 급속하게 성토하는 제방의 안정성을 검토할 때 이용해야 할 강도정수를 구하는 시험은?

① CU - test ② UU - test

③ $\overline{CU}$ - test ④ CD - test

[해설] UU - test를 사용하는 경우

㉠ 성토 직후에 급속한 파괴가 예상되는 경우

㉡ 점토지반에 제방을 쌓거나 기초를 설치할 때 등 급격한 재하가 된 경우에 초기안정해석에 사용

76 다음 식은 3축압축시험에 있어서 간극수압을 측정하여 간극수압계수 A를 계산하는 식이다. 이 식에 대한 설명으로 틀린 것은?

$$\Delta u = B[\Delta\sigma_3 + A(\Delta\sigma_1 - \Delta\sigma_3)]$$

① 포화된 흙에서는 $B=1$이다.

② 정규압밀점토에서는 A값이 1에 가까운 값을 나타낸다.

③ 포화된 점토에서 구속압력을 일정하게 할 경우 간극수압의 측정값과 축차응력을 알면 A값을 구할 수 있다.

④ 매우 과압밀된 점토의 A값은 언제나 (+)의 값을 갖는다.

[해설] A 계수의 일반적인 범위

점토의 종류	A 계수
정규압밀점토	0.5~1
과압밀점토	-0.5~0

77 다음 그림과 같은 20×30m 전면기초인 부분보상기초(partially compensated foundation)의 지지력파괴에 대한 안전율은?

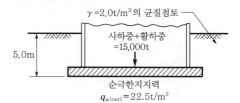

① 3.0 ② 2.5

③ 2.0 ④ 1.5

[해설] ㉠ $q_a = \dfrac{P}{A} - \gamma D_f = \dfrac{15,000}{20\times 30} - 2\times 5 = 15\text{t/m}^2$

㉡ $F_s = \dfrac{q_{u(net)}}{q_a} = \dfrac{22.5}{15} = 1.5$

78 지름 $d = 20$cm인 나무말뚝을 25본 박아서 기초 상판을 지지하고 있다. 말뚝의 배치를 5열로 하고 각 열은 등간격으로 5본씩 박혀있다. 말뚝의 중심 간격 $S = 1$m이고 1본의 말뚝이 단독으로 10t의 지지력을 가졌다고 하면 이 무리말뚝은 전체로 얼마의 하중을 견딜 수 있는가? (단, Converse-Labbarre식을 사용한다.)

① 100t   ② 200t

③ 300t   ④ 400t

해설 ㉠ $\phi = \tan^{-1}\dfrac{D}{S} = \tan^{-1}\dfrac{0.2}{1} = 11.31°$

㉡ $E = 1 - \phi\left[\dfrac{(m-1)n + m(n-1)}{90mn}\right]$

$= 1 - 11.31 \times \dfrac{4\times5 + 5\times4}{90\times5\times5} = 0.8$

㉢ $R_{ag} = ENR_a = 0.8 \times 25 \times 10 = 200$t

79 시험종류와 시험으로부터 얻을 수 있는 값의 연결이 틀린 것은?

① 비중계분석시험 – 흙의 비중(G_s)

② 삼축압축시험 – 강도정수(c, ϕ)

③ 일축압축시험 – 흙의 예민비(S_t)

④ 평판재하시험 – 지반반력계수(k_s)

해설 흙의 비중은 비중시험을 하여 얻는다.

80 현장 도로토공에서 모래치환법에 의한 흙의 밀도시험을 하였다. 파낸 구멍의 체적이 $V = 1,960$cm³, 흙의 질량이 3,390g이고, 이 흙의 함수비는 10%이었다. 실험실에서 구한 최대 건조밀도 $\gamma_{d\max} = 1.65$g/cm³일 때 다짐도는?

① 85.6%   ② 91.0%

③ 95.3%   ④ 98.7%

해설 ㉠ $\gamma_t = \dfrac{W}{V} = \dfrac{3,390}{1,960} = 1.73$g/cm³

㉡ $\gamma_d = \dfrac{\gamma_t}{1 + \dfrac{w}{100}} = \dfrac{1.73}{1 + \dfrac{10}{100}} = 1.57$g/cm³

㉢ $C_d = \dfrac{\gamma_d}{\gamma_{d\max}} \times 100 = \dfrac{1.57}{1.65} \times 100 = 95.15\%$

제2회 건설재료시험기사

제1과목 · 콘크리트공학

01 다음 4조의 압축강도시험결과 중 변동계수가 가장 큰 것은?

① 19.8, 19.5, 21.0, 19.7
② 20.2, 19.0, 19.0, 21.8
③ 21.0, 20.5, 18.5, 20.0
④ 18.9, 20.0, 19.6, 21.5

[해설] 편차의 2승합이 클수록 변동계수가 크다.

① $\bar{x} = \dfrac{19.8 + 19.5 + 21 + 19.7}{4} = 20$, $s = 1.38$

② $\bar{x} = \dfrac{20.2 + 19 + 19 + 21.8}{4} = 20$, $s = 5.28$

③ $\bar{x} = \dfrac{21 + 20.5 + 18.5 + 20}{4} = 20$, $s = 3.5$

④ $\bar{x} = \dfrac{18.9 + 20 + 19.6 + 21.5}{4} = 20$, $s = 3.62$

02 블리딩에 관한 사항 중 잘못된 것은?

① 블리딩이 많으면 레이턴스도 많아지므로 콘크리트의 이음부에서는 블리딩이 큰 콘크리트는 불리하다.
② 시멘트의 분말도가 높고 단위수량이 적은 콘크리트는 블리딩이 작아진다.
③ 블리딩이 큰 콘크리트는 강도와 수밀성이 작아지나 철근콘크리트에서는 철근과의 부착을 증가시킨다.
④ 콘크리트 치기가 끝나면 블리딩이 발생하며 대략 2~4시간에 끝난다.

[해설] 블리딩이 큰 콘크리트의 특징
㉠ 콘크리트의 상부가 다공질로 되어 강도, 수밀성, 내구성이 작아진다.
㉡ 골재알이나 수평철근 밑부분에 수막이 생겨 시멘트풀과의 부착이 나빠진다.

㉢ 레이턴스는 굳어도 강도가 거의 없으므로 이것을 제거하지 않고 콘크리트를 치면 시공이음의 약점이 된다.

03 단위골재량의 절대부피가 800L인 콘크리트에서 잔골재율(S/a)이 40%이고, 굵은 골재의 표건밀도가 2.65g/cm³이면 단위 굵은 골재량은 얼마인가?

① 848kg
② 1,044kg
③ 1,272kg
④ 2,20kg

[해설] ㉠ 단위잔골재 절대체적

$$V_s = V_a \frac{S}{a} = 0.8 \times 0.4 = 0.32\text{m}^3$$

㉡ 단위 굵은 골재 절대체적

$$V_G = V_a - V_s = 0.8 - 0.32 = 0.48\text{m}^3$$

㉢ 단위 굵은 골재량 $= 0.48 \times 2.65 \times 1,000$
$\qquad\qquad = 1,272\text{kg}$

04 섬유보강 콘크리트에 대한 일반적인 설명으로 틀린 것은?

① 섬유보강 콘크리트의 비비기에 사용하는 믹서는 가경식 믹서를 사용하는 것을 원칙으로 한다.
② 섬유보강 콘크리트 1m³ 중에 점유하는 섬유의 용적 백분율(%)을 섬유혼입률이라고 한다.
③ 보강용 섬유를 혼입하여 주로 인성, 균열억제, 내충격성 및 내마모성 등을 높인 콘크리트를 섬유보강 콘크리트라고 한다.
④ 강섬유보강 콘크리트의 보강효과는 강섬유가 길수록 크며 섬유의 분산 등을 고려하면 굵은 골재 최대 치수의 1.5배 이상의 길이를 갖는 것이 좋다.

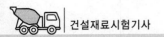
해설 섬유보강 콘크리트의 믹서는 강제식 믹서를 사용
하는 것을 원칙으로 한다.

05 팽창 콘크리트의 팽창률에 대한 설명으로 틀린
것은?

① 콘크리트의 팽창률은 일반적으로 재령
28일에 대한 시험치를 기준으로 한다.
② 수축보상용 콘크리트의 팽창률은 (150~
250)×10^{-6}을 표준으로 한다.
③ 화학적 프리스트레스용 콘크리트의 팽창
률은 (200~700)×10^{-6}을 표준으로 한다.
④ 공장제품에 사용되는 화학적 프리스트레
스용 콘크리트의 팽창률은 (200~1,000)
×10^{-6}을 표준으로 한다.

해설 팽창 콘크리트
㉠ 콘크리트의 팽창률은 재령 7일에 대한 시험치
를 기준으로 한다.
㉡ 종류 : 수축보상 콘크리트, 화학적 프리스트레
스트 콘크리트

06 프리스트레스트 콘크리트에서 프리스트레싱에
대한 설명으로 틀린 것은?

① 긴장재에 대해 순차적으로 프리스트레싱
을 실시할 경우는 각 단계에 있어서 콘크
리트에 유해한 응력이 생기지 않도록 하
여야 한다.
② 긴장재는 이것을 구성하는 각각의 PS강
재에 소정의 인장력이 주어지도록 긴장
하여야 하는데, 이때 인장력을 설계값 이
상으로 주었다가 다시 설계값으로 낮추
는 방법으로 시공하여야 한다.
③ 고온촉진양생을 실시한 경우 프리스트레
스를 주기 전에 완전히 냉각시키면 부재
간의 노출된 긴장재가 파단할 우려가 있으
므로 온도가 내려가지 않는 동안에 부재에
프리스트레스를 주는 것이 바람직하다.
④ 프리스트레싱을 할 때의 콘크리트의 압
축강도는 어느 정도의 안전도를 확보하
기 위하여 프리스트레스를 준 직후 콘크

리트에 일어나는 최대 압축응력의 1.7배
이상이어야 한다.

해설 프리스트레싱
㉠ 긴장재는 각각의 PS강재에 소정의 인장력이 주
어지도록 긴장해야 한다. 이때 인장력을 설계값
이상으로 주었다가 다시 설계값으로 낮추는 방법
으로 시공해서는 안 된다.
㉡ 프리스트레싱을 할 때의 콘크리트 압축강도는
어느 정도의 안전도를 확보하기 위하여 프리스
트레스를 준 직후 콘크리트에 일어나는 최대 압
축응력의 1.7배 이상이어야 한다.

07 외기온도가 25℃를 넘을 때 콘크리트의 비비
기로부터 치기가 끝날 때까지 얼마의 시간을
넘어서는 안 되는가?

① 0.5시간　　② 1시간
③ 1.5시간　　④ 2시간

해설 비비기로부터 치기가 끝날 때까지의 시간
㉠ 외기온도가 25℃ 이상일 때 : 1.5시간 이하
㉡ 외기온도가 25℃ 이하일 때 : 2시간 이하

08 일반 콘크리트의 비비기에서 강제식 믹서일 경
우 믹서 안에 재료를 투입한 후 비비는 시간의
표준은?

① 30초 이상　　② 1분 이상
③ 1분 30초 이상　④ 2분 이상

해설 일반 콘크리트 비비기
㉠ 가경식 믹서일 때 : 1분 30초 이상
㉡ 강제식 믹서일 때 : 1분 이상

09 콘크리트의 응결시간측정에 사용하는 기구로
적당한 것은?

① 길모어침시험장치
② 비카트침시험장치
③ 프록터관입시험장치
④ 구관입시험장치

해설 ㉠ 시멘트 응결시간시험 : 비카트침, 길모어침
㉡ 콘크리트 응결시간시험 : 프록터관입시험

10 콘크리트 구조물의 전자파레이더법에 의한 비파괴시험에서 진공 중에서 전자파의 속도를 C, 콘크리트의 비유전율을 ε_r 이라 할 때 콘크리트 내의 전자파의 속도 V를 구하는 식으로 옳은 것은?

① $V = C\varepsilon_r \,[\text{m/s}]$

② $V = C/\varepsilon_r \,[\text{m/s}]$

③ $V = C\sqrt{\varepsilon_r} \,[\text{m/s}]$

④ $V = C/\sqrt{\varepsilon_r} \,[\text{m/s}]$

해설 철근배근조사

ㄱ 개요 : 이 시험은 철근의 위치를 추정함으로써 다른 비파괴검사를 위한 예비정보를 얻는 것과 피복두께 부족에 의한 조기열화의 가능성을 판단하기 위해 실시한다.

ㄴ 방법
- 전자파레이더법 : 구조물의 콘크리트 내로 전자파를 발사하면 그 전자파가 콘크리트와 전기적 성질(비유전율, 도전율)이 다른 물체와의 경계면에서 반사하게 된다. 이를 수신안테나로 정보를 수신하고 전파된 왕복시간을 측정·분석하여 반사물체까지의 거리를 계산하면 그 위치를 구할 수 있다.

$$V = \frac{C}{\sqrt{\varepsilon_r}} \,[\text{m/s}]$$

- 전자유도법 : 코일전압의 변화가 철근의 직경과 콘크리트 표면으로부터의 거리에 따라 변화하기 때문에 이 관계를 활용하여 철근의 피복두께, 위치 혹은 철근의 직경 등을 구하는 방법이다.

11 매스 콘크리트의 온도균열 발생에 대한 검토는 온도균열지수에 의해 평가하는 것을 원칙으로 하고 있다. 온도균열지수에 대한 설명으로 틀린 것은?

① 온도균열지수는 임의재령에서의 콘크리트 압축강도와 수화열에 의한 온도응력의 비로 구한다.

② 온도균열지수는 그 값이 클수록 균열이 발생하기 어렵고, 값이 작을수록 균열이 발생하기 쉽다.

③ 일반적으로 온도균열지수가 작으면 발생하는 균열의 수도 많아지고 균열폭도 커지는 경향이 있다.

④ 철근이 배치된 일반적인 구조물에서 균열 발생을 방지하여야 할 경우 온도균열지수는 1.5 이상으로 하여야 한다.

해설 온도균열지수

ㄱ 콘크리트 인장강도와 온도응력의 비로 온도균열지수를 구한다.

$$I(t) = \frac{f_t(t)}{f_x(t)}$$

여기서, $I(t)$: 온도균열지수

$f_t(t)$: 재령 t일에서의 콘크리트 인장강도

$f_x(t)$: 재령 t일에서의 수화열에 의하여 생긴 부재 내부의 온도응력 최대값

ㄴ 온도균열지수의 값이 클수록 균열이 발생하기 어렵고, 값이 작을수록 균열이 발생하기 쉽다.

12 콘크리트의 설계기준압축강도가 40MPa이고 22회의 압축강도시험결과로부터 구한 압축강도의 표준편차가 5MPa인 경우 배합강도는? (단, 시험횟수가 20회 및 25회인 경우 표준편차의 보정계수는 각각 1.08, 1.030이다.)

① 47.10MPa   ② 47.65MPa

③ 48.35MPa   ④ 48.85MPa

해설 ㄱ 22회일 때 직선보간한 표준편차의 보정계수

$$\alpha = 1.03 + \frac{(1.08 - 1.03) \times 3}{5} = 1.06$$

ㄴ 직선보간한 표준편차

$$S = 1.06 \times 5 = 5.3\text{MPa}$$

ㄷ $f_{ck} > 35$MPa이므로

- $f_{cr} = f_{ck} + 1.34S$
  $= 40 + 1.34 \times 5.3 = 47.1$MPa

- $f_{cr} = 0.9f_{ck} + 2.33S$
  $= 0.9 \times 40 + 2.33 \times 5.3 = 48.35$MPa

∴ 위 계산값 중에서 큰 값이 배합강도이므로

$$f_{cr} = 48.35\text{MPa}$$

13 콘크리트의 비파괴시험 중 철근부식 여부를 조사할 수 있는 방법이 아닌 것은?

① 전위차 적정법　② 자연전위법
③ 분극저항법　　④ 전기저항법

해설 철근의 부식 정도를 측정하는 비파괴시험
자연전위법, 비저항법, 분극저항법, 교류 임피던스법

14 한중 콘크리트에 대한 설명으로 틀린 것은?

① 하루의 평균기온이 4℃ 이하가 예상되는 조건일 때는 한중 콘크리트로 시공하여야 한다.
② 재료를 가열한 경우 물 또는 골재를 가열하는 것으로 하며 시멘트는 어떠한 경우라도 직접 가열할 수 없다.
③ 가열한 재료를 믹서에 투입하는 순서는 가열한 물과 시멘트를 먼저 투입하고 다음에 굵은 골재, 잔골재를 투입하는 것이 좋다.
④ 한중 콘크리트에는 공기연행 콘크리트를 사용하는 것을 원칙으로 한다.

해설 가열한 재료를 믹서에 투입하는 순서
가열한 물과 시멘트가 접촉하면 시멘트가 급결할 우려가 있으므로 먼저 가열한 물과 굵은 골재, 다음에 잔골재를 넣어서 믹서 안의 온도가 40℃ 이하가 된 후 마지막에 시멘트를 넣는다.

15 공기연행 콘크리트의 공기량에 대한 설명으로 옳은 것은? (단, 굵은 골재의 최대 치수는 40mm을 사용한 일반 콘크리트로서 보통 노출인 경우)

① 4.0%를 표준으로 하며, 그 허용오차는 ±1.0%로 한다.
② 4.5%를 표준으로 하며, 그 허용오차는 ±1.0%로 한다.
③ 4.0%를 표준으로 하며, 그 허용오차는 ±1.5%로 한다.
④ 4.5%를 표준으로 하며, 그 허용오차는 ±1.5%로 한다.

해설 공기연행 콘크리트 공기량의 표준값

굵은 골재의 최대 치수(mm)	공기량(%)	
	심한 노출	보통 노출
10	7.5	6.0
15	7.0	5.5
20	6.0	5.0
25	6.0	4.5
40	5.5	4.5

16 콘크리트의 중성화에 관한 설명으로 틀린 것은?

① 콘크리트 중의 수산화칼슘이 공기 중의 탄산가스와 반응하면 중성화가 진행된다.
② 중성화가 철근의 위치까지 도달하면 철근은 부식되기 시작한다.
③ 공기 중의 탄산가스의 농도가 높을수록, 온도가 높을수록 중성화속도는 빨라진다.
④ 중성화의 대책으로는 플라이애시와 같은 실리카질혼화재를 시멘트와 혼합하여 사용하는 것이 좋다.

해설 중성화
㉠ 혼합시멘트는 실리카나 플라이애시 등의 가용성 규산염과 포졸란반응으로 결합하기 때문에 중성화속도는 보통 포틀랜드 시멘트보다 빠르다.
㉡ AE제나 AE감수제를 사용하면 중성화에 대한 저항성이 좋아진다.
㉢ 시멘트 페이스트가 밀실할수록 중성화속도가 느려지므로 물-시멘트비를 작게 한다.
㉣ 탄산가스의 농도가 높을수록, 온도가 높을수록 중성화속도는 빨라진다.

17 다음 중 재료계량의 허용오차가 가장 큰 것은?

① 혼화제　　② 혼화재
③ 물　　　　④ 시멘트

해설 계량허용오차

재료의 종류	허용오차(%)
물	-2, +1
시멘트	-1, +2
혼화재	±2
골재, 혼화제(용액)	±3

18 일반 콘크리트의 배합설계에 대한 설명으로 틀린 것은?

① 구조물에 사용된 콘크리트의 압축강도가 설계기준압축강도보다 작아지지 않도록 현장 콘크리트의 품질변동을 고려하여 콘크리트의 배합강도를 설계기준압축강도보다 충분히 크게 정하여야 한다.

② 제빙화학제가 사용되는 콘크리트의 물-결합재비는 45% 이하로 한다.

③ 콘크리트의 수밀성을 기준으로 물-결합재비를 정할 경우 그 값은 50% 이하로 한다.

④ 콘크리트의 탄산화저항성을 고려하여 물-결합재비를 정할 경우 60% 이하로 한다.

해설 물-결합재비
- ㉠ 제빙화학제가 사용되는 콘크리트의 물-결합재비는 45% 이하로 한다.
- ㉡ 콘크리트의 수밀성을 기준으로 정할 경우 50% 이하로 한다.
- ㉢ 콘크리트의 탄산화저항성을 고려하여 정할 경우 55% 이하로 한다.

19 내부진동기의 사용방법으로 적합하지 않은 것은?

① 내부진동기를 하층의 콘크리트 속으로 0.1m 정도 찔러 넣는다.

② 내부진동기는 연직으로 찔러 넣으며 삽입간격은 일반적으로 1.0m 이하로 한다.

③ 내부진동기의 1개소당 진동시간은 다짐할 때 시멘트 페이스트가 표면 상부로 약간 부상하기까지 한다.

④ 내부진동기의 사용이 곤란한 장소에서는 거푸집진동기를 사용해도 좋다.

해설 내부진동기 사용방법의 표준
- ㉠ 하층의 콘크리트 속으로 0.1m 정도 찔러 넣는다.
- ㉡ 내부진동기는 연직으로 찔러 넣으며, 삽입간격은 0.5m 이하로 한다.

20 일반 콘크리트를 친 후 습윤양생을 하는 경우 습윤상태의 보호기간은 조강 포틀랜드 시멘트를 사용한 때 얼마 이상을 표준으로 하는가? (단, 일평균기온이 15℃ 이상인 경우)

① 1일 ② 3일
③ 5일 ④ 7일

해설 습윤양생기간의 표준
- ㉠ 일평균기온 : 15℃ 이상
- ㉡ 보통 포틀랜드 시멘트 : 5일
- ㉢ 고로슬래그 시멘트 : 7일
- ㉣ 조강포틀랜드 시멘트 : 3일

제2과목 · 건설시공 및 관리

21 디퍼(dipper)용량이 0.8m³일 때 파워셔블 (power shovel)의 1일 작업량을 구하면? (단, shovel cycle time : 30sec, dipper계수 : 1.0, 흙의 토량변화율(L) : 1.25, 작업효율 : 0.6, 1일 운전시간 : 8시간)

① 286.64m³/day ② 324.52m³/day
③ 368.64m³/day ④ 452.50m³/day

해설 ㉠ $Q = \dfrac{3,600qKfE}{C_m}$

$$= \frac{3,600 \times 0.8 \times 1 \times \dfrac{1}{1.25} \times 0.6}{30} = 46.08\text{m}^3/\text{h}$$

㉡ 1일 작업량 = 46.08 × 8 = 368.64m³/day

22 발파 시에 수직갱에 물이 고여 있을 때의 심빼기 발파공법으로 가장 적당한 것은?

① 스윙컷(swing cut)

② V컷(V-cut)

③ 피라미드컷(pyramid cut)

④ 번컷(burn cut)

해설 스윙컷
연직도갱의 밑의 발파에 사용되며, 특히 용수가 많을 때 편리하다.

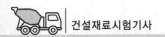

23 공정관리기법 가운데 PERT에 대한 설명으로 옳은 것은?

① 경험이 있는 사업에 적용한다.
② 확률적 모델이다.
③ 1점 시간추정방법으로 공기를 추정한다.
④ 활동 중심의 일정 계산을 한다.

해설 ㉠ PERT와 CPM의 비교

구분	PERT	CPM
대상	신규사업, 비반복사업	반복사업
공기추정	3점 견적법	1점 견적법
일정 계산	Event 중심의 일정 계산	Activity 중심의 일정 계산
주목적	공기단축	공비절감

㉡ PERT는 확률적인 모델이고, CPM은 확정적인 모델이다.

24 댐 기초의 그라우팅에 대한 일반적인 설명으로 틀린 것은?

① 컨솔리데이션 그라우팅은 기초 전반에 그라우팅하여 기초지반을 보강한다.
② 커튼 그라우팅은 댐 축방향 기초상류 쪽에 그라우팅한다.
③ 그라우팅 깊이는 커튼 그라우팅이 컨솔리데이션 그라우팅보다 깊다.
④ 컨솔리데이션 그라우팅은 댐 축방향 기초하류 쪽에 그라우팅한다.

해설 Grouting공법
㉠ Curtain grouting : 기초암반을 침투하는 물의 지수를 목적으로 실시한다.
㉡ Consolidation grouting : 기초암반의 변형성이나 강도를 개량하여 균일성을 기하고 지지력을 증대시킬 목적으로 기초 전반에 격자모양으로 실시한다.

25 흙의 굴착뿐만 아니라 싣기, 운반, 사토, 정지 등의 기능을 함께 가진 토공기계는?

① 불도저
② 스크레이퍼
③ 드래그라인
④ 백호

26 지반 중에 초고압으로 가압된 경화재를 에어제트와 함께 이중관 선단에 부착된 분사노즐로 분사시켜 지반의 토립자를 교반하여 경화재와 혼합고결시키는 공법은?

① LW공법
② SGR공법
③ SCW공법
④ JSP공법

27 필형 댐(fill type dam)의 설명으로 옳은 것은?

① 필형 댐은 여수로가 반드시 필요하지는 않다.
② 암반강도면에서는 기초암반에 걸리는 단위체적당의 힘은 콘크리트댐보다 크므로 콘크리트댐보다 제약이 많다.
③ 필형 댐은 홍수 시 월류에도 대단히 안정하다.
④ 필형 댐에서는 여수로를 댐 본체(本體)에 설치할 수 없다.

해설 필형 댐
㉠ 필형 댐은 압력이 기초암반에 광범위하게 미치기 때문에 기초암반에 발생하는 응력이 작다.
㉡ 홍수에 대비한 여수토는 따로 설치하는 것이 일반적이다.

28 터널굴착공법 중 실드(shield)공법의 장점으로서 옳지 않은 것은?

① 밤과 낮에 관계없이 작업이 가능하다.
② 지하의 깊은 곳에서 시공이 가능하다.
③ 소음과 진동의 발생이 적다.
④ 지질과 지하수위에 관계없이 시공이 가능하다.

해설 실드공법
하천, 바다 밑 등의 연약지반이나 대수층지반에 사용되는 터널공법이다.

29 다른 형식보다 재료가 적게 소요되고 높은 파고에서도 안전성이 높으며 지반이 양호하고 수심이 얕은 곳에 축조하는 방파제는?

① 부양 방파제
② 직립식 방파제
③ 혼성식 방파제
④ 경사식 방파제

해설 직립식 방파제

ㄱ 사용재료가 비교적 소량이다.

ㄴ 기초지반이 양호하고 파에 의하여 세굴될 염려가 없는 경우에 적합하다.

ㄷ 수심이 그다지 깊지 않고 파력도 너무 크지 않아야 한다.

30 터널의 시공에 사용되는 숏크리트 습식공법의 장점으로 틀린 것은?

① 분진이 적다.

② 품질관리가 용이하다.

③ 장거리 압송이 가능하다.

④ 대규모 터널작업에 적합하다.

해설 숏크리트 습식공법

ㄱ 장점

• 분진 발생이 적다.

• rebound량이 적다.

• 시공기간이 단축된다.

ㄴ 단점

• 수송거리가 짧다(수송거리 : 100m).

• 노즐이 막힐 우려가 있고 청소가 곤란하다.

31 성토시공공법 중 두께가 90~120cm로 하천제방, 도로, 철도의 축제에 시공되며 층마다 일정 기간 동안 방치하여 자연침하를 기다려 다음 층을 위에 쌓아올리는 방법은?

① 물다짐공법

② 비계쌓기법

③ 전방쌓기법

④ 수평층쌓기법

해설 성토 시 공법

ㄱ 수평층쌓기 : 축제를 수평층으로 쌓아올려 다지는 공법이다.

ㄴ 전방측 쌓기 : 전방에 흙을 투하하면서 쌓는 공법으로 공사 중 압축이 적어 탄성 후에 침하가 크다. 그러나 공사비가 적고 시공속도가 빠르기 때문에 도로, 철도 등의 낮은 축제에 많이 사용된다.

ㄷ 비계층쌓기 : 가교식 비계를 만들어 그 위에 rail을 깔아 가교 위에서 흙을 투하하면서 쌓는 공법으로 높은 축제쌓기, 대성토 시 사용된다.

32 말뚝의 지지력을 결정하기 위한 방법 중에서 가장 정확한 것은?

① 말뚝재하시험

② 동역학적 공식

③ 정역학적 공식

④ 허용지지력표로서 구하는 방법

해설 말뚝의 지지력은 재하시험에 의하여 가장 실제에 가까운 값이 구해진다.

33 원지반의 토량 500m³를 덤프트럭(5m³ 적재) 2 대로 운반하면 운반소요일수는? (단, $L = 1.20$ 이고 1대 1일당 운반횟수 5회)

① 12일   ② 14일

③ 16일   ④ 18일

해설 ㄱ 덤프트럭 2대의 1일 운반토량 $= 5 \times 2 \times 5$
$$= 50m^3$$

ㄴ 소요일수 $= \dfrac{500L}{50} = \dfrac{500 \times 1.2}{50} = 12$일

34 PSC교량가설공법과 시공상의 특징에 대한 설명이 적절하지 않은 것은?

① 연속압출공법(ILM) : 시공 부위의 모멘트 감소를 위해 steel nose(추진코) 사용

② 동바리공법(FSM) : 콘크리트 치기를 하는 경간에 동바리를 설치하여 자중 등의 하중을 일시적으로 동바리가 지지하는 방식

③ 캔틸레버공법(FCM) : 교량 외부의 제작장에서 일정 길이만큼 제작 후 연결시공

④ 이동식 비계공법(MSS) : 교각 위에 브래킷 설치 후 그 위를 이동하며 콘크리트 타설

해설 캔틸레버공법(FCM)

이동작업차를 이용하여 교각을 중심으로 좌우로 1segment씩 콘크리트를 타설한 후 prestress를 도입하여 일체화시켜 가는 공법이다.

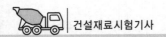

35 아스팔트 포장에서 표층에 대한 설명으로 틀린 것은?

① 노상 바로 위의 인공층이다.

② 교통에 의한 마모와 박리에 저항하는 층이다.

③ 표면수가 내부로 침입하는 것을 막는다.

④ 기층에 비해 골재의 치수가 작은 편이다.

해설 표층(surface course)의 역할

㉠ 교통하중을 일부 지지하며 하부층으로 전달

㉡ 마모 방지, 노면수 침투 방지, 평탄성 확보

㉢ 하부층 보호

36 다음에서 설명하는 아스팔트 포장의 파손은?

> • 골재입자가 분리됨으로써 표층으로부터 하부로 진행되는 탈리과정이다.
> • 표층에 잔골재가 부족하거나 아스팔트층의 현장밀도가 낮은 경우에 주로 발생한다.

① 영구변형(rutting)　② 라벨링(ravelling)

③ 블록균열　　　　　④ 피로균열

해설 아스팔트의 라벨링(ravelling)

포장 표면의 골재입자가 이탈된 상태로 표면의 모르타르분이 이탈되고 표면이 거칠어진 상태를 말한다.

37 토량변화율 $L=1.25$, $C=0.9$인 사질토로 $35,000\text{m}^3$를 성토할 경우 운반토량은?

① $33,333\text{m}^3$　　② $39,286\text{m}^3$

③ $48,611\text{m}^3$　　④ $54,374\text{m}^3$

해설 운반토량 $= 35,000 \times \dfrac{L}{C} = 35,000 \times \dfrac{1.25}{0.9}$

$= 48611.11\text{m}^3$

38 점보드릴(jumbo drill)에 대한 설명으로 옳지 않은 것은?

① 착암기를 싣고 굴착작업을 할 수 있도록 되어 있는 장비이다.

② 한 대의 Jumbo 위에는 여러 대의 착암기를 장치할 수 있다.

③ 상하로 자유로이 이동작업이 가능하나 좌우로의 조정은 불가능하다.

④ NATM공법에 많이 사용한다.

해설 점보드릴

Jumbo 위에 1대 혹은 여러 대의 착암기를 장치하여 자유로이 상하좌우로 이동시켜 임의의 위치에 고정시키면서 굴착작업을 편리하게 능률적으로 할 수 있게 한 것으로 터널의 전단면 굴착 시에 주로 사용된다.

39 네트워크공정표를 작성할 때의 기본적인 원칙을 설명한 것으로 잘못된 것은?

① 네트워크의 개시 및 종료결합점은 두 개 이상으로 구성되어야 한다.

② 무의미한 더미가 발생하지 않도록 한다.

③ 결합점에 들어오는 작업군이 모두 완료되지 않으면 그 결합점에서 나가는 작업은 개시할 수 없다.

④ 가능한 요소작업 상호 간의 교차를 피한다.

해설 네트워크의 개시 및 종료결합점은 1개로만 구성되어야 한다.

40 국내 도로 파손의 주요 원인은 소성변형으로 전체 파손의 큰 부분을 차지하고 있다. 최근 이러한 소성변형의 억제방법 중 하나로 기존의 밀입도 아스팔트 혼합물 대신 상대적으로 큰 입경의 골재를 이용하는 아스팔트 포장방법을 무엇이라 하는가?

① SBS　　　　　② SBR

③ SMA　　　　　④ SMR

해설 SMA(Stone Mastic Asphalt)

골재 간의 맞물림효과를 증대시켜 일반 아스팔트 혼합물보다 동적안정도가 월등히 커서 소성변형에 강한 개립도 포장의 한 형식이다.

제3과목 · 건설재료 및 시험

41 제철소에서 발생하는 산업부산물로서 찬 공기나 냉수로 급냉한 후 미분쇄하여 사용하는 혼화재는?

① 고로슬래그미분말
② 플라이애시
③ 화산회
④ 실리카퓸

42 다음의 목재 중요성분 중 세포 상호 간 접착제 역할을 하는 것은?

① 셀룰로오스 ② 리그닌
③ 탄닌 ④ 수지

해설 리그닌이란 주로 목재에서 나오는 복잡한 화합물로서, 주요 기능은 목재(목질부 세포)의 강도를 높여주는 것이다.

43 암석의 종류 중 퇴적암이 아닌 것은?

① 사암 ② 혈암
③ 석회암 ④ 안산암

해설 암석의 성인에 따른 분류
㉠ 화성암 : 화강암, 안산암, 현무암, 섬록암
㉡ 퇴적암 : 사암, 혈암, 점판암, 석회암
㉢ 변성암 : 대리석, 편마암, 사문암

44 강모래를 이용한 콘크리트와 비교한 부순 잔골재를 이용한 콘크리트의 특징을 설명한 것으로 틀린 것은?

① 동일 슬럼프를 얻기 위해서는 단위수량이 더 많이 필요하다.
② 미세한 분말량이 많아질 경우 건조수축률은 증대한다.
③ 미세한 분말량이 많아짐에 따라 응결의 초결시간과 종결시간이 길어진다.
④ 미세한 분말량이 많아지면 공기량이 줄어들기 때문에 필요시 공기량을 증가시켜야 한다.

해설 부순 잔골재 속에 석분량이 많이 들어있을 때의 콘크리트 성질
㉠ 단위수량이 증가한다.
㉡ 블리딩이 감소한다.
㉢ 플라스틱수축균열이 생긴다.
㉣ 초결, 종결이 빨라진다.
㉤ 강도가 작아진다.

45 골재의 안정성시험(KS F 2507)에 대한 설명으로 틀린 것은?

① 기상작용에 대한 골재의 내구성을 조사할 목적으로 실시한다.
② 시험용 잔골재는 5mm체를 통과하는 골재를 사용한다.
③ 시험용 굵은 골재는 5mm체에 잔류하는 골재를 사용한다.
④ 시험용 용액은 황산나트륨포화용액으로 한다.

해설 골재의 안정성시험
㉠ 기상작용에 대한 골재의 내구성을 조사하는 시험으로 황산나트륨(Na_2SO_4)포화용액으로 인한 부서짐작용에 대한 저항성을 시험한다.
㉡ 시료의 준비
 • 시험용 잔골재는 10mm체를 통과한 것을 사용한다.
 • 시험용 굵은 골재는 5mm체에 잔류하는 것을 사용한다.

46 댐, 기초와 같은 매시브한 구조물에 적합하며 조기강도는 적으나 내침식성과 내구성이 크고 안정하며 수축이 적은 시멘트는?

① 내황산염포틀랜드 시멘트
② 중용열포틀랜드 시멘트
③ 알루미나 시멘트
④ 조강포틀랜드 시멘트

해설 중용열포틀랜드 시멘트는 댐, 매스 콘크리트, 방사선차폐용, 지하구조물 등에 사용된다.

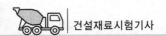

47 아스팔트 신도시험에 대한 설명으로 틀린 것은?

① 별도의 규정이 없는 한 시험할 때 온도는 20±0.5℃를 적용한다.
② 별도의 규정이 없는 한 인장하는 속도는 5±0.25cm/min을 적용한다.
③ 저온에서 시험할 때 온도는 4℃를 적용한다.
④ 저온에서 시험할 때 인장하는 속도는 1cm/min을 적용한다.

[해설] 신도시험(KS M 2254)
최소 1cm²의 단면적으로 성형한 시료의 양단을 25±0.5℃의 온도에서 5±0.25cm/min의 속도로 잡아당겨서 시료가 끊어질 때까지 늘어난 거리를 말하며 C_m으로 표시한다.

48 석재를 모양 및 치수에 의해 구분할 때 다음의 내용에 해당하는 것은?

> 면이 원칙적으로 거의 사각형에 가까운 것으로, 길이는 4면을 쪼개어 면에 직각으로 잰 길이는 면의 최소변의 1.5배 이상인 것

① 견치석　　② 판석
③ 각석　　　④ 사고석

[해설] 석재의 형상
㉠ 각석 : 폭이 두께의 3배 미만이고 어느 정도의 길이를 가진 석재
㉡ 판석 : 폭이 두께의 3배 이상이고 두께가 15cm 미만인 판모양의 석재
㉢ 견치석 : 면은 거의 정사각형에 가깝고 면에 직각으로 잰 공장은 면의 최소변의 1.5배 이상인 석재
㉣ 사고석 : 면은 거의 정사각형에 가깝고 면에 직각으로 잰 공장은 면의 최소변의 1.2배 이상인 석재

49 다음 혼화재료 중 콘크리트의 응결시간에 영향을 미치지 않는 것은?

① 염화칼슘　　② 인산염
③ 당류　　　　④ 라텍스

[해설] 혼화제
㉠ 촉진제 : 염화칼슘, 규산나트륨

㉡ 지연제 : 리그닌설폰산계, 인산염, 당류
㉢ 방수제 : 고무라텍스

50 포졸란을 사용한 콘크리트의 성질에 대한 설명으로 틀린 것은?

① 수밀성이 크고 발열량이 적다.
② 해수 등에 대한 화학적 저항성이 크다.
③ 워커빌리티 및 피니셔빌리티가 좋다.
④ 강도의 증진이 빠르고 초기강도가 크다.

[해설] 포졸란을 사용한 콘크리트의 특징
㉠ 워커빌리티가 좋아진다.
㉡ 블리딩이 감소한다.
㉢ 초기강도는 작으나, 장기강도는 크다.
㉣ 발열량이 적어진다.
㉤ 수밀성, 화학저항성이 커진다.

51 골재의 체가름시험에 사용하는 시료의 최소 건조질량에 대한 설명으로 틀린 것은?

① 굵은 골재의 경우 사용하는 골재의 최대 치수(mm)의 0.2배를 시료의 최소 건조질량(kg)으로 한다.
② 잔골재의 경우 1.18mm체를 95%(질량비) 이상 통과하는 것에 대한 최소 건조질량은 100g으로 한다.
③ 잔골재의 경우 1.18mm체를 5%(질량비) 이상 남는 것에 대한 최소 건조질량은 500g으로 한다.
④ 구조용 경량골재의 최소 건조질량은 보통 중량골재의 최소 건조질량의 2배로 한다.

[해설] 골재의 체가름시험(KS F 2502)에서 시료의 최소 건조질량
㉠ 굵은 골재의 경우 : 사용하는 골재의 최대 치수(mm)의 0.2배를 시료의 최소 건조질량(kg)으로 한다.
㉡ 잔골재의 경우 : 1.18mm체를 95%(질량비) 이상 통과하는 것에 대한 최소 건조질량은 100g으로 하고, 1.18mm체에 5%(질량비) 이상 남는 것에 대한 최소 건조질량은 500g으로 한다. 다만, 구조용 경량골재에서는 위의 최소 건조질량의 1/2로 한다.

52 콘크리트용 강섬유에 대한 설명으로 틀린 것은?

① 형상에 따라 직선섬유와 이형섬유가 있다.
② 강섬유의 인장강도시험은 강섬유 5ton마다 10개 이상의 시료를 무작위로 추출해서 수행한다.
③ 강섬유의 평균인장강도는 200MPa 이상이 되어야 한다.
④ 강섬유는 16℃ 이상의 온도에서 지름 안쪽 90°방향으로 구부렸을 때 부러지지 않아야 한다.

해설 강섬유
  ㉠ 모양에 따른 분류 : 직선섬유, 이형섬유
  ㉡ 품질
    • 평균인장강도는 500MPa 이상이 되어야 한다.
    • 강섬유 각각의 인장강도는 450MPa 이상이어야 한다.

53 스트레이트 아스팔트와 비교할 때 고무화 아스팔트의 장점이 아닌 것은?

① 감온성이 크다.   ② 부착력이 크다.
③ 탄성이 크다.   ④ 내후성이 크다.

해설 고무혼입 아스팔트
  ㉠ 감온성이 작다.
  ㉡ 응집력과 부착력이 크다.
  ㉢ 탄성 및 충격저항이 크다.
  ㉣ 내후성 및 마찰계수가 크다.

54 다음은 굵은 골재를 시험한 결과이다. 이 결과를 이용하여 굵은 골재의 공극률을 구하면?

  • 단위용적질량=1,500kg/m³
  • 밀도=2.60g/cm³
  • 조립률=6.50

① 42.3%   ② 43.4%
③ 56.6%   ④ 57.7%

해설 공극률 $= \left(1 - \dfrac{w}{g}\right) \times 100 = \left(1 - \dfrac{1.5}{2.6}\right) \times 100 = 42.31\%$

55 목재의 건조방법 중 인공건조법이 아닌 것은?

① 끓임법(자비법)   ② 열기건조법
③ 공기건조법   ④ 증기건조법

해설 목재의 건조법
  ㉠ 자연건조법 : 공기건조법, 침수법
  ㉡ 인공건조법 : 끓임법(자비법), 증기건조법, 열기건조법

56 시멘트의 성질 및 특성에 대한 설명으로 틀린 것은?

① 시멘트의 분말도는 일반적으로 비표면적으로 표시하며 시멘트 입자의 굵고 가는 정도로 단위는 cm^2/g이다.
② 시멘트 응결이란 시멘트풀이 유동성과 점성을 상실하고 고화하는 현상을 말한다.
③ 시멘트가 공기 중의 수분 및 이산화탄소를 흡수하여 가벼운 수화반응을 일으키게 되는데, 이것을 풍화라 한다.
④ 시멘트의 강도시험은 시멘트 페이스트 강도시험으로 측정한다.

해설 시멘트의 강도는 시멘트 모르타르의 강도로 나타낸다.

57 아스팔트의 침입도지수(PI)를 구하는 식으로 옳은 것은? (단, $A = \dfrac{\log 800 - \log P_{25}}{\text{연화점} - 25}$이고, P_{25}는 25℃에서의 침입도이다.)

① $PI = \dfrac{25}{1 + 50A} - 10$

② $PI = \dfrac{30}{1 + 50A} - 10$

③ $PI = \dfrac{25}{1 + 40A} - 10$

④ $PI = \dfrac{30}{1 + 40A} - 10$

해설 침입도지수(PI)
$$A = \frac{\log 800 - \log P_{25}}{\text{연화점} - 25} = \frac{20 - PI}{10 + PI} \times \frac{1}{50}$$
$$\therefore PI = \frac{30}{1 + 50A} - 10$$

여기서, A : 침입도-온도관계도의 직선의 경사
P_{25} : 25℃에서의 침입도
800 : 아스팔트 연화점에서 가정침입도

58 시멘트의 저장 및 사용에 대한 설명 중 틀린 것은?

① 시멘트는 방습적인 구조물에 저장한다.
② 시멘트는 13포대 이하로 쌓는 것이 바람 직하다.
③ 저장 중에 약간 굳은 시멘트는 품질검사 후 사용한다.
④ 일반적으로 50℃ 이하 온도의 시멘트를 사 용하면 콘크리트의 품질에 이상이 없다.

해설 풍화된 시멘트는 사용해서는 안 된다.

59 강을 제조방법에 따라 분류한 것으로 볼 수 없 는 것은?

① 평로강　② 전기로강
③ 도가니강　④ 합금강

해설 강의 제조법에 의한 분류
평로강, 전로강, 전기로강, 도가니강

60 수중에서 폭발하며 발화점이 높고 구리와 화합 하면 위험하므로 뇌관의 관체는 알루미늄을 사 용하는 기폭약은?

① 뇌산수은　② 질화납
③ DDNP　④ 칼릿

해설 질화납(질화연)
㉠ 물속에서도 폭발하며 발화점이 높다.
㉡ 뇌산수은(뇌홍)에 비해 저렴하고 보존성이 우 수하다.

제4과목 · 토질 및 기초

61 두께가 4미터인 점토층이 모래층 사이에 끼어있 다. 점토층에 3t/m²의 유효응력이 작용하여 최종 침하량이 10cm가 발생하였다. 실내압밀시험결

과 측정된 압밀계수(C_v) =2×10⁻⁴cm²/s라고 할 때 평균압밀도 50%가 될 때까지 소요일수는?

① 288일　② 312일
③ 388일　④ 456일

해설 $t_{50}=\dfrac{0.197H^2}{C_v}=\dfrac{0.197\times\left(\dfrac{400}{2}\right)^2}{2\times10^{-4}}$
$=39,400,000$초$=456.02$일

62 다음 그림과 같은 지반에서 유효응력에 대한 점착력 및 마찰각이 각각 $c'=1.0$t/m², $\phi'=$ 20°일 때 A점에서의 전단강도(t/m²)는?

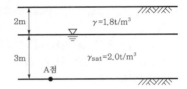

① 3.4t/m²　② 4.5t/m²
③ 5.4t/m²　④ 6.6t/m²

해설 ㉠ $\sigma=1.8\times2+2\times3=9.6$t/m²
$u=1\times3=3$t/m²
∴ $\bar{\sigma}=9.6-3=6.6$t/m²
㉡ $\tau=c+\bar{\sigma}\tan\phi=1+6.6\times\tan20°=3.4$t/m²

63 연약한 점성토의 지반특성을 파악하기 위한 현장 조사시험방법에 대한 설명 중 틀린 것은?

① 현장 베인시험은 연약한 점토층에서 비 배수 전단강도를 직접 산정할 수 있다.
② 정적콘관입시험(CPT)은 콘지수를 이용 하여 비배수 전단강도추정이 가능하다.
③ 표준관입시험에서의 N값은 연약한 점성 토지반특성을 잘 반영해준다.
④ 정적콘관입시험(CPT)은 연속적인 지층 분류 및 전단강도추정 등 연약점토 특성 분석에 매우 효과적이다.

해설 ㉠ 정적콘관입시험(CPT : Dutch Cone Penetration Test)
• 콘을 땅속에 밀어 넣을 때 발생하는 저항을

측정하여 지반의 강도를 추정하는 시험으로 점성토와 사질토에 모두 적용할 수 있으나 주로 연약한 점토지반의 특성을 조사하는 데 적합하다.

- SPT와 달리 CPT는 시추공 없이 지표면에서 부터 시험이 가능하므로 신속하고 연속적으로 지반을 파악할 수 있는 장점이 있고, 단점으로는 시료채취가 불가능하고 자갈이 섞인 지반에서는 시험이 어렵고 시추하는 것보다는 저렴하나 시험을 위해 특별히 CPT장비를 조달해야 하는 것이다.

ⓒ 표준관입시험
- 사질토에 가장 적합하고 점성토에도 시험이 가능하다.
- 특히 연약한 점성토에서는 SPT의 신뢰성이 매우 낮기 때문에 N값을 가지고 점성토의 역학적 특성을 추정하는 것은 옳지 않다.

64 흙의 분류에 사용되는 Casagrande 소성도에 대한 설명으로 틀린 것은?

① 세립토를 분류하는 데 이용된다.
② U선은 액성한계와 소성지수의 상한선으로 U선 위쪽으로는 측점이 있을 수 없다.
③ 액성한계 50%를 기준으로 저소성(L) 흙과 고소성(H) 흙으로 분류한다.
④ A선 위의 흙은 실트(M) 또는 유기질토(O) 이며, A선 아래의 흙은 점토(C)이다.

해설 A선 위의 흙은 점토(C)이고, A선 아래의 흙은 실트(M) 또는 유기질토(O)이다.

65 흙의 다짐에 있어 래머의 중량이 2.5kg, 낙하고 30cm, 3층으로 각층 다짐횟수가 25회일 때 다짐에너지는? (단, 몰드의 체적은 1,000cm³이다.)

① $5.63\text{kg} \cdot \text{cm/cm}^3$
② $5.96\text{kg} \cdot \text{cm/cm}^3$
③ $10.45\text{kg} \cdot \text{cm/cm}^3$
④ $0.66\text{kg} \cdot \text{cm/cm}^3$

해설 $E = \dfrac{W_R H N_L N_B}{V} = \dfrac{2.5 \times 30 \times 3 \times 25}{1,000}$

$= 5.6\text{kg} \cdot \text{cm/cm}^3$

66 수평방향 투수계수가 0.12cm/s이고, 연직방향 투수계수가 0.03cm/s일 때 1일 침투유량은?

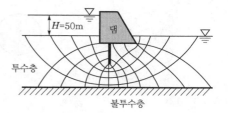

① $970\text{m}^3/\text{day/m}$　② $1,080\text{m}^3/\text{day/m}$
③ $1,220\text{m}^3/\text{day/m}$　④ $1,410\text{m}^3/\text{day/m}$

해설 ㉠ $K = \sqrt{K_H K_V} = \sqrt{0.12 \times 0.03} = 0.06\text{cm/s}$

㉡ $Q = KH\dfrac{N_f}{N_d} = (0.06 \times 10^{-2}) \times 50 \times \dfrac{5}{12}$

$= 0.0125\text{m}^3/\text{s} \times (24 \times 60 \times 60)$

$= 1,080\text{m}^3/\text{day}$

67 다음 그림에서 C점의 압력수두 및 전수두값은 얼마인가?

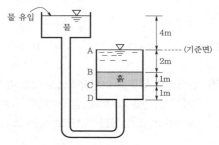

① 압력수두 3m, 전수두 2m
② 압력수두 7m, 전수두 0m
③ 압력수두 3m, 전수두 3m
④ 압력수두 7m, 전수두 4m

해설

구분	압력수두	위치수두	전수두
C	7m	-3m	$7-3=4$m

68 다음 그림과 같이 흙입자가 크기가 균일한 구 (직경 : d)로 배열되어 있을 때 간극비는?

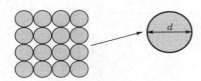

① 0.91 　　　② 0.71

③ 0.51 　　　④ 0.35

해설 $e = \dfrac{V_V}{V_S} = \dfrac{V - V_S}{V_S} = \dfrac{(4d)^3 - \dfrac{\pi d^3}{6} \times 64}{\dfrac{\pi d^3}{6} \times 64} = 0.91$

69 표준관입시험(SPT)결과 N치가 25이었고, 그 때 채취한 교란시료로 입도시험을 한 결과 입자가 둥글고, 입도분포가 불량할 때 Dunham 공식에 의해서 구한 내부마찰각은?

① 32.3° 　　　② 37.3°

③ 42.3° 　　　④ 48.3°

해설 $\phi = \sqrt{12N} + 15 = \sqrt{12 \times 25} + 15 = 32.32°$

70 콘크리트 말뚝을 마찰말뚝으로 보고 설계할 때 총연직하중을 200ton, 말뚝 1개의 극한지지력을 89ton, 안전율을 2.0으로 하면 소요말뚝의 수는?

① 6개 　　　② 5개

③ 3개 　　　④ 2개

해설 ㉠ $R_a = \dfrac{R_u}{F_s} = \dfrac{89}{2} = 44.5\text{t}$

㉡ $R_a{'} = NR_a$

　　$200 = N \times 44.5$

　　$\therefore \ N = 4.5 \fallingdotseq 5\text{개}$

71 점착력이 1.4t/m^2, 내부마찰각이 30°, 단위중량이 1.85t/m^3인 흙에서 인장균열깊이는 얼마인가?

① 1.74m 　　　② 2.62m

③ 3.45m 　　　④ 5.24m

해설 $Z_c = \dfrac{2c \tan\left(45° + \dfrac{\phi}{2}\right)}{\gamma_t}$

　　$= \dfrac{2 \times 1.4 \times \tan\left(45° + \dfrac{30°}{2}\right)}{1.85} = 2.62\text{m}$

72 다음 중 사면의 안정해석방법이 아닌 것은?

① 마찰원법

② 비숍(Bishop)의 방법

③ 펠레니우스(Fellenius)방법

④ 테르자기(Terzaghi)의방법

해설 유한사면의 안정해석(원호파괴)

㉠ 질량법 : $\phi = 0$해석법, 마찰원법

㉡ 분할법 : Fellenius방법, Bishop방법, Spencer 방법

73 간극률 50%이고 투수계수가 $9 \times 10^{-2}\text{cm/s}$인 지반의 모관 상승고는 대략 어느 값에 가장 가까운가? (단, 흙입자의 형상에 관련된 상수 $C = 0.3\text{cm}^2$, Hazen공식 : $k = c_1 D_{10}{}^2$에서 $c_1 = 100$으로 가정)

① 1.0cm 　　　② 5.0cm

③ 10.0cm 　　　④ 15.0cm

해설 ㉠ $e = \dfrac{n}{100 - n} = \dfrac{50}{100 - 50} = 1$

㉡ $k = c_1 D_{10}{}^2$

　　$9 \times 10^{-2} = 100 D_{10}{}^2$

　　$\therefore \ D_{10} = 0.03\text{cm}$

㉢ $h_c = \dfrac{C}{e D_{10}} = \dfrac{0.3}{1 \times 0.03} = 10\text{cm}$

74 말뚝재하시험 시 연약점토지반인 경우는 pile 의 타입 후 20여 일이 지난 다음 말뚝재하시험을 한다. 그 이유는?

① 주면마찰력이 너무 크게 작용하기 때문에

② 부마찰력이 생겼기 때문에

③ 타입 시 주변이 교란되었기 때문에

④ 주위가 압축되었기 때문에

해설 ㉠ 재성형한 시료를 함수비의 변화 없이 그대로 방치하여 두면 시간이 경과하면서 강도가 회복되는데, 이러한 현상을 틱소트로피현상이라 한다.

㉡ 말뚝타입 시 말뚝 주위의 점토지반이 교란되어 강도가 작아지게 된다. 그러나 점토는 틱소트로피현상이 생겨서 강도가 되살아나기 때문에 말뚝재하시험은 말뚝타입 후 며칠이 지난 후 행한다.

75 다음 그림과 같은 지층 단면에서 지표면에 가해진 5t/m²의 상재하중으로 인한 점토층(정규압밀점토)의 1차 압밀 최종 침하량(S)을 구하고 침하량이 5cm일 때 평균압밀도(U)를 구하면?

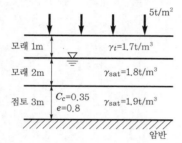

① $S = 18.5$cm, $U = 27\%$

② $S = 14.7$cm, $U = 22\%$

③ $S = 18.5$cm, $U = 22\%$

④ $S = 14.7$cm, $U = 27\%$

해설 ㉠ 최종 침하량

- $P_1 = 1.7 \times 1 + 0.8 \times 2 + 0.9 \times \dfrac{3}{2} = 4.65 \text{t/m}^2$

- $P_2 = P_1 + \Delta P = 4.65 + 5 = 9.65 \text{t/m}^2$

- $\Delta H = \dfrac{C_c}{1+e} \log \dfrac{P_2}{P_1} H$

  $= \dfrac{0.35}{1+0.8} \times \log \dfrac{9.65}{4.65} \times 3$

  $= 0.185 \text{m} = 18.5 \text{cm}$

㉡ 평균압밀도

$\Delta H' = \Delta H U$

$5 = 18.5 \times U$

$\therefore\ U = 0.27 = 27\%$

76 동일한 등분포하중이 작용하는 다음 그림과 같은 (A)와 (B) 두 개의 구형기초판에서 A와 B점의 수직 Z되는 깊이에서 증가되는 지중응력을

각각 σ_A, σ_B라 할 때 다음 중 옳은 것은?
(단, 지반흙의 성질은 동일함)

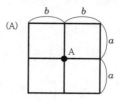

① $\sigma_A = \dfrac{1}{2}\sigma_B$　　② $\sigma_A = \dfrac{1}{4}\sigma_B$

③ $\sigma_A = 2\sigma_B$　　　④ $\sigma_A = 4\sigma_B$

해설 그림 (A)는 그림 (B)의 4배이므로 $\sigma_A = 4\sigma_B$이다.

77 흙의 다짐에 대한 설명으로 틀린 것은?

① 다짐에너지가 증가할수록 최대 건조단위중량은 증가한다.

② 최적함수비는 최대 건조단위중량을 나타낼 때의 함수비이며, 이때 포화도는 100%이다.

③ 흙의 투수성 감소가 요구될 때에는 최적함수비의 습윤측에서 다짐을 실시한다.

④ 다짐에너지가 증가할수록 최적함수비는 감소한다.

해설 최적함수비는 최대 건조단위중량을 나타낼 때의 함수비이다.

78 Mohr응력원에 대한 설명 중 옳지 않은 것은?

① 임의평면의 응력상태를 나타내는 데 매우 편리하다.

② 평면기점(origin of plane, O_p)은 최소 주응력을 나타내는 원호상에서 최소 주응력면과 평행선이 만나는 점을 말한다.

③ σ_1, σ_3의 차의 벡터를 반지름으로 해서 그린 원이다.

④ 한 면에 응력이 작용하는 경우 전단력이 0이면 그 연직응력을 주응력으로 가정한다.

해설 Mohr응력원은 $\dfrac{\sigma_1 - \sigma_3}{2}$를 반지름으로 해서 그린 원이다.

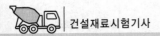

79 최대 주응력이 10t/m², 최소 주응력이 4t/m²일 때 최소 주응력면과 45°를 이루는 평면에 일어나는 수직응력은?

① 7t/m²   ② 3t/m²

③ 6t/m²   ④ $4\sqrt{2}$ t/m²

해설 ㉠ $\theta + \theta' = 90°$

$\theta + 45° = 90°$

∴ $\theta = 45°$

㉡ $\sigma = \dfrac{\sigma_1 + \sigma_3}{2} + \dfrac{\sigma_1 - \sigma_3}{2}\cos 2\theta$

$= \dfrac{10+4}{2} + \dfrac{10-4}{2} \times \cos(2 \times 45°)$

$= 7t/m²$

80 폭 10cm, 두께 3mm인 Paper Drain설계 시 Sand Drain의 직경과 동등한 값(등치환산원의 지름)으로 볼 수 있는 것은?

① 2.5cm   ② 5.0cm

③ 7.5cm   ④ 10.0cm

해설 $D = \alpha\left(\dfrac{2A+2B}{\pi}\right) = 0.75 \times \dfrac{2 \times 10 + 2 \times 0.3}{\pi}$

$= 4.92cm$

제4회 건설재료시험기사

제1과목 · 콘크리트공학

01 다음과 같은 조건의 프리스트레스트 콘크리트에서 거푸집 내에서 허용되는 긴장재의 배치오차한계로서 옳은 것은?

> 도심위치변동의 경우로서 부재치수가 1.6m인 프리스트레스트 콘크리트

① 5mm
② 8mm
③ 10mm
④ 13mm

해설 긴장재의 배치오차 $= 1,600 \times \dfrac{1}{200} = 8\text{mm}$

[참고] 거푸집 내에서 허용되는 긴장재의 배치오차는 도심위치변동의 경우 부재치수가 1m 미만일 때에는 5mm를 넘지 않아야 하며, 또 1m 이상인 경우에는 부재치수의 1/200 이하로서 10mm를 넘지 않도록 하여야 한다.

02 콘크리트의 배합강도를 결정하기 위하여 23회의 압축강도시험을 실시하여 4MPa의 표준편차를 구하였다. 다음 표의 보정계수를 참고하여 배합강도 결정에 적용할 표준편차를 구하면?

시험횟수	표준편차의 보정계수
15	1.16
20	1.08
25	1.03
30 이상	1.00

① 4.0MPa
② 4.12MPa
③ 4.2MPa
④ 4.32MPa

해설 ㉠ 23회일 때 직선보간한 표준편차의 보정계수

$\alpha = 1.03 + \dfrac{(1.08 - 1.03) \times 2}{5} = 1.05$

㉡ 직선보간한 표준편차
$S = 1.05 \times 4 = 4.2\text{MPa}$

03 보통 포틀랜드 시멘트를 사용한 경우 콘크리트의 습윤양생기간의 표준은? (단, 일평균기온이 10℃ 이상이고, 15℃ 미만인 경우)

① 1일 이상
② 3일 이상
③ 5일 이상
④ 7일 이상

해설 습윤양생기간의 표준

일평균 기온	보통 포틀랜드 시멘트	고로 시멘트 · 플라이애시 시멘트
15℃ 이상	5일	7일
10℃ 이상	7일	9일
5℃ 이상	9일	12일

04 콘크리트의 압축강도를 시험하여 슬래브 및 보 밑면의 거푸집과 동바리를 떼어낼 때 콘크리트 압축강도기준값으로 옳은 것은?

① 설계기준압축강도×1/3 이상, 14MPa 이상
② 설계기준압축강도×2/3 이상, 14MPa 이상
③ 설계기준압축강도×1/3 이상, 10MPa 이상
④ 설계기준압축강도×2/3 이상, 10MPa 이상

해설 콘크리트의 압축강도를 시험한 경우 거푸집널의 해체시기

부재	콘크리트 압축강도(f_{cu})
확대기초, 보 옆, 기둥 등의 측벽	5MPa 이상
슬래브 및 보의 밑면, 아치내면	설계기준압축강도의 2/3배 이상, 또한 최소 14MPa 이상

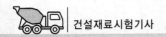

05 굳지 않은 콘크리트에 관한 설명으로 틀린 것은?

① 잔골재의 세립분함유량 및 잔골재율이 작으면 콘크리트의 재료분리경향이 커진다.

② 단위시멘트양을 크게 하면 성형성이 나빠진다.

③ 혼합 시 콘크리트의 온도가 높으면 슬럼프값은 저하된다.

④ 포졸란재료를 사용하면 세립이 부족한 잔골재를 사용한 콘크리트의 워커빌리티를 개선시킨다.

해설 단위시멘트양이 크면 성형성이 좋아진다.

06 유동화 콘크리트에 대한 설명으로 틀린 것은?

① 미리 비빈 베이스 콘크리트에 유동화제를 첨가하여 유동성을 증대시킨 콘크리트를 유동화 콘크리트라고 한다.

② 유동화제는 희석하여 사용하고 미리 정한 소정의 양을 2~3회 나누어 첨가하며, 계량은 질량 또는 용적으로 계량하고, 그 계량오차는 1회에 1% 이내로 한다.

③ 유동화 콘크리트의 슬럼프 증가량을 100mm 이하를 원칙으로 하며, 50~80mm를 표준으로 한다.

④ 베이스 콘크리트 및 유동화 콘크리트의 슬럼프 및 공기량시험은 50m³마다 1회씩 실시하는 것을 표준으로 한다.

해설 유동화제는 원액으로 사용하고 미리 정한 소정의 양을 한꺼번에 첨가하며, 계량은 질량 또는 용적으로 계량하고, 그 계량오차는 1회에 3% 이내로 한다.

07 콘크리트 받아들이기 품질관리에 대한 설명으로 틀린 것은? (단, 콘크리트 표준시방서규정을 따른다)

① 콘크리트 슬럼프시험은 압축강도시험용 공시체 채취 시 및 타설 중에 품질변화가 인정될 때 실시한다.

② 염소이온량시험은 바다잔골재를 사용할 경우는 1일에 2회 실시하고, 그 밖의 경우는 1주에 1회 실시한다.

③ 콘크리트 받아들이기 품질검사는 콘크리트가 타설되고 난 후에 실시하는 것을 원칙으로 한다.

④ 굳지 않은 콘크리트의 상태에 대한 검사는 외관관찰로서 콘크리트 타설 개시 및 타설 중 수시로 실시한다.

해설 콘크리트 받아들이기 품질검사는 콘크리트를 타설하기 전에 실시하여야 한다.

08 고압증기양생한 콘크리트에 대한 설명으로 틀린 것은?

① 고압증기양생한 콘크리트는 어느 정도의 취성을 갖는다.

② 고압증기양생한 콘크리트는 보통 양생한 것에 비해 철근의 부착강도가 약 1/2이 되므로 철근콘크리트 부재에 적용하는 것은 바람직하지 못하다.

③ 고압증기양생한 콘크리트는 보통 양생한 것에 비해 백태현상이 감소된다.

④ 고압증기양생한 콘크리트는 보통 양생한 것에 비해 열팽창계수와 탄성계수가 매우 작다.

해설 고압증기양생(오토클레이브 양생)

㉠ 표준양생의 28일 강도를 약 24시간 만에 달성할 수 있다.

㉡ 용해성의 유리석회가 없기 때문에 백태현상이 감소된다.

㉢ 보통 양생한 것에 비해 철근의 부착강도가 약 1/2이 되므로 철근콘크리트 부재에 적용하는 것은 바람직하지 못하다.

㉣ 열팽창계수와 탄성계수는 고압증기양생에 따른 영향을 받지 않는다.

09 배합설계에서 다음과 같은 조건일 경우 콘크리트의 물-시멘트비를 결정하면 약 얼마인가?

- 설계기준압축강도는 재령 28일에서의 압축강도로서 24MPa
- 30회 이상의 압축강도시험으로부터 구한 표준편차는 2.98MPa
- 지금까지의 실험에서 시멘트-물비 C/W와 재령 28일 압축강도 f_{28}과의 관계식
$$f_{28} = -13.8 + 21.6C/W[\text{MPa}]$$

① 45.6% ② 48.3%
③ 51.7% ④ 57.2%

해설 ㉠ 배합강도(f_{cr}) 결정

- $f_{cr} = f_{ck} + 1.334S$
$= 24 + 1.34 \times 2.98 = 28\text{MPa}$
- $f_{cr} = (f_{ck} - 3.5) + 2.33S$
$= (24 - 3.5) + 2.33 \times 2.98 = 27.44\text{MPa}$

∴ 위의 계산값 중에서 큰 값이 배합강도이므로
$f_{cr} = 28\text{MPa}$

㉡ $f_{28} = -13.8 + 21.6\dfrac{C}{W}$

$28 = -13.8 + 21.6 \times \dfrac{C}{W}$

∴ $\dfrac{W}{C} = 0.5167 = 51.67\%$

10 수중 콘크리트에 대한 설명으로 틀린 것은?

① 수중 콘크리트를 시공할 때 시멘트가 물에 씻겨서 흘러나오지 않도록 트레미나 콘크리트 펌프를 사용해서 타설하여야 한다.
② 수중 콘크리트를 타설할 때 완전히 물막이를 할 수 없는 경우에도 유속은 50mm/s 이하로 하여야 한다.
③ 일반 수중 콘크리트는 수중에서 시공할 때의 강도가 표준공시체강도의 1.2~1.5배가 되도록 배합강도를 설정하여야 한다.
④ 수중 콘크리트의 비비는 시간은 시험에 의해 콘크리트 소요의 품질을 확인하여 정하여야 하며, 강제식 믹서의 경우 비비기 시간은 90~180초를 표준으로 한다.

해설 수중 콘크리트
㉠ 일반 수중 콘크리트는 수중에서 시공할 때의 강도가 표준공시체강도의 0.6~0.8배가 되도록 배합강도를 설정하여야 한다.
㉡ 수중 콘크리트의 물-결합재비 및 단위시멘트양

종류	일반 수중 콘크리트	현장 타설말뚝 및 지하연속벽에 사용하는 수중 콘크리트
물-결합재비	50% 이하	55% 이하
단위시멘트양	370kg/m³ 이상	350kg/m³ 이상

11 시방배합을 통해 단위수량 170kg/m³, 시멘트양 370kg/m³, 잔골재 700kg/m³, 굵은 골재 1,050kg/m³를 산출하였다. 현장 골재의 입도를 고려하여 현장 배합으로 수정한다면 잔골재의 양은? (단, 현장 골재의 입도는 잔골재 중 5mm 체에 남는 양이 10%이고, 굵은 골재 중 5mm 체를 통과한 양이 5%이다.)

① 721kg/m³ ② 735kg/m³
③ 752kg/m³ ④ 767kg/m³

해설 $x + y = 700 + 1,050 = 1,750$ ······················ ⓐ
$0.1x + (1 - 0.05)y = 1,050$ ······················ ⓑ
식 ⓐ와 식 ⓑ를 연립해서 풀면
$x = 720.59\text{kg}$

12 콘크리트의 균열에 대한 설명으로 틀린 것은?

① 굳지 않은 콘크리트에 발생하는 침하균열은 철근의 직경이 작을수록, 슬럼프가 작을수록, 피복두께가 클수록 증가한다.
② 단위수량이 클수록 건조수축에 의한 균열량이 많아진다.
③ 콘크리트 타설 후 경화되기 이전에 건조한 바람이나 고온저습한 외기에 의하여 발생하는 균열을 소성수축균열이라고 한다.
④ 알칼리골재반응에 의하여 콘크리트는 팽창되며 균열이 유발될 수 있다.

해설 철근의 지름이 클수록, 슬럼프가 클수록, 콘크리트 피복두께가 작을수록 침하균열은 증가한다.

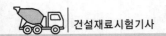
13 쪼갬인장강도시험으로부터 최대 하중 $P=150$ kN을 얻었다. 원주공시체의 직경이 150mm, 길이가 300mm이라고 하면 이 공시체의 쪼갬인장강도는?

① 1.06MPa ② 1.22MPa

③ 2.12MPa ④ 2.43MPa

해설 $\sigma = \dfrac{2P}{\pi Dl} = \dfrac{2 \times 150}{\pi \times 15 \times 30} = 0.212\text{kN/cm}^2$

$= 0.212 \times 10^4 \times 10^{-3} = 2.12\text{MPa}$

14 콘크리트 공시체의 압축강도에 관한 설명으로 옳은 것은?

① 원주형 공시체의 직경과 입방체 공시체의 한 변의 길이가 같으면 원주형 공시체의 강도가 작다.

② 하중재하속도가 빠를수록 강도가 작게 나타난다.

③ 공시체에 요철이 있는 경우는 압축강도가 크게 나타난다.

④ 시험 직전에 공시체를 건조시키면 강도가 크게 감소한다.

해설 압축강도

㉠ 압축강도의 크기는 입방체>원주체>각주체이다.

㉡ 재하속도가 빠를수록 압축강도가 커진다.

㉢ 공시체에 요철이 있으면 압축강도가 작아진다.

㉣ 공시체가 건조할수록 압축강도가 커진다.

15 다음 중 프리스트레스트 콘크리트의 프리스트레스 감소의 원인이 아닌 것은?

① 강재의 릴랙세이션

② 콘크리트의 건조수축

③ 콘크리트의 크리프

④ 시스관의 크기

해설 PSC의 프리스트레스를 도입한 후 생기는 손실원인

㉠ 콘크리트의 크리프

㉡ 콘크리트의 건조수축

㉢ PS강재의 릴랙세이션

16 콘크리트 비비기에 대한 설명으로 잘못된 것은?

① 비비기 시간에 대한 시험을 실시하지 않은 경우 그 최소 시간은 강제식 믹서일 때에는 1분 이상을 표준으로 한다.

② 비비기는 미리 정해둔 비비기 시간 이상 계속해서는 안 된다.

③ 믹서 안의 콘크리트를 전부 꺼낸 후가 아니면 믹서 안에 다음 재료를 넣어서는 안 된다.

④ 연속믹서를 사용할 경우 비비기 시작 후 최초로 배출되는 콘크리트는 사용해서는 안 된다.

해설 비비기는 미리 정해둔 비비기 시간의 3배 이상 계속하지 않아야 한다.

17 숏크리트(shotcrete)시공에 대한 주의사항으로 잘못된 것은?

① 대기온도가 10℃ 이상일 때 뿜어 붙이기를 실시하며, 그 이하의 온도일 때는 적절한 온도대책을 세운 후 실시한다.

② 숏크리트는 빠르게 운반하고, 급결제를 첨가한 후에는 바로 뿜어 붙이기 작업을 실시하여야 한다.

③ 숏크리트 작업에서 반발량이 최소가 되도록 하고, 리바운드된 재료는 즉시 혼합하여 사용하여야 한다.

④ 숏크리트는 뿜어 붙인 콘크리트가 흘러내리지 않는 범위의 적당한 두께를 뿜어 붙이고, 소정의 두께가 될 때까지 반복해서 뿜어 붙여야 한다.

해설 Rebound량이 최소가 되도록 하고 Rebound된 재료는 다시 반입하지 않도록 해야 한다.

18 AE 콘크리트에 대한 설명 중 옳지 않은 것은?

① 수밀성 및 화학적 저항성이 증대된다.
② 동일한 슬럼프에 대한 사용수량을 감소
   시킨다.
③ 콘크리트의 유동성을 증가시키고 재료분
   리에 대한 저항성을 증대시킨다.
④ 물-시멘트비가 일정할 경우 공기량이 증
   가할수록 강도 및 내구성이 증가한다.

해설 AE 콘크리트
 ㉠ 공기량 1% 증가에 따라 압축강도는 4~6% 감소
   하고, 슬럼프는 약 2.5cm 증가한다.
 ㉡ 공기량의 증가에 따라 내구성이 크게 개선된다.

19 온도균열을 완화하기 위한 시공상의 대책으로
맞지 않는 것은?

① 단위시멘트양을 크게 한다.
② 수화열이 낮은 시멘트를 선택한다.
③ 1회에 타설하는 높이를 줄인다.
④ 사전에 재료의 온도를 가능한 한 적절하
   게 낮추어 사용한다.

해설 온도균열에 대한 시공상의 대책
 ㉠ 단위시멘트양을 적게 한다.
 ㉡ 수화열이 낮은 시멘트를 사용한다.
 ㉢ Pre-cooling하여 재료를 사용하기 전에 미리
   온도를 낮춘다.
 ㉣ 1회의 타설높이를 줄인다.
 ㉤ 수축이음부를 설치하고 Pipe-cooling하여 콘
   크리트의 내부온도를 낮춘다.

20 페놀프탈레인용액을 사용한 콘크리트의 탄산
화판정시험에서 탄산화된 부분에서 나타나는
색은?

① 붉은색   ② 노란색
③ 청색   ④ 착색되지 않음

해설 중성화시험방법
 콘크리트 중성화깊이의 판정은 콘크리트의 파괴면
 에 페놀프탈레인의 1% 알코올용액을 묻혀서 하며,
 중성화된 부분은 변하지 않고 중성화되지 않는 알칼
 리성 부분은 붉은 자색을 띤다.

제2과목·건설시공 및 관리

21 습윤상태가 곳에 따라 여러 가지로 변화하고
있는 배수지구에서는 습윤상태에 알맞은 암거
배수의 양식을 취한다. 이와 같이 1지구 내에
소규모의 여러 가지 양식의 암거배수를 많이
설치한 암거의 배열방식은?

① 차단식   ② 집단식
③ 자연식   ④ 빗식

22 다음 그림과 같은 지형에서 등고선법에 의한 전체
토량을 구하면? (단, 각 등고선 간의 높이차는
20m이고, A_1의 면적은 1,400m², A_2의 면적은
950m², A_3의 면적은 600m², A_4의 면적은
250m², A_5의 면적은 100m²이다.)

① 38,200m³   ② 44,400m³
③ 50,000m³   ④ 56,000m³

해설
$$V = \frac{h}{3}\left(A_1 + 4\sum A_{\text{짝수}} + 2\sum A_{\text{홀수}} + A_n\right)$$
$$= \frac{20}{3} \times [1,400 + 4 \times (950 + 250) + 2 \times 600 + 100]$$
$$= 50,000\text{m}^3$$

23 TBM공법에 대한 설명으로 옳은 것은?

① 무진동화약을 사용하는 방법이다.
② Cutter에 의하여 암석을 압쇄 또는 굴착
   하여 나가는 굴착공법이다.
③ 암층의 변화에 대하여 적응하기가 쉽다.
④ 여굴이 많아질 우려가 있다.

해설 TBM공법은 커터(cutter)에 의하여 암석을 압쇄 또
 는 절삭하여 터널을 굴착하는 공법이다.

정답 18. ④ 19. ① 20. ④ 21. ② 22. ③ 23. ②

24 유효다짐폭 3m의 10t 머캐덤롤러(macadam roller) 1대를 사용하여 성토의 다짐을 시행할 때 평균깔기 두께 20cm, 평균작업속도 2km/h, 다짐횟수를 10회, 작업효율 0.6으로 하면 1시간당 작업량은 약 얼마인가? (단, 토량변화율(L)은 1.25이다.)

① 48.4m³/h ② 52.7m³/h
③ 57.6m³/h ④ 64.3m³/h

해설 $Q = \dfrac{1,000\,VWHfE}{N}$

$= \dfrac{1,000 \times 2 \times 3 \times 0.2 \times \dfrac{1}{1.25} \times 0.6}{10} = 57.6\text{m}^3/\text{h}$

25 발파에 대한 용어 중 장약의 중심으로부터 자유면까지의 최단거리를 무엇이라 하는가?

① 최소 누두반경 ② 최소 저항선
③ 누두공 ④ 누두지수

해설 장약의 중심에서 자유면까지의 최단거리를 최소저항선이라 한다.

26 다음은 아스팔트 포장의 단면도이다. 상단부터 (A~E) 차례대로 옳게 기술한 것은?

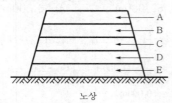

노상

① 차단층, 중간층, 표층, 기층, 보조기층
② 표층, 기층, 중간층, 보조기층, 차단층
③ 표층, 중간층, 차단층, 기층, 보조기층
④ 표층, 중간층, 기층, 보조기층, 차단층

27 흙댐을 구조상 분류할 때 중앙에 불투수성의 흙을, 양측에는 투수성 흙을 배치한 것으로 두 가지 이상의 재료를 얻을 수 있는 곳에서 경제적인 댐 형식은?

① 심벽형 댐 ② 균일형 댐
③ 월류댐 ④ Zone형 댐

해설 Zone형 댐
중앙에 불투수성의 흙을, 양측에는 투수성 흙을 배치한 것으로 재료가 한 가지밖에 없는 균일형 댐에 비하면 두 가지 이상의 재료를 얻을 수 있는 곳에서 경제적이다.

28 다음 그림과 같은 네트워크공정표에서 표준공기를 구하면?

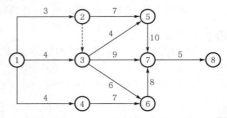

① 23일 ② 24일
③ 25일 ④ 26일

해설

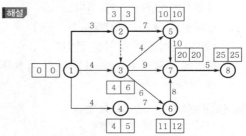

㉠ 공기 : 25일
㉡ CP : ① → ② → ⑤ → ⑦ → ⑧

29 Pre-loading공법에 대한 설명 중에서 적당하지 못한 것은?

① 공기가 급한 경우에 적용한다.
② 구조물의 잔류침하를 미리 막는 공법의 일종이다.
③ 압밀에 의한 점성토지반의 강도를 증가시키는 효과가 있다.
④ 도로, 방파제 등 구조물 자체가 재하중으로 작용하는 형식이다.

해설 Pre-loading공법은 공기가 긴 것이 단점이다.

30 아스팔트 포장의 파손현상 중 차량하중에 의해 발생한 변형량의 일부가 회복되지 못하여 발생하는 영구변형으로 차량통과위치에 균일하게 발생하는 침하를 보이는 아스팔트 포장의 대표적인 파손현상을 무엇이라 하는가?

① 피로균열
② 저온균열
③ 라벨링(ravelling)
④ 루팅(rutting)

해설 소성변형(rutting)
도로의 횡단방향의 요철로서 대형차의 교통, 혼합물의 품질불량 등이 원인이다.

31 다져진 토량 45,000m³를 성토하는데 흐트러진 토량 30,000m³가 있다. 이때 부족토량은 자연상태토량(m³)으로 얼마인가? (단, 토량변화율 L=1.25, C=0.9)

① 18,600m³
② 19,400m³
③ 23,800m³
④ 26,000m³

해설 부족토량=$45,000 \times \frac{1}{C} - 30,000 \times \frac{1}{L}$

$= 45,000 \times \frac{1}{0.9} - 30,000 \times \frac{1}{1.25}$

$= 26,000m³$ (본바닥토량)

32 디퍼의 용량 0.6m³, 흙의 체적변화율(L) 1.2, 기계의 능률계수 0.9, 디퍼계수 0.85, 사이클타임 25sec인 파워셔블의 1시간당 굴착작업량은?

① 52.45m³/h
② 55.08m³/h
③ 64.84m³/h
④ 79.32m³/h

해설 $Q = \frac{3,600qKfE}{C_m}$

$= \frac{3,600 \times 0.6 \times 0.85 \times \frac{1}{1.2} \times 0.9}{25} = 55.08m³/h$

33 특수제작된 거푸집을 이동시키면서 진행방향으로 슬래브를 타설하는 공법이며, 유압잭을 이용하여 전·후진의 구동이 가능하며 main girder 및 form work를 상하좌우로 조절 가능한 기계화된 교량가설공법은?

① MSS공법
② ILM공법
③ FCM공법
④ Dywidag공법

해설 MSS(이동동바리)공법
교량의 상부구조시공 시 동바리를 사용하지 않고 거푸집이 부착된 특수한 이동식 동바리를 이용하여 한 경간씩 한 번에 시공해가는 공법이다.

34 다음과 같은 조건에서 3점 견적법에 따른 기대공사일수를 구하면?

- 낙관일수=5일
- 정상일수=8일
- 비관일수=17일

① 6일
② 8일
③ 9일
④ 10일

해설 $t_e = \frac{t_o + 4t_m + t_p}{6} = \frac{5 + 4 \times 8 + 17}{6} = 9$일

35 두꺼운 연약지반의 처리공법 중 점성토이며 압밀속도를 빨리 하고자 할 때 가장 적당한 공법은?

① 제거치환공법
② Vertical drain공법
③ Vibro floatation공법
④ 압성토공법

36 교각의 기초와 같은 깊은 수중의 기초터파기에는 다음 어느 굴착기계가 가장 적당한가?

① 파워셔블(power shovel)
② 백호(back hoe)
③ 드래그라인(drag line)
④ 클램셀(clam shell)

해설 Clam shell
㉠ 지상 또는 수중에서 소범위의 굴착에 사용된다.
㉡ 자갈, 모래, 연질토사 등의 굴착, 싣기, 부리기 등에 사용된다.

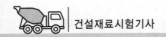

37 뉴매틱케이슨(Pneumatic caisson)공법의 장점에 대한 설명으로 틀린 것은?

① 압축공기를 이용하여 시공하므로 소규모 공사나 심도가 얕은 기초공사에 경제적이다.
② 오픈케이슨보다 침하공정이 빠르고 장애물 제거가 쉽다.
③ 시공 시에 토질확인이 가능하며 평판재하시험을 통한 지지력측정이 가능하다.
④ 지하수를 저하시키지 않으며 히빙, 보일링을 방지할 수 있으므로 인접 구조물의 침하 우려가 없다.

해설 공기케이슨기초는 소규모 공사나 심도가 깊은 공사 등에 비경제적이다.

38 지반안정용액을 주수하면서 수직굴착하고 철근콘크리트를 타설한 후 굴착하는 공법으로 타공법에 비해 차수성이 우수하고 지반변위가 작은 토류공법은?

① 강널말뚝 흙막이벽공법
② 벽강관널말뚝 흙막이벽공법
③ 벽식 연속지중벽공법
④ Top down공법

해설 벽식 지하연속벽공법
지하로 크고 깊은 trench를 굴착하여 철근망을 삽입한 후 콘크리트를 타설하여 지하연속벽을 만드는 공법이다.
㉠ 소음, 진동이 작다.
㉡ 벽체의 강성(EI)이 크다.
㉢ 차수성이 크다.
㉣ 주변 지반의 영향이 작다.

39 폭우 시 옹벽 배면에 배수시설이 취약하면 옹벽 저면을 통하여 침투수의 수위가 올라간다. 이 침투수가 옹벽에 미치는 영향을 설명한 것 중 옳지 않은 것은?

① 수평저항력의 증가
② 활동면에서의 간극수압 증가
③ 옹벽 바닥면에서의 양압력 증가

④ 부분포화에 따른 뒤채움 흙무게의 증가

해설 옹벽 배면의 흙은 침투수에 의해 단위중량이 증가하고 내부마찰각과 점착력이 저하하며 침투압이나 정수압이 가해져서 토압이 크게 증대한다. 경우에 따라서는 기초슬래브 밑면의 활동저항력을 저하시키기도 한다.

40 정수의 값이 3, 동결지수가 400℃·day일 때 데라다공식을 이용하여 동결깊이를 구하면?

① 30cm
② 40cm
③ 50cm
④ 60cm

해설 $Z = c\sqrt{F} = 3\sqrt{400} = 60\text{cm}$

제3과목 · 건설재료 및 시험

41 폭파약 취급상의 주의할 사항으로 틀린 것은?

① 운반 중 화기 및 충격에 대해서 세심한 주의를 한다.
② 뇌관과 폭약은 동일 장소에 두어서 사용에 편리하게 한다.
③ 장기보존에 의한 흡습, 동결에 대하여 주의를 한다.
④ 다이너마이트는 일광의 직사와 화기 있는 곳을 피한다.

해설 화약류 취급상 주의점
㉠ 다이너마이트는 일광의 직사를 피하고 화기에 접근시켜서는 안 된다.
㉡ 운반 시에 화기나 충격을 받지 않도록 해야 한다.
㉢ 뇌관과 폭약은 같은 장소에 저장하지 않아야 한다.

42 아스팔트 혼합재에서 채움재(filler)를 혼합하는 목적은 다음 중 어느 것인가?

① 아스팔트의 비중을 높이기 위해서
② 아스팔트의 침입도를 높이기 위해서
③ 아스팔트의 공극을 메우기 위해서
④ 아스팔트의 내열성을 증가시키기 위해서

해설 채움재(filler)

석회석분말, 시멘트, 소석회 등이 사용되고, 필러는 골재입자의 아스팔트 피막의 점도를 상승시키고 강도에 영향을 주며 잔골재 이상의 골재간극을 채우는 역할을 한다.

43 천연 아스팔트에 속하지 않는 것은?

① 록 아스팔트
② 레이크 아스팔트
③ 샌드 아스팔트
④ 스트레이트 아스팔트

해설 천연 아스팔트

㉠ 천연 아스팔트(natural asphalt)
  • 록 아스팔트(rock asphalt)
  • 레이크 아스팔트(lake asphalt)
  • 샌드 아스팔트(sand asphalt)
㉡ 아스팔타이트(asphaltite)

44 석재로서의 화강암에 대한 설명으로 틀린 것은?

① 조직이 균일하고 내구성 및 강도가 크다.
② 내화성이 강해 고열을 받는 내화구조용으로 적합하다.
③ 균열이 적기 때문에 큰 재료를 채취할 수 있다.
④ 외관이 비교적 아름답기 때문에 장식재료로 사용할 수 있다.

해설 화강암

㉠ 조직이 균일하고 강도 및 내구성이 크다.
㉡ 풍화나 마모에 강하다.
㉢ 돌눈이 작아 큰 석재를 채취할 수 있다.
㉣ 내화성이 작다.

45 목재의 특징에 대한 설명 중 틀린 것은?

① 함수율에 따라 수축팽창이 크다.
② 가연성이 있어 내화성이 작다.
③ 온도에 의한 수축, 팽창이 크다.
④ 부식이 쉽고 충해를 입는다.

해설 목재

㉠ 장점
  • 가볍고 취급 및 가공이 쉽다.
  • 비중에 비해 강도가 크다.
  • 열, 전기, 음 등에 부동체이다.
  • 열팽창계수가 작다.
  • 탄성, 인성이 크고 충격, 진동 등을 잘 흡수한다.
  • 외관이 아름답다.
㉡ 단점
  • 내화성이 작다.
  • 부식이 쉽고 충해를 받는다.
  • 재질과 강도가 균일하지 못하다.
  • 함수율의 변화에 의한 변형과 팽창, 수축이 크다.

46 다음 특성을 가지는 시멘트는?

• 발열량이 대단히 많으며 조강성이 크다.
• 열분해온도가 높으므로(1,300℃ 정도) 내화용 콘크리트에 적합하다.
• 해수 기타 화학작용을 받는 곳에 저항성이 크다.

① 플라이애시 시멘트
② 고로 시멘트
③ 백색 포틀랜드 시멘트
④ 알루미나 시멘트

47 재료의 일반적 성질 중 다음에 해당하는 성질은 무엇인가?

외력에 의해서 변형된 재료가 외력을 제거했을 때 원형으로 되돌아가지 않고 변형된 그대로 있는 성질

① 인성   ② 취성
③ 탄성   ④ 소성

해설 ㉠ 탄성 : 외력을 받아 변형한 재료에 외력을 제거하고 원상태로 돌아가는 성질
㉡ 소성 : 외력을 제거해도 그 변형은 그대로 남아 있고 원형으로 되돌아가지 못하는 성질

48 콘크리트 중의 염화물함유량은 콘크리트 중에 함유된 염화물이온의 총량으로 표시하는데, 비빌 때 콘크리트 중의 전 염화물이온량은 원칙적으로 얼마 이하로 하여야 하는가?

① $0.5kg/m^3$ ② $0.3kg/m^3$
③ $0.2kg/m^3$ ④ $0.1kg/m^3$

해설 굳지 않은 콘크리트 중의 전 염화물이온량은 원칙적으로 $0.3kg/m^3$ 이하로 한다.

49 혼화재료의 일반적인 사용목적이 아닌 것은?

① 강도 증가
② 발열량 증가
③ 수밀성 증진
④ 응결, 경화시간 조절

해설 혼화재료의 사용목적
㉠ 워커빌리티 개선
㉡ 강도의 증진 및 내구성 증진
㉢ 응결, 경화시간의 조절
㉣ 발열량 저감
㉤ 수밀성의 증진 및 철근의 부식 방지

50 토목섬유 중 직포형과 부직포형이 있으며 분리, 배수, 보강, 여과기능을 갖고 오탁 방지망, drain board, pack drain포대, geo web 등에 사용되는 자재는?

① 지오텍스타일 ② 지오그리드
③ 지오네트 ④ 지오멤브레인

51 어떤 골재의 밀도가 2.60g/cm³이고, 단위용적질량은 1.65t/m³이다. 이때 이 골재의 공극률(%)은?

① 36.5% ② 43.2%
③ 53.5% ④ 63.5%

해설 공극률 $= \left(1 - \dfrac{w}{g}\right) \times 100 = \left(1 - \dfrac{1.65}{2.6}\right) \times 100$
$= 36.54\%$

52 콘크리트용 혼화제(混和劑)에 대한 일반적인 설명으로 틀린 것은?

① AE제에 의한 연행공기는 시멘트, 골재입자 주위에서 베어링(bearing)과 같은 작용을 함으로써 콘크리트의 워커빌리티를 개선하는 효과가 있다.
② 고성능 감수제는 그 사용방법에 따라 고강도 콘크리트용 감수제와 유동화제로 나누어지지만 기본적인 성능은 동일하다.
③ 촉진제는 응결시간이 빠르고 조기강도를 증대시키는 효과가 있기 때문에 여름철 공사에 사용하면 유리하다.
④ 지연제는 사일로, 대형구조물 및 수조 등과 같이 연속타설을 필요로 하는 콘크리트 구조에 작업이음의 발생 등의 방지에 유효하다.

해설 촉진제
수화작용을 촉진하는 혼화제로서 적당한 사용량은 시멘트 질량의 2% 이하로 한다.
㉠ 조기강도를 필요로 하는 공사
㉡ 한중 콘크리트
㉢ 조기 표면마무리, 조기 거푸집 제거

53 포틀랜드 시멘트의 일반적인 성질에 대한 설명으로 옳은 것은?

① 시멘트는 풍화되거나 소성이 불충분할 경우 비중이 증가한다.
② 시멘트의 분말도가 낮으면 콘크리트의 초기강도는 높아진다.
③ 시멘트의 안정성은 클링커의 소성이 불충분할 경우, 생긴 유리석회 등의 양이 지나치게 많을 경우 불안정해진다.
④ 시멘트와 물이 반응하여 점차 유동성과 점성을 상실하는 상태를 경화라 한다.

해설 ㉠ 포틀랜드 시멘트의 성질
• 시멘트가 풍화되면 비중이 작아진다.
• 시멘트의 분말도가 크면 조기강도가 커진다.
㉡ 시멘트와 물이 반응하여 점차 유동성과 점성을 상실하는 상태를 응결이라 한다.

54 일반적으로 도로 포장에 사용되는 포장용 가열 아스팔트 혼합물의 생산온도로 가장 가까운 것은?

① 70℃ ② 90℃
③ 160℃ ④ 220℃

55 KS F 2530에 규정되어 있는 경석의 압축강도 기준은?

① 60MPa 이상 ② 50MPa 이상
③ 40MPa 이상 ④ 30MPa 이상

암석의 압축강도에 의한 분류

종류	압축강도(MPa)
경석	50 이상
준경석	50~10
연석	10 미만

56 다음 중 시멘트의 성질과 그 성질을 측정하는 시험기의 연결이 잘못된 것은?

① 안정성 – 오토클레이브
② 비중 – 르샤틀리에병
③ 응결 – 비카트침
④ 유동성 – 길모아침

해설 시멘트의 성질과 시험법
㉠ 응결시간시험 : 비카트침, 길모어침
㉡ 안정성시험 : 오토클레이브 팽창도시험

57 콘크리트용 부순 골재에 대한 설명 중 틀린 것은?

① 부순 골재는 입자의 형상판정을 위하여 입형판정실적률을 사용한다.
② 부순 골재를 사용한 콘크리트는 동일한 워커빌리티를 얻기 위해서 단위수량이 증가된다.
③ 양질의 부순 골재를 사용한 콘크리트의 압축강도는 일반 강자갈을 사용한 콘크리트의 압축강도보다 감소된다.
④ 부순 골재의 실적률이 작을수록 콘크리트의 슬럼프저하가 크다.

해설 부순 굵은 골재는 표면적이 거칠기 때문에 시멘트 풀과의 부착이 좋아서 같은 물–시멘트비에서 압축강도는 15~30% 커진다.

58 어떤 재료의 푸아송비가 1/30이고, 탄성계수는 2×10⁵MPa일 때 전단탄성계수는?

① 25,600MPa ② 75,000MPa
③ 544,000MPa ④ 229,500MPa

해설 $G = \dfrac{E}{2(1+\nu)} = \dfrac{2\times10^5}{2\times\left(1+\frac{1}{3}\right)} = 75,000\text{MPa}$

59 콘크리트 잔골재의 유해물함유량기준에 대한 설명으로 부적합한 것은? (단, 질량 백분율)

① 콘크리트 표면이 마모작용을 받을 경우 0.08mm체 통과량 : 5.0% 이내
② 점토덩어리 : 1% 이내
③ 염화물(NaCl환산량) : 0.04% 이내
④ 콘크리트 외관이 중요한 경우로 석탄, 갈탄 등으로 0.002g/mm³의 액체에 뜨는 것 : 0.5% 이내

해설 잔골재의 유해물함유량한도(질량 백분율)

구분	최대값
점토덩어리	1.0
0.08mm체 통과량	
• 콘크리트의 표면이 마모작용을 받는 경우	3.0
• 기타의 경우	5.0
석탄, 갈탄 등으로 밀도 0.002g/mm³의 액체에 뜨는 것	
• 콘크리트의 외관이 중요한 경우	0.5
• 기타의 경우	1.0
염화물(NaCl환산량)	0.04

60 콘크리트용 화학혼화제(KS F 2560)에서 규정하고 있는 AE제의 품질성능에 대한 규정항목이 아닌 것은?

① 경시변화량 ② 감수율
③ 블리딩양의 비 ④ 길이변화비

해설 콘크리트용 화학혼화제의 품질(KS F 2560)

구분		공기연행제
감수율(%)		6 이상
블리딩양의 비(%)		75 이하
응결시간의 차(분)	초결	$-60 \sim +60$
	종결	$-60 \sim +60$
압축강도비(%)	재령 3일	95 이상
	재령 7일	95 이상
	재령 28일	90 이상
길이변화비(%)		120 이하

제4과목·토질 및 기초

61 다음은 정규압밀점토의 삼축압축시험결과를 나타낸 것이다. 파괴 시의 전단응력 τ와 수직응력 σ를 구하면?

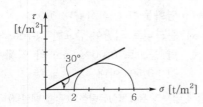

① $\tau = 1.73 t/m^2$, $\sigma = 2.50 t/m^2$
② $\tau = 1.41 t/m^2$, $\sigma = 3.00 t/m^2$
③ $\tau = 1.41 t/m^2$, $\sigma = 2.50 t/m^2$
④ $\tau = 1.73 t/m^2$, $\sigma = 3.00 t/m^2$

해설 Mohr원에서 $\sigma_3 = 2 t/m^2$, $c = 0$, $\phi = 30°$이다.

㉠ $\theta = 45° + \dfrac{\phi}{2} = 45° + \dfrac{30°}{2} = 60°$

㉡ $\sigma = \dfrac{\sigma_1 + \sigma_3}{2} + \dfrac{\sigma_1 - \sigma_3}{2} \cos 2\theta$

$= \dfrac{6+2}{2} + \dfrac{6-2}{2} \times \cos(2 \times 60°) = 3 t/m^2$

㉢ $\tau = \dfrac{\sigma_1 - \sigma_3}{2} \sin 2\theta = \dfrac{6-2}{2} \times \sin(2 \times 60°)$

$= 1.73 t/m^2$

62 다음 그림과 같은 조건에서 분사현상에 대한 안전율을 구하면? (단, 모래의 $\gamma_{sat} = 2.0 t/m^3$이다.)

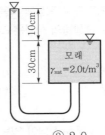

① 1.0　　② 2.0
③ 2.5　　④ 3.0

해설 $F_s = \dfrac{i_c}{i} = \dfrac{i_c}{\dfrac{h}{L}} = \dfrac{1}{\dfrac{10}{30}} = 3$

63 3층 구조로 구조결합 사이에 치환성 양이온이 있어서 활성이 크고 시트 사이에 물이 들어가 팽창, 수축이 크고 공학적 안정성은 약한 점토광물은?

① Kaolinite　　② Illite
③ Montmorillonite　④ Sand

해설 몬모릴로나이트

㉠ 2개의 실리카판과 1개의 알루미나판으로 이루어진 3층 구조로 이루어진 층들이 결합한 것이다.
㉡ 결합력이 매우 약해 물이 침투하면 쉽게 팽창한다.
㉢ 공학적 안정성이 제일 작다.

64 다음 중 일시적인 지반개량공법에 속하는 것은?

① 다짐모래말뚝공법
② 약액주입공법
③ 프리로딩공법
④ 동결공법

해설 일시적 지반개량공법

well point공법, deep well공법, 대기압공법, 동결공법

65 강도정수가 $c = 0$, $\phi = 40°$인 사질토지반에서 Rankine이론에 의한 수동토압계수는 주동토압계수의 몇 배인가?

① 4.6　　② 9.0
③ 12.3　　④ 21.1

정답 61. ④ 62. ④ 63. ③ 64. ④ 65. ④

해설 ㉠ $K_p = \tan^2\left(45° + \dfrac{\phi}{2}\right) = \tan^2\left(45° + \dfrac{40°}{2}\right) = 4.6$

㉡ $K_a = \tan^2\left(45° - \dfrac{\phi}{2}\right) = \tan^2\left(45° - \dfrac{40°}{2}\right) = 0.217$

㉢ $\dfrac{K_p}{K_a} = \dfrac{4.6}{0.217} = 21.2$

66 다음 그림과 같이 6m 두께의 모래층 밑에 2m 두께의 점토층이 존재한다. 지하수면은 지표 아래 2m 지점에 존재한다. 이때 지표면에 $\Delta P = 5.0\text{t/m}^2$의 등분포하중이 작용하여 상당한 시간이 경과한 후 점토층의 중간 높이 A점에 피에조미터를 세워 수두를 측정한 결과 $h = 4.0\text{m}$로 나타났다면 A점의 압밀도는?

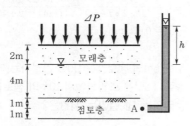

① 20% ② 30%

③ 50% ④ 80%

해설 ㉠ $u = \gamma_w h = 1 \times 4 = 4\text{t/m}^2$

㉡ $U_z = \dfrac{\Delta P - u}{\Delta P} \times 100 = \dfrac{5-4}{5} \times 100 = 20\%$

67 다짐에 대한 다음 설명 중 옳지 않은 것은?

① 세립토의 비율이 클수록 최적함수비는 증가한다.

② 세립토의 비율이 클수록 최대 건조단위중량은 증가한다.

③ 다짐에너지가 클수록 최적함수비는 감소한다.

④ 최대 건조단위중량은 사질토에서 크고, 점성토에서 작다.

해설 세립토가 많을수록 최대 건조단위중량은 감소하고, 최적함수비는 증가한다.

68 어느 지반에 30cm×30cm 재하판을 이용하여 평판재하시험을 한 결과 항복하중이 5t, 극한하중이 9t이었다. 이 지반의 허용지지력은?

① 55.6t/m^2 ② 27.8t/m^2

③ 100t/m^2 ④ 33.3t/m^2

해설 ㉠ $q_y = \dfrac{P_y}{A} = \dfrac{5}{0.3 \times 0.3} = 55.56\text{t/m}^2$

㉡ $q_u = \dfrac{P_u}{A} = \dfrac{9}{0.3 \times 0.3} = 100\text{t/m}^2$

㉢ $\left.\begin{array}{l} \dfrac{q_y}{2} = \dfrac{55.56}{2} = 27.78\text{t/m}^2 \\ \dfrac{q_u}{3} = \dfrac{100}{3} = 33.33\text{t/m}^2 \end{array}\right\}$ 중에서 작은 값이

허용지지력이므로 $q_a = 27.78\text{t/m}^2$이다.

69 암반층 위에 5m 두께의 토층이 경사 15°의 자연사면으로 되어 있다. 이 토층은 $c = 1.5\text{t/m}^2$, $\phi = 30°$, $\gamma_{sat} = 1.8\text{t/m}^3$이고 지하수면은 토층의 지표면과 일치하고 침투는 경사면과 대략 평행이다. 이때의 안전율은?

① 0.8 ② 1.1

③ 1.6 ④ 2.0

해설 $F_s = \dfrac{c}{\gamma_{sat} Z \cos i \sin i} + \dfrac{\gamma_{sub}}{\gamma_{sat}} \dfrac{\tan \phi}{\tan i}$

$= \dfrac{1.5}{1.8 \times 5 \times \cos 15° \times \sin 15°} + \dfrac{0.8}{1.8} \times \dfrac{\tan 30°}{\tan 15°}$

$= 1.624$

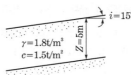

70 연약점토층을 관통하여 철근콘크리트 파일을 박았을 때 부마찰력(negative friction)은? (단, 지반의 일축압축강도 $q_u = 2\text{t/m}^2$, 파일직경 $D = 50\text{cm}$, 관입깊이 $l = 10\text{m}$이다.)

① 15.71t ② 18.53t

③ 20.82t ④ 24.24t

[해설] $R_{nf} = f_n A_s = \dfrac{q_u}{2}\pi Dl \equiv \dfrac{2}{2}\times\pi\times 0.5\times 10 = 15.71t$

71 4m×4m 크기인 정사각형 기초를 내부마찰각 $\phi = 20°$, 점착력 $c = 3t/m^2$인 지반에 설치하였다. 흙의 단위중량(γ)=1.9t/m³이고 안전율을 3으로 할 때 기초의 허용하중을 Terzaghi 지지력공식으로 구하면? (단, 기초의 깊이는 1m이고, 전반전단파괴가 발생한다고 가정하며 $N_c = 17.69$, $N_q = 7.44$, $N_r = 4.97$이다.)

① 478t   ② 524t
③ 567t   ④ 621t

[해설] ㉠ 정사각형 기초이므로 $\alpha = 1.3$, $\beta = 0.4$이다.
$q_u = \alpha c N_c + \beta B \gamma_1 N_r + D_f \gamma_2 N_q$
$\quad = 1.3\times 3\times 17.69 + 0.4\times 4\times 1.9\times 4.97$
$\quad\quad + 1\times 1.9\times 7.44 = 98.24 t/m^2$
㉡ $q_a = \dfrac{q_u}{F_s} = \dfrac{98.24}{3} = 32.75 t/m^2$
㉢ $q_a = \dfrac{P}{A}$
$\quad 32.75 = \dfrac{P}{4\times 4}$
$\quad \therefore P = 524t$

72 어떤 퇴적층에서 수평방향의 투수계수는 4.0×10^{-4}cm/s이고, 수직방향의 투수계수는 3.0×10^{-4}cm/s이다. 이 흙을 등방성으로 생각할 때 등가의 평균투수계수는 얼마인가?

① 3.46×10^{-4}cm/s   ② 5.0×10^{-4}cm/s
③ 6.0×10^{-4}cm/s   ④ 6.93×10^{-4}cm/s

[해설] $K = \sqrt{K_h K_v} = \sqrt{(4\times 10^{-4})\times(3\times 10^{-4})}$
$\quad = 3.46\times 10^{-4}$cm/s

73 직접 전단시험을 한 결과 수직응력이 12kg/cm²일 때 전단저항이 5kg/cm², 수직응력이 24kg/cm²일 때 전단저항이 7kg/cm²이었다. 수직응력이 30kg/cm²일 때의 전단저항은 약 얼마인가?

① 6kg/cm²   ② 8kg/cm²
③ 10kg/cm²   ④ 12kg/cm²

[해설] ㉠ $\tau = c + \bar{\sigma}\tan\phi$ 에서
$5 = c + 12\tan\phi$ ·· ⓐ
$7 = c + 24\tan\phi$ ·· ⓑ
$\therefore$ 식 ⓐ와 식 ⓑ를 연립해서 풀면
$\quad c = 3kgf/cm^2$, $\phi = 9.46°$
㉡ $\tau = c + \bar{\sigma}\tan\phi = 3 + 30\times\tan 9.46 = 8kg/cm^2$

74 크기가 1m×2m인 기초에 10t/m²의 등분포하중이 작용할 때 기초 아래 4m인 점의 압력 증가는 얼마인가? (단, 2 : 1분포법을 이용한다.)

① $0.67t/m^2$ ② $0.33t/m^2$
③ $0.22t/m^2$ ④ $0.11t/m^2$

[해설] $\Delta\sigma_v = \dfrac{BLq_s}{(B+Z)(L+Z)} = \dfrac{1\times 2\times 10}{(1+4)\times(2+4)}$
$\quad = 0.67t/m^2$

75 두께 5m의 점토층을 90% 압밀하는 데 50일이 걸렸다. 같은 조건하에서 10m의 점토층을 90% 압밀하는 데 걸리는 시간은?

① 100일   ② 160일
③ 200일   ④ 240일

[해설] ㉠ $t_{90} = \dfrac{0.848 H^2}{C_v}$
$\quad 50 = \dfrac{0.848\times 5^2}{C_v}$
$\quad \therefore C_v = 0.424 m^2/day$
㉡ $t_{90} = \dfrac{0.848\times 10^2}{0.424} = 200$ 일

76 흙의 내부마찰각(ϕ)은 20°, 점착력(c)이 2.4t/m²이고, 단위중량(γ_t)은 1.93t/m³인 사면의 경사각이 45°일 때 임계높이는 약 얼마인가? (단, 안정수 $m = 0.06$)

① 15m   ② 18m
③ 21m   ④ 24m

[해설] $H_c = \dfrac{N_s c}{\gamma_t} = \dfrac{\frac{1}{m}c}{\gamma_t} = \dfrac{\frac{1}{0.06}\times 2.4}{1.93} = 20.73m$

77 다음 현장 시험 중 Sounding의 종류가 아닌 것은?

① Vane시험 ② 표준관입시험
③ 동적 원추관입시험 ④ 평판재하시험

해설 Sounding의 종류

정적 sounding	동적 sounding
• 단관 원추관입시험 • 화란식 원추관입시험 • 베인시험 • 이스키미터	• 동적 원추관입시험 • SPT

78 암질을 나타내는 항목과 직접 관계가 없는 것은?

① N치 ② RQD값
③ 탄성파속도 ④ 균열의 간격

해설 암반의 분류법
㉠ RQD 분류
㉡ RMR 분류
　• 암석의 강도
　• RQD
　• 불연속면의 간격
　• 불연속면의 상태
　• 지하수상태 등 5개의 매개변수에 의해 각각 등급을 두어 암반을 분류하는 방법이다.

79 Paper Drain설계 시 Drain Paper의 폭이 10cm, 두께가 0.3cm일 때 Drain Paper의 등치환산원의 직경이 얼마이면 Sand Drain과 동등한 값으로 볼 수 있는가? (단, 형상계수=0.75)

① 5cm ② 8cm
③ 10cm ④ 15cm

해설 $D = \alpha\left(\dfrac{2A+2B}{\pi}\right) = 0.75 \times \dfrac{2\times10+2\times0.3}{\pi}$
$= 4.92cm$

80 흙의 연경도(consistency)에 관한 설명으로 틀린 것은?

① 소성지수는 점성이 클수록 크다.
② 터프니스지수는 Colloid가 많은 흙일수록 값이 작다.
③ 액성한계시험에서 얻어지는 유동곡선의 기울기를 유동지수라 한다.
④ 액성지수와 컨시스턴시지수는 흙지반의 무르고 단단한 상태를 판정하는 데 이용된다.

해설 콜로이드가 많은 흙일수록 I_t가 크고, 활성도가 크다.

제1과목 · 콘크리트공학

01 콘크리트의 시공이음에 대한 설명으로 틀린 것은?

① 시공이음은 부재의 압축력이 작용하는 방향과 직각이 되도록 하는 것이 원칙이다.
② 시공이음을 계획할 때는 온도 및 건조수축 등에 의한 균열의 발생도 고려해야 한다.
③ 바닥틀과 일체로 된 기둥 또는 벽의 시공이음은 바닥틀과의 경계 부근에 설치하는 것이 좋다.
④ 시공이음은 될 수 있는 대로 전단력이 큰 위치에 설치해야 한다.

해설 시공이음
시공이음은 될 수 있는 대로 전단력이 작은 위치에 설치하고 부재의 압축력이 작용하는 방향과 직각이 되도록 하는 것이 원칙이다.

02 섬유보강 콘크리트에 대한 설명으로 틀린 것은?

① 강섬유보강 콘크리트의 경우 소요단위수량은 강섬유의 용적혼입률 1% 증가에 대하여 약 $20kg/m^3$ 정도 증가한다.
② 섬유보강으로 인해 인장강도, 휨강도, 전단강도 및 인성은 증대되지만, 압축강도는 그다지 변화하지 않는다.
③ 강제식 믹서를 이용한 경우 섬유보강 콘크리트의 비비기 부하는 일반 콘크리트에 비해 2~4배 커지는 수가 있다.
④ 섬유혼입률은 섬유보강 콘크리트 $1m^3$ 중에 점유하는 섬유의 질량 백분율(%)로서 보통 0.5~2.0% 정도이다.

해설 섬유보강 콘크리트에 혼입할 수 있는 섬유량은 콘크리트 용적의 0.5~2% 정도이다.

03 서중 콘크리트에 대한 설명으로 틀린 것은?

① 일반적으로는 기온 10℃의 상승에 대하여 단위수량은 2~5% 감소하므로 단위수량에 비례하여 단위시멘트양의 감소를 검토하여야 한다.
② 하루평균기온이 25℃를 초과하는 경우 서중 콘크리트로 시공한다.
③ 콘크리트를 타설하기 전에 지반, 거푸집 등을 습윤상태로 유지하기 위해서 살수 또는 덮개 등의 적절한 조치를 취해야 한다.
④ 콘크리트는 비빈 후 즉시 타설하여야 하며 일반적인 대책을 강구한 경우라도 1.5시간 이내에 타설하여야 한다.

해설 서중 콘크리트
일반적으로 기온 10℃ 상승에 대하여 단위수량은 2~5% 증가하므로 단위수량에 비례하여 단위시멘트양의 증가를 검토해야 한다.

04 콘크리트의 받아들이기 품질검사에 대한 설명으로 틀린 것은?

① 콘크리트의 받아들이기 검사는 콘크리트가 타설된 이후에 실시하는 것을 원칙으로 한다.
② 굳지 않은 콘크리트의 상태는 외관관찰에 의하며 콘크리트 타설 개시 및 타설 중 수시로 검사하여야 한다.
③ 바다잔골재를 사용한 콘크리트의 염소이온량은 1일에 2회 시험하여야 한다.
④ 강도검사는 콘크리트의 배합검사를 실시하는 것을 표준으로 한다.

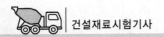
해설 콘크리트의 받아들이기 품질검사

㉠ 콘크리트의 받아들이기 품질관리는 콘크리트를 타설하기 전에 실시하여야 한다.
㉡ 강도검사는 콘크리트의 배합검사를 실시하는 것을 표준으로 한다.
㉢ 내구성검사는 공기량, 염소이온량을 측정하는 것으로 한다.

05 다음 중 블리딩(bleeding) 방지법으로 옳지 않은 것은?

① 단위수량이 적은 된비빔의 콘크리트로 한다.
② 단위시멘트양을 작게 한다.
③ 혼화제 중에서 AE제나 감수제를 사용한다.
④ 골재의 입도분포가 양호한 것을 사용한다.

해설 블리딩 방지법

㉠ 단위수량을 적게 하고 된비빔의 콘크리트로 한다.
㉡ AE제, 감수제 등을 사용한다.
㉢ 분말도가 높은 시멘트를 사용한다.

06 경량골재 콘크리트에 대한 설명으로 옳은 것은?

① 내구성이 보통 콘크리트보다 크다.
② 열전도율은 보통 콘크리트보다 작다.
③ 탄성계수는 보통 콘크리트의 2배 정도이다.
④ 건조수축에 의한 변형이 생기지 않는다.

해설 경량골재 콘크리트

장점	• 자중이 작다. • 내화성, 단열성이 크다. • 열전도율이 작다.
단점	• 압축강도, 탄성계수가 작다. • 건조수축이 크다. • 내구성이 작다.

07 콘크리트 강도에 영향을 주는 요소가 아닌 것은?

① 골재의 입도
② 양생조건
③ 물−결합재비
④ 거푸집의 형태와 크기

해설 콘크리트 강도에 영향을 미치는 요인

재료품질, 배합(물−결합재비), 공기량, 양생방법 및 재령

08 시방배합결과 물 180kg/m^3, 잔골재 650kg/cm^3, 굵은 골재 1,000kg/m^{3}를 얻었다. 잔골재의 흡수율이 2%, 표면수율이 3%라고 하면 현장 배합상의 단위잔골재량은?

① 637.0kg/m^3　② 656.5kg/m^3
③ 663.0kg/m^3　④ 669.5kg/m^3

해설 단위잔골재량 = 650 + 650 × 0.03 = 669.5kg

09 콘크리트 진동다지기에서 내부진동기 사용방법의 표준으로 틀린 것은?

① 2층 이상으로 나누어 타설한 경우 상층 콘크리트의 다지기에서 내부진동기는 하층의 콘크리트 속으로 찔러 넣으면 안 된다.
② 내부진동기의 삽입간격은 일반적으로 0.5m 이하로 하는 것이 좋다.
③ 1개소당 진동시간은 다짐할 때 시멘트 페이스트가 표면 상부로 약간 부상하기까지 한다.
④ 내부진동기는 콘크리트를 횡방향으로 이동시킬 목적으로 사용하지 않아야 한다.

해설 내부진동기 사용방법의 표준

㉠ 내부진동기를 하층의 콘크리트 속으로 0.1m 정도 찔러 넣는다.
㉡ 1개소당 진동시간은 다짐할 때 시멘트 페이스트가 표면 상부로 약간 부상하기까지 한다.
㉢ 내부진동기는 연직으로 찔러 넣으며, 삽입간격은 일반적으로 0.5m 이하로 한다.
㉣ 내부진동기는 콘크리트를 횡방향으로 이동시킬 목적으로 사용해서는 안 된다.

10 콘크리트의 재료분리현상을 줄이기 위한 사항으로 틀린 것은?

① 잔골재율을 증가시킨다.
② 물−시멘트비를 작게 한다.
③ 굵은 골재를 많이 사용한다.
④ 포졸란을 적당량 혼합한다.

[해설] 재료분리현상을 줄이기 위한 대책
㉠ 잔골재율을 크게 한다.
㉡ 물—시멘트비를 작게 한다.
㉢ 잔골재 중의 0.15~0.3mm 정도의 세립분을 많게 한다.
㉣ AE제, 플라이애시 등의 혼화재료를 적절히 사용한다.
㉤ 콘크리트의 성형성을 증가시킨다.

11 다음 조건과 같을 경우 콘크리트의 압축강도(f_{cu})를 시험하여 거푸집널의 해체시기를 결정하고자 한다. 콘크리트의 압축강도(f_{cu})가 몇 MPa 이상인 경우 거푸집널을 해체할 수 있는가?

- 설계기준압축강도(f_{ck})가 30MPa
- 슬래브 및 보의 밑면 거푸집

① 5MPa　　　　② 10MPa
③ 14MPa　　　　④ 20MPa

[해설] 압축강도 $= \dfrac{2}{3} \times 30 = 20$MPa

[참고]	콘크리트의 압축강도를 시험한 경우 거푸집널의 해체시기	
	부재	콘크리트 압축강도(f_{cu})
	확대기초, 보 옆, 기둥 등의 측벽	5MPa 이상
	슬래브 및 보의 밑면, 아치내면	설계기준압축강도의 2/3배 이상, 최소 14MPa 이상

12 프리플레이스트 콘크리트에 대한 설명으로 틀린 것은?

① 잔골재의 조립률은 1.4~2.2범위로 한다.
② 굵은 골재의 최소 치수는 15mm 이상으로 하여야 한다.
③ 프리플레이스트 콘크리트의 강도는 원칙적으로 재령 14일의 초기재령의 압축강도를 기준으로 한다.
④ 굵은 골재의 최대 치수와 최소 치수의 차이를 작게 하면 굵은 골재의 실적률이 작아지고 주입모르타르의 소요량이 많아진다.

[해설] 프리플레이스트 콘크리트
㉠ 프리플레이스트 콘크리트의 강도는 재령 28일 또는 재령 91일의 압축강도를 기준으로 한다.
㉡ 잔골재의 조립률은 1.4~2.2범위로 한다.
㉢ 굵은 골재의 최소 치수는 15mm 이상으로 한다.
㉣ 굵은 골재의 최대 치수는 최소 치수의 2~4배 정도로 한다.

13 포스트텐션방식의 프리스트레스트 콘크리트에서 긴장재의 정착장치로 일반적으로 사용되는 방법이 아닌 것은?

① PS강봉을 갈고리로 만들어 정착시키는 방법
② 반지름방향 또는 원주방향의 쐐기작용을 이용한 방법
③ PS강봉의 단부에 나사전조가공을 하여 너트로 정착하는 방법
④ PS강봉의 단부에 헤딩(heading)가공을 하여 가공된 강재머리에 의하여 정착하는 방법

[해설] PS강재의 정착공법
프레시네공법(보기 ②), 디비닥공법(보기 ③), BBRV공법(보기 ④), 레온할트공법

14 콘크리트의 탄산화에 대한 설명으로 틀린 것은?

① 탄산화는 콘크리트의 내부에서 발생하여 콘크리트의 표면으로 진행된다.
② 콘크리트의 탄산화깊이 및 탄산화속도는 구조물의 건전도 및 잔여수명을 예측하는데 중요한 요소가 된다.
③ 탄산화에 의한 물리적 열화는 콘크리트 내부철근의 녹슮에 의한 것이 가장 크다.
④ 탄산화깊이를 조사하기 위한 시약으로는 페놀프탈레인용액이 사용된다.

[해설] 중성화(탄산화)
㉠ 공기 중의 탄산가스에 의해 콘크리트 중의 수산화칼슘(강알칼리)이 서서히 탄산칼슘(약알칼리)으로 되어 콘크리트가 중성화됨에 따라 물과 공기가 침투하고 철근이 부식하여 체적이 팽창(약 2.6배)하여 균열이 발생하는 현상이다.

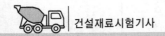

ⓛ 콘크리트 중성화깊이의 판정은 콘크리트 파괴면에 페놀프탈레인의 1% 알코올용액을 묻혀서 하며, 중성화된 부분은 변하지 않고 중성화되지 않은 알칼리성 부분은 붉은 자색을 띤다.

15 일반적인 수중 콘크리트에 관한 설명으로 틀린 것은?

① 물 – 결합재비는 50% 이하, 단위시멘트양은 370kg/m³ 이상을 표준으로 한다.
② 잔골재율을 적절한 범위 내에서 크게 하여 점성이 풍부한 배합으로 할 필요가 있다.
③ 수중 콘크리트의 치기는 물을 정지시킨 정수 중에서 치는 것이 좋다.
④ 강제식 배치믹서를 사용하여 비비는 경우 콘크리트가 드럼 내부에서 부착되어 충분히 비벼지지 못할 경우가 있기 때문에 믹서는 가경식 배치믹서를 사용하여야 한다.

[해설] 수중 콘크리트 비비기
㉠ 가경식 믹서를 이용하는 경우 콘크리트가 드럼 내부에 부착되어 충분히 비벼지지 못할 경우가 있기 때문에 믹서는 강제식 배치믹서를 사용해야 한다.
㉡ 강제식 믹서의 경우 비비기 시간은 90~180초를 표준으로 한다.

16 프리스트레스트 콘크리트에서 프리스트레싱할 때의 일반적인 사항으로 틀린 것은?

① 긴장재는 이것을 구성하는 각각의 PS강재에 소정의 인장력이 주어지도록 긴장하여야 한다.
② 긴장재를 긴장할 때 정확한 인장력이 주어지도록 하기 위해 인장력을 설계값 이상으로 주었다가 다시 설계값으로 낮추는 방법으로 시공하여야 한다.
③ 긴장재에 대해 순차적으로 프리스트레싱을 실시할 경우는 각 단계에 있어서 콘크리트에 유해한 응력이 생기지 않도록 하여야 한다.
④ 프리텐션방식의 경우 긴장재에 주는 인장력은 고정장치의 활동에 의한 손실을 고려하여야 한다.

[해설] 프리스트레싱
㉠ 긴장재는 이것을 구성하는 각각의 PS강재에 소정의 인장력이 주어지도록 긴장하여야 한다. 이때 인장력을 설계값 이상으로 주었다가 다시 설계값으로 낮추는 방법으로 시공을 하지 않아야 한다.
㉡ 긴장재에 대해 순차적으로 프리스트레싱을 실시할 경우는 각 단계에 있어서 콘크리트에 유해한 응력이 생기지 않도록 해야 한다.

17 고압증기양생을 실시한 콘크리트에 대한 일반적인 설명으로 틀린 것은?

① 고압증기양생을 실시한 콘크리트는 보통 양생한 콘크리트에 비해 철근의 부착강도가 약 2배 정도 증가된다.
② 고압증기양생을 실시한 콘크리트의 크리프는 크게 감소된다.
③ 고압증기양생을 실시한 콘크리트는 황산염에 대한 저항성이 향상된다.
④ 고압증기양생을 실시한 콘크리트의 외관은 흰색을 띤다.

[해설] 고압증기양생
㉠ 보통 양생한 것에 비해 철근의 부착강도가 약 1/2이 된다. 따라서 철근콘크리트 부재에 고압증기양생을 적용하는 것은 바람직하지 못하다.
㉡ 치밀하고 내구성이 있는 양질의 콘크리트를 만들며, 외관은 보통 양생한 포틀랜드 시멘트 콘크리트색의 특징과 다르며 흰색을 띤다.

18 30회 이상의 시험실적으로부터 구한 콘크리트 압축강도의 표준편차가 5MPa이고, 설계기준 압축강도가 40MPa인 경우의 배합강도는?

① 46.7MPa ② 47.7MPa
③ 48.2MPa ④ 50.0MPa

[해설] $f_{ck} = 40\text{MPa} > 35\text{MPa}$이므로
㉠ $f_{cr} = f_{ck} + 1.34S$
　　$= 40 + 1.34 \times 5 = 46.7\text{MPa}$
㉡ $f_{cr} = 0.9f_{ck} + 2.33S$
　　$= 0.9 \times 40 + 2.33 \times 5 = 47.65\text{MPa}$
∴ ㉠, ㉡ 중 큰 값이 f_{cr}이므로
　　$f_{cr} = 47.65\text{MPa}$

19 콘크리트 배합설계 시 굵은 골재 최대 치수의 선정방법 중 틀린 것은?

① 단면이 큰 구조물인 경우 40mm를 표준으로 한다.

② 일반적인 구조물의 경우 20mm 또는 25mm를 표준으로 한다.

③ 거푸집 양측면 사이의 최소 거리의 1/3을 초과해서는 안 된다.

④ 개별철근, 다발철근, 긴장재 또는 덕트 사이 최소 순간격의 3/4을 초과해서는 안 된다.

해설 굵은 골재의 최대 치수

㉠ 다음 값을 초과하지 않아야 한다.
- 거푸집 양측면 사이의 최소 거리의 1/5
- 슬래브두께의 1/3
- 개별철근, 다발철근, 긴장재 또는 덕트 사이 최소 순간격의 3/4

㉡ 굵은 골재 최대 치수의 표준

구조물의 종류	굵은 골재의 최대 치수(mm)
일반적인 경우	20 또는 25
단면이 큰 경우	40
무근 콘크리트	40 부재 최소 치수의 1/4을 초과해서는 안 됨

20 품질이 동일한 콘크리트 공시체의 압축강도시험에 대한 설명으로 옳은 것은? (단, 공시체의 높이 : H, 공시체의 지름 : D)

① 품질이 동일한 콘크리트는 공시체의 모양, 크기 및 재하방법이 달라져도 압축강도가 항상 같다.

② H/D비가 작으면 압축강도는 작다.

③ H/D비가 일정해도 공시체의 치수가 커지면 압축강도는 작아진다.

④ H/D비가 2.0에서 압축강도는 최대값을 나타낸다.

해설 콘크리트의 압축강도에 미치는 시험조건의 영향

㉠ 재하속도가 빠를수록 압축강도가 크다.
㉡ 크기가 작은 공시체의 압축강도가 더 크다.
㉢ 원주형과 각주형 공시체는 H/D가 작을수록 압축강도가 크고, H/D가 동일하면 원주형 공시체가 각주형 공시체보다 압축강도가 크다.

㉣ 압축강도의 크기는 입방체 > 원주체 > 각주체이다.

제2과목 · 건설시공 및 관리

21 다음 중 보일링현상이 가장 잘 생기는 지반은?

① 사질지반　　② 사질점토지반
③ 보통토　　④ 점토질지반

해설 보일링현상은 주로 사질토지반(특히 모래)에서 일어난다.

22 다져진 토량 37,800m³를 성토하는데 흐트러진 토량 30,000m³가 있다. 이때 부족토량은 자연상태토량(m³)으로 얼마인가? (단, 토량변화율 $L=1.25$, $C=0.9$)

① 22,000m³　　② 18,000m³
③ 15,000m³　　④ 11,000m³

해설 부족토량 $= 37,800 \times \dfrac{1}{C} - 30,000 \times \dfrac{1}{L}$
$= 37,800 \times \dfrac{1}{0.9} - 30,000 \times \dfrac{1}{1.25}$
$= 18,000 \text{m}^3$

23 다음 작업조건하에서 백호로 굴착상차작업을 하려고 할 때 시간당 작업량은 본바닥토량으로 얼마인가?

- 작업효율 : 0.6
- 버킷용량 : 0.7m³
- C_m : 42초
- $L=1.25$, $C=0.9$
- 버킷계수 : 0.9

① 23.3m³/h　　② 25.9m³/h
③ 29.2m³/h　　④ 40.5m³/h

해설 $Q = \dfrac{3,600qKfE}{C_m}$
$= \dfrac{3,600 \times 0.7 \times 0.9 \times \dfrac{1}{1.25} \times 0.6}{42}$
$= 25.92 \text{m}^3/\text{h}$

24 다음 발파공 중 심빼기 발파공이 아닌 것은?

① 번컷 ② 스윙컷

③ 피라미드컷 ④ 벤치컷

해설 심빼기 발파
스윙컷, 번컷, 노컷, V컷, 피라미드컷

25 아스팔트 포장시공단계에서 보조기층의 보호 및 수분의 모관 상승을 차단하고 아스팔트 혼합물과의 접착성을 좋게 하기 위하여 실시하는 것은 무엇인가?

① 택코트(tack coat)

② 프라임코트(prime coat)

③ 실코트(seal coat)

④ 컬러코트(color coat)

해설 프라임코트는 보조기층, 기층 등의 입상재료층에 점성이 낮은 역청재를 살포, 침투시켜 방수성을 높이고 보조기층으로부터의 모관 상승을 차단하며 기층과 그 위에 포설하는 아스팔트 혼합물과의 부착을 좋게 하기 위해 역청재를 얇게 피복하는 것이다.

26 다음 중 품질관리의 순환과정으로 옳은 것은?

① 계획 → 실시 → 검토 → 조치

② 실시 → 계획 → 검토 → 조치

③ 계획 → 검토 → 실시 → 조치

④ 실시 → 계획 → 조치 → 검토

해설 품질관리의 순환과정
모든 관리는 Plan(계획) → Do(실시) → Check(검토) → Action(처리)를 반복진행한다.

27 다음 중 연약점성토지반의 개량공법으로 적합하지 않은 것은?

① 침투압(MAIS)공법

② 프리로딩(pre-loading)공법

③ 샌드드레인(sand drain)공법

④ 바이브로플로테이션(vibroflotation)공법

해설 점성토지반개량공법
치환공법, pre-loading공법, sand drain공법, paper drain공법, 침투압(MAIS)공법

28 다음과 같은 절토공사에서 단면적은 얼마인가?

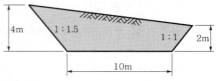

① 32m² ② 40m²

③ 51m² ④ 55m²

해설 $A = \dfrac{2+4}{2} \times 18 - \dfrac{4 \times 6}{2} - \dfrac{2 \times 2}{2} = 40\text{m}^2$

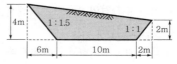

29 오픈케이슨기초의 특징에 대한 일반적인 설명으로 틀린 것은?

① 기계설비가 비교적 간단하다.

② 다른 케이슨기초와 비교하여 공사비가 싸다.

③ 침하깊이의 제한을 받지 않는다.

④ 굴착 시 히빙이나 보일링현상의 우려가 없다.

해설 Open caisson기초

장점	단점
• 침하깊이에 제한을 받지 않는다. • 기계설비가 간단하다. • 공사비가 싸다.	• 굴착 시 히빙이나 보일링현상의 우려가 있다. • 케이슨이 기울어질 우려가 있으며 경사수정이 곤란하다.

30 교량에서 좌우의 주형을 연결하여 구조물의 횡방향 지지, 교량 단면형상의 유지, 강성의 확보, 횡하중의 받침부로의 원활한 전달 등을 위해서 설치하는 것은?

① 교좌 ② 바닥판

③ 바닥틀 ④ 브레이싱

해설 브레이싱(bracing)
좌우의 거더를 연결하여 구조물의 횡방향 지지, 교량 단면형상의 유지, 강성의 확보, 횡하중의 받침부로의 전달 등을 위하여 설치된다.

31 말뚝기초의 부마찰력 감소방법으로 틀린 것은?

① 표면적이 작은 말뚝을 사용하는 방법

② 단면이 하단으로 가면서 증가하는 말뚝을 사용하는 방법

③ 선행하중을 가하여 지반침하를 미리 감소하는 방법

④ 말뚝직경보다 약간 큰 케이싱을 박아서 부마찰력을 차단하는 방법

해설 부마찰력 감소방법

㉠ 표면적이 작은 말뚝(H형강 말뚝)을 사용하는 방법

㉡ 말뚝지름보다 크게 pre-boring하는 방법

㉢ 말뚝지름보다 약간 큰 casing을 박는 방법

㉣ 말뚝표면에 역청재를 칠하는 방법

32 다음에서 설명하는 여수로(spill way)는?

• 필형 댐과 같이 댐 정상부를 월류시킬 수 없을 때 한쪽 또는 양쪽에 설치하는 여수로

• 이 여수로의 월류부는 난류를 막기 위하여 굳은 암반상에 일직선으로 설치한다.

① 슈트식 여수로 ② 글로리홀 여수로

③ 측수로 여수로 ④ 사이펀 여수로

해설 ㉠ 슈트식 여수로 : 댐 본체에서 완전히 분리시켜 설치하는 여수토

㉡ 측수로 여수로 : 필댐과 같이 댐 정상부를 월류시킬 수 없을 때 댐 한쪽 또는 양쪽에 설치한 여수토

㉢ 글로리홀 여수로 : 원형, 나팔형으로 되어 있는 여수토

㉣ 사이펀 여수로 : 상하류면의 수위차를 이용한 여수토

33 대형기계로 회전대에 달린 Boom을 사용하여 버킷을 체인의 힘으로 전후이동시켜서 작업이 곤란한 장소 또는 좁은 곳의 얕은 굴착을 할 경우 적당한 장비는?

① 트랙터 셔블 ② 리사이클플랜트

③ 벨트컨베이어 ④ 스키머스코프

34 토공에 대한 설명 중 틀린 것은?

① 시공기면은 현재 공사를 하고 있는 면을 말한다.

② 토공은 굴착, 싣기, 운반, 성토(사토) 등의 4공정으로 이루어진다.

③ 준설은 수저의 토사 등을 굴착하는 작업을 말한다.

④ 법면은 비탈면으로 성토, 절토의 사면을 말한다.

해설 시공기면(formation level)

시공하는 지반의 계획고를 말하며 FL로 표시한다. 또한 절·성토량의 차이가 최소가 되도록 시공기면을 결정한다.

35 PERT와 CPM의 비교 설명 중 PERT에 관련된 내용이 아닌 것은?

① 공비절감을 주목적으로 한다.

② 비반복사업을 대상으로 한다.

③ 신규사업을 대상으로 한다.

④ 3점 견적법으로 공기를 추정한다.

해설

구분	PERT
주목적	공기단축
대상	신규사업, 비반복사업, 경험이 없는 사업
작성법	Event를 중심으로 작성
공기추정	3점 견적법

36 옹벽의 안정상 수평저력력을 증가시키기 위한 방법으로 가장 유리한 것은?

① 옹벽의 비탈경사를 크게 한다.

② 옹벽의 저판 밑에 돌기물(Key)을 만든다.

③ 옹벽의 전면에 Apron을 설치한다.

④ 배면의 본바닥에 앵커타이(Anchor tie)나 앵커벽을 설치한다.

해설 활동에 대한 안전율을 크게 하는 방법

㉠ 활동 방지벽(shear key) 설치

㉡ 저판폭을 크게 설치

㉢ 사항 설치

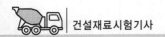

37 겨울철 동상에 의한 노면의 균열과 평탄성의 악화와 더불어 초봄의 노상지지력의 저하로 인한 포장의 구조파괴를 동결융해작용이라고 한다. 이는 3가지 조건을 동시에 만족하여야 하는데 그 중 관계가 없는 것은?

① 지반의 토질이 동상을 일으키기 쉬울 때
② 동상을 일으키기에 필요한 물의 보급이 충분할 때
③ 0℃ 이상의 기온일 때
④ 모관 상승고가 동결심도보다 클 때

해설 0℃ 이하일 때 동해현상이 일어난다.

38 사장교를 케이블형상에 따라 분류할 때 여기에 속하지 않는 것은?

① 방사(radiating)형 ② 하프(harp)형
③ 타이드(tied)형 ④ 팬(fan)형

해설 사장교의 케이블배치방법에 따른 분류

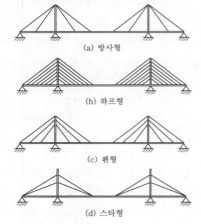

(a) 방사형

(b) 하프형

(c) 팬형

(d) 스타형

39 터널굴착방식인 NATM의 시공순서로 올바르게 된 것은?

① 발파 → 천공 → 록볼트 → 숏크리트 → 버력처리 → 환기
② 발파 → 천공 → 숏크리트 → 록볼트 → 버력처리 → 환기
③ 천공 → 발파 → 환기 → 버력처리 → 숏크리트 → 록볼트

④ 천공 → 버력처리 → 발파 → 환기 → 록볼트 → 숏크리트

해설 NATM시공순서

천공 → 발파 → 환기 → 버력처리 → shotcrete → steel rib → rock bolt → 방수 및 배수 → 2차 콘크리트 라이닝

40 15t 덤프트럭으로 토사를 운반하고자 한다. 적재 장비로 버킷용량이 $2.5m^3$인 백호를 사용하는 경우 트럭 1대를 적재하는데 소요되는 시간은? (단, 흙의 단위중량은 $1.5t/m^3$, $L=1.25$, 버킷계수 $K=0.85$, 백호의 사이클타임$=25sec$, 작업효율 $E=0.75$이다.)

① 3.33min ② 3.89min
③ 4.37min ④ 4.82min

해설 ㉠ $q_t = \dfrac{T}{\gamma_t} L = \dfrac{15}{1.5} \times 1.25 = 12.5m^3$

㉡ $n = \dfrac{q_t}{qK} = \dfrac{12.5}{2.5 \times 0.85} = 5.88 = 6$회

㉢ $C_{mt} = \dfrac{C_{ms}n}{60E_s} = \dfrac{25 \times 6}{60 \times 0.75} = 3.33$분

제3과목 · 건설재료 및 시험

41 토목섬유재료인 EPS블록은 고분자재료 중 어떤 원료를 주로 사용하는가?

① 폴리에틸렌 ② 폴리스티렌
③ 폴리아미드 ④ 폴리프로필렌

해설 EPS(expended-poly-styrene)는 폴리스티렌(poly-styrene)을 발포시켜 만든 것이다.

42 AE제를 사용한 콘크리트의 특성을 설명한 것으로 옳지 않은 것은?

① 동결융해에 대한 저항성이 크다.
② 철근과의 부착강도가 작다.
③ 콘크리트의 워커빌리티를 개선하는데 효과가 있다.
④ 콘크리트 블리딩현상이 증가된다.

해설 AE제를 사용한 콘크리트
　㉠ 워커빌리티가 커지고 블리딩이 감소한다.
　㉡ 동결융해에 대한 내구성이 크게 증가한다.
　㉢ 철근과의 부착강도가 조금 작아진다.

43 일반적으로 알루미늄분말을 사용하며 프리플레이스트 콘크리트용 그라우트 또는 건축분야에서 부재의 경량화 등의 용도로 사용되는 혼화제는?

① AE제　　　　　② 방수제
③ 방청제　　　　④ 발포제

해설 발포제
알루미늄 또는 아연 등의 분말을 혼합하면 시멘트의 응결과정에서 수산화물과 반응하여 수소가스를 발생해 모르타르 및 콘크리트 속에 미세한 기포를 생기게 하는데, 이러한 종류의 혼화제를 발포제(가스발생제)라 한다.

44 굵은 골재의 체가름시험결과 각 체의 누적잔류량이 다음의 표와 같을 때 조립률은 얼마인가?

체의 크기(mm)	80	40	20	10	5	2.5
각 체의 잔류누가중량 백분율(%)	0	5	55	80	95	100

① 3.35　　　　　② 5.58
③ 7.35　　　　　④ 8.58

해설 $FM = \dfrac{5+55+80+95+500}{100} = 7.35$

45 특수시멘트 중 벨라이트 시멘트에 대한 설명으로 틀린 것은?

① 수화열이 적어 대규모의 댐이나 고층 건물 등과 같은 대형 구조물공사에 적합하다.
② 보통 포틀랜드시멘트를 사용한 콘크리트와 동일한 유동성을 확보하기 위해서 단위 수량 및 AE제 사용량의 증가가 필요하다.
③ 장기강도가 높고 내구성이 좋다.
④ 고분말도형(고강도형)과 저분말도형(저발열형)으로 나누어 공업적으로 생산된다.

해설 벨라이트 시멘트
　㉠ 수화열이 적어 대규모의 댐이나 고층건물 등과 같은 대형구조물공사에 적합하다.
　㉡ 장기강도가 크고 내구성, 유동성이 좋다.
　㉢ 고분말도형(고강도형)과 저분말도형(저발열형)으로 나누어 공업적으로 생산된다.

46 강(鋼)의 조직을 미세화하고 균질의 조직으로 만들며 강의 내부변형 및 응력을 제거하기 위하여 변태점 이상의 높은 온도로 가열한 후 대기 중에서 냉각시키는 열처리방법은?

① 불림(normalizing)
② 풀림(annealing)
③ 뜨임질(tempering)
④ 담금질(quenching)

해설 강의 열처리
　㉠ 풀림 : 800~1,000℃로 일정한 시간 가열한 후 노 안에서 천천히 냉각시키는 열처리
　㉡ 불림 : A_3(910℃) 또는 A_{cm}변태점 이상의 온도로 가열한 후 대기 중에서 냉각시키는 열처리
　㉢ 뜨임 : 담금질한 강을 다시 A_1변태점 이하의 온도로 가열한 다음에 적당한 속도로 냉각시키는 열처리
　㉣ 담금질 : A_3변태점 이상 30~50℃로 가열한 후 물 또는 기름 속에서 급냉시키는 열처리

47 아스팔트 시험에 대한 설명으로 틀린 것은?

① 아스팔트 침입도시험에서 침입도측정값의 평균값이 50.0 미만인 경우 침입도측정값의 허용차는 2.0으로 규정하고 있다.
② 환구법에 의한 아스팔트 연화점시험은 시료를 환에 주입하고 4시간 이내에 시험을 종료하여야 한다.
③ 환구법에 의한 아스팔트 연화점시험에서 시료를 규정조건에서 가열하였을 때 시료가 연화되기 시작하여 규정된 거리(25.4mm)로 처졌을 때의 온도를 연화점이라 한다.
④ 아스팔트의 신도시험에서 2회 측정의 평균값을 0.5cm 단위로 끝맺음하고 신도로 결정한다.

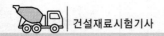

해설 아스팔트 신도시험(KS M 2254)
3회 측정의 평균값을 1cm 단위로 끝맺음하고 신도로 결정한다.

48 응결촉진제로서 염화칼슘을 사용할 경우 콘크리트의 성질에 미치는 영향에 대한 설명으로 틀린 것은?

① 보통 콘크리트보다 초기강도는 증가하나, 장기강도는 감소한다.

② 콘크리트의 건조수축과 크리프가 커진다.

③ 황산염에 대한 저항성과 내구성이 감소한다.

④ 알칼리골재반응을 악화시키나 철근의 부식을 억제한다.

해설 염화칼슘의 사용이 콘크리트 성질에 미치는 영향
㉠ 보통 콘크리트보다 재령 1일 강도가 2배 정도 증가하나, 장기강도는 감소한다.
㉡ 건조수축과 크리프가 커진다.
㉢ 황산염에 대한 저항성을 감소시킨다.
㉣ 알칼리골재반응을 약화시킨다.
㉤ 철근을 부식시키기 쉽다.

49 재료의 성질과 관련된 용어의 설명으로 틀린 것은?

① 강성(rigidity) : 큰 외력에 의해서도 파괴되지 않는 재료를 강성이 큰 재료라고 하며, 강도와 관계가 있으나 탄성계수와는 관계가 없다.

② 연성(ductility) : 재료에 인장력을 주어 가늘고 길게 늘어나게 할 수 있는 재료를 연성이 풍부하다고 한다.

③ 취성(brittleness) : 재료가 작은 변형에도 파괴가 되는 성질을 취성이라고 한다.

④ 인성(toughness) : 재료가 하중을 받아 파괴될 때까지의 에너지흡수능력으로 나타낸다.

해설 ㉠ 강성 : 외력을 받았을 때 변형을 적게 일으키는 재료를 강성이 큰 재료라 한다.

㉡ 연성 : 인장력을 가했을 때 가늘고 길게 늘어나는 성질이다.
㉢ 취성 : 작은 변형에도 파괴되는 성질이다.
㉣ 인성 : 하중을 받아 파괴될 때까지의 에너지 흡수능력이다.

50 폴리머 시멘트 콘크리트에 대한 설명으로 틀린 것은?

① 방수성, 불투수성이 양호하다.

② 타설 후, 경화 중에 물을 뿌려주는 등의 표면보호조치가 필요하다.

③ 인장, 휨, 부착강도는 커지나 압축강도는 일반 시멘트 콘크리트에 비해 감소하거나 비슷한 값을 보인다.

④ 내충격성 및 내마모성이 좋다.

해설 폴리머 시멘트 콘크리트
㉠ 결합재로서 시멘트와 물, 고무라텍스 등의 폴리머를 사용하여 골재를 결합시켜 만든 것
㉡ 특징
• 워커빌리티가 좋다.
• 다른 재료와 접착성이 좋다.
• 휨강도, 인장강도 및 신장성이 크다.
• 내수성, 내식성, 내마모성, 내충격성이 크다.
• 동결융해에 대한 저항성이 크다.
• 경화속도가 다소 느리다.

51 컷백(Cut back) 아스팔트에 대한 설명으로 틀린 것은?

① 대부분의 도로 포장에 사용된다.

② 경화속도순서로 나누면 RC > MC > SC 순이다.

③ 컷백 아스팔트를 사용할 때는 가열하여 사용하여야 한다.

④ 침입도 60~120 정도의 연한 스트레이트 아스팔트에 용제를 가해 유동성을 좋게 한 것이다.

해설 컷백 아스팔트는 휘발성 용제로 Cut back시킨 것이므로 화기에 주의하여야 한다.

52 석재의 분류방법에서 수성암에 속하지 않는 것은?

① 섬록암   ② 석회암

③ 사암   ④ 응회암

해설 수성암(퇴적암) : 응회암, 사암, 혈암, 석회암

53 포틀랜드 시멘트의 주성분비율 중 수경률(HM : Hydraulic Modulus)에 대한 설명으로 틀린 것은?

① 수경률은 CaO성분이 높을 경우 커진다.

② 수경률은 다른 성분이 일정할 경우 석고량이 많을 경우 커진다.

③ 수경률이 크면 초기강도가 커진다.

④ 수경률이 크면 수화열이 큰 시멘트가 생긴다.

해설 수경률

ⓐ 수경률$(HM) = \dfrac{CaO}{SiO_2 + Al_2O_3 + Fe_2O_3}$

ⓑ 수경률은 염기성분과 산성성분과의 비율에 해당되며 수경률이 클수록 C_3S의 생성량이 많아서 초기강도가 높고 수화열이 큰 시멘트가 된다.

ⓒ 석고$(CaSO_4 \cdot 2H_2O)$량과는 관계가 없다.

54 아스팔트의 침입도시험에서 표준침의 관입량이 8.1mm이었다. 이 아스팔트의 침입도는 얼마인가?

① 0.081   ② 0.81

③ 8.1   ④ 81

해설 0.1mm 관입량이 침입도 1이므로

$0.1 : 1 = 8.1 : x$

$\therefore x = 81$

55 일반 구조용 압연강재를 SS330, SS400, SS490 등과 같이 표현하고 있다. 이때 "SS400"에서 400이란 무엇에 대한 최소 기준인가?

① 항복점(N/mm^2)

② 항복점(kg/mm^2)

③ 인장강도(N/mm^2)

④ 연신율(%)

해설 ⓐ 일반 구조용 압연강재의 기호는 SS, 용접구조용 압연강재의 기호는 SM이다.

ⓑ 숫자는 인장강도(N/mm^2)를 나타낸다.

[참고]   KS D 2503(2016년 개정)

종류의 기호(종래 기호)	적용
SS275(SS400) SS315(SS490)	강판, 강대, 형강 평강 및 봉강

※ 종류의 기호를 인장강도기준에서 항복강도(N/mm²)기준으로 변경하여 개정하였다.

56 목재시험편의 중량을 측정한 결과 건조 전의 중량이 30g, 절대건조중량이 25g일 때 이 목재의 함수율은?

① 10%   ② 15%

③ 20%   ④ 25%

해설 $w = \dfrac{w_1 - w_2}{w_2} \times 100 = \dfrac{30 - 25}{25} \times 100 = 20\%$

57 혼화재 중 대표적인 포졸란의 일종으로서 화력발전소 등에서 분탄을 연소시킬 때 불연 부분이 용융상태로 부유한 것을 냉각고화시켜 채취한 미분탄재를 무엇이라고 하는가?

① 플라이애시   ② 고로슬래그

③ 실리카퓸   ④ 소성점토

해설 플라이애시

화력발전소 등의 연소보일러에서 부산되는 석탄재로서 연소폐가스 중에 포함되어 집진기에 의해 회수된 특정 입도범위의 입상잔사(粒狀殘砂)를 말하며 포졸란계를 대표하는 혼화재 중의 하나이다.

58 다음 시험기는 암석의 어떤 특성을 파악하기 위한 것인가?

Los Angeles시험기, Deval시험기

① 반발경도   ② 압입경도

③ 마모저항성   ④ 압축강도

해설 굵은 골재의 마모저항시험은 Los Angeles시험과 Deval시험이 있다.

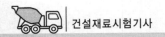
59 일반적인 콘크리트용 골재에 대한 설명으로 틀린 것은?

① 잔골재의 절대건조밀도는 $0.0025g/mm^3$ 이상의 값을 표준으로 한다.

② 잔골재의 흡수율은 5% 이하의 값을 표준으로 한다.

③ 굵은 골재의 안정성은 황산나트륨으로 5회 시험을 하여 평가한다.

④ 굵은 골재의 절대건조밀도는 $0.0025g/mm^3$ 이상의 값을 표준으로 한다.

해설 **콘크리트용 골재**

㉠ 특징

잔골재	굵은 골재
• 절건밀도 : $2.5g/cm^3$ 이상	• 절건밀도 : $2.5g/cm^3$ 이상
• 흡수율 : 3% 이하	• 흡수율 : 3% 이하
• 안정성 : 10% 이하	• 안정성 : 12% 이하
	• 마모율 : 40% 이하

㉡ 잔골재의 안정성은 황산나트륨으로 5회 시험으로 평가하며, 그 손실질량은 10% 이하를 표준으로 한다.

60 상온에서 액체이며 동해를 입기에 가장 쉬운 폭약은?

① 다이너마이트　② 칼릿

③ 니트로글리세린　④ 질산암모늄계 폭약

해설 **니트로글리세린**

㉠ 감미가 있는 무색, 무취의 투명한 액체로서 충격, 마찰 등에 아주 예민하다.

㉡ 일반적으로 10℃에서 동결한다.

제4과목 · 토질 및 기초

61 어떤 흙의 습윤단위중량이 $2.0t/m^3$, 함수비 20%, 비중 $G_s = 2.7$인 경우 포화도는 얼마인가?

① 84.1%　② 87.1%

③ 95.6%　④ 98.5%

해설 ㉠ $\gamma_t = \left(\dfrac{G_s + se}{1+e}\right)\gamma_w = \left(\dfrac{G_s + wG_s}{1+e}\right)\gamma_w$

$2 = \dfrac{2.7 + 0.2 \times 2.7}{1+e} \times 1$

$\therefore e = 0.62$

㉡ $Se = wG_s$

$S \times 0.62 = 20 \times 2.7$

$\therefore S = 87.1\%$

62 다음 그림과 같은 무한사면이 있다. 흙과 암반의 경계면에서 흙의 강도정수 $c = 1.8t/m^2$, $\phi = 25°$이고, 흙의 단위중량 $\gamma = 1.9t/m^3$인 경우 경계면에서 활동에 대한 안전율을 구하면?

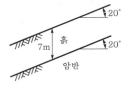

① 1.55　② 1.60

③ 1.65　④ 1.70

해설 $F_s = \dfrac{c}{\gamma_t Z \cos i \sin i} + \dfrac{\tan\phi}{\tan i}$

$= \dfrac{1.8}{1.9 \times 7 \times \cos 20° \times \sin 20°} + \dfrac{\tan 25°}{\tan 20°} = 1.7$

63 말뚝기초의 지반거동에 관한 설명으로 틀린 것은?

① 연약지반상에 타입되어 지반이 먼저 변형하고 그 결과 말뚝이 저항하는 말뚝을 주동말뚝이라 한다.

② 말뚝에 작용한 하중은 말뚝 주변의 마찰력과 말뚝선단의 지지력에 의하여 주변 지반에 전달된다.

③ 기성말뚝을 타입하면 전단파괴를 일으키며 말뚝 주위의 지반은 교란된다.

④ 말뚝타입 후 지지력의 증가 또는 감소현상을 시간효과(time effect)라 한다.

해설 ㉠ 주동말뚝 : 말뚝이 지표면에서 수평력을 받는 경우 말뚝이 변형함에 따라 지반이 저항하는 말뚝

㉡ 수동말뚝 : 지반이 먼저 변형하고 그 결과 말뚝이 저항하는 말뚝

64 지반 내 응력에 대한 다음 설명 중 틀린 것은?

① 전응력이 커지는 크기만큼 간극수압이 커지면 유효응력은 변화 없다.

② 정지토압계수 K_0는 1보다 클 수 없다.

③ 지표면에 가해진 하중에 의해 지중에 발생하는 연직응력의 증가량은 깊이가 깊어지면서 감소한다.

④ 유효응력이 전응력보다 클 수도 있다.

해설 정지토압계수(K_0)

㉠ 실용적인 개략치 : $K_0 ≒ 0.5$

㉡ 과압밀점토 : $K_0 ≥ 1$

65 흐트러지지 않은 연약한 점토시료를 채취하여 일축압축시험을 실시하였다. 공시체의 직경이 35mm, 높이가 100mm이고 파괴 시의 하중계의 읽음값이 2kg, 축방향의 변형량이 12mm일 때 이 시료의 전단강도는?

① 0.04kg/cm^2 ② 0.06kg/cm^2

③ 0.09kg/cm^2 ④ 0.12kg/cm^2

해설 ㉠ $A_o = \dfrac{A}{1-\varepsilon} = \dfrac{\dfrac{\pi D^2}{4}}{1-\dfrac{\Delta l}{l}} = \dfrac{\dfrac{\pi \times 3.5^2}{4}}{1-\dfrac{1.2}{10}} = 10.93\text{cm}^2$

㉡ $q_u = \dfrac{P}{A_o} = \dfrac{2}{10.93} = 0.18\text{kg/cm}^2$

㉢ $\tau = c = \dfrac{q_u}{2} = \dfrac{0.18}{2} = 0.09\text{kg/cm}^2$

66 간극비 $e_1 = 0.80$인 어떤 모래의 투수계수 $k_1 = 8.5 \times 10^{-2}\text{cm/s}$일 때 이 모래를 다져서 간극비를 $e_2 = 0.57$로 하면 투수계수 k_2는?

① $8.5 \times 10^{-3}\text{cm/s}$ ② $3.5 \times 10^{-2}\text{cm/s}$

③ $8.1 \times 10^{-2}\text{cm/s}$ ④ $4.1 \times 10^{-1}\text{cm/s}$

해설 $k_1 : k_2 = \dfrac{e_1{}^3}{1+e_1} : \dfrac{e_2{}^3}{1+e_2}$

$8.5 \times 10^{-2} : k_2 = \dfrac{0.8^3}{1+0.8} : \dfrac{0.57^3}{1+0.57}$

∴ $k_2 = 3.52 \times 10^{-2}\text{cm/s}$

67 다음의 연약지반개량공법에서 일시적인 개량공법은?

① well point공법

② 치환공법

③ paper drain공법

④ sand compaction pile공법

해설 일시적인 지반개량공법

well point공법, deep well공법, 대기압공법, 동결공법

68 흐트러지지 않은 시료를 이용하여 액성한계 40%, 소성한계 22.3%를 얻었다. 정규압밀점토의 압축지수(C_c)값을 Terzaghi와 Peck이 발표한 경험식에 의해 구하면?

① 0.25 ② 0.27

③ 0.30 ④ 0.35

해설 $C_c = 0.009(W_L - 10) = 0.009 \times (40-10) = 0.27$

69 흙막이 벽체의 지지 없이 굴착 가능한 한계굴착깊이에 대한 설명으로 옳지 않은 것은?

① 흙의 내부마찰각이 증가할수록 한계굴착깊이는 증가한다.

② 흙의 단위중량이 증가할수록 한계굴착깊이는 증가한다.

③ 흙의 점착력이 증가할수록 한계굴착깊이는 증가한다.

④ 인장응력이 발생되는 깊이를 인장균열깊이라고 하며, 보통 한계굴착깊이는 인장균열깊이의 2배 정도이다.

해설 한계고(H_e) $= 2Z_c = \dfrac{4c\tan\left(45° + \dfrac{\phi}{2}\right)}{\gamma_t}$

70 정규압밀점토에 대하여 구속응력 1kg/cm^2로 압밀배수시험한 결과 파괴 시 축차응력이 2kg/cm^2이었다. 이 흙의 내부마찰각은?

① 20° ② 25°

③ 30° ④ 40°

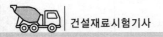

해설 ㉠ $\sigma_1 = (\sigma_1 - \sigma_3) + \sigma_3 = 2 + 1 = 3\text{kg/cm}^2$

ㄴ $\sin\phi = \dfrac{\sigma_1 - \sigma_3}{\sigma_1 + \sigma_3} = \dfrac{3-1}{3+1} = \dfrac{1}{2}$

∴ $\phi = 30°$

71 중심간격이 2.0m, 지름 40cm인 말뚝을 가로 4개, 세로 5개씩 전체 20개의 말뚝을 박았다. 말뚝 1개의 허용지지력이 15ton이라면 이 군항의 허용지지력은 약 얼마인가? (단, 군말뚝의 효율은 Converse-Labarre공식을 사용)

① 450.0t   ② 300.0t
③ 241.5t   ④ 114.5t

해설 ㉠ $\phi = \tan^{-1}\dfrac{D}{S} = \tan^{-1}\dfrac{0.4}{2} = 11.31°$

ㄴ $E = 1 - \phi\left[\dfrac{(m-1)n + m(n-1)}{90mn}\right]$

$= 1 - 11.31 \times \dfrac{3 \times 5 + 4 \times 4}{90 \times 4 \times 5} = 0.805$

ㄷ $R_{ag} = ENR_a = 0.805 \times 20 \times 15 = 241.5\text{t}$

72 연속기초에 대한 Terzaghi의 극한지지력공식은 $q_u = cN_c + 0.5\gamma_1 BN_\gamma + \gamma_2 D_f N_q$로 나타낼 수 있다. 다음 그림과 같은 경우 극한지지력공식의 두 번째 항의 단위중량 γ_1의 값은?

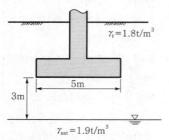

① 1.44t/m^3 ② 1.60t/m^3
③ 1.74t/m^3 ④ 1.82t/m^3

해설 $\gamma_1 = \gamma_{sub} + \dfrac{d}{B}(\gamma_t - \gamma_{sub}) = 0.9 + \dfrac{3}{5} \times (1.8 - 0.9)$

$= 1.44\text{t/m}^3$

73 흙의 다짐에 관한 설명 중 옳지 않은 것은?

① 조립토는 세립토보다 최적함수비가 작다.
② 최대 건조단위중량이 큰 흙일수록 최적함수

비는 작은 것이 보통이다.
③ 점성토지반을 다질 때는 진동롤러로 다지는 것이 유리하다.
④ 일반적으로 다짐에너지를 크게 할수록 최대 건조단위중량은 커지고, 최적함수비는 줄어든다.

해설 현장 다짐기계
㉠ 점성토지반 : sheeps foot roller
ㄴ 사질토지반 : 진동roller

74 표준관입시험에 관한 설명 중 옳지 않은 것은?

① 표준관입시험의 N값으로 모래지반의 상대밀도를 추정할 수 있다.
② N값으로 점토지반의 연경도에 관한 추정이 가능하다.
③ 지층의 변화를 판단할 수 있는 시료를 얻을 수 있다.
④ 모래지반에 대해서도 흐트러지지 않은 시료를 얻을 수 있다.

해설 표준관입시험은 동적인 사운딩으로서 교란된 시료가 얻어진다.

75 유선망은 이론상 정사각형으로 이루어진다. 동수경사가 가장 큰 곳은?

① 어느 곳이나 동일함
② 땅속 제일 깊은 곳
③ 정사각형이 가장 큰 곳
④ 정사각형이 가장 작은 곳

해설 동수경사는 유선망의 폭에 반비례한다.

76 사질토지반에서 직경 30cm의 평판재하시험결과 30t/m^2의 압력이 작용할 때 침하량이 10mm라면 직경 1.5m의 실제 기초에 30t/m^2의 하중이 작용할 때 침하량의 크기는?

① 14mm   ② 25mm
③ 28mm   ④ 35mm

해설 $S_{기초} = S_{재하판}\left(\dfrac{2B_{기초}}{B_{기초}+B_{재하판}}\right)^2$

$\qquad = 10 \times \left(\dfrac{2 \times 1.5}{1.5+0.3}\right)^2 = 27.78\text{mm}$

77 다음 그림과 같은 점성토지반의 토질시험결과 내부마찰각(ϕ)은 30°, 점착력(c)은 1.5t/m²일 때 A점의 전단강도는?

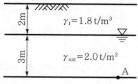

① 3.84t/m²　　　② 4.27t/m²
③ 4.83t/m²　　　④ 5.31t/m²

해설 ㉠ $\sigma = 1.8 \times 2 + 2 \times 3 = 9.6\text{t/m}^2$

$\qquad u = 1 \times 3 = 3\text{t/m}^2$

$\qquad \therefore \overline{\sigma} = 9.6 - 3 = 6.6\text{t/m}^2$

$\quad$ ㉡ $\tau = c + \overline{\sigma}\tan\phi = 1.5 + 6.6 \times \tan30° = 5.31\text{t/m}^2$

78 침투유량(q) 및 B점에서의 간극수압(u_B)을 구한 값으로 옳은 것은? (단, 투수층의 투수계수는 3×10^{-1}cm/s이다)

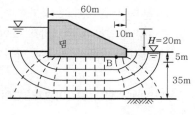

① $q = 100\text{cm}^3/\text{s/cm}$, $u_B = 0.5\text{kg/cm}^2$
② $q = 100\text{cm}^3/\text{s/cm}$, $u_B = 1.0\text{kg/cm}^2$
③ $q = 200\text{cm}^3/\text{s/cm}$, $u_B = 0.5\text{kg/cm}^2$
④ $q = 200\text{cm}^3/\text{s/cm}$, $u_B = 1.0\text{kg/cm}^2$

해설 ㉠ $Q = KH\dfrac{N_f}{N_d} = 3 \times 10^{-1} \times 2,000 \times \dfrac{4}{12}$

$\qquad = 200\text{cm}^3/\text{s/cm}$

$\quad$ ㉡ B점의 간극수압

$\quad$ • 전수두 $= \dfrac{n_d}{N_d}H = \dfrac{3}{12} \times 20 = 5\text{m}$

• 위치수두 $= -5\text{m}$
• 압력수두 = 전수두 − 위치수두
$\qquad = 5 - (-5) = 10\text{m}$
• 간극수압 $= \gamma_w \times$ 압력수두 $= 1 \times 10$
$\qquad = 10\text{t/m}^2 = 1\text{kg/cm}^2$

79 베인전단시험(vane shear test)에 대한 설명으로 옳지 않은 것은?

① 베인전단시험으로부터 흙의 내부마찰각을 측정할 수 있다.
② 현장 원위치시험의 일종으로 점토의 비배수 전단강도를 구할 수 있다.
③ 십자형의 베인(vane)을 땅속에 압입한 후 회전모멘트를 가해서 흙이 원통형으로 전단파괴될 때 저항모멘트를 구함으로써 비배수 전단강도를 측정하게 된다.
④ 연약점토지반에 적용된다.

해설 Vane test
연약한 점토지반의 점착력을 지반 내에서 직접 측정하는 현장 시험이다.

80 다음과 같은 조건에서 군지수는?

• 흙의 액성한계 : 49%
• 흙의 소성지수 : 25%
• 10번체 통과율 : 96%
• 40번체 통과율 : 89%
• 200번체 통과율 : 70%

① 9　　　　　② 12
③ 15　　　　④ 18

해설 ㉠ $a = P_{No.200} - 35 = 70 - 35 = 35$

$\quad$ ㉡ $b = P_{No.200} - 15 = 70 - 15 = 55 \rightarrow 40$

$\quad$ ㉢ $c = W_L - 40 = 49 - 40 = 9$

$\quad$ ㉣ $d = I_P - 10 = 25 - 10 = 15$

$\quad$ ㉤ $GI = 0.2a + 0.005ac + 0.01bd$

$\qquad = 0.2 \times 35 + 0.005 \times 35 \times 9 + 0.01 \times 40 \times 15$

$\qquad = 14.575 ≒ 15$

정답 77. ④ 78. ④ 79. ① 80. ③

제1과목 · 콘크리트공학

01 프리스트레스트 콘크리트의 특징으로 틀린 것은?

① 철근콘크리트에 비하여 고강도의 콘크리트와 강재를 사용한다.

② 철근콘크리트에 비하여 탄성적이고 복원성이 크다.

③ 철근콘크리트 보에 비하여 복부의 폭을 얇게 할 수 있어서 부재의 자중이 경감된다.

④ 철근콘크리트에 비하여 강성이 크므로 변형 및 진동이 작다.

해설 PSC의 장단점

장점	• 탄력성과 복원성이 우수하다. • 균열이 발생하지 않도록 설계하기 때문에 강재의 부식위험이 없고 내구적이다. • 고강도재료를 사용함으로써 단면을 줄일 수 있어서 RC부재보다 경간을 길게 할 수 있고 구조물이 날렵하므로 외관이 아름답다.
단점	• RC에 비해 강성이 작아서 변형이 크고 진동하기 쉽다. • 고강도강재는 고온에 접하면 갑자기 강도가 감소하므로 내화성은 좋지 않다.

02 한중 콘크리트에 대한 설명으로 틀린 것은?

① 하루의 평균기온이 10℃ 이하가 예상되는 조건일 때는 한중 콘크리트로 시공하여야 한다.

② 한중 콘크리트에는 공기연행 콘크리트를 사용하는 것을 원칙으로 한다.

③ 재료를 가열할 경우 시멘트는 어떠한 경우라도 직접 가열할 수 없다.

④ 기상조건이 가혹한 경우나 부재두께가 얇을 경우에는 타설할 때의 콘크리트 최

저온도는 10℃ 정도를 확보하여야 한다.

해설 한중 콘크리트

㉠ 일평균기온이 4℃ 이하일 때 한중 콘크리트로 시공한다.

㉡ 한중 콘크리트에는 AE 콘크리트를 사용하는 것을 원칙으로 한다.

㉢ 시멘트는 어떠한 경우라도 직접 가열해서는 안 된다. 재료의 가열은 용이함과 열용량이 큰 점으로 보아 물의 가열이 유리하다.

03 콘크리트 양생 중 적절한 수분공급을 하지 않은 경우 발생할 수 있는 결함은?

① 초기건조균열이 발생한다.

② 콘크리트의 부등침하에 의한 침하수축균열이 발생한다.

③ 시멘트, 골재입자 등이 침하함으로써 물의 분리 상승 정도가 증가한다.

④ 블리딩에 의하여 콘크리트 표면에 미세한 물질이 떠올라 이음부 약점이 된다.

04 초음파법에 의한 균열깊이평가방법이 아닌 것은?

① T법   ② Tc-To법

③ BS법   ④ Pull-off법

해설 초음파법에 의한 균열깊이평가

㉠ 개요 : 이 시험은 콘크리트에 발생된 균열을 초음파속도를 이용하여 콘크리트의 균열깊이를 평가할 수 있다.

㉡ 원리 : 경화된 콘크리트는 건전부와 균열부에서 측정되는 초음파 전파시간이 다르게 되어 전파속도가 다르다. 이러한 전파속도의 차이를 분석함으로써 균열깊이를 평가할 수 있다.

㉢ 평가방법 : T법, Tc-To법, BS법 등이 있다.

05 다음에서 설명하는 워커빌리티(반죽질기)의 측정방법은?

> • 실험실 내에서 행해지는 실험으로 충격을 받은 콘크리트 덩어리의 퍼짐 정도를 측정한다.
> • 이 시험에서 가장 잘 측정되는 것은 분리저항성에 관한 성질이지만, 부배합이나 점성이 높은 콘크리트의 유동성을 측정하는 것에도 적용되고 있다.

① 슬럼프시험(slump test)
② 구관입시험(Kelly ball test)
③ 흐름시험(flow test)
④ 블리딩시험(bleeding test)

06 콘크리트 시방배합설계 계산에서 단위골재의 절대용적이 689L이고, 잔골재율이 41%, 굵은 골재의 표건밀도가 2.65g/cm³일 경우 단위 굵은 골재량은?

① 739kg
② 1,021kg
③ 1,077kg
④ 1,137kg

해설 ㉠ 단위잔골재 절대체적=$0.689×0.41=0.282$m³
㉡ 단위 굵은 골재 절대체적$=0.689-0.282$
　　　　　　　　　　　$=0.407$m³
㉢ 단위 굵은 골재량$=0.407×2.65×1,000$
　　　　　　　　　$=1078.55$kg

07 믹서로 콘크리트를 혼합하는 경우 콘크리트의 혼합시간과 압축강도, 슬럼프 및 공기량의 관계를 설명한 것으로 틀린 것은?

① 혼합시간이 짧으면 압축강도가 작을 우려가 있다.
② 혼합시간을 너무 길게 하면 골재가 파쇄되어 강도가 저하될 우려가 있다.
③ 어느 정도 이상 혼합하면 소정의 슬럼프가 얻어지며 추가의 혼합에 의한 슬럼프의 변화는 크지 않다.
④ 공기량은 적당한 혼합시간에서 최소값을 나타내며 혼합시간이 길어지면 다시 증가하는 경향이 있다.

해설 콘크리트를 너무 오래 비비면 비비는 동안에 골재가 파쇄되어 미분의 양이 많아지거나, 공기연행 콘크리트의 경우는 공기량이 감소하여 배출 시 콘크리트의 워커빌리티가 나빠진다.

08 일반 콘크리트의 배합에서 물-결합재비에 대한 설명으로 틀린 것은?

① 물-결합재비는 소요의 강도, 내구성, 수밀성, 균열저항성 등을 고려하여 정하여야 한다.
② 제빙화학제가 사용되는 콘크리트의 물-결합재비는 55% 이하로 한다.
③ 콘크리트의 수밀성을 기준으로 물-결합재비를 정할 경우 그 값은 50% 이하로 한다.
④ 콘크리트의 탄산화저항성을 고려하여 물-결합재비를 정할 경우 55% 이하로 한다.

해설 물-결합재비
㉠ 제빙화학제가 사용되는 콘크리트의 물-결합재비는 45% 이하로 한다.
㉡ 콘크리트의 수밀성을 기준으로 정할 경우 50% 이하로 한다.
㉢ 콘크리트의 탄산화저항성을 고려하여 정할 경우 55% 이하로 한다.

09 거푸집 및 동바리의 구조 계산에 대한 설명으로 틀린 것은?

① 고정하중은 철근콘크리트와 거푸집의 중량을 고려하여 합한 하중이며, 콘크리트의 단위중량은 철근의 중량을 포함하여 보통 콘크리트에서는 24kN/m³을 적용한다.
② 활하중은 구조물의 수평투영면적(연직방향으로 투영시킨 수평면)당 최소 2.5kN/m² 이상으로 하여야 한다.
③ 고정하중과 활하중을 합한 연직하중은 슬래브두께에 관계없이 최소 5.0kN/m² 이상을 고려하여 거푸집 및 동바리를 설계하여야 한다.
④ 목재 거푸집 및 수평부재는 집중하중이 작용하는 캔틸레버보로 검토하여야 한다.

해설 목재 거푸집 및 수평부재는 등분포하중이 작용하는 단순보로 검토해야 한다.

10 프리스트레스트 콘크리트에 있어서 프리스트레싱을 할 때의 콘크리트의 압축강도는 프리스트레스를 준 직후 콘크리트에 일어나는 최대 압축응력의 최소 몇 배 이상이어야 하는가?

① 1.3배   ② 1.5배

③ 1.7배   ④ 2.0배

해설 프리스트레싱을 할 때의 콘크리트 압축강도는 프리스트레스를 준 직후, 콘크리트에 일어나는 최대 압축응력의 1.7배 이상이어야 한다.

11 매스 콘크리트를 시공할 때는 구조물에 필요한 기능 및 품질을 손상시키지 않도록 온도균열제어를 통해 균열 발생을 제어하여야 한다. 이러한 온도균열 발생에 대한 검토는 온도균열지수에 의해 평가한다. 다음의 조건에서 재령 28일에서의 온도균열지수는? (단, 보통 포틀랜드 시멘트를 사용한 경우)

- 재령 28일에서의 수화열에 의한 부재 내부의 온도응력 최대값 : 2MPa
- $f_{cu}(t) = \dfrac{t}{a+bt} d_i f_{ck}$
- $f_{sp}(t) = 0.44 \sqrt{f_{cu}(t)}$
- 콘크리트 설계기준압축강도(f_{ck}) : 30MPa
- 보통 포틀랜드 시멘트를 사용할 경우 계수 a, b, d_i의 값

a	b	d_i
4.5	0.95	1.11

① 0.8   ② 1.0

③ 1.2   ④ 1.4

해설 ㉠ 재령 t일의 콘크리트 압축강도

$$f_{cu}(t) = \frac{t}{a+bt} d_i f_{ck}$$
$$= \frac{28}{4.5+0.95\times28} \times 1.11 \times 30 = 29.98\text{MPa}$$

㉡ 재령 t일의 콘크리트 쪼갬인장강도

$$f_{sp}(t) = c\sqrt{f_{cu}(t)} = 0.44\sqrt{29.98} = 2.41\text{MPa}$$

㉢ 온도균열지수

$$I_{cr}(t) = \frac{f_{sp}(t)}{f_t(t)} = \frac{2.41}{2} = 1.21$$

12 일반 콘크리트의 비비기에 대한 설명으로 틀린 것은?

① 연속믹서를 사용할 경우 비비기 시작 후 최초에 배출되는 콘크리트는 사용하지 않아야 한다.

② 비비기 시간에 대한 시험을 실시하지 않은 경우 가경식 믹서일 때에는 1분 이상 비비는 것을 표준으로 한다.

③ 비비기는 미리 정해둔 비비기 시간의 3배 이상 계속하지 않아야 한다.

④ 비비기를 시작하기 전에 미리 믹서 내부를 모르타르로 부착시켜야 한다.

해설 비비기

㉠ 연속믹서를 사용할 경우 비비기 시작 후 최초에 배출되는 콘크리트는 사용하지 않아야 한다.

㉡ 비비기 시간은 가경식 믹서일 때에는 1분 30초 이상, 강제식 믹서일 때에는 1분 이상을 표준으로 한다.

㉢ 비비기는 미리 정해둔 비비기 시간의 3배 이상 계속해서는 안 된다.

㉣ 비비기를 시작하기 전에 미리 믹서 내부를 모르타르로 부착시켜야 한다.

13 콘크리트 재료계량의 허용오차에 대한 설명으로 옳은 것은?

① 혼화재의 계량허용오차는 ±2%이다.

② 혼화제의 계량허용오차는 ±2%이다.

③ 골재의 계량허용오차는 ±2%이다.

④ 시멘트의 계량허용오차는 ±2%이다.

해설 계량허용오차

재료의 종류	허용오차(%)
물	−2, +1
시멘트	−1, +2
혼화재	±2
골재, 혼화제(용액)	±3

14 23회의 시험실적으로부터 구한 압축강도의 표준편차가 4MPa이었고, 콘크리트의 설계기준 압축강도가 30MPa일 때 배합강도는? (단, 시험횟수가 20회인 경우 표준편차의 보정계수는 1.08이고, 25회인 경우는 1.03)

① 34.4MPa　　② 35.7MPa

③ 36.3MPa　　④ 38.5MPa

해설 ㉠ 23회일 때 직선보간을 한 표준편차의 보정계수

$$\alpha = 1.03 + \frac{(1.08 - 1.03) \times 2}{5} = 1.05$$

㉡ 직선보간한 표준편차

$S = 1.05 \times 4 = 4.2$MPa

㉢ $f_{ck} = 30$MPa ≤ 35MPa이므로

- $f_{cr} = f_{ck} + 1.34S$

  $= 30 + 1.34 \times 4.2 = 35.63$MPa

- $f_{cr} = (f_{ck} - 3.5) + 2.33S$

  $= (30 - 3.5) + 2.33 \times 4.2 = 36.29$MPa

∴ 위 두 값 중 큰 값이 배합강도이므로

$f_{cr} = 36.29$MPa

15 콘크리트 재료에 염화물이 많이 함유되어 시공할 구조물이 염해를 받을 가능성이 있는 경우에 대한 조치로서 틀린 것은?

① 물-결합재비를 작게 하여 사용한다.

② 충분한 철근피복두께를 두어 열화에 대비한다.

③ 가능한 균열폭을 작게 만든다.

④ 단위수량을 늘려 염분을 희석시킨다.

해설 염해의 대책공법

㉠ 콘크리트 중의 염소이온량을 적게 한다.

㉡ 물-결합재비를 작게 하여 밀실한 콘크리트로 한다.

㉢ 충분한 철근피복두께를 두어 균열폭을 작게 한다.

㉣ 수지도장철근의 사용이나 콘크리트 표면에 라이닝을 한다.

16 경량골재 콘크리트에 대한 설명으로 틀린 것은?

① 골재의 전부 또는 일부를 인공경량골재를 써서 만든 콘크리트로서 기건단위질

량이 1,400~2,000kg/m³인 콘크리트를 말한다.

② 경량골재 콘크리트는 공기연행제를 사용하지 않는 것을 원칙으로 한다.

③ 경량골재를 건조한 상태로 사용하면 콘크리트의 비비기 및 운반 중에 물을 흡수하므로 이 흡수를 적게 하기 위해 골재를 사용하기 전에 미리 흡수시키는 조작이 필요하다.

④ 슬럼프는 일반적인 경우 대체로 50~180mm를 표준으로 한다.

해설 경량골재 콘크리트는 공기연행 콘크리트로 하는 것을 원칙으로 한다.

17 콘크리트의 내구성 향상방안으로 옳지 않은 것은?

① 알칼리금속이나 염화물의 함유량이 많은 재료를 사용한다.

② 내구성이 우수한 골재를 사용한다.

③ 물-결합재비를 될 수 있는 한 적게 한다.

④ 목적에 맞는 시멘트나 혼화재료를 사용한다.

해설 저알칼리금속이나 염화물의 함유량이 적은 재료를 사용한다.

18 콘크리트 압축강도시험에서 하중은 공시체에 충격을 주지 않도록 똑같은 속도로 가하여야 한다. 이때 하중을 가하는 속도는 압축응력도의 증가율이 매초 얼마가 되도록 하여야 하는가?

① 0.2~1.0MPa　　② 1.2~2.0MPa

③ 2.0~2.6MPa　　④ 2.8~3.4MPa

해설 콘크리트 압축강도시험(KS F 2405)

하중을 가하는 속도는 압축응력도의 증가율이 매초 0.6±0.4MPa이 되도록 한다.

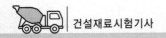

19 콘크리트 배합에 관한 일반적인 설명으로 틀린 것은?

① 콘크리트를 경제적으로 제조한다는 관점에서 될 수 있는 대로 최대 치수가 작은 굵은 골재를 사용하는 것이 유리하다.

② 고성능 공기연행감수제를 사용한 콘크리트의 경우로서 물-결합재비 및 슬럼프가 같으면 일반적인 공기연행감수제를 사용한 콘크리트와 비교하여 잔골재율을 1~2% 정도 크게 하는 것이 좋다.

③ 공사 중에 잔골재의 입도가 변하여 조립률이 ±0.20 이상 차이가 있을 경우에는 워커빌리티가 변화하므로 배합을 수정할 필요가 있다.

④ 유동화 콘크리트의 경우 유동화 후 콘크리트의 워커빌리티를 고려하여 잔골재율을 결정할 필요가 있다.

해설 굵은 골재 최대 치수가 커지면 일반적으로 워커빌리티가 좋아지고 단위수량, 단위시멘트양, 잔골재율 등이 작아져서 경제적인 콘크리트가 될 수 있다.

20 길모아장치에 의한 시험은 무엇을 알기 위한 시험인가?

① 시멘트 분말도   ② 시멘트 응결시간

③ 시멘트 팽창도   ④ 시멘트 비중

해설 ㉠ 시멘트 응결시간 : 길모어침, 비카트침에 의한 시험

㉡ 분말도 : 브레인 공기투과장치에 의한 시험

㉢ 팽창도 : 오토클레이브시험

제2과목 · 건설시공 및 관리

21 필댐의 특징에 대한 설명으로 틀린 것은?

① 제체 내부의 부등침하에 대한 대책이 필요하다.

② 제체의 단위면적당 기초지반에 전달되는 응력이 적다.

③ 여수로는 댐 본체와 일체가 되므로 경제적으로 유리하다.

④ 댐 주변의 천연재료를 이용하고 기계화 시공이 가능하다.

해설 Rock fill dam

㉠ 자중이 크기 때문에 흙댐에 비하여 안전하며 견고한 기초지반이 필요하다.

㉡ 자재를 쉽게 구할 수 있는 곳에 적합하며 불투수성 재료를 쌓아올려 상류측 또는 중앙부에 차수벽을 설치한다.

㉢ 홍수에 대비한 여수토는 따로 설치하는 것이 일반적이다.

22 다음 그림과 같은 단면으로 성토 후 비탈면에 떼붙임을 하려고 한다. 성토량과 떼붙임면적을 계산하면? (단, 마구리면의 떼붙임은 제외함)

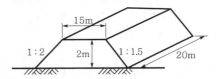

① 성토량 : 370m^3, 떼붙임면적 : 61m^2

② 성토량 : 740m^3, 떼붙임면적 : 161m^2

③ 성토량 : 740m^3, 떼붙임면적 : 61m^2

④ 성토량 : 370m^3, 떼붙임면적 : 161m^2

해설 ㉠ 성토량 $= \left(\dfrac{15+22}{2} \times 2\right) \times 20 = 740\text{m}^3$

㉡ 떼붙임면적 $= \sqrt{2^2+4^2} \times 20 + \sqrt{2^2+3^2} \times 20$

$= 161.55\text{m}^2$

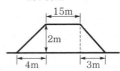

23 샌드드레인(sand drain)공법에서 영향원의 지름을 d_e, 모래말뚝의 간격을 d라 할 때 정사각형의 모래말뚝배열식으로 옳은 것은?

① $d_e = 1.13d$ ② $d_e = 1.10d$

③ $d_e = 1.05d$ ④ $d_e = 1.03d$

해설 sand drain의 배열
- ㉠ 정삼각형 배열 : $d_e = 1.05d$
- ㉡ 정사각형 배열 : $d_e = 1.13d$

24 옹벽의 수평저항력을 증가시키기 위해 경제성과 시공성을 고려할 경우 다음 중 가장 적합한 방법은?

① 옹벽의 비탈구배를 크게 한다.
② 옹벽 전면에 apron을 설치한다.
③ 옹벽 기초밑판에 돌기key를 설치한다.
④ 옹벽 배면에 anchor를 설치한다.

25 흙쌓기 재료로서 구비해야 할 성질 중 틀린 것은?

① 완성 후 큰 변형이 없도록 지지력이 클 것
② 압축침하가 적도록 압축성이 클 것
③ 흙쌓기 비탈면의 안정에 필요한 전단강도를 가질 것
④ 시공기계의 trafficability가 확보될 것

해설 성토재료의 구비조건
- ㉠ 전단강도가 크고 압축성이 적은 흙
- ㉡ 유기질이 없는 흙
- ㉢ 시공기계의 trafficability가 확보되는 흙

26 공정관리수법 중 Network공정의 특징에 관한 설명으로 옳지 않은 것은?

① 간단하게 작성할 수 있다.
② 합리적으로 설득성이 있다.
③ 중점적으로 관리할 수 있다.
④ 전체와 부분의 관계가 명백하다.

해설 Network공정표

장점	• 작업의 종속관계가 명확하다. • 작업의 문제점예측이 가능하다. • 이상적 공정이 되게 공정을 바꾸기 쉽다. • 최저비용으로 공기단축이 가능하다. • 효과적인 예산통제가 가능하다. • CP에 의해 중점관리가 가능하다.
단점	• 공정표 작성이 어렵고 시간이 걸린다. • 수정변경에 시간이 걸린다. • 숙련을 요한다. • 복잡한 Network일 때 이해가 힘들다.

27 시멘트 콘크리트 포장에 대한 설명으로 틀린 것은?

① 무근 콘크리트 포장(JCP)은 콘크리트를 타설한 후 양생이 되는 과정에서 발생하는 무분별한 균열을 막기 위해서 줄눈을 설치하는 포장이다.
② 철근콘크리트 포장(JRCP)은 줄눈으로 인한 문제점을 해소하고자 줄눈의 개수를 줄이고 철근을 넣어 균열을 방지하거나 균열폭을 최소화하기 위한 포장이다.
③ 연속 철근콘크리트 포장(CRCP)은 철근을 많이 배근하여 종방향 줄눈을 완전히 제거하였으나 임의위치에 발생하는 균열로 인하여 승차감이 불량한 단점이 있다.
④ 롤러전압 콘크리트 포장(RCCP)은 된비빔 콘크리트 롤러 등으로 다져서 시공하며 건조수축이 작아 표면처리를 따로 할 필요가 없는 장점이 있으나 포장 표면의 평탄성이 결여되는 등의 단점이 있다.

해설 연속 철근콘크리트 포장(CRCP)
- ㉠ 장점
  - 가로수축줄눈이 없다.
  - 포장의 불연속성을 방지하므로 차량의 주행성이 증대된다.
  - 줄눈부 파손이 없고 유지비가 적게 든다.
- ㉡ 단점
  - 초기건설비가 다소 크다.
  - 부등침하 시 보수가 어렵다.

28 TBM(Tunnel Boring Machine)공법을 이용하여 암석을 굴착하여 터널 단면을 만들려고 한다. TBM공법의 단점이 아닌 것은?

① 설비투자액이 고가이므로 초기투자비가 많이 든다.
② 본바닥변화에 대하여 적응이 곤란하다.
③ 지반에 따라 적용 범위에 제약을 받는다.
④ lining두께가 두꺼워야 한다.

해설 TBM공법은 lining두께를 얇게 할 수 있다.

29 다음 중 흙의 지지력시험과 직접적인 관계가 없는 것은?

① 평판재하시험   ② CBR시험
③ 표준관입시험   ④ 정수위투수시험

해설 정수위투수시험은 투수계수측정시험이다.

30 폭우 시 옹벽 배면의 흙은 다량의 물을 함유하게 되는데 뒤채움 토사에 배수시설이 불량할 경우 침투수가 옹벽에 미치는 영향에 대한 설명으로 틀린 것은?

① 포화 또는 부분포화에 의한 흙의 무게 증가
② 활동면에서의 양압력 발생
③ 수동저항(passive resistance)의 증가
④ 옹벽 저면에 대한 양압력 발생으로 안정성 감소

해설 침출수로 인하여 주동토압이 커진다.

31 다짐유효깊이가 크고 흙덩어리를 분쇄하여 토립자를 이동혼합하는 효과가 있어 함수비 조절 및 함수비가 높은 점토질의 다짐에 유리한 다짐기계는?

① 탬핑롤러   ② 진동롤러
③ 타이어롤러   ④ 머캐덤롤러

32 착암기로 사암을 착공하는 속도를 0.3m/min라 할 때 2m 깊이의 구멍을 10개 뚫는데 걸리는 시간은? (단, 착암기 1대를 사용하는 경우)

① 20분   ② 66.6분
③ 220분   ④ 666분

해설 시간 $=\dfrac{l}{V}=\dfrac{2}{0.3}\times 10 = 66.67$분

33 100,000m³의 성토공사를 위하여 $L=1.2$, $C=0.8$인 현장 흙을 굴착운반하고자 한다. 운반토량은?

① 120,000m³   ② 125,000m³
③ 145,000m³   ④ 150,000m³

해설 운반토량 $=100,000\times\dfrac{L}{C}=100,000\times\dfrac{1.2}{0.8}$
$\qquad\qquad = 150,000\mathrm{m}^3$

34 오픈케이슨기초에 대한 설명으로 틀린 것은?

① 다른 케이슨기초와 비교하여 공사비가 싸다.
② 굴착 시 히빙이나 보일링현상의 우려가 있다.
③ 침하깊이에 제한을 받는다.
④ 케이슨 저부 연약토 제거가 확실하지 않고 지지력 및 토질상태 파악이 어렵다.

해설 Open caisson기초

장점	단점
• 침하깊이에 제한을 받지 않는다. • 기계설비가 간단하다. • 공사비가 싸다.	• 케이슨이 기울어질 우려가 있으며 경사수정이 곤란하다. • 굴착 시 히빙이나 보일링현상의 우려가 있다.

35 다음과 같은 조건에서 불도저운전 1시간당의 작업량(본바닥의 토량)은?

- 1회 굴착압토량 : 2.3m³
- 토량변화율 : $L=1.2$, $C=0.8$
- 작업효율 : 0.6
- 흙의 운반거리 : 60m
- 전진속도 : 40m/min
- 후진속도 : 100m/min
- 기어변속시간 : 0.25분

① 19.72m³/h   ② 28.19m³/h
③ 29.36m³/h   ④ 44.04m³/h

해설 ㉠ $C_m = \dfrac{l}{V_1}+\dfrac{l}{V_2}+t_g = \dfrac{60}{40}+\dfrac{60}{100}+0.25$
$\qquad\quad = 2.35$분

㉡ $Q=\dfrac{60qfE}{C_m}=\dfrac{60\times 2.3\times\dfrac{1}{1.2}\times 0.6}{2.35}$
$\qquad\quad = 29.36\mathrm{m}^3/\mathrm{h}$

36 교량의 구조에 따른 분류 중 다음에서 설명하는 교량형식은?

> 주탑, 케이블, 주형의 3요소로 구성되어 있고 케이블을 주형에 정착시킨 교량형식이며 장지 간 교량에 적합한 형식으로서 국내 서해대교에 적용된 형식이다.

① 사장교 ② 현수교
③ 아치교 ④ 트러스교

37 운동장, 광장 등 넓은 지역의 배수방법으로 적당한 것은?

① 개수로배수 ② 암거배수
③ 지표배수 ④ 맹암거배수

> **해설** 맹암거(간이암거)
> 지표면 아래 1~2m 부근까지 분포하는 지하수를 배제하기에 적합한 공법으로 투수계수의 작은 토층 중 토립자 간의 간극에 분포하는 지하수가 배제된다.

38 장약공 주변에 미치는 파괴력을 제어함으로써 특정방향에만 파괴효과를 주어 여굴을 적게 하는 등의 목적으로 사용하는 조절폭파공법의 종류가 아닌 것은?

① 라인드릴링 ② 벤치컷
③ 쿠션블라스팅 ④ 프리스플리팅

> **해설** 제어발파공법의 종류
> ㉠ 라인드릴링공법(line drilling method)
> ㉡ 쿠션블라스팅공법(cushion blasting method)
> ㉢ 프리스플리팅공법(presplitting method)
> ㉣ 스무스블라스팅공법(smooth blasting method)

39 1개마다 양·불량으로 구별할 경우 사용하나 불량률을 계산하지 않고 불량개수에 의해서 관리하는 경우에 사용하는 관리도는?

① U관리도 ② C관리도
③ P관리도 ④ P_n관리도

> **해설** 관리도의 종류(계수치를 대상으로 하는 것)
> ㉠ P관리도(불량률관리도)
> ㉡ P_n관리도(불량개수관리도)

㉢ U관리도(결점발생률관리도) : 시료의 크기가 일정하지 않은 경우의 단위당 결점수관리도
㉣ C관리도(결점수관리도) : 시료의 크기가 일정한 경우의 결점수관리도

40 아스팔트 포장에서 다짐도, 다짐 후의 두께, 재료분리, 부설 및 다짐방법 등을 검토하기 위하여 시험포장을 하여야 하는데 적당한 면적으로 옳은 것은?

① $2,000\text{m}^2$ ② $1,500\text{m}^2$
③ $1,000\text{m}^2$ ④ 500m^2

> **해설** 시험포장(도로공사 표준시방서, 2016)
> 시험포장면적은 약 500m^2 정도로 감독자의 승인을 받아 이를 조정할 수 있다.

제3과목 · 건설재료 및 시험

41 강재의 화학적 성분 중에서 경도를 증가시키는 가장 큰 성분은 무엇인가?

① 탄소(C) ② 인(P)
③ 규소(Si) ④ 알루미늄(Al)

> **해설** ㉠ 탄소 : 인장강도, 항복점, 경도가 커진다.
> ㉡ 인 : 취성이 커진다.
> ㉢ 규소 : 강도가 커지고 강에 내열성을 준다.
> ㉣ 알루미늄 : 강도가 커지고 조직 미세화에 효과가 있다.

42 시멘트 콘크리트 결합재의 일부를 합성수지, 유제 또는 합성고무라텍스소재로 한 것을 무엇이라 하는가?

① 개스킷
② 케미컬 그라우트
③ 불포화 폴리에스테르
④ 폴리머 시멘트 콘크리트

> **해설** 폴리머 시멘트 콘크리트
> 결합재로서 시멘트와 물, 고무라텍스 등의 폴리머를 사용하여 골재를 결합시켜 만든 것

43 혼합 시멘트 중 고로슬래그 시멘트에 대한 설명으로 틀린 것은?

① 고로슬래그 시멘트는 고로슬래그혼합량이 증가할수록 비중이 작아진다.

② 고로슬래그 시멘트를 사용한 콘크리트는 경화할 때 수산화칼슘의 생성이 커져 염류에 대한 저항성이 저하된다.

③ 고로슬래그 시멘트를 사용한 콘크리트는 초기재령에서의 강도가 보통 포틀랜드 시멘트를 사용한 콘크리트에 비해서 작다.

④ 고로슬래그 자체는 수경성이 없으나 수화에 의하여 생성되는 수산화칼슘의 자극을 받아 수화하는 잠재수경성을 가진다.

해설 고로슬래그 시멘트

㉠ 고로슬래그미분말을 사용한 콘크리트는 시멘트 수화 시에 발생하는 수산화칼슘과 고로슬래그성분이 반응하여 콘크리트의 알칼리성이 다소 저하되기 때문에 콘크리트의 중성화가 빠르게 진행되며, 혼합률 70% 정도가 되면 중성화속도가 보통 콘크리트의 2배가 되는 경우도 있다.

㉡ 고로슬래그미분말 : 비결정질(유리질) 재료로서 물과 접촉하여도 수화반응은 거의 진행되지 않으나 시멘트 수화반응 시에 생성되는 수산화칼슘($Ca(OH)_2$)과 같은 알칼리성 물질의 자극을 받아 수화물을 생성하여 경화하는 잠재수경성이 있다.

44 다음 콘크리트용 혼화재료에 대한 설명 중 틀린 것은?

① 감수제는 시멘트 입자를 분산시켜 콘크리트의 단위수량을 감소시키는 작용을 한다.

② 촉진제는 시멘트의 수화작용을 촉진하는 혼화제로서 보통 나프탈렌 설폰산염을 많이 사용한다.

③ 지연제는 여름철에 레미콘의 슬럼프손실 및 콜드조인트의 방지 등에 효과가 있다.

④ 급결제는 시멘트의 응결시간을 촉진하기 위하여 사용하며 숏크리트, 물막이공법 등에 사용한다.

해설 촉진제는 염화칼슘, 규산나트륨 등이 있으며, 대표적인 촉진제는 염화칼슘($CaCl_2$)이다.

45 콘크리트용 잔골재의 유해물함유량의 한도(질량 백분율)에 대한 설명으로 틀린 것은?

① 점토덩어리는 최대 1.0% 이하이어야 한다.

② 염화물(NaCl환산량)은 최대 0.4% 이하이어야 한다.

③ 콘크리트의 표면이 마모작용을 받는 경우 0.08mm체 통과량은 최대 3.0% 이하이어야 한다.

④ 콘크리트의 외관이 중요한 경우 석탄, 갈탄 등으로 밀도 $0.002g/min^3$의 액체에 뜨는 것은 최대 0.5% 이하이어야 한다.

해설 잔골재의 유해물함유량한도

㉠ 점토덩어리 : 질량 백분율로 1% 이하

㉡ 염화물(NaCl환산량)함유량 : 질량 백분율로 0.04% 이하

46 다음에서 설명하는 혼화재료는?

> 각종 실리콘이나 페로실리콘(ferro silicon) 등의 규소합금을 전기아크식 노에서 제조할 때 배출되는 가스에 부유하여 발생되는 부산물로서 시멘트 질량의 5~15% 정도 치환하면 콘크리트가 치밀한 구조로 되고 콘크리트의 재료분리저항성, 수밀성, 내화학약품성이 향상되며 알칼리골재반응의 억제효과 및 강도 증가 등을 기대할 수 있다.

① 고로슬래그　　② 플라이애시

③ 폴리머　　　　④ 실리카퓸

해설 실리카퓸

실리콘이나 페로실리콘 등의 규소합금을 전기아크식 노에서 제조할 때 배출가스에 부유하여 발생하는 부산물의 총칭이며 초미립자가루이다.

47 대폭파 또는 수중폭파를 동시에 실시하기 위해 뇌관 대신에 사용하는 것은?

① DDNP　　　　② 도폭선

③ 도화선　　　　④ 데토릴

해설 기폭용품

㉠ 도화선 : 뇌관을 점화시키기 위한 것

㉡ 도폭선 : 대폭파 또는 수중폭파를 동시에 실시하기 위해 뇌관 대신 사용하는 것

㉢ 기폭약(기폭제) : DDNT, 데토릴, 뇌산수은

48 포틀랜드 시멘트 클링커화합물에 대한 설명으로 옳은 것은?

① 포틀랜드 시멘트 클링커는 단일조성이 아니라 앨라이트(Alite), 베라이트(Belite), 석회(CaO), 산화철(Fe_2O_3)이라 하는 4가지 주요 화합물로 구성된다.

② C_3A는 수화속도가 매우 느리고 발열량이 적으며 수축도 작다.

③ C_3S 및 C_2S는 시멘트 강도의 대부분을 지배하는 것으로, 그 합이 포틀랜드 시멘트에서는 70~80% 정도이다.

④ 육각형 모양을 한 앨라이트는 $2CaO \cdot SiO_2(C_2S)$를 주성분으로 하며 다량의 Al_2O_3 및 MgO 등을 고용한 결정이다.

> **해설** 클링커의 조성광물
> ㉠ 중요화합물은 C_3A(Felite), C_3S(Alite), C_2S(Belite), C_4AF(Celite) 등 4가지로 구성된다.
> ㉡ C_3A는 수화작용이 아주 빠르다.
> ㉢ Alite는 6각판상의 결정으로 $3CaO \cdot SiO_2$가 주성분이다.

49 굵은 골재의 최대 치수가 50mm인 경량골재를 사용하여 밀도 및 흡수율시험을 실시하고자 할 때 1회 시험에 사용하는 시료의 최소 질량은? (단, 경량 굵은 골재의 추정밀도는 1.4g/cm³)

① 2.0kg
② 2.5kg
③ 2.8kg
④ 5.0kg

> **해설** 굵은 골재의 밀도 및 흡수율시험(KS F 2503)
> 1회 시험에 사용하는 시료의 최소 질량
> ㉠ 보통 골재 : 굵은 골재 최대 치수(mm 표시)의 0.1배를 kg으로 나타낸 양으로 한다.
> ㉡ 경량골재
> $$m_{min} = \frac{d_{max}D_e}{25} = \frac{50 \times 1.4}{25} = 2.8kg$$
> 여기서, m_{min} : 시료의 최소 질량(kg)
> d_{max} : 굵은 골재의 최대 치수(mm)
> D_e : 굵은 골재의 추정밀도(g/cm³)

50 아스팔트 포장용 혼합물의 아스팔트 함유량시험(KS F 2354)에 사용되는 시약이 아닌 것은?

① 염화메틸렌
② 탄산암모늄용액
③ 황산나트륨
④ 삼염화에틸렌

> **해설** 아스팔트 포장용 혼합물의 아스팔트 함유량시험(KS F 2354)
> ㉠ 개요 : 고열로 혼합된 포장용 혼합물과 포장시료 중 아스팔트의 정량 결정을 하는 것이다.
> ㉡ 시약 : 탄산암모늄용액, 염화메틸렌, 삼염화에탄, 삼염화에틸렌

51 조립률이 3.43인 모래 A와 조립률이 2.36인 모래 B를 혼합하여 조립률 2.80의 모래 C를 만들려면 모래 A와 B는 얼마를 섞어야 하는가? (단, A : B의 질량비)

① 41% : 59%
② 43% : 57%
③ 40% : 60%
④ 38% : 62%

> **해설** $FM = \frac{x}{x+y}F_A + \frac{y}{x+y}F_B$
> $$2.8 = \frac{x}{x+y} \times 3.43 + \frac{y}{x+y} \times 2.36$$
> $$= \frac{3.43x + 2.36y}{x+y}$$
> $0.63x = 0.44y$ ⋯⋯⋯⋯⋯⋯⋯ ⓐ
> $x + y = 1$ ⋯⋯⋯⋯⋯⋯⋯⋯⋯ ⓑ
> ∴ 식 ⓐ와 식 ⓑ를 연립방정식으로 풀면
> $x = 0.41$ $y = 0.59$

52 재료의 역학적 성질 중 재료를 얇게 펴서 늘일 수 있는 성질을 무엇이라 하는가?

① 인성
② 강성
③ 전성
④ 취성

> **해설** ㉠ 강성 : 외력을 받았을 때 변형을 적게 일으키는 재료를 강성이 큰 재료라 한다.
> ㉡ 인성 : 하중을 받아 파괴될 때까지의 에너지흡수능력이다.
> ㉢ 취성 : 작은 변형에도 파괴되는 성질이다.
> ㉣ 전성 : 재료를 얇게 두들겨 펼 수 있는 성질이다.

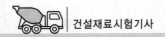

53 다음 혼화재료에 대한 설명으로 틀린 것은?

① 사용량에 따라 혼화재와 혼화제로 나뉜다.
② 콘크리트의 성능을 개선, 향상시킬 목적으로 사용되는 재료이다.
③ 혼화재료를 사용할 때는 반드시 시험 또는 검토를 거쳐 성능을 확인하여야 한다.
④ 혼화제는 비록 시멘트 사용량의 5% 이하로 소요되지만 콘크리트의 배합 계산 시 고려해야 한다.

[해설] ㉠ 혼화재료의 사용량이 많고 적은 정도에 따라 혼화재와 혼화제로 분류한다.
ㄴ 혼화재는 사용량이 비교적 많아서 그 자체의 부피가 콘크리트 배합 계산에 고려되는 것(시멘트 중량의 5% 이상 사용)이다.
ㄷ 혼화제는 사용량이 비교적 적어서 그 자체의 부피가 콘크리트 배합 계산에 무시되는 것(시멘트 중량의 1% 이하 사용)이다.

54 석유계 아스팔트로서 연화점이 높고 방수공사용으로 가장 많이 사용되는 재료는?

① 스트레이트 아스팔트
② 블론 아스팔트
③ 레이크 아스팔트
④ 록 아스팔트

[해설] 석유 아스팔트
㉠ 스트레이트 아스팔트 : 원유를 증기증류법, 감압증류법 또는 이들 두 방법의 조합에 의하여 만들어진 것으로 그대로 또는 유화 아스팔트, 컷백 아스팔트 등으로 하여 대부분 도로포장에 사용된다.
ㄴ 블론 아스팔트 : 스트레이트 아스팔트를 가열하여 고온의 공기를 불어넣어 아스팔트 성분에 화학변화를 일으켜 만든 것으로 감온성이 작고 탄력성이 크며 연화점이 높다. 주로 방수재료, 접착제, 방식도장 등에 사용된다.

55 암석의 분류 중 성인(지질학적)에 의한 분류의 결과가 아닌 것은?

① 화성암　　　② 퇴적암
③ 점토질암　　④ 변성암

[해설] 암석의 성인에 따른 분류
㉠ 화성암 : 화강암, 안산암, 현무암 등
ㄴ 변성암 : 대리석, 편마암, 사문암 등
ㄷ 퇴적암 : 사암, 점판암, 석회암 등

56 암석의 구조에 대한 설명으로 틀린 것은?

① 절리 : 암석 특유의 천연적으로 갈라진 금으로 화성암에서 많이 보임
② 석목 : 암석의 갈라지기 쉬운 면을 말하며 돌눈이라고도 함
③ 층리 : 암석을 구성하는 조암광물의 집합상태에 따라 생기는 눈모양
④ 편리 : 변성암에서 된 절리로 암석이 얇은 판자모양 등으로 갈라지는 성질

[해설] 암석의 구조
㉠ 절리 : 암석 특유의 천연적인 균열
ㄴ 석목(돌눈) : 암석의 갈라지기 쉬운 면
ㄷ 층리 : 퇴적암이나 변성암의 일부에서 생기는 평행상의 절리

57 건설용 재료로 목재를 사용하기 위하여 목재를 건조시키는 목적 및 효과로 틀린 것은?

① 가공성을 향상시킨다.
② 균류의 발생을 방지할 수 있다.
③ 수축균열 및 부정변형을 방지할 수 있다.
④ 목재의 중량을 경감시킬 수 있다.

[해설] 목재를 건조시키는 목적은 수축 및 반곡 등의 변형이 없어질 뿐만 아니라 목재의 중량이 감소하여 운반하기 쉽고 목질을 아물게 하여 강도 및 내구성을 증대시키고 부식을 예방하며 방부제 주입을 쉽게 할 수 있기 때문이다.

58 다음에서 설명하는 아스팔트의 성질은?

> 고체상에서 액상으로 되는 과정 중에 일정한 반죽질기(즉 점도)에 달했을 때의 온도를 나타내는 것으로 일반적인 측정방법으로는 환구법이 사용된다.

① 연화점　　　② 인화점
③ 신도　　　　④ 연소점

해설 연화점(softening point)

㉠ 아스팔트를 가열하면 점차 연화되어 묽은 액체로 되는데, 이때의 온도를 연화점이라 한다.

㉡ 연화점시험은 보통 환구법으로 측정한다.

59 시멘트 분말도가 모르타르 및 콘크리트 성질에 미치는 영향을 설명한 것으로 옳은 것은?

① 분말도가 높을수록 강도발현이 늦어진다.

② 분말도가 높을수록 블리딩이 많게 된다.

③ 분말도가 높을수록 수화열이 적게 된다.

④ 분말도가 높을수록 건조수축이 크게 된다.

해설 분말도가 큰 시멘트의 특징

㉠ 수화작용이 빠르다.

ㄴ 초기강도가 크고 강도증진율이 크다.

ㄷ 블리딩이 적고 워커빌리티가 크다.

ㄹ 건조수축이 커서 균열이 발생하기 쉽다.

ㅁ 풍화하기 쉽다.

60 전체 6kg의 굵은 골재로 체가름시험을 실시한 결과가 다음 표와 같을 때 이 골재의 조립률은?

체호칭 (mm)	40	30	25	20	15	10	5
남은 양 (g)	0	480	780	1,560	1,680	960	540

① 6.72

② 6.93

③ 7.14

④ 7.38

해설

체호칭 (mm)	40	30	25	20	15	10	5
남은 양 (g)	0	480	780	1,560	1,680	960	540
잔류율 (%)	0	8	13	26	28	16	9
누적 잔류율 (%)	0	8	21	47	75	91	100

$$FM = \frac{0+0+47+91+100+500}{100} = 7.38$$

제4과목 · 토질 및 기초

61 Vane Test에서 Vane의 지름 5cm, 높이 10cm, 파괴 시 토크가 590kg · cm일 때 점착력은?

① 1.29kg/cm^2

② 1.57kg/cm^2

③ 2.13kg/cm^2

④ 2.76kg/cm^2

해설 $c = \dfrac{M_{max}}{\pi D^2 \left(\dfrac{H}{2} + \dfrac{D}{6}\right)} = \dfrac{590}{\pi \times 5^2 \left(\dfrac{10}{2} + \dfrac{5}{6}\right)}$

$\qquad = 1.29\text{kg/cm}^2$

62 단면적 20cm^2, 길이 10cm의 시료를 15cm의 수두차로 정수위투수시험을 한 결과 2분 동안에 150cm^3의 물이 유출되었다. 이 흙의 비중은 2.67이고, 건조중량이 420g이었다. 공극을 통하여 침투하는 실제 침투유속 V_s는 약 얼마인가?

① 0.018cm/s

② 0.296cm/s

③ 0.437cm/s

④ 0.628cm/s

해설 ㉠ $Q = KiA$

$\qquad \dfrac{150}{2 \times 60} = Ki \times 20$

$\qquad \therefore \ V = Ki = 0.0625\text{cm/s}$

ㄴ $\gamma_d = \dfrac{W_s}{V} = \dfrac{G_s}{1+e}\gamma_w$

$\qquad \dfrac{420}{20 \times 10} = \dfrac{2.67}{1+e} \times 1$

$\qquad \therefore \ e = 0.27$

ㄷ $n = \dfrac{e}{1+e} = \dfrac{0.27}{1+0.27} = 0.21$

ㄹ $V_s = \dfrac{V}{n} = \dfrac{0.0625}{0.21} = 0.298\text{cm/s}$

63 단위중량이 1.8t/m^3인 점토지반의 지표면에서 5m 되는 곳의 시료를 채취하여 압밀시험을 실시한 결과 과압밀비(over consolidation ratio)가 2임을 알았다. 선행압밀압력은?

① 9t/m^2

② 12t/m^2

③ 15t/m^2

④ 18t/m^2

해설 $OCR = \dfrac{P_c}{P}$

$2 = \dfrac{P_c}{1.8 \times 5}$

$\therefore P_c = 18\text{t/m}^2$

64 연약지반에 구조물을 축조할 때 피조미터를 설치하여 과잉간극수압의 변화를 측정했더니 어떤 점에서 구조물 축조 직후 10t/m²이었지만, 4년 후는 2t/m²이었다. 이때의 압밀도는?

① 20% ② 40%

③ 60% ④ 80%

해설 $u_z = \dfrac{u_i - u}{u_i} \times 100 = \dfrac{10 - 2}{10} \times 100 = 80\%$

65 다음 그림과 같은 $p - q$다이아그램에서 K_f선이 파괴선을 나타낼 때 이 흙의 내부마찰각은?

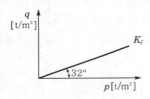

① 32° ② 36.5°

③ 38.7° ④ 40.8°

해설 $\sin\phi = \tan\alpha$

$\sin\phi = \tan 32°$

$\therefore \phi = 38.67°$

66 연약지반 위에 성토를 실시한 다음, 말뚝을 시공하였다. 시공 후 발생될 수 있는 현상에 대한 설명으로 옳은 것은?

① 성토를 실시하였으므로 말뚝의 지지력은 점차 증가한다.

② 말뚝을 암반층 상단에 위치하도록 시공하였다면 말뚝의 지지력에는 변함이 없다.

③ 압밀이 진행됨에 따라 지반의 전단강도가 증가되므로 말뚝의 지지력은 점차 증가된다.

④ 압밀로 인해 부의 주면마찰력이 발생되므로 말뚝의 지지력은 감소된다.

해설 ㉠ 부마찰력은 압밀침하를 일으키는 연약점토층을 관통하여 지지층에 도달한 지지말뚝의 경우나 연약점토지반에 말뚝을 항타한 다음 그 위에 성토를 한 경우 등일 때 발생한다.

㉡ 부마찰력이 발생하면 말뚝의 지지력은 감소한다.

67 다음 그림에서 A점의 간극수압은?

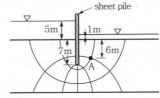

① 4.87t/m^2 ② 7.67t/m^2

③ 12.31t/m^2 ④ 4.65t/m^2

해설 ㉠ 전수두 $= \dfrac{\eta_d}{N_d} H = \dfrac{1}{6} \times 4 = 0.67\text{m}$

㉡ 위치수두 $= -(1+6) = -7\text{m}$

㉢ 압력수두 = 전수두 − 위치수두

$\qquad = 0.67 - (-7) = 7.67\text{m}$

㉣ 간극수압 $= \gamma_w \times$ 압력수두

$\qquad = 1 \times 7.67 = 7.67\text{t/m}^2$

68 다짐되지 않은 두께 2m, 상대밀도 40%의 느슨한 사질토지반이 있다. 실내시험결과 최대 및 최소 간극비가 0.80, 0.40으로 각각 산출되었다. 이 사질토를 상대밀도 70%까지 다짐할 때 두께의 감소는 약 얼마나 되겠는가?

① 12.4cm ② 14.6cm

③ 22.7cm ④ 25.8cm

해설 ㉠ $D_r = \dfrac{e_{\max} - e}{e_{\max} - e_{\min}} \times 100$에서

$40 = \dfrac{0.8 - e_1}{0.8 - 0.4} \times 100$

$\therefore e_1 = 0.64$

$70 = \dfrac{0.8 - e_2}{0.8 - 0.4} \times 100$

$\therefore e_2 = 0.52$

$$\textcircled{\tiny L} \; \Delta H = \left(\frac{e_1 - e_2}{1 + e_1}\right)H = \frac{0.64 - 0.52}{1 + 0.64} \times 200$$
$$= 14.63\text{cm}$$

69 얕은 기초에 대한 Terzaghi의 수정지지력공식은 다음과 같다. 4m×5m의 직사각형 기초를 사용할 경우 형상계수 α와 β의 값으로 옳은 것은?

$$q_u = \alpha c N_c + \beta \gamma_1 B N_\gamma + \gamma_2 D_f N_q$$

① $\alpha = 1.2,\;\; \beta = 0.4$
② $\alpha = 1.28,\;\; \beta = 0.42$
③ $\alpha = 1.24,\;\; \beta = 0.42$
④ $\alpha = 1.32,\;\; \beta = 0.38$

해설 $\textcircled{\tiny ㄱ}\; \alpha = 1 + 0.3\dfrac{B}{L} = 1 + 0.3 \times \dfrac{4}{5} = 1.24$
$\textcircled{\tiny L}\; \beta = 0.5 - 0.1\dfrac{B}{L} = 0.5 - 0.1 \times \dfrac{4}{5} = 0.42$

70 $\phi = 33°$인 사질토에 25° 경사의 사면을 조성하려고 한다. 이 비탈면의 지표까지 포화되었을 때 안전율을 계산하면? (단, 사면흙의 $\gamma_{\text{sat}} = 1.8\text{t/m}^3$)

① 0.62   ② 0.70
③ 1.12   ④ 1.41

해설 $F_s = \dfrac{\gamma_{\text{sub}}}{\gamma_{\text{sat}}}\dfrac{\tan\phi}{\tan i} = \dfrac{0.8}{1.8} \times \dfrac{\tan 33°}{\tan 25°} = 0.62$

71 사질토지반에 축조되는 강성기초의 접지압분포에 대한 설명 중 맞는 것은?

① 기초모서리 부분에서 최대 응력이 발생한다.
② 기초에 작용하는 접지압분포는 토질에 관계없이 일정하다.
③ 기초의 중앙 부분에서 최대 응력이 발생한다.
④ 기초 밑면의 응력은 어느 부분이나 동일하다.

해설 $\textcircled{\tiny ㄱ}$ 강성기초

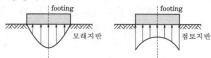

모래지반   점토지반

$\textcircled{\tiny L}$ 휨성기초

모래지반   점토지반

72 평판재하실험결과로부터 지반의 허용지지력값은 어떻게 결정하는가?

① 항복강도의 1/2, 극한강도의 1/3 중 작은 값
② 항복강도의 1/2, 극한강도의 1/3 중 큰 값
③ 항복강도의 1/3, 극한강도의 1/2 중 작은 값
④ 항복강도의 1/3, 극한강도의 1/2 중 큰 값

해설 $\dfrac{q_y}{2}$, $\dfrac{q_u}{3}$ 중에서 작은 값을 q_a라 한다.

73 흙의 다짐에 관한 설명으로 틀린 것은?

① 다짐에너지가 클수록 최대 건조단위중량$(\gamma_{d\max})$은 커진다.
② 다짐에너지가 클수록 최적함수비(w_{opt})는 커진다.
③ 점토를 최적함수비(w_{opt})보다 작은 함수비로 다지면 면모구조를 갖는다.
④ 투수계수는 최적함수비(w_{opt}) 근처에서 거의 최소값을 나타낸다.

해설 다짐에너지가 클수록 $\gamma_{d\max}$는 커지고, OMC(w_{opt})는 작아진다.

74 말뚝지지력에 관한 여러 가지 공식 중 정역학적 지지력공식이 아닌 것은?

① Dorr의 공식
② Terzaghi의 공식
③ Meyerhof의 공식
④ Engineering-News공식

말뚝의 지지력공식

㉠ 정역학적 공식 : Terzaghi공식, Dorr공식, Meyerhof공식, Dunham공식

㉡ 동역학적 공식 : Hiley공식, Engineering-News공식, Sander공식, Weisbach공식

75 다음 그림에서 A점흙의 강도정수가 $c=3t/m^2$, $\phi=30°$일 때 A점의 전단강도는?

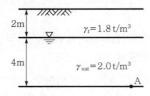

① $6.93t/m^2$ ② $7.39t/m^2$
③ $9.93t/m^2$ ④ $10.39t/m^2$

해설 ㉠ $\sigma = 1.8\times2+2\times4 = 11.6t/m^2$

$u = 1\times4 = 4t/m^2$

∴ $\bar{\sigma} = 11.6-4 = 7.6t/m^2$

㉡ $\tau = c+\bar{\sigma}\tan\phi = 3+7.6\times\tan30° = 7.39t/m^2$

76 점토지반으로부터 불교란시료를 채취하였다. 이 시료는 직경 5cm, 길이 10cm, 습윤무게는 350g 이고 함수비가 40%일 때 이 시료의 건조단위무게는?

① $1.78g/cm^3$ ② $1.43g/cm^3$
③ $1.27g/cm^3$ ④ $1.14g/cm^3$

해설 ㉠ $\gamma_t = \dfrac{W}{V} = \dfrac{350}{\dfrac{\pi\times5^2}{4}\times10} = 1.78g/cm^3$

㉡ $\gamma_d = \dfrac{\gamma_t}{1+\dfrac{w}{100}} = \dfrac{1.78}{1+\dfrac{40}{100}} = 1.27g/cm^3$

77 다음 설명과 같은 경우 강도정수 결정에 적합한 삼축압축시험의 종류는?

> 최근에 매립된 포화점성토지반 위에 구조물을 시공한 직후의 초기안정검토에 필요한 지반강도정수 결정

① 압밀배수시험(CD)
② 압밀비배수시험(CU)
③ 비압밀비배수시험(UU)
④ 비압밀배수시험(UD)

해설 **UU-test를 사용하는 경우**

㉠ 성토 직후에 급속한 파괴가 예상되는 경우
㉡ 점토지반에 제방을 쌓거나 기초를 설치할 때 등 급격한 재하가 된 경우에 초기안정해석에 사용

78 2개의 규소판 사이에 1개의 알루미나판이 결합된 3층 구조가 무수히 많이 연결되어 형성된 점토광물로서 각 3층 구조 사이에 칼륨이온(K^+)으로 결합되어 있는 것은?

① 몬모릴로나이트(montmorillonite)
② 할로이사이트(halloysite)
③ 고령토(kaolinite)
④ 일라이트(illite)

해설 **일라이트(illite)**

㉠ 2개의 실리카판과 1개의 알루미나판으로 이루어진 3층 구조가 무수히 많이 연결되어 형성된 점토광물이다.
㉡ 3층 구조 사이에 칼륨(K^+)이온이 있어서 서로 결속되며 카올리나이트의 수소결합보다는 약하지만 몬모릴로나이트의 결합력보다는 강하다.

79 $\gamma_t=1.9t/m^3$, $\phi=30°$인 뒤채움 모래를 이용하여 8m 높이의 보강토 옹벽을 설치하고자 한다. 폭 75mm, 두께 3.69mm의 보강띠를 연직방향 설치간격 $S_v=0.5m$, 수평방향 설치간격 $S_h=1.0m$로 시공하고자 할 때 보강띠에 작용하는 최대힘 T_{max}의 크기를 계산하면?

① 1.53t   ② 2.53t
③ 3.53t   ④ 4.53t

해설 ㉠ $K_a = \tan^2\left(45°-\dfrac{\phi}{2}\right) = \tan^2\left(45°-\dfrac{30°}{2}\right) = \dfrac{1}{3}$

㉡ $T_{max} = \gamma H K_a S_v S_h = 1.9\times8\times\dfrac{1}{3}\times0.5\times1$

$= 2.533t$

80 두께 2m인 투수성 모래층에서 동수경사가 1/10이고, 모래의 투수계수가 5×10^{-2}cm/s라면 이 모래층의 폭 1m에 대하여 흐르는 수량은 매 분당 얼마나 되는가?

① 6,000cm³/min   ② 600cm³/min

③ 60cm³/min   ④ 6cm³/min

해설 $Q = KiA = 5 \times 10^{-2} \times \dfrac{1}{10} \times 200 \times 100 \times 60$

$= 6,000\text{cm}^3/\text{min}$

2017

제4회 건설재료시험기사

17-32

제1과목 · 콘크리트공학

01 숏크리트에 대한 설명으로 옳지 않은 것은?

① 거푸집이 불필요하다.
② 공법에는 건식법과 습식법이 있다.
③ 평활한 마무리면을 얻을 수 있다.
④ 작업 시에 분진이 많이 발생한다.

해설 **숏크리트**
ㄱ 장점
  • 급결제의 첨가에 의하여 조기에 강도를 발현시킬 수 있다.
  • 거푸집이 불필요하고 급속시공이 가능하다.
  • 소규모 시설로 임의의 방향에서 시공이 가능하다.
ㄴ 단점
  • 리바운드 등의 재료손실이 많다.
  • 평활한 마무리면을 얻기 어렵다.
  • 뿜어 붙일 면에서 물이 나올 때는 부착이 곤란하다.
  • 숏크리트작업 시에 분진이 발생한다.

02 매스(mass) 콘크리트에 대한 설명으로 틀린 것은?

① 매스 콘크리트로 다루어야 하는 구조물의 부재치수는 일반적인 표준으로서 넓이가 넓은 평판구조의 경우 두께 0.8m 이상으로 한다.
② 매스 콘크리트로 다루어야 하는 구조물의 부재치수는 일반적인 표준으로서 하단이 구속된 벽조의 경우 두께 0.3m 이상으로 한다.
③ 콘크리트를 타설한 후에 침하의 발생이 우려되는 경우에는 재진동다짐 등을 실시하여야 한다.
④ 수축이음을 설치할 경우 계획된 위치에서 균열 발생을 확실히 유도하기 위해서 수축이음의 단면 감소율을 35% 이상으로 하여야 한다.

해설 **매스 콘크리트**
ㄱ 매스 콘크리트로 다루어야 하는 구조물의 부재치수는 일반적인 표준으로서 넓이가 넓은 평판구조의 경우 두께 0.8m 이상, 하단이 구속된 벽조의 경우 두께 0.5m 이상으로 한다.
ㄴ 수축이음을 설치할 경우 계획된 위치에서 균열 발생을 확실히 유도하기 위해서 수축이음의 단면 감소율을 35% 이상으로 하여야 한다.

03 콘크리트의 슬럼프시험에 대한 설명으로 틀린 것은?

① 다짐봉은 지름 16mm, 길이 500~600mm의 강 또는 금속제 원형봉으로 그 앞 끝을 반구모양으로 한다.
② 슬럼프콘에 콘크리트 시료를 거의 같은 양의 3층으로 나눠서 채운다.
③ 콘크리트 시료의 각 층을 다질 때 다짐봉의 깊이는 그 앞층에 거의 도달할 정도로 한다.
④ 슬럼프는 1mm 단위로 표시한다.

해설 콘크리트 중앙부에서 공시체 높이와의 차를 5mm 단위로 측정하여 이것을 슬럼프값으로 한다.

04 콘크리트 비파괴시험방법 중 철근부식상태를 평가할 수 있는 시험법은?

① 초음파속도법   ② 전자유도법
③ 전자파레이더법 ④ 자연전위법

해설 철근의 부식 정도를 측정하는 비파괴시험
자연전위법, 비저항법, 분극저항법, 교류 임피던스법

05 다음 중 경량골재 콘크리트에 대한 설명으로 틀린 것은?

① 경량골재 콘크리트를 내부진동기로 다질 때 보통 골재 콘크리트의 경우보다 진동기를 찔러 넣는 간격을 작게 하거나 진동시간을 약간 길게 해 충분히 다져야 한다.
② 경량골재 콘크리트의 탄성계수는 보통 골재 콘크리트의 40~70% 정도이다.
③ 경량골재 콘크리트의 공기량은 보통 골재 콘크리트의 경우보다 공기량을 1% 정도 크게 해야 한다.
④ 경량골재 콘크리트는 동일한 반죽질기를 갖는 보통 골재 콘크리트에 비하여 슬럼프가 커지는 경향이 있다.

해설 ㉠ 내부진동기로 다질 때 그 유효범위는 일반 콘크리트에 비해서 작고 비중이 작아 거푸집의 구석구석이나 철근의 둘레에 잘 다져지지 않으므로 진동기의 간격을 좁게 하거나 진동시간을 길게 하여야 한다.
㉡ 단위질량이 작기 때문에 동일한 반죽질기를 갖는 일반 콘크리트에 비하여 슬럼프가 작아지는 경향이 있으므로 단위수량을 많이 하여 슬럼프를 크게 하는 것이 일반적이다(슬럼프는 50~180mm를 표준으로 한다).
㉢ 공기량은 일반 골재를 사용한 콘크리트보다 1% 크게 하여야 한다.

06 콘크리트의 양생에 대한 설명으로 틀린 것은?

① 고로슬래그 시멘트를 사용한 경우 습윤양생의 기간은 보통 포틀랜드 시멘트를 사용한 경우보다 짧게 하여야 한다.
② 막양생제는 콘크리트 표면의 물빛(水光)이 없어진 직후에 살포하는 것이 좋다.
③ 재령 5일이 될 때까지는 해수에 콘크리트가 씻기지 않도록 보호한다.
④ 습윤양생을 실시할 경우 거푸집판이 얇든가 또는 건조의 염려가 있을 때는 살수하여 습윤상태로 유지하여야 한다.

해설 양생
㉠ 습윤양생기간의 표준

일평균 기온	보통 포틀랜드 시멘트	고로 슬래그 시멘트	조강 포틀랜드 시멘트
15℃ 이상	5일	7일	3일

㉡ 재령 5일이 될 때까지는 해수에 씻기지 않도록 보호한다.

07 다음 중 수중 콘크리트 타설의 원칙에 대한 설명으로 틀린 것은?

① 콘크리트 타설에서 완전히 물막이를 할 수 없는 경우 유속은 1초간 100mm 이하로 하는 것이 좋다.
② 콘크리트를 수중에 낙하시키면 재료분리가 일어나고 시멘트가 유실되므로 콘크리트는 수중에 낙하시키지 않아야 한다.
③ 수중 콘크리트를 시공할 때 시멘트가 물에 씻겨서 흘러나오지 않도록 트레미나 콘크리트 펌프를 사용해서 타설하여야 한다.
④ 한 구획의 콘크리트 타설을 완료한 후 레이턴스를 모두 제거하고 다시 타설하여야 한다.

해설 수중 콘크리트의 타설
㉠ 시멘트의 유실, 레이턴스의 발생을 방지하기 위해 물막이를 설치하여 물을 정지시킨 정수 중에서 타설해야 한다. 완전히 물막이를 할 수 없는 경우에도 유속은 50mm/s 이하로 하여야 한다.
㉡ 콘크리트는 수중에 낙하시키지 않아야 한다.

08 콘크리트의 배합 시 단위수량을 감소시킬 경우 얻는 이점이 아닌 것은?

① 압축과 휨강도를 증진시킨다.
② 철근과 다른 층의 콘크리트 간의 접착력을 증가시킨다.
③ 투수율을 증가시킨다.
④ 건조수축이 줄어든다.

해설 투수율이 감소한다.

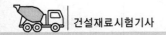

09 서중 콘크리트에 대한 설명으로 틀린 것은?

① 콘크리트를 타설할 때의 콘크리트 온도는 35℃ 이하이어야 한다.

② 타설을 끝낸 콘크리트에는 살수, 덮개 등의 조치를 하여 표면의 건조를 억제한다.

③ 배관에 의해 유동화 콘크리트를 타설할 때 운반 후 타설 완료까지 1시간 이내로 하여야 한다.

④ 일반적으로는 기온 10℃의 상승에 대하여 단위수량은 2~5% 정도 증가하는 경향이 있다.

> **해설** 서중 콘크리트의 타설
> ㉠ 콘크리트는 비빈 후 즉시 타설하여야 하며 지연형 감수제를 사용한 경우에도 1.5시간 이내에 타설을 완료하여야 한다.
> ㉡ 콘크리트 운반 후 타설 완료까지 소요되는 시간은 배관타설의 경우 배관의 정리를 고려하여 일반 콘크리트는 30분 이내, 유동화 콘크리트는 20분 이내를 목표로 하고 가능한 되도록 짧게 하는 것이 원칙이다.

10 프리스트레스트 콘크리트에 사용하는 그라우트에 대한 설명으로 틀린 것은?

① 체적변화율의 기준값은 24시간 경과 시 −1~5% 범위이다.

② 블리딩률은 5% 이하를 표준으로 한다.

③ 압축강도는 7일 재령에서 27MPa 이상 또는 28일 재령에서 30MPa 이상을 만족하여야 한다.

④ 물−결합재비는 45% 이하로 한다.

> **해설** PC 그라우트 품질기준
> ㉠ 블리딩률의 기준값은 3시간 경과 시 0.3% 이하로 한다.
> ㉡ 체적변화율의 기준값은 24시간 경과 시 −1~5% 범위이다.
> ㉢ 물−결합재비는 45% 이하로 한다.
> ㉣ 압축강도는 7일 재령에서 27MPa 이상 또는 28일 재령에서 30MPa 이상을 만족하여야 한다.

11 콘크리트의 블리딩시험(KS F 2414)에 대한 설명으로 틀린 것은?

① 시험 중에는 실온 20±3℃로 한다.

② 용기에 콘크리트를 채울 때 콘크리트 표면이 용기의 가장자리에서 30±3mm 높아지도록 고른다.

③ 최초로 기록한 시각에서부터 60분 동안 10분마다 콘크리트 표면에서 스며나온 물을 빨아낸다.

④ 물을 쉽게 빨아내기 위하여 2분 전에 두께 약 50mm의 블록을 용기의 한쪽 밑에 주의 깊게 괴어 용기를 기울이고 물을 빨아낸 후 수평위치로 되돌린다.

> **해설** 용기에 콘크리트를 채울 때 콘크리트 표면이 용기의 가장자리에서 30±3mm 낮아지도록 고른다. 콘크리트 표면은 최소한의 작업으로 평활한 면이 되도록 흙손으로 고른다.

12 압축강도에 의한 콘크리트 품질관리에 대한 설명으로 틀린 것은?

① 일반적인 경우 조기재령에 있어서의 압축강도에 의해 실시한다.

② 1회의 시험값은 현장에서 채취한 시험체 3개의 압축강도시험값의 평균값으로 한다.

③ 시험값에 의하여 콘크리트의 품질을 관리할 경우에는 관리도 및 히스토그램을 사용하는 것이 좋다.

④ 압축강도시험실시의 시기 및 횟수는 1일 1회 또는 구조물의 중요도와 공사규모에 따라 500m³마다 1회, 배합이 변경될 때마다 1회로 한다.

> **해설** 압축강도에 의한 콘크리트 품질검사
> ㉠ 1회의 시험값 : 공시체 3개의 압축강도시험값의 평균값
> ㉡ 시기 및 횟수 : 1회/일, 구조물의 중요도와 공사의 규모에 따라 100m³마다 1회, 배합이 변경될 때마다

13 거푸집 및 동바리의 구조를 계산할 때 연직하중에 대한 설명으로 틀린 것은?

① 고정하중으로서 콘크리트의 단위중량은 철근의 중량을 포함하여 보통 콘크리트인 경우 20kN/m³을 적용하여야 한다.

② 고정하중으로서 거푸집하중은 최소 0.4 kN/m³ 이상을 적용하여야 한다.

③ 특수거푸집이 사용된 경우에는 고정하중으로 그 실제의 중량을 적용하여 설계하여야 한다.

④ 활하중은 구조물의 수평투영면적(연직방향으로 투영시킨 수평면적)당 최소 2.5 kN/m³ 이상으로 하여야 한다.

해설 거푸집 및 동바리구조 계산 시의 연직하중

연직하중은 고정하중 및 공사 중 발생하는 활하중으로 다음 값을 적용한다.

㉠ 고정하중은 철근콘크리트와 거푸집의 중량을 고려하여 합한 하중이며, 콘크리트의 단위중량은 철근의 중량을 포함하여 보통 콘크리트 24kN/m³, 제1종 경량골재 콘크리트 20kN/m³를 적용한다. 거푸집하중은 최소 0.4kN/m³ 이상을 적용한다.

㉡ 활하중은 구조물의 수평투영면적(연직방향으로 투영시킨 수평면적)당 최소 2.5kN/m² 이상으로 하여야 하며, 진동식 카트장비를 이용하여 콘크리트를 타설할 경우에는 3.75kN/m²의 활하중을 고려하여 설계하여야 한다.

14 굳지 않은 콘크리트의 워커빌리티에 영향을 미치는 요인에 대한 설명으로 옳은 것은?

① 시멘트의 비표면적이 크면 워커빌리티가 나빠진다.

② 모양이 각진 골재를 사용하면 워커빌리티가 좋아진다.

③ AE제, 플라이애시를 사용하면 워커빌리티가 개선된다.

④ 콘크리트의 온도가 높을수록 슬럼프는 증가한다.

해설 워커빌리티를 증진시키기 위한 방법

㉠ 단위시멘트양을 크게 한다.

㉡ 분말도가 큰 시멘트를 사용한다.

㉢ 입도나 입형이 좋은 골재를 사용한다.

㉣ AE제, 감수제, 플라이애시 등을 사용한다.

㉤ 콘크리트 반죽의 온도 상승을 막는다(온도가 높을수록 슬럼프는 감소한다).

15 설계기준압축강도가 28MPa이고, 15회의 압축강도시험으로부터 구한 압축강도의 표준편차가 3.5MPa일 때 콘크리트의 배합강도를 구하면?

① 33MPa
② 34MPa
③ 35MPa
④ 36.5MPa

해설 ㉠ 시험횟수 15회일 때 표준편차보정계수가 1.16이므로

표준편차 $= 1.16 \times 3.5 = 4.06$MPa

㉡ $f_{ck} \leq 35$MPa이므로

- $f_{cr} = f_{ck} + 1.34S$
  $= 28 + 1.34 \times 4.06 = 33.44$MPa
- $f_{cr} = (f_{ck} - 3.5) + 2.33S$
  $= (28 - 3.5) + 2.33 \times 4.06 = 33.96$MPa

∴ 위 두 값 중에서 큰 값이므로

$f_{cr} = 33.96$MPa

16 다음 표와 같은 시방배합을 현장 배합으로 고칠 경우 1m³의 콘크리트를 제조하기 위한 각 재료의 양을 설명한 것으로 틀린 것은? (단, 현장의 잔골재 중에서 5mm체에 남은 것은 3%, 굵은 골재 중에서 5mm체를 통과하는 것은 5%, 잔골재의 흡수율은 1.3%, 잔골재의 함수율은 3.8%, 굵은 골재는 표면건조포화상태이다.)

굵은 골재 최대 치수 (mm)	물-결합재비 W/B[%]	잔골재율 S/a[%]	단위질량(kg/m³)					
			물	시멘트	플라이애시	잔골재	굵은골재	혼화제
25	50	45.1	170	272	68	800	973	2.72

① 잔골재량은 773kg이다.

② 굵은 골재량은 1,000kg이다.

③ 수(水)량은 151kg이다.

④ 결합재량은 340kg이다.

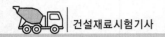

해설 ㉠ 골재량의 수정 : 잔골재량을 x, 굵은 골재량을 y라 하면

$x+y=800+973=1,773$ ························ⓐ

$0.03x+(1-0.05)y=973$ ···············ⓑ

∴ 식 ⓐ를 식 ⓑ에 대입하여 풀면

$x=773.2$kg, $y=999.8$kg

㉡ 표면수량 수정

• 함수율＝흡수율＋표면수율

$3.8=1.3+$표면수율

∴ 표면수율＝2.5%

• 잔골재 표면수량＝773.2×0.025＝19.33kg

• 잔골재량＝773.2＋19.33＝792.53kg

• 단위수량＝170－19.33＝150.67kg

• 결합재량＝시멘트양＋혼화재량

＝272＋68＝340kg

17 일반 콘크리트의 타설 및 다지기에 관한 설명으로 옳은 것은?

① 타설한 콘크리트를 거푸집 안에서 횡방향으로 원활히 이동시켜야 한다.

② 슈트, 펌프배관 등의 배출구와 타설면까지의 높이는 1.5m 이상을 원칙으로 한다.

③ 깊은 보와 두꺼운 벽 등 부재가 두꺼운 경우 거푸집진동기의 사용을 원칙으로 한다.

④ 2층으로 나누어 타설할 경우 상층의 콘크리트 타설은 원칙적으로 하층의 콘크리트가 굳기 시작하기 전에 해야 한다.

해설 **콘크리트 타설 및 다지기**

㉠ 타설한 콘크리트를 거푸집 안에서 횡방향으로 이동시켜서는 안 된다.

㉡ 슈트, 펌프배관, 버킷 등의 배출구와 타설면까지의 높이는 1.5m 이하를 원칙으로 한다.

㉢ 콘크리트 다지기에는 내부진동기의 사용을 원칙으로 하나, 얇은 벽 등 내부진동기의 사용이 곤란한 장소에서는 거푸집진동기를 사용해도 좋다.

㉣ 콘크리트를 2층 이상으로 나누어 타설할 경우 상층의 콘크리트 타설은 원칙적으로 하층의 콘크리트가 굳기 시작하기 전에 해야 하며 상층과 하층이 일체가 되도록 시공한다.

18 일반 콘크리트에 사용되는 재료의 계량허용오차에 대한 설명으로 틀린 것은?

① 잔골재 : ±3%   ② 혼화제 : ±3%

③ 혼화재 : ±3%   ④ 굵은 골재 : ±3%

해설 계량오차의 허용범위

재료의 종류	허용오차(%)
물	-2, $+1$
시멘트	-1, $+2$
혼화재	±2
골재, 혼화제(용액)	±3

19 프리스트레스트 콘크리트에 대한 설명 중 틀린 것은?

① 긴장재에 긴장을 주는 시기에 따라서 포스트텐션방식과 프리텐션방식으로 분류된다.

② 프리텐션방식에 있어서 프리스트레싱할 때의 콘크리트 압축강도는 20MPa 이상이어야 한다.

③ 프리스트레싱을 할 때의 콘크리트의 압축강도는 프리스트레스를 준 직후에 콘크리트에 일어나는 최대 압축응력의 1.7배 이상이어야 한다.

④ 그라우트 시공은 프리스트레싱이 끝나고 8시간이 경과한 다음 가능한 한 빨리 하여야 한다.

해설 **프리스트레싱할 때의 콘크리트 강도**

㉠ 프리스트레싱을 할 때의 콘크리트 압축강도는 프리스트레스를 준 직후, 콘크리트에 일어나는 최대 압축응력의 1.7배 이상이어야 한다.

㉡ 프리텐션방식에 있어서는 콘크리트의 압축강도가 30MPa 이상이어야 한다.

20 콘크리트의 균열은 재료, 시공, 설계 및 환경 등 여러 가지 요인에 의해 발생한다. 다음 중 재료적 요인과 가장 관련이 많은 균열현상은?

① 알칼리골재반응에 의한 거북등형상의 균열

② 온도변화, 화학작용 및 동결융해현상에 의한 균열

③ 콘크리트 피복두께 및 철근의 정착길이 부족에 의한 균열

④ 재료분리, 콜드조인트(cold joint) 발생에 의한 균열

해설 경화한 콘크리트의 균열

분류	내용
재료적 성질	시멘트 이상응결, 콘크리트의 침하, 블리딩, 시멘트의 수화열, 시멘트의 이상팽창, 반응성 골재 및 풍화암 사용, 콘크리트의 건조수축
사용환경조건	환경온도, 습도변화, 염류의 화학작용
구조, 외력과의 관계	하중, 단면, 철근량의 부족, 구조물의 부등침하
시공과의 관계	과도한 비빔시간, 급속한 타설속도, 불충분한 다짐

제2과목 · 건설시공 및 관리

21 아스팔트 포장의 안정성 부족으로 인해 발생하는 대표적인 파손은 소성변형(바퀴자국, 측방유동)이다. 최근 우리나라의 도로에서 이 소성변형이 문제가 되고 있는데 다음 중 그 원인이 아닌 것은?

① 여름철 고온현상

② 중차량통행

③ 수막현상

④ 표시된 차선을 따라 차량이 일정 위치로 주행

해설 소성변형원인

아스팔트 함량 과다, 아스팔트 혼물 입도불량, 품질불량, 반복되는 교통하중

22 토공에서 성토재료에 대한 요구조건으로 틀린 것은?

① 투수성이 낮은 흙일 것

② 시공장비에 대한 트래피커빌리티의 확보가 용이할 것

③ 노면의 시공이 쉽도록 압축성이 클 것

④ 다져진 흙의 전단강도가 클 것

해설 성토재료의 구비조건

㉠ 전단강도가 크고 압축성이 적은 흙

㉡ 유기질이 없는 흙

㉢ 시공기계의 trafficability가 확보되는 흙

㉣ 차수를 목적으로 하는 제방성토에는 점토분을 함유하고 투수성이 적을 것

23 자연함수비 8%인 흙으로 성토하고자 한다. 다짐한 흙의 함수비를 15%로 관리하도록 규정하였을 때 매 층마다 $1m^2$당 약 몇 kg의 물을 살수해야 하는가? (단, 1층의 다짐 후 두께는 30cm이고 토량변화율 $C = 0.90$이며, 원지반상태에서 흙의 단위중량은 $1.8t/m^3$이다.)

① 27.4kg

② 34.2kg

③ 38.9kg

④ 46.7kg

해설 ㉠ 다짐 후 두께 0.3m를 본바닥두께로 환산하면

$$\frac{0.3}{C} = \frac{0.3}{0.9} = \frac{1}{3}m$$

㉡ $1m^2$당 흙의 무게

$$\gamma_t = \frac{W}{V} = \frac{W}{1 \times 1 \times \frac{1}{3}} = 1.8t/m^3$$

$$\therefore \ w = 0.6t = 600kg$$

㉢ $w = 8\%$일 때 물의 무게

$$W_w = \frac{wW}{100+w} = \frac{8 \times 600}{100+8} = 44.44kg$$

㉣ $w = 15\%$일 때 물의 무게

$$8 : 44.44 = 15 : W_w$$

$$\therefore \ W_w = 83.33kg$$

㉤ 추가해야 할 물의 무게

$$W_w = 83.33 - 44.44 = 38.89kg$$

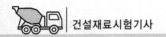

24 네트워크공정표 작성에 필요한 용어 중 다음에서 설명하고 있는 것은?

> 실제적으로는 시간과 물량이 없는 명목상의 작업으로 한쪽 방향에 화살표를 가진 점선으로 표시한다.

① 작업활동(activity)
② 더미(dummy)
③ 이벤트(event)
④ 주공정선(critical path)

해설 더미(dummy)는 시간과 자원(작업자, 장비, 자재 등)이 필요 없는 명목상의 작업으로서 실제 작업은 없으나 선행과 후속의 관계를 표시하기 위해 사용한다.

25 교량가설공법 중 압출공법(ILM)의 특징을 설명한 것으로 틀린 것은?

① 비계작업 없이 시공할 수 있으므로 계곡 등과 같은 교량 밑의 장애물에 관계없이 시공할 수 있다.
② 기하학적인 형상에 적용이 용이하므로 곡선교 및 곡선의 변화가 많은 교량의 시공에 적합하다.
③ 대형크레인 등 거치장비가 필요 없다.
④ 몰드 및 추진성에 제한이 있어 상부구조물의 횡단면과 두께가 일정해야 한다.

해설 ILM공법

장점	• 동바리(비계) 없이 시공하므로 교량 밑의 장애물에 관계없이 시공이 가능하다. • 대형크레인 등 거치장비가 필요 없다.
단점	• 교량의 선형에 제약을 받는다(직선 및 동일 곡선의 교량에 적합). • 상부구조물의 단면이 일정해야 한다(변화 단면에 적응이 곤란하다).

26 암석발파공법에서 1차 발파 후에 발파된 원석의 2차 발파공법으로 주로 사용되는 것이 아닌 공법은?

① 프리스프리팅공법
② 블록보링공법
③ 스네이크보링공법
④ 머드캐핑공법

해설 2차 폭파(조각발파)
블록보링법, 스네이크보링법, 머드캐핑법

27 다음은 어떤 공사의 품질관리에 대한 내용이다. 가장 먼저 해야 할 일은?

① 품질특성의 선정
② 작업표준의 결정
③ 관리한계 설정
④ 관리도의 작성

해설 품질관리순서
㉠ 품질특성 선정
㉡ 품질표준 결정
㉢ 작업표준 결정
㉣ 규격대조(품질시험을 실시하고 Histogram을 작성한다.)
㉤ 공정, 안전검토(공정능력도, 관리도를 이용한다.)

28 웰포인트(well point)공법으로 강제배수 시 point와 point의 일반적인 간격으로 적당한 것은?

① 1~2m
② 3~5m
③ 5~7m
④ 8~10m

해설 well point간격은 2m 이내, 배수 가능 심도는 6m이다.

29 아스팔트 포장에서 표층에 가해지는 하중을 분산시켜 보조기층에 전달하며 교통하중에 의한 전단에 저항하는 역할을 하는 층은?

① 차단층
② 노체
③ 기층
④ 노상

해설 기층은 전달된 교통하중을 일부 지지하고 보조기층으로 넓게 전달하는 역할을 한다.

30 15t 불도저로 60m를 도저작업을 할 경우에 시간당 작업능력은? (단, 토질은 보통토, 평탄지로 작업효율 0.65, 불도저의 전진속도 40m/min, 후진속도 100m/min, 블레이드의 정격용량 2.3m³, 토량의 변화율은 보통토로서 $C=0.9$, $L=1.25$이고 기어변속시간은 0.25분이다.)

① 28.2m³/h
② 30.5m³/h
③ 43.7m³/h
④ 53.1m³/h

해설 ㉠ $C_m = \dfrac{l}{V_1} + \dfrac{l}{V_2} + t_g = \dfrac{60}{40} + \dfrac{60}{100} + 0.25 = 2.35$분

㉡ $Q = \dfrac{60qfE}{C_m} = \dfrac{60 \times 2.3 \times \frac{1}{12.25} \times 0.65}{2.35}$

$= 30.54 \text{m}^3/\text{h}$

31 기초를 시공할 때 지면의 굴착공사에 있어서 굴착면이 무너지거나 변형이 일어나지 않도록 흙막이 지보공을 설치하는데, 이 지보공의 설비가 아닌 것은?

① 흙막이판   ② 널말뚝

③ 띠장   ④ 우물통

32 본바닥토량 20,000m³를 0.6m³ 백호를 사용하여 굴착하고자 한다. 다음의 조건과 같을 때 굴착 완료에 며칠이 소요되는가?

- 버킷계수(K)=1.2
- 작업효율(E)=0.7
- 사이클타임(C_m)=25초
- 토량변화율 : L=1.2, C=0.8
- 1일 작업시간=8시간

① 35일   ② 38일

③ 42일   ④ 46일

해설 ㉠ $Q = \dfrac{3,600qKfE}{C_m}$

$= \dfrac{3,600 \times 0.6 \times 1.2 \times \frac{1}{1.2} \times 0.7}{25}$

$= 60.48 \text{m}^3/\text{h}$

㉡ 굴착일수 $= \dfrac{20,000}{60.48 \times 8} = 41.34 = 42$일

33 운동장 또는 광장 등 넓은 지역의 배수는 주로 어떤 배수로 하는 것이 좋은가?

① 암거배수   ② 개수로배수

③ 지표배수   ④ 맹암거배수

해설 맹암거
지하수의 집배수를 위하여 모래, 자갈, 호박돌, 다발로 묶은 나뭇가지 등을 땅속에 매설한 일종의 수로이다.

34 폭우 시 옹벽 배면에는 침투수압이 발생되는데, 이 침투수에 의한 중요영향과 관계가 먼 것은?

① 옹벽 저면에서의 양압력 증가

② 포화에 의한 흙의 무게 증가

③ 활동면에서의 양압력 증가

④ 수평저항력의 증가

해설 옹벽 배면의 흙은 침투수에 의해 단위중량이 증가하고 내부마찰각과 점착력이 저하하며 침투압이나 정수압이 가해져서 토압이 크게 증대한다. 경우에 따라서는 기초슬래브 밑면의 활동저항력을 저하시키기도 한다.

35 RCD(Reverse Circulation Drill)공법의 시공방법 설명 중 옳지 않은 것은?

① 물을 사용하여 약 0.2~0.3kg/cm²의 정수압으로 공벽을 안정시킨다.

② 기종에 따라 약 35° 정도의 경사말뚝시공이 가능하다.

③ 케이싱 없이 굴삭이 가능한 공법이다.

④ 수압을 이용하며 연약한 흙에 적합하다.

해설 Benoto공법은 약 15° 정도의 경사말뚝시공이 가능하다.

36 시공기면을 결정할 때 고려할 사항으로 틀린 것은?

① 토공량이 최대가 되도록 하며 절·성토의 균형을 시킬 것

② 연약지반, land slide, 낙석의 위험이 있는 지역은 가능한 피할 것

③ 비탈면 등은 흙의 안정성을 고려할 것

④ 암석굴착은 적게 할 것

해설 시공기면 결정 시 고려사항
㉠ 토공량을 최소로 하고 절토량이 성토량과 같도록 배분한다.
㉡ 암석굴착은 공비에 영향이 크므로 암석굴착량이 작도록 한다.
㉢ 연약지반, 낙석 등의 위험이 있는 지역은 피하고, 부득이 시공기면을 정할 경우에는 이에 대처할 수 있는 대책을 세운다.

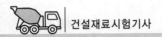

37 불도저의 종류 중 배토판을 좌우로 10~40cm 정도 기울여 경사면 굴착이나 도랑파기 작업에 유리한 것은?

① U도저   ② 레이크 도저

③ 틸트 도저   ④ 스트레이트 도저

해설 Tilt dozer

배토판을 좌하, 우하로 기울게 하여 작업하는 것으로 경사면의 굴착과 도랑파기 작업을 한다.

38 TBM(Tunnel Boring Machine)에 의한 굴착의 특징이 아닌 것은?

① 안정성(安定性)이 높다.

② 여굴에 의한 낭비가 적다.

③ 노무비 절약이 가능하다.

④ 복잡한 지질의 변화에 대응이 용이하다.

해설 TBM의 단점

㉠ 굴착 단면을 변경할 수 없다.

㉡ 지질에 따라 적용에 제약이 있다.

㉢ 구형, 마제형 등의 단면에는 적용할 수 없다.

39 다음 그림과 같이 20개의 말뚝으로 구성된 군항이 있다. 이 군항의 효율(E)을 Converse-Labarre 식을 이용해서 구하면?

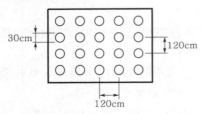

① 0.758   ② 0.721

③ 0.684   ④ 0.647

해설 ㉠ $\phi = \tan^{-1}\dfrac{D}{S} = \tan^{-1}\dfrac{30}{120} = 14.04°$

㉡ $E = 1 - \phi\left[\dfrac{(m-1)n + m(n-1)}{90m.n}\right]$

$= 1 - 14.04 \times \dfrac{4\times4 + 5\times3}{90\times5\times4} = 0.758$

40 관암거의 직경이 20cm, 유속이 0.6m/s, 암거길이가 300m일 때 원활한 배수를 위한 암거낙차

를 구하면? (단, Giesler의 공식을 사용하시오.)

① 0.86m   ② 1.35m

③ 1.84m   ④ 2.24m

해설 $V = 20\sqrt{\dfrac{Dh}{L}}$

$0.6 = 20\sqrt{\dfrac{0.2h}{300}}$

∴ $h = 1.35$m

여기서, V : 관내의 평균유속(m/s)

D : 관의 직경(m), L : 암거길이(m)

h : 암거낙차(m)

제3과목 · 건설재료 및 시험

41 강의 열처리방법 중 담금질을 한 강에 인성을 주기 위해 변태점 이하의 적당한 온도에서 가열한 다음 냉각시키는 방법은?

① 용융   ② 뜨임

③ 풀림   ④ 불림

해설 강의 열처리

㉠ 풀림 : A_3(910℃)변태점 이상의 온도로 가열한 후에 노 안에서 천천히 냉각시키는 열처리

㉡ 불림 : A_3(910℃)변태점 이상의 온도로 가열한 후 대기 중에서 냉각시키는 열처리

㉢ 뜨임 : 담금질한 강을 다시 A_1변태점 이하의 온도로 가열한 다음에 적당한 속도로 냉각시키는 열처리

㉣ 담금질 : A_3변태점 이상 30~50℃로 가열한 후 물 또는 기름 속에서 급냉시키는 열처리

42 Hooke의 법칙이 적용되는 인장력을 받는 부재의 늘음량(길이변형량)에 대한 설명으로 틀린 것은?

① 작용외력이 클수록 늘음량도 커진다.

② 재료의 탄성계수가 클수록 늘음량도 커진다.

③ 부재의 길이가 길수록 늘음량도 커진다.

④ 부재의 단면적이 작을수록 늘음량도 커진다.

해설
$$E = \frac{\sigma}{\varepsilon} = \frac{\dfrac{P}{A}}{\dfrac{\Delta l}{l}} = \frac{Pl}{A\Delta l}$$
$$\therefore \Delta l = \frac{Pl}{AE}$$

43 도폭선에서 심약(心藥)으로 사용되는 것은?

① 흑색화약   ② 질화납
③ 뇌홍   ④ 면화약

해설 ㉠ 도폭선 : 도화선의 흑색화약 대신 면화약을 심약
으로 한 것인데 대폭파 또는 수중폭파를 동시에
실시하기 위해 외관 대신 사용하는 것이다.
㉡ 면화약 : 정제한 솜을 황산과 초산의 혼합액으
로 처리하여 만든 화약이다.

44 토목섬유(Geosynthetics)의 기능과 관련된 용
어 중 다음에서 설명하는 기능은?

> 지오텍스타일이나 관련 제품을 이용하여 인접한
> 다른 흙이나 채움재가 서로 섞이지 않도록 방지함

① 배수기능   ② 보강기능
③ 여과기능   ④ 분리기능

해설 토목섬유의 기능 : 배수, 여과, 분리, 보강

45 콘크리트에 AE제를 혼입했을 때의 설명 중 옳
지 않은 것은?

① 유동성이 증가한다.
② 재료의 분리를 줄일 수 있다.
③ 작업하기 쉽고 블리딩이 커진다.
④ 단위수량을 줄일 수 있다.

해설 AE 콘크리트
㉠ 워커빌리티가 커지고 블리딩이 감소한다.
㉡ 단위수량이 적어진다.
㉢ 알칼리골재반응의 영향이 적다.
㉣ 동결융해에 대한 내구성이 크게 증가한다.

46 굵은 골재의 최대 치수란 질량비로 몇 % 이상
통과시키는 체 중에서 최소 치수인 체의 호칭치
수를 말하는가?

① 80   ② 85
③ 90   ④ 95

해설 굵은 골재의 최대 치수
중량으로 90% 이상을 통과시키는 체 중에서 최소
치수의 체눈을 체의 호칭치수로 나타낸 굵은 골재의
치수이다.

47 다음 중 목재의 인공건조법이 아닌 것은?

① 수침법   ② 끓임법
③ 열기법   ④ 증기법

해설 목재의 건조법
㉠ 자연건조법 : 공기건조법, 침수법
㉡ 인공건조법 : 끓임법(자비법), 증기건조법, 열
기건조법

48 다음 중에서 아스팔트의 점도에 가장 큰 영향
을 주는 것은?

① 비중   ② 인화점
③ 연화점   ④ 온도

해설 온도가 상승하면 아스팔트의 점도는 감소하고,
120℃ 이상이 되면 용해된다.

49 전체 500g의 잔골재를 체분석한 결과가 다음
표와 같을 때 조립률은?

체호칭 (mm)	10	5	2.5	1.2	0.6	0.3	0.15	Pan
잔류량 (g)	0	25	35	65	215	120	35	5

① 2.67   ② 2.87
③ 3.01   ④ 3.22

해설

체호칭 (mm)	10	5	2.5	1.2	0.6	0.3	0.15	pan
잔류율 (%)	0	5	7	13	43	24	7	1
누적 잔류율 (%)	0	5	12	25	68	92	99	100

$$FM = \frac{5 + 12 + 25 + 68 + 92 + 99}{100} = 3.01$$

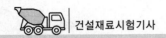

50 아스팔트 배합설계 시 가장 중요하게 검토하는 안정도(stability)에 대한 정의로 옳은 것은?

① 교통하중에 의한 아스팔트 혼합물의 변형에 대한 저항성을 말한다.
② 노화작용에 대한 저항성 및 기상작용에 대한 저항성을 말한다.
③ 아스팔트 혼합물의 배합 시 잘 섞일 수 있는 능력을 말한다.
④ 자동차의 제동(Brake) 시 적절한 마찰로서 정지할 수 있는 표면조직의 능력이다.

해설 안정도
아스팔트 혼합물의 안정도는 교통차량의 하중에 의해 혼합물이 고온에서 유동하기도 하고, 파상의 변형을 일으키는 데 대한 저항성을 말한다.

51 다음 중 시멘트 응결시간측정에 사용하는 기구는?

① 데발(Deval)
② 블레인(Blaine)
③ 오토클레이브(Autoclave)
④ 길모아침(Gillmore needle)

해설 시멘트의 응결시간시험
비카트침(Vicat needle), 길모어침(Gillmore needle)

52 역청재료의 일반적 성질에 관한 설명으로 틀린 것은?

① 역청재료는 유기질재료가 가지지 못하는 무기질재료 특유의 성질을 가지고 있어 포장재료, 주입재료, 방수재료 및 이음재 등에 사용된다.
② 타르(tar)는 석유원유, 석탄, 수목 등의 유기물의 건류에 의하여 얻어진 암흑색의 액상물질로서 아스팔트보다 수분이 많이 포함되어 있다.
③ 역청유제는 역청을 미립자의 상태에서 수중에 분산시켜 혼탁액으로 만든 것이다.
④ 콜타르(coal tar)는 석탄의 건류에 의하여 얻어지는 가스 또는 코크스를 제조할 때 생기는 부산물이다.

해설 역청재료
㉠ 역청(bitumen)이란 일반적으로 이황화탄소(CS_2)에 용해하는 탄화수소의 혼합물로서 상온에서 고체 또는 반고체인 것을 말하며, 역청을 주성분으로 하는 재료를 역청재료라 한다.
㉡ 천연산의 것이나 원유의 건·증류에 의해서 얻어지는 유기화합물로서 아스팔트, 타르, 피치 등이 있으며 포장, 방수, 방부 등에 사용된다.

53 포틀랜드 시멘트에 혼합물질을 섞은 시멘트를 혼합 시멘트라고 한다. 다음 중 혼합 시멘트에 속하지 않는 것은?

① 알루미나 시멘트
② 고로슬래그 시멘트
③ 플라이애시 시멘트
④ 포졸란 시멘트

해설 혼합 시멘트
고로 시멘트, 플라이애시 시멘트, 포졸란 시멘트

54 단위용적질량이 1.65t/m³인 굵은 골재의 절건밀도가 2.65g/cm³일 때 이 골재의 실적률(A)과 공극률(B)은?

① A=62.3%, B=37.7%
② A=69.7%, B=30.3%
③ A=66.7%, B=33.3%
④ A=71.4%, B=28.6%

해설 ㉠ $A = \dfrac{w}{g} \times 100 = \dfrac{1.65}{2.65} \times 100 = 62.26\%$
㉡ $B = 100 - 62.26 = 37.74\%$

55 다음 혼화재료 중 고강도 및 고내구성을 동시에 만족하는 콘크리트를 제조하는데 가장 적합한 혼화재료는?

① 고로슬래그미분말 1종
② 고로슬래그미분말 2종
③ 실리카퓸
④ 플라이애시

해설 일반적으로 실리카퓸을 사용하면 수밀성이 증진되어 염소이온침투가 감소되고 염산, 황산 및 유기산에 대한 화학저항성이 향상되기 때문에 실리카퓸은 고내구성 콘크리트 제조에 효과적이다.

56 석재를 모양 및 치수에 따라 분류할 경우 다음에서 설명하는 석재는?

> 면이 원칙적으로 거의 사각형에 가까운 것으로, 2면을 쪼개어 면에 직각으로 측정한 길이가 면의 최소변의 1.2배 이상일 것

① 각석　　　　② 판석
③ 사고석　　　④ 견치석

해설 석재의 형상
ㄱ 각석 : 폭이 두께의 3배 미만이고 어느 정도의 길이를 가진 석재
ㄴ 판석 : 폭이 두께의 3배 이상이고 두께가 15cm 미만인 판모양의 석재
ㄷ 견치석 : 면은 거의 정사각형에 가깝고 면에 직각으로 잰 공장은 면의 최소변의 1.5배 이상인 석재
ㄹ 사고석 : 면은 거의 정사각형에 가깝고 면에 직각으로 잰 공장은 면의 최소변의 1.2배 이상인 석재

57 콘크리트용 혼화재료인 플라이애시에 대한 다음 설명 중 틀린 것은?

① 플라이애시는 보존 중에 입자가 응집하여 고결하는 경우가 생기므로 저장에 유의하여야 한다.
② 플라이애시는 인공포졸란재료로 잠재수경성을 가지고 있다.
③ 플라이애시는 워커빌리티 증가 및 단위수량 감소효과가 있다.
④ 플라이애시 중의 미연탄소분에 의해 AE제 등이 흡착되어 연행공기량이 현저히 감소한다.

해설 플라이애시
ㄱ 플라이애시 그 자체는 수경성이 없다.
ㄴ 플라이애시 중의 미탄소분에 의해 AE제 등이 흡착되어 연행공기량이 현저히 감소한다.

58 포틀랜드 시멘트의 제조에 필요한 주원료는?

① 응회암과 점토　　② 석회암과 점토
③ 화강암과 모래　　④ 점판암과 모래

해설 시멘트 원료
포틀랜드 시멘트의 주원료는 석회석(주성분 CaO)과 점토(주성분 SiO_2와 Al_2O_3)이며, 이외에 산화철(주성분 Fe_2O_3)이 사용된다.

59 화강암의 일반적인 특징에 대한 설명으로 틀린 것은?

① 조직이 균일하고 내구성 및 강도가 크다.
② 내화성이 풍부하여 내화구조물용으로 적당하다.
③ 경도 및 자중이 커서 가공 및 시공이 어렵다.
④ 균열이 적기 때문에 큰 재료를 채취할 수 있다.

해설 화강암
ㄱ 조직이 균일하고 강도 및 내구성이 크다.
ㄴ 풍화나 마모에 강하다.
ㄷ 돌눈이 작아 큰 석재를 채취할 수 있다.
ㄹ 내화성이 작다.

60 골재의 함수상태에 대한 설명으로 틀린 것은?

① 절대건조상태는 105±5℃의 온도에서 일정한 질량이 될 때까지 건조하여 골재알의 내부에 포함되어 있는 자유수가 완전히 제거된 상태이다.
② 공기 중 건조상태는 골재를 실내에 방치한 경우 골재입자의 표면과 내부의 일부가 건조된 상태이다.
③ 표면건조포화상태는 골재의 표면수는 없고 골재알 속의 빈틈이 물로 차 있는 상태이다.
④ 습윤상태는 골재입자의 표면에 물이 부착되어 있으나 골재입자 내부에는 물이 없는 상태이다.

해설 습윤상태는 골재입자의 내부에 물이 채워져 있고 표면에도 물이 부착되어 있는 상태이다.

제4과목 · 토질 및 기초

61 샘플러(sampler)의 외경이 6cm, 내경이 5.5cm일 때 면적비(A_r)는?

① 8.3% ② 9.0%

③ 16% ④ 19%

해설 $A_r = \dfrac{D_w^{\,2} - D_e^{\,2}}{D_e^{\,2}} \times 100 = \dfrac{6^2 - 5.5^2}{5.5^2} \times 100 = 19.01\%$

62 기초폭 4m인 연속기초에서 기초면에 작용하는 합력의 연직성분은 10t이고 편심거리가 0.4m일 때 기초지반에 작용하는 최대 압력은?

① $2t/m^2$ ② $4t/m^2$

③ $6t/m^2$ ④ $8t/m^2$

해설 $e = 0.4m < \dfrac{B}{6} = \dfrac{4}{6} = 0.67m$ 이므로

$$q_{max} = \dfrac{Q}{BL}\left(1 + \dfrac{6e}{B}\right) = \dfrac{10}{4 \times 1} \times \left(1 + \dfrac{6 \times 0.4}{4}\right)$$

$$= 4t/m^2$$

63 Sand drain공법의 지배영역에 관한 Barron의 정사각형 배치에서 사주(sand pile)의 간격을 d, 유효원의 지름을 d_e라 할 때 d_e를 구하는 식으로 옳은 것은?

① $d_e = 1.13d$ ② $d_e = 1.05d$

③ $d_e = 1.03d$ ④ $d_e = 1.50d$

해설 sand drain의 배열
ㄱ 정삼각형 배열 : $d_e = 1.05d$
ㄴ 정사각형 배열 : $d_e = 1.13d$

64 다음 중 시료채취에 대한 설명으로 틀린 것은?

① 오거보링(Auger Boring)은 흐트러지지 않은 시료를 채취하는데 적합하다.
② 교란된 흙은 자연상태의 흙보다 전단강도가 작다.
③ 액성한계 및 소성한계시험에서는 교란시료를 사용하여도 괜찮다.
④ 입도분석시험에서는 교란시료를 사용하여도 괜찮다.

해설 오거보링
ㄱ 굴착토의 배출방법에 따라 포스트홀오거(post hole auger)와 헬리컬 또는 스크루오거(helical or screw auger)로 구분되며, 오거의 동력기구에 따라 분류하면 핸드오거, 머신오거, 파워핸드오거로 구분된다.
ㄴ 특징 : 공 내에 송수하지 않고 굴진하여 연속적으로 흙의 교란된 대표적인 시료를 채취할 수 있다.

65 다음 그림에서 투수계수 $K = 4.8 \times 10^{-3}$cm/s일 때 Darcy유출속도(v)와 실제 물의 속도(침투속도, v_s)는?

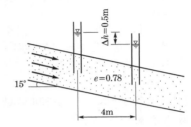

① $v = 3.4 \times 10^{-4}$cm/s
 $v_s = 5.6 \times 10^{-4}$cm/s
② $v = 3.4 \times 10^{-4}$cm/s
 $v_s = 9.4 \times 10^{-4}$cm/s
③ $v = 5.8 \times 10^{-4}$cm/s
 $v_s = 10.8 \times 10^{-4}$cm/s
④ $v = 5.8 \times 10^{-4}$cm/s
 $v_s = 13.2 \times 10^{-4}$cm/s

해설

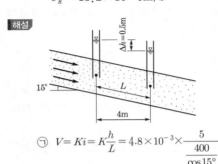

ㄱ $V = Ki = K\dfrac{h}{L} = 4.8 \times 10^{-3} \times \dfrac{5}{\frac{400}{\cos 15°}}$

$= 5.8 \times 10^{-4}$cm/s

$$\text{ⓛ}\quad n = \frac{e}{1+e} = \frac{0.78}{1+0.78} = 0.438$$

$$\therefore V_s = \frac{V}{n} = \frac{5.8 \times 10^{-4}}{0.438} = 13.2 \times 10^{-4} \text{cm/s}$$

66 어떤 굳은 점토층을 깊이 7m까지 연직절토하였다. 이 점토층의 일축압축강도가 1.4kg/cm^2, 흙의 단위중량이 2t/m^3라 하면 파괴에 대한 안전율은? (단, 내부마찰각은 30°)

① 0.5　　　　② 1.0
③ 1.5　　　　④ 2.0

해설 ㉠ $H_c = \dfrac{4c\tan\left(45° + \dfrac{\phi}{2}\right)}{\gamma_t} = \dfrac{2q_u}{\gamma_t} = \dfrac{2 \times 14}{2} = 14$

　　ㄴ $F_s = \dfrac{H_c}{H} = \dfrac{14}{7} = 2$

67 10m 두께의 점토층이 10년 만에 90% 압밀이 된다면 40m 두께의 동일한 점토층이 90% 압밀에 도달하는데 소요되는 기간은?

① 16년　　　　② 80년
③ 160년　　　　④ 240년

해설 ㉠ $t_{90} = \dfrac{0.848H^2}{C_v}$

　　$10 = \dfrac{0.848 \times 10^2}{C_v}$

　　$\therefore C_v = 8.48 \text{m}^2/\text{yr}$

　　ㄴ $t_{90} = \dfrac{0.848 \times 40^2}{8.48} = 160$년

68 사면안정해석방법에 대한 설명으로 틀린 것은?

① 일체법은 활동면 위에 있는 흙덩어리를 하나의 물체로 보고 해석하는 방법이다.
② 절편법은 활동면 위에 있는 흙을 몇 개의 절편으로 분할하여 해석하는 방법이다.
③ 마찰원방법은 점착력과 마찰각을 동시에 갖고 있는 균질한 지반에 적용된다.
④ 절편법은 흙이 균질하지 않아도 적용이 가능하지만 흙 속에 간극수압이 있을 경우 적용이 불가능하다.

해설 절편법(분할법)
파괴면 위의 흙을 수개의 절편으로 나눈 후 각각의 절편에 대해 안정성을 계산하는 방법으로 이질토층과 지하수위가 있을 때 적용한다.

69 다음 그림과 같은 지표면에 2개의 집중하중이 작용하고 있다. 3t의 집중하중 작용점 하부 2m 지점 A에서의 연직하중의 증가량은 약 얼마인가? (단, 영향계수는 소수점 이하 넷째자리까지 구하여 계산하시오.)

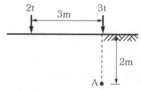

① 0.37t/m^2　　　　② 0.89t/m^2
③ 1.42t/m^2　　　　④ 1.94t/m^2

해설 ㉠ 3t의 연직하중 증가량

$$\Delta\sigma_{z_1} = \frac{P}{Z^2}I = \frac{P}{Z^2}\frac{3}{2\pi} = \frac{3}{2^2} \times \frac{3}{2\pi} = 0.36 \text{t/m}^2$$

　　ㄴ 2t의 연직하중 증가량
　　• $R = \sqrt{3^2 + 2^2} = 3.6056$
　　• $I = \dfrac{3Z^5}{2\pi R^5} = \dfrac{3 \times 2^5}{2\pi \times 3.6056^5} = 0.0251$
　　• $\Delta\sigma_{z_2} = \dfrac{P}{Z^2}I = \dfrac{2}{2^2} \times 0.0251 = 0.01 \text{t/m}^2$

　　ㄷ $\Delta\sigma_z = \Delta\sigma_{z_1} + \Delta\sigma_{z_2} = 0.36 + 0.01 = 0.37 \text{t/m}^2$

70 흙의 다짐에 대한 설명으로 틀린 것은?

① 조립토는 세립토보다 최대 건조단위중량이 커진다.
② 습윤측 다짐을 하면 흙구조가 면모구조가 된다.
③ 최적함수비로 다질 때 최대 건조단위중량이 된다.
④ 동일한 다짐에너지에 대해서는 건조측이 습윤측보다 더 큰 강도를 보인다.

해설 습윤측 다짐을 하면 흙의 구조가 분산(이산)구조가 된다.

2017년

71 성토나 기초지반에 있어 특히 점성토의 압밀 완료 후 추가성토 시 단기안정문제를 검토하고자 하는 경우 적용되는 시험법은?

① 비압밀비배수시험　② 압밀비배수시험

③ 압밀배수시험　　　④ 일축압축시험

해설 압밀비배수시험(CU-test)

ㄱ 프리로딩(pre-loading)공법으로 압밀된 후 급격한 재하 시의 안정해석에 사용

ㄴ 성토하중에 의해 어느 정도 압밀된 후에 갑자기 파괴가 예상되는 경우

72 테르자기(Terzaghi)의 얕은 기초에 대한 지지력 공식 $q_u = \alpha c N_c + \beta \gamma_1 B N_\gamma + \gamma_2 D_f N_q$에 대한 설명으로 틀린 것은?

① 계수 α, β를 형상계수라 하며 기초의 모양에 따라 결정된다.

② 기초의 깊이 D_f가 클수록 극한지지력도 이와 더불어 커진다고 볼 수 있다.

③ N_c, N_γ, N_q는 지지력계수라 하는데 내부마찰각과 점착력에 의해서 정해진다.

④ γ_1, γ_2는 흙의 단위중량이며 지하수위 아래에서는 수중단위중량을 써야 한다.

해설 ㄱ N_c, N_r, N_q는 지지력계수로서 ϕ의 함수이다 (점착력과는 무관하다).

ㄴ γ_1, γ_2는 흙의 단위중량이며 지하수위 아래에서는 수중단위중량(γ_{sub})을 사용한다.

73 자연상태의 모래지반을 다져 $e_{\min}$에 이르도록 했다면 이 지반의 상대밀도는?

① 0%　　　　　　② 50%

③ 75%　　　　　　④ 100%

해설 $D_r = \dfrac{e_{\max} - e}{e_{\max} - e_{\min}} \times 100 = \dfrac{e_{\max} - e_{\min}}{e_{\max} - e_{\min}} \times 100$
$= 100\%$

74 어떤 지반의 미소한 흙요소에 최대 및 최소 주응력이 각각 1kg/cm² 및 0.6kg/cm²일 때 최소 주응력면과 60°를 이루는 면상의 전단응력은?

① 0.10kg/cm²　　② 0.17kg/cm²

③ 0.20kg/cm²　　④ 0.27kg/cm²

해설 ㄱ $\theta + \theta' = 90°$

$\theta + 60° = 90°$

$\therefore \theta = 30°$

ㄴ $r = \dfrac{\sigma_1 - \sigma_3}{2} \sin 2\theta$

$= \dfrac{1 - 0.6}{2} \times \sin(2 \times 30°) = 0.17 \text{kg/cm}^2$

75 수직방향의 투수계수가 4.5×10^{-8}m/s이고, 수평방향의 투수계수가 1.6×10^{-8}m/s인 균질하고 비등방(非等方)인 흙댐의 유선망을 그린 결과 유로(流路)수가 4개이고 등수두선의 간격수가 18개이었다. 단위길이(m)당 침투수량은? (단, 댐의 상하류의 수면의 차는 18m이다.)

① 1.1×10^{-7}m³/s　② 2.3×10^{-7}m³/s

③ 2.3×10^{-8}m³/s　④ 1.5×10^{-8}m³/s

해설 ㄱ $K = \sqrt{K_h K_v} = \sqrt{(1.6 \times 10^{-8}) \times (4.5 \times 10^{-8})}$
$= 2.68 \times 10^{-8} \text{m}^3/\text{s}$

ㄴ $Q = KH \dfrac{N_f}{N_d} = 2.68 \times 10^{-8} \times 18 \times \dfrac{4}{18}$
$= 1.07 \times 10^{-7} \text{m}^3/\text{s}$

76 다음 중 연약점토지반개량공법이 아닌 것은?

① Pre-loading공법

② Sand drain공법

③ Paper drain공법

④ Vibro floatation공법

해설 점성토의 지반개량공법

치환공법, Pre-loading공법(사전압밀공법), Sand drain공법, Paper drain공법, 전기침투공법, 침투압공법(MAIS공법), 생석회말뚝(Chemico pile)공법

77 도로연장 3km 건설구간에서 7개 지점의 시료를 채취하여 다음과 같은 CBR을 구하였다. 이때의 설계CBR은 얼마인가?

> 7개의 CBR : 5.3, 5.7, 7.6, 8.7, 7.4, 8.6, 7.2

[설계CBR 계산용 계수]

개수 (n)	2	3	4	5	6	7	8	9	10 이상
d_2	1.41	1.91	2.24	2.48	2.67	2.83	2.96	3.08	3.18

① 4
② 5
③ 6
④ 7

해설 ㉠ 각 지점의 CBR평균

$$= (5.3+5.7+7.6+8.7+7.4+8.6+7) \times \frac{1}{7}$$

$$= 7.19$$

㉡ 설계CBR = 각 지점의 CBR 평균

$$\quad - \frac{\text{CBR 최대치} - \text{CBR 최소치}}{d_2}$$

$$= 7.19 - \frac{8.7-5.3}{2.83} = 6$$

78 분사현상에 대한 안전율이 2.5 이상이 되기 위해서는 Δh를 최대 얼마 이하로 하여야 하는가? (단, 간극률(n)=50%)

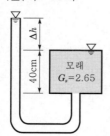

① 7.5cm
② 8.9cm
③ 13.2cm
④ 16.5cm

해설 ㉠ $e = \dfrac{n}{100-n} = \dfrac{50}{100-50} = 1$

㉡ $F_s = \dfrac{i_c}{i} = \dfrac{\dfrac{G_s-1}{1+e}}{\dfrac{h}{L}} = \dfrac{\dfrac{2.65-1}{1+1}}{\dfrac{\Delta h}{40}} = \dfrac{33}{\Delta h} \geq 2.5$

$\therefore \Delta h \leq 13.2\text{cm}$

79 간극비(e)와 간극률(n[%])의 관계를 옳게 나타낸 것은?

① $e = \dfrac{1-n/100}{n/100}$
② $e = \dfrac{n/100}{1-n/100}$
③ $e = \dfrac{1+n/100}{n/100}$
④ $e = \dfrac{1+n/100}{1-n/100}$

해설 $n = \dfrac{e}{1+e} \times 100$

$$\therefore e = \frac{n}{100-n} = \frac{\dfrac{n}{100}}{1-\dfrac{n}{100}}$$

80 옹벽 배면의 지표면경사가 수평이고, 옹벽 배면벽체의 기울기가 연직인 벽체에서 옹벽과 뒤채움 흙 사이의 벽면마찰각(δ)을 무시할 경우 Rankine토압과 Coulomb토압의 크기를 비교하면?

① Rankine토압이 Coulomb토압보다 크다.
② Coulomb토압이 Rankine토압보다 크다.
③ Rankine토압과 Coulomb토압의 크기는 항상 같다.
④ 주동토압은 Rankine토압이 더 크고, 수동토압은 Coulomb토압이 더 크다.

해설 Rankine토압에서는 옹벽의 벽면과 흙의 마찰을 무시하였고, Coulomb토압에서는 고려하였다. 이 문제에서 옹벽의 벽면과 흙의 마찰각을 0°라 하였으므로 Rankine토압과 Coulomb토압은 같다.

MEMO

제1회 건설재료시험기사

제1과목 · 콘크리트공학

01 한중 콘크리트에서 가열한 재료를 믹서에 투입하는 순서로 가장 적합한 것은?

① 굵은 골재 → 잔골재 → 시멘트 → 물
② 물 → 굵은 골재 → 잔골재 → 시멘트
③ 잔골재 → 시멘트 → 굵은 골재 → 물
④ 시멘트 → 잔골재 → 굵은 골재 → 물

해설 한중 콘크리트

가열한 물과 굵은 골재, 다음에 잔골재를 넣어서 믹서 안의 재료온도가 40℃ 이하로 되고 나서 최후에 시멘트를 넣는다.

02 콘크리트의 받아들이기 품질검사항목 중 염소이온량시험의 시기 및 횟수에 대한 규정으로 옳은 것은?

① 바다잔골재를 사용할 경우 2회/일, 그 밖의 경우 1회/주
② 바다잔골재를 사용할 경우 1회/일, 그 밖의 경우 2회/주
③ 바다잔골재를 사용할 경우 2회/일, 그 밖의 경우 2회/주
④ 바다잔골재를 사용할 경우 1회/일, 그 밖의 경우 1회/주

해설 콘크리트 받아들이기 품질검사

구분	시기 및 횟수
염소이온량	• 바다잔골재를 사용할 경우 : 2회/일 • 그 밖의 경우 : 1회/주

03 섬유보강콘크리트용 섬유로서 갖추어야 할 조건으로 잘못된 것은?

① 섬유의 탄성계수는 시멘트 결합재 탄성계수의 1/4 이하일 것
② 섬유와 시멘트 결합재 사이의 부착성이 좋을 것
③ 섬유의 인장강도가 충분히 클 것
④ 형상비가 50 이상일 것

해설 섬유보강 콘크리트용 섬유로서 갖추어야 할 조건
- ㉠ 섬유와 시멘트 결합재 사이의 부착이 좋을 것
- ㉡ 섬유의 인장강도가 충분히 클 것
- ㉢ 섬유의 탄성계수는 시멘트 결합재 탄성계수의 1/5 이상일 것
- ㉣ 형상비가 50 이상일 것
- ㉤ 내구성, 내열성 및 내후성이 우수할 것

04 시방배합결과 단위잔골재량 $670kg/m^3$, 단위 굵은 골재량 $1,280kg/m^3$를 얻었다. 현장 골재의 입도만을 고려하여 현장 배합으로 수정하면 단위 굵은 골재량은?

[현장 골재상태]
- 잔골재가 5mm체에 남는 양 : 2%
- 굵은 골재가 5mm체를 통과하는 양 : 4%

① $1,286kg/m^3$
② $1,297kg/m^{33}$
③ $1,312kg/m^3$
④ $1,320kg/m^3$

해설 잔골재량을 x, 굵은 골재량을 y라 하면

$x+y = 670+1,280 = 1,950$ ·············· ⓐ

$0.02x+(1-0.04)y = 1,280$ ·············· ⓑ

식 ⓐ와 식 ⓑ를 연립해서 풀면

$x = 629.79kg$, $y = 1320.21kg$

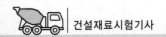

05 묽은 비빔 콘크리트는 블리딩이 크고 이것에 상당하는 침하가 발생한다. 콘크리트의 침하가 철근 및 기타 매설물에 의해 국부적인 방해를 받아 발생하는 침하균열을 방지하기 위한 대책으로 틀린 것은?

① 단위수량을 될 수 있는 한 적게 하고, 슬럼프가 작은 콘크리트를 잘 다짐해서 시공한다.

② 침하종료 이전에 급격하게 굳어져 점착력을 잃지 않는 시멘트나 혼화제를 선정한다.

③ 타설속도를 가능한 빨리 하고 1회의 타설높이를 크게 한다.

④ 균열을 조기에 발견하고 각재 등으로 두드리는 재타법(再打法)이나 흙손으로 눌러서 균열을 폐색시킨다.

> **해설** 침하균열 방지대책
> ㉠ 단위수량을 되도록 적게 하고, 슬럼프가 작은 콘크리트를 잘 다짐해서 시공한다.
> ㉡ 타설속도를 늦게 하고 1회 타설높이를 작게 한다.
> ㉢ 콘크리트의 피복두께를 증가시킨다.

06 콘크리트의 습윤양생에 대한 설명으로 틀린 것은?

① 습윤양생기간 중에 거푸집판이 건조하더라도 살수를 해서는 안 된다.

② 콘크리트는 타설한 후 경화가 될 때까지 양생기간 동안 직사광선이나 바람에 의해 수분이 증발하지 않도록 보호하여야 한다.

③ 습윤양생에서 습윤상태의 보호기간은 보통 포틀랜드 시멘트를 사용하고 일평균 기온이 15℃ 이상인 경우에 5일간 이상을 표준으로 한다.

④ 막양생을 할 경우에는 사용 전에 살포량, 시공방법 등에 관하여 시험을 통하여 충분히 검토해야 한다.

> **해설** 습윤양생
> ㉠ 콘크리트를 친후 경화를 시작할 때까지 직사광선이나 바람에 의해 수분이 증발하지 않도록

보호해야 한다.
> ㉡ 거푸집판이 건조할 염려가 있을 때에는 살수해야 한다.

07 거푸집 및 동바리의 구조 계산에 관한 설명으로 틀린 것은?

① 고정하중은 철근콘크리트와 거푸집의 중량을 고려하여 합한 하중이며, 철근의 중량을 포함한 콘크리트의 단위중량은 보통 콘크리트에서는 $24kN/m^3$를 적용하고, 거푸집하중은 최소 $0.4kN/m^2$ 이상을 적용한다.

② 활하중은 작업원, 경량의 장비하중, 기타 콘크리트 타설에 필요한 자재 및 공구 등의 시공하중, 그리고 충격하중을 포함한다.

③ 동바리에 작용하는 수평방향 하중으로는 고정하중의 2% 이상 또는 동바리 상단의 수평방향 단위길당 $1.5kN/m$ 이상 중에서 큰 쪽의 하중이 동바리 머리 부분에 수평방향으로 작용하는 것으로 가정한다.

④ 벽체 거푸집의 경우에는 거푸집 측면에 대하여 $5.0kN/m^2$ 이상의 수평방향 하중이 작용하는 것으로 본다.

> **해설** 거푸집 및 동바리구조 계산
> ㉠ 연직방향 하중은 고정하중 및 공사 중 발생하는 활하중으로 다음의 값을 적용한다.
> • 고정하중은 철근콘크리트와 거푸집의 중량을 고려하여 합한 하중이며, 콘크리트의 단위중량은 철근의 중량을 포함하며 보통 콘크리트에서는 $24kN/m^3$를 적용하고, 거푸집하중은 최소 $0.4kN/m^3$ 이상을 적용한다.
> • 활하중은 작업원, 경량의 장비하중, 기타 콘크리트 타설에 필요한 자재 및 공구 등의 시공하중, 그리고 충격하중을 포함한다.
> ㉡ 수평방향 하중은 고정하중 및 공사 중 발생하는 활하중으로 다음의 값을 적용한다.
> • 동바리에 작용하는 수평방향 하중으로는 고정하중의 2% 이상 또는 동바리 상단의 수평방향 단위길이당 $1.5kN/m$ 이상 중에서 큰 쪽의 하중이 동바리 머리 부분에 수평방향으로 작용하는 것으로 가정한다.

• 벽체 거푸집의 경우에는 거푸집측면에 대하여 0.5kN/m² 이상의 수평방향 하중이 작용하는 것으로 본다.

08 숏크리트에 대한 설명으로 틀린 것은?

① 일반 숏크리트의 장기설계기준압축강도는 재령 28일로 설정한다.
② 습식 숏크리트는 배치 후 60분 이내에 뿜어 붙이기를 실시하여야 한다.
③ 숏크리트의 초기강도는 재령 3시간에서 1.0~3.0MPa을 표준으로 한다.
④ 굵은 골재의 최대 치수는 25mm의 것이 널리 쓰인다.

해설 숏크리트
㉠ 일반 숏크리트의 장기설계기준압축강도는 재령 28일로 설정하며, 그 값은 21MPa 이상으로 한다.
㉡ 숏크리트의 초기강도 표준값

재령	숏크리트의 초기강도(MPa)
24시간	5~10
3시간	1~3

㉢ 건식 숏크리트는 배치 후 45분 이내에 뿜어 붙이기를 실시하여야 하며, 습식 숏크리트는 배치 후 60분 이내에 뿜어 붙이기를 실시하여야 한다.
㉣ 굵은 골재에는 부순 돌 및 강자갈이 사용되고, 최대 치수는 10~13mm로 한다.

09 콘크리트의 압축강도 특성에 대한 설명으로 틀린 것은?

① 시멘트의 분말도가 높아지면 초기압축강도는 커진다.
② 물-시멘트비가 일정하면 굵은 골재의 최대 치수가 클수록 콘크리트의 강도는 작아진다.
③ 일반적으로 부순 돌을 사용한 콘크리트의 강도는 강자갈을 사용한 콘크리트의 강도보다 작다.
④ 콘크리트의 강도는 일반적으로 표준양생을 한 재령 28일 압축강도를 기준으로 하고, 댐 콘크리트의 경우는 재령 91일 압축강도를 기준으로 한다.

해설 콘크리트의 압축강도
㉠ 굵은 골재의 최대 치수가 클수록 콘크리트의 압축강도는 작아진다.
㉡ 부순 돌을 사용한 경우가 강자갈을 사용한 경우보다 압축강도가 크다.

10 30회 이상의 시험실적으로부터 구한 콘크리트 압축강도의 표준편차가 4.5MPa이고, 설계기준압축강도가 40MPa인 경우 배합강도는?

① 46.1MPa ② 46.5MPa
③ 47.0MPa ④ 48.5MPa

해설 $f_{ck} = 40\text{MPa} > 35\text{MP}$이므로
㉠ $f_{cr} = f_{ck} + 1.34S$
　　$= 40 + 1.34 \times 4.5 = 46.03\text{MPa}$
㉡ $f_{cr} = 0.9f_{ck} + 2.33S$
　　$= 0.9 \times 40 + 2.33 \times 4.5 = 46.49\text{MPa}$
∴ ㉠, ㉡ 중에 큰 값이 f_{cr}이므로
　　$f_{cr} = 46.49\text{MPa}$

11 콘크리트의 다지기에서 내부진동기를 사용하여 다짐하는 방법에 대한 설명으로 틀린 것은?

① 진동다지기를 할 때에는 내부진동기를 하층의 콘크리트 속으로 0.1m 정도 찔러 넣는다.
② 1개소당 진동시간은 다짐할 때 시멘트 페이스트가 표면 상부로 약간 부상하기까지 한다.
③ 내부진동기의 삽입간격은 일반적으로 1m 이상으로 하는 것이 좋다.
④ 내부진동기는 콘크리트를 횡방향으로 이동시킬 목적으로 사용해서는 안 된다.

해설 내부진동기 표준사용방법
㉠ 내부진동기를 하층의 콘크리트 속으로 0.1m 정도 찔러 넣는다.
㉡ 1개소당 진동시간은 다짐할 때 시멘트 페이스트가 표면 상부로 약간 부상하기까지 한다.
㉢ 내부진동기는 연직으로 찔러 넣으며, 삽입간격은 일반적으로 0.5m 이하로 한다.
㉣ 내부진동기는 콘크리트를 횡방향으로 이동시킬 목적으로 사용해서는 안 된다.

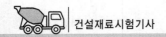
12 서중 콘크리트에 대한 설명으로 틀린 것은?

① 하루평균기온이 25℃를 초과하는 것이 예상되는 경우 서중 콘크리트로 시공하여야 한다.

② 서중 콘크리트의 배합온도는 낮게 관리하여야 한다.

③ 콘크리트를 타설하기 전에는 지반, 거푸집 등 콘크리트로부터 물을 흡수할 우려가 있는 부분을 습윤상태로 유지하여야 한다.

④ 콘크리트를 타설할 때의 콘크리트 온도는 25℃ 이하이어야 한다.

해설 서중 콘크리트

㉠ 일평균기온이 25℃ 이상일 때 서중 콘크리트로 시공한다.

㉡ 콘크리트를 타설할 때의 온도는 35℃ 이하이어야 한다.

13 프리스트레싱할 때의 콘크리트 강도에 대한 다음의 설명에서 ( ) 안에 알맞은 수치는?

> 프리스트레싱을 할 때의 콘크리트의 압축강도는 어느 정도의 안전도를 확보하기 위하여 프리스트레스를 준 직후, 콘크리트에 일어나는 최대 압축응력의 ( )배 이상이어야 한다.

① 0.8　　　　② 1.0
③ 1.7　　　　④ 2.5

해설 프리스트레싱할 때의 콘크리트 강도

프리스트레싱할 때의 콘크리트의 압축강도는 어느 정도의 안전도를 확보하기 위하여 프리스트레스를 준 직후, 콘크리트에 일어나는 최대 압축응력의 1.7배 이상이어야 한다. 또한 프리텐션방식에 있어서 콘크리트의 압축강도는 30MPa 이상이어야 한다.

14 레디믹스트 콘크리트에서 구입자의 승인을 얻은 경우를 제외한 일반적인 경우의 염화물함유량은 최대 얼마 이하이어야 하는가? (단, 염소이온(Cl⁻)량)

① 0.2kg/m³　　　　② 0.3kg/m³

③ 0.4kg/m³　　　　④ 0.5kg/m³

해설 염화물함유량(KS F 4009)

레디믹스트 콘크리트의 염화물함유량은 염소이온(Cl⁻)량으로서 0.3kg/m³ 이하로 한다. 다만, 구입자의 승인을 얻은 경우에는 0.6kg/m³ 이하로 할 수 있다.

15 콘크리트의 휨강도시험에 대한 설명으로 틀린 것은?

① 지간은 공시체 높이의 3배로 한다.

② 재하장치의 설치면과 공시체면과의 사이에 틈새가 생기는 경우 접촉부의 공시체 표면을 평평하게 갈아서 잘 접촉할 수 있도록 한다.

③ 공시체에 하중을 가하는 속도는 가장자리 응력도의 증가율이 매초 0.6±0.4MPa이 되도록 한다.

④ 공시체가 인장쪽 표면의 지간방향 중심선의 3등분점의 바깥쪽에서 파괴된 경우는 그 시험결과를 무효로 한다.

해설 콘크리트 휨강도시험(KS F 2408)

㉠ 지간은 공시체 높이의 3배로 한다.

㉡ 하중을 가하는 속도는 가장자리 응력도의 증가율이 매초 0.06±0.04MPa이 되도록 조정하고 최대 하중이 될 때까지 그 증가율을 유지하도록 한다.

16 프리플레이스트 콘크리트에 사용하는 재료에 대한 설명으로 틀린 것은?

① 프리플레이스트 콘크리트의 주입모르타르는 포틀랜드 시멘트를 사용하는 것을 표준으로 한다.

② 잔골재의 조립률은 2.3~3.1범위로 한다.

③ 굵은 골재의 최소 치수는 15mm 이상으로 하여야 한다.

④ 일반적으로 굵은 골재의 최대 치수는 최소 치수의 2~4배 정도로 한다.

해설 프리플레이스트 콘크리트
- ㉠ 굵은 골재 최소 치수는 15mm 이상, 굵은 골재 최대 치수는 부재 단면 최소 치수의 1/4 이하, 철근콘크리트의 경우 철근순간격의 2/3 이하로 하여야 한다.
- ㉡ 굵은 골재의 최대 치수는 최소 치수의 2~4배 정도로 한다.
- ㉢ 잔골재의 조립률은 1.4~2.2범위로 한다.

17 콘크리트 타설 시 유의사항으로 잘못된 것은?

① 콘크리트 타설 도중 블리딩수가 있을 경우 그 물을 제거하고 그 위에 콘크리트를 친다.

② 외기온도가 25℃ 이하인 경우 허용이어치기 시간간격의 표준은 1.5시간을 표준으로 한다.

③ 2층 이상으로 나누어 콘크리트를 타설하는 경우 아래층이 굳기 시작하기 전에 위층의 콘크리트를 친다.

④ 콘크리트의 자유낙하높이가 너무 크면 콘크리트의 분리가 일어나므로 슈트, 펌프배관 등의 배출구와 타설면까지의 높이는 1.5m 이하를 원칙으로 한다.

해설 허용이어치기 시간간격의 표준

외기온도	허용이어치기 시간간격
25℃ 초과	2시간
25℃ 이하	2.5시간

18 비파괴시험방법 중 콘크리트 내의 철근부식 유무를 평가할 수 있는 방법이 아닌 것은?

① 자연전위법
② 분극저항법
③ 전기저항법
④ 전자유도법

해설 ㉠ 철근부식평가방법 : 자연전위법, 분극저항법, 전기저항법
㉡ 철근배근조사방법 : 전자유도법, 전자파레이더법

19 프리스트레스트 콘크리트에 대한 설명으로 틀린 것은?

① 굵은 골재 최대 치수는 보통의 경우 25mm를 표준으로 한다.

② 팽창성 그라우트의 재령 28일 압축강도는 최소 25MPa 이상이어야 한다.

③ 프리텐션방식에서는 프리스트레싱할 때 콘크리트 압축강도가 30MPa 이상이어야 한다.

④ 그라우트의 체적변화율기준값은 24시간 경과 시 −1~5% 범위이다.

해설 프리스트레스트 콘크리트
- ㉠ 굵은 골재 최대 치수는 보통의 경우 25mm를 표준으로 한다.
- ㉡ 그라우트의 압축강도는 7일 재령에서 27MPa 이상 또는 28일 재령에서 30MPa 이상을 만족하여야 한다.
- ㉢ 그라우트의 체적변화율기준값은 24시간 경과 시 −1~5% 범위이다.

20 콘크리트의 탄성계수에 대한 일반적인 설명으로 틀린 것은?

① 압축강도가 클수록 작다.
② 콘크리트의 탄성계수라 함은 할선탄성계수를 말한다.
③ 응력−변형률곡선에서 구할 수 있다.
④ 콘크리트의 단위용적중량이 증가하면 탄성계수도 커진다.

해설 콘크리트의 압축강도가 클수록 탄성계수가 크다.

제2과목 · 건설시공 및 관리

21 점성토를 다짐하는 기계로서 다음 중 가장 부적합한 것은?

① tamping roller　② tire roller
③ grid roller　　　④ 진동roller

해설 진동roller는 사질토의 다짐에 적합하다.

22 아스팔트 포장 표면에 발생하는 소성변형 (rutting)에 대한 설명으로 틀린 것은?

① 침입도가 큰 아스팔트를 사용하거나 골재의 최대 치수가 큰 경우에 발생하기 쉽다.

② 종방향 평탄성에는 심각하게 영향을 주지는 않지만 물이 고인다면 수막현상을 일으켜 주행안전성에 심각한 영향을 줄 수 있다.

③ 하절기의 이상고온 및 아스콘에 아스팔트양이 많은 경우 발생하기 쉽다.

④ 외기온이 높고 중차량이 많은 저속구간 도로에서 주로 발생하고, 교량구간은 토공구간에 비해 적게 발생한다.

> **해설** 소성변형 방지대책
> ㉠ 침입도가 적은 아스팔트를 사용한다.
> ㉡ 골재의 최대 치수를 크게 한다(19mm).

23 케이슨을 침하시킬 때 유의사항으로 틀린 것은?

① 침하 시 초기 3m까지는 안정하므로 경사 이동의 조정이 용이하다.

② 케이슨은 정확한 위치의 확보가 중요하다.

③ 토질에 따라 케이슨의 침하속도가 다르므로 사전조사가 중요하다.

④ 편심이 생기지 않도록 주의해야 한다.

> **해설** 수중에서는 초기 3m 정도까지의 침하에서 경사 및 이동이 생기기 쉽고, 처음에 굳은 지층을 지나서 바로 아래에 연약층이 있을 때는 일시에 큰 침하가 생겨 사고가 나기 쉽다. 침하 중에 일단 경사 및 이동이 생기면 다시 고치기 어려우므로 우물통이 균등침하가 되도록 특별히 주의해야 한다.

24 터널굴착공법인 TBM공법의 특징에 대한 설명으로 틀린 것은?

① 터널 단면에 대한 분할굴착시공을 하므로 지질변화에 대한 확인이 가능하다.

② 기계굴착으로 인해 여굴이 거의 발생하지 않는다.

③ 1km 이하의 비교적 짧은 터널의 시공에는 비경제적인 공법이다.

④ 본바닥변화에 대하여 적응이 곤란하다.

> **해설** TBM공법
>
> | 장점 | • 발파작업이 없으므로 낙반이 적고 공사의 안전성이 높다.
• 여굴이 적다.
• 노무비가 절약된다. |
> | --- | --- |
> | 단점 | • 굴착 단면을 변경할 수 없다.
• 지질에 따라 적용에 제약이 있다. |

25 3.5km 거리에서 20,000m³의 자갈을 4m³ 덤프트럭으로 운반할 경우 1일 1대의 덤프트럭이 운반할 수 있는 양은? (단, 작업시간은 1일 8시간이고 상·하차시간 2분, 평균속도 30km/h로 한다.)

① 100m³ ② 120m³

③ 140m³ ④ 160m³

> **해설** ㉠ $C_{mt} = \dfrac{3.5 \times 2}{30} \times 60 + 2 = 16분$
>
> ㉡ $Q = \dfrac{60 q_t f E_t}{C_{mt}} = \dfrac{60 \times 4 \times 1 \times 1}{16} = 15m^3/h$
>
> ㉢ 1일 1대 운반토량 $= 15 \times 8 = 120m^3$

26 다음의 주어진 조건을 이용하여 3점 시간법을 적용하여 activity time을 결정하면?

> • 표준값 = 6시간 • 낙관값 = 3시간
> • 비관값 = 8시간

① 4.3시간 ② 5.2시간

③ 5.8시간 ④ 6.8시간

> **해설** $t_e = \dfrac{t_o + 4t_m + t_p}{6} = \dfrac{3 + 4 \times 6 + 8}{6} = 5.83시간$

27 항만공사에서 간만의 차가 큰 장소에 축조되는 항은?

① 하구항(coastal harbor)

② 개구항(open harbor)

③ 폐구항(closed harbor)

④ 피난항(refuge harbor)

해설 항만의 종류

ㄱ 폐구항(closed harbor) : 조차가 크므로 항구에 갑문을 가지고 조차를 극복해서 선박이 출입되게 하는 항

ㄴ 개구항(open harbor) : 조차가 그다지 크지 않으므로 항상 항구가 열려있는 항

28 자연함수비 8%인 흙으로 성토하고자 한다. 다짐한 흙의 함수비를 15%로 관리하도록 규정하였을 때 매 층마다 1m²당 몇 kg의 물을 살수해야 하는가? (단, 1층의 다짐 후 두께는 20cm이고, 토량변화율 $C=0.80$이며, 원지반상태에서 흙의 단위중량은 1.8t/m³이다.)

① 21.59kg
② 24.38kg
③ 27.23kg
④ 29.17kg

해설 ㄱ 1m²당 본바닥체적 $=1\times1\times0.2\times\dfrac{1}{0.8}=0.25\text{m}^3$

ㄴ $w=8$%일 때 흙의 무게

$$\gamma_t=\frac{W}{V}$$

$$1.8=\frac{W}{0.25}$$

$$\therefore\ W=0.45\text{t}=450\text{kg}$$

ㄷ $w=8$%일 때 물의 무게

$$W_w=\frac{wW}{100+w}=\frac{8\times450}{100+8}=33.33\text{kg}$$

ㄹ $w=15$%일 때 물의 무게

$$8:33.33=15:W_w$$

$$\therefore\ W_w=\frac{33.33\times15}{8}=62.49\text{kg}$$

ㅁ 추가할 물의 무게$=62.49-33.33=29.16\text{kg}$

29 사이펀관거(syphon drain)에 대한 다음 설명 중 옳지 않은 것은?

① 암거가 앞뒤의 수로 바닥에 비하여 대단히 낮은 위치에 축조된다.

② 일종의 집수암거로 주로 하천의 복류수를 이용하기 위하여 쓰인다.

③ 용수, 배수, 운하 등 성질이 다른 수로가 교차하지만 합류시킬 수 없을 때 사용한다.

④ 다른 수로 혹은 노선과 교차할 때 사용된다.

해설 사이펀관거

ㄱ 수로, 도로, 철도 등의 지하를 횡단하여 물이 흐르도록 한 암거이다.

ㄴ 용수, 배수, 운하 등의 성질이 다른 수로가 교차하지만 합류시킬 수 없을 때 사용된다.

30 기초의 굴착에 있어서 주변부를 굴착축조하고 그 후 남아 있는 중앙부를 굴착하는 방법은?

① island공법
② trench cut공법
③ open cut공법
④ top down공법

31 토적곡선(mass curve)의 성질에 대한 설명 중 옳지 않은 것은?

① 토적곡선이 기선 위에서 끝나면 토량이 부족하고, 반대이면 남는 것을 뜻한다.

② 곡선의 저점은 성토에서 절토로의 변이점이다.

③ 동일 단면 내에서 횡방향 유용토는 제외되었으므로 동일 단면 내의 절토량과 성토량을 구할 수 없다.

④ 교량 등의 토공이 없는 곳에는 기선에 평행한 직선으로 표시한다.

해설 토적곡선이 기선 위에서 끝나면 토량이 남고, 아래에서 끝나면 토량이 부족한 것을 뜻한다.

32 특수터널공법 중 침매공법에 대한 설명으로 틀린 것은?

① 육상에서 제작하므로 신뢰성이 높은 터널 본체를 만들 수 있다.

② 단면의 형상이 비교적 자유롭다.

③ 협소한 장소의 수로에 적당하다.

④ 수중에 설치하므로 자중이 적고 연약지반 위에도 쉽게 시공할 수 있다.

해설 침매공법

ㄱ 장점
• 단면의 형상이 비교적 자유롭고 큰 단면으로 할 수 있다.

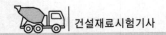
- 수심이 얕은 곳에 침설하면 터널연장이 짧아 도 된다.
- 수중에 설치하므로 자중이 작아서 연약지반 위에도 쉽게 시공할 수 있다.
ⓛ 단점
- 유수가 빠른 곳은 강력한 작업비계가 필요하 고 침설작업이 곤란하다.
- 협소한 수로나 항행선박이 많은 곳에는 장애 가 생긴다.

33 교대에서 날개벽(wing)의 역할로 가장 적당한 것은?

① 배면(背面)토사를 보호하고 교대 부근의 세굴을 방지한다.
② 교대의 하중을 부담한다.
③ 유량을 경감하여 토사의 퇴적을 촉진시 킨다.
④ 교량의 상부구조를 지지한다.

해설 ㉠ 교대는 상부에서 오는 수직 및 수평하중을 지반에 전달하는 것과 배면에서 오는 토압에 저항하는 옹벽으로서의 역할을 한다.
ⓛ 교대의 날개벽은 교대 배면토의 보호 및 세굴 을 방지하는 역할을 한다.

34 뉴매틱케이슨기초의 일반적인 특징에 대한 설 명으로 틀린 것은?

① 지하수를 저하시키지 않으며 히빙, 보일 링을 방지할 수 있으므로 인접 구조물의 침하 우려가 없다.
② 오픈케이슨보다 침하공정이 빠르고 장애 물 제거가 쉽다.
③ 지형 및 용도에 따른 다양한 형상에 대응 할 수 있다.
④ 소음과 진동이 없어 도심지공사에 적합 하다.

해설 공기케이슨기초는 소음, 진동이 커서 도심지에서 는 부적당하다.

35 지중연속벽공법에 대한 설명으로 틀린 것은?

① 주변 지반의 침하를 방지할 수 있다.
② 시공 시 소음, 진동이 크다.
③ 벽체의 강성이 높고 지수성이 좋다.
④ 큰 지지력을 얻을 수 있다.

해설 벽식 지하연속벽공법
지하로 크고 깊은 trench를 굴착하여 철근망을 삽 입한 후 콘크리트를 타설하여 지하연속벽을 만드 는 공법이다.
㉠ 소음, 진동이 작다.
ⓛ 벽체의 강성(EI)이 크다.
ⓒ 차수성이 크다.
ⓔ 주변 지반의 영향이 작다.

36 다음은 PERT/CPM공정관리기법의 공기단축 요령에 관한 설명이다. 옳지 않은 것은?

① 비용경사가 최소인 주공정부터 공기를 단축한다.
② 주공정선(CP)상의 공정을 우선 단축한다.
③ 전체의 모든 활동이 주공전선(CP)화되면 공기단축은 절대 불가능하다.
④ 공기단축에 따라 주공정선(CP)이 복수화 될 수 있다.

해설 공기단축방법
㉠ CP상에서 비용경사가 가장 적은 작업부터 순 차적으로 단축한다.
ⓛ Sub CP가 발생하면 비용경사를 각각 비교하여 적은 것부터 단축한다.
ⓒ 소요의 공기까지 추가비용이 최소가 되도록 단 축을 반복 실시한다.

37 다음 중 포장두께를 결정하기 위한 시험이 아 닌 것은?

① CBR시험
② 평판재하시험
③ 마샬시험
④ 3축압축시험

해설 포장두께를 결정하기 위한 시험
평판재하시험, CBR시험, 마샬시험

38 bulldozer의 시간당 작업량은 다음 중 무엇에 반비례하는가?

① 1회 토공량(q) ② 토량환산계수(f)
③ 사이클타임(C_m) ④ 작업효율(E)

해설 $Q = \dfrac{60\,q\,f\,E}{C_m}$

39 사질토를 절토하여 45,000m³의 성토구간을 다짐성토하려고 한다. 사질토의 토량변화율이 $L = 1.2$, $C = 0.9$일 때 운반토량은?

① 48,600m³ ② 50,000m³
③ 54,000m³ ④ 60,000m³

해설 운반토량 $= 45,000 \times \dfrac{L}{C} = 45,000 \times \dfrac{1.2}{0.9}$

$\qquad\qquad = 60,000$m³(흐트러진 토량)

40 다음 중 비계를 이용하지 않는 강트러스교의 가설공법이 아닌 것은?

① 새들(saddle)공법
② 캔틸레버(cantilever)식 공법
③ 케이블(cable)식 공법
④ 부선(pontoon)식 공법

해설 강교가설공법
　㉠ 비계를 사용하는 공법 : 새들(saddle)공법, 벤트(bent)공법, 일렉션트러스(election truss)공법, 스테이징벤트(staging bent)공법
　㉡ 비계를 사용하지 않는 공법 : ILM공법, 캔틸레버식 공법(FCM공법), 케이블공법

제3과목 · 건설재료 및 시험

41 목재의 강도에 대하여 바르게 설명한 것은?

① 일반적으로 휨강도는 압축강도보다 작다.
② 일반적으로 섬유에 평행방향의 인장강도는 압축강도보다 크다.
③ 일반적으로 섬유에 평행방향의 압축강도는 섬유에 직각방향의 압축강도보다 작다.

④ 일반적으로 전단강도는 휨강도보다 크다.

해설 목재
　㉠ 휨강도는 세로압축강도의 1.5배이다.
　㉡ 세로인장강도는 세로압축강도의 2.5배이다.
　㉢ 섬유에 평행방향의 압축강도는 섬유에 직각방향의 압축강도보다 크다(가로압축강도는 세로압축강도의 10~20% 정도이다).
　㉣ 휨강도(55~120N/mm²)는 전단강도(5~10N/mm²)보다 크다.

42 시멘트의 비중을 측정하기 위하여 르샤틀리에 비중병에 0.8cc 눈금까지 등유를 주입하고 시멘트 64g을 가하여 눈금이 21.3cc로 증가되었다. 이 시멘트의 비중은?

① 3.08 ② 3.12
③ 3.15 ④ 3.18

해설 시멘트 비중 $= \dfrac{64}{\text{눈금차}} = \dfrac{64}{21.3 - 0.8} = 3.12$

43 염화칼슘($CaCl_2$)을 응결경화촉진제로 사용한 경우 다음 설명 중 틀린 것은?

① 염화칼슘은 대표적인 응결경화촉진제이며 4% 이상 사용하여야 순결(瞬結)을 방지하고 장기강도를 증진시킬 수 있다.
② 한중 콘크리트에 사용하면 조기발열의 증가로 동결온도를 낮출 수 있다.
③ 염화칼슘을 사용한 콘크리트는 황산염에 대한 화학저항성이 적기 때문에 주의할 필요가 있다.
④ 응결이 촉진되므로 운반, 타설, 다지기 작업을 신속히 해야 한다.

해설 염화칼슘($CaCl_2$)
　㉠ 염화칼슘은 일반적으로 시멘트 중량의 2% 이하를 사용한다.
　㉡ 조기강도를 증대시켜 주나 2% 이상 사용하면 큰 효과가 없으며 오히려 순결, 강도저하를 나타낼 수가 있다.

44 도로포장용 스트레이트 아스팔트 재료의 품질검사에 필요한 시험항목이 아닌 것은 어느 것인가?

① 증류시험　　　② 침입도시험
③ 톨루엔가용분　　④ 박막가열시험

해설 스트레이트 아스팔트 품질검사항목(KS M 2201)
침입도, 연화점, 신도, 톨루엔가용분, 인화점, 박막가열, 증발, 밀도

45 전체 15kg의 굵은 골재로 체가름시험을 한 결과가 다음 표와 같을 때 조립률은?

체의 호칭(mm)	각 체에 남은 양(g)
80	0
50	0
40	300
30	1,800
25	2,400
20	2,100
15	4,200
10	2,400
5	1,800

① 3.5　　　　　② 6.47
③ 7.34　　　　④ 8.5

해설

체의 호칭(mm)	잔류율(%)	누적잔류율(%)
80	0	0
50	0	0
40	2	2
30	12	14
25	16	30
20	14	44
15	28	72
10	16	88
5	12	100

$$FM = \frac{0+2+44+88+100+500}{100} = 7.34$$

46 발화점이 295℃ 정도이며, 충격에 둔감하고 폭발위력이 dynamite보다 우수하며 흑색화약의 4배에 달하는 폭약은 어느 것인가?

① TNT　　　　② 니트로글리세린
③ slurry폭약　　④ 칼릿(carlit)

해설 칼릿(carlit)
　㉠ 유해가스의 발생이 많고 흡수성이 크기 때문에 터널공사에는 부적당하다.
　㉡ 폭발력은 다이너마이트보다 우수하며 흑색화약의 4배에 달한다.
　㉢ 채석장에서 큰 돌의 채석에 적합하다.

47 다음 석재 중 조직이 균질하고 내구성 및 강도가 큰 편이며 외관이 아름다운 장점이 있는 반면, 내화성이 작아 고열을 받는 곳에는 적합하지 않은 것은?

① 화강암　　　　② 응회암
③ 현무암　　　　④ 안산암

해설 화강암은 단단하고 내구성이 크며 외관이 아름답다. 반면 큰 재료를 채취할 수 있으나 내화성이 약하다.

48 굵은 골재의 밀도시험결과가 다음과 같을 때 이 골재의 표면건조포화상태의 밀도는?

- 표면건조포화상태 시료의 질량 : 4,000g
- 절대건조상태 시료의 질량 : 3,950g
- 시료의 수중질량 : 2,490g
- 시험온도에서 물의 밀도 : 0.997g/cm³

① 2.57g/cm³　　② 2.61g/cm³
③ 2.64g/cm³　　④ 2.70g/cm³

해설 밀도 $= \left(\dfrac{B}{B-C}\right)\rho_w = \dfrac{4,000}{4,000-2,490} \times 0.997$
$= 2.64\text{g/cm}^3$

49 목재에 관한 다음 설명 중 옳지 않은 것은?

① 제재 후의 심재는 변재보다 썩기 쉽다.
② 벌목시기는 가을에서 겨울에 걸친 기간이 가장 적당하다.
③ 목재는 세포막 중에 스며든 결합수가 감소하면 수축변형한다.
④ 목재의 강도는 절대건조일 때 최대가 된다.

해설 변재는 연질이고 흡수성이 커서 수축변형이 크고 강도나 내구성은 심재보다 작다.

50 콘크리트용 잔골재의 안정성에 대한 설명으로 옳은 것은?

① 잔골재의 안정성은 수산화나트륨으로 5회 시험으로 평가하며, 그 손실질량은 10% 이하를 표준으로 한다.

② 잔골재의 안정성은 수산화나트륨으로 3회 시험으로 평가하며, 그 손실질량은 5% 이하를 표준으로 한다.

③ 잔골재의 안정성은 황산나트륨으로 5회 시험으로 평가하며, 그 손실질량은 10% 이하를 표준으로 한다.

④ 잔골재의 안정성은 황산나트륨으로 3회 시험으로 평가하며, 그 손실질량은 5% 이하를 표준으로 한다.

해설 안전성의 규격(5회 시험했을 때 손실질량비의 한도)

시험용액	손실질량비(%)	
	잔골재	굵은 골재
황산나트륨	10% 이하	12% 이하

51 아스팔트 시료를 일정 비율 가열하여 강구의 무게에 의해 시료가 25mm 내려갔을 때 온도를 측정한다. 이는 무엇을 구하기 위한 시험인가?

① 침입도　　　　② 인화점
③ 연소점　　　　④ 연화점

해설 ㉠ 아스팔트 연화점은 아스팔트의 점도가 일정한 값에 도달했을 때의 온도를 말한다.
ⓛ 아스팔트의 연화점시험방법(환구법) : 환 속의 시료를 일정한 비율로 가열하고 강구의 무게에 따라 시료가 25mm 처졌을 때의 온도를 측정하여 이것을 연화점으로 하고 있다.

52 알루미나 시멘트의 특성에 대한 설명으로 틀린 것은?

① 포틀랜드 시멘트에 비해 강도발현이 매우 빠르다.

② 내화성이 약하므로 내화물용으로는 부적합하다.

③ 산, 염류, 해수 등의 화학적 침식에 대한 저항성이 크다.

④ 발열량이 크기 때문에 긴급을 요하는 공사나 한중공사의 시공에 적합하다.

해설 알루미나 시멘트
㉠ 초조강성이다.
ⓛ 발열량이 크기 때문에 긴급을 요하는 공사나 한중공사 시의 시공에 적합하다.
㉢ 산, 염류, 해수 등의 화학적 저항성이 크다.
㉣ 내화성이 우수하다.

53 아스팔트에 대한 설명 중 잘못된 것은 어느 것인가?

① 레이크 아스팔트는 지표의 낮은 부분에 퇴적물로 생긴다.

② 아스팔타이트는 원유를 인공적으로 증류하여 제조한 것이다.

③ 샌드 아스팔트는 천연 아스팔트가 모래 속에 스며든 것이다.

④ 록 아스팔트는 천연 아스팔트가 석회암, 사암 등의 다공질 암석 사이에 스며든 것이다.

해설 아스팔타이트(asphaltite)
원유가 분출할 때 지층의 균열부에 모여 지열과 공기 등의 작용에 의해 오랜 세월 동안 그 내부에서 중합과 축합반응이 일어나 변질된 것으로 탄력성이 풍부한 blown asphalt와 비슷하다.

54 풍화한 시멘트의 성질에 대한 설명으로 틀린 것은?

① 비중이 떨어진다.
② 강도의 발현이 저하된다.
③ 응결이 지연된다.
④ 강열감량이 저하된다.

해설 풍화된 시멘트의 특징
㉠ 강도의 발현이 저하된다.
ⓛ 강열감량이 증가한다.
㉢ 내구성이 작아진다.
㉣ 비중이 작아진다.

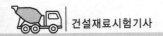

55 콘크리트용 화학혼화제의 품질시험항목이 아닌 것은?

① 침입도지수(PI)
② 감수율(%)
③ 응결시간의 차(mim)
④ 압축강도비(%)

> **해설** 화학혼화제의 품질시험항목(KS F 2560)
> 감수율(%), 블리딩양의 비(%), 응결시간의 차(min), 압축강도비(%), 길이변화비(%), 동결융해에 대한 저항성

56 콘크리트용으로 사용하는 부순 굵은 골재의 품질기준에 대한 설명으로 틀린 것은?

① 절대건조밀도는 2.5g/cm³ 이상이어야 한다.
② 흡수율은 5.0% 이하이어야 한다.
③ 마모율은 40% 이하이어야 한다.
④ 입형판정실적률은 55% 이상이어야 한다.

> **해설** 부순 골재의 품질기준(KS F 2527)
>
> | 구분 | 절대 건조 밀도 (g/cm³) | 흡수율 (%) | 안정성 (%) | 마모율 (%) | 입형 판정 실적률 (%) |
> |---|---|---|---|---|---|
> | 굵은 골재 | 2.5 이상 | 3 이하 | 12 이하 | 40 이하 | 55 이상 |
> | 잔골재 | 2.5 이상 | 3 이하 | 10 이하 | – | 53 이상 |

57 석재를 사용할 경우 고려해야 할 사항으로 옳지 않은 것은?

① 석재를 다량으로 사용 시 안정적으로 공급할 수 있는지 여부를 조사한다.
② 외벽이나 콘크리트 포장용 석재에는 가급적이면 연석은 피하는 것이 좋다.
③ 내화구조물에는 석재를 사용할 수 없다.
④ 휨응력과 인장응력을 받는 것은 가급적이면 사용하지 않는 것이 좋다.

> **해설** 석재는 내화성, 내구성, 내마모성이 우수하고 압축강도가 크며 외관이 좋아서 구조용 재료 또는 장식용 재료 등으로 많이 사용되고 있다.

58 다음 토목섬유 중 폴리머를 판상으로 압축시키면서 격자모양의 형태로 구멍을 내어 만든 후 여러 가지 모양으로 늘린 것으로 연약지반 처리 및 지반보강용으로 사용되는 것은?

① 지오텍스타일(geotextile)
② 지오그리드(geogrids)
③ 지오네트(geonets)
④ 웨빙(webbings)

59 양질의 포졸란을 사용한 후 콘크리트의 일반적인 특징으로 보기 어려운 것은?

① 워커빌리티가 향상된다.
② 블리딩현상이 감소한다.
③ 발열량이 적어지므로 단면이 큰 콘크리트에 적합하다.
④ 초기강도는 크나, 장기강도가 작아진다.

> **해설** 포졸란을 사용한 콘크리트의 특징
> ㉠ 워커빌리티가 커지고 블리딩이 감소한다.
> ㉡ 초기강도는 작으나, 장기강도가 크다.
> ㉢ 수화열이 감소한다(매스 콘크리트에 적합하다).

60 강(鋼)의 화학성분 중에서 취성을 증가시키는 가장 큰 요소는?

① 규소(Si)
② 탄소(C)
③ 인(P)
④ 크롬(Cr)

> **해설** ㉠ 탄소 : 인장강도, 항복점, 경도가 커진다.
> ㉡ 인 : 취성이 커진다.
> ㉢ 망간 : 강도, 경도가 커진다.

제4과목 · 토질 및 기초

61 흙시료의 전단파괴면을 미리 정해놓고 흙의 강도를 구하는 시험은?

① 직접전단시험
② 평판재하시험
③ 일축압축시험
④ 삼축압축시험

62 흙의 다짐시험에서 다짐에너지를 증가시킬 때 일어나는 결과는?

① 최적함수비는 증가하고, 최대 건조단위중량은 감소한다.

② 최적함수비는 감소하고, 최대 건조단위중량은 증가한다.

③ 최적함수비와 최대 건조단위중량이 모두 감소한다.

④ 최적함수비와 최대 건조단위중량이 모두 증가한다.

해설 다짐에너지를 증가시키면 최적함수비는 감소하고, 최대 건조단위중량은 증가한다.

63 Terzaghi의 극한지지력공식에 대한 설명으로 틀린 것은?

① 기초의 형상에 따라 형상계수를 고려하고 있다.

② 지지력계수 N_c, N_q, N_γ는 내부마찰각에 의해 결정된다.

③ 점성토에서의 극한지지력은 기초의 근입깊이가 깊어지면 증가된다.

④ 극한지지력은 기초의 폭에 관계없이 기초하부의 흙에 의해 결정된다.

해설 극한지지력은 기초의 폭과 근입깊이에 비례한다.

64 반무한지반의 지표상에 무한길이의 선하중 q_1, q_2가 다음의 그림과 같이 작용할 때 A점에서의 연직응력 증가는?

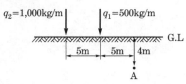

① 3.03kg/m^2　　② 12.12kg/m^2

③ 15.15kg/m^2　　④ 18.18kg/m^2

해설 $\Delta\sigma_Z = \dfrac{2qZ^3}{\pi(x^2+z^2)^2}$ 에서

㉠ $q_1 = 500\text{kg/m} = 0.5\text{t/m}$

$$\Delta\sigma_{Z1} = \frac{2\times 0.5\times 4^3}{\pi\times(5^2+4^2)^2} = 0.012\text{t/m}^2$$

㉡ $q_2 = 1,000\text{kg/m} = 1\text{t/m}$

$$\Delta\sigma_{Z2} = \frac{2\times 1\times 4^3}{\pi\times(10^2+4^2)^2} = 0.003\text{t/m}^2$$

㉢ $\Delta\sigma_Z = \Delta\sigma_{Z1} + \Delta\sigma_{Z2} = 0.012 + 0.003$
$$= 0.015\text{t/m}^2 = 15\text{kg/m}^2$$

65 포화된 지반의 간극비를 e, 함수비를 w, 간극률을 n, 비중을 G_s라 할 때 다음 중 한계동수경사를 나타내는 식으로 적절한 것은?

① $\dfrac{G_s+1}{1+e}$　　② $\dfrac{e-w}{w(1+e)}$

③ $(1+n)(G_s-1)$　　④ $\dfrac{G_s(1-w+e)}{(1+G_s)(1+e)}$

해설 ㉠ $Se = wG_s$
$1\times e = wG_s$
$\therefore\ G_s = \dfrac{e}{w}$

㉡ $i_c = \dfrac{G_s-1}{1+e} = \dfrac{\dfrac{e}{w}-1}{1+e} = \dfrac{\dfrac{e-w}{w}}{1+e} = \dfrac{e-w}{w(1+e)}$

66 다음 그림과 같은 지반에서 하중으로 인하여 수직응력($\Delta\sigma_1$)이 1.0kg/cm^2 증가되고, 수평응력($\Delta\sigma_3$)이 0.5kg/cm^2 증가되었다면 간극수압은 얼마나 증가되었는가? (단, 간극수압계수 $A=0.5$이고 $B=1$이다.)

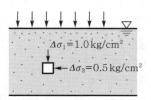

① 0.50kg/cm^2　　② 0.75kg/cm^2

③ 1.00kg/cm^2　　④ 1.25kg/cm^2

해설 $\Delta U = B\Delta\sigma_3 + D(\Delta\sigma_1 - \Delta\sigma_3)$
$$= B[\Delta\sigma_3 + A(\Delta\sigma_1 - \Delta\sigma_3)]$$
$$= 1\times[0.5 + 0.5\times(1.0-0.5)] = 0.75\text{kg/cm}^2$$

67 4.75mm체(4번체) 통과율이 90%이고, 0.075mm 체(200번체) 통과율이 4%, $D_{10} = 0.25$mm, D_{30} = 0.6mm, $D_{60} = 2$mm인 흙을 통일분류법으로 분류하면?

① GW ② GP
③ SW ④ SP

해설 ㉠ $P_{No.200} = 4\% < 50\%$이고, $P_{No.4} = 90\% > 50\%$ 이므로 모래(S)이다.

㉡ $C_u = \dfrac{D_{60}}{D_{10}} = \dfrac{2}{0.25} = 8 > 6$

$C_g = \dfrac{D_{30}^2}{D_{10} D_{60}} = \dfrac{0.6^2}{0.25 \times 2} = 0.72 \neq 1 \sim 3$이므로 빈립도(P)이다.

∴ SP

68 다음 그림과 같은 폭(B) 1.2m, 길이(L) 1.5m 인 사각형 얕은 기초에 폭(B)방향에 대한 편심이 작용하는 경우 지반에 작용하는 최대 압축응력은?

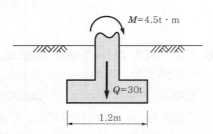

① 29.2t/m² ② 38.5t/m²
③ 39.7t/m² ④ 41.5t/m²

해설 ㉠ $M = Pe$

$4.5 = 30 \times e$

∴ $e = 0.15$m

㉡ $e = 0.15$m $< \dfrac{B}{6} = \dfrac{1.2}{6} = 0.2$m이므로

$q_{max} = \dfrac{Q}{BL} \left(1 + \dfrac{6e}{B}\right)$

$= \dfrac{30}{1.2 \times 1.5} \times \left(1 + \dfrac{6 \times 0.15}{1.2}\right) = 29.17$t/m²

69 어떤 점토의 압밀계수는 1.92×10^{-3}cm²/s, 압축 계수는 2.86×10^{-2}cm²/g이었다. 이 점토의 투수 계수는? (단, 이 점토의 초기간극비는 0.80이다.)

① 1.05×10^{-5}cm²/s ② 2.05×10^{-5}cm²/s
③ 3.05×10^{-5}cm²/s ④ 4.05×10^{-5}cm²/s

해설 $K = C_v m_v \gamma_w = C_v \left(\dfrac{a_v}{1 + e_1}\right) \gamma_w$

$= 1.92 \times 10^{-3} \times \dfrac{2.86 \times 10^{-2}}{1 + 0.8} \times 1$

$= 3.05 \times 10^{-5}$cm/s

70 다음 그림과 같이 옹벽 배면의 지표면에 등분 포하중이 작용할 때 옹벽에 작용하는 전체 주 동토압의 합력(P_a)과 옹벽 저면으로부터 합력 의 작용점까지의 높이(y)는?

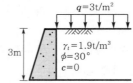

① $P_a = 2.85$t/m, $y = 1.26$m
② $P_a = 2.85$t/m, $y = 1.38$m
③ $P_a = 5.85$t/m, $y = 1.26$m
④ $P_a = 5.85$t/m, $y = 1.38$m

해설 ㉠ $K_a = \tan^2\left(45° - \dfrac{\phi}{2}\right) = \tan^2\left(45° - \dfrac{30°}{2}\right) = \dfrac{1}{3}$

㉡ $P_a = P_{a1} + P_{a2} = \dfrac{1}{2}\gamma_t h^2 K_a + q_s K_a h$

$= \dfrac{1}{2} \times 1.9 \times 3^2 \times \dfrac{1}{3} + 3 \times \dfrac{1}{3} \times 3 = 5.85$t/m

㉢ $P_{a1}\dfrac{h}{3} + P_{a2}\dfrac{h}{2} = P_a y$

$2.85 \times \dfrac{3}{3} + 3 \times \dfrac{3}{2} = 5.85 \times y$

∴ $y = 1.26$m

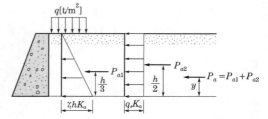

71 유선망(flow net)의 성질에 대한 설명으로 틀린 것은?

① 유선과 등수두선은 직교한다.
② 동수경사(i)는 등수두선의 폭에 비례한다.
③ 유선망으로 되는 사각형은 이론상 정사각형이다.
④ 인접한 두 유선 사이, 즉 유로를 흐르는 침투수량은 동일하다.

해설 유선망의 특징
㉠ 각 유로의 침투유량은 같다.
㉡ 인접한 등수두선 간의 수두차는 모두 같다.
㉢ 유선과 등수두선은 서로 직교한다.
㉣ 유선망으로 되는 사각형은 정사각형이다.
㉤ 침투속도 및 동수구배는 유선망의 폭에 반비례한다.

72 다음 중 부마찰력이 발생할 수 있는 경우가 아닌 것은?

① 매립된 생활쓰레기 중에 시공된 관측정
② 붕적토에 시공된 말뚝기초
③ 성토한 연약점토지반에 시공된 말뚝기초
④ 다짐된 사질지반에 시공된 말뚝기초

73 피조콘(piezocone)시험의 목적이 아닌 것은?

① 지층의 연속적인 조사를 통하여 지층분류 및 지층변화분석
② 연속적인 원지반 전단강도의 추이분석
③ 중간 점토 내 분포한 sand seam 유무 및 발달 정도 확인
④ 불교란시료채취

해설 피조콘
㉠ 콘을 흙 속에 관입하면서 콘의 관입저항력, 마찰저항력과 함께 간극수압을 측정할 수 있도록 다공질필터와 트랜스듀서(transducer)가 설치되어 있는 전자콘을 피조콘이라 한다.
㉡ 결과의 이용
• 연속적인 토층상태 파악
• 점토층에 있는 sand seam의 깊이, 두께 판단
• 지반개량 전후의 지반변화 파악
• 간극수압측정

74 다음 그림에서 토압계수 K=0.5일 때의 응력경로는 어느 것인가?

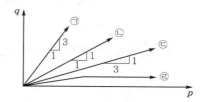

① ㉠   ② ㉡
③ ㉢   ④ ㉣

해설 $\tan\beta = \dfrac{q}{p} = \dfrac{1-K}{1+K} = \dfrac{1-0.5}{1+0.5} = \dfrac{1}{3}$

75 표준관입시험에서 N치가 20으로 측정되는 모래지반에 대한 설명으로 옳은 것은?

① 내부마찰각이 약 30~40° 정도인 모래이다.
② 유효상재하중이 20t/m²인 모래이다.
③ 간극비가 1.2인 모래이다.
④ 매우 느슨한 상태이다.

해설 $\phi = \sqrt{12N} + (15\sim25) = \sqrt{12\times20} + (15\sim25)$
$= 15 + (15\sim25) = 30\sim40°$

76 다음 중 투수계수를 좌우하는 요인이 아닌 것은?

① 토립자의 비중
② 토립자의 크기
③ 포화도
④ 간극의 형상과 배열

해설 $K = D_s^2 \dfrac{\gamma_w}{\mu} \left(\dfrac{e^3}{1+e} \right) C$

77 크기가 30cm×30cm의 평판을 이용하여 사질토 위에서 평판재하시험을 실시하고 극한지지력 20t/m²를 얻었다. 크기가 1.8m×1.8m인 정사각형 기초의 총허용하중은 약 얼마인가? (단, 안전율 3을 사용)

① 22ton   ② 66ton
③ 130ton   ④ 150ton

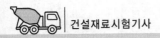
해설 ㉠ 정사각형 기초의 극한지지력

$$q_{u(기초)} = q_{u(재하판)} \frac{B_{(기초)}}{B_{(재하판)}} = 20 \times \frac{1.8}{0.3}$$

$$= 120 \, t/m^2$$

㉡ $q_a = \dfrac{q_u}{F_s} = \dfrac{120}{3} = 40 \, t/m^2$

㉢ $q_a = \dfrac{P}{A}$

$$40 = \frac{P}{1.8 \times 1.8}$$

$$\therefore \, P = 129.6t$$

78 어떤 흙에 대해서 일축압축시험을 한 결과 일축압축강도가 $1.0kg/cm^2$이고, 이 시료의 파괴면과 수평면이 이루는 각이 $50°$일 때 이 흙의 점착력(c)과 내부마찰각(ϕ)은?

① $c = 0.60kg/cm^2$, $\phi = 10°$
② $c = 0.42kg/cm^2$, $\phi = 50°$
③ $c = 0.60kg/cm^2$, $\phi = 50°$
④ $c = 0.42kg/cm^2$, $\phi = 10°$

해설 ㉠ $\theta = 45° + \dfrac{\phi}{2}$

$$50° = 45° + \frac{\phi}{2}$$

$$\therefore \, \phi = 10°$$

㉡ $q_u = 2c \tan\left(45° + \dfrac{\phi}{2}\right)$

$$1 = 2c \times \tan\left(45° + \frac{10°}{2}\right)$$

$$\therefore \, c = 0.42kg/cm^2$$

79 $\gamma_{sat} = 2.0t/m^3$인 사질토가 $20°$로 경사진 무한사면이 있다. 지하수위가 지표면과 일치하는 경우 이 사면의 안전율이 1 이상이 되기 위해서는 흙의 내부마찰각이 최소 몇 도 이상이어야 하는가?

① $18.21°$
② $20.52°$
③ $36.06°$
④ $45.47°$

해설 $F_s = \dfrac{\gamma_{sub}}{\gamma_{sat}} \dfrac{\tan\phi}{\tan i} = \dfrac{1}{2} \times \dfrac{\tan\phi}{\tan 20°} \geq 1$

$$\therefore \, \phi = 36°$$

80 깊은 기초의 지지력평가에 관한 설명으로 틀린 것은?

① 현장 타설 콘크리트 말뚝기초는 동역학적 방법으로 지지력을 추정한다.
② 말뚝항타분석기(PDA)는 말뚝의 응력분포, 경시효과 및 해머효율을 파악할 수 있다.
③ 정역학적 지지력추정방법은 논리적으로 타당하나 강도정수를 추정하는데 한계성을 내포하고 있다.
④ 동역학적 방법은 항타장비, 말뚝과 지반조건이 고려된 방법으로 해머효율의 측정이 필요하다.

해설 현장 타설 콘크리트 말뚝기초의 지지력은 말뚝기초의 지지력을 구하는 정역학적 공식과 같은 방법으로 구한다.

제2회 건설재료시험기사

제1과목 · 콘크리트공학

01 콘크리트의 설계기준압축강도가 40MPa이고, 30회 이상의 시험실적으로부터 구한 압축강도의 표준편차가 5MPa이라면 배합강도는?

① 45.2MPa   ② 46.7MPa
③ 47.7MPa   ④ 48.2MPa

해설 $f_{ck} = 40\text{MPa} > 35\text{MPa}$이므로

  ㉠ $f_{cr} = f_{ck} + 1.34S$
        $= 40 + 1.34 \times 5 = 46.7\text{MPa}$
  ㉡ $f_{cr} = 0.9 f_{ck} + 2.33S$
        $= 0.9 \times 40 + 2.33 \times 5 = 47.65\text{MPa}$
  ∴ ㉠, ㉡ 중에서 큰 값이 f_{cr}이므로
     $f_{cr} = 47.65\text{MPa}$

02 콘크리트의 건조수축량에 관한 다음 설명 중 옳은 것은?

① 단위 굵은 골재량이 많을수록 건조수축량은 크다.
② 분말도가 큰 시멘트일수록 건조수축량은 크다.
③ 습도가 낮고 온도가 높을수록 건조수축량은 작다.
④ 물-결합재비가 동일할 경우 단위수량의 차이에 따라 건조수축량이 달라지지는 않는다.

해설 콘크리트의 건조수축이 큰 경우
단위시멘트양이 많을수록, 분말도가 높을수록, 단위수량이 많을수록, 온도가 높을수록, 습도가 낮을수록

03 프리플레이스트 콘크리트에 대한 일반적인 설명으로 틀린 것은?

① 잔골재의 조립률은 1.4~2.2의 범위로 한다.
② 굵은 골재의 최소 치수는 15mm 이상으로 하여야 한다.
③ 대규모 프리플레이스트 콘크리트를 대상으로 할 경우 굵은 골재의 최소 치수를 작게 하는 것이 좋다.
④ 굵은 골재의 최대 치수와 최소 치수와의 차이를 적게 하면 굵은 골재의 실적률이 낮아지고 주입모르타르의 소요량이 많아진다.

해설 프리플레이스트 콘크리트
  ㉠ 잔골재의 조립률은 1.4~2.2범위로 한다.
  ㉡ 굵은 골재의 최소 치수는 15mm 이상으로 한다.
  ㉢ 굵은 골재의 최대 치수는 최소 치수의 2~4배 정도로 한다.
  ㉣ 대규모 프리플레이스트 콘크리트를 대상으로 할 경우 굵은 골재의 최소 치수를 크게 하는 것이 효과적이며, 굵은 골재의 최소 치수가 클수록 주입모르타르의 주입성이 현저하게 개선되므로 굵은 골재의 최소 치수는 40mm 이상이어야 한다.

04 굳지 않은 콘크리트의 성질에 대한 설명으로 옳지 않은 것은?

① 단위시멘트양이 큰 콘크리트일수록 성형성이 좋다.
② 온도가 높을수록 슬럼프는 감소된다.
③ 둥근 입형의 잔골재를 사용한 콘크리트는 모가 진 부순 모래를 사용한 것에 비해 워커빌리티가 나쁘다.
④ 일반적으로 플라이애시를 사용한 콘크리트는 워커빌리티가 개선된다.

해설 입도가 좋을수록, 입형이 모난 것이나 편평한 것보다 둥글수록 워커빌리티가 커진다.

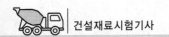

05 콘크리트의 압축강도를 시험하여 거푸집널을 해체하고자 할 때 단층구조의 경우 다음과 같은 조건에서 콘크리트 압축강도는 얼마 이상인 경우 해체가 가능한가?

- 슬래브 밑면의 거푸집널
- 콘크리트의 설계기준압축강도 : 24MPa

① 5MPa 이상   ② 10MPa 이상
③ 14MPa 이상   ④ 16MPa 이상

해설 콘크리트의 압축강도를 시험한 경우 거푸집널의 해체시기

부재	콘크리트 압축강도(f_{cu})
확대기초, 보 옆, 기둥 등의 측벽	5MPa 이상
슬래브 및 보의 밑면, 아치내면	설계기준압축강도의 2/3배 이상, 또한 최소 14MPa 이상

$\therefore$ 압축강도 $= \dfrac{2}{3} \times 24 = 16$MPa

06 경화한 콘크리트는 건전부와 균열부에서 측정되는 초음파전파시간이 다르게 되어 전파속도가 다르다. 이러한 전파속도의 차이를 분석함으로써 균열의 깊이를 평가할 수 있는 비파괴시험방법은?

① Tc-To법   ② 전자파레이더법
③ 분극저항법   ④ RC-Radar법

해설 Tc-To법
수신자와 발신자를 균열의 중심으로 등간격 X로 배치한 경우의 전파시간 T_c와 균열이 없는 부근 $2X$에서의 전파시간 T_s로부터 균열깊이 h를 추정하는 방법이다.

07 서중 콘크리트에 대한 설명으로 틀린 것은?

① 콘크리트를 타설할 때의 콘크리트의 온도는 35℃ 이하이어야 한다.
② 콘크리트는 비빈 후 즉시 타설하여야 하며 일반적인 대책을 강구한 경우라도 2시간 이내에 타설하여야 한다.

③ 일반적으로는 기온 10℃의 상승에 대하여 단위수량은 2~5% 증가하므로 소요의 압축강도를 확보하기 위해서는 단위수량에 비례하여 단위시멘트양의 증가를 검토하여야 한다.
④ 서중 콘크리트의 배합온도는 낮게 관리하여야 한다.

해설 서중 콘크리트는 비빈 후 되도록 빨리 타설하는 것이 바람직하며 지연형 감수제를 사용하는 등의 일반적인 대책을 강구한 경우라도 1.5시간 이내에 타설하여야 한다.

08 프리텐션방식의 프리스트레스트 콘크리트에서 프리스트레싱을 할 때의 콘크리트 압축강도는 얼마 이상이어야 하는가?

① 21MPa   ② 24MPa
③ 27MPa   ④ 30MPa

해설 프리스트레싱할 때의 콘크리트 강도
프리스트레싱할 때의 콘크리트의 압축강도는 어느 정도의 안전도를 확보하기 위하여 프리스트레스를 준 직후, 콘크리트에 일어나는 최대 압축응력의 1.7배 이상이어야 한다. 또한 프리텐션방식에 있어서 콘크리트의 압축강도는 30MPa 이상이어야 한다.

09 경량골재 콘크리트에 대한 일반적인 설명으로 틀린 것은?

① 경량골재는 일반골재에 비하여 물을 흡수하기 쉬우므로 충분히 물을 흡수시킨 상태로 사용하여야 한다.
② 경량골재 콘크리트는 가볍기 때문에 슬럼프가 작게 나오는 경향이 있다.
③ 운반 중의 재료분리는 보통 콘크리트와는 반대로 골재가 위로 떠오르고 시멘트 페이스트가 가라앉는 경향이 있다.
④ 경량골재 콘크리트는 가볍기 때문에 재료분리가 발생하기 쉬워 다짐 시 진동기를 사용하지 않는 것이 좋다.

[해설] 경량골재 콘크리트

㉠ 경량골재 콘크리트를 타설할 때 모르타르가 침하하고 굵은 골재가 위로 떠오르는 재료분리현상이 적게 일어나도록 하여야 한다.

㉡ 내부진동기로 다질 때 그 유효범위는 일반 콘크리트에 비해서 작고 비중이 작아 거푸집의 구석구석이나 철근의 둘레에 잘 다져지지 않으므로 진동기의 간격을 좁게 하거나 진동시간을 길게 하여야 한다.

10 콘크리트 타설 및 다지기 작업 시 주의해야 할 사항으로 틀린 것은?

① 연직시공일 때 슈트 등의 배출구와 타설면까지의 높이는 1.5m 이하를 원칙으로 한다.

② 내부진동기를 사용하여 진동다지기를 할 경우 삽입간격은 일반적으로 1m 이하로 하는 것이 좋다.

③ 내부진동기를 사용하여 진동다지기를 할 경우 내부진동기를 하층의 콘크리트 속으로 0.1m 정도 찔러 넣는다.

④ 타설한 콘크리트를 거푸집 안에서 횡방향으로 이동시켜서는 안 된다.

[해설] 내부진동기 사용방법

㉠ 내부진동기를 하층의 콘크리트 속으로 0.1m 정도 찔러 넣는다.

㉡ 삽입간격은 0.5m 이하로 한다.

㉢ 1개소당 진동시간은 콘크리트 윗면에 페이스트가 떠오를 때까지 실시한다.

11 급속동결융해에 대한 콘크리트의 저항시험(KS F 2456)에서 동결융해사이클에 대한 설명으로 틀린 것은?

① 동결융해 1사이클은 공시체 중심부의 온도를 원칙으로 하며 원칙적으로 4℃에서 −18℃로 떨어지고, 다음에 −18℃에서 4℃로 상승되는 것으로 한다.

② 동결융해 1사이클의 소요시간은 2시간 이상, 4시간 이하로 한다.

③ 공시체의 중심과 표면의 온도차는 항상 28℃를 초과해서는 안 된다.

④ 동결융해에서 상태가 바뀌는 순간의 시간이 5분을 초과해서는 안 된다.

[해설] 동결융해에서 상태가 바뀌는 순간의 시간이 10분을 초과해서는 안 된다.

12 콘크리트 재료의 계량 및 비비기에 대한 설명으로 틀린 것은?

① 계량은 현장 배합에 의해 실시하는 것으로 한다.

② 혼화재의 계량허용오차는 ±2%이다.

③ 강제식 믹서를 사용하여 비비기를 할 경우 비비기 시간은 최소 1분 30초 이상을 표준으로 한다.

④ 비비기는 미리 정해둔 비비기 시간의 3배 이상 계속하지 않아야 한다.

[해설] 비비기

㉠ 비비기 시간은 가경식 믹서일 때에는 1분 30초 이상, 강제식 믹서일 때에는 1분 이상을 표준으로 한다.

㉡ 비비기는 미리 정해둔 비비기 시간의 3배 이상 계속해서는 안 된다.

13 매스 콘크리트의 균열 발생검토에 쓰이는 것으로 콘크리트의 인장강도를 온도에 의한 인장응력으로 나눈 값을 무엇이라고 하는가?

① 성숙도　　　　② 온도균열지수
③ 크리프　　　　④ 동탄성계수

14 콘크리트에 섬유를 보강하면 섬유의 에너지흡수능력으로 인해 콘크리트의 여러 역학적 성질이 개선되는데, 이들 중 가장 크게 개선되는 성질은?

① 경도　　　　　② 인성
③ 전성　　　　　④ 연성

[해설] 섬유보강 콘크리트는 콘크리트의 인장강도, 휨강도, 인성, 전단강도 및 내충격성을 대폭 개선할 목적으로 사용된다.

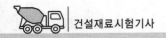

15 시방배합결과 콘크리트 1m³에 사용되는 물은 180kg, 시멘트는 390kg, 잔골재는 700kg, 굵은 골재는 1,100kg이었다. 현장 골재의 상태가 다음과 같을 때 현장 배합에 필요한 단위 굵은 골재량은?

- 현장의 잔골재는 5mm체에 남는 것을 10% 포함
- 현장의 굵은 골재는 5mm체를 통과하는 것을 5% 포함
- 잔골재의 표면수량은 2%
- 굵은 골재의 표면수량은 1%

① 1,060kg ② 1,071kg
③ 1,082kg ④ 1,093kg

해설 ㉠ 골재량의 수정 : 잔골재량을 x, 굵은 골재량을 y라 하면

$x + y = 700 + 1,100 = 1,800$ ··················· ⓐ
$0.1x + (1 - 0.05)y = 1,100$ ··················· ⓑ

식 ⓐ를 식 ⓑ에 대입하여 풀면

$x = 717.65\text{kg},\ y = 1082.35\text{kg}$

㉡ 표면수량 수정
- 굵은 골재 표면수량 $= 1082.35 \times 0.01$
  $= 10.82\text{kg}$
- 굵은 골재량 $= 1082.35 + 10.82$
  $= 1093.17\text{kg}$

16 프리스트레스 콘크리트의 그라우트에 대한 설명으로 틀린 것은?

① 체적변화율의 기준값은 24시간 경과 시 $-1 \sim 5\%$ 범위이다.
② 블리딩률의 기준값은 3시간 경과 시 0.3% 이하로 한다.
③ 부재 콘크리트와 긴장재를 일체화시키는 부착강도는 재령 7일 또는 28일의 압축강도로 대신하여 설정할 수 있다.
④ 물－결합재비는 45% 이상으로 한다.

해설 PSC 그라우트 품질기준
㉠ 블리딩률의 기준값은 3시간 경과 시 0.3% 이하로 한다.
㉡ 체적변화율의 기준값은 24시간 경과 시 $-1 \sim 5\%$ 범위이다.
㉢ 물－결합재비는 45% 이하로 한다.

17 콘크리트의 고압증기양생에 대한 설명으로 틀린 것은?

① 고압증기양생한 콘크리트는 보통 양생한 것에 비해 철근과의 부착강도가 약 2배 정도로 커진다.
② 고압증기양생은 용해성의 유리석회가 없기 때문에 백태현상을 감소시킨다.
③ 고압증기양생을 실시한 콘크리트의 크리프는 감소된다.
④ 고압증기양생한 콘크리트의 수축률은 크게 감소된다.

해설 고압증기양생
㉠ 보통 양생한 것에 비해 철근의 부착강도가 약 1/2이 되므로 철근콘크리트 부재에 고압증기양생을 하는 것은 바람직하지 못하다.
㉡ 백태현상이 감소한다.
㉢ 건조수축이 작아진다.
㉣ 어느 정도의 취성이 있다.
㉤ creep가 크게 감소한다.

18 콘크리트의 배합설계에 대한 설명으로 틀린 것은?

① 콘크리트를 경제적으로 제조한다는 관점에서 될 수 있는 대로 최대 치수가 작은 굵은 골재를 사용하는 것이 일반적으로 유리하다.
② 단위시멘트양은 원칙적으로 단위수량과 물－결합재비로부터 정하여야 한다.
③ 잔골재율은 소요의 워커빌리티를 얻을 수 있는 범위 내에서 단위수량이 최소가 되도록 시험에 의해 정하여야 한다.
④ 유동화 콘크리트의 경우 유동화 후 콘크리트의 워커빌리티를 고려하여 잔골재율을 결정할 필요가 있다.

해설 콘크리트를 경제적으로 제조한다는 관점에서 될 수 있는 대로 최대 치수가 큰 굵은 골재를 사용하는 것이 일반적으로 유리하다.

19 콘크리트의 초기균열 중 콘크리트 표면수의 증발속도가 블리딩속도보다 빠른 경우와 같이 급속한 수분증발이 일어나는 경우 발생하기 쉬운 균열은?

① 거푸집변형에 의한 균열
② 침하수축균열
③ 소성수축균열
④ 건조수축균열

해설 **소성수축균열**
콘크리트 표면의 물의 증발속도가 블리딩속도보다 빠른 경우와 같이 급속한 수분증발이 일어나는 경우에 콘크리트 마무리면에 생기는 가늘고 얇은 균열을 말한다.

20 다음 관리도의 종류에서 정규분포이론이 적용되지 않는 것은?

① P관리도(불량률관리도)
② x관리도(측정값 자체의 관리도)
③ $\overline{x}-R$관리도(평균값과 범위의 관리도)
④ $\overline{x}-\sigma$관리도(평균값과 표준편차의 관리도)

해설 **계수치를 대상으로 하는 관리도**
㉠ P관리도(불량률관리도)
㉡ P_n관리도(불량개수관리도)
㉢ C관리도(결점수관리도)
㉣ U관리도(결점 발생률관리도)

제2과목 · 건설시공 및 관리

21 댐의 기초암반의 변형성이나 강도를 개량하여 균일성을 주기 위하여 기초지반에 걸쳐 격자형으로 그라우팅을 하는 것은?

① 압밀(consolidation) 그라우팅
② 커튼(curtain) 그라우팅
③ 블랭킷(blanket) 그라우팅
④ 림(rim) 그라우팅

해설 **grouting공법**
㉠ consolidation grouting : 기초암반의 변형성이나 강도를 개량하여 균일성을 기하고 지지력을 증대시킬 목적으로 기초 전반에 격자모양으로 실시한다.
㉡ curtain grouting : 기초암반을 침투하는 물의 지수를 목적으로 실시한다.
㉢ blanket grouting : 암반의 표층부에서 침투류의 억제목적으로 실시한다.
㉣ rim grouting : 댐의 취수부 또는 전 저수지에 걸쳐 댐 테두리에 실시한다.

22 콘크리트 포장이음부의 시공과 관계가 가장 적은 것은?

① 슬립폼(slip form)
② 타이바(tie bar)
③ 다월바(dowel bar)
④ 프라이머(primer)

해설 ㉠ 다월바(dowel bar) : 가로줄눈에 종방향으로 설치하며 줄눈부에서의 하중전달을 원활히 하여 하중에 의한 슬래브의 휨처짐을 감소시켜 주고 승차감을 좋게 유지시켜 주는 역할을 한다.
㉡ 타이바(tie bar) : 세로줄눈에 가로질러 설치하며 세로줄눈에 발생한 균열이 과도하게 벌어지는 것을 막는 역할을 한다.

23 일반적인 품질관리순서 중 가장 먼저 결정해야 할 것은?

① 품질조사 및 품질검사
② 품질표준 결정
③ 품질특성 결정
④ 관리도의 작성

해설 **품질관리순서**
㉠ 품질특성 선정
㉡ 품질표준 결정
㉢ 작업표준 결정
㉣ 규격대조(품질시험을 실시하고 Histogram을 작성한다.)
㉤ 공정, 안전검토(공정능력도, 관리도를 이용한다.)

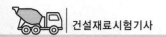

24 배수로의 설계 시 유의해야 할 사항으로 틀린 것은?

① 집수면적이 커야 한다.
② 집수지역은 다소 깊어야 한다.
③ 배수 단면은 하류로 갈수록 커야 한다.
④ 유하속도가 느려야 한다.

해설 배수로의 기능을 높이기 위한 조건
　ㄱ 집수면적이 클 것
　ㄴ 배수로를 깊게 굴착할 것(지하수 배제를 위해)
　ㄷ 상류측보다 하류측에서 배수로 단면이 클 것
　ㄹ 침전 가능한 이토는 유속이 빠르게 유하시킬 것

25 콘크리트 말뚝이나 선단폐쇄강관말뚝과 같은 타입말뚝은 흙을 횡방향으로 이동시켜서 주위의 흙을 다져주는 효과가 있다. 이러한 말뚝을 무엇이라고 하는가?

① 배토말뚝　　　② 지지말뚝
③ 주동말뚝　　　④ 수동말뚝

해설 배토말뚝과 비배토말뚝
　ㄱ 배토말뚝 : 타격, 진동으로 박는 폐단기성말뚝
　ㄴ 소배토말뚝 : H말뚝, 선굴착 최종 항타말뚝
　ㄷ 비배토말뚝 : 중굴말뚝, 현장 타설말뚝

26 다음에서 설명하는 교량은?

• PSC박스형교를 개선한 신개념의 교량형태
• 부모멘트구간에서 PS강재로 인해 단면에 도입되는 축력과 모멘트를 증가시키기 위해 단면 내에 위치하던 PS강재를 낮은 주탑 정부에 external tendon의 형태로 배치하여 부재의 유효높이 이상으로 PS강재의 편심량을 증가시킨 형태의 교량

① 현수교　　　　② extradosed교
③ 사장교　　　　④ warren truss교

해설 엑스트라도즈드교(extradosed교)
　편심효과를 극대화하기 위하여 거더 단면 밖으로 PS강재를 낮은 주탑의 정부에 external tendon(외부긴장재)형태로 케이블을 위치시킨 대편심교량이다.

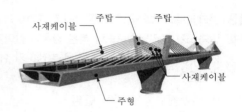

27 다음과 같은 특징을 가진 굴착장비의 명칭은?

이동차대 위에 설치한 1~5개의 붐(boom) 끝에 드리프터를 장착하여 동시에 많은 천공을 할 수 있고 단단한 암이나 터널굴착에 적용하며 NATM공법에 많이 사용한다.

① stoper　　　　② jumbo drill
③ rock drill　　④ sinker

28 순폭(殉爆)에 대한 설명으로 옳은 것은?

① 순폭(殉爆)이란 폭파가 완전히 이루어지는 것을 말한다.
② 한 약포폭발에 감응되어 인접 약포가 폭발되는 것을 순폭(殉爆)이라 한다.
③ 폭파계수, 최소 저항선, 천공경 등을 결정하여 표준장약량을 결정하기 위해 실시하는 것을 순폭(殉爆)이라 한다.
④ 누두지수(n)가 1이 되는 경우는 폭약이 가장 유효하게 사용되었음을 나타내며, 이때의 폭발을 순폭(殉爆)이라 한다.

해설 순폭(sympathetic detonation)
　어느 한 곳에서 화약이 폭발하였을 때에 그것에 유발되어 그 장소에서 떨어진 곳에 있는 화약도 폭발하는 것

29 흙을 자연상태로 쌓아올렸을 때 급경사면은 점차로 붕괴하여 안정된 비탈면이 되는데, 이때 형성되는 각도를 무엇이라 하는가?

① 흙의 자연각　　② 흙의 경사각
③ 흙의 안정각　　④ 흙의 안식각

해설 안정된 비탈면과 수평면과의 각도를 흙의 안식각이라 한다.

30 버킷용량이 $0.8m^3$, 버킷계수가 0.9인 백호를 사용하여 12t 덤프트럭 1대에 흙을 적재하고자 할 때 필요한 적재시간은 얼마인가? (단, 흙의 단위무게$(\gamma_t)=1.6/m^3$, $L=1.2$, 백호의 사이클타임$(C_m)=30$초, 백호의 작업효율$=0.75$)

① 7.13분   ② 7.94분
③ 8.67분   ④ 9.51분

해설 ㉠ $q_t = \dfrac{T}{\gamma_t}L = \dfrac{12}{1.6} \times 1.2 = 9m^3$

㉡ $n = \dfrac{q_t}{qK} = \dfrac{9}{0.8 \times 0.9} = 12.5 = 13$회

㉢ $C_{mt} = \dfrac{C_{ms}n}{60E_s} = \dfrac{30 \times 13}{60 \times 0.75} = 8.67$분

31 교대 날개벽의 가장 주된 역할은?

① 미관의 향상
② 교대하중의 부담 감소
③ 교대 배면성토의 보호 및 세굴 방지
④ 유량을 경감시켜 토사의 퇴적을 촉진시켜 교대의 보호 증진

해설 교대의 날개벽은 교대 배면토의 보호 및 세굴을 방지하는 역할을 한다.

32 다음 건설기계 중 굴착과 싣기를 같이 할 수 있는 기계가 아닌 것은?

① 백호   ② 트랙터 셔블
③ 준설선(dredger)   ④ 리퍼(ripper)

33 $0.6m^3$의 백호(back hoe) 한 대를 사용하여 $20,000m^3$의 기초굴착을 할 때 굴착일수는? (단, 백호의 사이클타임 : 26sec, 디퍼계수 : 1.0, 토량환산계수(f) : 0.8, 작업효율(E) : 0.6, 1일 운전시간 8시간)

① 63일   ② 68일
③ 72일   ④ 80일

해설 ㉠ $Q = \dfrac{3,600qkfE}{C_m} = \dfrac{3,600 \times 0.6 \times 1 \times 0.8 \times 0.6}{26}$

$= 39.88m^3/h$

㉡ 굴착일수 $= \dfrac{20,000}{39.88 \times 8} = 62.69 = 63$일

34 말뚝이 30개로 형성된 군항기초에서 말뚝의 효율은 0.75이다. 단항으로 계산할 때 말뚝 한 개의 허용지지력이 20t이라면 군항의 허용지지력은?

① 450t   ② 220t
③ 500t   ④ 350t

해설 $R_{ag} = ENR_a = 0.75 \times 30 \times 20 = 450t$

35 공사기간의 단축은 비용경사(cost slope)를 고려해야 한다. 다음 표를 보고 비용경사를 구하면?

표준상태		특급상태	
작업일수	공사비(원)	작업일수	공사비(원)
10	34,000	8	44,000

① 1,000원   ② 2,000원
③ 5,000원   ④ 10,000원

해설 비용경사 $= \dfrac{\text{특급공비} - \text{표준공비}}{\text{표준공기} - \text{특급공기}}$

$= \dfrac{44,000 - 34,000}{10 - 8} = 5,000$원

36 토적곡선(mass curve)에 대한 설명 중 틀린 것은?

① 동일 단면 내의 절토량, 성토량은 토적곡선에서 구할 수 있다.
② 평균운반거리는 전토량 2등분 선상의 점을 통하는 평행선과 나란한 수평거리로 표시한다.
③ 절토구간의 토적곡선은 상승곡선이 되고, 성토구간의 토적곡선은 하향곡선이 된다.
④ 곡선의 최대값을 나타내는 점은 절토에서 성토로 옮기는 점이다.

해설 토적곡선에서는 횡방향 유용토를 제외시켰다.

37 도로주행 중 노면의 한 개소를 차량이 집중통과하여 표면의 재료가 마모되고 유동을 일으켜서 노면이 얕게 패인 자국을 무엇이라고 하는가?

① 플러시(flush)
② 러팅(rutting)
③ 블로업(blow up)
④ 블랙베이스(black base)

해설 **소성변형(rutting)**
도로의 횡단방향의 요철로서 대형차의 교통, 혼합물의 품질불량 등이 원인이다.

38 대선 위에 셔블계 굴착기인 클램셸을 선박에 장치한 준설선인 그래브 준설선의 특징에 대한 설명으로 틀린 것은?

① 소규모 및 협소한 장소에 적합하다.
② 굳은 토질의 준설에 적합하다.
③ 준설능력이 작다.
④ 준설깊이를 용이하게 조절할 수 있다.

해설 **그래브 준설선**

장점	단점
• 협소한 장소의 준설, 소규모의 준설에 적합하다. • 기계가 저렴하다. • 준설깊이를 용이하게 증가할 수 있다.	• 준설능력이 적다. • 굳은 토질에는 부적당하다. • 수저를 평탄하게 할 수 없다.

39 공기케이슨공법에 관한 설명으로 틀린 것은?

① 노동조건의 제약을 받기 때문에 노무비가 과대하다.
② 토질을 확인할 수 있고 정확한 지지력측정이 가능하다.
③ 소규모 공사 또는 심도가 얕은 곳에는 비경제적이다.
④ 배수를 하면서 시공하므로 지하수위변화를 주어 인접 지반에 침하를 일으킨다.

해설 **공기케이슨기초**
지하수를 저하시키지 않으며 히빙, 보일링을 방지할 수 있으므로 인접 구조물의 침하 우려가 없다.

40 지하층을 구축하면서 동시에 지상층도 시공이 가능한 역타공법(top-down공법)이 현장에서 많이 사용된다. 역타공법의 특징으로 틀린 것은?

① 인접 건물이나 인접 지대에 영향을 주지 않는 지하굴착공법이다.
② 대지의 활용도를 극대화할 수 있으므로 도심지에서 유리한 공법이다.
③ 지하층 슬래브와 지하벽체 및 기초말뚝기둥과의 연결작업이 쉽다.
④ 지하주벽을 먼저 시공하므로 지하수 차단이 쉽다.

해설 **Top-down공법**
㉠ 장점
  • 주변 건물과 근접시공이 가능하며 벽체의 깊이에 제한이 없다.
  • 굴착 시 주변 지반의 변형이 적다.
  • 저소음, 저진동으로 도심지공사에 적합하다.
㉡ 단점
  • 공사비가 비싸다.
  • 지하굴착이 어렵다.
  • 환기, 조명시설이 필요하다.

제3과목 · 건설재료 및 시험

41 로스앤젤레스시험기에 의한 굵은 골재의 마모시험결과가 다음과 같을 때 마모감량은?

• 시험 전 시료의 질량 : 1,250g
• 시험 후 1.7mm체에 남은 시료의 질량 : 870g

① 28.3%
② 28.9%
③ 29.7%
④ 30.4%

해설 $R = \dfrac{m_1 - m_2}{m_1} \times 100 = \dfrac{1,250 - 870}{1,250} \times 100 = 30.4\%$

42 목재의 장점에 대한 설명으로 틀린 것은?

① 무게가 가벼워서 취급이나 운반이 쉽다.
② 내구성은 석재나 콘크리트보다는 떨어지나 방부처리를 하면 상당한 내구성을 갖는다.
③ 가공이 용이하고 외관이 아름답다.
④ 재질이나 강도가 균일하다.

해설 목재
㉠ 장점
- 가볍고 취급 및 가공이 쉽다.
- 비중에 비해 강도가 크다.
- 열, 전기, 음 등에 부동체이다.
- 열팽창계수가 작다.
- 탄성, 인성이 크고 충격, 진동 등을 잘 흡수한다.
- 외관이 아름답다.
㉡ 단점
- 내화성이 작다.
- 부식이 쉽고 충해를 받는다.
- 재질과 강도가 균일하지 못하다.
- 함수율의 변화에 의한 변형과 팽창, 수축이 크다.

43 아스팔트 품질에 있어 공용성등급(performance grade)을 KS 등에 도입하여 적용하고 있다. 다음과 같은 표기에서 "76"의 의미로 옳은 것은?

PG 76-22

① 7일간의 평균 최고포장설계온도
② 22일간의 평균 최고포장설계온도
③ 최저포장설계온도
④ 연화점

해설 ㉠ PG(Performance Grade) : 공용성등급
㉡ 76 : 7일간의 평균 최고포장설계온도
㉢ 22 : 최저포장설계온도

44 시멘트의 분말도가 높을 경우 콘크리트에 미치는 영향에 대한 설명으로 틀린 것은?

① 응결이 빠르다.

② 발열량이 적다.
③ 초기강도가 커진다.
④ 시멘트의 워커빌리티가 좋아진다.

해설 분말도가 큰 시멘트의 특징
㉠ 수화작용이 빠르다.
㉡ 초기강도가 크고 강도증진율이 크다.
㉢ 블리딩이 적고 워커빌리티가 크다.
㉣ 건조수축이 커서 균열이 발생하기 쉽다.
㉤ 풍화하기 쉽다.

45 혼합 시멘트 및 특수 시멘트에 관한 설명으로 틀린 것은?

① 고로 시멘트는 초기강도는 작으나, 장기강도는 보통 포틀랜드 시멘트와 비슷하거나 약간 크다.
② 플라이애시 시멘트는 해수(海水)에 대한 저항성이 크고 수밀성이 좋아 수리구조물에 유리하다.
③ 알루미나 시멘트는 조기강도가 작고 발열량이 적기 때문에 여름공사(署中工事)에 적합하다.
④ 초속경(超速硬) 시멘트는 응결시간이 짧고 경화 시 발열이 큰 특징을 가지고 있다.

해설 알루미나 시멘트
㉠ 초조강성으로 24시간에 보통 시멘트의 28일 강도를 발현한다.
㉡ 발열량이 크기 때문에 긴급공사를 요하는 공사나 한중공사에 적합하다.

46 역청재료의 침입도시험에서 중량 100g의 표준침이 5초 동안에 5mm 관입했다면 이 재료의 침입도는 얼마인가?

① 100   ② 50
③ 25   ④ 5

해설 0.1mm 관입량이 침입도 1이므로
$0.1 : 1 = 5 : x$
$\therefore x = 50$

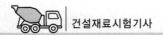

47 스트레이트 아스팔트에 대한 설명으로 틀린 것은?

① 블론 아스팔트에 비해 감온성이 작다.
② 블론 아스팔트에 비해 신장성이 우수하다.
③ 블론 아스팔트에 비해 탄력성이 작다.
④ 주요 용도는 도로, 활주로, 댐 등의 포장용 혼합물의 결합재이다.

해설 아스팔트의 성질 비교

종류	스트레이트 아스팔트	블론 아스팔트
신도, 감온성, 방수성	크다.	작다.
점착성	매우 크다.	작다.
탄력성	작다.	크다.

48 단위폭약 중 다음에서 설명하는 것은?

- 다이너마이트보다 발화점이 높고 충격에 둔감하여 취급에 위험성이 적다.
- 큰 돌의 채석, 암석, 경질토사의 절토에 적합하다.
- 유해가스의 발생이 많고 흡수성이 크기 때문에 터널공사에는 부적당하다.

① 칼릿
② 니트로글리세린
③ 질산암모늄계 폭약
④ 무연화약

해설 칼릿(carlit)
㉠ 다이너마이트보다 발화점이 낮고(295℃) 충격에 둔감하므로 취급상 위험이 적다.
㉡ 폭발력은 다이너마이트보다 우수하며 흑색화약의 4배에 달한다.
㉢ 유해가스의 발생이 많고 흡수성이 크기 때문에 터널공사에는 부적당하다.
㉣ 채석장에서 큰 돌의 채석에 적합하다.

49 콘크리트용 혼화재로 실리카퓸(silica fume)을 사용한 경우 그 효과에 대한 설명으로 잘못된 것은?

① 콘크리트의 재료분리저항성, 수밀성이 향상된다.

② 알칼리골재반응의 억제효과가 있다.
③ 내화학약품성이 향상된다.
④ 단위수량과 건조수축이 감소된다.

해설 실리카퓸
㉠ 장점
- bleeding이 감소한다.
- 재료분리가 생기지 않는다.
- 조직이 치밀하므로 강도가 커지고 수밀성, 화학적 저항성 등이 커진다.
㉡ 단점
- 워커빌리티가 작아진다.
- 단위수량이 커진다.
- 건조수축이 커진다.

50 콘크리트용 혼화재료에 대한 설명으로 틀린 것은?

① 방청제는 철근이나 PC강선이 부식하는 것을 방지하기 위해 사용한다.
② 급결제를 사용한 콘크리트는 초기 28일의 강도증진은 매우 크고 장기강도의 증진 또한 큰 경우가 많다.
③ 지연제는 시멘트의 수화반응을 늦춰 응결시간을 길게 할 목적으로 사용되는 혼화제이다.
④ 촉진제는 보통 염화칼슘을 사용하며, 일반적인 사용량은 시멘트 질량에 대하여 2% 이하를 사용한다.

해설 급결제
㉠ 급결제는 NATM공법에서 굴착면이나 노출면에 건배합한 콘크리트 재료와 물을 압축공기로 불어넣는 주입 콘크리트와 같은 주로 응결을 단축시키기 위해 사용되는 혼화제이다.
㉡ 급결제를 사용한 콘크리트의 성질
- 1~2일까지의 강도는 커지나, 장기강도는 작아진다.
- 동결융해저항성은 보통 콘크리트와 같다.

51 다음 중 기상작용에 대한 골재의 저항성을 평가하기 위한 시험은?

① 로스앤젤레스마모시험
② 밀도 및 흡수율시험
③ 안정성시험
④ 유해물함량시험

해설 동결융해저항성은 골재의 안정성시험을 하여 그 결과로부터 판단한다.
  ㉠ 안정성시험 : 황산나트륨(Na_2SO_4) 포화용액으로 인한 부서짐작용에 대한 저항성을 시험한다.
  ㉡ 5회 시험했을 때 손실질량비의 한도(안정성의 규격)

시험용액	손실질량비(%)	
	잔골재	굵은 골재
황산나트륨	10 이하	12 이하

52 철근콘크리트 구조물에 사용할 굵은 골재에서 유해물인 점토덩어리의 함유량이 0.18%이었다면 연한 석편의 함유량은 최대 얼마 이하이어야 하는가?

① 2.82%　　　② 3.82%
③ 4.82%　　　④ 5.82%

해설 굵은 골재의 유해물함유량한도(질량 백분율)

종류	최대값(%)
점토덩어리	0.25
연한 석편	5.0
0.08mm체 통과량	1.0

※ 점토덩어리와 연한 석편의 합은 5%를 초과하지 않아야 한다.
∴ 연한 석편의 함유량 = 5 − 0.18 = 4.82%

53 콘크리트용 응결촉진제에 대한 설명으로 틀린 것은?

① 조기강도를 증가시키지만 사용량이 과다하면 순결 또는 강도저하를 나타낼 수 있다.
② 한중 콘크리트에 있어서 동결이 시작되기 전에 미리 동결에 저항하기 위한 강도를 조기에 얻기 위한 용도로 많이 사용된다.

③ 염화칼슘을 주성분으로 한 촉진제는 콘크리트의 황산염에 대한 저항성을 증가시키는 경향을 나타낸다.
④ PSC강재에 접촉하면 부식 또는 녹이 슬기 쉽다.

해설 염화칼슘의 사용이 콘크리트 성질에 미치는 영향
  ㉠ 보통 콘크리트보다 재령 1일 강도가 2배 정도 증가하나, 장기강도는 감소한다.
  ㉡ 건조수축과 크리프가 커진다.
  ㉢ 황산염에 대한 저항성을 감소시킨다.
  ㉣ 알칼리골재반응을 약화시킨다.
  ㉤ 철근을 부식시키기 쉽다.

54 골재의 조립률이 6.6인 골재와 5.8인 골재 2종류의 굵은 골재를 중량비 8:2로 혼합한 혼합골재의 조립률로 옳은 것은?

① 6.24　　　② 6.34
③ 6.44　　　④ 6.54

해설 $FM = \dfrac{x}{x+y}F_a + \dfrac{y}{x+y}F_b$

$= \dfrac{8}{8+2} \times 6.6 + \dfrac{2}{8+2} \times 5.8 = 6.44$

55 재료의 성질 중 작은 변형에도 파괴하는 성질을 무엇이라 하는가?

① 소성　　　② 탄성
③ 연성　　　④ 취성

해설 ㉠ 소성 : 외력을 제거해도 그 변형은 그대로 남아있고 원형으로 되돌아가지 못하는 성질
  ㉡ 탄성 : 외력을 받아 변형한 재료에 외력을 제거하면 원상태로 돌아가는 성질
  ㉢ 연성 : 인장력을 가했을 때 가늘고 길게 늘어나는 성질
  ㉣ 취성 : 작은 변형에도 파괴되는 성질

56 재료에 외력을 작용시키고 변형을 억제하면 시간이 경과함에 따라 재료의 응력이 감소하는 현상을 무엇이라 하는가?

① 탄성　　　② 취성
③ 크리프　　　④ 릴랙세이션

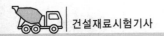

57 암석의 분류방법 중 보편적으로 사용되며 화성암, 퇴적암, 변성암으로 분류하는 방법은 무엇인가?

① 화학성분에 의한 방법
② 성인에 의한 방법
③ 산출상태에 의한 방법
④ 조직구조에 의한 방법

> **해설** 암석의 성인에 따른 분류
> ㉠ 화성암 : 화강암, 안산암, 현무암 등
> ㉡ 변성암 : 대리석, 편마암, 사문암 등
> ㉢ 퇴적암 : 사암, 점판암, 석회암 등

58 시멘트 비중시험(KS L 5110)의 정밀도 및 편차 규정에 대한 설명으로 옳은 것은?

① 동일 시험자가 동일 재료에 대하여 2회 측정한 결과가 ±0.03 이내이어야 한다.
② 동일 시험자가 동일 재료에 대하여 3회 측정한 결과가 ±0.05 이내이어야 한다.
③ 서로 다른 시험자가 동일 재료에 대하여 2회 측정한 결과가 ±0.03 이내이어야 한다.
④ 서로 다른 시험자가 동일 재료에 대하여 3회 측정한 결과가 ±0.05 이내이어야 한다.

> **해설** 시멘트 비중시험의 정밀도 및 편차(KS L 5110)
> 동일 시험자가 동일 재료에 대하여 2회 측정한 결과가 ±0.03 이내이어야 한다.

59 석재의 성질에 대한 일반적인 설명으로 틀린 것은?

① 석재는 모든 강도 가운데 인장강도가 최대이다.
② 석재의 흡수율은 풍화, 파괴, 내구성과 크게 관계가 있다.
③ 석재의 밀도는 조성성분의 성질, 비율, 조직 속의 공극 등에 따라 다르다.
④ 석재는 조암광물의 팽창계수가 서로 다르기 때문에 고온에서는 파괴된다.

> **해설** 석재의 역학적 성질
> ㉠ 압축강도가 가장 크며 인장, 휨, 전단강도는 압축강도에 비해 매우 작기 때문에 주로 압축력을 받는 부분에 사용된다.
> ㉡ 공극률이 크고 흡수율이 큰 다공질 암석은 동해를 받기 쉽고 내구성이 작아진다.

60 다음에서 설명하는 토목섬유의 종류와 그 주요 기능으로 옳은 것은?

> 폴리머를 판상으로 압축시키면서 격자모양의 그리드형태로 구멍을 내어 특수하게 만든 후 여러 모양으로 넓게 늘여 편 형태의 토목섬유

① 지오그리드 – 보강, 분리
② 지오네트 – 배수, 보강
③ 지오매트 – 배수, 필터
④ 지오네트 – 보강, 분리

제4과목 · 토질 및 기초

61 다음 그림과 같이 점토질지반에 연속기초가 설치되어 있다. Terzaghi공식에 의한 이 기초의 허용지지력은? (단, $\phi = 0$이며 폭(B)=2m, N_c=5.14, N_q=1.0, N_γ=0, 안전율 F_s=3이다.)

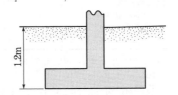

점토질지반 $\gamma = 1.92 \text{t/m}^3$
일축압축강도 $q_u = 14.86 \text{t/m}^2$

① 6.4t/m^2
② 13.5t/m^2
③ 18.5t/m^2
④ 40.49t/m^2

> **해설** 연속기초이므로 $\alpha = 1.0$, $\beta = 0.5$이다.
> ㉠ $q_u = \alpha c N_c + \beta B \gamma_1 N_\gamma + D_f \gamma_2 N_q$
> $$= 1 \times \frac{14.86}{2} \times 5.14 + 0 + 1.2 \times 1.92 \times 1$$
> $$= 40.49 \text{t/m}^2$$
> ㉡ $q_a = \dfrac{q_u}{F_s} = \dfrac{40.49}{3} = 13.5 \text{t/m}^2$

62 어떤 지반에 대한 토질시험결과 점착력 $c=0.50\text{kg/m}^2$, 흙의 단위중량 $\gamma=2.0\text{t/m}^3$이었다. 그 지반에 연직으로 7m를 굴착했다면 안전율은 얼마인가? (단, $\phi=0$이다.)

① 1.43 ② 1.51
③ 2.11 ④ 2.61

해설 $c=0.5\text{kg/cm}^2=5\text{t/m}^2$이므로

㉠ $H_c=\dfrac{4c\tan\left(45°+\dfrac{\phi}{2}\right)}{\gamma}=\dfrac{4\times5\times\tan\left(45°+\dfrac{0}{2}\right)}{2}$
$=10\text{m}$

㉡ $F_s=\dfrac{H_c}{H}=\dfrac{10}{7}=1.43$

63 수조에 상방향의 침투에 의한 수두를 측정한 결과 다음 그림과 같이 나타났다. 이때 수조 속에 있는 흙에 발생하는 침투력을 나타낸 식은? (단, 시료의 단면적은 A, 시료의 길이는 L, 시료의 포화단위중량은 γ_{sat}, 물의 단위중량은 γ_w이다.)

① $\Delta h\,\gamma_w\,\dfrac{A}{L}$

② $\Delta h\,\gamma_w\,A$

③ $\Delta h\,\gamma_{sat}\,A$

④ $\dfrac{\gamma_{sat}}{\gamma_w}A$

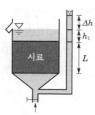

해설 $F=\gamma_w\,\Delta h\,A$

64 무게가 3ton인 단동식 증기 hammer를 사용하여 낙하고 1.2m에서 pile을 타입할 때 1회 타격당 최종 침하량이 2cm이었다. Engineering News공식을 사용하여 허용지지력을 구하면 얼마인가?

① 13.3t ② 26.7t
③ 80.8t ④ 160t

해설 ㉠ $R_u=\dfrac{Wh}{s+0.254}=\dfrac{3\times120}{2+0.254}=160\text{t}$

㉡ $R_a=\dfrac{R_u}{F_s}=\dfrac{160}{6}=26.67\text{t}$

65 점토지반의 강성기초의 접지압분포에 대한 설명으로 옳은 것은?

① 기초의 모서리 부분에서 최대 응력이 발생한다.
② 기초의 중앙 부분에서 최대 응력이 발생한다.
③ 기초 밑면의 응력은 어느 부분이나 동일하다.
④ 기초 밑면에서의 응력은 토질에 관계없이 일정하다.

해설 점토지반에서 강성기초의 접지압은 기초의 모서리 부분에서 최대이다.

66 어떤 시료에 대해 액압 1.0kg/cm²를 가해 각 수직변위에 대응하는 수직하중을 측정한 결과가 다음 표와 같다. 파괴 시의 축차응력은? (단, 피스톤의 지름과 시료의 지름은 같다고 보며 시료의 단면적 $A_o=18\text{cm}^2$, 길이 $L=14\text{cm}$이다.)

ΔL (1/100mm)	0	⋯	1,000	1,100	1,200	1,300	1,400
P [kg]	0	⋯	54.0	58.0	60.0	59.0	58.0

① 3.05kg/cm² ② 2.55kg/cm²
③ 2.05kg/cm² ④ 1.55kg/cm²

해설 ㉠ $A=\dfrac{A_o}{1-\varepsilon}=\dfrac{18}{1-\dfrac{1.2}{14}}=19.69\text{cm}^2$

㉡ $\sigma_1-\sigma_3=\dfrac{P}{A}=\dfrac{60}{19.69}=3.05\text{kg/cm}^2$

67 포화단위중량이 1.8t/m³인 흙에서의 한계동수 경사는 얼마인가?

① 0.8 ② 1.0
③ 1.8 ④ 2.0

해설 $i_c=\dfrac{\gamma_{sub}}{\gamma_w}=0.8$

68 다음 시료채취에 사용되는 시료기(sampler) 중 불교란시료채취에 사용되는 것만 고른 것으로 옳은 것은?

> ㉠ 분리형 원통시료기(split spoon sampler)
> ㉡ 피스톤튜브시료기(piston tube sampler)
> ㉢ 얇은 관시료기(thin wall tube sampler)
> ㉣ Laval시료기(Laval sampler)

① ㉠, ㉡, ㉢   ② ㉠, ㉡, ㉣
③ ㉠, ㉢, ㉣   ④ ㉡, ㉢, ㉣

[해설] 불교란시료채취기(sampler)
㉠ 얇은 관샘플러(thin wall tube sampler)
㉡ 피스톤샘플러(piston sampler)
㉢ 포일샘플러(foil sampler)

69 다음 그림과 같이 3개의 지층으로 이루어진 지반에서 수직방향 등가투수계수는?

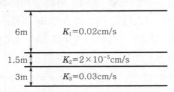

① 2.516×10^{-6} cm/s
② 1.274×10^{-5} cm/s
③ 1.393×10^{-4} cm/s
④ 2.0×10^{-2} cm/s

[해설] $K_v = \dfrac{H}{\dfrac{h_1}{K_{v1}} + \dfrac{h_2}{K_{v2}} + \dfrac{h_3}{K_{v3}}}$

$= \dfrac{1,050}{\dfrac{600}{0.02} + \dfrac{150}{2 \times 10^{-5}} + \dfrac{300}{0.03}} = 1.393 \times 10^{-4}$ cm/s

70 점토의 다짐에서 최적함수비보다 함수비가 적은 건조측 및 함수비가 많은 습윤측에 대한 설명으로 옳지 않은 것은?

① 다짐의 목적에 따라 습윤 및 건조측으로 구분하여 다짐계획을 세우는 것이 효과적이다.

② 흙의 강도 증가가 목적인 경우 건조측에서 다지는 것이 유리하다.

③ 습윤측에서 다지는 경우 투수계수 증가 효과가 크다.

④ 다짐의 목적이 차수를 목적으로 하는 경우 습윤측에서 다지는 것이 유리하다.

[해설] 습윤측으로 다지면 투수계수가 감소하고 OMC보다 약한 습윤측에서 최소 투수계수가 나온다.

71 노 건조한 흙시료의 부피가 1,000cm³, 무게가 1,700g, 비중이 2.65라면 간극비는?

① 0.71   ② 0.43
③ 0.65   ④ 0.56

[해설] ㉠ $\gamma_d = \dfrac{W_s}{V} = \dfrac{1,700}{1,000} = 1.7$ g/cm³

㉡ $\gamma_d = \dfrac{G_s}{1+e} \gamma_w$

$1.7 = \dfrac{2.65}{1+e} \times 1$

$\therefore e = 0.56$

72 전단마찰각이 25°인 점토의 현장에 작용하는 수직응력이 5t/m²이다. 과거 작용했던 최대 하중이 10t/m²이라고 할 때 대상지반의 정지토압계수를 추정하면?

① 0.40   ② 0.57
③ 0.82   ④ 1.14

[해설] ㉠ $\text{OCR} = \dfrac{P_c}{P} = \dfrac{10}{5} = 2$

㉡ $K_o = 1 - \sin\phi = 1 - \sin 25° = 0.58$

㉢ $K_{o(\text{과압밀})} = K_{o(\text{정규압밀})} \sqrt{\text{OCR}} = 0.58\sqrt{2}$
$= 0.82$

73 흙의 공학적 분류방법 중 통일분류법과 관계없는 것은?

① 소성도
② 액성한계
③ No.200체 통과율
④ 군지수

[해설] 통일분류법
㉠ 세립토는 소성도표를 사용하여 구분한다.
㉡ $w_L = 50\%$로 저압축성과 고압축성을 구분한다.

ⓒ No.200체 통과율로 조립토와 세립토를 구분한다.

74 다음 중 임의형태기초에 작용하는 등분포하중으로 인하여 발생하는 지중응력 계산에 사용하는 가장 적합한 계산법은?

① Boussinesq법

② Osterberg법

③ Newmark영향원법

④ 2 : 1 간편법

해설 **Newmark영향원법**
임의의 불규칙적인 형상의 등분포하중에 의한 임의점에 대한 연직지중응력을 구하는 방법이다.

75 내부마찰각 $\phi=0$, 점착력 $c=4.5t/m^2$, 단위중량이 $1.9t/m^3$ 되는 포화된 점토층에 경사각 45°로 높이 8m인 사면을 만들었다. 다음 그림과 같은 하나의 파괴면을 가정했을 때 안전율은? (단, ABCD의 면적은 $70m^2$이고, ABCD의 무게중심은 O점에서 4.5m 거리에 위치하며, 호 AC의 길이는 20.0m이다.)

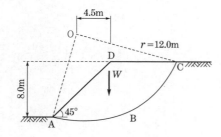

① 1.2

② 1.8

③ 2.5

④ 3.2

해설 ㉠ $\tau = c + \overline{\sigma}\tan\phi = c = 4.5t/m^2$
㉡ $M_r = \tau r L_a = 4.5 \times 12 \times 20 = 1,080t$
㉢ $M_D = We = A\gamma_t e = 70 \times 1.9 \times 4.5 = 598.5t$
㉣ $F_s = \dfrac{M_r}{M_D} = \dfrac{1,080}{598.5} = 1.8$

76 다음 그림과 같이 피압수압을 받고 있는 2m 두께의 모래층이 있다. 그 위의 포화된 점토층을 5m 깊이로 굴착하는 경우 분사현상이 발생하지 않기 위한 수심(h)은 최소 얼마를 초과하도록 하여야 하는가?

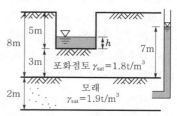

① 1.3m

② 1.6m

③ 1.9m

④ 2.4m

해설 ㉠ $\sigma = 1 \times H + 1.8 \times 3 = H + 5.4$
㉡ $u = 1 \times 7 = 7t/m^2$
㉢ $\overline{\sigma} = \sigma - u = H + 5.4 - 7 = 0$
∴ $H = 1.6m$

77 Meyerhof의 극한지지력공식에서 사용하지 않는 계수는?

① 형상계수

② 깊이계수

③ 시간계수

④ 하중경사계수

해설 Meyerhof의 극한지지력공식은 Terzaghi의 극한지지력공식과 유사하면서 형상계수, 깊이계수, 경사계수를 추가한 공식이다.

78 입경이 균일한 포화된 사질지반에 지진이나 진동 등 동적하중이 작용하면 지반에서는 일시적으로 전단강도를 상실하게 되는데, 이러한 현상을 무엇이라고 하는가?

① 분사현상(quick sand)

② 틱소트로피현상(Thixotropy)

③ 히빙현상(heaving)

④ 액상화현상(liquefaction)

해설 액상화현상이란 느슨하고 포화된 모래지반에 지진, 발파 등의 충격하중이 작용하면 체적이 수축함에 따라 공극수압이 증가하여 유효응력이 감소되기 때문에 전단강도가 작아지는 현상이다.

2018년

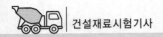

79 토질조사에 대한 설명 중 옳지 않은 것은?

① 사운딩(sounding)이란 지중에 저항체를 삽입하여 토층의 성상을 파악하는 현장 시험이다.

② 불교란시료를 얻기 위해서 foil sampler, thin wall tube sampler 등이 사용된다.

③ 표준관입시험은 로드(rod)의 길이가 길어질수록 N치가 작게 나온다.

④ 베인시험은 정적인 사운딩이다.

해설 rod길이가 길어지면 rod변형에 의한 타격에너지의 손실 때문에 해머의 효율이 저하되어 실제의 N값보다 크게 나타난다.

80 $2.0kg/cm^2$의 구속응력을 가하여 시료를 완전히 압밀시킨 다음, 축차응력을 가하여 비배수상태로 전단시켜 파괴 시 축변형률 ε_f=10%, 축차응력 $\Delta\sigma_f$=2.8kg/cm², 간극수압 Δu_f=2.1kg/cm²를 얻었다. 파괴 시 간극수압계수 A는? (단, 간극수압계수 B는 1.0으로 가정한다.)

① 0.44   ② 0.75

③ 1.33   ④ 2.27

해설 $\Delta u = B[\Delta\sigma_3 + A(\Delta\sigma_1 - \Delta\sigma_3)]$

$2.1 = 1 \times (0 + A \times 2.8)$

$\therefore A = \dfrac{2.1}{2.8} = 0.75$

제1과목 · 콘크리트공학

01 서중 콘크리트에 대한 설명으로 틀린 것은?

① 콘크리트 재료는 온도가 낮아질 수 있도록 하여야 한다.

② 콘크리트를 타설할 때의 콘크리트 온도는 35℃ 이하여야 한다.

③ 수화작용에 필요한 수분증발을 방지하기 위해 촉진제를 사용하는 것을 원칙으로 한다.

④ 콘크리트를 타설하기 전에 지반과 거푸집 등을 조사하여 콘크리트로부터의 수분흡수로 품질변화의 우려가 있는 부분은 습윤상태로 유지하여야 한다.

해설 **서중 콘크리트**

㉠ 콘크리트 재료는 온도가 되도록 낮아지도록 하여 사용한다.

㉡ 콘크리트를 타설할 때의 콘크리트 온도는 35℃ 이하여야 한다.

㉢ 감수제, 고성능 감수제 또는 유동화제 등을 사용한다.

02 한중 콘크리트에서 주위의 온도가 2℃이고, 비볐을 때의 콘크리트의 온도가 26℃이며 비빈 후부터 타설이 끝났을 때까지 90분이 소요되었다면 타설이 끝났을 때의 콘크리트의 온도는?

① 20.6℃ ② 21.6℃
③ 22.6℃ ④ 23.6℃

해설 $T_2 = T_1 - 0.15(T_1 - T_0)t$

$= 26 - 0.15 \times (26 - 2) \times \dfrac{90}{60} = 20.6℃$

03 일반 콘크리트의 배합설계에 대한 설명으로 틀린 것은?

① 제빙화학제가 사용되는 콘크리트의 물−결합재비는 45% 이하로 한다.

② 콘크리트의 탄산화저항성을 고려하여 물−결합재비를 정할 경우 60% 이하로 한다.

③ 콘크리트의 수밀성을 기준으로 물−결합재비를 정할 경우 그 값은 50% 이하로 한다.

④ 구조물에 사용된 콘크리트의 압축강도가 설계기준압축강도보다 작아지지 않도록 현장 콘크리트의 품질변동을 고려하여 콘크리트의 배합강도를 설계기준압축강도보다 충분히 크게 정하여야 한다.

해설 **물 − 결합재비**

㉠ 제빙화학제가 사용되는 콘크리트의 물−결합재비는 45% 이하로 한다.

㉡ 콘크리트의 수밀성을 기준으로 정할 경우 50% 이하로 한다.

㉢ 콘크리트의 탄산화저항성을 고려하여 정할 경우 55% 이하로 한다.

04 프리스트레스트 콘크리트(PSC)를 철근콘크리트(RC)와 비교할 때 사용재료와 역학적 성질의 특징에 대한 설명으로 틀린 것은?

① 부재 전단면의 유효한 이용

② 뛰어난 부재의 탄성과 복원성

③ 긴장재로 인한 자중과 전단력의 증가

④ 고강도 콘크리트와 고강도 강재의 사용

해설 PSC는 고강도 재료를 사용함으로써 단면을 줄일 수 있어 자중이 감소하고 긴장재의 상향력 때문에 전단력이 감소한다.

05 콘크리트의 블리딩시험방법(KS F 2414)에 대한 설명으로 틀린 것은?

① 시험 중에는 실온 20±3℃로 한다.

② 블리딩시험은 굵은 골재의 최대 치수가 40mm 이하인 경우에 적용한다.

③ 최초로 기록한 시각에서부터 60분 동안 10분마다 콘크리트 표면에 스며나온 물을 빨아낸다.

④ 콘크리트를 블리딩용기에 채울 때 콘크리트 표면이 용기의 가장자리에서 30±3mm 높아지도록 고른다.

해설 콘크리트의 블리딩시험(KS F 2414)

콘크리트를 블리딩용기에 채워 넣고 콘크리트의 표면이 용기의 가장자리에서 30±3mm 낮아지도록 고른다. 콘크리트의 표면은 최소한의 작업으로 평활한 면이 되도록 흙손으로 고른다.

06 방사선 차폐용 콘크리트에 대한 설명으로 틀린 것은?

① 일반적인 경우 슬럼프는 150mm 이하로 하여야 한다.

② 주로 생물체의 방호를 위하여 X선, γ선 및 중성자선을 차폐할 목적으로 사용된다.

③ 방사선 차폐용 콘크리트는 열전도율이 작고 열팽창률이 커야 하므로 밀도가 낮은 골재를 사용하여야 한다.

④ 물-결합재비는 50% 이하를 원칙으로 하고 워커빌리티 개선을 위하여 품질이 입증된 혼화제를 사용할 수 있다.

해설 방사선 차폐 콘크리트

㉠ 차폐 콘크리트는 열전도율이 크고, 열팽창률이 작아야 한다.

㉡ 시멘트는 수화열 발생이나 건조수축이 적어야 하며, 골재는 차폐성이 높고 비중이 큰 골재를 선정해야 하고, 단위수량을 감소시키고 단위중량을 증가시킬 혼화재를 사용해야 한다.

㉢ 콘크리트 슬럼프는 150mm 이하로 한다.

㉣ 물-시멘트비는 50% 이하를 원칙으로 한다.

07 경량골재 콘크리트에 대한 설명으로 틀린 것은?

① 일반적으로 기건단위질량이 1.4~2.0t/m^{3}범위의 콘크리트를 말한다.

② 콘크리트의 수밀성을 기준으로 물-결합재비를 정할 경우에는 50% 이하를 표준으로 한다.

③ 천연경량골재는 인공경량골재에 비해 입자의 모양이 좋고 흡수율이 작아 구조용으로 많이 쓰인다.

④ 경량골재 콘크리트는 보통 콘크리트보다 동결융해에 대한 저항성이 상당히 나쁘므로 시공 시 유의하여야 한다.

해설 천연에서 얻을 수 있는 천연경량골재로는 거의 화산암재로서 입형이 불안정하고 흡수율이 커서 구조용으로는 인공경량골재를 사용한다.

08 굵은 골재의 최대 치수에 따른 콘크리트 펌프 압송관의 호칭치수에 대한 설명으로 옳은 것은?

① 굵은 골재의 최대 치수가 25mm일 때 압송관의 호칭치수는 100mm 이상이어야 한다.

② 굵은 골재의 최대 치수가 20mm일 때 압송관의 호칭치수는 100mm 이하여야 한다.

③ 굵은 골재의 최대 치수가 20mm일 때 압송관의 호칭치수는 125mm 이하여야 한다.

④ 굵은 골재의 최대 치수가 40mm일 때 압송관의 호칭치수는 80mm 이상이어야 한다.

해설 콘크리트 펌프압송관의 호칭치수

굵은 골재의 최대 치수(mm)	호칭치수(mm)
20	100 이상
25	100 이상
40	125 이상

09 콘크리트의 탄산화에 대한 설명으로 틀린 것은?

① 탄산화가 진행된 콘크리트는 알칼리성이 약화되어 콘크리트 자체가 팽창하여 파괴된다.

② 철근 주위를 둘러싸고 있는 콘크리트가 탄산화하여 물과 공기가 침투하면 철근을 부식시킨다.

③ 굳은 콘크리트는 표면에서 공기 중의 이산화탄소작용을 받아 수산화칼슘이 탄산칼슘으로 바뀐다.

④ 탄산화의 판정은 페놀프탈레인 1%의 알코올용액을 콘크리트의 단면에 뿌려 조사하는 방법이 일반적이다.

해설 **탄산화(중성화)**
공기 중의 탄산가스에 의해 콘크리트 중의 수산화칼슘(강알칼리)이 서서히 탄산칼슘(약알칼리)으로 되어 콘크리트가 중성화됨에 따라 물과 공기가 침투하고 철근이 부식하여 체적이 팽창(약 2.6배)하여 균열이 발생하는 현상

10 콘크리트의 타설에 대한 설명으로 틀린 것은?

① 타설한 콘크리트를 거푸집 안에서 횡방향으로 이동시켜서는 안 된다.

② 콘크리트는 그 표면이 한 구획 내에서는 거의 수평이 되도록 타설하는 것을 원칙으로 한다.

③ 거푸집의 높이가 높아 슈트 등을 사용하는 경우 배출구와 타설면까지의 높이는 1.5m 이하를 원칙으로 한다.

④ 콘크리트를 2층 이상으로 나누어 타설할 경우 상층의 콘크리트 타설은 하층의 콘크리트가 굳은 후 해야 한다.

해설 **콘크리트 타설**
콘크리트를 2층 이상으로 나누어 타설할 경우 상층의 콘크리트 타설은 원칙적으로 하층의 콘크리트가 굳기 시작하기 전에 해야 하며 상층과 하층이 일체가 되도록 시공한다.

11 콘크리트 구조물의 온도균열에 대한 시공상의 대책으로 틀린 것은?

① 단위시멘트양을 적게 한다.

② 1회의 콘크리트 타설높이를 줄인다.

③ 수축이음부를 설치하고 콘크리트 내부온도를 낮춘다.

④ 기존의 콘크리트로 새로운 콘크리트의 온도에 따른 이동을 구속시킨다.

해설 **온도균열에 대한 시공상의 대책**
㉠ 단위시멘트양을 적게 한다.
㉡ 수화열이 낮은 시멘트를 사용한다.
㉢ Pre-cooling하여 재료를 사용하기 전에 미리 온도를 낮춘다.
㉣ 1회의 타설높이를 줄인다.
㉤ 수축이음부를 설치하고 Pipe-cooling하여 콘크리트의 내부온도를 낮춘다.

12 시방배합을 통해 단위수량 $174kg/m^3$, 시멘트양 $369kg/m^3$, 잔골재 $702kg/m^3$, 굵은 골재 $1,049kg/m^3$을 산출하였다. 현장 골재의 입도를 고려하여 현장 배합으로 수정한다면 잔골재와 굵은 골재의 양은? (단, 현장 잔골재 중 5mm체에 남은 양이 10%, 굵은 골재 중 5mm체를 통과한 양이 5%, 표면수는 고려하지 않는다.)

① 잔골재 : $802kg/m^3$, 굵은 골재 : $949kg/m^3$

② 잔골재 : $723kg/m^3$, 굵은 골재 : $1,028kg/m^3$

③ 잔골재 : $637kg/m^3$, 굵은 골재 : $1,114kg/m^3$

④ 잔골재 : $563kg/m^3$, 굵은 골재 : $1,188kg/m^3$

해설 잔골재량을 x라 하고 굵은 골재량을 y라 하면
$x + y = 702 + 1,049 = 1,751$ ·······················ⓐ
$0.1x + (1 - 0.05)y = 1,049$ ·······················ⓑ
식 ⓐ와 식 ⓑ를 연립해서 풀면
$x = 722.88kg$, $y = 1028.12kg$

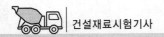
13 콘크리트의 강도에 영향을 미치는 요인에 대한 설명으로 옳지 않은 것은?

① 성형 시에 가압양생하면 콘크리트의 강도가 크게 된다.

② 물－결합재비가 일정할 때 공기량이 증가하면 압축강도는 감소한다.

③ 부순 돌을 사용한 콘크리트의 강도는 강자갈을 사용한 콘크리트의 강도보다 크다.

④ 물－결합재비가 일정할 때 굵은 골재의 최대 치수가 클수록 콘크리트의 강도는 커진다.

해설 콘크리트의 압축강도
㉠ 골재의 표면이 거칠수록 골재와 시멘트풀과의 부착이 좋기 때문에 일반적으로 부순 돌을 사용한 콘크리트의 강도는 강자갈을 사용한 콘크리트보다 크다.
㉡ 굵은 골재의 최대 치수가 클수록 콘크리트의 압축강도는 작아진다.

14 23회의 압축강도시험실적으로부터 구한 표준편차가 5MPa이었다. 콘크리트의 설계기준압축강도가 40MPa인 경우 배합강도는? (단, 시험횟수 20회일 때의 표준편차의 보정계수는 1.08이고, 25회일 때의 표준편차의 보정계수는 1.03이다.)

① 47.1MPa
② 47.7MPa
③ 48.3MPa
④ 48.8MPa

해설 ㉠ 23회일 때 직선보간을 한 표준편차의 보정계수
$$\alpha = 1.03 + \frac{1.08 - 1.03}{5} = 1.05$$
㉡ 직선보간한 표준편차
$$S = 1.05 \times 5 = 5.25\text{MPa}$$
㉢ $f_{ck} > 35\text{MPa}$이므로
• $f_{cr} = f_{ck} + 1.34S$
$$= 40 + 1.34 \times 5.25 = 47.04\text{MPa}$$
• $f_{cr} = 0.9f_{ck} + 2.33S$
$$= 0.9 \times 40 + 2.33 \times 5.25 = 48.23\text{MPa}$$
∴ 위 계산값 중에서 큰 값이 배합강도이므로
$$f_{cr} = 48.23\text{MPa}$$

15 고압증기양생한 콘크리트의 특징에 대한 설명으로 틀린 것은?

① 고압증기양생한 콘크리트의 수축률은 크게 감소된다.

② 고압증기양생한 콘크리트의 크리프는 크게 감소된다.

③ 고압증기양생한 콘크리트의 외관은 보통 양생한 포틀랜드 시멘트 콘크리트색의 특징과 다르며 흰색을 띤다.

④ 고압증기양생한 콘크리트는 보통 양생한 콘크리트와 비교하여 철근과의 부착강도가 약 2배 정도가 된다.

해설 고압증기양생(오토클레이브 양생)
㉠ 건조수축이 작아진다.
㉡ creep가 크게 감소한다.
㉢ 보통 양생한 것에 비해 철근의 부착강도가 약 1/2이 된다.
㉣ 치밀하고 내구성이 있는 양질의 콘크리트를 만들며, 외관은 보통 양생한 포틀랜드 시멘트 콘크리트색의 특징과 다르며 흰색을 띤다.

16 소요의 품질을 갖는 프리플레이스트 콘크리트를 얻기 위한 주입모르타르의 품질에 대한 설명으로 틀린 것은?

① 굳지 않은 상태에서 압송과 주입이 쉬워야 한다.

② 주입되어 경화되는 사이에 블리딩이 적으며 팽창하지 않아야 한다.

③ 경화 후 충분한 내구성 및 수밀성과 강재를 보호하는 성능을 가져야 한다.

④ 굵은 골재의 공극을 완벽하게 채울 수 있는 양호한 유동성을 가지며 주입작업이 끝날 때까지 이 특성이 유지되어야 한다.

해설 주입모르타르의 품질
모르타르가 굵은 골재의 공극에 주입될 때 재료분리가 적고 주입되어 경화되는 사이에 블리딩이 적으며 소요의 팽창을 하여야 한다.

17 콘크리트의 워커빌리티 측정방법이 아닌 것은?

① 지깅시험　　　② 흐름시험
③ 슬럼프시험　　④ Vee-Bee시험

해설 워커빌리티 측정방법
슬럼프시험, 흐름시험, 리몰딩시험, 비비(Vee-bee)
반죽질기시험, 켈리볼시험

18 신축이음의 내용으로 적절하지 않은 것은?

① 신축이음에는 필요에 따라 이음재, 지수판 등을 배치하여야 한다.
② 신축이음은 양쪽의 구조물 혹은 부재가 구속되지 않은 구조이어야 한다.
③ 신축이음에는 인장철근 및 압축철근을 배치하여 전단력에 대하여 보강하여야 한다.
④ 신축이음의 단차를 피할 필요가 있는 경우에는 전단연결재를 사용하는 것이 좋다.

해설 신축이음시공 시 유의사항
㉠ 서로 접하는 구조물의 양쪽 부분을 구조적으로 완전히 절연시켜야 한다.
㉡ 완전히 절연된 신축이음에서 신축이음에 턱이 생길 위험이 있을 때는 장부 또는 홈을 만들거나 슬립바(slip bar)를 사용하는 것이 좋다.
㉢ 신축이음에는 필요에 따라 이음재, 지수판 등을 배치하여야 한다.

19 프리스트레싱할 때의 콘크리트 압축강도에 대한 설명으로 옳은 것은?

① 프리텐션방식에 있어서 콘크리트의 압축강도는 40MPa 이상이어야 한다.
② 프리텐션방식에 있어서 콘크리트의 압축강도는 20MPa 이상이어야 한다.
③ 프리스트레싱을 할 때의 콘크리트의 압축강도는 프리스트레스를 준 직후, 콘크리트에 일어나는 최대 인장응력의 2.5배 이상이어야 한다.
④ 프리스트레싱을 할 때의 콘크리트의 압축강도는 프리스트레스를 준 직후, 콘크리트에 일어나는 최대 압축응력의 1.7배 이상이어야 한다.

해설 ㉠ 프리스트레싱을 할 때의 콘크리트 압축강도는 프리스트레스를 준 직후, 콘크리트에 일어나는 최대 압축응력의 1.7배 이상이어야 한다.
㉡ 프리텐션방식에 있어서는 콘크리트의 압축강도가 30MPa 이상이어야 한다.
㉢ 포스트텐션방식에 있어서는 콘크리트의 압축강도가 25MPa 이상이어야 한다.

20 콘크리트의 받아들이기 품질검사항목이 아닌 것은?

① 공기량　　　② 평판재하
③ 슬럼프　　　④ 펌퍼빌리티

해설 콘크리트 받아들이기 품질검사항목
슬럼프, 공기량, 염소이온량, 배합(단위수량, 단위시멘트양, 물-결합재비), 펌퍼빌리티

제2과목 · 건설시공 및 관리

21 철륜 표면에 다수의 돌기를 붙여 접지면적을 작게 하여 접지압을 증가시킨 다짐기계로 일반 성토다짐보다 비교적 함수비가 많은 점질토다짐에 적합한 롤러는?

① 진동롤러　　　② 탬핑롤러
③ 타이어롤러　　④ 로드롤러

해설 탬핑롤러는 드럼에 양발굽모양의 돌기를 많이 붙여 땅 깊숙이 다지는 롤러로서 함수비가 큰 점성토의 다짐에 적합하다.

22 콘크리트 포장에서 다음에서 설명하는 현상은?

콘크리트 포장에서 기온의 상승 등에 따라 콘크리트 슬래브가 팽창할 때 줄눈 등에서 압축력에 견디지 못하고 좌굴을 일으켜 부분적으로 솟아오르는 현상

① spalling　　　② blow up
③ pumping　　　④ reflection crack

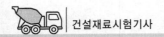

23 다음 중 표면차수벽 댐을 채택할 수 있는 조건이 아닌 것은?

① 대량의 점토 확보가 용이한 경우
② 추후 댐높이의 증축이 예상되는 경우
③ 짧은 공사기간으로 급속시공이 필요한 경우
④ 동절기 및 잦은 강우로 점토시공이 어려운 경우

해설 표면차수벽 댐
  ㉠ 장점
   • core, filter층 필요 없이 시공 가능(경제적인 시공)
   • 강우나 동절기에도 시공 가능(공기단축)
   • 짧은 공기로 급속시공(시공속도가 빠르다)
   • 추후 댐높이 증축 예상 시 좋음
   • 다량의 암 확보 가능한 지역 유리
  ㉡ 단점
   • 제체의 누수가 많음
   • 차수벽 고분자화합물 개발 시 시급함

24 로드롤러를 사용하여 전압횟수 4회, 전압포설 두께 0.2m, 유효전압폭 2.5m, 전압작업속도를 3km/h로 할 때 시간당 작업량을 구하면? (단, 토량환산계수는 1, 롤러의 효율은 0.8을 적용한다.)

① 300m³/h
② 251m³/h
③ 200m³/h
④ 151m³/h

해설 $Q = \dfrac{1,000\,VWHfE}{N}$

$= \dfrac{1,000 \times 3 \times 2.5 \times 0.2 \times 1 \times 0.8}{4}$

$= 300\text{m}^3/\text{h}$

25 터널공사에서 있어서 TBM공법의 장점을 설명한 것으로 틀린 것은?

① 갱내의 공기오염도가 적다.
② 복잡한 지질변화에 대한 적응성이 좋다.
③ 라이닝의 두께를 얇게 할 수 있다.
④ 동바리공이 간단해진다.

해설 TBM공법

장점	• 발파작업이 없으므로 낙반이 적고 공사의 안전성이 높다. • 여굴이 적다. • 노무비가 절약된다.
단점	• 굴착 단면을 변경할 수 없다. • 지질에 따라 적용에 제약이 있다.

26 어떤 공사에서 하한규격값 $SL = 12$MPa로 정해져 있다. 측정결과 표준편차의 측정값 1.5MPa, 평균값 $\overline{x} = 18$MPa이었다. 이때 규격값에 대한 여유값은?

① 0.4MPa
② 0.8MPa
③ 1.2MPa
④ 1.5MPa

해설 ㉠ $\dfrac{|SL - \overline{x}|}{\sigma} = \dfrac{|12 - 18|}{1.5} = 4 \geq 3$
   (충분한 여유가 있다.)
  ㉡ 여유치 $= (4-3) \times 1.5 = 1.5$MPa

27 현장 콘크리트 말뚝의 장점에 대한 설명으로 틀린 것은?

① 지층의 깊이에 따라 말뚝길이를 자유로이 조절할 수 있다.
② 말뚝선단에 구근을 만들어 지지력을 크게 할 수 있다.
③ 현장 지반 중에서 제작·양생되므로 품질관리가 쉽다.
④ 말뚝재료의 운반에 제한이 적다.

해설 현장 콘크리트 말뚝의 단점
  ㉠ 말뚝이 지반 속에서 형성되므로 품질관리가 어렵다.
  ㉡ 시공 시 불순물이 섞이기 쉬워 압축강도가 떨어질 우려가 있다.

28 암거의 매설깊이는 1.5m, 암거와 암거 상부 지하수면 최저점과의 거리가 10cm, 지하수면의 경사가 4.5°이다. 지하수면의 깊이를 1m로 하려면 암거 간 매설거리는 얼마로 해야 하는가?

① 4.8m
② 10.2m
③ 15.2m
④ 61m

해설 $D = \dfrac{2(H-h-h_1)}{\tan\beta} = \dfrac{2 \times (1.5-1-0.1)}{\tan 4.5°} = 10.16\text{m}$

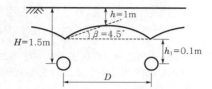

29 성토높이 8m인 사면에서 비탈구배가 1 : 1.3일 때 수평거리는?

① 6.2m ② 8.3m
③ 9.4m ④ 10.4m

해설 $1 : 1.3 = 8 : h$

$\therefore h = \dfrac{1.3 \times 8}{1} = 10.4\text{m}$

30 아스팔트 포장의 표면에 부분적인 균열, 변형, 마모 및 붕괴와 같은 파손이 발생할 경우 적용하는 공법을 표면처리라고 하는데 다음 중 이 공법에 속하지 않는 것은?

① 실코트(seal coat)
② 카펫코트(carpet coat)
③ 택코트(tack coat)
④ 포그실(fog seal)

해설 아스팔트 포장의 표면처리공법

seal coat공법, armor coat공법, carpet coat공법, fog seal공법, slurry seal공법

31 다음에서 설명하는 심빼기 발파공은?

버력이 너무 비산하지 않는 심빼기에 유효하며, 특히 용수가 많을 때 편리하다.

① 노컷 ② 벤치컷
③ 스윙컷 ④ 피라미드컷

해설 스윙컷(swing cut)

연직도갱의 밑의 발파에 사용되며, 특히 용수가 많을 때 편리하다.

32 샌드드레인(sand drain)공법에서 영향원의 지름을 d_e, 모래말뚝의 간격을 d라 할 때 정사각형의 모래말뚝배열식으로 옳은 것은?

① $d_e = 1.0d$ ② $d_e = 1.05d$
③ $d_e = 1.08d$ ④ $d_e = 1.13d$

해설 Sand drain의 배열
㉠ 정삼각형 : $d_e = 1.05d$
㉡ 정사각형 : $d_e = 1.13d$

33 흙의 성토작업에서 다음 그림과 같은 쌓기방법에 대한 설명으로 틀린 것은?

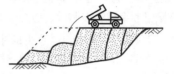

① 전방쌓기법이다.
② 공사비가 싸고 공정이 빠른 장점이 있다.
③ 주로 중요하지 않은 구조물의 공사에 사용된다.
④ 층마다 다소의 수분을 주어서 충분히 다진 후 다음 층을 쌓는 공법이다.

해설 전방측 쌓기

전방에 흙을 투하하면서 쌓는 공법으로 공사 중 압축이 적어 탄성 후에 침하가 크다. 그러나 공사비가 적고 시공속도가 빠르기 때문에 도로, 철도 등의 낮은 축제에 많이 사용된다.

34 어스앵커공법에 대한 설명으로 틀린 것은?

① 영구구조물에도 사용하나 주로 가설구조물의 고정에 많이 사용한다.
② 앵커를 정착하는 방법은 시멘트 밀크 또는 모르타르를 가압으로 주입하거나 앵커코어 등을 박아 넣는다.
③ 앵커케이블은 주로 철근을 사용한다.
④ 앵커의 정착대상지반을 토사층으로 가정하고 앵커케이블을 사용하여 긴장력을 주어 구조물을 정착하는 공법이다.

해설 앵커케이블은 PC강선을 사용한다.

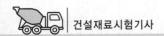

35 교량의 구조는 상부구조와 하부구조로 나누어진다. 다음 중 상부구조가 아닌 것은?

① 교대(abutment)
② 브레이싱(bracing)
③ 바닥판(bridge deck)
④ 바닥틀(floor system)

해설 ㉠ 교량의 상부구조 : 바닥판, 바닥틀, 주형(main girder), 브레이싱(bracing), 받침부(bearing)
㉡ 교량의 하부구조 : 교대, 교각

36 보통토(사질토)를 재료로 하여 36,000m³의 성토를 하는 경우 굴착 및 운반토량(m³)은 얼마인가? (단, 토량환산계수 $L=1.25$, $C=0.90$)

① 굴착토량=40,000, 운반토량=50,000
② 굴착토량=32,400, 운반토량=40,500
③ 굴착토량=28,800, 운반토량=50,000
④ 굴착토량=32,400, 운반토량=45,000

해설 ㉠ 굴착토량 $=36,000\times\dfrac{1}{C}=36,000\times\dfrac{1}{0.9}$
$=40,000\text{m}^3$
㉡ 운반토량 $=36,000\times\dfrac{L}{C}=36,000\times\dfrac{1.25}{0.9}$
$=50,000\text{m}^3$

37 다음과 같이 공사일수를 견적한 경우 3점 견적법에 따른 적정 공사일수는?

낙관일수 3일, 정상일수 5일, 비관일수 13일

① 4일
② 5일
③ 6일
④ 7일

해설 $t_e=\dfrac{t_o+4t_m+t_p}{6}=\dfrac{3+4\times5+13}{6}=6$일

38 보강토 옹벽에 대한 설명으로 틀린 것은?

① 기초지반의 부등침하에 대한 영향이 비교적 크다.
② 옹벽시공현장에서의 콘크리트 타설작업이 필요 없다.

③ 전면판과 보강재가 제품화되어 있어 시공속도가 빠르다.
④ 전면판과 보강재의 연결 및 보강재와 흙 사이의 마찰에 의하여 토압을 지지한다.

해설 보강토 옹벽은 콘크리트 옹벽에 비해 기초의 부등침하에 대한 저항성이 크므로 연약지반에서도 시공이 가능하다.

39 직접기초의 터파기를 하고자 할 때 다음 조건과 같은 경우 가장 적당한 공법은?

• 토질이 양호
• 부지에 여유가 있음
• 흙막이가 필요한 때에는 나무널말뚝, 강널말뚝 등을 사용

① 오픈컷공법
② 아일랜드공법
③ 언더피닝공법
④ 트렌치컷공법

40 버킷 준설선(bucket dredger)의 특징으로 옳은 것은?

① 소규모 준설에서 주로 이용된다.
② 예인선 및 토운선이 필요 없다.
③ 비교적 광범위한 토질에 적합하다.
④ 암석 및 굳은 토질에 적합하다.

해설 버킷 준설선
㉠ 준설능력이 상당히 크다.
㉡ 준설단가가 비교적 싸다.
㉢ 광범위한 토질에 적합하다.

제3과목 · 건설재료 및 시험

41 수지혼입 아스팔트의 성질에 대한 설명으로 틀린 것은?

① 신도가 크다.
② 점도가 높다.
③ 감온성이 저하한다.
④ 가열안정성이 좋다.

해설 수지혼입 아스팔트(플라스틱 아스팔트)
㉠ 신도가 작다.   ㉡ 점도가 높다.
㉢ 감온성이 저하한다.   ㉣ 가열안정성이 좋다.

42 다음 (   ) 안에 들어갈 말로 옳은 것은?

> 재료가 외력을 받아 변형을 일으킬 때 이에 저항하는 성질로서 외력에 대해 변형을 적게 일으키는 재료는 (   )이/가 큰 재료이다. 이것은 탄성계수와 관계가 있다.

① 강도(strength)   ② 강성(stiffness)
③ 인성(toughness)   ④ 취성(brittleness)

해설 ㉠ 강성 : 재료가 외력을 받을 때 변형에 저항하는 성질을 강성이라 한다. 변형을 크게 일으키지 않는 재료가 강성이 크다.
㉡ 인성 : 재료가 외력을 받아 파괴될 때까지 큰 응력에 견디며 변형이 크게 일어나는 성질을 인성이라 한다. 고무, 연강 등은 인성이 큰 재료이다.
㉢ 취성 : 재료가 외력을 받을 때 작은 변형에도 파괴되는 성질을 취성이라 한다. 콘크리트, 주철 등은 취성이 큰 재료이다.

43 석재를 모양 및 치수에 의해 구분할 때 다음의 내용에 해당하는 것은?

> 면이 원칙적으로 거의 사각형에 가까운 것으로, 4면을 쪼개어 면에 직각으로 잰 길이는 면의 최소변의 1.5배 이상인 것

① 각석   ② 판석
③ 견치석   ④ 사고석

해설 석재의 형상
㉠ 각석 : 폭이 두께의 3배 미만이고 어느 정도의 길이를 가진 석재
㉡ 판석 : 폭이 두께의 3배 이상이고 두께가 15cm 미만인 판모양의 석재
㉢ 견치석 : 면은 거의 정사각형에 가깝고 면에 직각으로 잰 공장은 면의 최소변의 1.5배 이상인 석재
㉣ 사고석 : 면은 거의 정사각형에 가깝고 면에 직각으로 잰 공장은 면의 최소변의 1.2배 이상인 석재

44 콘크리트용 혼화재료로 사용되는 고로슬래그 미분말에 대한 설명 중 틀린 것은?

① 고로슬래그미분말을 혼화재로 사용한 콘크리트는 염화물이온침투를 억제하여 철근부식 억제효과가 있다.
② 고로슬래그미분말을 사용한 콘크리트는 보통 콘크리트보다 콘크리트 내부의 세공경이 작아져 수밀성이 향상된다.
③ 고로슬래그미분말은 플라이애시나 실리카퓸에 비해 포틀랜드 시멘트와의 비중차가 작아 혼화재로 사용할 경우 혼합 및 분산성이 우수하다.
④ 고로슬래그미분말의 혼합률을 시멘트 중량에 대하여 70% 혼합한 경우 탄산화속도가 보통 콘크리트의 1/2 정도로 감소되어 내구성이 향상된다.

해설 고로슬래그미분말을 사용한 콘크리트는 시멘트 수화 시에 발생하는 수산화칼슘과 고로슬래그성분이 반응하여 콘크리트의 알칼리성이 다소 저하되기 때문에 콘크리트의 중성화가 빠르게 진행되며, 혼합률 70% 정도가 되면 중성화속도가 보통 콘크리트의 2배 정도가 된다.

45 굵은 골재로서 최대 치수가 40mm 정도인 것으로 체가름시험을 하고자 할 때 시료의 최소 건조질량으로 옳은 것은?

① 2kg   ② 4kg
③ 6kg   ④ 8kg

해설 체가름시험(KS F 2502)
시료의 최소 건조질량은 다음에 따른다.
㉠ 굵은 골재 : 골재의 최대 치수(mm)의 0.2배를 시료의 최소 건조질량(kg)으로 한다.
㉡ 잔골재 : 1.18mm체를 95%(질량비) 이상 통과하는 것에 대한 최소 건조질량을 100g으로 하고 1.18mm체에 5%(질량비) 이상 남는 것에 대한 최소 건조질량을 500g으로 한다. 다만, 구조용 경량골재에서는 위의 최소 건조질량의 1/2로 한다.

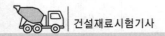

46 금속재료의 특징에 대한 설명으로 옳지 않은 것은?

① 연성과 전성이 작다.
② 금속 고유의 광택이 있다.
③ 전기, 열의 전도율이 크다.
④ 일반적으로 상온에서 결정형을 가진 고체로서 가공성이 좋다.

해설 금속재료의 특징
㉠ 전기, 열의 전도율이 크다.
㉡ 독특한 광택을 가진다.
㉢ 가소성이 있고 비중이 크다.
㉣ 전성, 연성이 크다.

47 콘크리트용 강섬유에 대한 설명으로 틀린 것은?

① 형상에 따라 직선섬유와 이형섬유가 있다.
② 강섬유의 평균인장강도는 200MPa 이상이 되어야 한다.
③ 강섬유는 16℃ 이상의 온도에서 지름 안쪽 90°방향으로 구부렸을 때 부러지지 않아야 한다.
④ 강섬유의 인장강도시험은 강섬유 5ton마다 10개 이상의 시료를 무작위로 추출해서 시행한다.

해설 콘크리트용 강섬유(KS F 2564)
㉠ 강섬유의 평균인장강도는 700MPa 이상이 되어야 하며, 각각의 인장강도는 650MPa 이상이어야 한다.
㉡ 인장강도시험은 강섬유 5ton마다 10개 이상의 시료를 무작위로 추출하여 시행해야 하며 5ton보다 작을 경우에도 10개 이상의 시료에 대해 시험을 수행한다.

48 목재의 건조법 중 자연건조법의 종류에 해당하는 것은?

① 끓임법　　　② 수침법
③ 열기건조법　　④ 고주파건조법

해설 목재의 건조방법
㉠ 자연건조법 : 공기건조법, 침수법
㉡ 인공건조법 : 자비법(끓임법), 증기건조법, 열기건조법

49 사용하는 시멘트에 따른 콘크리트의 1일 압축강도가 작은 것에서 큰 순서로 옳은 것은?

① 조강포틀랜드 시멘트 → 초조강포틀랜드 시멘트 → 초속경 시멘트 → 고로슬래그 시멘트
② 초속경 시멘트 → 조강포틀랜드 시멘트 → 초조강포틀랜드 시멘트 → 고로슬래그 시멘트
③ 고로슬래그시멘트 → 조강포틀랜드 시멘트 → 초조강포틀랜드 시멘트 → 초속경 시멘트
④ 고로슬래그 시멘트 → 초속경 시멘트 → 조강포틀랜드 시멘트 → 초조강포틀랜드 시멘트

50 주로 잠재수경성이 있는 혼화재료는?

① 착색재　　　② AE제
③ 유동화제　　④ 고로슬래그미분말

해설 고로슬래그미분말
비결정질(유리질) 재료로서 물과 접촉하여도 수화반응은 거의 진행되지 않으나, 시멘트 수화반응 시에 생성되는 수산화칼슘($Ca(OH)_2$)과 같은 알칼리성물질의 자극을 받아 수화물을 생성하여 경화하는 잠재수경성이 있다.

51 다음 중 시멘트에 관한 설명이 틀린 것은?

① 시멘트의 강도시험은 결합재료로서의 결합력발현의 정도를 알기 위해 실시한다.
② 시멘트는 저장 중에 공기와 접촉하면 공기 중의 수분 및 이산화탄소를 흡수하여 가벼운 수화반응을 일으키게 되는데, 이것을 풍화라 한다.
③ 응결시간시험은 시멘트의 강도발현속도를 알기 위해 실시한다. 초결이 빠른 시멘트는 장기강도가 크다.
④ 중용열포틀랜드 시멘트는 수화열을 낮추기 위하여 화학조성 중 C_3A의 양을 적게 하고 그 대신 장기강도를 발현하기 위하여 C_2S양을 많게 한 시멘트이다.

해설 초결이 빠른 시멘트는 장기강도가 작다.

52 시멘트 콘크리트의 워커빌리티(workability)를 증진시키기 위한 혼화재료가 아닌 것은?

① AE제 ② 분산제
③ 촉진제 ④ 포졸란

해설 촉진제를 사용하면 워커빌리티가 작아진다.

53 콘크리트용으로 사용하는 골재의 물리적 성질은 KS F 2527(콘크리트용 골재)의 규정에 적합하여야 한다. 다음 중 부순 잔골재의 품질을 위한 시험항목이 아닌 것은?

① 안정성 ② 마모율
③ 절대건조밀도 ④ 입형판정실적률

해설 부순 골재의 물리적 성질

구분	절대 건조밀도 (g/cm³)	흡수율 (%)	안정성 (%)	마모율 (%)	입형판정 실적률 (%)
굵은 골재	2.5 이상	3 이하	12 이하	40 이하	55 이상
잔골재	2.5 이상	3 이하	10 이하	–	53 이상

54 다음에서 설명하는 암석은?

> • 사장석, 휘석, 각섬석 등이 주성분으로 중성 화산암석에 속한다.
> • 석질이 강경하고 강도와 내구성, 내화성이 매우 크다.
> • 판상 또는 주상의 절리를 가지고 있어 채석 및 가공이 쉬우나 조직과 광택이 고르지 못하고 절리가 많아 큰 석재를 얻기 힘들다.
> • 교량, 하천의 호안공사 및 돌쌓기, 부순 돌로서 도로용 골재 등 건설공사용으로 많이 사용된다.

① 안산암 ② 응회암
③ 화강암 ④ 현무암

해설 안산암의 특징
㉠ 조직이 치밀, 경견하고 강도, 내구성, 내화성이 크다.
㉡ 조직과 광택이 고르지 못하다.
㉢ 절리가 있어 채석 및 가공이 쉽지만 큰 석재를 얻을 수 없다.

55 아스팔트의 성질에 대한 설명으로 틀린 것은?

① 아스팔트의 비중은 침입도가 작을수록 작다.
② 아스팔트의 비중은 온도가 상승할수록 저하된다.
③ 아스팔트는 온도에 따라 컨시스턴시가 현저하게 변화된다.
④ 아스팔트의 강성은 온도가 높을수록, 침입도가 클수록 작다.

해설 아스팔트의 성질
㉠ 침입도가 작을수록 비중이 크고, 침입도는 온도가 상승할수록 크다.
㉡ 재하시간이 길수록, 온도가 높을수록, 침입도가 클수록 강성은 작다.

56 아스팔트의 분류 중 석유 아스팔트에 해당하는 것은?

① 아스팔타이트(asphaltite)
② 록 아스팔트(rock asphalt)
③ 레이크 아스팔트(lake asphalt)
④ 스트레이트 아스팔트(straight asphalt)

해설 석유 아스팔트 : 스트레이트 아스팔트, 블론 아스팔트

57 실리카퓸을 콘크리트의 혼화재로 사용할 경우 다음 설명 중 틀린 것은?

① 단위수량과 건조수축이 감소한다.
② 콘크리트 재료분리를 감소시킨다.
③ 수화 초기에 C-S-H겔을 생성하므로 블리딩이 감소한다.
④ 콘크리트의 조직이 치밀해져 강도가 커지고 수밀성이 증대된다.

해설 실리카퓸
㉠ 장점
• 수화 초기에 C-S-H겔을 생성하므로 블리딩이 감소한다.
• 재료분리가 생기지 않는다.
• 조직이 치밀하므로 강도가 커지고 수밀성, 화학적 저항성 등이 좋아진다.

ⓒ 단점
- 워커빌리티가 나빠진다.
- 단위수량이 증가한다.
- 건조수축이 커진다.

58 잔골재에 대한 체가름시험을 한 결과가 다음 표와 같을 때 조립률은? (단, 10mm 이상 체에 잔류된 잔골재는 없다.)

체의 호칭 (mm)	5	2.5	1.2	0.6	0.3	0.15	pan
각 체에 남은 양(%)	2	11	20	22	24	16	5

① 1.0   ② 2.63
③ 2.77   ④ 3.15

해설

체의 호칭 (mm)	5	2.5	1.2	0.6	0.3	0.15	Pan
각 체에 남은 양(%)	2	11	20	22	24	16	5
누적잔류량	2	13	33	55	79	95	100

$$FM = \frac{2+13+33+55+79+95}{100} = 2.77$$

59 터널굴착을 위하여 장약량 4kg으로 시험발파한 결과 누두지수(n)가 1.5, 폭파반경(R)이 3m이었다면 최소 저항선길이를 5m로 할 때 필요한 장약량은?

① 6.67kg   ② 11.1kg
③ 18.5kg   ④ 62.5kg

해설 ㉠ 누두지수

$$n = \frac{R}{W}$$

$$1.5 = \frac{3}{W}$$

$$\therefore W = 2m$$

ⓛ $L = CW^3$

$$4 = C \times 2^3$$

$$\therefore C = 0.5$$

ⓒ $L = CW^3 = 0.5 \times 5^3 = 62.5kg$

60 다음 중 골재의 함수상태에 대한 설명으로 틀린 것은?

① 골재의 표면수는 없고 내부공극에는 물로 차 있는 상태를 골재의 표면건조포화상태라고 한다.
② 골재의 표면 및 내부에 있는 물 전체 질량의 절대건조상태 골재질량에 대한 백분율을 골재의 표면수율이라고 한다.
③ 표면건조포화상태의 골재에 함유되어 있는 전체 수량의 절대건조상태 골재질량에 대한 백분율을 골재의 흡수율이라고 한다.
④ 골재를 100~110℃의 온도에서 일정한 질량이 될 때까지 건조하여 골재알 내부에 포함되어 있는 자유수가 완전히 제거된 상태를 골재의 절대건조상태라고 한다.

해설 표면수율

$$= \frac{\text{습윤상태의 질량} - \text{표건상태의 질량}}{\text{표건상태의 질량}} \times 100[\%]$$

제4과목 · 토질 및 기초

61 A점토층이 전체 압밀량의 99%까지 압밀이 이루어지는 데 걸린 시간이 10년이었다면 B점토층의 배수거리와 압밀계수가 다음과 같을 때 99%의 압밀이 이루어지는 데 걸리는 시간은? (단, B점토층의 배수거리(H)는 A점토층의 2배이고, 압밀계수(C_v)는 A점토층의 3배이다.)

① $\frac{20}{3}$ 년   ② $\frac{40}{3}$ 년
③ $\frac{20}{9}$ 년   ④ $\frac{40}{9}$ 년

해설 ㉠ A점토층

$$t = \frac{T_v H^2}{C_v} = 10년$$

ⓛ B점토층

$$t = \frac{T_v (2H)^2}{3C_v} = \frac{4}{3} \times \frac{T_v H^2}{C_v} = \frac{4}{3} \times 10 = \frac{40}{3}년$$

62 흙댐 등의 침윤선(seepage line)에 관한 설명으로 옳지 않은 것은?

① 침윤선은 일종의 유선이다.
② 침윤선은 일종의 등압선이다.
③ 침윤선은 일종의 자유수면이다.
④ 침윤선의 형상은 일반적으로 포물선으로 가정한다.

해설 **침윤선**
흙댐을 통해 물이 통과할 때 여러 유선들 중에서 최상부의 유선을 침윤선이라 한다.

63 다음 말뚝의 지지력에 대한 설명으로 틀린 것은?

① 말뚝의 지지력을 추정하는 데 말뚝재하시험이 가장 정확하다.
② 말뚝에 부(負)마찰력이 생기면 지지력이 감소한다.
③ 항타공식에 의한 말뚝의 허용지지력을 구할 때 안전율을 3으로 한다.
④ 연약한 점토지반에 대한 말뚝의 지지력은 항타 직후보다 시간이 경과함에 따라 증가한다.

해설 **지지력 산정방법과 안전율**

분류	안전율
재하시험	3
정역학적 지지력공식	3
동역학적 지지력공식	3~8

64 다음 토압에 관한 설명 중 옳지 않은 것은?

① 어떤 지반의 정지토압계수가 1.75라면 이 흙은 과압밀상태에 있다.
② 일반적으로 주동토압계수는 1보다 작고, 수동토압계수는 1보다 크다.
③ Coulomb토압이론은 옹벽 배면과 뒤채움 흙 사이의 벽면마찰을 무시한 이론이다.
④ 주동토압에서 배면토가 점착력이 있는 경우는 없는 경우보다 토압이 적어진다.

해설 Coulomb토압이론은 벽면과 흙의 마찰을 고려 ($\delta \neq 0$)한 이론이다.

65 시료채취기(sampler)의 관입깊이가 100cm이고, 채취된 시료의 길이가 90cm이었다. 채취된 시료 중 길이가 10cm 이상인 시료의 합이 60cm, 길이가 9cm 이상인 시료의 합이 80cm이었다면 회수율과 RQD는?

① 회수율=0.8, RQD=0.6
② 회수율=0.9, RQD=0.8
③ 회수율=0.9, RQD=0.6
④ 회수율=0.8, RQD=0.75

해설 ㉠ 회수율= $\dfrac{\text{채취된 시료의 길이}}{\text{관입깊이}} = \dfrac{90}{100} = 0.9$

㉡ RQD= $\dfrac{\sum 10\text{cm 이상 채취된 시료의 길이}}{\text{관입깊이}}$

$= \dfrac{60}{100} = 0.6$

66 다짐에 대한 설명 중 틀린 것은?

① 세립토가 많을수록 최적함수비는 증가한다.
② 다짐에너지가 클수록 최적함수비는 감소한다.
③ 세립토가 많을수록 최대 건조단위중량은 증가한다.
④ 다짐곡선이라 함은 건조단위중량과 함수비의 관계를 나타낸 것이다.

해설 세립토가 많을수록 최대 건조단위중량은 작아지고, 최적함수비는 증가한다.

67 기초의 지지력을 결정하는 방법이 아닌 것은?

① 평판재하시험 이용
② 탄성파시험결과 이용
③ 표준관입시험결과 이용
④ 이론에 의한 지지력 계산

해설 물리탐사 중의 탄성파탐사는 지표면의 한 점에서 폭약발파나 무거운 추의 낙하 등에 의하여 지반에 진동을 주고, 그 점으로부터 떨어진 여러 점까지 진동이 도달하는 시간과 거리를 측정하여 탄성파의 속도와 지층의 구조와 두께 등을 구하는 방법이다.

68 다음 중 사면의 안정해석방법이 아닌 것은?

① 마찰원법

② 비숍(Bishop)의 방법

③ 펠레니우스(Fellenius)방법

④ 테르자기(Terzaghi)의 방법

해설 유한사면의 안정해석(원호파괴)
　ㄱ 질량법 : $\phi = 0$해석법, 마찰원법
　ㄴ 분할법 : Fellenius방법, Bishop방법, Spencer
　　방법

69 다음 그림과 같은 성층토(成層土)의 연직방향의 평균투수계수(k_v)의 계산식으로 옳은 것은? (단, H_1, H_2, H_3, … : 각 토층의 두께, k_1, k_2, k_3, … : 각 토층의 투수계수)

① $k_v = \dfrac{H}{\dfrac{H_1}{k_1} + \dfrac{H_2}{k_2} + \dfrac{H_3}{k_3} + \dfrac{H_4}{k_4}}$

② $k_v = \dfrac{H}{k_1 H_1 + k_2 H_2 + k_3 H_3 + k_4 H_4}$

③ $k_v = \dfrac{1}{4}(k_1 H_1 + k_2 H_2 + k_3 H_3 + k_4 H_4)$

④ $k_v = \dfrac{1}{H}(k_1 H_1 + k_2 H_2 + k_3 H_3 + k_4 H_4)$

70 다음 삼축압축시험의 응력경로 중 압밀배수시험에 대한 것은?

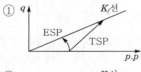

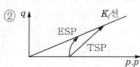

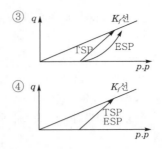

해설 압밀배수시험(CD-test)은 간극수압이 항상 0이므로 TSP와 ESP는 일치한다.

71 말뚝지지력공식에서 정적 및 동적지지력공식으로 구분할 때 정적지지력공식으로 구분된 항목은 어느 것인가?

① Terzaghi의 공식, Hiley공식

② Terzaghi의 공식, Meyerhof의 공식

③ Hiley공식, Engineering-News공식

④ Engineering-News공식, Meyerhof의 공식

해설 말뚝의 지지력공식
　ㄱ 정역학적 공식 : Terzaghi공식, Dörr공식, Meyerhof공식, Dunham공식
　ㄴ 동역학적 공식 : Hiley공식, Engineering-News공식, Sander공식, Weisbach공식

72 얕은 기초의 파괴영역에 대한 다음 그림의 설명으로 옳은 것은?

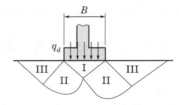

① 영역 Ⅲ은 수동영역이다.

② 파괴순서는 Ⅲ → Ⅱ → Ⅰ이다.

③ 국부전단파괴의 형상이다.

④ 영역 Ⅲ에서 수평면과 $45° + \dfrac{\phi}{2}$의 각을 이룬다.

해설 ㉠ 파괴순서는 Ⅰ → Ⅱ → Ⅲ이다.

　　㉡ 영역 Ⅲ에서 수평면과 $45° - \dfrac{\phi}{2}$의 각을 이룬다.

　　㉢ 영역 Ⅰ은 탄성영역이고, 영역 Ⅲ은 수동영역이다.

73 포화된 점토지반에 성토하중으로 어느 정도 압밀된 후 급속한 파괴가 예상될 때 이용해야 할 강도정수를 구하는 시험은?

① CU - test　　　　② UU - test

③ UC - test　　　　④ CD - test

해설 압밀비배수시험(CU - test)

　　㉠ 프리로딩(pre - loading)공법으로 압밀된 후 급격한 재하 시의 안정해석에 사용

　　㉡ 성토하중에 의해 어느 정도 압밀된 후에 갑자기 파괴가 예상되는 경우

74 어떤 모래의 비중이 2.78, 간극율(n)이 28%일 때 분사현상을 일으키는 한계동수경사는?

① 2　　　　　　② 4.5

③ 0.78　　　　④ 1.28

해설 ㉠ $e = \dfrac{n}{100 - n} = \dfrac{28}{100 - 28} = 0.39$

　　㉡ $i_c = \dfrac{G_s - 1}{1 + e} = \dfrac{2.78 - 1}{1 + 0.39} = 1.28$

75 어느 포화된 점토의 자연함수비는 45%이었고, 비중은 2.700이었다. 이 점토의 간극비(e)는?

① 1.22　　　　② 1.32

③ 1.42　　　　④ 1.52

해설 $Se = w G_s$

　　$100 \times e = 45 \times 2.7$

　　$\therefore\ e = 1.22$

76 유선망의 특성에 관한 설명 중 옳지 않은 것은?

① 유선과 등수두선은 직교한다.

② 인접한 두 유선 사이의 유량은 같다.

③ 인접한 두 등수두선 사이의 동수경사는 같다.

④ 인접한 두 등수두선 사이의 수두손실은 같다.

해설 유선망의 특징

　　㉠ 각 유로의 침투유량은 같다.

　　㉡ 인접한 등수두선 간의 수두차는 모두 같다.

　　㉢ 유선과 등수두선은 서로 직교한다.

　　㉣ 유선망으로 되는 사각형은 정사각형이다.

　　㉤ 침투속도 및 동수구배는 유선망의 폭에 반비례한다.

77 Mohr의 응력원에 대한 설명 중 틀린 것은?

① Mohr의 응력원에서 응력상태는 파괴포락선 위쪽에 존재할 수 없다.

② Mohr의 응력원이 파괴포락선과 접하지 않을 경우 전단파괴가 발생됨을 뜻한다.

③ 비압밀비배수시험조건에서 Mohr의 응력원은 수평축과 평행한 형상이 된다.

④ Mohr의 응력원에 접선을 그었을 때 종축과 만나는 점이 점착력 C이고, 그 접선의 기울기가 내부마찰각 ϕ이다.

해설 Mohr응력원이 파괴포락선에 접하는 경우에 전단파괴가 발생된다.

78 다음 중 피어(pier)공법이 아닌 것은?

① 감압공법　　　② Gow공법

③ Benoto공법　　④ Chicago공법

해설 피어기초

　　㉠ 인력굴착공법 : Chicago공법, Gow공법

　　㉡ 기계굴착공법 : Benoto공법, RCD공법, Earth drill공법

79 입도분석시험결과가 다음과 같다. 이 흙을 통일분류법에 의해 분류하면?

- 0.074mm체 통과율=3%
- 2mm체 통과율=40%
- 4.75mm체 통과율=65%
- $D_{10} = 0.10$mm
- $D_{30} = 0.13$mm
- $D_{60} = 3.2$mm

① GW　　　　② GP

③ SW　　　　④ SP

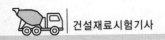

해설 ㉠ $P_{No.200(0.074mm)} = 3\% < 50\%$ 이고

$P_{No.4(4.75mm)} = 65\% > 50\%$ 이므로 모래(S)이다.

㉡ $C_u = \dfrac{D_{60}}{D_{10}} = \dfrac{0.32}{0.01} = 32 > 6$

$C_g = \dfrac{D_{30}^{\ 2}}{D_{10}D_{60}} = \dfrac{0.013^2}{0.01 \times 0.32} = 0.05 \neq 1 \sim 3$

이므로 빈립도(P)이다.

∴ SP

80 토질의 종류에 따른 다짐곡선을 설명한 것 중 옳지 않은 것은?

① 점성토에서는 소성이 클수록 최대 건조단위중량은 작고, 최적함수비는 크다.

② 조립토에서는 입도분포가 양호할수록 최대 건조단위중량은 크고, 최적함수비는 작다.

③ 조립토일수록 다짐곡선은 완만하고, 세립토일수록 다짐곡선은 급하게 나타난다.

④ 조립토가 세립토에 비하여 최대 건조단위중량이 크게 나타나고, 최적함수비는 작게 나타난다.

해설 조립토일수록 다짐곡선은 급하고, 세립토일수록 다짐곡선을 완만하다.

제1과목 · 콘크리트공학

01 프리플레이스트 콘크리트에 사용하는 골재에 대한 설명으로 틀린 것은?

① 잔골재의 조립률은 2.3~3.1범위로 한다.
② 굵은 골재의 최소 치수는 15mm 이상이어야 한다.
③ 굵은 골재의 최대 치수와 최소 치수와의 차이를 작게 하면 굵은 골재의 실적률이 작아지고 주입모르타르의 소요량이 많아진다.
④ 굵은 골재의 최소 치수가 클수록 주입모르타르의 주입성이 개선된다.

해설 프리플레이스트 콘크리트
㉠ 잔골재의 조립률은 1.4~2.2범위로 한다.
㉡ 굵은 골재의 최소 치수는 15mm 이상으로 한다.
㉢ 굵은 골재의 최대 치수는 최소치수의 2~4배 정도로 한다.
㉣ 대규모 프리플레이스트 콘크리트를 대상으로 할 경우 굵은 골재의 최소 치수를 크게 하는 것이 효과적이며, 굵은 골재의 최소 치수가 클수록 주입모르타르의 주입성이 현저하게 개선되므로 굵은 골재의 최소 치수는 40mm 이상이어야 한다.

02 압축강도의 기록이 없는 현장에서 콘크리트 설계기준압축강도가 28MPa인 경우 배합강도는?

① 30.5MPa ② 35MPa
③ 36.5MPa ④ 38MPa

해설 $21\text{MPa} \leq f_{ck} \leq 35\text{MPa}$이므로
$f_{cr} = f_{ck} + 8.5 = 28 + 8.5 = 36.5\text{MPa}$

03 고압증기양생에 대한 설명으로 틀린 것은?

① 고압증기양생을 실시하면 황산염에 대한 저항성이 향상된다.
② 고압증기양생을 실시하면 보통 양생한 콘크리트에 비해 철근의 부착강도가 크게 향상된다.
③ 고압증기양생을 실시하면 백태현상을 감소시킨다.
④ 고압증기양생을 실시하면 콘크리트는 어느 정도의 취성이 있다.

해설 고압증기양생
㉠ 보통 양생한 것에 비해 철근의 부착강도가 약 1/2이 되므로 철근콘크리트 부재에 고압증기양생을 하는 것은 바람직하지 못하다.
㉡ 백태현상이 감소한다.
㉢ 건조수축이 작아진다.
㉣ 어느 정도의 취성이 있다.

04 유동화 콘크리트에 대한 설명으로 틀린 것은?

① 유동화 콘크리트의 슬럼프 증가량은 50mm 이하를 원칙으로 한다.
② 유동화 콘크리트를 제조할 때 유동화제를 첨가하기 전의 기본배합의 콘크리트를 베이스 콘크리트라고 한다.
③ 베이스 콘크리트 및 유동화 콘크리트의 슬럼프 및 공기량시험은 50m^3마다 1회씩 실시하는 것을 표준으로 한다.
④ 유동화제는 원액으로 사용하고 미리 정한 소정의 양을 한꺼번에 첨가하여야 한다.

해설 유동화 콘크리트의 슬럼프 증가량은 100mm 이하를 원칙으로 하며 50~80mm를 표준으로 한다.

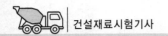

05 다음과 같은 조건에서 콘크리트의 배합강도를 결정하면?

- 설계기준압축강도(f_{ck}) : 40MPa
- 압축강도의 시험횟수 : 23회
- 23회의 압축강도시험으로부터 구한 표준편차 : 6MPa
- 압축강도시험횟수가 20회, 25회인 경우 표준편차의 보정계수 : 각각 1.08, 1.03

① 48.5MPa   ② 49.6MPa
③ 50.7MPa   ④ 51.2MPa

해설 ㉠ 23회일 때 직선보간을 한 표준편차의 보정계수
$$\alpha = 1.03 + \frac{(1.08 - 1.03) \times 2}{5} = 1.05$$
㉡ 직선보간한 표준편차 $S = 1.05 \times 6 = 6.3$MPa
㉢ $f_{ck} > 35$MPa이므로
- $f_{cr} = f_{ck} + 1.34S$
  $\quad = 40 + 1.34 \times 6.3 = 48.44$MPa
- $f_{cr} = 0.9f_{ck} + 2.33S$
  $\quad = 0.9 \times 40 + 2.33 \times 6.3 = 50.68$MPa
위의 계산값 중에서 큰 값이 배합강도이므로
$f_{cr} = 50.68$MPa

06 AE 콘크리트에서 공기량에 영향을 미치는 요인들에 대한 설명으로 잘못된 것은?

① 단위시멘트양이 증가할수록 공기량은 감소한다.
② 배합과 재료가 일정하면 슬럼프가 작을수록 공기량은 증가한다.
③ 콘크리트의 온도가 낮을수록 공기량은 증가한다.
④ 콘크리트가 응결·경화되면 공기량은 증가한다.

해설 AE 콘크리트의 공기량에 영향을 미치는 요인
㉠ 단위시멘트양이 증가할수록, 분말도가 클수록 공기량은 감소한다.
㉡ 슬럼프가 작을수록 공기량은 증가한다.
㉢ 콘크리트 온도가 낮을수록 공기량은 증가한다.
㉣ 콘크리트가 응결·경화되면 공기량은 감소한다.

07 현장의 골재에 대한 체분석결과 잔골재 속에서 5mm체에 남는 것이 6%, 굵은 골재 속에서 5mm체를 통과하는 것이 11%였다. 시방배합표상의 단위잔골재량은 632kg/m³이며, 단위 굵은 골재량은 1,176kg/m³이다. 현장 배합을 위한 단위잔골재량은 얼마인가?

① 522kg/m³   ② 537kg/m³
③ 612kg/m³   ④ 648kg/m³

해설 잔골재량을 x, 굵은 골재량을 y라 하면
$x + y = 632 + 1,176 = 1,808$ ·············· ⓐ
$0.06x + (1 - 0.11)y = 1,176$ ·············· ⓑ
식 ⓐ와 식 ⓑ를 연립해서 풀면
$x = 521.83$kg, $y = 1286.17$kg

08 외기온도가 25℃를 넘을 때 콘크리트의 비비기로부터 타설이 끝날 때까지 최대 얼마의 시간을 넘어서는 안 되는가?

① 0.5시간   ② 1시간
③ 1.5시간   ④ 2시간

해설 비비기로부터 치기가 끝날 때까지의 시간
㉠ 외기온도가 25℃ 이상일 때 : 1.5시간 이하
㉡ 외기온도가 25℃ 이하일 때 : 2시간 이하

09 콘크리트 다지기에 대한 설명 중 옳지 않은 것은?

① 콘크리트 다지기에는 내부진동기 사용을 원칙으로 한다.
② 내부진동기는 콘크리트로부터 천천히 빼내어 구멍이 남지 않도록 해야 한다.
③ 내부진동기는 연직방향으로 일정한 간격을 유지하며 찔러 넣는다.
④ 콘크리트가 한쪽에 치우쳐 있을 때는 내부진동기로 평평하게 이동시켜야 한다.

해설 ㉠ 내부진동기는 연직으로 찔러 넣으며, 삽입간격은 일반적으로 0.5m 이하로 한다.
㉡ 내부진동기는 콘크리트를 횡방향으로 이동시킬 목적으로 사용해서는 안 된다.

10 서중 콘크리트에 대한 설명으로 틀린 것은?

① 콘크리트 재료의 온도를 낮추어서 사용한다.

② 콘크리트를 타설할 때의 콘크리트 온도는 35℃ 이하이어야 한다.

③ 하루의 평균기온이 25℃를 초과하는 것이 예상되는 경우 서중 콘크리트로 시공하여야 한다.

④ 콘크리트는 비빈 후 1.5시간 이내에 타설하여야 하며, 지연형 감수제를 사용한 경우라도 2시간 이내에 타설하는 것을 원칙으로 한다.

해설 서중 콘크리트의 타설

콘크리트는 비빈 후 되도록 빨리 타설해야 하며, 지연형 감수제를 사용하는 경우라도 1.5시간 이내에 타설해야 한다.

11 콘크리트 강도시험용 공시체의 제작에 대한 설명으로 틀린 것은?

① 압축강도시험을 위한 공시체의 지름은 굵은 골재의 최대 치수의 3배 이상, 100mm 이상으로 한다.

② 휨강도시험용 공시체는 단면이 정사각형인 각주로 하고, 그 한 변의 길이는 굵은 골재의 최대 치수의 3배 이상이며 150mm 이상으로 한다.

③ 몰드를 떼는 시기는 콘크리트 채우기가 끝나고 나서 16시간 이상 3일 이내로 한다.

④ 공시체의 양생온도는 20±2℃로 한다.

해설 휨강도시험을 위한 공시체(KS F 2403)

㉠ 공시체는 단면이 정사각형인 각주로 하고, 그 한 변의 길이는 굵은 골재 최대 치수의 4배 이상이며 100mm 이상으로 하고, 공시체의 길이는 단면의 한 변의 길이의 3배보다 80mm 이상 긴 것으로 한다.

㉡ 공시체의 표준단면치수는 100mm×100mm 또는 150mm×150mm이다.

12 프리스트레스트 콘크리트에서 프리텐션방식으로 프리스트레싱할 때 콘크리트의 압축강도는 최소 얼마 이상이어야 하는가?

① 30MPa ② 35MPa
③ 40MPa ④ 45MPa

해설 프리스트레싱할 때의 콘크리트 강도

프리스트레싱할 때의 콘크리트의 압축강도는 어느 정도의 안전도를 확보하기 위하여 프리스트레스를 준 직후, 콘크리트에 일어나는 최대 압축응력의 1.7배 이상이어야 한다. 또한 프리텐션방식에 있어서 콘크리트의 압축강도는 30MPa 이상이어야 한다.

13 콘크리트 제작 시 재료의 계량에 대한 설명으로 틀린 것은?

① 각 재료는 1배치씩 질량으로 계량하여야 한다.

② 혼화제의 계량허용오차는 ±2%이다.

③ 계량은 현장 배합에 의해 실시하는 것으로 한다.

④ 골재의 계량허용오차는 ±3%이다.

해설 1회 계량분에 대한 계량오차의 허용범위

재료의 종류	허용오차(%)
물	−2, +1
시멘트	−1, +2
혼화재	±2
골재, 혼화제(용액)	±3

14 시멘트의 수화반응에 의해 생성된 수산화칼슘이 대기 중의 이산화탄소와 반응하여 콘크리트의 성능을 저하시키는 현상을 무엇이라고 하는가?

① 염해 ② 동결융해
③ 탄산화 ④ 알칼리−골재반응

해설 중성화(탄산화)

공기 중의 탄산가스에 의해 콘크리트 중의 수산화칼슘(강알칼리)이 서서히 탄산칼슘(약알칼리)으로 되어 콘크리트가 알칼리성을 상실하는 것을 말한다.

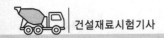

15 프리스트레스트 콘크리트 구조물이 철근콘크리트 구조물보다 유리한 점을 설명한 것 중 옳지 않은 것은?

① 사용하중하에서는 균열이 발생하지 않도록 설계되기 때문에 내구성 및 수밀성이 우수하다.
② 부재의 탄력성과 복원력이 강하다.
③ 부재의 중량을 줄일 수 있어 장대교량에 유리하다.
④ 강성이 크기 때문에 변형이 작고 고온에 대한 저항력이 우수하다.

해설 PSC의 단점
㉠ RC에 비해 강성이 작아서 변형이 크고 진동하기 쉽다.
㉡ 내화성이 불리하다(400℃ 이상 온도).

16 굳지 않은 콘크리트 중의 전 염소이온량은 원칙적으로 몇 kg/m³ 이하로 하는 것을 표준으로 하는가?

① 0.2kg/m³
② 0.3kg/m³
③ 0.5kg/m³
④ 0.7kg/m³

해설 굳지 않은 콘크리트 중의 전 염화물이온량은 원칙적으로 0.3kg/m³ 이하로 한다.

17 지름 150mm, 길이 300mm인 원주형 콘크리트 공시체로 쪼갬인장강도시험을 실시한 결과 공시체가 파괴될 때까지의 최대 하중이 198kN이었다면 이 공시체의 쪼갬인장강도는?

① 2.5MPa
② 2.8MPa
③ 3.1MPa
④ 3.4MPa

해설 $f = \dfrac{2P}{\pi Dl} = \dfrac{2 \times 198{,}000}{\pi \times 150 \times 300} = 2.8 \text{N/mm}^2 = 2.8 \text{MPa}$

18 초음파탐상에 의한 콘크리트 비파괴시험의 적용 가능한 분야로서 거리가 먼 것은?

① 콘크리트 두께탐상
② 콘크리트의 균열깊이
③ 콘크리트 내부의 공극탐상
④ 콘크리트 내의 철근부식 정도조사

해설 초음파탐상에 의한 결함조사
㉠ 개요 : 동일한 속도의 초음파에너지를 콘크리트 내부에 통과시켰을 때 건전한 경우와 공극 또는 비균질한 경우의 통과시간 및 에너지통과량에 차이가 나게 된다. 이 원리를 이용하여 콘크리트 내부의 결함을 탐상하는 방법이다.
㉡ 적용 가능한 분야
• 콘크리트 두께탐상
• 콘크리트 내부의 공극탐상
• 시스관 내의 그라우팅 및 콘크리트와 철근의 부착 유무조사

19 다음에서 설명하는 콘크리트의 성질은?

> 콘크리트를 타설할 때 다짐작업 없이 자중만으로 철근 등을 통과하여 거푸집의 구석구석까지 균질하게 채워지는 정도를 나타내는 굳지 않은 콘크리트의 성질

① 자기충전성
② 유동성
③ 슬럼프플로
④ 워커빌리티

20 숏크리트의 시공에 대한 일반적인 설명으로 틀린 것은?

① 건식 숏크리트는 배치 후 45분 이내에 뿜어 붙이기를 실시하여야 한다.
② 습식 숏크리트는 배치 후 60분 이내에 뿜어 붙이기를 실시하여야 한다.
③ 숏크리트는 타설되는 장소의 대기온도가 25℃ 이상이 되면 건식 및 습식 숏크리트 모두 뿜어 붙이기를 할 수 없다.
④ 숏크리트는 대기온도가 10℃ 이상일 때 뿜어 붙이기를 실시한다.

해설 숏크리트
㉠ 타설되는 장소의 대기온도가 38℃ 이상이 되면 건식 및 습식 숏크리트 모두 뿜어 붙이기를 할 수 없다.
㉡ 대기온도가 10℃ 이상일 때 뿜어 붙이기를 실시한다.

정답 15. ④ 16. ② 17. ② 18. ④ 19. ① 20. ③

제2과목 · 건설시공 및 관리

21 교량가설공법인 디비닥(Dywidag)공법의 특징으로 옳은 것은?

① 동바리가 필요하다.
② 시공블록이 3~4m마다 생기므로 관리가 어렵다.
③ 동일 작업이 반복되지만 시공속도는 느리다.
④ 긴 경간의 PC교 가설이 가능하다.

해설 FCM공법(Dywidag공법)의 특징
㉠ 장대교 시공이 가능하다.
㉡ 동바리가 필요 없다.
㉢ 3~4m마다 시공블록이 분할시공되므로 변단면 시공이 가능하다.
㉣ 반복작업으로 시공속도가 빠르고 작업능률이 향상된다.

22 말뚝의 지지력을 결정하기 위한 방법 중에서 가장 정확한 것은?

① 정역학적 공식
② 동역학적 공식
③ 말뚝의 재하시험
④ 허용지지력의 표로서 구하는 방법

해설 말뚝기초의 지지력 산정방법
정역학적 지지력공식, 동역학적 지지력공식, 재하시험

23 흙댐을 구조상 분류할 때 중앙에 불투수성의 흙을, 양측에는 투수성 흙을 배치한 것으로 두 가지 이상의 재료를 얻을 수 있는 곳에서 경제적인 댐형식은?

① 심벽형 댐
② 균일형 댐
③ 월류댐
④ Zone형 댐

해설 Zone형 댐
중앙에 불투수성의 흙을, 양측에는 투수성 흙을 배치한 것으로 재료가 한 가지밖에 없는 균일형 댐에 비하면 두 가지 이상의 재료를 얻을 수 있는 곳에서 경제적이다.

24 AASHTO(1986)설계법에 의해 아스팔트포장의 설계 시 두께지수(SN : Structure Number) 결정에 이용되지 않는 것은?

① 각 층의 상대강도계수
② 각 층의 두께
③ 각 층의 배수계수
④ 각 층의 침입도지수

해설 AASHTO(1986)설계법
$$SN = a_1 D_1 m_1 + a_2 D_2 m_2 + a_3 D_3 m_3 + \cdots$$
여기서, SN : 포장두께지수
a_i : i번째 층의 상대강도계수
D_i : i번째 층의 두께(cm)
m_i : i번째 층의 배수계수

25 숏크리트시공 시 리바운드량을 감소시키는 방법으로 옳지 않은 것은?

① 분사부착면을 매끄럽게 한다.
② 압력을 일정하게 한다.
③ 벽면과 직각으로 분사한다.
④ 시멘트양을 증가시킨다.

해설 기존 콘크리트면에 시공하는 경우에는 콘크리트면을 거칠게 하고 부착을 저해하는 물질을 제거한다.

26 불도저(bulldozer)작업의 경우 다음의 조건에서 본바닥토량으로 환산한 1시간당 토공작업량(m^3/h)은? (단, 1회 굴착압토량은 느슨한 상태로 3.0m^3/h, 작업효율 0.6, 토량변화율 $L=$ 1.2, 평균압토거리 30m, 전진속도 30m/분, 후진속도 60m/분, 기어변속시간 0.5분)

① 45m^3/h
② 34m^3/h
③ 20m^3/h
④ 15m^3/h

해설 ㉠ $C_m = \dfrac{l}{V_1} + \dfrac{l}{V_2} + t_g = \dfrac{30}{30} + \dfrac{30}{60} + 0.5 = 2분$

㉡ $Q = \dfrac{60qfE}{C_m} = \dfrac{60 \times 3 \times \dfrac{1}{1.2} \times 0.6}{2} = 45m^3/h$

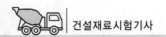

27 다음과 같은 조건에서 불도저로 압토와 리핑작업을 동시에 실시할 때 시간당 작업량은?

> • 압토작업만 할 때의 작업량(Q_1) : 40m³/h
> • 리핑작업만 할 때의 작업량(Q_2) : 60m³/h

① 24m³/h   ② 37m³/h
③ 40m³/h   ④ 50m³/h

해설 $Q = \dfrac{Q_1 Q_2}{Q_1 + Q_2} = \dfrac{40 \times 60}{40 + 60} = 24\text{m}^3/\text{h}$

28 토적곡선(mass curve)에 관한 설명 중 틀린 것은?

① 곡선의 저점 및 정점은 각각 성토에서 절토, 절토에서 성토의 변이점이다.
② 동일 단면 내의 절토량, 성토량을 토적곡선에서 구한다.
③ 토적곡선을 작성하려면 먼저 토량 계산서를 작성하여야 한다.
④ 절토에서 성토까지의 평균운반거리는 절토와 성토의 중심 간의 거리로 표시된다.

해설 토적곡선에서는 횡방향 유용토를 제외시켰다.

29 지름 400mm, 길이 10m 강관파일을 항타하여 다음 조건에서 시공하고자 한다. 소요시간은 얼마인가?

> • α : 토질계수 4.0
> • β : 해머계수 1.2
> • N : 15
> • F : 작업계수 0.6
> • T_w : 0
> • T_s : 파일 1본당 세우기 및 위치조정시간 20분
> • T_t : 파일 1본당 해머의 이동 및 준비시간 20분
> • T_e : 파일 1본당 해머의 점검 및 급유 등 기타 시간 20분
> • $T_b = 0.05 \alpha \beta L (N+2)$로 가정한다.

① 124분   ② 136분
③ 145분   ④ 168분

해설 ㉠ 파일 1본당 타격시간(min)
$T_b = 0.05 \alpha \beta L (N+2)$
$= 0.05 \times 4 \times 1.2 \times 10 \times (15+2) = 40.8$분
㉡ 파일 1본당 시공시간(min)
$T_c = \dfrac{T_b + T_w + T_s + T_t + T_e}{F}$
$= \dfrac{40.8 + 0 + 20 + 20 + 20}{0.6} = 168$분
여기서, L : 파일이 들어가는 전장(m)
T_w : 파일 1본당 용접시간(분)

30 옹벽 대신 이용하는 돌쌓기 공사 중 뒤채움에 콘크리트를 이용하고 줄눈에 모르타르를 사용하는 2m 이상의 돌쌓기 방법은?

① 메쌓기   ② 찰쌓기
③ 견치돌쌓기   ④ 줄쌓기

해설 ㉠ 메쌓기(dry masonry) : 모르타르나 콘크리트를 사용하지 않고 석재의 맞대임의 마찰을 크게 하여 쌓는 형식
㉡ 찰쌓기(wet masonry) : 줄눈에 모르타르를 사용하고 뒤채움에 콘크리트를 채워 석재와 뒤채움이 일체가 되도록 쌓는 형식
㉢ 줄쌓기(정층쌓기, coursed masonry) : 가로줄눈이 일직선이 되도록 쌓는 형식

31 다짐공법에서 물다짐공법에 적합한 흙은 어느 것인가?

① 점토질 흙   ② 롬(loam)질 흙
③ 실트질 흙   ④ 모래질 흙

해설 물다짐공법은 사질토인 경우에 적합하다.

32 Terzaghi의 극한지지력공식에 대한 설명 중 옳지 않은 것은?

① 지지력계수는 내부마찰각이 커짐에 따라 작아진다.
② 직사각형 단면의 형상계수는 폭과 길이에 따라 정해진다.
③ 근입깊이가 깊어지면 지지력도 증대된다.
④ 점착력이 $\phi = 0$인 경우 일축압축시험에 의해서도 구할 수 있다.

해설 지지력계수는 내부마찰각이 클수록 커진다.

33 다음 중 깊은 기초의 종류가 아닌 것은?

① 전면기초 ② 말뚝기초
③ 피어기초 ④ 케이슨기초

해설 깊은 기초 : 말뚝기초, 피어기초, 케이슨기초

34 암거의 배열방식 중 여러 개의 흡수거를 1개의 간선집수거 또는 집수지거로 합류시키게 배치한 방식은?

① 차단식 ② 자연식
③ 빗식 ④ 사이판식

해설 암거의 배열방식
ㄱ 자연식 : 자연지형에 따라 암거를 매설하며 배수지구 내에 저습지가 있을 경우 여기에 연결하여 시공하는 방식
ㄴ 차단식 : 배수지구의 고지대로부터 배수지구 내로의 침투수를 차단할 수 있는 위치에 배치한 방식
ㄷ 평행식 : 머리빗식, 어골식, 집단식, 이중간선식

35 다음의 주어진 조건을 이용하여 3점 시간법을 적용하여 activity time을 결정하면?

| • 표준값=5시간 | • 낙관값=3시간 |
| • 비관값=10시간 | |

① 4.5시간 ② 5.0시간
③ 5.5시간 ④ 6.0시간

해설 $t_e = \dfrac{t_o + 4t_m + t_p}{6} = \dfrac{3 + 4 \times 5 + 10}{6} = 5.5$시간

36 자연함수비 8%인 흙으로 성토하고자 한다. 다짐한 흙의 함수비를 15%로 관리하도록 규정하였을 때 매 층마다 1m²당 몇 kg의 물을 살수해야 하는가? (단, 1층의 다짐 후 두께는 20cm이고, 토량변화율 C는 0.90이며, 원지반상태에서 흙의 단위중량은 1.8t/m³)

① 7.15kg ② 15.84kg
③ 25.93kg ④ 27.22kg

해설 ㄱ 1m²당 본바닥 체적 = $(1 \times 1 \times 0.2) \times \dfrac{1}{0.9}$
$$= 0.222 m^3$$

ㄴ $w = 8\%$일 때
$$\gamma_t = \frac{W}{V}$$
$$1.8 = \frac{W}{0.222}$$
$$\therefore W = 0.4t = 400kg$$
$$W_s = \frac{W}{1 + \dfrac{w}{100}} = \frac{400}{1 + \dfrac{8}{100}} = 370.37kg$$
$$\therefore W_w = 400 - 370.37 = 29.63kg$$

ㄷ $w = 15\%$일 때
$$w = \frac{W_w}{W_s} \times 100$$
$$15 = \frac{W_w}{370.37} \times 100$$
$$\therefore W_w = 55.56kg$$

ㄹ 살수량 = $55.56 - 29.63 = 25.93kg$

37 아스팔트 포장의 기층으로서 사용하는 가열혼합식에 의한 아스팔트 안정처리기층을 무엇이라 하는가?

① 보조기층 ② 블랙베이스
③ 입도조정층 ④ 화이트베이스

38 점성토에서 발생하는 히빙의 방지대책으로 틀린 것은?

① 널말뚝의 근입깊이를 짧게 한다.
② 표토를 제거하거나 배면의 배수처리로 하중을 작게 한다.
③ 연약지반을 개량한다.
④ 부분굴착 및 트렌치컷공법을 적용한다.

해설 히빙현상 방지대책
ㄱ 흙막이의 근입깊이를 깊게 한다.
ㄴ 표토를 제거하여 하중을 적게 한다.
ㄷ 지반개량을 한다.
ㄹ 전면굴착보다 부분굴착을 한다.

39 저항선이 1.2m일 때 12.15kg의 폭약을 사용하였다면 저항선을 0.8m로 하였을 때 얼마의 폭약이 필요한가? (단, Hauser식을 사용한다.)

① 1.8kg   ② 3.6kg
③ 5.6kg   ④ 7.6kg

해설 ㉠ $L = CW^3$

$12.15 = C \times 1.2^3$

$\therefore c = 7.03$

㉡ $L = CW^3 = 7.03 \times 0.8^3 = 3.6\text{kg}$

40 품셈에서 수량의 계산 중 플래니미터의 의한 면적을 계산할 때 몇 회 이상 측정하여 평균값을 구하는가?

① 4회   ② 3회
③ 2회   ④ 1회

제3과목 · 건설재료 및 시험

41 화성암은 산성암, 중성암, 염기성암으로 분류가 되는데, 이때 분류기준이 되는 것은?

① 규산의 함유량   ② 운모의 함유량
③ 장석의 함유량   ④ 각섬석의 함유량

42 스트레이트 아스팔트에 대한 설명 중 틀린 것은?

① 블론 아스팔트에 비해 투수계수가 크다.
② 블론 아스팔트에 비해 신장성이 크다.
③ 블론 아스팔트에 비해 점착성이 크다.
④ 블론 아스팔트에 비해 온도에 대한 감온성이 크다.

해설 아스팔트의 성질 비교

종류	스트레이트 아스팔트	블론 아스팔트
신도, 감온성, 방수성	크다.	작다.
점착성	매우 크다.	작다.
탄력성	작다	크다.

43 어떤 모래를 체가름시험한 결과 다음 표를 얻었다. 이때 모래의 조립률은?

체 (mm)	10	5	2.5	1.2	0.6	0.3	0.15	pan	합계
각 체의 잔류율 (%)	0	2	6	20	28	23	16	5	100

① 2.68   ② 2.76
③ 3.69   ④ 5.28

해설

체(mm)	잔류율(%)	누적잔류율(%)
10	0	0
5	2	2
2.5	6	8
1.2	20	28
0.6	28	56
0.3	23	79
0.15	16	95
pan	5	100

$$FM = \frac{2 + 8 + 28 + 56 + 79 + 95}{100} = 2.68$$

44 주로 화성암에 많이 생기는 절리(joint)로 돌기둥을 배열한 것 같은 모양의 절리를 무엇이라 하는가?

① 주상절리
② 구상절리
③ 불규칙 다면괴상절리
④ 판상절리

해설 절리

㉠ 주상절리 : 돌기둥을 배열한 것과 같은 모양이다.
㉡ 판상절리 : 판자를 겹쳐놓은 모양이다.
㉢ 구상절리 : 암석의 노출부가 양파모양이다.
㉣ 불규칙한 다면괴상절리 : 암석의 생성 시 냉각으로 인해 생기는 불규칙한 절리이다.

45 다음은 어떤 혼화재료의 종류인가?

> CSA계, 석고계, 철분계

① 팽창재   ② AE제
③ 방수제   ④ 급결제

해설 팽창재는 에트링가이트계(CSA계, 석고계), 철분계, 석회계의 3종류가 있다.

46 마샬시험방법에 따라 아스팔트 콘크리트 배합설계를 진행 중이다. 재료 및 공시체에 대한 측정결과가 다음과 같을 때 포화도는 약 몇 %인가?

> • 아스팔트의 밀도(G) : $1.025g/cm^3$
> • 아스팔트의 함량(A) : 5.8%
> • 공시체의 실측밀도(d) : $2.366g/cm^3$
> • 공시체의 공극률(V_o) : 4.2%

① 56.0% ② 58.8%
③ 76.1% ④ 77.9%

해설 ㉠ 역청재료의 체적비

$$V_a = \frac{w_a d}{G_a} = \frac{5.8 \times 2.366}{1.025} = 13.39\%$$

㉡ 포화도

$$S = \frac{V_a}{V_a + V} = \frac{13.39}{13.39 + 4.2} = 76.12\%$$

47 금속재료의 일반적 성질에 관한 설명 중 틀린 것은?

① 선철은 철광석 용광로 내에서 환원하여 만들며 주로 제강용 원료가 되며 Si원소가 가장 많고, C원소가 가장 적게 포함되어 있다.

② 탄소강은 0.04~1.7%의 탄소를 함유하는 Fe-C합금으로서 C<0.3%는 저탄소강, 0.3%<C<0.6%는 중탄소강, C>0.6%는 고탄소강이라 한다.

③ 금속재료의 특징은 전기 및 열의 전도율이 크고, 연성과 전성이 풍부하다.

④ 금속재료는 철금속과 비철금속으로 나눌 수 있고 광택이 있으며 상온에서 결정형을 가진 고체로서 가공이 용이하다.

해설 선철은 여러 가지 원소(C, Si, P, Mn, S 등)를 함유하지만, 이 중에서 탄소(C)가 가장 많다.

48 콘크리트용 강섬유의 품질에 대한 설명으로 틀린 것은?

① 강섬유의 평균인장강도는 700MPa 이상이 되어야 한다.

② 강섬유는 표면에 유해한 녹이 있어서는 안 된다.

③ 강섬유 각각의 인장강도는 600MPa 이상이어야 한다.

④ 강섬유는 16℃ 이상의 온도에서 지름 안쪽 90°(곡선반지름 3mm)방향으로 구부렸을 때 부러지지 않아야 한다.

해설 강섬유의 품질(KS F 2564)
㉠ 겉모양 : 강섬유는 표면에 유해한 녹이 있어서는 안 된다.
㉡ 인장강도 : 강섬유의 평균인장강도는 700MPa 이상이 되어야 하며, 각각의 인장강도 또한 650MPa 이상이어야 한다.

49 시멘트의 분말도시험에 관한 설명 중 옳지 않은 것은?

① 분말도시험은 시멘트 입자의 가는 정도를 알기 위한 시험으로 분말도와 비표면적을 구한다.

② 공기투과장치에 의한 방법은 표준시료와 시험시료로 만든 시멘트 베드를 공기가 투과하는 데 요하는 시간을 비교하여 비표면적을 구한다.

③ 표준체에 의한 방법(KS L 5112)은 표준체 $45\mu m$로 쳐서 남는 잔사량을 계량하여 분말도를 구한다.

④ 분말도가 작은 시멘트일수록 물과의 접촉표면적이 크며 수화가 빨리 진행된다.

해설 분말도가 큰 시멘트는 수표면적이 커서 수화가 빨리 진행되며 건조수축이 커서 균열이 발생하기 쉽다.

정답 46. ③ 47. ① 48. ③ 49. ④

50 폭약으로 사용되는 칼릿(Carlit)에 대한 설명으로 틀린 것은?

① 칼릿은 다이너마이트보다 발화점이 높다.

② 칼릿은 다이너마이트보다 충격에 둔감하여 취급이 편하다.

③ 칼릿은 폭발력이 다이너마이트보다 우수하다.

④ 칼릿은 유해가스 발생이 적고 흡수성이 적어 터널공사에 적합하다.

해설 칼릿(carlit)
㉠ 유해가스의 발생이 많고 흡수성이 크기 때문에 터널공사에는 부적당하다.
㉡ 폭발력은 다이너마이트보다 우수하며 흑색화약의 4배에 달한다.
㉢ 채석장에서 큰 돌의 채석에 적합하다.

51 콘크리트 배합에 관한 다음의 ( )에 들어갈 알맞은 수치는?

공사 중에 잔골재의 입도가 변하여 조립률이 ±( ) 이상 차이가 있을 경우에는 워커빌리티가 변화하므로 배합을 수정할 필요가 있다.

① 0.05 ② 0.1

③ 0.2 ④ 0.3

52 다음 중 일반적인 목재의 비중은?

① 살아있는 상태의 나무비중

② 공기건조 중의 비중

③ 물에서 포화상태의 비중

④ 절대건조비중

해설 목재는 보통 공기 중에서 건조시킨 것을 많이 이용하므로 목재의 비중은 기건비중으로 나타낸다.

53 골재의 취급과 저장 시 주의해야 할 사항으로 틀린 것은?

① 잔골재, 굵은 골재 및 종류, 입도가 다른 골재는 각각 구분하여 별도로 저장한다.

② 골재의 저장설비는 적당한 배수설비를 설치하고 그 용량을 검토하여 표면수가 일정한 골재의 사용이 가능하도록 한다.

③ 골재의 표면수는 굵은 골재는 건조상태로, 잔골재는 습윤상태로 저장하는 것이 좋다.

④ 골재는 빙설의 혼입 방지, 동결 방지를 위한 적당한 시설을 갖추어 저장해야 한다.

해설 골재의 저장
㉠ 잔골재, 굵은 골재 및 종류와 입도가 다른 골재는 각각 구분하여 따로따로 저장하여야 한다.
㉡ 골재의 저장설비에는 적당한 배수시설을 설치하고, 그 용량을 적절히 하여 표면수가 균일한 골재를 사용할 수 있도록 하여야 한다.
㉢ 겨울에 동결되어 있는 골재나 빙설이 혼입되어 있는 골재를 그대로 사용하면 비빈 콘크리트의 온도가 저하하여 콘크리트가 동결하거나 품질 저하를 초래할 우려가 있으므로 이에 대한 적절한 방지대책을 수립하여 골재를 저장하여야 한다.

54 포틀랜드 시멘트의 클링커에 대한 설명 중 틀린 것은?

① 클링커는 단일조성의 물질이 아니라 C_3S, C_2S, C_3A, C_4AF의 4가지 주요 화합물로 구성되어 있다.

② 클링커의 화합물 중 C_3S 및 C_2S는 시멘트 강도의 대부분을 지배한다.

③ C_3A는 수화속도가 대단히 빠르고 발열량이 크며 수축도 크다.

④ 클링커의 화합물 중 C_3S가 많고 C_2S가 적으면 시멘트의 강도발현이 늦어지지만 장기재령은 향상된다.

해설 ㉠ C_3S는 C_3A보다 수화작용이 느리나 강도가 빨리 나타나고 수화열이 비교적 크다.
㉡ C_2S는 C_3S보다 수화작용이 늦고 수축이 작으며 장기강도가 커진다.

55 다음 설명 중 틀린 것은?

① 혼화재에는 플라이애시, 고로슬래그미분
말, 규산 백토 등이 있다.
② 혼화제에는 AE제, 경화촉진제, 방수제
등이 있다.
③ 혼화재는 그 사용량이 비교적 적어서 그
자체의 부피가 콘크리트 배합의 계산에
서 무시하여도 좋다.
④ AE제에 의해 만들어진 공기를 연행공기
라 한다.

해설 ㉠ 혼화재 : 사용량이 비교적 많아서 그 자체의 부
피가 콘크리트 배합 계산에서 고려되는 것(시
멘트 중량의 5% 이상 사용)
㉡ 혼화제 : 사용량이 비교적 적어서 그 자체의 부
피가 콘크리트 배합 계산에서 무시되는 것(시
멘트 중량의 1% 이하 사용)

56 다음 강재의 응력−변형률곡선에 관한 설명 중
잘못된 것은?

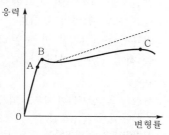

① A점은 응력과 변형률이 비례하는 최대 한
도지점이다.
② B점은 외력을 제거해도 영구변형을 남기
지 않고 원래로 돌아가는 응력의 최대 한
도지점이다.
③ C점은 부재응력의 최대값이다.
④ 강재는 하중을 받아 변형되며 단면이 축소
되므로 실제 응력−변형률선은 점선이다.

해설 ㉠ A : 비례한도
㉡ B : 상항복점
㉢ C : 극한강도(최대 응력점)

57 다음 중 일반적으로 지연제를 사용하는 경우가
아닌 것은?

① 서중 콘크리트의 시공 시
② 레미콘운반거리가 멀 때
③ 숏크리트타설 시
④ 연속타설 시 콜드조인트를 방지하기 위해

해설 지연제의 용도
㉠ 서중 콘크리트의 시공 시 워커빌리티의 저하
및 레디믹스트 콘크리트의 운반거리가 멀어져
운반시간이 장시간 소요되는 경우에 유효하다.
㉡ 수조, 대형구조물 등 연속타설을 필요로 하는
콘크리트 구조에서 콜드조인트의 발생 방지에
유효하다.

58 잔골재를 각 상태에서 계량한 결과가 다음과
같을 때 골재의 유효흡수량(%)은?

- 노건조상태 : 2,000g
- 공기 중 건조상태 : 2,066g
- 표면건조포화상태 : 2,124g
- 습윤상태 : 2,152g

① 1.32% ② 2.73%
③ 2.81% ④ 7.60%

해설 유효흡수량 $= \dfrac{2,124-2,066}{2,066} \times 100 = 2.81\%$

59 역청재에 대한 설명 중 옳지 않은 것은?

① 석유 아스팔트는 원유를 증류한 잔유물
을 원료로 한 것이다.
② 아스팔타이트의 성질 및 용도는 스트레
이트 아스팔트와 같이 취급한다.
③ 포장용 타르는 타르를 다시 증류하여 수
분, 나프타, 경유 등을 유출해 정제한 것
이다.
④ 역청유제는 역청을 유화제수용액 중에
미립자의 상태로 분포시킨 것이다.

해설 아스팔타이트(asphaltite)는 탄력성이 풍부한 블
론 아스팔트와 비슷하다.

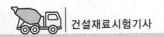

60 시멘트 모르타르의 압축강도시험에서 공시체의 양생온도는?

① 10±2℃   ② 15±2℃

③ 23±2℃   ④ 30±2℃

해설 시멘트 모르타르의 압축강도시험(KS L 5105) 습기함, 습기실 및 저장수조의 물온도는 23±2℃ 이어야 한다.

제4과목 · 토질 및 기초

61 Meyerhof의 일반지지력공식에 포함되는 계수가 아닌 것은?

① 국부전단계수   ② 근입깊이계수

③ 경사하중계수   ④ 형상계수

해설 Meyerhof의 극한지지력공식은 Terzaghi의 극한지지력공식과 유사하면서 형상계수, 깊이계수, 경사계수를 추가한 공식이다.

62 다음의 투수계수에 대한 설명 중 옳지 않은 것은?

① 투수계수는 간극비가 클수록 크다.

② 투수계수는 흙의 입자가 클수록 크다.

③ 투수계수는 물의 온도가 높을수록 크다.

④ 투수계수는 물의 단위중량에 반비례한다.

해설 $K = D_s^2 \dfrac{\gamma_w}{\mu}\left(\dfrac{e^3}{1+e}\right)C$

63 흙의 다짐시험을 실시한 결과 다음과 같았다. 이 흙의 건조단위중량은 얼마인가?

- 몰드+젖은 시료무게 : 3,612g
- 몰드무게 : 2,143g
- 젖은 흙의 함수비 : 15.4%
- 몰드의 체적 : 944cm³

① 1.35g/cm³   ② 1.56g/cm³

③ 1.31g/cm³   ④ 1.42g/cm³

해설 ㉠ $\gamma_t = \dfrac{W}{V} = \dfrac{3,612 - 2,143}{944} = 1.56 \text{g/cm}^3$

㉡ $\gamma_d = \dfrac{\gamma_t}{1 + \dfrac{w}{100}} = \dfrac{1.56}{1 + \dfrac{15.4}{100}} = 1.35 \text{g/cm}^3$

64 시료가 점토인지 아닌지 알아보고자 할 때 가장 거리가 먼 사항은?

① 소성지수   ② 소성도표 A선

③ 포화도   ④ 200번체 통과량

해설 ㉠ 점토분이 많을수록 I_p가 크다.

㉡ A선 위의 흙은 점토이고, 아래의 흙은 실트 또는 유기질토이다.

65 말뚝에서 부마찰력에 관한 설명 중 옳지 않은 것은?

① 아래쪽으로 작용하는 마찰력이다.

② 부마찰력이 작용하면 말뚝의 지지력은 증가한다.

③ 압밀층을 관통하여 견고한 지반에 말뚝을 박으면 일어나기 쉽다.

④ 연약지반에 말뚝을 박은 후 그 위에 성토를 하면 일어나기 쉽다.

해설 부마찰력

㉠ 부마찰력이 발생하면 말뚝의 지지력은 크게 감소한다($R_u = R_p - R_{nf}$).

㉡ 부마찰력은 압밀침하를 일으키는 연약점토층을 관통하여 지지층에 도달한 지지말뚝의 경우나 연약점토지반에 말뚝을 항타한 다음, 그 위에 성토를 한 경우 등일 때 발생한다.

66 보링(boring)에 관한 설명으로 틀린 것은?

① 보링에는 회전식(rotary boring)과 충격식(percussion boring)이 있다.

② 충격식은 굴진속도가 빠르고 비용도 싸지만 분말상의 교란된 시료만 얻어진다.

③ 회전식은 시간과 공사비가 많이 들 뿐만 아니라 확실한 코어(core)도 얻을 수 없다.

④ 보링은 지반의 상황을 판단하기 위해 실시한다.

해설 보링
- ㉠ 오거보링(auger boring) : 인력으로 행한다.
- ㉡ 충격식 보링(percussion boring) : core채취가 불가능하다.
- ㉢ 회전식 보링(rotary boring) : 거의 모든 지반에 적용되고 충격식 보링에 비해 공사비가 비싸지만 굴진성능이 우수하며 확실한 core를 채취할 수 있고 공저지반의 교란이 적으므로 최근에 대부분 이 방법을 사용하고 있다.

67 다음 지반개량공법 중 연약한 점토지반에 적당하지 않은 것은?

① 샌드드레인공법
② 프리로딩공법
③ 치환공법
④ 바이브로플로테이션공법

해설 점성토의 지반개량공법

치환공법, Pre-loading공법(사전압밀공법), Sand drain공법, Paper drain공법, 전기침투공법, 침투압공법(MAIS공법), 생석회말뚝(Chemico pile)공법

68 어떤 사질기초지반의 평판재하시험결과 항복강도가 60t/m², 극한강도가 100t/m²이었다. 그리고 그 기초는 지표에서 1.5m 깊이에 설치될 것이고 그 기초지반의 단위중량이 1.8t/m³일 때 지지력계수 N_q =5이었다. 이 기초의 장기허용지지력은?

① 24.7t/m² ② 26.9t/m²
③ 30t/m² ④ 34.5t/m²

해설 ㉠ q_t 의 결정

$$\left.\begin{array}{l} \dfrac{q_u}{2} = \dfrac{60}{2} = 30\text{t/m}^2 \\ \dfrac{q_u}{3} = \dfrac{100}{3} = 33.33\text{t/m}^2 \end{array}\right\} \text{중에서 작은 값이므로}$$

$q_t = 30\text{t/m}^2$

㉡ 장기허용지지력

$$q_u = q_t + \frac{1}{3}\gamma D_f N_q = 30 + \frac{1}{3} \times 1.8 \times 1.5 \times 5$$
$$= 34.5\text{t/m}^2$$

69 흙이 동상을 일으키기 위한 조건으로 가장 거리가 먼 것은?

① 아이스렌즈를 형성하기 위한 충분한 물의 공급이 있을 것
② 양(+)이온을 다량 함유할 것
③ 0℃ 이하의 온도가 오랫동안 지속될 것
④ 동상이 일어나기 쉬운 토질일 것

해설 동상이 일어나는 조건
- ㉠ ice lens를 형성할 수 있도록 물의 공급이 충분해야 한다.
- ㉡ 0℃ 이하의 동결온도가 오랫동안 지속되어야 한다.
- ㉢ 동상을 받기 쉬운 흙(실트질토)이 존재해야 한다.

70 흙댐에서 상류면 사면의 활동에 대한 안전율이 가장 저하되는 경우는?

① 만수된 물의 수위가 갑자기 저하할 때이다.
② 흙댐에 물을 담는 도중이다.
③ 흙댐이 만수되었을 때이다.
④ 만수된 물이 천천히 빠져나갈 때이다.

해설

상류측 사면이 가장 위험할 때	하류측 사면이 가장 위험할 때
• 시공 직후 • 수위급강하 시	• 시공 직후 • 정상침투 시

71 세립토를 비중계법으로 입도분석을 할 때 반드시 분산제를 쓴다. 다음 설명 중 옳지 않은 것은?

① 입자의 면모화를 방지하기 위하여 사용한다.
② 분산제의 종류는 소성지수에 따라 달라진다.
③ 현탁액이 산성이면 알칼리성의 분산제를 쓴다.
④ 시험 도중 물의 변질을 방지하기 위하여 분산제를 사용한다.

해설 시료의 면모화를 방지하기 위하여 분산제(규산나트륨, 과산화수소)를 사용한다.

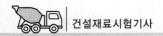

72 비중이 2.67, 함수비가 35%이며 두께 10m인 포화점토층이 압밀 후에 함수비가 25%로 되었다면 이 토층높이의 변화량은 얼마인가?

① 113cm   ② 128cm
③ 135cm   ④ 155cm

해설 ㉠ $Se = wG_s$ 에서
$$1 \times e_1 = 0.35 \times 2.67$$
$$\therefore e_1 = 0.93$$
$$1 \times e_2 = 0.25 \times 2.67$$
$$\therefore e_2 = 0.67$$
㉡ $\Delta H = \left(\dfrac{e_1 - e_2}{1 + e_1}\right) H = \dfrac{0.93 - 0.67}{1 + 0.93} \times 1,000$
$$= 134.72\text{cm}$$

73 다음 그림과 같은 모래지반에서 깊이 4m 지점에서의 전단강도는? (단, 모래의 내부마찰각 $\phi = 30°$이며, 점착력 $C = 0$)

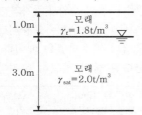

① 4.50t/m²   ② 2.77t/m²
③ 2.32t/m²   ④ 1.86t/m²

해설 ㉠ $\bar{\sigma} = 1.8 \times 1 + 1 \times 3 = 4.8\text{t/m}^2$
㉡ $\tau = c + \bar{\sigma}\tan\phi = 0 + 4.8 \times \tan 30° = 2.77\text{t/m}^2$

74 100% 포화된 흐트러지지 않은 시료의 부피가 20.5cm³이고 무게는 34.2g이었다. 이 시료를 오븐(Oven)건조시킨 후의 무게는 22.6g이었다. 간극비는?

① 1.3   ② 1.5
③ 2.1   ④ 2.6

해설 ㉠ $S_r = 100\%$일 때
$$V_v = V_w = W_w = W - W_s = 34.2 - 22.6$$
$$= 11.6\text{cm}^3$$

㉡ $e = \dfrac{V_v}{V_s} = \dfrac{V_v}{V - V_v} = \dfrac{11.6}{20.5 - 11.6} = 1.3$

$V = 20.5\text{cm}^3$
$W = 34.2\text{g}$
$W_s = 22.6\text{g}$

75 연약점토지반에 성토제방을 시공하고자 한다. 성토로 인한 재하속도가 과잉간극수압이 소산되는 속도보다 빠를 경우 지반의 강도정수를 구하는 가장 적합한 시험방법은?

① 압밀배수시험
② 압밀비배수시험
③ 비압밀비배수시험
④ 직접전단시험

해설 UU-test를 사용하는 경우
㉠ 포화점토가 성토 직후에 급속한 파괴가 예상되는 경우
㉡ 시공 중 즉각적인 함수비의 변화가 없고, 체적의 변화가 없는 경우
㉢ 점토의 초기안정해석(단기간 안정해석)에 적용

76 유효응력에 관한 설명 중 옳지 않은 것은?

① 포화된 흙의 경우 전응력에서 공극수압을 뺀 값이다.
② 항상 전응력보다는 작은 값이다.
③ 점토지반의 압밀에 관계되는 응력이다.
④ 건조한 지반에서는 전응력과 같은 값으로 본다.

해설 모관 상승영역에서는 $-u$가 발생하므로 유효응력이 전응력보다 크다.

77 다음 중 Rankine토압이론의 기본가정에 속하지 않는 것은?

① 흙은 비압축성이고 균질의 입자이다.
② 지표면은 무한히 넓게 존재한다.
③ 옹벽과 흙과의 마찰을 고려한다.
④ 토압은 지표면에 평행하게 작용한다.

해설 흙은 입자 간의 마찰력에 의해서만 평형을 유지한다(벽마찰각 무시).

78 유선망의 특징을 설명한 것 중 옳지 않은 것은?

① 각 유로의 투수량은 같다.
② 인접한 두 등수두선 사이의 수두손실은 같다.
③ 유선망을 이루는 사변형은 이론상 정사각형이다.
④ 동수경사는 유선망의 폭에 비례한다.

해설 유선망의 특징

㉠ 각 유로의 침투유량은 같다.
㉡ 인접한 등수두선 간의 수두차는 모두 같다.
㉢ 유선과 등수두선은 서로 직교한다.
㉣ 유선망으로 되는 사각형은 정사각형이다.
㉤ 침투속도 및 동수구배는 유선망의 폭에 반비례한다.

79 기초가 갖추어야 할 조건이 아닌 것은?

① 동결, 세굴 등에 안전하도록 최소의 근입깊이를 가져야 한다.
② 기초의 시공이 가능하고 침하량이 허용치를 넘지 않도록 한다.
③ 상부로부터 오는 하중을 안전하게 지지하고 기초지반에 전달하여야 한다.
④ 미관상 아름답고 주변에서 쉽게 구득할 수 있는 재료로 설계되어야 한다.

해설 기초의 구비조건

㉠ 최소한의 근입깊이를 가질 것(동해에 대한 안정)
㉡ 지지력에 대해 안정할 것
㉢ 침하에 대해 안정할 것(침하량이 허용값 이내에 들어야 함)
㉣ 시공이 가능할 것(경제적, 기술적)

80 흙의 강도에 대한 설명으로 틀린 것은?

① 점성토에서는 내부마찰각이 작고, 사질토에서는 점착력이 작다.
② 일축압축시험은 주로 점성토에 많이 사용한다.
③ 이론상 모래의 내부마찰각은 0이다.
④ 흙의 전단응력은 내부마찰각과 점착력의 두 성분으로 이루어진다.

해설 이론상 모래는 $c = 0$, $\phi \neq 0$이다.

제1과목 · 콘크리트공학

01 매스 콘크리트의 균열을 방지하기 위한 대책으로 잘못된 것은?

① 수화열이 적은 시멘트를 사용한다.
② 단위시멘트양을 적게 한다.
③ 슬럼프를 크게 한다.
④ 프리쿨링을 실시한다.

해설 슬럼프가 크면 수축·균열이 커진다.

02 시방배합표상 단위잔골재량은 643kg/m³이며, 단위 굵은 골재량은 1,212kg/m³이다. 현장 배합을 위한 단위잔골재량은 얼마인가? (단, 현장 골재의 체분석결과 잔골재 중 5mm체에 남는 것이 5%, 굵은 골재 중 5mm체를 통과하는 것이 10%이다.)

① 538kg/m³
② 588kg/m³
③ 613kg/m³
④ 637kg/m³

해설 잔골재량을 x, 굵은 골재량을 y라 하면
$x+y=643+1,212=1,855$ ·················ⓐ
$0.05x+(1-0.1)y=1,212$ ·················ⓑ
식 ⓐ와 식 ⓑ를 연립해서 풀면
$x=538.24$kg

03 일반 콘크리트의 비비기는 미리 정해둔 비비기 시간의 최대 몇 배 이상 계속해서는 안 되는가?

① 2배
② 3배
③ 4배
④ 5배

해설 비비기는 미리 정해둔 비비기 시간의 3배 이상 계속하지 않아야 한다.

04 다음은 고강도 콘크리트에 대한 설명이다. 옳지 않은 것은?

① 고강도 콘크리트는 공기연행 콘크리트로 하는 것을 원칙으로 한다.
② 고강도 콘크리트에 사용하는 골재의 품질기준에 의하면 잔골재의 염화물이온량은 0.02% 이하이다.
③ 고강도 콘크리트의 설계기준압축강도는 일반적으로 40MPa 이상으로 하며, 고강도 경량골재 콘크리트는 27MPa 이상으로 한다.
④ 고강도 콘크리트에 사용하는 골재의 품질기준에 의하면 잔골재의 흡수율은 3% 이하, 굵은 골재의 흡수율은 2% 이하이다.

해설 고강도 콘크리트
㉠ 설계기준압축강도가 보통(중량) 콘크리트에서 40MPa 이상, 경량골재 콘크리트에서 27MPa 이상인 경우의 콘크리트를 고강도 콘크리트라 한다.
㉡ 고강도 콘크리트의 설계기준압축강도는 일반적으로 40MPa 이상으로 하며, 고강도 경량골재 콘크리트는 27MPa 이상으로 한다.
㉢ 기상의 변화가 심하거나 동결융해에 대한 대책이 필요한 경우를 제외하고는 공기연행제를 사용하지 않는 것을 원칙으로 한다.

05 소규모 공사에서 배합강도 f_{cr} =24MPa을 얻기 위해서 $f_{28}=-21.0+21.5\dfrac{C}{W}$식을 사용한다면 시멘트-물비는?

① 1.94
② 2.00
③ 2.09
④ 2.15

해설 $24=-21+21.5\dfrac{C}{W}$

$\therefore \dfrac{C}{W}=2.09$

06 해양 콘크리트 구조물이 해양환경에 의한 철근 부식의 영향을 가장 많이 받는 위치는?

① 해중   ② 해상 대기 중
③ 물보라지역   ④ 구조물의 내부

해설 평균만조위와 평균간조위 사이의 간만대부와 평균만조위 위로 파도에 의한 영향을 받는 물보라지역은 각각 조수간만작용과 파도에 의해 지속적인 해수의 건습작용이 반복되므로 염화물의 침투는 물론 공기의 공급도 충분해 염해에 의한 손상이 가장 크고, 동결융해의 영향도 가장 큰 부위이다.

07 단면적이 600cm²인 프리스트레스트 콘크리트에서 콘크리트 도심에 PS강선을 배치하고 초기 프리스트레스 $P_i = 340,000$N을 가할 때 콘크리트의 탄성변형에 의한 프리스트레스의 감소량은 얼마인가? (단, 탄성계수비 $n=6$이다.)

① 34MPa   ② 28MPa
③ 42MPa   ④ 46MPa

해설 $\Delta f_{pe} = nf_{ci} = 6 \times \dfrac{340,000}{600 \times 10^{-4}}$

$= 34,000,000 \text{N/m}^2 = 34\text{MPa}$

여기서, Δf_{pe} : 응력의 감소량
n : 탄성계수비
f_{ci} : 프리스트레스 도입 후 강재둘레 콘크리트의 응력

08 공기연행 콘크리트의 공기량에 대한 설명으로 옳은 것은? (단, 굵은 골재의 최대 치수는 40mm을 사용한 일반 콘크리트로서 보통 노출인 경우)

① 4.0%를 표준으로 하며, 그 허용오차는 ±1.0%로 한다.
② 4.5%를 표준으로 하며, 그 허용오차는 ±1.0%로 한다.
③ 4.0%를 표준으로 하며, 그 허용오차는 ±1.5%로 한다.
④ 4.5%를 표준으로 하며, 그 허용오차는 ±1.5%로 한다.

해설 공기연행 콘크리트 공기량의 표준값

굵은 골재의 최대 치수(mm)	공기량(%)	
	심한 노출	보통 노출
10	7.5	6.0
15	7.0	5.5
20	6.0	5.0
25	6.0	4.5
40	5.5	4.5

09 콘크리트의 다짐방법으로 내부진동기를 사용한 경우와 비교할 때 원심력다짐의 특징이 아닌 것은?

① 물-시멘트비를 줄일 수 있다.
② 강도가 감소하는 경향이 있다.
③ 재료분리가 일어나기 쉽다.
④ 원통형의 제품을 생산하기 쉽다.

해설 강도가 증가한다.

10 콘크리트의 워커빌리티(workability)를 측정하기 위한 시험방법 중 콘크리트에 일정한 에너지를 가하여 밀도의 변화를 수치적으로 나타내는 시험법은?

① 흐름시험(flow test)
② 슬럼프시험(slump test)
③ 리몰딩시험(remolding test)
④ 다짐계수시험(compacting factor test)

해설 다짐계수시험(BS 1881)
호퍼를 통하여 낙하충전시킨 콘크리트의 중량과 충분히 다진 콘크리트 중량과의 비를 구하여 다짐계수로 한다.

11 결합재로 시멘트와 시멘트 혼화용 폴리머(또는 폴리머혼화제)를 사용한 콘크리트는?

① 폴리머 시멘트 콘크리트
② 폴리머함침 콘크리트
③ 폴리머 콘크리트
④ 레진 콘크리트

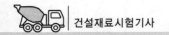

해설 콘크리트 – 폴리머복합체의 종류

    ㉠ 폴리머 시멘트 콘크리트 : 결합재로 시멘트와 시멘트 혼화용 폴리머를 사용한 콘크리트

    ㉡ 폴리머 콘크리트 : 결합재로서 시멘트를 전혀 사용하지 않고 폴리머만으로 골재를 결합시켜 콘크리트를 만든 것

    ㉢ 폴리머함침 콘크리트 : 경화된 콘크리트의 내부공극에 폴리머를 침투시켜 중합함으로써 콘크리트와 폴리머를 일체화시킨 콘크리트

12 다음 중 경화 콘크리트의 강도추정을 위한 비파괴시험법이 아닌 것은?

① 반발경도법   ② 초음파속도법
③ 조합법   ④ 비중계법

13 굵은 골재 최대 치수는 질량비로서 전체 골재 질량의 몇 % 이상을 통과시키는 체의 최소 호칭치수를 의미하는가?

① 80%   ② 85%
③ 90%   ④ 95%

14 팽창 콘크리트의 팽창률에 대한 설명으로 틀린 것은?

① 콘크리트의 팽창률은 일반적으로 재령 28일에 대한 시험치를 기준으로 한다.
② 수축보상용 콘크리트의 팽창률은 $(150 \sim 250) \times 10^{-6}$을 표준으로 한다.
③ 화학적 프리스트레스용 콘크리트의 팽창률은 $(200 \sim 700) \times 10^{-6}$을 표준으로 한다.
④ 공장제품에 사용되는 화학적 프리스트레스용 콘크리트의 팽창률은 $(200 \sim 1,000) \times 10^{-6}$을 표준으로 한다.

해설 팽창 콘크리트

    ㉠ 콘크리트의 팽창률은 재령 7일에 대한 시험치를 기준으로 한다.

    ㉡ 종류 : 수축보상 콘크리트, 화학적 프리스트레스트 콘크리트

15 콘크리트의 양생에 대한 설명 중 틀린 것은?

① 수밀성 콘크리트의 습윤양생기간은 일반 경우보다 길게 한다.
② 양생은 장기강도에 영향을 끼치므로 28일 이후의 양생에 특히 주의한다.
③ 콘크리트를 타설한 후 급격히 온도가 상승할 경우 콘크리트가 건조하지 않도록 주의한다.
④ 콘크리트를 타설한 후 경화를 시작하기까지 직사광선을 피한다.

해설 습윤양생

    ㉠ 콘크리트는 타설한 후 경화가 시작될 때까지 직사광선이나 바람에 의해 수분이 증발하지 않도록 보호해야 한다.

    ㉡ 습윤양생기간의 증가는 수밀성을 증가시키므로 수밀 콘크리트는 일반적 습윤양생보다 길게 양생을 한다.

16 압축강도에 의한 콘크리트의 품질검사에서 판정기준으로 옳은 것은? (단, 설계기준압축강도로부터 배합을 정한 경우로서 $f_{ck} > 35$MPa인 콘크리트이며 일반 콘크리트 표준시방서규정을 따른다.)

① ㉠ 연속 3회 시험값의 평균이 f_{ck}의 95% 이상
    ㉡ 1회 시험값이 f_{ck}의 90% 이상
② ㉠ 연속 3회 시험값의 평균이 f_{ck}의 95% 이상
    ㉡ 1회 시험값이 f_{ck}의 95% 이상
③ ㉠ 연속 3회 시험값의 평균이 f_{ck} 이상
    ㉡ 1회 시험값이 $f_{ck} - 3.5$MPa 이상
④ ㉠ 연속 3회 시험값의 평균이 f_{ck} 이상
    ㉡ 1회 시험값이 f_{ck}의 90% 이상

압축강도에 의한 콘크리트의 품질검사

종류	판정기준	
	$f_{ck} \leq 35MPa$	$f_{ck} > 35MPa$
설계기준 압축강도로 부터 배합을 정한 경우	• 연속 3회 시험값의 평균이 f_{ck} 이상 • 1회 시험값이 f_{ck} −3.5MPa 이상	• 연속 3회 시험값의 평균이 f_{ck} 이상 • 1회 시험값이 f_{ck} 의 90% 이상
그 밖의 경우	• 압축강도의 평균치가 소요의 물−결합재비 에 대응하는 압축강도 이상일 것	

17 콘크리트의 동결융해에 대한 설명 중 틀린 것은?

① 다공질의 골재를 사용한 콘크리트는 일 반적으로 동결융해에 대한 저항성이 떨 어진다.

② 콘크리트의 표층박리(scaling)는 동결융 해작용에 의한 피해의 일종이다.

③ 동결융해에 의한 콘크리트의 피해는 콘 크리트가 물로 포화되었을 때 가장 크다.

④ 콘크리트의 초기 동결융해에 대한 저항 성을 높이기 위해서는 물−시멘트비를 크 게 한다.

해설 콘크리트의 동결융해

㉠ 흡수율이 큰 골재를 사용하면 동결 시에 골재 자신이 팽창하여 표면의 모르타르를 박리시 킨다.

㉡ 물−시멘트비를 작게 한다.

㉢ 압축강도 40kg/cm² 이상이 되면 동해를 받지 않는다.

18 유동화 콘크리트의 슬럼프 증가량은 몇 mm 이 하를 원칙으로 하는가?

① 50mm   ② 80mm

③ 100mm   ④ 120mm

해설 유동화 콘크리트의 슬럼프 증가량은 100mm 이하 를 원칙으로 하며, 50~80mm를 표준으로 한다.

19 레디믹스트 콘크리트에서 보통 콘크리트 공기 량의 허용오차는?

① ±1%   ② ±1.5%

③ ±2%   ④ ±2.5%

해설 레디믹스트 콘크리트의 공기량

보통 콘크리트는 4.5%, 경량골재 콘크리트는 5.5% 로 하되, 그 허용오차는 ±1.5%로 한다.

20 양단이 정착된 프리텐션부재의 한 단에서의 활 동량이 2mm로 양단활동량이 4mm일 때 강재 의 길이가 10m라면 이때의 프리스트레스 감소 량으로 맞는 것은? (단, 긴장재의 탄성계수 (E_p)=2.0×10⁵MPa)

① 80MPa   ② 100MPa

③ 120MPa   ④ 140MPa

해설 $\Delta f_{pa} = E_p \frac{\Delta l}{l} = 2 \times 10^5 \times \frac{4}{10,000} = 80MPa$

여기서, Δf_{pa} : 응력의 감소량

E_p : 강재의 탄성계수

l : 긴장재의 길이

Δl : 정착장치에서 긴장재의 활동량

제2과목 · 건설시공 및 관리

21 필형 댐(fill type dam)의 설명으로 옳은 것은?

① 필형 댐은 여수로가 반드시 필요하지는 않다.

② 암반강도면에서는 기초암반에 걸리는 단 위체적당 힘은 콘크리트댐보다 크므로 콘크리트댐보다 제약이 많다.

③ 필형 댐은 홍수 시 월류에도 대단히 안정 하다.

④ 필형 댐에서는 여수로를 댐 본체(本體)에 설치할 수 없다.

해설 Earth dam

㉠ 기초가 다소 불량해도 시공할 수 있으나 충분 한 용량의 여수로가 없으면 월류되는 물의 침 식작용에 의해 파괴될 우려가 있다.

㉡ 홍수에 대비한 여수로는 따로 설치하는 것이 일반적이다.

22 다음 조건일 때 트랙터 셔블(Tractor shovel)운전 1시간당 싣기 작업량은? (단, 버킷용량 1.0m³, 버킷계수 1.0, 사이클타임 50초, $f = 1.0$, $E = 0.75$)

① 125m³/h ② 90m³/h
③ 54m³/h ④ 40m³/h

해설 $Q = \dfrac{3,600qKfE}{C_m} = \dfrac{3,600 \times 1 \times 1 \times 1 \times 0.75}{50}$

$\qquad = 54\text{m}^3/\text{h}$

23 다짐장비 중 마무리다짐 및 아스팔트 포장의 끝손질에 사용하면 가장 유용한 장비는?

① 탠덤롤러 ② 타이어롤러
③ 탬핑롤러 ④ 머캐덤롤러

해설 ㉠ 머캐덤롤러 : 아스팔트 포장의 초기전압에 사용
ⓛ 탠덤롤러 : 아스팔트 포장의 마무리전압에 사용

24 각종 준설선에 관한 설명 중 옳지 않은 것은?

① 그래브 준설선은 버킷으로 해저의 토사를 굴삭하여 적재하고 운반하는 준설선을 말한다.
② 디퍼 준설선은 파쇄된 암석이나 발파된 암석의 준설에는 부적당하다.
③ 펌프 준설선은 사질해저의 대량 준설과 매립을 동시에 시행할 수 있다.
④ 쇄암선은 해저의 암반을 파쇄하는데 사용한다.

해설 디퍼(dipper) 준설선
굴착력이 강해서 그래브 준설선, 버킷 준설선으로 굴착할 수 없는 연암, 파쇄암 등을 준설할 수 있고 콘크리트 블록, 사석, 장애물 등의 제거에도 적합하다.

25 사장교를 케이블형상에 따라 분류할 때 그 종류가 아닌 것은?

① 프랫형(Pratt) ② 방사형(Radiating)
③ 하프형(Harp) ④ 별형(Star)

해설 사장교의 케이블배치방법에 따른 분류

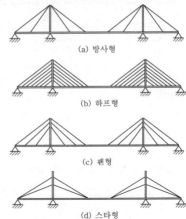

(a) 방사형

(b) 하프형

(c) 팬형

(d) 스타형

26 도로공사에서 성토해야 할 토량이 36,000m³인데 흐트러진 토량이 30,000m³가 있다. 이때 $L = 1.25$, $C = 0.9$라면 자연상태토량의 부족토량은?

① 8,000m³ ② 12,000m³
③ 16,000m³ ④ 20,000m³

해설 부족토량 $= 36,000 \times \dfrac{1}{C} - 30,000 \times \dfrac{1}{L}$

$\qquad = 36,000 \times \dfrac{1}{0.9} - 30,000 \times \dfrac{1}{1.25}$

$\qquad = 16,000\text{m}^3$

27 공정관리기법인 PERT기법을 설명한 것 중 틀린 것은?

① 공법의 주목적은 공기단축이다.
② 신규사업, 비반복사업에 많이 이용된다.
③ 3점 시간추정법을 사용한다.
④ activity 중심의 일정으로 계산한다.

해설

구분	PERT
주목적	공기단축
대상	신규사업, 비반복사업, 경험이 없는 사업
작성법	Event를 중심으로 작성
공기추정	3점 견적법

28 다음에서 설명하는 아스팔트 포장의 파손은?

> • 골재입자가 분리됨으로써 표층으로부터 하부로 진행되는 탈리과정이다.
> • 표층에 잔골재가 부족하거나 아스팔트층의 현장 밀도가 낮은 경우에 주로 발생한다.

① 영구변형(Rutting)
② 라벨링(Raveling)
③ 블록균열
④ 피로균열

29 단독말뚝의 지지력과 비교하여 무리말뚝 한 개의 지지력에 관한 설명으로 옳은 것은? (단, 마찰말뚝이라 한다.)

① 두 말뚝의 지지력이 똑같다.
② 무리말뚝의 지지력이 크다.
③ 무리말뚝의 지지력이 작다.
④ 무리말뚝의 크기에 따라 다르다.

해설 무리말뚝은 외말뚝보다 각개의 말뚝이 발휘하는 지지력이 작다. 그러나 말뚝 전체가 발휘하는 지지력은 크다.

30 암석시험발파의 주된 목적으로 옳은 것은?

① 폭파계수 C를 구하려고 한다.
② 발파량을 추정하려고 한다.
③ 폭약의 종류를 결정하려고 한다.
④ 발파장비를 결정하려고 한다.

해설 시험발파로 발파계수(C)를 구한다.

31 본바닥의 토량 500m³을 6일 동안에 걸쳐 성토장까지 운반하고자 한다. 이때 필요한 덤프트럭은 몇 대인가? (단, 토량변화율 $L=1.20$, 1대 1일당의 운반횟수는 5회, 덤프트럭의 적재용량은 5m³으로 한다.)

① 1대 ② 4대
③ 6대 ④ 8대

해설 ㉠ 1일 트럭 1대 운반량 $=5\times5=25\text{m}^3$
㉡ 6일 트럭 1대 운반량 $=25\times6=150\text{m}^3$

㉢ 트럭의 소요대수 $=\dfrac{500}{150\times\frac{1}{L}}=\dfrac{500}{150\times\frac{1}{1.2}}=4$대

32 아스팔트계 포장에서 거북등균열(Alligator Cracking)이 발생하였다면 그 원인으로 가장 적당한 것은?

① 아스팔트와 골재 사이의 접착이 불량하다.
② 아스팔트를 가열할 때 Overheat하였다.
③ 포장의 전압이 부족하다.
④ 노반의 지지력이 부족하다.

해설 거북등균열의 원인
아스팔트 포장두께의 부족, 혼합물의 품질불량, 노상과 보조기층의 지지력 불균일, 대형차의 교통과 교통량 등

33 공사일수를 3점 시간추정법에 의해 산정할 경우 적절한 공사일수는? (단, 낙관일수는 6일, 정상일수는 8일, 비관일수는 10일이다.)

① 6일 ② 7일
③ 8일 ④ 9일

해설 $t_e=\dfrac{t_o+4t_m+t_p}{6}=\dfrac{6+4\times8+10}{6}=8$일

34 옹벽에 작용하는 토압을 산정하기 위해 Rankine의 토압론을 적용하고자 한다. Rankine토압 계산 시 이용되는 기본가정이 아닌 것은?

① 토압은 지표에 평행하게 작용한다.
② 흙은 매우 균질한 재료이다.
③ 흙은 비압축성 재료이다.
④ 지표면은 유한한 평면으로 존재한다.

해설 Rankine토압론의 기본가정
㉠ 흙은 균질이고 비압축성이다.
㉡ 지표면은 무한히 넓게 존재한다.
㉢ 흙은 입자 간의 마찰에 의해 평형을 유지한다(벽마찰은 무시한다).
㉣ 토압은 지표면에 평행하게 작용한다.

35 터널의 계획, 설계, 시공 시 본바닥의 성질 및 지질구조를 가장 정확하게 알기 위한 조사방법은?

① 물리적 탐사 ② 탄성파탐사
③ 전기탐사 ④ 보링(Boring)

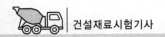

36 옹벽 등 구조물의 뒤채움 재료에 대한 조건으로 틀린 것은?

① 투수성이 있어야 한다.
② 압축성이 좋아야 한다.
③ 다짐이 양호해야 한다.
④ 물의 침입에 의한 강도저하가 적어야 한다.

해설 옹벽의 뒤채움 재료
공학적으로 안정한 재료, 투수계수가 큰 재료, 압축성과 팽창성이 적은 재료

37 성토재료로서 사질토와 점성토의 특징에 관한 설명 중 옳지 않은 것은?

① 사질토는 횡방향 압력이 크고 점성토는 작다.
② 사질토는 다짐과 배수가 양호하다.
③ 점성토는 전단강도가 작고 압축성과 소성이 크다.
④ 사질토는 동결피해가 작고, 점성토는 동결피해가 크다.

해설 조립토일수록 횡방향 압력이 작다.

38 다음과 같은 점토지반에서 연속기초의 극한지지력을 Terzaghi방법으로 구하면 얼마인가? (단, 흙의 점착력 1.5t/m^2, 기초의 깊이 1m, 흙의 단위중량 1.6t/m^3, 지지력계수 $N_c=5.3$, $N_q=1.0$)

① 7.05t/m^2 ② 8.78t/m^2
③ 9.55t/m^2 ④ 12.98t/m^2

해설 연속기초이므로 $\alpha=1$, $\beta=0.5$이다.
$$q_u=\alpha C N_c+\beta B \gamma_1 N_r+D_f \gamma_2 N_q$$
$$=1\times1.5\times5.3+0+1\times1.6\times1=9.55\text{t/m}^2$$

39 불투수층에서 최소 침강 지하수면까지의 거리를 1m, 암거의 간격 10m, 투수계수 $K=1\times10^{-5}$cm/s라 할 때 이 암거의 단위길이당 배수량을 Donnan식에 의하여 구하면 얼마인가?

① $2\times10^{-2}\text{cm}^3/\text{cm/s}$
② $2\times10^{-4}\text{cm}^3/\text{cm/s}$

③ $4\times10^{-2}\text{cm}^3/\text{cm/s}$
④ $4\times10^{-4}\text{cm}^3/\text{cm/s}$

해설 $D=\dfrac{4KH^2}{Q}$

$$1,000=\dfrac{4\times10^{-5}\times100^2}{Q}$$

$\therefore Q=4\times10^{-4}\text{cm}^2=4\times10^{-4}\text{cm}^3/\text{cm/s}$
여기서, D : 암거간격, K : 투수계수
$\quad\quad\quad H$: 불투수층에서 최소 침강지하수면까지의 거리
$\quad\quad\quad Q$: 단위길이당 암거배수량

40 말뚝 기초공사에는 많은 말뚝을 박아야 하는데 일반적인 원칙은?

① 외측에서 먼저 박는다.
② 중앙부에서 먼저 박는다.
③ 중앙부에서 좀 떨어진 부분부터 먼저 박는다.
④ +자형으로 먼저 박는다.

해설 말뚝기초타입순서
㉠ 중앙부에서 외측으로 향하여 타입한다.
㉡ 육지에서 해안 쪽으로 타입한다.

제3과목 · 건설재료 및 시험

41 고로슬래그미분말을 사용한 콘크리트에 대한 설명으로 잘못된 것은?

① 수밀성이 향상된다.
② 염화물이온침투 억제에 의한 철근부식 억제에 효과가 있다.
③ 수화발열속도가 빨라 조기강도가 향상된다.
④ 블리딩이 작고 유동성이 향상된다.

해설 고로슬래그의 효과
㉠ 워커빌리티가 커진다.
㉡ 단위수량을 줄일 수 있다.
㉢ 수화속도와 수화열의 발생속도가 느리다.
㉣ 콘크리트 조직이 치밀하여 수밀성, 화학적 저항성 등이 좋아진다.

42 콘크리트용 굵은 골재의 내구성을 판단하기 위해서 황산나트륨에 의한 안정성시험을 할 경우 조작을 5번 반복했을 때 굵은 골재의 손실질량은 얼마 이하를 표준으로 하는가?

① 5% ② 8%
③ 10% ④ 12%

해설 안정성의 규격(5회 시험했을 때 손실질량비의 한도)

시험용액	손실질량비(%)	
	잔골재	굵은 골재
황산나트륨	10 이하	12 이하

43 시멘트 조성광물에서 수축률이 가장 큰 것은?

① C_3S ② C_3A
③ C_4AF ④ C_2S

해설 알루민산3석회(C_3A)
　㉠ 수화작용이 아주 빠르고 수축도 커서 균열이 잘 일어난다.
　㉡ 수화열이 높기 때문에 중용열포틀랜드시멘트에서 8% 이하로 KS에 규정하고 있다.

44 용어의 설명으로 틀린 것은?

① 인장력에 재료가 길게 늘어나는 성질을 연성이라 한다.
② 외력에 의한 변형이 크게 일어나는 재료를 강성이 큰 재료라고 한다.
③ 작은 변형에도 쉽게 파괴되는 성질을 취성이라 한다.
④ 재료를 두들길 때 엷게 펴지는 성질을 전성이라 한다.

해설 ㉠ 강성 : 외력을 받았을 때 변형을 적게 일으키는 재료를 강성이 큰 재료라 한다.
　㉡ 연성 : 인장력을 가했을 때 가늘고 길게 늘어나는 성질이다.
　㉢ 취성 : 작은 변형에도 파괴되는 성질이다.
　㉣ 전성 : 재료를 얇게 두드려 펼 수 있는 성질이다.

45 아스팔트의 특성에 대한 설명 중 틀린 것은?

① 점성과 감온성이 있다.
② 불투수성이어서 방수재료로도 사용된다.

③ 점착성이 크고 부착성이 좋기 때문에 결합재료, 접착재료로 사용한다.
④ 아스팔트는 증발감량이 작다.

해설 아스팔트의 특성
　㉠ 점성과 감온성이 있다.
　㉡ 점착성을 가지고 있다.
　㉢ 방수성이 풍부하다.
　㉣ 컨시스턴시를 쉽게 변화시킬 수 있다.

46 콘크리트용 혼화재료에 관한 설명 중 틀린 것은?

① 플라이애시를 사용한 콘크리트의 경우 목표공기량을 얻기 위해서는 플라이애시를 사용하지 않은 콘크리트에 비해 AE제의 사용량이 증가된다.
② 고로슬래그미분말은 비결정질의 유리질 재료로 잠재수경성을 가지고 있으며 유리화율이 높을수록 잠재수경성반응은 커진다.
③ 실리카퓸은 평균입경이 $0.1\mu m$크기의 초미립자로 이루어진 비결정질재료로 포졸란반응을 한다.
④ 팽창재를 사용한 콘크리트 팽창률 및 압축강도는 팽창재혼입량이 증가되면 될수록 증가한다.

해설 팽창재를 사용한 콘크리트의 품질
　팽창재의 혼합량이 증가함에 따라 압축강도는 증가하지만, 팽창재의 혼합량이 시멘트량의 11%보다 많아지면 팽창률이 급격히 증가하여 압축강도는 팽창률에 반비례하여 감소한다.

47 목재에 대한 설명으로 틀린 것은?

① 목재의 벌목에 적당한 시기는 가을에서 겨울에 걸친 기간이다.
② 목재의 건조방법 중 끓임법은 자연건조법의 일종이다.
③ 목재의 방부처리법은 표면처리법과 방부제주입법으로 크게 나눌 수 있다.
④ 목재의 비중은 보통 기건비중을 말하며, 이때의 함수율은 15% 전후이다.

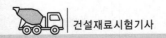

해설 ㉠ 목재의 건조법
- 자연건조법 : 공기건조법, 침수법
- 인공건조법 : 끓임법(자비법), 증기건조법, 열기건조법

㉡ 목재의 방부법 : 표면처리법, 방부제주입법

48 광물질혼화재 중의 실리카가 시멘트 수화생성물인 수산화칼슘과 반응하여 장기강도 증진효과를 발휘하는 현상을 무엇이라 하는가?

① 포졸란반응(pozzolan reaction)
② 수화반응(hydration reaction)
③ 볼베어링(ball bearing)작용
④ 충전(filler)효과

49 어떤 모래를 체가름시험한 결과가 다음의 표와 같을 때 조립률은?

체 (mm)	10	5	2.5	1.2	0.6	0.3	0.15	팬
각 체의 잔류율 (%)	0	2	8	20	26	23	16	5

① 2.56
② 2.68
③ 2.72
④ 3.72

해설

체(mm)	체의 잔류율(%)	누적잔류량(%)
10	0	0
5	2	2
2.5	8	10
1.2	20	30
0.6	26	56
0.3	23	79
0.15	16	95
팬	5	100

$$FM = \frac{0+2+10+30+56+79+95}{100} = 2.72$$

50 잔골재의 밀도 및 흡수율시험(KS F 2504)에 대한 설명으로 틀린 것은?

① 일반적으로 플라스크는 검정된 것으로써 100mL로 하는 경우가 많다.
② 절대건조상태의 체적에 대한 절대건조상태의 질량을 진밀도라고 한다.

③ 밀도는 2회 시험의 평균값으로 결정하는데, 이때 시험값은 평균과의 차이가 $0.01\text{g}/\text{cm}^3$ 이하여야 한다.
④ 흡수율은 2회 시험의 평균값으로 결정하는데, 이때 시험값은 평균과의 차이가 0.05% 이하여야 한다.

해설 일반적으로 플라스크는 검정된 것으로써 500mL로 하는 경우가 많다.

51 컷백 아스팔트(Cutback asphalt) 중 건조가 가장 빠른 것은?

① MC
② SC
③ LC
④ RC

해설 Cut back asphalt
RC(급속경화), MC(중속경화), SC(완속경화)

52 길이가 15cm인 어떤 금속을 17cm로 인장시켰을 때 폭이 6cm에서 5.8cm가 되었다. 이 금속의 푸아송비는?

① 0.15
② 0.20
③ 0.25
④ 0.30

해설 $\nu = \dfrac{\dfrac{\Delta d}{d}}{\dfrac{\Delta l}{l}} = \dfrac{\dfrac{0.2}{6}}{\dfrac{2}{15}} = 0.25$

53 암석의 구조에 대한 설명 중 옳은 것은?

① 암석의 가공이나 채석에 이용되는 것으로 갈라지기 쉬운 면을 석리라 한다.
② 퇴적암이나 변성암의 일부에서 생기는 평행상의 절리를 벽개라 한다.
③ 암석 특유의 천연적으로 갈라진 금을 절리라 한다.
④ 암석을 구성하고 있는 조암광물의 집합상태에 따라 생기는 눈모양을 층리라 한다.

해설 암석의 구조
㉠ 석목(돌눈, 갈라진 틈) : 암석의 갈라지기 쉬운 면을 말하며 석재의 가공이나 채석에 이용된다.

ⓛ 벽개(쪼개짐) : 암석이 기계적인 타격을 받으면 어느 일정한 방향으로 잘 쪼개지는 성질이다.
ⓒ 절리 : 암석이 냉각 시 수축으로 인하여 자연적으로 갈라진 금이다.
ⓔ 층리 : 퇴적암이나 변성암에서 발달하는 평행상의 절리이다.

54 석재의 내구성에 관한 설명으로 옳지 않은 것은?

① 알루미나화합물, 규산, 규산염류는 풍화가 잘 되지 않는 조암광물이다.
② 동일한 석재라도 풍토, 기후, 노출상태에 따라 풍화속도가 다르다.
③ 흡수율이 작은 석재일수록 동해를 받기 쉽고 내구성이 약하다.
④ 조암광물의 풍화 정도에 따라 내구성이 달라진다.

해설 흡수율이 클수록 강도와 내구성이 작아지며 다공성이므로 동해를 받기 쉽다.

55 포틀랜드 시멘트 주성분의 함유비율에 대한 시멘트의 특성을 설명한 것으로 옳은 것은?

① 수경률(HM)이 크면 초기강도가 크고 수화열이 큰 시멘트가 생긴다.
② 규산율(SM)이 크면 C_3A가 많이 생성되어 초기 강도가 크다.
③ 철률(IM)이 크면 초기강도는 작고 수화열이 작아지며 화학저항성이 높은 시멘트가 된다.
④ 일반적으로 중용열포틀랜드 시멘트가 조강포틀랜드 시멘트보다 수경률(HM)이 크다.

해설 ⓐ 수경률이 크면 초기강도가 크고 수화열이 큰 시멘트가 생긴다.
ⓑ 규산율이 크면 초기강도는 작고 장기강도가 크다.
ⓒ 철률이 크면 초기강도는 커지고 수화열이 크며 화학저항성이 작은 시멘트가 된다.

56 토목섬유(geotextiles)의 특징에 대한 설명으로 틀린 것은?

① 인장강도가 크다.

② 탄성계수가 작다.
③ 차수성, 분리성, 배수성이 크다.
④ 수축을 방지한다.

해설 탄성계수가 크다.

57 시멘트의 저장방법으로 옳지 않은 것은?

① 방습구조로 된 사일로(silo) 또는 창고에 품종별로 구분하여 저장한다.
② 3개월 이상 장기간 저장한 시멘트는 사용하기 전에 시험을 실시한다.
③ 포대 시멘트는 지상 100mm 이상 되는 마루에 쌓아 저장한다.
④ 저장 중에 약간이라도 굳은 시멘트는 공사에 사용해서는 안 된다.

해설 시멘트의 저장
시멘트의 방습에 주의하고 시멘트 창고는 되도록 공기의 유통이 없게 하며 저장소의 바닥은 지상에서 30cm 이상 높아야 한다.

58 잔골재의 조립률 2.3, 굵은 골재의 조립률 7.0을 사용하여 잔골재와 굵은 골재를 1 : 1.5의 비율로 혼합하면 이때 혼합된 골재의 조립률은?

① 4.92 　　　　② 5.12
③ 5.32 　　　　④ 5.52

해설 $FM = \dfrac{x}{x+y}F_a + \dfrac{y}{x+y}F_b$

$\qquad = \dfrac{1}{1+1.5} \times 2.3 + \dfrac{1.5}{1+1.5} \times 7 = 5.12$

59 고무혼입 아스팔트(rubberized asphalt)를 스트레이트 아스팔트와 비교할 때 특징으로 옳지 않은 것은?

① 응집성 및 부착성이 크다.
② 내노화성이 크다.
③ 마찰계수가 크다.
④ 감온성이 크다.

해설 고무혼입 아스팔트를 스트레이트 아스팔트와 비교했을 때의 장점
ⓐ 감온성이 작다.

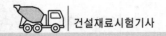

ⓛ 부착력, 응집력이 크다.
ⓒ 탄성 및 충격저항이 크다.
ⓡ 내노화성이 크다.

60 다음 중 토목공사 발파에 사용되는 것으로 폭발력이 가장 약한 것은?

① 흑색화약
② T.N.T
③ 다이너마이트(dynamite)
④ 칼릿(carlit)

해설 흑색화약(유연화약)
폭파력은 매우 강하지 않으나 값이 싸고 다루기에 위험이 적으며 발화가 간단하다.

제4과목 · 토질 및 기초

61 토립자가 둥글고 입도분포가 나쁜 모래지반에서 표준관입시험을 한 결과 N치는 10이었다. 이 모래의 내부마찰각을 Dunham의 공식으로 구하면?

① 21°   ② 26°
③ 31°   ④ 36°

해설 $\phi = \sqrt{12N + 15} = \sqrt{12 \times 10} + 15 = 25.95°$

62 다음 그림과 같이 지표면에 집중하중이 작용할 때 A점에서 발생하는 연직응력의 증가량은?

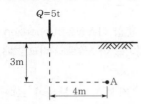

① 20.6kg/m^2 ② 24.4kg/m^2
③ 27.2kg/m^2 ④ 30.3kg/m^2

해설 ⓣ $R = \sqrt{4^2 + 3^2} = 5$

ⓛ $I = \dfrac{3Z^5}{2\pi R^5} = \dfrac{3 \times 3^5}{2\pi \times 5^5} = 0.037$

ⓒ $\Delta\sigma_z = \dfrac{P}{Z^2} I = \dfrac{5}{3^2} \times 0.037$

$= 0.0206 \text{t/m}^2 = 20.6 \text{kg/m}^2$

63 Rod에 붙인 어떤 저항체를 지중에 넣어 관입, 인발 및 회전에 의해 흙의 전단강도를 측정하는 원위치시험은?

① 보링(boring)
② 사운딩(sounding)
③ 시료채취(sampling)
④ 비파괴시험(NDT)

해설 Sounding
rod 선단에 설치한 저항체를 땅속에 삽입하여 관입, 회전, 인발 등의 저항치로부터 지반의 특성을 파악하는 지반조사방법이다.

64 다음 그림과 같은 3m×3m 크기의 정사각형 기초의 극한지지력을 Terzaghi공식으로 구하면? (단, 내부마찰각(ϕ)은 20°, 점착력(c)은 5t/m², 지지력계수 $N_c=18$, $N_\gamma=5$, $N_q=7.50$이다.)

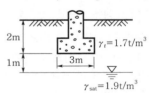

① 135.71t/m^2 ② 149.52t/m^2
③ 157.26t/m^2 ④ 174.38t/m^2

해설 ⓣ $\gamma_1 = \gamma_{sub} + \dfrac{d}{B}(\gamma_t - \gamma_{sub})$

$= 0.9 + \dfrac{1}{3} \times (1.7 - 0.9) = 1.17 \text{t/m}^3$

ⓛ $q_u = \alpha c N_c + \beta B \gamma_1 N_\gamma + D_f \gamma_2 N_q$

$= 1.3 \times 5 \times 18 + 0.4 \times 3 \times 1.17 \times 5 + 2 \times 1.7 \times 7.5$

$= 149.52 \text{t/m}^2$

65 단동식 증기해머로 말뚝을 박았다. 해머의 무게 2.5t, 낙하고 3m, 타격당 말뚝의 평균관입량 1cm, 안전율 6일 때 Engineering-News공식으로 허용지지력을 구하면?

① 250t   ② 200t
③ 100t   ④ 50t

해설 ㉠ $R_u = \dfrac{Wh}{S+0.254} = \dfrac{2.5 \times 300}{1+0.254} = 598.09t$

㉡ $R_a = \dfrac{R_u}{F_s} = \dfrac{598.09}{6} = 99.68t$

66 말뚝의 부마찰력에 대한 설명 중 틀린 것은?

① 부마찰력이 작용하면 지지력이 감소한다.
② 연약지반에 말뚝을 박은 후 그 위에 성토를 한 경우 일어나기 쉽다.
③ 부마찰력은 말뚝 주변 침하량이 말뚝의 침하량보다 클 때 아래로 끌어내리는 마찰력을 말한다.
④ 연약한 점토에 있어서는 상대변위의 속도가 느릴수록 부마찰력은 크다.

해설 부마찰력
㉠ 부마찰력이 발생하면 말뚝의 지지력은 크게 감소한다($R_u = R_p - R_{nf}$).
㉡ 말뚝 주변 지반의 침하량이 말뚝의 침하량보다 클 때 발생한다.
㉢ 상대변위의 속도가 클수록 부마찰력은 커진다.

67 모래지반에 30cm×30cm의 재하판으로 재하실험을 한 결과 10t/m²의 극한지지력을 얻었다. 4m×4m의 기초를 설치할 때 기대되는 극한지지력은?

① 10t/m²
② 100t/m²
③ 133t/m²
④ 154t/m²

해설 $0.3 : 10 = 4 : x$
$\therefore x = \dfrac{10 \times 4}{0.3} = 133.33t/m^2$

68 유선망의 특징을 설명한 것으로 옳지 않은 것은?

① 각 유로의 침투유량은 같다.
② 유선과 등수두선은 서로 직교한다.
③ 유선망으로 이루어지는 사각형은 이론상 정사각형이다.
④ 침투속도 및 동수경사는 유선망의 폭에 비례한다.

해설 유선망의 특징
㉠ 각 유로의 침투유량은 같다.
㉡ 인접한 등수두선 간의 수두차는 모두 같다.
㉢ 유선과 등수두선은 서로 직교한다.
㉣ 유선망으로 되는 사각형은 정사각형이다.
㉤ 침투속도 및 동수구배는 유선망의 폭에 반비례한다.

69 사면의 안정에 관한 다음 설명 중 옳지 않은 것은?

① 임계활동면이란 안전율이 가장 크게 나타나는 활동면을 말한다.
② 안전율이 최소로 되는 활동면을 이루는 원을 임계원이라 한다.
③ 활동면에 발생하는 전단응력이 흙의 전단강도를 초과한 경우 활동이 일어난다.
④ 활동면은 일반적으로 원형활동면으로 가정한다.

해설 임계활동면
사면 내에 몇 개의 가상활동면 중에서 안전율이 가장 최소인 활동면을 임계활동면이라 한다.

70 어떤 종류의 흙에 대해 직접전단(일면전단)시험을 한 결과 다음 표와 같은 결과를 얻었다. 이 값으로부터 점착력(c)을 구하면? (단, 시료의 단면적은 10cm²이다.)

수직하중(kg)	10.0	20.0	30.0
전단력(kg)	24.785	25.570	26.355

① 3.0kg/cm²
② 2.7kg/cm²
③ 2.4kg/cm²
④ 1.9kg/cm²

해설 $\tau = c + \overline{\sigma}\tan\phi$에서

$\dfrac{24.785}{10} = c + 10 \times \tan\phi$

$2.4785 = c + 10 \times \tan\phi$ ············ ⓐ

$\dfrac{26.355}{10} = c + 30 \times \tan\phi$

$2.6355 = c + 30 \times \tan\phi$ ············ ⓑ

$\therefore$ 식 ⓐ와 식 ⓑ를 연립방정식으로 풀면
$c = 2.4kg/cm^2$

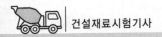

71 흙입자의 비중은 2.56, 함수비는 35%, 습윤단위중량은 1.75g/cm^{3}일 때 간극률은 약 얼마인가?

① 32% ② 37%

③ 43% ④ 49%

해설 ㉠ $\gamma_t = \dfrac{G_s + Se}{1+e}\gamma_w = \dfrac{G_s + wG_s}{1+e}\gamma_w$

$1.75 = \dfrac{2.56 + 0.35 \times 2.56}{1+e} \times 1$

$\therefore e = 0.975$

㉡ $n = \dfrac{e}{1+e} \times 100 = \dfrac{0.975}{1+0.975} \times 100 = 49.37\%$

72 다음과 같이 널말뚝을 박은 지반의 유선망을 작도하는데 있어서 경계조건에 대한 설명으로 틀린 것은?

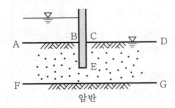
암반

① $\overline{AB}$ 는 등수두선이다.
② $\overline{CD}$ 는 등수두선이다.
③ $\overline{FG}$ 는 유선이다.
④ $\overline{BEC}$ 는 등수두선이다.

해설 경계조건
㉠ 유선 : $\overline{BEC}$, $\overline{FG}$
㉡ 등수두선 : $\overline{AB}$, $\overline{FG}$

73 다음 그림과 같이 모래층에 널말뚝을 설치하여 물막이공 내의 물을 배수하였을 때 분사현상이 일어나지 않게 하려면 얼마의 압력(↓)을 가하여야 하는가? (단, 모래의 비중은 2.65, 간극비는 0.65, 안전율은 3)

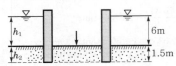

① $6.5t/m^2$ ② $16.5t/m^2$
③ $23t/m^2$ ④ $33t/m^2$

해설 ㉠ $\gamma_{sub} = \dfrac{G_s - 1}{1+e}\gamma_w = \dfrac{2.65 - 1}{1+0.65} \times 1 = 1t/m^3$

㉡ $\overline{\sigma} = \gamma_{sub}h_2 = 1 \times 1.5 = 1.5t/m^2$

㉢ $F = \gamma_{sub}h_1 = 1 \times 6 = 6t/m^2$

㉣ $F_s = \dfrac{\overline{\sigma} + \Delta\overline{\sigma}}{F}$

$3 = \dfrac{1.5 + \Delta\overline{\sigma}}{6}$

$\therefore \Delta\overline{\sigma} = 16.5t/m^2$

74 토압에 대한 다음 설명 중 옳은 것은?

① 일반적으로 정지토압계수는 주동토압계수보다 작다.
② Rankine이론에 의한 주동토압의 크기는 Coulomb이론에 의한 값보다 작다.
③ 옹벽, 흙막이벽체, 널말뚝 중 토압분포가 삼각형분포에 가장 가까운 것은 옹벽이다.
④ 극한주동상태는 수동상태보다 훨씬 더 큰 변위에서 발생한다.

해설 ㉠ $K_p > K_o > K_a$
㉡ Rankine토압론에 의한 주동토압은 과대평가되고, 수동토압은 과소평가된다.
㉢ Coulomb토압론에 의한 주동토압은 실제와 잘 접근하고 있으나, 수동토압은 상당히 크게 나타난다.
㉣ 주동변위량은 수동변위량보다 작다.

75 모래의 밀도에 따라 일어나는 전단특성에 대한 다음 설명 중 옳지 않은 것은?

① 다시 성형한 시료의 강도는 작아지지만 조밀한 모래에서는 시간이 경과됨에 따라 강도가 회복된다.
② 내부마찰각(ϕ)은 조밀한 모래일수록 크다.
③ 직접전단시험에 있어서 전단응력과 수평변위곡선은 조밀한 모래에서는 peak가 생긴다.
④ 조밀한 모래에서는 전단변형이 계속 진행되면 부피가 팽창한다.

[해설] ㉠ 재성형한 점토시료를 함수비의 변화 없이 그대로 방치하여 두면 시간이 지남에 따라 전기화학적 또는 colloid 화학적 성질에 의해 입자접촉면에 흡착력이 작용하여 새로운 부착력이 생겨서 강도의 일부가 회복되는 현상을 thixotropy라 한다.
㉡ 직접전단시험에 의한 시험성과(촘촘한 모래와 느슨한 모래의 경우)

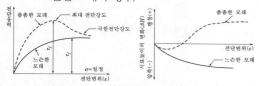

76 예민비가 큰 점토란 어느 것인가?

① 입자의 모양이 날카로운 점토
② 입자가 가늘고 긴 형태의 점토
③ 다시 반죽했을 때 강도가 감소하는 점토
④ 다시 반죽했을 때 강도가 증가하는 점토

[해설] 예민비가 클수록 강도의 변화가 큰 점토이다.

77 다음은 전단시험을 한 응력경로이다. 어느 경우인가?

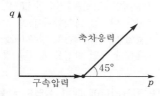

① 초기단계의 최대 주응력과 최소 주응력이 같은 상태에서 시행한 삼축압축시험의 전응력경로이다.
② 초기단계의 최대 주응력과 최소 주응력이 같은 상태에서 시행한 일축압축시험의 전응력경로이다.
③ 초기단계의 최대 주응력과 최소 주응력이 같은 상태에서 $K_o = 0.5$인 조건에서 시행한 삼축압축시험의 전응력경로이다.
④ 초기단계의 최대 주응력과 최소 주응력이 같은 상태에서 $K_o = 0.7$인 조건에서 시행한 일축압축시험의 전응력경로이다.

[해설] 초기단계는 등방압축 상태에서 시행한 삼축압축시험의 전응력경로이다.

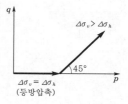

78 흙의 다짐효과에 대한 설명 중 틀린 것은?

① 흙의 단위중량 증가
② 투수계수 감소
③ 전단강도 저하
④ 지반의 지지력 증가

[해설] 다짐의 효과
㉠ 투수성의 감소
㉡ 전단강도의 증가
㉢ 지반의 압축성 감소
㉣ 지반의 지지력 증대
㉤ 동상, 팽창, 건조수축의 감소

79 표준압밀실험을 하였더니 하중강도가 2.4kg/cm^2에서 3.6kg/cm^2로 증가할 때 간극비는 1.8에서 1.2로 감소하였다. 이 흙의 최종 침하량은 약 얼마인가? (단, 압밀층의 두께는 20m이다.)

① 428.64cm ② 214.29cm
③ 642.86cm ④ 285.71cm

[해설] $\Delta H = \dfrac{e_1 - e_2}{1 + e_1} H = \dfrac{1.8 - 1.2}{1 + 1.8} \times 20$
$= 4.2857\text{m} = 428.57\text{cm}$

80 다음 중 점성토지반의 개량공법으로 거리가 먼 것은?

① paper drain공법
② vibro-flotation공법
③ chemico pile공법
④ sand compaction pile공법

[해설] 점성토의 지반개량공법
치환공법, Pre-loading공법(사전압밀공법), Sand drain공법, Paper drain공법, 전기침투공법, 침투압공법(MAIS공법), 생석회말뚝(Chemico pile)공법

제1과목 · 콘크리트공학

01 굵은 골재의 최대 치수에 대한 설명으로 옳은 것은?

① 단면이 큰 구조물인 경우 25mm를 표준으로 한다.

② 거푸집 양측면 사이의 최소 거리의 3/4을 초과하지 않아야 한다.

③ 개별철근, 다발철근, 긴장재 또는 덕트 사이 최소 순간격의 3/4을 초과하지 않아야 한다.

④ 무근 콘크리트인 경우 20mm를 표준으로 하며, 또한 부재 최소 치수의 1/5을 초과해서는 안 된다.

해설 굵은 골재의 최대 치수

㉠ 다음 값을 초과하지 않아야 한다.
- 거푸집 양측면 사이의 최소 거리의 1/5
- 슬래브두께의 1/3
- 개별철근, 다발철근, 긴장재 또는 덕트 사이 최소 순간격의 3/4

㉡ 굵은 골재 최대 치수의 표준

구조물의 종류	굵은 골재의 최대 치수(mm)
일반적인 경우	20 또는 25
단면이 큰 경우	40
무근 콘크리트	40 부재 최소 치수의 1/4을 초과해서는 안 됨

02 시방배합에서 규정된 배합의 표시방법에 포함되지 않는 것은?

① 잔골재율   ② 물 – 결합재비
③ 슬럼프범위   ④ 잔골재의 최대 치수

해설 시방배합에서 잔골재의 최대 치수는 표시되지 않는다.

03 매스 콘크리트의 온도균열 발생에 대한 검토는 온도균열지수에 의해 평가하는 것을 원칙으로 한다. 철근이 배치된 일반적인 구조물의 표준적인 온도균열지수의 값 중 균열 발생을 제한할 경우의 값으로 옳은 것은? (단, 표준시방서에 따른다.)

① 1.5 이상   ② 1.2~1.5
③ 0.7~1.2   ④ 0.7 이하

해설 온도균열지수

㉠ 온도균열지수값이 클수록 균열이 발생하기 어렵고, 값이 작을수록 균열이 발생하기 쉽다.
㉡ 표준적인 온도균열지수의 값
- 균열 발생을 방지하여야 할 경우 : 1.5 이상
- 균열 발생을 제한할 경우 : 1.2~1.5
- 유해한 균열 발생을 제한할 경우 : 0.7~1.2

04 한중 콘크리트에 대한 설명으로 틀린 것은?

① 하루의 평균기온이 4℃ 이하로 예상될 때에 시공하는 콘크리트이다.

② 단위수량은 소요의 워커빌리티를 유지할 수 있는 범위 내에서 되도록 적게 정하여야 한다.

③ 한중 콘크리트는 소요의 압축강도가 얻어질 때까지는 콘크리트의 온도를 5℃ 이상으로 유지해야 한다.

④ 물, 시멘트 및 골재를 가열하여 재료의 온도를 높일 경우에는 균일하게 가열하여 항상 소요온도의 재료가 얻어질 수 있도록 해야 한다.

해설 시멘트를 직접 가열해서는 안 된다.

05 일반 콘크리트 제조 시 목표하는 시멘트의 1회 계량분량은 317kg이다. 그러나 현장에서 계량된 시멘트의 계측값은 313kg으로 나타났다. 이러한 경우의 계량오차와 합격·불합격 여부를 정확히 판단한 것은?

① 계량오차 : −0.63%, 합격

② 계량오차 : −0.63%, 불합격

③ 계량오차 : −1.26%, 합격

④ 계량오차 : −1.26%, 불합격

해설 ㉠ 계량오차 $= \dfrac{313-317}{317} \times 100 = -1.26\%$

㉡ 시멘트의 허용오차가 −1, +2%이므로 불합격이다.

06 콘크리트 양생 중 적절한 수분공급을 하지 않아 수분의 증발이 원인이 되어 타설 후부터 콘크리트의 응결, 종결 시까지 발생할 수 있는 결함으로 가장 적당한 것은?

① 초기 건조균열이 발생한다.

② 콘크리트의 부등침하에 의한 침하수축균열이 발생한다.

③ 시멘트, 골재입자 등이 침하함으로써 물의 분리 상승 정도가 증가한다.

④ 블리딩에 의하여 콘크리트 표면에 미세한 물질이 떠올라 이음부 약점이 된다.

07 30회 이상의 시험실적으로부터 구한 콘크리트 압축강도의 표준편차가 2.5MPa이고 콘크리트의 설계기준압축강도가 30MPa일 때 콘크리트 배합강도는?

① 32.33MPa ② 33.35MPa

③ 34.25MPa ④ 35.33MPa

해설 $f_{ck} \leq 35$MPa이므로

㉠ $f_{cr} = f_{ck} + 1.34S = 30 + 1.34 \times 2.5 = 33.35$MPa

㉡ $f_{cr} = (f_{ck} - 3.5) + 2.33S$
$= (30 - 3.5) + 2.33 \times 2.5 = 32.33$MPa

∴ ㉠, ㉡ 중에 큰 값이므로
$f_{cr} = 33.35$MPa

08 쪼갬인장강도시험(KS F 2423)으로부터 최대하중 $P = 100$kN을 얻었다. 원주공시체의 지름이 100mm, 길이가 200mm일 때 이 공시체의 쪼갬인장강도는?

① 1.27MPa ② 1.59MPa

③ 3.18MP ④ 6.36MPa

해설 $f = \dfrac{2P}{\pi Dl} = \dfrac{2 \times 100,000}{\pi \times 100 \times 200}$
$= 3.18$N/mm^2 = 3.18MPa

09 고유동 콘크리트를 제조할 때에는 유동성, 재료분리저항성 및 자기충전성을 관리하여야 한다. 이때 유동성을 관리하기 위해 필요한 시험은?

① 깔때기 유하시간

② 슬럼프플로시험

③ 500mm 플로도달시간

④ 충전장치를 이용한 간극통과성시험

해설 고유동 콘크리트(high fluidity concrete)

㉠ 굳지 않은 상태에서 재료분리 없이 높은 유동성을 가지면서 다짐작업 없이 자기충전성이 가능한 콘크리트이다.

㉡ 유동성은 슬럼프플로시험, 재료분리저항성은 50mm 플로도달시간 또는 깔때기 유하시간, 자기충전성은 충전장치를 사용한 간극통과성시험으로 관리할 수 있다.

10 설계기준압축강도가 21MPa인 콘크리트로부터 5개의 공시체를 만들어 압축강도시험을 한 결과 압축강도가 다음과 같을 때 품질관리를 위한 압축강도의 변동계수값은 약 얼마인가? (단, 표준편차는 불편분산의 개념으로 구한다.)

22, 23, 24, 27, 29(MPa)

① 11.7% ② 13.6%

③ 15.2% ④ 17.4%

해설 ㉠ 평균치
$\bar{x} = \dfrac{22 + 23 + 24 + 27 + 29}{5} = 25$MPa

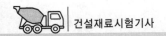

ㄴ 편차의 2승합
$$S = (22-25)^2 + (23-25)^2 + (24-25)^2$$
$$+ (27-25)^2 + (29-25)^2 = 34$$
ㄷ 불편분산의 표준편차
$$\sigma = \sqrt{\frac{S}{n-1}} = \sqrt{\frac{34}{4}} = 2.92\text{MPa}$$
ㄹ 변동계수
$$C_v = \frac{\sigma}{x} \times 100 = \frac{2.92}{25} \times 100 = 11.68\%$$

11 구조체 콘크리트의 압축강도 비파괴시험에 사용되는 슈미트해머로 구조체가 경량 콘크리트인 경우에 사용하는 슈미트해머는?

① N형 슈미트해머 ② L형 슈미트해머
③ P형 슈미트해머 ④ M형 슈미트해머

해설 슈미트해머의 종류

기종	적용 콘크리트
N형	보통 콘크리트
L형	경량 콘크리트
P형	저강도 콘크리트
M형	매스 콘크리트

12 섬유보강 콘크리트에 대한 설명으로 틀린 것은?

① 섬유보강 콘크리트는 콘크리트의 인장강도와 균열에 대한 저항성을 높인 콘크리트이다.
② 믹서는 섬유를 콘크리트 속에 균일하게 분산시킬 수 있는 가경식 믹서를 사용하는 것을 원칙으로 한다.
③ 섬유보강 콘크리트에 사용하는 섬유는 섬유와 시멘트 결합재 사이의 부착성이 양호하고 섬유의 인장강도가 커야 한다.
④ 시멘트계 복합재료용 섬유는 강섬유, 유리섬유, 탄소섬유 등의 무기계 섬유와 아라미드섬유, 비닐론섬유 등의 유기계 섬유로 분류한다.

해설 섬유보강 콘크리트의 믹서는 강제식 믹서를 사용하는 것을 원칙으로 한다.

13 콘크리트 압축강도시험용 공시체를 제작하는 방법에 대한 설명으로 틀린 것은?

① 공시체는 지름의 2배의 높이를 가진 원기둥형으로 한다.
② 콘크리트를 몰드에 채울 때 2층 이상으로 거의 동일한 두께로 나눠서 채운다.
③ 콘크리트를 몰드에 채울 때 각 층의 두께는 100mm를 초과해서는 안 된다.
④ 몰드를 떼는 시기는 콘크리트 채우기가 끝나고 나서 16시간 이상 3일 이내로 한다.

해설 콘크리트 압축강도시험용 공시체(KS F 2403)
ㄱ 공시체의 지름은 굵은 골재 최대 치수의 3배 이상 및 100mm 이상으로 하고, 그 공시체는 지름의 2배 높이를 가진 원기둥으로 한다.
ㄴ 콘크리트는 2층 이상으로 거의 동일한 두께로 나눠서 채운다. 각 층의 두께는 160mm를 초과해서는 안 된다.

14 콘크리트의 타설에 대한 설명으로 틀린 것은?

① 한 구획 내의 콘크리트는 타설이 완료될 때까지 연속해서 타설하여야 한다.
② 타설한 콘크리트를 거푸집 안에서 횡방향으로 이동시켜서는 안 된다.
③ 외기온도가 25℃ 이하일 경우 허용이어치기 시간간격은 2.5시간을 표준으로 한다.
④ 콘크리트를 2층 이상으로 나누어 타설할 경우 상층의 콘크리트 타설은 원칙적으로 하층의 콘크리트가 굳은 뒤에 타설하여야 한다.

해설 콘크리트의 타설
ㄱ 콘크리트를 2층 이상으로 나누어 타설할 경우 상층의 콘크리트 타설은 원칙적으로 하층의 콘크리트가 굳기 시작하기 전에 해야 한다.
ㄴ 허용이어치기 시간간격

외기온도	허용이어치기 시간간격
25℃ 초과	2.0시간
25℃ 이하	2.5시간

15 프리스트레스트 콘크리트와 철근콘크리트의 비교 설명으로 틀린 것은?

① 프리스트레스트 콘크리트는 철근콘크리트에 비하여 내화성에 있어서는 불리하다.

② 프리스트레스트 콘크리트는 철근콘크리트에 비하여 강성이 커서 변형이 적고 진동에 강하다.

③ 프리스트레스트 콘크리트는 철근콘크리트에 비하여 고강도의 콘크리트와 강재를 사용하게 된다.

④ 프리스트레스트 콘크리트는 균열이 발생하지 않도록 설계되기 때문에 내구성 및 수밀성이 좋다.

해설 PSC

장점	• 탄력성과 복원성이 우수하다. • 균열이 발생하지 않도록 설계하기 때문에 강재의 부식위험이 없고 내구적이다. • 고강도재료를 사용함으로써 단면을 줄일 수 있어서 RC부재보다 경간을 길게 할 수 있고 구조물이 날렵하므로 외관이 아름답다.
단점	• RC에 비해 강성이 작아서 변형이 크고 진동하기 쉽다. • 고강도강재는 고온에 접하면 갑자기 강도가 감소하므로 내화성은 좋지 않다.

16 일반적인 수중 콘크리트의 재료 및 시공상의 주의사항으로 옳은 것은?

① 물의 흐름을 막은 정수 중에는 콘크리트를 수중에 낙하시킬 수 있다.

② 물-결합재비는 40% 이하, 단위결합재량은 $300kg/m^3$ 이상을 표준으로 한다.

③ 수중에서 시공할 때의 강도가 표준공시체 강도의 0.6~0.8배가 되도록 배합강도를 설정하여야 한다.

④ 트레미를 사용하여 콘크리트를 타설할 경우 콘크리트를 타설하는 동안 일정한 속도로 수평이동시켜야 한다.

해설 수중 콘크리트의 타설
ㄱ 콘크리트를 수중에 낙하시켜서는 안 된다.

ㄴ $\dfrac{W}{C} \leq 50\%$, 단위시멘트양 $\geq 370kg/m^3$ 를 표준으로 한다.

ㄷ 트레미는 콘크리트를 타설하는 동안 하반부가 항상 콘크리트로 채워져 트레미 속으로 물이 침입하지 않도록 하여야 하며 콘크리트를 타설하는 동안 수평이동을 시킬 수 없다.

17 기존 구조물의 철근부식을 평가할 수 있는 비파괴시험방법이 아닌 것은?

① 자연전위법　　② 분극저항법

③ 전기저항법　　④ 관입저항법

해설 ㄱ 철근부식평가방법 : 자연전위법, 분극저항법, 전기저항법

ㄴ 관입저항법(Prove Penetration Test) : 탐침(Prove)을 일정량의 화약폭발력에 의해 콘크리트 표면에 관입시킨 후 그 관입깊이 또는 노출깊이를 측정하여 콘크리트 압축강도를 추정하는 방법이다.

18 콘크리트 공시체의 압축강도에 관한 설명으로 옳은 것은?

① 하중재하속도가 빠를수록 강도가 작게 나타난다.

② 시험 직전에 공시체를 건조시키면 강도가 크게 감소한다.

③ 공시체의 표면에 요철이 있는 경우는 압축강도가 크게 나타난다.

④ 원주형 공시체의 직경과 입방체 공시체의 한 변의 길이가 같으면 원주형 공시체의 강도가 작다.

해설 콘크리트 압축강도
ㄱ 재하속도가 빠를수록 압축강도가 크다.

ㄴ 습윤상태의 콘크리트는 건조상태일 때보다 압축강도가 작다.

ㄷ 표면에 요철이 있으면 편심하중이 걸려서 강도가 작아진다.

ㄹ 압축강도의 크기는 입방체 > 원주체 > 각주체이다.

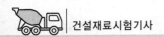
19 거푸집의 높이가 높을 경우 거푸집에 투입구를 설치하거나 연직슈트 또는 펌프배관의 배출구를 타설면 가까운 곳까지 내려서 콘크리트를 타설하여야 한다. 이때 슈트, 펌프배관 등의 배출구와 타설면까지의 높이는 몇 m 이하를 원칙으로 하는가?

① 1.0m ② 1.5m
③ 2.0m ④ 2.5m

해설 콘크리트 타설

슈트, 펌프배관, 버킷, 호퍼 등의 배출구와 타설면까지의 높이는 1.5m 이하를 원칙으로 한다.

20 프리스트레스트 콘크리트에서 프리스트레싱할 때의 일반적인 사항으로 틀린 것은?

① 긴장재는 이것을 구성하는 각각의 PS강재에 소정의 인장력이 주어지도록 긴장하여야 한다.
② 긴장재를 긴장할 때 정확한 인장력이 주어지도록 하기 위해 인장력을 설계값 이상으로 주었다가 다시 설계값으로 낮추는 방법으로 시공하여야 한다.
③ 긴장재에 대해 순차적으로 프리스트레싱을 실시할 경우는 각 단계에 있어서 콘크리트에 유해한 응력이 생기지 않도록 하여야 한다.
④ 프리텐션방식의 경우 긴장재에 주는 인장력은 고정장치의 활동에 의한 손실을 고려하여야 한다.

해설 프리스트레싱

㉠ 긴장재는 이것을 구성하는 각각의 PS강재에 소정의 인장력이 주어지도록 긴장하여야 한다. 이때 인장력을 설계값 이상으로 주었다가 다시 설계값으로 낮추는 방법으로 시공을 하지 않아야 한다.
㉡ 긴장재에 대해 순차적으로 프리스트레싱을 실시할 경우는 각 단계에 있어서 콘크리트에 유해한 응력이 생기지 않도록 해야 한다.

제2과목 · 건설시공 및 관리

21 기계화시공에 있어서 중장비의 비용 계산 중 기계손료를 구성하는 요소가 아닌 것은?

① 관리비 ② 정비비
③ 인건비 ④ 감가상각비

해설 기계경비

㉠ 기계손료
  • 상각비, 정비비, 관리비의 합계액으로 한다.
  • 관리비는 1일 8시간을 초과하더라도 8시간으로 계산한다.
㉡ 운전경비 : 기계를 사용하는데 필요한 경비의 합계액으로 한다.

22 공정관리에서 PERT와 CPM의 비교 설명으로 옳은 것은?

① PERT는 반복사업에, CPM은 신규사업에 좋다.
② PERT는 1점 시간추정이고, CPM은 3점 시간추정이다.
③ PERT는 작업활동중심관리이고, CPM은 작업단계중심관리이다.
④ PERT는 공기단축이 주목적이고, CPM은 공사비절감이 주목적이다.

해설 PERT와 CPM의 비교

구분	PERT	CPM
대상	신규사업, 비반복사업	반복사업
공기추정	3점 견적법	1점 견적법
일정 계산	Event 중심의 일정 계산	Activity 중심의 일정 계산
주목적	공기단축	공비절감

23 건설기계규격의 일반적인 표현방법으로 옳은 것은?

① 불도저 : 총중량(ton)
② 모터 스크레이퍼 : 중량(ton)
③ 트랙터 셔블 : 버킷면적(m^2)
④ 모터 그레이더 : 최대 견인력(ton)

해설 건설기계규격의 표현방법

　㉠ 불도저 : 전장비중량(t)

　㉡ 셔블 : 버킷의 용적(m^3)

　㉢ 그레이더 : 토공판(blade)의 길이(m)

　㉣ 스크레이퍼 : 볼의 적재량(m^3)

24 부마찰력에 대한 설명으로 틀린 것은?

① 말뚝이 타입된 지반이 압밀진행 중일 때 발생된다.

② 지하수위의 감소로 체적이 감소할 때 발생된다.

③ 말뚝의 주면마찰력이 선단지지력보다 클 때 발생한다.

④ 상재하중이 말뚝과 지표에 작용하여 침하할 경우에 발생된다.

해설 부마찰력은 말뚝 주변 지반의 침하량이 말뚝의 침하량보다 클 때 발생한다.

25 돌쌓기에 대한 설명으로 틀린 것은?

① 메쌓기는 콘크리트를 사용하지 않는다.

② 찰쌓기는 뒤채움에 콘크리트를 사용한다.

③ 메쌓기는 쌓는 높이의 제한을 받지 않는다.

④ 일반적으로 찰쌓기는 메쌓기보다 높이 쌓을 수 있다.

해설 메쌓기

모르타르나 콘크리트를 사용하지 않고 석재의 맞대임면의 마찰을 크게 하여 쌓는 형식으로 벽 뒷면에서 배수가 잘 되어 토압이 작아지고 공사비가 저렴하나 쌓는 높이를 2m 이내로 하는 것이 좋다.

26 교량 가설의 위치 선정에 대한 설명으로 틀린 것은?

① 하천과 유수가 안정한 곳일 것

② 하폭이 넓을 때는 굴곡부일 것

③ 하천과 양안의 지질이 양호한 곳일 것

④ 교각의 축방향이 유수의 방향과 평행하게 되는 곳일 것

해설 교량의 위치

　㉠ 하천과 그 양안의 지질이 양호한 곳

　㉡ 하천과 유수가 안정된 곳

　㉢ 교각의 축방향은 유수의 방향에 평행으로 할 것

　㉣ 하중(河中)에 큰 변화가 없는 것

　㉤ 하천의 굴곡부를 피할 것

27 다져진 토량 37,800m^3을 성토하는데 흐트러진 토량(운반토량)으로 30,000m^3이 있을 때 부족토량은 자연상태토량으로 얼마인가? (단, 토량변화율 $L = 1.25$, $C = 0.90$이다.)

① 22,000m^3 　　② 18,000m^3

③ 15,000m^3 　　④ 11,000m^3

해설 부족토량 $= 37,800 \times \dfrac{1}{C} - 30,000 \times \dfrac{1}{L}$

$\qquad = 37,800 \times \dfrac{1}{0.9} - 30,000 \times \dfrac{1}{1.25}$

$\qquad = 18,000 m^3$

28 록볼트의 정착형식은 선단정착형, 전면접착형, 혼합형으로 구분할 수 있다. 이에 대한 설명으로 틀린 것은?

① 록볼트 전장에서 원지반을 구속하는 경우에는 전면접착형이다.

② 암괴의 봉합효과를 목적으로 하는 것은 선단정착형이며, 그중 쐐기형이 많이 쓰인다.

③ 선단을 기계적으로 정착한 후 시멘트 밀크를 주입하는 것은 혼합형이다.

④ 경암, 보통암, 토사 원지반에서 팽창성 원지반까지 적용 범위가 넓은 것은 전면접착형이다.

해설 록볼트 정착형식

　㉠ 선단정착형 : 봉합효과를 목적으로 하는 경우에 사용한다. 쐐기형은 자주 사용하지 않고 확장형 및 캡슐정착형을 사용한다.

　㉡ 전면접착형 : 록볼트 전장에서 원지반을 구속한다.

　㉢ 혼합형 : 선단정착형과 전면접착형을 혼합한 것이다.

정답 24. ③ 25. ③ 26. ② 27. ② 28. ②

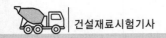
29 운동장, 광장 등 넓은 지역의 배수방법으로 적당한 것은?

① 암거배수　　② 지표배수
③ 개수로배수　　④ 맹암거배수

해설 **맹암거(간이암거)**
지표면 아래 1~2m 부근까지 분포하는 지하수를 배제하기에 적당한 공법으로 토립자 간의 간극에 분포하는 지하수가 배제된다.

30 아스팔트 포장에서 프라임코트(prime coat)의 중요목적이 아닌 것은?

① 배수층역할을 하여 노상토의 지지력을 증대시킨다.
② 보조기층에서 모세관작용에 의한 물의 상승을 차단한다.
③ 보조기층과 그 위에 시공될 아스팔트 혼합물과의 융합을 좋게 한다.
④ 기층 마무리 후 아스팔트 포설까지의 기층과 보조기층의 파손 및 표면수의 침투, 강우에 의한 세굴을 방지한다.

해설 프라임코트는 보조기층, 기층 등의 입상재료층에 점성이 낮은 역청재를 살포, 침투시켜 방수성을 높이고, 보조기층으로부터의 모관 상승을 차단하며 기층과 그 위에 포설하는 아스팔트 혼합물과의 부착을 좋게 하기 위해 역청재를 얇게 피복하는 것이다.

31 시료의 평균값이 279.1, 범위의 평균값이 56.32, 군의 크기에 따라 정하는 계수가 0.73일 때 상부관리한계선(UCL)값은?

① 316.0　　② 320.2
③ 338.0　　④ 342.1

해설 $UCL = \bar{\bar{x}} + A_2 \bar{R} = 279.1 + 0.73 \times 56.32 = 320.21$

32 아스팔트 포장과 콘크리트 포장을 비교 설명한 것 중 아스팔트 포장의 특징으로 틀린 것은?

① 초기공사비가 고가이다.
② 양생기간이 거의 필요 없다.

③ 주행성이 콘크리트 포장보다 좋다.
④ 보수작업이 콘크리트 포장보다 쉽다.

해설 **아스팔트 포장과 콘크리트 포장의 비교**

구분	아스팔트 포장	콘크리트 포장
내구성	중차량에 대한 포장 수명이 짧다.	중차량에 대한 내구성이 양호하다.
유지·보수	유지·보수가 잦아 보수비가 고가이다.	유지·보수가 별로 없어 보수비가 저렴하다.
평탄성	평탄성 양호	평탄성 불리

33 다음 중 직접기초굴착 시 저면 중앙부에 섬과 같이 기초부를 먼저 구축하여 이것을 발판으로 주면부를 시공하는 방법은?

① Cut공법　　② Island공법
③ Open cut공법　　④ Deep well공법

34 히빙(heaving)의 방지대책으로 틀린 것은?

① 굴착저면의 지반개량을 실시한다.
② 흙막이 벽의 근입깊이를 증대시킨다.
③ 굴착공법을 부분굴착에서 전면굴착으로 변경한다.
④ 중력배수나 강제배수 같은 지하수의 배수대책을 수립한다.

해설 **히빙현상 방지대책**
㉠ 흙막이의 근입깊이를 깊게 한다.
㉡ 표토를 제거하여 하중을 적게 한다.
㉢ 지반개량을 한다.
㉣ 전면굴착보다 부분굴착을 한다.

35 방파제를 크게 보통방파제와 특수방파제로 분류할 때 특수방파제에 속하지 않는 것은?

① 공기방파제
② 부양방파제
③ 잠수방파제
④ 콘크리트 단괴식 방파제

해설 **방파제**
㉠ 보통방파제 : 직립제, 경사제, 혼성제
㉡ 특수방파제 : 부유식 방파제, 공기방파제, 수중방파제

36 토목공사용 기계는 작업종류에 따라 굴삭, 운반, 부설, 다짐 및 정지 등으로 구분된다. 다음 중 운반용 기계가 아닌 것은?

① 탬퍼　　　　② 불도저
③ 덤프트럭　　④ 벨트컨베이어

[해설] tamper는 충격식 다짐장비이다.

37 터널의 시공에 사용되는 숏크리트 습식공법의 장점으로 틀린 것은?

① 분진이 적다.
② 품질관리가 용이하다.
③ 장거리 압송이 가능하다.
④ 대규모 터널작업에 적합하다.

[해설] 숏크리트 습식공법의 장점
　㉠ 분진 발생이 적다.
　㉡ rebound량이 적다.
　㉢ 품질관리가 용이하다.
　㉣ 시공기간이 단축된다.

38 20,000m³의 본바닥을 버킷용량 0.6m³의 백호를 이용하여 굴착할 때 다음 조건에 의한 공기를 구하면?

- 버킷계수 : 1.2
- 작업효율 : 0.8
- C_m : 25초
- 1일 작업시간 : 8시간
- 뒷정리 : 2일
- 토량의 변화율 : $L=1.3$, $C=0.9$

① 24일　　　② 42일
③ 186일　　④ 314일

[해설] ㉠ $Q = \dfrac{3,600qKfE}{C_m}$

$= \dfrac{3,600 \times 0.6 \times 1.2 \times \dfrac{1}{1.3} \times 0.8}{25} = 63.8\text{m}^3/\text{h}$

㉡ 공기 $= \dfrac{20,000}{63.8 \times 8} + 2 = 41.2$일 $= 42$일

39 옹벽을 구조적 특성에 따라 분류할 때 여기에 속하지 않는 것은?

① 돌쌓기 옹벽　　② 중력식 옹벽
③ 부벽식 옹벽　　④ 캔틸레버식 옹벽

[해설] 옹벽 구조에 의한 분류
　중력식 옹벽, 반중력식 옹벽, 역T형 및 L형 옹벽, 부벽식 옹벽

40 다음 그림과 같은 지형에서 시공기준면의 표고를 30m로 할 때 총토공량은? (단, 격자점의 숫자는 표고를 나타내며, 단위는 m이다.)

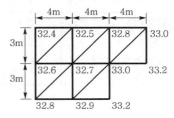

① 142m³　　　② 168m³
③ 184m³　　　④ 213m³

[해설] ㉠ $\Sigma h_1 = 2.4 + 3.2 + 3.2 = 8.8\text{m}$
㉡ $\Sigma h_2 = 3 + 2.8 = 5.8\text{m}$
㉢ $\Sigma h_3 = 2.5 + 2.8 + 2.6 + 2.9 = 10.8\text{m}$
㉣ $\Sigma h_5 = 3\text{m}$
㉤ $\Sigma h_6 = 2.7\text{m}$

$\therefore V = \dfrac{ab}{6}(\Sigma h_1 + 2\Sigma h_2 + \cdots + 6\Sigma h_6)$

$= \dfrac{3 \times 4}{6} \times (8.8 + 2 \times 5.8 + 3 \times 10.8$

$+ 5 \times 3 + 6 \times 2.7)$

$= 168\text{m}^3$

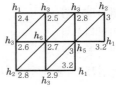

제3과목·건설재료 및 시험

41 시멘트의 응결시험방법으로 옳은 것은?

① 비비시험
② 오토클레이브방법
③ 길모어침에 의한 방법
④ 공기투과장치에 의한 방법

해설 시멘트 응결시간시험 : 길모어침, 비카트침

42 어떤 시멘트의 주요 성분이 다음 표와 같을 때 이 시멘트의 수경률은?

화학성분	조성비(%)	화학성분	조성비(%)
SiO_2	21.9	CaO	63.7
Al_2O_3	5.2	MgO	1.2
Fe_2O_3	2.8	SO_3	1.4

① 2.0
② 2.05
③ 2.10
④ 2.15

해설 수경률(hydraulic modulus)
　㉠ 염기성분과 산성성분과의 비율을 수경률이라 한다.
　㉡ 수경률 $= \dfrac{CaO - 0.7SO_3}{SiO_2 + Al_2O_3 + Fe_2O_3}$
　　　 $= \dfrac{63.7 - 0.7 \times 1.4}{21.9 + 5.2 + 2.8} = 2.1$

43 반고체상태의 아스팔트성 재료를 3.2mm 두께의 얇은 막형태로 163℃로 5시간 가열한 후 침입도시험을 실시하여 원시료와의 비율을 측정하며 가열손실량도 측정하는 시험법은?

① 증발감량시험
② 피막박리시험
③ 박막가열시험
④ 아스팔트 제품의 증류시험

해설 아스팔트계 재료의 박막가열시험(KS M 2258)
아스팔트의 얇은 표면에 열을 가하여 가열 전후의 성질과 상태를 비교하는 시험이다.

44 어떤 목재의 함수율을 시험한 결과 건조 전 목재의 중량은 165g이고 비중이 1.5일 때 함수율은 얼마인가? (단, 목재의 절대건조중량은 142g이었다.)

① 13.9%
② 15.2%
③ 16.2%
④ 17.2%

해설 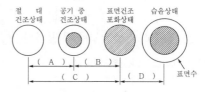 $w = \dfrac{w_1 - w_2}{w_2} \times 100 = \dfrac{165 - 142}{142} \times 100 = 16.2\%$

45 다음 골재의 함수상태를 표시한 것 중 틀린 것은?

① A : 기건함수량
② B : 유효흡수량
③ C : 함수량
④ D : 표면수량

46 골재의 표준체에 의한 체가름시험에서 굵은 골재란 다음 중 어느 것인가?

① 10mm체를 전부 통과하고 5mm체를 거의 통과하며 0.15mm체에 거의 남는 골재
② 10mm체를 전부 통과하고 5mm체를 거의 통과하며 1.2mm체에 거의 남는 골재
③ 40mm체에 거의 남는 골재
④ 5mm체에 거의 다 남는 골재

해설 굵은 골재
　㉠ 5mm체에 거의 다 남는 골재
　㉡ 5mm체에 다 남는 골재

47 플라이애시에 대한 설명으로 틀린 것은?

① 초기 수화반응의 증대로 초기강도가 크다.
② 사용수량을 감소시키며 유동성을 개선한다.
③ 알칼리-골재반응에 의한 팽창을 억제한다.
④ 화력발전소의 보일러에서 나오는 산업폐기물이다.

해설 Fly-ash
ㄱ 워커빌리티가 커지고 단위수량이 감소한다.
ㄴ 수화열이 적고 건조수축도 적다.
ㄷ 장기강도가 상당히 증가한다.
ㄹ 해수에 대한 내화학성이 크다.

48 AE 콘크리트의 AE제에 대한 특징으로 틀린 것은?

① AE제는 미소한 독립기포를 콘크리트 중에 균일하게 분포시킨다.
② AE공기알의 지름은 대부분 0.025~0.25mm 정도이다.
③ AE제는 동결융해에 대한 저항성을 감소시킨다.
④ AE제는 표면활성제이다.

해설 AE제(공기연행제)
AE제는 콘크리트 내부에 독립된 미세기포를 발생시켜 콘크리트의 워커빌리티와 동결융해에 대한 저항성을 갖도록 하기 위해 사용하는 혼화제이다.

49 다음 중 기폭약의 종류가 아닌 것은?

① 니트로글리세린   ② 뇌산수은
③ 질화납   ④ DDNP

해설 기폭약(기폭제)의 종류
뇌산수은, 질화납, DDNP, 데토릴

50 토목섬유 중 지오텍스타일의 기능을 설명한 것으로 틀린 것은?

① 배수 : 물이 흙으로부터 여러 형태의 배수로로 빠져나갈 수 있도록 한다.
② 보강 : 토목섬유의 인장강도는 흙의 지지력을 증가시킨다.
③ 여과 : 입도가 다른 두 개의 층 사이에 배치되어 침투수 통과 시 토립자의 이동을 방지한다.
④ 혼합 : 도로시공 시 여러 개의 흙층을 혼합하여 결합시키는 역할을 한다.

해설 토목섬유의 기능 : 배수, 여과, 분리, 보강

51 다음 암석 중 일반적으로 공극률이 가장 큰 것은?

① 사암   ② 화강암
③ 응회암   ④ 대리석

52 다음 석재 중에서 압축강도가 가장 큰 것은?

① 사암   ② 응회암
③ 안산암   ④ 화강암

해설 압축강도는 화강암이 가장 크며 대리석, 안산암 순이고, 사암, 응회암 등은 매우 작다.

53 재료의 일반적 성질 중 다음에 해당하는 성질은 무엇인가?

> 외력에 의해서 변형된 재료가 외력을 제거했을 때 원형으로 되돌아가지 않고 변형된 그대로 있는 성질

① 인성   ② 취성
③ 탄성   ④ 소성

54 다음 콘크리트용 골재에 대한 설명으로 틀린 것은?

① 골재의 비중이 클수록 흡수량이 작아 내구적이다.
② 조립률이 같은 골재라도 서로 다른 입도 곡선을 가질 수 있다.
③ 콘크리트의 압축강도는 물-시멘트비가 동일한 경우 굵은 골재 최대 치수가 커짐에 따라 증가한다.
④ 굵은 골재 최대 치수를 크게 하면 같은 슬럼프의 콘크리트를 제조하는데 필요한 단위수량을 감소시킬 수 있다.

해설 콘크리트의 압축강도는 물-시멘트비가 동일한 경우 굵은 골재 최대 치수가 커짐에 따라 감소한다.

2019년

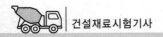

55 다음에서 설명하는 것은?

> • 시멘트를 염산 및 탄산나트륨용액에 넣었을 때 녹지 않고 남는 부분을 말한다.
> • 이 양은 소성반응의 완전 여부를 알아내는 척도가 된다.
> • 보통 포틀랜드 시멘트의 경우 이 양은 일반적으로 점토성분의 미소성에 의하여 발생되며 약 0.1~0.6% 정도이다.

① 수경률   ② 규산율
③ 강열감량   ④ 불용해잔분

56 일반적으로 포장용 타르로 가장 많이 사용되는 것은?

① 피치   ② 잔류타르
③ 컷백타르   ④ 혼성타르

해설 타르의 분류
ㄱ 피치(pitch) : 타르를 다시 가열하여 경유, 중유(中油), 중유(重油) 등을 생산하고 남은 고체 상태의 잔여물
ㄴ 컷백타르(cut back tar) : 타르나 피치 등을 경유와 같은 휘발성 물질로 용해시킨 것

57 직경 200mm, 길이 5m의 강봉에 축방향으로 400kN의 인장력을 가하여 변형을 측정한 결과 직경이 0.1mm 줄어들고 길이가 10mm 늘어났을 때 이 재료의 푸아송비는?

① 0.25   ② 0.5
③ 1.0   ④ 4.0

해설 $\nu = \dfrac{\dfrac{\Delta d}{d}}{\dfrac{\Delta l}{l}} = \dfrac{\dfrac{0.01}{20}}{\dfrac{1}{500}} = 0.25$

58 콘크리트용 골재에 요구되는 성질 중 옳지 않는 것은?

① 화학적으로 안정할 것
② 골재의 입도크기가 동일할 것
③ 물리적으로 안정하고 내구성이 클 것

④ 시멘트풀과의 부착력이 큰 표면조직을 가질 것

해설 골재가 갖춰야 할 성질
ㄱ 물리, 화학적으로 안정하고 내구성이 클 것
ㄴ 깨끗하고 유해물질을 포함하지 않을 것
ㄷ 마모에 대한 저항성이 클 것
ㄹ 모양이 입방체 또는 구형에 가깝고 부착력이 좋은 표면조직을 가질 것

59 콘크리트용 혼화재료에 대한 설명으로 틀린 것은?

① 팽창재를 사용한 콘크리트의 수밀성은 일반적으로 작아지는 경향이 있다.
② 촉진제는 저온에서 강도발현이 우수하기 때문에 한중 콘크리트에 사용된다.
③ 발포제를 사용한 콘크리트는 내부기포에 의해 단열성 및 내화성이 떨어진다.
④ 착색재로 사용되는 안료를 혼합한 콘크리트는 보통 콘크리트에 비해 강도가 저하된다.

해설 ㄱ 기포제와 발포제 : 콘크리트의 단위중량을 작게 하거나 단열성 및 내화성 등의 성질을 개선할 목적으로 사용되는 혼화제이다.
ㄴ 착색제 : 안료의 입경은 시멘트보다 훨씬 작기 때문에 콘크리트의 수량을 증가시키게 되고, 결국 물–시멘트비가 커져서 강도가 저하되는 것이 일반적이다.

60 다음 중 천연 아스팔트의 종류가 아닌 것은?

① 록(Rock) 아스팔트
② 샌드(Sand) 아스팔트
③ 블론(Blown) 아스팔트
④ 레이크(Lake) 아스팔트

해설 천연 아스팔트
ㄱ 천연 아스팔트(natural asphalt) : 록 아스팔트(rock asphalt), 레이크 아스팔트(lake asphalt), 샌드 아스팔트(sand asphalt)
ㄴ 아스팔타이트(asphaltite)

제4과목 · 토질 및 기초

61 4m×4m 크기인 정사각형 기초를 내부마찰각 $\phi=20°$, 점착력 $c=30kN/m^2$인 지반에 설치하였다. 흙의 단위중량$(\gamma)=19kN/m^3$이고 안전율(F_S)을 3으로 할 때 Terzaghi의 지지력공식으로 기초의 허용하중을 구하면? (단, 기초의 근입깊이는 1m이고 전반전단파괴가 발생한다고 가정하며 $N_c=17.69$, $N_q=7.44$, $N_\gamma=4.97$이다.)

① 4,780kN   ② 5,239kN
③ 5,672kN   ④ 6,218kN

해설 ㉠ 정사각형 기초이므로 $\alpha=1.3$, $\beta=0.4$이다.

$$q_u=\alpha cN_c+\beta B\gamma_1 N_\gamma+D_f\gamma_2 N_q$$
$$=1.3\times30\times17.69+0.4\times4\times19\times4.97$$
$$+1\times19\times7.44=982.36kN/m^2$$

㉡ $q_a=\dfrac{q_u}{F_S}=\dfrac{982.36}{3}=327.45kN/m^2$

㉢ $q_a=\dfrac{P}{A}$

$$327.45=\dfrac{P}{4\times4}$$

$$\therefore P=5239.2kN$$

62 다음 그림은 확대기초를 설치했을 때 지반의 전단파괴형상을 가정(Terzaghi의 가정)한 것이다. 다음 설명 중 틀린 것은? (단, ϕ는 내부마찰각이다.)

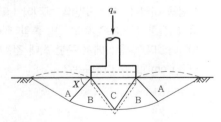

① 파괴순서는 C → B → A이다.
② 전반전단(General Shear)일 때의 파괴형상이다.
③ A영역에서 각 X는 수평선과 $45°+\dfrac{\phi}{2}$의 각을 이룬다.

④ C영역은 탄성영역이며, A영역은 수동영역이다.

해설 $X=45°-\dfrac{\phi}{2}$

63 어떤 점토지반에서 베인시험을 실시하였다. 베인의 지름이 50mm, 높이가 100mm, 파괴 시 토크가 59N·m일 때 이 점토의 점착력은?

① 129kN/m²   ② 157kN/m²
③ 213kN/m²   ④ 276kN/m²

해설 $C=\dfrac{M_{max}}{\pi D^2\left(\dfrac{H}{2}+\dfrac{D}{6}\right)}=\dfrac{5,900}{\pi\times5^2\times\left(\dfrac{10}{2}+\dfrac{5}{6}\right)}$

$$=12.88N/cm^2=128.8kN/m^2$$

64 다음은 흙의 다짐에 대해 설명한 것이다. 옳게 설명한 것을 모두 고른 것은?

> ㉠ 사질토에서 다짐에너지가 클수록 최대 건조단위중량은 커지고, 최적함수비는 줄어든다.
> ㉡ 입도분포가 좋은 사질토가 입도분포가 균등한 사질토보다 더 잘 다져진다.
> ㉢ 다짐곡선은 반드시 영공기 간극곡선의 왼쪽에 그려진다.
> ㉣ 양족롤러는 점성토를 다지는데 적합하다.
> ㉤ 점성토에서 흙은 최적함수비보다 큰 함수비로 다지면 면모구조를 보이고, 작은 함수비로 다지면 이산구조를 보인다.

① ㉠, ㉡, ㉢, ㉣   ② ㉠, ㉡, ㉢, ㉤
③ ㉠, ㉣, ㉤   ④ ㉡, ㉣, ㉤

65 연약지반개량공법 중에서 점성토지반에 쓰이는 공법은?

① 전기충격공법
② 폭파다짐공법
③ 생석회말뚝공법
④ 바이브로플로테이션공법

해설 점성토의 지반개량공법
치환공법, Pre-loading공법(사전압밀공법), Sand drain공법, Paper drain공법, 전기침투공법, 침투압공법(MAIS공법), 생석회말뚝(Chemico pile)공법

66 함수비가 20%인 어떤 흙 1,200g과 함수비가 30%인 어떤 흙 2,600g을 섞으면 그 흙의 함수비는 약 얼마인가?

① 21.1%   ② 25.0%

③ 26.7%   ④ 29.5%

해설 ㉠ $w = 20\%$일 때

- $W_s = \dfrac{W}{1 + \dfrac{w}{100}} = \dfrac{1,200}{1 + \dfrac{20}{100}} = 1,000\text{g}$

- $W_w = W - W_s = 1,200 - 1,000 = 200\text{g}$

㉡ $w = 30\%$일 때

- $W_s = \dfrac{W}{1 + \dfrac{w}{100}} = \dfrac{2,600}{1 + \dfrac{30}{100}} = 2,000\text{g}$

- $W_w = W - W_s = 2,600 - 2,000 = 600\text{g}$

㉢ 전체 흙의 함수비

- $W_s = 1,000 + 2,000 = 3,000\text{g}$
- $W_w = 200 + 600 = 800\text{g}$
- $w = \dfrac{W_w}{W_s} \times 100 = \dfrac{800}{3,000} \times 100 = 26.67\%$

67 다음 그림과 같은 점성토지반의 토질시험결과 내부마찰각 $\phi = 30°$, 점착력 $c = 15\text{kN/m}^2$일 때 A점의 전단강도는? (단, 물의 단위중량은 9.81kN/m^3이다.)

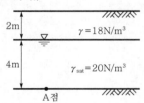

① 44.61kN/m^2 ② 53.43kN/m^2

③ 68.69kN/m^2 ④ 70.41kN/m^2

해설 ㉠ $\sigma = 18 \times 2 + 20 \times 3 = 96\text{kN/m}^2$

$u = 9.81 \times 3 = 29.43\text{kN/m}^2$

$\therefore \bar{\sigma} = \sigma - u = 96 - 29.43 = 66.57\text{kN/m}^2$

㉡ $\tau = c + \bar{\sigma}\tan\phi = 15 + 66.57 \times \tan 30°$
$= 53.43\text{kN/m}^2$

68 Rankine토압이론의 가정사항으로 틀린 것은?

① 지표면은 무한히 넓게 존재한다.

② 흙은 비압축성의 균질한 재료이다.

③ 토압은 지표면에 평행하게 작용한다.

④ 흙은 입자 간의 점착력에 의해 평형을 유지한다.

해설 Rankine토압론의 가정

㉠ 흙은 균질이고 비압축성이다.

㉡ 지표면은 무한히 넓게 존재한다.

㉢ 흙은 입자 간의 마찰에 의해 평형을 유지한다 (벽마찰은 무시한다).

㉣ 토압은 지표면에 평행하게 작용한다.

㉤ 중력만 작용하고 지반은 소성평형상태에 있다.

69 말뚝이 20개인 군항기초의 효율이 0.80이고 단항으로 계산된 말뚝 1개의 허용지지력이 200kN일 때 이 군항의 허용지지력은?

① 1,600kN   ② 2,000kN

③ 3,200kN   ④ 4,000kN

해설 $R_{ag} = ENR_a = 0.8 \times 20 \times 200 = 3,200\text{kN}$

70 유선망은 이론상 정사각형으로 이루어진다. 동수경사가 가장 큰 곳은?

① 어느 곳이나 동일함

② 땅속 제일 깊은 곳

③ 정사각형이 가장 큰 곳

④ 정사각형이 가장 작은 곳

71 현장 도로토공에서 모래치환법에 의한 흙의 밀도시험을 하였다. 파낸 구멍의 체적이 1,960cm³, 흙의 질량이 3,390g이고 이 흙의 함수비는 10%이었다. 실험실에서 구한 최대 건조밀도가 1.65g/cm³일 때 다짐도는?

① 85.6%   ② 91.0%

③ 95.2%   ④ 98.7%

해설 ㉠ $\gamma_t = \dfrac{W}{V} = \dfrac{3,390}{1,960} = 1.73\text{g/cm}^3$

㉡ $\gamma_d = \dfrac{\gamma_t}{1 + \dfrac{w}{100}} = \dfrac{1.73}{1 + \dfrac{10}{100}} = 1.57\text{g/cm}^3$

㉢ $C_d = \dfrac{\gamma_d}{\gamma_{d\max}} \times 100 = \dfrac{1.57}{1.65} \times 100 = 95.15\%$

72 지중응력을 구하는 공식 중 Newmark의 영향 원법을 사용했을 때 재하면적 내의 영향원 요소수가 20개, 등분포하중이 $100kN/m^2$인 경우 연직응력 증가량($\Delta\sigma_z$)은? (단, 영향계수는 0.005이다.)

① $1kN/m^2$
② $10kN/m^2$
③ $50kN/m^2$
④ $100kN/m^2$

해설 $\Delta\sigma_z = 0.005nq = 0.005 \times 20 \times 100 = 10kN/m^2$

73 다음은 시험종류와 시험으로부터 얻을 수 있는 값을 연결한 것이다. 연결이 틀린 것은?

① 비중계분석시험 – 흙의 비중(G_s)
② 삼축압축시험 – 강도정수($c,\ \phi$)
③ 일축압축시험 – 흙의 예민비(S_t)
④ 평판재하시험 – 지반반력계수(k_s)

해설 비중계분석시험 – 흙의 직경

74 상하류의 수위차 $h = 10m$, 투수계수 $K = 1 \times 10^{-5}cm/s$, 투수층 유로의 수 $N_f = 3$, 등수두면수 $N_d = 9$인 흙댐의 단위 m당 1일 침투수량은?

① $0.0864m^3/day$
② $0.864m^3/day$
③ $0.288m^3/day$
④ $0.0288m^3/day$

해설 $Q = KH\dfrac{N_f}{N_d} = (1 \times 10^{-5}) \times 10 \times \dfrac{3}{9}$
$= 1.33 \times 10^{-7}m^3/s = 0.0288m^3/day$

75 액성한계가 60%인 점토의 흐트러지지 않은 시료에 대하여 압축지수를 Skempton(1994)의 방법에 의하여 구한 값은?

① 0.16
② 0.28
③ 0.35
④ 0.45

해설 $C_c = 0.009(W_L - 10) = 0.009 \times (60 - 10) = 0.45$

76 어떤 흙의 자연함수비가 액성한계보다 많으면 그 흙의 상태로 옳은 것은?

① 고체상태에 있다.
② 반고체상태에 있다.
③ 소성상태에 있다.
④ 액체상태에 있다.

해설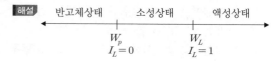

77 흙의 전단시험에서 배수조건이 아닌 것은?

① 비압밀비배수
② 압밀비배수
③ 비압밀배수
④ 압밀배수

해설 배수조건에 따른 분류
UU–test, CU–test, $\overline{CU}$–test, CD–test

78 간극비가 0.80이고 토립자의 비중이 2.70인 지반에 허용되는 최대 동수경사는 약 얼마인가? (단, 지반의 분사현상에 대한 안전율은 3이다.)

① 0.11
② 0.31
③ 0.61
④ 0.91

해설 $F_s = \dfrac{i_c}{i} = \dfrac{\dfrac{G_s - 1}{1 + e}}{i} = \dfrac{\dfrac{2.7 - 1}{1 + 0.8}}{i} = 3$
∴ $i = 0.31$

79 사면파괴가 일어날 수 있는 원인으로 옳지 않은 것은?

① 흙 중의 수분의 증가
② 과잉간극수압의 감소
③ 굴착에 따른 구속력의 감소
④ 지진에 의한 수평방향력의 증가

해설 사면파괴의 원인
㉠ 자연적 침식에 의한 사면형상의 변화
㉡ 인위적인 굴착 및 성토
㉢ 지진력의 작용
㉣ 댐 또는 제방의 수위 급변
㉤ 강수 등에 의한 간극수압의 상승, 자중의 증가, 강도의 저하

80 흙의 전단강도에 대한 설명으로 틀린 것은?
(단, c_u : 점착력, q_u : 일축압축강도, ϕ : 내부
마찰각이다.)

① 예민비가 큰 흙을 Quick clay라고 한다.
② 흙댐에 있어서 수위급강하 때의 안정문
제는 c' 및 ϕ'을 사용해야 한다.
③ 일축압축강도시험으로부터 구한 점착력
c_u는 $\dfrac{1}{2} q_u \tan^2 \left(45° - \dfrac{\phi}{2} \right)$이다.
④ Mohr-coulomb의 파괴기준에 의하면
포화점토의 비압밀비배수상태의 내부마
찰각은 0이다.

해설 $q_u = 2 c_u \tan \left(45 + \dfrac{\phi}{2} \right)$

$\therefore \ c_u = \dfrac{q_u}{2 \tan \left(45 + \dfrac{\phi}{2} \right)} = \dfrac{q_u \tan \left(45 - \dfrac{\phi}{2} \right)}{2}$

제1·2회 건설재료시험기사

제1과목 · 콘크리트공학

01 압력법에 의한 굳지 않은 콘크리트의 공기량시험(KS F 2421) 중 물을 붓고 시험하는 경우(주수법)의 공기량측정기 용량은 최소 얼마 이상으로 하여야 하는가?

① 3L
② 5L
③ 7L
④ 9L

02 고압증기양생한 콘크리트에 대한 설명으로 틀린 것은?

① 고압증기양생한 콘크리트는 어느 정도의 취성을 갖는다.
② 고압증기양생한 콘크리트는 보통 양생한 것에 비해 백태현상이 감소된다.
③ 고압증기양생한 콘크리트는 보통 양생한 것에 비해 열팽창계수와 탄성계수가 매우 작다.
④ 고압증기양생한 콘크리트는 보통 양생한 것에 비해 철근의 부착강도가 약 1/2이 되므로 철근콘크리트 부재에 적용하는 것은 바람직하지 못하다.

해설 **고압증기양생(오토클레이브 양생)**
㉠ 표준양생의 28일 강도를 약 24시간 만에 달성할 수 있다.
㉡ 용해성의 유리석회가 없기 때문에 백태현상이 감소된다.
㉢ 보통 양생한 것에 비해 철근의 부착강도가 약 1/2이 되므로 철근콘크리트 부재에 적용하는 것은 바람직하지 못하다.
㉣ 열팽창계수와 탄성계수는 고압증기양생에 따른 영향을 받지 않는다.

03 콘크리트의 받아들이기 품질검사에 대한 설명으로 틀린 것은?

① 콘크리트의 받아들이기 검사는 콘크리트가 타설된 이후에 실시하는 것을 원칙으로 한다.
② 굳지 않은 콘크리트의 상태는 외관관찰에 의하며 콘크리트 타설 개시 및 타설 중 수시로 검사하여야 한다.
③ 바다잔골재를 사용한 콘크리트의 염소이온량은 1일에 2회 시험하여야 한다.
④ 강도검사는 콘크리트의 배합검사를 실시하는 것을 표준으로 한다.

해설 **콘크리트의 받아들이기 품질검사**
㉠ 콘크리트의 받아들이기 품질관리는 콘크리트를 타설하기 전에 실시하여야 한다.
㉡ 강도검사는 콘크리트의 배합검사를 실시하는 것을 표준으로 한다.
㉢ 콘크리트 받아들이기 품질검사

항목	시험 · 검사방법	시기 및 횟수
굳지 않은 콘크리트의 상태	외관관찰	콘크리트 타설 개시 및 타설 중 수시로 함
염소이온량	KS F 4009	바다잔골재를 사용할 경우 2회/일, 그 밖의 경우 1회/주

04 콘크리트 다지기에 대한 설명으로 틀린 것은?

① 내부진동기는 연직방향으로 일정한 간격으로 찔러 넣는다.
② 내부진동기를 하층의 콘크리트 속으로 0.1m 정도 찔러 넣는다.
③ 내부진동기는 콘크리트를 횡방향으로 이동시킬 목적으로 사용해서는 안 된다.
④ 콘크리트를 타설한 직후에는 절대 거푸집의 외측에 진동을 주어서는 안 된다.

해설 콘크리트를 친 후 즉시 거푸집의 외측을 가볍게 두드리는 것은 콘크리트를 거푸집 구석구석까지 잘 채워지도록 하여 평평한 평면을 만드는 데 유효한 방법이다.

05 수중 콘크리트의 시공에서 주의해야 할 사항으로 틀린 것은?

① 콘크리트는 수중에 낙하시키지 않아야 한다.
② 물막이를 설치하여 물을 정지시킨 정수 중에서 타설하는 것을 원칙으로 한다.
③ 한 구획의 콘크리트 타설을 완료한 후 레이턴스를 모두 제거하고 다시 타설하여야 한다.
④ 완전히 물막이를 할 수 없어 콘크리트를 유수 중에 타설할 때 한계유속은 5m/s 이하로 하여야 한다.

해설 수중 콘크리트 타설의 원칙
ⓐ 시멘트의 유실, 레이턴스의 발생을 방지하기 위해 물막이를 설치하여 정수 중에서 타설하는 것이 좋다. 물막이를 할 수 없는 경우에도 유속은 50mm/s 이하로 하여야 한다.
ⓑ 콘크리트는 수중에 낙하시켜서는 안 된다.
ⓒ 한 구획의 콘크리트 타설을 완료한 후 레이턴스를 모두 제거하고 다시 타설해야 한다.

06 15회의 실험실적으로부터 구한 콘크리트압축강도의 표준편차가 2.5MPa이고, 콘크리트의 설계기준압축강도가 30MPa인 경우 콘크리트의 배합강도는?

① 32.89MPa　　② 33.26MPa
③ 33.89MPa　　④ 34.26MPa

해설 ⓐ 15회일 때 표준편차
$S = 1.16 \times 2.5 = 2.9$MPa
ⓑ $f_{ck} \leq 35$MPa이므로
· $f_{cr} = f_{ck} + 1.34S = 30 + 1.34 \times 2.9$
　$= 33.89$MPa
· $f_{cr} = (f_{ck} - 3.5) + 2.33S$
　$= (30 - 3.5) + 2.33 \times 2.9 = 33.26$MPa
∴ 위 두 값 중에서 큰 값이므로
　$f_{cr} = 33.89$MPa

07 골재의 단위용적이 0.7m^3인 콘크리트에서 잔골재율이 40%이고 잔골재의 비중이 2.580이면 단위잔골재량은 얼마인가?

① 710.6kg/m^3　　② 722.4kg/m^3
③ 745.2kg/m^3　　④ 750.0kg/m^3

해설 ⓐ 단위잔골재 절대체적 $= 0.7 \times 0.4 = 0.28\text{m}^3$
ⓑ 단위잔골재량 $= 0.28 \times 2.58 \times 1,000$
　　　　　　 $= 722.4\text{kg/m}^3$

08 경량골재 콘크리트의 특징으로 틀린 것은?

① 강도가 작다.
② 흡수율이 작다.
③ 탄성계수가 작다.
④ 열전도율이 작다.

해설 경량골재 콘크리트

장점	단점
· 자중이 작다. · 내화성, 단열성이 크다. · 흡음률이 크다. · 열전도율이 작다.	· 압축강도, 탄성계수가 작다. · 건조수축이 크다. · 내구성이 작다. · 투수성, 흡수성이 매우 크다.

09 프리스트레스트 콘크리트에 대한 설명으로 틀린 것은?

① 프리스트레싱할 때의 콘크리트압축강도는 프리텐션방식으로 시공할 경우 30MPa 이상이어야 한다.
② 프리스트레스트 그라우트에 사용하는 혼화제는 블리딩 발생이 없는 타입의 사용을 표준으로 한다.
③ 서중시공의 경우에는 지연제를 겸한 감수제를 사용하여 그라우트온도가 상승되거나 그라우트가 급결되지 않도록 하여야 한다.
④ 굵은 골재의 최대 치수는 보통의 경우 40mm를 표준으로 한다. 그러나 부재치수, 철근간격, 펌프압송 등의 사정에 따라 25mm를 사용할 수도 있다.

해설 **프리스트레스트 콘크리트**
- ㉠ 굵은 골재 최대 치수는 보통의 경우 25mm를 표준으로 한다. 그러나 부재치수, 철근간격, 펌프압송 등의 사정에 따라 20mm를 사용할 수도 있다.
- ㉡ 프리스트레싱을 할 때의 콘크리트의 압축강도는 프리스트레스를 준 직후, 콘크리트에 일어나는 최대 압축응력의 1.7배 이상이어야 한다. 또한 프리텐션방식에서 콘크리트 압축강도는 30MPa 이상이어야 한다.

10 콘크리트의 재료분리현상을 줄이기 위한 사항으로 틀린 것은?

① 잔골재율을 증가시킨다.
② 물-시멘트비를 작게 한다.
③ 포졸란을 적당량 혼합한다.
④ 굵은 골재를 많이 사용한다.

해설 **재료분리현상을 줄이기 위한 대책**
- ㉠ 잔골재율을 크게 한다.
- ㉡ 물-시멘트비를 작게 한다.
- ㉢ 잔골재 중의 0.15~0.3mm 정도의 세립분을 많게 한다.
- ㉣ AE제, 플라이애시 등의 혼화재료를 적절히 사용한다.
- ㉤ 콘크리트의 성형성을 증가시킨다.

11 숏크리트시공에 대한 주의사항으로 틀린 것은?

① 숏크리트작업에서 반발량이 최소가 되도록 하고, 리바운드된 재료는 즉시 혼합하여 사용하여야 한다.
② 숏크리트는 빠르게 운반하고, 급결제를 첨가한 후는 바로 뿜어 붙이기 작업을 실시하여야 한다.
③ 대기온도가 10℃ 이상일 때 뿜어 붙이기를 실시하며, 그 이하의 온도일 때는 적절한 온도대책을 세운 후 실시한다.
④ 숏크리트는 뿜어 붙인 콘크리트가 흘러내리지 않는 범위의 적당한 두께를 뿜어 붙이고, 소정의 두께가 될 때까지 반복해서 뿜어 붙여야 한다.

해설 **숏크리트작업**
- ㉠ 숏크리트작업에서 반발량이 최소가 되도록 하고, 동시에 리바운드된 재료가 다시 혼합되지 않도록 하여야 한다.
- ㉡ 숏크리트는 빠르게 운반하고, 급결제를 첨가한 후는 바로 뿜어 붙이기 작업을 실시하여야 한다.
- ㉢ 대기온도가 10℃ 이상일 때 뿜어 붙이기를 실시한다.

12 유동화 콘크리트에 대한 설명으로 틀린 것은?

① 유동화 콘크리트의 슬럼프값은 최대 210mm 이하로 한다.
② 유동화제는 질량 또는 용적으로 계량하고, 그 계량오차는 1회에 1% 이내로 한다.
③ 유동화 콘크리트의 슬럼프 증가량은 100mm 이하를 원칙으로 하며 50~80mm를 표준으로 한다.
④ 베이스 콘크리트 및 유동화 콘크리트의 슬럼프 및 공기량시험은 50m³마다 1회씩 실시하는 것을 표준으로 한다.

해설 **유동화 콘크리트**
- ㉠ 미리 비빈 베이스 콘크리트에 유동화제를 첨가하여 유동성을 증대시킨 콘크리트를 말한다.
- ㉡ 유동화제는 원액으로 사용하고 미리 정한 소정의 양을 한꺼번에 첨가한다.
- ㉢ 계량은 질량 또는 용적으로 계량하고, 그 계량오차는 1회에 3% 이내로 한다.

13 일반 콘크리트 비비기로부터 타설이 끝날 때까지의 시간한도로 옳은 것은?

① 외기온도에 상관없이 1.5시간을 넘어서는 안 된다.
② 외기온도에 상관없이 2시간을 넘어서는 안 된다.
③ 외기온도가 25℃ 이상일 때에는 1.5시간, 25℃ 미만일 때에는 2시간을 넘어서는 안 된다.
④ 외기온도가 25℃ 이상일 때에는 2시간, 25℃ 미만일 때에는 2.5시간을 넘어서는 안 된다.

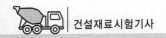

해설 비비기로부터 치기가 끝날 때까지의 시간
　　ⓐ 외기온도가 25℃ 이상일 때 : 1.5시간 이하
　　ⓑ 외기온도가 25℃ 이하일 때 : 2시간 이하

14 프리스트레스트 콘크리트 그라우트에 대한 설명으로 틀린 것은?

① 물−결합재비는 55% 이하로 한다.
② 블리딩률의 기준값은 3시간 경과 시 0.3% 이하로 한다.
③ 체적변화율의 기준값은 24시간 경과 시 −1~5% 범위이다..
④ 부재 콘크리트와 긴장재를 일체화시키는 부착강도는 재령 7일 또는 28일의 압축강도로 대신하여 설정할 수 있다.

해설 PSC 그라우트 품질기준
　　ⓐ 블리딩률의 기준값은 3시간 경과 시 0.3% 이하로 한다.
　　ⓑ 체적변화율의 기준값은 24시간 경과 시 −1~5% 범위이다.
　　ⓒ 물−결합재비는 45% 이하로 한다.

15 콘크리트 타설에 대한 설명으로 틀린 것은?

① 콘크리트를 2층 이상으로 나누어 타설할 경우 상층의 콘크리트 타설은 원칙적으로 하층의 콘크리트가 굳기 시작하기 전에 해야 한다.
② 콘크리트 타설 도중에 표면에 떠올라 고인 블리딩수가 있을 경우에는 표면에 홈을 만들어 제거하여야 한다.
③ 한 구획 내의 콘크리트는 타설이 완료될 때까지 연속해서 타설해야 한다.
④ 콘크리트는 그 표면이 한 구획 내에서는 거의 수평이 되도록 타설하는 것을 원칙으로 한다.

해설 콘크리트 치기 도중 표면에 떠올라 고인 블리딩수가 있을 경우에는 적당한 방법으로 이 물을 제거한 후 그 위에 콘크리트를 타설한다. 고인 물을 제거하기 위해 콘크리트 표면에 도랑을 만들어 흐르게 해서는 안 된다.

16 콘크리트의 작업성(workability)을 증진시키기 위한 방법으로서 적당하지 않은 것은?

① 입도나 입형이 좋은 골재를 사용한다.
② 혼화재료로서 AE제나 감수제를 사용한다.
③ 일반적으로 콘크리트 반죽의 온도 상승을 막아야 한다.
④ 일정한 슬럼프의 범위에서 시멘트양을 줄인다.

해설 워커빌리티를 증진시키기 위한 방법
　　ⓐ 단위시멘트양을 크게 한다.
　　ⓑ 입도나 입형이 좋은 골재를 사용한다.
　　ⓒ AE제, 감수제, 플라이애시 등을 사용한다.

17 한중 콘크리트에 대한 설명으로 틀린 것은?

① 하루의 평균기온이 4℃ 이하가 예상되는 조건일 때는 한중 콘크리트로 시공하여야 한다.
② 재료를 가열할 경우 물 또는 골재를 가열하는 것으로 하며, 시멘트는 어떠한 경우라도 직접 가열할 수 없다.
③ 한중 콘크리트에는 공기연행 콘크리트를 사용하는 것을 원칙으로 한다.
④ 타설할 때의 콘크리트 온도는 구조물의 단면치수, 기상조건 등을 고려하여 25~30℃의 범위에서 정하여야 한다.

해설 한중 콘크리트를 타설할 때의 콘크리트 온도는 구조물의 단면치수, 기상조건 등을 고려하여 5~20℃의 범위에서 정하여야 한다.

18 콘크리트 배합설계 시 굵은 골재 최대 치수의 선정방법으로 틀린 것은?

① 단면이 큰 구조물인 경우 40mm를 표준으로 한다.
② 일반적인 구조물의 경우 20mm 또는 25mm를 표준으로 한다.
③ 거푸집 양측면 사이의 최소 거리의 1/3을 초과해서는 안 된다.
④ 개별철근, 다발철근, 긴장재 또는 덕트 사이 최소 순간격의 3/4을 초과해서는 안 된다.

해설 굵은 골재의 최대 치수

㉠ 다음 값을 초과하지 않아야 한다.
- 거푸집 양측면 사이의 최소 거리의 1/5
- 슬래브두께의 1/3
- 개별철근, 다발철근, 긴장재 또는 덕트 사이 최소 순간격의 3/4

㉡ 굵은 골재 최대 치수의 표준

구조물의 종류	굵은 골재의 최대 치수(mm)
일반적인 경우	20 또는 25
단면이 큰 경우	40
무근 콘크리트	40 (부재 최소 치수의 1/4을 초과해서는 안 됨)

19 콘크리트 성능저하원인의 하나인 알칼리골재반응에 대한 설명으로 틀린 것은?

① 알칼리골재반응을 억제하기 위하여 단위시멘트량을 크게 하여야 한다.

② 알칼리골재반응은 고로슬래그미분말, 플라이애시 등의 포졸란재료에 의해 억제된다.

③ 알칼리골재반응은 알칼리-실리카반응, 알칼리-탄산염반응, 알칼리-실리케이트반응으로 분류한다.

④ 알칼리골재반응이 진행되면 무근 콘크리트에서는 거북이등과 같은 균열이 진행된다.

해설 알칼리골재반응의 대책

㉠ ASR에 관하여 무해라고 판정된 골재를 사용한다.

㉡ 저알칼리형의 포틀랜드 시멘트(Na_2O당량 0.6% 이하)를 사용한다.

㉢ 콘크리트 $1m^3$당의 알칼리총량을 Na_2O당량 3kg 이하로 한다.

20 콘크리트의 크리프에 영향을 미치는 요인에 대한 설명으로 틀린 것은?

① 온도가 높을수록 크리프는 증가한다.

② 조강 시멘트는 보통 시멘트보다 크리프가 작다.

③ 단위시멘트양이 많을수록 크리프는 감소한다.

④ 물-시멘트비, 응력이 클수록 크리프는 증가한다.

해설 크리프(creep)

㉠ 습도가 작을수록 크리프가 크다.

㉡ 대기온도가 높을수록 크리프가 크다.

㉢ 부재치수가 작을수록 크리프가 크다.

㉣ 단위시멘트양이 많을수록, 물-시멘트비가 클수록 크리프가 크다.

㉤ 재하응력이 클수록, 재령이 작을수록 크리프가 크다.

제2과목·건설시공 및 관리

21 보강토 옹벽의 뒤채움 재료로 가장 적합한 흙은?

① 점토질흙

② 실트질흙

③ 유기질흙

④ 모래 섞인 자갈

해설 옹벽의 뒤채움 재료 : 공학적으로 안정한 재료, 투수계수가 큰 재료, 압축성과 팽창성이 적은 재료

22 준설능력이 크고 대규모 공사에 적합하여 비교적 넓은 면적의 토질준설에 알맞고 선(船)형에 따라 경질토 준설도 가능한 준설선은?

① 그래브 준설선

② 디퍼 준설선

③ 버킷 준설선

④ 펌프 준설선

해설 버킷 준설선

㉠ 준설능력이 상당히 크다.

㉡ 준설단가가 비교적 싸다.

㉢ 광범위한 토질에 적합하다.

23 $37,800m^3$(완성된 토양)의 성토를 하는데 유용토가 $40,000m^3$(느슨한 토량)이 있다. 이때 부족한 토량은 본바닥토량으로 얼마인가? (단, 흙의 종류는 사질토이고, 토량의 변화율은 $L=1.25$, $C=0.90$이다.)

① $8,000m^3$ ② $9,000m^3$

③ $10,000m^3$ ④ $11,000m^3$

해설 부족토량 $= 37,800 \times \dfrac{1}{C} - 40,000 \times \dfrac{1}{L}$

$\qquad = 37,800 \times \dfrac{1}{0.9} - 40,000 \times \dfrac{1}{1.25}$

$\qquad = 10,000 \text{m}^3 (\text{본바닥토량})$

24 벤치컷에서 벤치의 높이가 8m, 천공간격이 4m, 최소 저항선이 4m일 때 암석을 굴착할 경우 장약량은? (단, 폭파계수(C)는 0.181이다.)

① 20.0kg ② 23.2kg

③ 31.2kg ④ 35.6kg

해설 $L = CWSH = 0.181 \times 4 \times 4 \times 8 = 23.17\text{kg}$

25 유토곡선(Mass curve)의 성질에 대한 설명으로 틀린 것은?

① 유토곡선의 최대값, 최소값을 표시하는 점은 절토와 성토의 경계를 말한다.

② 유토곡선의 상승 부분은 성토, 하강 부분은 절토를 의미한다.

③ 유토곡선이 기선 아래에서 종결될 때에는 토량이 부족하고, 기선 위에서 종결될 때에는 토량이 남는다.

④ 기선상에서의 토량은 "0"이다.

해설 유토곡선의 상승 부분은 절토구간이고, 하강 부분은 성토구간이다.

26 교량의 구조에 따른 분류 중 다음에서 설명하는 교량형식은?

> 주탑, 케이블, 주형의 3요소로 구성되어 있고 케이블을 주형에 정착시킨 교량형식이며 장지간 교량에 적합한 형식으로서 국내 서해대교에 적용된 형식이다.

① 사장교 ② 현수교

③ 아치교 ④ 트러스교

27 공기케이슨공법의 장점에 대한 설명으로 틀린 것은?

① 토층의 확인이 가능하다.

② 장애물 제거가 용이하다.

③ 보일링현상 및 히빙현상의 방지로 인접 구조물에 대한 피해가 없다.

④ 소규모의 공사나 깊이가 얕은 경우에도 경제적이다.

해설 공기케이슨기초는 축조단가가 높으므로 지지할 하중이 대단히 큰 경우에만 타산이 맞는다.

28 아스팔트 콘크리트 포장의 소성변형(rutting)에 대한 설명으로 틀린 것은?

① 아스팔트 콘크리트 포장의 노면에서 차의 바퀴가 집중적으로 통과하는 위치에 생기는 도로연장방향으로의 변형을 말한다.

② 하절기의 이상고온 및 아스팔트양이 많은 경우 발생하기 쉽다.

③ 침입도가 작은 아스팔트를 사용하거나 골재의 최대 치수가 큰 경우 발생하기 쉽다.

④ 변형이 발생한 위치에 물이 고일 경우 수막현상 등을 일으켜 주행안전성에 심각한 영향을 줄 수 있다.

해설 소성변형 방지대책

㉠ 침입도가 적은 아스팔트를 사용한다.

㉡ 골재의 최대 치수를 크게 한다(19mm).

29 다음 그림과 같은 절토 단면도에서 길이 30m에 대한 토량은?

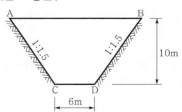

① 5,700m³ ② 6,030m³

③ 6,300m³ ④ 6,600m³

해설 토량 $= \left(\dfrac{6 + 36}{2} \times 10 \right) \times 30 = 6,300\text{m}^3$

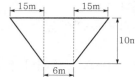

30 PERT와 CPM의 차이점에 대한 설명으로 틀린 것은?

① PERT의 주목적은 공기단축, CPM은 공사비절감이다.

② PERT는 작업 중심의 일정 계산이고, CPM은 결합점 중심의 일정 계산이다.

③ PERT는 3점 시간추정이고, CPM은 1점 시간추정이다.

④ PERT의 이용은 신규사업, 비반복사업에 이용되고, CPM은 반복사업, 경험이 있는 사업에 이용된다.

해설 PERT와 CPM의 비교

구분	PERT	CPM
주목적	공기단축	공비절감
대상	신규사업, 비반복사업, 경험이 없는 사업	반복사업, 경험이 있는 사업
작성법	Event를 중심으로 작성	Activity를 중심으로 작성
공기추정	3점 견적법	1점 견적법

31 댐에 관한 일반적인 설명으로 틀린 것은?

① 흙댐(Earth dam)은 기초가 다소 불량해도 시공할 수 있다.

② 중력식 댐(Gravity dam)은 안전율이 가장 높고 내구성도 크나 설계이론이 복잡하다.

③ 아치댐(Arch dam)은 암반이 견고하고 계곡폭이 좁은 곳에 적합하다.

④ 부벽식 댐(Buttress dam)은 구조가 복잡하여 시공이 곤란하고 강성이 부족한 것이 단점이다.

해설 중력식 댐은 안전율이 가장 높고 내구성도 풍부하며 설계이론도 비교적 간단하고 시공이 용이하다.

32 암거의 배열방식 중 집수지거를 향하여 지형의 경사가 완만하고 같은 습윤상태인 곳에 적합하며, 1개의 간선집수 또는 집수지거로 가능한 한 많은 흡수거를 합류하도록 배열하는 방식은?

① 자연식(Natural system)

② 차단식(Intercepting system)

③ 빗식(Gridiron system)

④ 집단식(Grouping system)

해설 평행식

㉠ 머리빗식 : 1개의 간선집수거 및 집수지거로 많은 흡수거를 합류시킬 수 있도록 배치한 방식

㉡ 어골식 : 집수지거를 중심으로 양쪽에서 여러 개의 흡수거가 합류되도록 배치한 방식

㉢ 집단식 : 몇 개의 흡수거를 1개의 짧은 집수거에 연결하여 배수구를 통하여 배수로로 배수하는 방식

33 강말뚝의 부식에 대한 대책으로 적당하지 않은 것은?

① 초음파법

② 전기방식법

③ 도장에 의한 방법

④ 말뚝의 두께를 증가시키는 방법

해설 강말뚝의 부식 방지대책

㉠ 말뚝두께를 두껍게 하는 방법

㉡ 도장에 의한 방법

㉢ 콘크리트로 피복하는 방법

㉣ 전기방식법

34 흙의 지지력시험과 직접적인 관계가 없는 것은?

① 평판재하시험

② CBR시험

③ 표준관입시험

④ 정수위투수시험

해설 정수위투수시험은 투수계수를 구하기 위한 시험이다.

35 다음 그림과 같은 네트워크공정표에서 전체 공기는?

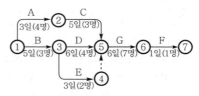

① 12일

② 15일

③ 18일

④ 21일

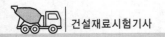

해설
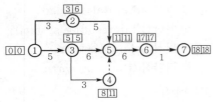

ㄱ 공기 : 18일
ㄴ CP : ①→③→⑤→⑥→⑦

36 디퍼(dipper)용량이 $0.8m^3$일 때 파워셔블의 1일 작업량을 구하면? (단, 사이클타임은 30초, 디퍼계수는 1.0, 흙의 토량변화율(L)은 1.25, 작업효율은 0.6, 1일 운전시간은 8시간이다.)

① $286.64m^3/day$
② $324.52m^3/day$
③ $368.64m^3/day$
④ $452.50m^3/day$

해설 ㄱ $Q = \dfrac{3,600qKfE}{C_m}$

$$= \dfrac{3,600 \times 0.8 \times 1 \times \dfrac{1}{1.25} \times 0.6}{30}$$

$$= 46.08m^3/h$$

ㄴ 1일 작업량 $= 46.08 \times 8 = 368.64m^3/day$

37 15t의 덤프트럭에 $1.2m^3$의 버킷을 갖는 백호로 흙을 적재하고자 한다. 흙의 밀도가 $1.7t/m^3$이고, 토량변화율 $L=1.25$이고 버킷계수가 0.9일 때 트럭 1대당 백호의 적재횟수는?

① 5회 ② 8회
③ 11회 ④ 14회

해설 ㄱ $q_t = \dfrac{T}{\gamma_t}L = \dfrac{15}{1.7} \times 1.25 = 11.03m^3$

ㄴ $n = \dfrac{q_t}{qK} = \dfrac{11.03}{1.2 \times 0.9} = 10.21 \fallingdotseq 11$회

38 폭우 시 옹벽 배면의 흙은 다량의 물을 함유하게 되는데 뒤채움 흙에 배수시설이 불량할 경우 침투수가 옹벽에 미치는 영향에 대한 설명으로 틀린 것은?

① 수평저항력의 증가
② 활동면에서의 양압력 증가
③ 옹벽 저면에서의 양압력 증가
④ 포화 또는 부분포화에 의한 흙의 무게 증가

해설 지하수위가 상승하면 수평저항력은 감소한다.

39 시멘트 콘크리트 포장에 대한 설명으로 틀린 것은?

① 내구성이 풍부하다.
② 재료구입이 용이하다.
③ 부분적인 보수가 곤란하다.
④ 양생기간이 짧고, 주행성이 좋다.

해설 콘크리트 포장
ㄱ 중차량에 대한 내구성이 양호하다.
ㄴ 소음, 진동이 있고 주행성이 나쁘다(평탄성이 나쁘다).
ㄷ 보수가 어렵고 시멘트 수급파동에 영향을 받는다.

40 다음에서 설명하는 조절발파공법의 명칭은?

> 원리는 쿠션블라스팅공법과 같으나 굴착선에 따라 천공하여 주굴착의 발파공과 동시에 점화하고 그 최종단에서 발파시키는 것이 이 공법의 특징이다.

① 벤치컷
② 라인드릴링
③ 프리스플리팅
④ 스무스블라스팅

제3과목·건설재료 및 시험

41 강의 열처리방법 중에서 800~1,000℃로 가열시킨 후 공기 중에서 서서히 냉각하여 강 속의 조직이 치밀하게 되고 잔류응력이 제거되게 하는 방법은?

① 뜨임 ② 풀림
③ 불림 ④ 담금질

강의 열처리

⊙ 풀림 : A₃(910℃)변태점 이상의 온도로 가열한 후에 노 안에서 천천히 냉각시키는 열처리

ㄴ 불림 : A₃(910℃)변태점 이상의 온도로 가열한 후 대기 중에서 냉각시키는 열처리

ㄷ 뜨임 : 담금질한 강을 다시 A₁변태점 이하의 온도로 가열한 다음에 적당한 속도로 냉각시키는 열처리

ㄹ 담금질 : A₃변태점 이상 30~50℃로 가열한 후 물 또는 기름 속에서 급냉시키는 열처리

42 목재의 건조방법 중 인공건조법이 아닌 것은?

① 수침법
② 끓임법
③ 증기법
④ 열기법

해설 목재의 건조법

⊙ 자연건조법 : 공기건조법, 침수법

ㄴ 인공건조법 : 끓임법(자비법), 증기건조법, 열기건조법

43 분말도가 큰 시멘트의 성질에 대한 설명으로 옳은 것은?

① 응결이 늦고 발열량이 많아진다.
② 초기강도는 작으나, 장기강도의 증진이 크다.
③ 물에 접촉하는 면적이 커서 수화작용이 늦다.
④ 워커빌리티(workability)가 좋은 콘크리트를 얻을 수 있다.

해설 분말도가 큰 시멘트의 특징

⊙ 수화작용이 빠르다.
ㄴ 초기강도가 크고 강도증진율이 크다.
ㄷ 블리딩이 적고 워커빌리티가 크다.
ㄹ 건조수축이 커서 균열이 발생하기 쉽다.
ㅁ 풍화하기 쉽다.

44 암석의 분류 중 성인(지질학적)에 의한 분류의 결과가 아닌 것은?

① 화성암   ② 퇴적암
③ 변성암   ④ 점토질암

해설 암석의 성인에 따른 분류

⊙ 화성암 : 화강암, 안산암, 현무암 등
ㄴ 변성암 : 대리석, 편마암, 사문암 등
ㄷ 퇴적암 : 사암, 점판암, 석회암 등

45 토목섬유 중 폴리머를 판상으로 압축시키면서 격자모양의 형태로 구멍을 내어 만든 후 여러 가지 모양으로 늘린 것으로 연약지반처리 및 지반보강용으로 사용되는 것은?

① 웨빙(webbing)
② 지오그리드(geogrid)
③ 지오텍스타일(geotextile)
④ 지오멤브레인(geomembrane)

46 포틀랜드 시멘트(KS L 5201)에서 1종인 보통 포틀랜드 시멘트의 비카시험에 따른 초결 및 종결시간에 대한 규정으로 옳은 것은?

① 초결 : 60분 이상, 종결 : 10시간 이하
② 초결 : 50분 이상, 종결 : 15시간 이하
③ 초결 : 40분 이상, 종결 : 9시간 이하
④ 초결 : 120분 이상, 종결 : 10시간 이상

해설 1종 보통 포틀랜드 시멘트의 비카시험에 따른 응결시간

⊙ 초결시간 : 60분 이상
ㄴ 종결시간 : 10시간 이하

47 콘크리트용 잔골재의 안정성에 대한 설명으로 옳은 것은?

① 잔골재의 안정성은 수산화나트륨으로 5회 시험으로 평가하며, 그 손실질량은 10% 이하를 표준으로 한다.
② 잔골재의 안정성은 수산화나트륨으로 3회 시험으로 평가하며, 그 손실질량은 5% 이하를 표준으로 한다.
③ 잔골재의 안정성은 황산나트륨으로 5회 시험으로 평가하며, 그 손실질량은 10% 이하를 표준으로 한다.
④ 잔골재의 안정성은 황산나트륨으로 3회 시험으로 평가하며, 그 손실질량은 5% 이하를 표준으로 한다.

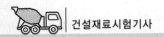

해설 잔골재의 안정성(KS F 2507)

잔골재의 안정성은 황산나트륨으로 5회 시험으로 평가하며, 그 손실질량은 10% 이하를 표준으로 한다.

48 대폭파 또는 수중폭파에서 동시폭파를 실시하기 위하여 뇌관 대신에 사용하는 것은?

① 도화선
② 도폭선
③ 첨장약
④ 공업용 뇌관

해설 기폭용품

㉠ 도화선 : 뇌관을 점화시키기 위한 것
㉡ 도폭선 : 대폭파 또는 수중폭파를 동시에 실시하기 위해 뇌관 대신 사용하는 것
㉢ 뇌관 : 도화선에서 전달된 열을 받아 기폭약이 소폭발을 일으켜서, 이것을 주위의 폭약에 전달시킴으로써 폭약의 폭발을 유도시키는 것

49 부순 굵은 골재의 품질에 대한 설명으로 틀린 것은?

① 마모율은 30% 이하이어야 한다.
② 흡수율은 3% 이하이어야 한다.
③ 입자모양 판정실적률시험을 실시하여 그 값이 55% 이상이어야 한다.
④ 0.08mm체 통과량은 1.0% 이하이어야 한다.

해설 ㉠ 부순 골재의 물리적 성질(KS F 2527)

구분	흡수율(%)	마모율(%)	입형판정 실적률(%)
굵은 골재	3 이하	40 이하	55 이상
잔골재	3 이하	–	53 이상

㉡ 부순 굵은 골재 및 순환 굵은 골재의 0.08mm체 통과량은 1% 이하로 한다.

50 플라이애시를 사용한 콘크리트의 특성으로 옳은 것은?

① 작업성 저하
② 수화열 증가
③ 단위수량 감소
④ 건조수축 증가

해설 플라이애시를 사용한 콘크리트의 성질

㉠ 워커빌리티가 커지고 단위수량이 감소한다.
㉡ 수화열이 적다.
㉢ 장기강도가 크다.
㉣ 수밀성이 좋다.
㉤ 건조수축이 작다.
㉥ 동결융해저항성이 커진다.

51 아스팔트의 침입도시험기를 사용하여 온도 25℃로 일정한 조건에서 100g의 표준침이 3mm 관입했다면 이 재료의 침입도는 얼마인가?

① 3
② 6
③ 30
④ 60

해설 0.1mm 관입량이 침입도 1이므로

$0.1 : 1 = 3 : x$

$\therefore\ x = 30$

52 콘크리트 내부에 미세한 크기의 독립기포를 형성하여 워커빌리티 및 동결융해에 대한 저항성을 높이기 위하여 사용하는 혼화제는?

① 고성능 감수제
② 팽창제
③ 발포제
④ AE제

해설 AE제(공기연행제)

AE제는 콘크리트 내부에 독립된 미세기포를 발생시켜 콘크리트의 워커빌리티와 동결융해에 대한 저항성을 갖도록 하기 위해 사용하는 혼화제이다.

53 역청재료의 성질 및 시험에 대한 설명으로 틀린 것은?

① 인화점은 연소점보다 30~60℃ 정도 높다.
② 일반적으로 가열속도가 빠르면 인화점은 떨어진다.
③ 연화점시험 시 시료를 환에 주입하고 4시간 이내에 시험을 종료한다.
④ 연화점시험 시 중탕온도를 연화점이 80℃ 이하인 경우는 5℃로, 80℃ 초과인 경우는 32℃로 15분간 유지한다.

해설 연소점은 인화점보다 30~60℃ 정도 높다.

54 잔골재 A의 조립률이 2.5이고, 잔골재 B의 조립률이 2.9일 때 이 잔골재 A와 B를 섞어 조립률 2.8의 잔골재를 만들려면 A와 B의 질량비를 얼마로 섞어야 하는가? (단, 질량비는 A : B로 나타낸다.)

① 1 : 1   ② 1 : 2
③ 1 : 3   ④ 1 : 4

해설 ㉠ $FM = \dfrac{x}{x+y}F_A + \dfrac{y}{x+y}F_B$

$2.8 = \dfrac{x}{x+y} \times 2.5 + \dfrac{y}{x+y} \times 2.9 = \dfrac{2.5x + 2.9y}{x+y}$

$3x = y$ ·································· ⓐ

㉡ $x + y = 1$ ·································· ⓑ

∴ 식 ⓐ와 식 ⓑ를 연립방정식으로 풀면 $x = 0.25$, $y = 0.75$이므로 1 : 3이다.

55 아스팔트 시료를 일정 비율 가열하여 강구의 무게에 의해 시료가 25mm 내려갔을 때 온도를 측정한다. 이는 무엇을 구하기 위한 시험인가?

① 침입도   ② 인화점
③ 연소점   ④ 연화점

해설 연화점시험(환구법, KS M 2250)
시료를 가열하였을 때 시료가 연화되기 시작하여 강구가 규정거리(25mm)까지 내려갈 때의 온도를 측정한다.

56 콘크리트용 혼화재료에 대한 설명으로 틀린 것은?

① 고로슬래그 시멘트를 사용한 콘크리트의 경우 목표공기량을 얻기 위해서는 보통 콘크리트에 비하여 AE제의 사용량이 증가된다.
② 고로슬래그미분말은 비결정질의 유리질 재료로 잠재수경성을 가지고 있으며, 유리화율이 높을수록 잠재수경성반응은 커진다.
③ 팽창재를 사용한 콘크리트의 팽창률 및 압축강도는 팽창재혼입량이 증가할수록 계속 증가한다.

④ 실리카품은 입경이 $1\mu m$ 이하, 평균입경은 $0.1\mu m$ 정도의 초미립자로 이루어진 비결정질 재료로 시멘트 수화에서 생성되는 수산화칼슘과 강력한 포졸란반응을 한다.

해설 ㉠ 고로슬래그미분말 : 비결정질(유리질) 재료로서 물과 접촉하여도 수화반응은 거의 진행되지 않으나, 시멘트 수화반응 시에 생성되는 수산화칼슘($Ca(OH)_2$)과 같은 알칼리성 물질의 자극을 받아 수화물을 생성하여 경화하는 잠재수경성이 있다.
㉡ 팽창재의 혼합량이 증가함에 따라 압축강도는 증가하지만, 팽창재의 혼합량이 시멘트양의 11%보다 많아지면 팽창률이 급격이 증가하여 압축강도는 팽창률에 반비례하여 감소한다.

57 잔골재의 유해물함유량 허용한도 중 점토덩어리인 경우 중량 백분율로 최대값은 얼마인가?

① 1%   ② 2%
③ 3%   ④ 4%

해설 잔골재의 유해물함유량 한도(질량 백분율)

종류	최대값(%)
점토덩어리	1
염화물(NaCl 환산량)	0.04

58 포틀랜드 시멘트의 주성분비율 중 수경률(Hydraulic Modulus)에 대한 설명으로 틀린 것은?

① 수경률은 CaO성분이 많을 경우 커진다.
② 수경률은 다른 성분이 일정할 경우 석고량이 많을수록 커진다.
③ 수경률이 크면 초기강도가 커진다.
④ 수경률이 크면 수화열이 큰 시멘트가 생긴다.

해설 수경률

㉠ 수경률(HM) $= \dfrac{CaO}{SiO_2 + Al_2O_3 + Fe_2O_3}$

㉡ 수경률은 염기성분과 산성성분과의 비율에 해당되며, 수경률이 클수록 C_3S의 생성량이 많아서 초기강도가 높고 수화열이 큰 시멘트가 된다.
㉢ 석고($CaSO_4 \cdot 2H_2O$)량과는 관계가 없다.

59 단위용적질량이 1.65kg/L인 굵은 골재의 절건밀도가 2.65kg/L일 때 이 골재의 공극률은 얼마인가?

① 28.6% ② 30.3%
③ 33.3% ④ 37.7%

해설 공극률 $= \left(1 - \dfrac{w}{g}\right) \times 100$

$\qquad = \left(1 - \dfrac{1.65}{2.65}\right) \times 100 = 37.74\%$

60 재료의 역학적 성질 중 재료를 두들길 때 얇게 퍼지는 성질을 무엇이라 하는가?

① 인성 ② 강성
③ 전성 ④ 취성

해설 ① 인성 : 하중을 받아 파괴될 때까지의 에너지흡수능력이다.
② 강성 : 외력을 받았을 때 변형을 적게 일으키는 재료를 강성이 큰 재료라 한다.
④ 취성 : 작은 변형에도 파괴되는 성질이다.

제4과목 · 토질 및 기초

61 사운딩(Sounding)의 종류에서 사질토에 가장 적합하고 점성토에서도 쓰이는 시험법은?

① 표준관입시험
② 베인전단시험
③ 더치콘관입시험
④ 이스키미터(Iskymeter)

해설 표준관입시험은 사질토에 가장 적합하고, 점성토에서도 시험이 가능하다.

62 지표면에 설치된 2m×2m의 정사각형 기초에 100kN/m²의 등분포하중이 작용하고 있을 때 5m 깊이에 있어서의 연직응력 증가량을 2 : 1 분포법으로 계산한 값은?

① 0.83kN/m² ② 8.16kN/m²
③ 19.75kN/m² ④ 28.57kN/m²

해설 $\Delta\sigma_v = \dfrac{BLq_s}{(B+Z)(L+Z)}$

$\qquad = \dfrac{2 \times 2 \times 100}{(2+5) \times (2+5)} = 8.16\text{kN/m}^2$

63 어떤 흙의 입경가적곡선에서 $D_{10} = 0.05$mm, $D_{30} = 0.09$mm, $D_{60} = 0.15$mm이었다. 균등계수(C_u)와 곡률계수(C_g)의 값은?

① 균등계수=1.7, 곡률계수=2.45
② 균등계수=2.4, 곡률계수=1.82
③ 균등계수=3.0, 곡률계수=1.08
④ 균등계수=3.5, 곡률계수=2.08

해설 ㉠ $C_u = \dfrac{D_{60}}{D_{10}} = \dfrac{0.15}{0.05} = 3$

$\qquad$ ㉡ $C_g = \dfrac{D_{30}{}^2}{D_{10} D_{60}} = \dfrac{0.09^2}{0.05 \times 0.15} = 1.08$

64 다음 중 일시적인 지반개량공법에 속하는 것은?

① 동결공법
② 프리로딩공법
③ 약액주입공법
④ 모래다짐말뚝공법

해설 일시적인 지반개량공법
well point공법, deep well공법, 대기압공법, 동결공법

65 압밀시험결과 시간-침하량곡선에서 구할 수 없는 값은?

① 초기압축비 ② 압밀계수
③ 1차 압밀비 ④ 선행압밀압력

해설 $e - \log P$곡선에서 선행압밀하중(P_c)을 구한다.

66 100% 포화된 흐트러지지 않은 시료의 부피가 20cm³이고 질량이 36g이었다. 이 시료를 건조로에서 건조시킨 후의 질량이 24g일 때 간극비는 얼마인가?

① 1.36 ② 1.50
③ 1.62 ④ 1.70

해설 ㉠ $\gamma_{sat}=\dfrac{W}{V}=\dfrac{36}{20}=1.8\text{g/cm}^3$

$\gamma_{sat}=\dfrac{G_s+e}{1+e}\gamma_w$ 에서 $1.8=\dfrac{G_s+e}{1+e}$ ········ ⓐ

ㄴ $\gamma_d=\dfrac{W_s}{V}=\dfrac{24}{20}=1.2\text{g/cm}^3$

$\gamma_d=\dfrac{G_s}{1+e}\gamma_w$ 에서 $1.2=\dfrac{G_s}{1+e}$ ··············· ⓑ

∴ ⓐ와 ⓑ을 연립하여 풀면 $e=1.5$

67 Terzaghi의 1차원 압밀이론에 대한 가정으로 틀린 것은?

① 흙은 균질하다.

② 흙은 완전 포화되어 있다.

③ 압축과 흐름은 1차원적이다.

④ 압밀이 진행되면 투수계수는 감소한다.

해설 Terzaghi의 1차원 압밀가정

㉠ 흙은 균질하고 완전히 포화되어 있다.

ㄴ 토립자와 물은 비압축성이다.

ㄷ 압축과 투수는 1차원적(수직적)이다.

ㄹ 투수계수는 일정하다.

68 흙의 투수성에서 사용되는 Darcy의 법칙 $\left(Q=K\dfrac{\Delta h}{L}A\right)$에 대한 설명으로 틀린 것은?

① Δh는 수두차이다.

② 투수계수(K)의 차원은 속도의 차원 (cm/s)과 같다.

③ A는 실제로 물이 통하는 공극 부분의 단면적이다.

④ 물의 흐름이 난류인 경우에는 Darcy의 법칙이 성립하지 않는다.

해설 A는 전단면적이다.

69 평판재하실험에서 재하판의 크기에 의한 영향 (scale effect)에 관한 설명으로 틀린 것은?

① 사질토지반의 지지력은 재하판의 폭에 비례한다.

② 점토지반의 지지력은 재하판의 폭에 무관하다.

③ 사질토지반의 침하량은 재하판의 폭이 커지면 약간 커지기는 하지만 비례하는 정도는 아니다.

④ 점토지반의 침하량은 재하판의 폭에 무관하다.

해설 재하판 크기에 대한 보정

㉠ 지지력

· 점토지반 : 재하판 폭에 무관하다.

· 모래지반 : 재하판 폭에 비례한다.

ㄴ 침하량

· 점토지반 : 재하판 폭에 비례한다.

· 모래지반 : 재하판의 크기가 커지면 약간 커지긴 하지만 폭에 비례할 정도는 아니다.

70 Paper drain설계 시 Drain paper의 폭이 10cm, 두께가 0.3cm일 때 Drain paper의 등치환산원의 직경이 약 얼마이면 Sand drain과 동등한 값으로 볼 수 있는가? (단, 형상계수 (α)는 0.75이다.)

① 5cm ② 8cm

③ 10cm ④ 15cm

해설 $D=\alpha\left(\dfrac{2A+2B}{\pi}\right)=0.75\times\dfrac{2\times10+2\times0.3}{\pi}$

$=4.92\text{cm}$

71 다음 그림에서 A점 흙의 강도정수가 $c'=30\text{kN/m}^2$, $\phi'=30°$일 때 A점에서의 전단강도는? (단, 물의 단위중량은 9.81kN/m^3이다.)

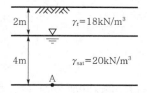

① 69.31kN/m^2 ② 74.32kN/m^2

③ 96.97kN/m^2 ④ 103.92kN/m^2

해설 ㉠ $\sigma=18\times2+20\times4=116\text{kN/m}^2$

$u=9.81\times4=39.24\text{kN/m}^2$

$\sigma'=\sigma-u=116-39.24=76.76\text{kN/m}^2$

ㄴ $\tau=c+\sigma'\tan\phi=30+76.76\times\tan30°$

$=74.32\text{kN/m}^2$

2020년

72 점착력이 8kN/m³, 내부마찰각이 30°, 단위중량 16kN/m³인 흙이 있다. 이 흙에 인장균열은 약 몇 m 깊이까지 발생할 것인가?

① 6.92m   ② 3.73m

③ 1.73m   ④ 1.00m

해설
$$Z_c = \frac{2c\tan\left(45° + \frac{\phi}{2}\right)}{\gamma_t}$$
$$= \frac{2 \times 8 \times \tan\left(45° + \frac{30°}{2}\right)}{16} = 1.73\text{m}$$

73 말뚝지지력에 관한 여러 가지 공식 중 정역학적 지지력공식이 아닌 것은?

① Dörr의 공식
② Terzaghi의 공식
③ Meyerhof의 공식
④ Engineering news공식

해설 말뚝의 지지력공식
　㉠ 정역학적 공식 : Terzaghi공식, Dörr공식, Meyerhof공식, Dunham공식
　㉡ 동역학적 공식 : Hiley공식, Engineering-new공식, Sander공식, Weisbach공식

74 외경이 50.8mm, 내경이 34.9mm인 스플릿스푼샘플러의 면적비는?

① 112%   ② 106%

③ 53%   ④ 46%

해설 $A_r = \dfrac{D_w^2 - D_e^2}{D_e^2} \times 100 = \dfrac{50.8^2 - 34.9^2}{34.9^2} \times 100$
$$= 111.87\%$$

75 성토나 기초지반에 있어 특히 점성토의 압밀완료 후 추가성토 시 단기안정문제를 검토하고자 하는 경우 적용되는 시험법은?

① 비압밀비배수시험
② 압밀비배수시험
③ 압밀배수시험
④ 일축압축시험

해설 압밀비배수시험(CU-test)
　㉠ 프리로딩(pre-loading)공법으로 압밀된 후 급격한 재하 시의 안정해석에 사용
　㉡ 성토하중에 의해 어느 정도 압밀된 후에 갑자기 파괴가 예상되는 경우

76 다음 그림과 같은 지반의 A점에서 전응력(σ), 간극수압(u), 유효응력(σ')을 구하면? (단, 물의 단위중량은 9.81kN/m³이다.)

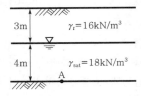

① $\sigma = 100\text{kN/m}^2$, $u = 9.8\text{kN/m}^2$,
　$\sigma' = 90.2\text{kN/m}^2$
② $\sigma = 100\text{kN/m}^2$, $u = 29.4\text{kN/m}^2$,
　$\sigma' = 70.6\text{kN/m}^2$
③ $\sigma = 120\text{kN/m}^2$, $u = 19.6\text{kN/m}^2$,
　$\sigma' = 100.4\text{kN/m}^2$
④ $\sigma = 120\text{kN/m}^2$, $u = 39.2\text{kN/m}^2$,
　$\sigma' = 80.8\text{kN/m}^2$

해설 ㉠ $\sigma = 16 \times 3 + 18 \times 4 = 120\text{kN/m}^2$
　㉡ $u = 9.81 \times 4 = 39.24\text{kN/m}^2$
　㉢ $\sigma' = \sigma - u = 120 - 39.24 = 80.76\text{kN/m}^2$

77 다음 그림과 같은 점토지반에서 안전수(m)가 0.1인 경우 높이 5m의 사면에 있어서 안전율은?

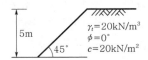

① 1.0   ② 1.25

③ 1.50   ④ 2.0

해설 ㉠ $H_c = \dfrac{N_s c}{\gamma_t} = \dfrac{\dfrac{1}{m} \cdot c}{\gamma_t} = \dfrac{\dfrac{1}{0.1} \times 20}{20} = 10\text{m}$
　㉡ $F_s = \dfrac{H_c}{H} = \dfrac{10}{5} = 2$

78 흙의 다짐에 대한 설명으로 틀린 것은?

① 최적함수비로 다질 때 흙의 건조밀도는 최대가 된다.
② 최대 건조밀도는 점성토에 비해 사질토일수록 크다.
③ 최적함수비는 점성토일수록 작다.
④ 점성토일수록 다짐곡선은 완만하다.

해설 점성토일수록 $\gamma_{d\max}$는 커지고, OMC는 작아진다.

79 얕은 기초에 대한 Terzaghi의 수정지지력공식은 다음 표와 같다. 4m×5m의 직사각형 기초를 사용할 경우 형상계수 α와 β의 값으로 옳은 것은?

$$q_u = \alpha c N_c + \beta \gamma_1 B N_\gamma + \gamma_2 D_f N_q$$

① $\alpha = 1.18,\ \beta = 0.32$
② $\alpha = 1.24,\ \beta = 0.42$
③ $\alpha = 1.28,\ \beta = 0.42$
④ $\alpha = 1.32,\ \beta = 0.38$

해설 ㉠ $\alpha = 1 + 0.3 \dfrac{B}{L} = 1 + 0.3 \times \dfrac{4}{5} = 1.24$

㉡ $\beta = 0.5 - 0.1 \dfrac{B}{L} = 0.5 - 0.1 \times \dfrac{4}{5} = 0.42$

80 어느 모래층의 간극률이 35%, 비중이 2.66이다. 이 모래의 분사현상(Quick Sand)에 대한 한계동수경사는 얼마인가?

① 0.99
② 1.08
③ 1.16
④ 1.32

해설 ㉠ $e = \dfrac{n}{100 - n} = \dfrac{35}{100 - 35} = 0.54$

㉡ $i_c = \dfrac{G_s - 1}{1 + e} = \dfrac{2.66 - 1}{1 + 0.54} = 1.08$

제1과목 · 콘크리트공학

01 콘크리트의 탄산화반응에 대한 설명 중 틀린 것은?

① 온도가 높을수록 탄산화속도는 빨라진다.
② 이 반응으로 시멘트의 알칼리성이 상실되어 철근의 부식을 촉진시킨다.
③ 보통 포틀랜드 시멘트의 탄산화속도는 혼합 시멘트의 탄산화속도보다 빠르다.
④ 경화한 콘크리트의 표면에서 공기 중의 탄산가스에 의해 수산화칼슘이 탄산칼슘으로 바뀌는 반응이다.

해설 탄산화(중성화)현상
  ㉠ 혼합 시멘트가 보통 포틀랜드 시멘트보다 중성화속도가 빠르다.
  ㉡ 공기 중의 탄산가스의 농도가 높을수록, 온도가 높을수록 탄산화속도는 빠르다.

02 시방배합을 통해 단위수량 170kg/m³, 시멘트양 370kg/m³, 잔골재 700kg/m³, 굵은 골재 1,050kg/m³를 산출하였다. 현장 골재의 입도를 고려하여 현장 배합으로 수정한다면 잔골재의 양은? (단, 현장 골재의 입도는 잔골재 중 5mm체에 남는 양이 10%이고 굵은 골재 중 5mm체를 통과한 양이 5%이다.)

① 721kg/m³
② 735kg/m³
③ 752kg/m³
④ 767kg/m³

해설 잔골재량을 x, 굵은 골재량을 y라 하면
$x + y = 700 + 1,050 = 1,750$ .... ⓐ
$0.1x + (1 - 0.05)y = 1,050$ .... ⓑ
식 ⓐ를 식 ⓑ에 대입해서 풀면
$x = 720.59$kg, $y = 1,029.41$kg

03 비벼진 콘크리트를 현장의 거푸집까지 운반하는 방법이 아닌 것은?

① 슈트
② 드래그라인
③ 벨트컨베이어
④ 콘크리트 펌프

해설 Drag line은 높은 곳에서 낮은 곳(굴착깊이는 약 5m 정도)을 굴착하는 굴착기이다.

04 한중 콘크리트의 양생에 관한 사항 중 틀린 것은?

① 콘크리트 타설한 직후에 찬바람이 콘크리트 표면에 닿는 것을 방지하였다.
② 소요압축강도가 얻어질 때까지 콘크리트의 온도를 5℃ 이상으로 유지하여 양생하였다.
③ 소요압축강도에 도달한 후 2일간은 구조물을 0℃ 이상으로 유지하여 양생하였다.
④ 구조물이 보통의 노출상태였기 때문에 콘크리트압축강도가 3MPa인 것을 확인하고 초기양생을 중단하였다.

해설 한중 콘크리트 양생
  ㉠ 소요압축강도가 얻어질 때까지 콘크리트의 온도를 5℃ 이상으로 유지하여야 하며, 또한 소요강도강도에 도달한 후 2일간은 구조물의 어느 부분이라도 0℃ 이상이 되도록 유지하여야 한다.
  ㉡ 한중 콘크리트 양생 종료 때의 소요압축강도의 표준(MPa)

구조물의 노출 \ 단면	얇은 경우	보통의 경우	두꺼운 경우
보통의 노출상태에 있을 때	5	5	5
계속해서 또는 자주 물로 포화되는 부분	15	12	10

정답 01. ③ 02. ① 03. ② 04. ④

05 콘크리트의 배합강도를 결정하기 위해서는 30회 이상의 시험실적으로부터 구한 콘크리트압축강도의 표준편차가 필요하다. 시험횟수가 29회 이하인 경우는 압축강도의 표준편차에 보정계수를 곱하여 그 값을 구하는데 시험횟수가 23회인 경우의 보정계수값은?

① 1.10   ② 1.07

③ 1.05   ④ 1.03

해설 표준편차보정계수 $= 1.03 + \dfrac{(1.08 - 1.03) \times 2}{5}$
$= 1.05$

[참고] 압축강도의 시험횟수가 15회 이상 29회 이하인 경우의 표준편차보정계수

시험횟수	표준편차보정계수
15	1.16
20	1.08
25	1.03
30 이상	1.00

06 철근이 배치된 일반적인 구조물의 표준적인 온도균열지수의 값 중 균열 발생을 방지하여야 할 경우의 값으로 옳은 것은?

① 1.5 이상

② 1.2~1.5

③ 0.7~1.2

④ 0.7 이하

해설 온도균열지수
  ㉠ 온도균열지수값이 클수록 균열이 발생하기 어렵고, 값이 작을수록 균열이 발생하기 쉽다.
  ㉡ 표준적인 온도균열지수의 값
    • 균열 발생을 방지하여야 할 경우 : 1.5 이상
    • 균열 발생을 제한할 경우 : 1.2~1.5
    • 유해한 균열 발생을 제한할 경우 : 0.7~1.2

07 프리스트레스트 콘크리트에 대한 설명 중 틀린 것은?

① 포스트텐션방식에서는 긴장재와 콘크리트와의 부착력에 의해 콘크리트에 압축력이 도입된다.

② 프리텐션방식에서는 프리스트레스 도입 시의 콘크리트압축강도가 일반적으로 30MPa 이상 요구된다.

③ 외력에 의해 인장응력을 상쇄하기 위하여 미리 인위적으로 콘크리트에 준 응력을 프리스트레스라고 한다.

④ 프리스트레스 도입 후 긴장재의 릴랙세이션, 콘크리트의 크리프와 건조수축 등에 의해 프리스트레스의 손실이 발생한다.

해설 포스트텐션방식 : 콘크리트가 경화한 후 PS강재를 긴장하여 그 끝을 콘크리트에 정착함으로써 프리스트레스를 주는 방법

08 숏크리트에 대한 설명 중 틀린 것은?

① 일반 숏크리트의 장기 설계기준압축강도는 재령 28일로 설정하며, 그 값은 21MPa 이상으로 한다.

② 영구지보재로 숏크리트를 적용할 경우 재령 28일 부착강도는 1.0MPa 이상이 되도록 한다.

③ 숏크리트의 분진농도는 10mg/m^3 이하로 하며, 뿜어 붙이기 작업개소로부터 5m 지점에 측정한다.

④ 영구지보재개념으로 숏크리트를 적용할 경우 초기강도는 3시간 1.0~3.0MPa, 24시간 강도 5.0~10.0MPa 이상으로 한다.

해설 숏크리트
  ㉠ 일반 숏크리트의 장기설계기준압축강도는 재령 28일로 설정하며, 그 값은 21MPa 이상으로 한다.
  ㉡ 숏크리트의 초기강도 표준값

재령	숏크리트의 기강도(MPa)
24시간	5~10
3시간	1~3

    ※ 영구지보재개념으로 숏크리트를 적용할 경우의 초기강도는 3시간 1~3MPa, 24시간 강도 5~10MPa 이상으로 한다.
  ㉢ 분진농도의 표준값

측정조건	분진농도(mg/m³)
뿜어 붙이기 작업개소로부터 5m 지점에서 측정	5 이하

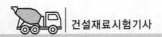

09 프리스트레스트 콘크리트 그라우트에 대한 설명으로 틀린 것은?

① 물－결합재비는 55% 이하로 한다.
② 블리딩률의 기준값은 3시간 경과 시 0.3% 이하로 한다.
③ 체적변화율의 기준값은 24시간 경과 시 −1~5% 범위이다.
④ 부재 콘크리트와 긴장재를 일체화시키는 부착강도는 재령 7일 또는 28일의 압축강도로 대신하여 설정할 수 있다.

[해설] PSC 그라우트 품질기준
　㉠ 블리딩률의 기준값은 3시간 경과 시 0.3% 이하로 한다.
　㉡ 체적변화율의 기준값은 24시간 경과 시 −1~5% 범위이다.
　㉢ 물－결합재비는 45% 이하로 한다.

10 크리프(creep)의 양을 좌우하는 요소로서 가장 거리가 먼 것은?

① 재하되는 기간
② 재하되는 응력의 크기
③ 재하되는 콘크리트의 AE제 첨가 여부
④ 재하가 시작하는 시점의 콘크리트의 재령과 강도

[해설] 크리프
　㉠ 습도가 작을수록 크리프가 크다.
　㉡ 대기온도가 높을수록 크리프가 크다.
　㉢ 부재치수가 작을수록 크리프가 크다.
　㉣ 단위시멘트양이 많을수록, 물－시멘트비가 클수록 크리프가 크다.
　㉤ 재하응력이 클수록, 재령이 작을수록 크리프가 크다.

11 해양 콘크리트의 시공에 대한 설명으로 틀린 것은?

① 보통 포틀랜드 시멘트를 사용한 경우 5일 정도는 직접 해수에 닿지 않도록 보호하여야 한다.
② 만조위로부터 위로 0.6m, 간조위로부터 아래로 0.6m 사이의 감조 부분에 시공이음이 생기지 않도록 한다.

③ 굵은 골재 최대 치수가 20mm이고 물보라지역인 경우 내구성을 확보하기 위한 최소 단위결합재량은 280kg/m³이다.
④ 해상 대기 중에 건설되는 일반 현장 시공의 경우 공기연행 콘크리트의 최대 물－결합재비는 45%로 한다.

[해설] 해양 콘크리트
　㉠ 내구성으로 정해지는 최소 단위결합재량(kg/m³)

굵은 골재 최대 치수 구분	20mm	25mm	40mm
물보라지역, 간만대 및 해상 대기 중	340	330	300
해중	310	300	280

　㉡ 공기연행 콘크리트의 최대 물－결합재비(%)

구분	일반 현장 시공의 경우
해중	50
해상 대기 중	45
물보라지역, 간만대지역	40

※ 해상 대기 중 : 물보라의 위쪽에서 항상 해풍을 받으며 파도의 물보라를 가끔 받는 환경
※ 물보라지역과 간만대지역 : 조석의 간만, 파랑의 물보라에 의한 건습의 반복작용을 받는 지역으로 내구성면에서 가장 열악한 환경

12 온도균열을 완화하기 위한 시공상의 대책으로 맞지 않는 것은?

① 단위시멘트양을 크게 한다.
② 수화열이 낮은 시멘트를 선택한다.
③ 1회에 타설하는 높이를 줄인다.
④ 사전에 재료의 온도를 가능한 한 적절하게 낮추어 사용한다.

[해설] 온도균열에 대한 시공상의 대책
　㉠ 단위시멘트양을 적게 한다.
　㉡ 수화열이 낮은 시멘트를 사용한다.
　㉢ Pre-cooling하여 재료를 사용하기 전에 미리 온도를 낮춘다.
　㉣ 1회의 타설높이를 줄인다.
　㉤ 수축이음부를 설치하고 Pipe-cooling하여 콘크리트의 내부온도를 낮춘다.

13 일반 콘크리트의 비비기에 대한 설명으로 틀린 것은?

① 비비기를 시작하기 전에 미리 믹서 내부를 모르타르로 부착시켜야 한다.

② 비비기는 미리 정해둔 비비기 시간의 3배 이상 계속해서는 안 된다.

③ 믹서 안의 콘크리트를 전부 꺼낸 후에 다음 비비기 재료를 투입하여야 한다.

④ 믹서 안에 재료를 투입한 후의 비비기 시간은 가경식 믹서의 경우 3분 이상을 표준으로 한다.

해설 비비기

㉠ 물은 다른 재료보다 먼저 넣기 시작하여 그 넣는 속도를 일정하게 유지한다.

㉡ 비비기 시간은 가경식 믹서일 때에는 1분 30초 이상, 강제식 믹서일 때에는 1분 이상을 표준으로 한다.

㉢ 비비기는 미리 정해둔 비비기 시간의 3배 이상 계속해서는 안 된다.

㉣ 비비기를 시작하기 전에 미리 믹서 내부를 모르타르로 부착시켜야 한다.

14 단위골재의 절대용적이 0.70m³인 콘크리트에서 잔골재율이 30%인 경우 잔골재의 표건밀도가 2.60g/cm³이라면 단위잔골재량은 얼마인가?

① 485kg　　　② 546kg
③ 603kg　　　④ 683kg

해설 ㉠ 단위잔골재 절대체적(V_s)

$$= V_a \times \frac{S}{a} = 0.7 \times 0.3 = 0.21m^3$$

㉡ 단위잔골재량

= 단위잔골재 절대체적 × 잔골재비중 × 1,000
= 0.21 × 2.6 × 1,000
= 546kg

15 굳지 않은 콘크리트에서 재료분리가 일어나는 원인으로 볼 수 없는 것은?

① 단위골재량이 적은 경우

② 단위수량이 너무 많은 경우

③ 입자가 거친 잔골재를 사용한 경우

④ 굵은 골재의 최대 치수가 지나치게 큰 경우

해설 굳지 않은 콘크리트의 재료분리원인

㉠ 입자가 거친 잔골재를 사용한 경우

㉡ 단위골재량이 너무 많은 경우

㉢ 단위수량이 너무 많은 경우

㉣ 굵은 골재의 최대 치수가 너무 큰 경우

16 압축강도에 의한 콘크리트의 품질검사의 시기 및 횟수, 판정기준에 대한 내용으로 틀린 것은?

① 배합이 변경될 때마다 실시한다.

② 1회/일 또는 구조물의 중요도와 공사의 규모에 따라 120m³마다 1회 실시한다.

③ 연속 3회 시험값의 평균이 설계기준압축강도 이상이 되어야 합격이다.

④ 설계기준압축강도가 30MPa이고 1회 시험값이 27MPa인 경우 불합격이다.

해설 f_{ck} = 30MPa ≤ 35MPa인 경우 1회 시험값이 f_{ck} − 3.5MPa 이상이어야 한다.

∴ 1회 시험값 = 27MPa > f_{ck} − 3.5 = 30 − 3.5 = 26.5MPa 이므로 합격이다.

17 포장용 시멘트 콘크리트의 배합기준으로 틀린 것은?

① 설계기준휨강도(f_{28})는 4.5MPa 이상이어야 한다.

② 굵은 골재의 최대 치수는 40mm 이하이어야 한다.

③ 슬럼프값은 80mm 이하이어야 한다.

④ AE 콘크리트의 공기량범위는 4~6%이어야 한다.

해설 포장용 콘크리트의 배합기준

구분	기준
설계기준휨강도(f_{28})	4.5MPa 이상
단위수량	150kg/m³ 이하
굵은 골재의 최대 치수	40mm 이하
슬럼프	40mm 이하
공기연행 콘크리트의 공기량범위	4~6%

정답 13. ④ 14. ② 15. ① 16. ④ 17. ③

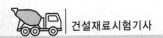

18 구속되어 있지 않은 무근 콘크리트 부재의 건조수축률이 500×10^{-6}일 때 콘크리트에 작용하는 응력의 크기는? (단, 콘크리트의 탄성계수는 25GPa이다.)

① 인장응력 5.0MPa

② 압축응력 12.5MPa

③ 인장응력 12.5MPa

④ 응력이 발생하지 않는다.

해설 건조수축응력은 구속되어 있지 않으면 수축이 일어나도 응력은 발생하지 않는다.

[참고] 구속되어 있을 때 인장응력
$$f_c = (500 \times 10^{-6}) \times 25 = 0.0125\text{GPa} = 12.5\text{MPa}$$

19 일반 콘크리트 다지기에 대한 설명으로 틀린 것은?

① 콘크리트 다지기에는 내부진동기의 사용을 원칙으로 하나, 얇은 벽 등 내부진동기의 사용이 곤란한 장소에서는 거푸집진동기를 사용해도 좋다.

② 내부진동기를 사용할 때 하층의 콘크리트 속으로 진동기가 삽입되지 않도록 하여야 한다.

③ 내부진동기는 연직으로 찔러 넣으며, 삽입간격은 일반적으로 0.5m 이하로 하는 것이 좋다.

④ 내부진동기를 사용할 때 1개소당 진동시간은 다짐할 때 시멘트풀이 표면 상부로 약간 부상하기까지가 적절하다.

해설 내부진동기 사용방법의 표준

㉠ 내부진동기를 하층의 콘크리트 속으로 0.1m 정도 찔러 넣는다.

㉡ 1개소당 진동시간은 다짐할 때 시멘트 페이스트가 표면 상부로 약간 부상하기까지 한다.

㉢ 내부진동기는 연직으로 찔러 넣으며, 삽입간격은 일반적으로 0.5m 이하로 한다.

㉣ 내부진동기는 콘크리트를 횡방향으로 이동시킬 목적으로 사용해서는 안 된다.

20 다음 중 치밀하고 내구성이 양호한 콘크리트를 만들기 위하여 조기에 콘크리트의 경화를 촉진시키는 가장 효과적인 양생방법은?

① 습윤양생

② 피막양생

③ 살수양생

④ 오토클레이브 양생

해설 고압증기양생(오토클레이브 양생)

㉠ 표준양생의 28일 강도를 약 24시간만에 달성할 수 있다.

㉡ 치밀하고 내구성이 있는 양질의 콘크리트를 만들고, 외관은 보통 양생한 포틀랜드 시멘트 콘크리트색의 특징과 다르며 흰색을 띤다.

제2과목 · 건설시공 및 관리

21 피어기초 중 기계에 의한 시공법이 아닌 것은?

① 베노토(Benoto)공법

② 시카고(Chicago)공법

③ 어스드릴(Earth drill)공법

④ 리버스 서큘레이션(Reverse circulation) 공법

해설 기계굴착공법 : Benoto공법(all casing공법), RCD공법, Earth drill공법

22 다져진 토량 45,000m³를 성토하는데 흐트러진 토량 30,000m³가 있다. 이때 부족토량은 자연상태의 토량(m³)으로 얼마인가? (단, 토량변화율 $L=1.25$, $C=0.9$이다.)

① 18,600m³

② 19,400m³

③ 23,800m³

④ 26,000m³

해설
$$\text{부족토량} = 45,000 \times \frac{1}{C} - 30,000 \times \frac{1}{L}$$
$$= 45,000 \times \frac{1}{0.9} - 30,000 \times \frac{1}{1.25}$$
$$= 26,000\text{m}^3 \text{(자연상태토량)}$$

23 8t 덤프트럭으로 보통 토사를 운반하고자 할 때 적재장비를 버킷용량 2.0m³인 백호를 사용하는 경우 백호의 적재횟수는? (단, 흙의 밀도는 1.5t/m³, 토량변화율(L)=1.2, 버킷계수(K)=0.85, 백호의 사이클타임은 25초이다.)

① 2회　　　　② 4회
③ 6회　　　　④ 8회

해설 ㉠ $q_t = \dfrac{T}{\gamma_t} L = \dfrac{8}{1.5} \times 1.2 = 6.4\text{m}^3$

㉡ $n = \dfrac{q_t}{qK} = \dfrac{6.4}{2 \times 0.85} \fallingdotseq 4$회

24 아스팔트 포장에서 표층에 가해지는 하중을 분산시켜 보조기층에 전달하며 교통하중에 의한 전단에 저항하는 역할을 하는 층은?

① 기층　　　　② 노상
③ 노체　　　　④ 차단층

25 건설사업의 기획, 설계, 시공, 유지관리 등 전 과정의 정보를 발주자, 관련 업체 등이 전산망을 통하여 교환·공유하기 위한 통합정보시스템을 무엇이라 하는가?

① Turn Key
② 건설B2B
③ 건설CALS
④ 건설EVMS

해설 건설CALS(건설사업정보시스템 ; Construction Continuous Acquisition & Life-Cycle Support)
건설사업의 기획, 설계, 계약, 시공, 유지관리 등 건설생산활동 전과정의 정보를 발주자, 관련 업체 등이 전산망을 통해 교환·공유하기 위한 통합정보화체계

26 다음 중 보일링현상이 가장 잘 발생하는 지반은?

① 모래질지반
② 실트질지반
③ 점토질지반
④ 사질점토지반

해설 Boiling현상은 주로 사질토지반에서 발생한다.

27 다음에서 설명하는 교량가설공법의 명칭은?

> 캔틸레버공법의 일종으로 일정한 길이로 분할된 세그먼트를 공장에서 제작하여 가설현장에서는 크레인 등의 가설장비를 이용하여 상부구조를 완성하는 공법

① FSM　　　　② ILM
③ MSS　　　　④ PSM

해설 PSM공법
프리캐스트된 콘크리트 세그먼트를 제작장에서 제작한 후 가설위치로 운반하여 크레인 등으로 가설위치에 거치한 다음 포스트텐션공법으로 세그먼트를 일체화시켜 나가는 공법이다.

28 다음 그림과 같은 단면으로 성토 후 비탈면에 떼붙임을 하려고 한다. 성토량과 떼붙임면적을 계산하면? (단, 마구리면의 떼붙임은 제외한다.)

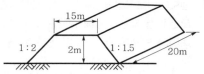

① 성토량 : 370m³, 떼붙임면적 : 161.6m²
② 성토량 : 370m³, 떼붙임면적 : 61.6m²
③ 성토량 : 740m³, 떼붙임면적 : 161.6m²
④ 성토량 : 740m³, 떼붙임면적 : 61.6m²

해설 ㉠ 성토량 $= \left(\dfrac{15+22}{2} \times 2\right) \times 20 = 740\text{m}^3$

㉡ 떼붙임면적 $= \sqrt{2^2 + 4^2} \times 20 + \sqrt{2^2 + 3^2} \times 20$
$= 161.55\text{m}^2$

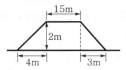

29 암석을 발파할 때 암석이 외부의 공기 및 물과 접하는 표면을 자유면이라 한다. 이 자유면으로부터 폭약의 중심까지의 최단거리를 무엇이라 하는가?

① 보안거리　　　　② 누두반경
③ 적정 심도　　　　④ 최소 저항선

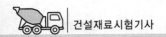

해설 장약의 중심에서 자유면까지의 최단거리를 최소 저항선이라 한다.

30 댐 기초의 시공에서 기초암반의 변형성이나 강도를 개량하여 균일성을 주기 위하여 기초 전반에 걸쳐 격자형으로 그라우팅을 하는 방법은?

① 커튼 그라우팅
② 블랭킷 그라우팅
③ 콘택트 그라우팅
④ 컨솔리데이션 그라우팅

해설 ① Curtain grouting : 기초암반을 침투하는 물의 지수를 목적으로 실시
② Blanket grouting : 암반의 표층부에서 침투류의 억제 목적으로 실시
③ Contact grouting : 콘크리트 제체와 지반 간의 공극을 채울 목적으로 실시

31 벤토나이트공법을 써서 굴착벽면의 붕괴를 막으면서 굴착된 구멍에 철근콘크리트를 넣어 말뚝이나 벽체를 연속적으로 만드는 공법은?

① Slurry wall공법
② Earth drill공법
③ Earth anchor공법
④ Open cut공법

해설 Slurry Wall공법 : 지하로 크고 깊은 trench를 굴착하여 철근망을 삽입한 후 콘크리트를 타설하여 지하연속벽을 만드는 공법

32 셔블계 굴착기 가운데 수중작업에 많이 쓰이며 협소한 장소의 깊은 굴착에 가장 적합한 건설기계는?

① 클램셸
② 파워셔블
③ 어스드릴
④ 파일드라이버

해설 Clam shell
㉠ 지상 또는 수중에서 소범위의 굴착에 사용된다.
㉡ 자갈, 모래, 연질토사 등의 굴착, 싣기, 뿌리기 등에 사용된다.

33 터널공사에서 사용하는 발파방법 중 번컷(Burn Cut)공법의 장점에 대한 설명으로 틀린 것은?

① 폭약이 절약된다.
② 긴 구멍의 굴착이 용이하다.
③ 발파 시 버력의 비산거리가 짧다.
④ 빈 구멍을 자유면으로 하여 연직발파를 하므로 천공이 쉽다.

해설 번컷(Burn Cut)공법
㉠ 좁은 도갱의 긴 구멍발파에 용이하다.
㉡ 버력의 비산거리가 가장 짧다.
㉢ 폭약이 절약된다.
㉣ 발파공은 수평이며 천공이 용이하다.

34 오픈케이슨(Open caisson)공법에 대한 설명으로 틀린 것은?

① 전석과 같은 장애물이 많은 곳에서의 작업은 곤란하다.
② 케이슨의 침하 시 주면마찰력을 줄이기 위해 진동발파공법을 적용할 수 있다.
③ 케이슨의 선단부를 보호하고 침하를 쉽게 하기 위하여 커브 슈(curb shoe)라는 날 끝을 붙인다.
④ 굴착 시 지하수를 저하시키지 않으며 히빙이나 보일링현상의 염려가 없어 인접구조물의 침하 우려가 없다.

해설 Open caisson의 단점
㉠ 경사수정이 곤란하다.
㉡ 굴착 시 Boiling, Heaving이 우려된다.
㉢ 저부의 연약토를 깨끗이 제거하지 못한다.

35 교각기초를 위해 바깥지름이 10m, 깊이가 20m, 측벽두께가 50cm인 우물통기초를 시공 중에 있다. 지반의 극한지지력이 200kN/m², 단위면적당 주면마찰력(f_s)이 5kN/m², 수중부력은 100kN일 때 우물통이 침하하기 위한 최소 상부하중(자중＋재하중)은?

① 5,201kN
② 6,227kN
③ 7,107kN
④ 7,523kN

해설 $W > F + Q + B = F_s uh + q_u A + B$

$$= 5 \times (\pi \times 10) \times 20 + 200$$

$$\times \left(\frac{\pi \times 10^2}{4} - \frac{\pi \times 9^2}{4} \right) + 100$$

$$= 6226.11 \text{kN}$$

[참고] Open Caisson 침하조건

$W > F + Q + B$

여기서, W : 케이슨의 수직하중(자중+재하중)

$\quad F$: 총주면마찰력($= F_s uh$)

$\quad Q$: 케이슨 선단부의 지지력($= q_u A$)

$\quad B$: 부력

36 토공에서 토취장 선정 시 고려하여야 할 사항으로 틀린 것은?

① 토질이 양호할 것

② 토량이 충분할 것

③ 성토장소를 향하여 상향경사(1/5~1/10)일 것

④ 운반로조건이 양호하며 가깝고 유지관리가 용이할 것

해설 토취장 선정조건

㉠ 토질이 양호할 것

㉡ 토량이 풍부할 것

㉢ 신기가 편리한 지형일 것

㉣ 성토장소를 향하여 하향구배 1/50~1/100 정도를 유지할 것

37 공사기간의 단축과 연장은 비용경사(cost slope)를 고려하여 하게 되는데 다음 표를 보고 비용경사를 구하면?

표준상태		특급상태	
공기	비용	공기	비용
10일	35,000원	8일	45,000원

① 5,000원/일 ② 10,000원/일

③ 15,000원/일 ④ 20,000원/일

해설 비용경사 $= \dfrac{\text{특급공비} - \text{표준공비}}{\text{표준공기} - \text{특급공기}}$

$$= \frac{45,000 - 35,000}{10 - 8}$$

$$= 5,000 \text{원/일}$$

38 운동장 또는 광장 등 넓은 지역의 배수는 주로 어떤 배수방법으로 하는 것이 적당한가?

① 암거배수

② 지표배수

③ 맹암거배수

④ 개수로배수

해설 맹암거 : 지하수의 집배수를 위하여 모래, 자갈, 호박돌, 다발로 묶은 나뭇가지 등을 땅속에 매설한 일종의 수로

39 아스팔트 콘크리트 포장에서 표층에 대한 설명으로 틀린 것은?

① 노상 바로 위의 인공층이다.

② 표면수가 내부로 침입하는 것을 막는다.

③ 기층에 비해 골재의 치수가 작은 편이다.

④ 교통에 의한 마모와 박리에 저항하는 층이다.

해설 표층(surface course)의 역할

㉠ 교통하중을 일부 지지하며 하부층으로 전달

㉡ 마모 방지, 노면수 침투 방지, 평탄성 확보

㉢ 하부층 보호

40 로드롤러를 사용하여 전압횟수 4회, 전압포설 두께 0.3m, 1회의 유효전압폭 2.5m, 전압작업 속도를 3km/h로 할 때 시간당 작업량을 구하면? (단, 토량환산계수(f)는 1.0, 롤러의 효율(E)은 0.8을 적용한다.)

① $300 \text{m}^3/\text{h}$

② $450 \text{m}^3/\text{h}$

③ $600 \text{m}^3/\text{h}$

④ $750 \text{m}^3/\text{h}$

해설 $Q = \dfrac{1,000 VWHfE}{N}$

$$= \frac{1,000 \times 3 \times 2.5 \times 0.3 \times 1 \times 0.8}{4}$$

$$= 450 \text{m}^3/\text{h}$$

2020년

제3과목 · 건설재료 및 시험

41 석재 사용 시 주의사항 중 틀린 것은?

① 석재는 예각부가 생기면 부서지기 쉬우므로 표면에 심한 요철 부분이 없어야 한다.

② 석재를 사용할 경우에는 휨응력과 인장응력을 받는 부재에 사용하여야 한다.

③ 석재를 압축부재에 사용할 경우에는 석재의 자연층에 직각으로 위치하여 사용하여야 한다.

④ 석재를 장기간 보존할 경우에는 석재표면을 도포하여 우수의 침투 방지 및 함수로 인한 동해 방지에 유의하여야 한다.

해설 압축강도가 가장 크고 인장강도, 휨강도, 전단강도는 압축강도에 비해 매우 작기 때문에 석재는 주로 압축력을 받는 부분에 사용된다.

42 습윤상태의 질량이 100g인 골재를 건조시켜 표면건조포화상태에서 95g, 기건상태에서 93g, 절대건조상태에서 92g이 되었을 때 유효흡수율은?

① 2.2%

② 3.2%

③ 4.2%

④ 5.2%

해설 유효흡수율 $= \dfrac{B-C}{C} \times 100$

$= \dfrac{95-93}{93} \times 100 = 2.15\%$

43 일반적인 콘크리트용 골재에 대한 설명으로 틀린 것은?

① 잔골재의 절대건조밀도는 0.0025g/mm^3 이상의 값을 표준으로 한다.

② 굵은 골재의 절대건조밀도는 0.0025g/mm^3 이상의 값을 표준으로 한다.

③ 잔골재의 흡수율은 5.0% 이하의 값을 표준으로 한다.

④ 굵은 골재의 안정성은 황산나트륨으로 5회 시험을 하여 평가한다.

해설 콘크리트용 골재

㉠ 특징

잔골재	굵은 골재
• 절건밀도 : 2.5g/cm^3 이상	• 절건밀도 : 2.5g/cm^3 이상
• 흡수율 : 3% 이하	• 흡수율 : 3% 이하
• 안정성 : 10% 이하	• 안정성 : 12% 이하
	• 마모율 : 40% 이하

㉡ 굵은 골재의 안정성은 황산나트륨으로 5회 시험으로 평가하며, 그 손실질량은 12% 이하를 표준으로 한다.

44 니트로글리세린을 20% 정도 함유하고 있으며 찐득한 엿형태의 것으로 폭약 중 폭발력이 가장 강하고 수중에서도 사용이 가능한 폭약은?

① 칼릿

② 함수폭약

③ 니트로글리콜

④ 교질 다이너마이트

해설 교질 다이너마이트

니트로글리세린의 함유량이 약 20% 이상의 찐득찐득한 황색의 엿형태의 폭약으로서 폭발력이 강하여 터널과 암석발파에 주로 사용하고 수중용으로도 많이 사용된다.

45 알루미늄분말이나 아연분말을 콘크리트에 혼입하여 수소가스를 발생시켜 PSC용 그라우트의 충전성을 좋게 하기 위하여 사용하는 혼화제는?

① 유동화제

② 방수제

③ AE제

④ 발포제

해설 발포제

㉠ 수소가스를 발생시켜 모르타르 또는 콘크리트 속에 아주 작은 기포를 생기게 하는 혼화제로서 가스 발생제라고도 한다.

㉡ 용도 : PSC용 그라우트 등에 사용하며 발포에 의하여 그라우트를 팽창시켜 골재나 PS강재의 간극을 잘 채워지게 한다.

46 강모래를 이용한 콘크리트와 비교한 부순 잔골재를 이용한 콘크리트의 특징을 설명한 것으로 틀린 것은?

① 동일 슬럼프를 얻기 위해서는 단위수량이 더 많이 필요하다.
② 미세한 분말량이 많아질 경우 건조수축률은 증대한다.
③ 미세한 분말량이 많아짐에 따라 응결의 초결시간과 종결시간이 길어진다.
④ 미세한 분말량이 많아지면 공기량이 줄어들기 때문에 필요시 공기량을 증가시켜야 한다.

해설 부순 잔골재를 이용한 콘크리트
㉠ 부순 잔골재는 모가 나 있고 석분이 함유되어 있기 때문에 워커빌리티가 작아지므로 동일 슬럼프를 얻기 위해서는 단위수량이 5~10% 더 필요하다.
㉡ 미세한 분말량이 많아짐에 따라 응결의 초결시간과 종결시간이 짧아진다.
㉢ 건조수축률은 미세한 분말량이 많아지면 증대한다.
㉣ 미세한 분말량이 많아지면 공기량이 줄어들기 때문에 필요시 공기량을 증가시킨다.

47 고로슬래그 시멘트는 제철소의 용광로에서 선철을 만들 때 부산물로 얻은 슬래그를 포틀랜드 시멘트 클링커에 섞어서 만든 시멘트이다. 그 특성에 대한 설명으로 틀린 것은?

① 내열성이 크고 수밀성이 좋다.
② 초기강도가 작으나, 장기강도는 큰 편이다.
③ 수화열이 커서 매스 콘크리트에는 적합하지 않다.
④ 일반적으로 내화학성이 좋으므로 해수, 하수, 공장폐수 등에 접하는 콘크리트에 적합하다.

해설 고로슬래그의 특성
㉠ 워커빌리티가 커진다.
㉡ 단위수량을 줄일 수 있다.
㉢ 수화속도와 수화열의 발생속도가 느리다.
㉣ 콘크리트 조직이 치밀하여 수밀성, 화학적 저항성 등이 좋아진다.

48 시멘트의 화학적 성분 중 주성분이 아닌 것은?

① 석회　　　　② 실리카
③ 알루미나　　④ 산화마그네슘

해설 시멘트의 성분

구분	성분	백분율(%)
주성분	석회(CaO, 산화칼슘)	60~66
	실리카(SiO_2, 이산화규소)	20~26
	알루미나(Al_2O_3, 산화알루미늄)	4~9
	산화철(Fe_2O_3)	2~3.5
부성분	산화마그네슘(MgO)	1~3
	무수황산(SO_3)	1~2.8

49 콘크리트용 혼화재료에 대한 설명으로 틀린 것은?

① 감수제는 시멘트입자를 분산시켜 콘크리트의 단위수량을 감소시키는 작용을 한다.
② 촉진제는 시멘트의 수화작용을 촉진하는 혼화제로서 보통 나프탈렌 설폰산염을 많이 사용한다.
③ 지연제는 여름철에 레미콘의 슬럼프손실 및 콜드조인트의 방지 등에 효과가 있다.
④ 급결제는 시멘트의 응결시간을 촉진하기 위하여 사용하며 숏크리트, 물막이공법 등에 사용한다.

해설 촉진제는 시멘트의 수화작용을 촉진하는 혼화제로서 일반적으로 염화칼슘 또는 염화칼슘을 포함한 감수제가 사용된다.

50 잔골재 밀도시험의 결과가 다음과 같을 때 이 잔골재의 진밀도는?

• 검정된 용량을 나타낸 눈금까지 물을 채운 플라스크의 질량 : 665g
• 표면건조포화상태 시료의 질량 : 500g
• 절대건조상태 시료의 질량 : 495g
• 시료와 물로 검정된 용량을 나타낸 눈금까지 채운 플라스크의 질량 : 975g
• 시험온도에서의 물의 밀도 : $0.997g/cm^3$

① $2.62g/cm^3$　　② $2.67g/cm^3$
③ $2.72g/cm^3$　　④ $2.77g/cm^3$

해설 진밀도 $= \dfrac{A}{B+A-C}\rho_w$

$$= \dfrac{495}{665+495-975} \times 0.997 = 2.67 \text{g/cm}^3$$

51 포졸란을 사용한 콘크리트의 성질에 대한 설명으로 틀린 것은?

① 수밀성이 크고 발열량이 적다.
② 해수 등에 대한 화학적 저항성이 크다.
③ 강도의 증진이 빠르고 초기강도가 크다.
④ 워커빌리티를 개선시키고 재료의 분리가 적다.

해설 포졸란을 사용한 콘크리트의 특징
㉠ 워커빌리티가 좋아진다.
㉡ 블리딩이 감소한다.
㉢ 초기강도는 작으나, 장기강도는 크다.
㉣ 발열량이 적어진다.
㉤ 수밀성, 화학저항성이 커진다.

52 중용열 포틀랜드 시멘트의 장기강도를 높여주기 위해 포함시키는 성분은?

① C_2S
② C_3A
③ CaO
④ MgO

해설 ㉠ C_3S는 C_3A보다 수화작용이 느리나 강도가 빨리 나타나고 수화열이 비교적 크다.
㉡ C_2S는 C_3S보다 수화작용이 늦고 수축이 작으며 장기강도가 커진다.

53 Hooke의 법칙이 적용되는 인장력을 받는 부재의 늘음량(같이변형량)에 대한 설명으로 틀린 것은?

① 재료의 탄성계수가 클수록 늘음량도 커진다.
② 부재의 단면적이 작을수록 늘음량도 커진다.
③ 부재의 길이가 길수록 늘음량도 커진다.
④ 작용외력이 클수록 늘음량도 커진다.

해설 $E = \dfrac{\sigma}{\varepsilon} = \dfrac{\dfrac{P}{A}}{\dfrac{\Delta l}{l}} = \dfrac{Pl}{A\Delta l}$

$$\therefore \Delta l = \dfrac{Pl}{AE}$$

54 다음에서 설명하고 있는 목재의 종류로 옳은 것은?

- 각재를 얇은 톱으로 켜서 만든다.
- 단단한 목재일 때 많이 사용되며 아름다운 결이 얻어진다.
- 고급의 합판에 사용되나 톱밥이 많아 비경제적이다.
- 공업적인 용도에는 거의 사용되지 않는다.

① MDF
② 소드 베니어
③ 로터리 베니어
④ 슬라이스트 베니어

해설 소드 베니어(sawed veneer)
세로방향의 얇고 작은 톱으로 절단하는 방법으로 아름다운 결이 얻어지기 때문에 고급 합판에 사용되나 톱밥이 많아 비경제적이다.

55 표점거리는 50mm, 지름은 14mm의 원형 단면봉으로 인장시험을 실시하였다. 축인장하중이 100kN이 작용하였을 때 표점거리는 50.433mm, 지름은 13.970mm가 측정되었다면 이 재료의 푸아송비는?

① 0.07
② 0.247
③ 0.347
④ 0.5

해설 $\nu = \dfrac{\dfrac{\Delta d}{d}}{\dfrac{\Delta l}{l}} = \dfrac{\dfrac{0.03}{14}}{\dfrac{0.433}{50}} = 0.247$

56 스트레이트 아스팔트와 비교한 고무혼입 아스팔트의 특징으로 틀린 것은?

① 내후성이 크다.
② 응집성 및 부착력이 크다.
③ 탄성 및 충격저항이 크다.
④ 감온성이 크고 마찰계수가 작다.

해설 고무혼입 아스팔트는 고무를 아스팔트에 혼입하여 아스팔트의 성질을 개선한 것이다.
㉠ 감온성이 작다.
㉡ 응집성, 부착성이 크다.
㉢ 탄성, 충격저항성이 크다.
㉣ 내노화성이 크다.
㉤ 마찰계수가 크다.

57 블론 아스팔트와 스트레이트 아스팔트의 성질에 관한 설명으로 틀린 것은?

① 스트레이트 아스팔트는 블론 아스팔트보다 연화점이 낮다.
② 스트레이트 아스팔트는 블론 아스팔트보다 감온성이 작다.
③ 블론 아스팔트는 스트레이트 아스팔트보다 유동성이 작다.
④ 블론 아스팔트는 스트레이트 아스팔트보다 방수성이 작다.

해설 아스팔트 성질의 비교

종류	스트레이트 아스팔트	블론 아스팔트
상태	반고체	고체
신도, 감온성, 방수성, 유동성	크다.	작다.
점착성	매우 크다.	작다.
탄력성	작다.	크다.
연화점	35~60℃	70~130℃

58 토목섬유(Geosynthetics)의 기능과 관련된 용어 중 다음에서 설명하는 기능은?

> 지오텍스타일이나 관련 제품을 이용하여 인접한 다른 흙이나 채움재가 서로 섞이지 않도록 방지함

① 배수기능　　② 보강기능
③ 여과기능　　④ 분리기능

해설 토목섬유의 기능 : 배수기능, 여과기능, 분리기능, 보강기능

59 아스팔트에 대한 설명으로 틀린 것은?

① 레이크 아스팔트는 천연 아스팔트의 하나이다.
② 석유 아스팔트는 증류방법에 의해서 스트레이트 아스팔트와 블론 아스팔트로 나눈다.
③ 아스팔트 유제는 유화제를 함유한 물속에 역청재를 분산시킨 것이다.
④ 피치는 아스팔트의 잔류물로서 얻어진다.

해설 역청재료
　㉠ 아스팔트
　　• 천연 아스팔트
　　　– 천연 아스팔트 : rock asphalt, lake asphalt, sand asphalt
　　　– 아스팔타이트
　　• 석유 아스팔트 : straight asphalt, blown asphalt
　㉡ 타르 : coal tar, gas tar, pitch

60 공시체 크기 50mm×50mm×300mm의 암석을 지간 250mm로 하여 중앙에서 압력을 가했더니 1,000N에서 파괴되었다. 이때 휨강도는?

① 2MPa　　　　② 20MPa
③ 3MPa　　　　④ 30MPa

해설 $f = \dfrac{3Pl}{2bd^2} = \dfrac{3 \times 1,000 \times 250}{2 \times 50 \times 50^2} = 3\text{N/mm}^2 = 3\text{MPa}$

제4과목 · 토질 및 기초

61 흙의 동상에 영향을 미치는 요소가 아닌 것은?

① 모관 상승고
② 흙의 투수계수
③ 흙의 전단강도
④ 동결온도의 계속시간

해설 흙의 동상에 영향을 미치는 요소 : 모관 상승고의 크기, 흙의 투수성, 동결온도의 지속기간

62 표준관입시험(SPT)을 할 때 처음 150mm 관입에 요하는 N값은 제외하고, 그 후 300mm 관입에 요하는 타격수로 N값을 구한다. 그 이유로 옳은 것은?

① 흙은 보통 150mm 밑부터 그 흙의 성질을 가장 잘 나타낸다.
② 관입봉의 길이가 정확히 450mm이므로 이에 맞도록 관입시키기 위함이다.
③ 정확히 300mm를 관입시키기가 어려워서 150mm 관입에 요하는 N값을 제외한다.
④ 보링구멍 밑면 흙이 보링에 의하여 흐트러져 150mm 관입 후부터 N값을 측정한다.

정답 57. ② 58. ④ 59. ④ 60. ③ 61. ③ 62. ④

63 흙의 다짐에 대한 설명 중 틀린 것은?

① 일반적으로 흙의 건조밀도는 가하는 다짐에너지가 클수록 크다.
② 모래질 흙은 진동 또는 진동을 동반하는 다짐방법이 유효하다.
③ 건조밀도－함수비곡선에서 최적함수비와 최대 건조밀도를 구할 수 있다.
④ 모래질을 많이 포함한 흙의 건조밀도－함수비곡선의 경사는 완만하다.

해설 모래질을 많이 포함할수록 흙의 건조밀도－함수비곡선(다짐곡선)의 경사는 급하다.

64 중심간격이 2m, 지름 40cm인 말뚝을 가로 4개, 세로 5개씩 전체 20개의 말뚝을 박았다. 말뚝 한 개의 허용지지력이 150kN이라면 이 군항의 허용지지력은 약 얼마인가? (단, 군말뚝의 효율은 Converse－Labarre공식을 사용한다.)

① 4,500kN ② 3,000kN
③ 2,415kN ④ 1,215kN

해설 ㉠ $\phi = \tan^{-1}\dfrac{D}{S} = \tan^{-1}\dfrac{0.4}{2} = 11.31°$

㉡ $E = 1 - \phi\left[\dfrac{(m-1)n + m(n-1)}{90mn}\right]$

$= 1 - 11.31 \times \dfrac{3 \times 5 + 4 \times 4}{90 \times 4 \times 5} = 0.805$

㉢ $R_{ag} = ENR_a = 0.805 \times 20 \times 150 = 2,415$kN

65 기초의 구비조건에 대한 설명 중 틀린 것은?

① 상부하중을 안전하게 지지해야 한다.
② 기초깊이는 동결깊이 이하여야 한다.
③ 기초는 전체 침하나 부등침하가 전혀 없어야 한다.
④ 기초는 기술적, 경제적으로 시공 가능하여야 한다.

해설 기초의 구비조건
㉠ 최소한의 근입깊이를 가질 것(동해에 대한 안정)
㉡ 지지력에 대해 안정할 것
㉢ 침하에 대해 안정할 것(침하량이 허용값 이내에 들어야 한다.)
㉣ 시공이 가능할 것(경제적, 기술적)

66 Terzaghi의 얕은 기초에 대한 수정지지력공식에서 형상계수에 대한 설명 중 틀린 것은? (단, B는 단변의 길이, L은 장변의 길이이다.)

① 연속기초에서 $\alpha = 1.0$, $\beta = 0.5$이다.
② 원형기초에서 $\alpha = 1.3$, $\beta = 0.6$이다.
③ 정사각형 기초에서 $\alpha = 1.3$, $\beta = 0.4$이다.
④ 직사각형 기초에서 $\alpha = 1 + 0.3\dfrac{B}{L}$, $\beta = 0.5 - 0.1\dfrac{B}{L}$이다.

해설 형상계수

구분	연속	정사각형	직사각형	원형
α	1.0	1.3	$1 + 0.3\dfrac{B}{L}$	1.3
β	0.5	0.4	$0.5 - 0.1\dfrac{B}{L}$	0.3

여기서, B : 구형의 단변길이, L : 구형의 장변길이

67 모래지층 사이에 두께 6m의 점토층이 있다. 이 점토의 토질시험결과가 다음과 같을 때 이 점토의 90% 압밀을 요하는 시간은 약 얼마인가? (단, 1년은 365일로 하고, 물의 단위중량(γ_w)은 9.81kN/m³이다.)

- 간극비(e)=1.5
- 압축계수(a_v)=4×10^{-3}m²/kN
- 투수계수(K)=3×10^{-7}cm/s

① 50.7년 ② 12.7년
③ 5.07년 ④ 1.27년

해설 ㉠ $K = C_v m_v \gamma_w = C_v \dfrac{a_v}{1 + e_1}\gamma_w$

$3 \times 10^{-9} = C_v \times \dfrac{4 \times 10^{-3}}{1 + 1.5} \times 9.81$

$\therefore C_v = 1.91 \times 10^{-7}$m²/s

㉡ $t_{90} = \dfrac{0.848H^2}{C_v} = \dfrac{0.848 \times \left(\dfrac{6}{2}\right)^2}{1.91 \times 10^{-7}}$

$= 39,958,115.18$초

$= 1.27$년

68 흙의 활성도에 대한 설명으로 틀린 것은?

① 점토의 활성도가 클수록 물을 많이 흡수하여 팽창이 많이 일어난다.

② 활성도는 $2\mu m$ 이하의 점토함유율에 대한 액성지수의 비로 정의된다.

③ 활성도는 점토광물의 종류에 따라 다르므로 활성도로부터 점토를 구성하는 점토광물을 추정할 수 있다.

④ 흙입자의 크기가 작을수록 비표면적이 커져 물을 많이 흡수하므로 흙의 활성은 점토에서 뚜렷이 나타난다.

해설 활성도(activity)

㉠ $A = \dfrac{\text{소성지수}(I_p)}{2\mu \text{ 이하의 점토함유율}(\%)}$

㉡ 점토가 많으면 활성도가 커지고 공학적으로 불안정한 상태가 되며 팽창, 수축이 커진다.

69 모래나 점토 같은 입상재료를 전달할 때 발생하는 다일레이턴시(dilatancy)현상과 간극수압의 변화에 대한 설명으로 틀린 것은?

① 정규압밀점토에서는 (−)다일레이턴시에 (+)의 간극수압이 발생한다.

② 과압밀점토에서는 (+)다일레이턴시에 (−)의 간극수압이 발생한다.

③ 조밀한 모래에서는 (+)다일레이턴시가 일어난다.

④ 느슨한 모래에서는 (+)다일레이턴시가 일어난다.

해설 ㉠ 조밀한 모래나 과압밀점토에서는 (+)Dilatancy에 (−)공극수압이 발생한다.

㉡ 느슨한 모래나 정규압밀점토에서는 (−)Dilatancy에 (+)공극수압이 발생한다.

70 다음 그림과 같은 지반에서 유효응력에 대한 점착력 및 마찰각이 각각 $c' = 10\text{kN/m}^2$, $\phi' = 20°$일 때 A점에서의 전단강도는? (단, 물의 단위중량은 9.81kN/m^3이다.)

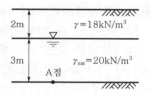

① 34.23kN/m^2 ② 44.94kN/m^2

③ 54.25kN/m^2 ④ 66.17kN/m^2

해설 ㉠ $\sigma = 18 \times 2 + 20 \times 3 = 96\text{kN/m}^2$

$u = 9.81 \times 3 = 29.43\text{kN/m}^2$

$\sigma' = \sigma - u = 96 - 29.43 = 66.57\text{kN/m}^2$

㉡ $\tau = c + \sigma' \tan\phi = 10 + 66.57 \times \tan 20°$

$= 34.23\text{kN/m}^2$

71 다음 그림에서 각 층의 손실수두 Δh_1, Δh_2, Δh_3를 각각 구한 값으로 옳은 것은? (단, k는 cm/s, H와 Δh는 m단위이다.)

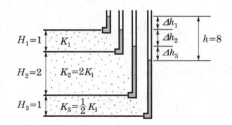

① $\Delta h_1 = 2$, $\Delta h_2 = 2$, $\Delta h_3 = 4$

② $\Delta h_1 = 2$, $\Delta h_2 = 3$, $\Delta h_3 = 3$

③ $\Delta h_1 = 2$, $\Delta h_2 = 4$, $\Delta h_3 = 2$

④ $\Delta h_1 = 2$, $\Delta h_2 = 5$, $\Delta h_3 = 1$

해설 비균질 흙에서의 투수

㉠ 토층이 수평방향일 때 투수가 수직으로 일어날 경우 전체 토층을 균일 이방성층으로 생각하므로 각 층에서의 유출속도가 같다.

$V = K_1 i_1 = K_2 i_2 = K_3 i_3$

$K_1 \dfrac{\Delta h_1}{1} = 2K_1 \dfrac{\Delta h_2}{2} = \dfrac{1}{2}K_1 \dfrac{\Delta h_3}{1}$

$\therefore \Delta h_1 = \Delta h_2 = \dfrac{\Delta h_3}{2}$

㉡ $H = \Delta h_1 + \Delta h_2 + \Delta h_3 = 8$

$\therefore \Delta h_1 = 2$, $\Delta h_2 = 2$, $\Delta h_3 = 4$

72 다음 그림과 같이 수평지표면 위에 등분포하중 q가 작용할 때 연직옹벽에 작용하는 주동토압의 공식으로 옳은 것은? (단, 뒤채움 흙은 사질토이며, 이 사질토의 단위중량을 γ, 내부마찰각을 ϕ라 한다.)

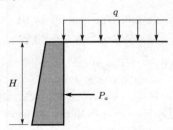

① $P_a = \left(\dfrac{1}{2}\gamma H^2 + qH\right)\tan^2\left(45° - \dfrac{\phi}{2}\right)$

② $P_a = \left(\dfrac{1}{2}\gamma H^2 + qH\right)\tan^2\left(45° + \dfrac{\phi}{2}\right)$

③ $P_a = \left(\dfrac{1}{2}\gamma H^2 + qH\right)\tan^2\phi$

④ $P_a = \left(\dfrac{1}{2}\gamma H^2 + q\right)\tan^2\phi$

해설 $P_a = \dfrac{1}{2}\gamma_t h^2 K_a + q_s K_a h$

$\qquad = \left(\dfrac{1}{2}\gamma_t h^2 + q_s h\right)K_a$

73 다음 중 흙댐(Dam)의 사면안정검토 시 가장 위험한 상태는?

① 상류사면의 경우 시공 중과 만수위일 때
② 상류사면의 경우 시공 직후와 수위급강하일 때
③ 하류사면의 경우 시공 직후와 수위급강하일 때
④ 하류사면의 경우 시공 중과 만수위일 때

해설
상류측 사면이 가장 위험할 때	하류측 사면이 가장 위험할 때
• 시공 직후 • 수위급강하 시	• 시공 직후 • 정상침투 시

74 다음 그림에서 흙의 단면적이 40cm²이고 투수계수가 0.1cm/s일 때 흙 속을 통과하는 유량은?

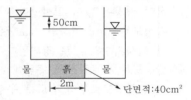

① $1\text{m}^3/\text{h}$
② $1\text{cm}^3/\text{s}$
③ $100\text{m}^3/\text{h}$
④ $100\text{cm}^3/\text{s}$

해설 $Q = KiA = K\dfrac{h}{L}A = 0.1 \times \dfrac{50}{200} \times 40 = 1\text{cm}^3/\text{s}$

75 5m×10m의 장방형기초 위에 $q=60\text{kN/m}^2$의 등분포하중이 작용할 때 지표면 아래 10m에서의 연직응력 증가량($\Delta\sigma_v$)은? (단, 2:1 응력분포법을 사용한다.)

① 10kN/m^2
② 20kN/m^2
③ 30kN/m^2
④ 40kN/m^2

해설 $\Delta\sigma_v = \dfrac{BLq_s}{(B+Z)(L+Z)}$

$\qquad = \dfrac{5 \times 10 \times 60}{(5+10) \times (10+10)} = 10\text{kN/m}^2$

76 도로의 평판재하시험방법(KS F 2310)에서 시험을 끝낼 수 있는 조건이 아닌 것은?

① 재하응력이 현장에서 예상할 수 있는 가장 큰 접지압력의 크기를 넘으면 시험을 멈춘다.
② 재하응력이 그 지반의 항복점을 넘을 때 시험을 멈춘다.
③ 침하가 더 이상 일어나지 않을 때 시험을 멈춘다.
④ 침하량이 15mm에 달할 때 시험을 멈춘다.

해설 평판재하시험(PBT-test)이 끝나는 조건
㉠ 침하량이 15mm에 달할 때
㉡ 하중강도가 최대 접지압을 넘어 항복점을 초과할 때

정답 72. ① 73. ② 74. ② 75. ① 76. ③

77 다짐되지 않은 두께 2m, 상대밀도 40%의 느슨한 사질토지반이 있다. 실내시험결과 최대 및 최소 간극비가 0.80, 0.40으로 각각 산출되었다. 이 사질토를 상대밀도 70%까지 다짐할 때 두께는 얼마나 감소되겠는가?

① 12.41cm　　② 14.63cm

③ 22.71cm　　④ 25.83cm

[해설] ㉠ $D_r = \dfrac{e_{max} - e}{e_{max} - e_{min}} \times 100$ 에서

$40 = \dfrac{0.8 - e_1}{0.8 - 0.4} \times 100$

$\therefore e_1 = 0.64$

$70 = \dfrac{0.8 - e_2}{0.8 - 0.4} \times 100$

$\therefore e_2 = 0.52$

㉡ $\Delta H = \dfrac{e_1 - e_2}{1 + e_1} H = \dfrac{0.64 - 0.52}{1 + 0.64} \times 200$

　　$= 14.63\text{cm}$

78 포화된 점토에 대하여 비압밀비배수(UU) 삼축압축시험을 하였을 때의 결과에 대한 설명으로 옳은 것은? (단, ϕ는 마찰각이고, c는 점착력이다.)

① ϕ와 c가 나타나지 않는다.

② ϕ와 c가 모두 "0"이 아니다.

③ ϕ는 "0"이고, c는 "0"이 아니다.

④ ϕ는 "0"이 아니지만, c는 "0"이다.

[해설] UU시험($S_r = 100\%$)의 결과는 $\phi = 0$이고,

$c = \dfrac{\sigma_1 - \sigma_3}{2}$ 이다.

79 흐트러지지 않은 시료를 이용하여 액성한계 40%, 소성한계 22.3%를 얻었다. 정규압밀점토의 압축지수(C_c)값을 Terzaghi와 Peck의 경험식에 의해 구하면?

① 0.25　　② 0.27

③ 0.30　　④ 0.35

[해설] $C_c = 0.009(W_L - 10) = 0.009 \times (40 - 10) = 0.27$

80 연약지반개량공법에 대한 설명 중 틀린 것은?

① 샌드드레인공법은 2차 압밀비가 높은 점토 및 이탄 같은 유기질 흙에 큰 효과가 있다.

② 화학적 변화에 의한 흙의 강화공법으로는 소결공법, 전기화학적 공법 등이 있다.

③ 동압밀공법 적용 시 과잉간극수압의 소산에 의한 강도 증가가 발생한다.

④ 장기간에 걸친 배수공법은 샌드드레인이 페이퍼드레인보다 유리하다.

[해설] sand drain공법과 paper drain공법은 두꺼운 점성토지반에 적합하다.

제1과목 · 콘크리트공학

01 프리스트레스트 콘크리트에서 굵은 골재의 최대 치수는 보통의 경우 얼마를 표준으로 하는가?

① 15mm 　② 25mm
③ 40mm 　④ 50mm

02 콘크리트의 내구성 향상방안으로 틀린 것은?

① 알칼리금속이나 염화물의 함유량이 많은 재료를 사용한다.
② 내구성이 우수한 골재를 사용한다.
③ 물-결합재비를 될 수 있는 한 적게 한다.
④ 목적에 맞는 시멘트나 혼화재료를 사용한다.

> **해설** 알칼리금속이온(Na^+, K^+, OH^-)이 많아지면 알칼리골재반응이 일어나고, 염화물이 많아지면 염해현상이 일어나 내구성이 저하된다.

03 고강도 콘크리트에 대한 설명으로 틀린 것은?

① 콘크리트의 강도를 확보하기 위하여 공기연행제를 사용하는 것을 원칙으로 한다.
② 고강도 콘크리트의 설계기준압축강도는 일반적으로 40MPa 이상으로 하며, 고강도 경량골재 콘크리트는 27MPa 이상으로 한다.
③ 고강도 콘크리트에 사용되는 굵은 골재의 최대 치수는 40mm 이하로서 가능한 25mm 이하로 하며 철근 최소 수평순간격의 3/4 이내의 것을 사용하도록 한다.
④ 단위시멘트양은 소요의 워커빌리티 및 강도를 얻을 수 있는 범위 내에서 가능한 적게 되도록 시험에 의해 정하여야 한다.

> **해설** 고강도 콘크리트 : 기상의 변화가 심하거나 동결융해에 대한 대책이 필요한 경우를 제외하고는 공기연행제를 사용하지 않는 것을 원칙으로 한다.

04 콘크리트의 받아들이기 품질검사항목 중 염소이온량시험의 시기 및 횟수에 대한 규정으로 옳은 것은?

① 바다잔골재를 사용할 경우 : 2회/일, 그 밖의 경우 : 1회/주
② 바다잔골재를 사용할 경우 : 1회/일, 그 밖의 경우 : 2회/주
③ 바다잔골재를 사용할 경우 : 2회/일, 그 밖의 경우 : 2회/주
④ 바다잔골재를 사용할 경우 : 1회/일, 그 밖의 경우 : 1회/주

> **해설** 콘크리트 받아들이기 품질검사

구분	시기 및 횟수
염소이온량	• 바다잔골재를 사용할 경우 : 2회/일 • 그 밖의 경우 : 1회/주

05 콘크리트의 압축강도를 시험하여 거푸집널을 해체하고자 할 때 다음과 같은 조건에서 콘크리트 압축강도(f_{cu})가 얼마 이상인 경우 해체 가능한가?

> • 부재 : 슬래브의 밑면(단층구조)
> • 콘크리트의 설계기준압축강도 : 24MPa

① 7MPa 이상 　② 10MPa 이상
③ 13MPa 이상 　④ 16MPa 이상

[해설] $f_{cu} = 24 \times \dfrac{2}{3} = 16MPa$ 이상

[참고] 콘크리트의 압축강도를 시험한 경우 거푸집널의 해체시기

부재	콘크리트 압축강도(f_{cu})
확대기초, 보 옆, 기둥 등의 측벽	5MPa 이상
슬래브 및 보의 밑면, 아치내면	설계기준압축강도의 2/3배 이상, 또한 최소 14MPa 이상

06 순환골재 콘크리트에 대한 설명으로 틀린 것은?

① 순환골재 콘크리트의 공기량은 보통 골재를 사용한 콘크리트보다 1% 크게 하여야 한다.

② 순환골재 콘크리트의 제조에 있어서 순환 굵은 골재의 최대 치수는 40mm 이하로 하되 가능하면 25mm 이하의 것을 사용하는 것이 좋다.

③ 콘크리트용 순환골재의 품질을 정하는 기준항목 중 절대건조밀도(g/cm^3)는 순환 굵은 골재인 경우 2.5 이상, 순환잔골재인 경우 2.3 이상이어야 한다.

④ 순환골재를 사용하여 설계기준압축강도 27MPa 이하의 콘크리트를 제조할 경우 순환 굵은 골재의 최대 치환량은 총 굵은 골재용적의 60%, 순환잔골재의 최대 치환량은 총잔골재용적의 30% 이하로 한다.

[해설] 순환골재 콘크리트

㉠ 순환골재 콘크리트의 제조에 있어서 순환 굵은 골재의 최대 치수는 25mm 이하로 하되 가능하면 20mm 이하의 것을 사용하는 것이 좋다.

㉡ 순환골재사용방법

설계기준압축강도(MPa)	사용골재	
	굵은 골재	잔골재
27 이하	굵은 골재용적의 60% 이하	잔골재용적의 30% 이하
	혼합사용 시 총골재용적의 30% 이하	

07 콘크리트 압축강도추정을 위한 반발경도시험 (KS F 2730)에 대한 설명으로 틀린 것은?

① 콘크리트는 함수율이 증가함에 따라 반발경도가 크게 측정되므로 콘크리트 습윤상태에 따른 보정을 실시하여야 한다.

② 0℃ 이하의 온도에서 콘크리트는 정상보다 높은 반발경도를 나타내므로 콘크리트 내부가 완전히 융해된 후에 시험해야 한다.

③ 타격위치는 가장자리로부터 100mm 이상 떨어지고 서로 30mm 이내로 근접해서는 안 된다.

④ 시험할 콘크리트 부재는 두께가 100mm 이상이어야 하며 하나의 구조체에 고정되어야 한다.

[해설] 반발경도시험(KS F 2730) : 콘크리트는 함수율이 증가함에 따라 강도가 저하되고 반발경도도 저하되므로 표면이 젖어있지 않은 상태에서 시험을 해야 한다.

08 프리스트레스트 콘크리트에서 프리스트레싱할 때의 유의사항에 대한 설명으로 틀린 것은?

① 긴장재에 대해 순차적으로 프리스트레싱을 실시할 경우는 각 단계에 있어서 콘크리트에 유해한 응력이 생기지 않도록 한다.

② 프리텐션방식의 경우 긴장재에 주는 인장력은 고정장치의 활동에 의한 손실을 고려하여야 한다.

③ 프리스트레싱작업 중에는 어떠한 경우라도 인장장치 또는 고정장치 뒤에 사람이 서 있지 않도록 하여야 한다.

④ 긴장재에 인장력이 주어지도록 긴장할 때 인장력을 설계값 이상으로 주었다가 다시 설계값으로 낮추어 정확한 힘이 전달되도록 시공하여야 한다.

[해설] ㉠ 긴장재에 대해 순차적으로 프리스트레싱을 실시할 경우는 각 단계에 있어서 콘크리트에 유해한 응력이 생기지 않도록 해야 한다.

㉡ 긴장재는 이것을 구성하는 각각의 PS강재에 소정의 인장력이 주어지도록 긴장하여야 한다. 이때 인장력을 설계값 이상으로 주었다가 다시 설계값으로 낮추는 방법으로 시공을 하지 않아야 한다.

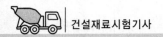
09 콘크리트의 건조수축특성에 대한 설명으로 틀린 것은?

① 콘크리트 부재의 크기는 콘크리트 내의 수분이동속도와 양에 영향을 주므로 건조수축에도 영향을 준다.

② 일반적으로 골재의 탄성계수가 클수록 콘크리트의 수축을 효과적으로 감소시킬 수 있다.

③ 단위수량이 증가할수록 콘크리트의 건조수축량은 증가한다.

④ 증기양생을 한 콘크리트의 경우 건조수축이 증가한다.

해설 증기양생을 하면 건조수축이 작아진다.

10 경화한 콘크리트는 건전부와 균열부에서 측정되는 초음파전파시간이 다르게 되어 전파속도가 다르다. 이러한 전파속도의 차이를 분석함으로써 균열의 깊이를 평가할 수 있는 비파괴시험방법은?

① Tc – To방법 ② 분극저항법
③ RC – Radar법 ④ 전자파레이더법

해설 Tc – To법 : 수신자와 발신자를 균열의 중심으로 등간격 x로 배치한 경우의 전파시간 Tc와 균열이 없는 부근 $2x$에서의 전파시간 To로부터 균열깊이 h를 추정하는 방법이다.

11 서중 콘크리트에 대한 설명으로 틀린 것은?

① 하루평균기온이 25℃를 초과하는 것이 예상되는 경우 서중 콘크리트로 시공한다.

② 일반적으로 기온 10℃의 상승에 대하여 단위수량은 2~5% 감소하므로 단위수량에 비례하여 단위시멘트양의 감소를 검토하여야 한다.

③ 콘크리트를 타설하기 전에 지반과 거푸집 등을 조사하여 콘크리트로부터의 수분흡수로 품질변화의 우려가 있는 부분은 습윤상태로 유지하는 등의 조치를 하여야 한다.

④ 콘크리트는 비빈 후 즉시 타설하여야 하며 일반적인 대책을 강구한 경우라도 1.5시간 이내에 타설하여야 한다.

해설 서중 콘크리트 : 일반적으로 10℃의 상승에 대하여 단위수량은 2~5% 증가하므로 소요의 압축강도를 확보하기 위해서는 단위수량에 비례하여 단위시멘트양의 증가를 검토하여야 한다.

12 수중 콘크리트에 대한 설명으로 틀린 것은?

① 일반 수중 콘크리트는 수중에서 시공할 때의 강도가 표준공시체강도의 0.2~0.5배가 되도록 배합강도를 설정하여야 한다.

② 수중 불분리성 콘크리트에 사용하는 굵은 골재의 최대 치수는 40mm 이하를 표준으로 한다.

③ 지하연속벽에 사용하는 수중 콘크리트의 경우 지하연속벽을 가설만으로 이용할 경우에는 단위시멘트양은 300kg/m^3 이상으로 하여야 한다.

④ 일반 수중 콘크리트의 타설에서 완전히 물막이를 할 수 없는 경우에도 유속은 50mm/s 이하로 하여야 한다.

해설 수중 콘크리트의 배합강도 : 일반 수중 콘크리트는 수중에서 시공할 때의 강도가 표준공시체강도의 0.6~0.8배가 되도록 배합강도를 설정하여야 한다.

13 콘크리트 시방배합설계 계산에서 단위골재의 절대용적이 689L이고 잔골재율이 41%, 굵은 골재의 표건밀도가 2.65g/cm³일 경우 단위 굵은 골재량은?

① 730.34kg ② 1021.24kg
③ 1077.25kg ④ 1137.11kg

해설 ㉠ 단위잔골재의 절대체적＝0.689×0.41
＝0.282m³
㉡ 단위 굵은 골재의 절대체적＝0.689−0.282
＝0.407m³
㉢ 단위 굵은 골재량＝0.407×2.65×1,000
＝1078.55kg

14 콘크리트 배합에 관한 일반적인 설명으로 틀린 것은?

① 유동화 콘크리트의 경우 유동화 후 콘크리트의 워커빌리티를 고려하여 잔골재율을 결정할 필요가 있다.

② 잔골재율은 소요의 워커빌리티를 얻을 수 있는 범위 내에서 단위수량이 최대가 되도록 시험에 의하여 정하여야 한다.

③ 공사 중에 잔골재의 입도가 변하여 조립률이 ±0.20 이상 차이가 있을 경우에는 워커빌리티가 변화하므로 배합을 수정할 필요가 있다.

④ 고성능 공기연행감수제를 사용한 콘크리트의 경우로서 물-결합재비 및 슬럼프가 같으면 일반적인 공기연행감수제를 사용한 콘크리트와 비교하여 잔골재율을 1~2% 정도 크게 하는 것이 좋다.

해설 잔골재율은 소요의 워커빌리티를 얻을 수 있는 범위 내에서 단위수량이 최소가 되도록 한다.

15 콘크리트 배합설계에서 압축강도의 표준편차를 알지 못하고 설계기준압축강도(f_{ck})가 25MPa일 때 콘크리트 표준시방서에 따른 배합강도(f_{cr})는?

① 30.5MPa
② 32.0MPa
③ 33.5MPa
④ 35.0MPa

해설 $f_{cr} = f_{ck} + 8.5 = 25 + 8.5 = 33.5\text{MPa}$

[참고] 콘크리트 압축강도의 표준편차를 알지 못할 때 또는 압축강도의 시험횟수가 14회 이하일 때의 콘크리트의 배합강도

설계기준압축강도 (f_{ck}[MPa])	배합강도 (f_{cr}[MPa])
21 미만	$f_{ck} + 7$
21 이상 35 이하	$f_{ck} + 8.5$
35 초과	$1.1f_{ck} + 5$

16 거푸집의 높이가 높을 경우 연직슈트 또는 펌프 배관의 배출구를 타설면 가까운 곳까지 내려서 콘크리트를 타설해야 한다. 이 경우 슈트, 펌프 배관, 버킷, 호퍼 등의 배출구와 타설면까지의 높이는 최대 몇 m 이하를 원칙으로 하는가?

① 0.5m
② 1.0m
③ 1.5m
④ 2.0m

해설 콘크리트 타설 : 슈트, 펌프배관, 버킷, 호퍼 등의 배출구와 타설면까지의 높이는 1.5m 이하를 원칙으로 한다.

17 콘크리트의 타설에 대한 설명으로 틀린 것은?

① 타설한 콘크리트를 거푸집 안에서 횡방향으로 이동시켜서는 안 된다.

② 한 구획 내의 콘크리트는 타설이 완료될 때까지 연속해서 타설하여야 한다.

③ 콘크리트 타설 도중 표면에 떠올라 고인 블리딩수가 있을 경우에는 콘크리트 표면에 홈을 만들어 배수처리하여야 한다.

④ 콘크리트는 그 표면이 한 구획 내에서는 거의 수평이 되도록 타설하는 것을 원칙으로 한다.

해설 콘크리트 타설

콘크리트 타설 도중 표면에 떠올라 고인 블리딩수가 있을 경우에는 이 물을 제거한 후가 아니면 그 위에 콘크리트를 쳐서는 안 되며, 고인 물을 제거하기 위하여 콘크리트 표면에 홈을 만들면 시멘트풀이 씻겨나가 골재만 남게 되므로 이를 금해야 한다.

18 한중 콘크리트에서 주위의 기온이 영하 6℃, 비볐을 때의 콘크리트의 온도가 영상 15℃, 비빈 후부터 타설이 끝났을 때까지의 시간은 2시간이 소요되었다면 콘크리트 타설이 끝났을 때의 콘크리트 온도는 얼마인가?

① 6.7℃
② 7.2℃
③ 7.8℃
④ 8.7℃

해설 치기 종료 시 콘크리트 온도
$$T_2 = T_1 - 0.15(T_1 - T_0)t$$
$$= 15 - 0.15 \times (15 - (-6)) \times 2 = 8.7℃$$

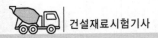

19 압력법에 의한 굳지 않은 콘크리트의 공기량시험(KS F 2421)에 대한 설명으로 틀린 것은?

① 물을 붓지 않고 시험(무주수법)하는 경우 용기의 용적은 7L 이상으로 한다.
② 물을 붓고 시험(주수법)하는 경우 용기의 용적은 적어도 5L로 한다.
③ 인공경량골재와 같은 다공질 골재를 사용한 콘크리트에 대해서도 적용된다.
④ 결과의 계산에서 콘크리트의 공기량은 콘크리트의 겉보기 공기량에서 골재수정계수를 뺀 값이다.

해설 압력법에 의한 공기량시험(KS F 2421) 적용 범위
　㉠ 굳지 않은 콘크리트의 공기함유량을 공기실의 압력 감소에 의해 구하는 시험방법이다.
　㉡ 굵은 골재 최대 치수 40mm 이하의 보통 골재를 사용한 콘크리트에 대해서는 적당하지만 골재수정계수가 정확히 구해지지 않는 인공경량골재와 같은 다공질 골재를 사용한 콘크리트에 대해서는 적당하지 않다.

20 팽창 콘크리트의 양생에 대한 설명으로 틀린 것은?

① 콘크리트를 타설한 후에는 살수 등 기타의 방법으로 습윤상태를 유지하며, 콘크리트 온도는 2℃ 이상을 5일간 이상 유지시켜야 한다.
② 보온양생, 급열양생, 증기양생 등의 촉진양생을 실시하면 충분한 소요의 품질을 확보할 수가 있어 품질확인을 위한 시험을 할 필요가 없어 편리하다.
③ 거푸집을 제거한 후 콘크리트의 노출면, 특히 슬래브 상부 및 외벽면은 직사일광, 급격한 건조 및 추위를 막기 위해 필요에 따라 양생매트, 시트 또는 살수 등에 의한 적당한 양생을 실시하여야 한다.
④ 콘크리트 거푸집널의 존치기간은 평균기온 20℃ 미만인 경우에는 5일 이상, 20℃ 이상인 경우에는 3일 이상을 원칙으로 한다.

해설 팽창 콘크리트의 양생 : 보온양생, 급열양생, 증기양생, 그 밖의 촉진양생을 실시할 경우에는 소요의 품질이 얻어지는지를 시험에 의해 확인하여야 한다.

제2과목 · 건설시공 및 관리

21 댐 기초처리를 위한 그라우팅의 종류 중 다음에서 설명하는 것은?

> 기초암반의 변형성이나 강도를 개량하여 균일성을 주기 위하여 기초 전반에 걸쳐 격자형으로 그라우팅을 하는 방법이다.

① 커튼 그라우팅
② 블랭킷 그라우팅
③ 콘택트 그라우팅
④ 컨솔리데이션 그라우팅

해설 컨솔리데이션 그라우팅
기초암반의 변형성 억제, 강도를 증가하여 지반개량을 하는 것으로서 기초 전반에 걸쳐 격자형으로 Grouting하는 공법이다.

22 도로토공을 위한 횡단측량결과가 다음 그림과 같을 때 Simpson 제2법칙에 의해 횡단면적을 구하면? (단, 그림의 단위는 m이다.)

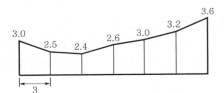

① 50.74m² 　　② 54.27m²
③ 57.63m² 　　④ 61.35m²

해설 $A = \dfrac{3h}{8}(y_o + 3\sum y_{\text{나머지}} + 2\sum y_{3배수} + y_n)$

$= \dfrac{3 \times 3}{8} \times [3 + 3 \times (2.5 + 2.4 + 3 + 3.2) + 2 \times 2.6 + 3.6]$

$= 50.74\text{m}^2$

23 터널보강공법 중 숏크리스트의 시공에서 탈락률을 감소시키는 방법으로 틀린 것은?

① 벽면과 직각으로 분사한다.
② 분사부착면을 거칠게 한다.
③ 배합 시 시멘트량을 감소시킨다.
④ 호스의 압력을 일정하게 유지한다.

해설 숏크리트 리바운드량 감소대책
㉠ 습식공법을 채용한다.
㉡ 노즐을 시공면과 직각으로 한다.
㉢ 단위시멘트양을 크게 한다.
㉣ 분사부착면을 거칠게 한다.
㉤ 호스의 압력을 일정하게 한다.

24 사질토로 25,000m³의 성토공사를 할 경우 굴착 토량(자연상태토량) 및 운반토량(흐트러진 상태 토량)은 얼마인가? (단, 토량변화율 $L=1.25$, $C=0.90$이다.)

① 굴착토량 = 35600.2m³,
  운반토량 = 23650.5m³
② 굴착토량 = 27777.8m³,
  운반토량 = 34722.2m³
③ 굴착토량 = 27531.5m³,
  운반토량 = 36375.2m³
④ 굴착토량 = 19865.3m³,
  운반토량 = 28652.8m³

해설 ㉠ 굴착토량 = $25,000 \times \dfrac{1}{C} = 25,000 \times \dfrac{1}{0.9}$

  $= 27777.8m^3$ (본바닥토량)

㉡ 운반토량 = $25,000 \times \dfrac{L}{C} = 25,000 \times \dfrac{1.25}{0.9}$

  $= 34722.2m^3$ (흐트러진 토량)

25 하수도 관로의 최소 흙두께(매설깊이)는 원칙 적으로 얼마를 하도록 되어 있는가?

① 1.2m　　② 1.0m
③ 0.8m　　④ 0.6m

26 아스팔트 콘크리트 포장과 비교한 시멘트 콘크 리트 포장의 특성에 대한 설명으로 틀린 것은?

① 내구성이 커서 유지관리비가 저렴하다.
② 표층은 교통하중을 하부층으로 전달하는 역할을 한다.
③ 국부적 파손에 대한 보수가 곤란하다.
④ 시공 후 충분한 강도를 얻는 데까지 장시 간의 양생이 필요하다.

해설 표층(콘크리트 슬래브)의 역할
㉠ 교통하중 지지(전단응력, 휨응력에 저항)
㉡ 노면수 침투 방지

27 교대에서 날개벽(Wing)의 역할로 가장 적당한 것은?

① 교대의 하중을 부담한다.
② 교량의 상부구조를 지지한다.
③ 유량을 경감하여 토사의 퇴적을 촉진시 킨다.
④ 배면(背面)토사를 보호하고 교대 부근의 세굴을 방지한다.

해설 교대의 날개벽은 교대 배면토의 보호 및 세굴을 방 지하는 역할을 한다.

28 뉴매틱케이슨(Pneumatic Caisson)공법의 특 징으로 틀린 것은?

① 소음과 진동이 커서 도시에서는 부적합 하다.
② 기초지반토질의 확인 및 정확한 지지력의 측정이 가능하다.
③ 굴착깊이에 제한이 없고 소규모 공사나 심도 깊은 공사에 경제적이다.
④ 기초지반의 보일링현상 및 히빙현상을 방 지할 수 있으므로 인접 구조물의 피해 우 려가 없다.

해설 굴착깊이에 제한이 있고 소규모 공사나 심도 깊은 공사 등에 비경제적이다.

29 샌드드레인(sand drain)공법에서 영향원의 지 름을 d_e, 모래말뚝의 간격을 d라 할 때 정삼 각형의 모래말뚝배열식으로 옳은 것은?

① $d_e = 1.13d$　　② $d_e = 1.10d$
③ $d_e = 1.05d$　　④ $d_e = 1.01d$

해설 sand drain의 배열
㉠ 정삼각형 : $d_e = 1.05d$
㉡ 정사각형 : $d_e = 1.13d$

2020년

30 자연함수비 8%인 흙으로 성토하고자 한다. 다짐한 흙의 함수비를 15%로 관리하도록 규정하였을 때 매 층마다 $1m^2$당 몇 kg의 물을 살수해야 하는가? (단, 1층의 다짐 후 두께는 20cm이고 토량변화율 $C=0.8$이며 원지반상태에서 흙의 밀도는 $1.8t/m^3$이다.)

① 21.59kg   ② 24.38kg

③ 27.33kg   ④ 29.17kg

해설 ㉠ $1m^2$당 본바닥체적 $= 1 \times 1 \times 0.2 \times \dfrac{1}{0.8} = 0.25m^3$

㉡ $w=8\%$일 때의 흙의 무게

$$\gamma_t = \frac{W}{V}$$

$$1.8 = \frac{W}{0.25}$$

$$\therefore W = 0.45t = 450kg$$

㉢ $w=8\%$일 때의 물의 무게

$$W_w = \frac{wW}{100+w} = \frac{8 \times 450}{100+8} = 33.33kg$$

㉣ $w=15\%$일 때의 물의 무게

$$8 : 33.33 = 15 : W_w$$

$$\therefore W_w = \frac{33.33 \times 15}{8} = 62.49kg$$

㉤ 추가할 물의 무게 $= 62.49 - 33.33 = 29.16kg$

31 터널굴착공법인 TBM공법의 특징에 대한 설명으로 틀린 것은?

① 터널 단면에 대한 분할굴착시공을 하므로 지질변화에 대한 확인이 가능하다.

② 기계굴착으로 인해 여굴이 거의 발생하지 않는다.

③ 1km 이하의 비교적 짧은 터널의 시공에는 비경제적인 공법이다.

④ 본바닥변화에 대하여 적응이 곤란하다.

해설 TBM은 전단면공법으로 지질변화에 대한 확인이 곤란하다.

32 주공정선(critical path)에 대한 설명으로 틀린 것은?

① 주공정선(critical path)상에서 모든 여유는 0(zero)이다.

② 주공정선(critical path)은 반드시 하나만 존재한다.

③ 공정의 단축수단은 주공정선(critical path)의 단축에 착안해야 한다.

④ 주공정선(critical path)에 의해 전체 공정이 좌우된다.

해설 주공정선(CP)

㉠ 네트워크상의 최장경로로서 모든 작업을 마치는 데 시간이 가장 긴 경로이다.

㉡ CP는 2개 이상 있을 수 있다.

㉢ CP상에서 모든 여유는 0이다.

33 폭우 시 옹벽 배면의 흙은 다량의 물을 함유하게 되는데 뒤채움 토사에 배수시설이 불량할 경우 침투수가 옹벽에 미치는 영향에 대한 설명으로 틀린 것은?

① 활동면에서의 양압력 발생

② 옹벽 저면에 대한 양압력 발생

③ 수동저항(passive resistance)의 증가

④ 포화 또는 부분포화에 의한 흙의 무게 증가

해설 지하수위가 상승하면 수평저항력은 감소한다.

34 PERT공정관리기법에 대한 설명으로 틀린 것은?

① PERT기법에서는 시간견적을 3점법으로 확률 계산한다.

② PERT기법은 결합점(Node) 중심의 일정 계산을 한다.

③ PERT기법은 공기단축을 목적으로 한다.

④ PERT기법은 경험이 있는 사업 및 반복사업에 이용된다.

해설 PERT와 CPM의 비교

구분 기법	PERT	CPM
대상	신규사업, 비반복사업	반복사업
공기추정	3점 견적법	1점 견적법
일정 계산	Event 중심의 일정 계산	Activity 중심의 일정 계산
주목적	공기단축	공비절감

35 불도저의 종류 중 배토판의 좌, 우를 밑으로 10~40cm 정도 기울여 경사면 굴착이나 도랑 파기 작업에 유리한 것은?

① U도저
② 틸트도저
③ 레이크도저
④ 스트레이트도저

36 유효다짐폭 3m의 10t 머캐덤롤러(macadam roller) 1대를 사용하여 성토의 다짐을 시행할 때 평균깔기 두께가 20cm, 평균작업속도가 2km/h, 다짐횟수를 10회, 작업효율을 0.6으로 하면 시간당 작업량은? (단, 토량환산계수(f)는 0.8로 한다.)

① 57.6m³/h
② 76.2m³/h
③ 85.4m³/h
④ 92.7m³/h

해설
$$Q = \frac{1,000\,VWHfE}{N}$$
$$= \frac{1,000 \times 2 \times 3 \times 0.2 \times 0.8 \times 0.6}{10}$$
$$= 57.6\text{m}^3/\text{h}$$

37 교량가설공법 중 동바리를 이용하는 공법이 아닌 것은?

① 새들(Saddle)공법
② 벤트(Bent)공법
③ 외팔보(Free Cantilever)공법
④ 가설트러스(Erection Truss)공법

해설 강교가설공법
㉠ 비계를 사용하는 공법 : 새들공법, 벤트공법. 이렉션트러스(election truss)공법, 스테이징벤트(staging bent)공법
㉡ 비계를 사용하지 않는 공법 : ILM공법, 캔틸레버식 공법(FCM공법), 케이블공법

38 지반 중에 초고압으로 가압된 경화재를 에어제트와 함께 이중관 선단에 부착된 분사노즐로 분사시켜 지반의 토립자를 교반하여 경화재와 혼합고결시키는 공법은?

① LW공법
② SGR공법
③ SCW공법
④ JSP공법

39 보조기층, 입도조정기층 등에 침투시켜 이들 층의 방수성을 높이고 그 위에 포설하는 아스팔트 혼합물과의 부착이 잘 되게 하기 위하여 보조기층 또는 기층 위에 역청재를 살포하는 것을 무엇이라 하는가?

① 프라임코트(prime coat)
② 택코트(tack coat)
③ 실코트(seal coat)
④ 패칭(patching)

해설 프라임코트 : 보조기층, 기층 등의 입상재료층에 점성이 낮은 역청재를 살포, 침투시켜 방수성을 높이고, 보조기층으로부터의 모관 상승을 차단하며 기층과 그 위에 포설하는 아스팔트 혼합물과의 부착을 좋게 하기 위해 역청재를 얇게 피복하는 것이다.

40 어느 토공현장의 흙의 운반거리가 60m, 전진속도 40m/min, 후진속도 80m/min, 기어변속시간 30초, 작업효율 0.8, 1회의 압토량 2.3m³, 토량변화율(L)이 1.2라면 불도저의 시간당 작업량은? (단, 본바닥토량으로 구하시오.)

① 33.45m³/h
② 39.27m³/h
③ 45.62m³/h
④ 51.93m³/h

해설 ㉠ $C_m = \dfrac{l}{v_1} + \dfrac{l}{v_2} + t_g = \dfrac{60}{40} + \dfrac{60}{80} + \dfrac{30}{60}$
$$= 2.75\text{분}$$

㉡ $Q = \dfrac{60qfE}{C_m} = \dfrac{60 \times 2.3 \times \dfrac{1}{1.2} \times 0.8}{2.75}$
$$= 33.45\text{m}^3/\text{h}$$

제3과목·건설재료 및 시험

41 아스팔트 혼합물에서 채움재(filler)를 혼합하는 목적은 다음 중 어느 것인가?

① 아스팔트의 공극을 메우기 위해서
② 아스팔트의 비중을 높이기 위해서
③ 아스팔트의 침입도를 높이기 위해서
④ 아스팔트의 내열성을 증가시키기 위해서

2020년

해설 채움재 : 석회석분말, 시멘트, 소석회 등이 사용되는 필러는 골재입자의 아스팔트 피막의 점도를 상승시키고 강도에 영향을 주며 잔골재 이상의 골재 간극을 채우는 역할을 한다.

42 면이 원칙적으로 거의 사각형에 가까운 것으로 4면을 쪼개어 면을 직각으로 측정한 길이가 면의 최소변의 1.5배 이상인 석재는?

① 사고석 ② 견치석
③ 각석   ④ 판석

해설 석재의 형상
　㉠ 각석 : 폭이 두께의 3배 미만이고 어느 정도의 길이를 가진 석재이다.
　㉡ 판석 : 폭이 두께의 3배 이상이고 두께가 15cm 미만인 판모양의 석재이다.
　㉢ 견치석 : 면은 거의 정사각형에 가깝고 면에 직각으로 잰 공장은 면의 최소변의 1.5배 이상인 석재이다.
　㉣ 사고석 : 면은 거의 정사각형에 가깝고 면에 직각으로 잰 공장은 면의 최소변의 1.2배 이상인 석재이다.

43 콘크리트용 천연 굵은 골재의 유해물함유량한도(질량 백분율)에 대한 설명으로 틀린 것은?

① 연한 석편은 2.0% 이하여야 한다.
② 점토덩어리는 0.25% 이하여야 한다.
③ 0.08mm체 통과량은 1.0% 이하여야 한다.
④ 콘크리트의 외관이 중요한 경우 석탄, 갈탄 등으로 밀도 0.002g/mm³의 액체에 뜨는 것은 0.5% 이하여야 한다.

해설 굵은 골재의 유해물함유량한도(질량 백분율)

종류	최대값(%)
점토덩어리	0.25
연한 석편	5
0.08mm체 통과량	1
석탄, 갈탄 등으로 밀도 0.002g/mm³의 액체에 뜨는 것 • 콘크리트의 외관이 중요한 경우 • 기타의 경우	0.5 1

44 양이온계 유화 아스팔트 중 택코트용으로 사용하는 것은?

① RS(C)-1 ② RS(C)-2
③ RS(C)-3 ④ RS(C)-4

해설 택코트에 사용하는 역청재료는 컷백 아스팔트로는 RC-0, RC-1 또는 유화 아스팔트로는 RS(C)-4로 한다.

45 화약에 대한 설명으로 틀린 것은?

① 흑색화약은 원용적의 약 300배의 가스로 팽창하여 2,000℃의 열과 660MPa의 압력을 발생시킨다.
② 무연화약은 흑색화약에 비해 낮은 압력을 비교적 장기간 작용시킬 수 있다.
③ 흑색화약은 내습성이 뛰어나 젖어도 쉽게 발화하는 장점이 있다.
④ 무연화약은 연소성을 조절할 수 있으므로 총탄, 포탄, 로켓 등의 발사에 사용된다.

해설 흑색화약
　㉠ 질산칼슘(KNO₃) 70%, 황(S) 15%, 목탄(C) 15% 비율로 섞어 만든 것으로 유연화약이라고도 한다.
　㉡ 폭파력은 매우 강하지 않으나 값이 싸고 다루기에 위험이 적으며 발화가 간단하다.
　㉢ 흡수성이 크며 젖으면 발화하지 않고, 물속에서는 폭발하지 않는 결점이 있다.

46 어떤 재료의 푸아송비가 1/30이고 탄성계수가 $2×10^5$MPa일 때 전단탄성계수는?

① 25,600MPa ② 75,000MPa
③ 544,000MPa ④ 229,500MPa

해설 $G = \dfrac{E}{2(1+\nu)} = \dfrac{2×10^5}{2×\left(1+\dfrac{1}{3}\right)} = 75,000$MPa

47 콘크리트용 화학혼화제(KS F 2560)에서 규정하고 있는 AE제의 품질성능(화학혼화제의 요구성능)에 대한 규정항목이 아닌 것은?

① 감수율 ② 경시변화량
③ 길이변화비 ④ 블리딩양의 비

해설 화학혼화제의 요구성능(KS F 2560)

구분	AE제
감수율(%)	6 이상
블리딩양의 비(%)	75 이하
길이변화비(%)	120 이하

48 표면건조포화상태의 시료 1,780g을 공기 중에서 건조시켰더니 1,731g이 되었고, 이를 다시 노건조시켰더니 1,709g이 되었다. 이 골재시료의 흡수율은?

① 1.3% ② 2.8%
③ 3.9% ④ 4.2%

해설
$$흡수율 = \frac{B-D}{D} \times 100$$
$$= \frac{표건상태의\ 중량 - 절대건조상태의\ 중량}{절대건조상태의\ 중량} \times 100$$
$$= \frac{1,780-1,709}{1,709} \times 100$$
$$= 4.15\%$$

49 시멘트의 응결에 대한 설명으로 틀린 것은?

① 단위수량이 많으면 응결은 지연된다.
② 온도가 높을수록 응결은 빨라진다.
③ C_3A가 많을수록 응결은 지연된다.
④ 분말도가 높으면 응결은 빨라진다.

해설 시멘트의 응결
㉠ 분말도가 클수록 응결은 빨라진다.
㉡ C_3A가 많을수록 응결은 빨라진다.
㉢ 온도가 높을수록 응결은 빨라진다.
㉣ 석고의 첨가량이 많을수록 응결은 지연된다.
㉤ 풍화된 시멘트는 응결이 지연된다.

50 혼화재로서 실리카퓸을 사용한 콘크리트의 특성으로 틀린 것은?

① 내화학약품성이 향상된다.
② 재료분리저항성이 향상된다.
③ 소요의 단위수량이 감소된다.
④ 콘크리트의 강도가 증가된다.

해설 실리카퓸
㉠ 장점
 • Bleeding이 감소한다.
 • 재료분리가 생기지 않는다.
 • 조직이 치밀하므로 강도가 커지고 수밀성, 화학적 저항성 등이 커진다.
㉡ 단점
 • 워커빌리티가 작아진다.
 • 단위수량, 건조수축이 커진다.

51 석재의 일반적인 성질에 대한 설명으로 틀린 것은?

① 암석의 압축강도가 50MPa 이상을 경석, 10MPa 이상~50MPa 미만을 준경석, 10MPa 미만을 연석이라 한다.
② 암석의 구조에서 암석 특유의 천연적으로 갈라진 금을 절리, 퇴적암이나 변성암에서 나타나는 평행의 절리를 층리라 한다.
③ 석재는 강도 중에서 압축강도가 제일 크며 인장, 휨 및 전단강도는 작기 때문에 구조용으로 사용할 경우 주로 압축력을 받는 부분에 사용된다.
④ 석재는 열에 대한 양도체이기 때문에 열의 분포가 균일하며 1,000℃ 이상의 고온으로 가열하여도 잘 견디는 내화성 재료이다.

해설 ㉠ 암석의 구조
 • 절리 : 암석 특유의 천연적인 균열
 • 층리 : 퇴적암이나 변성암의 일부에서 생기는 평행상의 절리
㉡ 내화성 : 석재로 사용되는 암석은 열에 대한 불량도체이기 때문에 열의 불균등분포가 생겨 내부열응력에 의해 1,000℃ 이상으로 가열하면 조직이 파괴된다.

52 목재의 강도 중 가장 큰 것은?

① 섬유에 평행방향의 압축강도
② 섬유에 직각방향의 압축강도
③ 섬유에 평행방향의 인장강도
④ 섬유에 평행방향의 전단강도

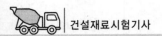

해설 목재
ㄱ 섬유에 평행한 인장강도는 목재의 제 강도 중에서 제일 크다(세로인장강도는 세로압축강도의 약 2.5배 정도이다).
ㄴ 휨강도는 세로압축강도의 1.5배이다.

53 시멘트 클링커화합물의 특성으로 틀린 것은?

① C_3S는 C_2S에 비하여 수화열이 크고 초기 강도가 크다.
② C_2S는 수화열이 작으며 장기강도발현성과 화학저항성이 우수하다.
③ C_3A는 수화속도가 매우 빠르지만 수화발열량과 수축은 매우 적다.
④ C_4AF는 화학저항성이 양호해서 내황산염 시멘트에 많이 함유되어 있다.

해설 ㄱ C_3A는 수화작용이 아주 빠르고 수축도 커서 균열이 잘 일어난다.
ㄴ C_3S는 C_2S보다 수화작용이 빠르고 초기강도가 크다.
ㄷ C_4AF는 수화작용이 느리고 조기강도, 장기강도가 작으며, 수축량이 작고 화학저항성이 크다.

[참고] 클링커의 조성광물

중요화합물	광물의 특성		
	조기강도	장기강도	화학저항성
C_3A	대	소	소
C_3S	대	중	중
C_2S	소	대	대
C_4AF	소	소	대

54 다음에서 설명하는 토목섬유의 종류와 그 주요 기능으로 옳은 것은?

폴리머를 관상으로 압축시키면서 격자모양의 그리드형태로 구멍을 내어 특수하게 만든 후 여러 모양으로 넓게 늘여 편 형태의 토목섬유

① 지오그리드 – 보강
② 지오멤브레인 – 보강
③ 지오네트 – 차단
④ 지오매트 – 차단

55 아스팔트의 인화점과 연소점에 대한 설명으로 틀린 것은?

① 아스팔트를 가열하여 어느 일정 온도에 도달할 때 화기를 가까이 했을 경우 인화하는데, 이때 최저온도를 인화점이라 한다.
② 아스팔트가 인화되어 연소할 때의 최고온도를 연소점이라 한다.
③ 인화점은 연소점보다 온도가 낮다.
④ 아스팔트의 가열 시에 위험도를 알기 위해 인화점과 연소점을 측정한다.

해설 ㄱ 아스팔트를 가열하여 불을 가까이하는 순간에 불이 붙을 때의 온도를 인화점이라 하고, 아스팔트를 계속 가열하면 불꽃이 5초 동안 계속되는데, 이때의 온도를 연소점이라 한다.
ㄴ 연소점은 인화점보다 25~60℃ 정도 높다.

56 AE제를 사용한 콘크리트의 특성에 대한 설명으로 틀린 것은?

① 철근과의 부착강도가 작다.
② 동결융해에 대한 저항성이 크다.
③ 콘크리트 블리딩현상이 증가된다.
④ 콘크리트의 워커빌리티를 개선하는 데 효과가 있다.

해설 AE 콘크리트
ㄱ 워커빌리티가 커지고 블리딩이 감소한다.
ㄴ 단위수량이 적어진다.
ㄷ 알칼리골재반응의 영향이 적다.
ㄹ 동결융해에 대한 내구성이 크게 증가한다.
ㅁ 철근과의 부착강도가 조금 작아진다.

57 콘크리트용 골재(KS F 2527)에 규정되어 있는 콘크리트용 골재의 물리적 성질에 대한 설명으로 틀린 것은? (단, 천연골재의 굵은 골재, 잔골재이다.)

① 굵은 골재의 절대건조밀도는 $2.5g/cm^3$ 이상이어야 한다.
② 잔골재의 안정성은 15% 이하이어야 한다.
③ 잔골재의 흡수율은 3.0% 이하이어야 한다.
④ 굵은 골재의 마모율은 40% 이하이어야 한다.

[해설] 콘크리트용 골재(KS F 2527)

㉠ 특징

잔골재	굵은 골재

• 절건밀도
  : 2.5g/cm³ 이상
• 흡수율 : 3% 이하
• 안정성 : 10% 이하
	• 절건밀도
	  : 2.5g/cm³ 이상
	• 흡수율 : 3% 이하
	• 안정성 : 12% 이하
	• 마모율 : 40% 이하

㉡ 잔골재의 안정성은 황산나트륨으로 5회 시험으로 평가하며, 그 손실질량은 10% 이하를 표준으로 한다.

58 재료의 역학적 성질에 대한 설명으로 옳은 것은?

① 전성은 재료를 두들길 때 얇게 퍼지는 성질이다.

② 크리프는 하중이 반복작용할 때 재료가 정적강도보다도 낮은 강도에서 파괴되는 현상이다.

③ 연성은 하중을 받으면 작은 변형에서도 갑작스런 파괴가 일어나는 성질이다.

④ 소성은 하중을 받아 변형된 재료가 하중이 제거되었을 때 다시 원래대로 돌아가려는 성질이다.

[해설] ㉠ 크리프 : 재료에 외력이 작용하면 외력의 증가가 없어 시간이 경과함에 따라 변형이 증대되는 현상

㉡ 피로파괴 : 반복하중에 의하여 재료가 정적강도보다 낮은 강도에서 파괴되는 현상

㉢ 연성 : 인장력을 가했을 때 가늘고 길게 늘어나는 성질

㉣ 소성 : 외력을 제거해도 그 변형은 그대로 남아있고 원형으로 되돌아가지 못하는 성질

59 시멘트의 강도시험(KS L ISO 679)을 실시하기 위해 시험용 모르타르를 제작하고자 한다. 1회분의 재료로서 시멘트 450g이 사용되었다면 필요한 표준사의 질량은?

① 1,103g ② 1,215g
③ 1,350g ④ 1,575g

[해설] 모르타르배합(KS L ISO 679) : 질량에 의한 비율로 시멘트와 표준사를 1 : 3의 비율로 한다.

∴ 표준사질량=450×3=1,350g

60 콘크리트용 골재의 알칼리골재반응에 대한 설명 중 틀린 것은?

① 알칼리골재반응은 반응성 있는 골재에 의해 콘크리트에 이상팽창을 일으켜 거북등모양의 균열을 일으키는 것이다.

② 콘크리트의 팽창량에 미치는 영향은 시멘트 중의 Na_2O량과 K_2O량의 비 및 반응성 골재의 특성에 의해 달라진다.

③ 알칼리골재반응은 고로슬래그 시멘트 및 플라이애시 시멘트를 사용하여 억제할 수 있다.

④ 알칼리골재반응을 억제하기 위하여 시멘트에 포함되어 있는 총알칼리량을 높여야 한다.

[해설] 알칼리골재반응의 대책

㉠ ASR에 관하여 무해라고 판정된 골재를 사용한다.

㉡ 저알칼리형의 포틀랜드 시멘트(Na_2O당량 0.6% 이하)를 사용한다.

제4과목 · 토질 및 기초

61 다음 지반개량공법 중 연약한 점토지반에 적당하지 않은 것은?

① 프리로딩공법

② 샌드드레인공법

③ 생석회말뚝공법

④ 바이브로플로테이션공법

[해설] 점성토의 지반개량공법

㉠ 치환공법

㉡ preloading공법(사전압밀공법)

㉢ Sand drain, Paper drain공법

㉣ 전기침투공법

㉤ 침투압공법(MAIS공법)

㉥ 생석회말뚝(Chemico pile)공법

62 사질토에 대한 직접전단시험을 실시하여 다음과 같은 결과를 얻었다. 내부마찰각은 약 얼마인가?

수직응력(kN/m^2)	30	60	90
최대 전단응력(kN/m^2)	17.3	34.6	51.9

① 25°　　　　　② 30°
③ 35°　　　　　④ 40°

해설 $\tau = c + \bar{\sigma}\tan\phi$

$17.3 = 0 + 30 \times \tan\phi$

$\therefore \phi = 30°$

63 유선망의 특징에 대한 설명으로 틀린 것은?

① 각 유로의 침투유량은 같다.
② 유선과 등수두선은 서로 직교한다.
③ 인접한 유선 사이의 수두 감소량(head loss)은 동일하다.
④ 침투속도 및 동수경사는 유선망의 폭에 반비례한다.

해설 유선망

㉠ 각 유로의 침투유량은 같다.
㉡ 인접한 등수두선 간의 수두차는 모두 같다.
㉢ 유선과 등수두선은 서로 직교한다.
㉣ 유선망으로 되는 사각형은 정사각형이다.
㉤ 침투속도 및 동수구배는 유선망의 폭에 반비례한다.

64 Terzaghi의 극한지지력공식에 대한 설명으로 틀린 것은?

① 기초의 형상에 따라 형상계수를 고려하고 있다.
② 지지력계수 N_c, N_q, N_γ는 내부마찰각에 의해 결정된다.
③ 점성토에서의 극한지지력은 기초의 근입깊이가 깊어지면 증가된다.
④ 사질토에서의 극한지지력은 기초의 폭에 관계없이 기초하부의 흙에 의해 결정된다.

해설 극한지지력은 기초의 폭과 근입깊이에 비례한다.

65 두께 H인 점토층에 압밀하중을 가하여 요구되는 압밀도에 달할 때까지 소요되는 기간이 단면배수일 경우 400일이었다면 양면배수일 때는 며칠이 걸리겠는가?

① 800일　　　　② 400일
③ 200일　　　　④ 100일

해설 $t_1 : t_2 = H^2 : \left(\dfrac{H}{2}\right)^2$

$400 : t_2 = H^2 : \left(\dfrac{H}{2}\right)^2$

$\therefore t_2 = 100$일

66 사질토 지반에 축조되는 강성기초의 접지압분포에 대한 설명으로 옳은 것은?

① 기초모서리 부분에서 최대 응력이 발생한다.
② 기초에 작용하는 접지압분포는 토질에 관계없이 일정하다.
③ 기초의 중앙 부분에서 최대 응력이 발생한다.
④ 기초밑면의 응력은 어느 부분이나 동일하다.

해설 ㉠ 강성기초

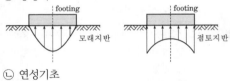

㉡ 연성기초

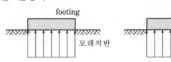

67 현장 흙의 밀도시험 중 모래치환법에서 모래는 무엇을 구하기 위하여 사용하는가?

① 시험구멍에서 파낸 흙의 중량
② 시험구멍의 체적
③ 지반의 지지력
④ 흙의 함수비

해설 측정지반의 흙을 파내어 구멍을 뚫은 후 모래를 이용하여 시험구멍의 체적을 구한다.

68 $\gamma_t = 19\text{kN/m}^3$, $\phi = 30°$인 뒤채움 모래를 이용하여 8m 높이의 보강토 옹벽을 설치하고자 한다. 폭 75mm, 두께 3.69mm의 보강띠를 연직방향 설치간격 $S_v = 0.5\text{m}$, 수평방향 설치간격 $S_h = 1.0\text{m}$로 시공하고자 할 때 보강띠에 작용하는 최대힘($T_{\max}$)의 크기는?

① 15.33kN ② 25.33kN
③ 35.33kN ④ 45.33kN

[해설] ㉠ $K_a = \tan^2\left(45° - \dfrac{\phi}{2}\right) = \tan^2\left(45° - \dfrac{30°}{2}\right) = \dfrac{1}{3}$

㉡ $T_{\max} = \gamma H K_a S_v S_h$

$\qquad = 19 \times 8 \times \dfrac{1}{3} \times 0.5 \times 1 = 25.33\text{kN}$

69 사운딩에 대한 설명으로 틀린 것은?

① 로드 선단에 지중저항체를 설치하고 지반 내 관입, 압입 또는 회전하거나 인발하여 그 저항치로부터 지반의 특징을 파악하는 지반조사방법이다.
② 정적 사운딩과 동적 사운딩이 있다.
③ 압입식 사운딩의 대표적인 방법은 Standard Penetration Test(SPT)이다.
④ 특수사운딩 중 측압사운딩의 공내횡방향 재하시험은 보링공을 기계적으로 수평으로 확장시키면서 측압과 수평변위를 측정한다.

[해설] ㉠ 압입식 사운딩의 대표적인 방법은 CDT(Dutch Cone Penetration Test)이다.
㉡ SPT는 동적인 사운딩이다.

70 어떤 시료를 입도분석한 결과 0.075mm체 통과율이 65%이었고 애터버그한계시험결과 액성한계가 40%이었으며 소성도표(Plasticity chart)에서 A선 위의 구역에 위치한다면 이 시료의 통일분류법(USCS)상 기호로서 옳은 것은? (단, 시료는 무기질이다.)

① CL ② ML
③ CH ④ MH

[해설] ㉠ $P_{\text{No.200}} = 65\% > 50\%$이므로 세립토(C)이다.
㉡ $W_L = 40\% < 50\%$이므로 저압축성(L)이고 A선 위의 구역에 위치하므로 CL이다.

71 습윤단위중량이 19kN/m³, 함수비 25%, 비중이 2.7인 경우 건조단위중량과 포화도는? (단, 물의 단위중량은 9.81kN/m³이다.)

① 17.3kN/m³, 97.8%
② 17.3kN/m³, 90.9%
③ 15.2kN/m³, 97.8%
④ 15.2kN/m³, 90.9%

[해설] ㉠ $\gamma_t = \dfrac{G_s + Se}{1+e}\gamma_w = \dfrac{G_s + wG_s}{1+e}\gamma_w$

$\qquad 19 = \dfrac{2.7 + 0.25 \times 2.7}{1+e} \times 9.81$

$\qquad \therefore e = 0.742$

㉡ $\gamma_d = \dfrac{G_s}{1+e}\gamma_w = \dfrac{2.7}{1+0.742} \times 9.81 = 15.2\text{kN/m}^3$

㉢ $Se = wG_s$

$\qquad S \times 0.742 = 25 \times 2.7$

$\qquad \therefore S = 90.97\%$

72 전체 시추코어길이가 150cm이고 이중회수된 코어길이의 합이 80cm이었으며 10cm 이상인 코어길이의 합이 70cm이었을 때 코어의 회수율(TCR)은?

① 56.67% ② 53.33%
③ 46.67% ④ 43.33%

[해설] 회수율$= \dfrac{80}{150} \times 100 = 53.33\%$

73 어떤 점토의 압밀계수는 $1.92 \times 10^{-7}\text{m}^2/\text{s}$, 압축계수는 $2.86 \times 10^{-1}\text{m}^2/\text{kN}$이었다. 이 점토의 투수계수는? (단, 이 점토의 초기간극비는 0.8이고, 물의 단위중량은 9.81kN/m³이다.)

① $0.99 \times 10^{-5}\text{cm/s}$
② $1.99 \times 10^{-5}\text{cm/s}$
③ $2.99 \times 10^{-5}\text{cm/s}$
④ $3.99 \times 10^{-5}\text{cm/s}$

2020년

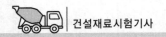

해설 ㉠ $m_v = \dfrac{a_v}{1+e_1} = \dfrac{2.86\times10^{-1}}{1+0.8} = 0.159\text{m}^2/\text{kN}$

㉡ $K = C_v m_v \gamma_w$
$= 1.92\times10^{-7}\times0.159\times9.81$
$= 2.99\times10^{-7}\text{m/s}$
$= 2.99\times10^{-5}\text{cm/s}$

74 단위중량(γ_t)=19kN/m³, 내부마찰각(ϕ)=30°, 정지토압계수(K_o)=0.5인 균질한 사질토 지반이 있다. 이 지반의 지표면 아래 2m 지점에 지하수위면이 있고 지하수위면 아래의 포화단위중량(γ_{sat})=20kN/m³이다. 이때 지표면 아래 4m 지점에서 지반 내 응력에 대한 설명으로 틀린 것은? (단, 물의 단위중량은 9.81kN/m³이다.)

① 연직응력(σ_v)은 80kN/m²이다.
② 간극수압(u)은 19.62kN/m²이다.
③ 유효연직응력$(\sigma_v{}')$은 58.38kN/m²이다.
④ 유효수평응력$(\sigma_h{}')$은 29.19kN/m²이다.

해설 ㉠ $\sigma_v = 19\times2 + 20\times2 = 75\text{kN/m}^2$
$u = 9.81\times2 = 19.62\text{kN/m}^2$
$\overline{\sigma}_v = 78 - 19.62 = 58.38\text{kN/m}^2$

㉡ $\overline{\sigma}_h = [19\times2 + (20-9.81)\times2]\times0.5$
$= 29.19\text{kN/m}^2$

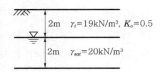

75 말뚝기초의 지반거동에 대한 설명으로 틀린 것은?

① 연약지반상에 타입되어 지반이 먼저 변형하고 그 결과 말뚝이 저항하는 말뚝을 주동말뚝이라 한다.
② 말뚝에 작용한 하중은 말뚝 주변의 마찰력과 말뚝선단의 지지력에 의하여 주변지반에 전달된다.
③ 기성말뚝을 타입하면 전단파괴를 일으키며 말뚝 주위의 지반은 교란된다.

④ 말뚝타입 후 지지력의 증가 또는 감소현상을 시간효과(time effect)라 한다.

해설 ㉠ 주동말뚝 : 말뚝이 지표면에서 수평력을 받는 경우 말뚝이 변형함에 따라 지반이 저항하는 말뚝
㉡ 수동말뚝 : 지반이 먼저 변형하고 그 결과 말뚝이 저항하는 말뚝

76 다음의 공식은 흙시료에 삼축압력이 작용할 때 흙시료 내부에 발생하는 간극수압을 구하는 공식이다. 이 식에 대한 설명으로 틀린 것은?

$$\Delta u = B[\Delta\sigma_3 + A(\Delta\sigma_1 - \Delta\sigma_3)]$$

① 포화된 흙의 경우 B=1이다.
② 간극수압계수 A값은 언제나 (+)의 값을 갖는다.
③ 간극수압계수 A값은 삼축압축시험에서 구할 수 있다.
④ 포화된 점토에서 구속응력을 일정하게 두고 간극수압을 측정했다면 축차응력과 간극수압으로부터 A값을 계산할 수 있다.

해설 ㉠ 과압밀점토일 때 A계수는 (−)값을 갖는다.
㉡ A계수의 일반적인 범위

점토의 종류	A계수
정규압밀점토	0.5~1
과압밀점토	−0.5~0

77 동상 방지대책에 대한 설명으로 틀린 것은?

① 배수구 등을 설치하여 지하수위를 저하시킨다.
② 지표의 흙을 화학약품으로 처리하여 동결온도를 내린다.
③ 동결깊이보다 깊은 흙을 동결하지 않는 흙으로 치환한다.
④ 모관수의 상승을 차단하기 위해 조립의 차단층을 지하수위보다 높은 위치에 설치한다.

해설 동결심도보다 위에 있는 흙을 동결하기 어려운 재료(자갈, 쇄석, 석탄재)로 치환한다.

78 다음 그림과 같은 모래시료의 분사현상에 대한 안전율은 3.0 이상이 되도록 하려면 수두차 h 를 최대 얼마 이하로 하여야 하는가?

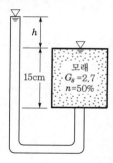

① 12.75cm   ② 9.75cm
③ 4.25cm   ④ 3.25cm

해설 ㉠ $e = \dfrac{n}{100-n} = \dfrac{50}{100-50} = 1$

㉡ $F_s = \dfrac{i_c}{i} = \dfrac{\dfrac{G_s-1}{1+e}}{\dfrac{h}{L}} = \dfrac{\dfrac{2.7-1}{1+1}}{\dfrac{h}{15}} = \dfrac{12.75}{h} \geq 3$

∴ $h \leq 4.25\text{cm}$

79 다음 그림과 같이 $c=0$인 모래로 이루어진 무한사면이 안정을 유지(안전율≥1)하기 위한 경사각(β)의 크기로 옳은 것은? (단, 물의 단위중량은 9.81kN/m³이다.)

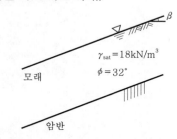

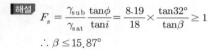

① $\beta \leq 7.94°$ ② $\beta \leq 15.87°$
③ $\beta \leq 23.79°$ ④ $\beta \leq 31.76°$

해설 $F_s = \dfrac{\gamma_{sub}}{\gamma_{sat}} \dfrac{\tan\phi}{\tan i} = \dfrac{8.19}{18} \times \dfrac{\tan 32°}{\tan\beta} \geq 1$

∴ $\beta \leq 15.87°$

80 두 개의 규소판 사이에 한 개의 알루미늄판이 결합된 3층 구조가 무수히 많이 연결되어 형성된 점토광물로서 각 3층 구조 사이에는 칼륨이온(K^+)으로 결합되어 있는 것은?

① 일라이트(illite)
② 카올리나이트(kaolinite)
③ 할로이사이트(halloysite)
④ 몬모릴로나이트(montmorillonite)

해설 일라이트

㉠ 2개의 실리카판과 1개의 알루미나판으로 이루어진 3층 구조가 무수히 많이 연결되어 형성된 점토광물이다.

㉡ 3층 구조 사이에 칼륨(K^+)이온이 있어서 서로 결속되며, 카올리나이트의 수소결합보다는 약하지만 몬모릴로나이트의 결합력보다는 강하다.

2020년

제1회 건설재료시험기사

제1과목 · 콘크리트공학

01 수중 콘크리트에 대한 설명으로 틀린 것은?

① 수중 콘크리트를 시공할 때 시멘트가 물에 씻겨서 흘러나오지 않도록 트레미나 콘크리트펌프를 사용해서 타설하여야 한다.

② 수중 콘크리트를 타설할 때 완전히 물막이를 할 수 없는 경우에도 유속은 50mm/s 이하로 하여야 한다.

③ 일반 수중 콘크리트는 수중에서 시공할 때의 강도가 표준공시체강도의 1.2~1.5배가 되도록 배합강도를 설정하여야 한다.

④ 수중 콘크리트의 비비는 시간은 시험에 의해 콘크리트 소요의 품질을 확인하여 정하여야 하며, 강제식 믹서의 경우 비비기 시간은 90~180초를 표준으로 한다.

해설 수중 콘크리트의 배합강도
일반 수중 콘크리트는 수중에서 시공할 때의 강도가 표준공시체강도의 0.6~0.8배가 되도록 배합강도를 설정하여야 한다.

02 프리스트레싱할 때의 콘크리트강도에 대한 다음 설명에서 ( ) 안에 알맞은 수치는?

> 프리스트레싱을 할 때의 콘크리트의 압축강도는 어느 정도의 안전도를 확보하기 위하여 프리스트레스를 준 직후 콘크리트에 일어나는 최대 압축응력의 ( )배 이상이어야 한다.

① 1.5 　　　　② 1.7
③ 2.0 　　　　④ 2.5

해설 프리스트레싱할 때의 콘크리트강도
프리스트레싱할 때의 콘크리트의 압축강도는 어느 정도의 안전도를 확보하기 위하여 프리스트레스를 준 직후 콘크리트에 일어나는 최대 압축응력의 1.7배 이상이어야 한다. 또한 프리텐션방식에 있어서 콘크리트의 압축강도는 30MPa 이상이어야 한다.

03 섬유보강 콘크리트에 대한 설명으로 틀린 것은?

① 섬유보강 콘크리트 $1m^3$ 중에 포함된 섬유의 용적 백분율(%)을 섬유혼입률이라고 한다.

② 보강용 섬유를 혼입하여 주로 인성, 균열억제, 내충격성 및 내마모성 등을 높인 콘크리트를 섬유보강 콘크리트라고 한다.

③ 섬유보강 콘크리트의 비비기에 사용하는 믹서는 가경식 믹서를 사용하는 것을 원칙으로 한다.

④ 섬유보강 콘크리트의 배합은 소요의 품질을 만족하는 범위 내에서 단위수량을 될 수 있는 대로 적게 되도록 정하여야 한다.

해설 섬유보강 콘크리트의 믹서는 강제식 믹서를 사용하는 것을 원칙으로 한다.

04 콘크리트의 크리프(creep)에 대한 설명으로 틀린 것은?

① 조강 시멘트는 보통 시멘트보다 크리프가 크다.

② 재하기간 중의 대기의 습도가 낮을수록 크리프가 크다.

③ 응력은 변화가 없는데, 변형은 시간에 따라 증가하는 현상을 크리프라 한다.

④ 물-시멘트비가 큰 콘크리트는 물-시멘트비가 작은 콘크리트보다 크리프가 크게 일어난다.

해설 ㉠ 조강 시멘트는 보통 시멘트보다 크리프가 작다.
  ㉡ 크리프
  • 습도가 작을수록 크리프가 크다.
  • 대기온도가 높을수록 크리프가 크다.
  • 부재치수가 작을수록 크리프가 크다.
  • 단위시멘트양이 많을수록, 물−시멘트비가 클수록 크리프가 크다.
  • 재하응력이 클수록, 재령이 작을수록 크리프가 크다.

05 굳지 않은 콘크리트의 워커빌리티를 측정하기 위한 시험방법이 아닌 것은?

① 슬럼프시험
② 구관입시험
③ Vee-Bee시험
④ Vicat장치에 의한 시험

해설 ㉠ 워커빌리티측정법 : 슬럼프시험, 흐름시험, 리몰딩시험, 비비(Vee-Bee)반죽질기시험, 켈리볼시험
  ㉡ Vicat시험은 시멘트 응결시간시험이다.

06 콘크리트 타설 및 다지기 작업에 대한 설명으로 틀린 것은?

① 타설한 콘크리트를 거푸집 안에서 횡방향으로 이동시켜서는 안 된다.
② 연직시공일 때 슈트 등의 배출구와 타설면까지의 높이는 1.5m 이하를 원칙으로 한다.
③ 내부진동기를 사용하여 진동다지기를 할 경우 삽입간격은 1.0m 이하로 하는 것이 좋다.
④ 내부진동기를 사용하여 진동다지기를 할 경우 내부진동기를 하층의 콘크리트 속으로 0.1m 정도 찔러 넣는다.

해설 내부진동기 사용방법의 표준
  ㉠ 하층의 콘크리트 속으로 0.1m 정도 찔러 넣는다.
  ㉡ 내부진동기는 연직으로 찔러 넣으며, 삽입간격은 0.5m 이하로 한다.

07 현장 배합에 의한 재료량 및 재료의 계량값이 다음의 표와 같을 때 계량오차를 초과하여 불합격인 재료는?

구분 \ 재료	물	시멘트	플라이애시	잔골재
현장 배합(kg)	145	272	68	820
계량값(kg)	144	270	65	844

① 물
② 시멘트
③ 플라이애시
④ 잔골재

해설 ㉠ 플라이애시의 계량오차 $= \dfrac{65-68}{68} \times 100$

$$= -4.41\%$$

  ㉡ 혼화재의 허용오차가 ±2%이므로 불합격이다.

[참고] 계량오차의 허용범위

재료의 종류	허용오차(%)
물	−2, +1
시멘트	−1, +2
혼화재	±2
골재, 혼화제(용액)	±3

08 레디믹스트 콘크리트(KS F 4009)에 따른 콘크리트 받아들이기 검사에서 강도시험에 대한 설명으로 틀린 것은?

① 1회 시험결과는 3개의 공시체를 제작하여 시험한 평균값으로 한다.
② 콘크리트의 강도시험횟수는 450m³를 1로트로 하여 150m³당 1회의 비율로 한다.
③ 받아들이기 검사용 시료는 레디믹스트 콘크리트를 제조하는 배치플랜트에서 채취하는 것을 원칙으로 한다.
④ 1회의 시험결과는 구입자가 지정한 호칭강도의 85% 이상, 3회의 시험결과 평균값은 호칭강도값 이상이어야 한다.

해설 레디믹스트 콘크리트(KS F 4009)
받아들이기 검사용 시료는 콘크리트 운반차의 배출지점에서 채취하여야 한다. 다만, 인수·인도 당사자 간의 협의에 따라 검사지점을 조정하여 생산공장에서 시료를 채취하여 시험하여도 좋다.

09 콘크리트 비비기에 대한 설명으로 틀린 것은?

① 재료를 믹서에 투입하는 순서는 강도시험, 블리딩시험 등의 결과 또는 실적을 참고로 해서 정하여야 한다.

② 비비기는 미리 정해둔 비비기 시간 이상 계속해서는 안 된다.

③ 비비기 시간에 대한 시험을 실시하지 않은 경우 가경식 믹서일 때 비비기 최소 시간은 1분 30초 이상을 표준으로 한다.

④ 연속믹서를 사용할 경우 비비기 시작 후 최초에 배출되는 콘크리트는 사용해서는 안 된다.

해설 비비기

㉠ 비비기는 미리 정해둔 비비기 시간의 3배 이상 계속하지 않아야 한다.

㉡ 비비기 시간은 시험에 의해 정하는 것을 원칙으로 한다. 비비기 시간에 대한 시험을 실시하지 않은 경우 그 최소 시간은 가경식 믹서일 때에는 1분 30초 이상, 강제식 믹서일 때에는 1분 이상을 표준으로 한다.

10 프리플레이스트 콘크리트에서 주입모르타르의 품질에 대한 설명으로 틀린 것은?

① 유하시간의 설정값은 16~20초를 표준으로 한다.

② 블리딩률의 설정값은 시험 시작 후 3시간에서의 값이 5% 이하가 되도록 한다.

③ 팽창률의 설정값은 시험 시작 후 3시간에서의 값이 5~10%인 것을 표준으로 한다.

④ 모르타르가 굵은 골재의 공극에 주입될 때 재료분리가 적고 주입되어 경화되는 사이에 블리딩이 적으며 소요의 팽창을 하여야 한다.

해설 프리플레이스트 콘크리트 주입모르타르의 품질

㉠ 블리딩률의 설정값은 시험 시작 후 3시간에서의 값이 3% 이하가 되는 것으로 한다.

㉡ 유하시간의 설정값은 16~20초를 표준으로 한다.

㉢ 팽창률의 설정값은 시험 시작 후 3시간에서의 값이 5~10%인 것을 표준으로 한다.

11 콘크리트의 받아들이기 품질검사항목이 아닌 것은?

① 공기량

② 슬럼프

③ 평판재하

④ 펌퍼빌리티

해설 콘크리트의 받아들이기 품질검사(콘크리트 표준시방서, 2021)

항목	시기 및 횟수
슬럼프, 공기량, 온도	압축강도시험용 공시체 채취 시 및 타설 중에 품질변화가 인정될 때
염화물함유량	바다모래를 사용할 경우 2회/일
펌퍼빌리티	펌프압송 시

12 알칼리골재반응(alkali-aggregate reaction)에 대한 설명으로 틀린 것은?

① 콘크리트 중의 알칼리이온이 골재 중의 실리카성분과 결합하여 구조물에 균열을 발생시키는 것을 말한다.

② 알칼리골재반응의 진행에 필수적인 3요소는 반응성 골재의 존재와 알칼리량 및 반응을 촉진하는 수분의 공급이다.

③ 알칼리골재반응이 진행되면 구조물의 표면에 불규칙한(거북이등모양 등) 균열이 생기는 등의 손상이 발생한다.

④ 알칼리골재반응을 억제하기 위하여 포틀랜드 시멘트의 등가알칼리량이 6% 이하의 시멘트를 사용하는 것이 좋다.

해설 알칼리골재반응의 대책

㉠ ASR에 관하여 무해라고 판정된 골재를 사용한다.

㉡ 저알칼리형의 포틀랜드 시멘트(Na_2O당량 0.6% 이하)를 사용한다.

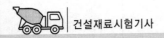

13 급속동결융해에 대한 콘크리트의 저항시험(KS F 2456)에서 동결융해사이클에 대한 설명으로 틀린 것은?

① 동결융해 1사이클은 공시체 중심부의 온도를 원칙으로 하며 원칙적으로 4℃에서 −18℃로 떨어지고, 다음에 −18℃에서 4℃로 상승되는 것으로 한다.

② 동결융해 1사이클의 소요시간은 2시간 이상, 4시간 이하로 한다.

③ 공시체의 중심과 표면의 온도차는 항상 28℃를 초과해서는 안 된다.

④ 동결융해에서 상태가 바뀌는 순간의 시간이 5분을 초과해서는 안 된다.

해설 급속동결융해에 대한 콘크리트의 저항시험방법(KS F 2456)

㉠ 동결융해 1사이클의 소요시간은 2시간 이상, 4시간 이하로 한다.

㉡ 동결융해에서 상태가 바뀌는 순간의 시간이 10분을 초과해서는 안 된다.

14 프리스트레스트 콘크리트의 프리스트레싱에 대한 설명으로 틀린 것은?

① 긴장재에 대해 순차적으로 프리스트레싱을 실시할 경우는 각 단계에 있어서 콘크리트에 유해한 응력이 발생하지 않도록 하여야 한다.

② 긴장재는 이것을 구성하는 각각의 PS강재에 소정의 인장력이 주어지도록 긴장하여야 한다. 이때 인장력을 설계값 이상으로 주었다가 다시 설계값으로 낮추는 방법으로 시공하여야 한다.

③ 프리텐션방식의 경우 긴장재에 주는 인장력은 고정장치의 활동에 의한 손실을 고려하여야 한다.

④ 프리스트레싱작업 중에는 어떠한 경우라도 인장장치 또는 고정장치 뒤에 사람이 서 있지 않도록 하여야 한다.

해설 프리스트레싱

㉠ 긴장재는 이것을 구성하는 각각의 PS강재에 소정의 인장력이 주어지도록 긴장하여야 한다.

이때 인장력을 설계값 이상으로 주었다가 다시 설계값으로 낮추는 방법으로 시공을 하지 않아야 한다.

㉡ 긴장재에 대해 순차적으로 프리스트레싱을 실시할 경우는 각 단계에 있어서 콘크리트에 유해한 응력이 생기지 않도록 해야 한다.

15 매스 콘크리트에 대한 설명으로 틀린 것은?

① 벽체구조물의 온도균열을 제어하기 위해 설치하는 수축이음의 단면 감소율은 20% 이상으로 하여야 한다.

② 철근이 배치된 일반적인 구조물에서 균열 발생을 제한할 경우 온도균열지수는 1.2~1.5이다.

③ 저발열형 시멘트를 사용하는 경우 91일 정도의 장기재령을 설계기준압축강도의 기준재령으로 하는 것이 바람직하다.

④ 매스 콘크리트로 다루어야 하는 구조물의 부재치수는 일반적인 표준으로서 넓이가 넓은 평판구조의 경우 두께 0.8m 이상, 하단이 구속된 벽체의 경우 두께 0.5m 이상으로 한다.

해설 매스 콘크리트의 수축이음

계획된 위치에서 균열 발생을 확실히 유도하기 위해서 수축이음의 단면 감소율을 35% 이상으로 하여야 한다.

16 고강도 콘크리트에 대한 설명으로 틀린 것은?

① 보통 중량 콘크리트에서 설계기준압축강도가 40MPa 이상인 콘크리트를 고강도 콘크리트라고 한다.

② 경량골재 콘크리트에서 설계기준압축강도가 21MPa 이상인 콘크리트를 고강도 콘크리트라고 한다.

③ 기상의 변화가 심하거나 동결융해에 대한 대책이 필요한 경우를 제외하고는 공기연행제를 사용하지 않는 것을 원칙으로 한다.

④ 단위시멘트양은 소요의 워커빌리티 및 강도를 얻을 수 있는 범위 내에서 가능한 한 적게 되도록 시험에 의해 정하여야 한다.

[해설] 고강도 콘크리트
 ㉠ 설계기준압축강도는 보통 또는 중량골재 콘크리트에서 40MPa 이상, 경량골재 콘크리트에서 27MPa 이상으로 한다.
 ㉡ 단위시멘트양, 단위수량, 잔골재율은 소요의 워커빌리티를 얻을 수 있는 범위 내에서 가능한 작게 하여야 한다.

17 고압증기양생을 한 콘크리트의 특징으로 틀린 것은?

① 건조수축이 증가한다.
② 철근의 부착강도가 감소한다.
③ 황산염에 대한 저항성이 증대된다.
④ 매우 짧은 기간에 고강도가 얻어진다.

[해설] 고압증기양생(오토클레이브 양생)
 ㉠ 높은 조기강도 : 표준양생의 28일 강도를 24시간만에 낼 수 있다.
 ㉡ 내구성이 좋아지고 백태현상이 감소한다.
 ㉢ 건조수축이 작아진다.
 ㉣ 크리프가 크게 감소한다.
 ㉤ 보통 양생한 것에 비해 철근의 부착강도가 약 1/2이 된다.

18 설계기준압축강도(f_{ck})를 21MPa로 배합한 콘크리트공시체 20개에 대한 압축강도시험결과 표준편차가 3.0MPa이었을 때 콘크리트의 배합강도는?

① 25.34MPa   ② 25.05MPa
③ 24.49MPa   ④ 24.08MPa

[해설] 시험횟수 20회일 때 보정계수가 1.08이므로
 ㉠ 직선보간한 표준편차
   $S = 1.08 \times 3 = 3.24\text{MPa}$
 ㉡ $f_{ck} \leq 35\text{MPa}$이므로
   • $f_{cr} = f_{ck} + 1.34S$
     $= 21 + 1.34 \times 3.24 = 25.34\text{MPa}$
   • $f_{cr} = (f_{ck} - 3.5) + 2.33S$
     $= (21 - 3.5) + 2.33 \times 3.24 = 25.05\text{MPa}$
   ∴ 위 두 값 중에서 큰 값이므로
     $f_{cr} = 25.34\text{MPa}$

19 일반 콘크리트 배합설계 시 콘크리트의 압축강도를 기준으로 물-결합재비를 정하는 경우 압축강도시험에 사용하는 공시체는 재령 며칠을 표준으로 하는가?

① 7일   ② 14일
③ 21일   ④ 28일

[해설] 압축강도와 물-결합재비와의 관계는 시험에 의하여 정하는 것을 원칙으로 한다. 이때 공시체는 재령 28일을 표준으로 한다.

20 단위골재의 절대용적이 0.70m³인 콘크리트에서 잔골재율이 40%이고, 굵은 골재의 표건밀도가 2.65g/cm³이면 단위 굵은 골재량은?

① 722.4kg/m³
② 742kg/m³
③ 984.6kg/m³
④ 1,113kg/m³

[해설] ㉠ 잔골재 절대체적 $= V_a \times \dfrac{S}{a} = 0.7 \times 0.4 = 0.28\text{m}^3$
 ㉡ 굵은 골재 절대체적 $= 0.7 - 0.28 = 0.42\text{m}^3$
 ㉢ 굵은 골재량 $= 0.42 \times 2.65 \times 1,000 = 1,113\text{kg}$

제2과목 · 건설시공 및 관리

21 로드롤러를 사용하여 전압횟수 4회, 전압포설 두께 0.2m, 유효전압폭 2.5m, 전압작업속도를 3km/h로 할 때 시간당 작업량은? (단, 토량환산계수는 1, 롤러의 효율은 0.8을 적용한다.)

① 151m³/h
② 200m³/h
③ 251m³/h
④ 300m³/h

[해설]
$$Q = \frac{1,000\,VWHfE}{N}$$
$$= \frac{1,000 \times 3 \times 2.5 \times 0.2 \times 1 \times 0.8}{4}$$
$$= 300\text{m}^3/\text{h}$$

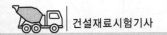

22 아스팔트 포장의 특성에 대한 설명으로 틀린 것은?

① 부분파손에 대한 보수가 용이하다.
② 교통하중을 슬래브가 휨저항으로 지지한다.
③ 양생기간이 짧아 시공 후 즉시 교통개방이 가능하다.
④ 잦은 덧씌우기 등으로 인해 유지관리비가 많이 소요된다.

해설 아스팔트 포장은 교통하중을 상부층에서 점차적으로 분산시켜 노상에서는 아주 작은 하중을 받도록 한 개념이다.

23 폭우 시 옹벽 배면에는 침투수압이 발생되는데, 이 침투수가 옹벽에 미치는 영향에 대한 설명으로 틀린 것은?

① 활동면에서의 양압력 발생
② 옹벽 저면에 대한 양압력 발생
③ 수동저항력(passive resistance)의 증가
④ 포화 또는 부분포화에 의한 흙의 무게 증가

해설 옹벽 배면의 흙은 침투수에 의해 단위중량이 증가하고 내부마찰각과 점착력이 저하하며 침투압이나 정수압이 가해져서 토압이 크게 증대한다. 경우에 따라서는 기초슬래브 밑면의 활동저항력을 저하시키기도 한다.

24 콘크리트 말뚝이나 선단폐쇄 강관말뚝과 같은 타입말뚝은 흙을 횡방향으로 이동시켜서 주위의 흙을 다져주는 효과가 있다. 이러한 말뚝을 무엇이라고 하는가?

① 배토말뚝
② 지지말뚝
③ 주동말뚝
④ 수동말뚝

25 옹벽의 안정상 수평저항력을 증가시키기 위하여 경제성과 시공성을 고려할 경우 가장 적합한 방법은?

① 옹벽의 비탈경사를 크게 한다.
② 옹벽 배면의 흙을 포화시킨다.
③ 옹벽의 저판 밑에 돌기물(shear key)을 만든다.
④ 배면의 본바닥에 앵커타이(anchor tie)나 앵커벽을 설치한다.

해설 활동에 대한 안전율을 크게 하는 방법
㉠ 활동 방지벽(shear key) 설치
㉡ 저판폭을 크게 설치
㉢ 사항 설치

26 다음 그림과 같은 지형에서 등고선법에 의한 전체 토량을 구하면? (단, 각 등고선 간의 높이차는 20m이고, A_1의 면적은 1,400m², A_2의 면적은 950m², A_3의 면적은 600m², A_4의 면적은 250m², A_5의 면적은 100m²이다.)

① 56,000m³   ② 50,000m³
③ 44,400m³   ④ 38,200m³

해설 $V = \dfrac{h}{3}(A_1 + 4\sum A_{짝수} + 2\sum A_{홀수} + A_n)$

$= \dfrac{20}{3} \times [1,400 + 4 \times (950 + 250) + 2 \times 600 + 100]$

$= 50,000\text{m}^3$

27 전면에 달린 배토판의 좌, 우를 밑으로 10~40cm 정도 기울어지게 하여 경사면 굴착이나 도랑파기 작업에 유리한 도저는?

① 틸트 도저   ② 앵글 도저
③ 레이크 도저   ④ 스트레이트 도저

28 터널계측에서 일상계측(A계측)항목이 아닌 것은?

① 내공변위측정
② 천단침하측정
③ 터널 내 관찰조사
④ 록볼트축력측정

해설 일상계측(A계측)항목 : 갱내관찰조사, 내공변위측정, 천단침하측정, rock bolt 인발시험

29 다음에서 설명하는 굴착공법의 명칭은?

> 굴착폭이 넓은 경우에 비탈면개착공법과 흙막이벽개착공법의 장점을 이용한 공법으로 굴착저면 중앙부에 기초부를 먼저 구축하고, 이것을 발판으로 하여 주변부를 시공하는 공법이다.

① 역타공법
② 언더피닝공법
③ 아일랜드공법
④ 트렌치컷공법

30 37,800m^3(완성된 토량)의 성토를 하는데 유용토가 30,000m^3(느슨한 토량)이 있다. 이때 부족한 토량은 본바닥토량으로 얼마인가? (단, 흙의 종류는 사질토이고, 토량의 변화율은 $L=1.25$, $C=0.90$이다.)

① 12,000m^3 ② 13,800m^3
③ 16,200m^3 ④ 18,000m^3

해설 부족토량 $= 37,800 \times \dfrac{1}{C} - 30,000 \times \dfrac{1}{L}$

$\qquad = 37,800 \times \dfrac{1}{0.9} - 30,000 \times \dfrac{1}{1.25}$

$\qquad = 18,000m^3$

31 뉴매틱케이슨(Pneumatic caisson)공법의 장점에 대한 설명으로 틀린 것은?

① 오픈케이슨보다 침하공정이 빠르고 장애물 제거가 쉽다.
② 시공 시에 토질확인 가능 및 지지력측정이 가능하다.

③ 압축공기를 이용하여 시공하므로 소규모 공사나 심도가 얕은 기초공사에 경제적이다.
④ 지하수를 저하시키지 않으며 히빙현상 및 보일링현상을 방지할 수 있으므로 인접 구조물의 침하 우려가 없다.

해설 공기케이슨 기초는 소규모 공사나 심도가 얕은 공사 등에 비경제적이다.

32 PERT공정관리기법에 대한 설명으로 틀린 것은? (단, t_e : 기대시간, a : 낙관적 시간, m : 정상시간, b : 비관적 시간)

① 경험이 없는 공사의 공기단축을 목적으로 한다.
② 결합점(Node) 중심의 일정 계산을 한다.
③ 3점 시간견적법에 따른 기대시간은 $t_e = \dfrac{1}{6}(a+4m+b)$로 계산한다.
④ 3점 시간견적법에서 시간 간의 관계는 비관적 시간 < 정상시간 < 낙관적 시간이 성립된다.

해설 ㉠ PERT와 CPM의 비교

구분	PERT	CPM
대상	신규사업, 비반복사업	반복사업
공기추정	3점 견적법	1점 견적법
일정 계산	Event 중심의 일정 계산	Activity 중심의 일정 계산
주목적	공기단축	공비절감

㉡ 3점 시간견적법에서 비관적 시간 > 정상시간 > 낙관적 시간이 성립된다.

33 이동식 작업차 또는 가설용 트러스를 이용하여 교각의 좌, 우로 평형을 유지하면서 분할된 거더(길이 2~5m)를 순차적으로 시공하는 교량 가설공법은?

① FCM공법   ② FSM공법
③ ILM공법   ④ MSS공법

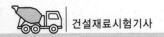
해설 캔틸레버공법(FCM공법)

이동작업차를 이용하여 교각을 중심으로 좌우로 1segment씩 콘크리트를 타설한 후 pre-stress를 도입하여 일체화시켜가는 공법이다.

34 디퍼의 용량이 0.6m³, 디퍼계수가 0.85, 작업효율이 0.9, 흙의 토량변화율(L)이 1.2, 사이클타임이 25초인 파워셔블의 시간당 작업량은?

① 52.45m³/h ② 55.08m³/h
③ 64.84m³/h ④ 79.32m³/h

해설 $Q = \dfrac{3,600qkfE}{C_m}$

$= \dfrac{3,600 \times 0.6 \times 0.85 \times \dfrac{1}{1.2} \times 0.9}{25}$

$= 55.08\text{m}^3/\text{h}$

35 터널굴착공법 중 TBM공법의 특징에 대한 설명으로 틀린 것은?

① 낙석이 적다.
② 단면형상의 변경이 용이하다.
③ 여굴이 거의 발생하지 않는다.
④ 주변 암반에 대한 이완이 거의 없다.

해설 TBM공법

㉠ 장점
• 발파작업이 없으므로 낙반이 적고 공사의 안전성이 높다.
• 여굴이 적다.
• 노무비가 절약된다.
㉡ 단점
• 굴착 단면을 변경할 수 없다.
• 지질에 따라 적용에 제약이 있다.

36 콘크리트 포장에서 다음에서 설명하는 현상은?

> 콘크리트 포장에서 줄눈부에 이물질이 침입하여 기온의 상승 등에 따라 슬래브가 팽창할 때 줄눈 등에서 압축력에 견디지 못하고 좌굴을 일으켜 솟아오르는 현상

① scaling ② spalling
③ blow up ④ pumping

37 댐의 그라우팅(grouting)에 관한 설명으로 옳은 것은?

① 커튼 그라우팅(curtain grouting)은 기초암반의 변형성이나 강도를 개량하기 위하여 실시한다.
② 컨솔리데이션 그라우팅(consolidation grouting)은 기초암반의 지내력 등을 개량하기 위하여 실시한다.
③ 콘택트 그라우팅(contact grouting)은 시공이음으로 누수 방지를 위하여 실시한다.
④ 림 그라우팅(rim grouting)은 콘크리트와 암반 사이의 공극을 메우기 위하여 실시한다.

해설 Grouting공법

㉠ Curtain grouting : 기초암반을 침투하는 물의 지수를 목적으로 실시한다.
㉡ Consolidation grouting : 기초암반의 변형성이나 강도를 개량하여 균일성을 기하고 지지력을 증대시킬 목적으로 기초 전반에 격자모양으로 실시한다.
㉢ Contact grouting : 콘크리트 제체와 지반 간의 공극을 채울 목적으로 실시한다.
㉣ Blanket grouting : 암반의 표층부에서 침투류의 억제 목적으로 실시한다.

38 암석의 발파이론에서 Hauser의 발파기본식은? (단, L : 폭약량, C : 발파계수, W : 최소저항선)

① $L = CW$ ② $L = CW^2$
③ $L = CW^3$ ④ $L = CW^4$

해설 Hauser의 발파기본식 $L = CW^3$

39 지하수 침강 최소 깊이가 2m, 암거매립간격이 10m, 투수계수가 1.0×10^{-5}cm/s일 때 불투수층에 놓인 암거 1m당 1시간 동안의 배수량은 몇 리터(L)인가? (단, Donnan식에 의해 구하시오.)

① 0.58L ② 1.00L
③ 1.58L ④ 2.00L

해설
$$D = \frac{4KH^2}{Q}$$

$$1,000 = \frac{4 \times (1 \times 10^{-5}) \times 200^2}{Q}$$

$$\therefore \ Q = 1.6 \times 10^{-3} \, \text{cm}^2/\text{s} = 5.76 \times 10^{-4} \, \text{m}^2/\text{h}$$
$$= 5.76 \times 10^{-4} \, \text{m}^3/\text{m}/\text{h} = 0.576 l/\text{m}/\text{h}$$

40 토량곡선(mass curve)에 대한 설명으로 틀린 것은?

① 곡선의 극소점은 성토에서 절토로 옮기는 점이고, 곡선의 극대점은 절토에서 성토로 옮기는 점이다.

② 토량곡선과 기선에 평행한 선분이 만나는 두 점 사이의 성토량 및 절토량은 균형을 이룬다.

③ 절토 부분에서는 곡선이 위로 향하고, 성토 부분에서는 곡선이 아래로 향한다.

④ 토량곡선이 기선의 위에서 끝나면 토량이 모자란 경우이다.

해설 토적곡선이 기선 위에서 끝나면 토량이 남고, 아래에서 끝나면 토량이 부족한 것을 뜻한다.

제3과목 · 건설재료 및 시험

41 목재시험편의 질량을 측정한 결과 건조 전 질량이 30g, 건조 후 질량이 25g일 때 이 목재의 함수율은?

① 10% ② 15%

③ 20% ④ 25%

해설 $w = \dfrac{w_1 - w_2}{w_2} \times 100 = \dfrac{30 - 25}{25} \times 100 = 20\%$

42 포틀랜드 시멘트(KS L 5201)에 규정되어 있는 보통 포틀랜드 시멘트의 응결시간으로 옳은 것은?

① 초결 10분 이상, 종결 1시간 이하

② 초결 30분 이상, 종결 1시간 이하

③ 초결 60분 이상, 종결 10시간 이하

④ 초결 90분 이상, 종결 10시간 이하

해설 보통 포틀랜드 시멘트의 응결시간(KS L 5201)

응결시간	비카시험	초결분	60분 이상
		종결시간	10시간 이하

43 콘크리트용 혼화재로 사용되는 플라이애시가 콘크리트의 성질에 미치는 영향에 대한 설명으로 틀린 것은?

① 콘크리트의 화학저항성이 향상된다.

② 포졸란반응에 의해 콘크리트의 수밀성이 향상된다.

③ 표면이 매끄러운 구형 입자로 되어 있어 콘크리트의 워커빌리티가 향상된다.

④ 포졸란반응에 의해 콘크리트의 중성화 억제효과가 향상된다.

해설 플라이애시 시멘트

㉠ 워커빌리티가 커지고, 단위수량이 감소한다.

㉡ 수화열이 적고, 건조수축도 적다.

㉢ 장기강도가 상당히 증가한다.

㉣ 해수에 대한 내화학성이 크다.

㉤ 포틀랜드 시멘트에 비해 고로슬래그 시멘트나 플라이애시 시멘트는 수화작용으로 생기는 수산화칼슘이 적으므로 중성화속도가 빠르다.

44 인공경량골재에 대한 설명으로 옳은 것은?

① 밀도는 입경에 따라 다르며 입경이 클수록 작다.

② 인공경량골재에는 응회암, 경석화산자갈 등이 있다.

③ 인공경량골재의 품질을 밀도로 나타낼 때 절대건조상태의 밀도를 사용한다.

④ 인공경량골재는 순간흡수량이 비교적 적기 때문에 컨시스턴시를 상승시킨다.

해설 인공경량골재

㉠ 보통 골재의 밀도는 표면건조포화상태의 밀도를 사용하지만, 경량골재의 밀도에는 골재의 품질표시에 사용되는 절대건조상태의 밀도와 콘크리트 배합설계 등에 사용되는 표면건조포화상태의 밀도가 있다.

㉡ 일반적으로 골재알의 지름이 작을수록 밀도는 커진다.

© 구조용 경량골재의 종류

종류	제조
인공경량골재	고로슬래그, 규조토암, 플라이애시, 점토 등을 소성한 것
천연경량골재	경석, 화산암, 응회암, 용암 등과 같은 천연재료를 가공한 것

45 다음 중 재료에 작용하는 반복하중과 가장 밀접한 관계가 있는 성질은?

① 피로(fatigue)
② 크리프(creep)
③ 응력완화(relaxation)
④ 건조수축(dry shrinkage)

해설 하중이 반복하여 작용할 때에는 정적강도보다 낮은 강도에서 파괴되는데, 이것을 피로파괴라 하고, 이 피로파괴에 저항하는 성질을 피로라 한다.

46 다음 중 목면, 마사, 폐지 등을 물에서 혼합하여 원지를 만든 후 여기에 스트레이트 아스팔트를 침투시켜 만든 것으로 아스팔트 방수의 중간층재로 사용되는 것은?

① 아스팔트 타일(tile)
② 아스팔트 펠트(felt)
③ 아스팔트 시멘트(cement)
④ 아스팔트 콤파운드(compound)

해설 아스팔트 펠트
③ 걸레, 헌 종이 등으로 두꺼운 종이를 만들어 아스팔트를 도포한 것으로 흑색이다.
© 아스팔트 방수층, 보온이나 보냉공사, 차광이나 차열, 전기절연용으로 사용된다.

47 콘크리트용 골재가 갖추어야 할 성질에 대한 설명으로 틀린 것은?

① 물리, 화학적으로 안정하고 내구성이 클 것
② 크고 작은 알맹이의 혼합이 적당할 것
③ 깨끗하고 불순물이 섞이지 않을 것
④ 골재의 모양은 모나고 길어야 할 것

해설 골재가 갖추어야 할 성질
③ 물리, 화학적으로 안정하고 내구성이 클 것

© 깨끗하고 유해물질을 포함하지 않을 것
© 마모에 대한 저항성이 클 것
② 모양이 입방체 또는 구형에 가깝고 부착력이 좋은 표면조직을 가질 것

48 어떤 석재를 건조기(105±5℃) 속에서 24시간 건조시킨 후 질량을 측정해보니 1,000g이었다. 이것을 완전히 흡수시켜 물속에서 질량을 측정해보니 800g이었고 물속에서 꺼내 표면을 잘 닦고 질량을 측정해보니 1,200g이었다면 이 석재의 표면건조포화상태의 비중은?

① 1.50   ② 2.50
③ 2.75   ④ 3.00

해설 석재의 표면건조포화상태의 비중

$= \dfrac{A}{B-C} = \dfrac{1,000}{1,200-800} = 2.5$

여기서, A : 건조질량
B : 표면건조포화상태의 질량
C : 수중질량

49 골재의 조립률 및 입도에 대한 설명으로 틀린 것은?

① 콘크리트용 잔골재의 조립률은 일반적으로 2.3~3.1범위에 해당되는 것이 좋다.
② 1개의 조립률에는 무수한 입도곡선이 존재하지만, 1개의 입도곡선에는 1개의 조립률이 존재한다.
③ 골재의 입도를 수량적으로 나타내는 한 방법으로 조립률이 있으며 표준체 12개를 1조로 하여 체가름시험을 한다.
④ 골재는 작은 입자와 굵은 입자가 적당히 혼합되어 있을 때 입자의 크기가 균일한 경우보다 워커빌리티면에서 유리하다.

해설 조립률(FM)
골재의 입도를 수량적으로 나타낸 것으로서 80mm, 40mm, 20mm, 10mm, 5mm, 2.5mm, 1.2mm, 0.6mm, 0.3mm, 0.15mm의 10개체를 1조로 하는 체가름시험을 하였을 때 각 체에 남아 있는 전체량의 전시료에 대한 중량 백분율의 합계를 100으로 나눈 값이다.

50 토목섬유 중 직포형과 부직포형이 있으며 분리, 배수, 보강, 여과기능을 갖고 오탁 방지망, drain board pack drain포대, geo web 등에 사용되는 자재는?

① 지오네트   ② 지오그리드
③ 지오멤브레인   ④ 지오텍스타일

51 포틀랜드 시멘트의 클링커에 대한 설명으로 틀린 것은?

① C_3A는 수화속도가 대단히 빠르고 발열량이 크며 수축도 크다.
② 클링커의 화합물 중 C_3S 및 C_2S는 시멘트 강도의 대부분을 지배한다.
③ 클링커는 단일조성의 물질이 아니라 C_3S, C_2S, C_3A, C_4AF의 4가지 주요 화합물로 구성되어 있다.
④ 클링커의 화합물 중 C_2S가 많고 C_3S가 적으면 시멘트의 강도발현이 빨라져 초기강도가 향상된다.

해설 ㉠ 알루민산3석회(C_3A)는 수화작용이 아주 빠르고 수축도 커서 균열이 잘 일어난다.
㉡ C_2S는 C_3S보다 수화작용이 늦고 수축이 작으며 장기강도가 커진다.

52 시멘트의 분말도와 물리적 성질에 대한 설명으로 틀린 것은?

① 분말도가 높을수록 블리딩이 많게 된다.
② 분말도가 높을수록 콘크리트의 초기강도가 크다.
③ 분말도가 높은 시멘트는 작업이 용이한 콘크리트를 얻을 수 있다.
④ 분말도가 높으면 수축률이 커지기 쉽고 콘크리트에 균열이 발생할 우려가 있다.

해설 분말도가 큰 시멘트의 특징
㉠ 수화작용이 빠르다.
㉡ 초기강도가 크고 강도증진율이 크다.
㉢ 블리딩이 적고 워커빌리티가 크다.
㉣ 건조수축이 커서 균열이 발생하기 쉽다.
㉤ 풍화하기 쉽다.

53 도로의 표층공사에서 사용되는 가열아스팔트혼합물의 안정도는 어떤 시험으로 판정하는가?

① 마샬시험   ② 엥글러시험
③ 박막가열시험   ④ 레드우드시험

해설 안정도시험
마샬시험기를 사용하여 측면에 하중을 작용시킨 역청포장용 혼합물 원주형 시험체의 소성흐름에 대한 저항력을 시험하는 것이다.

54 석재의 성질에 대한 설명으로 틀린 것은?

① 대리석은 강도는 강하나 풍화되기 쉽다.
② 응회암은 내화성이 크나 강도 및 내구성은 작다.
③ 안산암은 강도가 크고 가공이 용이하므로 조각에 적당하다.
④ 화강암은 강도, 내구성 및 내화성이 크므로 조각 등에 적당하다.

해설 화강암은 단단하고 내구성이 크며 외관이 아름답다. 반면 큰 재료를 채취할 수 있으나 내화성이 약하고 자중이 커서 가공과 시공이 어렵다.

55 콘크리트용 화학혼화제(KS F 2560)에서 규정하고 있는 화학혼화제의 요구성능항목이 아닌 것은?

① 감수율   ② 압축강도비
③ 침입도지수   ④ 블리딩양의 비

해설 콘크리트용 화학혼화제의 품질항목 : 감수율, 블리딩양의 비(%), 압축강도의 비(%), 길이변화비(%), 응결시간차(분) 등

56 철근콘크리트용 봉강(KS D 3504)에서 기호가 SD300으로 표시된 철근을 설명한 것으로 옳은 것은?

① 항복점이 300MPa 이상인 이형철근
② 항복점이 300MPa 이상인 원형철근
③ 인장강도가 300MPa 이상인 이형철근
④ 인장강도가 300MPa 이상인 원형철근

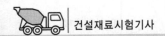

해설 ㉠ 원형철근의 기호는 SR, 이형철근의 기호는 SD
    이다.
    ㉡ 숫자는 항복강도를 나타낸다.

57 콘크리트에서 AE제를 사용하는 목적으로 틀린
것은?

① 워커빌리티를 개선시키기 위해
② 철근과의 부착력을 증진시키기 위해
③ 재료의 분리, 블리딩을 감소시키기 위해
④ 동결융해에 대한 저항성을 증가시키기
위해

해설 AE 콘크리트
    ㉠ 워커빌리티가 커지고 블리딩이 감소한다.
    ㉡ 단위수량이 적어진다.
    ㉢ 알칼리골재반응의 영향이 적다.
    ㉣ 동결융해에 대한 내구성이 크게 증가한다.
    ㉤ 철근과의 부착강도가 조금 작아진다.

58 다음 중 폭발력이 가장 강하고 수중에서도 폭
발할 수 있는 폭약은?

① 분상 다이너마이트
② 교질 다이너마이트
③ 규조토 다이너마이트
④ 스트레이트 다이너마이트

해설 교질 다이너마이트
    니트로글리세린의 함유량이 약 20% 이상의 찐득
    찐득한 황색의 엿형태의 폭약으로서 폭발력이 강하
    여 터널과 암석발파, 수중용으로도 많이 사용된다.

59 골재의 실적률시험에서 다음과 같은 결과를 얻
었을 때 골재의 공극률은?

- 골재의 단위용적질량(T) : 1,500kg/L
- 골재의 표건밀도(d_s) : 2,600kg/L
- 골재의 흡수율(Q) : 1.5%

① 41.4%   ② 42.3%
③ 43.6%   ④ 57.7%

해설 ㉠ 실적률$=\dfrac{\text{단위중량}\times(100+\text{흡수율})}{\text{표건밀도}}$

    $=\dfrac{1.5\times(100+1.5)}{2.6}=58.56\%$

    ㉡ 공극률$=100-\text{실적률}=100-58.56=41.44\%$

60 스트레이트 아스팔트와 비교하여 고무혼입 아
스팔트(rubberized asphalt)의 일반적인 성질
에 대한 설명으로 옳은 것은?

① 탄성이 작다.   ② 응집성이 작다.
③ 감온성이 작다.   ④ 마찰계수가 작다.

해설 고무혼입 아스팔트
    고무를 아스팔트에 혼입하여 아스팔트의 성질을
    개선한 것이다.
    ㉠ 감온성이 작다.
    ㉡ 응집성, 부착성이 크다.
    ㉢ 탄성, 충격저항성이 크다.
    ㉣ 내노화성이 크다.
    ㉤ 마찰계수가 크다.

제4과목 · 토질 및 기초

61 흙시료의 전단시험 중 일어나는 다일러턴시
(Dilatancy)현상에 대한 설명으로 틀린 것은?

① 흙이 전단될 때 전단면 부근의 흙입자가
재배열되면서 부피가 팽창하거나 수축하
는 현상을 다일러턴시라 부른다.
② 사질토 시료는 전단 중 다일러턴시가 일
어나지 않는 한계의 간극비가 존재한다.
③ 정규압밀점토의 경우 정(+)의 다일러턴
시가 일어난다.
④ 느슨한 모래는 보통 부(−)의 다일러턴시
가 일어난다.

해설 ㉠ 조밀한 모래나 과압밀점토에서는 (+)Dilatancy
    에 (−)공극수압이 발생한다.
    ㉡ 느슨한 모래나 정규압밀점토에서는 (−)Dilatancy
    에 (+)공극수압이 발생한다.

62 어떤 지반에 대한 흙의 입도분석결과 곡률계수(C_g)는 1.5, 균등계수(C_u)는 15이고, 입자는 모난 형상이었다. 이때 Dunham의 공식에 의한 흙의 내부마찰각(ϕ)의 추정치는? (단, 표준관입시험결과 N치는 10이었다.)

① 25° ② 30°

③ 36° ④ 40°

해설 토립자가 모나고 입도분포가 좋으므로
$$\phi = \sqrt{12N} + 20 = \sqrt{12 \times 10} + 20 = 30.95°$$

63 다짐에 대한 설명으로 틀린 것은?

① 다짐에너지는 래머(rammer)의 중량에 비례한다.

② 입도배합이 양호한 흙에서는 최대 건조 단위중량이 높다.

③ 동일한 흙일지라도 다짐기계에 따라 다짐효과는 다르다.

④ 세립토가 많을수록 최적함수비가 감소한다.

해설 세립토가 많을수록 최대 건조밀도는 작아지고, 최적함수비는 커진다.

64 포화단위중량(γ_{sat})이 19.62kN/m³인 사질토로 된 무한사면이 20°로 경사져 있다. 지하수위가 지표면과 일치하는 경우 이 사면의 안전율이 1 이상이 되기 위해서는 흙의 내부마찰각이 최소 몇 도 이상이어야 하는가? (단, 물의 단위중량은 9.81kN/m³이다.)

① 18.21° ② 20.52°

③ 36.06° ④ 45.47°

해설
$$F_s = \frac{\gamma_{sub}}{\gamma_{sat}} \frac{\tan\phi}{\tan i} = \frac{98.2}{19.62} \times \frac{\tan\phi}{\tan 20°} \geq 1$$
$$\therefore \phi \geq 36.02°$$

65 다음 그림에서 지표면으로부터 깊이 6m에서의 연직응력(σ_v)과 수평응력(σ_h)의 크기를 구하면? (단, 토압계수는 0.6이다.)

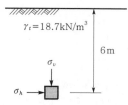

① $\sigma_v = 87.3 \text{kN/m}^2$, $\sigma_h = 52.4 \text{kN/m}^2$

② $\sigma_v = 95.2 \text{kN/m}^2$, $\sigma_h = 57.1 \text{kN/m}^2$

③ $\sigma_v = 112.2 \text{kN/m}^2$, $\sigma_h = 67.3 \text{kN/m}^2$

④ $\sigma_v = 123.4 \text{kN/m}^2$, $\sigma_h = 74.0 \text{kN/m}^2$

해설 ㉠ $\sigma_v = \gamma_t h = 18.7 \times 6 = 112.2 \text{kN/m}^2$

㉡ $\sigma_h = \sigma_v K = 112.2 \times 0.6 = 67.32 \text{kN/m}^2$

66 압밀시험에서 얻은 $e - \log P$곡선으로 구할 수 있는 것이 아닌 것은?

① 선행압밀압력 ② 팽창지수

③ 압축지수 ④ 압밀계수

해설 시간−침하곡선에서 압밀계수(C_v)를 구할 수 있다.

67 시료채취 시 샘플러(sampler)의 외경이 6cm, 내경이 5.5cm일 때 면적비는?

① 8.3% ② 9.0%

③ 16% ④ 19%

해설
$$A_r = \frac{D_w^2 - D_e^2}{D_e^2} \times 100 = \frac{6^2 - 5.5^2}{5.5^2} \times 100 = 19.01\%$$

68 다음 그림에서 $a-a'$면 바로 아래의 유효응력은? (단, 흙의 간극비(e)는 0.4, 비중(G_s)은 2.65, 물의 단위중량은 9.81kN/m³이다.)

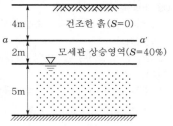

① 68.2kN/m² ② 82.1kN/m²

③ 97.4kN/m² ④ 102.1kN/m²

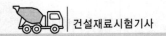

[해설] ㉠ $\gamma_d = \dfrac{G_s}{1+e}\gamma_w$

$\qquad = \dfrac{2.65}{1+0.4} \times 9.81$

$\qquad = 18.57 \text{kN/m}^3$

㉡ $\sigma = 18.57 \times 4 = 74.28 \text{kN/m}^2$

$\quad u = 9.81 \times (-2 \times 0.4) = -7.85 \text{kN/m}^2$

$\quad \overline{\sigma} = 74.28 - (-7.85) = 82.13 \text{kN/m}^2$

69 도로의 평판재하시험에서 시험을 멈추는 조건으로 틀린 것은?

① 완전히 침하가 멈출 때
② 침하량이 15mm에 달할 때
③ 재하응력이 지반의 항복점을 넘을 때
④ 재하응력이 현장에서 예상할 수 있는 가장 큰 접지압력의 크기를 넘을 때

[해설] 평판재하시험(PBT-test)이 끝나는 조건
ㄱ 침하량이 15mm에 달할 때
ㄴ 하중강도가 최대 접지압을 넘어 항복점을 초과할 때

70 다음과 같은 상황에서 강도정수 결정에 적합한 삼축압축시험의 종류는?

> 최근에 매립된 포화점성토지반 위에 구조물을 시공한 직후의 초기안정검토에 필요한 지반강도 정수 결정

① 비압밀비배수시험(UU)
② 비압밀배수시험(UD)
③ 압밀비배수시험(CU)
④ 압밀배수시험(CD)

[해설] UU-test를 사용하는 경우
ㄱ 포화된 점토지반 위에 급속성토 시 시공 직후의 안정검토
ㄴ 시공 중 압밀이나 함수비의 변화가 없다고 예상되는 경우
ㄷ 점토지반에 footing기초 및 소규모 제방을 축조하는 경우

71 베인전단시험(vane shear test)에 대한 설명으로 틀린 것은?

① 베인전단시험으로부터 흙의 내부마찰각을 측정할 수 있다.
② 현장 원위치시험의 일종으로 점토의 비배수 전단강도를 구할 수 있다.
③ 연약하거나 중간 정도의 점성토지반에 적용된다.
④ 십자형의 베인(vane)을 땅속에 압입한 후 회전모멘트를 가해서 흙이 원통형으로 전단파괴될 때 저항모멘트를 구함으로써 비배수 전단강도를 측정하게 된다.

[해설] Vane test은 연약한 점토지반의 점착력을 지반 내에서 직접 측정하는 현장 시험이다.

72 연약지반개량공법 중 점성토지반에 이용되는 공법은?

① 전기충격공법
② 폭파다짐공법
③ 생석회말뚝공법
④ 바이브로플로테이션공법

[해설] 점성토지반개량공법
치환공법, Preloading공법(사전압밀공법), Sand drain, Paper drain공법, 전기침투공법, 침투압공법(MAIS공법), 생석회말뚝(Chemico pile)공법

73 주동토압을 P_A, 수동토압을 P_P, 정지토압을 P_O라 할 때 토압의 크기를 비교한 것으로 옳은 것은?

① $P_A > P_P > P_O$
② $P_P > P_O > P_A$
③ $P_P > P_A > P_O$
④ $P_O > P_A > P_P$

[해설] ㄱ $K_P > K_O > K_A$
ㄴ $P_P > P_O > P_A$

74 흙의 내부마찰각이 20°, 점착력이 50kN/m², 습윤단위중량이 17kN/m³, 지하수위 아래 흙의 포화단위중량이 19kN/m³일 때 3m×3m 크기의 정사각형 기초의 극한지지력을 Terzaghi의 공식으로 구하면? (단, 지하수위는 기초바닥깊이와 같으며, 물의 단위중량은 9.81kN/m³이고 지지력계수 $N_c = 18$, $N_\gamma = 5$, $N_q = 7.5$이다.)

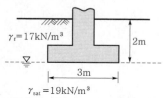

① 1231.24kN/m²   ② 1337.31kN/m²
③ 1480.14kN/m²   ④ 1540.42kN/m²

해설 정사각형 기초이므로 $\alpha = 1.3$, $\beta = 0.4$이다.
$$q_u = \alpha c N_c + \beta B \gamma_1 N_\gamma + D_f \gamma_2 N_q$$
$$= 1.3 \times 50 \times 18 + 0.4 \times 3 \times (19 - 9.81) \times 5 + 2 \times 17 \times 7.5$$
$$= 1480.14 \text{kN/m}^2$$

75 다음 그림과 같은 지반 내의 유선망이 주어졌을 때 폭 10m에 대한 침투유량은? (단, 투수계수(K)는 2.2×10^{-2}cm/s이다.)

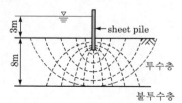

① 3.96cm³/s   ② 39.6cm³/s
③ 396cm³/s   ④ 3,960cm³/s

해설 $Q = KH \dfrac{N_f}{N_d} l$

$$= (2.2 \times 10^{-2}) \times 300 \times \frac{6}{10} \times 1,000 = 3,960 \text{cm}^3/\text{s}$$

76 어떤 모래층의 간극비(e)는 0.2, 비중(G_s)은 2.60이었다. 이 모래가 분사현상(Quick Sand)이 일어나는 한계동수경사(i_c)는?

① 0.56   ② 0.95
③ 1.33   ④ 1.80

해설 $i_c = \dfrac{G_s - 1}{1 + e} = \dfrac{2.6 - 1}{1 + 0.2} = 1.33$

77 20개의 무리말뚝에 있어서 효율이 0.75이고 단항으로 계산된 말뚝 한 개의 허용지지력이 150kN일 때 무리말뚝의 허용지지력은?

① 1,125kN   ② 2,250kN
③ 3,000kN   ④ 4,000kN

해설 $R_{ag} = ENR_a = 0.75 \times 20 \times 150 = 2,250 \text{kN}$

78 연약지반 위에 성토를 실시한 다음 말뚝을 시공하였다. 시공 후 발생될 수 있는 현상에 대한 설명으로 옳은 것은?

① 성토를 실시하였으므로 말뚝의 지지력은 점차 증가한다.
② 말뚝을 암반층 상단에 위치하도록 시공하였다면 말뚝의 지지력에는 변함이 없다.
③ 압밀이 진행됨에 따라 지반의 전단강도가 증가되므로 말뚝의 지지력은 점차 증가된다.
④ 압밀로 인해 부주면마찰력이 발생되므로 말뚝의 지지력은 감소된다.

해설 ㉠ 부마찰력은 압밀침하를 일으키는 연약점토층을 관통하여 지지층에 도달한 지지말뚝의 경우나 연약점토지반에 말뚝을 항타한 다음 그 위에 성토를 한 경우 등일 때 발생한다.
㉡ 부마찰력이 발생하면 말뚝의 지지력은 감소한다.

79 흙의 분류법인 AASHTO분류법과 통일분류법을 비교·분석한 내용으로 틀린 것은?

① 통일분류법은 0.075mm체 통과율 35%를 기준으로 조립토와 세립토로 분류하는데, 이것은 AASHTO분류법보다 적합하다.
② 통일분류법은 입도분포, 액성한계, 소성지수 등을 주요 분류인자로 한 분류법이다.
③ AASHTO분류법은 입도분포, 군지수 등을 주요 분류인자로 한 분류법이다.
④ 통일분류법은 유기질토분류방법이 있으나, AASHTO분류법은 없다.

해설 ㉠ 통일분류법은 0.075mm체 통과율을 50%를 기준으로 조립토와 세립토로 분류한다.
㉡ AASHTO분류법은 0.075mm체 통과율을 35%를 기준으로 조립토와 세립토로 분류한다.

80 상·하층이 모래로 되어있는 두께 2m의 점토층이 어떤 하중을 받고 있다. 이 점토층의 투수계수가 5×10^{-7}cm/s, 체적변화계수(m_v)가 5.0cm²/kN일 때 90% 압밀에 요구되는 시간은? (단, 물의 단위중량은 9.81kN/m³이다.)

① 약 5.6일   ② 약 9.8일
③ 약 15.2일   ④ 약 47.2일

해설 ㉠ $K = C_v m_v \gamma_w$

$5 \times 10^{-7} = C_v \times 5 \times (9.81 \times 10^{-6})$

∴ $C_v = 0.01$cm²/s

㉡ $t_{90} = \dfrac{0.848H^2}{C_v}$

$= \dfrac{0.848 \times \left(\dfrac{200}{2}\right)^2}{0.01} ≒ 848,000$초 $≒ 9.81$일

제2회 건설재료시험기사

제1과목 · 콘크리트공학

01 시방배합을 통해 단위수량 174kg/m³, 시멘트량 369kg/m³, 잔골재 702kg/m³, 굵은 골재 1,049kg/m³를 산출하였다. 현장 골재의 입도를 고려하여 현장 배합으로 수정한다면 잔골재와 굵은 골재의 양은? (단, 현장 잔골재 중 5mm체에 남는 양이 10%, 굵은 골재 중 5mm체를 통과한 양이 5%, 표면수는 고려하지 않는다.)

① 잔골재 : 802kg/m³, 굵은 골재 : 949kg/m³
② 잔골재 : 723kg/m³, 굵은 골재 : 1,028kg/m³
③ 잔골재 : 637kg/m³, 굵은 골재 : 1,114kg/m³
④ 잔골재 : 563kg/m³, 굵은 골재 : 1,188kg/m³

해설 잔골재량을 x라 하고 굵은 골재량을 y라 하면
$x + y = 702 + 1,049 = 1,751$ ····························· ⓐ
$0.1x + (1 - 0.05)y = 1,049$ ····················· ⓑ
식 ⓐ와 식 ⓑ를 연립해서 풀면
$x = 722.88$kg, $y = 1028.12$kg

02 유동화 콘크리트에 대한 설명으로 틀린 것은?

① 슬럼프 증가량은 100mm 이하를 원칙으로 한다.
② 유동화 콘크리트의 재유동화는 원칙적으로 할 수 없다.
③ 유동화제는 희석시켜 사용하고 미리 정한 소정의 양을 1/3씩 3번에 나누어 첨가한다.
④ 베이스 콘크리트 및 유동화 콘크리트의 슬럼프 및 공기량시험은 50m³마다 1회씩 실시하는 것을 표준으로 한다.

해설 유동화 콘크리트
ㄱ 슬럼프 증가량은 100mm 이하를 원칙으로 하며 50~80mm를 표준으로 한다.
ㄴ 유동화제의 사용은 원액 또는 분말을 그대로 사용해야 한다.

03 콘크리트의 품질관리에 쓰이는 관리도 중 정규분포이론을 적용한 계량값의 관리도에 속하지 않는 것은?

① $\bar{x} - R$관리도(평균값과 범위의 관리도)
② $\bar{x} - \sigma$관리도(평균값과 표준편차의 관리도)
③ x관리도(측정값 자체의 관리도)
④ p관리도(불량률관리도)

해설 관리도의 종류(계량치를 대상으로 하는 것)
x관리도(1점 관리도), $\bar{x}$관리도(평균치관리도), $\tilde{x}$관리도(중앙치관리도), R관리도(범위관리도)

04 양단이 정착된 프리텐션부재의 한 단에서의 활동량이 2mm로 양단 활동량이 4mm일 때 강재의 길이가 10m라면 이때의 프리스트레스 감소량은? (단, 긴장재의 탄성계수(E_p)=2.0×10⁵MPa)

① 80MPa
② 100MPa
③ 120MPa
④ 140MPa

해설 $\Delta f_{pa} = E_p \dfrac{\Delta l}{l} = 2 \times 10^5 \times \dfrac{4}{10,000} = 80$MPa

여기서, Δf_{pa} : 응력의 감소량
E_p : 강재의 탄성계수
l : 긴장재의 길이
Δl : 정착장치에서 긴장재의 활동량

05 물–시멘트비가 40%이고 단위시멘트양이 400kg/m³, 시멘트의 비중이 3.1, 공기량이 2%인 콘크리트의 단위골재량의 절대부피는?

① 0.48m³   ② 0.54m³
③ 0.69m³   ④ 0.72m³

해설 ㉠ $\dfrac{W}{C} = 0.4$

$\dfrac{W}{400} = 0.4$

$\therefore W = 160kg$

㉡ 단위골재량 절대체적

$= 1 - \left(\dfrac{160}{1,000} + \dfrac{400}{3.1 \times 1,000} + \dfrac{2}{100} \right)$

$= 0.69m^3$

06 매스 콘크리트에 대한 다음의 설명에서 ( ) 안에 들어갈 알맞은 수치는?

> 매스 콘크리트로 다루어야 하는 구조물의 부재치수는 일반적인 표준으로서 넓이가 넓은 평판구조의 경우 두께 (㉮)m 이상, 하단이 구속된 벽조의 경우 두께 (㉯)m 이상으로 한다.

① ㉮ : 0.8, ㉯ : 0.5
② ㉮ : 1.0, ㉯ : 0.5
③ ㉮ : 0.5, ㉯ : 0.8
④ ㉮ : 0.5, ㉯ : 1.0

해설 매스 콘크리트로 다루어야 하는 구조물의 부재치수는 일반적인 표준으로서 넓이가 넓은 평판구조의 경우 두께 0.8m 이상, 하단이 구속된 벽조의 경우 두께 0.5m 이상으로 한다.

07 콘크리트의 슬럼프시험에 대한 설명으로 틀린 것은?

① 콘크리트 시료를 거의 같은 양의 3층으로 나눠서 채우며 각 층을 다짐봉으로 고르게 한 후 25회씩 다진다.
② 슬럼프콘은 윗면의 안지름이 100mm, 밑면의 안지름이 200mm, 높이가 300mm인 원추형을 사용한다.

③ 다짐봉은 지름 16mm, 길이 500~600mm의 강 또는 금속제 원형봉으로 그 앞끝을 반구모양으로 한다.
④ 슬럼프는 콘크리트를 채운 후 콘을 연직 방향으로 들어 올렸을 때 무너지고 난 후 남은 시료의 높이를 말한다.

해설 슬럼프콘을 가만히 연직으로 들어 올리고, 콘크리트의 중앙부에서 공시체 높이와의 차를 슬럼프값으로 한다.

08 한중 콘크리트에 대한 설명으로 틀린 것은?

① 공기연행 콘크리트를 사용하는 것을 원칙으로 한다.
② 심한 기상작용을 받는 콘크리트의 양생 종료 시의 소요압축강도의 표준은 2.5MPa이다.
③ 타설할 때의 콘크리트 온도는 구조물의 단면치수, 기상조건 등을 고려하여 5~20℃의 범위에서 정한다.
④ 단위수량은 초기동해 저감 및 방지를 위하여 소요의 워커빌리티를 유지할 수 있는 범위 내에서 되도록 적게 한다.

해설 심한 기상작용을 받는 콘크리트의 양생 종료 시의 압축강도는 5MPa이다.

09 일반 콘크리트에서 비비기 시간에 대한 시험을 실시하지 않은 경우 비비기 최소 시간은 강제식 믹서일 때 얼마 이상을 표준으로 하는가?

① 30초 이상   ② 1분 이상
③ 1분 30초 이상   ④ 2분 이상

해설 비비기
㉠ 비비기는 미리 정해둔 비비기 시간의 3배 이상 계속하지 않아야 한다.
㉡ 비비기 시간은 시험에 의해 정하는 것을 원칙으로 한다. 비비기 시간에 대한 시험을 실시하지 않은 경우 그 최소 시간은 가경식 믹서일 때에는 1분 30초 이상, 강제식 믹서일 때에는 1분 이상을 표준으로 한다.

10 프리스트레스트 콘크리트에서 프리텐션방식으로 프리스트레싱할 때 콘크리트의 압축강도는 최소 몇 MPa 이상이어야 하는가?

① 25MPa　　　　② 30MPa
③ 35MPa　　　　④ 40MPa

해설 프리스트레싱할 때의 콘크리트의 압축강도는 어느 정도의 안전도를 확보하기 위하여 프리스트레스를 준 직후 콘크리트에 일어나는 최대 압축응력의 1.7배 이상이어야 한다. 또한 프리텐션방식에 있어서 콘크리트의 압축강도는 30MPa 이상이어야 한다.

11 다음 표와 같은 조건에서 콘크리트의 배합강도를 결정하면?

- 설계기준압축강도(f_{ck}) : 40MPa
- 압축강도의 시험횟수 : 23회
- 23회의 압축강도시험으로부터 구한 표준편차 : 6MPa
- 압축강도의 시험횟수가 20회, 25회인 경우 표준편차의 보정계수 : 각각 1.08, 1.03

① 48.5MPa　　　　② 49.6MPa
③ 50.7MPa　　　　④ 51.2MPa

해설 ㉠ 23회일 때 직선보간을 한 표준편차의 보정계수

$$\alpha = 1.03 + \frac{(1.08 - 1.03) \times 2}{5} = 1.05$$

㉡ 직선보간한 표준편차
$S = 1.05 \times 6 = 6.3\text{MPa}$

㉢ $f_{ck} > 35\text{MPa}$이므로

- $f_{cr} = f_{ck} + 1.34S$
  $= 40 + 1.34 \times 6.3 = 48.44\text{MPa}$
- $f_{cr} = 0.9f_{ck} + 2.33S$
  $= 0.9 \times 40 + 2.33 \times 6.3 = 50.68\text{MPa}$

∴ 위 두 값 중에서 큰 값이므로
　　$f_{cr} = 50.68\text{MPa}$

12 구조물이 공용 중의 발생되는 손상을 복구하는 데 있어서 보수 및 보강공사를 시행한다. 다음 중 보수공법에 속하지 않는 것은?

① 에폭시주입공법　　② 철근방청공법
③ 표면피복공법　　　④ 강판접착공법

해설 ㉠ 보수공법
- 균열보수공법 : 표면처리공법, 주입공법
- 철근부식방지공법
- 표면피복공법
㉡ 보강공법
- 두께증설공법
- 강판접착공법
- 프리스트레스도입공법

13 다음의 표에서 설명하는 콘크리트의 성질은?

콘크리트를 타설할 때 다짐작업 없이 자중만으로 철근 등을 통과하여 거푸집의 구석구석까지 균질하게 채워지는 정도를 나타내는 굳지 않은 콘크리트의 성질

① 유동성　　　　② 자기충전성
③ 슬럼프플로　　④ 피니셔빌리티

14 콘크리트의 타설에 대한 설명으로 틀린 것은?

① 타설한 콘크리트를 거푸집 안에서 횡방향으로 이동시켜서는 안 된다.
② 콘크리트는 그 표면이 한 구획 내에서는 거의 수평이 되도록 타설하는 것을 원칙으로 한다.
③ 거푸집의 높이가 높아 슈트 등을 사용하는 경우 배출구와 타설면까지의 높이는 1.5m 이하를 원칙으로 한다.
④ 콘크리트를 2층 이상으로 나누어 타설할 경우 상층의 콘크리트 타설은 하층의 콘크리트가 굳은 후 해야 한다.

해설 콘크리트를 2층 이상으로 나누어 타설할 경우 상층의 콘크리트 타설은 원칙적으로 하층의 콘크리트가 굳기 시작하기 전에 해야 한다.

15 지름이 150mm, 길이가 200mm인 원주형 공시체에 대한 쪼갬인장강도시험결과 최대 하중이 120kN일 때 이 공시체의 쪼갬인장강도는?

① 1.27MPa　　　　② 2.55MPa
③ 6.03MPa　　　　④ 7.66MPa

2021년

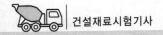

해설 $f = \dfrac{2P}{\pi Dl}$

$$= \frac{2 \times 120,000}{\pi \times 150 \times 200} = 2.55 \text{N/mm}^2 = 2.55 \text{MPa}$$

16 팽창 콘크리트의 팽창률에 대한 설명으로 틀린 것은?

① 콘크리트의 팽창률은 일반적으로 재령 28일에 대한 시험치를 기준으로 한다.
② 수축 보상용 콘크리트의 팽창률은 $(150 \sim 250) \times 10^{-6}$을 표준으로 한다.
③ 화학적 프리스트레스용 콘크리트의 팽창률은 $(200 \sim 700) \times 10^{-6}$을 표준으로 한다.
④ 공장제품에 사용하는 화학적 프리스트레스용 콘크리트의 팽창률은 $(200 \sim 1,000) \times 10^{-6}$을 표준으로 한다.

해설 팽창 콘크리트
㉠ 콘크리트의 팽창률은 재령 7일에 대한 시험치를 기준으로 한다.
㉡ 종류 : 수축보상 콘크리트, 화학적 프리스트레스트 콘크리트

17 고압증기양생한 콘크리트의 특징에 대한 설명으로 틀린 것은?

① 고압증기양생한 콘크리트의 수축률은 크게 감소된다.
② 고압증기양생한 콘크리트의 크리프는 크게 감소된다.
③ 고압증기양생한 콘크리트의 외관은 보통 양생한 포틀랜드 시멘트 콘크리트색의 특징과 다르며 흰색을 띤다.
④ 고압증기양생한 콘크리트는 보통 양생한 콘크리트와 비교하여 철근과의 부착강도가 약 2배 정도가 된다.

해설 고압증기양생
㉠ 치밀하고 내구성이 있는 양질의 콘크리트를 만들고, 외관은 보통 양생한 포틀랜드 시멘트 콘크리트색의 특징과 다르며 흰색을 띤다.

㉡ 보통 양생한 것에 비해 철근의 부착강도가 약 1/2이 된다. 따라서 철근콘크리트 부재에 고압증기양생을 적용하는 것은 바람직하지 못하다.
㉢ 표준양생의 28일 강도를 24시간 만에 낼 수 있다.
㉣ 내구성이 좋아지고 백태현상이 감소한다.
㉤ 건조수축이 작아지고 크리프가 크게 감소한다.

18 폴리머 시멘트 콘크리트에 대한 설명으로 틀린 것은?

① 비비기는 기계비빔을 원칙으로 한다.
② 폴리머-시멘트비는 5~30% 범위로 한다.
③ 물-결합재비는 30~60%의 범위에서 가능한 한 적게 정하여야 한다.
④ 시공 후 1~3일간 습윤양생을 실시하며 사용될 때까지의 양생기간은 14일을 표준으로 한다.

해설 폴리머 콘크리트
㉠ 폴리머-시멘트비는 5~30%의 범위로 한다.
㉡ 물-결합재비는 30~60%의 범위로서 가능한 한 적게 정하여야 한다.
㉢ 시공 후 1~3일간 습윤양생을 실시하며, 사용될 때까지의 양생기간은 7일을 표준으로 한다.

19 연직시공이음의 시공에 대한 설명으로 틀린 것은?

① 시공이음면의 거푸집을 견고하게 지지하고 이음 부분의 콘크리트는 진동기를 써서 충분히 다져야 한다.
② 구 콘크리트의 시공이음면은 쇠솔이나 쪼아내기 등에 의해 거칠게 하고, 수분을 흡수시킨 후에 시멘트풀 등을 바른 후 새 콘크리트를 타설하여 이어나가야 한다.
③ 새 콘크리트를 타설할 때는 신·구 콘크리트가 충분히 밀착되도록 잘 다져야 하며, 새 콘크리트를 타설한 후에는 재진동 다지기를 하여서는 안 된다.
④ 겨울철의 시공이음면 거푸집 제거시기는 콘크리트를 타설하고 난 후 10~15시간 정도로 한다.

해설 연직시공이음

새 콘크리트를 타설할 때는 신·구 콘크리트가 충분히 밀착되도록 잘 다져야 한다. 또 새 콘크리트를 타설한 후 적당한 시기에 재진동다지기를 한다.

20 콘크리트의 크리프(creep)에 대한 설명으로 틀린 것은?

① 기간 중의 대기의 습도가 높을수록 크리프는 크다.
② 단위시멘트양이 많을수록 크리프는 크다.
③ 부재치수가 작을수록 크리프는 크다.
④ 재하응력이 클수록 크리프는 크다.

해설 크리프

㉠ 습도가 작을수록 크리프가 크다.
㉡ 대기온도가 높을수록 크리프가 크다.
㉢ 부재치수가 작을수록 크리프가 크다.
㉣ 단위시멘트양이 많을수록, 물-시멘트비가 클수록 크리프가 크다.
㉤ 재하응력이 클수록, 재령이 작을수록 크리프가 크다.

제2과목·건설시공 및 관리

21 성토재료의 요구조건으로 틀린 것은?

① 투수계수가 작을 것
② 압축성, 흡수성이 클 것
③ 성토 후 압밀침하가 작을 것
④ 비탈면의 안정에 필요한 전단강도를 보유할 것

해설 성토재료의 구비조건

㉠ 공학적으로 안정한 재료
㉡ 전단강도가 큰 재료
㉢ 유기질이 없는 재료
㉣ 압축성이 적은 재료

22 다음과 같은 조건에서 파워셔블의 시간당 작업량은?

- 버킷의 용량 $q = 0.6\text{m}^3$
- 버킷계수 $K = 0.9$
- 토량환산계수 $f = 0.8$
- 작업효율 $E = 0.7$
- 사이클타임 $C_m = 25$초

① $0.73\text{m}^3/\text{h}$　　② $1.13\text{m}^3/\text{h}$
③ $43.55\text{m}^3/\text{h}$　　④ $68.04\text{m}^3/\text{h}$

해설
$$Q = \frac{3{,}600qkfE}{C_m}$$
$$= \frac{3{,}600 \times 0.6 \times 0.9 \times 0.8 \times 0.7}{25} = 43.55\text{m}^3/\text{h}$$

23 터널의 시공법 중 침매공법의 특징에 대한 설명으로 틀린 것은?

① 수심이 깊은 곳에도 시공이 가능하다.
② 협소한 장소의 수로나 항행선박이 많은 곳에 적합하다.
③ 단면형상이 비교적 자유롭고 큰 단면으로 시공할 수 있다.
④ 육상에서 제작하므로 신뢰성이 높은 터널 본체를 만들 수 있다.

해설 침매공법

㉠ 장점
　• 단면의 형상이 비교적 자유롭고 큰 단면으로 할 수 있다.
　• 수심이 얕은 곳에 침설하면 터널연장이 짧아도 된다.
　• 수중에 설치하므로 자중이 작아서 연약지반 위에도 쉽게 시공할 수 있다.
㉡ 단점
　• 유수가 빠른 곳은 강력한 작업비계가 필요하고 침설작업이 곤란하다.
　• 협소한 수로나 항행선박이 많은 곳에는 장애가 생긴다.

24 굴착 단면의 양단을 먼저 버팀대공법으로 굴착하여 기초공과 벽체를 구축한 다음, 이것을 흙막이공으로 하여 중앙부의 나머지 부분을 굴착시공하는 공법으로 주로 넓은 면의 굴착에 유리한 공법은 무엇인가?

① Island공법
② Open cut공법
③ Well point공법
④ Trench cut공법

25 여수로(Spill way)의 종류 중 댐의 본체에서 완전히 분리시켜 댐의 가장자리에 설치하고 월류부는 보통 수평으로 하는 것은?

① 슈트(Chute)식 여수로
② 사이펀(Siphon) 여수로
③ 측수로(Side channel) 여수로
④ 글로리홀(Glory hole) 여수로

해설 여수로
㉠ 슈트식 여수로 : 댐 본체에서 완전히 분리시켜 설치하는 여수토
㉡ 측수로 여수로 : 필댐과 같이 댐 정상부를 월류시킬 수 없을 때 댐 한쪽 또는 양쪽에 설치한 여수토
㉢ 글로리홀 여수로 : 원형, 나팔형으로 되어 있는 여수토
㉣ 사이펀 여수로 : 상하류면의 수위차를 이용한 여수토

26 현장에서 하는 타설피어공법 중에서 콘크리트 타설 후 Casing tube의 인발 시 철근이 따라 뽑히는 현상이 발생하기 쉬운 공법은?

① reverse circulation공법
② earth drill공법
③ benoto공법
④ gow공법

해설 Benoto공법(All casing공법)
㉠ 장점
• All casing공법으로 공벽 붕괴의 우려가 없다.
• 암반을 제외한 전 토질에 적합하다.
• 저소음, 저진동

㉡ 단점
• 케이싱 인발 시 철근망의 부상 우려가 있다.
• 기계가 대형이고 넓은 작업장이 필요하다.

27 큰 중량의 중추를 높은 곳에서 낙하시켜 지반에 가해지는 충격에너지와 그때의 진동에 의해 지반을 다지는 개량공법으로 대부분의 지반에 지하수위와 관계없이 시공이 가능하고 시공 중 사운딩을 실시하여 개량효과를 점검하는 시공법은?

① 동다짐공법
② 폭파다짐공법
③ 지하연속벽공법
④ 바이브로플로테이션공법

28 보조기층의 보호 및 수분의 모관 상승을 차단하고 아스팔트 혼합물과의 접착성을 향상시키기 위하여 실시하는 것은?

① 프라임코트(prime coat)
② 실코트(seal coat)
③ 택코트(tack coat)
④ 피치(pitch)

해설 프라임코트는 보조기층, 기층 등의 입상재료층에 점성이 낮은 역청재를 살포, 침투시켜 방수성을 높이고 보조기층으로부터의 모관 상승을 차단하며 기층과 그 위에 포설하는 아스팔트 혼합물과의 부착을 좋게 하기 위해 역청재를 얇게 피복하는 것이다.

29 불도저로 압토와 리핑작업을 동시에 실시한다. 각 작업 시의 작업량이 다음과 같을 때 시간당 합성작업량은?

• 압토작업만 할 때의 작업량 $Q_1 = 50\text{m}^3/\text{h}$
• 리핑작업만 할 때의 작업량 $Q_2 = 80\text{m}^3/\text{h}$

① 28.54m³/h
② 30.77m³/h
③ 32.84m³/h
④ 34.25m³/h

해설 $Q = \dfrac{Q_1 Q_2}{Q_1 + Q_2} = \dfrac{50 \times 80}{50 + 80} = 30.77\text{m}^3/\text{h}$

30 역T형 옹벽에 대한 설명으로 옳은 것은?

① 자중만으로 토압에 저항한다.
② 자중이 다른 형식의 옹벽보다 대단히 크다.
③ 자중과 뒤채움 토사의 중량으로 토압에 저항한다.
④ 일반적으로 옹벽의 높이가 낮은 경우에 사용된다.

해설 역T형 옹벽
철근콘크리트 옹벽으로서 구체의 체적이 적어서 중량이 적은 만큼 배면의 흙의 무게로 보강하여 토압에 견딜 수 있게 안정성을 유지시킨 구조이다.

31 버력이 너무 비산하지 않는 심빼기에 유효하고 수직도갱 밑에 물이 많이 고였을 때 적당한 심빼기 공법은?

① 노컷
② 번컷
③ V컷
④ 스윙컷

해설 스윙컷(swing cut)은 연직도갱의 밑의 발파에 사용되며, 특히 용수가 많을 때 편리하다

32 주탑, 케이블, 주형의 3요소로 구성되어 있고 케이블을 거더에 정착시킨 교량형식으로서 다음의 그림과 같은 형식의 교량은?

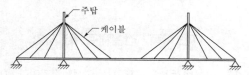

① 거더교
② 아치교
③ 현수교
④ 사장교

33 케이슨기초 중 오픈케이슨공법의 특징에 대한 설명으로 틀린 것은?

① 기계설비가 비교적 간단하다.
② 굴착 시 히빙이나 보일링현상의 우려가 있다.
③ 큰 전석이나 장애물이 있는 경우 침하작업이 지연된다.
④ 일반적인 굴착깊이는 30~40m 정도로 침하깊이에 제한을 받는다.

해설 Open caisson기초

장점	단점
• 침하깊이에 제한을 받지 않는다. • 기계설비가 간단하다. • 공사비가 싸다.	• 굴착 시 히빙이나 보일링현상의 우려가 있다. • 케이슨이 기울어질 우려가 있으며 경사수정이 곤란하다.

34 어떤 공사의 공정에 따른 비용 증가율이 다음의 그림과 같을 때 이 공정을 계획보다 3일 단축하고자 하면 소요되는 추가비용은 약 얼마인가?

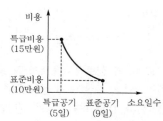

① 40,000원
② 37,500원
③ 35,000원
④ 32,500원

해설 ㉠ 비용경사$=\dfrac{\text{특급공비}-\text{표준공비}}{\text{표준공기}-\text{특급공기}}$

$=\dfrac{150,000-100,000}{9-5}$

$=12,500$원

㉡ 추가비용$=12,500\times3=37,500$원

35 PERT기법과 CPM기법의 비교 설명 중 PERT 기법에 관련된 내용이 아닌 것은?

① 공사비 절감을 주목적으로 한다.
② 비반복사업을 대상으로 한다.
③ 신규사업을 대상으로 한다.
④ 3점 견적법으로 공기를 추정한다.

해설 ERT와 CPM의 비교

구분	PERT	CPM
대상	신규사업, 비반복사업	반복사업
공기추정	3점 견적법	1점 견적법
일정 계산	Event 중심의 일정 계산	Activity 중심의 일정 계산
주목적	공기단축	공비절감

36 다음 그림과 같은 유토곡선에서 A–B구간의 평균운반거리를 구하면?

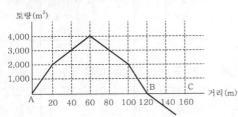

① 40m　　　　② 60m
③ 80m　　　　④ 100m

해설 평균운반거리 $= 100 - 20 = 80\text{m}$

37 45,000m³의 성토공사를 위하여 토량의 변화율이 $L=1.2$, $C=0.9$인 현장 흙을 굴착운반하고자 한다. 이때 운반토량은 얼마인가?

① 33,750m³　　　② 45,000m³
③ 54,000m³　　　④ 60,000m³

해설 운반토량 $= 45,000 \times \dfrac{L}{C} = 45,000 \times \dfrac{1.2}{0.9} = 60,000\text{m}^3$

38 관내의 집수효과를 크게 하기 위하여 관둘레에 구멍을 뚫어 지하에 매설하는 집수암거의 일종으로 하천의 복류수를 주로 이용하기 위하여 쓰이는 것은?

① 관거　　　　② 함거
③ 다공관거　　④ 사이펀관거

해설 유공관암거(다공관거)
집수효과를 크게 하기 위해 유공관을 지하에 매설하고, 이 관을 통하여 맨홀로 집수된 물을 펌프로 양수하여 사용하는 일종의 집수암거로서 주로 하천의 복류수를 한발기에 이용하기 위해 사용한다.

39 아스팔트 포장의 파손현상 중 차량하중에 의해 발생한 변형량의 일부가 회복되지 못하여 발생하는 영구변형으로 차량통과위치에 균일하게 발생하는 침하를 보이는 아스팔트 포장의 대표적인 파손현상을 무엇이라 하는가?

① 피로균열
② 저온균열
③ 루팅(Rutting)
④ 라벨링(Ravelling)

40 운반토량 1,200m³를 용적이 5m³인 덤프트럭으로 운반하려고 한다. 트럭의 평균속도는 10km/h이고 상하차시간이 각각 4분일 때 하루에 전량을 운반하려면 몇 대의 트럭이 필요한가? (단, 1일 덤프트럭가동시간은 8시간이며, 토사장까지의 거리는 2km이다.)

① 12대　　　　② 14대
③ 16대　　　　④ 18대

해설
㉠ $C_{mt} = \dfrac{2 \times 2}{10} \times 60 + 4 \times 2 = 32분$

㉡ $Q = \dfrac{60 q_t f E}{C_{mt}} = \dfrac{60 \times 5 \times 1 \times 1}{32} = 9.38\text{m}^3/\text{h}$

㉢ 1일 운반토량 $= 9.38 \times 8 = 75.04\text{m}^3$

㉣ 1일 소요대수 $= \dfrac{1,200}{75.04} = 15.99 = 16$대

제3과목 · 건설재료 및 시험

41 다음은 굵은 골재의 밀도시험결과이다. 이때 골재의 표면건조포화상태의 밀도는?

- 절대건조상태의 시료질량 : 2,000g
- 표면건조포화상태의 시료질량 : 2,100g
- 침지된 시료의 수중질량 : 1,300g
- 시험온도에서의 물의 밀도 : 1g/cm³

① 2.63g/cm³
② 2.65g/cm³
③ 2.67g/cm³
④ 2.69g/cm³

해설 표면건조포화상태의 밀도
$$= \left(\frac{B}{B-C}\right)\rho_w = \frac{2,100}{2,100-1,300} \times 1 = 2.63 \text{g/cm}^3$$

42 콘크리트용 혼화재료인 플라이애시에 대한 설명으로 틀린 것은?

① 플라이애시는 워커빌리티 증가 및 단위수량 감소효과가 있다.
② 초기재령에서의 강도는 크게 나타나지만 강도의 증진율이 낮다.
③ 플라이애시 중의 미연탄소분에 의해 AE제 등이 흡착되어 연행공기량이 현저히 감소한다.
④ 플라이애시는 보존 중에 입자가 응집하여 고결하는 경우가 생기므로 저장에 유의하여야 한다.

해설 플라이애시를 사용한 콘크리트의 성질
㉠ 워커빌리티가 커지고 단위수량이 감소한다.
㉡ 수화열이 적다.
㉢ 장기강도가 크다.
㉣ 수밀성이 좋다.
㉤ 건조수축이 작다.

43 목재의 함수율을 측정하기 위해 시험을 실시한 결과가 다음과 같을 때 함수율은 얼마인가?

• 시험편의 건조 전 질량 : 2,750g
• 시험편의 건조 후 질량 : 2,350g

① 15% ② 17%
③ 19% ④ 21%

해설 $w = \frac{w_1 - w_2}{w_2} \times 100 = \frac{2,750 - 2,350}{2,350} \times 100 = 17.02\%$

44 지오텍스타일의 특징에 대한 설명으로 틀린 것은?

① 인장강도가 크다.
② 수축을 방지한다.
③ 탄성계수가 크다.
④ 열에 강하고 무게가 무겁다.

해설 토목섬유(지오텍스타일)의 특징
㉠ 인장강도가 크고 내구성이 좋다.
㉡ 현장에서 접합 등 가공이 쉽다.
㉢ 신축성이 좋아서 유연성이 있다.
㉣ 탄성계수가 크다.
㉤ 필요에 따라 투수 및 차수를 할 수 있다.

45 재료에 외력을 작용시키고 변형을 억제하면 시간이 경과함에 따라 재료의 응력이 감소하는 현상을 무엇이라 하는가?

① 탄성
② 취성
③ 크리프
④ 릴랙세이션

46 고무혼입 아스팔트와 스트레이트 아스팔트를 비교한 설명으로 틀린 것은?

① 감온성은 스트레이트 아스팔트가 크다.
② 응집성은 스트레이트 아스팔트가 크다.
③ 마찰계수는 고무혼입 아스팔트가 크다.
④ 충격저항성은 고무혼입 아스팔트가 크다.

해설 고무혼입 아스팔트
㉠ 감온성이 작다.
㉡ 응집력과 부착력이 크다.
㉢ 탄성 및 충격저항이 크다.
㉣ 내후성 및 마찰계수가 크다.

47 다음과 같은 특성을 가지는 시멘트는?

• 발열량이 대단히 많으며 조강성이 크다.
• 열분해온도가 높으므로(1,300℃ 정도) 내화용 콘크리트에 적합하다.
• 산, 염류, 해수 등의 화학적 침식에 대한 저항성이 크다.

① 고로 시멘트
② 알루미나 시멘트
③ 플라이애시 시멘트
④ 백색 포틀랜드 시멘트

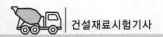
해설 **알루미나시멘트**
- ㉠ 초조강성으로 24시간에 보통 시멘트의 28일 강도를 발현한다.
- ㉡ 발열량이 크기 때문에 긴급을 요하는 공사나 한중공사에 적합하다.
- ㉢ 산, 염, 해수에 대한 저항성이 크지만 내알칼리성은 작다.
- ㉣ 내화성이 우수하다.

48 아스팔트의 분류 중 석유 아스팔트에 해당하는 것은?

① 아스팔타이트(asphaltite)
② 록 아스팔트(rock asphalt)
③ 레이크 아스팔트(lake asphalt)
④ 스트레이트 아스팔트(straight asphalt)

해설 **석유 아스팔트** : 스트레이트 아스팔트, 블론 아스팔트

49 다음 중 화성암에 속하지 않는 것은?

① 편마암
② 섬록암
③ 현무암
④ 화강암

해설 **암석의 분류**
- ㉠ 화성암 : 화강암, 안산암, 현무암, 섬록암
- ㉡ 퇴적암 : 응회암, 사암, 석회암
- ㉢ 변성암 : 대리석, 편마암, 사문암

50 실리카퓸을 콘크리트의 혼화재로 사용할 때 나타나는 특징으로 틀린 것은?

① 단위수량과 건조수축이 감소한다.
② 콘크리트의 재료분리를 감소시킨다.
③ 수화 초기에 C-S-H겔을 생성하므로 블리딩이 감소한다.
④ 콘크리트의 조직이 치밀해져 강도가 커지고, 수밀성이 증대된다.

해설 **실리카퓸**
- ㉠ 장점
  - 수화 초기에 C-S-H겔을 생성하므로 블리딩이 감소한다.
  - 재료분리가 생기지 않는다.
  - 조직이 치밀하므로 강도가 커지고 수밀성, 화학적 저항성 등이 좋아진다.
- ㉡ 단점
  - 워커빌리티가 나빠진다.
  - 단위수량이 증가한다.
  - 건조수축이 커진다.

51 아스팔트 혼합물의 마샬안정도시험을 실시한 결과가 다음과 같을 때 아스팔트 혼합물의 용적률 및 포화도는 얼마인가?

- 아스팔트의 밀도 : 1.03g/cm^3
- 아스팔트 혼합률 : 4.5%
- 실측밀도 : 2.355g/cm^3
- 공극률 : 5.3%

① 용적률=8.65%, 포화도=62.0%
② 용적률=9.42%, 포화도=64.0%
③ 용적률=10.29%, 포화도=66.0%
④ 용적률=11.26%, 포화도=68.0%

해설 ㉠ 역청재료의 체적비(용적률)

$$V_a = \frac{W_a d}{G_a} = \frac{4.5 \times 2.355}{1.03} = 10.29\%$$

㉡ 포화도

$$S = \frac{V_a}{V_a + V} \times 100 = \frac{10.29}{10.29 + 5.3} \times 100 = 66\%$$

여기서, W_a : 혼합물 중의 역청재료량(%)
d : 공시체의 실측밀도(g/cm^3)
G_a : 역청재료의 밀도(g/cm^3)
V : 공극률 $\left[= \left(1 - \frac{d}{D}\right) \times 100 \right]$ (%)
D : 공시체의 이론 최대 밀도(g/cm^3)

52 시멘트의 비중시험(KS L 5110)에서 정밀도 및 편차에 대한 규정으로 옳은 것은?

① 동일 시험자가 동일 재료에 대하여 3회 측정한 결과가 ±0.05 이내이어야 한다.
② 동일 시험자가 동일 재료에 대하여 2회 측정한 결과가 ±0.03 이내이어야 한다.
③ 서로 다른 시험자가 동일 재료에 대하여 3회 측정한 결과가 ±0.05 이내이어야 한다.
④ 서로 다른 시험자가 동일 재료에 대하여 2회 측정한 결과가 ±0.03 이내이어야 한다.

해설 시멘트 비중시험의 정밀도 및 편차(KS L 5110)
동일 시험자가 동일 재료에 대하여 2회 측정한 결과가 ±0.03 이내이어야 한다.

53 시멘트가 풍화작용과 탄산화작용을 받은 정도를 나타내는 척도로 고온으로 가열하여 시멘트 중량의 감소율을 나타내는 것은?

① 수경률
② 규산율
③ 강열감량
④ 불용해잔분

54 콘크리트용 잔골재로 사용하고자 하는 바다모래(해사)의 염분에 대한 대책으로 틀린 것은?

① 콘크리트용 혼화제로 방청제를 사용한다.
② 살수법, 침수법 및 자연방치법 등에 의해서 염분을 사전에 제거한다.
③ 콘크리트를 가능한 빈배합으로 하여 수밀성을 향상시킨다.
④ 염분이 많은 바다모래를 사용할 경우 콘크리트에 사용되는 철근을 아연도금 등으로 방청하여 사용한다.

해설 염해대책
㉠ 콘크리트 중의 염소이온량을 적게 한다.
㉡ 물-시멘트비를 작게 하여 밀실한 콘크리트로 한다.
㉢ 피복 콘크리트를 충분히 취해 균열폭을 작게 제어한다.
㉣ 수지도장철근의 사용이나 콘크리트 표면을 라이닝한다.

55 콘크리트용 모래에 포함되어 있는 유기불순물 시험에 대한 설명으로 옳은 것은?

① 무수황산나트륨을 시약으로 사용한다.
② 모래시료는 2분법으로 채취하는 것을 원칙으로 한다.
③ 식별용 표준색용액은 염소이온을 0.1% 함유한 염화나트륨수용액과 0.5% 함유한 염화나트륨수용액을 사용한다.

④ 시험결과 시험용액의 색도가 표준색용액보다 연한 경우 콘크리트용으로 사용할 수 있다.

해설 유기불순물시험(KS F 2510)을 실시하여 시험용액의 색깔이 표준색용액보다 엷을 때에는 그 모래는 합격으로 한다.

56 다음 중 천연경량골재가 아닌 것은?

① 용암
② 응회암
③ 팽창성 혈암
④ 경석화산자갈

해설 구조용 경량골재의 종류

종류	제조
인공경량골재	고로슬래그, 규조토암, 플라이애시, 점토 등을 소성한 것
천연경량골재	경석, 화산암, 응회암, 용암 등과 같은 천연재료를 가공한 것

57 콘크리트 내부에 독립된 미세기포를 발생시켜 콘크리트의 워커빌리티 개선과 동결융해에 대한 저항성을 갖도록 하기 위해 사용하는 혼화제는?

① AE제
② 지연제
③ 기포제
④ 응결・경화촉진제

해설 AE제(공기연행제)
콘크리트 내부에 독립된 미세기포를 발생시켜 콘크리트의 워커빌리티와 동결융해에 대한 저항성을 갖도록 하기 위해 사용하는 혼화제이다.

58 암석의 구조에 대한 설명으로 틀린 것은?

① 석목은 암석의 갈라지기 쉬운 면을 말하며 돌눈이라고도 한다.
② 절리는 암석 특유의 천연적으로 갈라진 금으로 화성암에서 많이 보인다.
③ 층리는 암석을 구성하는 조암광물의 집합상태에 따라 생기는 눈모양을 말한다.
④ 편리는 변성암에서 된 절리로 암석이 얇은 판자모양 등으로 갈라지는 성질을 말한다.

2021년

해설 암석의 구조

　㉠ 석목(돌눈) : 암석의 갈라지기 쉬운 면을 말하며 석재의 가공이나 채석에 이용된다.

　㉡ 절리 : 암석 특유의 천연적인 균열을 말한다.

　㉢ 층리 : 퇴적암이나 변성암의 일부에서 생기는 평행상의 절리이다.

59 이형철근의 인장시험데이터가 다음과 같을 때 파단연신율은?

> - 원단면적(A_o)=190mm^2
> - 표점거리(l_o)=128mm
> - 파단 후 표점거리(l)=156mm
> - 파단 후 단면적(A)=130mm^2
> - 최대 인장하중(P_{max})=11,800kN

① 19.85%

② 21.88%

③ 23.85%

④ 25.88%

해설 파단연신율$=\dfrac{l-l_o}{l_o}\times100$

$=\dfrac{156-128}{128}\times100$

$=21.88\%$

60 수중에서 폭발하며 발화점이 높고 구리와 화합하면 위험하므로 뇌관의 관체는 알루미늄을 사용하는 기폭약은?

① 뇌산수은

② 질화납

③ DDNP

④ 칼릿

해설 기폭약(기폭제)

　㉠ 뇌산수은(뇌홍) : 불꽃, 충격 및 마찰에 아주 예민하다.

　㉡ 질화납 : 물속에서도 폭발하며 발화점이 높다.

　㉢ DDNT : 기폭약 중에서 가장 강력(뇌홍의 2배)하고, 충격감도는 둔하나 열에 대하여 예민하다.

제4과목 · 토질 및 기초

61 연속기초에 대한 Terzaghi의 극한지지력공식은 $q_u = cN_c + 0.5\gamma_1 BN_\gamma + \gamma_2 D_f N_q$로 나타낼 수 있다. 다음 그림과 같은 경우 극한지지력공식의 두 번째 항의 단위중량(γ_1)의 값은? (단, 물의 단위중량은 9.81kN/m^{3}이다.)

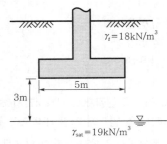

① 14.48kN/m^3　　② 16.00kN/m^3

③ 17.45kN/m^3　　④ 18.20kN/m^3

해설 $\gamma_1 = \gamma_{sub} + \dfrac{d}{B}(\gamma_t - \gamma_{sub})$

$= 9.19 + \dfrac{3}{5}\times(18-9.19)$

$= 14.48\text{kN/m}^3$

62 토질시험결과 내부마찰각이 30°, 점착력이 50kN/m², 간극수압이 800kN/m², 파괴면에 작용하는 수직응력이 3,000kN/m²일 때 이 흙의 전단응력은?

① 1,270kN/m^2　　② 1,320kN/m^2

③ 1,580kN/m^2　　④ 1,950kN/m^2

해설 $\tau = c + \bar{\sigma}\tan\phi$

$= 50 + (3,000-800)\times\tan30°$

$= 1320.17\text{kN/m}^2$

63 내부마찰각이 30°, 단위중량이 18kN/m³인 흙의 인장균열깊이가 3m일 때 점착력은?

① 15.6kN/m^2

② 16.7kN/m^2

③ 17.5kN/m^2

④ 18.1kN/m^2

해설
$$Z_c = \frac{2c\tan\left(45° + \dfrac{\phi}{2}\right)}{\gamma_t}$$

$$3 = \frac{2c \times \tan\left(45° + \dfrac{30°}{2}\right)}{18}$$

$$\therefore c = 15.59\text{kN/m}^2$$

64 토립자가 둥글고 입도분포가 양호한 모래지반에서 N치를 측정한 결과 $N=19$가 되었을 경우 Dunham의 공식에 의한 이 모래의 내부마찰각(ϕ)은?

① 20° 　　　　② 25°
③ 30° 　　　　④ 35°

해설 $\phi = \sqrt{12N} + 20 = \sqrt{12 \times 19} + 20 = 35.1°$

65 흙의 포화단위중량이 20kN/m³인 포화점토층을 45° 경사로 8m를 굴착하였다. 흙의 강도정수 $C_u = 65\text{kN/m}^2$, $\phi = 0°$이다. 다음 그림과 같은 파괴면에 대하여 사면의 안전율은? (단, ABCD의 면적은 70m²이고, O점에서 ABCD의 무게 중심까지의 수직거리는 4.5m이다.)

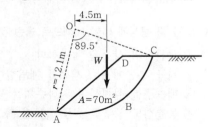

① 4.72 　　　　② 4.21
③ 2.67 　　　　④ 2.36

해설 ㉠ $\tau = c_u = 65\text{kN/m}^2$

㉡ $L_a = r\theta = 12.1 \times \left(89.5° \times \dfrac{\pi}{180°}\right) = 18.9\text{m}$

㉢ $M_r = \tau r L_a = 65 \times 12.1 \times 18.9 = 14864.85\text{kN} \cdot \text{m}$

㉣ $M_D = We = A\gamma e = 70 \times 20 \times 4.5 = 6,300\text{kN} \cdot \text{m}$

㉤ $F_s = \dfrac{M_r}{M_D} = \dfrac{14864.85}{6,300} = 2.36$

66 다음과 같은 조건에서 AASHTO분류법에 따른 군지수(GI)는?

- 흙의 액성한계 : 45%
- 흙이 소성한계 : 25%
- 200번체 통과율 : 50%

① 7 　　　　② 10
③ 13 　　　　④ 16

해설 ㉠ $a = P_{\text{No.200}} - 35 = 50 - 35 = 15$

㉡ $b = P_{\text{No.200}} - 15 = 50 - 15 = 35$

㉢ $c = W_L - 40 = 45 - 40 = 4$

㉣ $d = I_p - 10 = (45 - 25) - 10 = 10$

㉤ $GI = 0.2a + 0.005ac + 0.01bd$
$= 0.2 \times 15 + 0.005 \times 15 \times 4 + 0.01 \times 35 \times 10$
$= 6.8 = 7$

67 점토층 지반 위에 성토를 급속히 하려 한다. 성토 직후에 있어서 이 점토의 안정성을 검토하는 데 필요한 강도정수를 구하는 합리적인 시험은?

① 비압밀비배수시험(UU-test)
② 압밀비배수시험(CU-test)
③ 압밀배수시험(CD-test)
④ 투수시험

해설 UU-test를 사용하는 경우
㉠ 포화된 점토지반 위에 급속성토 시 시공 직후의 안정검토
㉡ 시공 중 압밀이나 함수비의 변화가 없다고 예상되는 경우
㉢ 점토지반에 footing기초 및 소규모 제방을 축조하는 경우

68 점토지반에 있어서 강성기초의 접지압분포에 대한 설명으로 옳은 것은?

① 접지압은 어느 부분이나 동일하다.
② 접지압은 토질에 관계없이 일정하다.
③ 기초의 모서리 부분에서 접지압이 최대가 된다.
④ 기초의 중앙 부분에서 접지압이 최대가 된다.

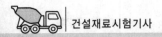

해설 ㉠ 강성기초

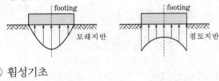

㉡ 휨성기초

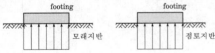

69 흙의 다짐곡선은 흙의 종류나 입도 및 다짐에 너지 등의 영향으로 변한다. 흙의 다짐특성에 대한 설명으로 틀린 것은?

① 세립토가 많을수록 최적함수비는 증가한다.

② 점토질 흙은 최대 건조단위중량이 작고, 사질토는 크다.

③ 일반적으로 최대 건조단위중량이 큰 흙일수록 최적함수비도 커진다.

④ 점성토는 건조측에서 물을 많이 흡수하므로 팽창이 크고, 습윤측에서는 팽창이 작다.

해설 일반적으로 최대 건조단위중량이 큰 흙일수록 최적함수비도 작아진다.

70 다음 그림과 같은 지반에 대해 수직방향 등가 투수계수를 구하면?

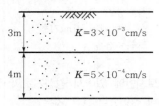

① $3.89 \times 10^{-4} \text{cm/s}$

② $7.78 \times 10^{-4} \text{cm/s}$

③ $1.57 \times 10^{-3} \text{cm/s}$

④ $3.14 \times 10^{-3} \text{cm/s}$

해설 $K_v = \dfrac{H(=h_1 + h_2)}{\dfrac{h_1}{K_{v1}} + \dfrac{h_2}{K_{v2}}}$

$$= \frac{300 + 400}{\dfrac{300}{3 \times 10^{-3}} + \dfrac{400}{5 \times 10^{-4}}} = 7.78 \times 10^{-4} \text{cm/s}$$

71 통일분류법에 의한 분류기호와 흙의 성질을 표현한 것으로 틀린 것은?

① SM : 실트 섞인 모래

② GC : 점토 섞인 자갈

③ CL : 소성이 큰 무기질 점토

④ GP : 입도분포가 불량한 자갈

해설 CL : 소성이 작은(저압축성) 무기질 점토

72 다음 중 연약점토지반개량공법이 아닌 것은?

① 프리로딩(Pre-loading)공법

② 샌드드레인(Sand drain)공법

③ 페이퍼드레인(Paper drain)공법

④ 바이브로플로테이션(Vibro flotation)공법

해설 점성토지반개량공법

치환공법, Preloading공법(사전압밀공법), Sand drain, Paper drain공법, 전기침투공법, 침투압공법(MAIS공법), 생석회말뚝(Chemico pile)공법

73 다음 중 동상에 대한 대책으로 틀린 것은?

① 모관수의 상승을 차단한다.

② 지표 부근에 단열재료를 매립한다.

③ 배수구를 설치하여 지하수위를 낮춘다.

④ 동결심도 상부의 흙을 실트질 흙으로 치환한다.

해설 동상대책

㉠ 배수구를 설치하여 지하수위를 낮춘다.

㉡ 모관수의 상승을 방지하기 위해 지하수위보다 높은 곳에 조립의 차단층(모래, 콘크리트, 아스팔트)을 설치한다.

㉢ 동결심도보다 위에 있는 흙을 동결하기 어려운 재료(자갈, 쇄석, 석탄재)로 치환한다.

㉣ 지표면 근처에 단열재료(석탄재, 코크스)를 넣는다.

㉤ 지표의 흙을 화학약품처리($CaCl_2$, $NaCl$, $MgCl_2$)하여 동결온도를 낮춘다.

74 현장에서 채취한 흙시료에 대하여 다음 조건과 같이 압밀시험을 실시하였다. 이 시료에 320kPa의 압밀압력을 가했을 때 0.2cm의 최종 압밀침하가 발생되었다면 압밀이 완료된 후 시료의 간극비는? (단, 물의 단위중량은 9.81kN/m³이다.)

- 시료의 단면적(A) : 30cm²
- 시료의 초기높이(H) : 2.6cm
- 시료의 비중(G_s) : 2.5
- 시료의 건조중량(W_s) : 1.18N

① 0.125 ② 0.385
③ 0.500 ④ 0.625

해설 ㉠ $H_s = \dfrac{W_s}{G_s A \gamma_w}$

$$= \frac{1.18}{2.5 \times 30 \times (9.81 \times 10^{-3})} = 1.6\text{cm}$$

㉡ $e = \dfrac{H-H_s}{H_s} - \dfrac{R}{H_s} = \dfrac{2.6-1.6}{1.6} - \dfrac{0.2}{1.6} = 0.5$

75 일반적인 기초의 필요조건으로 틀린 것은?

① 침하를 허용해서는 안 된다.
② 지지력에 대해 안정해야 한다.
③ 사용성, 경제성이 좋아야 한다.
④ 동해를 받지 않는 최소한의 근입깊이를 가져야 한다.

해설 기초의 구비조건
㉠ 최소한의 근입깊이를 가질 것(동해에 대한 안정)
㉡ 지지력에 대해 안정할 것
㉢ 침하에 대해 안정할 것(침하량이 허용값 이내에 들어야 함)
㉣ 시공이 가능할 것(경제적, 기술적)

76 노상토 지지력비(CBR)시험에서 피스톤 2.5mm 관입될 때와 5.0mm 관입될 때를 비교한 결과 관입량 5.0mm에서 CBR이 더 큰 경우 CBR값을 결정하는 방법으로 옳은 것은?

① 그대로 관입량 5.0mm일 때의 CBR값으로 한다.
② 2.5mm값과 5.0mm값의 평균을 CBR값으로 한다.

③ 5.0mm값을 무시하고 2.5mm값을 표준으로 하여 CBR값으로 한다.
④ 새로운 공시체로 재시험을 하며 재시험 결과도 5.0mm값이 크게 나오면 관입량 5.0mm일 때의 CBR값으로 한다.

해설 ㉠ $CBR_{2.5} > CBR_{5.0}$이면 $CBT = CBT_{2.5}$이다.
㉡ $CBR_{2.5} < CBR_{5.0}$이면 재시험하고 재시험 후
• $CBR_{2.5} > CBR_{5.0}$이면 $CBT = CBT_{2.5}$이다.
• $CBR_{2.5} < CBR_{5.0}$이면 $CBT = CBT_{5.0}$이다.

77 단면적이 100cm², 길이가 30cm인 모래시료에 대하여 정수두투수시험을 실시하였다. 이때 수두차가 50cm, 5분 동안 집수된 물이 350cm³이었다면 이 시료의 투수계수는?

① 0.001cm/s ② 0.007cm/s
③ 0.01cm/s ④ 0.07cm/s

해설 $Q = KiA = K\dfrac{h}{L}A$

$$\frac{350}{5 \times 60} = K \times \frac{50}{30} \times 100$$

$$\therefore K = 0.007\text{cm/s}$$

78 다음 중 사운딩시험이 아닌 것은?

① 표준관입시험
② 평판재하시험
③ 콘관입시험
④ 베인시험

해설 Sounding의 종류

정적 sounding	동적 sounding
• 단관원추관입시험 • 화란식 원추관입시험 • 베인시험 • 이스키미터	• 동적 원추관입시험 • SPT

79 흙 속에 있는 한 점의 최대 및 최소 주응력이 각각 200kN/m² 및 100kN/m²일 때 최대 주응력면과 30°를 이루는 평면상의 전단응력을 구한 값은?

① 10.5kN/m² ② 21.5kN/m²
③ 32.3kN/m² ④ 43.3kN/m²

2021년

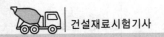
해설 $\tau = \dfrac{\sigma_1 - \sigma_3}{2} \sin 2\theta$

$= \dfrac{200 - 100}{2} \times \sin(2 \times 30°) = 43.3 \text{kN/m}^2$

80 다음 그림과 같은 지반에 재하순간 수주(水柱)가 지표면으로부터 5m이었다. 20% 압밀이 일어난 후 지표면으로부터 수주의 높이는? (단, 물의 단위중량은 9.81kN/m³이다.)

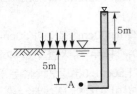

① 1m　　　　　② 2m

③ 3m　　　　　④ 4m

해설 ㉠ $u_i = 9.81 \times 5 = 49.05 \text{kN/m}^2$

㉡ $u_z = \dfrac{u_i - u}{u_i} \times 100$

$20 = \dfrac{49.05 - u}{49.05} \times 100$

$\therefore u = 39.24 \text{kN/m}^2$

㉢ $u = \gamma_w h$

$39.24 = 9.81 \times h$

$\therefore h = 4\text{m}$

제1과목 · 콘크리트공학

01 콘크리트의 워커빌리티에 영향을 미치는 요인에 대한 설명으로 틀린 것은?

① 포졸란혼화재를 사용하면 콘크리트의 점성을 개선하는 효과가 있어 워커빌리티가 좋아진다.

② 일반적으로 단위시멘트사용량이 많은 부배합의 경우는 빈배합의 경우보다 워커빌리티는 좋아진다.

③ 골재의 입도분포가 양호하고 입형이 둥글면 워커빌리티는 좋아진다.

④ 같은 배합의 경우라도 온도가 높으면 워커빌리티는 좋아진다.

해설 **워커빌리티를 증진시키기 위한 방법**

㉠ 단위시멘트양을 크게 한다.

㉡ 입도나 입형이 좋은 골재를 사용한다.

㉢ AE제, 감수제, 플라이애시 등을 사용한다.

㉣ 온도 상승을 막는다(온도가 높으면 슬럼프가 감소하므로 워커빌리티가 작아진다).

02 고강도 콘크리트에 대한 일반적인 설명으로 틀린 것은?

① 단위시멘트양은 소요의 워커빌리티 및 강도를 얻을 수 있는 범위 내에서 가능한 한 적게 되도록 시험에 의해 정하여야 한다.

② 잔골재율은 소요의 워커빌리티를 얻도록 시험에 의하여 결정하여야 하며 가능한 작게 하도록 한다.

③ 고강도 콘크리트의 설계기준압축강도는 보통 콘크리트에서 40MPa 이상, 경량골재 콘크리트는 27MPa 이상으로 한다.

④ 고강도 콘크리트의 워커빌리티 확보를 위해 공기연행제를 사용함을 원칙으로 한다.

해설 **고강도 콘크리트**

기상의 변화가 심하거나 동결융해에 대한 대책이 필요한 경우를 제외하고는 공기연행제를 사용하지 않는 것을 원칙으로 한다.

03 콘크리트를 제조할 때 재료의 계량에 대한 설명으로 틀린 것은?

① 계량은 시방배합에 의해 실시하여야 한다.

② 유효흡수율의 시험에서 골재에 흡수시키는 시간은 실용상으로 보통 15~30분간의 흡수율을 유효흡수율로 보아도 좋다.

③ 골재의 경우 1회 계량분의 계량허용오차는 ±3%이다.

④ 혼화재의 경우 1회 계량분의 계량허용오차는 ±2%이다.

해설 재료의 계량은 현장 배합에 의해 실시하는 것으로 한다.

04 프리스트레스트 콘크리트에 대한 설명으로 틀린 것은?

① 긴장재에 긴장을 주는 시기에 따라서 포스트텐션방식과 프리텐션방식으로 분류된다.

② 프리텐션방식에 있어서 프리스트레싱할 때의 콘크리트의 압축강도는 20MPa 이상이어야 한다.

③ 프리스트레싱을 할 때의 콘크리트의 압축강도는 프리스트레스를 준 직후에 콘크리트에 일어나는 최대 압축응력의 1.7배 이상이어야 한다.

④ 그라우트시공은 프리스트레싱이 끝나고 8시간이 경과한 다음 가능한 한 빨리하여야 한다.

해설 프리스트레싱할 때의 콘크리트 강도
  ㉠ 프리스트레싱을 할 때의 콘크리트 압축강도는 프리스트레스를 준 직후 콘크리트에 일어나는 최대 압축응력의 1.7배 이상이어야 한다.
  ㉡ 프리텐션방식에 있어서는 콘크리트의 압축강도가 30MPa 이상이어야 한다.

05 경량골재 콘크리트에서 경량골재의 유해물함유량의 한도로 틀린 것은?

① 경량골재의 강열감량은 5% 이하이어야 한다.
② 경량골재의 점토덩어리양은 2% 이하이어야 한다.
③ 경량골재의 철오염물시험결과 진한 얼룩이 생기지 않아야 한다.
④ 경량골재 중 굵은 골재의 부립률은 15% 이하이어야 한다.

해설 경량골재 유해물함량의 한도
  ㉠ 강열감량은 5% 이하이어야 한다.
  ㉡ 점토덩어리양은 2% 이하이어야 한다.
  ㉢ 경량골재 중 굵은 골재의 부립률은 질량 백분율로 10% 이하이어야 한다.

06 골재의 내구성시험 중 황산나트륨에 의한 안정성시험의 경우 조작을 5회 반복하였을 때 굵은 골재의 손실질량은 최대 얼마 이하를 표준으로 하는가?

① 4%   ② 7%
③ 12%   ④ 15%

해설 안정성의 규격(5회 시험했을 때 손실질량비의 한도)

시험용액	손실질량비(%)	
	잔골재	굵은 골재
황산나트륨	10% 이하	12% 이하

07 콘크리트의 압축강도(f_{cu})를 시험하여 거푸집널의 해체시기를 결정하고자 한다. 다음과 같은 조건일 경우 콘크리트의 압축강도(f_{cu})가 얼마 이상인 경우 거푸집널을 해체할 수 있는가?

- 부재 : 슬래브 및 보의 밑면(단층구조)
- 설계기준압축강도(f_{ck}) : 30MPa

① 5MPa
② 10MPa
③ 13MPa
④ 20MPa

해설 $f_{cu} = 30 \times \dfrac{2}{3} = 20\text{MPa}$

[참고] 콘크리트의 압축강도를 시험한 경우 거푸집널의 해체시기

부재	콘크리트 압축강도(f_{cu})
확대기초, 보 옆, 기둥 등의 측벽	5MPa 이상
슬래브 및 보의 밑면, 아치내면	설계기준압축강도의 2/3배 이상, 또한 최소 14MPa 이상

08 내부진동기의 사용방법으로 틀린 것은?

① 내부진동기를 하층의 콘크리트 속으로 0.1m 정도 찔러 넣는다.
② 내부진동기는 연직으로 찔러 넣으며, 삽입 간격은 일반적으로 1.0m 이상으로 한다.
③ 내부진동기의 1개소당 진동시간은 다짐할 때 시멘트풀이 표면 상부로 약간 부상하기까지가 적절하다.
④ 내부진동기는 콘크리트로부터 천천히 빼내어 구멍이 남지 않도록 한다.

해설 내부진동기 사용방법의 표준
  ㉠ 내부진동기를 하층의 콘크리트 속으로 0.1m 정도 찔러 넣는다.
  ㉡ 1개소당 진동시간은 다짐할 때 시멘트 페이스트가 표면 상부로 약간 부상하기까지 한다.
  ㉢ 내부진동기는 연직으로 찔러 넣으며, 삽입간격은 일반적으로 0.5m 이하로 한다.
  ㉣ 내부진동기는 콘크리트를 횡방향으로 이동시킬 목적으로 사용해서는 안 된다.

09 해양 콘크리트에 대한 설명으로 틀린 것은?

① 육상구조물 중에 해풍의 영향을 많이 받는 구조물도 해양 콘크리트로 취급하여야 한다.

② 해수는 알칼리골재반응의 반응성을 촉진하는 경우가 있으므로 충분한 검토를 하여야 한다.

③ 단위결합재량을 작게 하면 균등질의 밀실한 콘크리트를 얻을 수 있고, 각종 염류의 화학적 침식에 대한 저항성이 커진다.

④ 해수작용에 대한 저항성 향상을 위하여 고로슬래그 시멘트, 플라이애시 시멘트 등을 사용할 수 있다.

해설 해양 콘크리트
ⓐ 시멘트는 해수의 작용에 특히 내구적이어야 하므로 고로슬래그 시멘트, 플라이애시 시멘트 등 혼합 시멘트계 및 중용열 시멘트를 사용하여야 한다.
ⓑ AE제, 고성능 감수제를 사용하여 내구성 및 수밀성을 크게 한다.
ⓒ 단위결합재량을 크게 하여 균등질이고 밀실한 콘크리트를 얻을 수 있고, 각종 염류의 화학적 침식에 대한 저항성이 커진다.

10 일반 콘크리트의 배합에서 물-결합재비에 대한 설명으로 틀린 것은?

① 콘크리트의 물-결합재비는 원칙적으로 60% 이하이어야 한다.

② 물-결합재비는 소요의 강도, 내구성, 수밀성 및 균열저항성 등을 고려하여 정하여야 한다.

③ 압축강도와 물-결합재비와의 관계는 시험에 의하여 정하는 것을 원칙으로 하고, 이때 공시체는 재령 7일을 표준으로 한다.

④ 배합에 사용할 물-결합재비는 기준재령의 결합재-물비와 압축강도와의 관계식에서 배합강도에 해당하는 결합재-물비 값의 역수로 한다.

해설 물-결합재비
ⓐ 물-결합재비는 원칙적으로 60% 이하로 하며, 단위수량은 185kg/m³를 초과하지 않도록 하여야 한다.

ⓑ 압축강도와 물-결합재비와의 관계는 시험에 의하여 정하는 것을 원칙으로 한다. 이때 공시체는 재령 28일을 표준으로 한다.

11 콘크리트의 설계기준압축강도(f_{ck})가 20MPa인 콘크리트의 탄성계수는? (단, 보통중량골재를 사용한 콘크리트로 단위질량이 2,300kg/m³인 경우이다.)

① 1.58×10^4MPa
② 2.45×10^4MPa
③ 3.85×10^4MPa
④ 4.45×10^4MPa

해설 ⓐ $f_{cu} = f_{ck} + 4 = 20 + 4 = 24$MPa
ⓑ $E_c = 8,500\sqrt[3]{f_{cu}} = 8,500\sqrt[3]{24} = 24,518$MPa

12 150×150×550mm의 휨강도시험용 장방형 공시체를 4점 재하장치에 의해 시험한 결과 지간방향 중심선의 4점 사이에서 재하하중(P)이 30kN일 때 공시체가 파괴되었다. 공시체의 휨강도는 얼마인가? (단, 지간길이는 450mm이다.)

① 4MPa
② 4.5MPa
③ 5MPa
④ 5.5MPa

해설 $f = \dfrac{Pl}{bd^2} = \dfrac{30,000 \times 450}{150 \times 150^2} = 4\text{N/mm}^2 = 4$MPa

13 굳지 않은 콘크리트의 슬럼프(slump) 및 슬럼프시험에 대한 설명으로 틀린 것은?

① 슬럼프콘의 규격은 밑면의 안지름은 200mm, 윗면의 안지름은 100mm, 높이는 300mm이다.

② 슬럼프콘에 콘크리트를 채우기 시작하고 나서 슬럼프콘을 들어 올리기를 종료할 때까지의 시간은 3분 이내로 한다.

③ 굵은 골재의 최대 치수가 30mm를 넘는 콘크리트의 경우에는 30mm가 넘는 굵은 골재를 제거한다.

④ 슬럼프콘을 가만히 연직으로 들어 올리고, 콘크리트의 중앙부에서 공시체 높이와의 차를 5mm단위로 측정하여 이것을 슬럼프값으로 한다.

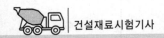

해설 굵은 골재의 최대 치수가 40mm를 넘는 콘크리트의 경우에는 40mm를 넘는 골재를 제거한다.

14 품질기준강도가 28MPa이고, 15회의 압축강도 시험으로부터 구한 표준편차가 3.0MPa일 때 콘크리트의 배합강도를 구하면?

① 29.32MPa   ② 32.12MPa

③ 32.66MPa   ④ 36.52MPa

해설 ㉠ 시험횟수가 15회일 때 표준편차보정계수가 1.16이므로 직선보간한 표준편차

$S = 1.16 \times 3 = 3.48$MPa

㉡ $f_{cr} \leq 35$MPa인 경우이므로

- $f_{cr} = f_{ck} + 1.34S$

$= 28 + 1.34 \times 3.48 = 32.66$MPa

- $f_{cr} = (f_{ck} - 3.5) + 2.33S$

$= (28 - 3.5) + 2.33 \times 3.48 = 32.61$MPa

위의 계산값 중에서 큰 값이 배합강도이므로

$f_{cr} = 32.66$MPa

15 한중 콘크리트에 대한 설명으로 틀린 것은?

① 하루의 평균기온이 10℃ 이하가 예상되는 조건일 때는 한중 콘크리트로 시공하여야 한다.

② 한중 콘크리트에는 공기연행 콘크리트를 사용하는 것을 원칙으로 한다.

③ 재료를 가열할 경우 시멘트는 어떠한 경우라도 직접 가열할 수 없다.

④ 기상조건이 가혹한 경우나 부재두께가 얇을 경우에는 타설할 때의 콘크리트의 최저온도는 10℃ 정도를 확보하여야 한다.

해설 한중 콘크리트

㉠ 하루평균기온이 4℃ 이하가 예상되는 조건일 때는 콘크리트가 동결할 우려가 있으므로 한중 콘크리트로 시공하여야 한다.

㉡ 타설할 때의 콘크리트 온도는 구조물의 단면치수, 기상조건 등을 고려하여 5~20℃의 범위에서 정하여야 한다. 기상조건이 가혹한 경우나 부재두께가 얇을 경우에는 타설할 때의 콘크리트 최저온도는 10℃ 정도를 확보하여야 한다.

16 일반 콘크리트 배합에서 잔골재율에 대한 설명으로 틀린 것은?

① 고성능 AE감수제를 사용한 콘크리트의 경우로서 물–결합재비 및 슬럼프가 같으면 일반적인 공기연행감수제를 사용한 콘크리트와 비교하여 잔골재율을 10~20% 정도 작게 하는 것이 좋다.

② 콘크리트 펌프시공의 경우에는 펌프의 성능, 배관, 압송거리 등에 따라 적절한 잔골재율을 결정하여야 한다.

③ 유동화 콘크리트의 경우 유동화 후 콘크리트의 워커빌리티를 고려하여 잔골재율을 결정할 필요가 있다.

④ 잔골재율은 소요의 워커빌리티를 얻을 수 있는 범위 내에서 단위수량이 최소가 되도록 시험에 의해 정하여야 한다.

해설 고성능 AE감수제를 사용한 콘크리트의 경우로서 물–시멘트비 및 슬럼프가 같으면 일반적인 AE감수제를 사용한 콘크리트와 비교하여 잔골재율을 1~2% 정도 크게 하는 것이 좋다.

17 오토클레이브(Autoclave) 양생에 대한 설명으로 틀린 것은?

① 양생온도 약 180℃ 정도, 증기압 약 0.8MPa 정도의 고온 고압상태에서 양생하는 방법이다.

② 오토클레이브 양생을 실시한 콘크리트의 외관은 보통 양생한 포틀랜드 시멘트 콘크리트색의 특징과 다르며 흰색을 띤다.

③ 오토클레이브 양생을 실시한 콘크리트는 어느 정도의 취성을 가지게 된다.

④ 오토클레이브 양생은 고강도 콘크리트를 얻을 수 있어 철근콘크리트 부재에 적용할 경우 특히 유리하다.

해설 고압증기양생

㉠ 보통 양생한 것에 비해 철근의 부착강도가 약 1/2이 되므로 철근콘크리트 부재에 고압증기양생을 하는 것은 바람직하지 못하다.

㉡ 백태현상이 감소한다.

㉢ 건조수축이 작아진다.

㉣ 어느 정도의 취성이 있다.

18 프리스트레스트 콘크리트의 원리를 설명하는 3가지 개념에 속하지 않는 것은?

① 내력모멘트의 개념
② 모멘트분배의 개념
③ 균등질보의 개념
④ 하중평형의 개념

해설 PSC의 기본개념
ⓐ 응력(균질보) : 프리스트레스가 도입되면 콘크리트가 탄성체로 전환되어 탄성이론에 의한 해석이 가능하다는 개념으로 PSC의 기본적인 개념이다.
ⓑ 강도(내력모멘트) : RC와 같이 압축력은 콘크리트가 받고, 인장력은 긴장재가 받게 함으로써 두 힘에 의한 우력모멘트가 외력모멘트에 저항한다는 개념이다.
ⓒ 하중평형(등가하중) : 프리스트레싱에 의해 부재에 작용하는 힘과 부재에 작용하는 외력이 평형이 되게 한다는 개념이다

19 페놀프탈레인 1% 에탄올용액을 구조체 콘크리트 또는 코어공시체에 분무하여 측정할 수 있는 것은?

① 균열폭과 깊이
② 철근의 부식 정도
③ 콘크리트의 투수성
④ 콘크리트의 탄산화깊이

해설 콘크리트 탄산화깊이의 판정은 콘크리트 파괴면에 페놀프탈레인 1% 알코올용액을 묻혀서 하며, 탄산화된 부분은 변하지 않고, 탄산화되지 않은 알칼리성 부분은 붉은 자색을 띤다.

20 수중 콘크리트에 대한 설명으로 틀린 것은?

① 수중 콘크리트는 물막이를 설치하여 물을 정지시킨 정수 중에서 타설하여야 한다.
② 수중 콘크리트는 트레미나 콘크리트 펌프를 사용해서 타설하여야 한다.
③ 일반 수중 콘크리트의 물-결합재비는 60% 이하를 표준으로 한다.
④ 수중 콘크리트는 콘크리트가 경화될 때까지 물의 유동을 방지해야 한다.

해설 수중 콘크리트의 물-결합재비 및 단위시멘트양

종류	일반 수중 콘크리트
물-결합재비	50% 이하
단위시멘트양	370kg/m³ 이상

제2과목·건설시공 및 관리

21 작업거리가 60m인 불도저작업에 있어서 전진속도 40m/min, 후진속도 50m/min, 기어조작시간이 15초일 때 사이클타임은?

① 2.7min
② 2.95min
③ 17.7min
④ 19.35min

해설 $C_m = \dfrac{l}{V_1} + \dfrac{l}{V_2} + t_g = \dfrac{60}{40} + \dfrac{60}{50} + \dfrac{15}{60} = 2.95분$

22 3점 견적법에 따른 적정 공사일수는? (단, 낙관일수=5일, 정상일수=7일, 비관일수=15일)

① 6일
② 7일
③ 8일
④ 9일

해설 $t_e = \dfrac{t_o + 4t_m + t_p}{6} = \dfrac{5 + 4 \times 7 + 15}{6} = 8일$

23 AASHTO(1986)설계법에 의해 아스팔트 포장의 설계 시 두께지수(SN : Structure Number) 결정에 이용되지 않는 것은?

① 각 층의 두께
② 각 층의 배수계수
③ 각 층의 침입도지수
④ 각 층의 상대강도계수

해설 포장두께지수
$SN = a_1 D_1 m_1 + a_2 D_2 m_2 + a_3 D_3 m_3 + \cdots$
여기서, a_i : i번째 층의 상대강도계수
D_i : i번째 층의 두께(cm)
m_i : i번째 층의 배수계수

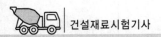

24 오픈케이슨공법의 장점에 대한 설명으로 틀린 것은?

① 공사비가 비교적 싸다.
② 기계굴착이므로 시공이 빠르다.
③ 가설비 및 기계설비가 비교적 간단하다.
④ 호박돌 및 기타 장애물이 있을 시 제거작업이 쉽다.

해설 Open caisson(정통기초)의 단점
㉠ 경사수정이 곤란하다.
㉡ 굴착 시 Boiling, Heaving이 우려된다.
㉢ 저부의 연약토를 깨끗이 제거하지 못한다.

25 콘크리트 포장이음부의 시공과 관계가 가장 적은 것은?

① 타이바(tie bar)
② 프라이머(primer)
③ 슬립폼(slip form)
④ 다월바(dowel bar)

해설 ㉠ 다월바(dowel bar) : 가로줄눈에 종방향으로 설치하며 줄눈부에서의 하중전달을 원활히 하여 하중에 의한 슬래브의 휨처짐을 감소시켜 주고 승차감을 좋게 유지시켜 주는 역할을 한다.
㉡ 타이바(tie bar) : 세로줄눈에 가로질러 설치하며 세로줄눈에 발생한 균열이 과도하게 벌어지는 것을 막는 역할을 한다.

26 암거의 배열방식 중 여러 개의 흡수거를 1개의 간선집수거 또는 집수지거로 합류시키게 배치한 방식은?

① 차단식   ② 자연식
③ 빗식   ④ 사이펀식

해설 암거의 배열방식
㉠ 자연식 : 자연지형에 따라 암거를 매설하며 배수지구 내에 저습지가 있을 경우 여기에 연결하여 시공하는 방식
㉡ 차단식 : 배수지구의 고지대로부터 배수지구 내로의 침투수를 차단할 수 있는 위치에 배치한 방식
㉢ 평행식 : 머리빗식, 어골식, 집단식, 이중간선식

27 성토에 사용되는 흙의 조건으로 틀린 것은?

① 취급하기 쉬워야 한다.
② 충분한 전단강도를 가져야 한다.
③ 도로성토에서는 투수성이 양호해야 한다.
④ 가급적 점토성분을 많이 포함하고 자갈 및 왕모래 등은 적어야 한다.

해설 성토재료의 구비조건
㉠ 공학적으로 안정한 재료
㉡ 전단강도가 큰 재료
㉢ 유기질이 없는 재료
㉣ 압축성이 적은 재료

28 연약점토지반에 시트파일을 박고 내부를 굴착하였을 때 외부의 흙무게에 의해 굴착저면이 부풀어 오르는 현상을 무엇이라 하는가?

① 히빙(Heaving)   ② 보일링(Boiling)
③ 파이핑(Piping)   ④ 슬라이딩(Sliding)

29 보강토 옹벽에 대한 설명으로 틀린 것은?

① 옹벽시공현장에서의 콘크리트 타설작업이 필요 없다.
② 전면판과 보강재가 제품화되어 있어 시공속도가 빠르다.
③ 지진위험지역에서는 기존의 옹벽에 비하여 안정적이지 못하다.
④ 전면판과 보강재의 연결 및 보강재와 흙 사이의 마찰에 의하여 토압을 지지한다.

해설 보강토 옹벽의 특징
㉠ 시공이 빠르다.
㉡ 높은 옹벽 축조가 가능하다.
㉢ 충격, 진동에 강한 구조이므로 고성토에 적합하다.

30 발파에 의한 터널공사시공 중 발파진동저감대책으로 틀린 것은?

① 동시발파
② 정밀한 천공
③ 장약량 조절
④ 방진공(무장약공) 수행

해설 발파진동저감대책

ㄱ 저폭 속의 폭약 사용

ㄴ 장약량의 제한 및 분할발파

ㄷ 인공자유면을 이용한 심빼기 발파

ㄹ 방진공 천공으로 인한 감쇄방법

31 36,000m³(완성된 토량)의 흙쌓기를 하는데 유용토가 30,000m³(느슨한 토량=운반토량)이 있다. 이때 부족한 토량은 본바닥 토량으로 얼마인가? (단, 흙의 종류는 사질토이고, 토량의 변화율은 L=1.25, C=0.9이다.)

① 18,000m³   ② 16,000m³

③ 13,800m³   ④ 7,800m³

해설 부족토량 $= 36,000 \times \dfrac{1}{C} - 30,000 \times \dfrac{1}{L}$

$= 36,000 \times \dfrac{1}{0.9} - 30,000 \times \dfrac{1}{1.25}$

$= 16,000\text{m}^3$

32 부벽식 옹벽에 대한 설명으로 틀린 것은?

① 토압을 받지 않는 쪽에 부벽부재를 가지는 것을 뒷부벽식 옹벽이라고 한다.

② 뒷부벽은 T형보로 설계하여야 하며, 앞부벽은 직사각형보로 설계하여야 한다.

③ 토압에 저항하는 앞면 수직벽과 이와 직교하는 밑판 및 수직부벽으로 이루어지고 있다.

④ 밑판은 부벽을 지점으로 하는 연속판으로서 윗부분의 토사중량과 지점반력과의 차이로서 설계하게 된다.

해설 토압을 받는 쪽에 부벽부재를 가지는 것을 뒷부벽식 옹벽이라 한다.

33 현장에서 타설하는 피어공법 중 시공 시 케이싱튜브를 인발할 때 철근이 따라 올라오는 공상(共上)현상이 일어나는 단점이 있는 공법은?

① 시카고공법

② 돗바늘공법

③ 베노토공법

④ RCD(Reverse Circulation Drill)공법

해설 Benoto공법(All casing공법)

ㄱ 장점

• All casing공법으로 공벽 붕괴의 우려가 없다.

• 암반을 제외한 전 토질에 적합하다.

• 저소음, 저진동

ㄴ 단점

• 케이싱 인발 시 철근망의 부상 우려가 있다.

• 기계가 대형이고 넓은 작업장이 필요하다.

34 1회 굴착토량이 3.2m³, 토량환산계수가 0.77, 불도저의 작업효율이 0.6, 사이클타임이 2.5분, 1일 작업시간(불도저)이 7시간, 1개월에 22일 작업한다면 이 공사는 몇 개월 소요되겠는가? (단, 성토량은 20,000m³이고 불도저 1대로 작업하는 경우이다.)

① 약 3.7개월   ② 약 4.2개월

③ 약 5.6개월   ④ 약 6개월

해설 ㄱ $Q = \dfrac{60qfE}{C_m} = \dfrac{60 \times 3.2 \times 0.77 \times 0.6}{2.5} = 35.48\text{m}^3/\text{h}$

ㄴ 1일 작업량 $= 35.48 \times 7 = 248.36\text{m}^3/\text{day}$

ㄷ 작업일수 $= \dfrac{20,000}{248.36 \times 22} = 3.66$개월

35 항만의 방파제를 크게 경사제, 직립제, 혼성제, 특수방파제로 나눌 경우 각 방파제에 대한 설명으로 옳은 것은?

① 경사제는 주로 수심이 깊은 곳 및 파고가 높은 곳에 적용되며 공사비와 유지보수비가 다른 형식의 방파제와 비교하여 가장 저렴하다.

② 직립제는 연약지반에 가장 적합한 형식으로서 파랑을 전부 반사시킴으로 인해 전면해저의 세굴 염려가 없다.

③ 혼성제는 사석부를 기초로 하고 그 위에 직립부의 본체를 설치하는 형식으로 경사제와 직립제의 장점을 고려한 것이다.

④ 특수방파제는 항구 내가 안전하도록 하기 위해 파도가 방파제를 절대 넘지 않도록 설계하여야 한다.

2021년

해설 방파제

ㄱ 직립제
- 기초지반이 양호하고 파에 의하여 세굴될 염려가 없는 경우에 적합하다.
- 수심이 그다지 깊지 않고 파력도 너무 크지 않아야 한다.

ㄴ 경사제
- 기계화시공이 가능하므로 수심이 깊은 곳에서도 시공이 비교적 용이하다.
- 파괴된 경우에는 복구공사를 쉽게 할 수 있다.
- 유지·보수비가 많이 든다.

ㄷ 혼성제 : 위 두 형식의 장점만을 갖추도록 고려한 절충형식으로 우리나라 방파제는 혼성제를 가장 널리 사용하고 있다.

ㄹ 특수방파제 : 공기방파제, 부방파제, 수중방파제

36 토적곡선(Mass curve)에 대한 설명으로 틀린 것은?

① 곡선의 저점 및 정점은 각각 성토에서 절토, 절토에서 성토의 변이점이다.
② 동일 단면 내의 절토량과 성토량을 토적곡선에서 구한다.
③ 토적곡선을 작성하려면 먼저 토량 계산서를 작성하여야 한다.
④ 절토에서 성토까지의 평균운반거리는 절토와 성토의 중심 간의 거리로 표시된다.

해설 토적곡선에서는 횡방향 유용토를 제외시켰다.

37 콘크리트 압축강도시험에 있어서 10개의 공시체를 측정한 결과 평균치는 18MPa, 표준편차는 1MPa일 때의 변동계수는?

① 3.46% ② 5.56%
③ 8.21% ④ 11.11%

해설 $C_v = \dfrac{\sigma}{x} \times 100 = \dfrac{1}{18} \times 100 = 5.56\%$

38 암석의 발파이론에서 Hauser의 발파기본식은?
(단, L=폭약량, C=발파계수, W=최소 저항선)

① $L = CW$ ② $L = CW^2$
③ $L = CW^3$ ④ $L = CW^4$

해설 Hauser의 발파기본식 $L = CW^3$

39 버킷의 용량이 0.6m³, 버킷계수가 0.9, 토량변화율(L)이 1.25, 작업효율이 0.7, 사이클타임이 25초인 파워셔블의 시간당 작업량은?

① 68.0m³/h ② 61.2m³/h
③ 54.4m³/h ④ 43.5m³/h

해설 $Q = \dfrac{3,600qkfE}{C_m}$

$$= \dfrac{3,600 \times 0.6 \times 0.9 \times \dfrac{1}{1.25} \times 0.7}{25} = 43.55\text{m}^3/\text{h}$$

40 교량의 구조는 상부구조와 하부구조로 나누어진다. 다음 중 상부구조가 아닌 것은?

① 교대(abutment)
② 브레이싱(bracing)
③ 바닥판(bridge deck)
④ 바닥틀(floor system)

해설 ㄱ 교량의 상부구조 : 바닥판, 바닥틀, 주형(main girder), 브레이싱(bracing), 받침부(bearing)
ㄴ 교량의 하부구조 : 구체, 기초

제3과목 · 건설재료 및 시험

41 건설재료용 석재에 대한 설명으로 틀린 것은?

① 대리석은 강도는 매우 크지만 내구성이 약하며, 풍화하기 쉬우므로 실외에 사용하는 경우는 드물고, 실내장식용으로 많이 사용된다.
② 석회암은 석회물질이 침전·응고한 것으로서, 용도는 석회, 시멘트, 비료 등의 원료 및 제철 시의 용매제 등에 사용된다.
③ 혈암(頁岩)은 점토가 불완전하게 응고된 것으로서, 색조는 흑색, 적갈색 및 녹색이 있으며 부순 돌, 인공경량골재 및 시멘트 제조 시 원료로 많이 사용된다.
④ 화강암은 화성암 중에서도 심성암에 속하며, 화강암의 특징은 조직이 불균일하고 내구성, 강도가 적고, 내화성이 크다.

해설 화강암
  ㉠ 화성암 중 심성암에 속한다.
  ㉡ 조직이 균일하고 강도 및 내구성이 크다.
  ㉢ 풍화나 마모에 강하다.
  ㉣ 내화성이 작다.

42 재료의 성질을 나타내는 용어의 설명으로 틀린 것은?

① 인장력에 재료가 길게 늘어나는 성질을 연성이라 한다.
② 외력에 의한 변형이 크게 일어나는 재료를 강성이 큰 재료라고 한다.
③ 작은 변형에도 쉽게 파괴되는 성질을 취성이라 한다.
④ 재료를 두들길 때 엷게 퍼지는 성질을 전성이라 한다.

해설 ㉠ 강성 : 외력을 받았을 때 변형을 적게 일으키는 재료를 강성이 큰 재료라 한다.
  ㉡ 연성 : 인장력을 가했을 때 가늘고 길게 늘어나는 성질이다.
  ㉢ 취성 : 작은 변형에도 파괴되는 성질이다.
  ㉣ 전성 : 재료를 얇게 두드려 펼 수 있는 성질이다.

43 표점거리 $L=50$mm, 지름 $D=14$mm의 원형 단면봉을 가지고 인장시험을 하였다. 축의 인장하중 $P=100$kN이 작용하였을 때 표점거리 $L=50.433$mm와 지름 $D=13.970$mm가 측정되었다. 이 재료의 탄성계수는 약 얼마인가?

① 143,000MPa   ② 75,000MPa
③ 27,000MPa   ④ 8,000MPa

해설 ㉠ $A = \dfrac{\pi D^2}{4} = \dfrac{\pi \times 14^2}{4} = 153.94\text{mm}^2$

㉡ $E = \dfrac{\sigma}{\varepsilon} = \dfrac{\dfrac{P}{A}}{\dfrac{\Delta l}{l}} = \dfrac{\dfrac{100}{153.94}}{\dfrac{50.433-50}{50}}$

$= 75.01\text{kN/mm}^2 = 75{,}010\text{MPa}$

[참고] $1\text{N/mm}^2 = 1\text{MPa}$

44 콘크리트용 골재의 품질판정에 대한 설명으로 틀린 것은?

① 조립률로 골재의 입형을 판정할 수 있다.
② 체가름시험을 통하여 골재의 입도를 판정할 수 있다.
③ 골재의 입도가 일정한 경우 실적률을 통하여 골재의 입형을 판정할 수 있다.
④ 황산나트륨용액에 골재를 침수시켜 건조시키는 조작을 반복하여 골재의 안정성을 판정할 수 있다.

해설 ㉠ 조립률이란 골재의 입도를 수치적으로 나타낸 것으로서 조립률로 골재의 입도를 판정할 수 있다.
  ㉡ 골재의 안정성시험은 기상작용에 대한 골재의 내구성을 조사하는 시험으로 황산나트륨(Na_2SO_4) 포화용액으로 인한 부서짐작용에 대한 저항성을 시험한다.

45 잔골재의 조립률 2.3, 굵은 골재의 조립률 7.0을 사용하여 잔골재와 굵은 골재를 1 : 1.5의 비율로 혼합하면, 이때 혼합된 골재의 조립률은?

① 4.92   ② 5.12
③ 5.32   ④ 5.52

해설 $FM = \dfrac{x}{x+y}F_a + \dfrac{y}{x+y}F_b$

$= \dfrac{1}{1+1.5} \times 2.3 + \dfrac{1.5}{1+1.5} \times 7 = 5.12$

46 역청재료의 점도를 측정하는 시험방법이 아닌 것은?

① 환구법
② 스토머법
③ 앵글러법
④ 세이볼트법

해설 ㉠ 점도측정은 Engler점도계, Red wood점도계, saybolt점도계, stomer점도계를 사용한다.
  ㉡ 연화점시험은 보통 환구법으로 측정한다.

2021년

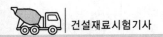

47 굵은 골재의 밀도시험결과가 다음의 표와 같을 때 이 골재의 표면건조포화상태의 밀도는?

- 표면건조포화상태 시료의 질량 : 4,000g
- 절대건조상태 시료의 질량 : 3,950g
- 시료의 수중질량 : 2,490g
- 시험온도에서 물의 밀도 : 0.997g/cm^3

① 2.57g/cm^3 ② 2.60g/cm^3

③ 2.64g/cm^3 ④ 2.70g/cm^3

해설 표면건조포화상태의 밀도

$$= \left(\frac{B}{B-C}\right)\rho_w = \frac{4,000}{4,000-2,490} \times 1 = 2.65\text{g/cm}^3$$

48 콘크리트용 강섬유의 품질에 대한 설명으로 틀린 것은?

① 강섬유의 평균인장강도는 700MPa 이상이 되어야 한다.

② 강섬유는 표면에 유해한 녹이 있어서는 안 된다.

③ 강섬유 각각의 인장강도는 600MPa 이상이어야 한다.

④ 강섬유는 16℃ 이상의 온도에서 지름 안쪽 90°(곡선반지름 3mm)방향으로 구부렸을 때 부러지지 않아야 한다.

해설 강섬유의 품질(KS F 2564)

㉠ 평균인장강도는 700MPa 이상이 되어야 한다.

㉡ 강섬유 각각의 인장강도는 650MPa 이상이어야 한다.

㉢ 강섬유는 콘크리트 내에서 분산이 잘 되어야 한다.

49 아스팔트 시료채취량 100g을 가지고 증발감량 시험을 실시하였더니 증발 후 시료의 질량이 93g이 되었다. 이 아스팔트의 증발감량(증발무게변화율)은?

① +7.5% ② -7.5%

③ +7.0% ④ -7.0%

해설 아스팔트의 증발감량(증발질량변화율)

$$V = \frac{W_s - W}{W_s} \times 100$$

$$= \frac{100-93}{100} \times 100 = 7\%$$

여기서, V : 증발감량(%)

W_s : 시료의 질량(g)

W : 증발 후의 시료의 질량(g)

50 콘크리트용 혼화재료로 사용되는 고로슬래그 미분말에 대한 설명으로 틀린 것은?

① 탄산화에 대한 내구성이 증진된다.

② 잠재수경성이 있어 수밀성이 향상된다.

③ 염화물이온침투를 억제하여 철근부식 억제효과가 있다.

④ 포틀랜드 시멘트와의 비중차가 작아 혼화재로 사용할 경우 혼합 및 분산성이 우수하다.

해설 고로슬래그미분말을 사용한 콘크리트는 시멘트 수화 시에 발생하는 수산화칼슘과 고로슬래그성분이 반응하여 콘크리트의 알칼리성이 다소 저하되기 때문에 콘크리트의 탄산화가 빠르게 진행되며, 혼합률 70% 정도가 되면 탄산화속도가 보통 콘크리트의 2배가 되는 경우도 있다.

51 암석의 물리적 성질에 대한 설명으로 틀린 것은?

① 석재의 비중은 조암광물의 성질, 비율, 공극의 정도 등에 따라 달라진다.

② 암석의 흡수율은 시료의 중량에 대한 공극을 채우고 있는 물의 중량을 백분율로 나타낸다.

③ 일반적으로 석재의 비중이라면 절대건조 비중을 말한다.

④ 암석의 공극률이란 암석에 포함된 전공극과 겉보기 체적의 비를 말한다.

해설 석재의 비중이란 표면건조포화상태의 비중을 말한다(KS F 2518).

52 컷백(Cut back) 아스팔트에 대한 설명으로 틀린 것은?

① 대부분의 도로포장에 사용된다.
② 경화속도가 빠른 것부터 느린 순서로 나누면 RC > MC > SC 순이다.
③ 컷백 아스팔트를 사용할 때는 가열하여 사용하여야 한다.
④ 침입도 60~120 정도의 연한 스트레이트 아스팔트에 용제를 가해 유동성을 좋게 한 것이다.

해설 컷백 아스팔트는 휘발성 용제로 Cut back시킨 것이므로 화기에 주의하여야 한다.

53 폴리머 시멘트 콘크리트의 특징에 대한 설명으로 틀린 것은?

① 방수성, 불투수성이 양호하다.
② 내충격성 및 내마모성이 좋다.
③ 동결융해저항성이 양호하다.
④ 건조수축이 커서 균열 발생이 쉽다.

해설 폴리머 시멘트 콘크리트
  ㉠ 결합재로서 시멘트와 물, 고무라텍스 등의 폴리머를 사용하여 골재를 결합시켜 만든 것을 폴리머 시멘트 콘크리트라 한다.
  ㉡ 특징
    • 워커빌리티가 좋다.
    • 다른 재료와 접착성이 좋다.
    • 휨강도, 인장강도, 신장성이 크다.
    • 내수성, 내식성, 내충격성이 크다.
    • 건조수축이 작다.

54 다음은 잔골재의 입도에 대한 설명이다. ( ) 안에 들어갈 알맞은 값은?

> 잔골재의 조립률이 콘크리트 배합을 정할 때 가정한 잔골재의 조립률에 비하여 ( ) 이상의 변화를 나타내었을 때는 배합의 적정성 확인 후 배합보완 및 변경 등을 검토하여야 한다.

① ±0.1   ② ±0.2
③ ±0.3   ④ ±0.4

55 합판에 대한 설명으로 틀린 것은?

① 로터리 베니어는 증기에 가열연화되어진 둥근 원목을 나이테에 따라 연속적으로 감아둔 종이를 펴는 것과 같이 엷게 벗겨낸 것이다.
② 슬라이스트 베니어는 끌로서 각목을 얇게 절단한 것으로 아름다운 결을 장식용으로 이용하기에 좋은 특징이 있다.
③ 합판의 종류는 내수성과 내구성의 정도에 따라 섬유판, 조각판, 적층판, 강화적층재 등이 있다.
④ 합판의 특징은 동일한 원재로부터 많은 정목판과 나무결무늬판이 제조되며 팽창, 수축 등에 의한 결점이 없고 방향에 따른 강도차이가 없다.

해설 합판의 종류
  ㉠ 제조방법에 따라 : 일반, 무취, 방충, 난열
  ㉡ 구성종류에 따라 : 침엽수합판, 활엽수합판

56 시멘트에 대한 설명으로 틀린 것은?

① 제조법에는 건식법, 습식법, 반습식법 등이 있다.
② 분말도가 작을수록 수화반응이 빠르고 조기강도가 크다.
③ 포틀랜드 시멘트는 석회질원료와 점토질원료를 혼합하여 만든다.
④ 저장할 때는 바닥에서 30cm 이상 떨어진 마루에 적재하되 13포대 이하로 쌓아야 한다.

해설 시멘트
  ㉠ 포틀랜드 시멘트의 제조방식에는 건식법, 습식법, 반건식법이 있으며, 우리나라에서는 대부분 건식법을 사용한다.
  ㉡ 분말도가 클수록 수화반응이 빠르고 조기강도가 크다.

57 다이너마이트 중 폭발력이 가장 강하여 터널과 암석발파에 주로 사용되는 것은?

① 교질 다이너마이트
② 분상 다이너마이트
③ 규조토 다이너마이트
④ 스트레이트 다이너마이트

정답 52. ③ 53. ④ 54. ② 55. ③ 56. ② 57. ①

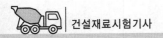

해설 교질 다이너마이트

니트로글리세린의 함유량이 약 20% 이상의 찐득찐득한 황색의 엿형태의 폭약으로서 폭발력이 강하여 터널과 암석발파, 수중용으로도 많이 사용된다.

58 플라이애시에 대한 설명으로 틀린 것은?

① 표면이 매끄러운 구형 입자로 되어 있어 콘크리트의 워커빌리티를 좋게 한다.
② 플라이애시를 사용한 콘크리트는 초기재령에서의 강도는 다소 작으나, 장기재령의 강도는 증가한다.
③ 양질의 플라이애시를 적절히 사용함으로써 건조, 습윤에 따른 체적변화와 동결융해에 대한 저항성을 향상시켜 준다.
④ 플라이애시에 포함되어 있는 함유탄소분의 일부가 AE제를 흡착하는 성질이 있어 소요의 공기량을 얻기 위한 AE제의 사용량을 줄일 수 있다.

해설 플라이애시의 연행공기량 감소

AE 콘크리트의 경우 플라이애시 중의 미연소 탄소분에 의해 AE제 등이 흡착되어 연행공기량이 현저히 감소하며, 따라서 목표공기량을 얻기 위해서는 AE제의 사용량이 증가한다.

59 콘크리트의 건조수축균열을 방지하고 화학적 프리스트레스를 도입하는데 사용되는 시멘트는?

① 팽창 시멘트
② 초속경 시멘트
③ 알루미나 시멘트
④ 고로슬래그 시멘트

해설 팽창 시멘트

㉠ 건조수축이 균열의 원인이 되기 때문에 이 수축성을 개선한 것이 팽창 시멘트이다.
㉡ 초기재령에서 팽창하여 그 후의 건조수축을 제거하고 균열을 방지하는 수축보상용과 크게 팽창을 일으켜서 PS 콘크리트로 이용하는 화학적 프리스트레스 도입용으로 구분된다.

60 AE제의 기능에 대한 설명으로 틀린 것은?

① 연행공기의 증가는 콘크리트의 워커빌리티 개선효과를 나타낸다.
② 연행공기량은 재료분리를 억제하고, 블리딩을 감소시킨다.
③ 물의 동결에 의한 팽창응력을 기포가 흡수함으로써 콘크리트의 동결융해에 대한 내구성을 개선한다.
④ 갇힌 공기와는 달리 AE제에 의한 연행공기는 그 양이 다소 많아져도 강도손실을 일으키지 않는다.

해설 AE제가 콘크리트에 미치는 영향

㉠ 연행공기 1% 증가에 따라 슬럼프는 약 2.5cm 증가하고, 압축강도는 약 4~6% 정도 감소한다.
㉡ 워커빌리티가 커지고 블리딩이 감소한다.
㉢ 콘크리트 공극 중의 물의 동결에 의한 팽창응력을 기포가 흡수함으로써 콘크리트의 동결융해에 대한 내구성을 크게 증가시킨다.

제4과목 · 토질 및 기초

61 흙의 다짐시험 시 래머의 질량이 2.5kg, 낙하고 30cm, 3층으로 각 층 다짐횟수가 25회일 때 다짐에너지는? (단, 몰드의 체적은 1,000cm³이다.)

① 0.66kg · cm/cm³
② 5.63kg · cm/cm³
③ 6.96kg · cm/cm³
④ 10.45kg · cm/cm³

해설
$$E = \frac{W_R H N_L N_B}{V}$$
$$= \frac{2.5 \times 30 \times 3 \times 25}{1,000}$$
$$= 5.625 \text{kg} \cdot \text{cm/cm}^3$$

62 어떤 흙시료의 변수위투수시험을 한 결과가 다음과 같을 때 15℃에서의 투수계수는?

- 스탠드파이프 내경(d) : 4.3mm
- 측정 개시시간(t_1) : 09시 20분
- 측정 완료시간(t_2) : 09시 30분
- 시료의 지름(D) : 5cm
- 시료의 길이(L) : 20cm
- t_1에서 수위(H_1) : 30cm
- t_2에서 수위(H_2) : 15cm
- 수온 : 15℃

① 1.75×10^{-3}cm/s
② 1.71×10^{-4}cm/s
③ 3.93×10^{-4}cm/s
④ 7.42×10^{-5}cm/s

해설 ㉠ stand pipe 단면적

$$a = \frac{\pi \times 0.43^2}{4} = 0.145 \text{cm}^2$$

㉡ 시료의 단면적

$$A = \frac{\pi \times 5^2}{4} = 19.63 \text{cm}^2$$

㉢ $K = 2.3 \dfrac{al}{At} \log \dfrac{h_1}{h_2}$

$$= 2.3 \times \frac{0.145 \times 20}{19.63 \times (10 \times 60)} \times \log \frac{30}{15}$$

$$= 1.71 \times 10^{-4} \text{cm/s}$$

63 통일분류법으로 흙을 분류할 때 사용하는 인자가 아닌 것은?

① 군지수
② 입도분포
③ 색, 냄새
④ 애터버그한계

해설 흙의 공학적 분류
㉠ 통일분류법 : 흙의 입경을 나타내는 제1문자와 입도 및 성질을 나타내는 제2문자를 사용하여 흙을 분류한다.
㉡ AASHTO분류법(개정PR법) : 흙의 입도, 액성한계, 소성지수, 군지수를 사용하여 흙을 분류한다.

64 말뚝의 부주면마찰력에 대한 설명으로 옳은 것은?

① 부주면마찰력이 작용하면 지지력이 증가한다.
② 연약지반에 말뚝을 박은 후 그 위에 성토를 한 경우에는 발생하지 않는다.
③ 연약한 점토에 있어서는 상대변위의 속도가 느릴수록 부주면마찰력은 크다.
④ 부주면마찰력은 말뚝 주변 침하량이 말뚝의 침하량보다 클 때 아래로 끌어내리는 마찰력을 말한다.

해설 부마찰력
㉠ 부마찰력이 발생하면 말뚝의 지지력은 크게 감소한다($R_u = R_p - R_{nf}$).
㉡ 부마찰력은 압밀침하를 일으키는 연약점토층을 관통하여 지지층에 도달한 지지말뚝의 경우나 연약점토지반에 말뚝을 항타한 다음 그 위에 성토를 한 경우 등일 때 발생한다.
㉢ 말뚝 주변 지반의 침하량이 말뚝의 침하량보다 클 때 발생한다.

65 압밀시험결과 중 시간-침하량곡선에서 구할 수 없는 값은?

① 압밀계수
② 압축지수
③ 초기압축비
④ 1차 압밀비

해설 $e - \log P$곡선으로부터 C_c, P_c를 구할 수 있다.

66 분할법에 의한 사면안정해석 시에 제일 먼저 결정되어야 할 사항은?

① 분할절편의 중량
② 가상파괴활동면
③ 활동면상의 마찰력
④ 각 절편의 공극수압

해설 분할법의 안정해석
㉠ 반지름이 r인 가상파괴활동면을 그린다.
㉡ 가상파괴활동면의 흙을 몇 개의 수직절편(slice)으로 나눈다.

67 모래지반에 30cm×30cm의 재하판으로 재하 실험을 한 결과 100kN/m²의 극한지지력을 얻 었다. 4m×4m의 기초를 설치할 때 기대되는 극한지지력은?

① 100kN/m² ② 1,000kN/m²
③ 1,333kN/m² ④ 1,540kN/m²

해설 $0.3:100=4:x$

$$\therefore \ x=\frac{100\times 4}{0.3}=1333.33\text{kN/m}^2$$

68 지표면에 연직집중하중이 작용할 때 Boussinesq 의 지중연직응력 증가량에 대한 설명으로 옳은 것은? (단, E : 흙의 탄성계수, μ : 흙의 푸아 송비)

① E 및 μ와는 무관하다.
② E와는 무관하지만, μ에는 정비례한다.
③ μ와는 무관하지만, E에는 정비례한다.
④ E와 μ에 정비례한다.

해설 $\Delta\sigma_z$는 E 및 μ와는 무관하다.

69 포화된 점성토 흙에 대한 일축압축시험결과 일 축압축강도는 100kN/m²이었다. 이 시료의 점 착력은?

① 25kN/m² ② 33.3kN/m²
③ 50kN/m² ④ 100kN/m²

해설 $q_u=2c\tan\left(45°+\dfrac{\phi}{2}\right)$

$100=2c\times\tan(45°+0)$

$\therefore \ c=50\text{kN/m}^2$

70 토질조사에서 사운딩(Sounding)에 대한 설명 으로 옳은 것은?

① 동적인 사운딩방법은 주로 점성토에 유효 하다.
② 표준관입시험(SPT)은 정적인 사운딩이다.
③ 베인전단시험은 동적인 사운딩이다.
④ 사운딩은 주로 원위치시험으로서 의미가 있고 예비조사에 사용하는 경우가 많다.

해설 ① 동적인 사운딩방법은 주로 조립토에 유효하다.
② SPT는 동적인 사운딩이다.
③ 베인전단시험은 정적인 사운딩이다.

71 2m×3m 크기의 직사각형 기초에 60kN/m²의 등분포하중이 작용할 때 2 : 1분포법으로 구한 기초 아래 10m 깊이에서의 응력 증가량은?

① 2.31kN/m² ② 5.43kN/m²
③ 13.3kN/m² ④ 18.3kN/m²

해설
$$\Delta\sigma_z=\frac{BLq_s}{(B+Z)(L+Z)}$$
$$=\frac{2\times 3\times 60}{(2+10)\times(3+10)}=2.31\text{kN/m}^2$$

72 Jaky의 정지토압계수(K_o)를 구하는 공식은?

① $K_o=1+\sin\phi$ ② $K_o=1-\sin\phi$
③ $K_o=1-\cos\phi$ ④ $K_o=1+\cos\phi$

해설 $K_o=1-\sin\phi$

73 모래의 밀도에 따라 일어나는 전단특성에 대한 설명으로 틀린 것은?

① 내부마찰각(ϕ)은 조밀한 모래일수록 크다.
② 조밀한 모래에서는 전단변형이 계속 진 행되면 부피가 팽창한다.
③ 직접전단시험에 있어서 전단응력과 수평변 위곡선은 조밀한 모래에서 정점을 보인다.
④ 시료를 재성형하면 강도가 작아지지만 조밀한 모래에서는 시간이 경과됨에 따 라 강도가 회복된다.

해설 ㉠ 직접전단시험에 의한 시험성과(촘촘한 모래와 느슨한 모래의 경우)

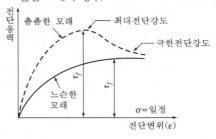

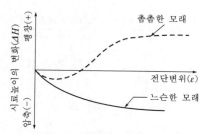

ⓛ 재성형한 점토시료를 함수비의 변화 없이 그대로 방치하여 두면 시간이 지남에 따라 전기화학적 또는 colloid 화학적 성질에 의해 입자접촉면에 흡착이 작용하여 새로운 부착력이 생겨서 강도의 일부가 회복되는 현상을 thixotropy라 한다.

74 다음 중 사질토지반의 개량공법에 속하지 않는 것은?

① 다짐말뚝공법
② 전기충격공법
③ 생석회말뚝공법
④ 바이브로플로테이션(vibro-flotation)공법

해설 사질토지반개량공법 : 다짐말뚝공법, 다짐모래말뚝공법, 바이브로플로테이션공법, 폭파다짐공법, 약액주입법, 전기충격법

75 다음 그림과 같은 지층 단면에서 지표면에 가해진 $50kN/m^2$의 상재하중으로 인한 점토층(정규압밀점토)의 1차 압밀 최종 침하량(S)과 침하량이 5cm일 때의 평균압밀도(U)는? (단, 물의 단위중량은 $9.81kN/m^3$이다.)

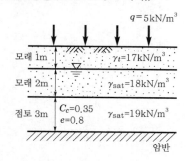

① $S=18.3cm$, $U=27\%$
② $S=18.3cm$, $U=22\%$
③ $S=14.7cm$, $U=27\%$
④ $S=14.7cm$, $U=22\%$

해설
ⓐ $P_1 = 17 \times 1 + (18 - 9.81) \times 2 + (19 - 9.81) \times \dfrac{3}{2}$
$= 47.17 kN/m^2$

ⓑ $P_2 = 47.17 + 50 = 97.17 kN/m^2$

ⓒ $\Delta H = \left(\dfrac{C_c}{1 + e_1} \right) \log \dfrac{P_2}{P_1} H$
$= \dfrac{0.35}{1 + 0.8} \times \log \dfrac{97.17}{47.17} \times 3$
$= 0.183m = 18.3cm$

ⓓ $\overline{U} = \dfrac{S_t}{S_c} = \dfrac{5}{18.3} = 0.2732 = 27.32\%$

76 다음 그림과 같은 조건에서 분사현상에 대한 안전율은? (단, 모래의 포화단위중량은 $19.62kN/m^3$이고, 물의 단위중량은 $9.81kN/m^3$이다.)

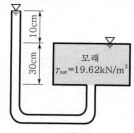

① 1.0
② 2.0
③ 2.5
④ 3.0

해설
$F_s = \dfrac{i_c}{i} = \dfrac{\dfrac{\gamma_{sub}}{\gamma_w}}{\dfrac{h}{L}} = \dfrac{\dfrac{19.62 - 9.81}{9.81}}{\dfrac{10}{30}} = 3$

77 Terzaghi의 얕은 기초지지력공식($q_u = \alpha c N_c + \beta \gamma_1 B N_\gamma + \gamma_2 D_f N_q$)에 대한 설명으로 틀린 것은?

① 계수 α, β를 형상계수라 하며 기초의 모양에 따라 결정된다.
② 지지력계수인 N_c, N_γ, N_q는 내부마찰각과 점착력에 의해서 정해진다.
③ 기초의 설치깊이 D_f가 클수록 극한지지력도 이와 더불어 커진다고 볼 수 있다.
④ γ_1는 흙의 단위중량이며 기초 바닥이 지하수위보다 아래에 위치하면 수중단위중량을 써야 한다.

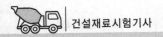

해설 ㉠ N_c, N_r, N_q 는 지지력계수로서 ϕ의 함수이다 (점착력과는 무관하다).
ㄴ γ_1, γ_2 는 흙의 단위중량이며, 지하수위 아래에서는 수중단위중량(γ_{sub})을 사용한다.

78 흙시료채취에 대한 설명으로 틀린 것은?

① 교란의 효과는 소성이 낮은 흙이 소성이 높은 흙보다 크다.

② 교란된 흙은 자연상태의 흙보다 압축강도가 작다.

③ 교란된 흙은 자연상태의 흙보다 전단강도가 작다.

④ 흙시료채취 직후에 비교적 교란되지 않은 코어(core)는 부(負)의 과잉간극수압이 생긴다.

해설 교란의 효과

1축압축시험	3축압축시험
• 교란된 만큼 압축강도, 변형계수가 작아진다. • 교란된 만큼 파괴변형률이 커진다.	• 교란될수록 흙입자배열과 흙구조가 흐트러져서 교란된 만큼 내부마찰각이 작아진다.

79 현장 모래지반의 습윤단위중량을 측정한 결과 18kN/m³로 얻어졌으며 동일한 모래를 채취하여 실내에서 가장 조밀한 상태의 간극비를 구한 결과 e_{min} =0.45, 가장 느슨한 상태의 간극비를 구한 결과 e_{max} =0.92를 얻었다. 현장 상태의 상대밀도는 약 몇 %인가? (단, 물의 단위중량은 9.81kN/m³, 모래의 비중은 2.70이고, 현장 상태의 함수비는 10%이다.)

① 44% ② 54%
③ 64% ④ 74%

해설 ㉠ $\gamma_t = \dfrac{G_s + Se}{1+e} \gamma_w = \dfrac{G_s + wG_s}{1+e} \gamma_w$

$18 = \dfrac{2.7 + 0.1 \times 2.7}{1+e} \times 9.81$

$\therefore e = 0.62$

ㄴ $D_r = \dfrac{e_{max} - e}{e_{max} - e_{min}} \times 100$

$= \dfrac{0.92 - 0.62}{0.92 - 0.45} \times 100 = 63.83\%$

80 Sand drain공법의 지배영역에 관한 Barron의 정사각형 배치에서 Sand pile의 중심 간 간격을 d, 유효원의 지름을 d_e라 할 때 d_e를 구하는 식으로 옳은 것은?

① $d_e = 1.03d$ ② $d_e = 1.05d$
③ $d_e = 1.13d$ ④ $d_e = 1.50d$

해설 sand pile의 배열
㉠ 정삼각형 배열 : $d_e = 1.05d$
ㄴ 정사각형 배열 : $d_e = 1.13d$

제1과목 · 콘크리트공학

01 일반적인 경우 콘크리트의 건조수축에 가장 큰 영향을 미치는 요인은?

① 단위 굵은 골재량
② 단위시멘트량
③ 잔골재율
④ 단위수량

02 유동화 콘크리트에 대한 설명으로 틀린 것은?

① 미리 비빈 베이스 콘크리트에 유동화제를 첨가하여 유동성을 증대시킨 콘크리트를 유동화 콘크리트라고 한다.
② 유동화제는 희석하여 사용하고 미리 정한 소정의 양을 2~3회 나누어 첨가하며, 계량은 질량 또는 용적으로 계량하고, 그 계량오차는 1회에 1% 이내로 한다.
③ 유동화 콘크리트의 슬럼프 증가량은 100mm 이하를 원칙으로 하며 50~80mm를 표준으로 한다.
④ 베이스 콘크리트 및 유동화 콘크리트의 슬럼프 및 공기량시험은 50m³마다 1회씩 실시하는 것을 표준으로 한다.

해설 유동화제는 원액 또는 분말을 사용하여 미리 정한 소정의 양을 한꺼번에 첨가하며, 계량은 질량 또는 용적으로 계량하고, 그 계량오차는 1회에 ±3%로 한다.

03 고압증기양생에 대한 설명으로 틀린 것은?

① 고압증기양생을 실시하면 백태현상을 감소시킨다.
② 고압증기양생을 실시하면 황산염에 대한 저항성이 향상된다.
③ 고압증기양생을 실시한 콘크리트는 어느 정도의 취성이 있다.
④ 고압증기양생을 실시하면 보통 양생한 콘크리트에 비해 철근의 부착강도가 크게 향상된다.

해설 고압증기양생(오토클레이브양생)
㉠ 높은 조기강도 : 표준양생의 28일 강도를 24시간만에 낼 수 있다.
㉡ 내구성이 좋아지고 백태현상이 감소한다.
㉢ 건조수축이 작아진다.
㉣ 크리프가 크게 감소한다.
㉤ 보통 양생한 것에 비해 철근의 부착강도가 약 1/2이 된다.

04 PS강재에 요구되는 일반적인 성질로 틀린 것은?

① 인장강도가 작을 것
② 릴랙세이션이 작을 것
③ 콘크리트와 부착력이 클 것
④ 어느 정도의 피로강도를 가질 것

해설 PS강재의 일반적 성질
㉠ 인장강도가 클 것
㉡ 항복비$\left(=\dfrac{항복강도}{인장강도}\right)$가 클 것
㉢ 릴랙세이션이 적을 것
㉣ 적절한 늘음과 인성이 있을 것

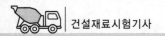

05 콘크리트 다지기에 대한 설명으로 틀린 것은?

① 콘크리트 다지기에는 내부진동기의 사용을 원칙으로 하나, 사용이 곤란한 장소에서는 거푸집진동기를 사용할 수 있다.

② 콘크리트는 타설 직후 바로 충분히 다져서 구석구석까지 채워져 밀실한 콘크리트가 되도록 하여야 한다.

③ 진동다지기를 할 때에는 내부진동기를 하층의 콘크리트 속으로 0.1m 정도 찔러 넣는다.

④ 재진동은 콘크리트에 나쁜 영향이 생기므로 하지 않는 것을 원칙으로 한다.

해설 재진동을 할 경우에는 콘크리트에 나쁜 영향이 생기지 않도록 초결이 일어나기 전에 실시하여야 한다.

06 현장 타설말뚝에 사용하는 수중 콘크리트의 타설에 대한 설명으로 틀린 것은?

① 굵은 골재 최대 치수 25mm의 경우 관지름이 200~250mm의 트레미를 사용하여야 한다.

② 먼저 타설하는 부분의 콘크리트 타설속도는 8~10m/h로 실시하여야 한다.

③ 콘크리트 상면은 설계면보다 0.5m 이상 높이로 여유 있게 타설하고 경화한 후 이것을 제거하여야 한다.

④ 콘크리트를 타설하는 도중에는 콘크리트 속의 트레미의 삽입깊이는 2m 이상으로 하여야 한다.

해설 콘크리트의 타설속도는 안정액 섞임 등을 고려하여 일반적으로 먼저 타설하는 부분의 경우 4~9m/h, 나중에 타설하는 부분의 경우 8~10m/h로 실시하여야 한다.

07 23회의 시험실적으로부터 구한 압축강도의 표준편차가 4MPa이었고, 콘크리트의 품질기준강도(f_{cq})가 30MPa일 때 배합강도는? (단, 표준편차의 보정계수는 시험횟수가 20회인 경우 1.080이고, 25회인 경우 1.030이다.)

① 34.4MPa ② 35.7MPa
③ 36.3MPa ④ 38.5MPa

해설 ㉠ 23회일 때 직선보간을 한 표준편차의 보정계수

$$\alpha = 1.03 + \frac{(1.08 - 1.03) \times 2}{5} = 1.05$$

㉡ 직선보간한 표준편차
$$S = 1.05 \times 4 = 4.2 \text{MPa}$$

㉢ $f_{cq} \leq 35$MPa이므로

- $f_{cr} = f_{cq} + 1.34S$
  $= 30 + 1.34 \times 4.2 = 35.63$MPa
- $f_{cr} = (f_{cq} - 3.5) + 2.33S$
  $= (30 - 3.5) + 2.33 \times 4.2 = 36.29$MPa

∴ 위 두 값 중 큰 값이 배합강도이므로
$$f_{cr} = 36.29\text{MPa}$$

08 숏크리트의 특징에 대한 설명으로 틀린 것은?

① 용수가 있는 곳에서도 시공하기 쉽다.

② 수밀성이 적고 작업 시에 분진이 생긴다.

③ 노즐맨의 기술에 의하여 품질, 시공성 등에 변동이 생긴다.

④ 임의방향으로 시공 가능하나 리바운드 등의 재료손실이 많다.

해설 숏크리트
㉠ 장점
- 급결재의 첨가에 의하여 조기에 강도를 발현시킬 수 있다.
- 거푸집이 불필요하고 급속시공이 가능하다.
- 소규모 시설로 임의의 방향에서 시공이 가능하다.

㉡ 단점
- 리바운드 등의 재료손실이 많다.
- 평활한 마무리면을 얻기 어렵다.
- 뿜어 붙일 면에서 물이 나올 때는 부착이 곤란하다.
- 숏크리트작업 시에 분진이 발생한다.
- 붙임면에 물이 나오면 부착이 어렵다.

09 현장의 골재에 대한 체분석결과 잔골재 속에서 5mm체에 남는 것이 6%, 굵은 골재 속에서 5mm체를 통과하는 것이 11%이었다. 시방배합표상의 단위잔골재량이 632kg/m³, 단위 굵은 골재량이 1,176kg/m³일 때 현장배합을 위한 단위잔골재량은? (단, 표면수에 대한 보정은 무시한다.)

① 522kg/m³ ② 537kg/m³
③ 612kg/m³ ④ 648kg/m³

해설 잔골재량을 x, 굵은 골재량을 y라 하면

$x + y = 632 + 1,176 = 1,808$ ···············ⓐ

$0.06x + (1 - 0.11)y = 1,176$ ···············ⓑ

∴ 식 ⓐ를 식 ⓑ에 대입하여 계산하면

$x = 521.83\text{kg}$

10 프리텐션방식의 프리스트레스트 콘크리트에서 프리스트레싱을 할 때의 콘크리트 압축강도는 얼마 이상이어야 하는가?

① 21MPa ② 24MPa

③ 27MPa ④ 30MPa

해설 프리스트레스 도입 시 강도

㉠ 프리텐션방식 : $f_{ci} \geq 30\text{MPa}$

㉡ 포스트텐션방식 : $f_{ci} \geq 25\text{MPa}$

11 시멘트의 수화반응에 의해 생성된 수산화칼슘이 대기 중의 이산화탄소와 반응하여 콘크리트의 성능을 저하시키는 현상을 무엇이라고 하는가?

① 염해

② 탄산화

③ 동결융해

④ 알칼리-골재반응

해설 탄산화(중성화)

공기 중의 탄산가스에 의해 콘크리트 중의 수산화칼슘(강알칼리)이 서서히 탄산칼슘(약알칼리)으로 되어 콘크리트가 중성화됨에 따라 물과 공기가 침투하고 철근이 부식하여 체적이 팽창(약 2.6배)하여 균열이 발생하는 현상이다.

12 콘크리트 배합설계에서 잔골재율(S/a)을 작게 하였을 때 나타나는 현상으로 틀린 것은?

① 소요의 워커빌리티를 얻기 위하여 필요한 단위시멘트량이 증가한다.

② 소요의 워커빌리티를 얻기 위하여 필요한 단위수량이 감소한다.

③ 재료분리가 발생되기 쉽다.

④ 워커빌리티가 나빠진다.

해설 ㉠ 잔골재율을 작게 하면 소요의 워커빌리티를 얻기 위하여 필요한 단위수량이 적게 되어 단위시멘트량이 적어지므로 경제적이 된다.

㉡ 잔골재율을 어느 정도보다 작게 하면 콘크리트는 거칠어지고 재료분리가 일어나는 경향이 커지며 워커빌리티가 나쁜 콘크리트가 된다.

13 $\phi 100 \times 200\text{mm}$인 원주형 공시체를 사용한 쪼갬인장강도시험에서 파괴하중이 100kN이면 콘크리트의 쪼갬인장강도는?

① 1.6MPa ② 2.5MPa

③ 3.2MPa ④ 5.0MPa

해설 $f = \dfrac{2P}{\pi D l} = \dfrac{2 \times 100}{\pi \times 0.1 \times 0.2} = 3,183\text{kN/m}^2 = 3.2\text{MPa}$

14 콘크리트의 받아들이기 품질검사에 대한 설명으로 틀린 것은?

① 콘크리트를 타설한 후에 실시한다.

② 내구성검사는 공기량, 염화물함유량을 측정하는 것으로 한다.

③ 강도검사는 압축강도시험에 의한 검사를 실시한다.

④ 워커빌리티의 검사는 굵은 골재 최대 치수 및 슬럼프가 설정치를 만족하는지의 여부를 확인함과 동시에 재료분리저항성을 외관관찰에 의해 확인하여야 한다.

해설 콘크리트의 받아들이기 품질검사

㉠ 콘크리트의 받아들이기 품질관리는 콘크리트를 타설하기 전에 실시하여야 한다.

㉡ 내구성검사는 공기량, 염소이온량을 측정하는 것으로 한다.

㉢ 강도검사는 콘크리트의 배합검사를 실시하는 것을 표준으로 한다.

㉣ 워커빌리티의 검사는 굵은 골재 최대 치수 및 슬럼프가 설정치를 만족하는지의 여부를 확인함과 동시에 재료분리저항성을 외관관찰에 의해 확인하여야 한다.

㉤ 검사결과 불합격으로 판정된 콘크리트는 사용할 수 없다.

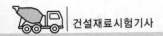

15 콘크리트 재료의 계량 및 비비기에 대한 설명으로 옳은 것은?

① 비비기는 미리 정해둔 비비기 시간의 4배 이상 계속하지 않아야 한다.

② 비비기 시간은 강제식 믹서의 경우에는 1분 30초 이상을 표준으로 한다.

③ 재료의 계량은 시방배합에 의해 실시한다.

④ 골재계량의 허용오차는 3%이다.

해설 비비기

㉠ 비비기는 미리 정해둔 비비기 시간의 3배 이상 계속하지 않아야 한다.

㉡ 비비기 시간은 시험에 의해 정하는 것을 원칙으로 한다. 비비기 시간에 대한 시험을 실시하지 않은 경우 그 최소 시간은 가경식 믹서일 때에는 1분 30초 이상, 강제식 믹서일 때에는 1분 이상을 표준으로 한다.

㉢ 재료의 계량은 현장배합에 의해 실시한다.

16 콘크리트의 휨강도시험에 대한 설명으로 틀린 것은?

① 공시체 단면 한 변의 길이는 굵은 골재 최대 치수의 4배 이상이면서 100mm 이상으로 한다.

② 공시체의 길이는 단면의 한 변의 길이의 3배보다 80mm 이상 길어야 한다.

③ 공시체에 하중을 가하는 속도는 가장자리 응력도의 증가율이 매초 0.6 ± 0.4MPa이 되도록 조정하여야 한다.

④ 공시체가 인장쪽 표면의 지간방향 중심선의 4점의 바깥쪽에서 파괴된 경우는 그 시험결과를 무효로 한다.

해설 콘크리트 휨강도시험(KS F 2408)

㉠ 지간은 공시체높이의 3배로 한다.

㉡ 하중을 가하는 속도는 가장자리 응력도의 증가율이 매초 0.06 ± 0.04MPa이 되도록 조정하고, 최대 하중이 될 때까지 그 증가율을 유지하도록 한다.

17 경량골재 콘크리트에 대한 설명으로 옳은 것은?

① 내구성이 보통 콘크리트보다 크다.

② 열전도율은 보통 콘크리트보다 작다.

③ 동결융해에 대한 저항성은 보통 콘크리트보다 크다.

④ 건조수축에 의한 변형이 생기지 않는다.

해설 경량골재 콘크리트

㉠ 장점
• 자중이 작다.
• 내화성, 단열성이 크다.
• 열전도율이 작다.

㉡ 단점
• 내구성이 작다.
• 건조수축이 크다.
• 압축강도, 탄성계수가 작다.
• 동결융해저항성이 작다.

18 콘크리트의 초기균열 중 콘크리트 표면수의 증발속도가 블리딩속도보다 빠른 경우와 같이 급속한 수분증발이 일어나는 경우 발생하기 쉬운 균열은?

① 거푸집변형에 의한 균열

② 침하수축균열

③ 건조수축균열

④ 소성수축균열

해설 소성수축균열(플라스틱수축균열)

콘크리트 표면수의 증발속도가 블리딩속도보다 빠른 경우와 같이 급속한 수분증발이 일어나는 경우에 콘크리트 마무리면에 생기는 가늘고 얇은 균열을 말한다.

19 한중 콘크리트의 동결융해에 대한 내구성 개선에 주로 사용되는 혼화재료는?

① AE제   ② 포졸란

③ 지연제   ④ 플라이애시

해설 AE제(공기연행제)

콘크리트용 계면활성제(surface active agent)의 일종으로 콘크리트 내부에 독립된 미세기포를 발생시켜 콘크리트의 워커빌리티 개선과 동결융해에 대한 저항성을 갖도록 하기 위해 사용하는 혼화제이다.

20 콘크리트의 운반 및 타설에 관한 설명으로 틀린 것은?

① 신속하게 운반하여 즉시 타설하고 충분히 다져야 한다.

② 공사 개시 전에 운반, 타설 등에 관하여 미리 충분한 계획을 세워야 한다.

③ 비비기로부터 타설이 끝날 때까지의 시간은 원칙적으로 외기온도가 25℃ 이상일 때는 1.0시간을 넘어서는 안 된다.

④ 운반 중에 재료분리가 일어났으면 충분히 다시 비벼서 균질한 상태로 콘크리트를 타설하여야 한다.

[해설] 비비기로부터 치기가 끝날 때까지의 시간

㉠ 외기온도가 25℃ 이상일 때 : 1.5시간 이하

㉡ 외기온도가 25℃ 이하일 때 : 2시간 이하

제2과목 · 건설시공 및 관리

21 버킷의 용량이 0.8m³, 버킷계수가 0.9인 백호를 사용하여 12t 덤프트럭 1대에 흙을 적재하고자 할 때 필요한 적재시간은? (단, 백호의 사이클타임(C_m)은 30초, 백호의 작업효율(E)은 0.75, 흙의 습윤밀도(ρ_t)는 1.6t/m³, 토량변화율(L)은 1.20이다.)

① 7.13분   ② 7.94분

③ 8.67분   ④ 9.51분

[해설] ㉠ $q_t = \dfrac{T}{\gamma_t}L = \dfrac{12}{1.6} \times 1.2 = 9m^3$

㉡ $n = \dfrac{q_t}{qK} = \dfrac{9}{0.8 \times 0.9} = 12.5 = 13$회

㉢ $C_{mt} = \dfrac{C_{ms}n}{60E_s} = \dfrac{30 \times 13}{60 \times 0.75} = 8.67$분

22 RCD(Reverse Circulation Drill)공법의 특징에 대한 설명으로 틀린 것은?

① 케이싱 없이 굴착이 가능한 공법이다.

② 엔진의 소음 외에는 소음 및 진동공해가 거의 없다.

③ 굴착 중 투수층을 만났을 때 급격한 수위 저하로 공벽이 붕괴될 수 있다.

④ 기종에 따라 약 35° 정도의 경사말뚝시공이 가능하다.

[해설] Benoto공법은 약 15° 정도의 경사말뚝시공이 가능하다.

23 옹벽 등 구조물의 뒤채움재료에 대한 조건으로 틀린 것은?

① 투수성이 있어야 한다.

② 압축성이 좋아야 한다.

③ 다짐이 양호해야 한다.

④ 물의 침입에 의한 강도저하가 적어야 한다.

[해설] 옹벽의 뒤채움재료

㉠ 공학적으로 안정한 재료

㉡ 투수계수가 큰 재료

㉢ 압축성과 팽창성이 적은 재료

24 흙의 성토작업에서 다음 그림과 같은 쌓기방법은?

① 수평층쌓기   ② 전방층쌓기

③ 비계층쌓기   ④ 물다짐쌓기

[해설] 성토시공법

㉠ 수평층쌓기 : 축제를 수평층으로 쌓아올려 다지는 공법이다.

㉡ 전방층쌓기 : 전방에 흙을 투하하면서 쌓는 공법으로 공사 중 압축이 적어 탄성 후에 침하가 크다. 그러나 공사비가 적고 시공속도가 빠르기 때문에 도로, 철도 등의 낮은 축제에 많이 사용된다.

㉢ 비계층쌓기 : 가교식 비계를 만들어 그 위에 레일을 깔아 가교 위에서 흙을 투하하면서 쌓는 공법으로 높은 축제쌓기, 대성토 시 사용된다.

25 공정관리에서 PERT와 CPM의 비교 설명으로 옳은 것은?

① PERT는 반복사업에, CPM은 신규사업에 좋다.

② PERT는 1점 시간추정이고, CPM은 3점 시간추정이다.

③ PERT는 작업활동중심관리이고, CPM은 작업단계중심관리이다.

④ PERT는 공기단축이 주목적이고, CPM은 공사비절감이 주목적이다.

해설 PERT와 CPM의 비교

구분	PERT	CPM
대상	신규사업, 비반복사업	반복사업
공기추정	3점 견적법	1점 견적법
일정 계산	Event 중심의 일정 계산	Activity 중심의 일정 계산
주목적	공기단축	공비절감

26 다음에서 설명하는 심빼기 발파공법의 명칭은?

- 버력이 너무 비산하지 않는 심빼기에 유효하며, 특히 용수가 많을 때 편리하다.
- 밑면의 반만큼 먼저 발파하여 놓고, 물이 그곳에 집중되면 물이 없는 부분을 발파하는 방법이다.

① 노컷 ② 번컷

③ 스윙컷 ④ 피라미드컷

해설 스윙컷(swing cut)은 연직도갱의 밑의 발파에 사용되며, 특히 용수가 많을 때 편리하다.

27 다음 그림과 같이 20개의 말뚝으로 구성된 무리말뚝이 있다. 이 무리말뚝의 효율(E)을 Converse-Labarre식을 이용해서 구하면?

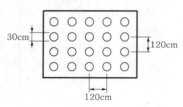

① 0.647 ② 0.684

③ 0.721 ④ 0.758

해설 ㉠ $\phi = \tan^{-1}\dfrac{D}{S} = \tan^{-1}\dfrac{30}{120} = 14.04°$

㉡ $E = 1 - \phi\left[\dfrac{(m-1)n + m(n-1)}{90mn}\right]$

$= 1 - 14.04 \times \dfrac{(5-1)\times 4 + 5\times(4-1)}{90\times 5\times 4} = 0.758$

28 배수로의 설계 시 유의해야 할 사항으로 틀린 것은?

① 집수면적이 커야 한다.

② 유하속도는 느릴수록 좋다.

③ 집수지역은 다소 깊어야 한다.

④ 배수 단면은 하류로 갈수록 커야 한다.

해설 배수로의 기능을 높이기 위한 조건

㉠ 집수면적이 클 것

㉡ 배수로를 깊게 굴착할 것(지하수 배제를 위해)

㉢ 상류측보다 하류측에서 배수로 단면이 클 것

㉣ 침전 가능한 이토는 유속이 빠르게 유하시킬 것

29 다음 그림과 같은 네트워크공정표에서 주공정선(CP)으로 옳은 것은?

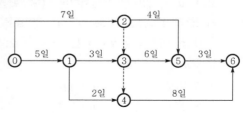

① 0 → 1 → 3 → 5 → 6

② 0 → 1 → 3 → 4 → 6

③ 0 → 2 → 5 → 6

④ 0 → 1 → 4 → 6

해설

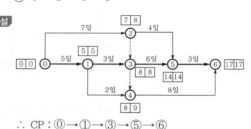

∴ CP : ⓪ → ① → ③ → ⑤ → ⑥

30 콘크리트교의 가설공법 중 현장 타설 콘크리트에 의한 공법의 종류에 속하지 않는 것은?

① 동바리공법(FSM공법)
② 캔틸레버공법(FCM공법)
③ 이동식 비계공법(MSS공법)
④ 프리캐스트세그먼트공법(PSM공법)

31 터널공사에 있어서 TBM공법의 특징에 대한 설명으로 틀린 것은?

① 여굴이 거의 발생하지 않는다.
② 주변 암반에 대한 이완이 거의 없다.
③ 복잡한 지질변화에 대한 적응성이 좋다.
④ 갱내의 분진, 진동 등 환경조건이 양호하다.

해설 TBM공법
㉠ 장점
• 발파작업이 없으므로 낙반이 적고 공사의 안전성이 높다.
• 정확한 원형 단면 절취가 가능하고 여굴이 적다.
• 지보공, 복공이 적어진다.
• 굴진속도가 빠르다.
• 노무비가 절약된다.
㉡ 단점
• 굴착 단면을 변경할 수 없다.
• 지질에 따라 적용에 제약이 있다.
• 구형, 마제형 등의 단면에는 적용할 수 없다.

32 옹벽을 구조적 특성에 따라 분류할 때 여기에 속하지 않는 것은?

① 돌쌓기 옹벽
② 중력식 옹벽
③ 부벽식 옹벽
④ 캔틸레버식 옹벽

해설 옹벽의 종류(구조에 의한 분류)
㉠ 중력식 옹벽
㉡ 반중력식 옹벽
㉢ 역T형 및 L형 옹벽(캔틸레버식 옹벽)
㉣ 부벽식 옹벽

33 무한궤도식 건설기계의 운전중량이 22t, 접지길이가 270cm, 무한궤도의 폭(슈폭)이 55cm일 때 이 건설기계의 접지압은? (단, 무한궤도 트랙의 수는 2개이다.)

① $0.37kg/cm^2$
② $0.74kg/cm^2$
③ $1.48kg/cm^2$
④ $2.96kg/cm^2$

해설 접지압$=\dfrac{P}{2A}=\dfrac{22,000}{2\times270\times55}=0.74kg/cm^2$

34 아스팔트 포장과 콘크리트 포장을 비교 설명한 것 중 아스팔트 포장의 특징으로 틀린 것은?

① 초기공사비가 고가이다.
② 양생기간이 거의 필요 없다.
③ 주행성이 콘크리트 포장보다 좋다.
④ 보수작업이 콘크리트 포장보다 쉽다.

해설 초기공사비는 콘크리트 포장이 높고, 유지관리비는 아스팔트 포장이 높다.

35 30,000m³의 성토공사를 위하여 토량의 변화율이 $L=1.2$, $C=0.9$인 현장 흙을 굴착운반하고자 한다. 이때 운반토량은?

① $22,500m^3$
② $32,400m^3$
③ $40,000m^3$
④ $62,500m^3$

해설 운반토량$=30,000\times\dfrac{L}{C}=30,000\times\dfrac{1.2}{0.9}=40,000m^3$

36 토적곡선(mass curve)의 성질에 대한 설명으로 틀린 것은?

① 토적곡선상에 동일 단면 내의 절토량과 성토량은 구할 수 없다.
② 토적곡선이 기선 아래에서 종결될 때에는 토량이 부족하고, 기선 위에서 종결될 때는 토량이 남는다.
③ 기선에 평행한 임의의 직선을 그어 토적곡선과 교차하는 인접한 교차점 사이의 절토량과 성토량은 서로 같다.
④ 토적곡선이 평형선 위쪽에 있을 때 절취토는 우에서 좌로 운반되고, 반대로 아래쪽에 있을 때는 좌에서 우로 운반된다.

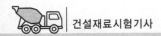

해설 토적곡선의 모양이 볼록할 때에는 절취토는 그림의 좌측→우측으로 운반되고, 반대로 아래에 있을 때에는 절취토는 그림의 우측→좌측으로 운반된다.

37 디퍼 준설선(Dipper Dredger)의 특징으로 틀린 것은?

① 기계의 고장이 비교적 적다.
② 작업장소가 넓지 않아도 된다.
③ 암석이나 굳은 지반의 준설에 적합하고 굴착력이 우수하다.
④ 준설비가 비교적 저렴하고 연속식에 비하여 작업능률이 뛰어나다.

해설 디퍼 준설선
㉠ 장점
 • 굴착량이 많고 암석이나 굳은 토질에도 적합하다.
 • 기계고장이 적다.
 • 작업장소가 넓지 않아도 된다.
㉡ 단점
 • 연한 토질일 때는 능률이 저하된다.
 • 준설단가가 크다.
 • 연속식에 비해 준설능력이 다소 떨어진다.

38 우물통의 침하공법 중 초기에는 자중으로 침하되지만 심도가 깊어짐에 따라 콘크리트 블록, 흙 가마니 등이 사용되는 공법은?

① 분기식 침하공법
② 물하중식 침하공법
③ 재하중에 의한 공법
④ 발파에 의한 침하공법

39 아스팔트 포장의 안정성 부족으로 인해 발생하는 대표적인 파손은 소성변형(바퀴자국, 측방유동)이다. 소성변형의 원인이 아닌 것은?

① 수막현상
② 중차량통행
③ 여름철 고온현상
④ 표시된 차선을 따라 차량이 일정 위치로 주행

해설 소성변형(rutting)
도로의 횡단방향의 요철로서 대형차의 교통, 혼합물의 품질불량 등이 원인이다.

40 흙댐(Earth dam)의 특징에 대한 설명으로 틀린 것은?

① 성토용 재료의 구입이 용이하며 경제적이다.
② 높은 댐의 축조가 어려우며 내진력이 약하다.
③ 여수로의 설치가 필요치 않아 공사비가 저렴하다.
④ 기초지반이 비교적 견고하지 않더라도 축조가 가능하다.

해설 흙댐(earth dam)
㉠ 댐 지점의 지질, 지형, 축조재료, 기초지반에 관계없이 시공이 가능하다.
㉡ 성토재료의 구입이 용이하면 경제적이다.
㉢ 높은 댐의 축조가 어렵고 내진력에 약하다.
㉣ 여수로가 없으면 월류되는 물의 침식작용에 의해 파괴될 우려가 있다.

제3과목 · 건설재료 및 시험

41 콘크리트용 혼화제에 대한 일반적인 설명으로 틀린 것은?

① AE제에 의한 연행공기는 시멘트, 골재입자 주위에서 베어링(bearing)과 같은 작용을 함으로써 콘크리트의 워커빌리티를 개선하는 효과가 있다.
② 고성능 감수제는 그 사용방법에 따라 고강도 콘크리트용 감수제와 유동화제로 나누어지지만 기본적인 성능은 동일하다.
③ 촉진제는 응결시간이 빠르고 조기강도를 증대시키는 효과가 있기 때문에 여름철 공사에 사용하면 유리하다.
④ 지연제는 사일로, 대형구조물 및 수조 등과 같이 연속타설을 필요로 하는 콘크리트 구조에 작업이음의 발생 등의 방지에 유효하다.

ⓛ 인장강도, 항복점, 경도가 커진다.
ⓒ 비중, 신장률이 작아진다.

45 시멘트의 강열감량(ignition loss)에 대한 설명으로 틀린 것은?

① 강열감량은 시멘트에 약 1,000℃의 강한 열을 가했을 때의 시멘트중량 감소량을 말한다.

② 강열감량은 주로 시멘트 속에 포함된 H_2O와 CO_2의 양이다.

③ 강열감량은 클링커와 혼합하는 석고의 결정수량과 거의 같은 양이다.

④ 시멘트가 풍화하면 강열감량이 적어지므로 풍화의 정도를 파악하는 데 사용된다.

[해설] **강열감량**
ⓐ 시멘트를 900~1,000℃로 가열하였을 때 시멘트의 감량질량비를 말하며, 주로 시멘트 속에 포함된 물(H_2O)과 탄산가스(CO_2)의 양이다. 이것은 클링커에 첨가된 석고의 결정수량과 거의 같다.
ⓑ 시멘트의 풍화 정도를 판단하기 위하여 사용되며, 일반적으로 시멘트가 풍화되면 강열감량은 증가한다.

46 굵은 골재의 밀도시험결과가 다음과 같을 때 이 골재의 표면건조포화상태의 밀도는?

- 절대건조상태의 시료질량 : 2,000g
- 표면건조포화상태의 시료질량 : 2,090g
- 침지된 시료의 수중질량 : 1,290g
- 시험온도에서의 물의 밀도 : 1g/cm³

① 2.50g/cm³
② 2.61g/cm³
③ 2.68g/cm³
④ 2.82g/cm³

[해설] 밀도 $= \left(\dfrac{B}{B-C}\right)\rho_w$

$= \dfrac{2,090}{2,090-1,290} \times 1 = 2.61\text{g/cm}^3$

[해설] **촉진제**
수화작용을 촉진하는 혼화제로서 적당한 사용량은 시멘트 질량의 2% 이하로 한다.
ⓐ 조기강도를 필요로 하는 공사
ⓑ 한중 콘크리트
ⓒ 조기 표면마무리, 조기 거푸집 제거

42 아스팔트의 성질에 대한 설명으로 틀린 것은?

① 아스팔트의 밀도는 침입도가 작을수록 작다.

② 아스팔트의 밀도는 온도가 상승할수록 저하된다.

③ 아스팔트는 온도에 따라 컨시스턴시가 현저하게 변화된다.

④ 아스팔트의 강성은 온도가 높을수록, 침입도가 클수록 작다.

[해설] **아스팔트의 성질**
ⓐ 침입도가 작을수록 밀도가 크고, 침입도는 온도가 상승할수록 크다.
ⓑ 재하시간이 길수록, 온도가 높을수록, 침입도가 클수록 강성은 작다.

43 도폭선에서 심약(心藥)으로 사용되는 것은?

① 뇌홍
② 질화납
③ 면화약
④ 피크린산

[해설] ⓐ 도폭선 : 도화선의 흑색화약 대신 면화약을 심약으로 한 것인데 대폭파 또는 수중폭파를 동시에 실시하기 위해 외관 대신 사용하는 것이다.
ⓑ 면화약 : 정제한 솜을 황산과 초산의 혼합액으로 처리하여 만든 화약이다.

44 냉간가공을 했을 때 강재의 특성으로 틀린 것은?

① 경도가 증가한다.
② 신장률이 증가한다.
③ 항복점이 증가한다.
④ 인장강도가 증가한다.

[해설] **냉간압연강(cold rolled steel)**
ⓐ 강을 특별히 가열하지 않고 상온에서 압연하여 만든 강이다.

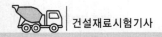

47 잔골재를 계량한 결과가 다음과 같을 때 흡수율은?

- 절대건조상태 시료의 질량 : 950g
- 공기 중 건조상태 시료의 질량 : 970g
- 표면건조포화상태 시료의 질량 : 980g
- 습윤상태 시료의 질량 : 1,000g

① 2.06% ② 3.06%
③ 3.16% ④ 3.26%

해설 흡수율$= \dfrac{B-D}{D}$

$= \dfrac{\text{표건상태의 질량} - \text{절건상태의 질량}}{\text{절건상태의 질량}} \times 100$

$= \dfrac{980-950}{950} \times 100 = 3.16\%$

48 스트레이트 아스팔트와 비교한 고무혼입 아스팔트(rubberized asphalt)의 특징으로 틀린 것은?

① 응집성 및 부착력이 크다.
② 마찰계수가 크다.
③ 충격저항이 크다.
④ 감온성이 크다.

해설 고무혼입 아스팔트
고무를 아스팔트에 혼입하여 아스팔트의 성질을 개선한 것이다.
㉠ 감온성이 작다.
㉡ 응집성, 부착성이 크다.
㉢ 탄성, 충격저항성이 크다.
㉣ 내노화성이 크다.
㉤ 마찰계수가 크다.

49 로스앤젤레스시험기에 의한 굵은 골재의 마모시험결과가 다음과 같을 때 마모감량은?

- 시험 전 시료의 질량 : 5,000g
- 시험 후 1.7mm의 망체에 남은 시료의 질량 : 4,321g

① 6.4%
② 7.4%
③ 13.6%
④ 15.7%

해설 $R = \dfrac{m_1 - m_2}{m_1} \times 100$

$= \dfrac{5,000-4,321}{5,000} \times 100 = 13.58\%$

50 방청제를 사용한 콘크리트에서 방청제의 작용에 의한 방식방법으로 틀린 것은?

① 콘크리트 중의 철근 표면의 부동태 피막을 보강하는 방법
② 콘크리트 중의 이산화탄소를 소비하여 철근에 도달하지 않도록 하는 방법
③ 콘크리트 중의 염소이온을 결합하여 고정하는 방법
④ 콘크리트의 내부를 치밀하게 하여 부식성 물질의 침투를 막는 방법

해설 방청제
㉠ 콘크리트 중의 염분에 의한 철근의 부식을 억제할 목적으로 사용하는 혼화제이다.
㉡ 방청제의 작용
- 철근 표면의 부동태 피막을 보강한다.
- 산소를 소비하거나 염소이온을 결합하여 고정한다.
- 콘크리트 내부를 치밀하게 하여 부식성 물질의 침투를 막는다.

51 토목섬유가 힘을 받아 한 방향으로 찢어지는 특성을 측정하는 시험법은 무엇인가?

① 인열강도시험 ② 할렬강도시험
③ 봉합강도시험 ④ 직접전단시험

해설 지오텍스타일의 인열강도시험(KS K 0796)
㉠ 인열강도란 특정 조건하에서 지오텍스타일에 인열이 시작되거나 지속, 전파되는 데 필요한 힘을 말한다.
㉡ 한 방향으로 인열이 진행되도록 하여 이와 동시에 발생된 힘을 기록하는데, 인열강도는 인열힘 중 최대값이다.

52 화성암은 산성암, 중성암, 염기성암으로 분류가 되는데, 이때 분류기준이 되는 것은?

① 규산의 함유량 ② 운모의 함유량
③ 장석의 함유량 ④ 각섬석의 함유량

53 석재로서 화강암의 특징에 대한 설명으로 틀린 것은?

① 조직이 균일하고 내구성 및 강도가 크다.
② 외관이 아름다워 장식재로 사용할 수 있다.
③ 균열이 적기 때문에 비교적 큰 재료를 채취할 수 있다.
④ 내화성이 강하므로 고열을 받는 내화용 재료로 많이 사용된다.

해설 화강암
㉠ 조직이 균일하고 강도 및 내구성이 크다.
㉡ 풍화나 마모에 강하다.
㉢ 돌눈이 작아 큰 석재를 채취할 수 있다.
㉣ 내화성이 작다.

54 시멘트의 응결에 영향을 미치는 요소에 대한 설명으로 틀린 것은?

① 풍화된 시멘트는 일반적으로 응결이 빨라진다.
② 온도가 높을수록 응결은 빨라진다.
③ 배합수량이 많을수록 응결은 지연된다.
④ 석고의 첨가량이 많을수록 응결은 지연된다.

해설 시멘트의 응결
㉠ 수량이 많으면 응결이 늦어진다.
㉡ 온도가 높으면 응결이 빨라진다.
㉢ 분말도가 높으면 응결이 빨라진다.
㉣ 시멘트가 풍화되면 응결이 늦어진다.
㉤ 석고의 양이 많으면 응결이 늦어진다.

55 혼화재 중 대표적인 포졸란의 일종으로서 석탄 화력발전소 등에서 미분탄을 연소시킬 때 불연 부분이 용융상태로 부유한 것을 냉각 고화시켜 채취한 미분탄재를 무엇이라고 하는가?

① 플라이애시   ② 고로슬래그
③ 실리카퓸   ④ 소성점토

해설 플라이애시
화력발전소 등의 연소보일러에서 부산되는 석탄재로서 연소폐가스 중에 포함되어 집진기에 의해 회수된 특정 입도범위의 입상잔사(粒狀殘砂)를 말하며 포졸란계를 대표하는 혼화재 중의 하나이다.

56 골재의 취급과 저장 시 주의해야 할 사항으로 틀린 것은?

① 잔골재, 굵은 골재 및 종류, 입도가 다른 골재는 각각 구분하여 별도로 저장한다.
② 골재의 저장설비는 적당한 배수설비를 설치하고 그 용량을 검토하여 표면수가 균일한 골재의 사용이 가능하도록 한다.
③ 골재의 표면수는 굵은 골재는 건조상태로, 잔골재는 습윤상태로 저장하는 것이 좋다.
④ 골재는 빙설의 혼입 방지, 동결 방지를 위한 적당한 시설을 갖추어 저장해야 한다.

해설 골재의 취급 및 저장 시 주의사항
㉠ 잔골재, 굵은 골재 및 종류와 입도가 다른 골재는 각각 구분하여 따로따로 저장하여야 한다.
㉡ 골재의 저장설비에는 적당한 배수시설을 설치하고, 그 용량을 적절히 하여 표면수가 균일한 골재를 사용할 수 있도록 하여야 한다.
㉢ 겨울에 동결되어 있는 골재나 빙설이 혼입되어 있는 골재를 그대로 사용하면 비빈 콘크리트의 온도가 저하하여 콘크리트가 동결하거나 품질 저하를 초래할 우려가 있으므로 이에 대한 적절한 방지대책을 수립하여 골재를 저장하여야 한다.

57 다음은 길모어 침에 의한 시멘트의 응결시간시험방법(KS L 5103)에서 습도에 대한 내용이다. 다음의 ( ) 안에 들어갈 내용으로 옳은 것은?

> 시험실의 상대습도는 (㉠) 이상이어야 하며, 습기함이나 습기실은 시험체를 (㉡) 이상의 상대습도에서 저장할 수 있는 구조이어야 한다.

① ㉠ 30%, ㉡ 60%
② ㉠ 50%, ㉡ 70%
③ ㉠ 30%, ㉡ 80%
④ ㉠ 50%, ㉡ 90%

해설 온도와 습도(KS L 5103)
시험실의 온도는 20±2℃, 상대습도는 50% 이상이어야 하며, 습기함이나 습기실의 온도는 20±1℃, 상대습도는 90% 이상이어야 한다.

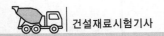

58 다음에서 설명하는 합판은?

> 글로 각재를 얇게 절단한 것으로서 곧은결과 무늬결을 자유로이 얻을 수 있어 장식용으로 이용할 수 있는 특징이 있다.

① 소드베니어　　② 로터리베니어
③ 파티클보드(PB)　④ 슬라이스트베니어

해설 로터리베니어(rotary veneer)
둥근 원목의 축을 중심으로 회전시켜 축에 평행한 재단기의 날로 원둘레를 따라 얇게 깎아내는 방법으로 원목의 낭비가 없고 생산능률이 높아 최근에는 대부분 이 방법을 사용한다.

59 다음 강재의 응력-변형률곡선에 대한 설명으로 틀린 것은?

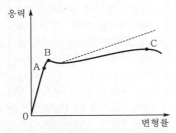

① A점은 응력과 변형률이 비례하는 최대 한도지점이다.
② B점은 외력을 제거해도 영구변형을 남기지 않고 원래로 돌아가는 응력의 최대 한도지점이다.
③ C점은 부재응력의 최대값이다.
④ 강재는 하중을 받아 변형되며 단면이 축소되므로 실제 응력-변형률선은 점선이다.

해설 ㉠ A : 비례한도
㉡ B : 상항복점
㉢ C : 극한강도(최대 응력점)

60 도로 포장용 아스팔트는 수분을 함유하지 않고 몇 ℃까지 가열하여도 거품이 생기지 않아야 하는가?

① 150℃　　② 175℃
③ 220℃　　④ 280℃

해설 스트레이트 아스팔트의 품질(KS M 2201)
스트레이트 아스팔트는 균질하며 수분을 거의 함유하지 않고 180℃까지 가열해도 뚜렷하게 거품이 일지 않아야 한다.

제4과목 · 토질 및 기초

61 비교적 가는 모래와 실트가 물속에서 침강하여 고리모양을 이루며 작은 아치를 형성한 구조로 단립구조보다 간극비가 크고 충격과 진동에 약한 흙의 구조는?

① 봉소구조　　② 낱알구조
③ 분산구조　　④ 면모구조

해설 봉소구조
아주 가는 모래, 실트가 물속에 침강하여 이루어진 구조로서 아치형태로 결합되어 있다. 단립구조보다 공극이 크고 충격, 진동에 약하다.

62 모래시료에 대해서 압밀배수 삼축압축시험을 실시하였다. 초기단계에서 구속응력(σ_3)은 100kN/m²이고, 전단파괴 시에 작용된 축차응력(σ_{df})은 200kN/m²이었다. 이와 같은 모래시료의 내부마찰각(ϕ) 및 파괴면에 작용하는 전단응력(τ_f)의 크기는?

① $\phi = 30°$, $\tau_f = 115.47 \text{kN/m}^2$
② $\phi = 40°$, $\tau_f = 115.47 \text{kN/m}^2$
③ $\phi = 30°$, $\tau_f = 86.60 \text{kN/m}^2$
④ $\phi = 40°$, $\tau_f = 86.60 \text{kN/m}^2$

해설 ㉠ $\sigma_1 = \sigma_{df} + \sigma_3 = 200 + 100 = 300 \text{kN/m}^2$

$$\sin\phi = \frac{\sigma_1 - \sigma_3}{\sigma_1 + \sigma_3} = \frac{300 - 100}{300 + 100} = \frac{1}{2}$$

$$\therefore \ \phi = 30°$$

㉡ $\theta = 45° + \frac{\phi}{2} = 45° + \frac{30°}{2} = 60°$

$$\therefore \ \tau = \frac{\sigma_1 - \sigma_3}{2} \sin 2\theta$$

$$= \frac{300 - 100}{2} \times \sin(2 \times 60°)$$

$$= 86.6 \text{kN/m}^2$$

63 말뚝의 부주면마찰력에 대한 설명으로 틀린 것은?

① 연약한 지반에서 주로 발생한다.

② 말뚝 주변의 지반이 말뚝보다 더 침하될 때 발생한다.

③ 말뚝주면에 역청코팅을 하면 부주면마찰력을 감소시킬 수 있다.

④ 부주면마찰력의 크기는 말뚝과 흙 사이의 상대적인 변위속도와는 큰 연관성이 없다.

해설 말뚝과 흙 사이의 상대적인 변위속도가 클수록 부마찰력은 커진다.

64 말뚝기초에 대한 설명으로 틀린 것은?

① 군항은 전달되는 응력이 겹쳐지므로 말뚝 1개의 지지력에 말뚝개수를 곱한 값보다 지지력이 크다.

② 동역학적 지지력공식 중 엔지니어링뉴스 공식의 안전율(F_s)은 6이다.

③ 부주면마찰력이 발생하면 말뚝의 지지력은 감소한다.

④ 말뚝기초는 기초의 분류에서 깊은 기초에 속한다.

해설 군항은 단항보다도 각각의 말뚝이 발휘하는 지지력이 작다($R_{ag} = ENR_a$).

65 두께 9m의 점토층에서 하중강도 P_1일 때 간극비는 2.0이고 하중강도를 P_2로 증가시키면 간극비는 1.8로 감소되었다. 이 점토층의 최종 압밀침하량은?

① 20cm

② 30cm

③ 50cm

④ 60cm

해설 $\Delta H = \dfrac{e_1 - e_2}{1 + e_1} H = \dfrac{2 - 1.8}{1 + 2} \times 900 = 60 \text{cm}$

66 다음 그림과 같이 3개의 지층으로 이루어진 지반에서 토층에 수직한 방향의 평균투수계수(K_v)는?

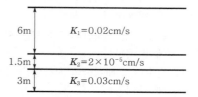

① $2.516 \times 10^{-6} \text{cm/s}$

② $1.274 \times 10^{-5} \text{cm/s}$

③ $1.393 \times 10^{-4} \text{cm/s}$

④ $2.0 \times 10^{-2} \text{cm/s}$

해설 $K_v = \dfrac{H}{\dfrac{h_1}{K_1} + \dfrac{h_2}{K_2} + \dfrac{h_3}{K_3}}$

$= \dfrac{1,050 (= 600 + 150 + 300)}{\dfrac{600}{0.02} + \dfrac{150}{2 \times 10^{-5}} + \dfrac{300}{0.03}}$

$= 1.393 \times 10^{-4} \text{cm/s}$

67 다음 그림과 같은 흙의 구성도에서 체적 V를 1로 했을 때의 간극의 체적은? (단, 간극률은 n, 함수비는 w, 흙입자의 비중은 G_s, 물의 단위중량은 γ_w)

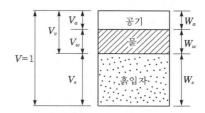

① n

② $w G_s$

③ $\gamma_w (1 - n)$

④ $[G_s - n(G_s - 1)] \gamma_w$

해설 $n = \dfrac{V_v}{V} = \dfrac{V_v}{1} = V_v$

68 평판재하시험에 대한 설명으로 틀린 것은?

① 순수한 점토지반의 지지력은 재하판의 크기와 관계없다.

② 순수한 모래지반의 지지력은 재하판의 폭에 비례한다.

③ 순수한 점토지반의 침하량은 재하판의 폭에 비례한다.

④ 순수한 모래지반의 침하량은 재하판의 폭에 관계없다.

해설 재하판의 크기에 대한 보정

㉠ 지지력
- 점토지반 : 재하판의 폭에 무관하다.
- 모래지반 : 재하판의 폭에 비례한다.

㉡ 침하량
- 점토지반 : 재하판의 폭에 비례한다.
- 모래지반 : 재하판의 크기가 커지면 약간 커지긴 하지만 폭에 비례할 정도는 아니다.

69 두께 2cm의 점토시료에 대한 압밀시험결과 50%의 압밀을 일으키는데 6분이 걸렸다. 같은 조건하에서 두께 3.6m의 점토층 위에 축조한 구조물이 50%의 압밀에 도달하는데 며칠이 걸리는가?

① 1350일   ② 270일

③ 135일   ④ 27일

해설 ㉠ $t_{50} = \dfrac{T_v H^2}{C_v}$

$6 = \dfrac{T_v \times \left(\dfrac{2}{2}\right)^2}{C_v}$

$\therefore \dfrac{T_v}{C_v} = 6$

㉡ $t_{50} = \dfrac{T_v H^2}{C_v} = 6 \times \left(\dfrac{360}{2}\right)^2 = 194,400분 = 135일$

70 토립자가 둥글고 입도분포가 나쁜 모래지반에서 표준관입시험을 한 결과 N값은 10이었다. 이 모래의 내부마찰각(ϕ)을 Dunham의 공식으로 구하면?

① 21°   ② 26°

③ 31°   ④ 36°

해설 $\phi = \sqrt{12N} + 15 = \sqrt{12 \times 10} + 15 = 25.95°$

71 다음 그림과 같이 폭이 2m, 길이가 3m인 기초에 100kN/m²의 등분포하중이 작용할 때 A점 아래 4m 깊이에서의 연직응력 증가량은? (단, 다음 표의 영향계수값을 활용하여 구하며 $m = \dfrac{B}{z}$, $n = \dfrac{L}{z}$ 이고, B는 직사각형 단면의 폭, L은 직사각형 단면의 길이, z는 토층의 깊이이다.)

【영향계수(I)값】

m	0.25	0.5	0.5	0.5
n	0.5	0.25	0.75	1.0
I	0.048	0.048	0.115	0.122

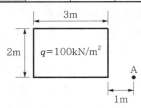

① 6.7kN/m^2 ② 7.5kN/m^2

③ 12.2kN/m^2 ④ 17.0kN/m^2

해설 $\Delta\sigma_v = I_{(m,\,n)}\,q = 0.122 \times 100 - 0.048 \times 100 = 7.4\text{kN/m}^2$

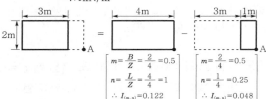

$\left[\begin{array}{l} m = \dfrac{B}{Z} = \dfrac{2}{4} = 0.5 \\ n = \dfrac{L}{Z} = \dfrac{4}{4} = 1 \\ \therefore I_{(m,n)} = 0.122 \end{array}\right]$ $\left[\begin{array}{l} m = \dfrac{2}{4} = 0.5 \\ n = \dfrac{1}{4} = 0.25 \\ \therefore I_{(m,n)} = 0.048 \end{array}\right]$

72 기초가 갖추어야 할 조건이 아닌 것은?

① 동결, 세굴 등에 안전하도록 최소한의 근입깊이를 가져야 한다.

② 기초의 시공이 가능하고 침하량이 허용치를 넘지 않아야 한다.

③ 상부로부터 오는 하중을 안전하게 지지하고 기초지반에 전달하여야 한다.

④ 미관상 아름답고 주변에서 쉽게 구득할 수 있는 재료로 설계되어야 한다.

정답 68. ④ 69. ③ 70. ② 71. ② 72. ④

해설 기초의 구비조건
ⓐ 최소한의 근입깊이를 가질 것(동해에 대한 안정)
ⓑ 지지력에 대해 안정할 것
ⓒ 침하에 대해 안정할 것(침하량이 허용값 이내에 들어야 함)
ⓓ 시공이 가능할 것(경제적, 기술적)

73 벽체에 작용하는 주동토압을 P_a, 수동토압을 P_p, 정지토압을 P_o라 할 때 크기의 비교로 옳은 것은?

① $P_a > P_p > P_o$ ② $P_p > P_o > P_a$
③ $P_p > P_a > P_o$ ④ $P_o > P_a > P_p$

해설 ⓐ $K_p > K_o > K_a$
ⓑ $P_p > P_o > P_a$

74 지반개량공법 중 주로 모래질 지반을 개량하는 데 사용되는 공법은?

① 프리로딩공법
② 생석회말뚝공법
③ 페이퍼드레인공법
④ 바이브로플로테이션공법

해설 점성토지반개량공법
치환공법, Preloading공법(사전압밀공법), Sand drain공법, Paper drain공법, 전기침투공법, 침투압공법(MAIS공법), 생석회말뚝(Chemico pile)공법

75 포화된 점토에 대하여 비압밀비배수(UU)시험을 하였을 때 결과에 대한 설명으로 옳은 것은? (단, ϕ : 내부마찰각, c : 점착력)

① ϕ와 c가 나타나지 않는다.
② ϕ와 c가 모두 "0"이 아니다.
③ ϕ는 "0"이 아니지만, c는 "0"이다.
④ ϕ는 "0"이고, c는 "0"이 아니다.

해설 UU시험($S_r = 100\%$)의 결과는 $\phi = 0$이고
$c = \dfrac{\sigma_1 - \sigma_3}{2}$ 이다.

76 흙의 다짐시험에서 다짐에너지를 증가시킬 때 일어나는 결과는?

① 최적함수비는 증가하고, 최대 건조단위중량은 감소한다.
② 최적함수비는 감소하고, 최대 건조단위중량은 증가한다.
③ 최적함수비와 최대 건조단위중량이 모두 감소한다.
④ 최적함수비와 최대 건조단위중량이 모두 증가한다.

해설 다짐에너지를 증가시키면 최대 건조단위중량은 증가하고, 최적함수비는 감소한다.

77 점토지반으로부터 불교란시료를 채취하였다. 이 시료의 지름이 50mm, 길이가 100mm, 습윤질량이 350g, 함수비가 40%일 때 이 시료의 건조밀도는?

① 1.78g/cm^3 ② 1.43g/cm^3
③ 1.27g/cm^3 ④ 1.14g/cm^3

해설 ⓐ $\gamma_t = \dfrac{W}{V} = \dfrac{350}{\dfrac{\pi \times 5^2}{4} \times 10} = 1.78\text{g/cm}^3$

ⓑ $\gamma_d = \dfrac{\gamma_t}{1 + \dfrac{w}{100}} = \dfrac{1.78}{1 + \dfrac{40}{100}} = 1.27\text{g/cm}^3$

78 응력경로(stress path)에 대한 설명으로 틀린 것은?

① 응력경로는 특성상 전응력으로만 나타낼 수 있다.
② 응력경로란 시료가 받는 응력의 변화과정을 응력공간에 궤적으로 나타낸 것이다.
③ 응력경로는 Mohr의 응력원에서 전단응력이 최대인 점을 연결하여 구한다.
④ 시료가 받는 응력상태에 대한 응력경로는 직선 또는 곡선으로 나타난다.

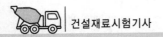
해설 응력경로

㉠ 지반 내 임의의 요소에 작용되어 온 하중의 변화과정을 응력평면 위에 나타낸 것으로 최대 전단응력을 나타내는 Mohr원 정점의 좌표인 (p, q)점의 궤적이 응력경로이다.

㉡ 응력경로는 전응력으로 표시하는 전응력경로와 유효응력으로 표시하는 유효응력경로로 구분된다.

㉢ 응력경로는 직선 또는 곡선으로 나타난다.

79 유선망의 특징에 대한 설명으로 틀린 것은?

① 각 유로의 침투수량은 같다.
② 동수경사는 유선망의 폭에 비례한다.
③ 인접한 두 등수두선 사이의 수두손실은 같다.
④ 유선망을 이루는 사변형은 이론상 정사각형이다.

해설 유선망

㉠ 각 유로의 침투유량은 같다.
㉡ 인접한 등수두선 간의 수두차는 모두 같다.
㉢ 유선과 등수두선은 서로 직교한다.
㉣ 유선망으로 되는 사각형은 정사각형이다.
㉤ 침투속도 및 동수구배는 유선망의 폭에 반비례한다.

80 암반층 위에 5m 두께의 토층이 경사 15°의 자연사면으로 되어 있다. 이 토층의 강도정수 $c=15kN/m^2$, $\phi=30°$이며, 포화단위중량(γ_{sat})은 18kN/m³이다. 지하수면은 토층의 지표면과 일치하고, 침투는 경사면과 대략 평행이다. 이 때 사면의 안전율은? (단, 물의 단위중량은 9.81kN/m³이다.)

① 0.85
② 1.15
③ 1.65
④ 2.05

해설 $$F_s = \frac{c}{\gamma_{sat}\,Z\cos i\sin i} + \gamma$$

$$= \frac{15}{18\times5\times\cos15°\times\sin15°} + \frac{18-9.81}{18} \times \frac{\tan30°}{\tan15°}$$

$$= 1.65$$

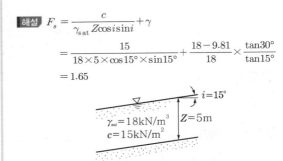

제2회 건설재료시험기사

제1과목 · 콘크리트공학

01 콘크리트의 양생에 대한 설명으로 틀린 것은?

① 거푸집판이 건조될 우려가 있는 경우에는 살수하여 습윤상태로 유지하여야 한다.

② 막양생제는 콘크리트 표면의 물빛(水光)이 없어진 직후에 얼룩이 생기지 않도록 살포하여야 한다.

③ 콘크리트는 양생기간 중에 유해한 작용으로부터 보호하여야 하며, 재령 5일이 될 때까지는 물에 씻기지 않도록 보호한다.

④ 고로슬래그 시멘트 2종을 사용한 경우 습윤양생의 기간은 보통 포틀랜드 시멘트를 사용한 경우보다 짧게 하여야 한다.

해설 습윤양생

㉠ 콘크리트는 타설한 후 경화가 시작될 때까지 직사광선이나 바람에 의해 수분이 증발하지 않도록 보호해야 한다.

㉡ 습윤양생기간의 표준

일평균기온	보통 포틀랜드 시멘트	고로 시멘트, 플라이애시 시멘트
15℃ 이상	5일	7일
10℃ 이상	7일	9일
5℃ 이상	9일	12일

02 프리스트레스트 콘크리트 부재에서 프리스트레스의 손실원인 중 프리스트레스 도입 후에 발생하는 시간적 손실의 원인에 해당하는 것은?

① 정착장치의 활동

② 콘크리트의 탄성수축

③ 긴장재 응력의 릴랙세이션

④ 포스트텐션 긴장재와 덕트 사이의 마찰

해설 PS 콘크리트의 프리스트레스 손실원인

㉠ 도입 시 일어나는 손실원인
- 콘크리트의 탄성변형
- PS강재와 시스 사이의 마찰
- 정착장치의 활동

㉡ 도입 후 손실원인
- 콘크리트 크리프
- 콘크리트 건조수축
- PS강재의 Relaxation

03 일반 콘크리트의 비비기는 미리 정해둔 비비기 시간의 최대 몇 배 이상 계속해서는 안 되는가?

① 2배
② 3배
③ 4배
④ 5배

해설 비비기는 미리 정해둔 비비기 시간의 3배 이상 계속하지 않아야 한다.

04 소요의 품질을 갖는 프리플레이스트 콘크리트를 얻기 위한 주입모르타르의 품질에 대한 설명으로 틀린 것은?

① 굳지 않은 상태에서 압송과 주입이 쉬워야 한다.

② 굵은 골재의 공극을 완벽하게 채울 수 있는 양호한 유동성을 가지며 주입작업이 끝날 때까지 이 특성이 유지되어야 한다.

③ 모르타르가 굵은 골재의 공극에 주입되어 경화되는 사이에 블리딩이 적으며 팽창하지 않아야 한다.

④ 경화 후 충분한 내구성 및 수밀성과 강재를 보호하는 성능을 가져야 한다.

해설 모르타르가 굵은 골재의 공극에 주입될 때 재료분리가 적어야 하고, 주입되어 경화되는 사이에는 블리딩이 적으며 소요의 팽창을 하여야 한다.

05 콘크리트의 시방배합이 다음의 표와 같을 때 공기량은 얼마인가? (단, 시멘트의 밀도는 3.15g/cm^3, 잔골재의 표건밀도는 2.60g/cm^3, 굵은 골재의 표건밀도는 2.65g/cm^3이다.)

【시방배합표(kg/cm³)】

물	시멘트	잔골재	굵은 골재
180	360	745	990

① 2.6% ② 3.6%
③ 4.6% ④ 5.6%

해설 공기량 $= 1 - \left(\dfrac{180}{1,000} + \dfrac{360}{3.15 \times 1,000} + \dfrac{745}{2.6 \times 1,000} \right.$

$\left. + \dfrac{990}{2.65 \times 1,000} \right)$

$= 0.046\text{m}^3 = \dfrac{0.046}{1} \times 100 = 4.6\%$

06 비파괴시험방법 중 콘크리트 내의 철근부식 유무를 평가할 수 있는 방법이 아닌 것은?

① 반발경도법
② 자연전위법
③ 분극저항법
④ 전기저항법

해설 ㉠ 철근부식평가방법 : 자연전위법, 분극저항법, 전기저항법
㉡ 반발경도법 : 콘크리트 강도평가

07 프리스트레스트 콘크리트에 대한 설명으로 틀린 것은?

① 굵은 골재의 최대 치수는 보통의 경우 25mm를 표준으로 한다.
② 프리스트레스트 콘크리트용 그라우트의 물-결합재비는 45% 이하로 하여야 한다.
③ 프리텐션방식으로 프리스트레싱할 때 콘크리트의 압축강도는 30MPa 이상이어야 한다.
④ 프리스트레싱할 때 긴장재에 인장력을 설계값 이상으로 주었다가 다시 설계값으로 낮추는 방법으로 시공하여야 한다.

해설 프리스트레스트 콘크리트

㉠ 굵은 골재 최대 치수는 보통의 경우 25mm를 표준으로 한다. 그러나 부재치수, 철근간격, 펌프압송 등의 사정에 따라 20mm를 사용할 수도 있다.
㉡ 프리스트레싱을 할 때의 콘크리트의 압축강도는 프리스트레스를 준 직후 콘크리트에 일어나는 최대 압축응력의 1.7배 이상이어야 한다. 또한 프리텐션방식에서 콘크리트 압축강도는 30MPa 이상이어야 한다.
㉢ 물-결합재비는 45% 이하로 한다.
㉣ 프리스트레싱할 때 긴장재는 이것을 구성하는 각각의 PS강재에 소정의 인장력이 주어지도록 긴장하여야 한다. 이때 인장력을 설계값 이상으로 주었다가 다시 설계값으로 낮추는 방법으로 시공을 하지 않아야 한다.

08 다음은 고강도 콘크리트의 타설에 대한 내용으로 ( ) 안에 들어갈 알맞은 값은?

수직부재에 타설하는 콘크리트의 강도와 수평부재에 타설하는 콘크리트 강도의 차가 ( )배를 초과하는 경우에는 수직부재에 타설한 고강도 콘크리트는 수직-수평부재의 접합면으로부터 수평부재 쪽으로 안전한 내민길이를 확보하도록 하여야 한다.

① 1.4 ② 1.6
③ 1.8 ④ 2.0

09 콘크리트 압축강도시험에서 공시체에 하중을 가하는 속도는 압축응력도의 증가율이 매초 몇 MPa이 되도록 하여야 하는가?

① $(6.0 \pm 0.4)\text{MPa}$
② $(6.0 \pm 0.04)\text{MPa}$
③ $(0.6 \pm 0.4)\text{MPa}$
④ $(0.06 \pm 0.04)\text{MPa}$

해설 공시체에 하중을 가하는 속도는 압축응력도의 증가율이 매초 $(0.6 \pm 0.4)\text{MPa}$이 되도록 한다.

10 다음은 압축강도에 의한 콘크리트의 품질검사 판정기준으로 (   ) 안에 들어갈 알맞은 값은? (단, 호칭강도(f_{cn})로부터 배합을 정한 경우이며 $f_{cn} > 35MPa$이다.)

- 연속 (㉠)회 시험값의 평균이 호칭강도 이상
- 1회 시험값이 호칭강도의 (㉡)% 이상

① ㉠ : 3, ㉡ : 90 ② ㉠ : 5, ㉡ : 90
③ ㉠ : 3, ㉡ : 80 ④ ㉠ : 5, ㉡ : 80

해설 압축강도에 의한 콘크리트의 품질검사

종류	판정기준	
	$f_{cn} \leq 35MPa$	$f_{cn} > 35MPa$
호칭강도(f_{cn})로부터 배합을 정한 경우	• 연속 3회 시험값의 평균이 호칭강도 이상 • 1회 시험값이 (f_{cn} - 3.5)MPa 이상	• 연속 3회 시험값의 평균이 호칭강도 이상 • 1회 시험값이 호칭강도의 90% 이상

[참고] 호칭강도(f_{cn})
레디믹스트 콘크리트 주문 시 KS F 4009의 규정에 따라 사용되는 콘크리트의 강도로서 설계기준압축강도와 배합강도와는 다르다.

11 콘크리트의 압축강도를 기준으로 거푸집널을 해체하고자 할 때 확대기초, 보, 기둥 등의 측면 거푸집널은 압축강도가 최소 얼마 이상인 경우 해체할 수 있는가?

① 5MPa 이상
② 14MPa 이상
③ 설계기준압축강도의 $\frac{1}{3}$ 이상
④ 설계기준압축강도의 $\frac{2}{3}$ 이상

해설 콘크리트의 압축강도를 시험한 경우 거푸집널의 해체시기

부재	콘크리트 압축강도(f_{cu})
확대기초, 보, 기둥 등의 측벽	5MPa 이상
슬래브 및 보의 밑면, 아치내면 (단층구조인 경우)	설계기준압축강도의 2/3배 이상, 또한 최소 14MPa 이상

12 일반 콘크리트 타설에 대한 설명으로 틀린 것은?

① 타설한 콘크리트를 거푸집 안에서 횡방향으로 이동시켜서는 안 된다.
② 한 구획 내의 콘크리트 타설이 완료될 때까지 연속해서 타설하여야 한다.
③ 콘크리트는 그 표면이 한 구획 내에서는 거의 수평이 되도록 타설하는 것을 원칙으로 한다.
④ 콘크리트 타설 도중 표면에 떠올라 고인 블리딩수가 있을 경우에는 콘크리트 표면에 홈을 만들어 흐르게 하여 제거한다.

해설 콘크리트 치기 도중 표면에 떠올라 고인 블리딩수가 있을 경우에는 적당한 방법으로 이 물을 제거한 후 그 위에 콘크리트를 타설한다. 고인 물을 제거하기 위해 콘크리트 표면에 도랑을 만들어 흐르게 해서는 안 된다.

13 매스 콘크리트의 온도균열 발생에 대한 검토는 온도균열지수에 의해 평가하는 것을 원칙으로 한다. 철근이 배치된 일반적인 구조물의 표준적인 온도균열지수의 값 중 균열 발생을 제한할 경우의 값으로 옳은 것은?

① 1.5 이상 ② 1.2~1.5
③ 0.7~1.2 ④ 0.7 이하

해설 온도균열지수
㉠ 온도균열지수의 값이 클수록 균열이 발생하기 어렵고, 값이 작을수록 균열이 발생하기 쉽다.
㉡ 표준적인 온도균열지수의 값
• 균열 발생을 방지하여야 할 경우 : 1.5 이상
• 균열 발생을 제한할 경우 : 1.2~1.5
• 유해한 균열 발생을 제한할 경우 : 0.7~1.2

14 굳지 않은 콘크리트의 워커빌리티에 대한 설명으로 옳은 것은?

① 시멘트의 비표면적은 워커빌리티에 영향을 주지 않는다.
② 모양이 각진 골재를 사용하면 워커빌리티가 개선된다.
③ AE제, 플라이애시를 사용하면 워커빌리티가 개선된다.
④ 콘크리트의 온도가 높을수록 슬럼프는 증가하며 워커빌리티가 개선된다.

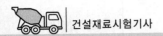

해설 입도가 좋을수록, 입형이 모난 것이나 편평한 것보다 둥글수록 워커빌리티가 커진다.

15 숏크리트의 시공에 대한 일반적인 설명으로 틀린 것은?

① 건식 숏크리트는 배치 후 45분 이내에 뿜어 붙이기를 실시하여야 한다.

② 습식 숏크리트는 배치 후 60분 이내에 뿜어 붙이기를 실시하여야 한다.

③ 숏크리트는 타설되는 장소의 대기온도가 25℃ 이상이 되면 건식 및 습식 숏크리트 모두 뿜어 붙이기를 할 수 없다.

④ 숏크리트는 대기온도가 10℃ 이상일 때 뿜어 붙이기를 실시한다.

해설 숏크리트

㉠ 타설되는 장소의 대기온도가 32℃ 이상이 되면 건식 및 습식 숏크리트 모두 뿜어 붙이기를 할 수 없다.

㉡ 대기온도가 10℃ 이상일 때 뿜어 붙이기를 실시하며, 그 이하의 온도일 때는 적절한 온도대책을 세운 후 실시한다.

16 22회의 압축강도시험결과로부터 구한 압축강도의 표준편차가 5MPa이었고, 콘크리트의 호칭강도(f_{cn})가 40MPa일 때 배합강도는? (단, 표준편차의 보정계수는 시험횟수가 20회인 경우 1.08이고, 25회인 경우 1.03이다.)

① 47.10MPa　　② 47.65MPa

③ 48.35MPa　　④ 48.85MPa

해설 ㉠ 22회일 때 직선보간을 한 표준편차의 보정계수

$$\alpha = 1.03 + \frac{(1.08 - 1.03) \times 3}{5} = 1.06$$

㉡ 직선보간한 표준편차

$$S = 1.06 \times 5 = 5.3\text{MPa}$$

㉢ $f_{cq} > 35\text{MPa}$이므로

- $f_{cr} = f_{cq} + 1.34S = 40 + 1.34 \times 5.3 = 47.1\text{MPa}$
- $f_{cr} = 0.9f_{cq} + 2.33S$
  $$= 0.9 \times 40 + 2.33 \times 5.3 = 48.35\text{MPa}$$

∴ 위 두 값 중 큰 값이 배합강도이므로
$$f_{cr} = 48.35\text{MPa}$$

17 시방배합결과 콘크리트 1m^3에 사용되는 물은 180kg, 시멘트는 390kg, 잔골재는 700kg, 굵은 골재는 1,100kg이었다. 현장 골재의 상태가 다음과 같을 때 현장배합에 필요한 단위 굵은 골재량은?

- 현장의 잔골재는 5mm체에 남는 것을 10% 포함
- 현장의 굵은 골재는 5mm체를 통과하는 것을 5% 포함
- 잔골재의 표면수량은 2%
- 굵은 골재의 표면수량은 1%

① 1,060kg　　② 1,071kg

③ 1,082kg　　④ 1,093kg

해설 ㉠ 골재량의 수정 : 잔골재량을 x, 굵은 골재량을 y라 하면

$$x + y = 700 + 1,100 = 1,800 \quad \cdots\cdots\cdots ⓐ$$
$$0.1x + (1 - 0.05)y = 1,100 \quad \cdots\cdots\cdots ⓑ$$

∴ 식 ⓐ를 식 ⓑ에 대입하여 풀면
$$x = 717.65\text{kg}, \quad y = 1082.35\text{kg}$$

㉡ 표면수량 수정

- 굵은 골재 표면수량 = 1082.35×0.01
  $$= 10.82\text{kg}$$
- 굵은 골재량 = $1082.35 + 10.82$
  $$= 1093.17\text{kg}$$

18 다음은 유동화 콘크리트의 슬럼프에 대한 내용으로 ( ) 안에 들어갈 알맞은 값은?

유동화 콘크리트의 슬럼프는 (㉠)mm 이하를 원칙으로 하며, 슬럼프 증가량은 유동화제의 첨가량에 따라 커지지만 너무 크게 되면 재료분리가 발생할 가능성이 높아지므로 (㉡)mm 이하를 원칙으로 한다.

① ㉠ : 180, ㉡ : 100

② ㉠ : 210, ㉡ : 100

③ ㉠ : 180, ㉡ : 150

④ ㉠ : 210, ㉡ : 150

해설 ㉠ 유동화 콘크리트의 슬럼프는 210mm 이하를 원칙으로 한다.

㉡ 슬럼프 증가량은 100mm 이하를 원칙으로 하며, 50~80mm를 표준으로 한다.

19 급속동결융해에 대한 콘크리트의 저항시험방법에서 동결융해 1사이클의 소요시간으로 옳은 것은?

① 1시간 이상, 2시간 이하로 한다.
② 2시간 이상, 4시간 이하로 한다.
③ 4시간 이상, 5시간 이하로 한다.
④ 5시간 이상, 7시간 이하로 한다.

[해설] 급속동결융해에 대한 콘크리트의 저항시험(KS F 2456)
㉠ 동결융해 1사이클 소요시간은 2시간 이상, 4시간 이하로 한다.
㉡ 동결융해 1사이클은 공시체 중심부의 온도를 원칙으로 하며 4℃에서 −18℃로 떨어뜨리고, 다음에 −18℃에서 4℃로 상승되는 것으로 한다.

20 콘크리트의 크리프에 대한 설명으로 틀린 것은?

① 부재의 치수가 작을수록 크리프는 증가한다.
② 단위시멘트량이 많을수록 크리프는 증가한다.
③ 조강 시멘트는 보통 시멘트보다 크리프가 작다.
④ 상대습도가 높고, 온도가 낮을수록 크리프는 증가한다.

[해설] 크리프(creep)가 큰 경우
㉠ 습도가 작을수록
㉡ 대기온도가 높을수록
㉢ 부재치수가 작을수록
㉣ 단위시멘트량이 많을수록
㉤ 물−시멘트비가 클수록
㉥ 재하응력이 클수록
㉦ 재령이 작을수록

제2과목·건설시공 및 관리

21 45,000m³의 성토공사를 위하여 토량의 변화율이 $L=1.2$, $C=0.9$인 현장 흙을 굴착운반하고자 한다. 이때 운반토량은?

① 60,000m³   ② 55,000m³
③ 50,000m³   ④ 45,000m³

[해설] 운반토량 $= 45,000 \times \dfrac{L}{C} = 45,000 \times \dfrac{1.2}{0.9} = 60,000\text{m}^3$
(흐트러진 토량)

[참고] 굴착토량 $= 45,000 \times \dfrac{1}{C} = 45,000 \times \dfrac{1}{0.9}$
$= 50,000\text{m}^3$ (본바닥토량)

22 현장 타설 콘크리트 말뚝의 장점에 대한 설명으로 틀린 것은?

① 지층의 깊이에 따라 말뚝의 길이를 자유로이 조절할 수 있다.
② 말뚝선단에 구근을 만들어 지지력을 크게 할 수 있다.
③ 현장 지반 중에서 제작·양생되므로 품질관리가 쉽다.
④ 시공 중에 발생하는 소음 및 진동이 적어 도심지공사에도 적합하다.

[해설] 현장 콘크리트 말뚝의 단점
㉠ 말뚝이 지반 속에서 형성되므로 품질관리가 어렵다.
㉡ 시공 시 불순물이 섞이기 쉬워 압축강도가 떨어질 우려가 있다.

23 폭우 시 옹벽 배면에 배수시설이 취약하면 옹벽 저면을 통하여 침투수의 수위가 올라간다. 이 침투수가 옹벽에 미치는 영향으로 틀린 것은?

① 활동면에서의 양압력 발생
② 옹벽 저면에 대한 양압력 발생
③ 수동저항(passive resistance)의 증가
④ 포화 또는 부분포화에 의한 흙의 무게 증가

[해설] 지하수위가 상승하면 수평저항력은 감소한다.

24 도로 파손의 주요 원인인 소성변형의 억제방법 중 하나로 기존의 밀입도 아스팔트 혼합물 대신 상대적으로 큰 입경의 골재를 이용하는 아스팔트 포장방법을 무엇이라 하는가?

① SBR   ② SBA
③ SMR   ④ SMA

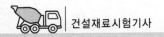

해설 SMA(Stone Mastic Asphalt)

골재 간의 맞물림효과를 증대시켜 일반 아스팔트 혼합물보다 동적안정도가 월등히 커서 소성변형에 강한 개립도 포장의 한 형식이다.

25 공사일수를 3점 시간추정법에 의해 산정할 경우 적절한 공사일수는? (단, 낙관일수는 6일, 정상일수는 8일, 비관일수는 10일이다.)

① 6일   ② 7일
③ 8일   ④ 9일

해설 $t_e = \dfrac{t_o + 4t_m + t_p}{6} = \dfrac{6 + 4 \times 8 + 10}{6} = 8$일

26 말뚝의 부주면마찰력(negative friction)에 대한 설명으로 틀린 것은?

① 말뚝의 주변 지반이 말뚝의 침하량보다 상대적으로 큰 침하를 일으키는 경우 부주면마찰력이 생긴다.
② 지하수위가 상승할 경우 부주면마찰력이 생긴다.
③ 표면적이 작은 말뚝을 사용하여 부주면마찰력을 줄일 수 있다.
④ 말뚝직경보다 약간 큰 케이싱을 박아서 부주면마찰력을 차단할 수 있다.

해설 지하수위가 저하할 경우 부주면마찰력이 발생한다.

27 다음 그림과 같은 지형에서 시공기준면의 표고를 30m로 할 때 총토공량은? (단, 격자점의 숫자는 표고를 나타내며, 단위는 m이다.)

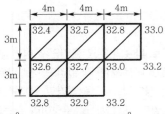

① 142m³   ② 168m³
③ 184m³   ④ 213m³

해설 ㉠ $\sum h_1 = 2.4 + 3.2 + 3.2 = 8.8$m

㉡ $\sum h_2 = 3 + 2.8 = 5.8$m

㉢ $\sum h_3 = 2.5 + 2.8 + 2.6 + 2.9 = 10.8$m

㉣ $\sum h_5 = 3$m

㉤ $\sum h_6 = 2.7$m

∴ $V = \dfrac{ab}{6}(\sum h_1 + 2\sum h_2 + \cdots + 6\sum h_6)$

$= \dfrac{3 \times 4}{6} \times (8.8 + 2 \times 5.8 + 3 \times 10.8$
$\qquad + 5 \times 3 + 6 \times 2.7)$

$= 168$m³

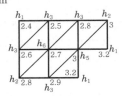

28 줄눈이 벌어지거나 단차가 발생하는 것을 막기 위해 세로줄눈 등을 횡단하여 콘크리트 슬래브의 중앙에 설치하는 이형철근을 무엇이라 하는가?

① 타이바   ② 루팅
③ 슬립바   ④ 컬러코트

해설 ㉠ 다월바(dowel bar) : 가로줄눈에 종방향으로 설치하며 줄눈부에서의 하중전달을 원활히 하여 하중에 의한 슬래브의 휨처짐을 감소시켜 주고 승차감을 좋게 유지시켜 주는 역할을 한다.

㉡ 타이바(tie bar) : 세로줄눈에 가로질러 설치하며 세로줄눈에 발생한 균열이 과도하게 벌어지는 것을 막는 역할을 한다.

29 공기케이슨공법에 대한 설명으로 틀린 것은?

① 장애물의 제거가 용이하고 경사의 교정이 가능하다.
② 토질을 확인할 수 있고 정확한 지지력측정이 가능하다.
③ 소규모 공사 또는 심도가 얕은 곳에는 비경제적이다.
④ 배수를 하면서 시공하므로 지하수위변화를 주어 인접 지반에 침하를 일으킨다.

해설 공기케이슨기초
　ⓐ 장점
　　• 건조상태에서 작업하므로 침하공정이 빠르고 장애물 제거가 쉽다.
　　• 이동경사가 작고 경사수정이 쉽다.
　　• 토층의 확인이 가능하고 지지력시험이 가능하다.
　ⓑ 단점
　　• 소음, 진동이 크다.
　　• 수면하 35~40m 이상의 깊은 공사는 못한다.

30 착암기로 표준암을 천공하여 60cm/min의 천공속도를 얻었다. 천공깊이 3m, 천공수 15공을 한 대의 착암기로 암반을 천공할 경우 소요되는 총소요시간은? (단, 표준암에 대한 천공대상암의 암석저항계수는 1.35, 작업조건계수는 0.6, 전천공시간에 대한 순천공시간의 비율은 0.65이다.)

① 2.0시간　　　　② 2.4시간
③ 3.0시간　　　　④ 3.4시간

해설 ⓐ $V_T = \alpha C_1 C_2 V = 0.65 \times 1.35 \times 0.6 \times 60$
　　　　$= 31.59\text{cm/min}$
　ⓑ 총소요시간 $= \dfrac{L}{V_T} = \dfrac{300 \times 15}{31.59}$
　　　　　　　　$= 142.45\text{분} = 2.37\text{시간}$

31 관의 지름(D)이 20cm, 관의 길이(L)가 300m, 관 내의 평균유속(V)이 0.6m/s일 때 원활한 배수를 위한 관길이에 대한 낙차는? (단, Giesler의 공식에 의한다.)

① 0.86m　　　　② 1.35m
③ 1.84m　　　　④ 2.24m

해설 $V = 20\sqrt{\dfrac{Dh}{L}}$

$0.6 = 20\sqrt{\dfrac{0.2h}{300}}$

$\therefore h = 1.35\text{m}$

여기서, V : 관 내의 평균유속(m/s)
　　　　D : 관의 직경(m), L : 암거길이(m)
　　　　h : 관길이 L에 대한 낙차(m)

32 토공현장에서 흙의 운반거리가 60m, 불도저의 전진속도가 40m/min, 후진속도가 100m/min, 기어변속시간이 0.25분이고, 1회의 압토량이 2.3m³, 작업효율이 0.65일 때 불도저의 시간당 작업량을 본바닥토량으로 구하면? (단, 토량의 변화율 $C = 0.9$, $L = 1.25$이다.)

① 27.4m³/h　　　　② 30.5m³/h
③ 38.6m³/h　　　　④ 42.4m³/h

해설 ⓐ $C_m = \dfrac{l}{V_1} + \dfrac{l}{V_2} + t_g = \dfrac{60}{40} + \dfrac{60}{100} + 0.25$
　　　　$= 2.35\text{분}$

　ⓑ $Q = \dfrac{60qfE}{C_m} = \dfrac{60 \times 2.3 \times \dfrac{1}{1.25} \times 0.65}{2.35}$
　　　　$= 30.54\text{m}^3/\text{h}$

33 교량가설공법 중 동바리를 사용하는 공법에 해당하는 것은?

① 새들식 공법
② 크레인식 공법
③ 이동벤트식 공법
④ 캔틸레버식 공법

해설 강교가설공법
　ⓐ 비계를 사용하는 공법 : 새들(saddle)공법, 벤트(bent)공법, 일렉션트러스(election truss)공법, 스테이징벤트(staging bent)공법
　ⓑ 비계를 사용하지 않는 공법 : ILM공법, 캔틸레버식 공법(FCM공법), 케이블공법

34 암거 둘레의 흙이 포화된 경우 지하수위가 상승할 때 암거가 빈 상태로 되면 양압력 때문에 암거가 뜨는 일이 있다. 이를 방지하기 위한 수단으로 틀린 것은?

① 자중을 증가시킨다.
② 흙쌓기의 양을 증가시킨다.
③ 암거의 토압과 마찰력을 감소시킨다.
④ 배수공법으로 지하수위를 저하시킨다.

해설 암거에 작용하는 연직토압과 마찰력을 증가시킨다.

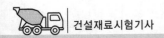

35 역타(Top-down)공법에 대한 설명으로 틀린 것은?

① 작업능률이 높아 시공성이 우수하며 공사 비용이 저렴하다.

② 상부구조물과 지하구조물을 동시에 시공하므로 공기단축이 가능하다.

③ 건물 본체의 바닥 및 보를 구축한 후 이를 지지구조로 사용하여 흙막이의 안정성이 높다.

④ 1층 바닥을 선시공하여 작업장으로 활용하고 악천후에도 하부굴착과 구조물의 시공이 가능하다.

해설 Top-down공법
ㄱ 장점
• 주변 건물과 근접시공이 가능하며 벽체의 깊이에 제한이 없다.
• 굴착 시 주변 지반의 변형이 적다.
• 저소음, 저진동으로 도심지공사에 적합하다.
ㄴ 단점
• 공사비가 비싸다.
• 지하굴착이 어렵다.
• 환기, 조명시설이 필요하다.

36 운반토량 1,200m³을 용적이 8m³인 덤프트럭으로 운반하려고 한다. 트럭의 평균속도는 10km/h이고, 상·하차시간이 각각 4분일 때 하루에 전량을 운반하려면 몇 대의 트럭이 필요한가? (단, 1일 덤프트럭 가동시간은 8시간이며, 토사장까지의 거리는 2km이다.)

① 10대   ② 13대
③ 15대   ④ 18대

해설 ㄱ $C_{mt} = \dfrac{2 \times 2}{10} \times 60 + 4 \times 2 = 32$분

ㄴ $Q = \dfrac{60 q_t f E_t}{C_m} = \dfrac{60 \times 8 \times 1 \times 1}{32} = 15\,\mathrm{m^3/h}$

ㄷ 1일 운반량 $= 15 \times 8 = 120\mathrm{m^3}$

ㄹ 트럭대수 $= \dfrac{1,200}{120} = 10$대

37 다음 그림과 같이 성토높이가 8m인 사면에서 비탈경사가 1:1.3일 때 수평거리 x는?

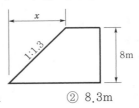

① 6.2m   ② 8.3m
③ 9.4m   ④ 10.4m

해설 $x = 8 \times 1.3 = 10.4\mathrm{m}$

38 CPM기법 중 더미(dummy)에 대한 설명으로 옳은 것은?

① 시간은 필요 없으나, 자원은 필요한 활동이다.

② 자원은 필요 없으나, 시간은 필요한 활동이다.

③ 자원과 시간이 필요 없는 명목상의 활동이다.

④ 자원과 시간이 모두 필요한 활동이다.

해설 더미(dummy)는 시간과 자원(작업자, 장비, 자재 등)이 필요 없는 명목상의 작업으로서 실제 작업은 없으나 선행과 후속의 관계를 표시하기 위해 사용한다.

39 TBM공법에 대한 설명으로 틀린 것은?

① 폭약을 사용하지 않고 원형으로 굴착하므로 역학적으로도 안전하다.

② 기계의 시공충격으로 인하여 발파공법보다 동바리공이 더 많이 필요하다.

③ 기계에 의한 굴착이므로 작업환경이 양호하며 낙반 등의 사고위험이 적다.

④ 발파공법에 비하여 특히 암질에 의한 제약을 많이 받기 때문에 지질조사가 중요하다.

해설 TBM공법
ㄱ 발파작업이 없으므로 낙반이 적고 공사의 안전성이 높다.
ㄴ 정확한 원형 단면 절취가 가능하고 여굴이 적다.
ㄷ 복공이 적고 지보공이 절약된다(약 20%).

정답 35. ① 36. ① 37. ④ 38. ③ 39. ②

40 록볼트의 정착형식은 선단정착형, 전면접착형, 혼합형으로 구분할 수 있다. 이에 대한 설명으로 틀린 것은?

① 록볼트 전장에서 원지반을 구속하는 경우에는 전면접착형이다.

② 선단을 기계적으로 정착한 후 시멘트 밀크를 주입하는 것은 혼합형이다.

③ 경암, 보통암, 토사 원지반에서 팽창성 원지반까지 적용범위가 넓은 것은 전면접착형이다.

④ 암괴의 봉합효과를 목적으로 하는 것은 선단정착형이며, 그 중 쐐기형이 많이 사용된다.

해설 ㉠ 봉합효과를 목적으로 하는 것은 선단정착형이다.
㉡ 선단정착형 중에서 쐐기형은 자주 사용하지 않고, 확장형 및 선단접착형은 봉합효과를 목적으로 하는 경우에 사용한다.

[참고] 록볼트의 정착형식
• 선단정착형 : 쐐기형, 확장형, 선단접착형(캡슐정착형)
• 전면접착형
• 혼합형 : 선단정착형+전면접착형

제3과목 · 건설재료 및 시험

41 콘크리트용 인공경량골재에 대한 설명으로 틀린 것은?

① 인공경량골재의 부립률이 클수록 콘크리트의 압축강도는 저하된다.

② 흡수율이 큰 인공경량골재를 사용할 경우 프리웨팅(pre-wetting)하여 사용하는 것이 좋다.

③ 인공경량골재를 사용하는 콘크리트는 공기연행 콘크리트로 하는 것을 원칙으로 한다.

④ 인공경량골재를 사용한 콘크리트의 탄성계수는 보통골재를 사용한 콘크리트 탄성계수보다 크다.

해설 인공경량골재 콘크리트의 탄성계수는 보통골재 콘크리트의 약 70% 정도이다.

42 터널굴착을 위하여 장약량 4kg으로 시험발파한 결과 누두지수(n)가 1.5, 폭파반경(R)이 3m이었다면 최소 저항선길이를 5m로 할 때 필요한 장약량은?

① 6.67kg ② 11.1kg
③ 18.5kg ④ 62.5kg

해설 ㉠ $n = \dfrac{R}{W}$

$1.5 = \dfrac{3}{W}$

$\therefore\ W = 2m$

㉡ $L = CW^3$

$4 = C \times 2^3$

$\therefore\ C = 0.5$

㉢ $L = CW^3 = 0.5 \times 5^3 = 62.5kg$

43 다음 설명에 해당하는 재료의 일반적 성질은?

> 외력에 의해서 변형된 재료가 외력을 제거했을 때 원형으로 되돌아가지 않고 변형된 그대로 있는 성질

① 탄성 ② 소성
③ 취성 ④ 인성

해설 ① 탄성 : 외력을 받아 변형한 재료에 외력을 제거하면 원상태로 돌아가는 성질
② 소성 : 외력을 제거해도 그 변형은 그대로 남아 있고 원형으로 되돌아가지 못하는 성질
③ 취성 : 작은 변형에도 파괴되는 성질
④ 인성 : 하중을 받아 파괴될 때까지의 에너지흡수능력

44 혼화재료 중 감수제에 대한 설명으로 틀린 것은?

① 시멘트 입자를 분산시킴으로서 단위수량을 줄인다.

② 공기연행작용이 없는 감수제와 공기연행작용을 함께 하는 AE감수제 등으로 나누어진다.

③ 감수제를 사용하면 동결융해에 대한 저항성이 증대된다.

④ 감수제를 사용하면 동일한 워커빌리티 및 강도의 콘크리트를 얻기 위해 시멘트가 더 많이 들어가야 한다.

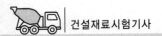
해설 감수제의 효과

　㉠ 콘크리트의 워커빌리티를 개선한다.

　㉡ 단위수량을 15~30% 정도 줄일 수 있다.

　㉢ 단위시멘트양을 약 10% 줄인다.

　㉣ 내구성, 수밀성을 향상시킨다.

45 콘크리트용 혼화재료의 일반적인 성질에 대한 설명으로 틀린 것은?

① 방청제는 철근이나 PC강선이 부식하는 것을 방지하기 위해 사용한다.

② 지연제는 시멘트의 수화반응을 늦춰 응결시간을 길게 할 목적으로 사용되는 혼화제이다.

③ 촉진제는 보통 염화칼슘을 사용하며, 일반적인 사용량은 시멘트 질량에 대하여 2% 이하를 사용한다.

④ 급결제를 사용한 콘크리트는 초기 28일의 강도 증진은 매우 크고, 장기강도의 증진 또한 큰 경우가 많다.

해설 급결제의 영향

　㉠ 1~2일까지의 강도는 커지나, 장기강도는 작아진다.

　㉡ 건조수축은 약간 작다.

46 시멘트의 응결시험방법으로 옳은 것은?

① 비비시험

② 오토클레이브방법

③ 길모어침에 의한 방법

④ 공기투과장치에 의한 방법

해설 시멘트 응결시험 : 길모어침에 의한 시험, 비카트침에 의한 시험

[참고] • 분말도 : 브레인 공기투과장치에 의한 시험

　　　 • 팽창도 : 오토클레이브시험

47 암석의 구조에 대한 설명으로 옳은 것은?

① 암석 특유의 천연적으로 갈라진 금을 절리라 한다.

② 퇴적암이나 변성암의 일부에서 생기는 평행상의 절리를 벽개라 한다.

③ 암석의 가공이나 채석에 이용되는 것으로 갈라지기 쉬운 면을 석리라 한다.

④ 암석을 구성하고 있는 조암광물의 집합상태에 따라 생기는 눈모양을 층리라 한다.

해설 암석의 구조

　㉠ 절리 : 암석 특유의 천연적인 균열

　㉡ 층리 : 퇴적암이나 변성암의 일부에서 생기는 평행상의 절리

　㉢ 편리 : 불규칙한 절리로서 박편모양으로 작게 갈라지는 것

　㉣ 석리 : 암석조직상의 갈라진 눈

　㉤ 석목(돌눈) : 암석의 갈라지기 쉬운 면을 말하며 가공이나 채석에 이용됨

　㉥ 벽개 : 석재가 일정하게 잘 갈라지는 면

48 스트레이트 아스팔트에 대한 설명으로 틀린 것은?

① 블론 아스팔트에 비해 투수계수가 크다.

② 블론 아스팔트에 비해 신장성이 크다.

③ 블론 아스팔트에 비해 점착성이 크다.

④ 블론 아스팔트에 비해 감온성이 크다.

해설 아스팔트의 성질 비교

종류	스트레이트 아스팔트	블론 아스팔트
신도, 감온성, 방수성	크다	작다
점착성	매우 크다	작다
탄력성	작다	크다

49 다음은 비철금속재료 중 어떤 것에 대한 설명인가?

• 비중은 약 8.93 정도이다.

• 전기 및 열전도율이 높다.

• 전성과 연성이 크다.

• 부식하면 청록색이 된다.

① 니켈　　　　　② 구리

③ 주석　　　　　④ 알루미늄

정답 45. ④ 46. ③ 47. ① 48. ① 49. ②

50 다음과 같은 경량 굵은 골재에 대한 밀도 및 흡수율시험을 하고자 할 때 1회 시험에 사용되는 시료의 최소 질량은?

- 경량 굵은 골재의 최대 치수 : 50mm
- 경량 굵은 골재의 추정밀도 : 1.4g/cm³

① 2.0kg
② 2.5kg
③ 2.8kg
④ 5.0kg

해설 경량 굵은 골재시료의 최소 질량(KS F 2503)

$$m_{min} = \frac{d_{max} D_e}{25} = \frac{50 \times 1.4}{25} = 2.8kg$$

여기서, m_{min} : 시료의 최소 질량(kg)
　　　　d_{max} : 굵은 골재의 최대 치수(mm)
　　　　D_e : 굵은 골재의 추정밀도(g/cm³)

51 시멘트의 저장 및 사용에 대한 설명으로 틀린 것은?

① 시멘트는 방습적인 구조물에 저장한다.
② 시멘트를 쌓아올리는 높이는 13포대 이하로 하는 것이 바람직하다.
③ 저장 중에 약간 굳은 시멘트는 품질검사 후 사용한다.
④ 시멘트의 온도는 일반적으로 50℃ 이하에서 사용한다.

해설 시멘트의 저장
㉠ 시멘트는 방습적인 구조로 된 사일로 또는 창고에 품종별로 구분하여 저장하여야 한다.
㉡ 지상 30cm 이상 되는 마루에 적재한다.
㉢ 13포 이상 쌓아서는 안 되고 장기간 저장 시에는 7포대 이하로 쌓아야 한다.
㉣ 저장 중에 약간이라도 굳은 시멘트는 사용하지 않아야 한다. 3개월 이상 장기간 저장한 시멘트는 사용하기에 앞서 재시험을 실시하여 그 품질을 확인한다.
㉤ 시멘트의 온도는 일반적으로 50℃ 정도 이하를 사용하는 것이 좋다.

52 콘크리트용으로 사용하는 굵은 골재의 안정성은 황산나트륨으로 5회 시험을 하여 평가한다. 이 때 손실질량은 몇 % 이하를 표준으로 하는가?

① 15%
② 12%
③ 10%
④ 7%

해설 골재의 안정성시험(KS F 2507)
동결융해저항성은 골재의 안정성시험을 하여 그 결과로부터 판단한다.
㉠ 안정성시험 : 황산나트륨(Na_2SO_4) 포화용액으로 인한 부서짐작용에 대한 저항성을 시험한다.
㉡ 5회 시험했을 때 손실질량비의 한도(안정성의 규격)

시험용액	손실질량비(%)	
	잔골재	굵은 골재
황산나트륨	10 이하	12 이하

53 제철소에서 발생하는 산업부산물로서 냉수나 차가운 공기 등으로 급냉한 후 미분쇄하여 사용하는 혼화재료는?

① 고로슬래그미분말
② 플라이애시
③ 실리카퓸
④ 화산회

54 시멘트의 일반적인 성질에 대한 설명으로 틀린 것은?

① 시멘트가 불안정하면 이상팽창 등을 일으켜 콘크리트에 균열을 발생시킨다.
② 시멘트의 입자가 작고 온도가 높을수록 수화속도가 빠르게 되어 초기강도가 증가된다.
③ 시멘트의 분말도가 높으면 수축이 크고 균열 발생의 가능성이 크며 시멘트 자체가 풍화되기 쉽다.
④ 시멘트의 응결시간은 수량이 많고 온도가 낮으면 빨라지고, 분말도가 높거나 C_3A의 양이 많으면 느리게 된다.

2022년

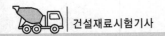

해설 ㉠ 분말도가 크면 응결은 빨라진다.
㉡ C₃A가 많을수록 응결은 빨라진다.
㉢ 석고의 첨가량이 많을수록 응결은 지연된다.
㉣ 풍화된 시멘트는 응결이 지연된다.
㉤ 수량이 적고 온도가 높으면 응결은 빨라진다.

55 목재의 건조에 대한 설명으로 틀린 것은?

① 건조 시 목재의 강도 및 내구성이 증가한다.
② 목재 건조 시 방부제 등의 약제주입을 용이하게 할 수 있다.
③ 목재 건조 시 균류에 의한 부식과 벌레에 의한 피해를 예방할 수 있다.
④ 목재의 자연건조법 중 수침법을 사용하면 공기건조의 시간이 길어진다.

해설 침수법(수침법)
공기건조시일을 단축할 수 있으나 수액의 용출로 인하여 가볍고 취약해지기 쉬우며 강도나 탄성이 감소할 우려가 있다.

56 석재를 사용할 경우 고려해야 할 사항으로 틀린 것은?

① 내화구조물에는 석재를 사용할 수 없다.
② 석재를 다량으로 사용 시 안정적으로 공급할 수 있는지 여부를 조사한다.
③ 휨응력과 인장응력을 받는 곳은 가급적이면 사용하지 않는 것이 좋다.
④ 외벽이나 콘크리트 포장용 석재에는 가급적이면 연석은 피하는 것이 좋다.

해설 석재
㉠ 내화성, 내구성, 내마모성이 우수하고 압축강도가 크며 외관이 좋아 옛부터 구조용 재료 또는 장식용 재료 등으로 많이 사용하고 있다.
㉡ 휨응력과 인장응력을 받는 부재에는 가급적 피하는 것이 좋다.
㉢ 압축응력을 받는 부재에 사용할 경우에도 석재의 자연층에 직각으로 위치하여 사용하는 것이 좋다.

57 지오신세틱스-제2부(KS K ISO 10318-2)에서 다음 그림이 나타내는 토목섬유의 주요 기능은?

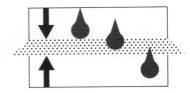

① 배수　　② 여과
③ 보호　　④ 분리

58 역청재료의 침입도지수(PI)를 구하는 식으로 옳은 것은? (단, $A = \dfrac{\log 800 - \log P_{25}}{\text{연화점} - 25}$ 이고, P_{25}는 25℃에서의 침입도이다.)

① $\dfrac{30}{1+50A} - 10$

② $\dfrac{25}{1+50A} - 10$

③ $\dfrac{30}{1+40A} - 10$

④ $\dfrac{25}{1+40A} - 10$

해설 침입도지수(KS M 2252)

$$PI = \frac{30}{1+50A} - 10$$

여기서, $A = \dfrac{\log 800 - \log P_{25}}{\text{연화점} - 25}$

P_{25} : 25℃일 때 침입도

59 마샬시험방법에 따라 아스팔트 콘크리트 배합설계를 진행 중이다. 재료 및 공시체에 대한 측정결과가 다음과 같을 때 포화도는?

- 아스팔트의 밀도(G) : 1,030g/cm³
- 아스팔트의 혼합률(A) : 6.3%
- 공시체의 설측밀도(d) : 2.435g/cm³
- 공시체의 공극률(V_o) : 4.8%

① 58%　　② 66%
③ 71%　　④ 76%

해설 ㉠ 역청재료의 체적비

$$V_a = \frac{w_a d}{G_a} = \frac{6.3 \times 2.435}{1.03} = 14.89\%$$

㉡ 포화도

$$S = \frac{V_a}{V_a + V} \times 100$$

$$= \frac{14.89}{14.89 + 4.8} \times 100 = 75.62\%$$

60 다음 중 골재의 조립률을 구하는데 사용되는 표준체의 크기가 아닌 것은?

① 40mm   ② 10mm

③ 1.5mm   ④ 0.3mm

해설 조립률(FM)

골재의 입도를 수량적으로 나타낸 것으로서 80mm, 40mm, 20mm, 10mm, 5mm, 2.5mm, 1.2mm, 0.6mm, 0.3mm, 0.15mm의 10개체를 1조로 하는 체가름시험을 하였을 때 각 체에 남아 있는 전체량의 전시료에 대한 중량백분율의 합계를 100으로 나눈 값이다.

제4과목·토질 및 기초

61 다음 그림과 같은 지반에서 하중으로 인하여 수직응력($\Delta\sigma_1$)이 100kN/m² 증가되고 수평응력($\Delta\sigma_3$)이 50kN/m² 증가되었다면 간극수압은 얼마나 증가되었는가? (단, 간극수압계수 A = 0.50이고 B = 1이다.)

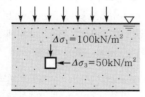

① 50kN/m²   ② 75kN/m²

③ 100kN/m²   ④ 125kN/m²

해설 $\Delta U = B[\Delta\sigma_3 + A(\Delta\sigma_1 - \Delta\sigma_3)]$

$= 1 \times [50 + 0.5 \times (100 - 50)]$

$= 75\text{kN/m}^2$

62 접지압(또는 지반반력)이 다음 그림과 같이 되는 경우는?

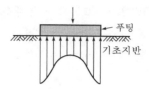

① 푸팅 : 강성, 기초지반 : 점토

② 푸팅 : 강성, 기초지반 : 모래

③ 푸팅 : 연성, 기초지반 : 점토

④ 푸팅 : 연성, 기초지반 : 모래

해설 ㉠ 강성기초

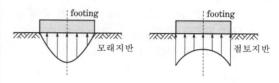

㉡ 휨성기초

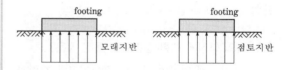

63 Terzaghi의 1차 압밀에 대한 설명으로 틀린 것은?

① 압밀방정식은 점토 내에 발생하는 과잉간극수압의 변화를 시간과 배수거리에 따라 나타낸 것이다.

② 압밀방정식을 풀면 압밀도를 시간계수의 함수로 나타낼 수 있다.

③ 평균압밀도는 시간에 따른 압밀침하량을 최종 압밀침하량으로 나누면 구할 수 있다.

④ 압밀도는 배수거리에 비례하고, 압밀계수에 반비례한다.

해설 $\bar{u} = f(T_v) \propto \dfrac{t C_v}{H^2}$

64 간극비 $e_1 = 0.80$인 어떤 모래의 투수계수가 $K_1 = 8.5 \times 10^{-2}$cm/s일 때 이 모래를 다져서 간극비를 $e_2 = 0.57$로 하면 투수계수 K_2는?

① 4.1×10^{-1}cm/s   ② 8.1×10^{-2}cm/s

③ 3.5×10^{-2}cm/s   ④ 8.5×10^{-3}cm/s

해설 $K_1 : K_2 = \dfrac{e_1^{\,3}}{1+e_1} : \dfrac{e_2^{\,3}}{1+e_2}$

$8.5 \times 10^{-2} : K_2 = \dfrac{0.8^3}{1+0.8} : \dfrac{0.57^3}{1+0.57}$

$\therefore K_2 = 3.52 \times 10^{-2}$cm/s

65 표준관입시험(SPT)결과 N값이 25이었고, 이 때 채취한 교란시료로 입도시험을 한 결과 입자가 둥글고, 입도분포가 불량할 때 Dunham의 공식으로 구한 내부마찰각(ϕ)은?

① $32.3°$ ② $37.3°$

③ $42.3°$ ④ $48.3°$

해설 $\phi = \sqrt{12N} + 15 = \sqrt{12 \times 25} + 15 = 32.32°$

66 흙의 다짐에 대한 설명으로 틀린 것은?

① 다짐에 의하여 간극이 작아지고 부착력이 커져서 역학적 강도 및 지지력은 증대하고, 압축성, 흡수성 및 투수성은 감소한다.

② 점토를 최적함수비보다 약간 건조측의 함수비로 다지면 면모구조를 가지게 된다.

③ 점토를 최적함수비보다 약간 습윤측에서 다지면 투수계수가 감소하게 된다.

④ 면모구조를 파괴시키지 못할 정도의 작은 압력으로 점토시료를 압밀할 경우 건조측 다짐을 한 시료가 습윤측 다짐을 한 시료보다 압축성이 크게 된다.

해설 낮은 압력에서는 건조측에서 다진 흙이 습윤측에서 다진 흙보다 압축성이 작고, 높은 압력에서는 입자가 재배열되므로 오히려 건조측에서 다진 흙이 습윤측에서 다진 흙보다 압축성이 크다.

67 현장에서 완전히 포화되었던 시료라 할지라도 시료 채취 시 기포가 형성되어 포화도가 저하될 수 있다. 이 경우 생성된 기포를 원상태로 용해시키기 위해 작용시키는 압력을 무엇이라고 하는가?

① 배압(back pressure)

② 축차응력(deviator stress)

③ 구속압력(confined pressure)

④ 선행압밀압력(preconsolidation pressure)

68 지표에 설치된 3m×3m의 정사각형 기초에 80kN//m^{2}의 등분포하중이 작용할 때 지표면 아래 5m 깊이에서의 연직응력의 증가량은? (단, 2:1분포법을 사용한다.)

① 7.15kN/m^2 ② 9.20kN/m^2

③ 11.25kN/m^2 ④ 13.10kN/m^2

해설 $\Delta\sigma_v = \dfrac{BLq_s}{(B+Z)(L+Z)}$

$= \dfrac{3 \times 3 \times 80}{(3+5)(3+5)} = 11.25$kN/m^2

69 지표면이 수평이고 옹벽의 뒷면과 흙과의 마찰각이 0°인 연직옹벽에서 Coulomb토압과 Rankine토압은 어떤 관계가 있는가? (단, 점착력은 무시한다.)

① Coulomb토압은 항상 Rankine토압보다 크다.

② Coulomb토압과 Rankine토압은 같다.

③ Coulomb토압이 Rankine토압보다 작다.

④ 옹벽의 형상과 흙의 상태에 따라 클 때도 있고 작을 때도 있다.

해설 Rankine토압에서는 옹벽의 벽면과 흙의 마찰을 무시하였고, Coulomb토압에서는 고려하였다. 문제에서 옹벽의 벽면과 흙의 마찰각을 0°라 하였으므로 Rankine토압과 Coulomb토압은 같다.

70 다음 그림과 같이 지표면에 집중하중이 작용할 때 A점에서 발생하는 연직응력의 증가량은?

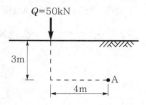

$Q=50kN$

3m

4m ━ A

① $0.21kN/m^2$ ② $0.24kN/m^2$

③ $0.27kN/m^2$ ④ $0.30kN/m^2$

해설 ㉠ $R = \sqrt{4^2 + 3^2} = 5$

㉡ $I = \dfrac{3Z^5}{2\pi R^5} = \dfrac{3 \times 3^5}{2\pi \times 5^5} = 0.037$

㉢ $\Delta\sigma_z = \dfrac{P}{Z^2} I = \dfrac{50}{3^2} \times 0.037 = 0.21 kN/m^2$

71 다음 지반개량공법 중 연약한 점토지반에 적합하지 않은 것은?

① 프리로딩공법
② 샌드드레인공법
③ 페이퍼드레인공법
④ 바이브로플로테이션공법

해설 점성토지반개량공법

치환공법, Preloading공법(사전압밀공법), Sand drain공법, Paper drain공법, 전기침투공법, 침투압공법(MAIS공법), 생석회말뚝(Chemico pile)공법

72 3층 구조로 구조결합 사이에 치환성 양이온이 있어서 활성이 크고, 시트(sheet) 사이에 물이 들어가 팽창·수축이 크고, 공학적 안정성이 약한 점토광물은?

① sand   ② illite

③ kaolinite   ④ montmorillonite

해설 몬모릴로나이트

㉠ 2개의 실리카판과 1개의 알루미나판으로 이루어진 3층 구조로 이루어진 층들이 결합한 것이다.
㉡ 결합력이 매우 약해 물이 침투하면 쉽게 팽창한다.
㉢ 공학적 안정성이 제일 작다.

73 연약지반에 구조물을 축조할 때 피에조미터를 설치하여 과잉간극수압의 변화를 측정한 결과 어떤 점에서 구조물 축조 직후 과잉간극수압이 $100kN/m^2$이었고, 4년 후에 $20kN/m^2$이었다. 이때의 압밀도는?

① 20%   ② 40%

③ 60%   ④ 80%

해설 $U_z = \dfrac{u_i - u}{u_i} \times 100 = \dfrac{100 - 20}{100} \times 100 = 80\%$

74 다음 연약지반개량공법 중 일시적인 개량공법은?

① 치환공법   ② 동결공법

③ 약액주입공법   ④ 모래다짐말뚝공법

해설 일시적 지반개량공법 : Well point공법, Deep well공법, 대기압공법, 동결공법

75 사면안정 해석방법에 대한 설명으로 틀린 것은?

① 일체법은 활동면 위에 있는 흙덩어리를 하나의 물체로 보고 해석하는 방법이다.
② 마찰원법은 점착력과 마찰각을 동시에 갖고 있는 균질한 지반에 적용된다.
③ 절편법은 활동면 위에 있는 흙을 여러 개의 절편으로 분할하여 해석하는 방법이다.
④ 절편법은 흙이 균질하지 않아도 적용이 가능하지만 흙 속에 간극수압이 있을 경우 적용이 불가능하다.

해설 절편법(분할법)

파괴면 위의 흙을 여러 개의 절편으로 나눈 후 각각의 절편에 대해 안정성을 계산하는 방법으로 이질토층, 지하수위가 있을 때 적용한다.

76 도로의 평판재하시험에서 1.25mm 침하량에 해당하는 하중강도가 $250kN/m^2$일 때 지반반력계수는?

① $100MN/m^3$ ② $200MN/m^3$

③ $1,000MN/m^3$ ④ $2,000MN/m^3$

해설 $K = \dfrac{q}{y} = \dfrac{250}{1.25 \times 10^{-3}}$

$= 200,000kN/m^2 = 200MN/m^2$

77 4.75mm체(4번체) 통과율이 90%, 0.075mm체 (200번체) 통과율이 4%이고 $D_{10}=0.25$mm, $D_{30}=0.6$mm, $D_{60}=2$mm인 흙을 통일분류법으로 분류하면?

① GP ② GW
③ SP ④ SW

해설 ㉠ $P_{No.200}=4\%<50\%$이고, $P_{No.4}=90\%>50\%$이므로 모래(S)이다.

㉡ $C_u=\dfrac{D_{60}}{D_{10}}=\dfrac{2}{0.25}=8>6$

$C_g=\dfrac{D_{30}^{~2}}{D_{10}D_{60}}=\dfrac{0.6^2}{0.25\times2}=0.72\ne1\sim3$이므로 빈립도(P)이다.

∴ SP

78 다음 그림과 같이 동일한 두께의 3층으로 된 수평모래층이 있을 때 토층에 수직한 방향의 평균투수계수(K_v)는?

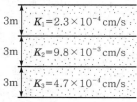

① 2.38×10^{-3}cm/s
② 3.01×10^{-4}cm/s
③ 4.56×10^{-4}cm/s
④ 5.60×10^{-4}cm/s

해설 $K_v=\dfrac{H}{\dfrac{h_1}{K_1}+\dfrac{h_2}{K_2}+\dfrac{h_3}{K_3}}$

$=\dfrac{900(=300+300+300)}{\dfrac{300}{2.3\times10^{-4}}+\dfrac{300}{9.8\times10^{-3}}+\dfrac{300}{4.7\times10^{-4}}}$

$=4.56\times10^{-4}$cm/s

79 어떤 점토지반에서 베인시험을 실시하였다. 베인의 지름이 50mm, 높이가 100mm, 파괴 시 토크가 59N·m일 때 이 점토의 점착력은?

① 129kN/m^2 ② 157kN/m^2
③ 213kN/m^2 ④ 276kN/m^2

해설 $C_u=\dfrac{M_{max}}{\pi D^2\left(\dfrac{H}{2}+\dfrac{D}{6}\right)}$

$=\dfrac{5,900}{\pi\times5^2\times\left(\dfrac{10}{2}+\dfrac{5}{6}\right)}$

$=12.9$N/cm$^2=129$kN/m^2

80 다음 그림과 같은 정사각형 기초에서 안전율을 3으로 할 때 Terzaghi의 공식을 사용하여 지지력을 구하고자 한다. 이때 한 변의 최소 길이 (B)는? (단, 물의 단위중량은 9.81kN/m^3, 점착력(c)은 60kN/m^2, 내부마찰각(ϕ)은 0°이고, 지지력계수 $N_c=5.7$, $N_q=1.0$, $N_\gamma=0$이다.)

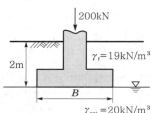

① 1.12m ② 1.43m
③ 1.51m ④ 1.62m

해설 ㉠ $q_u=\alpha cN_c+\beta B\gamma_1 N_r+D_f\gamma_2 N_q$

$=1.3\times60\times5.7+0+2\times19\times1$

$=482.6$kN/m^2

㉡ $q_a=\dfrac{q_u}{F_s}=\dfrac{482.6}{3}=160.87$kN/m^2

㉢ $q_a=\dfrac{P}{A}$

$160.87=\dfrac{200}{B^2}$

∴ $B=1.12$m

부록

CBT 대비 실전 모의고사

ENGINEER CONSTRUCTION MATERIAL TESTING

제1회 실전 모의고사

∥정답 및 해설 : 부-60쪽∥

제1과목 · 콘크리트공학

01 지름이 150mm이고 길이가 300mm인 원주형 공시체에 대한 쪼갬인장시험결과 최대 하중이 160kN이라고 할 경우 이 공시체의 인장강도는?

① 1.78MPa ② 2.26MPa
③ 3.54MPa ④ 4.12MPa

02 시방배합결과 단위잔골재량 700kg/m³, 단위 굵은 골재량 1,300kg/m³을 얻었다. 현장 골재의 입도만을 고려하여 현장 배합으로 수정하면 굵은 골재의 양은? (단, 현장 잔골재 : 야적상태에서 포함된 굵은 골재=2%, 현장 굵은 골재 : 야적상태에서 포함된 잔골재=4%)

① 1,284kg/m³ ② 1,316kg/m³
③ 1,340kg/m³ ④ 1,400kg/m³

03 콘크리트의 압축강도시험값을 기준으로 거푸집널을 해체하고자 할 때 확대기초, 보, 기둥 등의 측면거푸집널은 압축강도가 얼마 이상인 경우 해체할 수 있는가? (단, 콘크리트 표준시방서의 기준값)

① 설계기준압축강도의 1/3배 이상
② 설계기준압축강도의 2/3배 이상
③ 5MPa 이상
④ 14MPa 이상

04 콘크리트의 알칼리골재반응을 일으키는 광물이 아닌 것은?

① 석회암
② 오팔
③ 은미정질의 석영
④ 화산성 유리

05 알칼리골재반응(alkali-aggregate reaction)에 대한 설명 중 틀린 것은?

① 콘크리트 중의 알칼리이온이 골재 중의 실리카성분과 결합하여 구조물에 균열을 발생시키는 것을 말한다.
② 알칼리골재반응의 진행에 필수적인 3요소는 반응성 골재의 존재와 알칼리량 및 반응을 촉진하는 수분의 공급이다.
③ 알칼리골재반응이 진행되면 구조물의 표면에 불규칙한(거북이등모양 등) 균열이 생기는 등의 손상이 발생한다.
④ 알칼리골재반응을 억제하기 위하여 포틀랜드 시멘트의 등가알칼리량이 6% 이하의 시멘트를 사용하는 것이 좋다.

06 콘크리트 배합설계에서 잔골재율(S/a)을 작게 하였을 때 나타나는 현상 중 옳지 않은 것은?

① 소요의 워커빌리티를 얻기 위하여 필요한 단위시멘트양이 증가한다.
② 소요의 워커빌리티를 얻기 위하여 필요한 단위수량이 감소한다.
③ 재료분리가 발생되기 쉽다.
④ 워커빌리티가 나빠진다.

07 설계기준강도가 21MPa인 콘크리트로부터 5개의 공시체를 만들어 압축강도시험을 한 결과 압축강도가 다음과 같았다. 품질관리를 위한 압축강도의 변동계수값은 약 얼마인가? (단, 표준편차는 불편분산의 개념으로 구할 것)

22, 23, 24, 27, 29(MPa)

① 11.7% ② 13.6%
③ 15.2% ④ 17.4%

08 콘크리트 시방배합설계에서 단위수량 166kg/m³, 물-시멘트비가 39.4%이고 시멘트 비중 3.15, 공기량 1.0%로 하는 경우 골재의 절대용적은?

① 0.690m³ ② 0.620m³
③ 0.580m³ ④ 0.310m³

09 콘크리트 비비기에 대한 설명으로 틀린 것은?

① 강제식 믹서를 사용하여 비비기를 할 경우 비비기 시간은 최소 1분 이상을 표준으로 한다.
② 비비기는 미리 정해둔 비비기 시간의 5배 이상 계속하지 않아야 한다.
③ 비비기를 시작하기 전에 미리 믹서 내부를 모르타르로 부착시켜야 한다.
④ 연속믹서를 사용할 경우 비비기 시작 후 최초에 배출되는 콘크리트는 사용하지 않아야 한다.

10 경량골재 콘크리트의 배합에 대한 설명으로 틀린 것은?

① 경량골재 콘크리트는 공기연행 콘크리트로 하는 것을 원칙으로 한다.
② 슬럼프는 일반적인 경우 대체로 50~180mm를 표준으로 한다.
③ 경량골재 콘크리트의 공기량은 일반 골재를 사용한 콘크리트보다 1% 정도 작게 하여야 한다.
④ 경량골재 콘크리트의 시방배합의 표시는 골재의 질량으로 표시하지 않고 함수상태에 따라 변화가 없는 절대용적으로 표시하여야 한다.

11 외기온도가 25℃를 넘을 때 콘크리트의 비비기로부터 치기가 끝날 때까지 얼마의 시간을 넘어서는 안 되는가?

① 0.5시간 ② 1시간
③ 1.5시간 ④ 2시간

12 블리딩에 관한 사항 중 잘못된 것은?

① 블리딩이 많으면 레이턴스도 많아지므로 콘크리트의 이음부에서는 블리딩이 큰 콘크리트는 불리하다.
② 시멘트의 분말도가 높고 단위수량이 적은 콘크리트는 블리딩이 작아진다.
③ 블리딩이 큰 콘크리트는 강도와 수밀성이 작아지나 철근콘크리트에서는 철근과의 부착을 증가시킨다.
④ 콘크리트 치기가 끝나면 블리딩이 발생하며 대략 2~4시간에 끝난다.

13 일반 콘크리트의 배합설계에 대한 설명으로 틀린 것은?

① 구조물에 사용된 콘크리트의 압축강도가 설계기준압축강도보다 작아지지 않도록 현장 콘크리트의 품질변동을 고려하여 콘크리트의 배합강도를 설계기준압축강도보다 충분히 크게 정하여야 한다.
② 제빙화학제가 사용되는 콘크리트의 물-결합재비는 45% 이하로 한다.
③ 콘크리트의 수밀성을 기준으로 물-결합재비를 정할 경우 그 값은 50% 이하로 한다.
④ 콘크리트의 탄산화저항성을 고려하여 물-결합재비를 정할 경우 60% 이하로 한다.

14 시방배합을 통해 단위수량 170kg/m³, 시멘트양 370kg/m³, 잔골재 700kg/m³, 굵은 골재 1,050kg/m³를 산출하였다. 현장 골재의 입도를 고려하여 현장 배합으로 수정한다면 잔골재의 양은? (단, 현장 골재의 입도는 잔골재 중 5mm체에 남는 양이 10%이고, 굵은 골재 중 5mm체를 통과한 양이 5%이다.)

① 721kg/m³ ② 735kg/m³
③ 752kg/m³ ④ 767kg/m³

15 콘크리트의 압축강도를 시험하여 슬래브 및 보 밑면의 거푸집과 동바리를 떼어낼 때 콘크리트 압축강도기준값으로 옳은 것은?

① 설계기준압축강도×1/3 이상, 14MPa 이상

② 설계기준압축강도×2/3 이상, 14MPa 이상

③ 설계기준압축강도×1/3 이상, 10MPa 이상

④ 설계기준압축강도×2/3 이상, 10MPa 이상

16 콘크리트 받아들이기 품질관리에 대한 설명으로 틀린 것은? (단, 콘크리트 표준시방서규정을 따른다)

① 콘크리트 슬럼프시험은 압축강도시험용 공시체 채취 시 및 타설 중에 품질변화가 인정될 때 실시한다.

② 염소이온량시험은 바다잔골재를 사용할 경우는 1일에 2회 실시하고, 그 밖의 경우는 1주에 1회 실시한다.

③ 콘크리트 받아들이기 품질검사는 콘크리트가 타설되고 난 후에 실시하는 것을 원칙으로 한다.

④ 굳지 않은 콘크리트의 상태에 대한 검사는 외관관찰로서 콘크리트 타설 개시 및 타설 중 수시로 실시한다.

17 숏크리트(shotcrete)시공에 대한 주의사항으로 잘못된 것은?

① 대기온도가 10℃ 이상일 때 뿜어 붙이기를 실시하며, 그 이하의 온도일 때는 적절한 온도대책을 세운 후 실시한다.

② 숏크리트는 빠르게 운반하고, 급결제를 첨가한 후에는 바로 뿜어 붙이기 작업을 실시하여야 한다.

③ 숏크리트 작업에서 반발량이 최소가 되도록 하고, 리바운드된 재료는 즉시 혼합하여 사용하여야 한다.

④ 숏크리트는 뿜어 붙인 콘크리트가 흘러내리지 않는 범위의 적당한 두께를 뿜어 붙이고, 소정의 두께가 될 때까지 반복해서 뿜어 붙여야 한다.

18 다음 중 콘크리트의 시공이음에 대한 설명으로 틀린 것은?

① 시공이음은 부재의 압축력이 작용하는 방향과 직각이 되도록 하는 것이 원칙이다.

② 시공이음을 계획할 때는 온도 및 건조수축 등에 의한 균열의 발생도 고려해야 한다.

③ 바닥틀과 일체로 된 기둥 또는 벽의 시공이음은 바닥틀과의 경계 부근에 설치하는 것이 좋다.

④ 시공이음은 될 수 있는 대로 전단력이 큰 위치에 설치해야 한다.

19 콘크리트 진동다지기에서 내부진동기 사용방법의 표준으로 틀린 것은?

① 2층 이상으로 나누어 타설한 경우 상층 콘크리트의 다지기에서 내부진동기는 하층의 콘크리트 속으로 찔러 넣으면 안 된다.

② 내부진동기의 삽입간격은 일반적으로 0.5m 이하로 하는 것이 좋다.

③ 1개소당 진동시간은 다짐할 때 시멘트 페이스트가 표면 상부로 약간 부상하기까지 한다.

④ 내부진동기는 콘크리트를 횡방향으로 이동시킬 목적으로 사용하지 않아야 한다.

20 프리플레이스트 콘크리트에 대한 설명으로 틀린 것은?

① 잔골재의 조립률은 1.4~2.2 범위로 한다.

② 굵은 골재의 최소 치수는 15mm 이상으로 하여야 한다.

③ 프리플레이스트 콘크리트의 강도는 원칙적으로 재령 14일의 초기재령의 압축강도를 기준으로 한다.

④ 굵은 골재의 최대 치수와 최소 치수의 차이를 작게 하면 굵은 골재의 실적률이 작아지고 주입모르타르의 소요량이 많아진다.

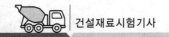

제2과목·건설시공 및 관리

21 토적곡선의 성질에 대한 설명으로 틀린 것은?

① 토적곡선의 하향구간은 쌓기 구간이고, 상향구간은 깎기 구간이다.
② 깎기에서 쌓기까지의 평균운반거리는 깎기의 중심과 쌓기의 중심 간 거리로 표시된다.
③ 토적곡선이 기선의 위쪽에서 끝이 나면 토량이 부족하고, 아래쪽에서 끝이 나면 과잉토량이 된다.
④ 기선에 평행한 임의의 직선을 그어 토적곡선과 교차하는 인접한 교차점 사이의 깎기량과 쌓기량은 서로 같다.

22 전장비중량 22t, 접지장 270cm, 캐터필러폭 55cm, 캐터필러의 중심거리가 2m일 때 불도저의 접지압은 얼마인가?

① 0.37kg/cm^2
② 0.74kg/cm^2
③ 1.11kg/cm^2
④ 2.96kg/cm^2

23 옹벽 등 구조물의 뒤채움 재료에 대한 조건으로 틀린 것은?

① 투수성이 있어야 한다.
② 압축성이 좋아야 한다.
③ 다짐이 양호해야 한다.
④ 물의 침입에 의한 강도저하가 적어야 한다.

24 암거의 배열방식 중 여러 개의 흡수구를 1개의 간선집수거 또는 집수지거로 합류시키게 배치한 방식은?

① 차단식
② 자연식
③ 빗식
④ 사이펀식

25 필형 댐(fill type dam)의 설명으로 옳은 것은?

① 필형 댐은 여수로가 반드시 필요하지는 않다.
② 암반강도면에서는 기초암반에 걸리는 단위체적당의 힘은 콘크리트댐보다 크므로 콘크리트댐보다 제약이 많다.
③ 필형 댐은 홍수 시 월류에도 대단히 안정하다.
④ 필형 댐에서는 여수로를 댐 본체(本體)에 설치할 수 없다.

26 습윤상태가 곳에 따라 여러 가지로 변화하고 있는 배수지구에서는 습윤상태에 알맞은 암거배수의 양식을 취한다. 이와 같이 1지구 내에 소규모의 여러 가지 양식의 암거배수를 많이 설치한 암거의 배열방식은?

① 차단식
② 집단식
③ 자연식
④ 빗식

27 흙댐을 구조상 분류할 때 중앙에 불투수성의 흙을, 양측에는 투수성 흙을 배치한 것으로 두 가지 이상의 재료를 얻을 수 있는 곳에서 경제적인 댐 형식은?

① 심벽형 댐
② 균일형 댐
③ 월류댐
④ Zone형 댐

28 폭우 시 옹벽 배면에 배수시설이 취약하면 옹벽 저면을 통하여 침투수의 수위가 올라간다. 이 침투수가 옹벽에 미치는 영향을 설명한 것 중 옳지 않은 것은?

① 수평저항력의 증가
② 활동면에서의 간극수압 증가
③ 옹벽 바닥면에서의 양압력 증가
④ 부분포화에 따른 뒤채움 흙무게의 증가

29 아스팔트 포장시공단계에서 보조기층의 보호 및 수분의 모관 상승을 차단하고 아스팔트 혼합물과의 접착성을 좋게 하기 위하여 실시하는 것은 무엇인가?

① 택코트(tack coat)
② 프라임코트(prime coat)
③ 실코트(seal coat)
④ 컬러코트(color coat)

30 필댐의 특징에 대한 설명으로 틀린 것은?

① 제체 내부의 부등침하에 대한 대책이 필요하다.

② 제체의 단위면적당 기초지반에 전달되는 응력이 적다.

③ 여수로는 댐 본체와 일체가 되므로 경제적으로 유리하다.

④ 댐 주변의 천연재료를 이용하고 기계화 시공이 가능하다.

31 교량의 구조에 따른 분류 중 다음에서 설명하는 교량형식은?

> 주탑, 케이블, 주형의 3요소로 구성되어 있고 케이블을 주형에 정착시킨 교량형식이며 장지 간 교량에 적합한 형식으로서 국내 서해대교에 적용된 형식이다.

① 사장교   ② 현수교

③ 아치교   ④ 트러스교

32 교량가설공법 중 압출공법(ILM)의 특징을 설명한 것으로 틀린 것은?

① 비계작업 없이 시공할 수 있으므로 계곡 등과 같은 교량 밑의 장애물에 관계없이 시공할 수 있다.

② 기하학적인 형상에 적용이 용이하므로 곡선교 및 곡선의 변화가 많은 교량의 시공에 적합하다.

③ 대형 크레인 등 거치장비가 필요 없다.

④ 몰드 및 추진성에 제한이 있어 상부구조물의 횡단면과 두께가 일정해야 한다.

33 관암거의 직경이 20cm, 유속이 0.6m/s, 암거길이가 300m일 때 원활한 배수를 위한 암거낙차를 구하면? (단, Giesler의 공식을 사용하시오.)

① 0.86m   ② 1.35m

③ 1.84m   ④ 2.24m

34 항만공사에서 간만의 차가 큰 장소에 축조되는 항은?

① 하구항(coastal harbor)

② 개구항(open harbor)

③ 폐구항(closed harbor)

④ 피난항(refuge harbor)

35 댐의 기초암반의 변형성이나 강도를 개량하여 균일성을 주기 위하여 기초지반에 걸쳐 격자형으로 그라우팅을 하는 것은?

① 압밀(consolidation) 그라우팅

② 커튼(curtain) 그라우팅

③ 블랭킷(blanket) 그라우팅

④ 림(rim) 그라우팅

36 순폭(殉爆)에 대한 설명으로 옳은 것은?

① 순폭이란 폭파가 완전히 이루어지는 것을 말한다.

② 한 약포폭발에 감응되어 인접 약포가 폭발되는 것을 순폭이라 한다.

③ 폭파계수, 최소 저항선, 천공경 등을 결정하여 표준장약량을 결정하기 위해 실시하는 것을 순폭이라 한다.

④ 누두지수(n)가 1이 되는 경우는 폭약이 가장 유효하게 사용되었음을 나타내며, 이때의 폭발을 순폭이라 한다.

37 직접기초의 터파기를 하고자 할 때 다음 조건과 같은 경우 가장 적당한 공법은?

> • 토질이 양호
> • 부지에 여유가 있음
> • 흙막이가 필요한 때에는 나무널말뚝, 강널말뚝 등을 사용

① 오픈컷공법   ② 아일랜드공법

③ 언더피닝공법   ④ 트렌치컷공법

38 철륜 표면에 다수의 돌기를 붙여 접지면적을 작게 하여 접지압을 증가시킨 다짐기계로 일반 성토다짐보다 비교적 함수비가 많은 점질토다짐에 적합한 롤러는?

① 진동롤러　　　　② 탬핑롤러
③ 타이어롤러　　　④ 로드롤러

39 아스팔트 포장의 표면에 부분적인 균열, 변형, 마모 및 붕괴와 같은 파손이 발생할 경우 적용하는 공법을 표면처리라고 하는데 다음 중 이 공법에 속하지 않는 것은?

① 실코트(seal coat)
② 카펫코트(carpet coat)
③ 택코트(tack coat)
④ 포그실(fog seal)

40 점성토에서 발생하는 히빙의 방지대책으로 틀린 것은?

① 널말뚝의 근입깊이를 짧게 한다.
② 표토를 제거하거나 배면의 배수처리로 하중을 작게 한다.
③ 연약지반을 개량한다.
④ 부분굴착 및 트렌치컷공법을 적용한다.

제3과목 · 건설재료 및 시험

41 시멘트의 응결에 대한 설명으로 틀린 것은?

① 온도가 높을수록 응결은 빨라진다.
② 습도가 높을수록 응결을 빨라진다.
③ 분말도가 높으면 응결은 빨라진다.
④ C_3A가 많을수록 응결은 빨라진다.

42 콘크리트용 응결촉진제에 대한 설명으로 틀린 것은?

① 조기강도를 증가시키지만 사용량이 과다하면 순결 또는 강도저하를 나타낼 수 있다.

② 한중 콘크리트에 있어서 동결이 시작되기 전에 미리 동결에 저항하기 위한 강도를 조기에 얻기 위한 용도로 많이 사용한다.
③ 염화칼슘을 주성분으로 한 촉진제는 콘크리트의 황산염에 대한 저항성을 증가시키는 경향을 나타낸다.
④ PSC강재에 접촉하면 부식 또는 녹이 슬기 쉽다.

43 조암광물에 대한 설명 중 틀린 것은?

① 석영은 무색, 투명하며 산 및 풍화에 대한 저항력이 크다.
② 사장석은 Al, Ca, Na, K 등의 규산화합물이며 풍화에 대한 저항력이 크다.
③ 백운석은 산에 녹기 쉬운 광물이다.
④ 석고는 경도가 1.5~2.0 정도이고 입상, 편상, 섬유모양으로 결합되어 있다.

44 혼화재료에 대한 다음 설명 중 옳은 것은?

① 지연제는 분자가 상당히 작아 시멘트 입자 표면에 흡착되어 물과 시멘트와의 접촉을 차단하여 조기 수화작용을 빠르게 한다.
② 감수제는 시멘트의 입자를 분산시켜 시멘트풀의 유동성을 감소시키거나 워커빌리티를 좋게 한다.
③ 경화촉진제는 순도가 높은 염화칼슘을 사용하며 시멘트 질량의 4~6% 정도 넣어 사용하면 강도가 증가한다.
④ 포졸란을 사용하면 시멘트가 절약되며 콘크리트의 장기강도와 수밀성이 커진다.

45 지오텍스타일의 특징에 관한 설명으로 틀린 것은?

① 인장강도가 크다.
② 수축을 방지한다.
③ 탄성계수가 크다.
④ 열에 강하고 무게가 무겁다.

46 일반 콘크리트용으로 사용되는 굵은 골재의 물리적 성질에 대한 규정내용으로 틀린 것은? (단, 부순 골재, 고로슬래그골재, 경량골재는 제외)

① 절대건조상태의 밀도는 $2.50g/cm^3$ 이상이어야 한다.

② 흡수율은 3.0% 이하이어야 한다.

③ 황산나트륨으로 시험한 안정성은 20% 이하이어야 한다.

④ 마모율은 40% 이하이어야 한다.

47 섬유보강 콘크리트에 사용되는 섬유 중 유기계 섬유가 아닌 것은?

① 아라미드섬유

② 비닐론섬유

③ 유리섬유

④ 폴리프로필렌섬유

48 다음에서 설명하는 석재는?

> 두께가 15cm 미만이며, 너비가 두께의 3배 이상인 것

① 판석   ② 각석

③ 사고석   ④ 견치석

49 암석의 종류 중 퇴적암이 아닌 것은?

① 사암

② 혈암

③ 석회암

④ 안산암

50 포졸란을 사용한 콘크리트의 성질에 대한 설명으로 틀린 것은?

① 수밀성이 크고 발열량이 적다.

② 해수 등에 대한 화학적 저항성이 크다.

③ 워커빌리티 및 피니셔빌리티가 좋다.

④ 강도의 증진이 빠르고 초기강도가 크다.

51 아스팔트의 침입도지수(PI)를 구하는 식으로 옳은 것은? (단, $A = \dfrac{\log 800 - \log P_{25}}{연화점 - 25}$ 이고, P_{25}는 25℃에서의 침입도이다.)

① $PI = \dfrac{25}{1 + 50A} - 10$

② $PI = \dfrac{30}{1 + 50A} - 10$

③ $PI = \dfrac{25}{1 + 40A} - 10$

④ $PI = \dfrac{30}{1 + 40A} - 10$

52 재료의 일반적 성질 중 다음에 해당하는 성질은 무엇인가?

> 외력에 의해서 변형된 재료가 외력을 제거했을 때 원형으로 되돌아가지 않고 변형된 그대로 있는 성질

① 인성   ② 취성

③ 탄성   ④ 소성

53 콘크리트용 부순 골재에 대한 설명 중 틀린 것은?

① 부순 골재는 입자의 형상판정을 위하여 입형판정실적률을 사용한다.

② 부순 골재를 사용한 콘크리트는 동일한 워커빌리티를 얻기 위해서 단위수량이 증가된다.

③ 양질의 부순 골재를 사용한 콘크리트의 압축강도는 일반 강자갈을 사용한 콘크리트의 압축강도보다 감소된다.

④ 부순 골재의 실적률이 작을수록 콘크리트의 슬럼프저하가 크다.

54 콘크리트용 화학혼화제(KS F 2560)에서 규정하고 있는 AE제의 품질성능에 대한 규정항목이 아닌 것은?

① 경시변화량   ② 감수율

③ 블리딩양의 비   ④ 길이변화비

55 특수시멘트 중 벨라이트 시멘트에 대한 설명으로 틀린 것은?

① 수화열이 적어 대규모의 댐이나 고층건물 등과 같은 대형 구조물공사에 적합하다.

② 보통 포틀랜드 시멘트를 사용한 콘크리트와 동일한 유동성을 확보하기 위해서 단위수량 및 AE제 사용량의 증가가 필요하다.

③ 장기강도가 높고 내구성이 좋다.

④ 고분말도형(고강도형)과 저분말도형(저발열형)으로 나누어 공업적으로 생산된다.

56 폴리머 시멘트 콘크리트에 대한 설명으로 틀린 것은?

① 방수성, 불투수성이 양호하다.

② 타설 후, 경화 중에 물을 뿌려주는 등의 표면보호조치가 필요하다.

③ 인장, 휨, 부착강도는 커지나 압축강도는 일반 시멘트 콘크리트에 비해 감소하거나 비슷한 값을 보인다.

④ 내충격성 및 내마모성이 좋다.

57 일반적인 콘크리트용 골재에 대한 설명으로 틀린 것은?

① 잔골재의 절대건조밀도는 $0.0025g/mm^3$ 이상의 값을 표준으로 한다.

② 잔골재의 흡수율은 5% 이하의 값을 표준으로 한다.

③ 굵은 골재의 안정성은 황산나트륨으로 5회 시험을 하여 평가한다.

④ 굵은 골재의 절대건조밀도는 $0.0025g/mm^3$ 이상의 값을 표준으로 한다.

58 다음 콘크리트용 혼화재료에 대한 설명 중 틀린 것은?

① 감수제는 시멘트 입자를 분산시켜 콘크리트의 단위수량을 감소시키는 작용을 한다.

② 촉진제는 시멘트의 수화작용을 촉진하는 혼화제로서 보통 나프탈렌 설폰산염을 많이 사용한다.

③ 지연제는 여름철에 레미콘의 슬럼프손실 및 콜드조인트의 방지 등에 효과가 있다.

④ 급결제는 시멘트의 응결시간을 촉진하기 위하여 사용하며 숏크리트, 물막이공법 등에 사용한다.

59 전체 6kg의 굵은 골재로 체가름시험을 실시한 결과가 다음 표와 같을 때 이 골재의 조립률은?

체호칭 (mm)	40	30	25	20	15	10	5
남은 양 (g)	0	480	780	1,560	1,680	960	540

① 6.72
② 6.93
③ 7.14
④ 7.38

60 조립률이 3.43인 모래 A와 조립률이 2.36인 모래 B를 혼합하여 조립률 2.80의 모래 C를 만들려면 모래 A와 B는 얼마를 섞어야 하는가? (단, A : B의 질량비)

① 41% : 59%
② 43% : 57%
③ 40% : 60%
④ 38% : 62%

제4과목 · 토질 및 기초

61 두 개의 규소판 사이에 한 개의 알루미늄판이 결합된 3층 구조가 무수히 많이 연결되어 형성된 점토광물로서 각 3층 구조 사이에는 칼륨이온(K^+)으로 결합되어 있는 것은?

① 고령토(kaolinite)
② 일라이트(illite)
③ 몬모릴로나이트(montmorillonite)
④ 할로이사이트(halloysite)

62 어떤 흙 1,200g(함수비 20%)과 흙 2,600g(함수비 30%)을 섞으면 그 흙의 함수비는 약 얼마인가?

① 21.1% ② 25.0%

③ 26.7% ④ 29.5%

63 다음 그림에서 투수계수 $K=4.8\times10^{-3}$cm/s일 때 Darcy유출속도 V와 실제 물의 속도(침투속도) V_s는?

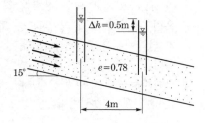

① $V=3.4\times10^{-4}$cm/s, $V_s=5.6\times10^{-4}$cm/s

② $V=4.6\times10^{-4}$cm/s, $V_s=9.4\times10^{-4}$cm/s

③ $V=5.2\times10^{-4}$cm/s, $V_s=10.8\times10^{-4}$cm/s

④ $V=5.8\times10^{-4}$cm/s, $V_s=13.2\times10^{-4}$cm/s

64 간극비가 0.80이고 토립자의 비중이 2.70인 지반의 분사현상에 대한 안전율이 3이라고 할 때 이 지반에 허용되는 최대 동수구배는?

① 0.11 ② 0.31

③ 0.61 ④ 0.91

65 침투유량(q) 및 B점에서의 간극수압(u_B)을 구한 값으로 옳은 것은? (단, 투수층의 투수계수는 3×10^{-1}cm/s이다.)

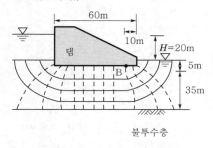

불투수층

① $q=100$cm^3/s/cm, $u_B=49$kN/m^2

② $q=100$cm^3/s/cm, $u_B=98$kN/m^2

③ $q=200$cm^3/s/cm, $u_B=49$kN/m^2

④ $q=200$cm^3/s/cm, $u_B=98$kN/m^2

66 얕은 기초 아래의 접지압력분포 및 침하량에 대한 설명으로 틀린 것은?

① 접지압력의 분포는 기초의 강성, 흙의 종류, 형태 및 깊이 등에 따라 다르다.

② 점성토 지반에 강성기초 아래의 접지압 분포는 기초의 모서리 부분이 중앙 부분보다 작다.

③ 사질토 지반에서 강성기초인 경우 중앙 부분이 모서리 부분보다 큰 접지압을 나타낸다.

④ 사질토 지반에서 유연성 기초인 경우 침하량은 중심부보다 모서리 부분이 더 크다.

67 다음 그림과 같이 지표면에 집중하중이 작용할 때 A점에서 발생하는 연직응력의 증가량은?

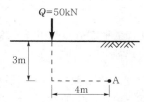

① 0.206kN/m^2 ② 0.244kN/m^2

③ 0.272kN/m^2 ④ 0.303kN/m^2

68 다음 점성토의 교란에 관련된 사항 중 잘못된 것은?

① 교란 정도가 클수록 $e-\log P$곡선의 기울기가 급해진다.

② 교란될수록 압밀계수는 작게 나타낸다.

③ 교란을 최소화하려면 면적비가 작은 샘플러를 사용한다.

④ 교란의 영향을 제거한 SHANSEP방법을 적용하면 효과적이다.

69 어떤 점토의 압밀계수는 $1.92 \times 10^{-7} \text{m}^2/\text{s}$, 압축계수는 $2.86 \times 10^{-1} \text{m}^2/\text{kN}$이었다. 이 점토의 투수계수는? (단, 이 점토의 초기간극비는 0.8이고, 물의 단위중량은 9.81kN/m^3이다.)

① $0.99 \times 10^{-5} \text{cm/s}$

② $1.99 \times 10^{-5} \text{cm/s}$

③ $2.99 \times 10^{-5} \text{cm/s}$

④ $3.99 \times 10^{-5} \text{cm/s}$

70 모래시료에 대해서 압밀배수 삼축압축시험을 실시하였다. 초기단계에서 구속응력($\sigma_3{'}$)은 10MN/m^2이고, 전단파괴 시에 작용된 축차응력(σ_{df})은 20MN/m^2이었다. 이와 같은 모래시료의 내부마찰각(ϕ) 및 파괴면에 작용하는 전단응력(τ_f)의 크기는?

① $\phi = 30°$, $\tau_f = 11.55 \text{MN/m}^2$

② $\phi = 40°$, $\tau_f = 11.55 \text{MN/m}^2$

③ $\phi = 30°$, $\tau_f = 8.66 \text{MN/m}^2$

④ $\phi = 40°$, $\tau_f = 8.66 \text{MN/m}^2$

71 흙의 강도에 관한 설명이다. 설명 중 옳지 않은 것은?

① 모래는 점토보다 내부마찰각이 크다.

② 일축압축시험방법은 모래에 적합한 방법이다.

③ 연약점토지반의 현장 시험에는 베인(vane) 전단시험이 많이 이용된다.

④ 예민비란 교란되지 않은 공시체의 일축압축강도에 대한 다시 반죽한 공시체의 일축압축강도의 비를 말한다.

72 흙의 전단강도에 대한 설명으로 틀린 것은?

① 조밀한 모래는 전단변형이 작을 때 전단파괴에 이른다.

② 조밀한 모래는 (+)dilatancy, 느슨한 모래는 (−)dilatancy가 발생한다.

③ 점착력과 내부마찰각은 파괴면에 작용하는 수직응력의 크기에 비례한다.

④ 전단응력이 전단강도를 넘으면 흙의 내부에 파괴가 일어난다.

73 토압에 대한 다음 설명 중 옳은 것은?

① 일반적으로 정지토압계수는 주동토압계수보다 작다.

② Rankine이론에 의한 주동토압의 크기는 Coulomb이론에 의한 값보다 작다.

③ 옹벽, 흙막이 벽체, 널말뚝 중 토압분포가 삼각형분포에 가장 가까운 것은 옹벽이다.

④ 극한주동상태는 수동상태보다 훨씬 더 큰 변위에서 발생한다.

74 점성토에 대한 압밀배수 삼축압축시험결과를 $p - q$ diagram에 그린 결과 $K-$line의 경사각 α는 20°이고 절편 m은 0.34MN/m^2이었다. 이 점성토의 내부마찰각(ϕ) 및 점착력(c)의 크기는?

① $\phi = 21.34°$, $c = 0.37 \text{MN/m}^2$

② $\phi = 23.54°$, $c = 0.34 \text{MN/m}^2$

③ $\phi = 24.21°$, $c = 0.35 \text{MN/m}^2$

④ $\phi = 24.52°$, $c = 0.35 \text{MN/m}^2$

75 모래의 밀도에 따라 일어나는 전단특성에 대한 설명 중 옳지 않은 것은?

① 다시 성형한 시료의 강도는 작아지지만 조밀한 모래에서는 시간이 경과됨에 따라 강도가 회복된다.

② 전단저항각(내부마찰각(ϕ))은 조밀한 모래일수록 크다.

③ 직접전단시험에 있어서 전단응력과 수평변위곡선은 조밀한 모래에서는 peak가 생긴다.

④ 직접전단시험에 있어 수평변위−수직변위곡선은 조밀한 모래에서는 전단이 진행됨에 따라 체적이 증가한다.

76 흙의 다짐에 대한 설명으로 틀린 것은?

① 다짐에너지가 증가할수록 최대 건조단위중량은 증가한다.

② 최적함수비는 최대 건조단위중량을 나타낼 때의 함수비이며, 이때 포화도는 100%이다.

③ 흙의 투수성 감소가 요구될 때에는 최적함수비의 습윤측에서 다짐을 실시한다.

④ 다짐에너지가 증가할수록 최적함수비는 감소한다.

77 현장에서 다짐된 사질토의 상대다짐도가 95%이고 최대 및 최소 건조단위중량이 각각 17.6kN/m³, 15kN/m³이라고 할 때 현장 시료의 건조단위중량과 상대밀도를 구하면?

    건조단위중량   상대밀도

① 16.7kN/m³   71%

② 16.7kN/m³   69%

③ 16.3kN/m³   69%

④ 16.3kN/m³   71%

78 암반층 위에 5m 두께의 토층이 경사 15°의 자연사면으로 되어 있다. 이 토층은 $c=15$kN/m², $\phi=30°$, $\gamma_t=18$kN/m³이고, 지하수면은 토층의 지표면과 일치하고 침투는 경사면과 대략 평형이다. 이때의 안전율은? (단, 물의 단위중량은 9.81kN/m³이다.)

① 0.85   ② 1.15

③ 1.65   ④ 2.05

79 크기가 30cm×30cm의 평판을 이용하여 사질토 위에서 평판재하시험을 실시하고 극한지지력 200kN/m²을 얻었다. 크기가 1.8m×1.8m인 정사각형 기초의 총허용하중은? (단, 안전율 3을 사용)

① 900kN   ② 1,100kN

③ 1,300kN   ④ 1,500kN

80 점착력이 50kN/m², $\gamma_t=18$kN/m³의 비배수상태($\phi=0$)인 포화된 점성토 지반에 직경 40cm, 길이 10m의 PHC말뚝이 항타시공되었다. 이 말뚝의 선단지지력은 얼마인가? (단, Meyerhof방법을 사용)

① 15.7kN   ② 32.3kN

③ 56.5kN   ④ 450kN

제2회 실전 모의고사

┃정답 및 해설 : 부-67쪽┃

제1과목 · 콘크리트공학

01 한중 콘크리트에서 비볐을 때의 콘크리트 온도가 25℃, 주위의 대기온도가 15℃이고, 비빈 후부터 타설이 끝났을 때까지의 시간이 2시간이 소요되었을 때 타설이 끝났을 때의 콘크리트의 온도는 몇 도인가? (단, 시간당 온도저하율은 비볐을 때의 콘크리트 온도와 주위 온도차의 15%로 가정한다.)

① 20℃ ② 22℃
③ 24℃ ④ 26℃

02 프리스트레스트 콘크리트의 그라우트 품질기준으로 옳지 않은 것은?

① 블리딩률은 5% 이하를 표준으로 한다.
② 체적변화율의 기준값은 24시간 경과 시 −1~5% 범위이다.
③ 물−결합재비는 45% 이하로 한다.
④ 염화물이온의 총량은 사용되는 단위시멘트양의 0.08% 이하를 원칙으로 한다.

03 유동화 콘크리트에 대한 설명으로 틀린 것은?

① 유동화 콘크리트의 슬럼프 증가량은 50mm 이하를 원칙으로 한다.
② 유동화 콘크리트를 제조할 때 유동화제를 첨가하기 전의 기본배합의 콘크리트를 베이스 콘크리트라고 한다.
③ 베이스 콘크리트 및 유동화 콘크리트의 슬럼프 및 공기량시험은 50m³마다 1회씩 실시하는 것을 표준으로 한다.
④ 유동화제는 원액으로 사용하고 미리 정한 소정의 양을 한꺼번에 첨가하여야 한다.

04 굳은 콘크리트의 압축강도시험에 대한 설명으로 잘못된 것은?

① 공시체 양생은 20±2℃에서 습윤상태로 양생한다.
② 공시체는 지름의 3배의 높이를 가진 원기둥형으로 하며, 그 지름은 굵은 골재 최대치수의 3배 이상, 150mm 이상으로 한다.
③ 몰드를 떼는 시기는 채우기가 끝나고 나서 16시간 이상 3일 이내로 한다.
④ 하중을 가하는 속도는 압축응력도의 증가율이 매초 0.6±0.4MPa이 되도록 한다.

05 고압증기양생을 실시한 콘크리트의 특징에 대한 설명으로 틀린 것은?

① 고압증기양생을 실시한 콘크리트는 용해성의 유리석회가 없기 때문에 백태현상을 감소시킨다.
② 외관은 보통 양생한 포틀랜드 시멘트 콘크리트색의 특징과 다르며 주로 흰색을 띤다.
③ 보통 양생한 콘크리트에 비해 철근의 부착강도가 증가된다.
④ 고압증기양생한 콘크리트는 어느 정도의 취성을 가진다.

06 다음의 비파괴검사시험방법 중 철근 배근조사방법은?

① 초음파속도법
② 전자파레이더법
③ 인발법
④ 슈미트해머법

07 프리스트레스트 콘크리트에서 프리스트레싱할 때의 유의사항에 대한 설명으로 틀린 것은?

① 긴장재에 대해 순차적으로 프리스트레싱을 실시할 경우는 각 단계에 있어서 콘크리트에 유해한 응력이 생기지 않도록 하여야 한다.

② 프리텐션방식의 경우 긴장재에 주는 인장력은 고정장치의 활동에 의한 손실을 고려하여야 한다.

③ 긴장재에 인장력이 주어지도록 긴장할 때 인장력을 설계값 이상으로 주었다가 다시 설계값으로 낮추어 정확한 힘이 전달되도록 시공하여야 한다.

④ 프리스트레싱작업 중에는 어떠한 경우라도 인장장치 또는 고정장치 뒤에 사람이 서 있지 않도록 하여야 한다.

08 숏크리트의 특징에 대한 설명으로 틀린 것은?

① 임의방향으로 시공 가능하나 리바운드 등의 재료손실이 많다.

② 용수가 있는 곳에서도 시공하기 쉽다.

③ 노즐맨의 기술에 의하여 품질, 시공성 등에 변동이 생긴다.

④ 수밀성이 적고 작업 시에 분진이 생긴다.

09 다음 조건에서 콘크리트의 배합강도를 결정하면?

- 설계기준압축강도(f_{ck}) : 40MPa
- 압축강도의 시험횟수 : 23회
- 23회의 압축강도시험으로부터 구한 표준편차 : 6MPa
- 압축강도의 시험횟수가 20회, 25회인 경우 표준편차의 보정계수 : 1.08, 1.03

① 48.5MPa   ② 49.6MPa

③ 50.7MPa   ④ 51.2MPa

10 콘크리트 다지기에 대한 설명으로 틀린 것은?

① 콘크리트 다지기에는 내부진동기 사용을 원칙으로 한다.

② 내부진동기는 콘크리트로부터 천천히 빼내어 구멍이 남지 않도록 해야 한다.

③ 내부진동기는 될 수 있는 대로 연직으로 일정한 간격으로 찔러 넣는다.

④ 콘크리트가 한쪽에 치우쳐 있을 때는 내부진동기로 평평하게 이동시켜야 한다.

11 섬유보강 콘크리트에 대한 일반적인 설명으로 틀린 것은?

① 섬유보강 콘크리트의 비비기에 사용하는 믹서는 가경식 믹서를 사용하는 것을 원칙으로 한다.

② 섬유보강 콘크리트 1m^3 중에 점유하는 섬유의 용적 백분율(%)을 섬유혼입률이라고 한다.

③ 보강용 섬유를 혼입하여 주로 인성, 균열 억제, 내충격성 및 내마모성 등을 높인 콘크리트를 섬유보강 콘크리트라고 한다.

④ 강섬유보강 콘크리트의 보강효과는 강섬유가 길수록 크며 섬유의 분산 등을 고려하면 굵은 골재 최대 치수의 1.5배 이상의 길이를 갖는 것이 좋다.

12 매스 콘크리트의 온도균열 발생에 대한 검토는 온도균열지수에 의해 평가하는 것을 원칙으로 하고 있다. 온도균열지수에 대한 설명으로 틀린 것은?

① 온도균열지수는 임의재령에서의 콘크리트 압축강도와 수화열에 의한 온도응력의 비로 구한다.

② 온도균열지수는 그 값이 클수록 균열이 발생하기 어렵고, 값이 작을수록 균열이 발생하기 쉽다.

③ 일반적으로 온도균열지수가 작으면 발생하는 균열의 수도 많아지고 균열폭도 커지는 경향이 있다.

④ 철근이 배치된 일반적인 구조물에서 균열 발생을 방지하여야 할 경우 온도균열지수는 1.5 이상으로 하여야 한다.

13 일반 콘크리트를 친 후 습윤양생을 하는 경우 습윤상태의 보호기간은 조강포틀랜드 시멘트를 사용한 때 얼마 이상을 표준으로 하는가? (단, 일평균기온이 15℃ 이상인 경우)

① 1일
② 3일
③ 5일
④ 7일

14 굳지 않은 콘크리트에 관한 설명으로 틀린 것은?

① 잔골재의 세립분함유량 및 잔골재율이 작으면 콘크리트의 재료분리경향이 커진다.
② 단위시멘트양을 크게 하면 성형성이 나빠진다.
③ 혼합 시 콘크리트의 온도가 높으면 슬럼프값은 저하된다.
④ 포졸란재료를 사용하면 세립이 부족한 잔골재를 사용한 콘크리트의 워커빌리티를 개선시킨다.

15 배합설계에서 다음과 같은 조건일 경우 콘크리트의 물–시멘트비를 결정하면 약 얼마인가?

- 설계기준압축강도는 재령 28일에서의 압축강도로서 24MPa
- 30회 이상의 압축강도시험으로부터 구한 표준편차는 2.98MPa
- 지금까지의 실험에서 시멘트–물비 C/W와 재령 28일 압축강도 f_{28}과의 관계식 $f_{28} = -13.8 + 21.6C/W$[MPa]

① 45.6%
② 48.3%
③ 51.7%
④ 57.2%

16 콘크리트 공시체의 압축강도에 관한 설명으로 옳은 것은?

① 원주형 공시체의 직경과 입방체 공시체의 한 변의 길이가 같으면 원주형 공시체의 강도가 작다.
② 하중재하속도가 빠를수록 강도가 작게 나타난다.
③ 공시체에 요철이 있는 경우는 압축강도가 크게 나타난다.
④ 시험 직전에 공시체를 건조시키면 강도가 크게 감소한다.

17 온도균열을 완화하기 위한 시공상의 대책으로 맞지 않는 것은?

① 단위시멘트양을 크게 한다.
② 수화열이 낮은 시멘트를 선택한다.
③ 1회에 타설하는 높이를 줄인다.
④ 사전에 재료의 온도를 가능한 한 적절하게 낮추어 사용한다.

18 섬유보강 콘크리트에 대한 설명으로 틀린 것은?

① 강섬유보강 콘크리트의 경우 소요단위수량은 강섬유의 용적혼입률 1% 증가에 대하여 약 20kg/m^3 정도 증가한다.
② 섬유보강으로 인해 인장강도, 휨강도, 전단강도 및 인성은 증대되지만, 압축강도는 그다지 변화하지 않는다.
③ 강제식 믹서를 이용한 경우 섬유보강 콘크리트의 비비기 부하는 일반 콘크리트에 비해 2~4배 커지는 수가 있다.
④ 섬유혼입률은 섬유보강 콘크리트 1m^3 중에 점유하는 섬유의 질량 백분율(%)로서 보통 0.5~2.0% 정도이다.

19 포스트텐션방식의 프리스트레스트 콘크리트에서 긴장재의 정착장치로 일반적으로 사용되는 방법이 아닌 것은?

① PS강봉을 갈고리로 만들어 정착시키는 방법
② 반지름방향 또는 원주방향의 쐐기작용을 이용한 방법
③ PS강봉의 단부에 나사전조가공을 하여 너트로 정착하는 방법
④ PS강봉의 단부에 헤딩(heading)가공을 하여 가공된 강재머리에 의하여 정착하는 방법

20 콘크리트의 재료분리현상을 줄이기 위한 사항으로 틀린 것은?

① 잔골재율을 증가시킨다.
② 물－시멘트비를 작게 한다.
③ 굵은 골재를 많이 사용한다.
④ 포졸란을 적당량 혼합한다.

제2과목 · 건설시공 및 관리

21 토취장에서 흙을 적재하여 고속도로의 노체를 성토코자 한다. 노체에 다짐을 시행할 때 자연상태일 때의 흙의 체적을 1이라 하고, 느슨한 상태에서 1.25, 다져진 상태에서 토량변화율이 0.8이라면 본공사의 토량환산계수는?

① 0.64　　　　② 0.80
③ 0.70　　　　④ 1.25

22 운반토량 1,200m³를 용적이 8m³인 덤프트럭으로 운반하려고 한다. 트럭의 평균속도는 10km/h이고, 상하차시간이 각각 4분일 때 하루에 전량을 운반하려면 몇 대의 트럭이 필요한가? (단, 1일 덤프트럭 가동시간은 2시간이며, 토사장까지의 거리는 2km이다.)

① 10대　　　　② 13대
③ 15대　　　　④ 18대

23 뉴매틱케이슨기초의 일반적인 특징에 대한 설명으로 틀린 것은?

① 지하수를 저하시키지 않으며 히빙, 보일링을 방지할 수 있으므로 인접 구조물의 침하 우려가 없다.
② 오픈케이슨보다 침하공정이 빠르고 장애물 제거가 쉽다.
③ 지형 및 용도에 따른 다양한 형상에 대응할 수 있다.
④ 소음과 진동이 없어 도심지 공사에 적합하다.

24 흙막이 구조물에 설치하는 계측기 중 다음에서 설명하는 용도에 맞는 계측기는?

> Strut, Earth anchor 등의 축하중변화상태를 측정하여 이들 부재의 안정상태 파악 및 분석자료에 이용한다.

① 지중수평변위계
② 간극수압계
③ 하중계
④ 경사계

25 터널굴착공법 중 실드(shield)공법의 장점으로서 옳지 않은 것은?

① 밤과 낮에 관계없이 작업이 가능하다.
② 지하의 깊은 곳에서 시공이 가능하다.
③ 소음과 진동의 발생이 적다.
④ 지질과 지하수위에 관계없이 시공이 가능하다.

26 다음 그림과 같은 지형에서 등고선법에 의한 전체 토량을 구하면? (단, 각 등고선 간의 높이차는 20m이고, A_1의 면적은 1,400m², A_2의 면적은 950m², A_3의 면적은 600m², A_4의 면적은 250m², A_5의 면적은 100m²이다.)

① 38,200m³　　② 44,400m³
③ 50,000m³　　④ 56,000m³

27 정수의 값이 3, 동결지수가 400℃ · day일 때 데라다공식을 이용하여 동결깊이를 구하면?

① 30cm　　　　② 40cm
③ 50cm　　　　④ 60cm

28 Pre-loading공법에 대한 설명 중에서 적당하지 못한 것은?

① 공기가 급한 경우에 적용한다.
② 구조물의 잔류침하를 미리 막는 공법의 일종이다.
③ 압밀에 의한 점성토 지반의 강도를 증가시키는 효과가 있다.
④ 도로, 방파제 등 구조물 자체가 재하중으로 작용하는 형식이다.

29 다음 중 품질관리의 순환과정으로 옳은 것은?

① 계획 → 실시 → 검토 → 조치
② 실시 → 계획 → 검토 → 조치
③ 계획 → 검토 → 실시 → 조치
④ 실시 → 계획 → 조치 → 검토

30 샌드드레인(sand drain)공법에서 영향원의 지름을 d_e, 모래말뚝의 간격을 d라 할 때 정사각형의 모래말뚝배열식으로 옳은 것은?

① $d_e = 1.13d$
② $d_e = 1.10d$
③ $d_e = 1.05d$
④ $d_e = 1.03d$

31 1개마다 양·불량으로 구별할 경우 사용하나 불량률을 계산하지 않고 불량개수에 의해서 관리하는 경우에 사용하는 관리도는?

① U관리도
② C관리도
③ P관리도
④ P_n관리도

32 다음은 어떤 공사의 품질관리에 대한 내용이다. 가장 먼저 해야 할 일은?

① 품질특성의 선정
② 작업표준의 결정
③ 관리한계 설정
④ 관리도의 작성

33 아스팔트 포장 표면에 발생하는 소성변형(rutting)에 대한 설명으로 틀린 것은?

① 침입도가 큰 아스팔트를 사용하거나 골재의 최대 치수가 큰 경우에 발생하기 쉽다.
② 종방향 평탄성에는 심각하게 영향을 주지는 않지만 물이 고인다면 수막현상을 일으켜 주행안전성에 심각한 영향을 줄 수 있다.
③ 하절기의 이상고온 및 아스콘에 아스팔트양이 많은 경우 발생하기 쉽다.
④ 외기온이 높고 중차량이 많은 저속구간 도로에서 주로 발생하고, 교량구간은 토공구간에 비해 적게 발생한다.

34 특수터널공법 중 침매공법에 대한 설명으로 틀린 것은?

① 육상에서 제작하므로 신뢰성이 높은 터널 본체를 만들 수 있다.
② 단면의 형상이 비교적 자유롭다.
③ 협소한 장소의 수로에 적당하다.
④ 수중에 설치하므로 자중이 적고 연약지반 위에도 쉽게 시공할 수 있다.

35 콘크리트 말뚝이나 선단폐쇄강관말뚝과 같은 타입말뚝은 흙을 횡방향으로 이동시켜서 주위의 흙을 다져주는 효과가 있다. 이러한 말뚝을 무엇이라고 하는가?

① 배토말뚝
② 지지말뚝
③ 주동말뚝
④ 수동말뚝

36 공사기간의 단축은 비용경사(cost slope)를 고려해야 한다. 다음 표를 보고 비용경사를 구하면?

표준상태		특급상태	
작업일수	공사비(원)	작업일수	공사비(원)
10	34,000	8	44,000

① 1,000원
② 2,000원
③ 5,000원
④ 10,000원

37 다음 중 표면차수벽 댐을 채택할 수 있는 조건이 아닌 것은?

① 대량의 점토 확보가 용이한 경우
② 추후 댐높이의 증축이 예상되는 경우
③ 짧은 공사기간으로 급속시공이 필요한 경우
④ 동절기 및 잦은 강우로 점토시공이 어려운 경우

38 암거의 매설깊이는 1.5m, 암거와 암거 상부 지하수면 최저점과의 거리가 10cm, 지하수면의 경사가 4.5°이다. 지하수면의 깊이를 1m로 하려면 암거 간 매설거리는 얼마로 해야 하는가?

① 4.8m
② 10.2m
③ 15.2m
④ 61m

39 AASHTO(1986)설계법에 의해 아스팔트 포장의 설계 시 두께지수(SN : Structure Number) 결정에 이용되지 않는 것은?

① 각 층의 상대강도계수
② 각 층의 두께
③ 각 층의 배수계수
④ 각 층의 침입도지수

40 다음의 주어진 조건을 이용하여 3점 시간법을 적용하여 activity time을 결정하면?

- 표준값=5시간
- 낙관값=3시간
- 비관값=10시간

① 4.5시간
② 5.0시간
③ 5.5시간
④ 6.0시간

제3과목 · 건설재료 및 시험

41 골재의 단위용적질량이 1.7t/m³, 밀도가 2.6g/cm³일 때 이 골재의 공극률은?

① 65.4%
② 52.9%
③ 47.1%
④ 34.6%

42 다음과 같은 조건이 주어졌을 때 아스팔트 혼합물에 대한 공극률은?

- 시험체의 이론 최대 밀도(D) : 2.427g/cm³
- 시험체의 실측밀도(d) : 2.325g/cm³

① 4.2%
② 4.7%
③ 5.3%
④ 5.8%

43 표준체 45μm에 의한 시멘트분말도시험에 의한 결과가 다음과 같을 때 시멘트의 분말도는?

- 표준체 보정계수 : +31.2%
- 시험한 시료의 잔사 : 0.088g

① 73.6%
② 81.2%
③ 88.5%
④ 91.7%

44 다음에서 설명하는 것은?

- 시멘트를 염산 및 탄산나트륨용액에 넣었을 때 녹지 않고 남는 부분을 말한다.
- 이 양은 소성반응의 완전 여부를 알아내는 척도가 된다.
- 보통 포틀랜드 시멘트의 경우 이 양은 일반적으로 점토성분의 미소성에 의하여 발생되며 약 0.1~0.6% 정도이다.

① 강열감량
② 불용해잔분
③ 수경률
④ 규산율

45 플라이애시의 품질시험항목에 포함되지 않는 것은?

① 이산화규소(%)함유량
② 강열감량(%)
③ 활성도지수(%)
④ 길이변화(%)

46 강을 제조방법에 따라 분류한 것으로 볼 수 없는 것은?

① 평로강
② 전기로강
③ 도가니강
④ 합금강

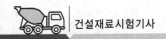

47 실리카퓸을 혼합한 콘크리트에 대한 설명으로 틀린 것은?

① 수화열을 저감시킨다.
② 강도 증가효과가 우수하다.
③ 재료분리와 블리딩이 감소된다.
④ 단위수량을 줄일 수 있고 건조수축 등에 유리하다.

48 고로슬래그 시멘트는 제철소의 용광로에서 선철을 만들 때 부산물로 얻은 슬래그를 포틀랜드 시멘트 클링커에 섞어서 만든 시멘트이다. 그 특성으로 맞지 않는 것은?

① 포틀랜드 시멘트에 비해 응결시간이 느리다.
② 초기강도가 작으나, 장기강도는 큰 편이다.
③ 수화열이 크므로 매스 콘크리트에는 적합하지 않다.
④ 일반적으로 내화학성이 좋으므로 해수, 하수, 공장폐수 등에 접하는 콘크리트에 적합하다.

49 합판에 대한 설명으로 틀린 것은?

① 합판의 종류에는 섬유판, 조각판, 적층판 및 강화적층재 등이 있다.
② 로터리 베니어는 증기에 가열연화된 둥근 원목을 나이테에 따라 연속적으로 감아둔 종이를 펴는 것과 같이 얇게 벗겨낸 것이다.
③ 슬라이스트 베니어는 끌로서 각목을 얇게 절단한 것으로 아름다운 결을 장식용으로 이용하기에 좋은 특징이 있다.
④ 합판의 특징은 동일한 원재로부터 많은 정목판과 나뭇결무늬판이 제조되며 팽창수축 등에 의한 결점이 없고 방향에 따른 강도차이가 없다.

50 강모래를 이용한 콘크리트와 비교한 부순 잔골재를 이용한 콘크리트의 특징을 설명한 것으로 틀린 것은?

① 동일 슬럼프를 얻기 위해서는 단위수량이 더 많이 필요하다.
② 미세한 분말량이 많아질 경우 건조수축률은 증대한다.
③ 미세한 분말량이 많아짐에 따라 응결의 초결시간과 종결시간이 길어진다.
④ 미세한 분말량이 많아지면 공기량이 줄어들기 때문에 필요시 공기량을 증가시켜야 한다.

51 골재의 체가름시험에 사용하는 시료의 최소 건조질량에 대한 설명으로 틀린 것은?

① 굵은 골재의 경우 사용하는 골재의 최대치수(mm)의 0.2배를 시료의 최소 건조질량(kg)으로 한다.
② 잔골재의 경우 1.18mm체를 95%(질량비) 이상 통과하는 것에 대한 최소 건조질량은 100g으로 한다.
③ 잔골재의 경우 1.18mm체를 5%(질량비) 이상 남는 것에 대한 최소 건조질량은 500g으로 한다.
④ 구조용 경량골재의 최소 건조질량은 보통 중량골재의 최소 건조질량의 2배로 한다.

52 어떤 재료의 푸아송비가 1/3이고, 탄성계수는 2×10^5 MPa일 때 전단탄성계수는?

① 25,600MPa ② 75,000MPa
③ 544,000MPa ④ 229,500MPa

53 토목섬유재료인 EPS블록은 고분자재료 중 어떤 원료를 주로 사용하는가?

① 폴리에틸렌 ② 폴리스티렌
③ 폴리아미드 ④ 폴리프로필렌

54 콘크리트용 혼화제(混和劑)에 대한 일반적인 설명으로 틀린 것은?

① AE제에 의한 연행공기는 시멘트, 골재입자 주위에서 베어링(bearing)과 같은 작용을 함으로써 콘크리트의 워커빌리티를 개선하는 효과가 있다.

② 고성능 감수제는 그 사용방법에 따라 고강도 콘크리트용 감수제와 유동화제로 나누어지지만 기본적인 성능은 동일하다.

③ 촉진제는 응결시간이 빠르고 조기강도를 증대시키는 효과가 있기 때문에 여름철 공사에 사용하면 유리하다.

④ 지연제는 사일로, 대형 구조물 및 수조 등과 같이 연속타설을 필요로 하는 콘크리트 구조에 작업이음의 발생 등의 방지에 유효하다.

55 강(鋼)의 조직을 미세화하고 균질의 조직으로 만들며 강의 내부변형 및 응력을 제거하기 위하여 변태점 이상의 높은 온도로 가열한 후 대기 중에서 냉각시키는 열처리방법은?

① 불림(normalizing)

② 풀림(annealing)

③ 뜨임질(tempering)

④ 담금질(quenching)

56 포틀랜드 시멘트의 주성분비율 중 수경률(HM : Hydraulic Modulus)에 대한 설명으로 틀린 것은?

① 수경률은 CaO성분이 높을 경우 커진다.

② 수경률은 다른 성분이 일정할 경우 석고량이 많을 경우 커진다.

③ 수경률이 크면 초기강도가 커진다.

④ 수경률이 크면 수화열이 큰 시멘트가 생긴다.

57 강재의 화학적 성분 중에서 경도를 증가시키는 가장 큰 성분은 무엇인가?

① 탄소(C)

② 인(P)

③ 규소(Si)

④ 알루미늄(Al)

58 콘크리트용 잔골재의 유해물함유량의 한도(질량 백분율)에 대한 설명으로 틀린 것은?

① 점토덩어리는 최대 1.0% 이하이어야 한다.

② 염화물(NaCl환산량)은 최대 0.4% 이하이어야 한다.

③ 콘크리트의 표면이 마모작용을 받는 경우 0.08mm체 통과량은 최대 3.0% 이하이어야 한다.

④ 콘크리트의 외관이 중요한 경우 석탄, 갈탄 등으로 밀도 $0.002g/min^3$의 액체에 뜨는 것은 최대 0.5% 이하이어야 한다.

59 석유계 아스팔트로서 연화점이 높고 방수공사용으로 가장 많이 사용되는 재료는?

① 스트레이트 아스팔트

② 블론 아스팔트

③ 레이크 아스팔트

④ 록 아스팔트

60 Hooke의 법칙이 적용되는 인장력을 받는 부재의 늘음량(길이변형량)에 대한 설명으로 틀린 것은?

① 작용외력이 클수록 늘음량도 커진다.

② 재료의 탄성계수가 클수록 늘음량도 커진다.

③ 부재의 길이가 길수록 늘음량도 커진다.

④ 부재의 단면적이 작을수록 늘음량도 커진다.

제4과목 · 토질 및 기초

61 습윤단위중량이 20kN/m³, 함수비 20%, $G_s =$ 2.7인 경우 포화도는?

① 86.1% ② 91.5%

③ 95.6% ④ 100%

62 4.75mm체(4번체) 통과율이 90%이고, 0.075mm 체(200번체) 통과율이 4%, $D_{10}=0.25$mm, $D_{30}=$ 0.6mm, $D_{60}=2$mm인 흙을 통일분류법으로 분류 하면?

① GW ② GP

③ SW ④ SP

63 단면적 20cm², 길이 10cm의 시료를 15cm의 수두차로 정수위 투수시험을 한 결과 2분 동안 150cm³의 물이 유출되었다. 이 흙의 $G_s = 2.67$ 이고, 건조중량은 420g이었다. 공극을 통하여 침투하는 실제 침투유속 V_s는 약 얼마인가?

① 0.180cm/s

② 0.298cm/s

③ 0.376cm/s

④ 0.434cm/s

64 수평방향투수계수가 0.12cm/s이고, 연직방향 투수계수가 0.03cm/s일 때 1일 침투유량은?

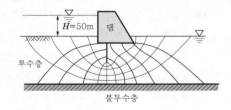

① 570m³/day/m

② 1,080m³/day/m

③ 1,220m³/day/m

④ 1,410m³/day/m

65 다음 그림과 같이 피압수압을 받고 있는 2m 두께 의 모래층이 있다. 그 위의 포화된 점토층을 5m 깊이로 굴착하는 경우 분사현상이 발생하지 않 기 위한 수심(h)은 최소 얼마를 초과하도록 하여 야 하는가?

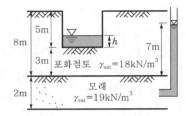

① 0.9m ② 1.5m

③ 1.9m ④ 2.4m

66 다음 그림과 같이 2m×3m 크기의 기초에 100kN/m² 의 등분포하중이 작용할 때 A점 아래 4m 깊이에서 의 연직응력 증가량은? (단, 아래 표의 영향계수값 을 활용하여 구하며 $m = \dfrac{B}{Z}$, $n = \dfrac{L}{Z}$이고, B는 직사각형 단면의 폭, L은 직사각형 단면의 길이, Z는 토층의 깊이이다.)

【영향계수(I)값】

m	0.25	0.5	0.5	0.5
n	0.5	0.25	0.75	1.0
I	0.048	0.048	0.115	0.122

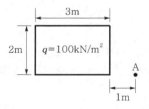

① 6.7kN/m² ② 7.4kN/m²

③ 12.2kN/m² ④ 17.0kN/m²

67 비중 2.67, 함수비 35%이며 두께 10m인 포화 점토층이 압밀 후에 함수비가 25%로 되었다면 이 토층높이의 변화량은?

① 113cm ② 128cm

③ 135cm ④ 155cm

68 흙이 동상(凍上)을 일으키기 위한 조건으로 가장 거리가 먼 것은?

① 아이스렌즈를 형성하기 위한 충분한 물의 공급
② 양(+)이온을 다량 함유할 것
③ 0℃ 이하의 온도가 오랫동안 지속될 것
④ 동상이 일어나기 쉬운 토질일 것

69 두께 2cm의 점토시료에 대한 압밀시험에서 전 압밀에 소요되는 시간이 2시간이었다. 같은 시료조건에서 5m 두께의 지층이 전압밀에 소요되는 기간은 약 몇 년인가? (단, 기간은 소수 2째 자리에서 반올림함)

① 9.3년 　② 14.3년
③ 12.3년 　④ 16.3년

70 다음 그림에서 A점 흙의 강도 정수가 $c' = 30\text{kN/m}^2$, $\phi' = 30°$일 때 A점에서의 전단강도는? (단, 물의 단위중량은 9.81kN/m^3이다.)

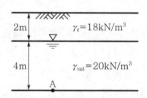

① 69.31kN/m^2
② 74.32kN/m^2
③ 96.97kN/m^2
④ 103.92kN/m^2

71 성토된 하중에 의해 서서히 압밀이 되고 파괴도 완만하게 일어나 간극수압이 발생되지 않거나 측정이 곤란한 경우 실시하는 시험은?

① 압밀배수전단시험(CD시험)
② 비압밀비배수전단시험(UU시험)
③ 압밀비배수전단시험(CU시험)
④ 급속전단시험

72 어떤 시료에 대해 액압 100kN/m^2를 가해 각 수직변위에 대응하는 수직하중을 측정한 결과가 다음과 같다. 파괴 시의 축차응력은? (단, 피스톤의 지름과 시료의 지름은 같다고 보며 시료의 단면적 $A_o = 18\text{cm}^2$, 길이 $L = 14\text{cm}$이다.)

ΔL [1/100mm]	0	…	1,000	1,100	1,200	1,300	1,400
P[N]	0	…	540	580	600	590	580

① 305kN/m^2 　② 255kN/m^2
③ 205kN/m^2 　④ 155kN/m^2

73 다음 그림과 같은 정규압밀점토지반에서 점토층 중간의 비배수점착력은? (단, 소성지수는 50%임)

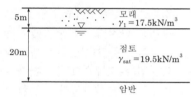

① 54.43kN/m^2
② 62.62kN/m^2
③ 72.32kN/m^2
④ 82.12kN/m^2

74 다음 그림과 같은 옹벽에 작용하는 주동토압은? (단, 흙의 단위중량 $\gamma = 17\text{kN/m}^3$, 내부마찰각 $\phi = 30°$, 점착력 $c = 0$)

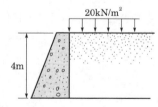

① 36kN/m
② 45.3kN/m
③ 72kN/m
④ 124.7kN/m

75 굳은 점토지반에 앵커를 그라우팅하여 고정시켰다. 고정부의 길이가 5m, 직경 20cm, 시추공의 직경은 10cm이었다. 점토의 비배수 전단강도(C_u)=100kN/m², ϕ=0°라고 할 때 앵커의 극한지지력은? (단, 표면마찰계수=0.6)

① 94kN   ② 157kN

③ 188kN   ④ 313kN

76 다져진 흙의 역학적 특성에 대한 설명으로 틀린 것은?

① 다짐에 의하여 간극이 작아지고 부착력이 커져서 역학적 강도 및 지지력은 증대하고, 압축성, 흡수성 및 투수성은 감소한다.

② 점토를 최적함수비보다 약간 건조측의 함수비로 다지면 면모구조를 가지게 된다.

③ 점토를 최적함수비보다 약간 습윤측에서 다지면 투수계수가 감소하게 된다.

④ 면모구조를 파괴시키지 못할 정도의 작은 압력으로 점토시료를 압밀할 경우 건조측 다짐을 한 시료가 습윤측 다짐을 한 시료보다 압축성이 크게 된다.

77 사질토 지반에서 직경 30cm의 평판재하시험결과 300kN/m²의 압력이 작용할 때 침하량이 10mm라면 직경 1.5m의 실제 기초에 300kN/m²의 하중이 작용할 때 침하량의 크기는?

① 28mm   ② 50mm

③ 14mm   ④ 25mm

78 연약한 점성토의 지반특성을 파악하기 위한 현장 조사시험방법에 대한 설명 중 틀린 것은?

① 현장 베인시험은 연약한 점토층에서 비배수 전단강도를 직접 산정할 수 있다.

② 정적 콘관입시험(CPT)은 콘지수를 이용하여 비배수 전단강도추정이 가능하다.

③ 표준관입시험에서의 N값은 연약한 점성토 지반특성을 잘 반영해준다.

④ 정적 콘관입시험(CPT)은 연속적인 지층분류 및 전단강도추정 등 연약점토특성 분석에 매우 효과적이다.

79 2m×2m 정방형 기초가 1.5m 깊이에 있다. 이 흙의 단위중량 γ=17kN/m³, 점착력 c=0이며 N_r=19, N_q=22이다. Terzaghi의 공식을 이용하여 전허용하중(Q_{all})을 구한 값은? (단, 안전율 F_s=3으로 한다.)

① 273kN   ② 546kN

③ 819kN   ④ 1,093kN

80 부마찰력에 대한 설명이다. 틀린 것은?

① 부마찰력을 줄이기 위하여 말뚝 표면을 아스팔트 등으로 코팅하여 타설한다.

② 지하수위 저하 또는 압밀이 진행 중인 연약지반에서 부마찰력이 발생한다.

③ 점성토 위에 사질토를 성토한 지반에 말뚝을 타설한 경우에 부마찰력이 발생한다.

④ 부마찰력은 말뚝을 아래방향으로 작용하는 힘이므로 결국에는 말뚝의 지지력을 증가시킨다.

제3회 : 실전 모의고사

┃정답 및 해설 : 부-73쪽┃

제1과목 · 콘크리트공학

01 잔골재의 유해물함유량한도(질량 백분율)를 나타낸 것 중 잘못된 것은?

① 염화물(NaCl환산량)의 최대값은 0.3%이다.
② 콘크리트의 표면이 마모작용을 받는 경우 0.08mm체 통과량의 최대값은 3.0%이다.
③ 점토덩어리의 최대값은 1.0%이다.
④ 콘크리트의 외관이 중요한 경우 석탄, 갈탄 등으로 밀도 0.002g/mm³의 액체에 뜨는 것의 최대값은 0.5%이다.

02 다음 중 콘크리트의 크리프에 대한 설명으로 잘못된 것은?

① 콘크리트의 크리프란 일정한 지속응력하에 있는 콘크리트의 시간적인 소성변형을 말한다.
② 일반적으로 콘크리트의 크리프는 지속응력이 클수록 크게 된다.
③ 조강 시멘트를 사용한 콘크리트는 보통 시멘트를 사용한 경우보다 크리프가 작다.
④ 배합 시 시멘트양이 많을수록 크리프가 작다.

03 콘크리트의 탄성계수에 대한 설명으로 옳은 것은?

① 일반적으로 콘크리트의 탄성계수라 함은 초기 접선계수를 말한다.
② 콘크리트가 물로 포화되어 있을 때의 탄성계수는 건조해 있을 때의 탄성계수보다 작다.
③ 콘크리트의 밀도가 클수록 탄성계수값은 크다.
④ 콘크리트의 압축강도가 클수록 탄성계수값은 작다.

04 공기 중의 탄산가스의 작용을 받아 콘크리트 중의 수산화칼슘이 서서히 탄산칼슘으로 되어 콘크리트가 알칼리성을 상실하는 것을 무엇이라 하는가?

① 알칼리반응
② 염해
③ 손식
④ 중성화

05 22회의 시험실적으로부터 구한 콘크리트 압축강도의 표준편차가 5MPa이고, 실제 기준압축강도가 40MPa인 경우 배합강도는? (단, 시험횟수가 20회인 경우 표준편차의 보정계수는 1.08이고, 시험횟수가 25회인 경우 표준편차의 보정계수는 1.03이다.)

① 46.5MPa
② 47.2MPa
③ 48.4MPa
④ 48.9MPa

06 콘크리트의 압축강도를 시험하여 거푸집널을 해체하고자 할 때 다음과 같은 조건에서 콘크리트 압축강도는 얼마 이상인 경우 해체가 가능한가?

• 슬래브 밑면의 거푸집널
• 콘크리트 설계기준압축강도 : 2MPa

① 5MPa 이상
② 10MPa 이상
③ 14MPa 이상
④ 16MPa 이상

07 직경이 150mm이고 높이가 300mm인 원주형 콘크리트 공시체를 쪼갬인장강도시험한 결과 최대 강도가 141.4kN이었다. 이 공시체의 인장강도는?

① 6.3MPa
② 3.1MPa
③ 8.0MPa
④ 2.0MPa

08 잔골재율에 대한 설명 중 틀린 것은?

① 골재 중 5mm체를 통과한 부분을 잔골재로 보고, 5mm체에 남는 부분을 굵은 골재로 보아 산출한 잔골재량의 전체 골재량에 대한 절대용적비를 백분율로 나타낸 것을 말한다.

② 잔골재율이 어느 정도보다 작게 되면 콘크리트가 거칠어지고 재료분리가 일어나는 경향이 있다.

③ 잔골재율은 소요의 워커빌리티를 얻을 수 있는 범위에서 단위수량이 최대가 되도록 한다.

④ 잔골재율을 작게 하면 소요의 워커빌리티를 얻기 위한 단위수량이 감소되고 단위시멘트양이 적게 되어 경제적이다.

09 프리플레이스트 콘크리트에 대한 일반적인 설명으로 틀린 것은?

① 사용하는 잔골재의 조립률은 1.4~2.2 범위로 한다.

② 대규모 프리플레이스트 콘크리트를 대상으로 할 경우 굵은 골재의 최소 치수를 작게 하는 것이 효과적이다.

③ 프리플레이스트 콘크리트의 강도는 원칙적으로 재령 28일 또는 재령 91일의 압축강도를 기준으로 한다.

④ 굵은 골재의 최소 치수는 15mm 이상, 굵은 골재의 최대 치수는 부재 단면 최소 치수의 1/4 이하, 철근콘크리트의 경우 철근순간격의 2/3 이하로 하여야 한다.

10 다음과 같은 조건의 시방배합에서 굵은 골재의 단위량은 약 얼마인가?

- 단위수량=189kg, S/a=40%, W/C=50%
- 시멘트 밀도=3.15g/cm^3
- 잔골재 표건밀도=2.6g/cm^3
- 굵은 골재 표건밀도=2.7g/cm^3
- 공기량=1.5%

① 945kg
② 1,015kg
③ 1,052kg
④ 1,095kg

11 팽창 콘크리트의 팽창률에 대한 설명으로 틀린 것은?

① 콘크리트의 팽창률은 일반적으로 재령 28일에 대한 시험치를 기준으로 한다.

② 수축보상용 콘크리트의 팽창률은 $(150 \sim 250) \times 10^{-6}$을 표준으로 한다.

③ 화학적 프리스트레스용 콘크리트의 팽창률은 $(200 \sim 700) \times 10^{-6}$을 표준으로 한다.

④ 공장제품에 사용되는 화학적 프리스트레스용 콘크리트의 팽창률은 $(200 \sim 1,000) \times 10^{-6}$을 표준으로 한다.

12 공기연행 콘크리트의 공기량에 대한 설명으로 옳은 것은? (단, 굵은 골재의 최대 치수는 40mm을 사용한 일반 콘크리트로서 보통 노출인 경우)

① 4.0%를 표준으로 하며, 그 허용오차는 ±1.0%로 한다.

② 4.5%를 표준으로 하며, 그 허용오차는 ±1.0%로 한다.

③ 4.0%를 표준으로 하며, 그 허용오차는 ±1.5%로 한다.

④ 4.5%를 표준으로 하며, 그 허용오차는 ±1.5%로 한다.

13 다음과 같은 조건의 프리스트레스트 콘크리트에서 거푸집 내에서 허용되는 긴장재의 배치오차한계로서 옳은 것은?

> 도심위치변동의 경우로서 부재치수가 1.6m인 프리스트레스트 콘크리트

① 5mm
② 8mm
③ 10mm
④ 13mm

14 유동화 콘크리트에 대한 설명으로 틀린 것은?

① 미리 비빈 베이스 콘크리트에 유동화제를 첨가하여 유동성을 증대시킨 콘크리트를 유동화 콘크리트라고 한다.

② 유동화제는 희석하여 사용하고 미리 정한 소정의 양을 2~3회 나누어 첨가하며, 계량은 질량 또는 용적으로 계량하고, 그 계량오차는 1회에 1% 이내로 한다.

③ 유동화 콘크리트의 슬럼프 증가량을 100mm 이하를 원칙으로 하며, 50~80mm를 표준으로 한다.

④ 베이스 콘크리트 및 유동화 콘크리트의 슬럼프 및 공기량시험은 50m³마다 1회씩 실시하는 것을 표준으로 한다.

15 수중 콘크리트에 대한 설명으로 틀린 것은?

① 수중 콘크리트를 시공할 때 시멘트가 물에 씻겨서 흘러나오지 않도록 트레미나 콘크리트 펌프를 사용해서 타설하여야 한다.

② 수중 콘크리트를 타설할 때 완전히 물막이를 할 수 없는 경우에도 유속은 50mm/s 이하로 하여야 한다.

③ 일반 수중 콘크리트는 수중에서 시공할 때의 강도가 표준공시체강도의 1.2~1.5배가 되도록 배합강도를 설정하여야 한다.

④ 수중 콘크리트의 비비는 시간은 시험에 의해 콘크리트 소요의 품질을 확인하여 정하여야 하며, 강제식 믹서의 경우 비비기 시간은 90~180초를 표준으로 한다.

16 페놀프탈레인용액을 사용한 콘크리트의 탄산화판정시험에서 탄산화된 부분에서 나타나는 색은?

① 붉은색
② 노란색
③ 청색
④ 착색되지 않음

17 콘크리트 비비기에 대한 설명으로 잘못된 것은?

① 비비기 시간에 대한 시험을 실시하지 않은 경우 그 최소 시간은 강제식 믹서일 때에는 1분 이상을 표준으로 한다.

② 비비기는 미리 정해둔 비비기 시간 이상 계속해서는 안 된다.

③ 믹서 안의 콘크리트를 전부 꺼낸 후가 아니면 믹서 안에 다음 재료를 넣어서는 안 된다.

④ 연속믹서를 사용할 경우 비비기 시작 후 최초로 배출되는 콘크리트는 사용해서는 안 된다.

18 서중 콘크리트에 대한 설명으로 틀린 것은?

① 일반적으로는 기온 10℃의 상승에 대하여 단위수량은 2~5% 감소하므로 단위수량에 비례하여 단위시멘트양의 감소를 검토하여야 한다.

② 하루평균기온이 25℃를 초과하는 경우 서중 콘크리트로 시공한다.

③ 콘크리트를 타설하기 전에 지반, 거푸집 등을 습윤상태로 유지하기 위해서 살수 또는 덮개 등의 적절한 조치를 취해야 한다.

④ 콘크리트는 비빈 후 즉시 타설하여야 하며 일반적인 대책을 강구한 경우라도 1.5시간 이내에 타설하여야 한다.

19 다음 조건과 같을 경우 콘크리트의 압축강도(f_{cu})를 시험하여 거푸집널의 해체시기를 결정하고자 한다. 콘크리트의 압축강도(f_{cu})가 몇 MPa 이상인 경우 거푸집널을 해체할 수 있는가?

> • 설계기준압축강도(f_{ck})가 30MPa
> • 슬래브 및 보의 밑면 거푸집

① 5MPa ② 10MPa
③ 14MPa ④ 20MPa

20 콘크리트 배합설계 시 굵은 골재 최대 치수의 선정방법 중 틀린 것은?

① 단면이 큰 구조물인 경우 40mm를 표준으로 한다.

② 일반적인 구조물의 경우 20mm 또는 25mm를 표준으로 한다.

③ 거푸집 양측면 사이의 최소 거리의 1/3을 초과해서는 안 된다.

④ 개별철근, 다발철근, 긴장재 또는 덕트 사이 최소 순간격의 3/4을 초과해서는 안 된다.

제2과목 · 건설시공 및 관리

21 다져진 토량 37,800m³를 성토하는데 흐트러진 토량 30,000m³가 있다. 이때 부족토량은 자연상태토량(m³)으로 얼마인가? (단, 토량변화율 $L = 1.25$, $C = 0.9$)

① 22,000m³   ② 18,000m³

③ 15,000m³   ④ 11,000m³

22 토공에 대한 설명 중 틀린 것은?

① 시공기면은 현재 공사를 하고 있는 면을 말한다.

② 토공은 굴착, 싣기, 운반, 성토(사토) 등의 4공정으로 이루어진다.

③ 준설은 수저의 토사 등을 굴착하는 작업을 말한다.

④ 법면은 비탈면으로 성토, 절토의 사면을 말한다.

23 발파 시에 수직갱에 물이 고여 있을 때의 심빼기 발파공법으로 가장 적당한 것은?

① 스윙컷(swing cut)

② V컷(V-cut)

③ 피라미드컷(pyramid cut)

④ 번컷(burn cut)

24 지하철공사의 공법에 관한 다음 설명 중 틀린 것은?

① Open cut공법은 얕은 곳에서는 경제적이나 노면복공을 하는데 지상에서의 지장이 크다.

② 개방형 실드로 지하수위 아래를 굴착할 때는 압기할 때가 많다.

③ 연속지중벽공법은 연약지반에서 적합하고 지수성도 양호하나 소음대책이 어렵다.

④ 연속지중벽공법의 대표적인 것은 이코스공법, 엘제공법, 솔레틴슈공법 등이 있다.

25 다른 형식보다 재료가 적게 소요되고 높은 파고에서도 안전성이 높으며 지반이 양호하고 수심이 얕은 곳에 축조하는 방파제는?

① 부양 방파제

② 직립식 방파제

③ 혼성식 방파제

④ 경사식 방파제

26 TBM공법에 대한 설명으로 옳은 것은?

① 무진동화약을 사용하는 방법이다.

② Cutter에 의하여 암석을 압쇄 또는 굴착하여 나가는 굴착공법이다.

③ 암층의 변화에 대하여 적응하기가 쉽다.

④ 여굴이 많아질 우려가 있다.

27 두꺼운 연약지반의 처리공법 중 점성토이며 압밀속도를 빨리 하고자 할 때 가장 적당한 공법은?

① 제거치환공법

② Vertical drain공법

③ Vibro floatation공법

④ 압성토공법

28 다음 중 보일링현상이 가장 잘 생기는 지반은?

① 사질지반

② 사질점토지반

③ 보통토

④ 점토질지반

29 교량에서 좌우의 주형을 연결하여 구조물의 횡방향 지지, 교량 단면형상의 유지, 강성의 확보, 횡하중의 받침부로의 원활한 전달 등을 위해서 설치하는 것은?

① 교좌   ② 바닥판

③ 바닥틀   ④ 브레이싱

30 자연함수비 8%인 흙으로 성토하고자 한다. 다짐한 흙의 함수비를 15%로 관리하도록 규정하였을 때 매 층마다 $1m^2$당 약 몇 kg의 물을 살수해야 하는가? (단, 1층의 다짐 후 두께는 30cm이고 토량변화율 $C=0.90$이며, 원지반상태에서 흙의 단위중량은 $1.8t/m^3$이다.)

① 27.4kg   ② 34.2kg

③ 38.9kg   ④ 46.7kg

31 RCD(Reverse Circulation Drill)공법의 시공방법 설명 중 옳지 않은 것은?

① 물을 사용하여 약 $0.2{\sim}0.3kg/cm^2$의 정수압으로 공벽을 안정시킨다.

② 기종에 따라 약 35° 정도의 경사말뚝시공이 가능하다.

③ 케이싱 없이 굴삭이 가능한 공법이다.

④ 수압을 이용하며 연약한 흙에 적합하다.

32 흙쌓기 재료로서 구비해야 할 성질 중 틀린 것은?

① 완성 후 큰 변형이 없도록 지지력이 클 것

② 압축침하가 적도록 압축성이 클 것

③ 흙쌓기 비탈면의 안정에 필요한 전단강도를 가질 것

④ 시공기계의 trafficability가 확보될 것

33 교대에서 날개벽(wing)의 역할로 가장 적당한 것은?

① 배면(背面)토사를 보호하고 교대 부근의 세굴을 방지한다.

② 교대의 하중을 부담한다.

③ 유량을 경감하여 토사의 퇴적을 촉진시킨다.

④ 교량의 상부구조를 지지한다.

34 다음의 주어진 조건을 이용하여 3점 시간법을 적용하여 activity time을 결정하면?

- 표준값=6시간   • 낙관값=3시간
- 비관값=8시간

① 4.3시간   ② 5.2시간

③ 5.8시간   ④ 6.8시간

35 다음에서 설명하는 교량은?

- PSC박스형교를 개선한 신개념의 교량형태
- 부모멘트구간에서 PS강재로 인해 단면에 도입되는 축력과 모멘트를 증가시키기 위해 단면 내에 위치하던 PS강재를 낮은 주탑 정부에 external tendon의 형태로 배치하여 부재의 유효높이 이상으로 PS강재의 편심량을 증가시킨 형태의 교량

① 현수교

② extradosed교

③ 사장교

④ warren truss교

36 대선 위에 셔블계 굴착기인 클램셀을 선박에 장치한 준설선인 그래브 준설선의 특징에 대한 설명으로 틀린 것은?

① 소규모 및 협소한 장소에 적합하다.

② 굳은 토질의 준설에 적합하다.

③ 준설능력이 작다.

④ 준설깊이를 용이하게 조절할 수 있다.

37 로드롤러를 사용하여 전압횟수 4회, 전압포설 두께 0.2m, 유효전압폭 2.5m, 전압작업속도를 3km/h로 할 때 시간당 작업량을 구하면? (단, 토량환산계수는 1, 롤러의 효율은 0.8을 적용한다.)

① 300m³/h   ② 251m³/h

③ 200m³/h   ④ 151m³/h

38 샌드드레인(sand drain)공법에서 영향원의 지름을 d_e, 모래말뚝의 간격을 d라 할 때 정사각형의 모래말뚝배열식으로 옳은 것은?

① $d_e = 1.0d$

② $d_e = 1.05d$

③ $d_e = 1.08d$

④ $d_e = 1.13d$

39 지름 400mm, 길이 10m 강관파일을 항타하여 다음 조건에서 시공하고자 한다. 소요시간은 얼마인가?

- α : 토질계수 4.0
- β : 해머계수 1.2
- N : 15
- F : 작업계수 0.6
- T_w : 0
- T_s : 파일 1본당 세우기 및 위치조정시간 20분
- T_t : 파일 1본당 해머의 이동 및 준비시간 20분
- T_e : 파일 1본당 해머의 점검 및 급유 등 기타 시간 20분
- $T_b = 0.05\alpha\beta L(N+2)$로 가정한다.

① 124분   ② 136분

③ 145분   ④ 168분

40 품셈에서 수량의 계산 중 플래니미터의 의한 면적을 계산할 때 몇 회 이상 측정하여 평균값을 구하는가?

① 4회   ② 3회

③ 2회   ④ 1회

제3과목·건설재료 및 시험

41 다음의 혼화재료 중 주로 잠재수경성이 있는 재료는?

① 팽창재

② 고로슬래그미분말

③ 플라이애시

④ 규산질미분말

42 시멘트의 분말도(紛末度)에 대한 설명으로 틀린 것은?

① 분말도시험방법에는 표준체(45μm)에 의한 방법과 비표면적을 구하는 블레인방법 등이 있다.

② 비표면적이란 시멘트 1g의 입자의 전표면적을 cm²로 나타낸 것으로 시멘트의 분말도를 나타낸다.

③ KS L 5201에 규정된 포틀랜드 시멘트의 분말도는 2,000cm²/g 이상이다.

④ 시멘트의 품질이 일정한 경우 분말도가 클수록 수화작용이 촉진되므로 응결이 빠르며 초기강도가 높아진다.

43 잔골재 밀도시험의 결과가 다음과 같을 때 이 잔골재의 진밀도는?

- 검정된 용량을 나타낸 눈금까지 물을 채운 플라스크의 질량 : 665g
- 표면건조포화상태 시료의 질량 : 500g
- 절대건조상태 시료의 질량 : 495g
- 시료와 물로 검정된 용량을 나타낸 눈금까지 채운 플라스크의 질량 : 975g
- 시험온도에서의 물의 밀도 : 0.997g/cm³

① 2.62g/cm³

② 2.67g/cm³

③ 2.71g/cm³

④ 2.75g/cm³

44 골재의 체가름시험에 대한 설명으로 틀린 것은?

① 굵은 골재의 경우 사용하는 골재의 최대 치수(mm)의 2배를 시료의 최소 건조질량(kg)으로 한다.

② 시험에 사용할 시료는 105 ± 5℃에서 24시간, 일정 질량이 될 때까지 건조시킨다.

③ 체가름은 1분간 각 체를 통과하는 것이 전 시료질량의 0.1% 이하로 될 때까지 작업을 한다.

④ 체눈에 막힌 알갱이는 파쇄되지 않도록 주의하면서 되밀어 체에 남은 시료로 간주한다.

45 역청유제 중 유화제로서 벤토나이트와 같이 물에 녹지 않는 광물질을 수중에 분산시켜 이것에 역청제를 가하여 유화시킨 것은?

① 음이온계 유제   ② 점토계 유제
③ 양이온계 유제   ④ 타르유제

46 응결지연제의 사용목적으로 틀린 것은?

① 거푸집의 조기탈형과 장기강도 향상을 위하여 사용한다.

② 시멘트의 수화반응을 늦추어 응결과 경화시간을 길게 할 목적으로 사용한다.

③ 서중 콘크리트나 장거리 수송 레미콘의 워커빌리티저하 방지를 도모한다.

④ 콘크리트의 연속타설에서 작업이음을 방지한다.

47 포틀랜드 시멘트의 클링커에 대한 설명 중 틀린 것은?

① 클링커는 단일조성의 물질이 아니라 C_3S, C_2S, C_3A, C_4AF의 4가지 주요 화합물로 구성되어 있다.

② 클링커의 화합물 중 C_3S 및 C_2S는 시멘트 강도의 대부분을 지배한다.

③ C_3A는 수화속도가 대단히 빠르고 발열량이 크며 수축도 크다.

④ 클링커의 화합물 중 C_3S가 많고 C_2S가 적으면 시멘트의 강도발현이 늦어지지만 장기재령은 향상된다.

48 단위용적질량이 $1,680kg/m^3$인 굵은 골재의 표건밀도가 $2.81g/cm^3$이고 흡수율이 6%인 경우 이 골재의 공극률은?

① 36.6%   ② 40.2%
③ 51.6%   ④ 59.8%

49 골재의 안정성시험(KS F 2507)에 대한 설명으로 틀린 것은?

① 기상작용에 대한 골재의 내구성을 조사할 목적으로 실시한다.

② 시험용 잔골재는 5mm체를 통과하는 골재를 사용한다.

③ 시험용 굵은 골재는 5mm체에 잔류하는 골재를 사용한다.

④ 시험용 용액은 황산나트륨포화용액으로 한다.

50 목재의 건조방법 중 인공건조법이 아닌 것은?

① 끓임법(자비법)
② 열기건조법
③ 공기건조법
④ 증기건조법

51 포틀랜드 시멘트의 일반적인 성질에 대한 설명으로 옳은 것은?

① 시멘트는 풍화되거나 소성이 불충분할 경우 비중이 증가한다.

② 시멘트의 분말도가 낮으면 콘크리트의 초기강도는 높아진다.

③ 시멘트의 안정성은 클링커의 소성이 불충분할 경우, 생긴 유리석회 등의 양이 지나치게 많을 경우 불안정해진다.

④ 시멘트와 물이 반응하여 점차 유동성과 점성을 상실하는 상태를 경화라 한다.

52 천연 아스팔트에 속하지 않는 것은?

① 록 아스팔트
② 레이크 아스팔트
③ 샌드 아스팔트
④ 스트레이트 아스팔트

53 콘크리트 잔골재의 유해물함유량기준에 대한 설명으로 부적합한 것은? (단, 질량 백분율)

① 콘크리트 표면이 마모작용을 받을 경우 0.08mm체 통과량 : 5.0% 이내
② 점토덩어리 : 1% 이내
③ 염화물(NaCl환산량) : 0.04% 이내
④ 콘크리트 외관이 중요한 경우로 석탄, 갈탄 등으로 0.002g/mm³의 액체에 뜨는 것 : 0.5% 이내

54 AE제를 사용한 콘크리트의 특성을 설명한 것으로 옳지 않은 것은?

① 동결융해에 대한 저항성이 크다.
② 철근과의 부착강도가 작다.
③ 콘크리트의 워커빌리티를 개선하는데 효과가 있다.
④ 콘크리트 블리딩현상이 증가된다.

55 응결촉진제로서 염화칼슘을 사용할 경우 콘크리트의 성질에 미치는 영향에 대한 설명으로 틀린 것은?

① 보통 콘크리트보다 초기강도는 증가하나, 장기강도는 감소한다.
② 콘크리트의 건조수축과 크리프가 커진다.
③ 황산염에 대한 저항성과 내구성이 감소한다.
④ 알칼리골재반응을 악화시키나 철근의 부식을 억제한다.

56 일반 구조용 압연강재를 SS330, SS400, SS490 등과 같이 표현하고 있다. 이때 "SS400"에서 400이란 무엇에 대한 최소 기준인가?

① 항복점(N/mm²)
② 항복점(kg/mm²)
③ 인장강도(N/mm²)
④ 연신율(%)

57 굵은 골재의 최대 치수가 50mm인 경량골재를 사용하여 밀도 및 흡수율시험을 실시하고자 할 때 1회 시험에 사용하는 시료의 최소 질량은? (단, 경량 굵은 골재의 추정밀도는 1.4g/cm³)

① 2.0kg
② 2.5kg
③ 2.8kg
④ 5.0kg

58 시멘트 콘크리트 결합재의 일부를 합성수지, 유제 또는 합성고무라텍스소재로 한 것을 무엇이라 하는가?

① 개스킷
② 케미컬 그라우트
③ 불포화 폴리에스테르
④ 폴리머 시멘트 콘크리트

59 암석의 분류 중 성인(지질학적)에 의한 분류의 결과가 아닌 것은?

① 화성암
② 퇴적암
③ 점토질암
④ 변성암

60 강의 열처리방법 중 담금질을 한 강에 인성을 주기 위해 변태점 이하의 적당한 온도에서 가열한 다음 냉각시키는 방법은?

① 용융
② 뜨임
③ 풀림
④ 불림

제4과목 · 토질 및 기초

61 모래지반의 현장 상태 습윤단위중량을 측정한 결과 17.64kN/m³로 얻어졌으며, 동일한 모래를 채취하여 실내에서 가장 조밀한 상태의 간극비를 구한 결과 e_{min} =0.45를, 가장 느슨한 상태의 간극비를 구한 결과 e_{max} =0.92를 얻었다. 현장 상태의 상대밀도는 약 몇 %인가? (단, 모래의 비중 G_s =2.70이고, 현장 상태의 함수비 w =10%이다.)

① 44%
② 57%
③ 64%
④ 80%

62 흙입자의 비중은 2.56, 함수비는 35%, 습윤단위중량은 17.5kN/m³일 때 간극률은?

① 32.63% 　② 37.36%

③ 43.56% 　④ 48.32%

63 다음 그림과 같이 3개의 지층으로 이루어진 지반에서 수직방향 등가투수계수는?

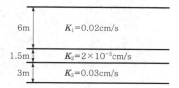

① 2.516×10^{-6}cm/s

② 1.274×10^{-5}cm/s

③ 1.393×10^{-4}cm/s

④ 2.0×10^{-2}cm/s

64 단위중량(γ_t)=19kN/m³, 내부마찰각(ϕ)=30°, 정지토압계수(K_o)=0.5인 균질한 사질토 지반이 있다. 이 지반의 지표면 아래 2m 지점에 지하수위면이 있고 지하수위면 아래의 포화단위중량(γ_{sat})=20kN/m³이다. 이때 지표면 아래 4m 지점에서 지반 내 응력에 대한 설명으로 틀린 것은? (단, 물의 단위중량은 9.81kN/m³이다.)

① 연직응력(σ_v)은 80kN/m²이다.

② 간극수압(u)은 19.62kN/m²이다.

③ 유효연직응력($\sigma_v{'}$)은 58.38kN/m²이다.

④ 유효수평응력($\sigma_h{'}$)은 29.19kN/m²이다.

65 지표에서 1m×1m의 기초에 50kN의 하중이 작용하고 있다. 깊이 4m 되는 곳에서의 연직응력을 2 : 1분포법으로 구한 값은?

① 4.5kN/m²

② 3.1kN/m²

③ 10kN/m²

④ 2kN/m²

66 다음 그림과 같이 물이 흙 속으로 아래에서 침투할 때 분사현상이 생기는 수두차(Δh)는 얼마인가?

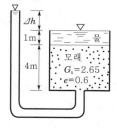

① 1.16m 　② 2.27m

③ 3.58m 　④ 4.13m

67 Terzaghi는 포화점토에 대한 1차 압밀이론에서 수학적 해를 구하기 위하여 다음과 같은 가정을 하였다. 이 중 옳지 않은 것은?

① 흙은 균질하다.

② 흙은 완전히 포화되어 있다.

③ 흙입자와 물의 압축성을 고려한다.

④ 흙 속에서의 물의 이동은 Darcy법칙을 따른다.

68 다음 그림과 같은 지반에서 재하 순간 수주가 지표면(지하수위)으로부터 5m이었다. 40% 압밀이 일어난 후 A점에서의 전체 간극수압은 얼마인가? (단, 물의 단위중량은 9.81kN/m³이다.)

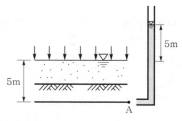

① 68.48kN/m² 　② 88.48kN/m²

③ 78.48kN/m² 　④ 98.48kN/m²

69 10m 두께의 점토층이 10년 만에 90% 압밀이 된다면 40m 두께의 동일한 점토층이 90% 압밀에 도달하는 데에 소요되는 기간은?

① 16년   ② 80년

③ 160년   ④ 240년

70 Mohr의 응력원에 대한 설명 중 틀린 것은?

① Mohr의 응력원에 접선을 그었을 때 종축과 만나는 점이 점착력 C이고, 그 접선의 기울기가 내부마찰각 ϕ이다.

② Mohr의 응력원이 파괴포락선과 접하지 않을 경우 전단파괴가 발생됨을 뜻한다.

③ 비압밀비배수시험조건에서 Mohr의 응력원은 수평축과 평행한 형상이 된다.

④ Mohr의 응력원에서 응력상태는 파괴포락선 위쪽에 존재할 수 없다.

71 포화된 점토시료에 대해 비압밀비배수 삼축압축시험을 실시하여 얻어진 비배수 전단강도는 18MN/m²이었다(이 시험에서 가한 구속응력은 24MN/m²이었다). 만약 동일한 점토시료에 대해 또 한 번의 비압밀비배수 삼축압축시험을 실시할 경우(단, 이번 시험에서 가해질 구속응력의 크기는 40MN/m²) 전단파괴 시에 예상되는 축차응력의 크기는?

① 9MN/m²   ② 18MN/m²

③ 36MN/m²   ④ 54MN/m²

72 200kN/m²의 구속응력을 가하여 시료를 완전히 압밀시킨 다음 축차응력을 가하여 비배수상태로 전단시켜 파괴 시 축변형률 ε_f=10%, 축차응력 $\Delta\sigma_f$=280kN/m², 간극수압 Δu_f=210kN/m²를 얻었다. 파괴 시 간극수압계수 A를 구하면? (단, 간극수압계수 B는 1.0으로 가정한다.)

① 0.44   ② 0.75

③ 1.33   ④ 2.27

73 외경이 50.8mm, 내경이 34.9mm인 스플릿스푼 샘플러의 면적비는?

① 112%   ② 106%

③ 53%   ④ 46%

74 다음 그림과 같이 성질이 다른 층으로 뒤채움 흙이 이루어진 옹벽에 작용하는 주동토압은?

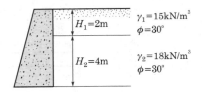

H_1=2m, γ_1=15kN/m³, ϕ=30°

H_2=4m, γ_2=18kN/m³, ϕ=30°

① 86kN/m   ② 98kN/m

③ 114kN/m   ④ 156kN/m

75 흙의 다짐효과에 대한 설명 중 틀린 것은?

① 흙의 단위중량 증가

② 투수계수 감소

③ 전단강도 저하

④ 지반의 지지력 증가

76 다음은 샌드콘을 사용하여 현장 흙의 밀도를 측정하기 위한 시험결과이다. 다음 결과로부터 현장 흙의 건조단위중량을 구하면?

- 표준사의 건조단위중량=16.66kN/m³
- [병+깔때기+모래(시험 전)]의 무게=59.92N
- [병+깔때기+모래(시험 후)]의 무게=28.18N
- 깔때기에 채워지는 표준사의 무게=1.17N
- 구덩이에서 파낸 흙의 무게=33.11N
- 구덩이에서 파낸 흙의 함수비=11.6%

① 16.16kN/m³

② 17.16kN/m³

③ 18.16kN/m³

④ 19.17kN/m³

77 γ_t=18kN/m^3, c_u=30kN/m^2, ϕ=0의 수평면과 50°의 기울기로 굴토하려고 한다. 안전율을 2.0 으로 가정하여 평면활동이론에 의한 굴토깊이를 결정하면?

① 2.80m   ② 5.60m

③ 7.15m   ④ 9.84m

78 얕은 기초의 지지력계산에 적용하는 Terzaghi의 극한지지력공식에 대한 설명으로 틀린 것은?

① 기초의 근입깊이가 증가하면 지지력도 증가한다.

② 기초의 폭이 증가하면 지지력도 증가한다.

③ 기초지반이 지하수에 의해 포화되면 지지력은 감소한다.

④ 국부전단파괴가 일어나는 지반에서 내부 마찰각(ϕ)은 $\dfrac{2}{3}\phi$를 적용한다.

79 다음 그림과 같은 전면기초의 단면적이 100m^2, 구조물의 사하중 및 활하중을 합한 총하중이 25MN이고 근입깊이가 2m, 근입깊이 내의 흙의 단위중량이 18kN/m^{3}이었다. 이 기초에 작용하는 순압력은?

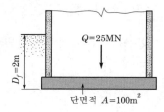

① 214kN/m^2 ② 250kN/m^2

③ 268kN/m^2 ④ 286kN/m^2

80 중심간격이 2m, 지름 40cm인 말뚝을 가로 4개, 세로 5개씩 전체 20개의 말뚝을 박았다. 말뚝 한 개의 허용지지력이 150kN이라면 이 군항의 허용지지력이 약 얼마인가? (단, 군말뚝의 효율 은 Converse－Labarre공식을 사용한다.)

① 4,500kN   ② 3,000kN

③ 2,415kN   ④ 1,215kN

제4회 실전 모의고사

▌정답 및 해설 : 부-80쪽 ▌

제1과목 · 콘크리트공학

01 콘크리트의 탄성계수에 대한 일반적인 설명으로 틀린 것은?

① 압축강도가 클수록 작다.
② 콘크리트의 탄성계수라 함은 할선탄성계수를 말한다.
③ 응력-변형률곡선에서 구할 수 있다.
④ 콘크리트의 단위용적중량이 증가하면 탄성계수도 커진다.

02 초음파탐상에 의한 콘크리트 비파괴시험의 적용 가능한 분야로서 거리가 먼 것은?

① 콘크리트 두께탐상
② 콘크리트와 철근의 부착 유무조사
③ 콘크리트 내부의 공극탐상
④ 콘크리트 내의 철근부식 정도조사

03 강모래를 이용한 콘크리트와 비교한 부순 잔골재를 이용한 콘크리트의 특징을 설명한 것으로 틀린 것은?

① 동일 슬럼프를 얻기 위해서는 단위수량이 더 많이 필요하다.
② 미세한 분말량이 많아질 경우 건조수축률은 증대한다.
③ 미세한 분말량이 많아짐에 따라 응결의 초결시간과 종결시간이 길어진다.
④ 미세한 분말량이 많아지면 공기량이 줄어들기 때문에 필요시 공기량을 증가시켜야 한다.

04 다음과 같은 조건의 시방배합에서 굵은 골재의 단위량은 약 얼마인가?

- 단위수량=189kg, S/a=40%, W/C=50%
- 시멘트 밀도=3.15g/cm³
- 잔골재 표건밀도=2.6g/cm³
- 굵은 골재 표건밀도=2.7g/cm³
- 공기량=1.5%

① 945kg
② 1,015kg
③ 1,052kg
④ 1,095kg

05 다음 중 고압증기양생에 대한 설명으로 틀린 것은?

① 고압증기양생을 실시하면 황산염에 대한 저항성이 향상된다.
② 고압증기양생을 실시하면 보통 양생한 콘크리트에 비해 철근의 부착강도가 크게 향상된다.
③ 고압증기양생을 실시하면 백태 현상을 감소시킨다.
④ 고압증기양생을 실시한 콘크리트는 어느 정도의 취성이 있다.

06 다음 중 한중 콘크리트에 대한 설명으로 틀린 것은?

① 하루의 평균기온이 4℃ 이하가 예상되는 조건일 때는 한중 콘크리트로 시공하여야 한다.
② 재료를 가열할 경우 물 또는 골재를 가열하는 것으로 하며, 시멘트는 어떠한 경우라도 직접 가열할 수 없다.
③ 한중 콘크리트에는 공기연행 콘크리트를 사용하는 것을 원칙으로 한다.
④ 타설할 때의 콘크리트 온도는 구조물의 단면치수, 기상조건 등을 고려하여 2~10℃의 범위에서 정하여야 한다.

07 양단에 정착된 프리텐션부재의 한 단에서의 활동량이 2mm로 양단 활동량이 4mm일 때 강재의 길이가 10m라면 이때의 프리스트레스 감소량으로 맞는 것은? (단, 긴장재의 탄성계수 (E_p)=2.0×10^{5}MPa)

① 80MPa　　② 100MPa

③ 120MPa　　④ 140MPa

08 수중 콘크리트 치기에 대한 설명으로 틀린 것은?

① 콘크리트를 수중에 낙하시키면 재료분리가 일어나고 시멘트가 유실되기 때문에 콘크리트는 수중에 낙하시켜서는 안 된다.

② 대규모 공사나 중요한 구조물의 경우 밑열림상자를 이용하여 콘크리트의 연속 시공이 가능하도록 해야 한다.

③ 콘크리트면을 가능한 한 수평하게 유지하면서 소정의 높이 또는 수면상에 이를 때까지 연속해서 타설해야 한다.

④ 한 구획의 콘크리트 타설을 완료한 후 레이턴스를 모두 제거하고 다시 타설하여야 한다.

09 AE 콘크리트에서 공기량에 영향을 미치는 요인들에 대한 설명으로 잘못된 것은?

① 단위시멘트량이 증가할수록 공기량은 감소한다.

② 배합과 재료가 일정하면 슬럼프가 작을수록 공기량은 증가한다.

③ 콘크리트의 온도가 낮을수록 공기량은 증가한다.

④ 콘크리트가 응결·경화되면 공기량은 증가한다.

10 해양 콘크리트에 대한 설명 중 옳지 않은 것은?

① 해양 콘크리트 구조물에 쓰이는 콘크리트의 설계기준압축강도는 30MPa 이상으로 한다.

② 단위결합재량을 작게 하면 해수 중의 각종 염류의 화학적 침식, 콘크리트 속의 강재부식 등에 대한 저항성이 커진다.

③ 해수에 의한 침식이 심한 경우에는 폴리머 시멘트 콘크리트와 폴리머 콘크리트 또는 폴리머함침 콘크리트 등을 사용할 수 있다.

④ 심한 기상작용에 저항성을 높이기 위해 AE감수제 또는 고성능 감수제를 사용한다.

11 다음의 경량골재 콘크리트에 대한 설명 중 틀린 것은?

① 보통골재 콘크리트보다 슬럼프가 작아지는 경향이 있다.

② 배합 시 경량골재는 젖은 상태로 사용한다.

③ 경량골재 콘크리트의 선팽창률은 보통 콘크리트의 60~70% 정도이다.

④ 보통골재 콘크리트의 경우보다 공기량을 1% 정도 작게 한다.

12 콘크리트의 균열은 재료, 시공, 설계 및 환경 등 여러 가지 요인에 의해 발생한다. 다음 중 재료적 요인과 가장 관련이 많은 균열현상은?

① 알칼리골재반응에 의한 거북등현상의 균열

② 온도변화, 화학작용 및 동결융해현상에 의한 균열

③ 콘크리트 피복두께 및 철근의 정착길이 부족에 의한 균열

④ 재료분리, 콜드조인트(cold joint) 발생에 의한 균열

13 다음 4조의 압축강도시험결과 중 변동계수가 가장 큰 것은?

① 198, 195, 210, 197

② 202, 190, 190, 218

③ 210, 205, 185, 200

④ 189, 200, 196, 215

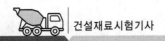

14 콘크리트의 중성화(탄산화)에 대한 설명으로 잘못된 것은?

① 굳은 콘크리트는 표면에서 공기 중의 이산화탄소의 작용을 받아 수산화칼슘이 탄산칼슘으로 바뀐다.

② 철근 주위를 둘러싸고 있는 콘크리트가 중성화하여 물과 공기가 침투하면 철근을 부식시킨다.

③ 중성화의 판정은 페놀프탈레인 1%의 알코올용액을 콘크리트의 단면에 뿌려 조사하는 방법이 일반적이다.

④ 중성화가 진행된 콘크리트는 알칼리성이 약화되어 콘크리트 자체가 팽창하여 파괴된다.

15 오토클레이브(autoclave) 양생에 대한 설명으로 틀린 것은?

① 양생온도 180℃ 정도, 증기압 0.8MPa 정도의 고온 고압상태에서 양생하는 방법이다.

② 오토클레이브 양생을 실시한 콘크리트의 외관은 보통 양생한 포틀랜드 시멘트 콘크리트색의 특징과 다르며 흰색을 띤다.

③ 오토클레이브 양생을 실시한 콘크리트는 어느 정도의 취성을 가지게 된다.

④ 오토클레이브 양생은 고강도 콘크리트를 얻을 수 있어 철근콘크리트 부재에 적용할 경우 특히 유리하다.

16 시방배합결과 단위잔골재량 $700kg/m^3$, 단위굵은 골재량 $1,300kg/m^3$을 얻었다. 현장 골재의 입도만을 고려하여 현장 배합으로 수정하면 굵은 골재의 양은? (단, 현장 잔골재 : 야적상태에서 포함된 굵은 골재=2%, 현장 굵은 골재 : 야적상태에서 포함된 잔골재=4%)

① $1,284kg/m^3$ ② $1,316kg/m^3$

③ $1,340kg/m^3$ ④ $1,400kg/m^3$

17 현장 배합에 의한 재료량 및 재료의 계량값이 다음의 표와 같을 때 계량오차를 초과하여 불합격인 재료는?

구분 \ 재료	물	시멘트	플라이 애시	잔골재
현장 배합(kg)	145	272	68	820
계량값(kg)	144	270	65	844

① 물
② 시멘트
③ 플라이애시
④ 잔골재

18 콘크리트의 받아들이기 품질검사에 대한 설명으로 틀린 것은?

① 워커빌리티의 검사는 굵은 골재 최대 치수 및 슬럼프가 설정치를 만족하는지의 여부를 확인함과 동시에 재료분리저항성을 외관관찰에 의해 확인하여야 한다.

② 내구성검사는 공기량, 염소이온량을 측정하는 것으로 한다.

③ 콘크리트를 타설하기 전에 실시하여야 한다.

④ 강도검사는 압축강도시험에 의한 검사를 원칙으로 한다.

19 콘크리트의 워커빌리티(workability)를 측정하기 위한 시험방법 중 콘크리트에 일정한 에너지를 가하여 밀도의 변화를 수치적으로 나타내는 시험법은?

① 흐름시험(flow test)
② 슬럼프시험(slump test)
③ 리몰딩시험(remolding test)
④ 다짐계수시험(compacting factor test)

20 매스 콘크리트에 대한 다음 설명에서 빈칸에 알맞은 수치는?

> 매스 콘크리트로 다루어야 하는 구조물의 부재 치수는 일반적인 표준으로서 넓이가 넓은 평판 구조의 경우 두께 (㉮)m 이상, 하단이 구속된 벽조의 경우 두께 (㉯)m 이상으로 한다.

① ㉮ : 0.8, ㉯ : 0.5
② ㉮ : 1.0, ㉯ : 0.5
③ ㉮ : 0.5, ㉯ : 0.8
④ ㉮ : 0.5, ㉯ : 1.0

제2과목 · 건설시공 및 관리

21 다음은 흙쌓기 재료로서 구비해야 할 성질이다. 틀린 것은?

① 완성 후 큰 변형이 없도록 지지력이 클 것
② 압축침하가 적도록 압축성이 클 것
③ 흙쌓기 비탈면의 안정에 필요한 전단강도를 가질 것
④ 시공기계의 Trafficability가 확보될 것

22 다음 그림의 토적곡선 a−b구간에서 발생한 절토량을 인접한 500m² 면적지역에 다짐상태로 성토 시 성토높이를 구하면 약 몇 m인가? (단, $L=1.2$, $C=0.9$)

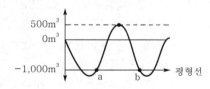

① 1.7m　　② 2.7m
③ 3.8m　　④ 4.8m

23 다음 그림과 같은 지형에서 시공기준면의 표고를 30m로 할 때 총토공량은? (단, 격자점의 숫자는 표고를 나타내며, 단위는 m이다.)

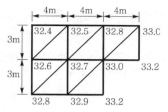

① 142m³　　② 168m³
③ 184m³　　④ 213m³

24 0.7m³의 백호(back hoe) 1대를 사용하여 6,000m³의 기초굴착을 시행할 때 굴착에 요하는 일수는 얼마인가? (단, back hoe의 cycle time은 24초, dipper계수는 0.9, 토량변화율(L)은 1.2, 작업능률은 0.8, 1일의 운전시간은 7시간이다.)

① 14일　　② 12일
③ 10일　　④ 17일

25 디퍼 준설선(dipper dredger)의 특징으로 틀린 것은?

① 암석이나 굳은 토질에도 적합하다.
② 작업장소가 넓지 않아도 된다.
③ 준설비가 비교적 작고, 연속식에 비하여 작업능률이 뛰어나다.
④ 기계의 고장이 비교적 적다.

26 지하층을 구축하면서 동시에 지상층도 시공이 가능한 역타공법(top−down공법)이 현장에서 많이 사용된다. 역타공법의 특징으로 틀린 것은?

① 인접 건물이나 인접 지대에 영향을 주지 않는 지하굴착공법이다.
② 대지의 활용도를 극대화할 수 있으므로 도심지에서 유리한 공법이다.
③ 지하층 슬래브와 지하벽체 및 기초말뚝 기둥과의 연결작업이 쉽다.
④ 지하주벽을 먼저 시공하므로 지하수 차단이 쉽다.

27 히빙(heaving)의 방지대책으로 옳지 않은 것은?

① 굴착 시 부분굴착보다 전면굴착을 한다.
② 굴착 저면의 지반을 개량한다.
③ 흙막이 근입깊이를 깊게 한다.
④ 지하수의 배수처리를 한다.

28 암발파에 있어서 스무스 블라스팅(smooth blasting)에 대한 설명으로 옳은 것은?

① 인위적으로 자유면을 증가시켜 효율적인 발파작업이 될 수 있도록 하는 작업이다.
② 일반적으로 복공 콘크리트가 더 필요하게 되어 비경제적이다.
③ 암석면을 거칠게 하며, 낙석의 위험성이 많다.
④ 여굴이 감소된다.

29 옹벽의 안정상 수평저항력을 증가시키기 위한 방법으로 가장 유리한 것은?

① 옹벽의 비탈경사를 크게 한다.
② 옹벽의 저판 밑에 돌기물(key)을 만든다.
③ 옹벽의 전면에 apron을 설치한다.
④ 배면의 본바닥에 앵커타이(anchor tie)나 앵커벽을 설치한다.

30 암거의 배열방식 중 집수지거를 향하여 지형의 경사가 완만하고, 같은 습윤상태인 곳에 적합하며, 1개의 간선집수지 또는 집수지거로 가능한 한 많은 흡수거를 합류하도록 배열하는 방식은?

① 자연식(natural system)
② 차단식(intercepting system)
③ 빗식(gridiron system)
④ 집단식(grouping system)

31 공사일수를 3점 시간추정법에 의해 산정할 경우 적절한 공사일수는? (단, 낙관일수는 6일, 정상일수는 8일, 비관일수는 10일이다.)

① 6일 　　② 7일
③ 8일 　　④ 9일

32 교량구조 중 좌우의 주형을 연결하여 구조물의 횡방향 지지 및 강성을 확보, 횡하중의 받침부로 원활한 하중 전달을 하기 위해 설치된 구조는 무엇인가?

① 브레이싱 　　② 교대
③ 바닥틀 　　④ 구체

33 사장교를 케이블 형상에 따라 분류할 때 여기에 속하지 않는 것은?

① 방사(radiating)형
② 타이드(tied)형
③ 하프(harp)형
④ 팬(fan)형

34 아스팔트 포장에서 프라임코트(prime coat)의 중요목적이 아닌 것은?

① 보조기층과 그 위에 시공될 아스팔트 혼합물과의 융합을 좋게 한다.
② 보조기층에서 모세관작용에 의한 물의 상승을 차단한다.
③ 기층 마무리 후 아스팔트 포설까지의 기층과 보조기층의 파손 및 표면수의 침투, 강우에 의한 세굴을 방지한다.
④ 배수층역할을 하여 노상토의 지지력을 증대시킨다.

35 아스팔트 콘크리트 포장의 소성변형(rutting)에 대한 설명 중 옳지 않은 것은?

① 노면에 차량의 바퀴가 집중적으로 통과하여 움푹 파인 자국이다.
② 아스팔트의 양이 많거나 여름철 이상고온 시 발생하기 쉽다.
③ 변형된 곳에 물이 고여 수막현상으로 주행에 위험을 초래할 수 있다.
④ 골재입도의 최대 입경이 크거나 침입도가 적은 아스팔트를 사용하게 되면 발생한다.

36 잔교(landing pier)란 배를 계선하여 육지와 연락하기 위한 다리구조를 말한다. 잔교의 특징에 관한 설명으로 잘못된 것은?

① 토압을 받지 않고 자중이 적으므로 연약지반에 이용할 수 있다.

② 기존 호안이 있는 곳에 안벽을 축조할 때는 횡잔교가 유리하다.

③ 수평력에 대한 저항력이 크다.

④ 구조적으로 토류사면과 잔교를 조합하는 것이므로 공사비가 많아지는 경우도 있다.

37 표면차수벽 댐은 Core의 Filter층이 없이 제체를 느슨한 암으로 축조하여 상하사면은 암의 안식각에 가깝게 하고, 제체가 어느 정도 축조된 후 상류측에 불투수층 차수벽을 설치하여 차수역할을 하며 차수벽과 Rock 사이에는 입경이 작은 암석층을 두어 완충역할을 하게 한다. 다음 중 표면차수벽 댐을 채택할 수 있는 조건이 아닌 것은?

① 대량의 점토 확보가 용이한 경우

② 짧은 공사기간으로 급속시공이 필요한 경우

③ 동절기 및 잦은 강우로 점토시공이 어려운 경우

④ 추후 댐높이의 증축이 예상되는 경우

38 다음 그림과 같은 방파제에서 활동에 대한 안전율은? (단, 파고 $H=3.0$m, 제체의 단위중량 $w=20$kN/m³, 해수의 단위중량 $w'=10$kN/m³, 마찰계수 $f=0.6$, 파압공식 $P=1.5w'H$[kN/m²])

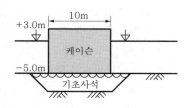

① 1.23

② 1.33

③ 1.53

④ 1.83

39 다음 표는 건물공사의 콘크리트 슬럼프시험결과의 평균치와 범위를 보여준다. 주어진 자료를 이용하여 $\bar{x}$관리도의 상한관리선과 하한관리선을 구하면? (단, $A_2=1.023$을 이용)

조번호	1	2	3	4	5
평균치	7.0	7.5	9.0	8.5	9.0
범위	0.5	1.0	1.5	0.5	1.0

① 8.62, 7.78

② 9.12, 7.28

③ 8.62, 6.78

④ 9.12, 6.28

40 공사기간의 단축과 연장은 비용경사(cost slope)를 고려하여 하게 되는데 다음 표를 보고 비용경사를 구하면?

정상계획		특급계획	
기간	공사비	기간	공사비
10일	34,000원	8일	44,000원

① 10,000원

② 5,000원

③ −5,000원

④ −10,000원

제3과목 · 건설재료 및 시험

41 재료의 성질과 관련된 용어의 설명으로 틀린 것은 어느 것인가?

① 강성(rigidity) : 큰 외력에 의해서도 파괴되지 않는 재료를 강성이 큰 재료라고 하며, 강도와 관계가 있으나, 탄성계수와는 관계가 없다.

② 연성(ductility) : 재료에 인장력을 주어 가늘고 길게 늘어나게 할 수 있는 재료를 연성이 풍부하다고 한다.

③ 취성(brittleness) : 재료가 작은 변형에도 파괴가 되는 성질을 취성이라고 한다.

④ 인성(toughness) : 재료가 하중을 받아 파괴될 때까지의 에너지흡수능력으로 나타낸다.

42 이형철근의 인장시험데이터가 다음과 같을 때 파단연신율(%)은?

- 원단면적 $A_o = 190mm^2$
- 표점거리 $l_o = 128mm$
- 파단 후 표점거리 $l = 156mm$
- 파단 후 단면적 $A = 130mm^2$
- 최대 인장하중 $P_{max} = 11,800kN$

① 19.85 ② 21.88
③ 23.85 ④ 25.88

43 포틀랜드 시멘트의 주성분비율 중 수경률(HM : Hydraulic Modulus)에 대한 설명으로 옳지 않은 것은?

① 수경률은 CaO성분이 높을 경우 커진다.
② 수경률은 다른 성분이 일정할 경우 석고량이 많을 경우 커진다.
③ 수경률이 크면 초기강도가 커진다.
④ 수경률이 크면 수화열이 큰 시멘트가 생긴다.

44 동일 시험자가 동일 시멘트에 대해 2회의 시멘트 비중시험을 실시한 결과가 다음 표와 같을 때 이 시멘트의 비중은?

측정번호	1	2
시멘트 무게(g)	64.15	64.10
비중병눈금의 읽음차	20.40mL	20.10mL

① 평균값인 3.17을 시멘트의 비중값으로 한다.
② 두 시험 중 작은 값인 3.14를 시멘트의 비중값으로 한다.
③ 2회 측정한 결과가 ±0.03보다 크므로 재시험을 실시한다.
④ 2회 측정한 평균값과 ±0.02 이상 차이나는 시험결과가 있으므로 재시험을 실시한다.

45 포틀랜드 시멘트의 성질에 대한 설명 중 옳지 않은 것은?

① 시멘트의 분말도가 높으면 수축이 크고 균열 발생의 가능성이 크며, 시멘트 자체가 풍화되기 쉽다.
② 시멘트가 불안정하면 이상팽창 등을 일으켜 콘크리트에 균열을 발생시킨다.
③ 시멘트의 입자가 작고 온도가 높을수록 수화속도가 빠르게 되어 초기강도가 증가한다.
④ 시멘트의 응결시간은 수량이 많고 온도가 낮으면 빨라지고, 분말도가 높거나 C_3A의 양이 많으면 느리게 된다.

46 AE제의 기능에 대한 설명 중 맞지 않는 것은?

① 연행공기 1% 증가는 콘크리트의 슬럼프를 약 25mm 정도 증가시키는 워커빌리티 개선효과를 나타낸다.
② 물의 동결에 의한 팽창응력을 기포가 흡수함으로써 콘크리트의 동결융해에 대한 저항성을 개선한다.
③ 갇힌 공기와는 달리 AE제에 의한 연행공기는 그 양이 다소 많아져도 강도손실을 일으키지 않는다.
④ 연행공기량은 운반 및 진동다짐과정에서 약간 감소하는 경향을 나타낸다.

47 혼합 시멘트의 성질에 대한 설명으로 틀린 것은?

① 플라이애시 시멘트는 포졸란반응으로 초기강도가 향상되며 해수에 대한 저항성이 크다.
② 고로슬래그 시멘트는 보통 시멘트보다 시멘트 경화체의 수화생성물 중의 수산화칼슘의 양이 적다.
③ 플라이애시 시멘트는 플라이애시가 구형이어서 워커빌리티에 양호하며 단위수량을 감소시킨다.
④ 고로슬래그 시멘트는 고로슬래그의 잠재수경성으로 초기강도는 작으나, 장기강도는 보통 시멘트와 거의 같다.

48 실리카퓸을 혼합한 콘크리트의 성질로서 틀린 것은?

① 콘크리트의 유동화적 특성이 변화하여 블리딩과 재료분리가 감소된다.

② 실리카퓸은 일반적인 포졸란재료와 비교하여 담배연기와 같은 정도의 초미립분말이기 때문에 조기재령에서 포졸란반응이 발생한다.

③ 마이크로필러효과와 포졸란반응에 의해 $0.1\mu m$ 이상의 큰 공극은 작아지고 미세한 공극이 많아져 골재와 결합재 간의 부착력이 증가하여 콘크리트의 강도가 증진된다.

④ 실리카퓸은 초미립분말로서 콘크리트의 워커빌리티를 향상시키므로 단위수량을 감소시킬 수 있으며, 플라스틱 수축균열을 방지하는 데 효과적이다.

49 잔골재의 밀도시험의 결과가 다음 표와 같을 때 이 잔골재의 표면건조포화상태의 밀도는?

- 검정된 용량을 나타낸 눈금까지 물로 채운 플라스크의 질량 : 665g
- 표면건조포화상태 시료의 질량 : 500g
- 절대건조상태 시료의 질량 : 495g
- 시료와 물로 검정된 용량을 나타낸 눈금까지 채운 플라스크의 질량 : 975g
- 시험온도에서 물의 밀도 : 1g/cm³

① 2.65g/cm^3 ② 2.63g/cm^3

③ 2.60g/cm^3 ④ 2.57g/cm^3

50 다음은 굵은 골재의 체가름시험을 행한 후 각 체에 남은 양들이다. 굵은 골재의 조립률과 최대 치수는?

- 50mm체 : 0g
- 40mm체 : 270g
- 30mm체 : 1,755g
- 25mm체 : 2,455g
- 20mm체 : 2,270g
- 15mm체 : 4,230g
- 10mm체 : 2,370g
- 5mm체 : 1,650g

① 조립률 8.52, 최대 치수 25mm

② 조립률 8.52, 최대 치수 40mm

③ 조립률 7.36, 최대 치수 40mm

④ 조립률 7.36, 최대 치수 25mm

51 콘크리트용 골재의 품질 판정에 대한 설명 중 틀린 것은?

① 체가름시험을 통하여 골재의 입도를 판정할 수 있다.

② 골재의 입도가 일정한 경우 실적률을 통하여 골재입형을 판정할 수 있다.

③ 황산나트륨용액에 골재를 침수시켜 건조시키는 조작을 반복하여 골재의 안정성을 판정할 수 있다.

④ 조립률로 골재의 입형을 판정할 수 없다.

52 마샬시험방법에 따라 아스팔트 콘크리트 배합설계를 진행할 경우 포화도는 몇 %인가? (단, 아스팔트 밀도(G_a) : 1.030g/cm³, 아스팔트 함량(A) : 6.3%, 공시체의 실측밀도(d) : 2.435g/cm³, 공시체의 공극률(V) : 4.8%)

① 58% ② 66%

③ 71% ④ 76%

53 포장용 타르와 스트레이트 아스팔트와의 성질을 비교한 것으로 틀린 것은?

① 포장용 타르의 주성분은 방향족 탄화수소이고, 스트레이트 아스팔트는 지방족 탄화수소이다.

② 일반적으로 포장용 타르의 밀도가 스트레이트 아스팔트보다 높다.

③ 스트레이트 아스팔트는 포장용 타르보다 투수성과 흡수성이 더 적다.

④ 포장용 타르는 물이 있어도 골재에 대한 접착성이 뛰어나지만, 스트레이트 아스팔트는 물이 있으면 골재에 대한 접착성이 떨어진다.

54 목재에 대한 설명으로 틀린 것은?

① 목재의 벌목에 적당한 시기는 가을에서 겨울에 걸친 기간이다.

② 목재의 건조방법 중 자비법(煮沸法)은 자연건조법의 일종이다.

③ 목재의 방부처리법은 표면처리법과 방부제주입법으로 크게 나눌 수 있다.

④ 목재의 비중은 보통 기건비중을 말하며, 이때의 함수율은 15% 전후이다.

55 석재에 대한 설명 중 틀린 것은?

① 석재는 구조용으로 사용할 경우 주로 인장력을 받는 부분에 사용된다.

② 석재는 취급에 불편하지 않게 $1m^3$ 정도의 크기로 사용하는 것이 좋다.

③ 암석의 압축강도가 50MPa 이상인 경우에는 경석이라 한다.

④ 퇴적암이나 변성암에 나타나는 평행의 절리를 층리라 한다.

56 다음 중 화약에 대한 설명으로 틀린 것은?

① 흑색화약은 원용적의 약 300배의 gas로 팽창하여 2,000℃의 열과 660MPa의 압력을 발생시킨다.

② 무연화약은 흑색화약에 비해 낮은 압력을 비교적 장기간 작용시킬 수 있다.

③ 흑색화약은 내습성이 뛰어나 젖어도 쉽게 발화하는 장점이 있다.

④ 무연화약은 연소성을 조절할 수 있으므로 총탄, 포탄, 로켓 등의 발사에 사용된다.

57 어떤 콘크리트용 굵은 골재에 유해물인 점토덩어리의 함유량이 0.2%이었다면 연한 석편의 함유량은 최대 얼마 이하이어야 하는가? (단, 철근콘크리트에 사용하는 경우)

① 3.8% ② 4%

③ 4.8% ④ 5%

58 콘크리트용 골재로서 부순 굵은 골재에 대한 일반적인 설명으로 틀린 것은?

① 부순 굵은 골재는 모가 나 있기 때문에 실적률이 적다.

② 동일한 물−시멘트비인 경우 강자갈을 사용한 콘크리트보다 압축강도가 10% 정도 낮아진다.

③ 콘크리트에 사용될 때 작업성이 떨어진다.

④ 동일 슬럼프를 얻기 위한 단위수량은 입도가 좋은 강자갈보다 6~8% 정도 높아진다.

59 토목섬유 중 지오텍스타일의 기능을 설명한 것으로 틀린 것은?

① 배수 : 물이 흙으로부터 여러 형태의 배수로로 빠져나갈 수 있도록 한다.

② 보강 : 토목섬유의 인장강도는 흙의 지지력을 증가시킨다.

③ 여과 : 입도가 다른 두 개의 층 사이에 배치될 때, 침투수가 세립토층에서 조립토층으로 흐러갈 때 세립토의 이동을 방지한다.

④ 혼합 : 도로시공 시 여러 개의 흙층을 혼합하여 결합시키는 역할을 한다.

60 표준체 $45\mu m$에 의한 시멘트 분말도시험에 의한 결과가 다음과 같을 때 시멘트의 분말도는?

- 표준체 보정계수 : +31.2%
- 시험한 시료의 잔사 : 0.088g

① 73.6% ② 81.2%

③ 88.5% ④ 91.7%

제4과목 · 토질 및 기초

61 노건조한 흙시료의 부피가 1,000cm³, 무게가 1,700g, 비중이 2.65라면 간극비는?

① 0.71 ② 0.43

③ 0.65 ④ 0.56

62 어떤 흙에 대해서 일축압축시험을 한 결과 일축압축강도가 0.1MPa이고, 이 시료의 파괴면과 수평면이 이루는 각이 50°일 때 이 흙의 점착력(c)과 내부마찰각(ϕ)은?

① $c=0.06$MPa, $\phi=10°$
② $c=0.042$MPa, $\phi=50°$
③ $c=0.06$MPa, $\phi=50°$
④ $c=0.042$MPa, $\phi=10°$

63 점성토를 다지면 함수비의 증가에 따라 입자의 배열이 달라진다. 최적함수비의 습윤측에서 다짐을 실시하면 흙은 어떤 구조로 되는가?

① 단립구조
② 봉소구조
③ 이산구조
④ 면모구조

64 어떤 점토의 압밀계수는 $1.92×10^{-3}cm^2/s$, 압축계수는 $2.86×10^{-2}cm^2/g$이었다. 이 점토의 투수계수는? (단, 이 점토의 초기간극비는 0.8이다.)

① $1.05×10^{-5}cm^2/s$
② $2.05×10^{-5}cm^2/s$
③ $3.05×10^{-5}cm^2/s$
④ $4.05×10^{-5}cm^2/s$

65 Terzaghi의 극한지지력공식에 대한 설명으로 틀린 것은?

① 기초의 형상에 따라 형상계수를 고려하고 있다.
② 지지력계수 N_c, N_q, N_γ는 내부마찰각에 의해 결정된다.
③ 점성토에서의 극한지지력은 기초의 근입 깊이가 깊어지면 증가된다.
④ 극한지지력은 기초의 폭에 관계없이 기초하부의 흙에 의해 결정된다.

66 흙의 투수계수에 영향을 미치는 요소들로만 구성된 것은?

> ㉮ 흙입자의 크기
> ㉯ 간극비
> ㉰ 간극의 모양과 배열
> ㉱ 활성도
> ㉲ 물의 점성계수
> ㉳ 포화도
> ㉴ 흙의 비중

① ㉮, ㉯, ㉱, ㉳
② ㉮, ㉯, ㉰, ㉲, ㉳
③ ㉮, ㉯, ㉱, ㉲, ㉴
④ ㉯, ㉰, ㉲, ㉴

67 흙의 다짐시험에서 다짐에너지를 증가시킬 때 일어나는 결과는?

① 최적함수비는 증가하고, 최대 건조단위중량은 감소한다.
② 최적함수비는 감소하고, 최대 건조단위중량은 증가한다.
③ 최적함수비와 최대 건조단위중량이 모두 감소한다.
④ 최적함수비와 최대 건조단위중량이 모두 증가한다.

68 수조에 상방향의 침투에 의한 수두를 측정한 결과 다음 그림과 같이 나타났다. 이때 수조 속에 있는 흙에 발생하는 침투력을 나타낸 식은? (단, 시료의 단면적은 A, 시료의 길이는 L, 시료의 포화단위중량은 γ_{sat}, 물의 단위중량은 γ_w이다.)

① $\Delta h \gamma_w \dfrac{A}{L}$
② $\Delta h \gamma_w A$
③ $\Delta h \gamma_{sat} A$
④ $\dfrac{\gamma_{sat}}{\gamma_w} A$

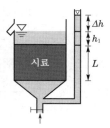

69 다음 그림과 같이 3개의 지층으로 이루어진 지반에서 수직방향 등가투수계수는?

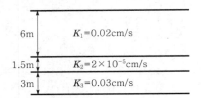

① 2.516×10^{-6}cm/s
② 1.274×10^{-5}cm/s
③ 1.393×10^{-4}cm/s
④ 2.0×10^{-2}cm/s

70 다음 그림과 같은 폭(B) 1.2m, 길이(L) 1.5m 인 사각형 얕은 기초에 폭(B)방향에 대한 편심이 작용하는 경우 지반에 작용하는 최대 압축응력은?

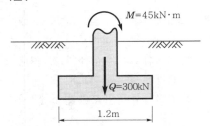

① 292kN/m^2
② 385kN/m^2
③ 397kN/m^2
④ 415kN/m^2

71 다음 그림과 같이 피압수압을 받고 있는 2m 두께의 모래층이 있다. 그 위의 포화된 점토층을 5m 깊이로 굴착하는 경우 분사현상이 발생하지 않기 위한 수심(h)은 최소 얼마를 초과하도록 하여야 하는가?

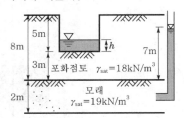

① 0.9m
② 1.5m
③ 1.9m
④ 2.4m

72 Meyerhof의 극한지지력공식에서 사용하지 않는 계수는?

① 형상계수
② 깊이계수
③ 시간계수
④ 하중경사계수

73 다음 토질조사에 대한 설명 중 옳지 않은 것은 어느 것인가?

① 사운딩(Sounding)이란 지중에 저항체를 삽입하여 토층의 성상을 파악하는 현장시험이다.
② 불교란시료를 얻기 위해서 Foil Sampler, Thin wall tube sampler 등이 사용된다.
③ 표준관입시험은 로드(Rod)의 길이가 길어질수록 N치가 작게 나온다.
④ 베인시험은 정적인 사운딩이다.

74 다음 그림에서 활동에 대한 안전율은?

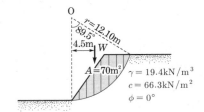

① 1.30
② 2.05
③ 2.15
④ 2.48

75 다음 그림과 같은 점성토지반의 굴착저면에서 바닥융기에 대한 안전율은 Terzaghi의 식에 의해 구하면? (단, $\gamma = 17.31$kN/m^3, $c = 24$kN/m^2 이다.)

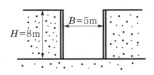

① 3.21
② 2.32
③ 1.64
④ 1.17

76 포화된 지반의 간극비를 e, 함수비를 w, 간극률을 n, 비중을 G_s라 할 때 다음 중 한계동수경사를 나타내는 식으로 적절한 것은?

① $\dfrac{G_s+1}{1+e}$

② $\dfrac{e-w}{w(1+e)}$

③ $(1+n)(G_s-1)$

④ $\dfrac{G_s(1-w+e)}{(1+G_s)(1+e)}$

77 유선망(Flow Net)의 성질에 대한 설명으로 틀린 것은?

① 유선과 등수두선은 직교한다.
② 동수경사(i)는 등수두선의 폭에 비례한다.
③ 유선망으로 되는 사각형은 이론상 정사각형이다.
④ 인접한 두 유선 사이, 즉 유로를 흐르는 침투수량은 동일하다.

78 말뚝의 부마찰력(Negative Skin Friction)에 대한 설명 중 틀린 것은?

① 말뚝의 허용지지력을 결정할 때 세심하게 고려해야 한다.
② 연약지반에 말뚝을 박은 후 그 위에 성토를 한 경우 일어나기 쉽다.
③ 연약한 점토에 있어서는 상대변위의 속도가 느릴수록 부마찰력은 크다.
④ 연약지반을 관통하여 견고한 지반까지 말뚝을 박은 경우 일어나기 쉽다.

79 얕은 기초 아래의 접지압력분포 및 침하량에 대한 설명으로 틀린 것은?

① 접지압력의 분포는 기초의 강성, 흙의 종류, 형태 및 깊이 등에 따라 다르다.
② 점성토지반에 강성기초 아래의 접지압분포는 기초의 모서리 부분이 중앙 부분보다 작다.
③ 사질토지반에서 강성기초인 경우 중앙 부분이 모서리 부분보다 큰 접지압을 나타낸다.
④ 사질토지반에서 유연성기초인 경우 침하량은 중심부보다 모서리 부분이 더 크다.

80 다음 그림과 같이 점토질지반에 연속기초가 설치되어 있다. Terzaghi공식에 의한 이 기초의 허용지지력은? (단, $\phi=0$이며 폭(B)=2m, $N_c=5.14$, $N_q=1.0$, $N_\gamma=0$, 안전율 $F_s=3$이다.)

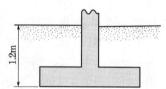

점토질지반 $\gamma=19.2\text{kN/m}^3$
일축압축강도 $q_u=148.6\text{kN/m}^2$

① 64kN/m^2
② 135kN/m^2
③ 185kN/m^2
④ 404.9kN/m^2

제5회 실전 모의고사

┃ 정답 및 해설 : 부-87쪽 ┃

제1과목 · 콘크리트공학

01 콘크리트의 건조수축량에 관한 다음 설명 중 옳은 것은?

① 단위 굵은 골재량이 많을수록 건조수축량은 크다.

② 분말도가 큰 시멘트일수록 건조수축량은 크다.

③ 습도가 낮을수록 온도가 높을수록 건조수축량은 작다.

④ 물-결합재비가 동일할 경우 단위수량의 차이에 따라 건조수축량이 달라지지는 않는다.

02 콘크리트의 압축강도에 영향을 미치는 요인에 대한 설명 중 틀린 것은?

① 물-시멘트비가 동일한 경우 부순 돌을 사용한 콘크리트의 압축강도는 강자갈을 사용한 콘크리트보다 강도가 증가한다.

② 물-시멘트비가 클수록 압축강도는 저하된다.

③ 콘크리트 성형 시 압력을 가하여 경화시키면 압축강도는 저하된다.

④ 습윤양생이 공기 중 양생보다 압축강도가 증가한다.

03 23회의 압축강도시험실적으로부터 구한 표준편차가 2.8MPa이었다. 콘크리트의 설계기준압축강도가 28MPa인 경우 배합강도는? (단, 시험횟수 20회일 때의 표준편차의 보정계수는 1.08이고, 25회일 때의 표준편차의 보정계수는 1.03이다.)

① 30MPa ② 31MPa
③ 32MPa ④ 33MPa

04 콘크리트 진동다지기에서 내부진동기 사용방법의 표준으로 틀린 것은?

① 2층 이상으로 나누어 타설한 경우 상층 콘크리트의 다지기에서 내부진동기는 하층의 콘크리트 속으로 찔러 넣으면 안 된다.

② 내부진동기의 삽입간격은 일반적으로 0.5m 이하로 하는 것이 좋다.

③ 1개소당 진동시간은 다짐할 때 시멘트 페이스트가 표면 상부로 약간 부상할 때까지 한다.

④ 내부진동기는 콘크리트를 횡방향으로 이동시킬 목적으로 사용하지 않아야 한다.

05 프리스트레스트 콘크리트 구조물이 철근콘크리트 구조물보다 유리한 점을 설명한 것 중 옳지 않은 것은?

① 사용하중하에서는 균열이 발생하지 않도록 설계되기 때문에 내구성 및 수밀성이 우수하다.

② 콘크리트의 전단면을 유효하게 이용할 수 있어 동일한 하중에 대해 부재처짐이 작다.

③ 충격하중이나 반복하중에 대해 저항력이 크며 부재의 중량을 줄일 수 있어 장대교량에 유리하다.

④ 강성이 크기 때문에 변형이 작고 고온에 대한 저항력이 우수하다.

06 콘크리트의 비파괴시험 중 초음파법에 의한 균열깊이를 평가하는 방법이 아닌 것은?

① T법 ② Pull-out법
③ $T_c - T_o$법 ④ BS법

07 다음 표와 같은 조건의 프리스트레스트 콘크리트에서 거푸집 내에서 허용되는 긴장재의 배치 오차한계로서 옳은 것은?

> 도심위치변동의 경우로서 부재치수가 1.6m인 프리스트레스트 콘크리트

① 5mm
② 8mm
③ 10mm
④ 13mm

08 한중 콘크리트의 타설에 있어 보통 운반 및 타설 시간 1시간에 대해 콘크리트의 온도저하를 콘크리트 온도와 기온차이의 15%라고 할 경우, 혼합 직후의 콘크리트 온도가 20℃, 주위의 기온이 4℃, 혼합으로부터 타설 종료까지의 시간이 2시간이었다면 콘크리트의 온도저하치는?

① 4.0℃
② 4.8℃
③ 5.4℃
④ 6.0℃

09 수중 불분리성 콘크리트의 타설에 대한 설명으로 틀린 것은?

① 유속이 50mm/s 정도 이하의 정수 중에서 수중낙하높이 0.5m 이하에서 타설한다.
② 콘크리트 펌프로 압송할 경우 압송압력은 보통 콘크리트의 2~3배 정도 요구된다.
③ 품질저하 및 불균일성을 방지하기 위해 수중유동거리는 10m 이하로 한다.
④ 소규모 공사 등에는 버킷을 이용하여 시공할 수도 있다.

10 콘크리트의 알칼리골재반응에 대한 설명으로 틀린 것은?

① 알칼리골재반응이 진행되면 콘크리트 구조물에 균열이 생긴다.
② 콘크리트 중 알칼리의 주된 공급원은 골재에 부착된 염분(NaCl)이다.
③ 알칼리골재반응은 포졸란의 사용에 의해 억제된다.
④ 알칼리골재반응이 진행되기 위해서는 반응성 골재와 알칼리 및 수분이 필요하다.

11 매스 콘크리트의 온도균열 발생에 대한 검토는 온도균열지수에 의해 평가하는 것을 원칙으로 하고 있다. 철근이 배치된 일반적인 구조물의 균열 발생을 방지하여야 할 경우 표준적인 온도균열지수의 값으로 옳은 것은?

① 1.5 이상
② 1.2~1.5
③ 0.7~1.2
④ 0.7 이하

12 섬유보강 콘크리트에 관한 설명 중 틀린 것은?

① 섬유보강 콘크리트는 콘크리트의 인장강도와 균열에 대한 저항성을 높인 콘크리트이다.
② 믹서는 섬유를 콘크리트 속에 균일하게 분산시킬 수 있는 가경식 믹서를 사용하는 것을 원칙으로 한다.
③ 시멘트계 복합재료용 섬유는 강섬유, 유리섬유, 탄소섬유 등의 무기계 섬유와 아라미드섬유, 비닐론섬유 등의 유기계 섬유로 분류한다.
④ 섬유보강 콘크리트에 사용되는 섬유는 섬유와 시멘트 결합재 사이의 부착성이 양호하고, 섬유의 인장강도가 커야 한다.

13 경량골재 콘크리트에 대한 설명으로 틀린 것은?

① 보통 콘크리트의 응력-변형관계는 직선적이나, 경량골재 콘크리트는 곡선적인 변형을 나타낸다.
② 경량골재 콘크리트의 탄성계수는 보통 콘크리트의 40~70% 정도이다.
③ 콘크리트를 제조하기 전에 인공경량골재를 충분히 흡수시켜 콘크리트의 비빔 시나 운반 도중에 골재의 흡수가 일어나지 않도록 해야 한다.
④ 경량골재 콘크리트의 선팽창률은 일반적으로 보통 콘크리트의 60~70% 정도이며 열확산율도 보통 콘크리트에 비하여 상당히 낮다.

14 콘크리트의 건조수축량에 관한 다음 설명 중 옳은 것은?

① 단위 굵은 골재량이 많을수록 건조수축량은 크다.

② 분말도가 큰 시멘트일수록 건조수축량은 크다.

③ 습도가 낮을수록, 온도가 높을수록 건조수출량은 작다.

④ 물-시멘트비가 동일할 경우 단위수량의 차이에 따른 건조수축량이 달라지지는 않는다.

15 콘크리트의 압축강도시험에서 공시체의 형상 및 치수에 관한 설명으로 옳은 것은? (단, H는 공시체의 높이, D는 변장 또는 지름)

① 원주형 공시체의 경우 H/D의 값이 작을수록 압축강도가 크다.

② H/D가 동일할 경우 원주형 공시체가 각주형 공시체보다 작은 강도를 나타낸다.

③ 형상이 닮은꼴이면 치수가 클수록 큰 강도를 나타낸다.

④ 일반적으로 콘크리트 압축강도란 H/D의 값이 1인 공시체를 사용하여 구한 값으로 한다.

16 고강도 콘크리트에 대한 일반적인 설명으로 틀린 것은?

① 고강도 콘크리트의 설계기준압축강도는 일반적으로 40MPa 이상으로 하며, 고강도 경량골재 콘크리트는 27MPa 이상으로 한다.

② 고강도 콘크리트의 제조 시 단위시멘트양은 소요의 워커빌리티 및 강도를 얻을 수 있는 범위 내에서 가능한 적게 되도록 시험에 의해 정하여야 한다.

③ 고강도 콘크리트의 제조 시 잔골재율은 소요의 워커빌리티를 얻도록 시험에 의

하여 결정하여야 하며 가능한 적게 하도록 한다.

④ 고강도 콘크리트의 워커빌리티 확보를 위해 AE감수제를 사용함을 원칙으로 한다.

17 고유동 콘크리트의 특성을 평가하는 방법으로 틀린 것은?

① 유동성 : 슬럼프플로시험

② 재료분리저항성 : 슬럼프플로 500mm 도달시간

③ 자기충전성 : 깔때기 유하시간

④ 자기충전성 : 충전장치를 이용한 간극통과성시험

18 콘크리트의 압축강도시험값을 기준으로 거푸집널을 해체하고자 할 때 확대기초, 보, 기둥 등의 측면거푸집널은 압축강도가 얼마 이상인 경우 해체할 수 있는가? (단, 콘크리트 표준시방서의 기준값)

① 설계기준압축강도의 1/3배 이상

② 설계기준압축강도의 2/3배 이상

③ 5MPa 이상

④ 14MPa 이상

19 알칼리골재반응(alkali-aggregate reaction)에 대한 설명 중 틀린 것은?

① 콘크리트 중의 알칼리이온이 골재 중의 실리카성분과 결합하여 구조물에 균열을 발생시키는 것을 말한다.

② 알칼리골재반응의 진행에 필수적인 3요소는 반응성 골재의 존재와 알칼리량 및 반응을 촉진하는 수분의 공급이다.

③ 알칼리골재반응이 진행되면 구조물의 표면에 불규칙한(거북이등모양 등) 균열이 생기는 등의 손상이 발생한다.

④ 알칼리골재반응을 억제하기 위하여 포틀랜드 시멘트의 등가알칼리량이 6% 이하의 시멘트를 사용하는 것이 좋다.

20 골재의 절대용적이 700L인 콘크리트에서 잔골재율이 40%이고, 잔골재의 표건밀도가 2.65g/cm³이면 단위잔골재량은 얼마인가?

① $1,113\text{kg/m}^3$

② 984.6kg/m^3

③ 742kg/m^3

④ 722.4kg/m^3

제2과목 · 건설시공 및 관리

21 유토곡선(mass curve)의 성질에 관한 설명으로 틀린 것은?

① 유토곡선이 평형선 아래에서 종결될 때에는 토량이 부족하고, 평형선 위에서 종결될 때는 토량이 남는다.

② 평형선상에서 토량은 "0"이다.

③ 유토곡선상에 동일 단면 내의 절토량, 성토량은 구할 수 없다.

④ 유토곡선의 모양이 볼록할 때에는 절취굴착토가 오른쪽에서 왼쪽으로 운반되고, 곡선의 모양이 오목일 때에는 절취굴착토가 왼쪽에서 오른쪽으로 운반된다.

22 다음과 같은 조건에서의 불도저 운전 1시간당의 작업량(본바닥토량)은?

- 1회 굴착압토량(느슨한 토량) : 3.8m^3
- 토량변화율(L) : 1.2
- 작업효율 : 0.8
- 평균굴착압토거리 : 60m
- 전진속도 : 40m/분
- 후진속도 : 100m/분
- 기어변환시간 : 0.2분

① $66.09\text{m}^3/\text{h}$

② $73.26\text{m}^3/\text{h}$

③ $78.77\text{m}^3/\text{h}$

④ $85.38\text{m}^3/\text{h}$

23 10,000m³의 성토공사를 위하여 현장의 절토(점성토)로부터 5,000m³(본바닥토량)를 사용하고, 부족분은 인근 토취장(사질토)에서 운반해 올 경우 토취장에서 굴착해야 할 본바닥토량은 약 얼마인가? (단, 점성토의 C=0.92, 사질토의 C=0.88)

① $4,752\text{m}^3$

② $5,157\text{m}^3$

③ $5,400\text{m}^3$

④ $6,136\text{m}^3$

24 버킷용량 2.0m³인 백호로 15t 덤프트럭에 토사를 적재하여 운반하고자 한다. 기타의 조건이 다음과 같을 때 트럭에 적재하는데 소요되는 시간은?

- 흙의 단위중량 : 1.5t/m^3
- 토량변화율(L) : 1.4
- 버킷계수(K) : 0.7
- 백호의 사이클타임(C_m) : 25sec
- 백호의 작업효율(E) : 0.8

① 2.37분

② 3.33분

③ 4.67분

④ 5.21분

25 말뚝기초의 항타시공에 대한 설명으로 틀린 것은?

① 두부 파손 방지를 위한 쿠션재 등의 보호조치를 하여야 한다.

② 타격 도중 말뚝의 경사, 흔들림, 편타 등에 충분히 주의해야 한다.

③ 항타 시 인접 말뚝 솟아오름현상 발생 시에는 재항타하여 원지점 이하까지 항타한다.

④ 말뚝 1본을 타격할 때 연속적 타격은 피하여야 하며, 항타시간간격을 충분히 유지하여 시간경과에 따른 관입성저하를 방지하여야 한다.

26 수직굴착 후 그 속에 현장 콘크리트를 타서하여 만든 원형기초인 피어기초의 시공에 대한 설명으로 틀린 것은?

① 굴착한 벽이 무너지지 않는, 굳기가 중간 정도의 점토지반의 굴착에 이용되는 공법으로 깊이가 약 1.2~1.8m의 원통구멍을 인력으로 굴착한 후 반원형의 강철링을 조립하여 유지한 후 굴착하는 방법을 시카고공법이라 한다.

② 케이싱튜브를 사용하지 않고 회전식 버킷을 사용하는 어스드릴공법에서는 굴착 후 철근 삽입 시 철근이 따라 뽑히는 공상현상이 일어난다.

③ 정수압으로 구멍의 벽을 유지하면서 물의 순환을 이용하여 드릴파이프의 끝에 설치한 특수한 비트의 회전에 의해서 굴착한 토사를 물과 함께 배출하고 소정의 깊이까지 굴착하는 공법을 RCD공법(Reverse circulation)이라 한다.

④ 굴착 내부의 흙막이로서 강재원통을 사용하는 것으로 연약한 점토에 적당하며, 1.8~5.0m의 강재원통을 땅속에 박고 내부의 흙을 인력으로 굴착한 후, 다시 다음의 원통을 박는 공법을 Gow공법이라 한다.

27 발파에 의한 터널굴착에서 발생하는 발파진동은 많은 민원이 발생할 수 있다. 이러한 발파진동을 저감시키는 대책으로 틀린 것은?

① 전단면을 1회에 발파하지 않고 여러 단계로 분할하여 분할발파를 실시한다.

② 고폭속의 폭약을 사용한다.

③ 심빼기 발파를 실시하여 인공자유면을 형성한다.

④ 방진공(무장약공)을 천공한다.

28 TBM(Tunnel Boring Machine)에 의한 굴착의 특징이 아닌 것은?

① 안정성(安定性)이 높다.

② 여굴에 의한 낭비가 적다.

③ 노무비 절약이 가능하다.

④ 복잡한 지질의 변화에 대응이 용이하다.

29 옹벽 대신 이용하는 돌쌓기 공사 중 뒤채움에 콘크리트를 이용하고, 줄눈에 모르타르를 사용하는 2m 이상의 돌쌓기 방법은 무엇인가?

① 메쌓기

② 찰쌓기

③ 견치돌쌓기

④ 줄쌓기

30 불투수층에서 최소 침강지하수면까지의 거리를 1m, 암거의 간격 10m, 투수계수 $K=10^{-5}$ cm/s라 할 때 이 암거의 단위길이당 배수량을 Donnan식에 의하여 구하면 얼마인가?

① $2 \times 10^{-2} \text{cm}^3/\text{cm/s}$

② $2 \times 10^{-4} \text{cm}^3/\text{cm/s}$

③ $4 \times 10^{-2} \text{cm}^3/\text{cm/s}$

④ $4 \times 10^{-4} \text{cm}^3/\text{cm/s}$

31 교대에서 날개벽(wing)의 역할로 가장 적당한 것은?

① 배면(背面)토사를 보호하고 교대 부근의 세굴을 방지한다.

② 교대의 하중을 부담한다.

③ 유량을 경감하여 토사의 퇴적을 촉진시킨다.

④ 교량의 상부구조를 지지한다.

32 아스팔트 포장에서 표층에 대한 설명으로 틀린 것은?

① 노상 바로 위의 인공층이다.

② 교통에 의한 마모와 박리에 저항하는 층이다.

③ 표면수가 내부로 침입하는 것을 막는다.

④ 기층에 비해 골재의 치수가 작은 편이다.

33 아스팔트 포장면이 거북등모양의 균열이 발생하는 원인으로 가장 타당한 것은?

① 노반지지력이 부족한 경우
② 포장 시 전압이 부족한 경우
③ 아스팔트 혼합물을 지나치게 가열한 경우
④ 골재와 아스팔트의 결합력이 부족한 경우

34 콘크리트 포장에 대한 설명으로 틀린 것은?

① 무근 콘크리트 포장(JCP)은 콘크리트를 타설한 후 양생이 되는 과정에서 발생하는 무분별한 균열을 막기 위해서 줄눈을 설치하는 포장이다.
② 철근콘크리트 포장(JRCP)은 줄눈으로 인한 문제점을 해소하고자 줄눈의 개수를 줄이고 철근을 넣어 균열을 방지하거나 균열폭을 최소화하기 위한 포장이다.
③ 연속 철근콘크리트 포장(CRCP)은 철근을 많이 배근하여 종방향 줄눈을 완전히 제거하였으나 임의위치에 발생하는 균열로 인하여 승차감이 불량한 단점이 있다.
④ 롤러전압 콘크리트 포장(RCCP)은 된비빔 콘크리트 롤러 등으로 다져서 시공하며 건조수축이 작아 표면처리를 따로 할 필요가 없는 장점이 있으나, 포장 표면의 평탄성이 결여되는 등의 단점이 있다.

35 항만공사에서 간만의 차가 큰 장소에 축조되는 항은?

① 하구항(coastal harbor)
② 개구항(open harbor)
③ 폐구항(closed harbor)
④ 피난항(refuge harbor)

36 댐의 그라우트(grout)에 관한 기술 중 옳은 것은?

① 커튼 그라우트(curtain grout)는 기초암반의 변형성이나 강도를 개량하기 위하여 실시한다.
② 컨솔리데이션 그라우트(consolidation grout)는 기초암반의 지내력 등을 개량하기 위하여 실시한다.
③ 콘택트 그라우트(contact grout)는 기초암반의 지내력 등을 개량하기 위하여 실시한다.
④ 림 그라우트(rim grout)는 콘크리트와 암반 사이의 공극을 메우기 위하여 실시한다.

37 여수로(spill way)의 종류 중 댐의 본체에서 완전히 분리시켜 댐의 가장자리에 설치하고 월류부는 보통 수평으로 하는 것은?

① 슈트(chute)식 여수로
② 측수로(side channel) 여수로
③ 그롤리 홀(grolley hole) 여수로
④ 사이펀(siphon) 여수로

38 네트워크공정표의 장점에 대한 설명으로 틀린 것은 어느 것인가?

① 중점관리가 용이하다.
② 전체와 부분의 관련을 이해하기 쉽다.
③ 기자재, 노무 등 배치인원계획이 합리적으로 이루어진다.
④ 작성 및 수정이 쉽다.

39 지하철공사의 공법에 관한 다음 설명 중 틀린 것은?

① Open cut공법은 얕은 곳에서는 경제적이나 노면복공을 하는데 지상에서의 지장이 크다.
② 개방형 실드로 지하수위 아래를 굴착할 때는 압기할 때가 많다.
③ 연속 지중벽공법은 연약지반에서 적합하고 지수성도 양호하나 소음대책이 어렵다.
④ 연속 지중벽공법의 대표적인 것은 이코스공법, 엘제공법, 솔레턴슈공법 등이 있다.

40 다음 그림과 같은 네트워크공정표에서 전체 공기는?

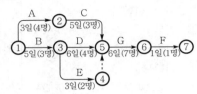

① 12일   ② 15일
③ 18일   ④ 21일

제3과목·건설재료 및 시험

41 다음 중 포틀랜드 시멘트의 클링커에 대한 설명 중 틀린 것은?

① 클링커는 단일조성의 물질이 아니라 C_3S, C_2S, C_3A, C_4AF의 4가지 주요 화합물로 구성되어 있다.
② 클링커의 화합물 중 C_3S 및 C_2S는 시멘트 강도의 대부분을 지배한다.
③ C_3A는 수화속도가 대단히 빠르고 발열량이 크며 수축도 크다.
④ 클링커의 화합물 중 C_2S가 많고 C_3S가 적으면 시멘트의 강도발현이 빨라져 초기강도가 향상된다.

42 표점거리 $L=50mm$, 직경 $D=14mm$의 원형 단면봉을 가지고 인장시험을 하였다. 축인장하중 $P=100kN$이 작용하였을 때 표점거리 $L=50.433mm$와 직경 $D=13.970mm$가 측정되었다. 이 재료의 탄성계수는 약 얼마인가?

① 143GPa   ② 75GPa
③ 27GPa   ④ 8GPa

43 시멘트의 분말도가 높은 경우에 대한 설명으로 옳은 것은?

① 응결이 늦고 발열량이 많아진다.
② 초기강도는 작으나 장기강도의 증진이 크다.

③ 물에 접촉하는 면적이 커서 수화작용이 늦다.
④ 워커빌리티(workability)가 좋은 콘크리트를 얻을 수 있다.

44 시멘트와 관련된 내용의 연결이 잘못된 것은?

① 비카트 침(Vicat needle) – 시멘트 응결 시간시험
② 수경률 – 시멘트 원료의 조합비
③ 강열감량 – 시멘트의 풍화 정도
④ 르샤틀리에 플라스크 – 시멘트 분말도시험

45 콘크리트용 혼화제인 AE제에 의한 연행공기량에 영향을 미치는 요인에 대한 설명 중 틀린 것은?

① 사용 시멘트의 비표면적이 작으면 연행 공기량은 증가한다.
② 플라이애시를 혼화재로 사용할 경우 미연소 탄소함유량이 많으면 연행공기량이 감소한다.
③ 단위잔골재량이 많으면 연행공기량은 감소한다.
④ 콘크리트의 온도가 높으면 공기량은 감소한다.

46 염화칼슘($CaCl_2$)을 응결경화 촉진제로 사용한 경우 다음 설명 중 틀린 것은?

① 염화칼슘은 대표적인 응결경화 촉진제이며, 4% 이상 사용하여야 순결(瞬結)을 방지하고 장기강도를 증진시킬 수 있다.
② 한중 콘크리트에 사용하면 조기발열의 증가로 동결온도를 낮출 수 있다.
③ 염화칼슘을 사용한 콘크리트는 황산염에 대한 화학저항성이 적기 때문에 주의할 필요가 있다.
④ 응결이 촉진되므로 운반, 타설, 다지기 작업을 신속히 해야 한다.

47 포졸란을 사용한 콘크리트의 특징으로 옳지 않은 것은?

① 내구성 및 수밀성이 크다.
② 워커빌리티를 개선시키고 재료의 분리가 작다.
③ 발열량이 적어 장기강도가 적다.
④ 해수에 대한 화학적 저항성이 크다.

48 방청제를 사용한 콘크리트에서 방청제의 작용에 의한 방식방법에 대한 설명으로 틀린 것은?

① 콘크리트 중의 철근 표면의 부동태 피막을 보강하는 방법
② 콘크리트 중의 이산화탄소를 소비하여 철근에 도달하지 않도록 하는 방법
③ 콘크리트 중의 염소이온을 결합하여 고정하는 방법
④ 콘크리트의 내부를 치밀하게 하여 부식성 물질의 침투를 막는 방법

49 중량 500g인 절대건조상태의 골재를 24시간 물에 침수하여 측정한 골재의 중량은 520g이었다. 이 골재의 흡수율이 2%인 경우 골재의 표면수율로 맞는 것은?

① 1%   ② 2%
③ 3%   ④ 4%

50 모래 A의 조립률이 3.43이고, 모래 B의 조립률이 2.36인 모래를 혼합하여 조립률 2.80의 모래 C를 만들려면 모래 A와 B는 얼마를 섞어야 하는가? (단, A : B의 중량비)

① 41% : 59%   ② 43% : 57%
③ 40% : 60%   ④ 38% : 62%

51 아스팔트의 인화점 및 연소점시험에 대한 설명으로 잘못된 것은?

① 인화점과 연소점은 ℃로 나타내며 정수치로 보고한다.
② 인화점은 연소점보다 3~6℃ 정도 높다.

③ 일반적으로 가열속도가 빠르면 인화점은 떨어진다.
④ 사람과 장치가 같을 때 2회의 시험결과에 있어 그 차가 8℃를 넘지 않을 때에 그 평균값을 취한다.

52 역청혼합물의 배합설계에 대한 설명 중 틀린 것은?

① 흐름값은 최대 외력을 다져진 혼합물에 가했을 때 소성변형의 값이다.
② 마샬안정도는 소성변형에 대한 저항값이다.
③ 최대 이론밀도는 다져진 혼합물의 공극을 제외한 밀도이다.
④ 포화도는 다져진 혼합물의 골재 공극 중 역청재가 차지하는 질량비율(%)로 나타낸다.

53 강(鋼)의 조직을 미세화하고 균질의 조직으로 만들며 강의 내부변형 및 응력을 제거하기 위하여 변태점 이상의 높은 온도로 가열해서 적당한 시간을 두고 서서히 냉각하는 열처리방법은 어느 것인가?

① 불림(normalizing)
② 풀림(annealing)
③ 뜨임질(tempering)
④ 담금질(quenching)

54 목재의 역학적 성질에 관한 설명으로 옳지 않은 것은?

① 목재의 인장강도는 섬유방향에 평행한 경우에 가장 강하다.
② 비중이 큰 목재는 가벼운 목재보다 강도가 크다.
③ 일반적으로 심재가 변재에 비하여 강도가 크다.
④ 섬유포화점 이하에서는 함수율이 클수록 강도가 크다.

55 건설재료용 석재에 관한 설명 중에서 틀린 것은?

① 대리석은 강도는 매우 크지만 내구성이 약하며 풍화하기 쉬우므로 실외에 사용하는 경우는 드물고 실내장식용으로 많이 사용된다.

② 석회암은 석회물질이 침전·응고한 것으로서 용도는 석회, 시멘트, 비료 등의 원료 및 제철 시의 용매제 등에 사용된다.

③ 혈암(頁岩)은 점토가 불완전하게 응고된 것으로서, 색조는 흑색, 적갈색 및 녹색이 있으며, 부순 돌, 인공경량골재 및 시멘트 제조 시 원료로 많이 사용된다.

④ 화강암은 화성암 중에서도 심성암에 속하며, 화강암의 특징은 조직이 불균일하고 내구성, 강도가 작고 내화성이 약한 단점이 있다.

56 폭약에 대한 설명으로 틀린 것은?

① 다이너마이트보다 칼릿은 발화점이 높다.

② 다이너마이트의 주성분은 니트로글리세린이다.

③ ANFO폭약은 폭발가스량이 적고 폭발온도는 비교적 높다.

④ 니트로글리세린은 글리세린에 질산과 황산을 혼합하여 반응시켜 만든다.

57 콘크리트용 혼화재로 실리카퓸(Silica fume)을 사용한 경우 효과에 대한 설명으로 잘못된 것은?

① 콘크리트의 재료분리저항성, 수밀성이 향상된다.

② 알칼리골재반응의 억제효과가 있다.

③ 내화학약품성이 향상된다.

④ 단위수량과 건조수축이 감소된다.

58 콘크리트용 응결촉진제에 대한 설명으로 틀린 것은?

① 조기강도를 증가시키지만 사용량이 과다하면 순결 또는 강도저하를 나타낼 수 있다.

② 한중 콘크리트에 있어서 동결이 시작되기 전에 미리 동결에 저항하기 위한 강도를 조기에 얻기 위한 용도로 많이 사용한다.

③ 염화칼슘을 주성분으로 한 촉진제는 콘크리트의 황산염에 대한 저항성을 증가시키는 경향을 나타낸다.

④ PSC강재에 접촉하면 부식 또는 녹이 슬기 쉽다.

59 다음과 같은 조건이 주어졌을 때 아스팔트혼합물에 대한 공극률은?

- 시험체의 이론 최대 밀도(D) : $2.427g/cm^3$
- 시험체의 실측밀도(d) : $2.325g/cm^3$

① 4.2% 　　② 4.7%

③ 5.3% 　　④ 5.8%

60 다음에서 설명하는 시멘트 관련 용어는?

시멘트를 염산 및 탄산나트륨용액으로 처리해도 용해되지 않고 남는 부분으로서, 이것을 소성하여 석회와 반응시키면 산에 용해되는 클링커화합물이 되어 소성가마에서 소성반응이 완전한지, 아닌지를 판단하는 기준이 됨

① 석회포화도
② 수경률
③ 강열감량
④ 불용해잔분

제4과목·토질 및 기초

61 피조콘(piezocone)시험의 목적이 아닌 것은?

① 지층의 연속적인 조사를 통하여 지층분류 및 지층변화분석

② 연속적인 원지반 전단강도의 추이분석

③ 중간 점토 내 분포한 sand seam 유무 및 발달 정도 확인

④ 불교란시료채취

62 포화된 지반의 간극비를 e, 함수비를 w, 간극률을 n, 비중을 G_s라 할 때 다음 중 한계동수경사를 나타내는 식으로 적절한 것은?

① $\dfrac{G_s + 1}{1 + e}$

② $\dfrac{e - w}{w(1 + e)}$

③ $(1 + n)(G_s - 1)$

④ $\dfrac{G_s(1 - w + e)}{(1 + G_s)(1 + e)}$

63 반무한지반의 지표상에 무한길이의 선하중 q_1, q_2가 다음의 그림과 같이 작용할 때 A점에서의 연직응력 증가는?

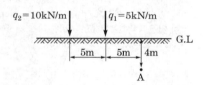

① 0.03kN/m^2 ② 0.12kN/m^2

③ 0.15kN/m^2 ④ 0.18kN/m^2

64 흙의 공학적 분류방법 중 통일분류법과 관계없는 것은?

① 소성도
② 액성한계
③ No.200체 통과율
④ 군지수

65 200kN/cm²의 구속응력을 가하여 시료를 완전히 압밀시킨 다음 축차응력을 가하여 비배수상태로 전단시켜 파괴 시 축변형률 $\varepsilon_f = 10\%$, 축차응력 $\Delta\sigma_f = 280\text{kN/cm}^2$, 간극수압 $\Delta u_f = 210\text{kN/cm}^2$를 얻었다. 파괴 시 간극수압계수 A는? (단, 간극수압계수 B는 1.0으로 가정한다.)

① 0.44   ② 0.75
③ 1.33   ④ 2.27

66 흙시료의 전단파괴면을 미리 정해놓고 흙의 강도를 구하는 시험은?

① 직접전단시험   ② 평판재하시험
③ 일축압축시험   ④ 삼축압축시험

67 간극률이 50%, 함수비가 40%인 포화토에 있어서 지반의 분사현상에 대한 안전율이 3.5라고 할 때 이 지반에 허용되는 최대 동수경사는?

① 0.21   ② 0.51
③ 0.61   ④ 1.00

68 다음 그림과 같이 옹벽 배면의 지표면에 등분포하중이 작용할 때 옹벽에 작용하는 전체 주동토압의 합력(P_a)과 옹벽 저면으로부터 합력의 작용점까지의 높이(y)는?

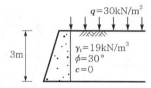

① $P_a = 28.5\text{kN/m}$, $h = 1.26\text{m}$
② $P_a = 28.5\text{kN/m}$, $h = 1.38\text{m}$
③ $P_a = 58.5\text{kN/m}$, $h = 1.26\text{m}$
④ $P_a = 58.5\text{kN/m}$, $h = 1.38\text{m}$

69 깊은 기초의 지지력평가에 관한 설명으로 틀린 것은?

① 현장 타설 콘크리트 말뚝기초는 동역학적 방법으로 지지력을 추정한다.
② 말뚝항타분석기(PDA)는 말뚝의 응력분포, 경시효과 및 해머효율을 파악할 수 있다.
③ 정역학적 지지력추정방법은 논리적으로 타당하나 강도정수를 추정하는데 한계성을 내포하고 있다.
④ 동역학적 방법은 항타장비, 말뚝과 지반조건이 고려된 방법으로 해머효율의 측정이 필요하다.

70 다음 중 흙의 다짐에 대한 일반적인 설명으로 틀린 것은?

① 다진 흙의 최대 건조밀도와 최적함수비는 어떻게 다짐하더라도 일정한 값이다.

② 사질토의 최대 건조밀도는 점성토의 최대 건조밀도보다 크다.

③ 점성토의 최적함수비는 사질토보다 크다.

④ 다짐에너지가 크면 일반적으로 밀도는 높아진다.

71 무게가 30kN인 단동식 증기hammer를 사용하여 낙하고 1.2m에서 pile을 타입할 때 1회 타격당 최종 침하량이 2cm이었다. Engineering News공식을 사용하여 허용지지력을 구하면 얼마인가?

① 133kN

② 266kN

③ 808kN

④ 1,600kN

72 다음 중 부마찰력이 발생할 수 있는 경우가 아닌 것은?

① 매립된 생활쓰레기 중에 시공된 관측정

② 붕적토에 시공된 말뚝기초

③ 성토한 연약점토지반에 시공된 말뚝기초

④ 다짐된 사질지반에 시공된 말뚝기초

73 점토지반의 강성기초의 접지압분포에 대한 설명으로 옳은 것은?

① 기초의 모서리 부분에서 최대 응력이 발생한다.

② 기초의 중앙 부분에서 최대 응력이 발생한다.

③ 기초밑면의 응력은 어느 부분이나 동일하다.

④ 기초밑면에서의 응력은 토질에 관계없이 일정하다.

74 어떤 시료에 대해 액압 100kN/cm^{2}를 가해 각 수직변위에 대응하는 수직하중을 측정한 결과가 다음과 같다. 파괴 시의 축차응력은? (단, 피스톤의 지름과 시료의 지름은 같다고 보며 시료의 단면적 A_o=18cm^2, 길이 L=14cm이다.)

ΔL[1/100mm]	0	…	1,000	1,100	1,200	1,300	1,400
P[N]	0	…	540	580	600	590	580

① 305kN/cm^2

② 255kN/cm^2

③ 205kN/cm^2

④ 155kN/cm^2

75 다음 시료채취에 사용되는 시료기(sampler) 중 불교란시료채취에 사용되는 것만 고른 것으로 옳은 것은?

㉠ 분리형 원통시료기(split spoon sampler)
㉡ 피스톤 튜브시료기(piston tube sampler)
㉢ 얇은 관시료기(thin wall tube sampler)
㉣ Laval시료기(Laval sampler)

① ㉠, ㉡, ㉢

② ㉠, ㉡, ㉣

③ ㉠, ㉢, ㉣

④ ㉡, ㉢, ㉣

76 토질시험결과 내부마찰각(ϕ)=30°, 점착력 c=50kN/m^2, 간극수압이 800kN/m^{2}이고 파괴면에 작용하는 수직응력이 3,000kN/m^{2}일 때 이 흙의 전단응력은?

① 1,270kN/m^2

② 1,320kN/m^2

③ 1,580kN/m^2

④ 1,950kN/m^2

77 다음 그림에서 토압계수 K=0.5일 때의 응력경로는 어느 것인가?

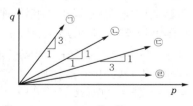

① ㉠

② ㉡

③ ㉢

④ ㉣

78 $\gamma_{sat} = 20kN/m^3$인 사질토가 20°로 경사진 무한 사면이 있다. 지하수위가 지표면과 일치하는 경우 이 사면의 안전율이 1 이상이 되기 위해서는 흙의 내부마찰각이 최소 몇 도 이상이어야 하는가? (단, $\gamma_w = 10kN/m^3$)

① 18.21° ② 20.52°

③ 36.06° ④ 45.47°

79 연약점토지반에 압밀촉진공법을 적용한 후 전체 평균압밀도가 90%로 계산되었다. 압밀촉진공법을 적용하기 전 수직방향의 평균압밀도가 20%였다고 하면 수평방향의 평균압밀도는?

① 70% ② 77.5%

③ 82.5% ④ 87.5%

80 고성토의 제방에서 전단파괴가 발생되기 전에 제방의 외측에 흙을 돋우어 활동에 대한 저항모멘트를 증대시켜 전단파괴를 방지하는 공법은?

① 프리로딩공법

② 압성토공법

③ 치환공법

④ 대기압공법

정답 및 해설

제1회 실전 모의고사

01	02	03	04	05	06	07	08	09	10	11	12	13	14	15	16	17	18	19	20
②	③	③	①	②	①	①	①	②	③	③	③	④	①	②	③	③	④	①	③
21	22	23	24	25	26	27	28	29	30	31	32	33	34	35	36	37	38	39	40
③	②	②	③	②	②	④	①	②	③	①	②	②	②	①	②	①	②	③	①
41	42	43	44	45	46	47	48	49	50	51	52	53	54	55	56	57	58	59	60
②	②	③	④	②	③	②	③	④	④	②	④	③	①	②	②	②	②	④	①
61	62	63	64	65	66	67	68	69	70	71	72	73	74	75	76	77	78	79	80
②	③	④	②	④	②	①	①	④	②	③	③	③	①	①	②	②	③	③	③

01
$$f = \frac{2P}{\pi Dl} = \frac{2 \times 160 \times 10^3}{\pi \times 150 \times 300}$$
$$= 2.26\,N/mm = 2.26\,MPa$$

02 잔골재량을 x, 굵은 골재량을 y라 하면
$$x + y = 700 + 1,300 = 2,000 \quad \cdots\cdots\cdots\cdots\cdots ⓐ$$
$$0.02x + (1 - 0.04)y = 1,300 \quad \cdots\cdots\cdots\cdots ⓑ$$
식 ⓐ와 식 ⓑ를 연립해서 풀면
$$x = 659.57\,kg, \quad y = 1340.43\,kg$$

03 콘크리트의 압축강도를 시험한 경우 거푸집널의 해체시기

부재	콘크리트 압축강도(f_{cu})
확대기초, 보 옆, 기둥 등의 측벽	5MPa 이상
슬래브 및 보의 밑면, 아치내면	설계기준압축강도의 2/3배 이상, 또한 최소 14MPa 이상

04 알칼리골재반응을 일으키기 쉬운 물질
오팔(opal), 옥수(chalcedony), 화산성 유리, 석영

05 알칼리골재반응대책
㉠ ASR에 관하여 무해라고 판정된 골재를 사용한다.

㉡ 저알칼리형의 포틀랜드 시멘트(Na₂O당량 0.6% 이하)를 사용한다.

㉢ 콘크리트 1m³당의 알칼리총량을 Na₂O당량으로 3kg 이하로 한다.

06 잔골재율을 작게 하면 소요의 워커빌리티를 얻기 위하여 필요한 단위수량이 적게 되어 단위시멘트양이 적어지므로 경제적으로 되지만 어느 정도보다 작게 되면 콘크리트는 거칠어지고 재료분리가 일어나는 경향이 있으며 워커빌리티한 콘크리트를 얻기 어렵다.

07 ㉠ 평균치
$$\bar{x} = \frac{22 + 23 + 24 + 27 + 29}{5} = 25\,MPa$$
㉡ $S = (22 - 25)^2 + (23 - 25)^2 + (24 - 25)^2$
$$\qquad + (27 - 25)^2 + (29 - 25)^2$$
$$\quad = 34$$
㉢ 불편분산의 표준편차
$$\sigma = \sqrt{\frac{S}{n-1}} = \sqrt{\frac{34}{5-1}} = 2.92\,MPa$$
㉣ 변동계수
$$C_V = \frac{\sigma}{\bar{x}} \times 100 = \frac{2.92}{25} \times 100 = 11.68\%$$

08 ㉠ 단위수량

$$\frac{W}{C} = 0.394$$

$$\frac{166}{C} = 0.394$$

$$\therefore C = 421.32\text{kg}$$

㉡ 단위골재량 절대체적

$$= 1 - \left(\frac{단위수량}{1,000} + \frac{단위시멘트양}{시멘트\ 비중 \times 1,000} + \frac{공기량}{100}\right)$$

$$= 1 - \left(\frac{166}{1,000} + \frac{421.32}{3.15 \times 1,000} + \frac{1}{100}\right)$$

$$= 0.69\text{m}^3$$

09 비비기는 미리 정해둔 비비기 시간의 3배 이상 계속하지 않아야 한다.

10 경량골재 콘크리트의 공기량은 일반 골재를 사용한 콘크리트보다 1% 크게 하여야 한다.

11 비비기로부터 치기가 끝날 때까지의 시간
㉠ 외기온도가 25℃ 이상일 때 : 1.5시간 이하
㉡ 외기온도가 25℃ 이하일 때 : 2시간 이하

12 블리딩이 큰 콘크리트의 특징
㉠ 콘크리트의 상부가 다공질로 되어 강도, 수밀성, 내구성이 작아진다.
㉡ 골재알이나 수평철근 밑부분에 수막이 생겨 시멘트풀과의 부착이 나빠진다.
㉢ 레이턴스는 굳어도 강도가 거의 없으므로 이것을 제거하지 않고 콘크리트를 치면 시공이음의 약점이 된다.

13 물-결합재비
㉠ 제빙화학제가 사용되는 콘크리트의 물-결합재비는 45% 이하로 한다.
㉡ 콘크리트의 수밀성을 기준으로 정할 경우 50% 이하로 한다.
㉢ 콘크리트의 탄산화저항성을 고려하여 정할 경우 55% 이하로 한다.

14 $x + y = 700 + 1,050 = 1,750$ ················ ⓐ
$0.1x + (1 - 0.05)y = 1,050$ ················ ⓑ
식 ⓐ와 식 ⓑ를 연립해서 풀면
$x = 720.59\text{kg}$

15 콘크리트의 압축강도를 시험한 경우 거푸집널의 해체시기

부재	콘크리트 압축강도(f_{cu})
확대기초, 보 옆, 기둥 등의 측벽	5MPa 이상
슬래브 및 보의 밑면, 아치내면	설계기준압축강도의 2/3배 이상, 또한 최소 14MPa 이상

16 콘크리트 받아들이기 품질검사는 콘크리트를 타설하기 전에 실시하여야 한다.

17 Rebound량이 최소가 되도록 하고 Rebound된 재료는 다시 반입하지 않도록 해야 한다.

18 시공이음
시공이음은 될 수 있는 대로 전단력이 작은 위치에 설치하고 부재의 압축력이 작용하는 방향과 직각이 되도록 하는 것이 원칙이다.

19 내부진동기 사용방법의 표준
㉠ 내부진동기를 하층의 콘크리트 속으로 0.1m 정도 찔러 넣는다.
㉡ 1개소당 진동시간은 다짐할 때 시멘트 페이스트가 표면 상부로 약간 부상하기까지 한다.
㉢ 내부진동기는 연직으로 찔러 넣으며, 삽입간격은 일반적으로 0.5m 이하로 한다.
㉣ 내부진동기는 콘크리트를 횡방향으로 이동시킬 목적으로 사용해서는 안 된다.

20 프리플레이스트 콘크리트
㉠ 프리플레이스트 콘크리트의 강도는 재령 28일 또는 재령 91일의 압축강도를 기준으로 한다.
㉡ 잔골재의 조립률은 1.4~2.2 범위로 한다.
㉢ 굵은 골재의 최소 치수는 15mm 이상으로 한다.
㉣ 굵은 골재의 최대 치수는 최소 치수의 2~4배 정도로 한다.

21 토적곡선이 기선의 위쪽에서 끝나면 과잉토량이고, 아래쪽에서 끝나면 부족토량이 된다.

22 접지압 $= \dfrac{22 \times 10^3}{270 \times 55 \times 2} = 0.74\text{kg/cm}^2$

23 옹벽의 뒤채움 재료
공학적으로 안정한 재료, 투수계수가 큰 재료, 압축성과 팽창성이 적은 재료

24 암거의 배열형식(평행식)
  ㉠ 머리빗식 : 1개의 간선집거거 및 집수지거로 많은 흡수거를 합류시킬 수 있도록 배치한 방식
  ㉡ 어골식 : 집수지거를 중심으로 양쪽에서 여러 개의 흡수거가 합류되도록 배치한 방식
  ㉢ 집단식 : 몇 개의 흡수거를 1개의 짧은 집수거에 연결하여 배수구를 통하여 배수로로 배수하는 방식

25 필형 댐
  ㉠ 필형 댐은 압력이 기초암반에 광범위하게 미치기 때문에 기초암반에 발생하는 응력이 작다.
  ㉡ 홍수에 대비한 여수토는 따로 설치하는 것이 일반적이다.

26 암거의 배열형식(평행식)
  ㉠ 머리빗식 : 1개의 간선집수거 및 집수지거로 많은 흡수거를 합류시킬 수 있도록 배치한 방식
  ㉡ 어골식 : 집수지거를 중심으로 양쪽에서 여러 개의 흡수거가 합류되도록 배치한 방식
  ㉢ 집단식 : 몇 개의 흡수거를 1개의 짧은 집수거에 연결하여 배수구를 통하여 배수로로 배수하는 방식

27 Zone형 댐
  중앙에 불투수성의 흙을, 양측에는 투수성 흙을 배치한 것으로 재료가 한 가지밖에 없는 균일형 댐에 비하면 두 가지 이상의 재료를 얻을 수 있는 곳에서 경제적이다.

28 옹벽 배면의 흙은 침투수에 의해 단위중량이 증가하고 내부마찰각과 점착력이 저하하며 침투압이나 정수압이 가해져서 토압이 크게 증대한다. 경우에 따라서는 기초슬래브 밑면의 활동저항력을 저하시키기도 한다.

29 프라임코트는 보조기층, 기층 등의 입상재료층에 점성이 낮은 역청재를 살포, 침투시켜 방수성을 높이고 보조기층으로부터의 모관 상승을 차단하며 기층과 그 위에 포설하는 아스팔트 혼합물과의 부착을 좋게 하기 위해 역청재를 얇게 피복하는 것이다.

30 Rock fill dam
  ㉠ 자중이 크기 때문에 흙댐에 비하여 안전하며 견고한 기초지반이 필요하다.
  ㉡ 자재를 쉽게 구할 수 있는 곳에 적합하며 불투수성 재료를 쌓아올려 상류측 또는 중앙부에 차수벽을 설치한다.
  ㉢ 홍수에 대비한 여수토는 따로 설치하는 것이 일반적이다.

31 사장교는 거더교의 하중을 케이블로 지지하는 형식으로 대표적인 장대교량이다.

32 ILM공법

장점	• 동바리(비계) 없이 시공하므로 교량 밑의 장애물에 관계없이 시공이 가능하다. • 대형크레인 등 거치장비가 필요 없다.
단점	• 교량의 선형에 제약을 받는다(직선 및 동일곡선의 교량에 적합). • 상부구조물의 단면이 일정해야 한다(변화 단면에 적응이 곤란하다).

33
$$V = 20\sqrt{\dfrac{Dh}{L}}$$
$$0.6 = 20\sqrt{\dfrac{0.2h}{300}}$$
$$\therefore h = 1.35\text{m}$$
여기서, V : 관내의 평균유속(m/s)
  D : 관의 직경(m)
  L : 암거길이(m)
  h : 암거낙차(m)

34 항만의 종류
  ㉠ 폐구항(closed harbor) : 조차가 크므로 항구에 갑문을 가지고 조차를 극복해서 선박이 출입되게 하는 항
  ㉡ 개구항(open harbor) : 조차가 그다지 크지 않으므로 항상 항구가 열려있는 항

35 grouting공법
  ㉠ consolidation grouting : 기초암반의 변형성이나 강도를 개량하여 균일성을 기하고 지지력을 증대시킬 목적으로 기초 전반에 격자모양으로 실시한다.
  ㉡ curtain grouting : 기초암반을 침투하는 물의 지수를 목적으로 실시한다.
  ㉢ blanket grouting : 암반의 표층부에서 침투류의 억제목적으로 실시한다.
  ㉣ rim grouting : 댐의 취수부 또는 전 저수지에 걸쳐 댐 테두리에 실시한다.

36 순폭(sympathetic detonation)
  어느 한 곳에서 화약이 폭발하였을 때에 그것에 유발되어 그 장소에서 떨어진 곳에 있는 화약도 폭발하는 것

37 직접기초의 굴착공법
  ㉠ open cut공법 : 토질이 좋고 넓은 대지면적이 있을 때 시공하는 공법

ⓛ trench cut공법 : island공법과 반대로 먼저 둘레 부분을 굴착하고, 기초의 일부분을 만든 후 중앙부를 굴착, 시공하는 공법

ⓒ island공법 : 굴착할 부분의 중앙부를 먼저 굴착하고, 여기에 일부분의 기초를 먼저 만들어 이것에 의지하며 둘레 부분을 파고 나머지 부분을 시공하는 공법

38 탬핑롤러는 드럼에 양발굽모양의 돌기를 많이 붙여 땅 깊숙이 다지는 롤러로서 함수비가 큰 점성토의 다짐에 적합하다.

39 아스팔트 포장의 표면처리공법
seal coat공법, armor coat공법, carpet coat공법, fog seal공법, slurry seal공법

40 히빙현상 방지대책
ⓐ 흙막이의 근입깊이를 깊게 한다.
ⓑ 표토를 제거하여 하중을 적게 한다.
ⓒ 지반개량을 한다.
ⓓ 전면굴착보다 부분굴착을 한다.

41 시멘트의 응결
ⓐ 분말도가 크면 응결은 빨라진다.
ⓑ 온도가 높으면 응결은 빨라진다.
ⓒ 습도가 낮으면 응결은 빨라진다.
ⓓ C_3A가 많을수록 응결은 빨라진다.

42 촉진제
ⓐ 시멘트 중량의 2% 이하를 사용하면 조기강도가 커진다.
ⓑ 마모에 대한 저항성이 커진다.
ⓒ 황산염에 대한 화학저항성이 적다.
ⓓ 철근은 녹이 슬고 콘크리트 균열이 생기기 쉽다.

[참고] 순결이란 시멘트와 물을 혼합하면 단시간 내에 응결이 일어나는 현상을 말한다.

43 조암광물의 성질

광물명	화학성분	성질
석영	SiO_2	산 및 풍화에 대한 저항성이 크다.
사장석	Al, Ca, Na, K 등의 규산화합물	풍화에 대한 저항성이 작다.
백운석	Ca, Mg 등의 탄산염	산에 녹기 쉽다.
석고	황산석회의 수산화물	입상, 편상, 섬유모양으로 결합되어 있다.

44 포졸란을 사용한 콘크리트의 특징
ⓐ 워커빌리티가 좋아진다.
ⓑ 블리딩이 감소한다.
ⓒ 수밀성 및 화학저항성이 커진다.

45 토목섬유의 특징
ⓐ 인장강도 및 내구성이 크다.
ⓑ 휨 및 전단강도가 크다.
ⓒ 부식에 대한 저항성이 크다.
ⓓ 일광에 노출되면 강도가 저하되고 경량이다.

46 안정성의 규격(5회 시험했을 때 손실질량비의 한도)

시험용액	손실질량비(%)	
	잔골재	굵은 골재
황산나트륨	10 이하	12 이하

47 섬유보강 콘크리트
ⓐ 무기계 섬유 : 강섬유, 유리섬유, 탄소섬유
ⓑ 유기계 섬유 : 아라미드섬유, 폴리프로필렌섬유, 비닐론섬유, 나일론섬유

48 석재의 형상
ⓐ 각석 : 폭이 두께의 3배 미만이고 어느 정도의 길이를 가진 석재
ⓑ 판석 : 폭이 두께의 3배 이상이고 두께가 15cm 미만인 판모양의 석재

49 암석의 성인에 따른 분류
ⓐ 화성암 : 화강암, 안산암, 현무암, 섬록암
ⓑ 퇴적암 : 사암, 혈암, 점판암, 석회암
ⓒ 변성암 : 대리석, 편마암, 사문암

50 포졸란을 사용한 콘크리트의 특징
ⓐ 워커빌리티가 좋아진다.
ⓑ 블리딩이 감소한다.
ⓒ 초기강도는 작으나, 장기강도는 크다.
ⓓ 발열량이 적어진다.
ⓔ 수밀성, 화학저항성이 커진다.

51 침입도지수(PI)

$$A = \frac{\log 800 - \log P_{25}}{\text{연화점} - 25} = \frac{20 - PI}{10 + PI} \times \frac{1}{50}$$

$$\therefore PI = \frac{30}{1 + 50A} - 10$$

여기서, A : 침입도-온도관계도의 직선의 경사
P_{25} : 25℃에서의 침입도
800 : 아스팔트 연화점에서 가정침입도

52 ㉠ 탄성 : 외력을 받아 변형한 재료에 외력을 제거
하고 원상태로 돌아가는 성질
㉡ 소성 : 외력을 제거해도 그 변형은 그대로 남아
있고 원형으로 되돌아가지 못하는 성질

53 부순 굵은 골재는 표면적이 거칠기 때문에 시멘트
풀과의 부착이 좋아서 같은 물−시멘트비에서 압축
강도는 15~30% 커진다.

54 콘크리트용 화학혼화제의 품질(KS F 2560)

구분		공기연행제
감수율(%)		6 이상
블리딩양의 비(%)		75 이하
응결시간의 차(분)	초결	−60~+60
	종결	−60~+60
압축강도비(%)	재령 3일	95 이상
	재령 7일	95 이상
	재령 28일	90 이상
길이변화비(%)		120 이하

55 벨라이트 시멘트
㉠ 수화열이 적어 대규모의 댐이나 고층건물 등과
같은 대형 구조물공사에 적합하다.
㉡ 장기강도가 크고 내구성, 유동성이 좋다.
㉢ 고분말도형(고강도형)과 저분말도형(저발열형)
으로 나누어 공업적으로 생산된다.

56 폴리머 시멘트 콘크리트
㉠ 결합재로서 시멘트와 물, 고무라텍스 등의 폴리
머를 사용하여 골재를 결합시켜 만든 것
㉡ 특징
• 워커빌리티가 좋다.
• 다른 재료와 접착성이 좋다.
• 휨강도, 인장강도 및 신장성이 크다.
• 내수성, 내식성, 내마모성, 내충격성이 크다.
• 동결융해에 대한 저항성이 크다.
• 경화속도가 다소 느리다.

57 콘크리트용 골재
㉠ 특징

잔골재	굵은 골재
• 절건밀도 : $2.5g/cm^3$ 이상	• 절건밀도 : $2.5g/cm^3$ 이상
• 흡수율 : 3% 이하	• 흡수율 : 3% 이하
• 안정성 : 10% 이하	• 안정성 : 12% 이하
	• 마모율 : 40% 이하

㉡ 잔골재의 안정성은 황산나트륨으로 5회 시험으
로 평가하며, 그 손실질량은 10% 이하를 표준으
로 한다.

58 촉진제는 염화칼슘, 규산나트륨 등이 있으며, 대
표적인 촉진제는 염화칼슘($CaCl_2$)이다.

59

체호칭(mm)	40	30	25	20	15	10	5
남은 양(g)	0	480	780	1,560	1,680	960	540
잔류율(%)	0	8	13	26	28	16	9
누적 잔류율(%)	0	8	21	47	75	91	100

$$FM = \frac{0+0+47+91+100+500}{100} = 7.38$$

60
$$FM = \frac{x}{x+y}F_A + \frac{y}{x+y}F_B$$
$$2.8 = \frac{x}{x+y}\times3.43 + \frac{y}{x+y}\times2.36 = \frac{3.43x+2.36y}{x+y}$$
$$0.63x = 0.44y \quad\cdots\cdots\cdots\cdots\text{ⓐ}$$
$$x+y = 1 \quad\cdots\cdots\cdots\cdots\cdots\cdots\text{ⓑ}$$
식 ⓐ와 식 ⓑ를 연립방정식으로 풀면
$$x = 0.41, \ y = 0.59$$

61 일라이트(illite)
㉠ 2개의 실리카판과 1개의 알루미나판으로 이루
어진 3층 구조가 무수히 많이 연결되어 형성된
점토광물이다.
㉡ 3층 구조 사이에 칼륨(K^+)이온이 있어서 서로
결속되며 카올리나이트의 수소결합보다는 약하
지만 몬모릴로나이트의 결합력보다는 강하다.

62 ㉠ $w = 20\%$일 때
$$W_s = \frac{W}{1+\frac{w}{100}} = \frac{1,200}{1+\frac{20}{100}} = 1,000g$$
$$W_w = W - W_s = 1,200 - 1,000 = 200g$$
㉡ $w = 30\%$일 때
$$W_s = \frac{W}{1+\frac{w}{100}} = \frac{2,600}{1+\frac{30}{100}} = 2,000g$$
$$W_w = W - W_s = 2,600 - 2,000 = 600g$$
㉢ 전체 흙의 함수비
$$W_s = 1,000 + 2,000 = 3,000g$$
$$W_w = 200 + 600 = 800g$$
$$w = \frac{W_w}{W_s}\times100 = \frac{800}{3,000}\times100 = 26.67\%$$

63
㉠ $V = Ki = K\dfrac{h}{L} = (4.8 \times 10^{-3}) \times \dfrac{50}{\dfrac{400}{\cos 15°}}$

$\quad = 5.8 \times 10^{-4}\,\text{cm/s}$

㉡ $n = \dfrac{e}{1+e} = \dfrac{0.78}{1+0.78} = 0.438$

㉢ $V_s = \dfrac{V}{n} = \dfrac{5.8 \times 10^{-4}}{0.438} = 13.2 \times 10^{-4}\,\text{cm/s}$

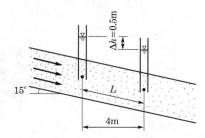

64
$F_s = \dfrac{i_c}{i} = \dfrac{\dfrac{G_s - 1}{1+e}}{i}$

$3 = \dfrac{\dfrac{2.7-1}{1+0.8}}{i}$

$\therefore\ i = 0.31$

65
㉠ $Q = KH\dfrac{N_f}{N_d} = (3 \times 10^{-1}) \times 2{,}000 \times \dfrac{4}{12}$

$\quad = 200\,\text{cm}^3/\text{s/cm}$

㉡ B점의 간극수압

• 전수두 $= \dfrac{n_d}{N_d}H = \dfrac{3}{12} \times 20 = 5\,\text{m}$

• 위치수두 $= -5\,\text{m}$

• 압력수두 = 전수두 − 위치수두

$\quad = 5 - (-5) = 10\,\text{m}$

• 간극수압 $= \gamma_w \times$ 압력수두

$\quad = 9.8 \times 10 = 98\,\text{kN/m}^2$

66
㉠ 강성기초

㉡ 휨성기초

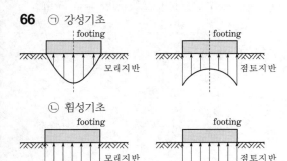

67
㉠ $R = \sqrt{4^2 + 3^2} = 5\,\text{m}$

㉡ $I = \dfrac{3Z^5}{2\pi R^5} = \dfrac{3 \times 3^5}{2\pi \times 5^5} = 0.037$

㉢ $\Delta\sigma_z = \dfrac{P}{Z^2}I = \dfrac{50}{3^2} \times 0.037 = 0.206\,\text{kN/m}^2$

68 교란될수록 $e - \log P$ 곡선의 기울기가 완만하다.

69
㉠ $m_v = \dfrac{a_v}{1+e_1} = \dfrac{2.86 \times 10^{-1}}{1+0.8}$

$\quad = 0.159\,\text{m}^2/\text{kN}$

㉡ $K = C_v m_v \gamma_w$

$\quad = 1.92 \times 10^{-7} \times 0.159 \times 9.81$

$\quad = 2.99 \times 10^{-7}\,\text{m/s}$

$\quad = 2.99 \times 10^{-5}\,\text{cm/s}$

70
㉠ $\sigma_3{'} = 10\,\text{MN/m}^2$

$\quad \sigma_1{'} = \sigma_3{'} + \sigma_{df} = 10 + 20 = 30\,\text{MN/m}^2$

㉡ $\sin\phi = \dfrac{\sigma_1 - \sigma_3}{\sigma_1 + \sigma_3} = \dfrac{30-10}{30+10} = 0.5$

$\quad \therefore\ \phi = 30°$

㉢ $\tau = \dfrac{\sigma_1{'} - \sigma_3{'}}{2}\sin 2\theta$

$\quad = \dfrac{\sigma_1{'} - \sigma_3{'}}{2}\sin 2\left(45° + \dfrac{\phi}{2}\right)$

$\quad = \dfrac{30-10}{2} \times \sin\left[2 \times \left(45° + \dfrac{30°}{2}\right)\right]$

$\quad = 8.66\,\text{MN/m}^2$

71
㉠ 일축압축시험은 ϕ가 작은 점성토에서만 시험이 가능하다.

㉡ $S_t = \dfrac{q_u}{q_{ur}}$

72 점착력은 수직응력의 크기에는 관계가 없고 주어진 흙에 대해서 일정한 값을 가지며, 내부마찰각은 흙의 특성과 상태가 정해지면 일정한 값을 갖는다.

73
㉠ $K_p > K_o > K_a$

㉡ Rankine토압론에 의한 주동토압은 과대평가되고, 수동토압은 과소평가된다.

㉢ Coulomb토압론에 의한 주동토압은 실제와 잘 접근하고 있으나, 수동토압은 상당히 크게 나타난다.

㉣ 주동변위량은 수동변위량보다 작다.

74 ㉠ $\tan\alpha = \sin\phi$

$\tan 20° = \sin\phi$

$\therefore \phi = 21.34°$

㉡ $a = c\cos\phi$

$0.34 = c \times \cos 21.34°$

$\therefore c = 0.37\text{MN/m}^2$

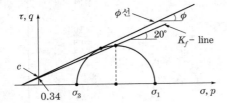

75 ㉠ 재성형한 점토시료를 함수비의 변화 없이 그대로 방치하여 두면 시간이 지남에 따라 전기화학적 또는 colloid 화학적 성질에 의해 입자접촉면에 흡착력이 작용하여 새로운 부착력이 생겨서 강도의 일부가 회복되는 현상을 thixotropy라 한다.

㉡ 직접전단시험에 의한 시험성과(촘촘한 모래와 느슨한 모래의 경우)

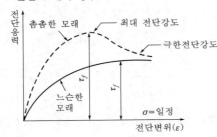

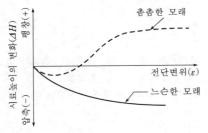

76 최적함수비는 최대 건조단위중량을 나타낼 때의 함수비이다.

77 ㉠ $C_d = \dfrac{\gamma_d}{\gamma_{d\max}} \times 100$

$95 = \dfrac{\gamma_d}{17.6} \times 100$

$\therefore \gamma_d = 16.72\text{kN/m}^3$

㉡ $D_r = \dfrac{\gamma_{d\max}}{\gamma_d} \dfrac{\gamma_d - \gamma_{d\min}}{\gamma_{d\max} - \gamma_{d\min}} \times 100$

$= \dfrac{17.6}{16.72} \times \dfrac{16.72 - 15}{17.6 - 15} \times 100$

$= 69.64\%$

78 $F_s = \dfrac{c}{\gamma_{\text{sat}}\,Z\cos i\sin i} + \dfrac{\gamma_{\text{sub}}}{\gamma_{\text{sat}}} \dfrac{\tan\phi}{\tan i}$

$= \dfrac{15}{18 \times 5 \times \cos 15° \times \sin 15°} + \dfrac{18 - 9.81}{18} \times \dfrac{\tan 30°}{\tan 15°}$

$= 1.65$

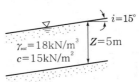

79 ㉠ 정사각형 기초의 극한지지력

$q_{u(기초)} = q_{u(재하판)} \dfrac{B_{(기초)}}{B_{(재하판)}} = 200 \times \dfrac{1.8}{0.3}$

$= 1,200\text{kN/m}^2$

㉡ $q_a = \dfrac{q_u}{F_s} = \dfrac{1,200}{3} = 400\text{kN/m}^2$

㉢ $q_a = \dfrac{P}{A}$

$400 = \dfrac{P}{1.8 \times 1.8}$

$\therefore P = 1,296\text{kN}$

80 비배수상태($\phi = 0$)인 포화점토이므로

$R_p = q_p A_p$

$= cN_c^* A_p \,(\because \phi = 0$일 때 $N_c^* = 9)$

$= 9 \times 50 \times \dfrac{\pi \times 0.4^2}{4}$

$= 56.5\text{kN}$

제2회 실전 모의고사

01	02	03	04	05	06	07	08	09	10	11	12	13	14	15	16	17	18	19	20
②	①	①	②	③	②	③	②	③	④	①	①	②	②	③	①	①	④	①	③
21	22	23	24	25	26	27	28	29	30	31	32	33	34	35	36	37	38	39	40
①	①	④	③	④	③	①	①	①	①	①	①	④	③	②	④	②	②	②	③
41	42	43	44	45	46	47	48	49	50	51	52	53	54	55	56	57	58	59	60
④	①	③	②	④	④	④	③	①	②	②	③	①	②	③	②	①	②	②	②
61	62	63	64	65	66	67	68	69	70	71	72	73	74	75	76	77	78	79	80
②	④	②	②	②	②	③	②	②	②	①	①	①	③	③	④	①	③	④	④

01
$$T_2 = T_1 - 0.15(T_1 - T_0)t$$
$$= 25 - 0.15 \times (25 - 15) \times 2$$
$$= 22℃$$

02 프리스트레스트 콘크리트 그라우트
㉠ 블리딩률의 기준값은 3시간 경과 시 0.3% 이하로 한다.
㉡ 체적변화율의 기준값은 24시간 경과 시 −1~5% 범위이다.

03 유동화 콘크리트의 슬럼프 증가량은 100mm 이하를 원칙으로 하며 50~80mm를 표준으로 한다.

04 콘크리트 압축강도 공시체
㉠ 공시체는 지름의 2배 높이를 가진 원기둥형으로 한다.
㉡ 그 지름은 굵은 골재 최대 치수의 3배 이상, 10cm 이상으로 한다.

05 고압증기양생
㉠ 보통 양생한 것에 비해 철근의 부착강도가 약 1/2이 되므로 철근콘크리트 부재에 고압증기양생을 하는 것은 바람직하지 못하다.
㉡ 백태현상이 감소한다.
㉢ 열팽창계수와 탄성계수는 고압증기양생에 따른 영향을 받지 않는다.

06 철근 배근조사 비파괴검사법
㉠ 전자파레이더법 : 가장 일반적으로 사용한다.
㉡ 전자기유도법
㉢ 방사선법

07 프리스트레싱
㉠ 긴장재는 각각의 PS강재에 소정의 인장력이 주어지도록 긴장하여야 한다. 이때 인장력을 설계값 이상으로 주었다가 다시 설계값으로 낮추는 방법으로 시공을 하지 않아야 한다.
㉡ 긴장재에 대해 순차적으로 프리스트레싱을 실시할 경우에는 각 단계에 있어서 콘크리트에 유해한 응력이 생기지 않도록 해야 한다.

08 뿜어 붙일 면에 용수가 있으면 부착이 곤란하다.

09
㉠ 23회일 때 직선보간을 한 표준편차의 보정계수
$$\alpha = 1.03 + \frac{(1.08 - 1.03) \times 2}{5} = 1.05$$
㉡ 직선보간한 표준편차
$$S = 1.05 \times 6 = 6.3\text{MPa}$$
㉢ $f_{ck} > 35$MPa이므로
• $f_{cr} = f_{ck} + 1.34S$
$$= 40 + 1.34 \times 6.3$$
$$= 48.44\text{MPa}$$
• $f_{cr} = 0.9f_{ck} + 2.33S$
$$= 0.9 \times 40 + 2.33 \times 6.3$$
$$= 50.68\text{MPa}$$
∴ 위 두 값 중 큰 값이 배합강도이므로
$$f_{cr} = 50.68\text{MPa}$$

10 내부진동기는 콘크리트를 횡방향으로 이동시킬 목적으로 사용해서는 안 된다.

11 섬유보강 콘크리트의 믹서는 강제식 믹서를 사용하는 것을 원칙으로 한다.

12 온도균열지수

 ㉠ 콘크리트 인장강도와 온도응력의 비로 온도균열지수를 구한다.

$$I(t) = \frac{f_t(t)}{f_x(t)}$$

 여기서, $I(t)$: 온도균열지수

    $f_t(t)$: 재령 t일에서의 콘크리트 인장강도

    $f_x(t)$: 재령 t일에서의 수화열에 의하여 생긴 부재 내부의 온도응력 최대값

 ㉡ 온도균열지수의 값이 클수록 균열이 발생하기 어렵고, 값이 작을수록 균열이 발생하기 쉽다.

13 습윤양생기간의 표준

 ㉠ 일평균기온 : 15℃ 이상

 ㉡ 보통 포틀랜드 시멘트 : 5일

 ㉢ 고로슬래그 시멘트 : 7일

 ㉣ 조강포틀랜드 시멘트 : 3일

14 단위시멘트양이 크면 성형성이 좋아진다.

15 ㉠ 배합강도(f_{cr}) 결정

  • $f_{cr} = f_{ck} + 1.334S$
    $= 24 + 1.34 \times 2.98 = 28\text{MPa}$

  • $f_{cr} = (f_{ck} - 3.5) + 2.33S$
    $= (24 - 3.5) + 2.33 \times 2.98 = 27.44\text{MPa}$

  ∴ 위의 계산값 중에서 큰 값이 배합강도이므로
    $f_{cr} = 28\text{MPa}$

 ㉡ $f_{28} = -13.8 + 21.6\dfrac{C}{W}$

  $28 = -13.8 + 21.6 \times \dfrac{C}{W}$

  ∴ $\dfrac{W}{C} = 0.5167 = 51.67\%$

16 압축강도

 ㉠ 압축강도의 크기는 입방체 > 원주체 > 각주체이다.

 ㉡ 재하속도가 빠를수록 압축강도가 커진다.

 ㉢ 공시체에 요철이 있으면 압축강도가 작아진다.

 ㉣ 공시체가 건조할수록 압축강도가 커진다.

17 온도균열에 대한 시공상의 대책

 ㉠ 단위시멘트양을 적게 한다.

 ㉡ 수화열이 낮은 시멘트를 사용한다.

 ㉢ Pre-cooling하여 재료를 사용하기 전에 미리 온도를 낮춘다.

 ㉣ 1회의 타설높이를 줄인다.

 ㉤ 수축이음부를 설치하고 Pipe-cooling하여 콘크리트의 내부온도를 낮춘다.

18 섬유보강 콘크리트에 혼입할 수 있는 섬유량은 콘크리트 용적의 0.5~2% 정도이다.

19 PS강재의 정착공법

프레시네공법(보기 ②), 디비닥공법(보기 ③), BBRV공법(보기 ④), 레온할트공법

20 재료분리현상을 줄이기 위한 대책

 ㉠ 잔골재율을 크게 한다.

 ㉡ 물-시멘트비를 작게 한다.

 ㉢ 잔골재 중의 0.15~0.3mm 정도의 세립분을 많게 한다.

 ㉣ AE제, 플라이애시 등의 혼화재료를 적절히 사용한다.

 ㉤ 콘크리트의 성형성을 증가시킨다.

21 토량환산계수 $= \dfrac{C}{L} = \dfrac{0.8}{1.25} = 0.64$

22 ㉠ $C_{mt} = \dfrac{2 \times 2}{10} \times 60 + 4 \times 2 = 32$분

 ㉡ $Q = \dfrac{60 q_t f E_t}{C_{mt}} = \dfrac{60 \times 8 \times 1 \times 1}{32} = 15\text{m}^3/\text{h}$

 ㉢ 트럭 1대의 1일 운반량 $= 15 \times 8 = 120\text{m}^3$

 ㉣ 트럭대수 $= \dfrac{1,200}{120} = 10$대

23 뉴매틱케이슨기초의 단점

 ㉠ 굴착깊이에 제한이 있다(수면하 30~40m).

 ㉡ 소음, 진동이 크다.

24 제시된 설명은 하중계에 대한 것이다.

25 실드공법

하천, 바다 밑 등의 연약지반이나 대수층지반에 사용되는 터널공법이다.

26 $V = \dfrac{h}{3}(A_1 + 4\sum A_{\text{짝수}} + 2\sum A_{\text{홀수}} + A_n)$

 $= \dfrac{20}{3} \times [1,400 + 4 \times (950 + 250) + 2 \times 600 + 100]$

 $= 50,000\text{m}^3$

27 $Z = c\sqrt{F} = 3\sqrt{400} = 60\text{cm}$

28 Pre-loading공법은 공기가 긴 것이 단점이다.

29 품질관리의 순환과정

모든 관리는 Plan(계획) → Do(실시) → Check(검토) → Action(처리)를 반복진행한다.

30 sand drain의 배열

㉠ 정삼각형 배열 : $d_e = 1.05d$

㉡ 정사각형 배열 : $d_e = 1.13d$

31 관리도의 종류(계수치를 대상으로 하는 것)

㉠ P관리도(불량률관리도)

㉡ P_n관리도(불량개수관리도)

㉢ U관리도(결점발생률관리도) : 시료의 크기가 일정하지 않은 경우의 단위당 결점수관리도

㉣ C관리도(결점수관리도) : 시료의 크기가 일정한 경우의 결점수관리도

32 품질관리순서

㉠ 품질특성 선정

㉡ 품질표준 결정

㉢ 작업표준 결정

㉣ 규격대조(품질시험을 실시하고 Histogram을 작성한다.)

㉤ 공정, 안전검토(공정능력도, 관리도를 이용한다.)

33 소성변형 방지대책

㉠ 침입도가 적은 아스팔트를 사용한다.

㉡ 골재의 최대 치수를 크게 한다(19mm).

34 침매공법

㉠ 장점

• 단면의 형상이 비교적 자유롭고 큰 단면으로 할 수 있다.

• 수심이 얕은 곳에 침설하면 터널연장이 짧아도 된다.

• 수중에 설치하므로 자중이 작아서 연약지반 위에도 쉽게 시공할 수 있다.

㉡ 단점

• 유수가 빠른 곳은 강력한 작업비계가 필요하고 침설작업이 곤란하다.

• 협소한 수로나 항행선박이 많은 곳에는 장애가 생긴다.

35 배토말뚝과 비배토말뚝

㉠ 배토말뚝 : 타격, 진동으로 박는 폐단기성말뚝

㉡ 소배토말뚝 : H말뚝, 선굴착 최종 항타말뚝

㉢ 비배토말뚝 : 중굴말뚝, 현장 타설말뚝

36
$$비용경사 = \frac{특급공비 - 표준공비}{표준공기 - 특급공기}$$
$$= \frac{44,000 - 34,000}{10 - 8}$$
$$= 5,000원$$

37 표면차수벽 댐

㉠ 장점

• core, filter층 필요 없이 시공 가능(경제적인 시공)

• 강우나 동절기에도 시공 가능(공기단축)

• 짧은 공기로 급속시공(시공속도가 빠르다)

• 추후 댐높이 증축 예상 시 좋음

• 다량의 암 확보 가능한 지역 유리

㉡ 단점

• 제체의 누수가 많음

• 차수벽 고분자화합물 개발 시 시급함

38
$$D = \frac{2(H - h - h_1)}{\tan\beta} = \frac{2 \times (1.5 - 1 - 0.1)}{\tan 4.5°} = 10.16m$$

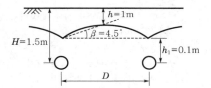

39 AASHTO(1986)설계법

$$SN = a_1 D_1 m_1 + a_2 D_2 m_2 + a_3 D_3 m_3 + \cdots$$

여기서, SN : 포장두께지수

$\quad a_i$: i번째 층의 상대강도계수

$\quad D_i$: i번째 층의 두께(cm)

$\quad m_i$: i번째 층의 배수계수

40
$$t_e = \frac{t_o + 4t_m + t_p}{6} = \frac{3 + 4 \times 5 + 10}{6} = 5.5시간$$

41
$$공극률 = \left(1 - \frac{w}{g}\right) \times 100 = \left(1 - \frac{1.7}{2.6}\right) \times 100 = 34.62\%$$

42
$$V = \left(1 - \frac{d}{D}\right) \times 100 = \left(1 - \frac{2.325}{2.427}\right) \times 100 = 4.2\%$$

43 ㉠ $R_c = R_s(100 + C) = 0.088 \times (100 + 31.2)$

$\qquad = 11.55\%$

㉡ $F = 100 - R_c = 100 - 11.55 = 88.45\%$

여기서, R_c : 보정된 잔사(%)

$\qquad R_s$: 표준체 44μm에 남은 시료잔사(g)

$\qquad C$: 표준체 보정계수

44 불용해잔분

시멘트를 염산 및 탄산나트륨용액으로 처리하였을 때 녹지 않는 부분을 말한다. 포틀랜드 시멘트의 경우 통상 첨가된 석고 중의 점토분에 의한 것이기 때문에 그 양이 매우 많지 않는 한 시멘트의 품질에 영향을 미치지 않는다고 한다. 일반적으로 불용해잔분은 0.1~0.6% 정도이다.

45 플라이애시의 품질규격(KS F 5405)

항목	규정치
이산화규소	45% 이상
수분	1% 이하
강열감량	5% 이하
활성도지수(재령 28일)	60% 이상

46 강의 제조법에 의한 분류

평로강, 전로강, 전기로강, 도가니강

47 실리카퓸

㉠ 장점
• 수화 초기에 C-S-H겔을 생성하므로 블리딩이 감소한다.
• 재료분리가 생기지 않는다.
• 조직이 치밀하므로 강도가 커지고 수밀성, 화학적 저항성 등이 좋아진다.

㉡ 단점
• 워커빌리티가 나빠진다.
• 단위수량이 증가한다.
• 건조수축이 커진다.

48 고로슬래그의 특성

㉠ 워커빌리티가 커진다.
㉡ 단위수량을 줄일 수 있다.
㉢ 수화속도와 수화열의 발생속도가 느리다.
㉣ 콘크리트 조직이 치밀하여 수밀성, 화학적 저항성 등이 좋아진다.

49 합판의 종류

㉠ 제조방법에 따라 : 일반, 무취, 방충, 난열
㉡ 구성종류에 따라 : 침엽수합판, 활엽수합판

50 부순 잔골재 속에 석분량이 많이 들어있을 때의 콘크리트 성질

㉠ 단위수량이 증가한다.
㉡ 블리딩이 감소한다.
㉢ 플라스틱수축균열이 생긴다.
㉣ 초결, 종결이 빨라진다.
㉤ 강도가 작아진다.

51 골재의 체가름시험(KS F 2502)에서 시료의 최소 건조질량

㉠ 굵은 골재의 경우 : 사용하는 골재의 최대 치수(mm)의 0.2배를 시료의 최소 건조질량(kg)으로 한다.
㉡ 잔골재의 경우 : 1.18mm체를 95%(질량비) 이상 통과하는 것에 대한 최소 건조질량은 100g으로 하고, 1.18mm체에 5%(질량비) 이상 남는 것에 대한 최소 건조질량은 500g으로 한다. 다만, 구조용 경량골재에서는 위의 최소 건조질량의 1/2로 한다.

52 $$G = \frac{E}{2(1+\nu)} = \frac{2 \times 10^5}{2 \times \left(1 + \frac{1}{3}\right)} = 75,000\text{MPa}$$

53 EPS(expended-poly-styrene)는 폴리스티렌(poly-styrene)을 발포시켜 만든 것이다.

54 촉진제

수화작용을 촉진하는 혼화제로서 적당한 사용량은 시멘트 질량의 2% 이하로 한다.
㉠ 조기강도를 필요로 하는 공사
㉡ 한중 콘크리트
㉢ 조기 표면마무리, 조기 거푸집 제거

55 강의 열처리

㉠ 풀림 : 800~1,000℃로 일정한 시간 가열한 후 노 안에서 천천히 냉각시키는 열처리
㉡ 불림 : A_3(910℃) 또는 A_{cm}변태점 이상의 온도로 가열한 후 대기 중에서 냉각시키는 열처리
㉢ 뜨임 : 담금질한 강을 다시 A_1변태점 이하의 온도로 가열한 다음에 적당한 속도로 냉각시키는 열처리
㉣ 담금질 : A_3변태점 이상 30~50℃로 가열한 후 물 또는 기름 속에서 급냉시키는 열처리

56 수경률

㉠ 수경률(HM) = $\dfrac{CaO}{SiO_2 + Al_2O_3 + Fe_2O_3}$
㉡ 수경률은 염기성분과 산성성분과의 비율에 해당되며 수경률이 클수록 C_3S의 생성량이 많아서 초기강도가 높고 수화열이 큰 시멘트가 된다.
㉢ 석고($CaSO_4 \cdot 2H_2O$)량과는 관계가 없다.

57 ㉠ 탄소 : 인장강도, 항복점, 경도가 커진다.

㉡ 인 : 취성이 커진다.

㉢ 규소 : 강도가 커지고 강에 내열성을 준다.

㉣ 알루미늄 : 강도가 커지고 조직 미세화에 효과
가 있다.

58 잔골재의 유해물함유량한도

㉠ 점토덩어리 : 질량 백분율로 1% 이하

㉡ 염화물(NaCl환산량)함유량 : 질량 백분율로 0.04%
이하

59 석유 아스팔트

㉠ 스트레이트 아스팔트 : 원유를 증기증류법, 감
압증류법 또는 이들 두 방법의 조합에 의하여
만들어진 것으로 그대로 또는 유화 아스팔트, 컷
백 아스팔트 등으로 하여 대부분 도로포장에 사
용된다.

㉡ 블론 아스팔트 : 스트레이트 아스팔트를 가열하
여 고온의 공기를 불어넣어 아스팔트 성분에 화
학변화를 일으켜 만든 것으로 감온성이 작고 탄
력성이 크며 연화점이 높다. 주로 방수재료, 접착
제, 방식도장 등에 사용된다.

60
$$E = \frac{\sigma}{\varepsilon} = \frac{\dfrac{P}{A}}{\dfrac{\Delta l}{l}} = \frac{Pl}{A\Delta l}$$

$$\therefore \ \Delta l = \frac{Pl}{AE}$$

61 ㉠ $\gamma_t = \dfrac{G_s + Se}{1+e}\gamma_w = \dfrac{G_s + wG_s}{1+e}\gamma_w$

$$20 = \frac{2.7 + 0.2 \times 2.7}{1+e} \times 9.8$$

$$\therefore \ e = 0.59$$

㉡ $Se = wG_s$

$$S \times 0.59 = 20 \times 2.7$$

$$\therefore \ S = 91.53\%$$

62 ㉠ $P_{\text{No.}200} = 4\% < 50\%$ 이고,

$P_{\text{No.}4} = 90\% > 50\%$ 이므로 모래(S)이다.

㉡ $C_u = \dfrac{D_{60}}{D_{10}} = \dfrac{2}{0.25} = 8 > 6$

$$C_g = \frac{D_{30}{}^2}{D_{10}D_{60}} = \frac{0.6^2}{0.25 \times 2}$$

$$= 0.72 \neq 1 \sim 3$$ 이므로 빈립도(P)이다.

$$\therefore \ \text{SP}$$

63 ㉠ $Q = KiA$

$$\frac{150}{2 \times 60} = Ki \times 20$$

$$\therefore \ V = 0.0625\,\text{cm/s}$$

㉡ $\gamma_d = \dfrac{W_s}{V} = \dfrac{G_s}{1+e}\gamma_w$

$$\frac{420}{20 \times 10} = \frac{2.67}{1+e} \times 1$$

$$\therefore \ e = 0.27$$

㉢ $n = \dfrac{e}{1+e} = \dfrac{0.27}{1+0.27} = 0.21$

㉣ $V_s = \dfrac{V}{n} = \dfrac{0.0625}{0.21} = 0.298\,\text{cm/s}$

64 ㉠ $K = \sqrt{K_h K_v} = \sqrt{0.12 \times 0.03} = 0.06\,\text{cm/s}$

㉡ $Q = KH \dfrac{N_f}{N_d}$

$$= (0.06 \times 10^{-2}) \times 50 \times \frac{5}{12} = 0.0125\,\text{m}^3\text{/s}$$

$$= 0.0125 \times (24 \times 60 \times 60) = 1,080\,\text{m}^3\text{/day}$$

65 ㉠ $\sigma = 9.8 \times h + 18 \times 3 = 9.8h + 54$

㉡ $u = 9.8 \times 7 = 68.6\,\text{kN/m}^2$

㉢ $\bar{\sigma} = \sigma - u = 9.8h + 54 - 68.6 = 0$

$$\therefore \ h = 1.49\,\text{m}$$

66 $\Delta\sigma_v = I_{(m,\,n)}q$

$$= 0.122 \times 100 - 0.048 \times 100 = 7.4\,\text{kN/m}^2$$

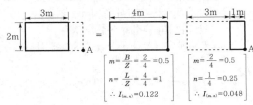

67 ㉠ $Se = wG_s$ 에서

$$100 \times e_1 = 35 \times 2.67$$

$$\therefore \ e_1 = 0.93$$

$$100 \times e_2 = 25 \times 2.67$$

$$\therefore \ e_2 = 0.67$$

㉡ $\Delta H = \dfrac{e_1 - e_2}{1 + e_1}H$

$$= \frac{0.93 - 0.67}{1 + 0.93} \times 1,000$$

$$= 134.7\,\text{cm}$$

68 동상이 일어나는 조건
ⓐ ice lens를 형성할 수 있도록 물의 공급이 충분해야 한다.
ⓑ 0℃ 이하의 동결온도가 오랫동안 지속되어야 한다.
ⓒ 동상을 받기 쉬운 흙(실트질토)이 존재해야 한다.

69 ⓐ $t = \dfrac{T_v H^2}{C_v}$

$2 = \dfrac{T_v \times \left(\dfrac{2}{2}\right)^2}{C_v}$

$\therefore \dfrac{T_v}{C_v} = 2\,\text{hr/cm}^2$

ⓑ $t = \dfrac{T_v H^2}{C_v} = 2 \times \left(\dfrac{500}{2}\right)^2$

$= 125,000\,\text{시간} ≒ 14.3\text{년}$

70 ⓐ $\sigma = 18 \times 2 + 20 \times 4 = 116\,\text{kN/m}^2$

$u = 9.81 \times 4 = 39.24\,\text{kN/m}^2$

$\sigma' = \sigma - u = 116 - 39.24 = 76.76\,\text{kN/m}^2$

ⓑ $\tau = c + \sigma'\tan\phi$

$= 30 + 76.76 \times \tan 30° = 74.32\,\text{kN/m}^2$

71 CD-test를 사용하는 경우
ⓐ 심한 과압밀지반에 재하하는 경우 등과 같이 성토하중에 의해 압밀이 서서히 진행이 되고 파괴도 극히 완만히 진행되는 경우
ⓑ 간극수압의 측정이 곤란한 경우
ⓒ 흙댐에서 정상침투 시 안정해석에 사용

72 ⓐ $A = \dfrac{A_o}{1-\varepsilon} = \dfrac{18}{1 - \dfrac{1.2}{14}} = 19.69\,\text{cm}^2$

ⓑ $\sigma_1 - \sigma_3 = \dfrac{P}{A} = \dfrac{600}{19.69} = 30.5\,\text{N/cm}^2 = 305\,\text{kN/m}^2$

73 ⓐ $\sigma = 17.5 \times 5 + 19.5 \times 10 = 282.5\,\text{kN/m}^2$
ⓑ $u = 9.8 \times 10 = 98\,\text{kN/m}^2$
ⓒ $\bar{\sigma} = \sigma - u = 282.5 - 98 = 184.5\,\text{kN/m}^2$
ⓓ $\alpha = \dfrac{C_u}{P} = 0.11 + 0.0037PI$ (단, $PI > 10$)

$\dfrac{C_u}{184.5} = 0.11 + 0.0037 \times 50$

$\therefore C_u = 54.43\,\text{kN/m}^2$

74 ⓐ $K_a = \tan^2\left(45° - \dfrac{\phi}{2}\right) = \tan^2\left(45° - \dfrac{30°}{2}\right) = \dfrac{1}{3}$

ⓑ $P_a = \dfrac{1}{2}\gamma_t h^2 K_a + q_s K_a h$

$= \dfrac{1}{2} \times 17 \times 4^2 \times \dfrac{1}{3} + 20 \times \dfrac{1}{3} \times 4 = 72\,\text{kN/m}$

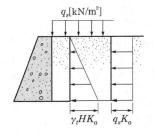

75 $P_u = C_a \pi Dl = 0.6C\pi Dl$

$= 0.6 \times 100 \times \pi \times 0.2 \times 5$

$= 188.5\,\text{kN}$

76 낮은 압력에서는 건조측에서 다진 흙이 압축성이 작아진다.

77 $S_{(기초)} = S_{(재하판)}\left[\dfrac{2B_{(기초)}}{B_{(기초)} + B_{(재하판)}}\right]^2$

$= 10 \times \left(\dfrac{2 \times 1.5}{1.5 + 0.3}\right)^2 = 27.78\,\text{mm}$

78 ⓐ 정적콘관입시험(CPT : Dutch Cone Penetration Test)
- 콘을 땅속에 밀어 넣을 때 발생하는 저항을 측정하여 지반의 강도를 추정하는 시험으로 점성토와 사질토에 모두 적용할 수 있으나 주로 연약한 점토지반의 특성을 조사하는데 적합하다.
- SPT와 달리 CPT는 시추공 없이 지표면에서부터 시험이 가능하므로 신속하고 연속적으로 지반을 파악할 수 있는 장점이 있고, 단점으로는 시료채취가 불가능하고 자갈이 섞인 지반에서는 시험이 어렵고 시추하는 것보다는 저렴하나 시험을 위해 특별히 CPT장비를 조달해야 하는 것이다.
ⓑ 표준관입시험
- 사질토에 가장 적합하고 점성토에도 시험이 가능하다.
- 특히 연약한 점성토에서는 SPT의 신뢰성이 매우 낮기 때문에 N값을 가지고 점성토의 역학적 특성을 추정하는 것은 좋지 않다.

79 ㉠ $q_u = \alpha c N_c + \beta B \gamma_1 N_r + D_f \gamma_2 N_q$

$= 0 + 0.4 \times 2 \times 17 \times 19 + 1.5 \times 17 \times 22$

$= 819.4 \text{kN/m}^2$

㉡ $q_a = \dfrac{q_u}{F_s} = \dfrac{819.4}{3} = 273.13 \text{kN/m}^2$

$q_a = \dfrac{Q_{\text{all}}}{A}$

$273.13 = \dfrac{Q_{\text{all}}}{2 \times 2}$

$\therefore \ Q_{\text{all}} = 1092.5 \text{kN}$

80 ㉠ 부마찰력이 발생하면 지지력이 크게 감소하므로 말뚝의 허용지지력을 결정할 때 세심하게 고려한다.

㉡ 상대변위속도가 클수록 부마찰력이 크다.

모의

제3회 실전 모의고사

01	02	03	04	05	06	07	08	09	10	11	12	13	14	15	16	17	18	19	20
①	④	③	④	③	④	④	③	②	④	①	④	②	②	③	④	②	①	④	③
21	22	23	24	25	26	27	28	29	30	31	32	33	34	35	36	37	38	39	40
②	①	①	③	②	③	②	①	③	②	③	②	②	①	③	④	②	②	④	②
41	42	43	44	45	46	47	48	49	50	51	52	53	54	55	56	57	58	59	60
②	③	②	③	①	④	②	①	②	③	④	①	④	③	①	④	④	③	②	②
61	62	63	64	65	66	67	68	69	70	71	72	73	74	75	76	77	78	79	80
②	④	③	①	④	④	③	③	④	②	③	①	②	③	①	③	④	④	①	③

01 잔골재의 유해물함유량한도(질량 백분율)

종류	최대값
점토덩어리	1%
0.08mm체 통과량 • 콘크리트 표면이 마모작용을 받는 경우 • 기타의 경우	3% 5%
염화물(NaCl환산량)	0.04%

02 크리프(creep)가 큰 경우

습도가 작을수록, 대기온도가 높을수록, 부재치수가 작을수록, 단위시멘트양이 많을수록, 물-시멘트비가 클수록, 재하응력이 클수록, 재령이 작을수록

03 콘크리트의 탄성계수

㉠ 콘크리트의 탄성계수는 할선계수를 말한다.

㉡ 압축강도가 클수록 탄성계수가 크다.

㉢ 밀도가 클수록 탄성계수가 크다.

㉣ 같은 강도의 콘크리트에서는 보통 콘크리트가 경량 콘크리트보다 탄성계수가 크다.

04 ① 알칼리반응 : 시멘트의 알칼리성분이 골재의 실리카물질과 반응하여 gel상태의 화합물을 만들어 수분을 흡수, 팽창하여 균열이 발생한다.

② 염해 : 콘크리트 중에 염화물(NaCl)이 존재하거나 염화물이온(Cl^-)의 침입으로 철근이 부식하여 그 팽창압에 의해 균열이 발생한다.

③ 손식 : 콘크리트에 대한 마모작용에는 차량 등에 의한 마멸작용과 물속의 모래 등에 의한 충돌작용의 두 종류가 있다.

05 ㉠ 22회일 때 표준편차보정계수

$= 1.03 + \dfrac{(1.08 - 1.03) \times 3}{5} = 1.06$

㉡ 직선보간한 표준편차 $S = 1.06 \times 5 = 5.3 \text{MPa}$

㉢ $f_{cr} = f_{ck} + 1.34S = 40 + 1.34 \times 5.3 = 47.10 \text{MPa}$

㉣ $f_{cr} = 0.9 f_{ck} + 2.33S$

$= 0.9 \times 40 + 2.33 \times 5.3 = 48.35 \text{MPa}$

$\therefore$ ㉢과 ㉣ 중 큰 값이 배합강도이므로

$f_{cr} = 48.35 \text{MPa}$

06 압축강도 $= 24 \times \dfrac{2}{3} = 16\,\text{MPa}$

[참고] 콘크리트 압축강도를 시험한 경우

부재	콘크리트 압축강도(f_{cu})
확대기초, 보 옆, 기둥 등의 측벽	5MPa 이상
슬래브 및 보의 밑면, 아치내면	설계기준압축강도의 2/3배 이상, 또한 최소 14MPa 이상

07 $f = \dfrac{2P}{\pi Dl} = \dfrac{2 \times 141,400}{\pi \times 150 \times 300} = 2\,\text{N/mm}^2 = 2\,\text{MPa}$

08 잔골재율
　㉠ 잔골재율은 소요의 워커빌리티를 얻을 수 있는 범위 내에서 단위수량이 최소가 되도록 한다.
　㉡ 잔골재율을 작게 하면 소요의 워커빌리티를 얻기 위하여 필요한 단위수량이 적게 되어 단위시멘트양이 적어지므로 경제적이지만, 어느 정도보다 작게 되면 콘크리트는 거칠어지고 재료분리가 일어나는 경향이 있으며 워커빌리티한 콘크리트를 얻기 어렵다.

09 프리플레이스트 콘크리트
　㉠ 잔골재의 조립률은 1.4~2.2 범위로 한다.
　㉡ 굵은 골재의 최소 치수는 15mm 이상으로 한다.
　㉢ 굵은 골재의 최대 치수는 최소 치수의 2~4배 정도로 한다.
　㉣ 대규모 프리플레이스트 콘크리트를 대상으로 할 경우 굵은 골재의 최소 치수를 크게 하는 것이 효과적이며, 굵은 골재의 최소 치수가 클수록 주입모르타르의 주입성이 현저하게 개선되므로 굵은 골재의 최소 치수는 40mm 이상이어야 한다.

10　㉠ $\dfrac{W}{C} = \dfrac{189}{C} = 0.5$
　　　$\therefore\ C = 378\,\text{kg}$
　㉡ 단위골재량 절대체적
　　　$V_a = 1 - \left(\dfrac{189}{1,000} + \dfrac{378}{3.15 \times 1,000} + \dfrac{1.5}{100} \right)$
　　　　$= 0.676\,\text{m}^3$
　㉢ 단위잔골재량 절대체적
　　　$V_s = V_a \dfrac{S}{a} = 0.676 \times 0.4 = 0.27\,\text{m}^3$
　㉣ 단위 굵은 골재량 절대체적
　　　$V_G = V_a - V_s = 0.676 - 0.27 = 0.406\,\text{m}^3$

　㉤ 단위 굵은 골재량 $= 0.406 \times 2.7 \times 1,000$
　　　　$= 1096.2\,\text{kg}$

11 팽창 콘크리트
　㉠ 콘크리트의 팽창률은 재령 7일에 대한 시험치를 기준으로 한다.
　㉡ 종류 : 수축보상 콘크리트, 화학적 프리스트레스트 콘크리트

12 공기연행 콘크리트 공기량의 표준값

굵은 골재의 최대 치수(mm)	공기량(%)	
	심한 노출	보통 노출
10	7.5	6.0
15	7.0	5.5
20	6.0	5.0
25	6.0	4.5
40	5.5	4.5

13 긴장재의 배치오차 $= 1,600 \times \dfrac{1}{200} = 8\,\text{mm}$

[참고] 거푸집 내에서 허용되는 긴장재의 배치오차는 도심위치변동의 경우 부재치수가 1m 미만일 때에는 5mm를 넘지 않아야 하며, 또 1m 이상인 경우에는 부재치수의 1/200 이하로서 10mm를 넘지 않도록 하여야 한다.

14 유동화제는 원액으로 사용하고 미리 정한 소정의 양을 한꺼번에 첨가하며, 계량은 질량 또는 용적으로 계량하고, 그 계량오차는 1회에 3% 이내로 한다.

15 수중 콘크리트
　㉠ 일반 수중 콘크리트는 수중에서 시공할 때의 강도가 표준공시체강도의 0.6~0.8배가 되도록 배합강도를 설정하여야 한다.
　㉡ 수중 콘크리트의 물−결합재비 및 단위시멘트양

종류	일반 수중 콘크리트	현장 타설말뚝 및 지하연속벽에 사용하는 수중 콘크리트
물−결합재비	50% 이하	55% 이하
단위시멘트양	370kg/m³ 이상	350kg/m³ 이상

16 중성화시험방법
콘크리트 중성화깊이의 판정은 콘크리트의 파괴면에 페놀프탈레인의 1% 알코올용액을 묻혀서 하며, 중성화된 부분은 변하지 않고, 중성화되지 않은 알칼리성 부분은 붉은 자색을 띤다.

17 비비기는 미리 정해둔 비비기 시간의 3배 이상 계속하지 않아야 한다.

18 서중 콘크리트
일반적으로 기온 10℃ 상승에 대하여 단위수량은 2~5% 증가하므로 단위수량에 비례하여 단위시멘트양의 증가를 검토해야 한다.

19 압축강도 $= \frac{2}{3} \times 30 = 20\text{MPa}$

[참고] 콘크리트의 압축강도를 시험한 경우 거푸집널의 해체시기

부재	콘크리트 압축강도(f_{cu})
확대기초, 보 옆, 기둥 등의 측벽	5MPa 이상
슬래브 및 보의 밑면, 아치내면	설계기준압축강도의 2/3배 이상, 최소 14MPa 이상

20 굵은 골재의 최대 치수
㉠ 다음 값을 초과하지 않아야 한다.
- 거푸집 양측면 사이의 최소 거리의 1/5
- 슬래브두께의 1/3
- 개별철근, 다발철근, 긴장재 또는 덕트 사이 최소 순간격의 3/4

㉡ 굵은 골재 최대 치수의 표준

구조물의 종류	굵은 골재의 최대 치수(mm)
일반적인 경우	20 또는 25
단면이 큰 경우	40
무근 콘크리트	40 부재 최소 치수의 1/4을 초과해서는 안 됨

21 부족토량 $= 37,800 \times \frac{1}{C} - 30,000 \times \frac{1}{L}$

$= 37,800 \times \frac{1}{0.9} - 30,000 \times \frac{1}{1.25}$

$= 18,000\text{m}^3$

22 시공기면(formation level)
시공하는 지반의 계획고를 말하며 FL로 표시한다. 또한 절·성토량의 차이가 최소가 되도록 시공기면을 결정한다.

23 스윙컷
연직도갱의 밑의 발파에 사용되며, 특히 용수가 많을 때 편리하다.

24 벽식 지하연속벽공법
지하로 크고 깊은 trench를 굴착하여 철근망을 삽입한 후 콘크리트를 타설하여 지하연속벽을 만드는 공법이다.
㉠ 소음, 진동이 작다.
㉡ 벽체의 강성(EI)이 크다.
㉢ 차수성이 크다.
㉣ 주변 지반의 영향이 작다.

25 직립식 방파제
㉠ 사용재료가 비교적 소량이다.
㉡ 기초지반이 양호하고 파에 의하여 세굴될 염려가 없는 경우에 적합하다.
㉢ 수심이 그다지 깊지 않고 파력도 너무 크지 않아야 한다.

26 TBM공법은 커터(cutter)에 의하여 암석을 압쇄 또는 절삭하여 터널을 굴착하는 공법이다.

27 압밀을 이용한 공법은 pre-loading공법, 연직배수공법 등이 있다.

28 보일링현상은 주로 사질토 지반(특히 모래)에서 일어난다.

29 브레이싱(bracing)
좌우의 거더를 연결하여 구조물의 횡방향 지지, 교량 단면형상의 유지, 강성의 확보, 횡하중의 받침부로의 전달 등을 위하여 설치된다.

30 ㉠ 다짐 후 두께 0.3m를 본바닥두께로 환산하면
$$\frac{0.3}{C} = \frac{0.3}{0.9} = \frac{1}{3}\text{m}$$
㉡ 1m²당 흙의 무게
$$\gamma_t = \frac{W}{V} = \frac{W}{1 \times 1 \times \frac{1}{3}} = 1.8\text{t/m}^3$$

$\therefore w = 0.6\text{t} = 600\text{kg}$

㉢ $w = 8\%$일 때 물의 무게
$$W_w = \frac{wW}{100 + w} = \frac{8 \times 600}{100 + 8} = 44.44\text{kg}$$
㉣ $w = 15\%$일 때 물의 무게
$$8 : 44.44 = 15 : W_w$$

$\therefore W_w = 83.33\text{kg}$

㉤ 추가해야 할 물의 무게
$$W_w = 83.33 - 44.44 = 38.89\text{kg}$$

31 Benoto공법은 약 15° 정도의 경사말뚝시공이 가능하다.

32 성토재료의 구비조건
  ㉠ 전단강도가 크고 압축성이 적은 흙
  ㉡ 유기질이 없는 흙
  ㉢ 시공기계의 trafficability가 확보되는 흙

33 ㉠ 교대는 상부에서 오는 수직 및 수평하중을 지반에 전달하는 것과 배면에서 오는 토압에 저항하는 옹벽으로서의 역할을 한다.
  ㉡ 교대의 날개벽은 교대 배면토의 보호 및 세굴을 방지하는 역할을 한다.

34 $t_e = \dfrac{t_o + 4t_m + t_p}{6} = \dfrac{3 + 4 \times 6 + 8}{6} = 5.83$시간

35 엑스트라도즈드교(extradosed교)
  편심효과를 극대화하기 위하여 거더 단면 밖으로 PS강재를 낮은 주탑의 정부에 external tendon (외부긴장재)형태로 케이블을 위치시킨 대편심교량이다.

36 그래브 준설선

장점	단점
• 협소한 장소의 준설, 소규모의 준설에 적합하다. • 기계가 저렴하다. • 준설깊이를 용이하게 증가할 수 있다.	• 준설능력이 적다. • 굳은 토질에는 부적당하다. • 수저를 평탄하게 할 수 없다.

37 $Q = \dfrac{1,000\,VWHfE}{N}$

$= \dfrac{1,000 \times 3 \times 2.5 \times 0.2 \times 1 \times 0.8}{4}$

$= 300\text{m}^3/\text{h}$

38 Sand drain의 배열
  ㉠ 정삼각형 : $d_e = 1.05d$
  ㉡ 정사각형 : $d_e = 1.13d$

39 ㉠ 파일 1본당 타격시간(min)
  $T_b = 0.05\alpha\beta L(N+2)$
  $= 0.05 \times 4 \times 1.2 \times 10 \times (15+2)$
  $= 40.8$분

㉡ 파일 1본당 시공시간(min)

$T_c = \dfrac{T_b + T_w + T_s + T_t + T_e}{F}$

$= \dfrac{40.8 + 0 + 20 + 20 + 20}{0.6}$

$= 168$분

여기서, L : 파일이 들어가는 전장(m)
    T_w : 파일 1본당 용접시간(분)

40 플래니미터에 의한 면적을 계산할 때 3회 이상 측정하여 평균값을 구한다.

41 고로슬래그효과
  ㉠ 워커빌리티가 커진다.
  ㉡ 수화열의 발생속도가 느리다.
  ㉢ 잠재수경성으로 장기강도가 커진다.

[참고] 잠재수경성이란 그 자체는 수경성이 없지만 시멘트 속의 알칼리성을 자극하여 천천히 수경성을 나타내는 것을 말한다.

42 포틀랜드 시멘트의 분말도규격(KS L 5201)

구분	비표면적(cm²/g)
보통	2,800 이상
중용열	2,800 이상
조강	3,300 이상

43 절대건조상태의 밀도(진밀도)

$= \left(\dfrac{A}{B+A-C}\right)\rho_w = \dfrac{495}{665+495-975} \times 0.997$

$= 2.67\text{g/cm}^3$

44 체가름시험(KS F 2502)
  ㉠ 시료를 105±5℃에서 24시간, 일정 질량이 될 때까지 건조시킨다.
  ㉡ 건조된 시료로서 다음의 양을 표준으로 한다.

굵은 골재 최대 치수(mm)	시료의 양(kg)
20	5
40	15
80	30

㉢ 체진동기로서 1분간 각 체를 통과하는 것이 전 시료중량의 0.1% 이하가 될 때까지 작업을 한다.

45 역청유제
  ㉠ 역청을 미립자상태에서 수중에 분산시킨 것으로서 대부분 아스팔트 유제가 사용된다.

ⓛ 종류
- 점토계 유제 : 벤토나이트, 점토무기수산화물과 같이 물에 녹지 않는 광물질을 수중에 분산시켜 역청제를 가하여 유화시킨 것이다.
- 음이온계 유제 : 유화제로서 고급 지방산비누 등의 표면활성제를 첨가한 알칼리성수용액 중에 아스팔트 입자를 분산시켜 생성된 미립자의 표면을 전기적으로 음(−)전하로 대전시킨 것이다.
- 양이온계 유제 : 질산 등의 산성수용액 중에 아스팔트를 분산시켜 미립자를 양(+)전하로 대전시킨 것으로 부착성이 좋다.

46 지연제
ⓐ 지연제는 시멘트의 응결시간을 늦추기 위하여 사용하는 혼화제이다.
ⓑ 지연제의 용도
- 서중 콘크리트 시공 시 온도영향을 상쇄시킨다.
- 레미콘의 운반거리가 멀 때 유효하다.
- 매스 콘크리트의 연속타설 시 콜드조인트 방지에 유효하다.
- 콘크리트를 친 후에 생기는 거푸집의 변형을 조절할 수 있다.

47 ⓐ C_3S는 C_3A보다 수화작용이 느리나 강도가 빨리 나타나고 수화열이 비교적 크다.
ⓑ C_2S는 C_3S보다 수화작용이 늦고 수축이 작으며 장기강도가 커진다.

48 ⓐ 실적률 = $\dfrac{\text{단위중량}(100+\text{흡수율})}{\text{표건밀도}}$

$$= \dfrac{1.68 \times (100+6)}{2.81} = 63.37\%$$

ⓑ 공극률 = $100 - \text{실적률} = 100 - 63.37 = 36.63\%$

49 골재의 안정성시험
ⓐ 기상작용에 대한 골재의 내구성을 조사하는 시험으로 황산나트륨(Na_2SO_4)포화용액으로 인한 부서짐작용에 대한 저항성을 시험한다.
ⓑ 시료의 준비
- 시험용 잔골재는 10mm체를 통과한 것을 사용한다.
- 시험용 굵은 골재는 5mm체에 잔류하는 것을 사용한다.

50 목재의 건조법
ⓐ 자연건조법 : 공기건조법, 침수법
ⓑ 인공건조법 : 끓임법(자비법), 증기건조법, 열기건조법

51 ⓐ 포틀랜드 시멘트의 성질
- 시멘트가 풍화되면 비중이 작아진다.
- 시멘트의 분말도가 크면 조기강도가 커진다.
ⓑ 시멘트와 물이 반응하여 점차 유동성과 점성을 상실하는 상태를 응결이라 한다.

52 천연 아스팔트
ⓐ 천연 아스팔트(natural asphalt)
- 록 아스팔트(rock asphalt)
- 레이크 아스팔트(lake asphalt)
- 샌드 아스팔트(sand asphalt)
ⓑ 아스팔타이트(asphaltite)

53 잔골재의 유해물함유량한도(질량 백분율)

구분	최대값
점토덩어리	1.0
0.08mm체 통과량	
• 콘크리트의 표면이 마모작용을 받는 경우	3.0
• 기타의 경우	5.0
석탄, 갈탄 등으로 밀도 $0.002g/mm^3$의 액체에 뜨는 것	
• 콘크리트의 외관이 중요한 경우	0.5
• 기타의 경우	1.0
염화물($NaCl$환산량)	0.04

54 AE제를 사용한 콘크리트
ⓐ 워커빌리티가 커지고 블리딩이 감소한다.
ⓑ 동결융해에 대한 내구성이 크게 증가한다.
ⓒ 철근과의 부착강도가 조금 작아진다.

55 염화칼슘의 사용이 콘크리트 성질에 미치는 영향
ⓐ 보통 콘크리트보다 재령 1일 강도가 2배 정도 증가하나, 장기강도는 감소한다.
ⓑ 건조수축과 크리프가 커진다.
ⓒ 황산염에 대한 저항성을 감소시킨다.
ⓓ 알칼리골재반응을 약화시킨다.
ⓔ 철근을 부식시키기 쉽다.

56 ⓐ 일반 구조용 압연강재의 기호는 SS, 용접구조용 압연강재의 기호는 SM이다.
ⓑ 숫자는 인장강도(N/mm^2)를 나타낸다.

[참고] KS D 2503(2016년 개정)

종류의 기호(종래 기호)	적용
SS275(SS400) SS315(SS490)	강판, 강대, 형강 평강 및 봉강

※ 종류의 기호를 인장강도기준에서 항복강도(N/mm^2)기준으로 변경하여 개정하였다.

57 굵은 골재의 밀도 및 흡수율시험(KS F 2503)
1회 시험에 사용하는 시료의 최소 질량
ㄱ 보통 골재 : 굵은 골재 최대 치수(mm 표시)의
0.1배를 kg으로 나타낸 양으로 한다.
ㄴ 경량골재

$$m_{min} = \frac{d_{max}D_e}{25} = \frac{50 \times 1.4}{25} = 2.8kg$$

여기서, m_{min} : 시료의 최소 질량(kg)

d_{max} : 굵은 골재의 최대 치수(mm)

D_e : 굵은 골재의 추정밀도(g/cm³)

58 폴리머 시멘트 콘크리트
결합재로서 시멘트와 물, 고무라텍스 등의 폴리머
를 사용하여 골재를 결합시켜 만든 것

59 암석의 성인에 따른 분류
ㄱ 화성암 : 화강암, 안산암, 현무암 등
ㄴ 변성암 : 대리석, 편마암, 사문암 등
ㄷ 퇴적암 : 사암, 점판암, 석회암 등

60 강의 열처리
ㄱ 풀림 : A_3(910℃)변태점 이상의 온도로 가열한
후에 노 안에서 천천히 냉각시키는 열처리
ㄴ 불림 : A_3(910℃)변태점 이상의 온도로 가열한
후 대기 중에서 냉각시키는 열처리
ㄷ 뜨임 : 담금질한 강을 다시 A_1변태점 이하의 온
도로 가열한 다음에 적당한 속도로 냉각시키는
열처리
ㄹ 담금질 : A_3변태점 이상 30~50℃로 가열한 후
물 또는 기름 속에서 급냉시키는 열처리

61 ㄱ $\gamma_t = \frac{G_s + Se}{1+e}\gamma_w = \frac{G_s + wG_s}{1+e}\gamma_w$

$$17.64 = \frac{2.7 + 0.1 \times 2.7}{1+e} \times 9.8$$

$$\therefore e = 0.65$$

ㄴ $D_r = \frac{e_{max} - e}{e_{max} - e_{min}} \times 100$

$$= \frac{0.92 - 0.65}{0.92 - 0.45} \times 100 = 57.45\%$$

62 ㄱ $\gamma_t = \frac{G_s + Se}{1+e}\gamma_w = \frac{G_s + wG_s}{1+e}\gamma_w$

$$17.5 = \frac{2.56 + 0.35 \times 2.56}{1+e} \times 9.8$$

$$\therefore e = 0.935$$

ㄴ $n = \frac{e}{1+e} \times 100 = \frac{0.935}{1+0.935} \times 100 = 48.32\%$

63 $K_v = \dfrac{H}{\dfrac{h_1}{K_{v1}} + \dfrac{h_2}{K_{v2}} + \dfrac{h_3}{K_{v3}}}$

$$= \frac{1,050}{\dfrac{600}{0.02} + \dfrac{150}{2 \times 10^{-5}} + \dfrac{300}{0.03}}$$

$$= 1.393 \times 10^{-4} cm/s$$

64 ㄱ $\sigma_v = 19 \times 2 + 20 \times 2 = 75kN/m^2$

$$u = 9.81 \times 2 = 19.62kN/m^2$$

$$\overline{\sigma_v} = 78 - 19.62 = 58.38kN/m^2$$

ㄴ $\overline{\sigma_h} = [19 \times 2 + (20 - 9.81) \times 2] \times 0.5$

$$= 29.19kN/m^2$$

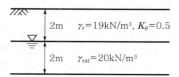

65 $\Delta\sigma_v = \dfrac{P}{(B+Z)(L+Z)} = \dfrac{50}{(1+4)^2}$

$$= 2kN/m^2$$

66 ㄱ $i_c = \dfrac{G_s - 1}{1+e} = \dfrac{2.65 - 1}{1 + 0.6} = 1.03$

ㄴ $i = \dfrac{h}{L} = \dfrac{\Delta h}{4}$

ㄷ $F_s = \dfrac{i_c}{i} = \dfrac{1.03}{\dfrac{\Delta h}{4}} = 1$

$$\therefore \Delta h = 4.12m$$

67 Terzaghi의 1차원 압밀가정
ㄱ 흙은 균질하고 완전히 포화되어 있다.
ㄴ 토립자와 물은 비압축성이다.
ㄷ 압축과 투수는 1차원적(수직적)이다.
ㄹ Darcy의 법칙이 성립한다.

68 ㄱ $u_i = \gamma_w h = 9.81 \times 5 = 49.05kN/m^2$

ㄴ $U_z = \dfrac{u_i - u}{u_i} \times 100$

$$40 = \frac{49.05 - u}{49.05} \times 100$$

$$\therefore u = 29.43kN/m^2$$

ㄷ 재하기 이전의 간극수압
$u = \gamma_w h = 9.81 \times 5 = 49.05kN/m^2$

ㄹ 전체 간극수압 = 49.05 + 29.43 = 78.48kN/m²

69 ㉠ $t_{90} = \dfrac{0.848H^2}{C_v}$

$10 = \dfrac{0.848 \times 10^2}{C_v}$

$\therefore C_v = 8.48\,\mathrm{m^2/yr}$

㉡ $t_{90} = \dfrac{0.848 \times 40^2}{8.48} = 160$년

70 Mohr-응력원이 파괴포락선에 접하는 경우에 전단 파괴가 발생된다.

71 ㉠ $\tau = c = \dfrac{\sigma_1 - \sigma_3}{2} = 18\,\mathrm{MN/m^2}$

$\therefore \sigma_1 - \sigma_3 = 36\,\mathrm{MN/m^2}$

㉡ UU$-$test($S_r = 100\%$일 때)에서 σ_3에 관계없이 $(\sigma_1 - \sigma_3)$이 일정하다.

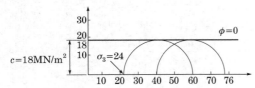

72 $\Delta U = B\left[\Delta\sigma_3 + A(\Delta\sigma_1 - \Delta\sigma_3)\right]$

$210 = 1 \times (0 + A \times 280)$

$\therefore A = \dfrac{210}{280} = 0.75$

73 $A_r = \dfrac{D_w^{\,2} - D_e^{\,2}}{D_e^{\,2}} \times 100 = \dfrac{50.8^2 - 34.9^2}{34.9^2} \times 100$

$= 111.87\%$

74 ㉠ $K_a = \tan^2\left(45° - \dfrac{\phi}{2}\right) = \tan^2\left(45° - \dfrac{30°}{2}\right) = \dfrac{1}{3}$

㉡ $P_a = \dfrac{1}{2}\gamma_1 H_1^{\,2} K_a + \gamma_1 H_1 H_2 K_a + \dfrac{1}{2}\gamma_2 H_2^{\,2} K_a$

$= \dfrac{1}{2} \times 15 \times 2^2 \times \dfrac{1}{3} + 15 \times 2 \times 4 \times \dfrac{1}{3}$

$+ \dfrac{1}{2} \times 18 \times 4^2 \times \dfrac{1}{3}$

$= 98\,\mathrm{kN/m}$

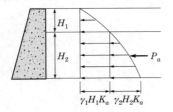

75 다짐의 효과

㉠ 투수성 감소

㉡ 전단강도 증가

㉢ 지반의 압축성 감소

㉣ 지반의 지지력 증대

㉤ 동상, 팽창, 건조수축 감소

76 ㉠ $\gamma_{모래} = \dfrac{W}{V}$

$16,660 = \dfrac{59.92 - 28.18 - 1.17}{V}$

$\therefore V = 1.835 \times 10^{-3}\,\mathrm{m^3}$

㉡ $\gamma_t = \dfrac{W}{V} = \dfrac{33.11 \times 10^{-3}}{1.835 \times 10^{-3}} = 18.04\,\mathrm{kN/m^3}$

㉢ $\gamma_d = \dfrac{\gamma_t}{1 + \dfrac{w}{100}} = \dfrac{18.04}{1 + \dfrac{11.6}{100}} = 16.16\,\mathrm{kN/m^3}$

77 ㉠ $H_c = \dfrac{4c}{\gamma_t}\left[\dfrac{\sin\beta\cos\phi}{1 - \cos(\beta - \phi)}\right]$

$= \dfrac{4 \times 30}{18} \times \dfrac{\sin 50° \times \cos 0°}{1 - \cos(50° - 0)} = 14.3\,\mathrm{m}$

㉡ $F_s = \dfrac{H_c}{H}$

$2 = \dfrac{14.3}{H}$

$\therefore H = 7.15\,\mathrm{m}$

78 국부전단파괴에 대하여 다음과 같이 강도정수를 저감하여 사용한다.

㉠ $C' = \dfrac{2}{3}C$

㉡ $\tan\phi' = \dfrac{2}{3}\tan\phi$

79 $q = \dfrac{Q}{A} - \gamma D_f = \dfrac{25,000}{100} - 18 \times 2 = 214\,\mathrm{kN/m^2}$

80 ㉠ $\phi = \tan^{-1}\dfrac{D}{S} = \tan^{-1}\dfrac{0.4}{2} = 11.31°$

㉡ $E = 1 - \phi\left[\dfrac{(m-1)n + m(n-1)}{90mn}\right]$

$= 1 - 11.31 \times \dfrac{3 \times 5 + 4 \times 4}{90 \times 4 \times 5}$

$= 0.805$

㉢ $R_{ag} = ENR_a = 0.805 \times 20 \times 150 = 2,415\,\mathrm{kN}$

제4회 실전 모의고사

모의

01	02	03	04	05	06	07	08	09	10	11	12	13	14	15	16	17	18	19	20
①	④	③	④	②	④	①	②	④	②	④	①	②	④	④	③	③	④	④	①
21	22	23	24	25	26	27	28	29	30	31	32	33	34	35	36	37	38	39	40
②	②	②	①	③	③	①	④	②	③	③	①	②	④	③	②	①	②	②	②
41	42	43	44	45	46	47	48	49	50	51	52	53	54	55	56	57	58	59	60
①	②	②	④	③	④	①	④	③	④	④	③	②	①	③	③	②	④	④	③
61	62	63	64	65	66	67	68	69	70	71	72	73	74	75	76	77	78	79	80
④	④	③	③	④	②	②	②	③	①	②	③	③	④	③	②	③	②	④	②

01 콘크리트의 압축강도가 클수록 탄성계수가 크다.

02 초음파탐상에 의한 결함조사
　㉠ 개요 : 동일한 속도의 초음파에너지를 콘크리트 내부에 통과시켰을 때 건전한 경우와 공극 또는 비균질한 경우의 통과시간 및 에너지통과량에 차이가 나게 된다. 이 원리를 이용하여 콘크리트 내부의 결함을 탐상하는 방법이다.
　㉡ 적용 가능한 분야
　　• 콘크리트 두께탐상
　　• 콘크리트 내부의 공극탐상
　　• 시스관 내의 그라우팅 및 콘크리트와 철근의 부착 유무조사

03 부순 모래를 사용했을 때의 문제점
　㉠ 입도 및 입형 : 같은 워커빌리티의 콘크리트를 얻기 위해 단위수량이 약 8% 증가된다.
　㉡ 석분 : 석분의 양이 3~7% 이상으로 너무 많으면 단위수량의 증가가 현저해지며 블리딩이 적어져 플라스틱 수축균열이 생기기 쉽고 초기, 종결이 빨라지는 등의 악영향이 나타난다. 또한 콘크리트 강도가 저하되고 건조수축이 커진다.

04　㉠ $\dfrac{W}{C} = 0.5$

　$\dfrac{189}{C} = 0.5$

　$\therefore\ C = 378\text{kg}$

　㉡ 단위골재량 절대체적

　$V_a = 1 - \left(\dfrac{189}{1,000} + \dfrac{378}{3.15 \times 1,000} + \dfrac{1.5}{100} \right)$

　　$= 0.676\text{m}^3$

　㉢ 단위잔골재량 절대체적

　$= V_a\,\dfrac{S}{a} = 0.676 \times 0.4 = 0.27\text{m}^3$

　㉣ 단위 굵은 골재량 절대체적

　$= 0.676 - 0.27 = 0.406\text{m}^3$

　㉤ 단위 굵은 골재량

　$= 0.406 \times 2.7 \times 1,000 = 1096.2\text{kg}$

05 고압증기양생
　㉠ 보통 양생한 것에 비해 철근의 부착강도가 약 1/2이 되므로 철근콘크리트 부재에 고압증기양생을 하는 것은 바람직하지 못하다.
　㉡ 백태현상이 감소한다.
　㉢ 건조수축이 작아진다.
　㉣ 어느 정도의 취성이 있다.

06 한중 콘크리트
　㉠ 공기연행 콘크리트를 사용하는 것을 원칙으로 한다.
　㉡ 타설할 때의 콘크리트 온도는 구조물의 단면치수, 기상조건 등을 고려하여 5~20℃의 범위에서 정하여야 한다. 기상조건이 가혹한 경우나 부재두께가 얇을 경우에는 칠 때의 콘크리트 최저온도는 10℃ 정도를 확보하여야 한다.

07　$\Delta f_{pa} = E_p\,\dfrac{\Delta l}{l} = 2 \times 10^5 \times \dfrac{4}{10,000} = 80\text{MPa}$

　여기서, Δf_{pa} : 응력의 감소량
　　　　　E_p : 강재의 탄성계수
　　　　　l : 긴장재의 길이
　　　　　Δl : 정착장치에서 긴장재의 활동량

08 수중 콘크리트 타설

시멘트가 물에 씻겨서 흘러나오지 않도록 트레미나 콘크리트 펌프를 사용하여 타설해야 한다. 밑열림 상자 또는 밑열림포대는 콘크리트를 연속해서 타설 하는 것이 불가능하며 타설된 콘크리트의 품질에 대한 신뢰성도 작으므로 소규모 공사나 중요하지 않은 구조물 이외에는 사용하지 않는 것이 좋다.

09 AE 콘크리트의 공기량에 영향을 미치는 요인

㉠ 단위시멘트량이 증가할수록, 분말도가 클수록 공기량은 감소한다.
㉡ 슬럼프가 작을수록 공기량은 증가한다.
㉢ 콘크리트 온도가 낮을수록 공기량은 증가한다.
㉣ 콘크리트가 응결·경화되면 공기량은 감소한다.

10 해양 콘크리트

㉠ 해양 콘크리트 구조물에 쓰이는 콘크리트의 설 계기준강도는 30MPa 이상으로 한다.
㉡ 단위결합재량을 크게 하면 해수 중의 각종 염 류의 화학적 침식, 콘크리트 속의 강재부식 등 에 대한 저항성이 커진다.

11 경량골재 콘크리트

㉠ 단위질량이 작기 때문에 동일한 반죽질기를 갖는 일반 콘크리트에 비하여 슬럼프가 작아지는 경향 이 있으므로 단위수량을 많이 하여 슬럼프를 크 게 하는 것이 일반적이다(슬럼프는 50~180mm 를 표준으로 한다).
㉡ 경량골재는 일반 골재에 비하여 물을 흡수하기 쉬우므로 충분히 물을 흡수시킨 상태로 사용해 야 한다.
㉢ 공기량은 일반 골재를 사용한 콘크리트보다 1% 크게 하여야 한다.

12 경화한 콘크리트의 균열

분류	내용
재료적 성질	시멘트 이상응결, 콘크리트의 침하, 블리딩, 시멘트의 수화열, 시멘트의 이상팽창, 반응성 골재 및 풍화암 사용, 콘크리트의 건조수축
사용환경조건	환경온도, 습도변화, 염류의 화학작용
구조, 외력과의 관계	하중, 단면, 철근량의 부족, 구조물의 부등침하
시공과의 관계	과도한 비빔시간, 급속한 타설속도, 불충분한 다짐

13 변동계수를 보기 ②를 예로 하여 설명해보면 다음 과 같다.

㉠ 평균치($\bar{x}$)

$$\bar{x} = \frac{202 + 190 + 190 + 218}{4} = 200$$

㉡ 편차의 2승합

$$S = (202-200)^2 + (190-200)^2$$
$$+ (190-200)^2 + (218-200)^2 = 528$$

㉢ 표준편차

$$\sigma = \sqrt{\frac{S}{n}} = \sqrt{\frac{528}{4}} = 11.49$$

㉣ 변동계수

$$C_v = \frac{\sigma}{x} \times 100 = \frac{11.49}{200} \times 100 = 5.75$$

14 중성화(탄산화)

공기 중의 탄산가스에 의해 콘크리트 중의 수산화 칼슘(강알칼리)이 서서히 탄산칼슘(약알칼리)으로 되어 콘크리트가 중성화됨에 따라 물과 공기가 침 투하고 철근이 부식하여 체적이 팽창(약 2.6배)하 여 균열이 발생하는 현상

15 고압증기양생은 보통 양생한 것에 비해 철근의 부 착강도가 약 1/2이 된다. 따라서 철근콘크리트 부 재에 적용하는 것은 바람직하지 못하다.

16 잔골재량을 x, 굵은 골재량을 y라 하면

$$x + y = 700 + 1,300 = 2,000 \quad \cdots\cdots\cdots\cdots \text{ⓐ}$$
$$0.02x + (1-0.04)y = 1,300 \quad \cdots\cdots\cdots\cdots \text{ⓑ}$$

식 ⓐ와 식 ⓑ를 연립해서 풀면

$$x = 659.57\text{kg}, \quad y = 1340.43\text{kg}$$

17 플라이애시(혼화재)의 계량허용오차는 2%이다.

$$\text{플라이애시의 계량오차} = \frac{\text{현장 계량치} - \text{제조 시 계량치}}{\text{제조 시 계량차}}$$

$$= \frac{68-65}{65} \times 100$$
$$= 4.62\% > 2\% \text{ 이상이므로}$$
불합격이다.

18 강도검사는 콘크리트의 배합검사를 실시하는 것을 표준으로 한다. 배합검사를 하지 않는 경우에는 압 축강도시험에 의한 검사를 실시한다.

19 다짐계수시험(BS 1881)

호퍼를 통하여 낙하충전시킨 콘크리트의 중량과 충분히 다진 콘크리트 중량과의 비를 구하여 다짐 계수로 한다.

20 매스 콘크리트로 다루어야 하는 구조물의 부재치수는 일반적인 표준으로서 넓이가 넓은 평판구조의 경우 두께 0.8m 이상, 하단이 구속된 벽조의 경우 두께 0.5m 이상으로 한다.

21 성토재료의 구비조건
　㉠ 전단강도가 크고 압축성이 적은 흙
　㉡ 유기질이 없는 흙
　㉢ 시공기계의 trafficability가 확보되는 흙

22 ㉠ 절토량 $=1,500\text{m}^3$
　㉡ 성토높이 $=\dfrac{1,500}{500}\times C$
　　　　　　 $=\dfrac{1,500}{500}\times 0.9$
　　　　　　 $=2.7\text{m}$

23 $V=\dfrac{ab}{6}(\sum h_1 +2\sum h_2 +\cdots +8\sum h_8)$
　㉠ $\sum h_1 =2.4+3.2+3.2=8.8\text{m}$
　㉡ $\sum h_2 =3+2.8=5.8\text{m}$
　㉢ $\sum h_3 =2.5+2.8+2.6+2.9=10.8\text{m}$
　㉣ $\sum h_5 =3\text{m}$
　㉤ $\sum h_6 =2.7\text{m}$
　$\therefore\ V=\dfrac{3\times 4}{6}(8.8+2\times 5.8+3\times 10.8$
　　　　　　 $+5\times 3+6\times 2.7)$
　　　　 $=168\text{m}^3$

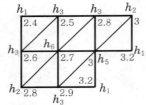

24 ㉠ $Q=\dfrac{3,600qkfE}{C_m}$
　　 $=\dfrac{3,600\times 0.7\times 0.9\times \dfrac{1}{1.2}\times 0.8}{24}$
　　 $=63\text{m}^3/\text{h}$
　㉡ 굴착일수 $=\dfrac{6,000}{63\times 7}=13.61$일

25 디퍼 준설선
　㉠ 장점
　　• 굴착량이 많고 암석이나 굳은 토질에도 적합하다.
　　• 기계고장이 적다.
　　• 작업장소가 넓지 않아도 된다.
　㉡ 단점
　　• 연한 토질일 때는 능률이 저하된다.
　　• 준설단가가 크다.
　　• 연속식에 비해 준설능력이 다소 떨어진다.

26 Top-down공법
　㉠ 장점
　　• 주변 건물과 근접 시공이 가능하며 벽체의 깊이에 제한이 없다.
　　• 굴착 시 주변 지반의 변형이 적다.
　　• 저소음, 저진동으로 도심지공사에 적합하다.
　㉡ 단점
　　• 공사비가 비싸다.
　　• 지하굴착이 어렵다.
　　• 환기, 조명시설이 필요하다.

27 히빙현상 방지대책
　㉠ 흙막이의 근입깊이를 깊게 한다.
　㉡ 표토를 제거하여 하중을 적게 한다.
　㉢ 지반개량을 한다.
　㉣ 전면굴착보다 부분굴착을 한다.

28 스무스 블라스팅공법
　㉠ 여굴이 적고 매끈한 굴착면을 얻을 수 있다.
　㉡ 암반의 손상이 적다.
　㉢ 부석이 적다.
　㉣ 소음, 진동이 적다.

29 활동에 대한 안전율을 크게 하는 방법
　㉠ 활동방지벽(shear key)을 설치한다.
　㉡ 저판폭을 크게 한다.
　㉢ 사항을 설치한다.

30 평행식
　㉠ 머리빗식 : 1개의 간선집수거 및 집수지거로 많은 흡수거를 합류시킬 수 있도록 배치한 방식
　㉡ 어골식 : 집수지거를 중심으로 양쪽에서 여러 개의 흡수거가 합류되도록 배치한 방식
　㉢ 집단식 : 몇 개의 흡수거를 1개의 짧은 집수거에 연결하여 배수구를 통하여 배수로로 배수하는 방식

31 $t_e =\dfrac{t_o +4t_m +t_p}{6}$
　　 $=\dfrac{6+4\times 8+10}{6}=8$일

32 브레이싱(bracing)

좌우의 거더를 연결하여 구조물의 횡방향 지지, 교량 단면 형상의 유지, 강성의 확보, 횡하중의 받침부로의 전달 등을 위하여 설치된다.

33 사장교의 케이블배치방법에 따른 분류

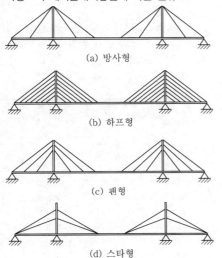

(a) 방사형

(b) 하프형

(c) 팬형

(d) 스타형

34 프라임코트는 보조기층, 기층 등의 입상재료층에 점성이 낮은 역청재를 살포, 침투시켜 방수성을 높이고, 보조기층으로부터의 모관 상승을 차단하며 기층과 그 위에 포설하는 아스팔트 혼합물과의 부착을 좋게 하기 위해 역청재를 얇게 피복하는 것이다.

35 소성변형 방지대책

㉠ 침입도가 적은 아스팔트를 사용한다.

㉡ 골재의 최대 치수를 크게 한다(19mm).

36 ㉠ 배를 계선하여 육지와 연락하기 위한 다리구조를 잔교(landing pier)라 한다.

• 종류 : 돌출부두 전면을 잔교구조로 하는 돌출잔교, 육지에 접하는 횡잔교(편잔교), 섬부두의 본체를 이루는 섬잔교 등이 있다.

• 특징

– 지반이 약한 곳에서도 적합하다.

– 기존 호안이 있는 곳에 안벽을 축조할 때는 횡잔교가 유리하다.

– 잔교는 수평력에 대한 저항력이 적다.

㉡ 안벽(quay wall)은 대형선이 접안해서 화물을 하역하고 여객이 승강하는 부두로, 배가 닿는 쪽을 벽면으로 하고 뒷면에 흙을 채워 측압에 견딜 수 있도록 만든 옹벽구조를 말한다.

37 표면차수벽 댐은 차수벽이 콘크리트, 아스팔트 등으로 되어 있고 상류보호층이 필요 없다. 록필의 양은 가장 적으나 그 침하가 차수벽에 나쁜 영향을 주므로 신중한 시공이 필요하다.

38 ㉠ 케이슨의 수직하중

$$W = (8 \times 10) \times 20 - (8 \times 10) \times 10 = 800 \text{kN/m}$$

㉡ $P = 1.5 w' H = 1.5 \times 10 \times 3 = 45 \text{kN/m}^2$

㉢ 케이슨에 작용하는 수평력

$$P_H = (3+5) \times 45 = 360 \text{kN/m}$$

㉣ $F_s = \dfrac{f W}{P_H} = \dfrac{0.6 \times 800}{360} = 1.33$

39 ㉠ 전체 평균치 : $\bar{x}$의 평균치

$$\bar{\bar{x}} = \frac{7 + 7.5 + 9 + 8.5 + 9}{5} = 8.2$$

㉡ R의 평균치

$$\bar{R} = \frac{\sum R}{n} = \frac{0.5 + 1 + 1.5 + 0.5 + 1}{5} = 0.9$$

㉢ 상부한계선

$$\text{UCL} = \bar{\bar{x}} + A_2 \bar{R} = 8.2 + 1.023 \times 0.9$$
$$= 9.12$$

㉣ 하부한계선

$$\text{LCL} = \bar{\bar{x}} - A_2 \bar{R} = 8.2 - 1.023 \times 0.9$$
$$= 7.28$$

40 비용경사 $= \dfrac{\text{특급공비} - \text{표준공비}}{\text{표준공기} - \text{특급공기}}$

$$= \frac{44,000 - 34,000}{10 - 8}$$

$$= 5,000 원$$

41 ㉠ 강성 : 외력을 받았을 때 변형을 적게 일으키는 재료를 강성이 큰 재료라 한다.

㉡ 연성 : 인장력을 가했을 때 가늘고 길게 늘어나는 성질이다.

㉢ 취성 : 작은 변형에도 파괴되는 성질이다.

㉣ 인성 : 하중을 받아 파괴될 때까지의 에너지흡수능력이다.

42 파단연신율 $= \dfrac{l - l_o}{l_o} \times 100$

$$= \frac{156 - 128}{128} \times 100$$

$$= 21.88\%$$

여기서, l : 파단 후 표점거리

l_o : 표점거리

43 수경률(hydraulic modulus)

㉠ 수경률(HM) = $\dfrac{CaO}{SiO_2 + Al_2O_3 + Fe_2O_3}$

㉡ 수경률은 염기성분과 산성성분과의 비율에 해당되며 수경률이 클수록 C_3S의 생성량이 많아서 초기강도가 높고 수화열이 큰 시멘트가 된다.

㉢ 석고($CaSO_4 \cdot 2H_2O$)량과는 관계가 없다.

44 시멘트 비중

㉠ No.1의 시멘트 비중 = $\dfrac{\text{시멘트의 질량}}{\text{눈금차}}$

$= \dfrac{64.15}{20.4} = 3.14$

㉡ No.2의 시멘트 비중 = $\dfrac{64.1}{20.1} = 3.19$

㉢ 시험을 2회 실시하여 측정값의 차이가 ±0.03 이내가 되면 그 평균값으로 한다.

45 시멘트의 응결

㉠ 수량이 적을수록 응결이 빨라진다.

㉡ 온도가 높을수록 응결이 빨라진다.

㉢ 분말도가 클수록 응결이 빨라진다.

㉣ C_3A가 많을수록 응결이 빨라진다.

㉤ 습도가 낮을수록 응결이 빨라진다.

46 AE제가 콘크리트에 미치는 영향

㉠ 연행공기 1% 증가에 따라 슬럼프는 약 2.5cm 증가하고, 압축강도는 약 4~6% 정도 감소한다.

㉡ 블리딩이 감소한다.

㉢ 콘크리트 공극 중의 물의 동결에 의한 팽창응력을 기포가 흡수함으로써 콘크리트의 동결융해에 대한 내구성을 크게 증가시킨다.

47 Fly ash 시멘트

㉠ 워커빌리티가 커지고 단위수량이 감소한다.

㉡ 수화열이 적고 건조수축도 적다.

㉢ 장기강도가 상당히 증가한다.

㉣ 해수에 대한 내화학성이 크다.

48 실리카퓸의 효과

㉠ 장점
- Bleeding이 감소한다.
- 재료분리가 생기지 않는다.
- 조직이 치밀하므로 강도가 커지고 수밀성, 화학적 저항성 등이 커진다.

㉡ 단점
- 워커빌리티가 작아진다.
- 단위수량이 커진다.
- 건조수축이 커진다.

49 표면건조포화상태의 밀도

$= \left(\dfrac{m}{B + m - c} \right) \rho_w$

$= \dfrac{500}{665 + 500 - 975} \times 1 = 2.63 \text{g/cm}^3$

여기서, B : 물을 검정선까지 채운 플라스크의 질량(g)

m : 표면건조포화상태의 시료의 질량(g)

c : 시료와 물을 검정선까지 채운 플라스크의 질량(g)

ρ_w : 시험온도에서 물의 밀도(g/cm³)

50

체 구분	잔류량 (g)	잔류율 (%)	가적 잔류율 (%)	가적 통과율 (%)
50mm	0	0.0	0.0	0.0
40mm	270	1.8	1.8	98.2
30mm	1,755	11.7	13.5	86.5
25mm	2,455	16.37	29.87	70.13
20mm	2,270	15.13	45.0	55.0
15mm	4,230	28.2	73.2	26.8
10mm	2,370	15.8	89.0	11.0
5mm	1,650	11.0	100.0	0.0

㉠ $FM = \dfrac{0 + 1.8 + 45 + 89 + 100 + 500}{100} = 7.36$

㉡ $G_{max} = 40 \text{mm}$

51 조립률이란 골재의 입도를 수치적으로 나타낸 것으로서 골재의 입도를 판정할 수 있다.

52 ㉠ 역청재료의 체적비

$V_a = \dfrac{W_a d}{G_a} = \dfrac{6.3 \times 2.435}{1.03} = 14.89\%$

여기서, W_a : 혼합물 중의 역청재료량(%)

d : 공시체의 실측밀도(g/cm³)

G_a : 역청재료의 밀도(g/cm³)

㉡ 포화도

$S = \dfrac{V_a}{V_a + V} \times 100$

$= \dfrac{14.89}{14.89 + 4.8} \times 100$

$= 75.62\%$

여기서, V : 공극률 $\left(= \left(1 - \dfrac{d}{D} \right) \times 100 \right)$(%)

D : 공시체의 이론 최대 밀도(g/cm³)

53 포장용 타르와 스트레이트 아스팔트의 비교

항목	포장용 타르	스트레이트 아스팔트
주성분	방향족 탄화수소	지방족 탄화수소
밀도	$1.1 \sim 1.3 g/cm^3$	$1.01 \sim 1.05 g/cm^3$
투수성, 흡수성	아스팔트보다 매우 적다.	적다.
침투성	아스팔트보다 매우 양호하다.	–
접착성	물이 있어야 잘 접합된다.	물이 있으면 접합성이 불량하다.

54 ㉠ 목재의 건조법
- 자연건조법 : 공기건조법, 침수법
- 인공건조법 : 끓임법(자비법), 증기건조법, 열기건조법

㉡ 목재의 방부법 : 표면처리법, 방부제주입법

55 석재

㉠ 인장강도는 압축강도의 $\frac{1}{10} \sim \frac{1}{20}$ 정도밖에 안 되며, 인장강도를 이용하는 구조물은 거의 없다.

㉡ 석재의 분류

종류	압축강도(MPa)
경석	50 이상
준경석	10~50
연석	10 미만

56 흑색화약

㉠ 질산칼슘(KNO_3) 70%, 황(S) 15%, 목탄(C) 15% 비율로 섞어 만든 것으로 유연화약이라고도 한다.

㉡ 폭파력은 매우 강하지 않으나, 값이 싸고 다루기에 위험이 적으며 발화가 간단하다.

㉢ 흡수성이 크며, 젖으면 발화하지 않고, 물속에서는 폭발하지 않는 결점이 있다.

57 굵은 골재의 유해함유량한도

㉠ 점토덩어리함유량은 0.25%, 연한 석편은 5% 이하이어야 하며, 그 합은 5%를 초과하지 않아야 한다.

㉡ 연한 석편의 함유량=5-0.2=4.8% 이하

58 부순 굵은 골재는 표면적이 거칠기 때문에 시멘트 풀과의 부착이 좋아서 같은 물-시멘트비에서 압축강도는 15~30% 커진다.

59 토목섬유의 기능 : 배수, 여과, 분리, 보강, 차수

60 ㉠ $R_c = R_s(100 + C) = 0.088 \times (100 + 31.2) = 11.55\%$

㉡ $F = 100 - R_c = 100 - 11.55 = 88.45\%$

여기서, R_c : 보정된 잔사(%)

R_s : 표준체 $44\mu m$에 남은 시료잔사(g)

C : 표준체 보정계수

61 ㉠ $\gamma_d = \dfrac{W_s}{V} = \dfrac{1,700}{1,000} = 1.7 g/cm^3$

㉡ $\gamma_d = \dfrac{G_s}{1+e} \gamma_w$

$1.7 = \dfrac{2.65}{1+e} \times 1 \qquad \therefore e = 0.56$

62 ㉠ $\theta = 45° + \dfrac{\phi}{2}$

$50° = 45° + \dfrac{\phi}{2} \qquad \therefore \phi = 10°$

㉡ $q_u = 2c\tan\left(45° + \dfrac{\phi}{2}\right)$

$0.1 = 2c \times \tan\left(45° + \dfrac{10°}{2}\right) \qquad \therefore c = 0.042 MPa$

63 건조측에서 다지면 면모구조가, 습윤측에서 다지면 이산구조가 된다.

64 $K = C_v m_v \gamma_w = C_v \left(\dfrac{a_v}{1+e_1}\right) \gamma_w$

$= 1.92 \times 10^{-3} \times \dfrac{2.86 \times 10^{-2}}{1+0.8} \times 1$

$= 3.05 \times 10^{-5} cm/s$

65 극한지지력은 기초의 폭과 근입깊이에 비례한다.

66 $K = D_s^2 \dfrac{\gamma_w}{\mu} \dfrac{e^3}{1+e} C$

67 다짐에너지를 증가시키면 최적함수비는 감소하고, 최대 건조단위중량은 증가한다.

68 $F = \gamma_w \Delta h A$

69 $K_v = \dfrac{H}{\dfrac{h_1}{K_{v1}} + \dfrac{h_2}{K_{v2}} + \dfrac{h_3}{K_{v3}}}$

$= \dfrac{1,050}{\dfrac{600}{0.02} + \dfrac{150}{2 \times 10^{-5}} + \dfrac{300}{0.03}}$

$= 1.393 \times 10^{-4} cm/s$

70 $\bigcirc$ $M = Pe$

$$45 = 300 \times e$$

$$\therefore e = 0.15\text{m}$$

$\bigcirc$ $e = 0.15\text{m} < \dfrac{B}{6} = \dfrac{1.2}{6} = 0.2\text{m}$이므로

$$q_{\max} = \dfrac{Q}{BL}\left(1 + \dfrac{6e}{B}\right)$$

$$= \dfrac{300}{1.2 \times 1.5} \times \left(1 + \dfrac{6 \times 0.15}{1.2}\right)$$

$$= 291.7\text{kN/m}^2$$

71 $\bigcirc$ $\sigma = 9.8 \times h + 18 \times 3 = 9.8h + 54$

$\bigcirc$ $u = 9.8 \times 7 = 68.6\text{kN/m}^2$

$\bigcirc$ $\overline{\sigma} = \sigma - u = 9.8h + 54 - 68.6 = 0$

$$\therefore h = 1.49\text{m}$$

72 Meyerhof의 극한지지력공식은 Terzaghi의 극한 지지력공식과 유사하면서 형상계수, 깊이계수, 경 사계수를 추가한 공식이다.

73 Rod길이가 길어지면 rod변형에 의한 타격에너지 의 손실 때문에 해머의 효율이 저하되어 실제의 N 값보다 크게 나타난다.

74 $\bigcirc$ $\tau = c = 66.3\text{kN/m}^2$

$\bigcirc$ $L_a = r\theta = 12.1 \times \left(89.5° \times \dfrac{\pi}{180°}\right) = 18.9\text{m}$

$\bigcirc$ $M_r = \tau \gamma L_a = 66.3 \times 12.1 \times 18.9$

$$= 15162.1\text{kN} \cdot \text{m}$$

$\bigcirc$ $M_D = We = (A\gamma)e = 70 \times 19.4 \times 4.5$

$$= 6,111\text{kN} \cdot \text{m}$$

$\bigcirc$ $F_s = \dfrac{M_r}{M_D} = \dfrac{15162.1}{6,111} = 2.48$

75 $F_s = \dfrac{5.7c}{\gamma H - \dfrac{cH}{0.7B}} = \dfrac{5.7 \times 24}{17.31 \times 8 - \dfrac{24 \times 8}{0.7 \times 5}} = 1.636$

76 $\bigcirc$ $Se = wG_s$

$$1 \times e = wG_s$$

$$\therefore G_s = \dfrac{e}{w}$$

$\bigcirc$ $i_c = \dfrac{G_s - 1}{1 + e} = \dfrac{\dfrac{e}{w} - 1}{1 + e} = \dfrac{\dfrac{e - w}{w}}{1 + e} = \dfrac{e - w}{w(1 + e)}$

77 유선망의 특징

$\bigcirc$ 각 유로의 침투유량은 같다.

$\bigcirc$ 인접한 등수두선 간의 수두차는 모두 같다.

$\bigcirc$ 유선과 등수두선은 서로 직교한다.

$\bigcirc$ 유선망으로 되는 사각형은 정사각형이다.

$\bigcirc$ 침투속도 및 동수구배는 유선망의 폭에 반비례 한다.

78 $\bigcirc$ 부마찰력이 발생하면 지지력이 크게 감소하므 로 말뚝의 허용지지력을 결정할 때 세심하게 고려한다.

$\bigcirc$ 상대변위속도가 클수록 부마찰력이 크다.

79 $\bigcirc$ 강성기초

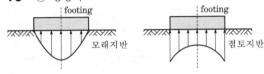

$\bigcirc$ 휨성기초

80 연속기초이므로 $\alpha = 1.0$, $\beta = 0.5$이다.

$\bigcirc$ $q_u = \alpha c N_c + \beta B \gamma_1 N_\gamma + D_f \gamma_2 N_q$

$$= 1 \times \dfrac{148.6}{2} \times 5.14 + 0 + 1.2 \times 19.2 \times 1$$

$$= 404.9\text{kN/m}^2$$

$\bigcirc$ $q_a = \dfrac{q_u}{F_s} = \dfrac{404.9}{3} = 135\text{kN/m}^2$

제5회 실전 모의고사

01	02	03	04	05	06	07	08	09	10	11	12	13	14	15	16	17	18	19	20
②	③	③	①	④	②	②	②	③	②	①	②	①	②	①	④	③	③	④	③
21	22	23	24	25	26	27	28	29	30	31	32	33	34	35	36	37	38	39	40
④	①	④	④	④	②	②	④	①	①	①	①	③	③	④	②	①	④	③	③
41	42	43	44	45	46	47	48	49	50	51	52	53	54	55	56	57	58	59	60
④	②	④	④	③	①	③	②	②	④	②	④	①	②	④	④	③	④	①	④
61	62	63	64	65	66	67	68	69	70	71	72	73	74	75	76	77	78	79	80
④	②	③	④	②	①	①	③	①	①	②	④	①	①	②	②	③	③	④	②

01 콘크리트의 건조수축
분말도가 낮은 시멘트일수록, 흡수량이 많은 골재일수록, 온도가 높을수록, 습도가 낮을수록, 단면치수가 작을수록 건조수축이 크다.

02 콘크리트의 압축강도에 영향을 미치는 요인
㉠ 부순 돌을 사용한 경우가 강자갈을 사용한 경우보다 압축강도가 크다.
㉡ 물−시멘트비가 작을수록 압축강도가 크다.
㉢ 성형 시에 가압하여 경화시키면 압축강도가 커진다.
㉣ 혼합시간이 길수록 시멘트와 물과의 접촉이 좋기 때문에 일반적으로 압축강도가 커진다.

03 ㉠ 23회일 때 직선보간을 한 표준편차의 보정계수
$$\alpha = 1.03 + \frac{(1.08 - 1.03) \times 2}{5} = 1.05$$
㉡ 직선보간한 표준편차
$$S = 1.05 \times 2.8 = 2.94 \text{MPa}$$
㉢ $f_{ck} \leq 35 \text{MPa}$이므로
- $f_{cr} = f_{ck} + 1.34S = 28 + 1.34 \times 2.94$
  $= 31.94 \text{MPa}$
- $f_{cr} = (f_{ck} - 3.5) + 2.33S$
  $= (28 - 3.5) + 2.33 \times 2.94$
  $= 31.35 \text{MPa}$
위의 계산값 중에서 큰 값이 배합강도이므로
$f_{cr} = 31.94 \text{MPa}$

04 내부진동기 사용방법의 표준
㉠ 하층의 콘크리트 속으로 0.1m 정도 찔러 넣는다.
㉡ 내부진동기는 연직으로 찔러 넣으며, 삽입간격은 0.5m 이하로 한다.

05 PSC의 단점
㉠ RC에 비해 강성이 작아서 변형이 크고 진동하기 쉽다.
㉡ 내화성이 불리하다(400℃ 이상 온도).

06 초음파법에 의한 균열깊이평가방법
㉠ 개요 : 콘크리트에 발생된 균열을 초음파속도를 이용하여 콘크리트의 균열깊이를 평가하는 방법이다.
㉡ 종류 : T법, Tc−To법, BS법 등

07 긴장재의 배치오차 $= 1,600 \times \dfrac{1}{200} = 8 \text{mm}$

[참고] 거푸집 내에서 허용되는 긴장재의 배치오차는 도심위치변동의 경우 부재치수가 1m 미만일 때에는 5mm를 넘지 않아야 하며, 또 1m 이상인 경우에는 부재치수의 1/200 이하로서 10mm를 넘지 않도록 하여야 한다.

08 ㉠ $T_2 = T_1 - 0.15(T_1 - T_0)t$
$= 20 - 0.15 \times (20 - 4) \times 2$
$= 15.2 ℃$
여기서, T_2 : 치기 종료 시의 콘크리트 온도(℃)
T_1 : 믹싱 시의 콘크리트 온도(℃)
T_0 : 주위의 기온(℃)
㉡ 온도저하= $20 - 15.2 = 4.8 ℃$

09 콘크리트를 과도히 유동시키는 것은 품질저하 및 불균일성을 발생시킬 위험이 있으므로 수중유동거리는 5m 이하로 하여야 한다.

10 포틀랜드 시멘트 중의 알칼리성분이 골재 중의 여러 성분의 조암광물과 화학반응을 일으키는 것을 알칼리골재반응이라 한다.

11 온도균열지수
- ㉠ 온도균열지수의 값이 클수록 균열이 발생하기 어렵고, 값이 작을수록 균열이 발생하기 쉽다.
- ㉡ 표준적인 온도균열지수의 값
  - 균열 발생을 방지하여야 할 경우 : 1.5 이상
  - 균열 발생을 제한할 경우 : 1.2~1.5
  - 유해한 균열 발생을 제한할 경우 : 0.7~1.2

12 섬유보강 콘크리트의 믹서는 강제식 믹서를 사용하는 것을 원칙으로 한다.

13 경량골재 콘크리트
- ㉠ 응력－변형률곡선은 경량 콘크리트의 경우 초기기울기(탄성계수)가 작고, 재응력－변형률곡선은 보다 직선적이며, 최대 응력 이후 급격한 내력저하가 나타난다.
- ㉡ 경량 콘크리트의 탄성계수는 보통 콘크리트의 40~70% 정도이다.
- ㉢ 선팽창률은 보통 콘크리트의 60~70%이며 열확산율도 보통 콘크리트에 비하여 상당히 낮다.

14 콘크리트의 건조수축
- ㉠ 단위시멘트량이 많을수록 건조수축이 크다.
- ㉡ 분말도가 높을수록 건조수축이 크다.
- ㉢ 단위수량이 많을수록 건조수축이 크다.
- ㉣ 온도가 높을수록, 습도가 낮을수록 건조수축이 크다.

15 콘크리트의 압축강도에 미치는 시험조건의 영향
- ㉠ 재하속도가 빠를수록 압축강도가 크다.
- ㉡ 크기가 작은 공시체의 압축강도가 더 크다.
- ㉢ 원주형, 각주형 공시체는 H/D가 작을수록 압축강도가 크고, H/D가 동일하면 원주형 공시체가 각주형 공시체보다 압축강도가 크다.
- ㉣ 콘크리트 압축강도란 $H/D=2$인 공시체를 사용하여 구한 값이다.

16 고강도 콘크리트
기상의 변화가 심하거나 동결융해에 대한 대책이 필요한 경우를 제외하고는 공기연행제를 사용하지 않는 것을 원칙으로 한다.

17 ㉠ 재료분리저항성 : 슬럼프플로 500mm에 도달하는 시간 및 깔때기를 사용한 유하시험
㉡ 자기충전성 : 충전장치를 이용한 간극통과성시험

18 콘크리트의 압축강도를 시험한 경우 거푸집널의 해체시기

부재	콘크리트 압축강도(f_{cu})
확대기초, 보 옆, 기둥 등의 측벽	5MPa 이상
슬래브 및 보의 밑면, 아치내면 (단층구조인 경우)	설계기준압축강도의 2/3배 이상, 또한 최소 14MPa 이상

19 알칼리골재반응대책
- ㉠ ASR에 관하여 무해라고 판정된 골재를 사용한다.
- ㉡ 저알칼리형의 포틀랜드 시멘트(Na₂O당량 0.6% 이하)를 사용한다.
- ㉢ 콘크리트 1m³당의 알칼리총량을 Na₂O당량으로 3kg 이하로 한다.

20 ㉠ 단위잔골재 절대체적
$$= V_a \frac{S}{a} = 0.7 \times 0.4 = 0.28 \text{m}^3$$
㉡ 단위잔골재량
$$= 단위잔골재 절대체적 \times 잔골재비중 \times 1,000$$
$$= 0.28 \times 2.65 \times 1,000$$
$$= 742 \text{kg}$$

21 유토곡선의 모양이 볼록할 때에는 절취토는 그림의 좌측 → 우측으로 운반되고, 반대로 아래에 있을 때 절취토는 그림의 우측 → 좌측으로 운반된다.

22 ㉠ $C_m = \dfrac{l}{V_1} + \dfrac{l}{V_2} + t_g = \dfrac{60}{40} + \dfrac{60}{100} + 0.2 = 2.3$분

㉡ $Q = \dfrac{60 q f E}{C_m}$

$$= \frac{60 \times 3.8 \times \dfrac{1}{1.2} \times 0.8}{2.3} = 66.09 \text{m}^3/\text{h}$$

23 ㉠ 절토량 $= 5,000 \times C$
$$= 5,000 \times 0.92$$
$$= 4,600 \text{m}^3 (다짐토량)$$
㉡ 부족토량 $= 10,000 - 4,600$
$$= 5,400 \text{m}^3 (다짐토량)$$
㉢ 부족토량을 본바닥토량으로 환산
굴착해야 할 토량 $= 5,400 \times \dfrac{1}{C}$
$$= 5,400 \times \frac{1}{0.88}$$
$$= 6136.36 \text{m}^3$$

24

$$\bigcirc \quad q_t = \frac{T}{\gamma_t}L = \frac{15}{1.5} \times 1.4 = 14\text{m}^3$$

$$\bigcirc \quad n = \frac{q_t}{qk} = \frac{14}{2 \times 0.7} = 10\text{회}$$

$$\bigcirc \quad C_{mt} = \frac{C_{ms}n}{60E_s} = \frac{25 \times 10}{60 \times 0.8} = 5.21\text{분}$$

25 말뚝박기 시공 시 주의사항
㉠ 해머를 말뚝 가장자리에 낙하시키지 않아야 한다.
㉡ 말뚝머리가 손상되면 타격의 효과가 작으므로 그 부분을 잘라야 한다.
㉢ 타입이 중단되는 말뚝이 없도록 해야 한다.

26 케이싱튜브를 사용하지 않으면 철근이 뽑히는 공상현상이 일어나지 않는다.

27 발파진동 저감대책
㉠ 저폭속의 폭약 사용
㉡ 장약량의 제한 및 분할발파
㉢ 인공자유면을 이용한 심빼기 발파
㉣ 방진공 천공으로 인한 감쇄방법

28 TBM의 단점
㉠ 굴착 단면을 변경할 수 없다.
㉡ 지질에 따라 적용에 제약이 있다.
㉢ 구형, 마제형 등의 단면에는 적용할 수 없다.

29 돌쌓기 형식
㉠ 메쌓기 : 모르타르나 콘크리트를 사용하지 않고 맞대임면의 마찰에 의해 지지하는 형식으로 석재의 뒤쪽에는 굄돌, 끼움돌로 받치고, 그 틈새는 자갈을 채운다.
㉡ 찰쌓기 : 줄눈에 모르타르를 사용하고 뒤채움에 콘크리트를 채워 석재와 뒤채움이 일체가 되어 마치 중력식 옹벽과 같이 만든다.

30

$$D = \frac{4KH^2}{Q}$$

$$1,000 = \frac{4 \times 10^{-5} \times 100^2}{Q}$$

$$\therefore \ Q = 4 \times 10^{-4}\text{cm}^2 = 4 \times 10^{-4}\text{cm}^3/\text{cm/s}$$

여기서, D : 암거간격
　　　　K : 투수계수
　　　　H : 불투수층에서 최소 침강지하수면까지의 거리
　　　　Q : 단위길이당 암거배수량

31
㉠ 교대는 상부에서 오는 수직 및 수평하중을 지반에 전달하는 것과 배면에서 오는 토압에 저항하는 옹벽으로서의 역할을 한다.
㉡ 교대의 날개벽은 교대 배면토의 보호 및 세굴을 방지하는 역할을 한다.

32 표층(surface course)의 역할
㉠ 교통하중을 일부 지지하며 하부층으로 전달
㉡ 마모 방지, 노면수 침투 방지, 평탄성 확보
㉢ 하부층 보호

33 거북등균열의 원인
아스팔트 포장두께의 부족, 혼합물의 품질불량, 노상과 보조기층의 지지력 불균일, 대형차의 교통과 교통량 등

34 연속 철근콘크리트 포장(CRCP)
㉠ 장점
　• 가로수축줄눈이 없다.
　• 포장의 불연속성을 방지하므로 차량의 주행성이 증대된다.
　• 줄눈부 파손이 없고 유지비가 적게 든다.
㉡ 단점
　• 초기건설비가 다소 크다.
　• 부등침하 시 보수가 어렵다.

35 항만의 종류
㉠ 폐구항(closed harbor) : 조차가 크므로 항구에 갑문을 가지고 조차를 극복해서 선박이 출입되게 하는 항
㉡ 개구항(open harbor) : 조차가 그다지 크지 않으므로 항상 항구가 열려있는 항

36 Grouting공법
㉠ Curtain grouting : 기초암반을 침투하는 물의 지수를 목적으로 실시한다.
㉡ Consolidation grouting : 기초암반의 변형성이나 강도를 개량하여 균일성을 기하고 지지력을 증대시킬 목적으로 기초 전반에 격자모양으로 실시한다.
㉢ Contact grouting : 콘크리트 제체와 지반 간의 공극을 채울 목적으로 실시한다.
㉣ Rim grouting : 댐의 취수부 또는 전 저수지에 걸쳐 댐 테두리에 실시한다.

37 ㉠ 슈트식 여수로 : 댐 본체에서 완전히 분리시켜 설치하는 여수토
㉡ 측수로 여수로 : 필댐과 같이 댐 정상부를 월류시킬 수 없을 때 댐 한쪽 또는 양쪽에 설치한 여수토
㉢ 그롤리 홀 여수로 : 원형, 나팔형으로 되어 있는 여수토
㉣ 사이펀 여수로 : 상하류면의 수위차를 이용한 여수토

38 Network공정표

장 점	단 점
• 작업의 종속관계가 명확하다. • 작업의 문제점 예측이 가능하다. • 이상적 공정이 되게 공정을 바꾸기 쉽다. • 최저비용으로 공기단축이 가능하다. • 효과적인 예산통제가 가능하다. • CP에 의해 중점관리가 가능하다.	• 공정표 작성이 어렵고 시간이 걸린다. • 수정, 변경에 시간이 걸린다. • 숙련을 요한다. • 복잡한 Network일 때 이해가 힘들다.

39 벽식 지하연속벽공법
지하로 크고 깊은 trench를 굴착하여 철근망을 삽입한 후 콘크리트를 타설하여 지하연속벽을 만드는 공법이다.
㉠ 소음, 진동이 작다.
㉡ 벽체의 강성(EI)이 크다.
㉢ 차수성이 크다.
㉣ 주변 지반의 영향이 작다.

40

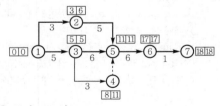

㉠ 공기 : 18일
㉡ CP : ㉠→㉢→⑤→⑥→⑦

41 ㉠ C_3S는 C_3A보다 수화작용이 느리나 강도가 빨리 나타나고 수화열이 비교적 크다.
㉡ C_2S는 C_3S보다 수화작용이 늦고 수축이 작으며 장기강도가 커진다.

42 ㉠ $A = \dfrac{\pi D^2}{4} = \dfrac{\pi \times 14^2}{4} = 153.94\,\text{mm}^2$

㉡ $E = \dfrac{\sigma}{\varepsilon} = \dfrac{\dfrac{P}{A}}{\dfrac{\Delta l}{l}} = \dfrac{\dfrac{100}{153.94}}{\dfrac{50.433 - 50}{50}}$

$= 75.01\,\text{kN/mm}^2 = 75.01\,\text{GPa}$

43 분말도가 큰 시멘트의 특징
㉠ 수화작용이 빠르다.
㉡ 초기강도가 크고 강도 증진율이 크다.
㉢ 블리딩이 적고 워커빌리티가 크다.
㉣ 건조수축이 커서 균열이 발생하기 쉽다.
㉤ 풍화하기 쉽다.

44 르샤틀리에 플라스크-시멘트 비중시험

45 ㉠ 잔골재의 조립률이 클 때, 잔골재율이 낮을 때 연행공기량이 감소한다.
㉡ 단위시멘트량 및 분말도가 증가하면 연행공기량이 감소한다.
㉢ 슬럼프가 현저히 작거나 비비기 온도가 높으면 연행공기량이 감소한다.

46 염화칼슘($CaCl_2$)
㉠ 염화칼슘은 일반적으로 시멘트 중량의 2% 이하를 사용한다.
㉡ 조기강도를 증대시켜 주나, 2% 이상 사용하면 큰 효과가 없으며 오히려 순결, 강도저하를 나타낼 수가 있다.

47 포졸란을 사용한 콘크리트의 특징
㉠ 워커빌리티가 커지고 블리딩이 감소한다.
㉡ 초기강도는 작으나 장기강도가 크다.
㉢ 수화열이 적어 매스 콘크리트에 적합하다.
㉣ 수밀성, 내화학성이 크다.

48 방청제
㉠ 콘크리트 중의 염분에 의한 철근의 부식을 억제할 목적으로 사용하는 혼화제이다.
㉡ 방청제의 작용
  • 철근 표면의 부동태 피막을 보강한다.
  • 산소를 소비하거나 염소이온을 결합하여 고정한다.
  • 콘크리트 내부를 치밀하게 하여 부식성 물질의 침투를 막는다.

49 ㉠ 흡수율 $= \dfrac{B-D}{D}$

$= \dfrac{\text{표건상태의 중량} - 500}{500} \times 100 = 2\%$

∴ 표건상태의 중량 $= 510g$

㉡ 표면수율 $= \dfrac{A-B}{B} \times 100$

$= \dfrac{520-510}{510} \times 100 = 1.96\%$

50 ㉠ $FM = \dfrac{x}{x+y} F_A + \dfrac{y}{x+y} F_B$

$2.8 = \dfrac{3.43x}{x+y} + \dfrac{2.36y}{x+y}$

$0.63x = 0.44y$ ⋯⋯⋯⋯⋯⋯⋯⋯ ⓐ

㉡ $x+y=1$ ⋯⋯⋯⋯⋯⋯⋯⋯⋯⋯ ⓑ

식 ⓐ, ⓑ를 연립방정식으로 풀면

$x = 0.41,\ y = 0.59$

51 ㉠ 아스팔트를 가열하여 불을 가까이 하는 순간에 불이 붙을 때의 온도를 인화점이라 하고, 아스팔트를 계속 가열하면 불꽃이 5초 동안 계속되는데 이때의 온도를 연소점이라 한다.

㉡ 연소점은 인화점보다 25~60℃ 정도 높다.

52 ㉠ 포화도 : 골재 공극률에 아스팔트가 채워져 있는 비율

$S = \dfrac{V_a}{V_a + V} \times 100 [\%]$

여기서, V_a : 역청재료의 체적비

V : 공극률

㉡ 이론 최대 밀도 : 다져진 아스팔트혼합물 중에 공극이 전혀 없다고 가정할 때의 밀도

$D = \dfrac{100}{\dfrac{W_g}{G_g} + \dfrac{W_s}{G_s} + \dfrac{W_f}{G_f} + \dfrac{W_a}{G_a}} [g/cm^3]$

여기서,

$W_g,\ G_g$: 혼합물 중의 굵은 골재의 질량비(%), 굵은 골재의 밀도(g/cm³)

$W_s,\ G_s$: 혼합물 중의 잔골재의 질량비(%), 잔골재의 밀도(g/cm³)

$W_f,\ G_f$: 혼합물 중의 채움골재의 질량비(%), 채움골재의 밀도(g/cm³)

$W_a,\ G_a$: 혼합물 중의 역청재료의 질량비(%), 역청재료의 밀도(g/cm³)

53 강의 열처리

㉠ 풀림 : 800~1,000℃로 일정한 시간 가열한 후에 노 안에서 천천히 냉각시키는 열처리

㉡ 불림 : A_3(910℃) 또는 A_{cm} 변태점 이상의 온도로 가열한 후 대기 중에서 냉각시키는 열처리

㉢ 뜨임 : 담금질한 강을 다시 A_1 변태점 이하의 온도로 가열한 다음에 적당한 속도로 냉각시키는 열처리

㉣ 담금질 : A_3 변태점 이상 30~50℃로 가열한 후 물 또는 기름 속에서 급냉시키는 열처리

54 목재의 역학적 성질

㉠ 목재의 인장강도는 섬유방향과 나란할 때가 가장 세며, 섬유방향의 인장강도는 압축강도에 비하여 크다.

㉡ 심재는 수분이 적고 단단하며, 강도나 내구성은 변재보다 크다.

㉢ 건조된 목재일수록 강도는 크고, 함수율이 클수록 강도는 작아진다. 섬유포화점(함수율 약 30%)을 넘으면 강도는 거의 일정하고, 섬유포화점 이하에서는 함수율이 1% 커짐에 따라 세로압축강도는 약 4% 작아진다.

55 화강암

㉠ 화성암 중 심성암에 속한다.

㉡ 조직이 균일하고 강도 및 내구성이 크다.

㉢ 풍화나 마모에 강하다.

㉣ 내화성이 작다.

56 ANFO(초유폭약)

㉠ 질산암모늄 및 인화점 50℃ 이상의 경유를 성분으로 한다.

㉡ 다루기 쉽고 안전하며 건설공사 및 광산의 폭파용으로 사용되고 있다.

57 실리카퓸의 단점

㉠ 워커빌리티가 작아진다.

㉡ 단위수량, 건조수축이 커진다.

58 촉진제

㉠ 시멘트 중량의 2% 이하를 사용하면 조기강도가 커진다.

㉡ 마모에 대한 저항성이 커진다.

㉢ 황산염에 대한 화학저항성이 적다.

㉣ 철근은 녹이 슬고 콘크리트 균열이 생기기 쉽다.

[참고] 순결이란 시멘트와 물을 혼합하면 단시간 내에 응결이 일어나는 현상을 말한다.

59 $V = \left(1 - \dfrac{d}{D}\right) \times 100 = \left(1 - \dfrac{2.325}{2.427}\right) \times 100 = 4.2\%$

60 ㉠ 석회포화도 : 시멘트 속의 실제 석회량과 이론상 포함할 수 있는 최대 석회량과의 비

㉡ 수경률 : 염기성분과 산성성분과의 비율

$$수경률(HM) = \frac{CaO}{SiO_2 + Al_2O_3 + Fe_2O_3}$$

61 피조콘

㉠ 콘을 흙 속에 관입하면서 콘의 관입저항력, 마찰저항력과 함께 간극수압을 측정할 수 있도록 다공질 필터와 트랜스듀서(transducer)가 설치되어 있는 전자콘을 피조콘이라 한다.

㉡ 결과의 이용
- 연속적인 토층상태 파악
- 점토층에 있는 sand seam의 깊이, 두께 판단
- 지반개량 전후의 지반변화 파악
- 간극수압측정

62 ㉠ $Se = wG_s$

$1 \times e = wG_s$

$$\therefore \ G_s = \frac{e}{w}$$

㉡ $i_c = \dfrac{G_s - 1}{1 + e} = \dfrac{\dfrac{e}{w} - 1}{1 + e} = \dfrac{\dfrac{e - w}{w}}{1 + e} = \dfrac{e - w}{w(1 + e)}$

63 $\Delta\sigma_Z = \dfrac{2qZ^3}{\pi(x^2 + z^2)^2}$ 에서

㉠ $\Delta\sigma_{Z1} = \dfrac{2 \times 5 \times 4^3}{\pi \times (5^2 + 4^2)^2} = 0.12 kN/m^2$

㉡ $\Delta\sigma_{Z2} = \dfrac{2 \times 10 \times 4^3}{\pi \times (10^2 + 4^2)^2} = 0.03 kN/m^2$

㉢ $\Delta\sigma_Z = \Delta\sigma_{Z1} + \Delta\sigma_{Z2}$
$= 0.12 + 0.03 = 0.15 kN/m^2$

64 통일분류법

㉠ 세립토는 소성도표를 사용하여 구분한다.

㉡ $W_L = 50\%$ 로 저압축성과 고압축성을 구분한다.

㉢ No.200체 통과율로 조립토와 세립토를 구분한다.

65 $\Delta U = B[\Delta\sigma_3 + A(\Delta\sigma_1 - \Delta\sigma_3)]$

$210 = 1 \times (0 + A \times 280)$

$\therefore \ A = 0.75$

66 직접전단시험은 흙시료의 전단파괴면을 미리 정해놓고 흙의 강도를 구하는 시험이다.

67 ㉠ $e = \dfrac{n}{100 - n} = \dfrac{50}{100 - 50} = 1$

㉡ $Se = wG_s$

$1 \times 1 = 0.4 \times G_s$

$\therefore \ G_s = 2.5$

㉢ $F_s = \dfrac{i_c}{i} = \dfrac{\dfrac{G_s - 1}{1 + e}}{i}$

$3.5 = \dfrac{\dfrac{2.5 - 1}{1 + 1}}{i}$

$\therefore \ i = 0.21$

68 ㉠ $K_a = \tan^2\left(45° - \dfrac{\phi}{2}\right) = \tan^2\left(45° - \dfrac{30°}{2}\right) = \dfrac{1}{3}$

㉡ $P_a = P_{a1} + P_{a2} = \dfrac{1}{2}\gamma_t h^2 K_a + q_s K_a h$

$= \dfrac{1}{2} \times 19 \times 3^2 \times \dfrac{1}{3} + 30 \times \dfrac{1}{3} \times 3$

$= 58.5 kN/m$

㉢ $P_a y = P_{a1}\dfrac{h}{3} + P_{a2}\dfrac{h}{2}$

$28.5 \times \dfrac{3}{3} + 30 \times \dfrac{3}{2} = 58.5 \times y$

$\therefore \ y = 1.26 m$

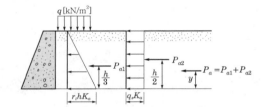

69 현장 타설 콘크리트 말뚝기초의 지지력은 말뚝기초의 지지력을 구하는 정역학적 공식과 같은 방법으로 구한다.

70 다짐에너지를 크게 하면 건조단위중량은 커지고, 최적함수비는 작아진다.

71 ㉠ $R_u = \dfrac{Wh}{s + 0.254} = \dfrac{30 \times 120}{2 + 0.254} = 1597.2 kN$

㉡ $R_a = \dfrac{R_u}{F_s} = \dfrac{1597.2}{6} = 266.2 kN$

72 부마찰력은 압밀침하를 일으키는 연약점토층을 관통하여 지지층에 도달한 지지말뚝의 경우나 연약점토지반에 말뚝을 항타한 다음 그 위에 성토를 한 경우 등일 때 발생한다.

73 점토지반에서 강성기초의 접지압은 기초의 모서리 부분에서 최대이다.

74   ㉠ $A = \dfrac{A_0}{1-\varepsilon} = \dfrac{18}{1-\dfrac{1.2}{14}} = 19.69\text{cm}^2$

  ㉡ $\sigma_1 - \sigma_3 = \dfrac{P}{A} = \dfrac{600}{19.69}$

$\qquad\qquad = 30.5\text{N/cm}^2 = 305\text{kN/m}^2$

75 불교란시료채취기(sampler)
  ㉠ 얇은 관샘플러(thin wall tube sampler)
  ㉡ 피스톤샘플러(piston sampler)
  ㉢ 포일샘플러(foil sampler)

76 $\tau = c + \overline{\sigma}\tan\phi$

$\quad = c + (\sigma - u)\tan\phi$

$\quad = 50 + (3{,}000 - 800) \times \tan 30°$

$\quad = 1320.17\text{kN/m}^2$

77 $\tan\beta = \dfrac{q}{p} = \dfrac{1-K}{1+K} = \dfrac{1-0.5}{1+0.5} = \dfrac{1}{3}$

78 $F_s = \dfrac{\gamma_{sub}}{\gamma_{sat}}\dfrac{\tan\phi}{\tan i} = \dfrac{10}{20} \times \dfrac{\tan\phi}{\tan 20°} \geq 1$

$\quad \therefore\ \phi = 36°$

79 $U_{av} = 1 - (1 - U_v)(1 - U_h)$

$\quad 0.9 = 1 - (1 - 0.2) \times (1 - U_h)$

$\quad \therefore\ U_h = 0.875 = 87.5\%$

80 압성토공법
성토의 활동파괴를 방지할 목적으로 사면 선단에 성토하여 성토의 중량을 이용하여 활동에 대한 저항모멘트를 크게 하여 안정을 유지시키는 공법이다.

저 자 약 력

박영태

- 한국건축토목학원 대표
- 재단법인 스마트건설교육원 이사장

7 개년 과년도
건설재료시험기사 필기

2020. 5. 25. 초 판 1쇄 발행
2025. 1. 8. 개정증보 5판 1쇄 발행

지은이 | 박영태
펴낸이 | 이종춘
펴낸곳 | BM (주)도서출판 **성안당**
주소 | 04032 서울시 마포구 양화로 127 첨단빌딩 3층(출판기획 R&D 센터)
    | 10881 경기도 파주시 문발로 112 파주 출판 문화도시(제작 및 물류)
전화 | 02) 3142-0036
    | 031) 950-6300
팩스 | 031) 955-0510
등록 | 1973. 2. 1. 제406-2005-000046호
출판사 홈페이지 | www.cyber.co.kr
ISBN | 978-89-315-1181-9 (13530)
정가 | 36,000원

이 책을 만든 사람들
기획 | 최옥현
진행 | 이희영
교정·교열 | 문 황
전산편집 | 오정은
표지 디자인 | 박원석
홍보 | 김계향, 임진성, 김주승, 최정민
국제부 | 이선민, 조혜란
마케팅 | 구본철, 차정욱, 오영일, 나진호, 강호묵
마케팅 지원 | 장상범
제작 | 김유석